U0338197

移动智能自主系统

Mobile Intelligent Autonomous Systems

[印度] Jitendra R. Raol [南非] Ajith K. Gopal 编

贾继红 钱继锋 徐柳 译

许爱芬 王晓燕 主审

国防工業出版社

·北京·

著作权合同登记　图字:军-2015-103号

图书在版编目(CIP)数据

移动智能自主系统/(印)吉填德拉 R. 劳伊(Jitendra R. Raol),(南非)阿吉茨 K. 戈帕尔(Ajith K. Gopal)编;贾继红,钱继锋,徐柳译. —北京:国防工业出版社,2018.9

书名原文:Mobile Intelligent Autonomous Systems

ISBN 978-7-118-11594-9

Ⅰ. ①移… Ⅱ. ①吉… ②阿… ③贾… ④钱… ⑤徐… Ⅲ. ①移动终端-智能终端-自动控制系统 Ⅳ. ①TN87

中国版本图书馆 CIP 数据核字(2018)第 214762 号

Mobile Intelligent Autonomous Systems by Jitendra R. Raol and Ajith K. Gopal

ISBN:978-1-4398-6300-8

※

国防工业出版社出版发行

(北京市海淀区紫竹院南路23号　邮政编码100048)

三河市众誉天成印务有限公司

新华书店经售

*

开本 710×1000　1/16　**印张** 49¾　**字数** 910 千字

2018 年 9 月第 1 版第 1 次印刷　**印数** 1—1500 册　**定价** 258.00 元

(本书如有印装错误,我社负责调换)

国防书店:(010)88540777　　发行邮购:(010)88540776

发行传真:(010)88540755　　发行业务:(010)88540717

前 言

移动智能自主系统(MIAS)是一个新兴、快速发展的研究领域,被普遍认为是通用的研发领域。就现有研究成果而言,其研究对象主要面向机器人学,如野外机器人等。然而,本书中 MIAS 不仅仅面向机器人领域,还包括几项与之密切相关的技术,这些技术的一些要素如机动性、智能和/或自主性操作,不仅适用于机器人,而且适用于其他移动工具,如微型飞行器(MAV)和无人飞行器(UAV)。MIAS 研发中重要的子领域是:感知和推理;机动性能、自主性能和导航性能;触觉和远程操作;图像融合或计算机视觉;机器人及其操纵器的数学建模;机器人架构规划和学习行为的硬件或软件体系结构;交通工具中的机器人的路径与运动规划和控制;用于用户与机器人(含其他交通工具)之间交流的人机交互界面。人工神经网络(ANN)系统、模糊逻辑系统(FLS)、概率推理和近似推理(PAR)、静态和动态贝叶斯网络(SDBN)以及遗传算法(GA)等的应用促进了上述诸多领域的发展。在多层面的数据融合过程中,位置、纯方位跟踪运动融合,用于场景识别的图像融合和跟踪,用于构建全局模型的信息融合,用于跟踪和控制行动的决策融合以及多传感器数据融合(MSDF)技术也起着至关重要的作用。对于复杂任务的自动化、危险和敌对环境中的监视、困难作业中的人力援助、医疗和野外机器人、医院接收系统、自动诊断系统以及包括挖掘机器人在内的民用和军事系统而言,MIAS 是一项非常有用的技术。MIAS 的其他重要研究领域包括传感器和执行器的建模、传感器故障检测、管理与重构、对象场景理解、知识获取与表征以及学习和决策等。在 MIAS 中,通常被当作动态系统的有自主系统如无人地面车辆(UGV)、无人飞行器(UAV)、微型飞行器(MAV)、水下机器人、固定和自主移动机器人系统、灵巧机械手机器人、挖掘机器人、监视系统和网络化多机器人系统。

本书共有 35 章,涉及上述部分的各个方面。许多章节涉及崭新的研究主题以及近三四年来的研究进展。关于机器人技术的各个方面研究成果丰富,但存在对某些方面的论述有限或高度专业化,有些又过于笼统的问题。本书论述的综合性较强,涵盖了几个相关的学科,这将有助于读者从系统理论和实践的角度来理解机器人技术和 MIAS。总的来说,本书在阐明术语的基础上,从开始就客观地陈述了与 MIAS 相关的各个方面的情况以及当前面临的问题,其主要目的是讨论审议建立自主和/或智能移动系统所需学科;不过,本书并未涉及交通工具的机械和结构方面的内容。在可能的情况下,一些章节通过 MATLAB® 中的数值仿真编码举例说明了某些概念和理论。需要明确指出的是,本书所给的公式没有推导过程,读者可参见参考文献。此外,并非所有章节都讨论了移动性、自主性和智能化的各个方面。从整体来看,本书章节并未重复讨论各种基础概念、MIAS/机器人系统以及与 MIAS/机器人技术相关的技术。MIAS/机器人(理论与实践)这一集成技术的最终用户将是系统控制教育机构,研发实验室,航空航天机械和其他工业、运输和自动化行业、医疗和挖掘机器人开发机构等相关行业。

MATLAB® MathWorks 公司的商标。相关产品信息请联系:

The MathWorks, Inc.
3 Apple Hill Drive
Natick, MA 01760 - 2098 USA
Tel:508 - 647 - 7000
Fax:508 - 647 - 7001
E - mail:info@ mathworks. com
Web:www. mathworks. com

致　谢

在过去40年里，来自世界各地的研究人员为这个激动人心、引人入胜的领域做出了巨大贡献。该领域引发了各界人士的设想，特别是对于机器人技术、航空航天应用以及工业衍生品开发而言，其逐渐成为一种可实现性技术。在编写本书的过程中，我们与南非科学与工业研究理事会（CSIR）的 MIAS 小组和电子和通信工程部门（E&CE）以及 M. S. Ramaiah 研究所（MSRIT）的仪器技术（IT）部门的同事们的交流非常有价值。J. R. Raol 在几年前与国际出版商出版一本书时得到班加罗尔国家航天实验室（NAL）资深科学家 R. M. Jha 博士给予的非常实用的初步指点以及后续指导，在此对 R. M. Jha 博士表示衷心的感谢。同时非常感谢 . S. Selvi 博士（E&CE 主管）、P. P. VenkatRamaiah 教授（IT 负责人）和 A. N. Myna 女士（MSRIT 信息科学与工程助理教授）的义务支持，尤其是 A. N. Myna 在本书的编写过程中不断提供帮助与支持。非常感谢所有作者为编写本书花费了大量的时间、精力和耐心，感谢他们为完成各章内容所做出的贡献。我们也非常感谢 CRC 出版社，特别是 Jonathan Plant 先生、Jennifer Ahringer 女士和 Amber Donley 女士在此期间对本书的全力支持。我们一如既往地感谢我们的配偶和孩子们给予我们的忍耐、关怀、爱戴、耐心和爱以及更多——他们是我们生活中的精神支柱。所有这些鼓舞着我们，并给予了我们巨大的力量在无数的未知和障碍中前进。

Jitendra R. Raol 和 Ajith K. Gopal

编者简介

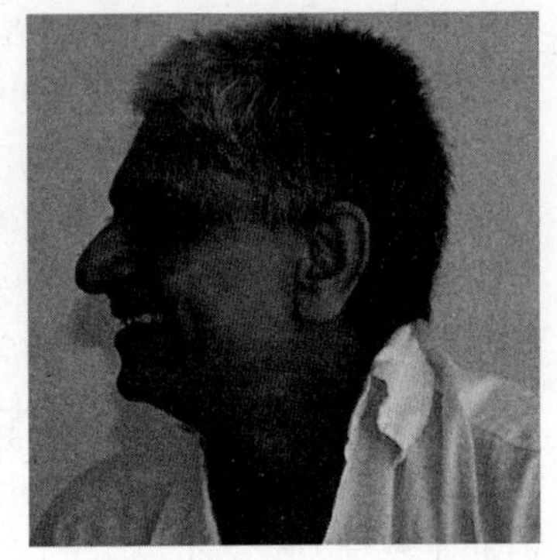

Jitendra R. Raol,于 1971 年和 1973 年获得瓦多达拉巴罗达 M. S. 大学电气工程工学学士学位和工程硕士学位。1986 年获得加拿大汉密尔顿麦克马斯特大学电气和计算机工程博士学位,并兼任研究员和助教。曾在瓦多达拉巴罗达 M. S. 大学执教两年,后于 1975 年加入国家航天实验室(NAL)。在 NAL,参与基于固定和运动飞行模拟器的驾驶员模型研究。1986 年博士毕业后,以 G－科学家(NAL 飞行力学与控制部(FMCD)主管)的身份重新加入 NAL,直至 2007 年 7 月 31 日退休。随团访问叙利亚、德国、英国、加拿大、中国、美国和南非等国家。就系统识别、神经网络、参数估计、多传感器数据融合和机器人技术问题的研究,多次在国际会议上发表过技术论文,并进行客座演讲。他是英国国际电气工程师学会会员、美国国际电气和电子工程师学会高级会员,也是印度航空学会终身会员以及印度系统学会的终身会员。1976 年,凭借非线性滤波研究成果,获得印度工程师机构的 K. F. Antia 纪念奖。凭借关于不稳定系统参数估计研究成果,获得由印度工程师协会颁发证书;凭借关于传感器数据融合研究成果获得了最佳海报论文奖;凭借一篇与目标追踪相关研究成果,获得了印度电子和电信工程师协会所颁发的金牌和证书。因其对国家航空航天飞行器综合飞行力学与控制技术发展所做出的贡献,于 2003 年被授予南非科学与工业研究理事会(CSIR)著名的科技徽章,因在科技领域的突出表现,被授予盾形徽章、证书并获得 67000 美元的奖金。

Raol 博士发表了 110 篇研究论文,撰写了多份研究报告。曾经就建模、系统识别和参数估计方面的研究进展以及多源、多传感器信息融合研究进展,被 Sadhana(印度班加罗尔科学院出版的工程杂志)及《国防科学学报》特邀成为 MIAS 和航空航天电子设备及其技术相关两个特别专题的编辑。曾指导 6 名博士生和 8 名硕士生,目前正在指导 6 名教职人员攻读博士学位。与人合著《动态系统建模与参数估计》(2004 年,英国电机工程师协会出版)、《飞行力学建模与分析》(2008 年,美国 CRC 出版社出版)。主编了《多传感器数据融合与 MAT-

LAB》(2009 年,CRC 出版社出版)。曾担任数个咨询、技术项目评审和博士学位考试委员会的成员或主席。担任数个国家期刊和国际期刊的审稿人,同时担任一家私人研发公司的董事会成员,并兼任一所私立学院的董事会成员。主要研究方向为数据融合、系统辨识、状态或参数估计、飞行力学 - 飞行数据分析、H - ∞ 滤波、ANN、模糊系统、遗传算法和机器人。同时撰写《诗意生活》(2009 年,美国 Trafford 出版社出版)。2010 年印度 Pothi. com 网站刊登了《桑迪 · 邦兹》诗集,收录了其 140 部作品。

Ajith K. Gopal 于 1997 年获得了南非纳塔尔大学机械工程科学学士学位。2000 年获得了复合材料结构分析方面的工程学科硕士学位。2003 获得纳塔尔大学工程博士学位,致力于智能材料吸能方面研究。拥有 12 年工作经验,其中 8 年一直从事研发工作。2007 年于南非的 CSIR 负责建立 MIAS 研究组,并于 2007 年和 2008 年担任了研究带头人。在 Elsevier 出版的《复合材料学报》和国际复合材料科技大会上发表了 4 篇有关复合材料和智能材料的论文,并于《国防科学学报》上发表了 1 篇关于路径规划的论文。2010 年,由 J. R. Raol 主编,CRC 出版社出版的《多传感器数据融合与 MATLAB》一书中,撰写有关机器人数据融合的章节。还就 MIAS 问题被《国防科学学报》特邀编辑了 1 个特别专题。目前担任南非陆地系统公司的工程和项目经理,负责公司的新技术战略和发展。

目　录

第2部分 MIAS与机器人

绪　论

在过去的20年中,应用于移动车辆特别是机器人方面的各种技术都取得了长足发展。由于跟踪技术的进步是一项非常艰巨的任务,因此,本书仅展现了取得的一些小小尝试,并描述机器人技术中最重要的方面,以及机器人领域和其他类型移动车辆领域的最新进展。

首先,机器人作为一种交通工具(静态或动态,取决于预期的使用目的),由不同人员和/或组织定义时会有多种定义[1]。①可自动控制,可重复编程,多用途,可在三轴以上编程的机械手,该机械手可固定可移动,用于工业自动化应用(由国际标准化组织(ISO 8373)和国际机器人联合会(IFR)定义)。②"可重复编程的多功能机械手,通过可变程序制动完成各种任务的运动,来移动材料、零件、工具或专用设备。"(由美国机器人研究所(RIA)定义)然而,历史上第一台工业机器人的发明者 Joseph Engelberger 说:"我不能定义一个机器人,但是当我看到一个机器人时我会知道它是一个机器人。"可以认为智能机器人是具有从自身环境中提取需要信息的机器或系统,然后使用该信息规划路径和轨迹,使得其可以在其周围移动并有目的地避开障碍物。也可以视它为一种自主感觉自身环境,并在其周围行动的系统。智能传感器也有类似的能力。自主机器人/车辆有能力自我做出决定,然后采取必要的行动来执行给定的任务。这种自主性使机器人能够感知自身的情况,然后对其进行操作,以便在操作人员极少干预或无干预的情况下执行任何任务。完全自主是指在自主机器人/车辆上的定义,而部分自主则是指在遥控机器人中的定义。

由上述机器人的定义可知,其最重要的方面是操作或处理:机械手;若干轴系;工业自动化;程序化的动作或非编程的行为动作;自主性。机械手意味着把机器人作为人类手臂的延伸,执行手动困难的或危险的任务。这种延伸的手臂比正常人类的手臂更坚固,更长(或者更短),也更灵活。手臂做相对于所属机器人身体的移动。机器人是可控的,这就增加了超出机器人运动的基本坐标的自由度数量。因此,机器人的自由度可能超过6个。工业机器人用于平常工业任务的物体搬运,以及小型或大型机械零件的吊装和装卸流水线作业。大多数情况下,机器人由一些程序指令(用于启动和继续运动)控制或者制导和导航,这些是通过远程操作(通过遥控操作)或由机器人的机载计算机来完成。其中的许多操作也可用于其他移动车辆,如常见的微型飞行器(MAV),在某种程度上也适用于无人飞行器(UAV)和/或航行器/水下机器人(UWAV)。许多无人地面车辆(UGV)也将具有类似的或程序动作,以及由此产生运动的一些高级特性。因此,从这个角度来看,机器人是执行各种任务的机械设备。它是可以由人类控制或自主移动的机器。然而,由于机器人要执行各种任务,它将配备传感器(照相机、音响设备、红外传感器),在其体内装有机载计算机,并配有连接各种子系统的电线和电缆(电力电缆或其他)连接在一起。因此,机器人可看作一个复合系统,它不仅仅是一个机械系统,更是一个机电系统。机器人的基础是机械系统,并由电源(电池)系统、(视觉、声、电磁)传感器、执行器、车载计算机(或微处理机控制系统)、数据处理(算法)系统和控制系统来指挥、引导其移动。因此,这种系统是机电(甚至电液压/气动)系统。机器人的机械系统一般由底盘、电动机和轮子组成,轮式机器人类似小型轿车,具有滑移转向、差速驱动、同步或枢转驱动的功能。大多数机器人由一组电池供电。机器人执行器将电能转换成旋转/角度(通过使用电动机获得)或线性运动(通过使用电磁装置获得)的机械能。这些电动机可分为:交流(AC)电动机、直流(DC)电动机、步进电动机和伺服电动机。这里的伺服电动机是指具有反馈能力和误差补偿的直流电动机。大多数机器人系统使用步进电动机或伺服电动机。

由此可以看出,在更广泛的意义上,机器人领域包含意识、思考和行为三个方面。这三个方面同样适用于其他自主移动车辆,如微型飞行器可看作在监视区域内以安全为目的执行特定任务的微型空中机器人。传感涉及测量设备以及对测量数据的处理,这些数据可以是图像和/或运动学(位置等)的形式,由卡尔曼滤波器或一些先进的滤波技术进行滤波,如无衍生卡尔曼滤波器、粒子滤波器或信息滤波器。对于实时/在线数据的处理,需要采用一些更简单、计算效率更高和数值稳定的滤波方法。传感器内置数据处理单元/设施,也就是智能传感器,如激光雷达(光探测和测距)、全球定位系统(GPS)、惯性测量单元、声纳(声音导航和测距)、红外(红外)摄像机等。除了机器人自身位置信息之外,这些传感器还提供机器人和/或地标位置以及路径中的障碍物信息。这些测量数据的整合将用于获取关于感测对象、障碍物或环境更准确的信息。这些需要使用多传感器数据融合(MSDF)技术和相关方法进行研究[2]。跟踪对象和地标图像需要在图像/视觉处理算法(和图像融合算法)中进行处理,并用于进一步的决策。此处还可能需要图像跟踪。MSDF 可以在传感器层/数据层或滤波算法的数据处理层完成。为了处理复杂而烦琐的任务和动作,需要有智能传感器、低功耗的专用传感器甚至低成本的传感器。在进一步数据融合操作和处理之前,智能传感器执行常规要求的某些数据预处理任务。机器人存在于自身感知的空间中,与人类相比,其自身的“感知”能力受到限制。因此,机器人的状态空间是其内部状态和外部状态。使用人工智能(AI)的某些元素可以增强机器人的感知状态。

在机器人路径规划(由于路径规划通常基于感测环境,任务可划分为“感觉”部分和“思考”部分)和数据滤波方面,需要从传统的和基于软计算的常规算法中“走出”,要将古典(经证实)算法和新算法的特征结合起来,从两种方法中获益。机器人需要“思考”,以决定采取什么行动来进一步执行特定任务。这种能力分为路径运动/轨迹规划、自主性(“思考”是预先设定好的或是在执行任务时实时在线完成的)、运动学/动力学、感知(“智能感知”)和区域化(可以包括映射)五个子类别任务。对于机器人来讲,从初始位置移动到目标位置,需要知道遵循的路径以及如何遵循选定的路径。许多分配任务需要由机器人自动执行。机器人的运动学知识以及运动模型(数学建模)对其动作是否成功非常重要。这些数学模型也需要对机器人的行为进行模拟仿真并进行预期操作。该仿真有助于设计者优化机器人子系统(传感器和控制管理),以便达到一定规范/准确度等。对于准确的路径/运动规划、区域化和映射以及准确并合乎逻辑的决策来讲,自主移动系统配备“感知”能力是非常重要的。人类系统(人类)和机器人的主要区别在于机器人/移动车辆缺乏感知能力。感知是通过感受和解释环境、理解执行任务的重要性、经验学习以及适应机器人未遇到的新情况来构建的。对于任何人造系统,这都是一项艰巨的任务。最后的任务是采取行动。这涉及驱动机制、运动控制甚至生物识别(人型)运动管理。一般来说,采用的概念基于轮式、履带式和两足机器人,但需要发展的机器人越来越多地使用生物运动的概念,如平稳的爬行动物运动。机器人使用执行器(也称为效果器)来执行动作。由于机器人动作类型不同,可归类为移动机器人、机械手或通信机器人。

人类和机器人之间的主要区别是人脑解析遥感数据(“感觉”),从这些数据中得出所需的信息,用于决策(“思考”)并指示(“行动”)人体器官自动执行某些任务。人工智能的目的是构建计算机系统或利用软件、算法或进程来模拟人脑的思维能力和行动能力。因此,AI 在机器人技术和其他移动工具领域有很大的应用空间。机器人的应用领域有工业机器人、医疗和外科手术机器人、挖掘和搬运机器人、仿人机器人、农用牵引车、火星探测器、竞赛或娱乐机器人和无人驾驶的空中或地面车辆。无人驾驶飞行器/机器人可用于军事、航空航天、采矿、医疗保健甚至教学和训练中。搜索或翻斗机器人适用于从化学危险区收集样品、取出地雷、探索未知区域、从其他行星上收集岩石样本和在生产线上组装零件。机器人系统还可用于自动移动清扫车和儿童自动车。机器人技术及其紧密相关领域(UAV、MAV、UGV)的研究包含多个学科和技术,它们集成了:机械设计,机械手及其驱动;包括环境在内的机器人系统(和其他工具)的数学建模;用于测量的传感器、仪器和采集系统;数据测量,滤波及数据融合的预处理工作;图像的采集、融合、处理和跟踪；路径和运动规划及最优路径算法；同步定位与地图构建算法；在机载计算机、微处理器、嵌入式系统上实现这些算法及其他算法；传感器、执行器的故障检测与管理，以及重构方案的实施；使用软计算技术进行学习、适应和决策；制导和导航算法；多机器人协调机制及相关算法；用于移动工具的数学建模的实时或在线系统识别与参数估计[3,4]；控制算法和机器人系统的性能评估方法；用以优化机器人系统配置的机器人架构方面的软、硬件。

本书共 35 章，涵盖了许多领域和学科，由来自各个专业和国家的专家撰稿。尽管每一章都可以独立阅读和研究，但为了促进全书内容的顺畅衔接，分为三个有逻辑关系的部分：第 1 部分 MIAS 基础概念；第 2 部分 MIAS 与机器人；第 3 部分 MIAS/机器人的联合技术。许多章节尝试以新的技术、算法或实验、仿真、实证数据的分析结果的形式呈现一些新的结论。其他章节则简要介绍基本方法、技术或回顾相关领域的一些文献。因此，本书从结构上来看具有综合性：它可以作为一本专业书籍，或者一本像研究或技术期刊那样有一些新成果的参考书籍。这并不意味着它可以成为任何课程或教学设计的教科书，但它可以作为一本配套书，供硕士生和博士生研究项目时参考。需要指出，书中的数学表达式、方程和公式都是从基本原理推导出来的，关于推导过程，读者可参考相关章节中引用的参考文献。此外，并非所有章节都讨论了移动性、自主性和智能化的所有方面。但是，从整体上来看，本书主要讨论了一些基本概念、MIAS 和机器人系统以及 MIAS 和机器人技术的相关辅助技术。其主要目的是审议和讨论建立一个良好的自主或智能移动系统需要几个学科。不过，本书并未涉及交通工具机械和结构方面的内容。还需要指出的是，各章节的作者似乎都足够重视其提出的各种理论、公式或方程式、仿真或实证数据结果以及实验结果、推论和结论的正确性，声明在将其应用于自身问题、案例研究和系统之前，足够谨慎并采取了一定的预防措施。这对于读者和用户来说很重要。由此带来的问题都将由作者自行承担风险。这里只给出每章的简要描述，有两个原因：一是作者已经在其章节引言中明确强调了每项工作和相关技术的重要性；二是目录已经对有关章节的内容做了说明。本书中各章介绍的 MIAS 和机器人系统的理论与实践的协同关系如图 1 所示。不考虑机械结构及相关方面的内容，本书涉及的许多技术都是建立 MIAS 的要素。

第 1 章讨论人工神经网络、模糊逻辑和遗传算法的一些基本概念。讨论这些软计算技术以及 AI 在机器人和其他相关系统中的应用范围。此外，还介绍某些可以用于机器人应用领域的 ANN（人工神经网络）、FL（模糊逻辑）和 GA（遗传算法）的组合。

第 2 章讨论机器人运动的数学模型。在此基础上，讨论运动学、动力学、机器人行走和基于可用性测量的概率及机器人建模问题。

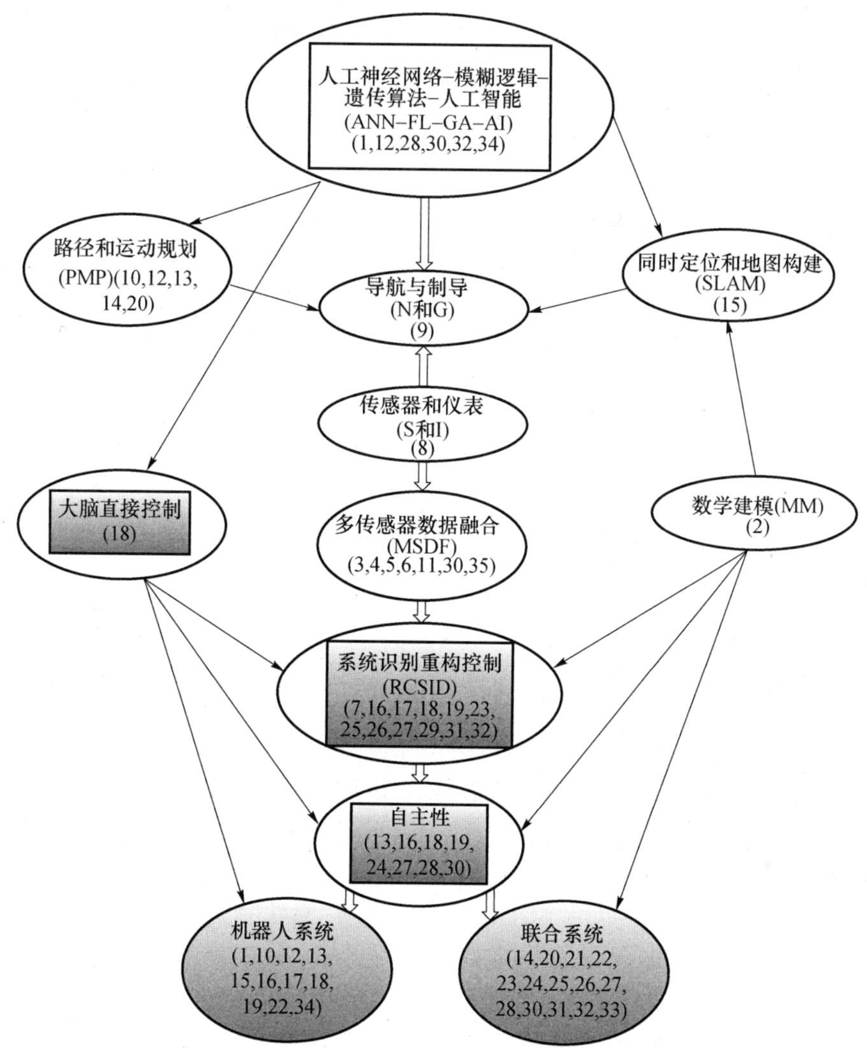

图 1　MIAS 和机器人系统的理论和实践的协同关系(括号内是章数)

第 3 章讨论数据融合在机器人技术中的必要性。重点介绍数据融合的方法,并给出这些方法的部分编码。表达简洁明了,但不容忽视的是数据融合方法在机器人技术或 MIAS 领域的应用的确很重要。

第 4 章、第 5 章和第 30 章涉及了对多传感器数据融合方法的进一步研究和应用。第 4 章讨论图像配准和融合方面的问题。利用真实图像数据对卫星图像配准与融合方面的若干问题进行研究,同时为图像配准提供一个很好的文献综述。其中特别强调用于图像融合的模糊逻辑 I 型和 II 型的概念。第 5 章提出基于离散余弦变换的图像融合方法,并利用公开文献中的图像数据给出性能评估结果。第 6 章在频谱框架中提出了一种新的、改进的运动分割方法。具体来说，使用频谱框架讨论运动检测、聚类运动估计问题。还使用最大似然运动框架，并给出该方法的大量性能评估结果。

第 7 章介绍基于丢包链路的多智能体系统编队控制的一些新的研究工作。无论是数据传输网络、多机器人协调数据网络还是多目标通信信道和无线传感器网络，如何解决在通信信道中存在数据丢失现象非常重要。

第 8 章主要涉及机器人系统中使用的传感器和仪表系统。这样的传感器也用于其他系统，如无人机和微型飞行器。重点内容是传感器类型和传感器特性。同时简要讨论信号调理、数据通信、MEMS(微电子机械系统)和智能传感器等方面的问题。

第 9 章讨论导航和制导这一重要问题。当移动工具包括机器人需要确定姿势并映射自身所处的环境时，这是一个关键的、基本的技术需求。接下来的几章描述车辆路径规划以及同时定位和地图构建(SLAM)的具体问题。

第 10 章研究非常重要的车辆路径和运动规划问题，简要回顾并描述了几种古典的基于软计算技术的启发式方法。附录 B 列出了 D* 算法的程序列表，因此该 D* 算法可以与第 14 章中的 D* 算法进行比较。第 11 章提出新的用于测量数据丢失和超出序列的解决方案，具体介绍使用卡尔曼滤波和多重插补的方法，并得出一些仿真实验结果。第 12 章给出在机器人动态障碍的情况下使用遗传算法进行路径规划的结果。仿真结果显示，该算法能够使移动机器人在这种环境中避开障碍物。第 13 章回顾相关的逻辑运动规划工作，并提出另一种方法，简要介绍几种逻辑和语义，并用案例来研究新方法。第 14 章提出基于约束编程方法的路径规划解决方案，并给出新的改进的 D* 算法和一些修改后的D* 算法的部分代码示例。

第 15 章讨论同样重要的移动车辆和机器人的同时定位和地图构建(SLAM)问题，回顾 SLAM 的几个方面，并提出基于 $H-\infty$ 滤波的 SLAM 联合状态和参数估计的新方法。仿真结果显示，基于 $H-\infty$ 滤波的 SLAM 的结果非常令人满意。

第 16 章简要讨论机器人架构的几个方面，特别强调基于计划、行为及混合体系的架构，这些架构理念对其他移动车辆也很适用。同时提出可能合并模糊逻辑和传感器数据融合的混合架构。第 17 章介绍机器人的多重协调性，并论述从单机器人到多机器人协调和相关软件技术面临的问题。

第 18 章提出控制移动机器人的新方法——直接脑控制。用生物大脑进行实验，并确定机器人可以实际控制这样的生物大脑(大鼠的大脑组织)。仿真和实验研究非常有说服力且鼓舞人心，为其他 MAV 车辆的挑战性研究铺平了道路。第 19 章介绍智能机器人系统安全有效的自主决策工作，运用实时控制系统-

参考模型架构(RCS - RMA)作为架构进行深入讨论,并介绍该系统的测试结果。

第 20 章介绍用于无人操纵车辆的部分集成制导和控制的新方法,适用于对障碍物的应激反应。对于单个或两个障碍物,非线性引导算法用于 UAV 非线性 6 自由度模型非常有效。

第 21 章考虑基于执行器冗余阻抗控制的机电系统。具体来说,考虑通过冗余驱动实现阻抗控制的某些方法,包括一些实例以及具有冗余驱动的串并联机械手。该致动包括借助对抗驱动的幅度变化来确定操作空间中的期望刚度。第 22 章提出应用机器人技术,应用网络自动化合成微米及纳米尺度的闭合结构。该技术利用弹性压电致动器和封闭机器人运动结构。

第 23 章提出系统识别和参数估计的新方法,用于在闭环控制中运行的不稳定系统,并将该技术应用于飞机的故障分析和管理。同时利用稳定递归估计方法估算闭环飞机控制系统的稳定性裕度。第 24 章提出用于移动自主系统的智能天线背景下的加速自适应算法。在 MIAS/机器人技术中,通过嵌入机器人传感器中的自适应算法可以实现跨越障碍物,在 MAV/UAV 中也能实现。在自适应阵列(算法)中,通过实时接收信号并有效加权、对其运行条件进行重新配置来实现模式优化。通过采用有效的自适应算法获得最优权重,并进行了大量验证。

第 25 章提出自主的四旋翼 MAV 的综合建模、仿真和控制器设计,该方案严格地控制时间/成本,采用系统方法设计和开发。在市场上现有和稳定可用组件的基础上,所有子系统都进行建模并集成到整个系统模型中,用来测试 MAV 的性能及其稳定性和对外部干扰、控制输入的响应。四旋翼由可用部件组装而成,通过建模和仿真操作避免中间设计的变更,减少开发时间和成本。

第 26 章提出使用卡尔曼滤波器和平滑器来确定移动车辆的影响与启动,特别是卡尔曼滤波器和前向预测用来预测影响点,而卡尔曼滤波器和 RTS:Rauch - Tung - Streibe 固定间隔滤波器与反向积分用于预测启动点,用匀速移动目标的仿真数据验证算法。

第 27 章提出用于自主飞行的新型 MAV 稳定增强系统,名为 Sarika - 1,通用方法设计,使用了固定次序 H2 控制器和板载计算机。基于数字信号处理器(DSP)的车载计算机飞行仪表控制器(FIC)可以在自动或手动模式下运行,该控制器移植到飞行计算机上,并通过实时硬件在闭环中仿真(HILS)进行验证。将从 HILS 获得的响应与离线模拟获得的响应进行比较,从而验证设计方法。第 28 章提出飞机自动控制器的神经模糊容错方法。自动着陆问题包括高性能战斗机,飞行路线包括机翼保持水平飞行、协调转弯、滑翔道降落、拉平机动及跑道触地。因此,研究重构或智能系统非常合适,可以检测故障,充分利用空气动力冗余来安全地完成任务。

第 29 章在民用航空运输机控制系统重构的背景下，考虑重要的容错系统问题，讨论重构问题、冗余管理和重构算法。本章讨论的方法同样适用于机器人系统中的容错和重构问题。

第 30 章研究三种不同的自动目标识别（ATR）理论——古典的贝叶斯和神经网络。具体来说，简要回顾这些方法，并提出一些将来研究的可能性。从这些 ATR 理论的角度，讨论图像处理、图像传感器、目标检测、目标特征提取、目标跟踪和传感器数据融合几个方面。

第 31 章介绍空气燃烧系统的实时故障检测和调节算法的工作，使用扩展的卡尔曼滤波器与相关设计过程进行冗余解析和故障检测及管理。该方法使用仿真和实时测试进行验证，结果表明，FDA（故障检测与调节）算法的设计适合在嵌入式硬件上运行，因此在其他 MIAS/机器人系统中也可应用。第 32 章介绍基于模糊逻辑的传感器与飞机控制表面故障检测和重构的分析及仿真结果。从 EKF（扩展卡尔曼滤波）的应用开始，研发基于模糊逻辑的方法，并将其用于控制律的重构，通过大量的仿真结果来确定新方法的效果。

第 33 章提出使用（2 维）雷达在（3 维）中进行目标跟踪，使用多普勒测量高度并估计运动速度。通过该方法可以获得非常准确的结果，这对于确定各种自主运动飞行器的高度，特别是在多协调情景下的飞行是非常有用的。

第 34 章研究使用贝叶斯网络和 k - NN 模型开发自主机器人的行为。提出贝叶斯网络和 k 近邻模型，对机器人的行为和避撞建模，对静态和动态环境中的比较评价方法进行实验评估。根据本章介绍的 4 个传感器配置，对模型平均性能的评估结果进行总结。第 35 章提出针对无序测量数据问题的新方法，特别是基于函数的方法，并给出了仿真实验结果。本章的工作可以看作对第 11 章的补充。附录 A 简单介绍一些数值统计的概念和方法，这些对于理解本书各章节中提出的分析材料是非常有用的。附录 B 简要描述在移动机器人的仿真/路径规划中可能用到的软件和算法，以及航空航天飞行器的仿真包。

参考文献

1. Martinez, W. Lecture notes on robotics, CECS-105, Dept. of Comp. Engg. and Comp. Sci., California State University, Long Beach, Presented at *Robotics 101* Webinar, April 2009. http://decibel.ni.com/content/ docs/DOC-4655. LA, USA. January 2011.
2. Raol, J. R. *Multisensor Data Fusion with MATLAB*. CRC Press, FL, USA, 2009.
3. Raol, J. R., Girija, G. and Singh, J. *Modelling and Parameter Estimation for Dynamic Systems*, IEE/IET Control Series Vol. 65, IEE/IET, London, UK, 2004.
4. Raol, J. R. and Singh, J. *Flight Mechanics Modeling and Analysis*. CRC Press, FL, USA, 2008.

第1部分　MIAS基础概念

第1章　神经-模糊-遗传算法-人工智能范式

1.1　引言

过去50年里，人工神经网络（ANN）、模糊逻辑（FL）和遗传算法（GA）等领域的研究已经取得了很大进展，而且，当把这些独立的研究技术组合在一起时，就成为软计算方法的一个重要组成部分。但是，现有的大部分软计算类书籍只涉及模糊神经网络遗传算法及其各个方面，偶尔也会包括支持矢量机（SVM）。而人工智能领域在大多数情况下也将人工神经网络和其他与人工智能相关的内容如语言、知识型系统等一起处理。而在本章，则将人工神经网络、模糊逻辑（Ⅰ型和Ⅱ型）、遗传算法[1-5]看作一个三元组，简要讨论它们的基本概念、理论和实际应用于移动智能自主系统（MIAS）特别是机器人技术的可能性。此外，简要论及人工智能的常用定义，并对基于人工智能的代理系统（AIAS）做简单探讨。在可行的情况下，将这三种软计算方法联系起来，来解决机器人技术中的某些问题。

ANN常用于机器人适应外界环境，控制自我行为。建模的目的，即关键是要建立智能机器人自己的环境模型，并将其与数学模型（行为模型）链接，结合实测数据实现点到点的导航（第9章），并最终实现其终极目标。

FL以及与其相关联的模糊隶属函数、模糊蕴涵函数和模糊推理机/系统（FIES）[5]（图4.11）常用于正确充分地（因为使用了Ⅱ型FL）表述、处理模糊问题，确切地说是通过分析存在于机器人外界环境和传感器测量中的不确定因素，以一致的数学形式正确建模。应用FL，其实就是利用人工智能专家们的启发式知识和经验。专家们通过反复试验法或者机器人控制管理中的其他形式方法来了解机器人技术及其工程学的艺术性和科学性，花费很长时间积累了大量的经验。这种控制管理暗含了机器人路径规划或运动规划（第10章）和SLAM同时定位与规划(第15章)。毫无疑问,G&N(机器人制导与导航第9章)在路径或运动规划和SLAM中扮演了非常重要的角色。基本上,平行微程序处理器(PMP)和SLAM是作为一个整体引入G&N中来促进移动载体运动的。

另一方面,基于自然演化机制的GA[6]在与机器人路径或运动规划相关的优化和控制问题中,用于进行全局最小(最优)搜索。对科学和工程上的许多最优解问题而言,GA是一种简单但功能强大的方法。机器人技术是系统工程研发的沃土,而GA对机器人系统工程中许多问题的优化都非常有效。

从本质上说,当利用神经网络(NN)来解决现实世界的许多问题时,在MIAS和机器人技术中,会遇到各种各样的学习算法以及人工神经网络配置和架构的众多可能选择[1]。无论是单独的人工神经网络还是结合了各种架构以期获得数据(对象)分类、环境场景和模式识别所需的最佳组合的情况,都有许多可能的自动优化选择方案。有模块化、集成化两种途径可用于实现与人工神经网络的结合[1]。在模块化情况下,一个给定的学习或建模问题可分解成若干利用专门模块处理的子任务。在某种意义上说,这些执行任务的子网是从其他子网中分离出来的,代表一个专业模块的神经元权重。网络集成化本质上与模块化面临的是相同的任务,而且网络输出是组合式的,可以称为基于神经网络的合成数据、结果和决策的融合。其最后输出的模型比通过选择最优网络得到的更为可靠。不过网络集成化将精确度相差很大的网络结合在一起是不明智的。处理这个问题的合理途径是利用基于软计算技术的另外两种方法,如FL、GA以及它们的组合。由于这些软计算技术各有优势,已经有很多文献试图集成NN - Fuzzy、Fuzzy - GA、GA - NN以及NN - Fuzzy - GA来获益,本章简要讨论这些方法。

1.2 人工神经网络

在过去50年中, ANN领域的研发进展神速。其模拟生物神经网络(人脑的BNN(生物神经网络)和神经系统)功能,被设计作为甚至被视为自适应电气或电子电路和系统,该电路和系统从给定的测试数据中获得一些简单基本的自适应学习能力,如BNN。虽然线性运算并不少见,但其决策过程主要基于一定的非线性运算。生物神经元和人工神经元的图解和比较见图1.1和表1.1[2,4]。这些人工神经网络实际上是数值方法或算法,可以在个人电脑(PC)、笔记本电脑等常规计算机上编程,易仿真、易实施。ANN为利用经验或实验数据进行数学建模提供一些(正交的)基础函数。像BNN一样,ANN本身具有并行计算结构,因此很容易在并行机上编程,可以直接在一些最优方式中使用多个神经元体系结构,使用基本的电子电路和交换器来构建计算机,也可以如近百年来的模拟计算机一样利用乘法器与加法器执行计算任务来解决科学和工程问题。例如,可以建立基于人工神经网络的反转矩阵计算硬件来解决最小二乘估计问题。利用这种方法,可以建立复杂的神经元或结构设计系统,因此计算机能够执行具体的优化和控制计算任务[2]。假使需要反复执行某些特定的任务,可通过制作集成电路(IC)或芯片或将工作和评估代码嵌入某些固件中(嵌套结构,现场可编程门阵列(FPGA))来实现。

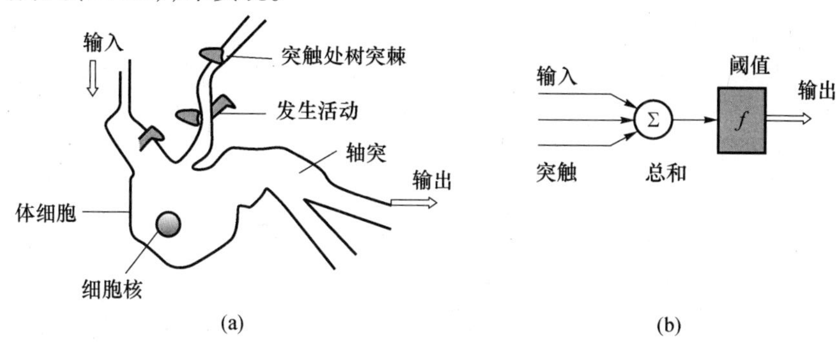

图1.1 人工神经元以特定方式模拟生物神经元(源自多传感器数据融合与MATLAB. B. J. R. Raol,CRC出版社,美国佛罗里达州,2009年)
(a)生物神经元模型;(b)人工神经元模型。

表1.1 神经系统的比较

生物神经网络/系统	人工神经网络/系统
神经元	节点/单位
发射率	激活水平
由树突接收信号并传递给神经元的接受面	通过输入层输入数据
输入信号通过称为突触的专门触体被反馈到神经元	权重提供了输入输出层节点之间的联系
轴突,树突,突触	连接点
在体细胞中完成神经元的所有逻辑功能	非线性激活函数根据权重输入值乘积的总和运行
输出信号由轴突神经纤维传递	输出层产生网络预测的响应
兴奋性/抑制性输入	兴奋性/抑制性输入

人工神经网络的非线性特性好处在于:提高算法收敛速度;为输入、输出信号提供一个更为通用的非线性映射;通过削减不良影响来降低测量异常值的影响,尤其是在采用饱和型非线性方式的情况下。人工神经网络成功应用于前馈神经网络(FFNN)和它的变异型中。FFNN成功应用于信号分析,模式识别,非线性曲线拟合或映射,飞行器数据分析,飞行器数学建模,自适应控制,系统识别,参数估计,传感器数据融合,物体分类、特征,机器人路径和运动规划以及SLAM等领域。另外,递归神经网络(RNN)是一个非常有用且有前途的结构,也

可用于建模、参数估计和动态系统控制[2,4]。有趣的是,递归神经网络非常适合并行化,许多滤波、信号处理、优化和控制方法以及算法可以利用递归神经网络的这个特性并行处理[2]。这将引导人们构造出真正的并行计算机,通过提高效率和减少计算次数的方式来执行控制配置、学习、适应性和灵活性这些复杂而精密的任务,为自适应系统铺平道路。然而,令人遗憾的是,根据文献记载,使用递归神经网络的优化和控制算法并行化方案的开发已有20多年的历史[2],神经元并行计算机的建设与应用却没有多少公开的文献报道。如果不考虑所有方面,人工神经网络与生物神经元(神经细胞)系统确实具有某种相似性。生物神经系统(BNS)具有令人难以置信的大规模并行处理能力,其处理单元很简单,但数量庞大(数百万或数十亿计)。前馈神经网络和递归神经网络就是这样的信息处理系统,其拥有大量的被称为人工神经元的简单处理单元,能够完成和生物神经系统处理单元相类似的任务(图1.2)。这些神经元通过链路连通,由神经元神经无权重(也称为系数)来表述。为了完成预期的任务,它们合作执行并行分布式计算,权重数值是它们的主要区别。当然,虽然人工神经网络与真正的神经网络相似程度比较接近,但也仅仅是有一些相似之处,人工神经网络在生物计算能力和学习、适应能力方面表现更为复杂,也更为精确。而且,人工神经网络是大规模并行自适应电路或滤波器,因而其本身就是真正意义上的并行计算机。由于基本的神经网络功能从某种意义上来说能够充分近似系统行为,因此人工神经网络常用于输入/输出(I/O)子空间建模。

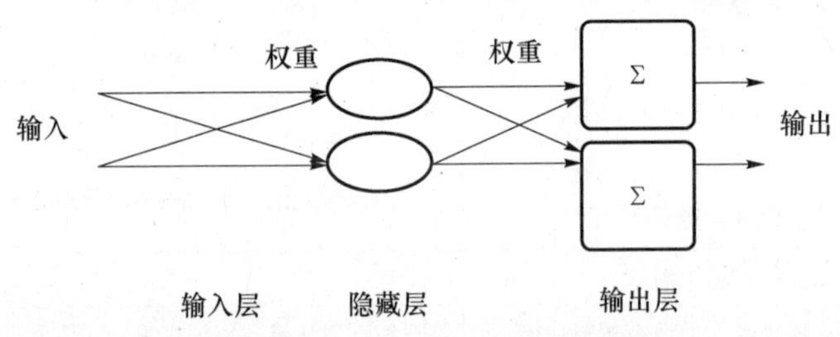

图1.2 具有一个隐藏层的前馈神经网络结构

因此,神经网络的基本元素是[1,2]:连接模型的基本结构和流程;使用单元和权值来表述(也称为系数);有监督的和/或无监督的学习方法。在这种情况下,首先进行监督学习,然后根据所需数据的具体情况和可用程度进行无监督学习。人工神经网络的基本构成要素是节点,这些节点经由兴奋性连接和抑制性连接连通(表1.1),当一个节点被激活,或者说被刺激,激活作用会沿着连接扩散。认知模型的节点不是(也不需要)等效于大脑中的单个神经元。它们可以近似地作为一组神经元。在相同的环境下,这组神经元可能变得活跃起来。而大脑和生物神经网络的重要方面则体现在[2]单个神经元的放电频率和神经元协作组中活跃神经元的数量——这两种情况都表明该神经表征的激活程度。激活的程度反映了刺激强度、表征的确定性、响应强度和响应倾向一个或多个情况。这些情况一般通过非线性激活函数体现出来。

1.3 前馈神经网络

前馈神经网络具有非循环、分层推进扩展拓扑结构，因此在常规意义的多项式模型中，系统的输入和输出信号之间具有非线性映射自由结构（图 1.2）。所选择和指定的网络首先利用训练集的数据进行训练，然后使用不同的输入集进行预测，训练集数据和输入数据属于同一类。第二个数据集或段是验证集，这个过程类似于用于系统辨识与参数估计的交叉验证系统。由于这种交叉验证测试在前馈神经网络中的成功表现，因此称为真正的验证测试。当然，有很多措施和指标可用于确定神经网络训练性能及预测能力的准确性和满意度。网络权重的预估采用反向传播（BP）算法或基于梯度的优化，即最速下降法或梯度法。由于前馈神经网络权重的分层配置，权重的估计需要对输出层误差进行反向传导，故名反向传播；不过，这并非是在时间上的反向传播。估计或学习算法可以在 PC MATLAB® 中利用矩阵或矢量法进行描述，目的清晰易于实施。通过这种方式，训练算法很容易理解和解释。即使没有 MATLAB 的神经网络工具箱，使用 MATLAB 中现有的和由用户或开发者新制定的 dot－em（.m）文件，也可以非常容易且有效地进行学习算法和神经网络的仿真设计以及其他相关研究。

前馈神经网络可看作非线性的黑箱（建模）结构，利用包括扩展卡尔曼滤波器（EKF）程序在内的传统优化方法，可估计确定其参数（重量或系数），也可以使用一些较新的优化方法，如遗传算法及其用于培训网络（NW）的变体。前馈神经网络适用于系统辨识和参数估计，时间序列的建模与预测，模式识别或分类，传感器故障检测，控制规律重构和空气动力系数的估计。例如，在使用前馈神经网络进行动态系统参数估计时，前馈神经网络实际上是用于预测初始培训后气动系数的时间历程，根据预测的气动系数的时间历程，用回归方法估计气动系数（空气动力稳定性和控制导数）[4]。机器人环境假设数学模型中的未知参数可以采用类似的过程进行估计。

因此，人工神经网络可以看作一个映射函数“f”或 I/O 数据集的一个运算符，也就是说：f 是 I 到 O 的映射；f：I→O；或 $y=f(x)$。由于分类法是一个从特征或对象空间到某些输出类的映射，如分类问题，因此，可以将人工神经网络，特别是采用广义增量训练规则的双层前馈神经网络进行一定形式的功能分类来表示其属于某个类别[1]。一个双层网络的分类需要考虑输入层的 T 神经元（特征数)、隐层中的 H 神经元和输出层的 C 神经元(种类数)。隐层神经元的数目 H 是一个适当选择量。前馈神经网络相邻层之间连接完全,其运算过程可认为是一个非线性的决策过程,即给定一个未知输入 $X=(x_1,x_2,\cdots,x_T)$ 和类集 $\Omega=\{\omega_1,\omega_2,\cdots,\omega_c\}$,预计每个输出神经元都会产生属于这类的 y_i 变数。

1.3.1 学习算法

人工神经网络的学习算法用来更新神经元单元或节点之间的权重。它主要有监督学习和无监督学习两种类型。与教师的反馈相比,监督学习网络的输入响应数据(图像等)更为直观,这将减少相匹配的网络输出值的误差。基于一些内部准则,无监督学习的权重发生了改变。在这种情况下不存在来自于老师或网络的反馈信息。假设前馈神经网络变量:u_0 为网络输入层的输入数据;n_{i} 为输入层神经元的个数,等于输入 u_0 的数量;n_{h} 为网络第一隐层神经元的数量;n_0 为输出层神经元的个数,等于输出数 z;$\boldsymbol{W}_1(n_{\mathrm{h}}\times n_{\mathrm{i}})$ 为网络输入层与第一隐层之间的系数矩阵或权重矩阵;$\boldsymbol{W}_{10}(n_{\mathrm{h}}\times 1)$ 为偏置量或系数矢量;$\boldsymbol{W}_2(n_0\times n_{\mathrm{h}})$ 为第一隐层和输出层之间的重量或系数矩阵;$\boldsymbol{W}_{20}(n_0\times 1)$ 为偏差系数或权重矢量;μ 为学习速率或步长[4]。

1.3.1.1 BP 训练算法

基于最速下降优选法的 BP 算法是最简单的梯度法。其信号处理和传输都使用下面的方程组来设置完成。已知 u_0 和初始估计权重[2-4]:

$$\boldsymbol{y}_1=\boldsymbol{W}_1 u_0+\boldsymbol{W}_{10} \tag{1.1}$$

$$\boldsymbol{u}_1=f(\boldsymbol{y}_1) \tag{1.2}$$

式中:$\boldsymbol{y}_1$ 为中间矢量值;$\boldsymbol{u}_1$ 为第一隐层的输入值。

非线性激活操作功能函数由下式给出:

$$f(\boldsymbol{y}_i)=\frac{1-\mathrm{e}^{-\lambda \boldsymbol{y}_i}}{1+\mathrm{e}^{-\lambda \boldsymbol{y}_i}} \tag{1.3}$$

第一个隐层和输出层之间的信号表示如下:

$$y_2=\boldsymbol{W}_2 u_1+\boldsymbol{W}_{20} \tag{1.4}$$

$$\boldsymbol{u}_2=f(y_2) \tag{1.5}$$

式中:u_2 为位于输出层的信号。

系统的微分方程为

$$\frac{\mathrm{d}\boldsymbol{W}}{\mathrm{d}t}=-\mu(t)\frac{\partial E(\boldsymbol{W})}{\partial \boldsymbol{W}} \tag{1.6}$$

就前馈神经网络获取最优权重而言,式(1.6)是最简单的最速梯度(下降)法。定义输出误差 $\boldsymbol{e}=\boldsymbol{z}-\boldsymbol{u}_2$,在此基础上建立一个合适的二次成本函数,那么权重梯度的表达式如下：

$$\frac{\partial \boldsymbol{E}}{\partial \boldsymbol{W}_2} = -f'(\boldsymbol{y}_2)(\boldsymbol{z}-\boldsymbol{u}_2)\boldsymbol{u}_1^{\mathrm{T}} \tag{1.7}$$

式中：$\boldsymbol{u}_1$ 为 $\boldsymbol{y}_2$ 相对于 $\boldsymbol{W}_2$ 的梯度，这是输出层的权重。

节点的非线性激活函数 f 的导数为

$$f'(y_i) = \frac{2\lambda_i \mathrm{e}^{-\lambda y_i}}{(1+\mathrm{e}^{-\lambda y_i})^2} \tag{1.8}$$

利用二次函数 $\boldsymbol{E} = \frac{1}{2}(\boldsymbol{z}-\boldsymbol{u}_2)(\boldsymbol{z}-\boldsymbol{u}_2)^{\mathrm{T}}$ 以及式（1.4）和式（1.5）得到式（1.7）。输出层的误差修正如下：

$$\boldsymbol{e}_{2b} = f'(\boldsymbol{y}_2)(\boldsymbol{z}-\boldsymbol{u}_2) \tag{1.9}$$

输出层的递归权值更新或学习规则为

$$\boldsymbol{W}_2(i+1) = \boldsymbol{W}_2(i) + \mu\boldsymbol{e}_{2b}\boldsymbol{u}_1^{\mathrm{T}} + \Omega[\boldsymbol{W}_2(i) - \boldsymbol{W}_2(i-1)] \tag{1.10}$$

式中：Ω 为动量因子，用来平滑可能发生的大权重变化，并加速收敛使算法达到稳定状态；括号内为任意两个时刻之间权重变化率的近似计算，并以此作为大权重变化阻尼的预测因子（这就像控制系统中以增加系统阻尼的速率反馈操作[2]）。这种人为构造因子将稳定大权重漂移。输入层错误的反向传播和 $\boldsymbol{W}_1$ 的权值更新规则[2-4]为

$$\boldsymbol{e}_{1b} = f'(\boldsymbol{y}_1)\boldsymbol{W}_2^{\mathrm{T}}\boldsymbol{e}_{2b} \tag{1.11}$$

$$\boldsymbol{W}_1(i+1) = \boldsymbol{W}_1(i) + \mu\boldsymbol{e}_{1b}\boldsymbol{u}_0^{\mathrm{T}} + \Omega[\boldsymbol{W}_1(i) - \boldsymbol{W}_1(i-1)] \tag{1.12}$$

整个权重学习或人工神经网络的训练过程是递归的。应该指出，式（1.10）和式（1.12）中 μ 值和 Ω 值不必相同。

1.3.1.2　递推最小二乘反向传播算法

递推最小二乘反向传播（RLSBP）权重训练算法[2]基于最小二乘（LS）原理，并采用遗忘因子，是传统的卡尔曼滤波器的特殊情况。直接使用线性卡尔曼滤波的概念，输出信号计算简单：

$$\boldsymbol{u}_2 = \boldsymbol{y}_2 \tag{1.13}$$

对卡尔曼增益计算如下：

对于层 1，增益 $\boldsymbol{K}_1$ 和协方差矩阵 $\boldsymbol{P}_1$ 的更新[4]为

$$\boldsymbol{K}_1 = \boldsymbol{P}_1 u_0 (f_1 + u_0 \boldsymbol{P}_1 u_0)^{-1} \tag{1.14}$$

$$\boldsymbol{P}_1 = (\boldsymbol{P}_1 - K_1 u_0 \boldsymbol{P}_1)/f_1 \tag{1.15}$$

对于层 2，增益 $\boldsymbol{K}_2$ 和协方差矩阵 $\boldsymbol{P}_2$ 的更新为

$$K_2 = P_2 u_1 (f_2 + u_1 P_2 u_1)^{-1} \tag{1.16}$$

$$P_2 = (P_2 - K_2 u_1 P_2)/f_2$$

作为线性输出层,其误差由下式给出:

$$e_{2b} = e_2 = z - y_2 \tag{1.17}$$

内层反向传播输出误差为

$$e_{1b} = f(y_1) W_2^{\mathrm{T}} e_{2b} \tag{1.18}$$

权重更新规则为

$$W_2(i+1) = W_2(i) + e_{2b} K_2^{\mathrm{T}} \tag{1.19}$$

$$W_1(i+1) = W_1(i) + \mu e_{1b} K_1^{\mathrm{T}} \tag{1.20}$$

1.4 递归神经网络

另一个常见的人工神经网络结构是 RNN,其以霍普菲尔德(Hopfield)神经网络(HNN)为基础,这些都是从输出变量到输入变量的反馈人工神经网络(图 1.3)。由于动态系统有一个固有的反馈机制以及有记忆和能量的积累或自然消散,因此,RNN 非常适合动态系统建模。此外,RNN 能够应用于动态系统的参数估计[2],也可以用于训练并由此衍生出几个有用的 RNN 变体和几种轨迹匹配算法[2]。

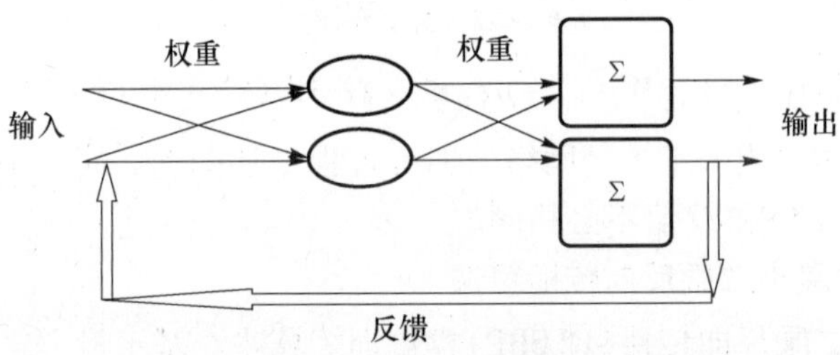

图 1.3 递归神经网络

1.4.1 一些 RNN 变异型

从显式参数估计的角度研究 4 种 RNN 变异型。这些都是基本的 Hopfield 神经网络结构,其中至少有 3 种变异型通过仿射或线性变换彼此相关[2],其分类通过操作非线性函数的方式实现:神经元状态(RNN - S)、加权神经元状态(RNN - WS)网络的输出信号残差或强制输入的残差(RNN - FI)。

1.4.1.1 基本 Hopfield 神经网络

这是一系列相互关联的 RNN - S 信息处理单元,神经元和网络输出的是该

网络状态的一个非线性函数:RNN-S的动力学函数[2]为

$$\dot{x}_i(t) = -x_i(t)R^{-1} + \sum_{j=1}^{n} w_{ij}\beta_j(t) + b \tag{1.21}$$

式中:x为神经元的内部状态;β为输出状态,$\beta_j(t)=f(x_j(t))$;w_{ij}为权重;b为输入神经元偏差;R为神经元阻抗;n为神经元状态维度。

式(1.21)也可写为

$$\dot{x}(t) = -x(t)R^{-1} + \boldsymbol{W}[f(x(t))] + b \tag{1.22}$$

式中:f为非线性函数。式(1.22)是经典的神经动力学表达式,利用它可得到一个保留基本特征的简单系统:以神经元为输入、输出传感器;具有一个能够达到最大程度输出的平滑响应函数;具有连接的反馈性。该数学模型有动力学意义上的记忆功能和非线性两个方面特点。

1.4.1.2 RNN-FI型

强制输入非线性操作:$\mathrm{FI}=f(\boldsymbol{W}_x+b)$,即加权状态,作为输入修饰输入到网络中。动力学公式为

$$\dot{x}(t) = -x_i(t)R^{-1} + f\left(\sum_{j=1}^{n} w_{ij}x_j(t) + b_i\right) \tag{1.23}$$

随着$f(\cdot)=f(\mathrm{FI})$,该RNN-FI通过仿射变换与RNN-S相关。

1.4.1.3 RNN-WS型

若加权状态为非线性操作,则NW的动态描述为

$$\dot{x}(t) = -x_i(t)R^{-1} + f(s_i) + b_i \tag{1.24}$$

随着$s_i = \sum_{j=1}^{n} w_{ij}x_j$,NW结构经由线性变换与RNN-S相关。

1.4.1.4 RNN-E型(不操作非线性函数的RNN)

在NW中非线性直接作用于方程误差。函数f或其导数f'并不进入神经元动力学。然而,它会通过量化剩余误差的方式影响残差并减少测量异常值的影响。动态函数为

$$\dot{x}(t) = -x_i(t)R^{-1} + \sum_{j=1}^{n} w_{ij}x_j(t) + b_i \tag{1.25}$$

内部状态x_i即β_i,为一般动力系统参数。

1.5 基于Hopfield神经网络-RNN的参数估计

动态系统由下式给出:

$$\dot{x} = \boldsymbol{A}x + \boldsymbol{B}u,\ x(0) = x_0 \tag{1.26}$$

对于 HNN(RNN－S)的参数估计而言,$\beta=\{A,B\}$是估计的参数矢量,n 为参数数目。一个合适的函数与其相关联,然后 HNN 迭代得到一个稳定的参数估计方法。在这种 NW 中,根据式(1.21),神经元改变了其状态 x_i。动力学公式受非线性函数 f 的影响,即 $\beta_i=f(x_i)$。需要通过一些数值积分法求得参数估计方程:

$$\dot{\beta_i}=-\frac{1}{(f^{-1})'\beta_i}\frac{\partial E}{\partial \beta_i}=\frac{1}{(f^{-1})'\beta_i}\left(\sum_{j=1}^{n}w_{ij}\beta_j+b_i\right) \tag{1.27}$$

权重矩阵 $\boldsymbol{W}$ 和偏置矢量 $\boldsymbol{b}$ 的表达式如下[2]:

$$\boldsymbol{W}=\begin{bmatrix}\sum x_1 & \sum x_2x_1 & 0 & 0 & \sum ux_1 & 0\\ \sum x_1x_2 & \sum x_2 & 0 & 0 & \sum ux_2 & 0\\ 0 & 0 & \sum x_1 & \sum x_2x_1 & 0 & \sum ux_1\\ 0 & 0 & \sum x_1x_2 & \sum x_2 & 0 & \sum ux_2\\ \sum x_1u & \sum x_2u & 0 & 0 & \sum u^2 & 0\\ 0 & 0 & \sum x_1u & \sum x_2u & 0 & \sum u^2\end{bmatrix} \tag{1.28}$$

$$\boldsymbol{b}=-\begin{bmatrix}\sum \dot{x}_1x_1\\ \sum \dot{x}_1x_2\\ \sum \dot{x}_2x_1\\ \sum \dot{x}_2x_2\\ \sum \dot{x}_1u\\ \sum \dot{x}_2u\end{bmatrix} \tag{1.29}$$

可以看到,因为测量状态,状态导数和可用输入是假设值,式(1.28)和式(1.29)的矩阵元素容易计算。同时假设是无噪测量,否则估计参数将被偏置(附录 A)。动态系统参数估计最后使用的算法:①计算矩阵 $\boldsymbol{W}$,偏置矢量 $\boldsymbol{b}$ 来自测量值 x,在一定的时间间隔 T 内,$\dot{x}$ 和 u 可用于方程误差公式;②随机分配 β_i 的初始值以及求解微分方程(1.27)或方程(1.30)。

$$\frac{\mathrm{d}\beta_i}{\mathrm{d}t}=\frac{\lambda(\rho^2-\beta_i)}{2\rho}\left[\sum_{j=1}^{n}w_{ij}\beta_j+b_i\right] \tag{1.30}$$

因为 $\beta_i=f(x_i)$,而且已知 f 是非线性函数,经过分化和简化可得

$$f(x_i) = \rho\left(\frac{1 - e^{-\lambda x_i}}{1 + e^{-\lambda x_i}}\right) \tag{1.31}$$

集成的方程(1.30)给出 RNN－S 结构参数估计问题的解决方案,可以离散化后再使用。该方案是非递归的,$\boldsymbol{W}$ 和 $\boldsymbol{b}$ 的元素计算需要综合考虑所有可用数据。给出离散形式如下:

$$\beta_i(k+1) = \beta_i(k) + \frac{\lambda(\rho^2 - \beta_i(k))}{2\rho}\left[\sum_{j=1}^{n} w_{ij}\beta_j(k) + b_j\right] \tag{1.32}$$

总之,该人工神经网络具有的特性:它们模仿人脑的某些或一定的行为,并且具有生物神经网络那样的大规模并行架构;能够通过自适应(模拟)环路表述,该环路具有输入端、权重值(参数或系数)、一个或至多两个隐层以及非线性相关的输出端,线性相关时也不例外;这些权重值可以在动态系统建模或非线性曲线拟合或映射中加以调整,以使神经网络(NN)获得最优性能;它需要使用良好的训练算法来确定权重;该网络神经元结构具有反馈装置,因此可用于动态系统;该网络训练有素,可以用于预测一个动态系统的行为;使用标准软件程序或 MATLAB 工具盒,可以很容易地实现人工神经网络的编码和验证;NW 架构的优化结构可以是硬连线或可靠连线并嵌入到一个芯片如现场可编程门阵列(FPGA)中,用于实际——这将是从前的模拟电路即计算机的泛化。以 NW 为基础的系统才能真正称为新一代功能强大的并行的计算机,其可以成为解决大多数机器人建模与控制问题的一个强大的工具,尤其是在 FL 和 GA 相结合的情况下。因此,基于上述性质和人工神经网络(既有 FFNN 又有 RNN)的特性,可用于机器人和 MIAS 控制增强的人工神经网络方法有很多种:常规方法可通过具有可变高斯函数的径向基前馈神经网络(RBFNN)控制器辅助在线学习;在机器人模型缺少明确标识的改变情况下,人工神经网络可尝试补偿不确定性;通过改变其斜率和增益,并应用于机器人或车辆控制器所需的动态块中,非线性人工神经网络可真正实现自适应;传感器和致动器的故障检测、鉴定、分离和管理,包括 MIAS 控制器的重新配置。使用人工神经网络进行建模和控制的优点:该机器人或 MIAS 控制器将变得更加稳健,而且对设备或系统参数的变化不敏感;人工神经网络的在线学习能力非常有利于处理某些异常行为。

1.6　模糊逻辑和模糊系统

模糊逻辑(FL)由 Lotfi Zadeh 提出,该方法是用局部的或改变的集合隶属度代替经典离散隶属度来处理数据的。在经典集理论中,决策是二进制的,0 或 1,是或否,开或关。中间的情况和决策都是不允许的。一旦定义的函数变为离散函数,集合成员的隶属度就由隶属函数定义。但是,它会引入一个值的范围而不是一个值来说明是或不是,0 或 1。因此,FL 使用一组具有中间值的不同于经典集合的隶属函数来处理嘈杂的、不精确的、模糊的或模棱两可的数据和知识(图 1.4)。FL 处理不精确信息数据的可靠性更高。在以 FL 为基础的控制系统中,不要求输入精确的数字。FL 基于简单的规则方法:If x,Then y 推出一个实证模型。当然,复合规则也是可能的并且经常使用。在这里,没有具体的数字只有模糊集隶属度和使用的模糊变量,例如,If 温度很低 and 时间流逝,Then 冷却快速。FL 适用于不确定但具有描述性的情况。FL 的基础理论模仿人类的逻辑,如控制策略,即专家对一个不断变化的形势做出反应并控制它。FL 为基础的设计具有健壮性,几乎不需要调优,并且可以模拟非线性过程和系统。FL 通常用于系统数学建模非常困难或者模型非常不精确的情况[1,3,5]。

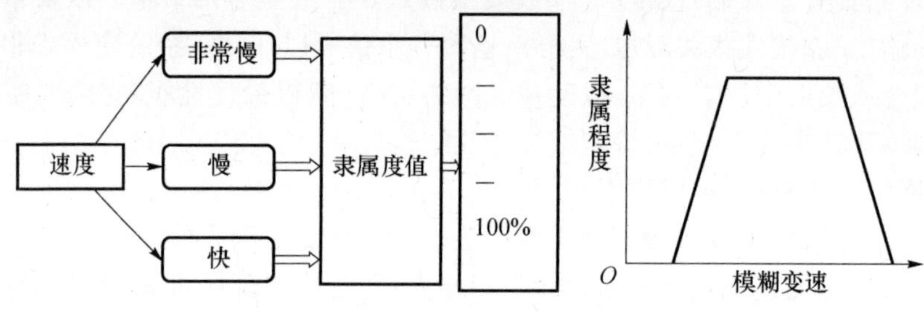

图 1.4 FL 变速概念

实际上,FL 可以模拟任何连续函数或动态系统,而且如果需要,近似的质量将取决于“If…Then”(模糊)质量规则。这些规则可以由领域专家来形成,也可以使用人工神经网络从具体的问题数据中学习规则。或者可以使用自适应神经模糊推理系统(ANFIS)设计并指定合适的模糊隶属函数。这样的模糊工程是一个利用 FL 和模糊算子的模糊系统的函数逼近。例如,如果 FL 用在传统的洗衣机设计中,机械控制器可以感知能源节约情况,以及洗涤剂浓度和衣服的磨损量。这种模糊逼近取决于函数逼近和统计学习理论的数学运算(SLT)。模糊系统也是一种自然、直观的方式,它把言论和测量行为变为近似函数,需要完成建立模糊逻辑系统这一艰巨任务,从而使困难的任务变为较温和、低成本、高效益和节省时间的任务。

模糊逻辑的基本单位 FA 是“If…Then”规则:If“机器人遇到障碍”,Then“左右转动”。模糊系统是一系列“If…Then”规则,该规则将输入设置如“遇到”,映射到输出设置如“移动到左边或右边”。在可加性模糊系统(AFS)中,每个输入部分并行触发所有规则,并且当系统计算输出 $F(x)$ 时,它充当一个关联处理器的角色。该系统结合部分发射规则,然后把模糊集合求和并将其转换成一个标量或矢量输出。因此,匹配求和模糊可近似看作广义的人工智能专家系统,或类似基于人工智能和代理系统(AIAS)的(神经等)模糊联想记忆(FAM)结构。不论使用任何形式的模糊集规则，都证明 AFS 具有泛逼近性并且计算简单。模糊变量值可以是模糊集的标签：压力或温度→模糊变量→语言值（如非常低、低、中等、一般、高、很高等）→隶属度值（在论域——Pa 或°C）。一个语言变量对另一个变量的依赖关系由一个模糊条件语句来描述。R：If S1（为真），Then S2（是真）或 S1→S2。更具体地说：If 负荷小，Then 转矩非常高；If 误差是负的，大的，Then 输出 – ve 大；复合条件语句为："R1：If S1 Then（If S2 Then S3）"等效于"R1：If S1 Then R2 AND R2：If S2，Then S3"。

控制任何设备或动态系统所需的知识通常表示为一组语言规则形式："If（原因）… Then（结果）"。这些是新操作员接受培训以控制实际过程或工厂的规则，这些规则构成了系统的知识库。由于控制设备中的所有必要的规则可能没有被触发或事先已知，因此，有必要使用一些技术，以从这些可用规则中推断出控制动作：

A. Generalized Modus Ponens（GMP）→

Premise 1：x is A′；

Premise 2：If x is A Then y is B；

then consequence →y is B′.

这是在所有的模糊控制器中使用的前向数据驱动推理链，即给定原因试图推断影响是什么？

B. Generalized Modus Tollens（GMT）→

Premise 1：y is B′；

Premise 2：If x is A Then y is B；

then consequence → x is A′.

这直接关系到向后目标驱动推理机制。推断导致特定结果的原因。

将基于 FL 的概念应用于控制系统的简单过程：考虑输入和输出、系统控制和失效模式（如果有）；确定输入和输出关系；使用最小数量的输入变量（误差，即控制差）；误差改变（可以由有限差分获得误差导数）；建立一个大量"If… Then"规则系统；创建隶属函数，赋予输入或输出条件意义；创建前或后处理条件；测试系统，对其性能进行评估，并在需要时调整定律（规则库）或隶属度函数；再次评估设计，当结果满意时释放控制设计。上面所说的情况大部分都能被 FIES 捕获[3,5]。

对符合条件的变量而言，隶属函数是每个输入值参与程度的图形表示（每个输入自变量的归属程度），如图 1.4 所示。这意味着，每个输入值的隶属函数关联权重或寿命权重。它赋予该输入变量的归属度。它定义了输入之间的重叠情况并确定输出响应。这些隶属函数用于模糊化，即将输入值转为模糊集隶属度。随后，应用模糊推理机、过程或系统（FIES），通过考虑模糊蕴涵功能和聚集、连接或分离规则转换中间输出。最后一步是将变量逆模糊化,即将模糊输出转换为离散系统输出,这将使一些数值得以用数字表示。隶属函数的形状通常为三角形或梯形,当然各种形状都有可能,像钟形、饱和斜坡。

由于隶属函数的形状高度归一化为1,因此隶属函数值会发生从0到1的变化。在这两种极端情况之间取任意值,然后定义离散集。离散集是模糊隶属函数的一个特例。隶属函数基部的宽度可以变化。同样地,离散集的几个结果可认为是FL或模糊集理论结果的特殊情况。对于给定的案例研究的和一定的输入值而言,所有隶属度值的总和始终是1。因而赋予不同的输入变量(误差和误差率)以不同数值范围是可行的。随后得到的隶属度值、前因是评估产生的结论。推论基于连续隶属函数值,从0到1,这是使用true或false,1或0的布尔逻辑的主要偏差。逻辑求和利用结合规则库矩阵、模糊联想记忆(FAM)的隶属函数值构建,使用所有先行值和部分输出的最小值。后者来自于"If…Then"模糊规则。输出组合也即这些规则的影响,是通过找出每个规则的触发强度来完成的,然后在去模糊化过程之前通过组合逻辑完成每个规则的输出。组合规则输出过程使用最大-最小、最大-点(最大-积)、平均化处理或方根范式[1,2,5,7]。这些输出组合规则如下:

(1) 最大-最小过程:测试所有规则的幅度,选择最高的一个,然后输出模糊重心的平面坐标。此方法不结合个体结果。

(2) 最大-点过程:缩放每个成员函数,以拟合其峰值,输出该复合区域模糊重心的水平坐标;这会将所有成员函数缩小到与相应函数大小相等的峰值。这种方法产生平滑的、结合所有有效规则的连续输出。

(3) 平均化处理:每个函数被限幅在平均值和复合面积计算的模糊质心之间。如果多个规则产生相同的输出构件,则这种方法不提高权重值。

(4) 方根范式过程:几个途径——规模函数的组合,反映各自根的平方和大小,计算复合面积的模糊质心。这种方法给予所有点火规则一个很好的加权影响。

去模糊化的过程实际上是推理过程结果,即FIES输出去模糊化。其结果是得到一个清晰的数字输出。主要是通过计算模糊质心,即质心法来完成,其过程:由各自的成员函数的中心点乘以每个输出函数的加权强度;添加这些值;按加权函数强度的总和来划分区域。此清晰值进一步用于获取误差,然后模糊化输入端,继续该过程。正如前文所提到的,为了获得所需要的、特定的或期望的性能,需要一些模糊系统的优化设计。一般通过改变规则前提、变化规则推断/结论(根据手边的案例研究和应用,进一步扩大或缩小其含义和解释)、改变/避开I/O隶属函数的中心、添加额外的隶属函数和/或添加更多的规则甚至修剪规则,并避免规则的矛盾来完成。

1.6.1　模糊推理机/系统

优化(调整)一个模糊推理系统(FIS)隶属函数的定义参数,可以单独采用 BP 算法,也可以结合最小二乘法。考虑/设计或分析的前提下,这个 ANFIS 程序允许模糊系统从实证 I/O 系统数据中学习模糊隶属度函数的性质。这意味着隶属函数的自适应调整能力,以及通过利用人工神经网络和 I/O 系统给定的数据求解的能力。在 ANFIS 进行模糊隶属度结构和参数调整:这些参数的计算(或调整)由一个梯度矢量促进,对于一个给定的参数,它模拟实证 I/O 数据,提供了衡量一个模糊推理系统优劣的方法;一旦获得梯度矢量,为了调整参数以减少一些误差(测量误差通常定义为实际输出值和期望输出值差值的平方和),可以应用几种优化程序的任何一种。

考虑一个具有规则库的模糊系统[3]:

$$\text{If } u_1 \text{ is } A_1 \text{ and } u_2 \text{ is } B_1\text{, Then } y_1 = c_{11}u_1 + c_{12}u_2 + c_{10}$$

$$\text{If } u_1 \text{ is } A_2 \text{ and } u_2 \text{ is } B_2\text{, Then } y_2 = c_{21}u_1 + c_{22}u_2 + c_{20}$$

其中:u_1、u_2为清晰/非模糊输入;y 为所需输出;A_i、B_i($i=1, 2$)为隶属函数分别基于 μ_{Ai}、μ_{Bi}。

两个输入(u_1、u_2)和四个模糊集合(A_1、A_2、B_1、B_2)("pi"是乘积算子)结合对 A、B 的"和"程序;C_{ij}输出隶属函数参数 a、b、c 和 c_{ij}。也就是说,通过该 ANFIS 获得了一定程度的等效预先定义"模式",对于给定的输入信号,它提供了一个"预测"的输出信号。参与 ANFIS 的步骤如下:

(1) 第 1 层的每个神经元 i 是自适应参数激活函数。其输出的是满足给定输入的隶属函数的等级,即 μ_{Ai}、μ_{Bi}。隶属函数的例子是广义的钟形函数:

$$\mu(u) = (1/1 + (|u - c/a|)^{2b})$$

式中:a、b、c 为前提参数。

(2) 第 2 层的每个节点是固定的,其输出 w_i 是所有输入信号的乘积:$w_i = \mu_{A_i}(u_1)\mu_{B_i}(u_2)$ ($i=1,2$)。

(3) 第 3 层的每个节点输出的是第 i 个规则发射强度相对于所有规则发射强度的比值:

$$w_i = \mu_{A_i}(u_1)\mu_{B_i}(u_2), \quad (i=1,2)$$

(4) 第 4 层中的每个节点都是自适应输出节点:

$$\bar{w}_i y_i = \bar{w}_i(c_{i1}u_1 + c_{i2}u_2 = c_{i0}), \quad (i=1,2)$$

式中:c_{i1}、c_{i2}、c_{i0}} 为后件参数。

(5) 第 5 层的每个节点是一个固定节点,它概括所有输入信号:

$$y_p = \bar{w}_1 y_1 + \bar{w}_2 y_2$$

式中:y_p为预测的输出。

ANFIS 学习算法：当前提参数固定时，随之而来的整体输出函数是线性组合。在符号表上，输出可以写为

$$
\begin{aligned}
y_p &= \bar{w}_1 y_1 + \bar{w}_2 y_2 \\
&= \bar{w}_1(c_{11}u_1 + c_{12}u_2 + c_{10}) + \bar{w}_2(c_{21}u_1 + c_{22}u_2 + c_{20}) \\
&= (\bar{w}_1 u_1)c_{11} + (\bar{w}_1 u_2)c_{12} + \bar{w}_1 c_{10} + (\bar{w}_2 u_1)c_{21} + (\bar{w}_2 u_2)c_{22} + \bar{w}_2 c_{20}
\end{aligned}
$$

随之而来的参数是线性的 $c_{ij}(i=1,2;\ j=0,\ 1,\ 2)$。

混合算法调整向前传递的后件参数 c_{ij} 和向后传递的前提参数 a_i、b_i、c_i。在向前传递时，网络输入向前传播直到第 4 层，其中后件参数由最小二乘法确定。在向后传递时，误差信号向后传播以及前提参数通过梯度下降法更新。MATLAB 函数用于 FIS 生成和训练中步骤如下：

（1）生成初始的模糊推理系统（块 1）：

INITFIS = genfis1（TRNDATA）

其中：TRNDATA 是 $N+1$ 个列的矩阵，第 N 列包含每个 FIS 输入的数据，最后一列包含输出数据；INITFIS 是单一输出模糊推理系统。

（2）训练模糊推理系统（块 2）：

［FIS，ERROR，STEPSIZE，CHKFIS，CHKERROR］

= anfis（TRNDATA，INITFIS，TRNOPT，DISPOPT，CHKDATA）

其中：矢量 TRNOPT 指定培训方案；矢量 DISPOPT 指定训练期间的显示选项；CHKDATA（作为训练数据的相同的数据格式）是为了防止过拟合训练数据集；CHKFIS 是最后的调整模糊推理系统。

Ⅰ型 FL/S（模糊逻辑系统）无法处理某些不确定因素：规则所用的前因和结果词义不确定（对不同的人意味着不同的事情）；结果可能包含一个与之相关的直方图，尤其是当知识是从一组不同意见的专家中提取出来的时候；激活Ⅰ型 FL/S 的测量值会有噪声因此具有不确定性；用来调整Ⅰ型 FL/S 参数的数据也可能是嘈杂的。数据所使用调整的Ⅰ型 FL/S 的参数也可能是嘈杂的。这些不确定性转化为模糊集合隶属函数的不确定性。但Ⅰ型 FL 隶属函数本身是离散的，因此它不能处理上述的不确定性。

总之，FL 和 FS 具有以下特点：它们基于与二值清晰逻辑相对的多值逻辑；它们没有任何如神经网络那样的固定结构；都是基于一定的规则决定，模糊“If…Then”规则需要一个先验的规定；FL 是一个机器学习/智能范式，通过合并专家的、设计工程师的经验，在规则中指定所要求的行为；FL/S 研究了在不确定情况下的近似推理，在事实模糊的情况下，真相是度的问题（表现）；FL/S 基于计算机制，算法与尽管不完全了解但可以推断的决策，这是 FIES 推理机的过程。

因此,FL/S 有许多方法可以用来辅助/增强机器人/MIAS 控制系统:FL 将近似复制一些人类可能响应机器的操作或控制方式,也就是说,由于损坏或失效,机器人的行为或运动表现的并非像预期那样;如果结合大误差的控制器或动力系统是必需的,模糊 If…Then 规则就可以用来创建非线性响应;整合并实现复杂的非线性策略,该策略基于系统设计工程师在启发式控制规律方面的经验和智慧;在车辆可能会经历的快速变化的动态情况下,可以采用自适应模糊增益调度(AGS),AGS 通过 FAM 策略(模糊关联/联想记忆)使用调度变量和控制参数之间的模糊关系;对机器人/MIAS 而言,FL 基于自适应调节的卡尔曼滤波器或采用自适应估计与控制的任何滤波器。

具体来说,FL/模糊系统的概念可以应用于许多控制问题,如机器人电动机控制,车辆驾驶,机器人手臂的平衡,以及在移动机器人和 MIAS 背景下的行走。

1.7　遗传算法

遗传算法(GA)是科学与工程中解决优化问题的新范式。Cho、Cernic、Masoud 等经常提供全局最优解,并且善于捕获大的、潜在的巨大搜索空间和导航,善于寻找最优组合解决方案[1,6,7]。我们采用常规方法,穷尽一生也找不到这样的解决方案。一个原因是在 GA 的方法中,同时在一个搜索空间搜索解决方案;另一个原因是使用的确定性遗传算子在提供变化的可能性方面是有用的,而且在搜索空间中没有受到限制。用适应度函数确定中间结果和检索是否合适,以便只采用最好的策略和解决方案来完成搜索过程。遗传算法基于进化和生物物种的自然选择原则,以一个简单的方式为困难问题提供强大而持久的解决方案。关键是其用来获得最优/全局解决方案的内在机制是非常简单但非常强大的。这是 GA 基本的和令人鼓舞的特征。因此,遗传算法是基于生物进化机制的定向搜索算法,可用于优化与控制过程来理解自然和人造系统的自适应行为。利用遗传算法,我们可以设计和建立人工系统,硬件和软件将保留自然进化系统的稳健性。遗传算法为机器人与许多移动智能系统的优化和机器学习应用程序提供高效有效的手段,有趣的是,遗传算法在企业管理中的应用也越来越多。

遗传算法的操作过程:随机初始化种群染色体;评估每个染色体的适应度;构建表型(模拟机器人);对应编码基因(染色体);评估表型(测量模拟机器人的行走能力以确定其适应度);去除低适应度值染色体;通过一定的选择方案和遗传算子产生新的染色体。所以,在遗传算法中有函数的适应度;选择方案及遗传操作(如交叉和变异三个重要的功能。图 1.5 显示了交叉和变异点及过程。

图1.5和图1.6中遗传算法的过程是显而易见的。遗传算法的组件有:经由一个基因、一个染色体的编码技术;初始化程序,即创建样本或人口;评价函数,即适应度函数;选择父母,即繁殖;使用遗传算子,像突变、重组以及参数设置。人口可能是位串、实数、一些元素的排列、一些规则列表、遗传编程(程序元素)和任何适用于图1.5中定义的遗传算法程序的数据结构。对父母来说,随机选择通过繁殖过程产生的孩子,选择机会偏向有关的染色体评估。然后通过随机触发并使用合适的遗传操作,如交叉和变异进行染色体修饰。交叉称为重组。遗传算法中局部修改的突变如图1.6所示。如它遗失在人群中,这样做是为了在本地或全局搜索空间中做一个小的移动和恢复信息。如图1.5所示,交叉是遗传算法中非常关键的操作:在一个种群进化早期它能够大大加快搜索速度,以及能产生有效图解组合(在不同的染色体上的子解)。在评估过程中,评估者解码一个染色体并为其分配一个适应度检测或值。在代际遗传算法中,整个种群替换为每次迭代,并在稳态遗传算法中每一代替换少数成员。在遗传算法中应注意:选择表现度、人口规模、突变率、选择、删除策略、交叉和变异算子等基本实现问题;终止条件;性能和可扩展性;解决方案是评价函数决定的唯一好的方案。

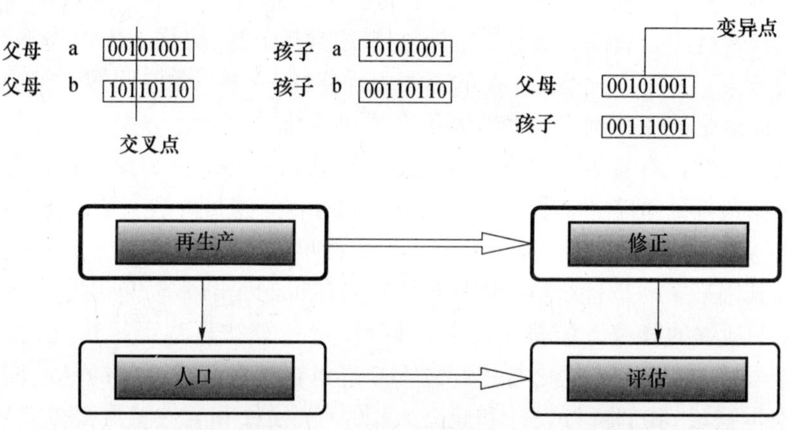

图1.5 遗传算法操作和程序:交叉和变异(注意例中在XOVER交换的前三位数;一个可以用其他数字交换代替)

前: (1 0 1 [1] 0 1 1 0)

后: (1 0 1 [0] 0 1 1 0)

前: (1.8 **−95.4** 32.4 0.2)

后: (1.8 **−81.5** 32.4 0.2)

图1.6 遗传算法中局部修改的突变

1.7.1 典型的遗传算法过程

携带个体(或系统)遗传信息,用以构建生物体的DNA长片段称为染色体。在遗传算法中,染色体代表的编码信息在一个有限长度的字符串中,每条染色体包含一串位串(二进制数字;0或1),也可能是来自两个以上元素组的一个符号;这些字符串也可以是实值的数。这些染色体由基因构成,每个基因代表一个信息单元,位于相应基因座的不同位置上,具有不同的值,称为等位基因。这些由特性或探测器组成的字符串分别位于不同位置,假定值如0或1。整个系统称为基因型或结构。基因型与环境发生相互作用时显型结果。因此,GAS用染色体来对种群可能的示例解决方案进行操作。种族成员称为个体(这里的意思是样本)并且每个个体样本分配一个基于目标函数或价值函数的适应度值。较好的解决方案具有较高的适应度值,而较弱的解决方案具有较低的适应度值。在初始化/繁殖阶段,从样本搜索空间随机取样并编码,创建可能的初始方案群。在繁殖阶段,单个字符串按照它们的每个适应度值进行复制。具有更大适应值的字符串对下一代的一个或多个子孙起作用的概率较高。沿染色体的长度随机选择交叉操作点/位置,在交叉点/位置每个染色体分裂成两部分。新样本通过加入一条染色体的前片与其他的附属物形成。这种交叉操作可以用许多不同的方法进行:通过交换分割在某些位置的字符串,它也可以在相同的字符串内进行。

在变异操作中,字符串中处在随机位置的单点发生了改变,即“0”改为“1”,或“1”改为“0”。一个实值数字符串中,受影响的数字改变很小。其主要思想是打破单调,增加一点新奇,也就是,获得或提供新的信息;变异操作将有助于获得其余物种无法使用的信息,从而使物种多样化。GA优化过程的每一次迭代称为一代,选择用于交叉操作的每一代夫妇适应度是确定的,而且变异过程在交叉操作期间进行(期间或之后有微妙的区别),然后演化出一个向前进化的新物种。由于该个体可能强于或弱于其他某些物种成员,所以成员按照个体的适应度值排名。在每一代中,允许将实力较弱的成员枯萎、死亡或丢弃,具有良好适应值的个体继续参加更进一步的遗传操作。净效果是人口朝全局最优方向进化。许多实际的优化问题,目标是找到增加生产和/或减少开支/损失的最优参数,也就是通过重组系统及影响成本函数的自身参数来获得最大利益。因此,实际上,这反映了成本函数所表示的成本。一个精心设计的、收敛的算法,如遗传算法最终会找到问题的最优解。这个决定成本的系统参数称为决策变量。搜索空间是欧氏空间,参数取不同的值,空间中的每个点是一个可能的解决方案。

1.7.1.1 遗传算法的停止策略

如果物种的规模是固定的,那么遗传算法最优和全局解的收敛可能需要更多代。一种方法是因为没有进一步的改进而追踪适应度值,也就是说,如果适应度值不发生大的变化，就可以停止遗传操作。随着算法步骤的进展，在其中就会发生需要大量的迭代以带来适应值小的改进这种情况。可以预先定义代/迭代次数来解决问题。此外，在估计参数/状态的规范变化微不足道时，在停止搜索之前可以跟踪几次连续的迭代。如果 GA 中使用的编码有一些重要的相似性，那么就必须进行有效的搜索。另一种方法是，评估成本函数的梯度和使用传统的方法对其收敛到真值的估计质量进行评估。它可以使用基于梯度的遗传算法方法来评价估计精度，就像对其他传统评估方法所做的那样。此外，对于其他参数估计方法而言，实测数据时间历程的匹配和模型的响应是必要的但不是充分的，而且样本数量的增加通常会提高成功率。

1.7.1.2 遗传算法未编码参数

因为(长字符串)编码的染色体，遗传算法变得更加复杂，特别是对更为复杂的问题而言。可以改用实数，而且仍然在这些数字上使用遗传算法来解决优化问题。主要的变化是在交叉和变异操作：取两个样本平均数，也就是，这两组参数值可以执行交叉操作，而且可以尝试不同的平均操作。在交叉之后，最好的个体产生变异，并在此运行中增加了小噪声。假设两个个体参数的数值为 β_1 和 β_2；交叉后，使用标准的平均运算得到新的个体 $(\beta_1+\beta_2)/2$。对突变有 $\beta_3=\beta_1*+d*v$，其中，d 是常数，v 是在 -1 和 1 之间随机选择的一个数。因此，在“0”和“1”的字符串中没有编码的样本其所有的遗传操作可以用真实的数字如 4.8904 等来完成。此功能非常适合于许多工程应用，如滤波、参数估计、控制、优化和信号处理。

1.7.1.3 遗传算法并行化

对优化问题而言，遗传算法是强大且简单的策略，可以用于多通道、多维与多目标优化问题和商业及其相关领域。然而，尽管遗传操作所需要的计算很简单，但随着迭代次数的增加，问题规模也在增长，计算会变得复杂，这造成了对计算能力的大量需求。遗传算法程序可以并行化，可以使用并行计算机的功能。由于遗传算法可以同时用于许多物种样本，其天然的并行性导致可以利用并行计算机实现遗传算法流程。

1.7.1.4 遗传算法参数估计

大多数的参数估计方法都是利用基于二次成本函数最小化所产生的成本函数梯度来获得估计参数。然而，应用遗传算法的参数估计问题，不需要利用成本函数梯度。系统方程[2]为

$$z=\boldsymbol{H}\beta+v,\hat{z}=\boldsymbol{H}\hat{\beta} \tag{1.33}$$

二次成本函数为

$$\boldsymbol{E}=\frac{1}{2}\sum(z-\hat{z})^{\mathrm{T}}(z-\hat{z})=\frac{1}{2}\sum(z-\boldsymbol{H}\hat{\beta})^{\mathrm{T}}(z-\boldsymbol{H}\hat{\beta}) \tag{1.34}$$

代替使用梯度算法，可以通过考虑式(1.34)作为适应度函数(它可以直接使用 $\boldsymbol{E}$ 或逆 $1/\boldsymbol{E}$ 的数值)，利用遗传算法对模型方程(1.33)的参数进行估计，可以由下式给出适应值或函数：

$$\left[\frac{1}{2}\sum_{k=1}^{N}(z(k)-\hat{z}(k))^{\mathrm{T}}\hat{\boldsymbol{R}}^{-1}(z(k)-\hat{z}(k))+\frac{N}{2}\ln(|\hat{\boldsymbol{R}}|)\right]^{-1} \tag{1.35}$$

式中：$\hat{\boldsymbol{R}}$ 为测量噪声协方差矩阵，且有

$$\hat{\boldsymbol{R}} = 1/N\sum_{k=1}^{N}(z(k)-\hat{z}(k))(z(k)-\hat{z}(k))^{\mathrm{T}}$$

使用遗传算法的优点/效益：概念很容易理解；独立于应用程序的模块性；支持多目标优化；适合嘈杂的环境；随着时间的推移/迭代，总有一个更好的答案/解决方案；并行固有(像人工神经网络一样)，因此容易分类，容易在并行计算机上编程；随着越来越多有关问题的知识的获得，许多方法可以加快和提高基于遗传算法的应用程序；容易利用以前获得的或替代的办法；灵活构建块/模块化混合应用程序。

1.7.2　遗传编程

遗传编程的思想是逐步形成一个最适合 LISP 程序结构的程序而不是位串。遗传编程操作可以做简单的子树替换，生成的没有任何语法错误的程序都可视为合法。遗传编程的过程：

(1) 随机生成一组组合计算机程序。

(2) 执行这些迭代步骤直到满足终止条件：

① 执行每个程序，并给每个个体分配一个适应值。

② 创造一个新的物种：对新的物种，繁殖 - 复制选定的程序不变；通过在随机交叉点重组两个选定的程序交叉 - 创建一个新的程序，以及通过随机改变选定的程序突变 - 创建一个新的程序。

(3) 最佳个体的集合被视为终止时的最优解。遗传编程可以用于某些机器人应用程序。

1.8　与人工神经网络相结合的理念以及分类

结合人工神经网络的思路是发展 n 个具有一定相关性的独立训练神经网络。通过采用组合方法来决定分类集，这些人工神经网络可用于给定输入模式的分类[1]。结合多网络的常用方法基于融合法及投票法。基于融合过程的方法，输入 X 的分类是基于经验测度的，表示在条件 X 下，X 属于 c 类的概率。对于组合方案而言，通过本身近似的真实值评估每个网络 k。通过 n 个网络合并

同一个 X 的一种方法是使用平均值。这视为组合网络的一个新的估算,并认为是一个平均的贝叶斯分类器。为了提高估计能力,组合被赋予了偏置输出能力,该能力基于有关 NW 可靠性的先验知识。基于投票法是将每个网络作为一个专家价值判断的结果。一些投票程序改自群决策理论的一致同意以及多数和相对多数。

1.8.1 结合人工神经网络的模糊逻辑方法输出或结果的分类

事实上组合人工神经网络输出的另一种方法是利用模糊积分(FI)。FI 是一个非线性函数,即 $g\lambda$ 模糊测度[1,5,7]。这是结合多种信息源结果的好方法。在这里,g 未必是添加剂,单调行为特性被替换为常规测量的附加属性。从模糊测度的定义角度,引入 $g\lambda$—模糊测度来满足额外的属性,它指定的两个不相交子集结合的措施可以从组件措施中直接计算。利用模糊测度的概念,模糊积分概念得到了建立。相对于模糊测度定义而言,FI 是一个非线性函数,即 $g\lambda$,模糊测度。指定 X 为有限集,令 $h:X\rightarrow[0,1]$ 为 X 的一个模糊子集。然后定义相对于模糊测度 g 的函数 h 在 X 上的模糊积分[1,3]。$h(y)$ 是 y 满足概念 h 的程度的度量。$h(y)$ 的最小值,则是 E 的所有元素满足概念 h 的程度的度量。$g(E)$ 值则衡量对象 E 的子集满足由 g 测量的概念的程度。从“最小”操作的角度比较这两个量所得到的值,很大程度上表明,E 既满足 g 的衡量标准,又满足 $h(y)$ 在 E 上“最小”。最后,使用“max”操作来得到这些条件的最大者。FI 可以解释为寻找客观证据和期望值之间协议的最大等级。$\Omega=\{\omega_1,\omega_2,\cdots,\omega_c\}$ 作为兴趣集。甚至每一个 ω_i 本身可能就是一个集合。$Y=\{y_1,y_2,\cdots,y_n\}$ 为一组人工神经网络,A 为识别选择对象。同时,$hk:Y\rightarrow[0,1]$ 为 ω_k 类的对象 A 的部分评估值,也就是说,$h_k(y_i)$ 说明在集合 ω_k 利用网络 y_i 的情况下如何来确定一个对象属于对象 A 的分类。“1”表示对象 A 绝对确定属于集合 ω_k,0 意味着此对象绝对不属于集合 ω_k。

1.8.2 与人工神经网络的输出/结果相结合的基于 GA 的方法

一般情况下,GA 运算符用于从一个给定的最优化问题的初始样本集中创建新的个体[1,7]。与此不同的方法是,可能要优化集成网络(几个人工神经网络)与遗传操作的权重。在这种情况下,一个字符串必须编码 $n\times c$ 实数值参数,从而得到用于组合神经网络系数的最佳组合;这里每个系数由 8 位编码,并且在 0 和 1 之间换算。然后采用遗传算法来操作最有希望的字符串以寻找改进的解决方案。GA 通过一个简单的阶段循环来操作:创建实值串群体;评价每个字符串对训练数据的识别率;选择良好的字符串;通过基因/突变操作创建新的种群字符串。后一种操作是这样进行的:概率 0.6 的单电交叉和标准突变的概率为

0.01,其中,这些数字可以根据手头问题的不同而不同。当识别率不能够变得更好时,这个循环可以停止。实际上,对于这样的字符串, GA 方法需要结合神经网络权重系数。这些人工神经网络可能是对象分类训练或多机器人协调情景训练的结果。

1.8.3　GA - FL 混合方法

FL 和 GA 已经被提议用于实现智能系统的某些方面[7]。但是,这些软计算技术具有某些重要的差别,这已促使人工智能研究人员试图将它们组合以产生更强大的系统,这个想法是利用两种方法的优势。每种方法各有优点和缺点。为了产生更强大的系统,需要一些集成和综合的方法。人工神经网络可以作为一个基本的系统,因为 I/O 映射算子功能强大是公认的,但操作员无法轻松地将对问题的认识嵌入人工神经网络。因此,通过在模糊 If…Then 规则库(ITRB)中合并这方面的知识,FL 是可用的。这样,FL 给出了利用来自系统的任何设计者的自上而下的知识的可能性。因此,操作人员可以通过将他们的启发性知识与模糊隶属函数合并来增强人工神经网络。其中,这些函数通过学习过程中用于微调模糊隶属函数定义参数的 ANN - learning 算法的有力支持而得到修正。一度在这里使用的是 ANFIS。学习完成之后,操作人员就能更好地理解所获取的规则。此外,对 FL 和 ANN 结构优化而言,GA 在提供/支持评价函数方面也是一个强大的工具,因此,FL 和 GA 的互补性使我们相信,进一步地改进遗传模糊神经(GFN)系统无疑会使先进的模式识别/分类方法以及用于控制和优化 MIAS 应用的其他方面得到极大提高。

1.9　机器人技术中模糊神经遗传算法的一些可能应用

本节讨论在 MIAS/机器人应用程序中使用的模糊神经遗传算法的可能组合。

1.9.1　基于人工神经网络摄像头:机器人协同

这个系统是固定相机和机器人臂,其特征在于视觉系统应该识别目标以及确定末端执行器(机器人)的可视位置[8]。目标位置是 X_{target},手的视觉位置是 X_{hand},这些都输入到神经网络控制器 $N(\cdot)$ 中。该神经网络控制器对机器人产生一个节点位置 $\theta:\theta = N(X_{target}, X_{hand})$。Neurally 由神经生成的 θ 与由一个虚构的完美控制器 $R(\cdot)$ 最优生成的 θ_0 进行比较:$\theta_0 = R(X_{target}, X_{hand})$。神经网络的学习使输出值“足够接近”$\theta_0$。出现的情况是产生适当与 $\theta_0 = R(X_{target}, X_{hand})$ 一致的学习样本。这不是一个简单的任务,因为 $R(\cdot)$ 通常是一个未知函数。

在这里可能需要自我监督或无监督学习策略形式和从可用学习样本中构建 *NN* 映射,输入空间高维数且样本随机分布。最后可能需要一个良好有效的学习算法。

1.9.2 机器人的人工神经网络路径规划

人工神经网络可用于路径规划和自主机器人的智能控制,该自主机器人需要在部分结构化环境(环境可以涉及任何数量、任意形状/大小的障碍物)中安全移动,其中的一些障碍可能正在移动。文献[9]研究了一种解决路径/运动规划问题的办法,该办法用于使用人工神经网络的移动机器人控制中。移动机器人在障碍物之间的无碰撞路径基于两个人工神经网络来构建:一种是 NW 利用超声波测距仪的数据来确定自由空间;另一种是 NW 在工作区道路上找到一个安全的方向,同时避免最近的障碍。该方法是基于从环境中使用的传感器数据,并且使第一个 NW 学习这些情况以得到自由的空间段用于输出安全路径。该 NW 是主成分分析网络(PCANW),它以相同的拓扑结构结合了无监督和监督学习。第二个 NW 是一个典型的静态 BP 学习算法训练多层感知器(MLP)。该 NW 的目的是从第一网络输出和从指定目标的坐标确定机器人下一次的移动方位。其包含输入、隐藏和输出三个层次。对于这个 NW 我们给出已知自由空间段作为第一神经网络的输出与机器人目标位置的坐标目标区段。然后从该 NW 的输出层获得有关机器人下一步的运动方向(方位),进而提供给控制单元。

1.9.3 GA - FL 综合合成

GA - FL 智能控制和障碍回避体系结构具有以下基本步骤[1,7]

(1) 机器人系统的控制输入/输出空间(I/O/S)分为模糊区域。

(2) I/O 区域被编码成位串。

(3) GA 用作基于优化的学习过程来产生一组模糊规则。

(4) 这些生成的模糊规则用于确定性能,并且分配基于适应度函数的适应度值。

(5) 如果机器人进入墙壁或避免区域,则分配给适应度函数一个否定惩罚。

(6) 如果终止条件不满足,则利用模糊化方法在组合模糊规则库的基础上,确定从 I/S 到 O/S 的映射。GA - FL 系统的重要特征[1,7]:它是像神经网络一样的自学习自适应方法;没有任何先验知识,仅需要有系统性能的知识,它就能够学习模糊控制规则;可用于建设模糊逻辑控制器(FLCS)进行避障及灵活地为 FLC 选择 If…Then 规则库。

1.10　人工智能

在人工智能领域，主要通过四大途径尝试让计算机更智能以及能够更好地理解人类智慧[10]：研究人类的思维过程以了解人类如何思考；观测和研究人类的行动以理解人类是如何开展各种行动的；努力构建人类的数学或行为模型来捕捉一个人的行为模式的主要方面，然后用这个模型来构建基于 AI 的系统；从理性的角度进一步研究人类的行为，即捕捉人类超越正常或随意行为的理性行为。因此，AI 大致分为四类[10]：系统，像人类一样思考的硬件和软件（计算机以及算法/程序）；本系统（硬件和软件）的行为像人类一样；像人类一样理性思考的系统/SW；像人类一样理性行事的系统。

1.10.1　像人类一样思考

在这里，努力使计算机在解决自己的问题时像人类一样思考。我们的目标是拥有自己头脑的机器。其可以理解全部和字面意义。我们还想让机器/计算机像人类一样来执行活动，如决策、解决问题和学习新事物等。认知学结合了计算机模型和来自于心理学学科的一定的实验技术，以及构建精确的、可检验的人类思维工作理论的认知心理学：在这里，重要的是能够如人类一样解决的问题。

1.10.2　像人类一样行动

在这里，我们想要一个基于人工智能的计算机通过某种测试。这台计算机/SW 将该具备一定的能力才能表现的像一个人：自然语言处理能力；知识表达能力；自动推理能力；机器学习能力；计算机视觉能力；机器人操纵对象能力等。原型是图灵机测试。

1.10.3　理性思考或理性思维

在这里，我们关心的问题：什么是思维规律以及我们应该如何思考？应该有一定的思维规律来管理头脑的运作，关于这方面的研究开创了逻辑领域。在人工智能范围内，传统的逻辑有助于建立用于创建智能系统的某些程序；然而，面临的问题是如何使用一个正式的符号来描述呈现的问题，以及可计算性。

1.10.4　理性行为

这是基于理性的代理方式——代理的是某种行为以及执行某些简单的或复杂的任务。代理计算机应该有更多属性，如自主控制下操作、感知其环境、持续时间长、适应变化和承担另一个目标的能力。因此，一个可以达到最好结果或最好预期结果的理性的代理行为,假设其对世界的印象和信念是正确的情况下,理性思维是理性行为的前提;当然这不是一个必要条件。

1.10.5 AI 前景

人工智能的应用领域是可以理解和生成语音(几乎和人类一样)的系统、可以理解影像的系统、机器人技术及作为助理和代理人的系统。人工智能的研究和应用方法是基于在数学、哲学、心理(计算机)语言学、生物学和工程科学之间跨学科的关系,使用方法:问题的解决和搜索,知识的表示和处理;行动计划;处理不确定性知识;机器学习;神经网络 NN。实质上,就人工智能而言,人们正在以某种方式努力开发和制造算法、软件、机器或/和系统,并且其可能在思考、行为、举止等更多方面如人类一样合理。到目前为止,人们已经达成了共识,即通过利用 ANN、FL 和 GA 以及包括这些新范式的其他变体或这三个流的各种组合,这样做是可行的,哪怕只是一部分。因此,模糊神经遗传算法可以智能地构建人工智能程序甚至智能机器。在它们的功能性操作中,应该擅长执行人类经常执行的任务。构造出可以如人类一样精确思考、思维、行动理性的机器,将需要几十年甚至几个世纪的时间。这将是一个真正的奇迹。然而,从可能的近似正确算法、大概精确的性能和/或大概完美的行为角度意义上来说,可以构建机器(思维)或人工智能机器。这给了人们与人工智能定义略有不同的想法,该想法是可行的、实用的,而非试图实现一个几乎不可能的目标。

人工智能的新的或异常的感知是:在前面所说的解决问题和学习方面,从感知、思考、推理、进行理性决策和行为以获得"可能近似正确的算法、性能、完美行为"的意义上,尝试去构建算法、软件、设备和/或系统,然后通过优化这些人工制品逐步走向完善。人工智能的定义实际上是可以实现的,而且是普遍接受的。此外,这会给 AI 系统的性能评估提供一个明确的措施,能够校准它与人类的思维和行为的近似关系。这个定义的要点是:它提供了一种测量手段,可以在越来越小的近似值意义上获得越来越高的概率,概率越高,算法的正确性越高。从图 1.7 看出[1],它包含 AI 部件的所有抽象层。人工神经网络为 AI 系统提供了一个基本的结构。支持 AI 以及基于 AI 系统的装置或系统的启发式、高层次的知识可以经由 FL 合并,然后 GA 可用于任何组件/算法的优化。因此,AI 系统的这三个主要成分在系统的设计和操作中发挥了主要作用。一个复杂而精密的系统/软件将自动识别目标(ATR),其不仅可以通过人工智能的所有组件驱动,而且可以通过数据融合的所有级别驱动。因此,对自适应能力和决策来说,这样的 ATR 系统将是真正自主的人工智能。人工智能在移动智能领域中有着巨大的应用空间,尤其是机器人领域。可以使用所有的人工智能构成成分如 ANN、FL 和 GA 建立这样一个系统,如图 1.7 所示。

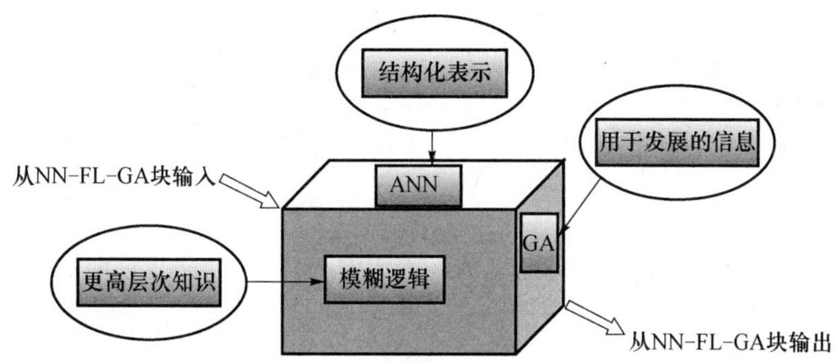

图1.7 利用软计算方法:ANN-FL-GA与各自的作用构建智能系统(“立方体”,AI)

1.10.6 智能代理

在计算机和信息时代,每天都会遇到智能代理而且经常使用这些代理,但通常没有意识到这一点。这些智能代理是计算算法、一些用于从复杂的数据集中计算出一个简单结果的公式、网络浏览和电子商务、本身作为扩展计算系统的PC、PC和微处理器的扩展存储及协助我们进行一定常规任务的自动化办公。这些代理中的许多可能并不在人工智能原则下操作。但它们采用一些有效方式和权宜之计来执行基本的任务,以及协助用户执行任务,所以,整体上来说该任务进行得非常巧妙且方式省力。因此,人工智能代理应该是非常强大的、先进的和非常有效的。代理是中间辅助(援助),用于帮助代理系统来进行简单或复杂的任务,该任务用户自己未必能做或不知道执行规则。例如,一个保险代理人将会解释一些政策规则,然后取得保险合同,用户将在一段时间内定期缴付保费。用户并不知道太多的规则,甚至不太担心或关心有关的获取政策过程。因此,代理必须能够执行所分配的任务,用户可能不能完成该任务,但仍然享有代理系统效率的好处。基于AI的代理系统(AIAS)可以是软件、算法和嵌入人工智能功能单元的硬件系统,甚至所有的一切。这些组件相互作用,并以高效、及时的方式为用户代理系统执行指定的工作。因此,AIAS必须具有很高的灵活性、适应性,而且应该有学习能力。没有这一点,它就不会或不能保持适应性。它也应该有一些组合容错机制,以使AIAS服务是一致的、持久的和可靠的。在这个意义上讲,AIAS也是一个信息经纪人,它需要更新的信息,也可以提供所寻求的新信息,如通过浏览互联网网站。真正的智能代理具备的特性:应该能够与用户以及子代理合作;应该具有学习和适应新环境的能力;应该具有至少是部分具有自主权。AIAS可以是静态的或动态的,需要时它可能会采取行动,或者能够实现多合一并基于输入条件做出适当的反应。AIAS可以代替经理办公室秘书,可以执行许多日常任务,可以是主治医师或专家的一线医疗助理,可以是主任办公室的接待员等。AIAS 可以具有上述 AI 定义的所有组件。有趣的是,定义基于 AI 的代理具有与各种人工智能定义本身所面临的同样问题。但是,可以安全定义一个智能代理作为 AIAS,其至少有一个 AI(定义的)组件在该系统工作,或者至少基于人工智能其中的一个方面。由此,AIAS 要么能够像人一样行动,要么能够像人一样思考;要么具有像人一样的理性思维,要么能够像人一样理性行动。根据这样能力的水平高低,AIAS 可判断为聪明的、有才华的以及智能的。然而,如果没有对其定义关注太多,则应当能够定义和建立一个为预期目的服务的 AIAS,其能够以安全和有效的方式进行运作,从而减轻人类自己的负担 。例如,在巡航飞行期间,一个经典的自动驾驶仪甚至能够大大降低飞行员的负担,尽管其并不智能。它基于已编好程序的或硬连线的自动驾驶仪控制器来执行功能。但是,如果此自动驾驶仪具有了学习(经由人工神经网络)、逻辑决策(经由 FL/ANFIS)的某些方面或一些进化——算法能力,那么新的自动驾驶仪可以称为基本 AIAS。我们可以考虑人类的能力,并通过将越来越多人类喜欢的属性合并进 AIAS 来建立一个 AIAS,这样就可以拥有所需的来自于设计和制造的 AIAS 的能力及反应。一个真正的 AIAS 应该具有典型智能人类的许多功能:从环境中学习;从来自子代理的反馈中学习,或从 AIAS 的组件中学习;灵活性;模块化;适应性;响应性;信息共享能力;容错性;双向通信;部分或完全自主;移动性;准确可靠;区分模糊命令和任务方向;提供了安全性和可靠性的良好的整体繁荣。

1.10.7 智能 MIAS/机器人系统

简而言之,智能 MIAS/机器人系统会使用视觉系统和更高级别的智能传感器,并具有从环境中学习的能力,以及避免目标道路上静态/动态障碍能力。这些系统应该具有 3D/4D 外层功能,并且需要足够的动力性和机动性以处理附加要求。这些系统应具有足够的机动性、充足的计算内存和处理能力以及执行复杂算法任务的速度,而且必须有准确的路径规划能力。智能机器人系统(IRS)或 MIAS 应该有:学习能力;创新基础上的行为基础学习架构;基于监控其行动的专家控制器系统的推理能力;使用语言与人类互动的能力;高水平视觉系统,如 3D 和红外摄像机、声纳和电磁系统;为了利用人类专家的经验做一个稳健而良好的决策,整合基于 FL 的知识。2 型 FL/S 相较于 I 型 FL,可以处理规则的不确定性和测量的不确定性[11]。在概率/统计理论中,方差提供了有关平均值的分散度量,同样,Ⅱ型 FL/S 提供了类似的离差度量。这个新的维度可认为是有关语言的置信区间,2 型 FL/S 有更多的自由度,并且预计将提供比 1 型 FL/S 更好的性能。Ⅱ型 FL/S 用于[11]视频流编码的分类、消除非线性时变通道的同频干扰、移动机器人控制和决策、非线性衰落信道的均衡、从问卷调查中提取知识、时间序列和函数逼近的预测、学习语言隶属度、放射影像预处理、关系数据库、求解模糊关系方程和运输调度。当面临以下情况时，Ⅱ型 FL/s 似乎是适用的[11]：已知数据生成系统是时变的，但时间变异性的数学描述未知（如在移动通信中）；测量噪声不稳定而且不稳定性的数学描述未知（如在一个随时间变化的信噪比中）；模式识别应用程序特征具有非稳定统计属性，并且其非稳定性数学描述未知；来自一组专家调查问卷的认知，该问卷包含不确定词汇；使用的语言学术语具有非可测域。因此可以认为，一个真正的基于人工智能的 MIAS/机器人系统可以通过先进的神经网络、Ⅱ型 FL 系统、先进的进化算法和基于 AI 的代理系统的协同作用来呈现。

参考文献

1. Cho, S.-B. Fusion of neural networks with fuzzy logic and genetic algorithm, *Integrated Computer-Aided Engineering* 9, 363–372, IOS Press, 2002.
2. Cichocki, A. and Unbehanen, R. *Neural Networks for Optimisation and Signal Processing*, John Wiley and Sons, New York, 1993.
3. Raol, J.R. *Multi-Sensor Data Fusion with MATLAB*, CRC Press, FL, USA, 2009.
4. Raol, J.R., Girija, G., and Singh, J. *Modelling and Parameter Estimation of Dynamic Systems*. IEE/IET Control Series Book Vol. 65, IEE/IET, London, UK, 2004.
5. Sugeno, M. *Fuzzy Measures and Fuzzy Integrals: A Survey, Fuzzy Automata Dec. Proc.*, Amsterdam, North-Holland, pp. 89–102, 1977.
6. Cernic, S., Jezierski, E., Britos, P., Rossi, B., and García Martínez, R. *Genetic Algorithms Applied to Robot Navigation Controller Optimization*, Buenos Aires Institute of Technology, Madero 399. (1106) Buenos Aires, Argentina, e-mail: rgm@itba.edu.ar.
7. Masoud, M. and Stonier, R.J. *Fuzzy Logic and Genetic Algorithms for Intelligent Control and Obstacle Avoidance*. Complexity International, 2, 1995. http://www.complexity.org.au/ ci/vol02/ mm94n2/mm94n2.html, Jan, 2010.
8. Anon. http://www.learnartificialneuralnetworks.com/robotcontrol.html, NeuroAI, Artificial Neural Networks, Digital Signal Processing, Algorithms and Applications, January 2011.
9. Janglová, D. Neural networks in mobile robot motion, *International Journal of Advanced Robotic Systems*, 1(1), 15–22, ISSN 1729-8806, 2004.
10. Russell, S. and Norvig, P. *Introduction to AI: A Modern Approach*, www.cs.berkeley.edu/ ~russell/intro.html, accessed July 2011.
11. Mendel, J.M. Why we need Type-2 fuzzy logic system. www.informit.com/articles/article.aspx?p = 21312-32k. May 2001.

第 2 章　机器人运动的数学模型

2.1　引言

利用仿真技术来评估一个机器人设计的如何,必须要有包含其物理特性的运动学和动力学数学模型,还需要多个相关的数学工具和算法,如(i)空间定位、旋转矩阵、齐次变换矩阵及其复合变换、机器人动力学算法、机器人系统辨识、机器人仿真、优化算法、机器人或者机器人手臂或连杆的控制算法[1-16]。本章研究机器人或刚体的基本运动学和动力学模型。一般情况下,获得运动学数学模型是为了实现机器人(如双足机器人)的运动学仿真。运动学模型通过基于 Denavit – Hartenverg(D – H)方法的齐次变换矩阵得到[1]。正运动学变换和逆运动学变换也在机器人运动学中起到了重要作用。接下来讨论在机器人建模中经常使用的术语。需要说明的是:运动学仅研究物体的运动,不考虑作用于其力的影响。自由度(DoF)是指机器人完成规定动作所需要的独立位置变量的数目。具有操作臂的机器人还可以有一个扩展自由度作为扩展。机器人的操作臂是一个通过柔性关节连接的连杆集合,其端部有一个工具或末端执行器。机器人工作空间是指末端执行器容易达到的体积空间。灵活工作空间为末端执行器在任意方向或任意位置上可以达到的体积空间。可达工作空间是机器人至少在一个方位上可以达到的体积空间。运动学问题是机器人的连杆(包括腿和臂)相对于时间的位置和方向的数学描述。给定关节角度和连杆参数,计算末端执行器相对于参考坐标系的位置和方向,称为前向运动学问题或正向运动学问题。给定末端执行器位置和方向,计算连杆的关节角度和连杆参数,称为逆向运动学问题。

2.2　机器人空间定位

机器人操作时意味着它要在一定空间内运动。在这个特定的空间中,需要一个坐标系来描述其位置和运动。在某个坐标空间内充分定位机器人,还必须要有一些能够实现其位置点空间定位的数学工具,这就是空间位置知觉[1]。在任一单平面中的点有两个位置自由度,机器人的位置将由两个分量来确定。而在三自由度空间中,需要使用三个分量来确定机器人的位置(图 2.1)。机器人连杆位置的确定是相对于一个固定参考坐标系而言的,机器人的每个连杆都可以相对于其参考坐标系或主体附加坐标系旋转或平移(直线位移)。D-H 是路线的最小表示法,机械工程师用来描述连杆和关节的位置[1,16]。每一个连杆都有自己的坐标系,而选择该坐标系要遵循的原则是:OZ 轴在关节轴方向上;如果平行

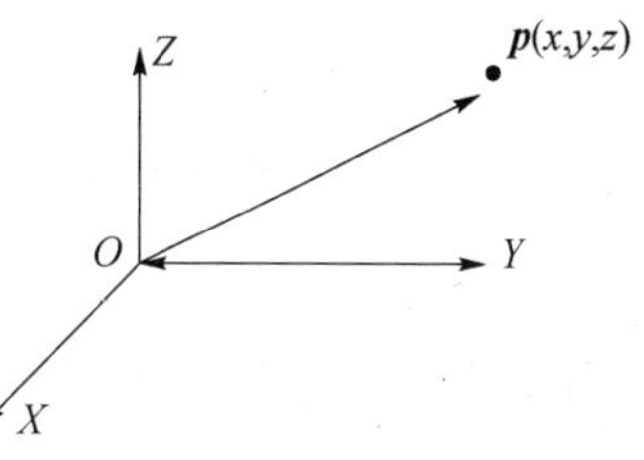

图 2.1 固定参考系中位置的描述

于 OZ 轴的公垂线不唯一,x 轴平行于公垂线,$x_n = z_n \times z_{n-1}$,那么 d 是一个自由参数;y 轴方向根据 OX 轴和 OZ 轴方向,按照右手笛卡儿坐标系来推断。一旦指定了坐标系,连杆变换就可由以下参数描述:θ 是绕前一个 OZ 轴从旧 OX 轴向新 x 轴旋转的角度;d 是顺着前一个 OZ 轴向公垂线移动的位移量;r 是公垂线长度,如果是旋转关节,则 r 是绕前一个 OZ 轴旋转的半径;α 是绕公垂线从旧 OZ 轴向新 OZ 轴旋转的角度。

2.2.1 机器人位置

用来指定点的位置的经典坐标系形式是笛卡儿坐标系。由于描述所需,通常也使用二维极坐标系和三维圆柱以及球坐标系。参考系由它们中指定的垂直轴来定义。在二自由度参考系中,相应的 OXY 是由两个坐标矢量$\overrightarrow{OX}$和垂直于$\overrightarrow{OX}$的$\overrightarrow{OY}$来定义,在它们之间有一个公共的交点 O,即原点(图 2.2)[1]。对于三维空间,笛卡儿坐标系 $OXYZ$ 由三个正交坐标矢量$\overrightarrow{OX}$、$\overrightarrow{OY}$和$\overrightarrow{OZ}$构成。

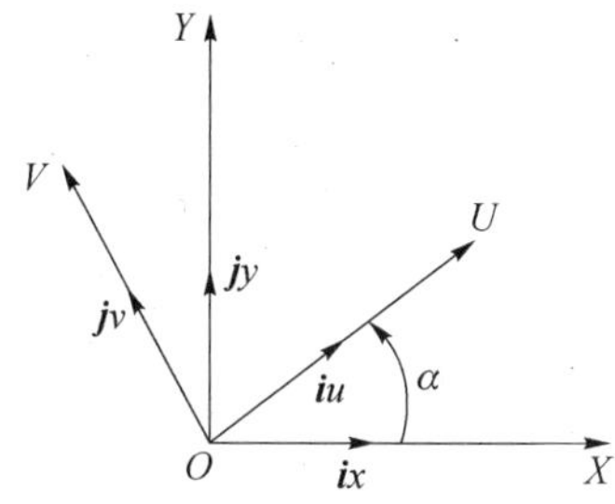

图 2.2 OU 轴相对于 OX 轴的角度

2.2.2 机器人及其连杆定位

对于一个实体,必须确定其相对于一个参考系的主体方位。对机器人而言,则必须指出连杆方位。在机器人不得不踢一个球的情况下,必须知道它要踢的球的方位。三维空间中,一个方位由三个自由度或三个线性无关的构件来定义。描述一个对象相对于一个参考系的方位,常规做法是得到一个新的坐标系,然后研究两个坐标系之间的空间关系。图 2.3 说明了机器人的连杆及其方位的描

述。{B}相对于{A}的描述足以确定方位。根据相应矢量间的点积与对应轴之间的夹角,这个旋转的定义表达式如下:

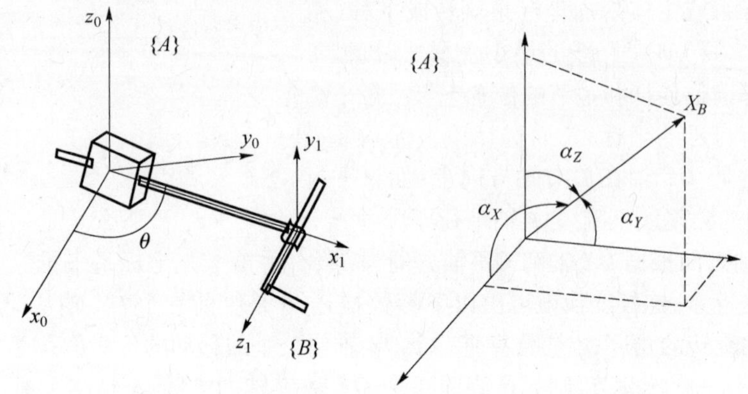

图 2.3　机器人连杆和从{A}到{B}的旋转坐标

$$\begin{cases}\cos\alpha_X = \boldsymbol{X}_A \cdot \boldsymbol{X}_B \\ \cos\alpha_Z = \boldsymbol{Z}_A \cdot \boldsymbol{X}_B \\ \cos\alpha_Y = \boldsymbol{Y}_A \cdot \boldsymbol{X}_B\end{cases} \tag{2.1}$$

$${}^{A}\boldsymbol{X}_B = \begin{bmatrix}\boldsymbol{X}_A \cdot \boldsymbol{X}_B \\ \boldsymbol{Y}_A \cdot \boldsymbol{X}_B \\ \boldsymbol{Z}_A \cdot \boldsymbol{X}_B\end{bmatrix}$$

2.2.3　旋转矩阵

旋转矩阵为刚体旋转提供了一个简单的代数描述,用于几何计算和图像处理。在二维空间中,旋转由旋转角度 θ 确定,在三维空间中,涉及另外的旋转轴。角度和坐标轴由旋转矩阵的项隐式表示。旋转矩阵是一个用于描述方位的非常方便的运算方法。假定有两个具有相同原点 O 的参考系 OXY 和 OUV,OXY 是固定参考系,OUV 是移动参考系,这些坐标轴系统的单位矢量分别是 $\boldsymbol{i}x$、$\boldsymbol{j}y$ 和 $\boldsymbol{i}u$、$\boldsymbol{j}v$,那么式(2.1)的矢量表示如下:

$$\boldsymbol{p}_{xy} = [\boldsymbol{p}_x;\boldsymbol{p}_y]' = \boldsymbol{p}_x\,\boldsymbol{i}x + \boldsymbol{p}_y\,\boldsymbol{j}y$$

$$\boldsymbol{p}_{uv} = [\boldsymbol{p}_u;\boldsymbol{p}_v]' = \boldsymbol{p}_u\,\boldsymbol{i}u + \boldsymbol{p}v\,\boldsymbol{j}v \tag{2.2}$$

旋转矩阵由上述关系限定:OUV 坐标系的位向是相对于 OXY 坐标系而言的。二维坐标系的位向由一个独立参数定义。如果 OUV 坐标系的相对位置是沿着 OXY 坐标系旋转了角度 α,则矩阵 $\boldsymbol{R}$ 为

$$R=\begin{bmatrix}\cos\alpha & -\sin\alpha\\ \sin\alpha & \cos\alpha\end{bmatrix} \tag{2.3}$$

如果两个坐标系的坐标轴重合,**R** 将相当于单位矩阵。在三维空间中,*OXYZ* 和 *OUVW* 坐标系在原点重合,*OXYZ* 是固定参考系,*OUVW* 是移动参考系。如果 *OU* 轴与 *OX* 轴重合,则三维坐标系的旋转矩阵为

$$R=\begin{bmatrix}1 & 0 & 0\\ 0 & \cos\alpha & -\sin\alpha\\ 0 & \sin\alpha & \cos\alpha\end{bmatrix} \tag{2.4}$$

根据轴的重合情况不同,**R** 将相应地发生变化。如果 *OV* 轴和 *OY* 轴重合,则 **R** 为

$$R=\begin{bmatrix}\cos\phi & 0 & \sin\phi\\ 0 & 1 & 0\\ -\sin\phi & 0 & \cos\phi\end{bmatrix} \tag{2.5}$$

如果 *OW* 轴和 *OZ* 轴重合,则 **R** 为

$$R=\begin{bmatrix}\cos\theta & -\sin\theta & 0\\ \sin\theta & \cos\theta & 0\\ 0 & 0 & 1\end{bmatrix} \tag{2.6}$$

式(2.4)~式(2.6)是三维轴坐标系中方位转换的基本旋转矩阵。旋转矩阵是方阵,具有实项。它们可描述为具有单位行列式的正交矩阵:$\boldsymbol{R}^{\mathrm{T}}=\boldsymbol{R}^{-1}$,$\det \boldsymbol{R}=1$。

2.2.4　齐次变换

旋转矩阵表示一个实体的空间位向。对于位置和方位的组合表示,齐次坐标变换矩阵或齐次变换矩阵(HTM)是必需的。齐次变换的顺序示于图 2.4[12]。利用 n 维空间中用于实体定位的齐次坐标,该 HTM 表示是由 $n+1$ 维空间的坐标推导出的。n 维空间由 $n+1$ 维的齐次坐标表示,即矢量 $\boldsymbol{p}(x,y,z)$ 将用 $\boldsymbol{p}(w_x,w_y,w_z)$ 表示。w 为任意值,是一个比例因子。$\boldsymbol{p}=a\boldsymbol{i}+b\boldsymbol{j}+c\boldsymbol{k}$,其中 $\boldsymbol{i}$、$\boldsymbol{j}$ 和 $\boldsymbol{k}$ 是 *OXYZ* 参考系 *OX* 轴、*OY* 轴和 *OZ* 轴的单位矢量,在齐次坐标中由一些列矢量表示。在齐次坐标定义的基础上,形成了齐次变换矩阵。齐次变换矩阵 **T** 是一个 4×4 维矩阵,表示齐次坐标矢量从一个坐标系向另一个坐标系变换。齐次变换矩阵为

$$T=\begin{bmatrix}\text{旋转矩阵}(3\times3) & \text{位置矢量}(3\times1)\\ \text{透视变换矩阵}(1\times3) & \text{比例因子}(1\times1)\end{bmatrix} \tag{2.7}$$

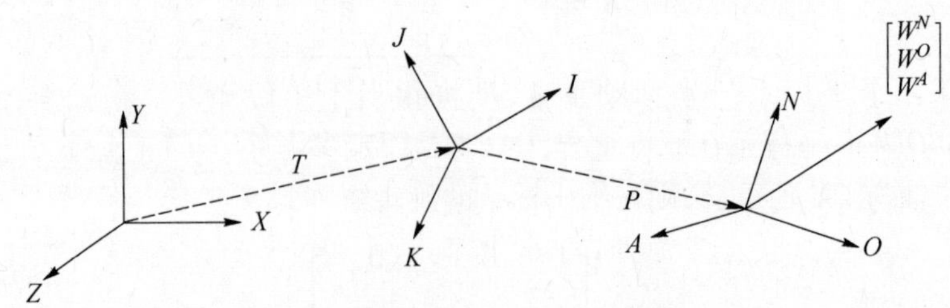

图 2.4　齐次变换为一系列旋转和平移

如果透视变换矩阵为 0，比例因子为单位值，则齐次变换矩阵为

$$\boldsymbol{T}=\begin{bmatrix} \text{旋转矩阵}(3\times3) & \text{位置矢量}(3\times1) \\ 0 & 1 \end{bmatrix} \tag{2.8}$$

这表示一个 *OUVW* 坐标系相对于 *OXYZ* 参考系旋转平移的方向和位置。用齐次坐标表示旋转和平移，实质上是单个的矩阵矢量乘积产生旋转和该种变换。对于完整的 HTM 描述和各种数值示例而言，文献[1]中的详细信息是非常有用的。

2.3 机器人运动学

为了指定和调节机器人控制器，需要机器人的运动学和动力学数学模型。运动学用于研究和分析机器人相对于所选参考坐标系的运动情况。它是机器人空间运动的分析规范和描述，表明机器人连杆与关节坐标的位置和方向之间的关系。基于其几何关系，就有可能确定机器人末端执行器的位置和方向。逆运动学是从机器人末端执行器的指定位置或方向确定每个关节坐标的过程。表 2.1和图 2.5 说明了机器人运动学的功能。机器人的运动学模型由 2.2.4 节中讨论过的 HTM（齐次变换矩阵）表述。HTM 过程对于超过二自由度的机器人是必要的。一个 n 自由度机器人由 n 个连杆构成，n 个连杆由 n 个关节组装而成，这样，每个关节连杆相当于一个自由度。参考系与每个连杆相关，齐次变换用于表示组成机器人的不同连杆的旋转或相对平移。也有可能表示不同连杆之间的平移和相对转动。

表 2.1　机器人运动功能矩阵

运动	情况是什么	导出或得到什么
正向	各关节坐标	机器人连杆末端各关节的位置和方向
逆向	机器人连杆末端各关节的位置和方向	各关节坐标

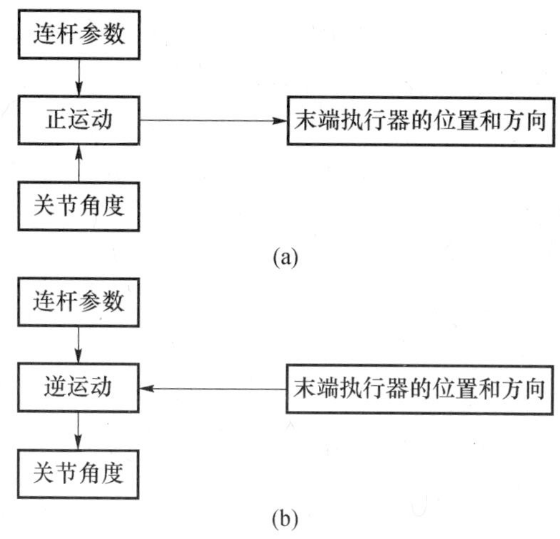

图 2.5　正运动学和逆运动学

(a)正运动学；(b)逆运动学。

2.4　动态模型

机器人动力学研究作用于机器人机构的各种力及其加速度的关系。它主要研究正动力学和逆动力学两大方面。正向动力学研究中,给定基本力的作用,计算加速度,主要用于机器人设计或机器人控制器设计的仿真研究和分析。在逆动力学研究中,给定加速度,计算力。这个过程广泛用于机器人的在线控制,如运动控制、路径规划和力的控制。机器人动力学中的其他重要方面是:计算运动方程的系数;惯性参数的辨识,即通过检测一个机器人机构的动态行为来估计惯性参数;给定某些关节所受的力以及其他关节的加速度,确定未知的力和加速度[2,6]。

2.4.1　运动方程

根据机器人的组成部分,如主体、关节及其特性参数,就可以给出机器人运动机制的描述。动态模型包括机器人机构的动态模型和一组惯性参数。事实上,定义一个单刚体的惯性需要 10 个惯性参数(质量、质心和 6 个转动惯量参数),也就是说,每个主体部分的动态模型通常包含 10 个惯性参数。当主体连接在一起形成一个机构时,往往会失去一些运动自由度。在这种情况下,一些惯性参数可能对系统的动态行为很少影响或没有影响。典型机器人的运动方程(EOM)为

$$\boldsymbol{\tau}=\boldsymbol{H}(\boldsymbol{q})\ddot{\boldsymbol{q}}+\boldsymbol{c}(\boldsymbol{q},\dot{\boldsymbol{q}},\boldsymbol{f}_{\text{ext}}) \tag{2.9}$$

式中：$\boldsymbol{q}$、$\dot{\boldsymbol{q}}$、$\ddot{\boldsymbol{q}}$、$\boldsymbol{\tau}$分别为关节位置、速度、加速度和n维坐标矢量的力变量，定义力变量之后，$\dot{\boldsymbol{q}}^{\mathrm{T}}\boldsymbol{\tau}$则为力$\boldsymbol{\tau}$输送到系统的功率，因此$\dot{\boldsymbol{q}}$和$\boldsymbol{\tau}$适合作为一组广义速度和力的变量；由于机器人在一定的环境中移动，则$\boldsymbol{f}_{\mathrm{ext}}$为作用于机器人的外部力量，如果机器人通过末端执行器与环境进行接触，那么这种表述是非常恰当的；$\boldsymbol{H}$为关节空间惯性矩阵，并且是对称矩阵和正定矩阵；$\boldsymbol{c}$为关节空间偏置力，是必须施加于系统以产生零加速度的关节空间力。$\boldsymbol{H}$和$\boldsymbol{c}$为运动方程的系数。机器人机构的动能为

$$\boldsymbol{T}=\frac{1}{2}\dot{\boldsymbol{q}}^{\mathrm{T}}\boldsymbol{H}\dot{\boldsymbol{q}} \tag{2.10}$$

适用于机器人运动和路径控制系统的运动方程：

$$\boldsymbol{\tau}=\boldsymbol{H}(\boldsymbol{q})\ddot{\boldsymbol{q}}+\boldsymbol{C}(\boldsymbol{q},\dot{\boldsymbol{q}})\dot{\boldsymbol{q}}+\boldsymbol{\tau}_g(\boldsymbol{q})+\boldsymbol{J}(\boldsymbol{q})^{\mathrm{T}}\boldsymbol{f}_{\mathrm{ext}} \tag{2.11}$$

在方程(2.11)中，偏置力分为三个部分：$\boldsymbol{C}(\boldsymbol{q},\dot{\boldsymbol{q}})\dot{\boldsymbol{q}}$项的获得要考虑科里奥利力和离心力；$\boldsymbol{\tau}_g(\boldsymbol{q})$项考虑了重力的作用；$\boldsymbol{J}(\boldsymbol{q})^{\mathrm{T}}\boldsymbol{f}_{\mathrm{ext}}$项考虑了外力的影响。矩阵$\boldsymbol{J}$是末端执行器的雅可比行列式，满足

$$\boldsymbol{v}_{\mathrm{ee}}=\boldsymbol{J}\dot{\boldsymbol{q}} \tag{2.12}$$

式中：$\boldsymbol{v}_{\mathrm{ee}}$为末端执行器的空间速度或末端执行器空间速度的综合效应。

描述操作空间的运动方程：

$$\boldsymbol{\Lambda}(\boldsymbol{x})\dot{\boldsymbol{v}}+\boldsymbol{\mu}(\boldsymbol{x},\boldsymbol{v})+\boldsymbol{\rho}(\boldsymbol{x})=\boldsymbol{f} \tag{2.13}$$

式中：$\boldsymbol{x}$为位置坐标矢量；$\boldsymbol{v}$为末端执行器的空间速度矢量；$\boldsymbol{f}$为作用在末端执行器的空间力系；$\boldsymbol{\Lambda}$为操作空间惯性矩阵；$\boldsymbol{\mu}$为科里奥利力和离心力项；$\boldsymbol{\rho}$为重力项；$\boldsymbol{f}$为外力的总和，包括作用在末端执行器上的力和作用于关节的致动器力在末端执行器上的投影力。

用于解决机器人动力学问题算法[4-6]有递归牛顿-欧拉算法(RNEA)、铰接主体算法(ABA)和复合刚体算法(CRBA)。因为机器人本体与它的连杆之间的各种关系可能是非线性的和复杂的，所以这些数值算法非常必要。

2.5 机器人的行走

机器人(或它的臂，也即腿)从一个地方到另一个地方的物理运动称为机器人行走。具有四个轮子或腿的机器人很容易控制，因为它在整个运动中保持静态平衡。在这样的机构中，速度和方向的控制被大大简化。动态行走是一种强调腿部结构的方法，为了使控制更简单、更经济，人们尝试去了解动态行走[1]。静态行走机器人的控制准则是保持重心(COG)在地面上的投影处在脚支撑区(FSA)的内部。这种方法步行速度缓慢，而且只适用于平坦的表面，因为对于在

崎岖地形上行走来说,这将是一个严重的限制。而动态行走机器人的 COG(或质心,COM)在地面上的投影可以处在支撑区域以外。零动量或力矩点(ZMP)准则一般用于生成双足机器人控制算法,同时是一种控制机器人运动的非常成功的方法。

行走问题可分为平衡控制和行走顺序控制两方面。在平衡控制中,机器人每一足的反馈力系统都可以用于计算 ZMP,然后将 ZMP 输入增量模糊 PD 控制器以减小其误差[1]。PD 控制器的目的是调整机器人的横向位置以保持 ZMP 点始终处在支撑区域内。双足机器人的行走顺序控制通过控制臀部和足部的运动轨迹来确定[1]。为了实现稳定的动态行走,单足支撑行走阶段和双足支撑行走阶段之间的转换应光滑。可以使用三次多项式算法来控制矢状面运动,以保证两个行走阶段之间的平滑转换[1]。机器人动态行走时的稳定性可通过在增量模糊 PD 控制器中应用 ZMP 准则控制行走时的平衡来实现[1]。像两个耦合的翻车机一样,该系统是一个简单的平面机构,在没有其他输入或控制的情况下,机器人能够使用两条腿沿小斜坡稳定行走。站立腿像倒立摆,摆动腿像一个附着在站立腿髋关节位置的自由摆。因为髋关节有足够的质量,该系统将有一个稳定极限环。极限环是标称轨迹,重复自身而且即使稍有扰动也会回到这个轨迹上来。一个两段被动助行器的扩展包括膝盖,可提供自然的离地间隙,而不需要任何额外的机构。六足步行机器人是用六条腿行走的机械车辆。由于机器人可以在三条或更多条腿的情况下保持静态稳定,因此六足机器人在运动中具有更大的灵活性。其优点是,当部分失能时,它依然能够走路。由于机器人的稳定并不需要六条腿全部参与,不参与的腿可用于抵达新落脚点或操控载重。

2.6　概率机器人运动模型

机器人运动具有固有的不确定性,因为:有可能并不能准确确定其数学模型;从用于感测机器人位置的传感器和反馈控制系统中得到的测量值具有不确定性;在信号处理和传输通道及系统中可能有其他不确定之处。在这样的情况下,谨慎的做法是利用概率的方法来建立机器人运动模型。也可以利用人工神经网络和 FL 的概念(第 1 章)进行机器人建模并用启发性知识进行表述。

一种方法是利用动态贝叶斯网络(DBN)来表示控制,机器人动态和机器人动态感觉状态。图 2.6 描述了 DBN[15] 的轮廓,其中,机器人运动状态是 X,机器人控制输入是 U,传感器的输出是 Z。这些状态相互关联,输入状态或控制命令驱动机器人状态;反过来,DBN 生成可能的位置,由传感装置进行测量并且输出状态 Z。假定每个阶段都有不确定因素:控制输入命令;状态或过程噪声;测量噪声。这些不确定因素都由概率概念建模,并在适当的部位或节点处并入 DBN

中,这种方法称为概率机器人运动模型(PRMM)。为了完成贝叶斯过滤,需要过渡模型 $p(x \mid x',u)$ 指定一个后验概率。这表示指令 u 驱使移动机器人从当前状态 x' 到达下一个状态 x。$p(x \mid x',u)$ 的关键点是能够指定从当前状态到下一状态的转移概率,这需要使用和结合机器人运动数学模型即机器人的 EOM 来完成。正如在 2.2 节和 2.4 节所看到的,一个机器人的姿态由 6 个参数描述:三维笛卡儿坐标系;俯仰角、滚转角和倾斜的欧拉角。而其运动变量由机器人以 (x, y, θ) 为组件的三维系统来确定。可以根据测距法、测速(推算)法建立机器人运动模型。基于测距法的模型可用于有车轮编码器的系统,而基于测速法的模型可用于无编码器系统。基本原理是根据测量的速度和经过的时间来计算机器人的新位置或地点。

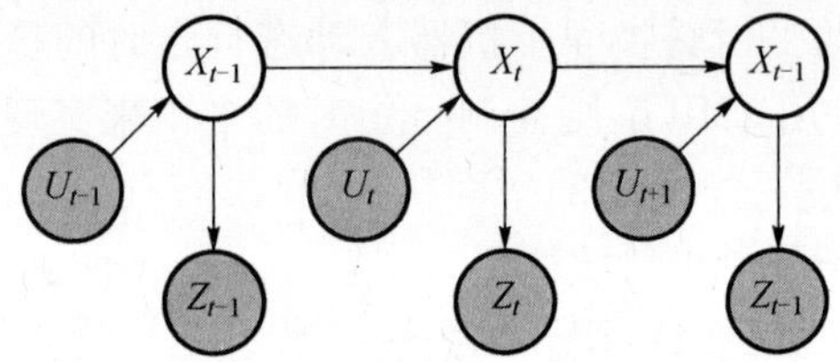

图 2.6　动态贝叶斯网络的概率运动模型

2.6.1　测距法

当机器人从一个位置移动到另一个位置时,它的运动状态发生了从 $\langle \bar{x}, \bar{y}, \bar{\theta} \rangle$ 到 $\langle \bar{x}', \bar{y}', \bar{\theta}' \rangle$ 的转变。

在输入命令中捕获测距数据为

$$u = \langle \delta_{\mathrm{rot1}}, \delta_{\mathrm{rot2}}, \delta_{\mathrm{trans}} \rangle$$

式中

$$\begin{cases} \delta_{\mathrm{rot1}} = \mathrm{arctan2}(\bar{y}' - \bar{y}, \bar{x}' - \bar{x}) - \bar{\theta} \\ \delta_{\mathrm{rot2}} = \bar{\theta}' - \bar{\theta} - \delta_{\mathrm{rot1}} \\ \delta_{\mathrm{trans}} = \sqrt{(\bar{x}' - \bar{x})^2 + \sqrt{(\bar{y}' - \bar{y})^2}} \end{cases} \tag{2.14}$$

其中:x、y 为机器人的线性位置;θ 为机器人倾斜角度。

这些分量通常受测量噪声影响,考虑这些噪声影响的测距模型为

$$\hat{\delta}_{\mathrm{rot1}} = \delta_{\mathrm{rot1}} + \varepsilon_{\alpha_1 |\delta_{\mathrm{rot1}}| + \alpha_2 |\delta_{\mathrm{trans}}|}$$

$$\hat{\delta}_{\mathrm{trans}} = \delta_{\mathrm{trans}} + \varepsilon_{\alpha_3 |\delta_{\mathrm{trans}}| + \alpha_4 |\delta_{\mathrm{rot1}} + \delta_{\mathrm{rot2}}|}$$

$$\hat{\delta}_{\mathrm{rot2}} = \delta_{\mathrm{rot2}} + \varepsilon_{\alpha_1 |\delta_{\mathrm{rot2}}| + \alpha_2 |\delta_{\mathrm{trans}}|}$$

由于车轮的些微失调以及机器人在非光滑表面上运动,这将导致在旋转或转换过程中出现误差,该误差作为高斯噪声过程建模。然后,基于正态概率分布函数(pdf)的假设,可以计算出给定当前状态下和输入(来自测距测量)的后验概率。可以使用带有均值的正态密度函数和已知协方差矩阵等常规方法来处理噪声过程。另外,也可以使用采样密度函数概念。如果正态概率分布函数是对称的,则使用前一种方法。如果正态概率分布函数不具有通常的正态分布形式,则使用后一种方法。因为其基于抽样分布函数,所以可用于任意分布函数的任何类型。

该过程由下列等式给出:

$$u = \langle \delta_{\mathrm{rot1}}, \delta_{\mathrm{rot2}}, \delta_{\mathrm{trans}} \rangle,\ x = \langle x, y, \theta \rangle$$

根据样本分布函数计算新的估计观测值:

$$\hat{\delta}_{\mathrm{rot1}} = \delta_{\mathrm{rot1}} + \mathrm{sample}(\alpha_1 |\delta_{\mathrm{rot1}}| + \alpha_2 \delta_{\mathrm{trans}})$$

$$\hat{\delta}_{\mathrm{rot2}} = \delta_{\mathrm{rot2}} + \mathrm{sample}(\alpha_1 |\delta_{\mathrm{rot2}}| + \alpha_2 \delta_{\mathrm{trans}})$$

基于上述获得的估计或预测测量分量,计算新的机器人运动状态估计或预测分量:

$$y' = y + \hat{\delta}_{\mathrm{trans}} \sin(\theta + \hat{\delta}_{\mathrm{rot1}})$$

$$x' = x + \hat{\delta}_{\mathrm{trans}} \cos(\theta + \hat{\delta}_{\mathrm{rot1}})$$

$$\theta' = \theta + \hat{\delta}_{\mathrm{rot1}} + \hat{\delta}_{\mathrm{rot2}}$$

利用包括噪声过程的高斯概率模型和当前机器人位姿的测距分量法,就可以计算出机器人的一个新位姿。必须提到的是,这里没有明确涉及机器人运动的 EOM,虽然人们认为这些都可以包括。

2.6.2　航位推算法

与测距法类似,可以利用概率模型的概念,使用速度分量法和经过的时间来导出新的机器人位姿[15]。航位推算法(或用于推导的 ded 或 DR)是通过使用预先确定的位置来计算机器人当前位置的过程。然后,机器人根据已知或估计的速度和运行时间向前推进它的位置。目前广泛应用的现代惯性导航系统也依赖于航位推算法。航位推算法是通过使用较早值并添加发生在当时或经过时间内的递增量来估计任一可变参量的值的过程。其缺点是,因为由先前的值来计算新的值,所以误差和不确定性是累积的,并将随着时间的流逝而增长。因此,在这里,可以有效利用 2.6.1 节中讨论的概率机器人运动模型的概念。测距法和 DR 之间的区别在于,测距法可利用机器人现在的速度或速率分量,并且这些都用于 PRMM 过程[15]。这种方法另一个优点是,在确定车辆位姿时,不需要并入机器人的实际数学模型。如果缺乏机器人数学模型知识或是获得这样的数学模型非常困难,PRMM 方法是有用的。关键的一点是,通过使用机器人传感器的实际测量值,利用 PRMM 方法可以简单地确定机器人的位姿,如 2. 6. 1 节中解释的那样。人们需要将传感器测量值关联到机器人确定其位置和方向的坐标中。这些坐标的确定需要使用 PRMM 方法中的传感器测量值,并使用适当的噪声处理模型和任何已知的统计数据。

参考文献

1. Navarro, D. Z. *A Biped Robot Design*. Doktorarbeit, Freie Universität Berlin, Fachbereich Mathematik und Informatik, December 2006. http://www.diss.fu-berlin.de/diss/receive/FUDISS_thesis_000000002504, Accessed August 2008.
2. Siciliano, B. and Khatib, O. (Eds.). *Springer Handbook of Robotics*. Berlin: Springer, 2008.
3. Khalil, W. and Dombre, E. *Modeling, Identification and Control of Robots*. New York: Taylor & Francis, 2002.
4. FU, K. S., Gonzalez, R. C. and Lee, C. S. G. *Robotics Control, Sensing, Vision and Intelligence*. New York: McGraw-Hill Book Company, 1987.
5. Featherstone, R. *Rigid Body Dynamics Algorithms*. Boston: Springer, 2007.
6. Featherstone, R. *Robot Dynamics Algorithms*. Boston: Kluwer Academic Publishers, 1987.
7. Featherstone, R. and Orin, D. E. Robot dynamics: Equations and algorithms. *IEEE Int. Conf. Robotics and Automation*, 1:826–834, 2000.
8. Sporns, O. Complexity. *Scholarpedia*, 2(10):1623, 2007.
9. Featherstone, R. *Robot Dynamics Algorithms*. Boston: Kluwer Academic Publishers, 1987. http://www.scholarpedia.org/article/Robot_dynamics, Scholarpedia open-access encyclopedia, 2008.
10. Meiss, J. Dynamical systems. *Scholarpedia*, 2(2):1629, 2007.
11. Izhikevich, E. M. Equilibrium. *Scholarpedia*, 2(10):2014, 2007.
12. Melamud, R. *An Introduction to Robot Kinematics*, generalrobotics.org/ppp/Kinematics_final.ppt, October 2011.
13. Spatial modeling—Some fundamentals for robot kinematics, http://doc.istanto.net/ppt/1/spatial-modeling–some-fundamentals-for-robot-kinematics.htm, October 2011.
14. Anon. *Kinematics, Advanced Graphics (and Animation)*, Spring 2002, ppts, Index of /~gfx/Courses/2002/Animation.spring.02/Lectures.www.cs.virginia.edu/~gfx/Courses/2002/Animation.spring.02/Lectures, Accessed October 2011.
15. Thrun, S., Burgard, W. and Fox D. *Probabilistic Robotics*, The MIT Press, Massachusetts, 2005, http://www.robots.stanford.edu/probabilistic-robotics/ppt/motion-models.ppt. Stanford University, Accessed October 2011.
16. Stengel, R. F. *Robotics and Intelligent Systems*. Princeton, NJ: Princeton University, 2009. http://www.princeton.edu/~stengel/MAE345Lecture1.pdf7.

第3章　移动智能自主系统中的数据融合

3.1　引言

智能领域机器人系统是一个在无约束环境，即内外部状态可以不断变化的环境中工作的移动机器人。与在受控环境中工作的传统制造业同行不同的是，这些内部和外部状态不属于有限定义集合的部分，因此，机器人系统在现场所面临的显著挑战是需要具有更复杂的环境感知、导航、规划和学习水平，以完成它们的使命。

在机器人学中，感知能够处理的难题与了解机器人工作环境有关。这种了解通过建立能够真实表达机器人系统操作环境的物理和识别模型来实现。许多类型的传感器，如声纳、激光扫描器和雷达，可以用于给这个世界建模的任务；然而，MIAS 关于感知的研究焦点是视觉数据的采集和解释。使用感知外部环境的知识以及来自其他车载传感器的机器人物理状态的附加信息，导航解决环境内部定位系统的难题。定位是精确控制平台执行机构，以保持给定轨迹所需要的核心结构。当在一个未知环境内定位时，同步构建该环境的地图也是导航难题的一部分。这种同步构图过程称为同步定位与地图构建（SLAM）。

规划功能的主要目的是根据系统目前对环境的了解和环境中的位置来整合高层次目标识别，采用更接近于成功实现目标的方法来生成适当的行为。因此，规划的最终结果是生成行为的选择和决定，在此基础上执行行为。机器人通过以前的有关状态、行为和结果的整合知识来学习完成循环程序，以提高系统的推理能力，增加判定最优行为的概率。学习、推理或产生自适应行为是移动领域机器人系统区别于其工业同行的地方；当环境被约束到预先编程足以使机器人实现其目标的程度时，就不需要学习了。

这四个 MIAS 区域在某种程度上重叠且需要协同作用，以使机器人系统能够实现预期目的。四个功能区之间的共同主线是适当的知识表达法。也需要定义接口和数据流（系统架构）的统一框架，以促进所有 MIAS 子系统集成到单个演示系统中。在这个系统级集成中，多传感器数据融合的好处最适用而且清晰可辨。自主智能移动系统不仅在变化的环境中工作，而且环境的改变是不可预测的。其结果是，首先必须察觉是否以及何时已发生变化，然后评估变化对它们的任务/目标的影响。根据评估的结果,系统必须采取适当的规划和驱动决策以抵消该变化的影响并且仍然实现其目标。图 3.1 中列举了一些国际上的 MIAS 研究实例,包括南非科学与工业研究委员会(CSIR)的无人驾驶汽车和地下矿山安全举措。索尼公司 QRIO 人形机器人、本田汽车公司 Asimo 人形机器人、军用无人驾驶地面和空中运载工具。以及美国“蓝鳍机器人”公司的蓝鳍 - 12 自主水下机器人(AUV)。

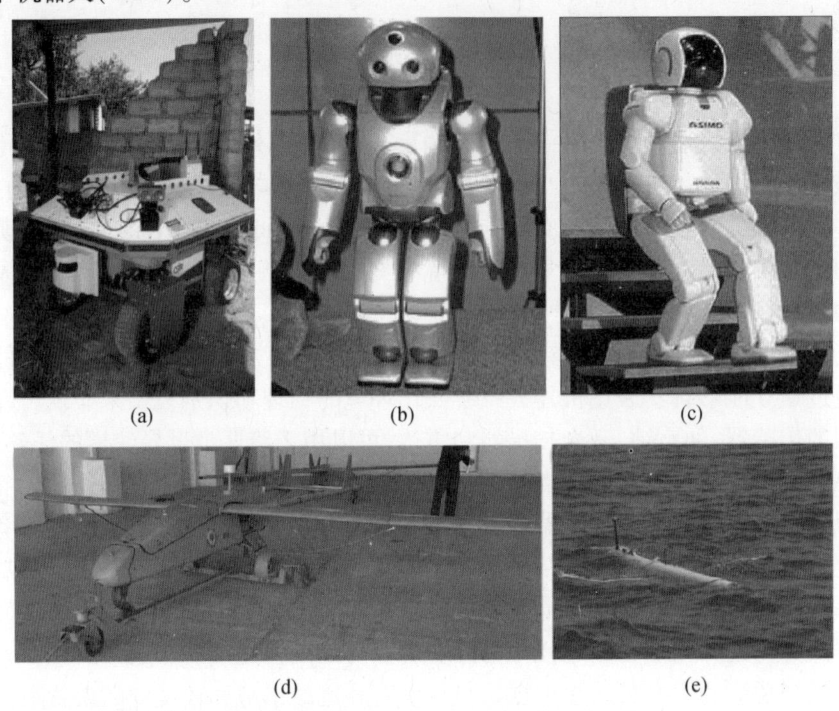

(a) (b) (c) (d) (e)

图 3.1 MIAS 研究实例

(a)CSIR(SA)无人驾驶车辆研究平台;(b)索尼的 QRIO 人形机;(c)本田的 Asimo 人形机;(d)以色列飞机工业公司 RQ - 2 先锋无人机;(e)Bluefin - 12 AUV(蓝鳍 - 12 机器人)。

3.2 为什么 MIAS 需要数据融合

MIAS 需要数据融合是因为系统在无约束且并不总是能完全观测的环境中工作,用于观察环境的传感器不提供完整信息,并且在许多情况下信息缺失。另外,现实世界在时空上的联系和数据融合为实现该关系提供了有用的方法。环境不完全可见的一个常见例子是,移动机器人需要在有许多杂乱的障碍物遮蔽其传感器感知的环境中导航,或者需要到达一个超出了它的外部感知传感器感知范围的地点。在这种情况下,如果将系统定位与环境先验图(参见第 15 章)

融合,可以实现更好的路径规划策略。移动机器人依靠传感器来生成内部状态和外部环境的描述。内部状态传感器也称为本体传感器,用于测量外部环境的传感器称为外部感知传感器。本体传感器通常用于测量机器人的速度、加速度、姿态、电流、电压、温度等,并用于状态监测(故障检测),保持动态系统的稳定性和控制机器人与外部环境交互的力/接触,而外部感知传感器通常用于测量范围、颜色、形状、光强度等,并用于构建一个通过导航或直接操作与环境进行交互的全局模型。传感器融合要求的出现是因为外部感知传感器测量非常具体的信息,如范围或颜色,因此它仅提供真实世界的局部视图,需要将局部视图融合在一起以提供完整的图像。而且,需要融合的信息不需要限定为数值格式(如典型的测量传感器),而可以是语言(以及其他格式),它允许系统建立一个更具描述性的全局模型用来确定是否已经完成最终目标。此外,数据融合提高精度(从提高预测精度的意义上说)和信息的健壮性,降低噪声和不确定性——移动机器人定位的航位推算误差是累积的,与外部感知传感器信息融合需要重置这些误差,并更加准确地确定机器人的位置。数据融合也便于模型在本体传感器数据中检测与提取那些在未融合数据中(显然)不存在的数据,这些数据必然对系统状态监测和目标跟踪非常有用。最后,在一个分散处理架构下,机器人操作系统要求数据融合来整合传自相邻节点的局部观测的数据。

3.3　MIAS数据融合方法概述

在一般情况下,基于何时执行传感器信息的处理有三种类型的数据融合方法(图3.2)。此外,移动机器人中数据融合发生在不同层次:有单一传感器的时间序列数据融合,有来自冗余传感器(同型传感器)的数据融合,有多传感器(不同传感器)数据融合以及传感器和目标信息的融合。基于数据融合的类型,应用程序的需求和输出的可靠性,每个层次的融合都有其自身的相应难题。在任意MIAS应用程序中,数据融合方法包括统计分析(如卡尔曼滤波器)、启发式方法(如贝叶斯网络)、可能性模型(如模糊逻辑和信度函数)、数学模型、基于神经网络的学习算法和遗传算法类型的进化算法,以及混合系统[1]。这里只概述国际上进行的一些研究,目的为开阔读者视野,并非所有可用数据融合方法的一个全面数学描述,更多的内容参见第4章、第5章和第30章。

虽然数据融合是一个相对较新的研究领域,但其理论基础是建立在“旧”范式上的。基于概率论的贝叶斯定理享有最广泛的支持。而更现代的模糊逻辑方法(基于隶属度函数概念)正在逐渐普及,尽管比预期的要慢得多。基于信任、支持水平和可信度的D-S证据理论,是数据融合中使用的另一种“旧”范式,但以此为基础进行的研究很少且长期无进展。贝叶斯定理的一般形式为

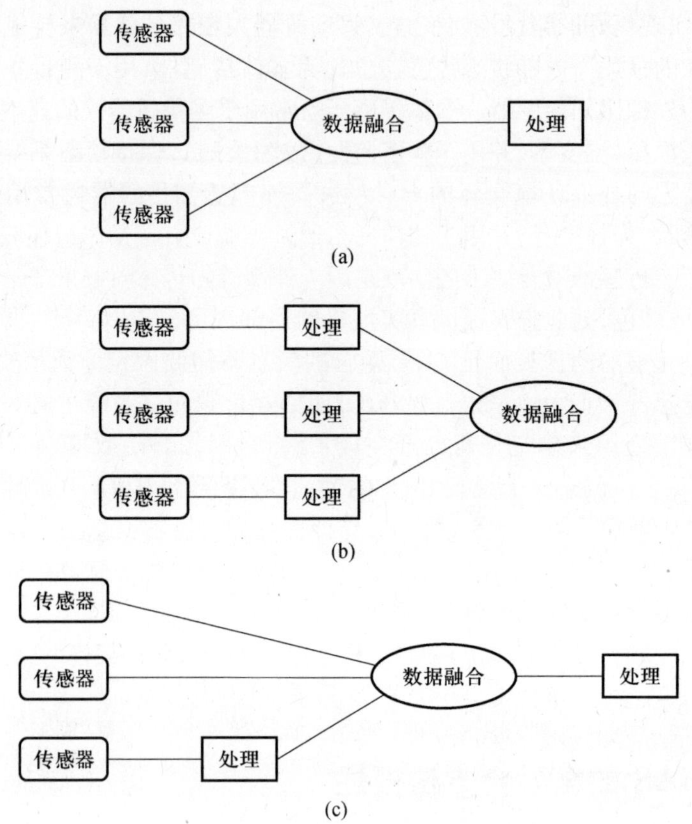

图 3.2 数据融合结构类型

(a)集中式数据融合；(b)分布式数据融合；(c)集中式和分布式结合的混合数据融合。

$$p(A \mid B) = p(B \mid A)p(A)/p(B) \tag{3.1}$$

由于

$$p(A \mid B) = P(B \mid A)$$

其中,$p(A,B)$为事件 A 和 B 同时发生的概率;$p(A|B)$是鉴于事件 B 已经发生,事件 A 发生的概率。

当在数据融合中应用贝叶斯法则时,用来预估未知参数的比较常见的方法是卡尔曼滤波法、最大似然估计法和最大后验估计法。卡尔曼滤波法是迄今为止最流行的方法。在早期的有关移动机器人应用传感器融合的著作中,贝叶斯估计法是很重要的。然而,在最近再次流行之前,该方法的研究似乎已经停滞了几年。1988 年,Matthies 和 Elfes[2] 为了在一个占用栅格中将细胞标记为被占用的、空的或未知的,使用贝叶斯估计法来融合声纳和立体视觉范围数据。文献[3]中,路径规划的核心问题是在具有部分可观测马尔可夫决策过程以及连续状态和行为的移动机器人系统中建立模型,并应用于视觉引导机器人。因为模型的复杂性,使用了一种贝叶斯优化方法来逼近控制算法所需的成本函数。与其他搜索方法相比,贝叶斯优化的优势在于,它用尽可能少的评估成本找到多个极小值。为规划 T – steps 前进,Martinez – Cantin 等人介绍了一种结合数据融合的贝叶斯优化算法,为便于参考以及与其他融合方法相比较,下面介绍这种算法。

算法 1:结合数据融合的贝叶斯优化算法

Require: An initial policy $\pi_0(\theta)$

1. **For** $j = 1$: *MaxNumberOfPolicySearchIterations*
2. **for** $i = 1 : M$
3. Sample the prior states $\boldsymbol{x}^{(i)}0 \sim p(\boldsymbol{x}_0)$
4. **For** $t = 1 : T$
5. Use a motion controller regulated about the path $\pi(\theta)$ to determine the current action $u_t^{(i)}$
6. Sample the state $\boldsymbol{x}_t^{(i)} \sim p(\boldsymbol{x}_t | u_t^{(i)}, \boldsymbol{x}_{t-1}^{(i)})$
7. Generate observations $\boldsymbol{y}_t^{(i)} \sim p(\boldsymbol{y}_t | \boldsymbol{u}_t^{(i)}, \boldsymbol{x}_t^{(i)})$
8. Compute the belief state $p(\boldsymbol{x}_t | \boldsymbol{y}_{1:t}^{(i)}, \boldsymbol{u}_{1:t}^{(i)})$ using a SLAM filter
9. Evaluate the approximate average mean square error cost function using simulated trajectories
10. Choose a new promising set of policy parameters θ using Bayesian optimization
    a. Update the expressions for the mean and variance functions of the Gaussian process $(C^{\pi}(\theta); \mu(\theta), \sigma^2(\theta))$ using the data $D_{1:N}$
    b. Choose $\theta_{N+1} = \arg\max_{\theta} EI(\theta)$
    c. Evaluate $C_{N+1}^{\pi} = C^{\pi}(\theta_{N+1})$ by running simulations
    d. Augment the data $D_{1:N+1} = \{D_{1:N}, (\theta_{N+1}, C_{N+1}^{\pi})\}$
    e. $N = N + 1$

另一方面, D – S 证据理论不使用概率,但使用分配给该系统所有子集的模拟质量。给定传感器信息 A 和 B,质量函数的综合观测结果 C 由登普斯特(Dempster)的组合规则给出:

$$m(c) = \frac{\left[\sum_{A \cap B = C} m_A(A) m_B(B)\right]}{\left[1 - \sum_{A \cap B = \varnothing} m_A(A) m_B(B)\right]} \tag{3.2}$$

式中：m_A为对来自传感器 A 的证据的信任度；m_B为对来自传感器 B 的证据的信任度。

D－S 中支持度和似然度是一个元素在特定状态下不确定性的自由上、下极限[4]。支持度和似然度[4]为

$$\mathrm{spt}(A) = \sum_{B \leqslant A} m(B) \tag{3.3}$$

$$\mathrm{pls}(A) = \sum_{A \cap B \neq \varnothing} m(B) \tag{3.4}$$

考虑到传感器精度的变化，Wu 等人[2]给每个质量引入了加权因子 m，并应用这一方法来融合追踪问题中的视频和音频信息。m 作为事后认知中传感器信息整体置信度的质量账户。与传统的 D－S（未加权）方法相比，该方法并没有实现性能上的提升。Bendjebbour 等人[5]在隐马尔科夫模型背景下使用 D－S 融合模型来融合雷达图像噪声和一个仅部分可见的光学图像以增大场景的信息量。这是对 D－S 方法的一个重要贡献，因为它允许融合过程考虑领域信息。几年前已应用于贝叶斯方法的一些相关研究，无疑有助于贝叶斯偏置法的研究。

迄今为止，基于卡尔曼滤波的数据融合方法可能是最重要的并且广泛研究的方法。它依赖于线性状态空间模型和高斯概率密度函数；扩展卡尔曼滤波基于雅可比行列式的线性化而且可用于非线性模型。然而，在实际应用中，如导航，基础处理通常是非线性的，线性化过程中引入的误差可能导致状态矢量融合方法不准确。Hu 和 Gan[6]宣称，在这些情况下，测量融合法是优选的状态矢量融合法。测量融合直接融合传感器数据来得到一个加权或增强输出，然后输入卡尔曼滤波器中（来自多传感器的数据利用权重组合在一起以减少均方误差估计，观测矢量维数仍然不变）。在状态矢量融合法中，来自多传感器的数据添加到观测矢量中导致维数增加（一个单独的卡尔曼滤波器需要每个传感器的观测值和个体的估计结果，然后融合给出一种改进的估计方法）。按照 Hu 和 Gan[6]所言，状态矢量融合方法计算效率更高而测量融合方法具有更多的信息，应该更为准确；最终结果是，如果传感器具有相同的测量矩阵，那么这两种方法在理论上是功能等效的。文献[7]给出了一个基于卡尔曼滤波的融合例子，通过激光测距数据和图像强度数据的融合来处理定位中的测程法误差累积问题。EKF 用来确定垂直边缘、角落、门以及窗框的位置，然后将其与先验图对比以获得更好的有关机器人位置的估计。Grandjean 和 Vincent 用卡尔曼滤波融合激光和立体范围数据来模拟三维平面环境[8]。Kim 等人[9]利用扩展卡尔曼滤波融合超声波卫星数据和惯性传感器数据来提高移动机器人的定位精度。他们的定位系统由 4 个 U－SAT 发射机、1 个 U－SAT 接收机、2 个车轮编码器和 1 个陀螺仪组成。虽然 Kim 等人的研究在定位精度上取得的效果仅仅是略有改善，但他们展

示的用于数据融合的卡尔曼滤波算法是非常有用的，并适用于以下这种情况。这里介绍他们广义形式上图形化表示的伪码版本。

算法 2：通用卡尔曼滤波数据融合算法

Require：V_L，V_R，θ，U

1. **Set** $\boldsymbol{P}_k$(index，x，y，**θ**) = U(index，x，y，**θ**)
2. **Repeat until end**
3. Calculate $\boldsymbol{P}_{k+1}$ using system kinematic model and inertial sensor measurements
4. Estimate $\boldsymbol{P}_k$ by applying the Kalman filter on $\boldsymbol{P}_{k+1}$
5. **if** $\boldsymbol{P}_k$(index) = U_{k+1}(index) **and**
6. **if** Dist($U_{k+1}(x, y) \cdot \boldsymbol{P}_k(x, y)$) < 10cm **then**
7. Current localization is $\boldsymbol{P}_{k+1} = U_{k+1}$
8. **else** current localization is $\boldsymbol{P}_{k+1} = \boldsymbol{P}_k$
9. **end if**
10. **else** current localization is $\boldsymbol{P}_{k+1} = \boldsymbol{P}_k$
11. **end if**
12. **end**

其中：P(index，x，y，θ)是从惯性传感器和机器人运动学中确定的机器人的姿态；U(index，x，y，θ)是从 U－SAT 传感器中确定的机器人的姿态。

基于模糊逻辑的传感器融合的更为先进的方法是使用隶属度函数来模糊化单个传感器输入值，利用一种机制来结合各传感器的模糊化值，最后通过特定的规则去模糊化输出值。Escamilla－Ambrosio 和 Mort[10] 介绍了一个多传感器数据融合结构，该结构使用一个附加模糊推理算法来动态调整噪声测量协方差矩阵。此外，他们提出区域中心法和赢家通吃法两种可供选择的去模糊化方法。使用信任度量值 c 作为融合基础，该区域模式的中心为

$$\hat{x}_k^i = \frac{\sum_{j=1}^{N} \hat{x}_k^{i(j)} c_k^{i(j)}}{\sum_{j-1}^{N} c_k^{i(j)}} \tag{3.5}$$

式中：$\hat{x}_k^i$ 为状态矢量融合的第 i 个元素；j 为传感器数量；N 为传感器的总数量。

赢家采取所有模式，本质上选择在该时间估计上具有最高置信值的状态元素：

$$\hat{x}_k^i = \arg \max_j (c_k^{i(j)}) \tag{3.6}$$

基于 Escamilla - Ambrosio 和 Wort 研究的一个广义算法[10]介绍如下：

算法 3：模糊逻辑为基础的数据融合算法

1. **repeat** until end
2. Timestep, $k=k+1$
3. Estimate state vector x_k using Kalman filter
4. Input sensor measurement (instrument) noise covariance matrix, R
5. Calculate actual noise covariance, C
6. Dynamically adjust R using C through fuzzy inference system
7. Update x_k using adjusted R
8. Calculate confidence value, c, of x_k through fuzzy inference system using R, C and the theoretical covariance, S
9. **end**
10. **for** $i=1:m$ (m elements in state vector)
11. $\hat{x}_k^i = \arg\max_j (c_k^{i(j)})$
12. **end**

在另一个实例中，Ortiz - Arroyo、Christensen[11]采用模糊逻辑和数据融合机制，在一个开放域问答系统中检索信息。Tellex 等人介绍了一种 Tellex 修正数据融合方法，该方法加入了一个重新排序处理过程[12]。结合检索通道总数，原始方法融合了来自不同通道检索系统的检索通道队列。融合过程的结果是一个得分，它是所检索信息的相关性的度量。Tellex 修正方法重新排列了被检索的上部图像通道集。在 Zhang 等人[13]的调查研究中，用于跟踪系统的基于模糊逻辑的传感器融合采用模糊聚类算法，让每个数据点部分隶属于模糊集。该算法最初由 Bezdek 提出。

粒子滤波是传感器融合的另一种现代方法，Germa 等人对此进行了研究[14]，他们在其中融合了视觉和射频识别（RFID）数据，让移动机器人在人群中跟踪人。粒子滤波的本质是状态矢量的后验分布的表征，由一组随着时间推移而更新的加权粒子来表达，该加权粒子由新的传感器测量。Germa 等人的工作[14]也特别有用，因为它提供了一个通用的粒子滤波算法，本着使用方便和比较的目的，我们将其复制在这里。

算法 4：通用粒子滤波数据融合算法

Require: $[\{x_{k-1}^{(i)}, w_{k-1}^{(i)}\}]_{i=1}^N$, z_k

13. **if** $k=0$ **then**
14. Draw $\boldsymbol{x}_0^{(1)},\cdots,\boldsymbol{x}_0^{(i)},\cdots,\boldsymbol{x}_0^{(N)}$ i. i. d according to $p(\boldsymbol{x}_0)$, and set $w_0^{(i)} = 1/_N$
15. **end if**
16. **if** $k \geqslant 1$ **then** [$-[\{\boldsymbol{x}_{k-1}^{(i)}, w_{k-1}^{(i)}\}]_{i=1}^N$ being a particle description of p

$(\boldsymbol{x}_{k-1}|z_{1:k-1})$ –]

17. **for** $i=1, \cdots, 10$ **do**
18. 'Propagate' the particle $\boldsymbol{x}_{k-1}^{(i)}$ by independently sampling $\boldsymbol{x}_k^{(i)} \sim q(\boldsymbol{x}_k|\boldsymbol{x}_{k-1}^{(i)}, z_k)$
19. Update the weight $w_k^{(i)}$ associated to $\boldsymbol{x}_k^{(i)}$ according to $w_k^{(i)} \alpha\ w_{k-1}^{(i)}((p(z_k|\boldsymbol{x}_k^{(i)})p(\boldsymbol{x}_k^{(i)}|\boldsymbol{x}_{k-1}^{(i)})/q(\boldsymbol{x}_k^{(i)}|\boldsymbol{x}_{k-1}^{(i)}, z_k))$
20. Prior to a normalization step so that $\Sigma_i w_k^{(i)}=1$
21. **end for**
22. Compute the conditional mean of any function of $\boldsymbol{x}_k$, for example, the medium mean square estimate $E\mathrm{p}(\boldsymbol{x}^k|z_{1-k}[\boldsymbol{x}_k]$, from the approximation $\Sigma_{i=1}^N w_k^{(i)}\delta(\boldsymbol{x}_k-\boldsymbol{x}_k^{(i)})$ of the posterior $p(\boldsymbol{x}_k|z_{1:k})$
23. At any time or depending on an 'efficiency' criterion, resample the description $[\{\boldsymbol{x}_k^{(i)}, w_k^{(i)}\}]_{i=1}^N$ of $p(\boldsymbol{x}_k|z_{1:k})$ into the equivalent evenly weighted particles set $[\{\boldsymbol{x}_k^{(s(i))}, 1/N\}]_{i=1}^N$, by sampling in $\{1, \cdots, N\}$ the indexes $s^{(1)}, \cdots, s^{(N)}$ according to $P(s^{(i)}=j)=w_k^{(j)}$; set $\boldsymbol{x}_k^{(i)}$ and $w_k^{(i)}$ to $\boldsymbol{x}_k^{(s(i))}$ and $1/N$
24. **end if**

其中：x_k为状态矢量；w_k为权重（或概率）；z_k为传感器测量值。

以数学为基础的数据融合方法的例子包括指数混合密度（EMD）模型和矢量场直方图（VFH）。Julier 等人[15]研究了指数混合密度模型的理论特性，以确定其是适用于分布式网络的稳健数据融合方法。他们利用以前在专家系统数据融合技术中使用的 EMDS 和自适应非线性滤波方法，如粒子滤波，来适应 EMD 计算要求以及获得结果发生概率的上、下限。他们声称，对未知相关性信息而言，这是一致的和保守的数据融合方法。Conner 等人[16]使用证据网格法（也称为占用网格、确定性网格或直方图网格），结合矢量场直方图来融合 CCD 相机数据和激光测距仪数据进行导航。他们的导航轮式平台成功演示了该数据融合方法。证据网格法也可以实现概率度量，正如来自 CMU 卡内基梅隆大学的 Martin 和 Moravec 演示的那样[16]。

数据融合的研究也正在从系统架构的角度进行。实验室联席董事（JDL）数据融合工作组（创建于 1986 年）研发了一个数据融合过程模型，通过定义数据源处理类型之间的关系，试图为实现数据融合定义一个通用框架。共定义了六个层次的处理过程：①输入值的源预处理操作，用于与其他层次数据接口；②对象细化——细化初始对象标识；③情况细化——确定识别对象之间的关系；④威胁细化——推断系统的未来状态；⑤过程细化——优化当前数据和信息层次；

⑥数据存储管理和数据检索方法。Carvalho 等人[1]提出了一种基于统一建模语言(UML)的通用数据融合架构,考虑建立动态变化框架来应对动态环境的变化。该方法将分类学引入数据融合过程,有利于不同层次数据的融合。定义的六级处理过程:①单个传感器数据的预处理;②低层次数据融合——数据分析前的数据融合;③分析融合数据并为高层次融合输出量化变量;④高层次数据融合——在某种形式的数据分析后的数据融合;⑤混合层次数据融合与分析——低层数据和高层次变量的融合;⑥变量译码——将不同来源的变量融合成一个单一变量,或感测环境的多视图特征。存在低层次、高层次和混合层次融合的多个实例。若没有足够的信息可以做出控制决策,则数据融合处理的输出值被发送到一个决策模块,由该模块决定各执行器的控制函数,或修正单个传感器的传感要求。

3.4 结束语

虽然数据融合的研究在以稳定的速度前进,但因为移动、智能和自治系统的传感器测量仍然以不确定性特征最为突出,当前面临的挑战是如何使数据融合更为精确,以及数据融合的量化增益是否可以证明额外的传感器和处理时间对成本的影响。一般来说,D - S 证据理论和贝叶斯方法非常相似,尽管 D - S 在处理过程方面造价稍高;另一方面,D - S 不像贝叶斯那样严重依赖先前的信息状态。模糊逻辑密集过程更少,但是非常依赖定义隶属度函数的方式,轻微的变化可能会导致结果发生显著变化。在决定一个融合方法时,底线是在其操作环境的背景下单独考虑每一个应用程序。当用 MIAS 实施数据融合时,下列原则可能有用:来自多个劣质传感器的融合数据质量比来自几个好质量传感器的融合数据要差;当纠正这些下游数据的难度呈指数级增长时,设法在初始处理中将误差降至最低;为具体应用限制所有假设——不依赖没有证据佐证的一般假设;为训练学习算法分配足够的(超过你最初估计)数据;输入数据融合是一个动态过程。

参考文献

1. H. S. Carvalho, W. B. Heinzelman, A. L. Murphy and C. J. N. Coelho, A general data fusion architecture, *Proceedings of the Sixth International Conference of Information Fusion*, 2, 1465–1472, 2003.
2. H. Wu, M. Siegel, R. Stiefelhagen and J. Yang, Sensor fusion using Dempster–Shafer theory, *Proceedings of the 19th IEEE Instrumentation and Measurement Technology Conference (IMTC/2002)*, 1, 7–12, 2002.
3. R. Martinez-Cantin, N. de Freitas, E. Brochu, J. Castellanos and A. Doucet, A Bayesian exploration–exploitation approach for optimal online sensing and planning with a visually guided mobile robot, *Autonomous Robots*, 27(2), 93–103, 2009.
4. S. Challa and D. Koks, Bayesian and Dempster–Shafer fusion, *Sadhana*, 29(Part 2), 145–176, 2004.

5. A. Bendjebbour, Y. Delignon, L. Fouque, V. Samson and W. Pieczynski, Multisensor image segmentation using Dempster–Shafer fusion in Markov fields context, *IEEE Transactions on Geoscience and Remote Sensing*, 39(8), 1789–1798, 2001.
6. H. Hu and J. Q. Gan, Sensors and data fusion algorithms in mobile robotics, Technical report: CSM-422, Department of Computer Science, University of Essex, UK, January 2005.
7. J. Neira, J. D. Tardos, J. Horn and G. Schmidt, Fusing range and intensity images for mobile robot localization, *IEEE Transactions on Robotics and Automation*, 15(1), 76–84, 1999.
8. P. Grandjean and A. R. Robert de Saint Vincent, 3-D modeling of indoor scenes by fusion of noisy range and stereo data, *Proceedings of the IEEE International Conference in Robotics and Automation*, pp. 681–687, Scottsdale, 1989.
9. J. Kim, Y. Kim and S. Kim, An accurate localization for mobile robot using extended Kalman filter and sensor fusion, *Proceedings of International Joint Conference on Neural Networks*, Hong Kong, pp. 2928–2933, 2008.
10. P. J. Escamilla-Ambrosio and N. Mort, Multisensor data fusion architecture based on adaptive Kalman filters and fuzzy logic performance assessment, *Proceedings of the Fifth International Conference on Information Fusion*, 2, 1542–1549, 2002.
11. D. Ortiz-Arroyo and H. U. Christensen, Exploring the application of fuzzy logic and data fusion mechanisms in QAS, *Lecture Notes in Computer Science*, 4578, 102–109, 2007.
12. S. Tellex, B. Katz, J. Lin, G. Marton and A. Fernandez, Quantitative evaluation of passage retrieval algorithms for question answering, *Proceedings of the 26th Annual International ACM SIGIR Conference on Research and Development in Information Retrieval*, Toronto, Canada, 2003.
13. D. Zhang, X. Hao and H. Zhao, Data fusion approach for tracking systems based on fuzzy logic, Technical Report, Communication and Information System Institute, School of Information Science & Engineering, North Eastern University, Shenyang, China, Web access: http://isif.org/fusion/proceedings/fusion01CD/fusion/searchengine/pdf/TuB24.pdf, Last accessed 28/04/2011.
14. T. Germa, F. Lerasle, N. Ouadah and V. Cadenat, Vision and RFID data fusion for tracking people in crowds by a mobile robot, *Computer Vision and Image Understanding*, 114(6), 641–651, 2010.
15. S. J. Julier, T. Bailey and J. K. Uhlmann, Using exponential mixture models for suboptimal distributed data fusion, *Nonlinear Statistical Signal Processing Workshop*, pp. 160–163, IEEE, UK, 2006.
16. D. C. Conner, P. R. Kedrowski and C. F. Reinholtz, Multiple camera, laser rangefinder, and encoder data fusion for navigation of a differentially steered 3-wheeled autonomous vehicle, *Proceedings of SPIE, the International Society for Optical Engineering*, Vol. 4195, pp. 76–83, Bellingham, 2001.
17. A. Gopal, Chapter 12: Overview of data fusion in mobile intelligent autonomous systems, in *Multi-Sensor Data Fusion with MATLAB*, J. R. Raol (ed.), CRC Press, FL, USA, 2009.

第 4 章　图像配准与融合

4.1　引言

在遥感应用、机器人学、目标跟踪与识别、医学成像分析领域内,图像配准和图像融合方法是非常关键的步骤。图像配准是将同一传感器或不同传感器在不同时间、不同角度下对同一场景获取的两幅或多幅图像进行叠加的过程,这些图像之间可能存在相对的几何变换关系,如平移、旋转、缩放等。其目的是几何对准两幅图像——源图像和目标图像。配准算法试图在源图像上对准目标图像,从而使两幅图像的像素处于相同参考帧中。这个过程对于相同模板上获得的图像或相同场景的时间序列图像的对准是有效的。图像配准主要应用于医学成像中放射影像的配准和环境研究中卫星影像的配准两个方面。后者中的环境和其他周边车辆的影像可用于自主车辆包括机器人的导航。

图像融合的思想是利用同一对象或场景的两个或多个单独图像生成一个融合图像以增强总体信息。图像融合是整合两个或多个图像的相关信息形成一个合成图像的过程,输入的图像可以由不同类型传感器或同一传感器在不同条件下捕获。与任一输入图像相比较,产生的合成图像包含更为精确的描述性信息。需要注意的是,这些输入图像必须在它们被融合前进行配准。根据其应用层次的高低,图像融合技术分为像素级融合、特征级融合或决策级融合。图像融合的一个应用实例是医学成像分析中的核磁共振成像(MRI)和计算机辅助断层扫描(CT)成像。由于这些输入图像包含互补信息,因此融合图像是具有更多细节信息的增强图像。

4.2　图像配准

两幅图像间存在差异通常是由于:图像间存在由空间映射引起的几何变换关系,例如从一幅图像到另一幅图像的平移、旋转和缩放,改变成像传感器的方向或参数可能会造成这种差异;当图像的一部分移出图像帧或新的数据输入到图像帧时,由于对准差异导致遮挡现象发生,有候由于传感器的差错在一幅图像中产生了可识别的无效数据,当成像传感器间出现障碍物而目标正在被成像时,遮挡也会发生，如在卫星图像中云经常遮挡大地；由于采样误差和传感器中的背景噪声的影响使得图像产生了噪声，图像噪声也来自于传感器误差引入的无法辨识的无效数据；在不同时间对物体或场景所成的像之间，实际差异来自于时间的变化，在卫星图像、照明、侵蚀、建筑物和森林砍伐中都有由于时间变化造成差异的实例。图像配准通常伴随着用于进行观察和分析的大型全景图像的产生。拼接图像是通过变形和拼接几个已配准的有重叠部分的图像来创建的。类似的配准任务包括从来自相同场景的多个图像中产生超分辨率图像、变化检测、运动稳定性监测、地形测绘和多传感器图像融合。如果 $I_S(x, y)$ 和 $I_T(u, v)$ 分别为源图像和目标图像，那么这些图像间的关系为

$$I_T(u,v) = T_2\{I_S(T_1\{(x,y)\})\} \tag{4.1}$$

式中：T_1 为二维（2D）几何转换操作符，与 I_T 中的 (u, v) 坐标转换为 I_S 中的 (x, y) 坐标相关；T_2 为强度函数。几何变换操作符和强度函数的取值取决于图像配准过程。图 4.1 以图解的方式给出了图像配准的实例，使用了旋转、Ox 轴平移和 Oy 轴平移三种转换方法。当图像由不同传感器捕获，或当通过相机的自动增益曝光改变照明时，T_2 的估计值是有用的。图像配准的目的是检测场景中的变化，并将由于场景变化引起的对准、遮挡和噪声差异成功检测并配准以及保留。配准算法必须假定图像内容变化小，此外，两个图像中必须可见足够多的对象或场景。至少 70% 的源图像内容必须存在于该模式中并被配准。在实践中，医疗和卫星传感器通常具有足够的成像精度，它们获得的图像中能够包含 90% 或者更多的内容。图像配准广泛应用于遥感数据分析、医学成像和计算机视觉领域。一般来说，根据获得图像的方式，主要分为 4 个应用程序组：①不同视角，在场景图像的遥感图像拼接中，从不同的视点来获取同一区域的图像，以获得该区域较大的 2D 视图或 3D 图像。②不同时间，为了寻找和评估连续采集的该区域图像间的变化，通常定期的，在不同时间，也可能在不同条件下来获得图像，例如，全

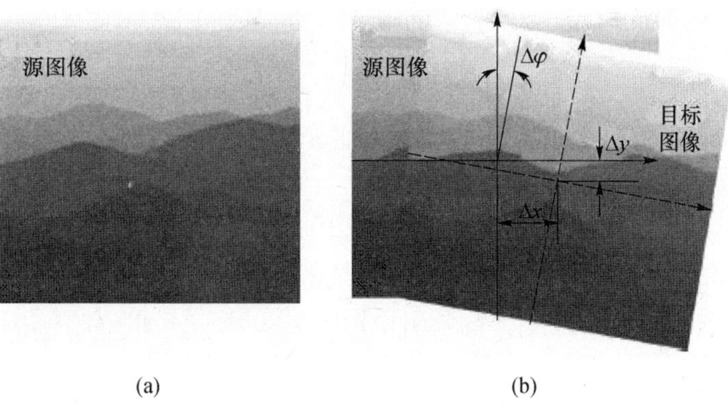

图 4.1　源图像和目标图像间转换的图像配准（$\Delta\varphi$ 旋转，Δx 和 Δy 变换）

球土地利用,景观规划的遥感监测,安全监控,运动跟踪中的计算机视觉变化自动检测,肿瘤演变和治疗的医疗成像监测。③不同传感器,为了获得更复杂和详细的场景图像,集成了从一个或多个传感器获取的图像,例如,在遥感图像融合中,不同特性的传感器能够提供更好的空间分辨率、光谱分辨率或云层和日照的独立的雷达图像。医学成像中从各种传感器获得的图像的配准和融合,如 MRI、超声或 CT、正电子发射断层扫描(PET)、单光子发射计算机断层扫描(SPECT)或核磁共振波谱(MRS)。配准法不仅考虑图像之间几何变形的假定类型,也考虑辐射变形、噪声干扰等因素,还需要一定的配准精度并依赖于应用程序的数据特征。

4.2.1 图像配准的步骤

一般来说,图像配准包括四个主要步骤:

(1) 控制点检测:控制点是由领域专家自动或手动检测的显著点或显著结构。它们是一组包含重要信息的像素点。由于人工识别控制点既耗时又烦琐,已经开发了几个自动化技术。

(2) 控制点匹配:建立目标图像和源图像中检测到的控制点之间的对应关系。这涉及到在两个图像中找到匹配的控制点。对于源图像中的每个控制点,都需要在目标图像中搜索相匹配的控制点。匹配方法基于互相关法、交互信息法、轮廓匹配法等。

(3) 变换参数估计:在检测到匹配的控制点之后,下一步要估计目标图像中造成畸变的变换参数,如水平平移、垂直平移、旋转角度、缩放比例因子等。

(4) 重采样和转换:将目标图像几何变换到源图像的参考坐标系中。利用估计的变换参数,将目标图像转换为与源图像对准。根据前面步骤中检测到的参数,目标图像被对准,以便源图像和目标图像处在共同的参考帧中。目标图像通过映射函数来转换,转换后非整数坐标点的图像值通过适当的插值方法来计算。

在实施过程中,每一个配准步骤都有其典型的问题。检测到的控制点应均匀分布在图像上并且容易辨认。即使有对象遮挡或其他意想不到的变化,它们也必须在两个图像中有足够的共同要素。在整个实验过程中,它们必须待在一个固定的位置上。检测方法应具有良好的定位精度。好的检测算法是无论特定图像如何变形,都可以在场景中检测到所有预估点中的共同控制点的方法。在控制点匹配步骤中,由于成像条件不同或传感器光谱灵敏度不同,相应的控制点的特征也可能不同,考虑这些因素,相似性度量方法的选择必须是稳定、稳健和高效的。即使在其他图像中远离控制点的部位没有相匹配的点相似点,也不影响其性能。

转换参数的估计必须基于先验信息的采集过程和预期的图像衰减。另外，该技术一般足以应付所有可能出现的衰减。用于检测和匹配控制点的方法的精确性及可接受的近似误差也必须予以考虑。为了使估计准确，必须要做出删除某些控制点对的决定。最好是不删除重要的控制点对。做出这个决定非常重要，也非常困难。重采样技术的选择取决于内插法和计算复杂度所需达到的精确程度。常用的技术是最邻近内插法或双线性内插法。某些应用需要更精确的方法。

4.2.1.1　控制点检测

源图像和目标图像的两个集合的特征由控制点表示。有内在的和外在的两种类型的控制点。内在的控制点标记图像中无关的数据，它们通常是由用户标记或放置在传感器上，只用于配准的目的，很容易识别。外在的控制点从数据中手动或自动确定。手动选择的是识别标志或被人工干预的解剖结构之类控制点。它们由领域专家选定。当数据量庞大时，这一工作非常困难。因此，已经提出了几种自动配准算法。选择的特征可以是显著区域（如森林、湖泊、田野），线条代表区域边界、海岸线、公路、河流或区域角点、路线交叉点、曲线上的曲率点、小波变换的局部极值等。这些点或特征稍后将利用它们的空间关系或特征的各种描述符进行匹配。控制点必须是在这两个图像中唯一发现的，并对局部扭曲更宽容。由于适当的转换参数估计依赖于这些特征，必须检测到足够数量的控制点来执行计算。但是，太多的特征将使特征匹配更加困难和耗时。由于点匹配方法的准确性和效率强烈依赖于控制点的总数，因此必须仔细选择控制点。为了检测控制点，一些算法直接利用图像的像素值，有的算法在频域上进行操作，而有的算法使用低级别的特征，如边缘和角落，其他使用高级特性，如识别对象或特性之间的关系

4.2.1.2　控制点匹配

在这一步骤中，为源图像上的每个控制点确定目标图像上的最佳匹配控制点。这样做的目的是要找到使用适当的描述符所选择的控制点之间的成对的对应关系。有如下三种使用方法：

（1）使用空间关系：这些方法利用控制点之间的空间关系。利用控制点之间的距离和它们的空间分布。将特定变换应用到目标图像，并选择源图像中控制点旁边给定范围内的点之后，用图匹配算法找到匹配点，基于该假定变换也可以构造集群。

（2）使用不变的描述符：在该方法中，利用不变的预期的图像变形来估计匹配的控制点。源图像和目标图像中具有最相似的不变描述符的控制点是成对匹配的。常见的描述符是本身的图像强度函数，仅限于特征的近邻域。如果检测到的特征是点，那么可以使用的相似度量是互相关、相位相关、基于矩不变量、

互信息等。源图像中的一个控制点周围的一个点的小窗口，与目标图像中的每个控制点周围的相同大小的窗口进行统计比较。匹配与否的度量基于所选择的相似度量。匹配窗口的中心控制点，可以用来解出两幅图像间的变换参数。

(3) 金字塔形方法和小波：为了降低大型图像的计算成本，广泛使用金字塔形方法。它始于粗分辨率的源图像和目标图像，并逐步提高映射函数参数对应关系的估计值直至达到更高的分辨率。这种由粗到细的分层策略采用一般的配准方法。

多分辨率金字塔式由一组代表不同分辨率的图像组成。原始图像位于金字塔的底部，通过每个维度的一个常数比例因子下采样，形成下一层级。0 级，在金字塔的底部，称为最精细层。$n-1$ 级，处于金字塔尖，称为最粗糙层。在每一层上，搜索空间显著减少，节省了计算时间。首先实现对粗略特征的配准，然后做小的修正以获得更精细的细节。为了克服在粗级别识别匹配错误的问题，应在算法中纳入回溯或一致性检查。从文献中获得的一些金字塔形方法是求和金字塔、中值金字塔、平均值金字塔、基于三次样条的金字塔、多分辨率拉普拉斯金字塔、高斯金字塔等。小波分解具有图像固有的多分辨率特性，因此，推荐使用金字塔形方法。图像用低通滤波器 L 和高通滤波器 H 依次过滤，两个滤波器都沿图像的行和列工作。这些方法将图像分解递归成四组系数(LL、HL、LH 和 HH)。每一个级别上的一个系数或这些系数的组合可以用于匹配。

4.2.1.3 变换参数确定

在建立源图像 I_S 与目标图像 I_T 之间的特征对应关系后，需要构造映射函数。映射函数的构造应基于目标图像的假定几何变换、图像采集方法和配准过程所需的精确度。映射函数的类型和它的参数确定需要对目标图像进行变换，以覆盖它的源图像。映射函数大致分为全局映射函数和局部映射函数两种，它们旨在改变图像区域。如果需要对整个图像进行变换，则全局模型适用。全局映射函数利用所有的控制点来估计一组对整个图都有效的映射函数参数。如果仅对图像的一个小区域进行变换，则局部映射函数适用。局部映射函数把图像作为一个小区域的组合物，其功能参数取决于局部映射函数在图像中的位置。在这种情况下，需要分别为每个区域计算映射函数的参数。基于用于计算参数的控制点叠加的准确性，映射函数还可以分为插值函数和逼近函数。插值函数将目标图像控制点准确地映射到源图像控制点上，而逼近函数计算变换参数以便匹配点的叠加位置尽可能接近。如果匹配控制点的数量很大，则近似法更适合。对于内部的或手动选择的控制点，通常数量较少，但需要更准确的匹配。在这种情况下，插值将更适用。一个图像中的点(X,Y)与另一个图像中的对应点(X^1, Y^1)之间的关系由二维变换式表示：

$$\begin{bmatrix} X^1 \\ Y^1 \end{bmatrix} = s\begin{bmatrix} \cos\theta & -\sin\theta \\ \sin\theta & \cos\theta \end{bmatrix}\begin{bmatrix} X \\ Y \end{bmatrix} + \begin{bmatrix} \Delta X \\ \Delta Y \end{bmatrix} \tag{4.2}$$

式中：s、θ、ΔX、ΔY 分别为缩放因子、旋转角度以及沿水平方向和垂直方向的平移。转换参数的估计使用一组匹配的控制点$\{(X_i, Y_i)\}$，并且$\{(X_i^1, Y_i^1)\}$通过上述方程线性化。在大部分遥感应用中，能够利用这种转换使得图像具有一定程度的几何校正。

4.2.1.4　重采样与转换

最后一步是将目标图像几何变换到源图像的参考坐标系中。在上一步骤中检测到的参数的基础上，对目标图像进行对齐，以实现源图像和目标图像具有共同的参考帧。目标图像根据在前面的步骤中构建的映射模型转换并注册。这种转变以向前方式或后向方式进行。在前向方法中，利用估计的映射函数直接变换目标图像的各像素。在后向方式中，利用源图像的像素和估计的逆映射函数确定目标图像的注册图像数据。图像插值发生在规则网格上的目标图像中。近邻函数、双线性和双三次样条函数、二次样条、三次 B 样条函数、高阶 B 样条、高斯函数和截断 sinc 函数属于常用的插值算法。尽管高阶方法在变换后图像的准确性和视觉外观方面优于双线性插值，但双线性插值提供了可能是最好的精度和计算复杂度之间的权衡，因此它是常用的方法。当几何变换涉及拍摄图像的显著放大时，使用三次插值方法。最简单的灰阶插值方案基于最近邻的方法，称为零阶插值。但是最近邻插值会产生不期望的赝像，如围绕对角线和曲线的阶梯效应。双线性插值产生的输出图像是平滑的，没有阶梯效应。它在平滑度和计算成本之间进行了合理的折中。

4.2.2　卫星图像配准

对遥感（卫星）图像时间序列的研究是许多遥感应用中的一项重要任务，目的是研究不同的环境现象。对于这样的应用程序，在不同时间获得的卫星图像的配准是很重要的。该配准往往使用手动和自动配准技术相结合的方式。然而，对于一个多时相问题，其中的图像数目变大，手动校正图像往往是不可行的。因此，一个全自动操作将是可取的。卫星图像配准的目的是将在不同时间点上获得的卫星图像进行对准，从而可以检测到云的运动、植被的生长等变化。在遥感应用中，用户通常使用手动配准，但这在数据量大的情况下是不可行的。因此，需要对操作者监控要求很少或根本没有要求的自动化技术。由于各种地球观测卫星所产生的成像数据量增长迅速，为地面和车载处理的数据开发可靠的自动算法很有必要。然而，在用于高级别任务如变化检测或数据融合之前，不同的传感器和/或在不同的时间所产生的图像必须要精确配准。这是遥感需要的一个重要的操作，基本上涉及许多控制点的识别。由于手动识别控制点可能是耗时且烦琐，自动化技术已经开发。卫星图像数量的增加加强了对图像自动配准方法的需求。由于一种方法的性能依赖于特定的应用程序、传感器的特性和成像区域组合物的性质，因此为所有不相同的应用程序配置单一的配准方案从而获得满意结果是不可能的。在这项工作中，已经开发出卫星图像自动配准系统。

4.2.2.1 卫星图像

甚高分辨率辐射计（VHRR）和数据中继转发器（DRT）共同提供：整个领土和毗邻的陆地及海域天气系统的昼夜、定期、半小时天气图像，包括恶劣天气、飓风、海表温度和云表温度、水体、雪等；收集和传递无人值守远程平台的气象、水文和海洋数据；及时预警飓风、洪水、风暴等即将发生的灾害；将包括天气系统的处理图像在内的气象信息传播给广播模式预报中心。卫星发送的地球图像以一定的时间间隔接收。几何失真的来源有地球自转、全景效应、地球曲率、扫描时间偏移、平台高度变化、速度和纵横比的变化。由于卫星高度的干扰或成像载荷的原因，图像中可能会出现移位，图像数据由坐标系统上的灰度值组成，坐标系统由线条和帧定义。在一年中，大多数的无云图像选择了某些控制点，这些点称为地面控制点（GCP）。GCP是地球表面上可以确定图像坐标和地图坐标的点。它是一个地理位置，这个位置的水土之间有一个急剧过渡。目前通过计算这些地面控制点的几何变换来完成源图像的转换。手动识别通过识别特定目标图像地面控制点来完成，使用鼠标一类的输入设备，获得其 X 和 Y 坐标值。这些值与参考图像的 X 和 Y 坐标值进行比较，以找到旋转角度，以及水平和垂直位移。这会导致无法准确定位地面控制点的问题，并可能导致错误的计算。这个过程可以实现自动化。定期下载子采样/平均图像数据的一部分，应足以作为输入数据输入到所开发的系统中。控制点提取和比较的过程是自动化的。引起变形的变换可以利用匹配的控制点来计算。

4.2.3 文献综述

配准是图像处理的基本任务之一。给定两个代表同一个或者类似对象的图像，它包括一个图像（目标图像）向其他图像（源图像）的几何变换，这样使得代表相同物理结构的像素可以被叠加。在所有的图像分析任务中，这是关键步骤。在该步骤中，在图像融合、变化检测和多通道图像恢复等多种数据源的组合中获得最终的信息。图像配准建立了空间对应，也就是说，配准过程将建立一个图像上的点与另一个图像上的特定点的对应关系。它应用于遥感，需要配准的多光谱分类，环境监测、变化检测、图像拼接、天气预报、创建高分辨率图像，地理信息系统（GIS）信息集成等领域。在过去的几十年中，获得的图像数量不断增长且具有多样性，带动自动图像配准的研究。由于其在各个应用领域的重要性以及其复杂的性质，图像配准问题最近已经成为一个主要的研究课题，并发表了大量的文献。但如何处理有云情况下卫星图像配准问题的研究相对较少。下面简要介绍背景知识和一些最近做的重要的相关研究。这些文献都经过了我们的精心审查并讨论确定了其中的漏洞。文献[1]对图像配准方法进行了综合述评，它给出了所有配准技术的框架。文献[2]广泛综述了发展近况。正如前面所讨论的，配准方法包括控制点检测、控制点匹配、变换参数估计、重采样和转换四个步骤。上述领域的一些相关工作将在下面的章节中讨论。

4.2.3.1　控制点检测

文献中有几种技术可用于执行这一步骤。控制点可以手动选择或使用控制点检测方法自动选择。由于手动识别控制点耗时烦琐，已经开发了几种自动技术。一些自动控制点检测技术将被检测的控制点的数量作为输入参数[3]。Fonseca 等人[4]建议使用光流法进行特征提取。如文献[5]所述，光流方法最初是用于估计图像之间的相对运动的。光流配准种类涵盖了非常大量的方法。文献[6]将线交叉点作为控制点，但是在卫星图像中找不到直线交叉点。文献[7]建议将水域、石油和天然气垫的质心作为控制点。文献[8]使用 Gabor 小波将检测到的局部曲率不连续性作为控制点。文献[9]将小波变换的局部极值作为控制点。文献[10]也使用了类似方法。在文献[11]中，角点即为控制点，角点是区域边界上的高曲率点，研究人员已经付出了很大的努力来发展精确、稳健和快速的角点检测方法。文献[12]也将角点作为控制点。角点被广泛用作控制点，是因为它们成像的几何不变性以及易于人类观察者感知。Zitova[13]建议选择模糊图像中主特征角点。Zitova 等人[14]提出了一种参数化角点检测方法，该方法用于处理模糊和噪声数据，不使用任何衍生工具。

许多算法中使用线特征。线对应通常是由成对的线端点或中间点来表示。文献[15,16]使用了物体轮廓线。文献[17]考虑了海岸线。Li 等人[18]将道路作为特征线。在文献[19]中，道路也被选为特征线。区域特征通常是一个适当大小的高对比度闭合边界区域。它们往往由重力中心表示，相对于旋转、缩放和偏移具有不变性，并在随机噪声和灰度变化下稳定。Holm[20]将水库和湖泊地区作为考虑对象。文献[21]考虑了森林，而在文献[22]中考虑使用城市地区。Li[16]建议使用封闭边界的中心作为控制点。对于开放的轮廓，则采用突出部分。对于用相同的传感器获得的图像，控制点可以采用 Forstner 兴趣算子来选择。当来自不同传感器的图像配准时，文献[23]提出可以利用代表真实世界中物体的多边形来进行操作。文献[24]研究运用了结构知识，其中，关于所述对象及其在图像数据中明显的特征联系的知识通过语义网络有效地表示。从地图获得地面控制点[25]。通过使用全球定位系统（GPS）实地测量获得。Tuo[26]采用局部熵矢量作为特征。为了节省时间并使控制点数量选择合理,用图像小波分解来检测控制点。Fonseca 和 Costa[9] 检测 LH 和 HL 系数的模极大值。Djamdji 等人[27] 只使用 HH 系数作为控制点。You 和 Kaveh [28] 使用小波系数的最大模糊紧集作为特征。文献[29]给出了关于多分辨率信号分解和小波表示的完整理论。文献[30]对几种配准方法进行了比较研究,得出的结论是基于小波变换的模极大值方法非常适用于遥感图像。文献[3]指出,该方法对于相同传感器的配准图像特别有用。控制点在小波变换的最低级别选定,所以不会选中太多的控制点。Corvi 和 Nicchiotti[31] 利用极大值与图像离散小波变换残留的极小值点作为控制点。小波和小波变换的更多信息可参见文献[29,32]。文献[33]对几个小波金字塔方法进行了评估,研究了它们既可用于不变特征提取又可用于表示多空间分辨率图像以加速配准的能力。他们指出,在准确性和一致性方面,由 Simoncelli 获得的可操控的带通子波表现最佳。

4.2.3.2 控制点匹配

在源图像和目标图像控制点之间的对应关系使用匹配的方法确定。源图像中的每个控制点,在目标图像中搜索匹配的控制点。匹配方法基于区域或基于特征。

4.2.3.2.1 基于区域的方法

这些方法将控制点检测步骤与匹配部分合并。这些处理图像的方法并没有尝试检测控制点。在文献[34]中,预定义大小的窗口甚至是整个图像用于估计对应性。基于区域的方法的经典代表是归一化互相关。Hanaizumi 和 Fujimura[35] 为目标图像的每个假设几何变换计算互相关。随着变换复杂度的增加,计算量的增长速度非常快。由于图像的自相似性以及计算复杂度高,相关法的缺点是相似性度量极大值的平坦度,但硬件实现是很容易的。因此,人们经常使用它们来解决问题。如果为了加快计算速度,那么优选傅里叶方法,而非相关法。他们利用图像在频域中的傅里叶表示,提出了一种用于平移图像配准的相位相关方法。科学家们已经研究了基于 FFT 的图像配准方法许多年。Kuglin 和 Hines[36] 利用傅里叶变换的某些特性开发出一种相位相关的方法。文献[37]发现了一种使用傅里叶变换来确定旋转以及位移的方法。Cideciyan 等人[38] 确定了每个离散旋转值的相位相关函数,并选择了导致最高相位相关的参数集。Reddy 和 Chatterjee [39] 通过大大减少所需的转换数量改进了 Castro 和 Morandi[37] 的算法,他们提出,如果图像使用对数极坐标映射表示,即使图像产生了旋转和缩放,相位相关法也可以用来进行图像匹配。Xie 等人[40] 给出了相位相关的实施细节。文献[30]中使用了类似的方法。由于该方法涉及全局变换,因此不能用于确定局部几何失真。将图像从笛卡儿坐标系转换为极坐标系,可以使用参考文献[41]中指定的方法来计算角度和对数基数的步长。为了获得高精度,Holm[39]提出极坐标平面必须具有与矩形平面相同数量的行。仿射畸变图像的配准由相位相关法和文献[42]研究的对数极坐标映射法进行。Zokai 和 Wolberg [43]论证了对数极坐标变换法在空间域无特征图像配准中的优越性,这种方法将产生实现两个输入图像最佳对齐的八个透视变换参数。

4.2.3.2.2　基于特征的方法

在源图像和目标图像的两特征组由控制点来表示之后,可以利用它们的空间关系、不变的描述符、逐次近似法或互相关和小波相结合的方法来发现匹配的控制点。

4.2.3.2.2.1　利用空间关系的方法

这些方法使用控制点之间的空间关系。利用了控制点之间的距离信息和有关它们空间分布的信息。Stockman 等人[6]为来自两个图像,即源图像和目标图像的每一对控制点计算了变换参数,这些参数,相互映射并表示为变换参数空间中的一个点。特征的最高数量紧映射变换参数往往形成一个集群,而不匹配的点随机填充参数空间。集群被检测并且其质心假设为匹配参数最可能矢量的表述。

4.2.3.2.2.2　采用不变特征描述符的方法

控制点的对应关系也可以利用它们对预期图像变形的不变特征描述符来估计。Flusser[44]提出了匹配似然系数。最简单的特征描述是图像本身的强度函数,但受限于特征的近邻。Abdelsayed 等人[45]对这些领域的互相关进行了估计。

许多作者使用封闭边界区域作为特征。Li 和 Manjunath[16]使用轮廓的链码表示作为不变的描述符,链码相关性度量用来寻找对应关系。为了对封闭边界区域特征进行描述,人们使用了基于矩不变量的一大组方法。Zitova[13]提出为每个控制点在其 60 像素半径的圆形邻域内计算矢量不变量。寻找该不变矢量和对应的控制点的不变矢量之间的最小距离点,并将其设置为匹配点。在文献[19,24]中,使用了用语义网和语义网规则明确表示的控制点知识。A^* 算法发现了地理信息系统数据和图像之间的最佳对应关系。由于配准方法是特定问题,Eikvil 等人[46]提出了一种自适应的配准方法,可通过使用神经网络基于图像特征自动选择适当的配准方法。Dare 等人[23]通过将多边形的边缘存储为线段来匹配被选为特征的多边形。该算法然后经由线段从目标图像到源图像逐步进行,一个一个投影每一个线段。在投影线段上的每个像素周围建立一个搜索区域,并对源图像中相应的匹配点进行搜索,通过基于边缘强度和边缘方向的成本函数最小化来进行匹配。Tuo 等人[26]将源图像和目标图像分块,计算每个块的局部熵矢量,均方误差作为相似性度量。匹配子图像的中心即匹配的控制点。Fedorov 等人[3]获取每个已旋转的控制点窗口,以使它们的中间梯度点向下。文献[25]为每个 RGB 分量计算相关系数,并通过添加其中的三个选择最高互相关的坐标。

4.2.3.2.2.3　金字塔方法和小波分析方法

为了降低大型图像的计算成本,用金字塔方法来完成特征匹配。Rosenfield 和 Vanderbrug[47]研究了粗分辨率源图像和目标图像的使用,然后在小误差位置上匹配更高分辨率的图像。Le Moigne[48]利用小波分解研究了 Daubechies 小波的影响,在这里交叉相关用作相似性度量方法。Fonseca 和 Costa[9]通过最大化小波变换 LL 子带内小窗口周围的点的相关系数来实现特征点匹配。Zavorin 和 Le Moigne[33]利用了基于梯度下降法的搜索方案。

4.2.3.3　变换模型估计

这里要解决的任务包括选择映射函数的类型及其估计。鉴于匹配控制点数量充足、未知的缩放参数 s、旋转角度 θ 和平移参数(Δx, Δy)可以使用最小二乘回归方法进行检索[26]。文献[49]给出了 Marquardt - Levenberg 算法来实现这种方法。文献[33,43]提供了 Marquardt - Levenberg 算法的修改版本。文献[50]中描述的弛豫技术可以用来在平移情况下配准的图像。在这种情况下,点匹配和最佳空间变换的确定是同时完成的。每一个可能的匹配点都定义了一个位移,在这个位移下,根据与其他将匹配的点的匹配程度给定一个评级。然后,该程序根据它们的评级迭代、调整、并联每对点的权重。文献[6]介绍了类似的用于匹配确定两个图像之间空间变换的聚类技术。在这种情况下,虽然可以扩展到其他转换方式,但变换一般指旋转、缩放和平移,对于每一对可能的匹配点,确定的变换参数表示集群空间中的一个点。通过使用经典统计方法寻找这些点的最佳集群,从而发现最大数量的、最密切匹配的变换点。

4.2.3.4　图像重采样和变换

构造映射函数通常用于转换目标图像,从而配准图像。估计的逆映射函数应用于与源图像相同坐标系的目标图像。采用图像插值法以使输出图像中既不出现孔洞也不发生重叠。插值法通常由具有插值内核的图像的卷积实现。文献[51,52]描述的近邻函数、双线性和双三次函数、二次函数属于常用的插值方法。双线性插值提供了精度和计算复杂度之间的最佳折中。

4.2.4　卫星图像配准方法

配准方法试图将一个目标图像对准一个源图像,以使两个图像中的像素处在同一坐标系中。其对于在模板上获取图像的对齐方式,相同场景的图像时间序列的对齐或合成图像的频带分离是有用的。这一过程的两个实际应用是医学成像中的放射图像对齐和环境研究中卫星图像的对齐。图 4.2 给出了卫星图像配准的背景图。整个过程分为三个阶段:第一阶段加载图像,在这一阶段预处理图像以改善其画面质量和调整它们的分辨率;第二个阶段控制点的提取和匹配,通过使用基于小波变换的方法来执行;第三阶段产生由简单的配准图像或拼接图像组成的输出图像,该阶段涉及估计变换参数以及将目标图像映射到源图像坐标上。这项工作在 MATLAB®[53]中得以实现。该方法要求源图像和目标图像是 $2^j \times 2^j$ 像素分辨率的正方形图像,其中 j 是整数。如果不满足要求,则取部分图像以使它们具有 2^j 分辨率。例如,如果图像为 300×300 像素,那么可以采用 256×256 像素的子图像,对于 600×600 像素的图像,子图像大小可取为 512×512 像素。配准过程概述如图 4.3 所示。

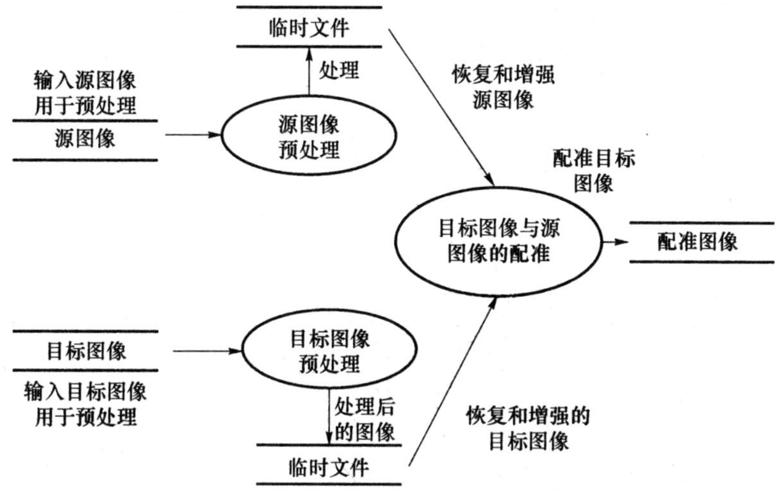

图 4.2　图像配准系统的内外关系

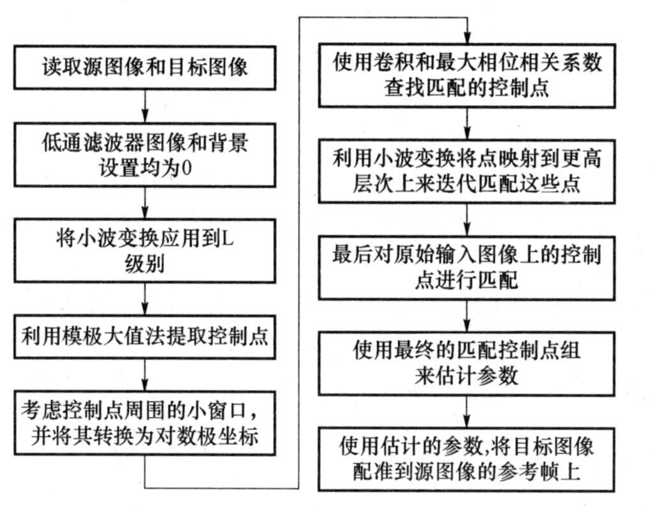

图 4.3　配准过程概述

4.2.4.1 预处理

预处理是在最低级别抽象层上对图像执行的一组操作，输入和输出都是强度图像。这些图像由传感器捕获，与原始数据类型相同，具有通常由图像函数值的一个矩阵来表示的强度图像。预处理不会增加图像信息的内容，而且因为它有助于抑制与特定的图像处理或分析任务不相关的信息，因此它在各种情况下都非常有用[54]。预处理的目的是改进图像数据，抑制不希望的失真或增强某些重要图像特征以对图像进行进一步的处理。预处理方法分为图像增强和图像恢复。图像增强的主要目的是处理一个图像，以使图像效果比原始图像更适合于特定的应用程序。图像增强是指图像特征如边缘、边界或对比度的增强或锐化，使得图形显示器能够更为有效地进行显示和分析。虽然增强处理并不增加数据中固有信息的内容，但增加了所选特征的动态范围，所以可以很容易地检测到它们[55]。图像增强的目的是为观察者提高图像中信息的可解释性或知觉，或为其他图像处理技术提供更好的输入。

图像增强算法包括灰度和对比度处理、降噪、噪声抑制、边缘化和锐化、滤波、插值放大等。图像增强中最大的挑战是如何量化增强的标准。因此，大量的图像增强技术是以经验为依据的，并且需要交互式程序，以获得令人满意的结果。它们也依赖于应用程序。例如，对于增强 X 射线图像非常有用的方法也许并不一定是增强由空间探测器发射的火星图片的好方法。图像增强是一个非常重要的任务，因为它在几乎所有的图像处理应用中都具有实用性。图像增强没有一般理论，当处理一个图像用于目视解释时，观察者是一个特定方法效果如何的最终判断者。图像质量的视觉评估是一个高度主观的过程，因此使得“好图像”的定义标准难以捉摸。即使在给该问题施加一个明确的性能标准的情况下，在选择一个特定的图像增强方法之前，也通常需要一定数量的试错法。图像增强方法分为空间滤波方法和频域方法[56]。空间滤波是指图像平面本身，这一类方法以直接操作图像中的像素为基础。在图像融合中，空间滤波在利用多种技术方面非常有效[57-60]。频域处理技术基于修改图像的傅里叶变换。图像增强的基本思想是锐化图像，以增强精细细节。以下的图像增强技术已作为所开发系统的一部分来实施：

（1）对比度拉伸：对比度拉伸的思想是在图像处理中增加灰度级的动态范围，以使图像灰度级占据整个可用的动态范围。

（2）使用理想低通滤波器的平滑操作：平滑或模糊操作主要用于减少数字图像中可能存在的寄生噪声和虚假轮廓的影响。

（3）削波：在所开发的系统中，源图像和目标图像经过低通滤波后，云的散射部分或者与背景混合，或者强度大大降低。典型的操作是通过削波来消除基于强度的对象。灰度级小于阈值 T 的像素被设置为零，所以这些像素没有被选择作为控制点。

（4）图像恢复：图像的降解可以有很多原因，如光学镜头的缺陷、光-电传感器的非线性、薄膜材料的粒度、对象和相机之间的相对运动、错误的焦点、遥感或天文学中的大气湍流、照片扫描等。图像恢复的目的从退化的版本中重构原始图像。开发的系统中使用的过滤器是中值滤波器和维纳滤波器。

4.2.4.2　控制点提取

控制点是图像中的重要的点或结构，它们应该清晰地分布在整个图像中，并且能够在这两个图像中有效地检测到。在整个实验过程中，预计它们将在时间上保持稳定在固定位置[2]。此外，因为配准它们耗费时间，所以不必选择太多个数。提出采用基于小波变换的模极大值的方法来自动提取控制点。在这种方法中，控制点在小波变换的最低层级提取，所需的时间非常少，并没有选择太多的点。所需控制点的数量可以由用户通过只指定一个参数 α 来控制。图 4.4 显示了开发的系统中自动检测控制点的步骤。对预处理后的图像使用 Mallat 金字塔算法[29]来获得小波变换。该方案节省了大量的内存和计算，在使用放大图像的遥感应用中非常必要。缩放和小波使用的是 Haar 函数。从小波变换模极大值中检测控制点，应用到源图像和目标图像中。应用小波变换一直到 L 层级。选择小波变换的最低层 L，这样图像大小将减少到 32×32 像素。例如，如果图像尺寸为 512×512 像素，L 选择为 4。在最低 L 层，让 LH_L、HL_L 和 HH_L 分别表示由图像中垂直的、水平的和对角线分量组成的图像。源图像和目标图像中相应的分量可用来检测源图像和目标图像中的控制点。位于 L 层的水平和垂直分量可以用来选择一组控制点[9]。也可以通过只使用对角线分量来选择它们[27]。由表示为 I_C 的控制点组成的图像如图 4.4 所示。为了识别存在于两个图像中的特征，小波变换的模极大值用来检测突变点，其对应于图像中的边缘点。令 I_M 表示模图像，它通过在源/目标图像的每一个像素上实施小波变换，获得垂直的、水平的和对角线分量的平方和，再求平方根来获取。I_M 为

$$I_M=\sqrt{\mathrm{LH}_L^2+\mathrm{HL}_L^2+\mathrm{HH}_L^2} \tag{4.3}$$

将一个阈值处理程序应用于小波变换模图像 I_M，以消除非显著特征点。阈值为

$$T=\alpha(\sigma+\mu) \tag{4.4}$$

式中：α 为常数，由用户提供；σ 为标准偏差；μ 为方程（4.3）中得到的模图像 I_M 的平均灰度值。

α 的选择取决于所需控制点的数量。如果需要提取非常大量的控制点，则配准过程需要很长时间。但是，提取控制点数量较少，也可能会导致在源图像和目标图像中找不到合适匹配点的问题。因此，必须提取数量适中的控制点。α

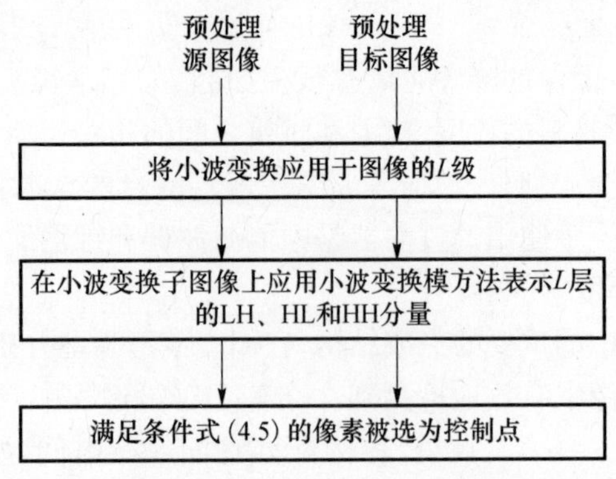

图 4.4 控制点检测所涉及的步骤

的典型值为2.5、2或1.5。图像 I_M 的所有灰度值大于由式(4.4)计算出的阈值 T 的像素被选为控制点。条件为

$$I_C = I_M > T \tag{4.5}$$

式中:I_C 为包含控制点的图像。

源图像上每个控制点的 X 坐标和 Y 坐标存储于一个二维阵列中。令 SCP 表示源图像中的控制点集。它包含两列:第一列存储控制点的 X 坐标,第二列存储控制点的 Y 坐标。行的数目等于所选择控制点的数目。目标图像中选择的控制点的 X 坐标和 Y 坐标存储在另一个类似的阵列中。用 TCP 表示这个阵列。在匹配过程中,考虑源图像中每个控制点周围大小为 $m \times m$ 的掩模和目标图像中每个控制点周围大小为 $n \times n$ 的窗口,然后进行卷积处理以检查它们是否匹配。对此将在下一节进行更清楚的解释。为了辅助匹配过程,从阵列中将源图像中无法选择的位于边缘附近的控制点以及掩模删除。SCP 与 TCP 一样,从阵列中将目标图像中无法在范围内选择的位于边缘附近的控制点及其窗口删除。阵列中的剩余控制点将进行下一步骤。

4.2.4.3 控制点匹配

控制点的匹配分为两个阶段实施:

第一阶段,通过穷举搜索法发现匹配的控制点。该阶段仅在小波变换最底层执行。在这一阶段,处于最低分辨率水平的源图像和目标图像的 LL 图像可分为 N 个非重叠方块,如图 4.5 所示的 $B_1, B_2, \cdots, B_N$,尺寸为 $b \times b$ 像素。LL_L 源图像的每个块 B_i 中的控制点只与 LL_L 目标图像的相应块 B_i 中的控制点进行比较。这个初始比较大大节省了执行的时间。b 的选择取决于变换。这一步假定变换后源图像的块 B_i 中的每个像素都落在目标图像的相应块 B_i 中。如果图像被分为四个块,假定源图像转换不超过其尺寸的一半以及旋转不超过 90°。源图像的每个块中的每个控制点与目标图像相应块中的每一个控制点进行比较。

匹配的控制点的坐标存储在一个单独的阵列中。使用的相似性度量是相位相关。

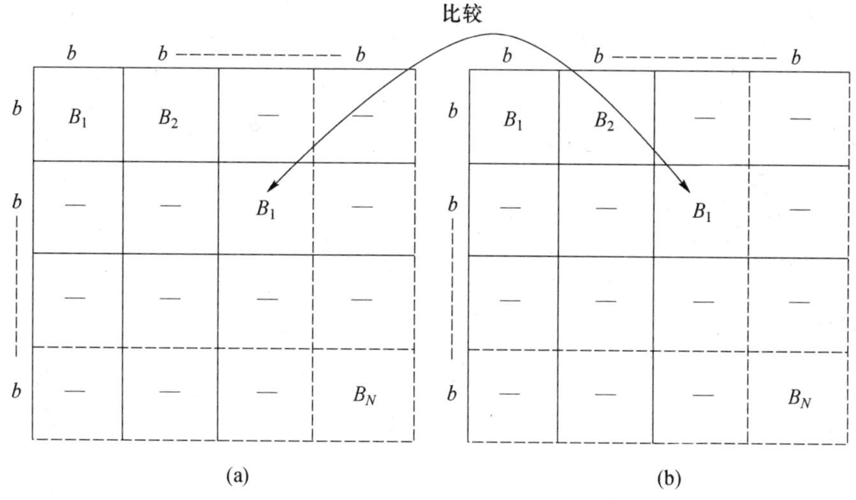

图 4.5　源图像小波变换和目标图像小波变换在层 L 上的 LL 图像的 B_N 块
(a)源图像小波变换；(b)目标图像小波变换。

第二阶段，在逐步升高的分辨率下迭代地进行比较，它允许更快的实施和更高的配准精度。候选的控制点只有在上一次迭代中匹配的那些。第一次迭代直接采取上一阶段的控制点。在每个后续的迭代中，因为每个维度中图像的大小增加了 2，为了对控制点进行比较，上一次迭代中匹配的控制点必须映射到小波变换更高级别的下一层，L 层控制点的 X 坐标和 Y 坐标映射到前面的 $L-1$ 层：

$$X(L-1) = X(L) \times 2 - 1 \tag{4.6}$$

$$Y(L-1) = Y(L) \times 2 - 1 \tag{4.7}$$

这是考虑到分辨率 2^j 的方形图像的原因。只有相位相关 ρ 大于预置阈值时，才认为控制点是匹配的控制点对。此阈值在每个级别上都增加。

4.2.4.3.1　匹配过程

在两个阶段中，实际上控制点匹配是通过最大化小波变换 LL 子带里的环绕点的小窗口的相位相关系数实现的。首先，在 LL 源图像中围绕每个控制点取一个大小为 $m \times m$ 像素的掩模，并在 LL 目标图像中围绕每个控制点取一个大小为 $n \times n$ 像素的窗口，在每个控制点的目标图像中的 LL。假定 m 和 n 为奇数。窗口的大小必须大于掩模的大小，即 $n > m$。这是基于目标图像上匹配的控制点可能是在被考虑点附近，而不是在窗口的中心这样的假设。掩模沿窗口移动(卷积)时，掩模和窗口中的重叠像素被转换成对数极坐标系，可以发现它们相位相关。如果最大相位相关值超过预设的阈值，那么取对应的像素坐标作为匹配的控制点对。由于这个新的坐标系中出现了旋转和缩放之类的转换，因此即使在存在旋转和缩放的情况下，它也有助于掩模和窗口像素的匹配。Zokai 和 Wolberg[43] 表明，与其他方法如 Levenberg Marquardt 算法或傅里叶梅林变换相比，这一方法效果更好。在相位相关技术的扩展方面，Castro 和 Morandi [37] 提出了一种包含彼此间相对转换和转动的图像配准技术。本身没有转换的旋转运动可以类似于转换的方式，利用相位相关，通过将旋转表示为极坐标的平移位移来推导出。在对数极坐标系中，旋转和缩放将作为转换出现。因此，当掩模沿窗口移动时，它们被转换成对数极坐标，然后计算相位相关。如果"img"图像在对数极坐标系中转换为"imglp"图像，则可以用文献[40]提出的以下算法：

```
Let M = number of rows and N = number of columns
Δθ = Π/M; Base b = 10^(log(N/2)/N);
for i = 1to M
θ = (i - 1) * Δθ
for j = 1 to N
Radius r = b^j - 1
x1 = r * cos(θ) + N/2
y1 = r * sin(θ) + M/2
t = fractional part of x1
u = fractional part of y1
x = integer part of x1
y = integer part of y1
imglp (i, j) = img(x,y) * (1 - t) * (1 - u) + img(x + 1,y) * t * (1 - u) +
img(x,y + 1) * (1 - t) * u + img(x + 1,y + 1) * t * u
end for
end for
```

在卷积期间，转换为图像的部分进行比较后，进入对数极坐标，图像 img1 和 img2 之间的相位相关为

$$\rho = F^{-1}\left(\frac{F(\text{img1}) \times \text{conj}(F(\text{img2}))}{\| F(\text{img1}) \times \text{conj}(F(\text{img2})) \|}\right) \tag{4.8}$$

式中：F 为傅里叶变换；conj 是复共轭。

在控制点周围的窗口中的像素之间发现最大相位相关值。如果在窗口的中心不发生最大值，则将控制点移动到发生最大值的位置。位于最大相关值大于阈值相关值处的所有控制点是匹配点。为了验证匹配的一致性，在反方向上也进行匹配。这种反向验证减少了匹配过程中不匹配对的数量。然而，一些虚假的配对将不可避免地发生。因此，需要执行一致性检查程序。

4.2.4.3.2 一致性检查

匹配过程是迭代进行的，在初始阶段丢弃不一致的匹配将加快匹配的过程。该方法是在假设只有平移和旋转的情况下提出的，源图像上分别表示为 $P_{S1}(x_1, y_1)$ 和 $P_{S2}(x_2, y_2)$ 的两组控制点之间的距离，必须近似等于目标图像中分别表示为 $P_{T1}(x_1, y_1)$ 和 $P_{T2}(x_2, y_2)$ 的对应匹配控制点对之间的距离，即 $P_{S1}P_{S2} = P_{T1}P_{T2}$。利用这个事实，用不同的仓来存储源图像和目标图像中匹配控制点对与其他点对之间基于距离的点。只要 P_S 和 P_{Sj} 之间的距离等于 P_T 和 P_{Tj} 之间的距离，就将匹配的点 (P_S, P_T) 放入仓 i 中，其中 P_{Sj} 和 P_{Tj} 代表仓 i 中的每个控制点对，仓内含有 n 个这样的控制点对。如果该仓内任何一个点对都不满足条件，则将点对 (P_S, P_T) 存储于一个新仓内。只有仓中包含足够数量控制点对的那些点进入到下一级别。小波变换的每一级别都重复该匹配过程，最后在原始资料和目标图像上进行匹配。由于在每个级别上都对控制点进行微调，在原始图像上匹配的点集将是准确的。这是使用小波分解的另一个优点。最后一组匹配的控制点用于估计变换参数。

4.2.4.4 估计变换参数

在小波变换的所有级别都进行了匹配后，源图像和目标图像中最终的匹配控制点存储在单独的阵列中。给定足够数量的点，可以通过逼近法或插值法得到变换参数。系统中的二乘回归分析采用逼近法来估计参数，即水平位移 Δx、垂直移位 Δy、旋转角度 θ 计算如下：

假定目标图像和源图像之间的变换是由旋转、平移和缩放的组合组成的一个刚性变换。如果 (X, Y) 是源图像中的控制点，(X^1, Y^1) 是目标图像中相应的控制点，则变换可写为

$$\begin{bmatrix} X^1 \\ Y^1 \end{bmatrix} = s\begin{bmatrix} \cos\theta & -\sin\theta \\ \sin\theta & \cos\theta \end{bmatrix}\begin{bmatrix} X \\ Y \end{bmatrix} + \begin{bmatrix} \Delta X \\ \Delta Y \end{bmatrix} \tag{4.9}$$

式中：s 为比例因子；θ 为逆时针旋转角度；ΔX、ΔY 为转换。

推导过程如下：令 $\{(X_i, Y_i): i = 1, 2, \cdots, N\}$ 表示源图像控制点，$\{(X_i^1, Y_i^1): i = 1, 2, \cdots, N\}$ 表示目标图像中相应的匹配控制点，N 为匹配控制点的数目。由图4.6可得

$$r_1 = s\cos\theta \tag{4.10}$$

$$r_2 = s\sin\theta \tag{4.11}$$

$$s = \sqrt{r_1^2 + r_2^2} \tag{4.12}$$

$$\theta = \arccos(r_1/s) \tag{4.13}$$

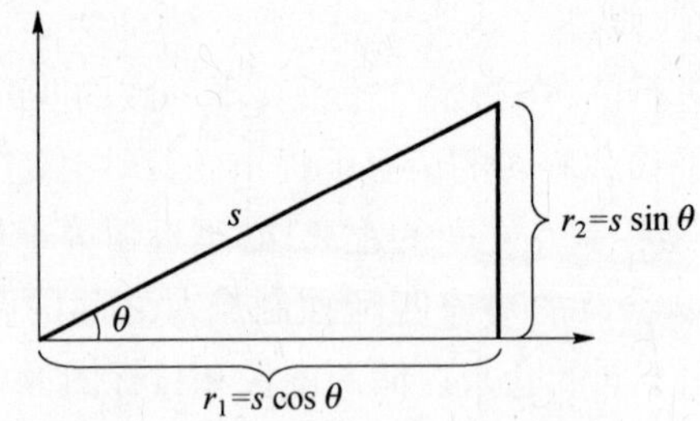

图 4.6 根据 s 和 θ 表示一个点(r_1,r_2)

由式(4.9)可得

$$X^1 = s(X\cos\theta - Y\sin\theta) + \Delta Y \tag{4.14}$$

$$Y^1 = s(X\sin\theta - Y\cos\theta) + \Delta Y \tag{4.15}$$

一般情况下,在式(4.14)和式(4.15)中,用 r_1、r_2 替换 s、θ,可得

$$X_i^1 = X_i r_1 - Y_i r_2 + \Delta X \tag{4.16}$$

$$Y_i^1 = Y_i r_1 - X_i r_2 + \Delta Y \tag{4.17}$$

均方误差为

$$\text{MSE} = \sum[(X_i^1 - X_i)^2 + (Y_i^1 - Y_i)^2] \tag{4.18}$$

通过最小化 MSE 和化简,可得

$$r_1 = \frac{\sum_{i=1}^{N}[X_i X_i^1 + Y_i Y_i^1 - N\overline{X} \times \overline{X}^1 - N\overline{Y} \times \overline{Y}^1]}{\sum_{i=1}^{N}(X_i^2 + Y_i^2) - N\overline{X}^2 - N\overline{Y}^2} \tag{4.19}$$

$$r_2 = \frac{\sum_{i=1}^{N}[X_i Y_i^1 + Y_i X_i^1 - N\overline{Y} \times \overline{X}^1 - N\overline{X} \times \overline{Y}^1]}{\sum_{i=1}^{N}(X_i^2 + Y_i^2) - N\overline{X}^2 - N\overline{Y}^2} \tag{4.20}$$

$$\Delta X = \overline{X}^1 - \overline{X} \times r_1 + \overline{Y} \times r_2 \tag{4.21}$$

$$\Delta Y = \overline{Y}^1 - \overline{Y} \times r_1 + \overline{X} \times r_2 \tag{4.22}$$

式中:$\overline{X}$、$\overline{Y}$、$\overline{X}^1$、$\overline{Y}^1$ 分别为 $\{X_i\}$、$\{Y_i\}$、$\{X_i^1\}$、$\{Y_i^1\}$ 的平均值。

目标图像必须使用上一步计算的变换参数进行变换,并因此被配准。目标图像中已配准的图像数据使用估计的逆映射函数来确定。在规则网格上的目标图像中进行图像插值。插值法本身通过具有插值内核的图像的卷积来实现。这里使用双线性插值函数。由于它能够提供精度和计算复杂度之间的最佳折中,因此是最常用的方法。图像重采样的双线性插值方法使用了四个最近邻的灰色层次。这种方法非常简单,因为已知非整数对坐标(x^1,y^1)的四个整数近邻的每一个的灰度值这些坐标的灰度值记为 $v(x^1, y^1)$,可以利用关系从其近邻的数值

来内插

得到

$$v(x^1, y^1) = ax^1 + by^1 + cx^1y^1 + d \tag{4.23}$$

四个系数从四个方程中确定,里面的四个未知量可以用(x^1, y^1)的四个已知的邻数来编写。当确定这些系数后,计算 $v(x^1, y^1)$,这个值被分配给位置$f(x, y)$,产生空间映射到位置(x^1, y^1)。图 4.7 和图 4.8 显示了不同天获得的源图像和目标卫星图像[61]。图 4.9 显示了使用前面所描述的方法参照源图像配准的目标图像。图 4.10 显示了叠加的源图像和目标图像。

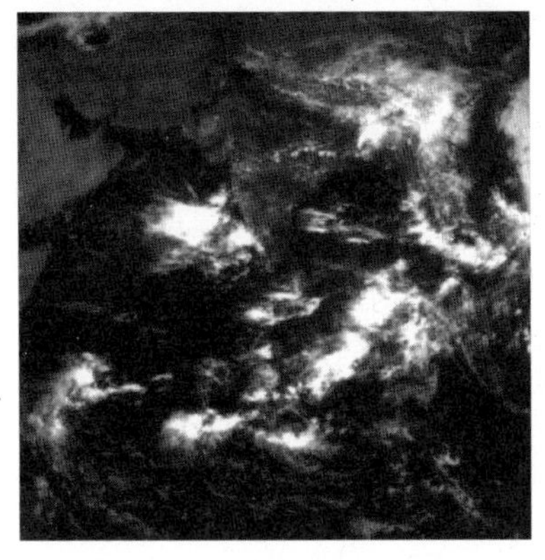

图 4.7　源图像(印度亚大陆的地球同步卫星拍摄的大图像的一部分)

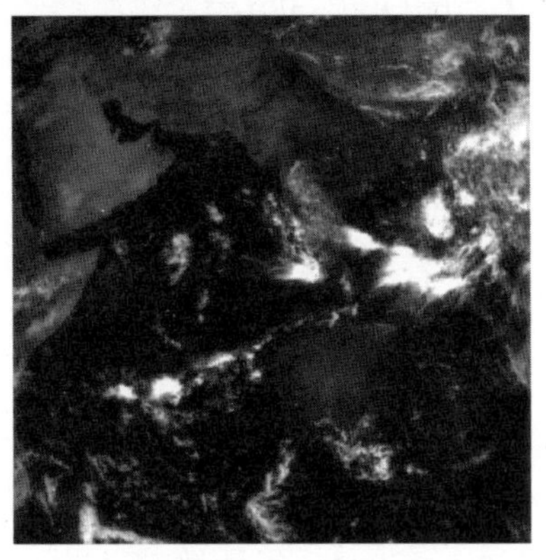

图 4.8　目标图像(由印度亚大陆的地球同步卫星拍摄的大图像的一部分)

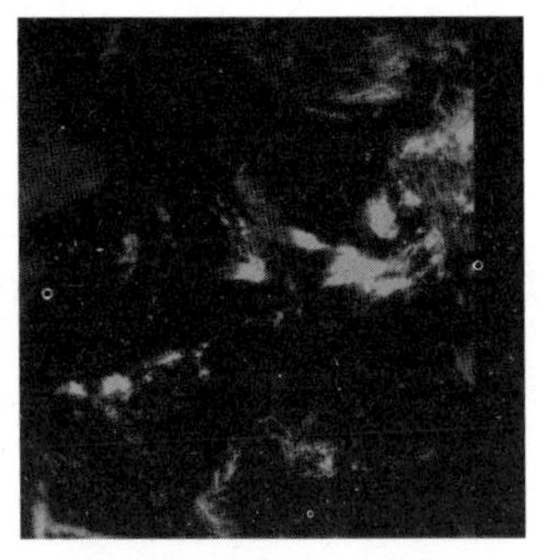

图 4.9　配准目标图像

图 4.10　叠加图像

4.3　图像融合

图像融合是将两个或多个图像的相关信息融合成一个复合图像的过程,输入图像可能由不同的传感器在不同的条件下捕获,由此产生的图像将包含比任何输入图像都更精确的描述性信息。多源图像融合会有去噪(减少噪声)、提高分辨率、改善清晰度(影像质量、细节彰显和纹理特征)以及补偿一个传感器的损耗或故障的效果。图像融合需要确定的重要问题是如何将不同的传感器图像相结合。图像融合应用于隐蔽武器探测、医疗诊断、缺陷检测、智能机器人、遥感、军事侦察、图像分类、机器人视觉、数码相机应用、航空和卫星成像及多聚焦图像融合。

4.3.1 图像融合模式

4.3.1.1 单传感器图像融合

它包括从单一的传感器如数字相机获得的图像的融合。三种常见的单传感器融合系统使用如下。

4.3.1.2 多重曝光图像的融合

获得一个场景的能够将该场景所有部分都很好曝光的单个图像是很困难的,总有一些细节曝光不足而有一些过度曝光。捕捉一个场景的有趣的区域细节需要不同的快门速度。由单一相机所捕获的一个场景的一组多曝光图像可以融合成单一的图像,以使所有的图像区域曝光良好。

4.3.1.3 多聚焦图像的融合

清晰图像包含比模糊图像更好的信息。由于场景深度的差异,因此不可能捕捉到场景中所有部分都清晰的图像,在焦平面上的场景区域显现清晰,焦平面前后其他区域显现模糊。这种多聚焦图像的融合会产生一个清晰的图像。如果一个图像在焦平面上或焦平面附近的场景显现清晰,并具有较高的对比度,则此信息可用于融合。

4.3.1.4 多传感器图像融合

在许多情况下,来自一个传感器的图像不能得到完整的画面,由于不同传感器可以利用不同区域成像,因此一个多传感器图像融合系统可以从单个传感器获取完整的信息,并产生一个比原图像包含更多信息的更好的图像。

4.3.2 不同级别图像融合

Song 等人[57]以图像融合的相位为基础,将图像融合分为像素级图像融合、特征级融合和决策级图像融合三个级别。

4.3.2.1 像素级图像融合

这是最低级别的处理过程,像素级融合方法侧重于融合所有传感器的数据。源图像中的像素集合被像素到像素的合并,这种合并需要根据一个定义的决策规则发生,以形成融合图像中的相应像素。在应用融合算子之前,这个级别上的融合需要来自不同传感器的图像的准确的空间配准。基于像素的融合方案通过将两个或多个图像的像素值以线性或非线性的方式融合来进行操作。根据 Malviya 和 Bhirud [58] 的研究,它们的范围包括从配准图像像素值的简单平均到复杂的多分辨率金字塔方法以及小波方法。

4.3.2.2 特征级图像融合

相关特征首先使用数据分割程序提取,然后在特征融合的基础上匹配一些选择准则。特征可以通过大小、形状、对比度和纹理特性来区别。由于融合基于识别的特征,在源图像中产生的有用特征检测概率,在融合图像中得到增加。

4.3.2.2.1 决策级图像融合

决策图像融合也称为符号图像融合,是一种高层次的信息融合。在这个级别上,基于单个传感器的输出进行决策/检测。输出融合在一起,用于加强常见的解释或解决一些分歧。决策级融合结合了多个算法的结果,以产生一个最终的融合决策。这种方法需要一个高度抽象的以及均匀性较低的数据源。在实际应用中,为最优融合效应选择和组合不同层次的图像特征。

4.3.3 图像使用方法

著名的图像融合方法是高通滤波法、加权平均法、拉普拉斯金字塔法、基于图像融合的 IHS 变换法、基于图像融合的 PCA 法、小波变换图像融合法、成对空间频率匹配法和基于模糊逻辑的方法。为了使系统对场景中的变化如灰尘或烟雾以及白天和夜晚的环境条件具有健壮性,研究活动主要集中在提高复合图像信息内容的发展融合算法领域[57]。已经为图像融合开发了几种类型的金字塔分解和多尺度变换,如拉普拉斯金字塔、低通比率金字塔、形态学金字塔、梯度金字塔和小波多尺度分解[59]。Park 等人[60]利用 Daubechies 小波基来提高图像的清晰度和保持光谱信息。Myna 等人[61]提出可以进行基于小波变换的图像配准。使用金字塔方法融合的基本策略是:首先融合同一级别的信息,以获得更高级别的融合信息;然后在相应的级别进行融合。多级图像融合本质上是一种从低层次到高层次的逐级抽象化与层次化多源信息的信息处理过程。许多研究人员已经取得了 CT 和 MRI 的图像融合研究成果。CT 和 MRI 在反映人体信息方面起互补作用。Teng 等人[62]融合了 CT 和 MRI 图像并表明,有必要融合有效信息,为临床诊断提供更有用的信息。

4.3.4 图像融合性能评价

评价技术大致分为图像融合性能的主观评价和图像融合性能的客观评价。根据 Song 等人[57]所述,主观评价基于融合图像的性能,通常由人类来观察和评价。他们对图像的感知不仅取决于图像的内容,而且取决于观察者的心理状态。

可能会受到环境条件、视觉功能和知识水平的影响。这些观察员可能是没有经过任何训练的无经验者,也可能是在图像技术上面有经验的观察者。因此,主观评价可能是复杂的,但它提供了人类感知的图像的视觉质量信息。客观评价标准采用客观的评价指标来评价图像融合效果。均方根误差、交叉熵、交互信息和组合熵之类的评价指标用于进行融合方法的比较。如果融合目的是为了增加空间分辨率,则使用图像平均值、标准偏差和空间分辨率等指标。如果目的是为了改善分辨率,则使用标准偏差、平均梯度、空间频率和对比度变换等指标。评价融合图像信息量增加与否的指标为熵、交叉熵、互信息、组合熵和标准差等。如果目的是融合图像的光谱特征,则评价指标是偏差指数、相关系数和光谱失真。

4.3.5 利用模糊逻辑的图像融合

模糊方法已用来解释不确定性问题并纳入了启发式知识体系中。模糊逻辑和模糊集给出了研究信息不完全、不精确、不确定问题的形式化验证方法。模糊集元素为集合的隶属度(图 1.4)。模糊集理论定义了模糊集上的模糊算子。模糊逻辑使用适用于适当模糊算子的 If – Then 规则。采用 1 型模糊逻辑的图像处理(T1FL)主要有图像模糊化、推理过程和图像去模糊三个阶段。模糊化过程是寻找非模糊输入值的模糊表示方法。隶属函数是模糊集的本质。隶属函数用来将域中的每个元素的隶属度与相应的模糊集相联系。模糊集的隶属函数由专家在定义了集合的域中确定,可以是任何形式或类型。推理过程是将模糊输入映射到规则库中,并为每个规则产生一个模糊输出。根据输入集的隶属度和输入集之间的关系确定输出集的隶属度程度。模糊化过程是将模糊规则的输出转换成一个标量或非模糊值[63]。模糊逻辑可以在不同层次的图像融合过程中应用。Liu 等人提出了一种多分辨率图像融合方案[64],该方案基于模糊区域特征,并在模糊空间中实现了融合过程。源图像被分割成重要的区域、亚重要区域与背景区域。根据像素灰度分布,可以用 K 均值聚类算法进行分割。图像区域的重要性是相对的,不能很肯定一个区域是重要的或不重要的。区域特征的重要性是一个模糊的概念,因此有必要对区域的重要性属性进行模糊化。模糊化的做法如下:

假设最高灰度级和最低灰度分别为 $L_{\max}$ 和 $L_{\min}$,默认是 255 和 0。定义隶属度 i 区域的函数属于 j,为

$$\mu_{ij} = \exp\left[\frac{-(\mathrm{ME}_i - E_j)^2}{(L_{\max} - L_{\min})/2}\right] \tag{4.24}$$

式中:$E_1 = L_{\min}$,$E_2 = (L_{\max} - L_{\min})/2$,$E_3 = L_{\max}$;$\mathrm{ME}_i$ 为区域 i 内像素灰度平均值;$\mu_{i,1}$、$\mu_{i,2}$、$\mu_{i,3}$ 为在重要区域、亚重要区域与背景区域中的隶属度值。E_1、E_2 和 E_3 是重要区域、亚重要区域与背景区域三个图像的各自属性。$\mathrm{ME}_i = E_1$ 表示 i 是背

景区域,融合结果 F_1 是图像 B 的相应区域;$ME_i = E_2$ 表示区域 i 是亚重要区域,通过基于单像素的融合算法得到融合结果 F_2;$ME_i = E_3$ 表示 i 是重要区域,融合结果 F_3 是图像 A 的相应区域。根据各个区域的特点,每个像素的隶属度定义为 $\mu_{i,1}$、$\mu_{i,2}$ 和 $\mu_{i,3}$,利用隶属度模糊化过程实现最终的融合:

$$F = \sum_{i=1}^{3} \mu_{i,j} F_j I \Big/ \sum_{i=1}^{3} \mu_i \tag{4.25}$$

式中:F 为融合图像的多分辨率表示。

通过执行逆离散小波变换得到最后的融合图像。Meitzler 等人[65]将 Mamdani 方法和自适应神经网络方法用于像素级图像融合,图像被转换成列形式。采用 Mamdani 模糊逻辑,FIS 文件由两个输入图像确定。两个图像隶属函数的数量和类型由调整函数决定。先行输入图像被解析为 0 ~ 255 的隶属度。规则由两个输入图像解析,以解决 0 ~ 255 的单一数字有两个影响因素的问题。每一个像素的模糊化都是利用了先前开发的规则,该规则给出了一个由隶属函数和列格式输出图像结果表示的模糊集。之后,将列形式转换为矩阵,并可以显示融合图像。ANFIS 技术在第一步中使用的训练数据是一个有 3 列、每列数目 0 ~ 255 的矩阵。两个列格式输入图像的像素矩阵形成了一个检查数据。为完成训练,随着训练数据、隶属函数的数量和类型的输入,需要由 gesfis1 命令生成 FIS 结构。开始训练时,anfis 命令用于输入生成的 FIS 结构和训练数据并返回训练数据。在每一个像素上,通过利用检查数据和训练数据作为输入生成的 FIS 结构,应用模糊化处理并在列格式中返回输出图像。然后将列形式转换为矩阵形式,并显示融合图像。Na 等人[63]采用模糊逻辑方法对 CT 和 MRI 图像进行了融合。为了设计模糊推理规则,用直方图分析了两个源图像的内容。根据 CT 图像和 MRI 图像的成像机理,CT 图像提供了骨骼信息,而 MRI 图像提供了软组织信息。因此,融合的目标是从 CT 图像融合骨的信息,从 MRI 图像融合软组织信息。为了更好地设计模糊推理规则,用直方图分析了两幅图像的内容。在直方图计算中使用了九个部分。九个模糊集 mf1、mf2、mf3、mf4、mf5、mf6、mf7、mf8、mf9 用于进行模糊化处理。输入的隶属函数为高斯函数,输出的隶属函数为梯形函数。以下是使用融合目标和 CT 图像、MRI 图像直方图的 17 个推理规则[63]:

(1) If (ct is mf1) and (mri is mf1) Then (output1 is mf1)

(2) If (ct is mf1) and (mri is mf2) Then (output1 is mf2)

(3) If (ct is mf1) and (mri is mf3) Then (output1 is mf3)

(4) If (ct is mf1) and (mri is mf4) Then (output1 is mf4)

(5) If (ct is mf1) and (mri is mf5) Then (output1 is mf5)

(6) If (ct is mf1) and (mri is mf6) Then (output1 is mf6)

(7) If (ct is mf1) and (mri is mf7) Then (output1 is mf7)

(8) If (ct is mf1) and (mri is mf8) Then (output1 is mf8)

(9) If (ct is mf1) and (mri is mf9) Then (output1 is mf9)

(10) If (ct is mf2) Then (output1 is mf2)

(11) If (ct is mf3) Then (output1 is mf3)

(12) If (ct is mf4) Then (output1 is mf4)

(13) If (ct is mf5) Then (output1 is mf5)

(14) If (ct is mf6) Then (output1 is mf6)

(15) If (ct is mf7) Then (output1 is mf7)

(16) If (ct is mf8) Then (output1 is mf8)

(17) If (ct is mf9) Then (output1 is mf9)

Singh 等人[66]实现了基于模糊和神经模糊算法的像素级融合以融合多种图像。文献[67]中提出了基于模糊逻辑的另一个像素级融合算法。在这里模糊化像素值,进行隶属度修正,然后去模糊化。文献[68] 测试了图像融合中全模糊变换应用程序。Sadjadi[69]比较了几种图像融合算法的有效性,并定义了一套评价有效性的措施。在图像传感器融合中使用模糊逻辑方法的好处是,利用简单的规则可以实现多波段融合[65]。文献[63]展现了基于内容分析的模糊推理医学图像融合的研究。

4.3.6 图像融合的Ⅱ型模糊逻辑

图像融合模糊逻辑方法,特别是Ⅰ型模糊逻辑方法现在仍广泛使用。Ⅱ型模糊集具有比Ⅰ型更好的形式,越来越多地用于不确定性、不精确性问题的建模[70]。面对某些不确定性问题,因为Ⅰ型模糊集隶属度函数是完全清晰的,所以不能直接建模。之所以Ⅱ型模糊集能够用于这种不确定性问题的直接建模,是因为其隶属函数本身是模糊的。Ⅰ型模糊集的隶属函数是二维的,而Ⅱ型模糊集的隶属函数是三维的。Ⅱ型模糊集的新的第三维度提供了额外的自由度,这使得它有可能直接建立不确定性模型[71]。如图 4.11 所示,使用Ⅱ型模糊逻辑的多分辨率图像融合(T2FL):①对输入图像序列应用小波变换(WT);②使用区间 T2FL 方法在 WT 的最低级别确定重要区域;③基于步骤②确定的重要区域,使用区间 T2FL 模糊推理系统/发动机(FIS)融合图像。使用类型归约算法得到Ⅰ型 FL,然后应用去模糊化过程;④在小波变换的每一级别上重复这些步骤,然后利用小波逆变换得到最终的融合图像。遗憾的是,Ⅱ型模糊逻辑在图像融合问题中的应用没有太多的公开文献。第 5 章和第 6 章将进一步讨论图像分割和图像融合的工作。

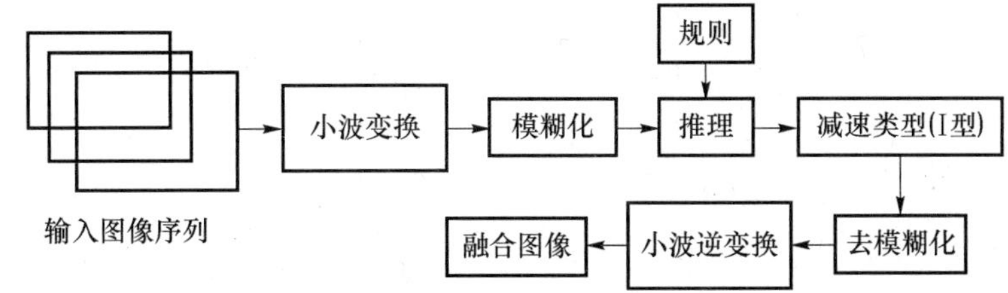

图 4.11　图像融合的 2 型模糊逻辑应用程序(模糊化采用 2 型模糊隶属函数)

参考文献

1. L.G. Brown, A survey of image registration techniques, *ACM Computer Surveys*, 24, 1992, 325–376.
2. B. Zitova and J. Flusser, Image registration methods: A survey, *Image Vision and Computing*, 21(11), 2003, 977–1000.
3. D. Fedorov, L.M.G. Fonseca, C. Kenney, and B.S. Manjunath, Automatic registration and mosaicing system for remotely sensed imagery, in *9th International Symposium on Remote Sensing, International Society for Optical Engineering*, Sept. 2002, Crete, Greece.
4. L.M.G. Fonseca, G. Hewer, C. Kenney and B.S. Manjunath, Registration and fusion of multispectral images using a new control point assessment method derived from optical flow ideas, *Proceedings of SPIE*, 3717, 104–111, April 1999, Orlando, FL.
5. S.S. Beuchemin, and J.L. Barron, The computation of optical flow, *ACM Computing Surveys*, 27, 1995, 433–467.
6. G.C. Stockman, S. Kopstein, and S. Beneth, Matching images to models for registration and object detection via clustering, *IEEE Transactions on Pattern Analysis and Machine Intelligence*, 4, 1982, 229–241.
7. J. Ton, and A.K. Jain, Registering Landsat images by point matching, *IEEE Transactions on Geoscience and Remote Sensing*, 27, 1989, 642–651.
8. B.S. Manjunath, C. Shekhar, and R. Chellappa, A new approach to image feature detection with applications, *Pattern Recognition*, 29, 1996, 627–640.
9. L.M.G. Fonseca and H.M. Costa, Automatic registration of satellite images, *Proceedings of the Brazilian Symposium on Computer Graphic and Image Processing*, Brazil, 1997, 219–226.
10. J.W. Hsieh, H.Y.M. Liao, K.C. Fan, and M.T. Ko, A fast algorithm for image registration without predetermining correspondence, *Proceedings of the International Conference on Pattern Recognition ICPR'96*, Vienna, Austria, 1996, pp. 765–769.
11. Y.C. Hsieh, D.M. McKeown, and F.P. Perlant, Performance evaluation of scene registration and stereo matching for cartographic feature extraction, *IEEE Transactions on Pattern Analysis and Machine Intelligence*, 14, 1992, 214–237.
12. C.Y. Wang, H. Sun, S. Yadas, and A. Rosenfeld, Some experiments in relaxation image matching using corner features, *Pattern Recognition*, 16, 1983, 167–182.
13. B. Zitova, Image registration of blurred satellite images, http://staff.utia.cas.cz/zitova/registration.htm.
14. B. Zitova, J. Kautsky, G. Peters, and J. Flusser, Robust detection of significant points in multiframe images, *Pattern Recognition Letters*, 20, 1999, 199–206.
15. X. Dai, and S. Khorram, Development of a feature-based approach to automated image registration for multitemporal and multisensor remotely sensed imagery, *International Geoscience and Remote Sensing Symposium IGARSS'97*, Singapore, 1997, pp. 243–245.
16. H. Li and B.S. Manjunath, A contour-based approach to multisensor image registration, *IEEE Transactions on Image Processing*, 4(3), 1995, 320–334
17. H. Maitre and Y. Wu, Improving dynamic programming to solve image registration, *Pattern Recognition*, 20, 1987, 443–462.
18. S.Z. Li, J. Kittler, and M. Petrou, Matching and recognition of road networks from aerial images, *Proceedings of the Second European Conference on Computer Vision ECCV'92*, St Margherita, Italy, 1992, pp. 857–861.

19. S. Growe and R. Tonjes, A knowledge based approach to automatic image registration, *IEEE Intl. Conference on Image Processing (ICIP '97)*, Santa Barbara, CA, USA, Vol. 3, pp. 228–231, Oct. 1997.
20. M. Holm, Towards automatic rectification of satellite images using feature based matching, *Proceedings of the International Geoscience and Remote Sensing Symposium IGARSS'91*, Espoo, Finland, 1991, pp. 2439–2442.
21. M. Sester, H. Hild, and D. Fritsch, Definition of ground control features for image registration using GIS data, *Proceedings of the Symposium on Object Recognition and Scene Classification from Multispectral and Multisensor Pixels*, CD-ROM, Columbus, OH, 1998.
22. M. Roux, Automatic registration of SPOT images and digitized maps, *Proceedings of the IEEE International Conference on Image Processing ICIP'96*, Lausanne, Switzerland, 1996, pp. 625–628.
23. P. M. Dare, R. Ruskone, and I.J. Dowman, Algorithm development for the automatic registration of satellite images, *Image Registration Workshop*, NASA Goddard Space Flight Center, pp. 88–88, Nov. 1997.
24. H. Koch, K. Pakzad, R. Tonjes, Knowledge based interpretation of aerial images and maps using a digital landscape model as partial interpretation, in: *Semantic Modeling for the Acquisition of Topographics Information from Images and Maps*, Birkhäuser Verlag, Basel, pp. 319, 1997.
25. T. Kadota and M. Takagi, Acquisition method of ground control points for high resolution satellite imagery, *Lecture Papers of the 25th Asian Conference on Remote Sensing*, 2002. http: //www. infra.kochi-tech.ac.jp/takagi/Papers/acr02_tka.pdf, accessed July 2011.
26. M. Tuo, L. Zhang, Y. Liu, Multisensor aerial image registration using direct histogram specification, *IEEE Intl. Conference on Networking, Sensing and Control*, Taipei, Taiwan, pp. 807–812, March 2004.
27. J.P. Djamdji, A. Bajaouri, and R. Maniere, Geometrical registration of images: The multiresolution approach, *Photogrammetric Engineering and Remote Sensing*, 59(5), 1993, 645–653.
28. Y. You and M. Kaveh, A regularization approach to joint blur identification and image restoration, *IEEE Transactions on Image Processing*, 5, 1996, 416–428.
29. S.G. Mallat, A Theory for multiresolution signal decomposition: The wavelet representation, *IEEE Trans. on Pattern Analysis and Machine Intelligence*, 2(10), 1989, 674–693.
30. V. Rao, K.M.M. Rao, A.S. Manjunath, and R.V.N. Srinivas, Optimization of automatic image registration algorithms and characterization, geoimagery bridging continents, *XXth ISPRS Congress*, 12–23 July 2004, pp. 698–703, Istanbul, Turkey.
31. M. Corvi and G. Nicchiotti, Multiresolution image registration, *in Proceedings* 1995 *IEEE Conference on Image Processing*, Vol. 3, pp. 224–227, 23–26 October 1995, Washington DC, USA.
32. C. Chui, *An Introduction to Wavelets*, C. Chui (Editor), Academic Press, New York, 1992.
33. I. Zavorin and J. Le Moigne, Use of multiresolution wavelet feature pyramids for automatic registration of multisensor imagery, *IEEE Transactions on Image Processing* 14(6), 2005, 770–782.
34. R.J. Althof, M.G.J. Wind, and J.T. Dobbins, A rapid and automatic image registration algorithm with subpixel accuracy, *IEEE Transactions on Medical Imaging* 16, 1997, 308–316.
35. H. Hanaizumi and S. Fujimura, An automated method for registration of satellite remote sensing images, *Proceedings of the International Geoscience and Remote Sensing Symposium IGARSS'93*, Tokyo, Japan, 1993, pp. 1348–1350.
36. C.D. Kuglin and D.C. Hines, The phase correlation image alignment, *Proceedings of the IEEE International Conference on Cybernetics and Society*, New York, 1975, pp. 163–165.
37. E.D. Castro and C. Morandi, Registration of translated and rotated images using finite fourier transform, *IEEE Transactions on Pattern Analysis and Machine Intelligence* 9, 1987, 700–703.
38. A.V. Cideciyan, S.G. Jacobson, C.M. Kemp, R.W. Knighton, and J.H. Nagel, Registration of high-resolution images of the retina, *SPIE Medical Imaging VI: Image Processing* 1652, 1992, 310–322.
39. B.S. Reddy and B.N. Chatterjee, An FFT-based technique for translation, rotation and scale-invariant image registration, *IEEE Transactions on Image Processing* 5, 1996, 1266–1271.
40. H. Xie, N. Hicks, G.R. Keller, H. Huang, V. Kreinovich, An IDL/ENVI implementation of the FFT-based algorithm for automatic image registration, *Intl. Journal of Computers and Geosciences*, 29, 2003, 1045–1055.
41. D. Young, Straight lines and circles in the log-polar image, *Proceedings of the 11th British Machine Vision Conference*, Bristol, UK, 2000, pp. 426–435.
42. G. Wolberg and S. Zokai, Robust image registration using log-polar transform, Proceedings of the IEEE

International Conference on Image Processing, Canada, Sept. 2000.
43. S. Zokai and G. Wolberg, Image registration using log-polar mappings for recovery of large-scale similarity and projective transformations, *IEEE Transactions on Image Processing*, 14(10), Oct. 2005, 1422–1434.
44. J. Flusser, Object matching by means of matching likelihood coefficients, *Pattern Recognition Letters* 16, 1995, 893–900.
45. S. Abdelsayed, D. Ionescu, and D. Goodenough, Matching and registration method for remote sensing images, *Proceedings of the International Geoscience and Remote Sensing Symposium IGARSS'95*, Florence, Italy, 1995, pp. 1029–1031.
46. L. Eikvil, P.O. Husoy, and A. Ciarlo, Adaptive image registration, http://earth.esa.int/rtd/Events/ESA_EUSC_2005, Oct. 2005.
47. A. Rosenfield and G.J.Vanderbrug, Coarse–fine template matching, *IEEE Transactions on Systems, Man and Cybernetics*, 7, 1977, 104–107.
48. J. Le Moigne, Parallel registratin of multi-sensor remotely sensed imagery using wavelet coefficients, *Proceedings of the SPIE: Wavelet Applications*, Orlando, FL, 2242, 1994, pp. 432–443.
49. D.W. Marquardt, An algorithm for least-squares estimation of non-linear parameters, *Journal of the Society for Industrial and Applied Mathematics*, 11(2), 1963, 431–441.
50. S. Ranade and A. Rosenfeld, Point pattern matching by relaxation, *Pattern Recognition*, 12(2), 1980, 269–275.
51. N.A. Dodgson, Quadratic interpolation for image resampling, *IEEE Transactions on Image Processing* 6, 1997, 1322–1326.
52. K. Toraichi, S. Yang, and R. Mori, Two-dimensional spline interpolation for image reconstruction, *Pattern Recognition* 21, 1988, 275–284.
53. R.C. Gonzalez, R.E. Woods, and S.L. Eddins, *Digital Image Processing Using MATLAB*, Pearson Education, Inc.
54. M. Sonka, V. Hlavac, and R. Boyle, *Image Processing, Analysis and Machine Vision*, Cengage Learning, India, 2008.
55. A. K. Jain, *Fundamentals of Digital Image Processing*, Prentice-Hall, Inc., Englewood, Cliffs, NJ, October, 2000.
56. R.C. Gonzalez and R.E. Woods, *Digital Image Processing*, 3rd Edition, Pearson Education, Inc., Upper Saddle River, NJ, Indian Edition by Dorling Kindersley India Pvt. Ltd., 2009.
57. B. Song and Y. Fu, *The Study on the Image Fusion for Multisource Image, 2nd International Asia Conference on Informatics in Control, Automation and Robotics*, Wuhan, pp. 138–141, 6–7 March 2010.
58. A. Malviya and S.G. Bhirud, Image fusion of digital images, *International Journal of Recent Trends in Engineering*, 2(3), 2009, 146–148.
59. E. Fernandez, *Image Fusion*, Project Report, University of Bath, June 2002.
60. J.-H. Park, K.-O. Kim, and Y.-K. Yang, Image fusion using multiresolution analysis, *IEEE International Symposium on Geoscience and Remote Sensing*, Sydney, Australia, pp. 864–866, Vol. 2, 2001.
61. A.N. Myna, M.G. Venkateshmurthy, and C.G. Patil, Automatic registration of satellite images using wavelets and log-polar mapping, *First International Conference on Signal and Image Processing*, Hubli, Vol. 1, pp. 446–451, 7–9 Dec. 2006.
62. J. Teng, S. Wang, J. Zhang, X. Wang, Fusion algorithm of medical images based on fuzzy logic, *Seventh International Conference on Fuzzy Systems and Knowledge Discovery*, Yantai, Shandog, pp. 546–550, 10–12 Aug. 2010.
63. Y. Na, H. Lu, and Y. Zhang, Content analysis based medical images fusin with fuzzy inference, *Fifth International Conference on Fuzzy Systems and Knowledge Discovery*, Shandong, pp. 37–41, 18–20 Oct. 2008.
64. G. Liu, Z.-L. Jing, and Shao-Yuan, Multiresolution image fusion scheme based on fuzzy region feature, *Journal of Zhejiang University Science A*, 7(2), 2006, 117–122.
65. T.J. Meitzler, D. Bednarz, E.J. Sohn, K. Lane, and D. Bryk, Fuzzy logic based image fusion, *Aerosense 2002*, Orlando, FL, April 2–5, 2002.
66. H. Singh, J. Raj, G. Kaur, and T. Meitzler, Image fusion using fuzzy logic and applications, *IEEE International Conference on Fuzzy Systems*, Budapest, Hungary, pp. 337–340, 25–29 July 2004.
67. R. Maruthi and K. Sankarasubramanian, Pixel level multifocus image fusion based on fuzzy logic approach, *Asian Journal of Information Technology*, 7(4), 2008, 168–171.
68. M. Dankova and R. Valasek, Full fuzzy transform and the problem of image fusion, *Journal of Electrical*

Engineering, 57(7), 2006, 82–84.
69. F. Sadjadi, Comparative image fusion analysis, *IEEE Computer Society Conference on Computer Vision and Pattern Recognition*, San Diego, 25 June 2005.
70. J.R. Castro, O. Castillo, L.G. Martinez, Interval type-2 fuzzy logic toolbox, *Engineering Letters*, 15(1), 2007, EL_15_1_14.
71. J.M. Mendel, I. Robert, and B. John, Type-2 fuzzy sets made simple, *IEEE Transactions on Fuzzy Systems*, 10(2), 2002, 117–127.

第5章　利用离散余弦变换的多传感器图像融合方法

5.1　引言

多传感器图像融合(MSIF)是把两个或两个以上已配准源图像合成为观测场景的单一图像的过程。从某种意义上说,所得到的融合图像应比任何一种源图像含有更多的信息。近年来,MSIF已经成为数字图像处理学科中的一个创新的、有前途的研究领域。MSIF的应用领域包括战场监控、遥感、计算机视觉、机器人视觉、机场或航空港监控、视觉增强系统和医学成像处理。MSIF将来自相同场景的几个基础图像或来自不同传感器的图像的信息内容合并,构建和实现了单一图像,单一图像包含原始已登记源图像的大部分有用信息[1],而不需要的信息或不确定的信息被最小化。因此,一般情况下,融合图像相比源图像质量更高或包含的信息更多。MISF可以在像素级、特征级和决策级这三个不同的层次上进行[2,3]。本章给出利用多分辨率离散余弦变换(MDCT)的基于像素级的MISF方法及结果。而第4章主要考虑了图像融合的基本问题、图像配准、特征提取和图像融合的一些基本方法。

简单的像素级MISF是逐个像素(PBP)地对已配准源图像灰度级取平均值(概率意义上的平均值或数学期望值),该算法计算非常简单,但它可能会产生一些不希望的影响或降低融合图像的特征对比度。为了克服这些问题,多分辨率技术如小波变换[1,4,5]、多尺度变换(图像金字塔)[3,6]、信号处理(空间频率)[7]、统计信号处理[8,9]已经被科研人员研究和使用。小波变换(WT)方法在空间和频率域中都能提供很好的定位,因此很多信号处理应用程序使用小波变换。离散小波变换(DWT)提供分解层的方向信息,包含不同分辨率层的独特信息[4,5],较早提出的图像融合算法就利用了WT的这些特点[1-9]。文献[10]运用模糊集理论提出了新型图像融合方法。通过使用MDCT,也可以实现类似于DWT的特点。因此,本章开发了一种新的基于MDCT的图像融合算法来融合已配准源图像,在图像配准过程中,源图像的信息充分对准并在图像合并前先配准(这意味着源图像或基本图像正确配准)。假设本章中的源图像都已配准。

5.2 离散余弦变换的基础知识

在图像处理学中，离散余弦变换（DCT）对研究人员和技术人员十分重要而且应用广泛。在变换域中，大多数 DCT 系数集中在低频区域，因此，它具有良好的能量压缩性能。长度为 N 的一维信号 $x(n)$ 的 DCT $X(k)$ 可表示为

$$X(k) = \alpha(k)\sum_{n=0}^{N-1} x(n)\cos\left(\frac{\pi(2n+1)k}{2N}\right),\ 0 \leqslant k \leqslant N-1 \tag{5.1}$$

式中

$$\alpha(k) = \begin{cases} \sqrt{\dfrac{1}{N}},\ k=0 \\ \sqrt{\dfrac{2}{N}},\ k\neq 0 \end{cases} \tag{5.2}$$

n 为样本指数；k 为频率指数（归一化），当 $k=0$ 时，式（5.1）变为 $X(0)=\sqrt{1/N}\sum_{n=0}^{N-1}x(n)$，它是图像信号 $x(n)$ 的平均值，称为直流（DC）系数，其他系数（$X(k)$，$k\neq 0$）为交流（AC）系数。反离散余弦变换（IDCT）定义为

$$x(n) = \sum_{k=0}^{N-1}\alpha(k)X(k)\cos\left(\frac{\pi(2n+1)k}{2N}\right),\ 0 \leqslant n \leqslant N-1 \tag{5.3}$$

式（5.1）称为分解公式或正向变换，式（5.3）称为合成公式或反向变换。在式（5.1）和式（5.3）中，（正交的）基础序列 $\cos(\pi(2n+1)k/2N)$ 是实数并表现为离散时间（余弦）正弦曲线，同样地，大小为 $N_1\times N_2$ 的图像信号 $x(n_1,n_2)$ 的二维离散余弦变换 $X(k_1,k_2)$ 可表示为

$$X(k_1,k_2) = \alpha(k_1)\alpha(k_2)\sum_{n_1=0}^{N_1-1}\sum_{n_2=0}^{N_2-1}x(n_1,n_2)\cos\left(\frac{\pi(2n_1+1)k_1}{2N_1}\right) \times\cos\left(\frac{\pi(2n_2+1)k_2}{2N_2}\right),\ 0\leqslant k_1\leqslant N_1-1,\ 0\leqslant k_2\leqslant N_2-1 \tag{5.4}$$

二维 IDCT 表示为

$$x(n_1,n_2) = \sum_{k_1=0}^{N_1-1}\sum_{k_2=0}^{N_2-1}\alpha(k_1)\alpha(k_2)x(k_1,k_2)\cos\left(\frac{\pi(2n_1+1)k_1}{2N_1}\right) \times\cos\left(\frac{\pi(2n_2+1)k_2}{2N_2}\right),\ 0\leqslant n_1\leqslant N_1-1,\ 0\leqslant n_2\leqslant N_2-1 \tag{5.5}$$

式中：$\alpha(k_1)$和$\alpha(k_2)$的定义类似式(5.2)。

二维 DCT 和二维 IDCT 都是可分离变换，此属性优势是可以分两步计算二维 DCT 和二维 IDCT，即首先对尺寸为(n_1, n_2)的图像信号x进行一维 DCT 或一维 IDCT 列运算，然后进行运算，如图 5.1 所示。

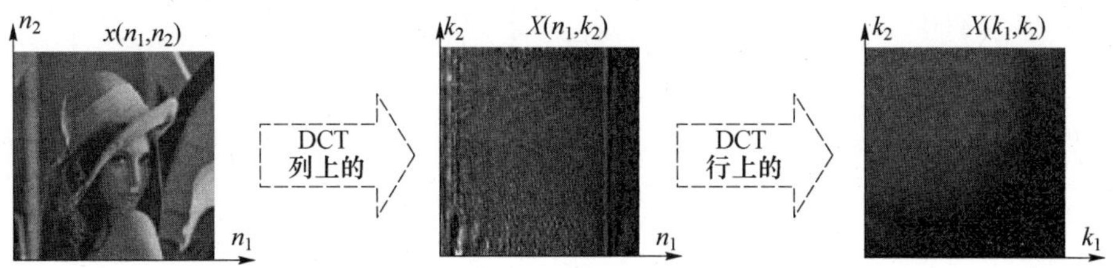

图 5.1　利用可分性属性的二维 DCT 计算过程

5.3　多分辨率离散余弦变换

MDCT 与 WT 非常相似，在 WT 中，信号由低通和高通有限长单位冲激响应(FIR)滤波器分别过滤，每个滤波器的输出数据按因子 2 抽取以获得第一级分解。然后，提取的低通滤波输出数据分别由低通和高通滤波器过滤再按因子 2 抽取以获得二级分解。可通过重复此过程来实现连续分解。MDCT 处理背后的灵感与理念是由 DCT 来代替 FIR 滤波器[14,15]。MDCT 的原理(一级分解)如图 5.2 所示。通过对列上的数据应用 DCT，待分解的图像被转换为频域：①对前 50% 的点(0～0.5π)进行 IDCT 来获得低通图像 L；②对后 50% 的点(0.5π～π)进行 IDCT 来获得高通图像 H；③通过在行上应用 DCT，低频图像 L 转变为频域；④通过对前 50% 的行上的点进行 IDCT 获得低通图像 LL；⑤通过对剩余 50% 的点进行 IDCT 获得高通图像 LH；⑥通过在行上应用 DCT，高通图像 H 转变为频域；⑦通过对前面的 50% 的行上的点进行 IDCT 获得低通图像 HL；⑧对剩下的 50% 的点进行 IDCT 获得高通图像 HH。LL 包含与多尺度分解的低频带一致的平均图像信息。可认为它是平滑的，是源图像的子采样版本，近似地代表源图像。由于空间方位不同，LH、HL 和 HH 是包含源图像方向(水平、垂直和对角线)信息的详细的子图像。通过循环地对来自前一步分解的低通系数(LL)应用相同的算法，可以获得多分辨率。用于图像分解(一级)的 MDCT 的 MATLAB® 代码如下：

```
function[ I ] = mrdct( im)
% multi - Resolution Discrete Cosine Transform
% VPS Naidu, MSDF Lab, NAL
% input: im (input image to be decomposed)
```

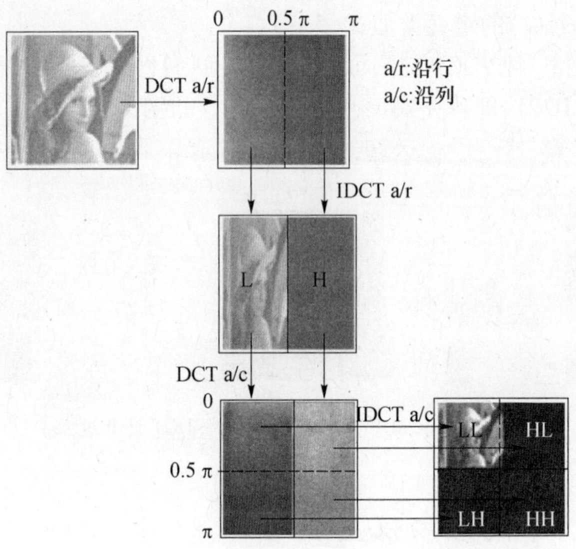

图 5.2　使用 DCT 的多分辨率图像分解信息流程

```
% output: I (Decomposed image)
[m,n] = size(im);
mh = m/2; nh = n/2;
for i = 1:m
hdct(i,:) = dct(im(i,:));
end
for i = 1:m
hL(i,:) = idct(hdct(i,1:nh));
hH(i,:) = idct(hdct(i,nh+1:n));
end
for i = 1:nh
vLdct(:,i) = dct(hL(:,i));
vHdct(:,i) = dct(hH(:,i));
end
for i = 1:nh
I.LL(:,i) = idct(vLdct(1:mh,i));
I.LH(:,i) = idct(vLdct(mh+1:m,i));
I.HL(:,i) = idct(vHdct(1:mh,i));
I.HH(:,i) = idct(vHdct(mh+1:m,i));
end
```

```
% END
```

通过对先前描述的过程(图 5.2)进行逆向操作,可以重构该图像。图 5.3(a)显示了在多分辨率分析中使用的地面真实图像(lena.png)。5.3(a)的第一和第二级的分解示于图 5.3(b),5.3(c)左图是来自第二级分解的重构图像,5.3(c)右图显示的是误差图像(真实图像与重构图像的不同之处)。由图 5.3 可以发现,重构图像几乎与地面真实图像完全匹配,这意味着在逆向分析中没有信息损失。

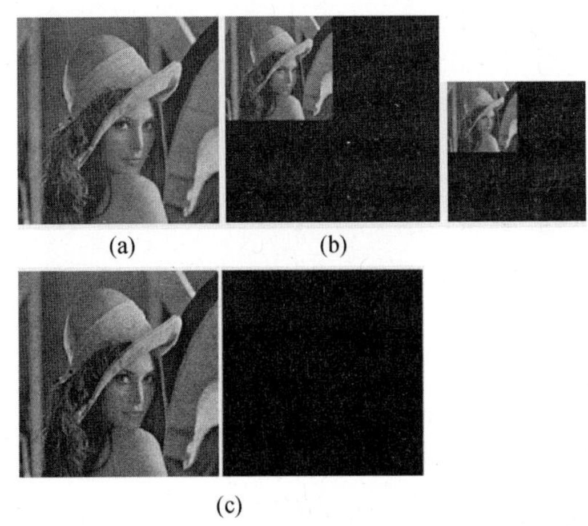

图 5.3　重构图像

(a)地面真实图像(lena.png);(b)多分辨率图像分解(左图为一级分解;右图为二级分解);(c)从二级分解重建的图像和误差图像。

用于图像重建的 IMDCT 的 MATLAB 代码如下:

```
function [im] = imrdct( I )
% Inverse Multi - Resolution Discrete Cosine Transform
% VPS Naidu,MSDF Lab,NAL
% input: I (decomposed image)
%  output: im (reconstructed image)
[m,n] = size( I . LL);
m2 = m * 2;
n2 = n * 2;
for i = 1:n
ivLdct( :,i) = [dct( I . LL( :,i));dct( I . LH( :,i))];
ivHdct( :,i) = [dct( I . HL( :,i));dct( I . HH( :,i))];
end
for i = 1:n
```

```
ihL( :,i) =idct(ivLdct( :,i));
ihH( :,i) =idct(ivHdct( :,i));
end
for i =1:m2
hdct(i,:) =[dct(ihL(i,:)) dct(ihH(i,:))];
end
for i =1:m2
im(i,:) =idct(hdct(i,:));
end
% END
```

5.4 多传感器图像融合

图5.4给出了基于MDCT的像素级图像融合方案信息流程。注册的源图像I_1和I_2用MDCT分解为$D(d=1,2,\cdots,D)$级。从I_1得到分解图像结果为

$$I_1 \rightarrow \{{}^1\mathrm{LL}_D, \{{}^1\mathrm{LH}_d, {}^1\mathrm{HH}_d, {}^1\mathrm{HL}_d\}_{d=1,2,\cdots,D}\}$$

从I_2得到分解图像结果为

$$I_2 \rightarrow \{{}^2\mathrm{LL}_D, \{{}^2\mathrm{LH}_d, {}^2\mathrm{HH}_d, {}^2\mathrm{HL}_d\}_{d=1,2,\cdots,D}\}$$

在每个分解级($d=1, 2, \cdots, D$)中,由于细节系数对应图像中较明显的亮度变化如边缘和对象边界等,融合规则将选择两个MDCT细节系数中绝对值较大者,这些系数在0值附近波动。在最粗糙层上($d=D$),由于其近似系数是光滑的,是原始图像的子采样版本,融合规则是取MDCT近似系数的平均值。一套完整的融合规则如下:

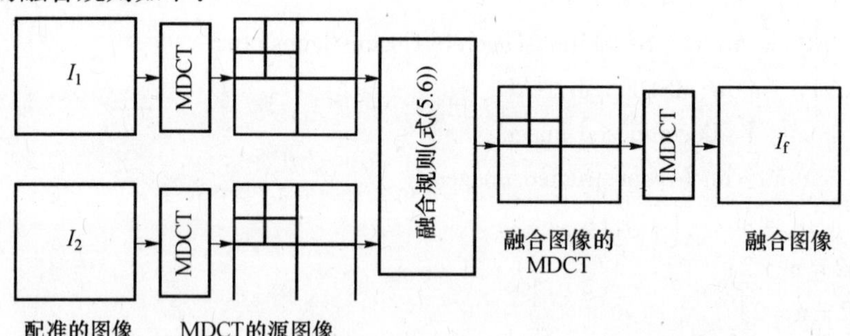

图5.4 基于MDCT的像素级图像融合方案原理

$$
{}^f\mathrm{LH}_d = \begin{cases} {}^1\mathrm{LH}_d & |{}^1\mathrm{LH}_d| \geqslant |{}^2\mathrm{LH}_d| \\ {}^2\mathrm{LH}_d & |{}^1\mathrm{LH}_d| < |{}^2\mathrm{LH}_d| \end{cases} \tag{5.6a}
$$

$$ {}^{f}HH_d = \begin{cases} {}^{1}HH_d & |{}^{1}HH_d| \geq |{}^{2}HH_d| \\ {}^{2}HH_d & |{}^{1}HH_d| < |{}^{2}HH_d| \end{cases} \tag{5.6b} $$

$$ {}^{f}HL_d = \begin{cases} {}^{1}HL_d & |{}^{1}HL_d| \geq |{}^{2}HL_d| \\ {}^{2}HL_d & |{}^{1}HL_d| < |{}^{2}HL_d| \end{cases} \tag{5.6c} $$

$$ {}^{f}LL_D = 0.5({}^{1}LL_D + {}^{2}LL_D) \tag{5.6d} $$

使用 IMDCT 获得融合图像：

$$ I_f \leftarrow \{ {}^{f}LL_D, \{ {}^{f}LH_D, {}^{f}HH_D, {}^{f}HL_D \}_{d=1,2,\cdots,D} \} \tag{5.7} $$

用于图像融合的 MATLAB 代码如下：

```
function [imf] = mrdctimfus(im1,im2)
% Image fusion using MDCT
% VPS Naidu, MSDF Lab, NAL
% input: im1 & im2 (images to be fused)
% output: imf (fused image)
% multi - resolution image decomposition
X1 = mrdct(im1);
X2 = mrdct(im2);
% Fusion
X.LL = 0.5 * (X1.LL + X2.LL);
D = bdm(X1.LH,X2.LH);
X.LH = D.* X1.LH + (~D).* X2.LH;
D = bdm(X1.HL,X2.HL);
X.HL = D.* X1.HL + (~D).* X2.HL;
D = bdm(X1.HH,X2.HH);
X.HH = D.* X1.HH + (~D).* X2.HH;
% fused image
imf = imrdct(X);
% END
```

5.5　融合质量评价指标

当参考图像可用时，用以下指标评估图像融合算法的性能：

(1) 平均绝对误差(MAE)[15,16]：指对应参考像素和融合图像的平均绝对误差，也称为光谱差异，可用来测量融合图像的光谱质量。当融合图像和地面真实

图像的相异度增加时,这个值会增加:

$$\mathrm{MAE} = \frac{1}{MN}\sum_{x=1}^{M}\sum_{y=1}^{N}\left|I_{\mathrm{r}}(x,y) - I_{\mathrm{f}}(x,y)\right| \tag{5.8}$$

式中:I_{r}为参考图像;(x, y)为像素指数;M 和 N 为图像的大小。

(2) 峰值信噪比(PSNR)[17]:

$$\mathrm{PSNR} = 20\lg\left(\frac{L^2}{\frac{1}{MN}\sum_{x=1}^{M}\sum_{y=1}^{N}\left[I_{\mathrm{r}}(x,y) - I_{\mathrm{f}}(x,y)\right]^2}\right) \tag{5.9}$$

式中:L 为图像灰度级数量。当融合图像和基准图像相似时,它的值会很高。较高的值意味着更好的融合。

当参考图像不可用时,用以下指标评估融合算法的性能:

(1) 标准偏差(SD):

$$\mathrm{SD} = \sqrt{\frac{1}{MN}\sum_{x=1}^{M}\sum_{y=1}^{N}\left(I_{\mathrm{f}}(x,y) - \bar{I}_{\mathrm{f}}\right)^2} \tag{5.10}$$

式中

$$\bar{I}_{\mathrm{f}} = (1/MN)\sum_{x=1}^{M}\sum_{y=1}^{N} I_{\mathrm{f}}(x,y)$$

它是由信号和噪声部分组成的标准偏差,因此,在没有噪声的情况下,这个指标将更有效。它衡量融合图像的对比度。高对比度的图像标准偏差也高。

(2) 空间频率(SF)[14,18]:

$$\mathrm{SF} = \sqrt{\mathrm{RF}^2 + \mathrm{CF}^2} \tag{5.11}$$

式中:RF 为图像的行频率;CF 为图像的列频率。它们可分别表示为

$$\mathrm{RF} = \sqrt{\frac{1}{MN}\sum_{x=1}^{M}\sum_{y=2}^{N}\left[I_{\mathrm{f}}(x,y) - I_{\mathrm{f}}(x,y-1)\right]^2}$$

$$\mathrm{CF} = \sqrt{\frac{1}{MN}\sum_{y=1}^{N}\sum_{x=2}^{M}\left[I_{\mathrm{f}}(x,y) - I_{\mathrm{f}}(x-1,y)\right]^2}$$

其中(x, y)为像素指数。SF 表示融合图像的整体活动水平,首选高 SF 的融合图像。

评价融合质量指标的 MATLAB 代码如下:

```
function [MAE,PSNR,SD,SF]  = pereval(imt,imf)
%   fusion quality evaluation metrics
%   imt: true image
```

```
%    imf: fused image
[M,N] = size(imt);

%    mean absolute error (MAE)
MAE = sum(sqrt((imt(:) - imf(:)).^2))/(M * N);

%    Peak signal to noise Ratio (PSNR)
L = 256;
RMSE = sqrt(sum((imt(:) - imf(:)).^2)/(M * N));
PSNR = 10 * log10(L^2/RMSE);
%    standard deviation SD
If = mean(imf(:));
Id = (imf(:) - If(:)).^2;
SD = sqrt(sum(Id)/(M * N));

%    spatial frequency criteria SF
RF = 0; CF = 0;
for   m = 1:M
for   n = 2:N
RF = RF + (imf(m,n) - imf(m,n - 1))^2;
end
end
RF = sqrt(RF/(M * N));
for   n = 1:N
for   m = 2:M
CF = CF + (imf(m,n) - imf(m - 1,n))^2;
end
end
CF = sqrt(CF/(M * N));
SF = sqrt(RF^2 + CF^2);
% END
```

5.6　彩色图像融合

彩色图像通常是 RGB 颜色模型，由红色、绿色和蓝色分量组成。然而，由于图像信道之间存在相关性,这种模式并不适合于彩色图像融合。需要将 RGB 彩色图像转换为其他颜色模型,如 YCbCr,YCbCr 信道之间的相关性非常小。在 YCbCr 颜色模型中,强度信息分量由 Y 表示,Cb 和 Cr 表示颜色信息。RGB 颜色模型向 YCbCr 颜色模型的转换式为

$$\begin{bmatrix} Y \\ \mathrm{Cb} \\ \mathrm{Cr} \end{bmatrix} = \boldsymbol{T}\begin{bmatrix} R \\ G \\ B \end{bmatrix} + \boldsymbol{b} \tag{5.12}$$

式中

$$\boldsymbol{T} = \begin{bmatrix} 65.481 & 128.553 & 24.966 \\ -37.797 & -74.203 & 112 \\ 112 & -93.786 & -18.214 \end{bmatrix}$$

$$\boldsymbol{b} = \begin{bmatrix} 16 \\ 128 \\ 128 \end{bmatrix}$$

RGB 颜色模型转换成 YCbCr 颜色模型的 MATLAB 代码如下:

```
function [y] = RGB2YCbCr(T,b,r)
%   conversion from RGB toYCbCr color space
%   input: RGB color image
%   output: y - YCbCr color space image
[M,N,O] = size(r);
for  i = 1:M
for  j = 1:N
a = [r(i,j,1);r(i,j,2);r(i,j,3)];
y(i,j,:) = T * a + b;
end
end
% END
```

同样,YCbCr 颜色模型向 RGB 颜色模型的转换式为

$$\begin{bmatrix} R \\ G \\ B \end{bmatrix} = \boldsymbol{T}^{-1}\left(\begin{bmatrix} Y \\ \mathrm{Cb} \\ \mathrm{Cr} \end{bmatrix} - \boldsymbol{b}\right) \tag{5.13}$$

YCbCr 颜色模型向 RGB 颜色模型转换的 MATLAB 代码如下:

```
function [r] = YCbCr2RGB(T,b,y)
%   conversion from YCbCr to RGB color space
%   input: y  -  YCbCr color space image
%   output: RGB color image
[M,N,O] = size(y);
for  i = 1:M
for  j = 1:N
a = [y(i,j,1);y(i,j,2);y(i,j,3)];
r(i,j,:) = inv(T) * (a - b);
end
end
% END
```

融合过程与 5.3 节中描述的过程非常相似,待融合图像从 RGB 转换为 YCbCr,融合过程仅在强度或亮度分量上完成。假设被融合图像具有相似的饱和度和色相(S - H),则色度分量可被平均。这种假设降低了计算复杂度。融合过程(图 5.5)如下:

(1) 将待融合的注册 RGB 彩色图像(I_1和 I_2)变换为 YCbCr 颜色模型。

(2)将来自 YCbCr 颜色模型的强度或亮度图像,即 Y_1和 Y_2,用于融合过程,如 5.3 节所述,得到融合强度分量 Y_f。

(3) 平均图像的色度分量,以获得融合的色度分量 $Cb_f = 0.5(Cb_1 + Cb_2)$及 $Cr_f = 0.5(Cr_1 + Cr_2)$。

(4) 在 RGB 颜色模型中变换融合的亮度和色度分量得到融合图像 I_f

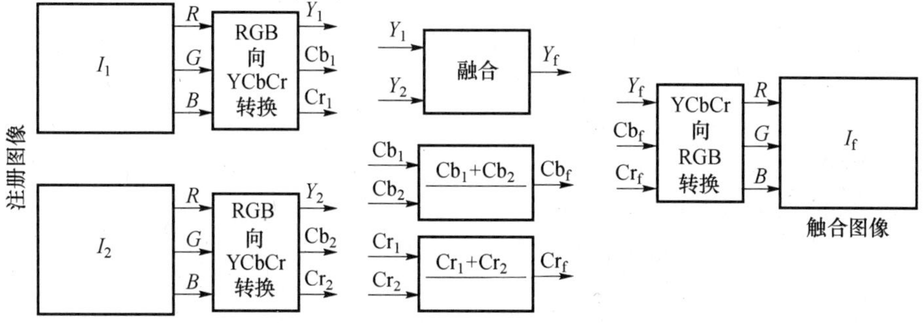

图 5.5　彩色图像融合算法的信息流程

彩色图像融合的 MATLAB 代码如下:

```
function [imf] = cif(im1,im2)
%   Color image fusion
```

```
% input: im1&im2 - color images to be fused
% output: imf - fused color image
T = [65.481 128.553 24.966; -37.797 -74.203 112; 112 -93.786 -18.214];
b = [16;128;128];
YY1 = RGB2YCbCr(T,b,im1);
YY2 = RGB2YCbCr(T,b,im2);
Y1 = YY1(:,:,1); Cb1 = YY1(:,:,2); Cr1 = YY1(:,:,3);
Y2 = YY2(:,:,1); Cb2 = YY2(:,:,2); Cr2 = YY2(:,:,3);
Yf = mrdctimfus(Y1,Y2);
Cbf = 0.5 * (Cb1 + Cb2);
Crf = 0.5 * (Cr1 + Cr2);
y(:,:,1) = Yf; y(:,:,2) = Cbf; y(:,:,3) = Crf;
imf = YCbCr2RGB(T,b,y);
% END
```

评估融合质量的 MATLAB 代码如下：

```
function [MAE,PSNR,SD,SF] = CIFpereval(imt,imf)
% color image fusion quality evaluation metrics
% inputs: imt - true image & imf - fused image
% outputs: MAE - mean absolute error, PSNR - peak signal to noise ratio
% SD - standard deviation & SF - spatial frequency
[M,N,K] = size(imt);
% mean absolute error (MAE)
MAE = sum(sqrt((imt(:) - imf(:)).^2))/(M * N * K);
% Peak signal to noise Ratio (PSNR)
L = 256;
RMSE = sqrt(sum((imt(:) - imf(:)).^2)/(M * N * K));
PSNR = 10 * log10(L^2/RMSE);
% standard deviation SD
If = mean(imf(:));
Id = (imf(:) - If(:)).^2;
SD = sqrt(sum(Id)/(M * N * K));
% spatial frequency criteria SF
for j = 1:K
RF = 0; CF = 0;
```

```
for  m = 1:M
for  n = 2:N
RF = RF + (imf(m,n,j) - imf(m,n-1,j))^2;
end
end
RF = sqrt(RF/(M * N));
for  n = 1:N
for  m = 2:M
CF = CF + (imf(m,n,j) - imf(m-1,n,j))^2;
end
end
CF = sqrt(CF/(M * N));
SF(j) = sqrt(RF^2 + CF^2);
end
SF = mean(SF);
% END
```

5.7　结果与讨论

图 5.6(a)是用来评估提出的 MDCT 融合算法性能的参考图像 I_r。用离焦的输入图像 I_1 和 I_2 来评估融合算法,如图 5.6(b)和 5.6(c)所示。图 5.7～图 5.10 的第一列显示了融合图像,第二列显示误差图像。误差(差值)图像通过取参考图像和融合图像的对应像素差来计算,即 $I_e(x, y) = I_r(x, y) - I_f(x, y)$。使用 MDCT 和小波融合算法[15]一级分解程序得到的融合和误差图像分别显示于图 5.7 和图 5.8。同样,使用 MDCT 和小波融合算法的二级分解程序得到的融合和误差图像分别显示于图 5.9 和图 5.10。观察这些图像发现,MDCT 的融合图像和小波的融合图像几乎相似。其原因可能是采取了互补对。用于评估图像融合算法的性能指标列于表 5.1。以粗体字显示的指标值比同列的其他指标值更好。MDCT 的性能几乎与小波类似。结果显示,具有较高层次分解的图像融合表现出优异的融合质量。图 5.11(a)是评价彩色图像融合算法的参考图像。待融合图像显示在图 5.11(b)。用 MDCT 进行五级分解的融合和误差彩色图像示于图 5.12。彩色图像融合质量评价指标列于表 5.2。正如预期的那样,融合过程中高层次的分解提供了更好的融合结果。

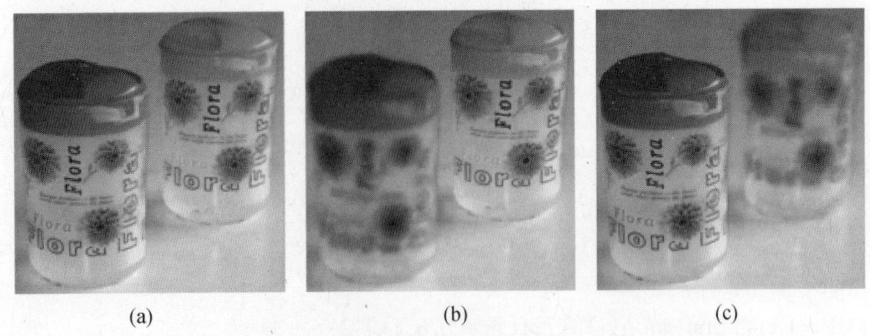

(a) (b) (c)

图 5.6 参考图像和离焦的输入图像

(a)参考图像 I_r；(b)第一源图像 I_1；(c)第二源图像 I_2。

(a) (b)

图 5.7 MDCT 算法一级分解($D=1$)的融合图像与误差图像

(a)融合图像；(b)误差图像。

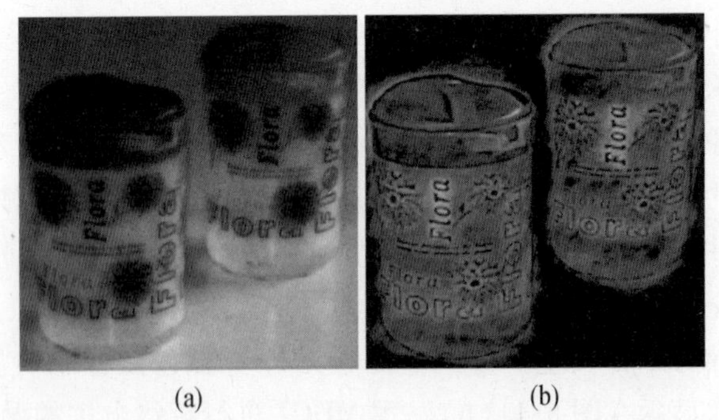

(a) (b)

图 5.8 小波融合算法一级分解($D=1$)的融合图像和误差图像

(a)融合图像；(b)误差图像。

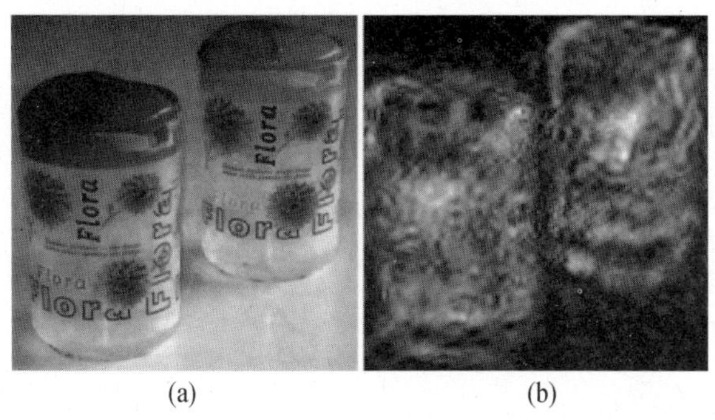

(a)　　(b)

图 5.9　MDCT 算法二级分解($D=2$)的融合图像和误差图像
(a)融合图像；(b)误差图像。

(a)　　(b)

图 5.10　小波融合算法的二级分解($D=2$)融合图像和误差图像
(a)融合图像；(b)误差图像。

表 5.1　融合质量评价指标

分解级数	算法	MAE	PSNR	SD	SF
$D=1$	MDCT	7.1248	37.6342	53.9064	16.2644
	小波融合	6.9549	37.6967	54.0076	16.6209
$D=2$	MDCT	6.4423	38.1421	54.6416	19.2544
	小波融合	6.2495	38.2648	54.8007	19.4432
$D=5$	MDCT	5.7912	**39.3969**	56.1548	**20.2316**
	小波融合	**5.6431**	39.3240	**56.2166**	20.2296

表 5.2　融合质量评价指标

分解级数	MAE	PSNR	SD	SF
$D=1$	7.2556	37.4812	65.7277	16.4103
$D=2$	6.6018	37.9464	66.2346	19.3407
$D=5$	**5.9675**	**39.0010**	**67.1970**	**20.2991**

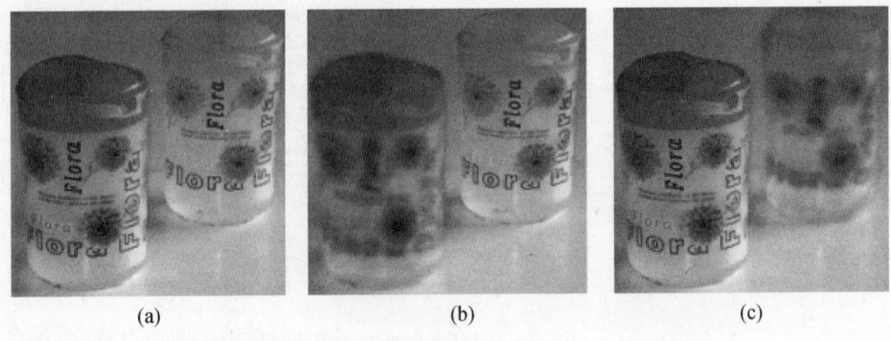

(a)　　(b)　　(c)

图 5.11

(a)参考图像；(b)、(c)待融合图像。

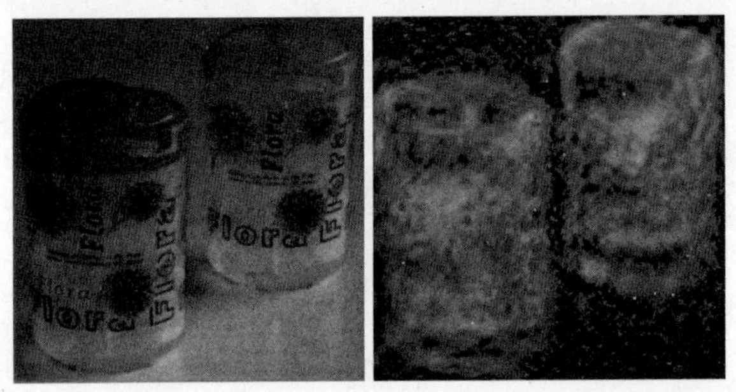

图 5.12　MDCT 算法五级分解($D=5$)的融合图像和误差图像

5.8　结束语

像素级图像融合的 MDCT 算法已经实现并在本章进行了评估。MDCT 算法与小波融合算法相比较，其性能几乎接近或略优于小波(融合算法)。但是，MDCT 算法计算简单，非常适合于实时应用，且高层次分解的图像融合提供了较好的融合效果。MDCT 算法已经扩展到融合彩色图像，是有前途的二种算法。

参考文献

1. G. Pajares and J. Manuel de la Cruz, A wavelet-based image fusion tutorial, *Pattern Recognition*, 37, 1855–1872, 2007.
2. P.K. Varsheny, Multisensor data fusion, *Electronics and Communication Engineering Journal*, 9(12), 245–253, 1997.
3. P.J. Burt and R.J. Lolczynski, Enhanced image capture through fusion, *Proceedings of the 4th International Conference on Computer Vision*, Berlin, Germany, pp. 173–182, 1993.
4. S.G. Mallet, A theory for multiresolution signal decomposition: The wavelet representation, *IEEE Transactions on Pattern Analysis and Machine Intelligence*, 11(7), 674–693, 1989.

5. H. Wang, J. Peng and W. Wu, Fusion algorithm for multisensor image based on discrete multiwavelet transform, *IEEE Proceedings—Vision Image and Signal Processing*, 149(5), 283–289, 2002.
6. F. Jahard, D.A. Fish, A.A. Rio and C.P. Thompson, Far/near infrared adapted pyramid-based fusion for automotive night vision, *IEEE Proceedings of the 6th International Conference on Image Processing and Its Applications (IPA97)*, pp. 886–890, 1997.
7. S. Li, J.T. Kwok and Y. Wang, Combination of images with diverse focuses using the spatial frequency, *Information Fusion*, 2(3), 167–176, 2001.
8. R.S. Blum, Robust image fusion using a statistical signal processing approach, *Image Fusion*, 6, 119–128, 2005.
9. J. Yang and R.S. Blum, A statistical signal processing approach to image fusion for concealed weapon detection, *IEEE International Conference on Image Processing*, Rochester, New York, pp. 513–516, 2002.
10. A. Nejatali and L.R. Ciric, Novel image fusion methodology using fuzzy set theory, *Optical Engineering*, 37(2), 485–491, 1998.
11. N. Ahmed, T. Natarajan and K.R. Rao, Discrete cosine transform, *IEEE Transactions on Computers*, 32, 90–93, 1974.
12. Wolfram Mathematica Documentation Center. http://reference.wolfram.com/legacy/applications/digitalimage/FunctionIndex/DiscreteCosineTransform.html, accessed on April 2012.
13. G. Strang, The discrete cosine transform, *SIAM Review*, 41, 135–147, 1999.
14. V.P.S. Naidu and J.R. Raol, Fusion of out of focus images using principal component analysis and spatial frequency, *Journal of Aerospace Sciences and Technologies*, 60(3), 216–225, 2008.
15. V.P.S. Naidu and J.R. Raol, Pixel-level image fusion using wavelets and principal component analysis—A comparative analysis, *Defense Science Journal*, 58(3), 338–352, 2008.
16. V.P.S. Naidu, G. Girija and J.R. Raol, Evaluation of data association and fusion algorithms for tracking in the presence of measurement loss, *AIAA Conference on Navigation, Guidance and Control*, Austin, USA, 11–14 August 2003.
17. G.R. Arce, *Nonlinear Signal Processing—A Statistical Approach*, Wiley-Interscience Inc., Publication, Hoboken, New Jersey, USA, 2005.
18. A.M. Eskicioglu and P.S. Fisher, Image quality measures and their performance, *IEEE Transactions on Communications*, 43(12), 2959–2965, 1995.

第6章 使用频谱框架的运动分割

6.1 引言

在机器人和微型飞行器领域，不需要过分强调图像检测、捕捉、图像处理分析和融合的重要性。这些交通工具使用图像数据检测来躲避静态以及运动障碍物，定位其他目标和地标。通常情况下，它需要在视频字符串序列中检测、识别和定位感兴趣的对象。因此，与图像同步、图像配准、背景分离、特征提取和图像分割相关的各个方面都是图像分析和融合的重要过程。在机器人以及其他自主交通工具大量利用的计算机视觉中，运动(时空)分割是指动态场景中基于单个或多个对象连贯运动的图像序列分割。大多数运动分割方法旨在将视频分解为运动对象和背景。这种分解是交通监控、机器人、视频监控、自动检验和许多其他类似系统的应用程序的基本步骤。有关运动分割及其各种适用方法的文献很多。Zappella 等人[1]就该问题进行了很好的综述。适用于运动分割的方法一般分为图像差分法、统计方法、光流法和分解法四类，小波方法也很流行。这种划分并不是绝对的，某些算法可以划分在多个类别中，通过考虑逐像素运动(Dense - based 方法)或者通过基于边缘点、角点、颜色、纹理等一些重要特性的方法来计算图像序列的变化。此外，单一算法并不能解决运动分割问题中涉及的所有情况。分割特征空间中的像素点的较好方法是以混合模型为基础的，如高斯混合模型(GMM)。这些模型用多个过程的一组参数或考虑的场景特性以及混合组件的数量来描述像素点。因此，在解决分割问题时，主要任务是评估模型的各种参数，一般来说计算成本较高。另一个已广泛用于分割问题的方法是以关联矩阵的特征矢量分解为基础。关联矩阵通过特征空间中像素点之间的双向关联属性来定义。本章不使用直接关联矩阵，而是定义关联的概率模型，然后迭代优化方案，并将其应用于相关的似然函数，最终实现特征矢量的分解。这种方法为运动空间分析提供了一个更为普遍和自然的机制，并解释了如何更好地分割视频序列以识别移动对象。

本章介绍使用迭代图谱框架的新运动分割方法。该方法通过对关联矩阵定义一个适当的概率模型，关联的似然函数和一个用于获得特征矢量分解的迭代方案来实现分割。该方法包括两个步骤：第一步，检测运动区域并计算其运动矢量;第二步,由运动矢量计算相似矩阵,并通过迭代优化最大似然函数来完成运动分割。该方法已用真实世界的运动序列进行测试,发现其比现有的方法表现更好,只有非常低的错误率而且可以检测到缓慢移动的物体。

6.2 运动分割的主要方法

图像差分法是用于检测变化的一种最简单、最广泛的方法。首先计算两帧的逐像素强度差,然后应用阈值以得到一组具有相似特性的像素。这样做是为了确定变化区域的草图,并为每一个这样的区域提取空间或时间信息以跟踪该区域。这种技术对噪声非常敏感,而且当帧速率不够高时,该方法不产生有用信息。大多数现有的使用图像差分法的运动分割方法不能从视频序列中准确检测出缓慢移动的物体。背景减除法是一个流行的运动分割方法,其目的是从静态的或缓慢移动的部分场景(称为背景)中区分移动对象(或前景)。该方法的主要缺点是为每个像素使用相同的阈值。这样,当移动物体进入场景的黑暗(阴影)区域时,可能消失在背景中。随着许多模型和分割策略的提出,人们也提出了许多背景减除的方法[2]。统计的概念也广泛应用于运动分割领域。在这些方法中,每个像素使用合适的概率密度函数建模,一般使用高斯概率密度函数。GMM 也很受欢迎,在该方法中,随着时间的推移观测到的每个像素的分布值由加权混合高斯模型表示[2]。在统计方法中,运动分割可视为一个分类问题,每个像素都必须归类为背景或前景。根据使用的框架,图像统计分割方法可进一步划分。常见的框架是最大后验概率(MAP)、粒子滤波(PF)和期望最大化(EM)算法。MAP 基于贝叶斯法则。PF 的主要目的是跟踪随时间变化的变量。该方法的基础是构造一个基于样本表示的概率密度函数。PF 是一个迭代算法,其中迭代由预测和更新组成。每次动作后,首先根据模型(预测)修正粒子,然后根据从观测(更新)中提取的信息重新评估每个粒子的权重。小权重粒子在每次迭代中消除。另一个常用的分割方法是 EM 算法,这又是一个迭代机制。在数据缺失或隐藏的情况下,EM 算法计算最大似然(ML)估计。ML 用于估计最有可能代表观测数据的模型参数。EM 的每次迭代由 E 步和 M 步组成。在 E 步中,利用条件期望估计缺失数据,而在 M 步中,最大化似然函数。因为该算法保证在每次迭代中增大似然估计值,因此收敛是有保证的。使用 EM 算法[3,4]时,每个对象由一个单独的高斯分布表示。实践证明,由于运动混合模型参数估计问题及结构控制问题,EM 算法[4]是烦琐的。

自 Thomasi 和 Kanade[5]引入因式分解技术,通过图像序列特征跟踪来恢复结构和运动以来,这些方法变得非常流行。其理念是因式分解轨迹矩阵 $\boldsymbol{W}$(矩阵包含整个帧 F 中 P 特性跟踪的位置)为两个矩阵,即运动矩阵 $\boldsymbol{M}$ 和结构矩阵

S,如果世界坐标系的原点在所有特征点的质心移动,而且没有噪声,轨迹矩阵最多3个秩。利用这个约束条件,使用奇异值分解(SVD)来分解和截断 W。图谱法[9]也是与分割和分组[6-8]密切相关的一种方法。这些方法具有共同的特点,即使用加权邻接矩阵的特征矢量来定位对象的显著分组。在图像分割方面,基于相关度矩阵的本征模算法对图像数据进行了迭代分割。例如,Sarkar 和 Boyer[7]提出了一种方法,该方法利用了亲和度矩阵的主要特征矢量,用这种方法定位集群,最大限度地提高了平均关联度,此方法适用于定位线段分组。Perona 和 Freeman[8]给出了一个类似的方法,使用亲和度矩阵的第一个最大特征矢量阈值进行图像分割。Shi 和 Malik[6]使用亲和度矩阵的第二个广义特征矢量阈值,给出了归一化分割方法,该方法平衡了集群间(通过分割)和集群内的亲和力(关联的)。使用拉普拉斯矩阵第二个最小特征值的特征矢量,即费德勒(Fiecller)矢量,该方法通过执行递归二分法来定位集群(矩阵减去邻接矩阵)。Weiss [10]给出了四个流行算法的统一视图,这四个算法都利用亲和矩阵的特征矢量来分析运动分割。

Kelly 和 Hancock[11]开发了一种成对聚类迭代谱框架。他们曾经利用最大似然法[12],通过在一组运动矢量上执行成对聚类来探测移动物体。该方法有两个问题:一是为了减少运动矢量噪声,使用多分辨率块匹配法来估计运动区域,因此,计算成本上升;二是无法检测视频序列中的缓慢移动对象。这些问题使用迭代谱框架法得到了解决[11]。为了在不增加计算复杂性的前提下减少噪声影响,仅在这些区域使用块匹配算法(BMA)来检测运动区域和计算运动矢量。该方法使用一组 m 帧来检测运动区域,而不是仅使用一个先前帧来检测运动像素。因此,可以检测到缓慢移动的物体。分割步骤:一是通过寻找运动区域和应用 BMA 获得运动矢量进行运动估计;二是使用迭代光谱框架[11]集群运动区域。

6.3 运动矢量的计算

运动矢量的计算是通过使用单一分辨率 BMA,利用空间或时间的相关性来完成的[13]。BMA 基于预测搜索,降低了计算复杂性,并且性能可靠。该方法利用空间相关性度量运动块的相似度。它使用预测搜索有效计算不同帧中的对应块。BMA 假设从帧到帧的平移运动恒定。当前帧被划分成不重叠的块,然后通过在目标帧预定义邻域像素内移动当前块来实现目标帧的块匹配。每次位移,计算两块之间灰度值的均方距离,距离由下式计算:

$$D(A,B) = \frac{1}{n}\sum_{i=1}^{n}(A(i) - B(i))^2 \tag{6.1}$$

式中:A 为当前块;B 为块参考帧;n 为块中的像素总数。

具有最小距离位移的块是最佳匹配块。为减少计算负担,从邻块的时间或空间方向预测当前块的运动矢量。由于计算复杂度远低于光流方程和像素递归法,块匹配法已广泛用于视频编码标准,由此它提供了一个良好的开端。

6.4 最大似然框架

二维运动矢量(用于提取运动块)的特征在于使用 pair - wise 相似权重矩阵。设 $\hat{\boldsymbol{n}}_\alpha$、$\hat{\boldsymbol{n}}_\beta$分别为像素块索引 α、β 的单位运动矢量。该权重矩阵为

$$\boldsymbol{W}_{\alpha,\beta} = \begin{cases} \frac{1}{2}(1 + \hat{\boldsymbol{n}}_\alpha \cdot \hat{\boldsymbol{n}}_\beta), & \alpha \neq \beta \\ 0, & \text{其他} \end{cases} \tag{6.2}$$

分组运动块到相干运动物体中可视为寻找成对的集群[8]。其目的是定位更新的相似权重组,将图像分割成匀速运动区域。

令 V 表示图像中检测到的运动块的索引集,并假设这些块将被分配。而 Ω 为成对集群,即不同的移动对象。初始集群由链路权重矩阵 $\boldsymbol{W}^{(0)}$ 的本征模定义。Sarkar 和 Boyer[7]说明了如何利用链路权重矩阵的正特征矢量将对象分配给知觉集群。使用 Rayleigh - Ritz 定理,发现当 $\underline{\boldsymbol{x}}$ 是 $\boldsymbol{W}^{(0)}$ 的主特征矢量时,标量 $\underline{\boldsymbol{x}}^{\mathrm{T}}\boldsymbol{W}^{(0)}\underline{\boldsymbol{x}}$ 最大化。而且,每个次特征矢量对应一个不相交的成对集群。他们将注意力集中在相同符号的正特征矢量(对应的特征值是正实数,其分量符号是正号或负号)上。如果一个相同符号的正特征矢量的分量非零,那么相应的对象属于运动块的关联集群。$\boldsymbol{W}^{(0)}$ 的特征值 λ_i是方程 $|\boldsymbol{W}^{(0)} - \lambda \boldsymbol{I}| = 0$ 的解,其中 $\boldsymbol{I}$ 为单位矩阵。相应的特征矢量 $\underline{\boldsymbol{x}}_{\lambda 1}, \underline{\boldsymbol{x}}_{\lambda 2}, \cdots$通过求解方程 $\boldsymbol{W}^{(0)}\underline{\boldsymbol{x}}_\omega = \lambda_\omega \underline{\boldsymbol{x}}_\omega$得到。正相同符号特征矢量组由 $\boldsymbol{\Omega} = \{\omega \mid \lambda_\omega > 0 \wedge [(\underline{x}_\omega^*(i) > 0 \, \forall i) \vee (\underline{x}_\omega^*(i) < 0 \, \forall i)]\}$ 表示,其中 $\underline{x}_\omega^*(i)$是特征矢量索引 ω 的第 i 个分量。Kelly 和 Hancock[11]着眼于建立一个基于一系列独立伯努利试验的集群形成过程简单模型。集群内每对节点的联动可视为一个单独的伯努利试验。两个节点的链路权重可视为试验成功的概率。相似权重 $W_{\alpha,\beta}$为伯努利分布的参数。正确的块关联的概率为 $W_{\alpha,\beta}$,则其错误概率为 $1 - W_{\alpha,\beta}$。他们介绍了一个集群成员指标 $s_{\alpha\omega}$,该指标代表对象索引 α 对集群索引 ω 的亲和程度。与试验相关的随机变量被看作两个节点的集群指标的乘积,即 $s_{\alpha\omega} s_{\beta\omega}$,用来表示这两个节点是否属于同一集群。如果两个块属于同一个对象或集群,则 $s_{\alpha\omega} s_{\beta\omega}$结果为 1;否则,为零。利用该属性,可得伯努利分布,即

$$p(s_{\alpha\omega}, s_{\beta\omega} \mid W_{\alpha,\beta}) = W_{\alpha,\beta}^{s_{\alpha\omega}s_{\beta\omega}}(1 - W_{\alpha,\beta})^{(1 - s_{\alpha\omega}s_{\beta\omega})} \tag{6.3}$$

无论是运动矢量相似度权重 $W_{\alpha,\beta} = 1$ 和 $s_{\alpha\omega} = s_{\beta\omega} = 1$,还是 $W_{\alpha,\beta} = 0$ 和 $s_{\alpha\omega} =$

$s_{\beta\omega}=0$,该分布都具有最大值。利用该模型为链路权重和集群成员指标建立一个联合似然函数,该似然函数既可以用来重新评估链路权重矩阵的最大似然值,也可以用来进行集群成员指标 MAP 估计。在重新评估链路权重矩阵的情况下,集群指标可视为数据。为检测运动矢量集的相似度权重,将该模型应用于对数似然函数,可得

$$L=\sum_{\omega\in\Omega}\sum_{(\alpha,\beta)\in\phi}\{s_{\alpha\omega}s_{\beta\omega}\ln(W_{\alpha,\beta})+(1-s_{\alpha\omega}s_{\beta\omega})\ln(1-W_{\alpha,\beta})\} \tag{6.4}$$

上述对数似然函数可以使用与 EM 算法过程类似的方法进行优化。为了最大化链路权重和群成员指标的对数似然函数,对该链路权重矩阵元素和集群成员变量应用了预期似然函数的导数。在 E 步中,集群成员概率根据公式更新,即

$$s_{\alpha\omega}^{(n+1)}=\frac{\prod_{\beta\in V}\left\{\frac{W_{\alpha,\beta}^{(n)}}{1-W_{\alpha,\beta}^{(n)}}\right\}^{s_{\alpha\omega}^{(n)}}}{\sum_{\omega\in\Omega}\prod_{\beta\in V}\left\{\frac{W_{\alpha,\beta}^{(n)}}{1-W_{\alpha,\beta}^{(n)}}\right\}} \tag{6.5}$$

一旦修正的集群成员变量是可用的,就应用该算法的 M 步更新权重矩阵相似度。更新后的权重为

$$W_{\alpha,\beta}^{(n+1)}=\sum_{\omega\in\Omega}s_{\alpha\omega}^{(n)}s_{\beta\omega}^{(n)} \tag{6.6}$$

这些步骤是交替进行的,而且一直迭代到函数收敛。

6.5 运动分割方法

块匹配方案的缺点是,虽然以小尺寸搜索块获得了运动矢量的高分辨场来捕捉精细细节,但它容易受到噪声影响。在低分辨率情况下(对于大尺寸块而言),运动矢量场是不嘈杂的,但精细结构缺失,而且它不能检测到缓慢运动的物体。为了消除这个缺点,提出了一种使用最大似然框架的新算法来检测移动物体。该算法有两个步骤:一是运动检测和运动估计;二是聚类。并不是对整体框架执行 BMA,首先通过对一组帧的每个像素取最大强度和最小强度的差值来检测移动的物体,然后找到这些区域的运动矢量。

6.5.1 运动检测

来自摄像机的静态视频是一组连续的帧。如果该像素属于一个移动对象,那么特定位置(x, y)的像素值范围将发生明显变化。如果它属于背景,那么在连续组帧中位置(x, y)的像素值范围将变小。所以,这种技术可以用来检测一

组帧中物体的运动。令 $f(t)$ 表示视频序列中的一个帧 t。在帧 t 中,位置 (x, y) 的像素表示为 $f(x, y, t)$,在一组帧 $S = \{f(t+i)\}: i=0, \cdots, dt\}$ 中,令 MAXP(x, y) 表示像素位置 (x, y) 的最大强度值,其中,t 为当前帧,dt 为集合 S 中的帧数量。同样,令 MINP(x, y) 表示集合 S 中像素位置 (x, y) 的最小强度值。它们之间的差为

$$d(x,y) = \text{MAXP}(x,y) - \text{MINP}(x,y) \tag{6.7}$$

如果对象在位置 (x, y) 处不动,则 $d(x, y)$ 值将非常小。如果对象是移动的,则 $d(x, y)$ 值将非常大。图 6.1(a)、(b)显示了交通序列的原始帧 1 和 5。该组帧的 1 ~5 的 MAXP 和 MINP 示于图 6.1(c)、(d)。MAXP 和 MINP 之间的差示于图 6.1(e)、(f),表示阈值化后的图像。直接对差值图像应用阈值带来的问题是,生成的图像将存在一些噪声。如果对象移动得很慢,那么很难辨别出检测到的像素是属于噪声还是物体。如果对阈值化的图像应用形态学运算,缓慢移动的对象也将消失。为了解决这个问题:可以沿水平方向和垂直方向得到差值图像的梯度;取梯度图像的欧几里得距离;对梯度图像实施阈值化处理;选择的阈值是该梯度图像的标准偏差;对二进制图像进行改进的形态学膨胀和腐蚀运算。对于膨胀运算,如果当前像素为 1,那么四个连通的相邻像素设置为 1,其中 1 表示该像素属于物体掩码。对于腐蚀运算,连通的四个相邻像素设置为 0,其中 0 表示该像素属于背景。修改后的膨胀和腐蚀运算定义如下:

图 6.1　图像帧的比较

(a)原始帧 1;(b)帧 5;(c)帧集 1 ~5 的 MAXP 图像;(d)MINP 图像;
(e)差值图像;(f)对差值图像应用阈值 $T=10$ 后的图像。

对于膨胀运算,如果 $g(x,y) = 1$,则有

$$\begin{aligned}\text{Pixel}(x,y) &= \text{Pixel}(x+1,y) = \text{Pixel}(x,y+1)\\ &= \text{Pixel}(x-1,y) = \text{Pixel}(x,y-1) = 1\end{aligned} \tag{6.8}$$

对于腐蚀运算,如果 $g(x,y)=0$,则有

$$\begin{aligned}\text{Pixel}(x,y) &= \text{Pixel}(x+1,y) = \text{Pixel}(x,y+1)\\ &= \text{Pixel}(x-1,y) = \text{Pixel}(x,y-1) = 0\end{aligned} \tag{6.9}$$

形态学运算按先腐蚀后膨胀的顺序进行,当单独执行腐蚀运算时,嘈杂的像素点将被删除,然后当再执行膨胀运算时,能够非常好地突出对象的像素点。图6.2(a)给出了图6.1(e)所示的差值图像的梯度图像。图6.2(b)显示应用形态学运算后的运动检测二进制图像,图6.2(c)显示了相应的运动检测图像。影响运动检测的参数是该序列中帧的数目。如果该序列中使用帧数量少,则微小运动将不会被检测到。如果序列包含大量的帧,那么噪声也会被检测为运动。图6.3(c)显示了用组中的5个帧进行的运动检测。图6.4(c)显示了用组中的10个帧检测到的运动图像。图6.4(a)和(b)之间的差异表明图6.4(c)中有更多的噪声。由于用于检测的帧的数目大,帧中的小噪声可能被当作运动。

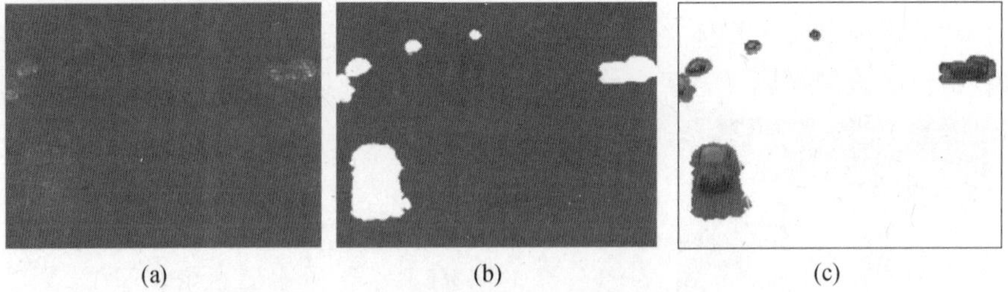

(a) (b) (c)

图6.2 改进后的形态学运算的应用结果

(a)图6.1(e)差值图像的梯度图像;(b)应用了修改后的形态学运算之后得到的二进制图像;(c)相应的运动检测图像。

(a) (b) (c)

图6.3 用组 S 中的5个帧进行运动检测的结果

(a) 该组的第一帧,帧26;(b) 该组的最后一帧,帧30;(c)检测到的运动图像。

图 6.4　用组 S 中 10 个帧进行运动检测的结果

(a)该组的第 1 帧,20 帧;(b)该组的最后一帧,30 帧;(c)检测到的运动图像。

6.5.2　运动估计

一旦检测到运动像素,就要对这些像素进行运动估计。在 6.3 节已经讨论用于运动估计的 BMA。不同的是,本节中不是将 BMA 用于全部帧,而是仅用于运动区域,这在很大程度上降低了计算的复杂性。图 6.5(b)显示了将原始帧应用 BMA 处理后得到的运动图。图 6.5(c)显示了将运动检测图像应用 BMA 处理后得到的运动图。在图 6.5(a)和(b)中,块大小为 4 ×4,使用的阈值为 5。

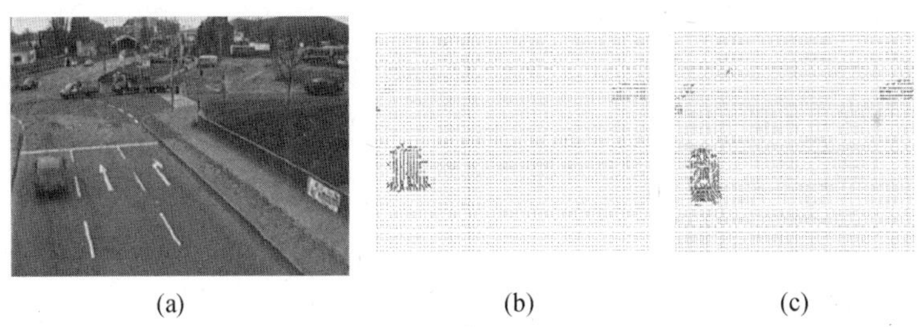

图 6.5　块匹配算法 BMA 的应用

(a)交通序列的第 10 帧;(b)原始帧位置变动图;(c)运动检测图像的位置变动图。

6.5.3　谱框架聚类算法

基于文献[11]的谱框架,用一个具有成对相似权重的矩阵 $\boldsymbol{W}$ 表示所提取运动块的二维速度矢量,使用式(6.2)计算链路权重矩阵。聚类算法通过 6.4 节中描述的最大化权重矩阵和集群成员指标的对数似然函数来完成。完成过程类似 EM 算法。在 E 步中更新集群成员概率,M 步中更新相似权重矩阵。从当前链路权重矩阵 $\boldsymbol{W}$ 提取相同符号的特征矢量,这些特征矢量随后用来计算集群成员矩阵 $\boldsymbol{S}$,采用的公式为

$$\hat{s}_{i\omega} = \frac{|x_{\omega}^{*}(i)|}{\sum_{i \in V} |x_{\omega}^{*}(i)|} \tag{6.10}$$

同符号特征矢量的数量决定了当前迭代的集群数量。使用集群成员矩阵 $\boldsymbol{S}$ 更新链路权重矩阵 $\boldsymbol{W}$ 的方法：对于每个集群，计算其链路权重矩阵 $\hat{\boldsymbol{W}}_{\omega} = \boldsymbol{S}_{\omega}\boldsymbol{S}_{\omega}^{\mathrm{T}}$。在每个集群链路权重矩阵上执行特征分解，以提取非零特征值 $\hat{\boldsymbol{W}}_{\omega}$ 和对应的特征矢量 $\boldsymbol{\varphi}_{\omega}^{*}$。由于矩阵 $\hat{\boldsymbol{W}}_{\omega}$ 的秩等于 1，因此它定义为两个矢量的乘积，计算第一特征矢量的目的是矢量 $\boldsymbol{s}_{\omega}$ 的归一化处理。在实践中，链路权重矩阵是嘈杂的，因此集群结构产生错误。在试图克服此问题的过程中，一种观点认为必须细化更新后的链路权重矩阵，以改善它的块结构。目的是为了抑制与矩阵的主要模式无关的结构。细化过程通过应用下列方程来完成：

$$\boldsymbol{W}^{*} = \sum \frac{\lambda_{\omega}^{*}}{|\Omega|} \boldsymbol{\varphi}_{\omega}^{*} (\boldsymbol{\varphi}_{\omega}^{*})^{\mathrm{T}} \tag{6.11}$$

然后该链路权重矩阵用于更新集群成员矩阵。通过应用下面的等式修正链路权重矩阵 $\boldsymbol{W}^{*}$ 来计算集群成员变量 $\hat{\boldsymbol{S}}$ 的更新矩阵：

$$\hat{\boldsymbol{S}}_{i\omega} = \frac{\prod_{j \in V} \{\boldsymbol{W}_{ij}/(1 - \boldsymbol{W}_{ij})\}^{s_{j\omega}}}{\sum_{i \in V} \prod_{j \in V} \{\boldsymbol{W}_{ij}/(1 - \boldsymbol{W}_{ij})\}^{s_{j\omega}}} \tag{6.12}$$

更新的集群成员矩阵 $\hat{\boldsymbol{S}}$ 用于计算更新的链路权重矩阵 $\hat{\boldsymbol{W}} = (1/|\Omega|)\boldsymbol{S}\boldsymbol{S}^{\mathrm{T}}$。一旦计算出更新的链路权重矩阵，就会再次用于计算相同符号的特征矢量，重复整个过程直到收敛。

6.6 结果讨论

利用已知地面实况的视频序列对本章所提出的新方法/算法进行了测试。图 6.6(a)显示了用原始方法获得的第 40 帧的最终链路权重矩阵，可见 4 个块结构，每个块结构代表一个集群。图 6.6(b)显示了改进方法获得的第 40 帧的最终链路权重矩阵，可见 6 个块结构。

图 6.7 显示了交通序列的运动分割算法结果。图 6.7(a)显示的是原始帧第 10 帧、第 20 帧和第 40 帧。图 6.7(b)显示这些帧对应的地面实况。图 6.7(c)显示的是用原方法获得的运动图。图 6.7(d)显示原运动分割算法结果。在这里，第 10 帧检测到 3 个运动目标；第 20 帧检测到 5 个运动目标；第 40 帧检测到 4 个运动目标。图 6.7(e)表明改进算法的运动检测步骤的输出情况。图 6.7(f)表明用改进算法获得的运动图。运动图的获得使用了检测到的运动图

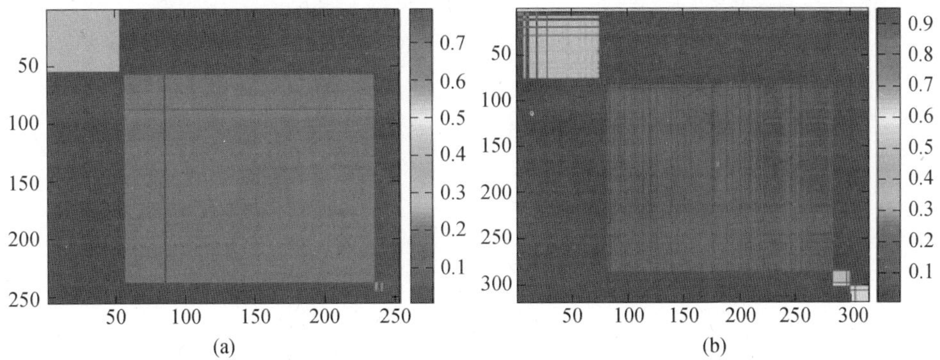

图 6.6 最终链路权重矩阵

(a)应用原方法;(b)应用改进的运动分割算法。

像。图 6.7(g)显示了改进运动图像分割算法的结果。这里,第 10 帧检测到 5 个运动目标,第 20 帧检测到 6 个运动目标,第 40 帧检测到 6 个运动目标。在运动检测步骤中使用的帧数目是 5,所用的块大小为 4 ×4。该算法收敛于三次迭代的平均值。

图 6.8 显示了出租车序列的运动分割算法结果。图 6.8(a)显示原始帧第 10 帧,第 20 帧和第 30 帧。图 6.8(b)显示了这些帧对应的地面实况。对于所有的三个帧来说,运动目标数是 4 个。这 4 个运动目标是左面的汽车、中间的汽车、右面的车辆和行人。图 6.8(c)显示用原方法获得的运动图。图 6.8(d)显示采用原方法运动分割算法得到的结果。这里,第 10 帧检测到 4 个运动目标,第 20 帧检测到 3 个运动目标,第 30 帧检测到三个运动目标。图 6.8(e)表明改进算法获得的运动图,运动图的获得使用了检测到的运动图像。图 6.8(f)显示了改进的运动图像分割算法的结果。对于所有的三个帧,检测到 4 个运动目标。由于运动检测步骤的原因,降低了该算法的复杂性。这一步骤将检测运动并且只有检测到运动像素才会传递到下一步骤。通过这种方式,不但消除了噪声,而且传递到下一步的像素数目也比原方法要少。运动检测步骤具有 $O(n)$ 复杂度,其中 n 为帧中的像素数目。表 6.1 是定量分析结果。分别对两种算法的被检测物体的数量、地面实况中正确分类的像素占对象像素总数的百分比(真阳性率)、地面实况中被错误的检测为对象像素的数量占背景像素总数的百分比(假阴性率)和整个图像中正确分类的像素总数(正确分类百分比)四个方面进行了比较。这两种方法的正确分类的比例几乎是相同的,但改进方法的真阳性率比原方法高得多,并且改进方法检测到的运动目标数更多。

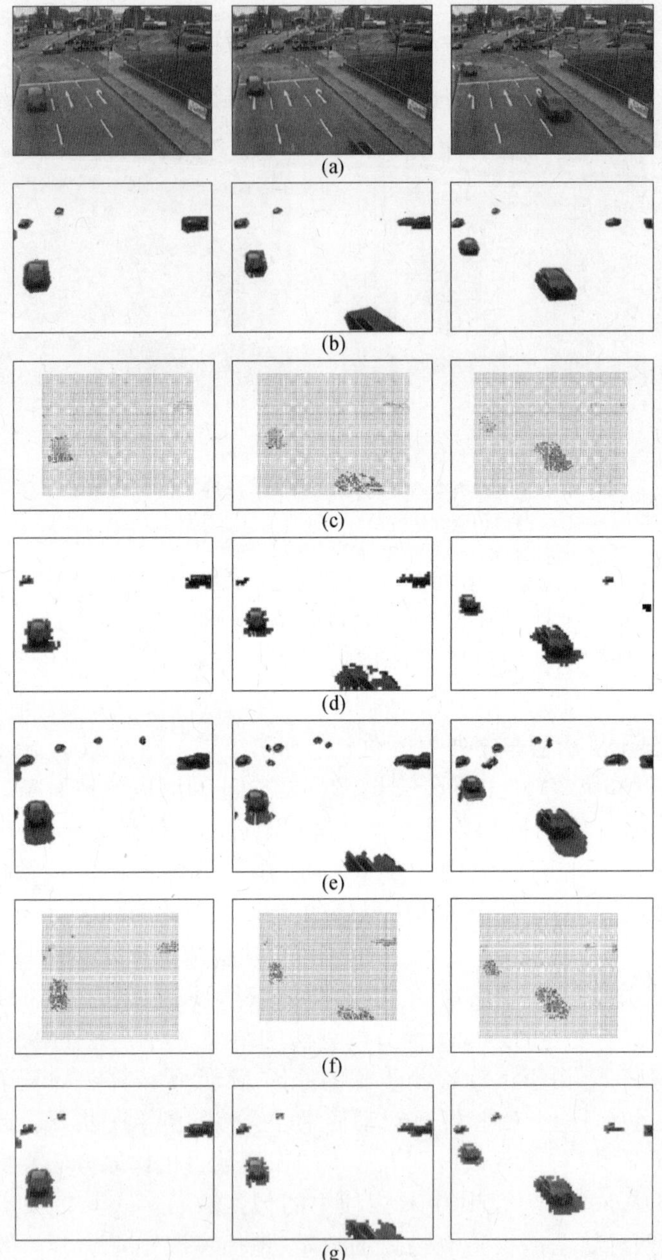

图 6.7 交通序列的运动分割算法结果

(a)交通序列的原始帧(第 10 帧、第 20 帧和第 40 帧);(b)对应帧的地面实况;(c)用原方法得到的对应运动图;(d)原运动分割算法结果;(e)使用改进算法检测到的运动图像;(f)使用改进算法得到的运动图;(g)改进的运动分割算法结果。

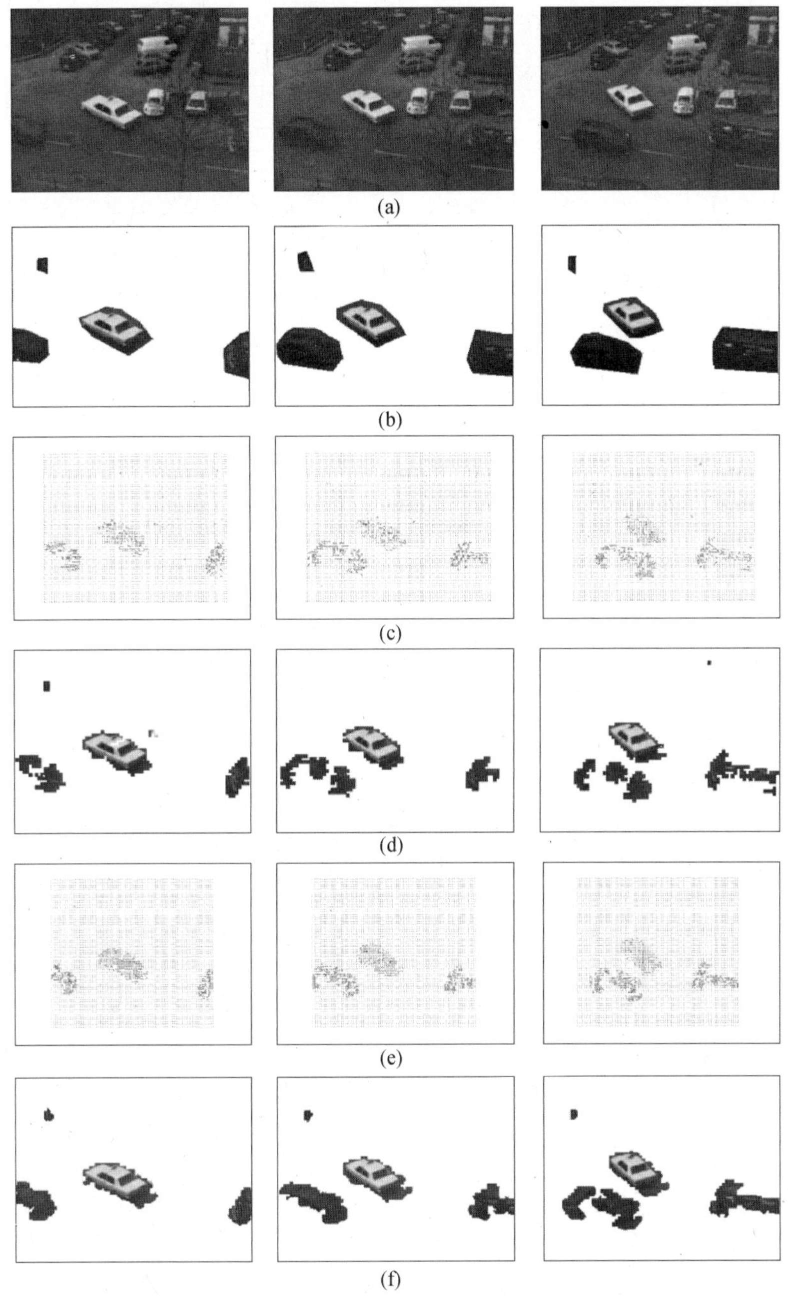

图6.8 出租车序列的运动分割算法结果

(a)出租车序列的原始帧(第10帧、第20帧和第30帧);(b)相应帧的地面实况;
(c)与原方法对应的运动图;(d)原运动分割算法结果;
(e)采用改进算法检测到的运动图;(f)改进的运动分割算法结果。

表 6.1 原方法和改进方法的性能比较数据

		交通序列			出租车序列		
帧数		10	20	40	10	20	30
地面实况中的运动物体数目		5	6	6	4	4	4
原方法	检测到的物体数目	3	5	4	4	3	3
	真阳性率	78.25	78.60	80.30	67.25	50.14	50.90
	假阴性率	0.60	1.66	1.27	1.30	1.20	1.60
	正确分类的百分比/%	98.40	97.08	97.70	95.64	91.87	91.30
改进方法	检测到的物体数目	5	6	6	4	4	4
	真阳性率	90.09	81.49	89.40	78.59	63.40	64.88
	假阴性率	0.95	1.09	1.90	1.18	1.20	2.30
	正确分类的百分比/%	98.64	97.80	97.60	96.88	93.70	92.80

注:来自 Vrinthavani R. and M. R. Kaimal. In *Sp. Issue*, *Mobile Intelligent Autonomous Systems*, Eds. J. R. Raol and A. Gopal, *Defense Science Journal*, 60(1), 37-49, January 2010. With permission

6.7 结束语

本章利用关联概率模型和适当的似然函数提出了一种适用于关联度矩阵的改进谱框架迭代算法,该方法优化后用于实现更好的运动分割。所提出的方法/算法首先使用一组帧检测运动,并使用这些信息计算运动矢量。这一步的优点是,它可以检测到运动速度很慢的移动物体,并且减少了计算运动矢量的时间复杂度。使用该运动矢量定义一个成对相似权重矩阵。随后,概率关联模型定义为运动块的集群成员。假设相似权重服从伯努利分布,用一个对数似然函数来更新相似性矩阵。矩阵的特征矢量也从链路权重矩阵中得到提取。这种方法的性能似乎比现有方法更好。

参考文献

1. L. Zappella, X. Llado and J. Selvi. New trends in motion segmentation. In *Pattern Recognition*, In TECH, Ed. Intechweb.org, 2009.
2. C. Stauffer and W. E. L. Grimson, Adaptive background mixture models for real time tracking. In *Proceedings. 1999 IEEE Conference on CVPR*, Ft. Collins, CO, USA, Vol. 2, pp. 2246–2252, 1999.
3. A. D. Jepson, W. J. MacLean and R. C. Frecker. Recovery of ego-motion and segmentation of independent object motion using the EM algorithm. In *Proceedings of the British Machine Vision Conference*, University of York, York, UK, pp. 175–184, 1994.
4. E. H. Adelson and Y. Weiss. A unified mixture framework for motion segmentation: Incorporating spatial coherence. In *Proc. IEEE Computer Vision and Pattern Recognition*, San Francisco, USA, pp. 321–326, 1996.

5. C. Thomasi and T. Kanade, Shape and motion from image streams under orthography: A factorization method. *International Journal of Computer Vision*, 9(2), 137–154, 1992.
6. J. Shi and J. Malik. Normalized cuts and image segmentations. In *Proc. IEEE CVPR*, San Juan, Puerto Rico, pp. 731–737, 1997.
7. S. Sarkar and K. L. Boyer. Quantitative measures of change based on feature organization: Eigenvalues and eigenvectors. *Computer Vision and Image Understanding*, 71(1), 110–136, 1998.
8. P. Perona and W. T. Freeman. Factorization approach to grouping. In *Proc. ECCV*, Freiburg, Germany, pp. 655–670, 1998.
9. Fan R. K. Chung. *Spectral Graph Theory*. American Mathematical Society, Providence, Rhode Island, 1997.
10. Y. Weiss. Segmentation using eigenvectors: A unifying view. In *Proc. IEEE International Conference on Computer Vision*, Kerkyra, Corfu, Greece, pp. 975–982, 1999.
11. A. Robles-Kelly and E. R. Hancock. A probabilistic spectral framework for grouping and segmentation. *Pattern Recognition*, 37(7), 1387–1405, 2004.
12. A. Robles-Kelly and E. R. Hancock. Maximum likelihood motion segmentation using eigen decomposition. In *Proc. IEEE Image Analysis and Processing*, Ravenna, Italy, pp. 63–68, 2001.
13. J. S. Shyn, C. H. Hsieh, P. C. Lu and E. H. Lu. Motion estimation algorithm using inter-block correlation. *IEE Electronics Letters*, 26(5), 276–277, 1990.
14. R. Vrinthavani and M. R. Kaimal, An improved motion segmentation algorithm using spectral framework. In *Sp. Issue, Mobile Intelligent Autonomous Systems*, Eds. J. R. Raol and A. Gopal, *Defence Science Journal*, 60(1), 37–49, January 2010.

第7章 具有丢包链路的多智能体系统编队控制

7.1 引言

在过去,如何将通信信道纳入控制回路这一问题极大地吸引了控制工程师的注意,他们采用了很多应用程序来解决这一问题。分析显示,存在通信信道的情况下,不仅需要转变控制回路的范式,而且通常假设的传感器信息和驱动的同步可用性也不再有效。这主要是与通信信道相关的数据包丢失和延迟的缘故。传统的控制回路假设反馈数据具有连续可用性,而在通信信道中发生的数据丢失使得这个假设变得无效。此外,还需要重新构造经典控制工具,拟制的控制回路新工具也需要与通信信道整合。用于信息交换的集成了通信信道的控制回路,称为网络控制系统(NCS)。NCS的详细综述可参见文献[1-15](以及其引用文献)。因为NCS给某些应用程序带来了一定的好处,所以研究人员对其进行了大量研究[16-25]。NCS具有灵活性、模块化、易于实现、减少布线、降低成本等优点。仅以模块化为例,利用普适通信信道,现在可以在分布式场景中嵌入控制和计算功能,而且控制回路的规模也显著增加。

受这些进展的激励,控制领域科学家研究了网络中的各种计算节点之间的协调控制,并就协调和编队控制的概念达成了共识,这些都是在多智能体领域中被广泛研究的问题。上述问题通常归类为多智能体领域的协调控制问题。协调控制的主要优势在于运作效率以及可以从分布式控制回路中获得的增强功能。多智能体团队在协调行动方面比单独执行任务的单个智能体产生更高的运行效率和运行功能。以智能车辆公路系统(IVHS)为例,其维持交通的方法是将车辆视为智能体,协调维护预先指定的编队来提高吞吐量和减小拥堵。车辆(智能体)之间的协调行动也有助于减少事故,换言之,提高了交通的安全性和吞吐量。由此可以得出结论:智能体团队之间的协调行动可以提高效率,并且可以实现早期的个人智能体不能够实现的目标[13-20]。编队和协调控制是两个被控制领域科学家广泛研究的问题。一致性控制涉及就共同的指标如距离、速度等达成一致协议的智能体团队。该协议意味着让智能体相遇或彼此接近。会合点用来表明智能体之间协议的内容。在控制和多智能体系统范式中,编队控制已被广泛地研究。精确维护作为一个团队的多个移动智能体之间的几何结构,从而形成更便宜、更强大的系统,能够完成单一智能体不可能完成的目标。编队控制的概念已被广泛研究,并应用于机器人[21-30]、无人机[31]、水下机器人[32]、卫星[33]、飞机[34]和宇宙飞船[35]之间的协调控制。使用智能体编队控制具有多种优势,包括成本效率、可行性、灵活性、准确性、健壮性和能源效率。以飞行器的监视问题为例,其中的协作控制减少了完成操作所需的时间[36]。

对于编队控制问题,研究人员已经提出了各种策略和方法。这些方法大致可分为跟随领航者法、行为控制法、虚拟领航者或虚拟结构法三大类[36]。在跟随领航者法中,一个智能体被指定为领导者,而其他被指定为追随者。其基本思路是跟随者以一定的偏移距离跟踪领航者的位置和方向。这种方法也称为自主机器人一致性问题的方位角分离控制(SBC)[37,38]。该方法有许多变化,包括指定多个领航者、形成一个链条以及形成其他树形拓扑结构。其他两种方法即行为控制法和虚拟结构的详细综述参见文献[36]。我们的调查研究与机器人一致性控制中基于领航者的策略或SBC密切相关。拟议方法的一个限制条件是假设团队中所有的智能体都得到了通知,即都知道团队中所有其他智能体的方向和位置[36]。这就需要在任何给定时刻团队中的所有智能体都有协调信息可用。

实施多智能体系统范式的一个重大挑战是通信信道的存在,通信信道用于实现团队中各智能体之间的协调运作。由于通信信道通常与数据包丢失相关,所以在存在数据包丢失的情况下,保持一个编队可能变得越来越困难(这主要是网络中各智能体之间的协调信息发生了信息损失的缘故)。此外,实践发现,当无线通信信道用于实现编队控制回路时,无线传感器网络数据包丢失情况比有线同行更为明显。而在这类应用程序中,通常首选无线或无线电通信来实施信息发布。很容易验证,通信信道的存在使得所有智能体都得到了通知的假设失效。然而为了使编队控制算法运作,人们期望它对链路失效具有健壮性。而且,丢包现象也能导致灾难性的后果。以IVHS[39]为例,数据丢失可能导致车辆碰撞。因此,对数据包丢失情况具有健壮性是任何编队控制算法都需要具有的重要属性。在我们的研究中,首先说明存在数据包丢失的情况,使编队控制问题变得棘手;随后提出一种基于估计的编队算法;在丢包现象发生的情况下,研究发送的数据以降低协方差误差估计。事实证明,实现协调运作的自主智能体团队比单独执行任务的智能体具有更高的效率和操作性能。近年来,因多智能体系统应用广泛、性能优越而得到了广泛研究。文献[40]探讨了多车协同控制的分布式共识问题。在控制和多智能体系统范式中,编队控制是正在研究的问题之一。处在编队控制中的智能体团队成员需要保持预定的几何形状一起移动。编队控制问题已经应用于车辆控制、无人驾驶航空飞行器、机器人的编队控制和一致性及工业机器人中。为了保持编队,团队中的智能体需要交换相对位移、速度等信息。团队中智能体之间为保持编队而交换的变量称为协调变量,用来实现智能体之间的协调运作。因此,需要在网络中的所有智能体之间传输这些协调变量。可以想像,协调变量中的任何损失都将危及编队。通信信道用于智能体之间的信息交换对编队控制算法是有利的,但编队控制问题实施中的一个主要挑战源于发生在这些共享通信信道的数据包丢失问题。在数据包丢失的情况下,智能体之间的协调信息也丢失了。因此,在编队控制应用程序中,需要一个能够在移动中使用的无线信道。实践发现,在无线信道中,数据包丢失现象比它们的有线同行更为明显。在我们的分析中,首先说明数据包丢失可能导致刚性损失,转而导致整个编队失败。随后提出了一个基于估计的编队控制算法,其对智能体之间数据包丢失问题具有健壮性。所提出的估计算法采用最小生成树算法计算节点变量(协调变量)的估计值。因此,减少了信息交换所需的通信系统开销。此后,在发生数据丢失的情况下,利用仿真来核对这些用于变量最优估计的传输数据。最后,用合适的仿真实例说明所提算法的有效性。

7.2 问题描述

考虑使用通信链路连接的智能体编队 $\mathfrak{I}$,如图 7.1(a)所示。给定的编队可以方便地表示为曲线图 $G_{\mathrm{p}}=\{N, E, W\}$,其中,$N$ 为节点的集合,E 为边集,W 为权重。图 7.1(b)显示了智能体之间的内部间隔距离。

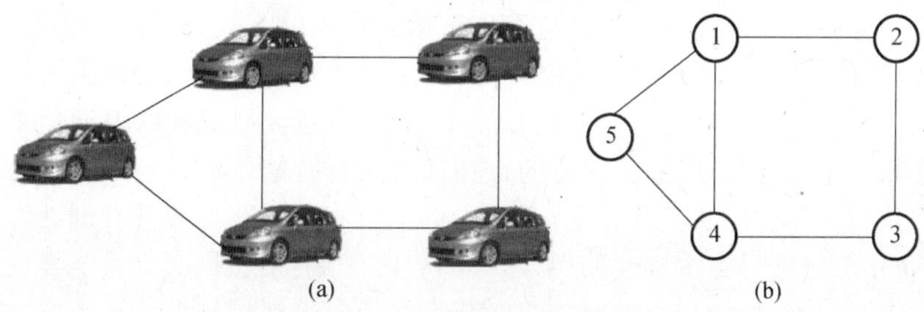

图 7.1 智能体系统和曲线

(a)具有代表性的智能体系统;(b)智能体团队曲线

定义 7.1:如果团队中所有沿着自己轨道运行的智能体之间的欧氏距离保持恒定,就认为智能体沿着轨道进行刚性运动。

定义 7.2:如果对于所有节点的作业位置,每个智能体和智能体的每一次移动保持图中任何一对顶点之间的位置距离,就认为图 7.1(b)是刚性的。该条件可表示为

$$\| x_i - x_j \| = C_{ij}, \ \forall \{i,j\} \in E \tag{7.1}$$

式中：C_{ij}为团队中 i 和 j 之间的预定距离或智能体间的内间距；x_i、x_j为团队中 i 和 j 之间相对位置。

智能体之间的内间距类似于 7.1 节中提及的 SBC 中的分离。另外规定，刚体运动是团队可以接受的唯一一种运动方式。因此，有可能通过保持内部距离间隔不变来“维持编队”。这一要求可表示为

$$\nabla = \| x_i(t) - x_j(t) \| = \| x_i(\tau) - x_j(\tau) \| = C_{ij} (\forall \ [t,\tau) \in \Re^+, \forall \{i,j\} \in E) \tag{7.2}$$

刚性图论直观地给出了保持编队需要的最少边数信息。图的刚性已经研究很长一段时间。文献[41,42]提出了一种确定二维平面图刚性的方法。现在研究编队控制框架的刚性条件。根据式(7.1)和式(7.2)，可得

$$\frac{1}{2} \| x_i - x_j \|^2 = C_{ij} (\forall \{i,j\} \in E,\ t \geqslant 0) \tag{7.3}$$

假设轨道光滑，可得式(7.3)的微分方程为

$$\frac{\mathrm{d}}{\mathrm{d}t}\left(\frac{1}{2} \| x_i - x_j \|^2\right) = (x_i - x_j)^{\mathrm{T}} (\dot{x}_i - \dot{x}_j) \ (\forall \{i,j\} \in E,\ t \geqslant 0) \tag{7.4}$$

微处理方程式(7.4)，可得

$$R(\boldsymbol{q}) \dot{q} = 0 \tag{7.5}$$

式中：$\boldsymbol{q} = [x_1, x_2, \cdots, x_n] \in \Re^{dn}$，其中，$n$ 为顶点集的基数，d 为矢量维数。

由 $R(q)$ 给定 $\Re^{m \times nd}$阶刚性矩阵，其中 m 为给定图的边数。当且仅当该图属于刚性图[41,42]时，q_0是一个可行的编队：

$$\mathrm{Rank}(\boldsymbol{R}(q_0)) = \begin{cases} 3n-6, & d=3 \\ 2n-3, & d=2 \end{cases} \tag{7.6}$$

由式(7.1)和式(7.2)可知，需要在任意给定时刻将相对位移发送给团队中的所有其他智能体。用通信信道来传输协调信息，如相对位移、速度等是不变的，因此通信信道中的数据丢失将导致协调信息丢失。这使得编队的刚性丢失问题比较顽固，式(7.6)可以确定这种情况。现在，考虑给定的点集

$$d_0 = [d_{01}, d_{02}, \cdots, d_{0n}], d_{0i} \in \Re^{dn} \tag{7.7}$$

假设 d_0满足式(7.6)的刚性约束，定义相对误差为

$$r_i(t) = x_i(t) - d_{0i} \tag{7.8}$$

保持编队的一种可能策略是按照式(7.8)达成一致性来运行。

假设链路是“健康”的，则有

$$\dot{r}_i(t) = -\sum_{j \in N_i(t)} (r_i - r_j) \tag{7.9}$$

式(7.9)表明式(7.8)具有一致性。可以证明

$$\dot{r}_i(t) = \frac{\mathrm{d}}{\mathrm{d}t}(x_i - d_{0i}) = \dot{x}_i \tag{7.10}$$

由于

$$r_i - r_j = x_i - d_{0i} - (x_j - d_{0j}) \tag{7.11}$$

则编队控制方程为

$$\dot{x}_i = \sum_{j \in N_i(t)} [(x_i - x_j) - (d_{0i} - d_{0j})] \tag{7.12}$$

方程式(7.12)的主要缺点是,由于所有的智能体都应该知道团队中其他智能体的位置,因此它需要更多的通信,这就要求所有的链路是“健康”的。存在数据包丢失现象时,已告知所有智能体的假设是无效的。从前面的讨论可以得出结论:存在数据包丢失情况下,该编队控制问题变得棘手。因此,有必要设计一种算法,该算法对链接故障具有健壮性。在我们的分析中,提出一个在有损链路上联系的多智能体团队间的基于估计的编队控制算法。为了实现最优估计,我们还调查了在发生丢包现象的链路中传输的数据。

7.3 基于估计的编队控制算法

算法的第一步是通过考虑团队中的健康链路建立一个最小生成树(MST)。保持来自方程式(7.12)的编队是主要需求,图 G_P 应当是连通的,并且可以通过创建一个来自“健康”链路的 MST 推断出来。在我们的分析中,采用贪婪算法构建生成树。一般认为,随着智能体之间距离的增加,信道中数据包的丢失以及能量损耗和延迟情况也增加。在每个时间间隔内,离开丢包链路之后构造 MST。该算法如下:

```
    Function MST(n,e,w)
    Input:
    n: Number of agents in the team
    e: Number of links
    w: Weight associated with the links
    T: Tokens from the nodes
    G: Graph of the team in terms of edge - set
Initialize Q (arbitrary graph), N(q) =0 is the number of healthy links
    For i =1:e
    If T(i) = =1
```

$N(q) = N(q) + 1$

Q: Add edge to Q

elseif $T(i) == 0$

Q: remove the edge from (Q)

end

Return $Q, N(q)$

Input: $a(v)$ leader node edge with minimum weight in Q

$W = [\ ]$;

Q, $N(q)$

Initialize the tree Tr

While (Tr < $N(q) - 1$)

$a(v)$ be the set containing u

$b(v)$ be the set containing v

if $a(u)! = b(v)$

then

add edge $(v, u) \leftarrow$ Tr

Merge $a(u)$ and $b(v)$ into one cluster

Return Tr

丢包节点 1 和 2 之间的 MST 如图 7.2 所示，使用该算法构建的丢包节点 5 和 3 之间的 MST 如图 7.3 所示。算法的下一步是生成各节点变量相对于导航节点的估计。再次考虑图 7.1(b)。参考一跳邻居，可提供节点 2 的相对位移：

$$Z_{21} = x_2 - x_1 + \varepsilon_{21}$$

$$Z_{24} = x_2 - x_4 + \varepsilon_{24}$$

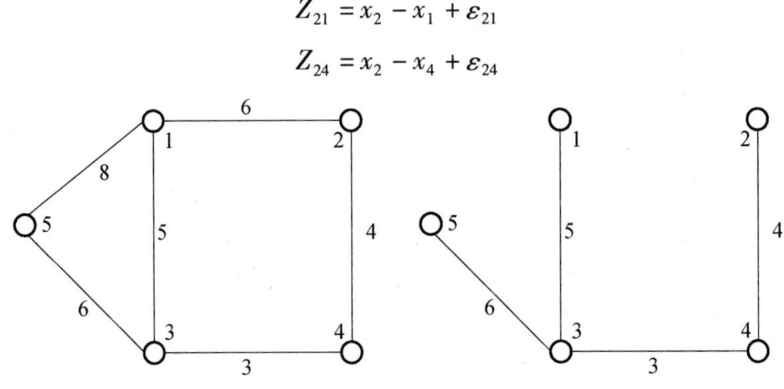

图 7.2 链路中节点 1 和 2 之间的具有丢包现象的 MST

以上统写为

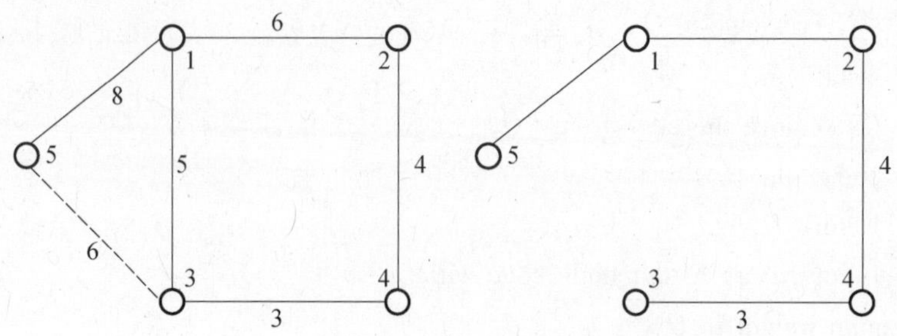

图 7.3　链路中节点 5 和 3 之间的具有丢包现象的 MST

$$Z_{ij} = x_i - x_j + \varepsilon_{ij} \tag{7.13}$$

方程式(7.13)可以写为

$$\boldsymbol{Z} = \boldsymbol{H} x_i + \varepsilon \tag{7.14}$$

式中:$\boldsymbol{H}$ 为关联矩阵,它给出智能体相对于其一跳邻居的相对位移 i。节点变量或协调变量的最小二乘估计为

$$\hat{x} = (\boldsymbol{H}^{\mathrm{T}} \boldsymbol{H})^{-1} \boldsymbol{H}^{\mathrm{T}} \boldsymbol{Z} \tag{7.15}$$

设 $\boldsymbol{P}$ 为协方差矩阵,则最佳线性无偏估计(BLUE)为

$$\hat{\boldsymbol{x}} = \underbrace{(\boldsymbol{H}^{\mathrm{T}} \boldsymbol{P}^{-1} \boldsymbol{H})^{-1}}_{L_{\mathrm{p}}} \boldsymbol{H}^{\mathrm{T}} \boldsymbol{P}^{-1} \boldsymbol{Z} \tag{7.16}$$

式中:L_{p} 是拉普拉斯图。

容易验证:任意一个智能体在任意给定时刻的位置是它自己和其一跳邻居位置移动的线性组合。因此,通过考虑参照物或导航节点,方程式(7.16)可以修改为

$$\boldsymbol{Z} = \boldsymbol{H}_{\mathrm{r}} x_{\mathrm{r}}(k) + \boldsymbol{H}_{\mathrm{b}} x_{\mathrm{b}}(k) + \varepsilon$$

或

$$\boldsymbol{Z} - \boldsymbol{H}_{\mathrm{r}} x_{\mathrm{r}}(k) = \boldsymbol{H}_{\mathrm{b}} x_{\mathrm{b}}(k) + \varepsilon \tag{7.17}$$

一跳邻居节点的最佳线性无偏估计(BLUE)可以估算为

$$\hat{\boldsymbol{x}}_{\mathrm{b}}^{*} = (\boldsymbol{H}_{\mathrm{b}}^{\mathrm{T}} \boldsymbol{P}^{-1} \boldsymbol{H}_{\mathrm{b}})^{-1} \boldsymbol{H}_{\mathrm{b}}^{\mathrm{T}} \boldsymbol{P}^{-1} (\boldsymbol{Z} - \boldsymbol{H}_{\mathrm{r}}^{\mathrm{T}} \boldsymbol{x}_{\mathrm{r}}) \tag{7.18}$$

式中:$\boldsymbol{H}_{\mathrm{b}}$ 为包含参考节点以外的智能体的分块矩阵;$\boldsymbol{H}_{\mathrm{r}}$ 为考虑参考节点的分区关联矩阵。

可以看出,式(7.18)类似于在文献[43]中得到的等式之一。该算法的下一个步骤是使用式(7.18)构造节点变量缺失链路的估计值。一旦估计值是可用的参考点或领航者节点,就可以使用式(7.12)来保持编队队形。从式(7.9)容易想到,编队中智能体的位置取决于它自身的位移和其一跳邻居。

7.4 在发生数据包丢失事件中传送数据以获得最佳估计

鉴于图论和刚性方面的内容在文献[44-46]中已有介绍，而且已经提出了两种策略用来处理 NCS 中数据包丢失现象[47,48]。文献[49]就开关电源拓扑结构和网络中智能体的时间延迟现象进行了探讨。处理数据包丢失的策略是发送零信号以及在发生数据包丢失情况下发送控制输入端的前一个值。在文献[48]中，这些策略分别称为归零和保持。文献[47,48]表示，上述策略并不能宣称自己优于其他策略。这就需要模拟或实验来选择上述策略之一。我们的模拟研究表明，发送当前测量值与过去瞬间的传感器测量估计值的线性组合优于文献[48]研究的保持和归零策略。上述结果已在文献[2,40]中得到了理论证明。在文献[2]中，上述结论一直扩展到机器人智能体之间的一致性问题，图 7.4 为机器人智能体网络。假设在链路中 1 和 3 智能体之间有数据包丢失，机器人智能体的位置的仿真显示在图 7.5。

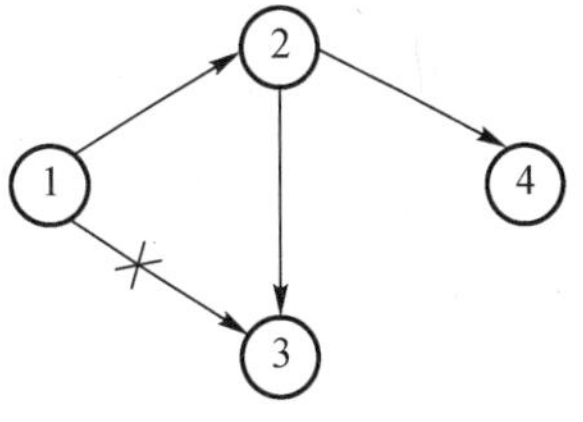

图 7.4　链路中智能体 1 和 3 之间数据包丢失的机器人智能体团队

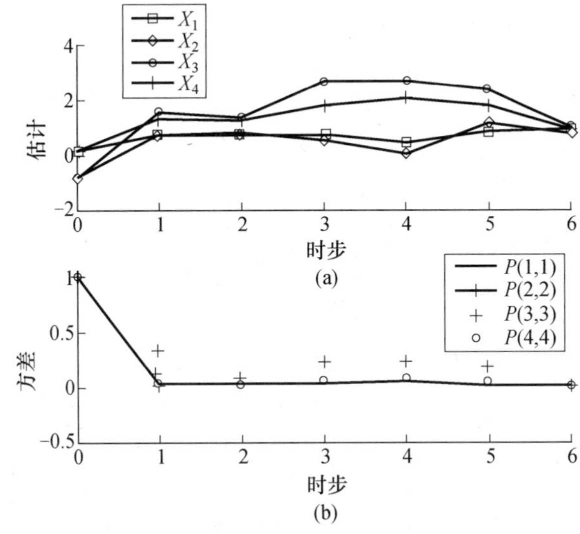

图 7.5　使用提议方法得到的数据包丢失的智能体的位置

数据包丢失链路的编队控制算法如下：

Input：

MST (n,e,w)，G – the graph of the formation

Compute $Q1$：G – Tr

$Q2 = G - Q1$

Determine Z_b

Compute $\hat{x}$ using Equation 7.19 for $Q2$

Compute Zr

7.5 结果与讨论

考虑图7.6所示的初始条件编队。假设智能体1和2之间链路失效，对提出算法以及其他两种在文献中广泛应用的策略——传输零和传输控制输入端的过去测量值[44,45]的性能优略进行比较。智能体3和5的位置以及通过传输零值进行两次位置移动50次迭代后的估计误差协方差显示在图7.7。通过发送前一瞬间的可用测量值得到的智能体2和5的位置以及估计误差协方差如图7.8所示。可以看出，传输零或过去测量值的方法是不适合于维持编队的。通过使用式(7.18)的估计方案进行两次位置移动后得到的智能体3和5的位置示于图7.9。可以看出，提出的估计方案能够在存

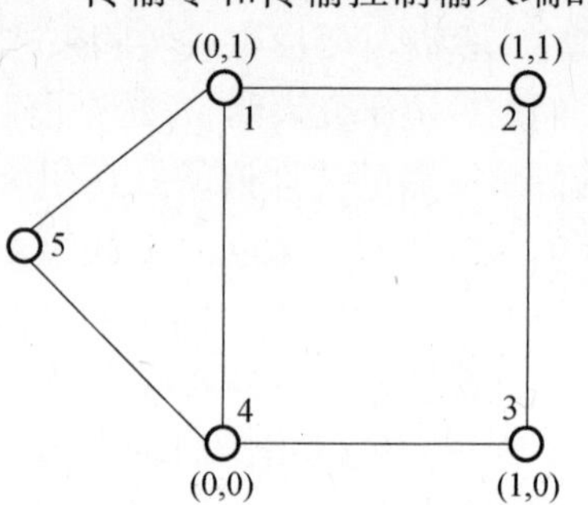

图7.6　初始编队智能体团队

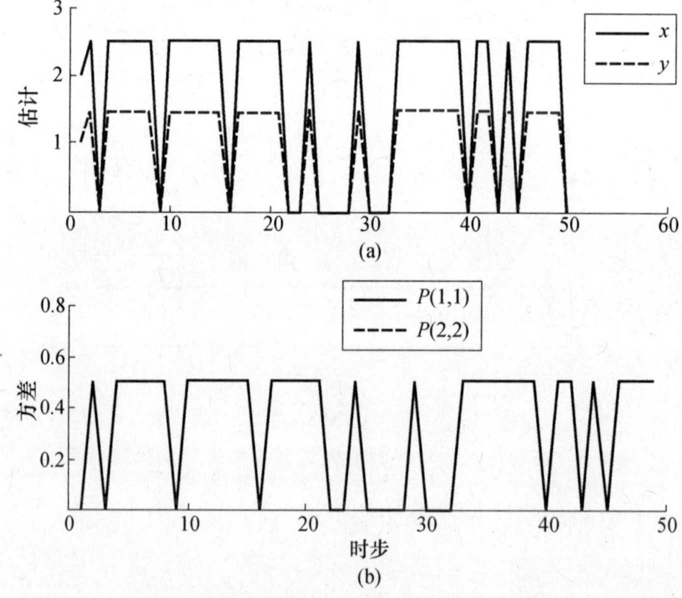

图7.7　通过发送零值得到的两次位移后的智能体3和5的位置

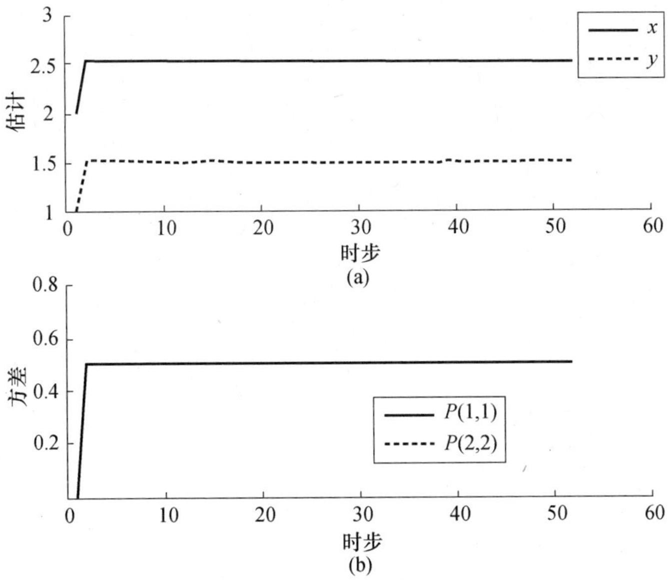

图 7.8　通过发送前一瞬间可用测量值得到的两次位移后的智能体 3 和 5 的位置

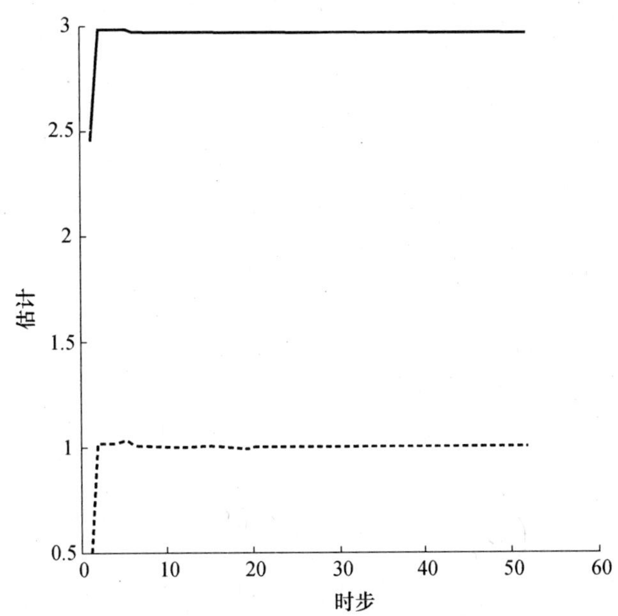

图 7.9　利用文献[19]中的估计方案两次位移后智能体 3 和 5 的位置

在数据包丢失的情况下保持编队。在一个链路中伴随数据包丢失的智能体 3 和 5 经过 50 次迭代后的位置示于图 7.10。可以看出,该方案运行良好,甚至链路在整个评估期存在数据包丢失情况下也能维持编队。通过传输过去测定值和当前估计值的线性组合得到的经过两次位置移动后的智能体 3 和 5 的位置示于图 7.11。可以看出，通过使用所提出的信息方案减小了估计误差协方差。分布式过程控制[2,10]、无线传感器网络[8]、一致性与合作控制[40]、智能车辆高速公路系统（IVHS）[43]和远程机器人[22,50]对 NCS 各种应用程序做了进一步讨论。

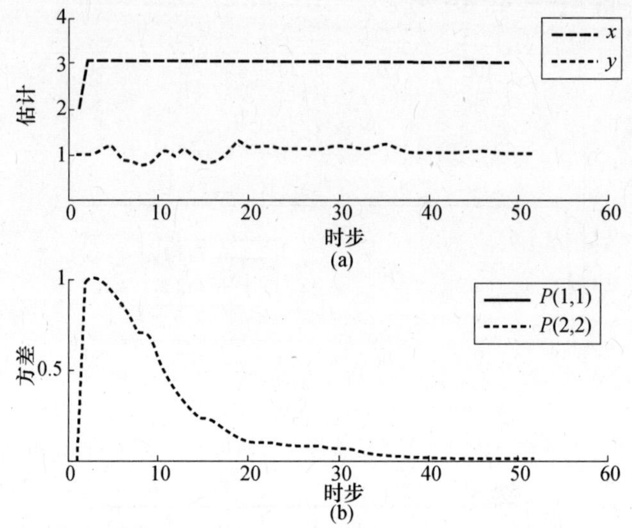

图 7.10　利用文献[19]的估计方案，具有两个丢包链路，50 次迭代两次位移后得到的智能体 3 和 5 的估计位置

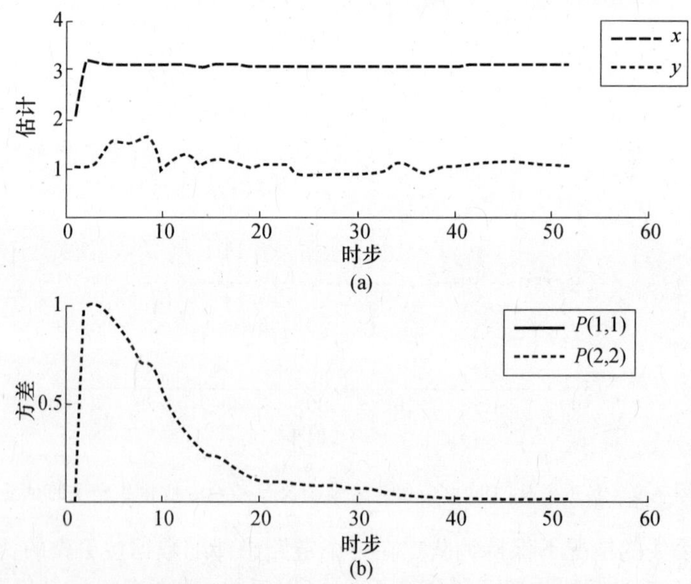

图 7.11　利用所提出的信息方案具有两个丢包链路 50 次迭代后智能体 3 和 5 的位置

7.6 结束语

在本次研究中，为智能体越过数据包丢失链路进行连通提出了一个基于估计的编队控制算法。事实表明，该算法对链路失效具有健壮性。仿真结果表明，传输过去测量值和当前估计值的线性组合可以减小估计误差协方差。深入到最大数据包丢失率的研究，可以使编队控制算法能够保持编队和动态编队，其中节点得到连接和固定是本研究未来的扩展方向。

参考文献

1. J. Baillieul and P. J. Antsaklis, Control and communication challenges in networked real-time systems, *Proceedings of IEEE*, 95(1), 2007, 9–28.
2. S. Seshadhri, *Control and Estimation Methodologies for Networked Control Systems Subjected to Communication Constraints*, PhD dissertation, Department of Instrumentation and Control Engineering, National Institute of Technology-Tiruchirappalli, India, Dec. 2010.
3. J. P. Hespanaha, P. Naghshtabrizi, and Y. Xu, A survey of recent results in networked control systems, *Proceedings of IEEE*, 95(1), 2007, 138–162.
4. F. Lian, *Analysis, Design, Modeling and Control of Networked Control Systems*, PhD dissertation, Department of Mechanical Engineering, University of Michigan, 2001.
5. J. J. C. van Schendel, *Networked Control Systems: Simulation and Analysis*, Traineeship Report, Technical University of Eindhoven, 2008.
6. M. Pohjola, *PID Controller Design in Networked Control Systems*, Master's thesis, Department of Automation and Systems Technology, Helsinki University of Technology, Jan. 2006.
7. W. Zhang, *Stability Analysis of Networked Control Systems*, PhD dissertation, Department of Electrical and Computer Science, Case Western Reserve University, August 2001.
8. M. Bjorkbom, *Wireless Control System Simulation and Network Adaptive Control*, PhD dissertation, School of Science and Technology, Department of Automation and Systems Technology, Altoo University, Oct. 2010.
9. J. Nilsson, *Real-Time Control Systems with Delays*, PhD dissertation, Department of Automatic Control, Lund Institute of Technology, 1998.
10. F-Y. Wang and D. Liu (Eds.), *Networked Control Systems: Theory and Applications*, Springer-Verlag, London, 2008.
11. D. Hristu-Varsakelis and W. S. Levine, *Handbook of Networked and Embedded Control Systems*, Birkhauser, Boston, 2005.
12. S. Seshadhri and R. Ayyagari, Hybrid controllers for systems with random communication delays, In *Proceedings of International Conference on Advances in Recent Technologies in Communications and Computing (ARTCom'09)*, Kottayam, India, pp. 954–958, 2009.
13. M. Chow and M. Tipsuvan, Network based control systems: A tutorial, In *Proceedings of the 27th Annual Conference of the IEEE Industrial Electronics Society (IECON'01)*, Denver, USA, pp. 1593–1602, 2001.
14. A. Ray and Y. H. Halevi, Intergrated communication and control systems, *Journal of Dynamic Systems, Measurements and Control*, 110, 367–373, 1988.
15. G. C. Walsh, H. Ye, and L. Bushneil, Stability analysis of networked control systems, *Proc. American Control Conference*, San Diego, CA, pp. 2876–2880, 1999.
16. Z. Wei, M. S. Branicky, and S. M. Philips, Stability of networked control systems: Explicit analysis of delay, *IEEE Control System Magazine*, 21(1), 84–99, 2001.
17. Y. Shi and Y. Bo, Output feedback stabilization of networked control system with random delays modeled by Markov chains, *IEEE Trans. Automatic Control*, 54(7), 1668–1674, 2009.
18. S. Xi-Ming, L. Guo-Ping, D. Rees, and W. Wang, Stability of systems with controller failure and time

varying delay, *IEEE Trans. Automatic Control*, 53(10), 2391–2396, 2008.

19. G. A. Kamnika, R. Schechter-Glick, and V. Sadov, Using sensor morphology for multi-robot formation, *IEEE Transactions on Robotics*, 24(2), 271–282, 2008.
20. W. Ren, Collective motion from consensus with Cartesian coordinate coupling, *IEEE Transactions on Automatic Control*, 54(6), 1330–1335, 2009.
21. T. Samad, J. S. Bay, and D. Godbole, Network centric systems for military operations in urban terrain: The role of UAVs, *Proceedings of the IEEE*, 95(1), 92–107, 2007.
22. D. Sorid and S. K. Moore, The virtual surgeon, *IEEE Spectrum*, 37(7), 26–31, 2000.
23. M. Chiang, S. H. Low, A. R. Calderbank, and J. C. Doyle, Layering as optimization decomposition: A mathematical theory of network architectures, *Proceedings of IEEE*, 95(1), 255–312, 2007.
24. R. Madhan, N. B. Mehta, A. F. Molisch, and J. Zhang, Energy-efficient routing in wireless networks, *IEEE Transactions on Automatic Control*, 54(3), 512–527, 2009.
25. S. Seshadhri and R. Ayyagari, Consensus among robotic agents over packet dropping links, In *Proceedings of IEEE 3rd International Conference on Bio-Medical Engineering and Informatics (BMEI-2010)*, Yantai, China, pp. 2636–2640, 2010.
26. T. Balch and R. Arkin, Behavior-based formation control for multi-robot teams, *IEEE Transactions on Robotics and Automation*, 14(6), pp. 926–939, 1998.
27. F. Fahimi, Sliding mode formation control for under-actuated surface vessels, *IEEE Transactions on Robotics*, 23(3), 617–622, 2007.
28. J. A. Fax and R. M. Murray, Information flow and cooperative control of vehicle formation, *IEEE transactions on Automatic Control*, 49(9), pp. 1465–1474, 2004.
29. R. Fierro, A. K. Das, V. Kumar, and J. P. Ostrowski, Hybrid control of formations of robots, In *Proceedings of the IEEE International Conference on Robotics and Automation*, Seoul, Korea, May 2001, pp. 157–162.
30. S. Seshadhri and R. Ayyagari, Platooning over packet dropping links, *International Journal of Vehicle Autonomous Systems*, 9(1/2), 46–62, 2011.
31. P. Ogren, M. Ergerstedt, and X. Hu, A control Lyaponov function approach to multi-agent coordination, *IEEE Transactions on Robotics and Automation*, 18(5), 847–851, 2002.
32. P. Ogren, E. Fiorelli, and N. E. Leonard, Formations with a mission: Stable coordination of vehicle group maneuvers, In *Proceedings of the 15th International Symposium on Mathematical Theory of Networks and Systems*, Notre Dame, IN, 2002.
33. T. Sugar and V. Kumar, Decentralized control of cooperating mobile manipulators, In *Proceedings of the IEEE International Conference on Robotics and Automation*, Leuven, Belgium, May 1998, pp. 2916–2921.
34. P. K. C. Wang, Navigation strategies for multiple autonomous mobile robots moving in formation, *Journal of Robotic Systems*, 8(2), 177–195, 1991.
35. F. Giulietti, L. Pollini, and M. Innoceti, Autonomous formation flight, *IEEE Control Systems Magazine*, 20(6), 34–44, 2000.
36. D. J. Stiwell, and B. E. Bishop, Platoons for underwater vehicles, *IEEE Control Systems Magazine*, 20(6), 45–52, 2000.
37. J. R. Carpenter, Decentralized control of satellite formations, *International Journal of Robust and Nonlinear Control*, 12, 141–161, 2002.
38. M. R. Anderson and A. C. Robins, Formation flight as cooperative game, In *Proceedings of AIAA Guidance, Navigation, and Control Conference*, Boston, MA, August, 1998, pp. AIAA-98–4124.
39. F. Y. Hadaegh, W-.M. Lu, and P. K. C. Wang, Adaptive control of formation flying spacecraft for interferometry, *In the Proceedings of the IFAC Symposium on Large Scale Systems: Theory and Applications*, Patras, Greece, 1998, pp. 97–102.
40. W. Ren and R. W. Beard, *Distributed Consensus in Multi-Vehicle Cooperative Control: Theory and Applications*, Verlag Springer, London, 2008.
41. S. Carpin and L. Parker, Cooperative leader following in distributed multi-robot formations, In *Proceedings of the IEEE International Conference on Robotics Automation (ICRA 2002)*, Washington, DC, 2002, pp. 2994–3001.
42. J. P. Desai, A graph theoretic approach for mobile robot team formations, *Journal of Robotic Systems*, 19(11), 511–525, 2002.
43. P. Varaiya, Smart cars on smart roads, *IEEE Transactions on Automatic Control*, 38(2), 195–207, 1993.
44. G. Laman, On graphs and rigidity of plane skeletal structures, *Journal of Engineering Mathematics*, 4, 331–340, 1970.

45. T. Eren, P. N. Belhumeur, B. D. O. Anderson and S. Moorse, A framework for maintaining formations based rigidity, *Proceedings of the IFAC Congress*, Barcelona, Spain, 2002.
46. P. Barooah, and J. P. Hespanaha, Estimation on graphs form relative measurements, *IEEE Control Systems Magazine*, 2007, pp. 57–74.
47. L. Schenato, Optimal estimation in networked control systems subjected to random delay and packet dropouts, *IEEE Transactions on Automatic Control*, 53(5), 1317–1331, 2008.
48. L. Schenato, To zero or hold control inputs with lossy links?, *IEEE Transactions on Automatic Control*, 54(5), 1093–1099, 2009.
49. R. Olfati-Saber and R. M. Murray, Consensus problems in networks of agents with switching topologies and time-delays, *IEEE Transactions on Automatic Control*, 49(9), 1520–1533, 2004.
50. R. Oboe and P. Fiorini, A design and control environment for internet based tele-robotics, *International Journal of Robotic Research*, 17(4), 443–449, 1998.

第 2 部分　MIAS 与机器人

第 8 章　机器人传感器与仪表

8.1　引言

本章对传感器与仪器在机器人中的应用进行了综述。因为传感器是任何移动智能自主车辆的“眼睛”，所以从事机器人工作的工程师、科学家、研究人员应该熟知传感器及其特性。对于一个给定传感器，需要依据模拟信号处理的基本知识去选择适当的信号调节器。传感器、微电子机械系统（MEMS）以及智能传感器是机器人用于收集外界环境与自身信息的关键元件和组件[1-6]。

自主机器人系统如图 8.1 所示。在机器人收集外界环境与自身信息的过程中，传感器起着非常重要的作用（因为其提供的感知是机器人完成任务所必需的信息）。传感器收集的信息再传送到机器人，以此来帮助机器人确定系统模型，模型又反过来导航机器人的移动。对于移动车辆，传感器与仪表系统是控制系统和现实环境之间的接口。一旦机器人获得适当的环境模型，其规划机构能够依据给定方向并遵循最佳路径来给机器人分配任务（参见第 10 章）由于给机器人的最终指令来自于指示机器人动作的决策机构，因此传感器、仪表和执行器是移动自主系统的重要组成部分。基本的仪表系统应包括：传感器、信号处理/调节装置/系统/电路和输出设备，输出设备与机器人的其他系统接口，因为其他系统同样需要仪表系统的输出信息。某些传感器/仪表系统是集成的系统，这样就使得检测/信号调节和输出设备不能分离。该输出装置可以是一个简单的放大器增益设备或是一些配准/同步装置。同时，执行器和传感器有自身的动态特性，必须预先知道。其数学模型需要纳入飞行器或机器人的动态仿真。特别指出，对于移动智能系统，可能是电动控制、气动控制或液压控制。相同系统的输出传感器可能是测量线性位置、速度、加速度、角速率以及位置。导航装置/传感器是无线电、惯性测量单元和全球定位系统。尽管并非所有参数都是机器人系统所必须要求的，但通常需要进行温度、速度、压力、应力和应变、质量、尺寸、体积、压力、流量、位置、速度和加速度(还有线性和角度)等参数的测量。

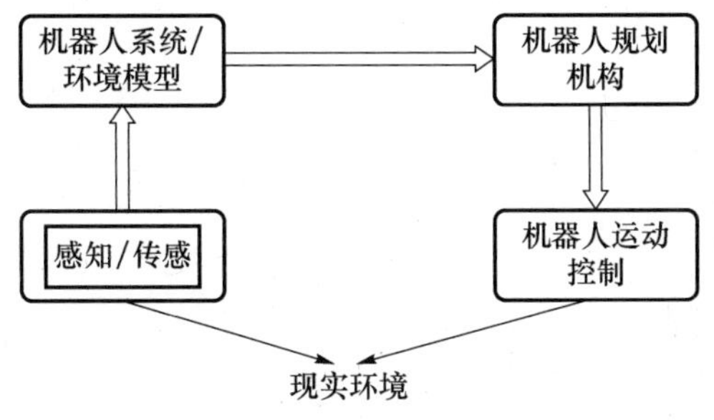

图 8.1　自主机器人系统

8.2　传感器分类

基于测量什么或如何测量,传感器可分为内部传感器(本体感受传感器)和外部传感器(外感受传感器),归属哪一类取决于被测量的参数是什么[1]。内部传感器用于测量机器人自身的参数,如电动机转速、车轮负载、机器人方位、电池状态等。外部传感器用于收集机器人移动和遍历过程中周围环境的信息,如障碍物的距离、环境光强度(机器人移动至黑暗区域)、表面类型信息(机器人移动至崎岖地形)等。传感器也可分为无源传感器和有源传感器,归属哪一类取决于参数如何测量。无源传感器不需要任何外部能量(通常是直流电源)就能测量物理参数,如热电偶、压电传感器等。有源传感器需要外部能源(通常是直流电源)来测量物理参数,如电阻传感器、声纳(声音导航和测距)、应变计等。

换能器是将能量从一种形式(机械能或化学能)转换为另一种形式的装置,通常转化为电压或电流。传感器是感测物理参数变化的装置。执行器是一种将电气信号转换为机械运动的装置。变送器是一种将能量的一种形式(主要是电的形式)通过电磁能转换成另一种形式(主要是电的形式)的装置,它能够远距离传送转换的能量。在实践中,换能器、传感器和变送器之间没有太大差别,尤其现代智能传感器,在很多结构以及智能传感器自身配置的协同工作中都是可用的。换能器/变送器和测量系统的典型结构如图 8.2 所示。

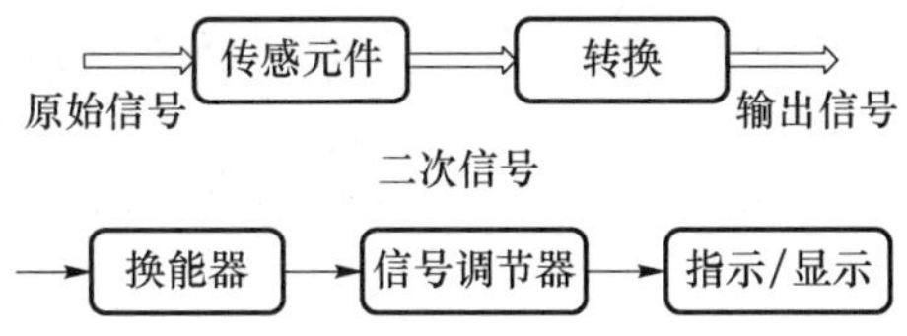

图 8.2　换能器与测量系统的工作流程与阶段

某些应用于机器人的传感器有一个开关可操作 on/off,用来测量机器人周围有无障碍物,如障碍物到机器人的距离可由接近开关检测。一般情况下,传感器可分为声学传感器、化学传感器、电气/电子传感器、磁性传感器、电磁(电磁辐射)传感器、机械传感器、热传感器和光学传感器。用于机器人和移动智能自主系统的典型传感器及传感器机制如图 8.3 所示。

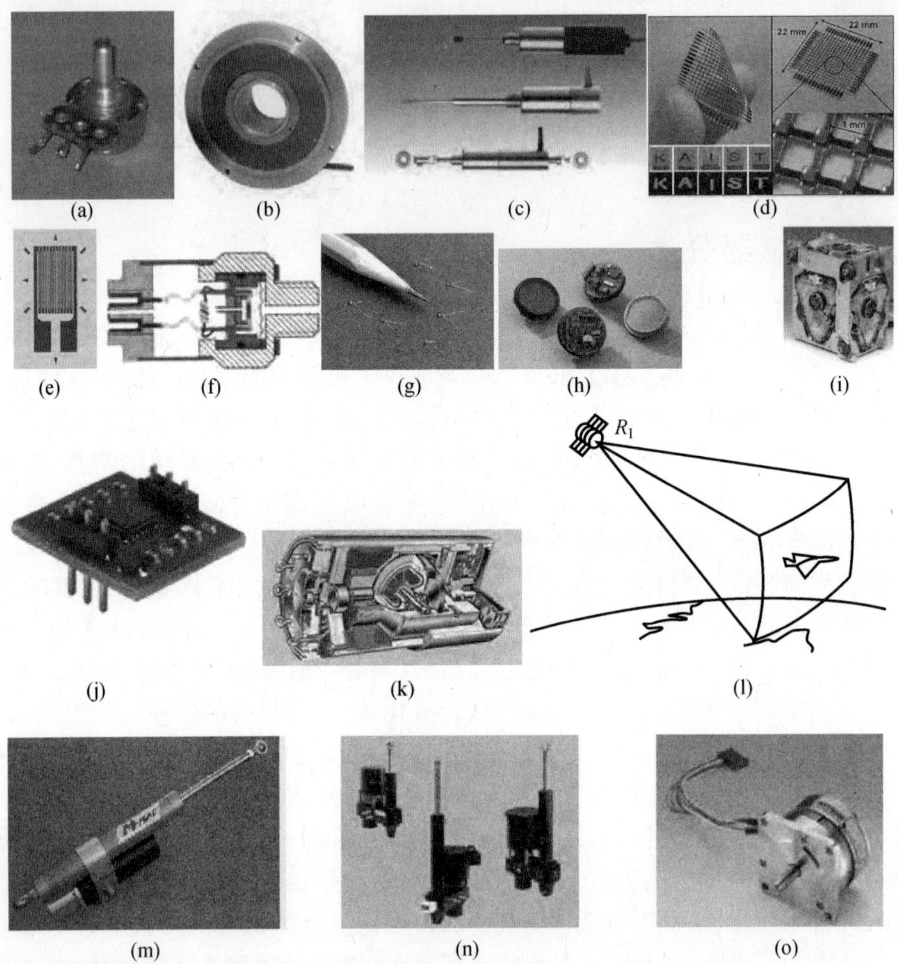

图 8.3 用于机器人和移动智能自主系统的典型传感器及执行器

(a)位置传感器;(b)角编码器;(c)线性可变差动变压器;(d)触觉传感器;(e)应变计;(f)压力传感器;(g)热敏电阻器;(h)超声波测距仪;(i)光角范围传感器;(j)加速度计;(k)速率陀螺仪;(l)GPS 分段;(m)液压致动器;(n)气动致动器;(o)电动机。

8.2.1 电容和电感器件

平行板电容器是一种检测位移、力、加速度和压力的传感器。感应设备是线性可变差动变压器(LVDT)或磁阻可变差动变压器(RVDT)。LVDT 的优点是可以测量大位移和设备的高度线性;缺点是具有有限的频率响应(源于 AC 励磁频率和移动部分的质量),并且它们需要复杂的电子信号调节器。电感器件主要测量位移、加速度、液位等参数。

8.2.2　压电换能器

当传感器材料受到机械压力和预应力时,传感器的晶体材料会在表面产生电荷[2],此电荷转换成电压。当该装置放置在压力换能器内时,施加的压力(以及产生的应力)转化成电信号。

8.2.3　压力传感器

压力传感器(FSR)是在其表面上施加物理压力时产生响应。当没有施加外力时,压力传感器显示最大电阻;当施加外力时,其电阻变小。FSR 由两层电阻(半导电性聚合物)顶层和位于底层上的互相重叠嵌合的导电电极组成。当没有施加外力时,嵌合区域由于彼此接触很少而电阻很高。但是,当施加外力时,顶层和底层挤压在一起,导致电导增加,从而电阻降低(电导与电阻成反比)。

8.2.4　弯曲/挠曲传感器

当有弯曲或挠曲时,这种类型的传感器指示电阻变化,因此弯曲或挠曲量会引起顶部电阻层和底部嵌合层的电阻改变。这种类型的传感器广泛用于检测机器人手臂的运动,该运动用于机器人自身的夹持控制和握紧。

8.2.5　声纳传感器

声纳传感器基本上属于声学传感器,使用大约 40kHz 的超声波(高于人类的听觉范围)。它发送声波,并等待回波。如果检测到回波,则认为附近没有障碍物。如果检测到回波,则从信号发出时间到回波/反射信号接收时间可确定障碍物的距离。这个时间乘以 $1/2v$ 就是障碍物到机器人的距离,其中 v 为声波的速度。因此,声纳传感器在用于检测移动车辆路径中的障碍物的机器人系统中是非常重要的。该声纳也可以与其他视觉传感器一起使用,以提高测量的准确度和扩展测量范围。

8.2.6　红外传感器

红外(IR)辐射存在于电磁波谱中,是肉眼看不到的(它有比可见光更长的波长,如图 8.4 所示。红外传感器是一种热传感器,它通常拥有一个热电晶体构成的薄板电容器,当该装置暴露于红外辐射时,薄板电容器产生表面电荷。当加热或冷却时,热释电材料将产生暂时的能量改变。电荷的改变引起电容器电压降。该电压降本身是热释电晶体引起的,而热释电晶体自身就具有自发极化的变化——红外感应导致极化,而极化反过来又产生感应电荷。大量的红外辐射落在热电晶体上并使晶体发生变化,电荷的数量可以依据晶体变化的大小来测量。通常有一个内置的前置放大器电路,作为热电装置的高阻抗源,它可以产生非常小的瞬时电压跟随。对于移动机器人来说,这些红外传感器在夜视方面是非常有用的。红外传感器也可与视觉传感器和声纳一起组成多传感器数据融合架构,以此来提高机器人视觉系统整体的预测准确性,同时,在机器人行走于不确定环境避让多重障碍中也是非常有用的。

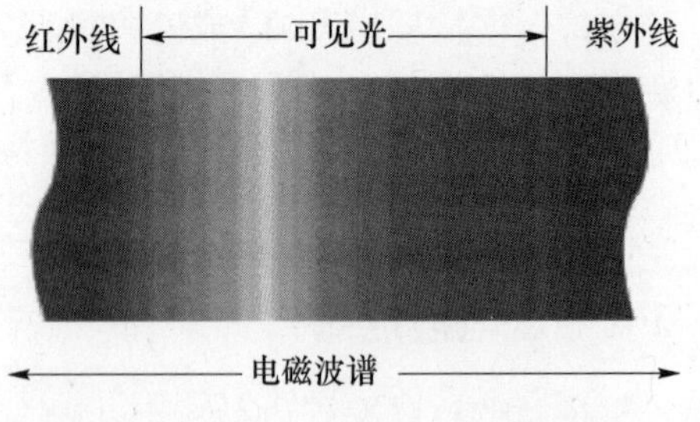

图 8.4　红外线、可见光和紫外线光谱

8.2.7　光敏电阻/光电导体

光敏电阻传感器对光的强度变化敏感。当没有光线照在传感器上,它显示最大电阻,通常称为暗电阻。当有光线照在传感器上,可以观察到其电阻值下降。电阻值的变化描述了光强度的变化。

8.2.8　车轮传感器

车轮传感器用于测量移动机器人的车轮或转向装置的位置和转速。光学编码器用于测量车轮的速度/位置。这一概念的描述如图 8.5 所示。

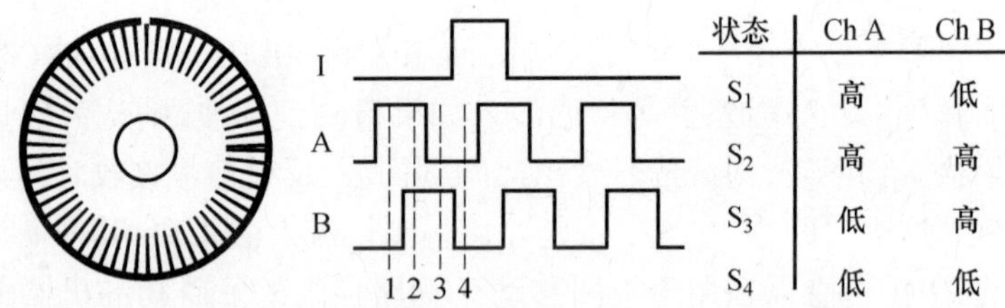

状态	Ch A	Ch B
S_1	高	低
S_2	高	高
S_3	低	高
S_4	低	低

图 8.5　测量机器人车轮位置与速度的编码器概念

8.2.9　速度传感器

速度传感器用于测量移动系统/机器人旋转部分的输出和速度。速度传感器有光学传感器磁性拾音器和转速表。

8.2.10　视觉传感器

机器人的视觉是一个复杂的感知和认知过程,包括图像的信号提取、特征描述和信息解析,以便于检测、识别和描述机器人周围环境中的目标/障碍物。视觉传感器(如数码相机)先将视觉信息(光线从发光物体发出)转换成图像再转换成电信号。电信号经电子系统进一步处理输出数字信号以便计算机读取。目前,电荷耦合器件(CCD)图像传感器由于体积小、重量轻、健壮性和更好的电气性能,在机器人领域被广泛应用。相机应安装在机器人工作区上方,以消除工作率降低、视差和视野阻碍。由视觉传感器所产生的数字图像被进一步处理,以获得物体的有意义的视觉效果。这需要应用数字图像处理技术,该技术包括图像配准、同步化、预处理去除、图像分割、图像说明、图像识别和辨识目标的说明。图像处理、图像分割及图像融合的进一步处理参见第 4 章到第 6 章。

8.3　其他传感器及其特点和应用

8.3.1　触摸(触觉)传感器

当身体接触到一个对象,传感器就会感知。触摸传感器就好比一个简单的微动开关,可以打开或关闭来实现接触与否。力传感器也用作触摸传感器,它不仅能检测接触的存在,而且能检测出所施压力/力的大小。触摸传感器提供有关接触点和接触物大小的信息,故而又称为触觉传感器。位移传感器如微动开关、线性可变差动变压器、压力传感器和磁传感器都可作为触摸传感器使用。

8.3.1.1　接近传感器

接近传感器是检测是否存在物体接近机器人,它是一种非接触式传感器。该传感器的信息用于机器人导航。应用于机器人的非接触式接近传感器类型是不同的,如磁性传感器、涡流和霍尔效应传感器、光传感器、超声波传感器、电感传感器和电容传感器。

8.3.1.2　嗅觉传感器

嗅觉传感器类似于气体传感器,传感器对特定气体敏感,为正在行驶的机器人提供对气体的检测信息。传感器提供的信息在安全性、搜索和检测上是非常有用的。

8.3.1.3　语音识别设备

当语音识别系统识别到一个单词时,就会给机器人控制器发送一个信号。控制器引导机器人在其路径上的期望位置和取向。这些设备对残疾人和医疗机器人更加有用。语音识别系统的功能包括识别“说什么”和对感知信息采取行动。它的工作是处理口语词中频繁出现的内容。语音合成器实现方式有两种：一种是创建一个由音素和元音组成的单词;另一种是以数字格式或模拟格式记录单词。这些词是由系统在需要时访问得到的。

8.3.1.4 测距仪

激光测距仪(激光雷达)是通过直接延迟、间接调幅和三角测量来测量物体到机器人的距离。三角测量是最准确的短距离测量方法,能够给出最高分辨率的测量结果。

8.4 传感器的显著特性

选择应用在机器人上的传感器时,应注意精度(读数接近真值)、重复性/准确度(相同数量的误差的重复性)、分辨率(分辨两个紧密间隔的物体之间的能力)、传感器的线性度(被测量与传感器的输出之间的关系)、传感器的测量范围(如400km 范围内雷达检测一个物体的能力)和传感器动态响应的频谱范围等参数。

8.4.1 精度

精度关系到传感器的测量质量,是指由任何传感器读到/检测到的物理参数值与真实值之间的接近程度。然而,这里的真实值可能是未知的,但它是基于某些基本标准的。传感器的精度由静态标定来确定,通常由制造商提供。

8.4.2 准确度

准确度是指当传感器用于反复测量相同规定条件(环境、操作者)下同一参量时应给出相同数值(如读数)的能力。即使传感器的精度稍低也没有关系,也就是说,即使测量值是错误的,只要传感器的重复测量给出同样的值,其准确度就是高的。

8.4.3 重复性

重复性是指应用相同方法在相同条件下,并在很短的时间间隔内获得的连续结果之间的接近程度。

8.4.4 分辨率

分辨率是一个传感器测量范围内的最小步长,任何两个不能再精确测得或分辨出的相邻对象之间的距离。

8.4.5　灵敏度

灵敏度定义为响应输出的变化与响应输入的变化的比值。

8.4.6　线性度

传感器的输入量与输出量之间通常为线性关系,但实际上是不可能的。当刻度上的标记值设定好时,输入量与输出量应该是线性的。如果是非线性关系,则应该在显示器上标记出来。

8.4.7　测量范围

测量范围是指传感器可测量的输入最小值与输入最大值之间的差值,也可认为是检测距传感器较远物体时传感器(如雷达)能够提供的精确测量。

8.4.8　频率响应

频率响应是一个范围,输入量在该范围内时系统对输入能保持共振(或做出响应)。对于不同频率范围的输入,频率响应范围越宽,系统的频响特性越好。同样,重要的是考虑传感器的频率响应,并确定传感器的响应在所有操作条件下,特别是在军事、水下和航空航天应用中是否足够快。然而,如果传感器的带宽(BW)较宽,则传感器的输出可能会沾染随机噪声。因为噪声的频率通常在较宽的频响范围,所以传感器的带宽还要权衡噪声的影响。

8.4.9　可靠性

可靠性是传感器正常工作一段时间而没有出现任何故障/偏离其技术规格的能力。传感器的测量应能信赖可靠,许多决定将依据传感器的测量。可靠性在传感器数据融合中也起着至关重要的作用,因为除了测量总体精确度外,不可靠的数据融合是没有价值的。

8.4.10　接口

这涉及制造商提供什么类型的接口来读取传感器数据以便进一步处理。接口可以是数字数号型或模拟信号型。如果输出是模拟信号型接口,则它需要额外的接口/电子与单片机和/或独立的数据采集和控制单元接口。如果它提供了一个数字信号接口,则可以与微控制器和/或单机数据采集器和控制单元直接接口。

8.4.11　传感器的尺寸、重量和体积

对于多台联合的位移传感器,尺寸是一个重要的考虑因素。当机器人用作

动力机器时，传感器的重量也很重要。对用于监视的微机器人和移动机器人，体积或空间也很关键。在任何终端应用中，成本是重要的，特别是当传感器的数量很多时。

8.4.12 环境条件

即使传感器在恶劣的环境（如更高的工作温度、更高的振动水平、偶尔的冲击和高海拔温度是负值的地方）中也能够工作，并提供合理的、非常准确的结果。

8.5 执行器和效应器

用于 MIAS/机器人执行器的三种主要形式是电动、气动和液压。主要的电气/电子效应器是直流电动机和电动机。电动效应器的优点[3]：快速而准确；能运用先进的控制技术驱动；造价相对便宜；新的稀土电动机具有重量轻、高扭矩和快速响应特点。电动执行器的缺点：由于高速度，一些齿轮传动时总是需要获得较低的速度和较低的扭矩；由于齿轮侧隙限制了精度；可能出现电弧放电；可能出现过热；为了锁定位置，制动器是必需的。

液压执行器的优点[3]：有很大的起重能力；中速；功率与重量比高；能够获得良好的伺服控制；可以在停滞状态运行且无任何损伤；能快速响应；低速运行平稳。液压机行器的缺点：系统造价昂贵；需要经常维护；高速循环受限；小型化困难；需要电源。

气动执行器的优点：造价相对便宜；高速；不使用油/液体，无污染；任何液体流回不需要返回线路；非常适合机器人模块化设计；可以无损坏延迟。气动执行器缺点：空气需要压缩，限制了控制能力和精度；空气可能泄漏；可能需要空气干燥和过滤。

8.6 信号调理

传感器的输出信号必须进行预处理，甚至在此之前这些信号需要调节、放大和过滤。信号调节器还要进行信号转换和放大后的水平移位操作。信号调节器的输出通过 ADC 直接连接到微控制器，或单机数据采集器和控制单元。有些信号调节器为传感器提供激励电压。大部分的信号调理单元使用仪表放大器放大，这是由于其良好的特性如高共模抑制比、高输入阻抗、低输出阻抗和更高的带宽和增益。如果传感器的输出电流作为测量值，则使用电流放大器或电流-电压转换器。对于难以控制的传感器，则使用桥路放大器。对于压电型传感器，电压放大器或电荷放大器用作信号调节器。当电压放大器用作信号调节器时，连接传感器与放大器的电缆长度和放大器将影响测量的精确度。为了解决这个问题，电荷放大器作为信号调节器广泛用于压电传感器中。为了消除混叠误差（由于欠采样而致），一些信号调节器有内置的抗混叠滤波器，该滤波器通常是一个单极/双低通滤波器。奈奎斯特定理指出，一个信号应至少以预期测量信号最高频率分量的 2 倍速率被采样。但是，如果信号的高频分量处在或接近采样率，由于混叠效应将高频信号读取成频率低很多的信号是很有可能的。如果冗余的高频信号（在一般情况下，它是一种高频噪声）在采样/以原始模态记录之前被滤波，则能够避免混叠；否则，信号必须以非常高的采样率采样，然后在实际应用中减薄。许多信号具有假高频成分，通常是由系统噪声造成，同时起因于工作环境，该环境必须被识别和消除，否则所测量的数据将是不准确的。因此，解决办法是增加系统的采样速率，或是在信号调节器的输出中使用抗混叠滤波器。但采样方法由于需要高性能的 ADC，多个存储器和高带宽总线费用更高。另一个选择是在信号传送到 ADC 前使用硬件模拟滤波器，这种硬件模拟滤波器等同于运算放大器。总之，所有的测量链分析始于传感器。为了设计一个有效的信号测量链电路，设计人员必须具备有关传感器特点和知识。

8.7 信号/数据通信和传感器网络

通常，信息就像物理参数和控制命令一样，从一个设备传送到另一个位于远处并具有独立电源电路的设备。当信息被传送时，某些失真和噪声会影响被传送的信号，有时重要的信息可能会丢失。因此，信噪比决定最大数据传输速率。信息可以通过双绞铜线、同轴电缆、光纤或无线电传输。可用的产业标准通信接口，如 RS－232（EIA－232）、RS－485（EIA－485）、Modbus、HART、deviceNet、Profibus、基地现场总线、工业以太网和 TCP/IP。传感器网络由大量传感器节点组成，这些传感器密集部署在被研究目标的内部或非常接近它的位置。节点中传感器网络的数量比自组织网络中的节点高几个数量级。传感器节点的特点是功率、计算量和存储容量有限。它们很容易出现故障，导致频繁变化的网络拓扑结构。设计传感器网络时，应注意的因素有容错、可扩展性、硬件约束、传感器网络的拓扑结构、环境、传输介质和功耗。传感器网络可以是有线网络，也可以是无线网络（WSNW）。WSNW 可以按照给定的机器人/车辆系统/方案的需求集中或分散配置。目前的趋势是，在目标/对象/障碍物跟踪、图跟踪像/图像融合与决策中，无线传感器网络和传感器数据融合的应用起着非常重要的作用。在一个分散的 WSNW 中，每个节点是一个信号处理节点，没有中心节点。WSNW 在机器人/移动车辆系统的健康监测中非常有用。

8.8 机器人仪器

机器人仪器系统具有自身安装的传感器、数据获取单元、信号调节和现实环境与控制器之间的接口电路。仪表系统从各种传感器中获得数据,并进行处理以供进一步使用。经过处理的数据可以存储或发送到远程中央位置。处理后的数据用于帮助控制器导航机器人,用于路径/运动规划模式,或用于同步定位与地图功能。微型智能传感器系统(MSSS)如图 8.6 所示。

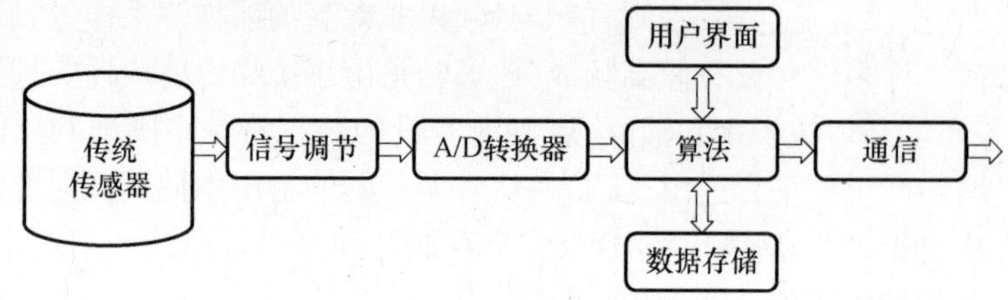

图 8.6 微型智能传感器系统(在传统的机器人测量系统中,可能会有更多这样的独立的系统;在 MSSS 中,它是一个集成系统)

8.9 微电子机械传感器系统

微电子机械传感器系统(MEMS)是关于小型机电设备、传感器和系统的研究。这些设备的尺寸范围从几微米到几毫米。该领域有几个备选的名字,如 MEMS、微观力学、微系统技术(MST)、微型机器和/或简单的微型机器。现在有了由纳米技术催生的 NEMS,在此系统中,设备/传感器的尺寸范围从纳米级到微米级。这样的领域涵盖了涉及更小尺寸器件、微型尺度器件和类似集成电路(IC)的科学、工程和技术的所有方面。电子及其他相关进程的行为/在微米/纳米域/级内是完全不同的。与体积相关的力,如重力和惯性力,其重要性大大降低;而与面积相关的力,如摩擦力和静电,由于表面面积和设备尺寸的减小而变大。像表面张力那样依赖于边缘的力,变得越来越大。自然界中存在这些微小系统的实例,例如一只蚂蚁可以搬运高于自身重量几倍的物体,水虫能在池塘的水面上行走。

8.10 智能传感器

智能传感器是进行数字化通信,并对以某种方式接入其中的信号/数据具有一定处理能力的装置。这些可能是具有某些相关处理功能的单芯片感测机构。

智能传感器也可定义为内置机制具有一定智能或逻辑的设备[5]。智能传感器不仅是一个感测机构,还是一个处理设备,并且可以自身校准。它也可以进行其他的处理/程序,如均衡、记录、数据标度和输入信息的统计计算。事实上,与其称为智能传感器,不如称为智能设备或微型系统更恰当。这种智能设备/微型智能传感器系统(SD/MSSS)需要对读取的数据做出反应,该数据是 MSSS 在监测过程采取的。这项工作由执行器或其他控件完成,再将此数据传送到传感器网络。SD/MSSS 在无线传感器网络(WSN)中,多个任务适时执行。MSSS 应该"知道"采到的信息是什么,它是如何工作的。这项任务是通过在传感器上存储信息和添加校准数据来完成的。如果制造商或使用者可以执行初始校准和在传感器存储板上存储数据,则 MSSS 可以利用该信息来校正传感器的某些误差。在这种方式中,MSSS 是利用本身的信息来提高自身的性能,从而获得智能。

小型微处理器可以放入 MSSS 中,然后通过一些算法校准在微处理器中实施。这些基于微处理器的 MSSS 可以执行许多简单的小任务。该嵌入式微处理器可以通过算法将二次变量(如热敏电阻的电阻)转换成主变量(温度)。同样地,原始信号/数据可以在工程单元转化为进一步预处理算法能直接应用的数据,这些数据可能再次安置在 MSSS 的微处理器内。因此,智能传感器称为 MSSS,并具有以下一个或多个特征[6]:它们有电子数据表或作为电子数据表工作;能自我认定,即能尝试自我认知是什么和做什么;如果需要,则可以做自校准和补偿;执行与其他传感器或控制节点通信数据/结果的任务。典型的智能传感器系统,通常称为智能传感器,如图 8.6 所示[6]。

参考文献

1. Raol, J. R. *Multi-Sensor Data Fusion with MATLAB*, CRC Press, Boca Raton, Florida, USA, 2009.
2. Dunn, D. J. Sensors and primary transducers: Tutorial 2. http://www.freestudy.co.uk/instrumentation/tutorial2.pdf, October 2011.
3. Stengel, R. F. *Robotics and Intelligent Systems*, Princeton University, Princeton, New Jersey, USA, 2009. http://www.princeton.edu/~stengel/MAE345Lecture1.pdf.
4. Dr. Bill Trimmer MEMS tutorial, http://mmadou.eng.uci.edu/Edu_Services/MEMSEdu.htm, accessed October 2011.
5. Mark Clarkson, http://archives.sensorsmag.com/articles/0597/smartsen/index.htm, accessed October 2011.
6. Wiczer, J. Smart Sensors, Sensor Synergy, Inc. Sensors Expo 2002, San Jose, CA, May 2002.

第 9 章　机器人导航与制导

9.1　引言

导航一词来源于拉丁语“navis”，意思是船。因此，导航就是航海[1]。是指船舶或其他水上交通工具的水上传递行为。它有三层含义：船舶或飞机制导，船舶交通以及水手的工作。目前，随着移动通信技术的进步，以及各种车辆的发明和使用，无论是地面车辆还是空基车辆，导航的意义被扩展为发现并遵循合适的路径，包括在行程中确定自己的位置。根据古梵语（也许该语言的描述更深刻，更近乎完美），导航一词源于梵语中的单词“navgati”（意为科学航海）；在梵文中“Nav”（“Naav”）的意思是水手或船舶，“gati” 的意思是步幅或速度[2]。目前，可以把移动机器人包括在其他车辆中，并将导航和制导的概念应用于机器人的路径规划（第 10 章）、同时定位以及地图绘制（SLAM，第 15 章）等研究。因此，本章仅介绍制导和导航（G 和 N）的基本知识。因为在开放的海洋没有陆标，所以航海需预设一些测量量的可用性。然而，方向是更容易获得的测量量，因为在晚上，北极星（北极星）显示正北方向[1]，而在白天，可以追踪太阳来确定方向。在多云的日子里，天空的偏振可用来定位太阳。使用磁罗盘可在许多情况下轻松找到北向。纬度也很容易获得。但是，测量经度产生了一个问题，因为它假定使用的是精确的时间标准和精密计时器[1]。

因此，自史前时代起，我们一直试图寻找/找到一个可靠的方法来告诉自己，我们在哪，如何到达我们的目的地，并且如何回到原点（或回到家园或回家，航天控制系统中的概念），即从我们的所在地，也就是首发地点开始导航或设置整个行程[3]。这些意义深远的知识对我们的生存和经济实力有很大的影响。早期的人们在外出（导航部分）寻找食物时，会标出路线（制导部分）。后来，人们开始绘制地图（制导路径/地标），以及开发出纬度（从赤道开始向北或向南测量的地球上的位置）和经度（指定从本初子午线开始向东或向西测量的地球上的位置，有趣的是“时间”要素出现在画面中）的使用。这样做是为了找到地球上的某个位置。目前，全球范围内使用的本初子午线穿过英国格林尼治天文台（RGO）[3]。早期的海员学会了跟随星星来规划他们的行程（制导），然后就可以冒险（航海）进入公海，他们只遵循海岸线航行（制导），这样就不会迷失自己的路径(航线)。然而,星星在晴朗(天气)的夜晚是唯一可见的,灯塔也可以在夜间提供一点光亮来引导水手或提醒他们存在的任何危险。随后,发明磁罗盘和六分仪。磁罗盘的指针总是指向北极,所以它赋予了我们“航向”,或行进的方向。而采用可调镜六分仪可测量地平线上的恒星、月亮和太阳的精确角度,并应用这些角度与太阳、月亮和星星的位置的“历书”(记录),可以判定在晴朗天气时所在的纬度。然而,经度测定仍然是一个严峻的问题。在18世纪中期,John Harrison开发了一个航行表,并在接下来的两个世纪,六分仪和航行表被组合起来使用以提供纬度和经度[3]。所以,从前面的讨论可知,制导和导航是一个综合性的问题或密切相关的问题。近期以来,导航的含义被确定为:发现并遵循合适的路线或路径,包括在行程中确定自身的位置。导航与大地测量有关,在大地测量中点的位置通常被视为常量或是逐渐改变的量。导航和测量定位之间的差异是:在导航中[1],位置数据需要及时提供或允许很小的延迟,位置数据是变量,即是时间的变量。导航技术目前涵盖了飞机、导弹和宇宙飞船以及陆地行驶的车辆,甚至行人也经常借助现代技术设备导航,如全球定位系统(GPS)接收器等,这是因为有GPS和惯性导航两个现代技术的出现。同时,还有先进数据处理技术的发展,特别是利用从观测器位置(测量装置,如雷达所在位置)到车辆范围内的实测数据、方位角和仰角来确定/估计其状态(移动车辆包括机器人的位置、速度、加速度及航向、方位)的卡尔曼滤波。这需要实时/在线进行,以便将估计的状态传达给地面控制和监测站,以便采取进一步行动,引导车辆在其路径上,并在需要时进行中途修正。从上述内容中可以看出,导航与制导是紧密相连的。目前,各种测量设备、雷达和基于视觉和声学的传感器可用于观察运动车辆、目标和地标。

几十年前,许多无线电导航系统得到了广泛的开发和应用,今天,一些陆基无线电导航系统仍然很流行。使用陆基无线电波的缺点是[3]:系统非常精确但不能覆盖很广的范围(空间限制);系统可覆盖很广的范围但精度不高。高频无线电波可以提供精确的位置,但只能在一个小的局部区域拾取,而低频无线电波(如调频收音机)可以覆盖较大的区域,但不能给出非常精确的位置估计。

因此,科学家和工程师们认为,通过在地球上空高空放置高频无线电发射器可为全世界提供精确定位。这样的发射器可发射带有特殊(信息)编码的高频无线电波,该电波能覆盖很大范围甚至遍及地球每个角落。这就促进了GPS系统的发展。现在有几个这样的系统在世界范围内运作。GPS通过提供精确定位的灯塔,GPS卫星,在所有与同一时间标准同步的空间中,汇集了导航系统(数百年来)的进展。GPS系统提供了在地球上或地球上空的任何位置的定位,(精度)约在10m内。在特定的固定位置,用一个特殊的GPS接收机进行差分修正的计算,可以获得更高的精度,通常小于1m,称为DGPS(差分GPS)。

固定工业机器人是一个机械结构,其中,一端牢固地固定在地面上,另一端(效应器)在程序的控制下自由移动[4]。一些传感器被连接到机器人的运动部件上,这样就可以计算出末端执行器的位置,因为连杆的长度是已知的(相对于固定的基准框架,它的原点在基座上)。然而,移动机器人处于一个运动的参照系中,这个参照系设定在机器人的身体本身,其位置必须由相对于机器人环境而固定的某个参考框架来确定。为了可靠地控制移动机器人,固定和移动机器人之间的这种差异要求移动机器人必须满足以下条件之一[4]:①必须大大限制测试机器人的运动,通过固定机器人的路径来实现。②必须为机器人提供一个固定的参考系,以便它能用机载传感器不断检测到这个固定参考系,并因此知道它在自己周围环境中的精确位置。所以,该机器人可以检测和纠正在其路径中的任何偏差(与存储在机器人中的命令路径相比)。③反映周围环境的固定地图应放在机器人的机载计算机中。然后,机器人会在其运动过程中使用机载传感器测量到的数据,周期性地产生周围环境(映射)的当前地图。将当前地图与固定地图(存储在板载处理器中)进行比较,确定当前机器人的位置(定位)。使用这种技术(主要是 SLAM,第 15 章),机器人会动态地识别和避让静态或移动的障碍,然后确定自身的路径到达命令的目标。这种综合问题称为同步定位和映射,通过识别存储地图提供的制导信息以及机载传感器的测量数据提供的导航信息将 SLAM 与导航和制导联系在一起,其中一些估计采用的是卡尔曼滤波。因此,可以看到,导航能力对于移动机器人的成功应用至关重要,而这种导航要求[5]:环境表达,即描述周围环境的良好模型;位置估计(定位);机器人路径规划。事实上,机器人要求:具备良好的环境,环境模型或地图模型,内部表示或映射等的知识;知道其在地图上的当前位置;能够规划从地图上的一个点到另一个点的路线或路径。因此,一个成功的机器人导航系统的重要组成部分是恰当的环境表达。这是一个由移动机器人存储的内部环境模型(用于制导)。对于位置估计而言,当前任务的局部化程度是非常重要的。当行驶更远的距离时,机器人可能不需要对其位置进行极其精确的估计。对于短距离(通过一扇门)任务,需要对机器人的位置进行更精确的估计。最后,路径规划决定了机器人如何从一个点移动到另一个点,通常以最短的方式,在最短的时间内,避免静态和/或动态障碍(第 10 章和第 12 章)。

典型的机器人制导技术一般包括沿地面埋设地下电缆或在机器人要穿过的路径表面画线,这些技术既经典又可靠,而且很容易实现,但它们极大地限制了机器人的运动。必须提到的是,尽管二者在某种意义上是不同的,但在一些文献中,导航和制导的概念和/或方法是可交替讨论的,也就是说,其中一个概念的讨论,可以出现在另一个概念的讨论中,反之亦然。因此,制导与导航的领域应被理解为是一种综合的方式,一方补充另一方,一方协助另一方。在机器人技术中,SLAM 问题(15 章)可以被理解为是导航与制导两方面的结合。地图(或子图)给机器人提供制导来执行其运动,机器人从 A 点移动到 B 点,就意味着其导航在这两点之间。当它这样导航时,其新位置和新的测量可以用来(与先前的估计相结合)修正地图上的坐标,从而优化制导(由地图坐标提供)。该制导被机器人进一步应用,以改善导航并循环下去,直到到达目标。这其实是制导和导航的主要方面,因此二者大多是在一起研究。所以从上下文中应该可以清楚地知道是在谈论制导还是导航,或是两者综合起来一起讨论。因为,路径/运动规划和 SLAM 是第 10 章和第 15 章中要讨论的概念,所以,在本章只是简单论述导航与制导的概念和简单方法/功能(有趣的是 PMP/SLAM 和 G&N 是相得益彰的)。图 9.1 描述了导航,制导和包括机器人在内的移动车辆的控制功能。

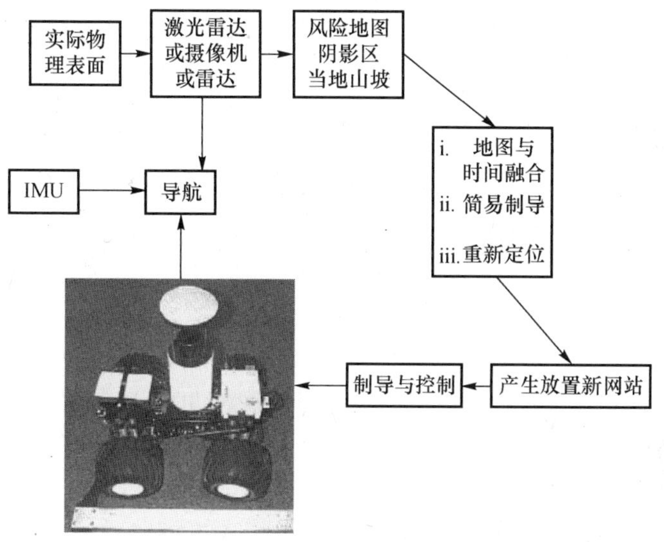

图 9.1　基于地形图的移动机器人导航,制导和控制功能框图(实际表面映射)

9.2　机器人导航

机器人与人类的导航需求的主要区别在于感知能力的确定和感知的巨大差异[4]。人类可以在多变的环境条件下检测、分类和识别环境特征,而这些特征与相对方位和距离是完全无关的。然而,尽管机器人在碰撞之前能检测到障碍物,但其感知和决策能力是有限的。这些感知和决策能力需要由以下形式构建成机器人的硬件/软件体系:计算的算法;基于模糊逻辑的推理系统/推理机(FIES);规则库;知识表达;人工神经网络训练。对于自主或遥控机器人,这些体系架构可能是机器人制导/导航系统、机器人路径与运动规划和机器人控制,后者主要是实时控制(RCS)。利用新兴技术如软计算等所做的决策,必须基于对拓展机器人附加功能与能力所涉及的技术风险和成本的批判性分析。在许多情况下,它几乎是强制性地将这样的能力提供给移动机器人。该机器人导航涉及[4]:全球导航,这是确定机器人在绝对坐标或地图参考坐标中的位置,并将它移动到期望目的地的能力;局部导航,确定机器人相对于附近的静态或移动障碍物的位置,并且不碰撞它们的能力;个人导航,涉及掌握机器人各个组成部分的位置,相互之间的关系以及处理目标,因为机器人会延伸手臂。局部导航支持在映射环境中的全球导航。因为知道机器人相对于已知映射特征的位置有助于确定其绝对位置。

9.2.1 惯性导航

对于惯性导航来说,最合适的传感装置就是陀螺仪(第8章)。当陀螺仪用于辅助导航任务时,其轴线平行于机器人的运动方向[4]。当机器人偏离(制导)路径时,会产生垂直于机器人运动方向的加速度。这个加速度被陀螺仪检测到,再经过两次积分就得到偏离路径的位置,然后通过控制动作(由机器人的计算机实现)被校正。问题是,在恒定速度下的路径偏差不能被修正,因为加速度为零。此外,陀螺仪的轴线会随时间漂移而产生误差,而这些误差会因二重积分而加重。

9.2.2 固定信标定位

信标被固定在环境中的适当位置,并且机器人的精确位置是已知的。当机器人移动时,它使用一些机载设备/传感器来测量来自任何一个信标的距离和方向。因此,机器人能够在环境中计算自己的精确位置。

9.2.3 光成像与超声成像

在该方法中,周围环境的绝对地图被创建并存储于机器人内部(存入计算机中)[4]。机器人在移动过程中,利用机载摄像机/或超声换能器周期性地产生所处环境的当前地图。在当前地图中识别绝对地图上的各种对象,然后利用互相关法得到机器人的位置估计。其中的几个估计值被平均化,给出机器人的当前位置。该系统的缺点是[4]:场景分析计算需要时间;光学成像受临界环境照明制约(可以通过使用红外摄像机来克服);超声成像由于发射脉冲的杂波多次反射而产生模糊图像;超声波成像依赖于声音的传播速度。该速度取决于环境温度和湿度,因为周围环境的温度梯度的存在会增加图像的模糊性。

9.2.4 光学立体视觉

该方法是在周围环境中使用两个不同入射角的机载相机观察同一对象。每个摄像机的角度设置是经过测量的,由于摄像机间的距离已知,所以可以估计出物体的距离。也就是说,两幅包含物体深度信息的图像相融合可以获得物体的第三维估计。一旦该物体在绝对地图中被识别,机器人的位置就可估计出来。通过对几个对象的重复识别,机器人能获得更好的估值。这种方法的缺点是[4]:命令两个摄像机对物体的同一点进行观察;尽可能快地处理海量数据以满足实时操作。然而,对于后者,可以/应该使用一些快速实时估计方法。

9.3 机器人制导

目前的研究关注的是能使机器人实现改进的方法[4]:这些研究可以理解并解决一个问题,它是利用一个合适的解决方案,从不完全信息开始的——基于规划的机器人制导架构;应用环境信息动态地修改机器人行为,以达到指定目标——基于行为的机器人制导体系结构。然而,许多人使用一种适当的混合机器人架构,称为混合架构(第16章)。

9.3.1 有线制导机器人

在这种方法中,埋地电缆布置在闭合回路中。每个闭环都带有一个不同频率的信号。小磁盘固定在地面交叉路口的前、后转弯处。交变电流(AC)流经埋线处产生磁场,磁场越靠近电线越强。该磁场由两个线圈拾取,差值被放大和调整,以进一步用于移动机器人的制导。这样的安排可以使机器人在穿越交叉路口时通过适当的减速来检测周围潜在的危险点。该系统还包括一些沿路径设置的通信节点/点,此路径上的机器人可以给主计算机发送状态报告。计算机协调机器人的规划路线以避免碰撞。这种方法有一定的缺点[4]:该路径不能被轻易改变,因为电缆被埋进通道里(约1cm深);将电缆铺设到地下的成本也相对较高。

9.3.2 画线制导机器人

车辆遵循地板上的线条。这些线条是用可见或不不见的荧光染料绘制。当紫外线(UVL)照射到它时这种染料会发出荧光。与有线制导方法相比,该方法的优势可以通过重新绘制来实现路径的快速固定,并且易于改变。其缺点是[4]:路径网络应该保持简单,因为连接可能很复杂;该染料的涂料容易磨损而被侵蚀,所以线路需要经常涂染;线路有可能被其他物体遮挡,致使制导机器失败。

9.3.3 航位推算

这是一种不用天文测量来估计移动车辆位置的方法,是用先前估计的固定位置来估计机器人当前位置的过程。这个位置是渐进的(增量值被添加到当前位置),因为它是根据刚刚过去的时间里的已知或估计速度得出的。虽然航位推算的经典方法在导航中不再流行,但一些依赖于航位推算概念的现代惯导系统/方法应用非常广泛。在该方法中,利用光轴编码器周期性地测量每个机器人驱动轮的精确旋转,然后机器人从已知运动起点计算其期望的/下一个位置。但是,机器人驱动轮打滑可能会引起航位推算的误差。当这个打滑发生在驱动轮上时,车轮上的编码器会记录车轮的转动,但由于车轮打滑,该轮并没有驱动机器人相对于地面移动。这些误差将和其他误差积累。

9.3.4 触觉检测

该方法是通过机器人与周围环境之间的相互作用完成的,例如检测识别周围事物的几何形状。这种检测意味着要身体(触觉)接触并且要求[4]:该接触不能损伤机器人/周围环境事物;该接触是已知确定的;开发一个用于扫描周围环境的策略。对于人机交互来说,触觉传感器系统监视并限制了人机接触时的相互作用。这个系统是在机器人上作为一个压力敏感皮肤来实现的,当它检测和定位到接触时,机器人会立即停止,如果碰撞发生,集成的阻尼元件将吸收机器人的集中应力。

9.3.4.1 独立二进制接触式传感器

该方法利用一个双位开关(或等同的元件)显示当前的状态——接触或不接触。如果开关放置在移动臂的特定要点上,当手臂运动时就会遇到障碍物,然后做出适当的决策。

9.3.4.2 模拟传感器

在"Hill 和 Sword 夹持器"中,夹持器上有传感器/按钮,按下按钮会触发一个模糊屏幕,由于应力函数被激发调用,光线从 LED 中发出。该光线被光敏三极管接收转换成信号,信号用来指示夹紧力并给出其表达形式。

9.3.4.3 传感器矩阵

它由一个基本数字矩阵和模拟传感器组成,传感器通常用于产生形状信息。这种矩阵方法的重要方面是[4]:传感器应该好定位;获得的信息应噪声少;判读可以实时进行。

9.3.5 距离检测

由于触觉检测系统依赖于物理接触而会产生一些问题,因此可以应用距离检测或遥感检测,但与触觉检测相比其位置精度有所降低。距离检测可以应用在:①目标能够自然传输信号,如辐射传输;②目标自身配装发射器;③信号发送到被测物体,反射回来后再次被接收,这个信号可以来自自然源(如环境光反射），也可以是人造的。①和②情况下，检测器是一个被动接收器。③中的检测信号（天然信号）也是如此。如果信号是人造的，则表明存在一个人工发射器和一个接收器，而当这两种信号放入同一传感器时，就形成有源传感器。在使用中常见的有源传感器包括超声波、射频波发射器和光辐射传感器。

9.3.5.1　红外距离检测

当定位传感器直接面对检测物表面时，由光电二极管（检测）接收到的光产生一个信号，该信号表征传感器与检测物表面之间的距离的函数。但是，这样的检测存在以下困难[4]：对于反射表面，表面的白度必须是已知的；传感器轴线应垂直于表面。距离传感器通常用于检测物体的存在（而不是测量距离）。距离探测传感器并不能完全解决位置感知（制导）和导航的问题。然而，它们在自由测距机器人导航中发挥着关键作用，这些传感器可以有效地用于障碍避让。

9.4　导航任务的总结

从前面的章节以及第 10 章到第 15 章的讨论中，可以确定移动机器人导航涉及三个方面：①定位与地图创建（SLAM）；②是区域导航还是全球导航取决于车辆所覆盖的范围；③规划路径的指挥（和控制）决策能力。结合以上方法能发展一些移动机器人导航与制导集成方法。移动机器人（或者在很大程度上来说，对于任何移动自主的地面车辆或空中飞行器来说）的目标如下：到达选定的目的地；遵循计划的轨道，也就是说，基于基本规划的体系结构或基本行为的体系结构；探索一个指定区域/周围环境并绘制成地图。子任务是：识别当前或瞬时姿态/位置，避免任何可能的静态或动态碰撞；确定要遵循的路径。正如在第 15 章所介绍的，定位和地图构建涉及确定机器人在其周围环境中的位置，和为环境中的任何未知方面或特殊特征构建内部的数学模型/感知模型或定性的模型。在区域导航中，移动机器人将依靠最新的测量数据，并尽量避免任何碰撞。在全球导航中，目标范围比区域导航任务中的范围更广，为了能够覆盖移动机器人的远程路径，需要更多来自各种传感器的测量数据和其他信息的输入。区域导航可以通过以下方法之一来完成：①规则库已经存储在机器人计算机，这里可以使用基于 If … Then 规则的模糊逻辑来做一些中间决定；②周围障碍物所产生的人为势场；③其他任何能帮助机器人避免障碍和/或引导其在正确路径上的虚拟力场。区域导航通常以测量数据为基础，是反应式（对一些输入操作作出响应）的，通常较快；而全球导航以地图为基础，是权衡式的，相对较慢。如果地图不准确，机器人必须创建一个精确的地图。全球导航的目标是以某种强迫方式或使用一些概率方法找出最优路径。指挥和控制决策将使用分层控制系统、功能和/或分布式拓扑结构及架构为机器人系统导航。在移动机器人导航的集成方法中,运动问题是一个单一的组合任务,主要思想是为机器人环境建立一个模型,然后在导航场景中找到一条从起始点到目标点的路径。

9.5 导航与制导的应用数学

对惯性导航,车辆的加速度[1]为

$$\frac{\mathrm{d}^2\boldsymbol{X}(t)}{\mathrm{d}t^2}=\begin{bmatrix}\dfrac{\mathrm{d}^2x(t)}{\mathrm{d}t^2}\\[2ex]\dfrac{\mathrm{d}^2y(t)}{\mathrm{d}t^2}\\[2ex]\dfrac{\mathrm{d}^2z(t)}{\mathrm{d}t^2}\end{bmatrix}\tag{9.1}$$

式中:x、y、z 为车辆的三维坐标(三轴系统中的坐标 x、y、z),加速度为连续测量所得。

车辆的姿态角(滚动角、俯仰角和航向/航偏角/姿势)[6]为

$$\begin{aligned}\dot{\phi}&=p+q\tan\theta\sin\phi+r\tan\theta\cos\phi\\\dot{\theta}&=q\cos\phi-r\sin\phi\\\dot{\psi}&=r\cos\phi\sec\theta+q\sin\phi\sec\theta\end{aligned}\tag{9.2}$$

式中:p 为滚动速度;q 为俯仰角速度;r 为车辆在车身坐标系中的横摆角速度。全局坐标系(Xg)和车辆坐标系的转换如下所示:

$$\boldsymbol{X}(t)=\text{attitude}\quad\text{angle}\quad\text{matrix}*Xg(t)\tag{9.3}$$

姿态是由三个未知数定义的,是时间的函数,随车辆的变化而变化。车辆出发前,有关姿态的准确情况是确定的,也是已应用的,车辆行驶过程中,姿态随车辆的运动而变化,借助陀螺仪测量姿态变化,然后将其综合起来获得车辆的姿态。式(9.1)的一次积分给出了车辆的速度,二次积分给出了车辆在三轴坐标系中的位置。由于加速度的测量不准确以及积分造成的误差累积,导致位置坐标 $x(t)$ 的精度随时间推移越来越差,使用滤波技术与加速度方程的二重积分相结合的方法时应慎重(图 9.2)。

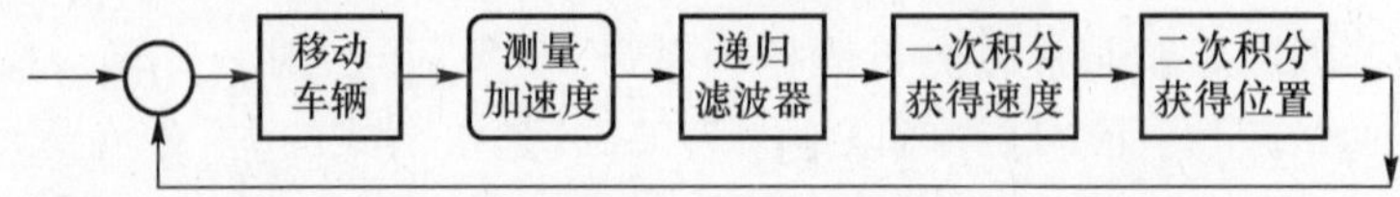

图 9.2 递归滤波器(卡尔曼滤波)降低机器人制导方案中的积分误差

9.6　模糊逻辑控制的移动机器人跟踪

对于移动机器人来说，路径跟踪是一个非常重要的方面，涉及传感和控制行动[7]。跟踪问题涉及转向指令（和速度指令）的创建，该指令发送到低层控制器，该控制器反过来启动运动/动作。车辆的横向运动受令于输入的转向指令，纵向运动受令于输入的速度指令。这些车辆的运动通常是耦合的 。模糊逻辑可以应用于自主路径跟踪，并有如下特点：①在测量中建立误差模型；②传感器的数据融合可以在模糊逻辑中使用；③不完整环境可以在模糊隶属函数、If … Then 模糊规则以及模糊 I 型和 II 型逻辑中捕获；④所需的非线性控制法规可源自该知识领域的专家能手（如驾驶员/操作员）并引入 If … Then 模糊规则；⑤输入 - 输出数据可以从操作员的驾驶实验中记录下来，这些数据可用于在 ANFIS 系统中学习移动车辆路径跟踪的驱动/控制策略。基于两级模糊逻辑的路径跟踪控制图如图 9.3 所示[7]。基于模糊逻辑的系统用于更新纯跟踪中的参数并推断预测路径的实时跟踪/追踪。该方案可以按顺序方式实现。该方案的输入命令是横向和航向误差、车辆曲率及车辆速度。所需曲率和速度是控制器的输出。

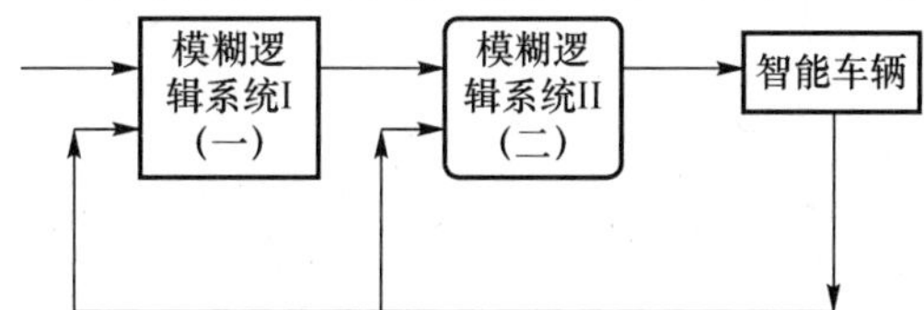

图 9.3　移动车辆基于模糊逻辑的二级路径跟踪控制

参考文献

1. Vermeer, M. Method of navigation. Maa-6.3285, 12. Huhtikuuta, Course Notes, 2010 (martin.vermeer@tkk.fi, July 2011).
2. Sthapati, G. Hindu Mayan Connection, Vastu Vedic Research Foundation. http://indiansrgr8.blogspot.in/2011/05/hindu-mayan-connection.html, July 2011.
3. Anon. What is navigation? The Aerospace Corporation, http://www.aero.org/education/primers/gps/navigation. July 2011.
4. Oliver, H. Where am I going and how do I get there—An overview of local and personal robot navigation, 20 May 1997. http://www.doc.ic.ac.uk/~nd/surprise_97/journal/vol1/oh. April 2011.
5. Winters, N. A holistic approach to mobile robot navigation using omni-directional vision, Ph.D. thesis, University of Dublin, Trinity College, Dublin, October 2001.
6. Raol, J.R. and Singh, J. *Flight Mechanics Modeling and Analysis*. CRC Press, Taylor & Francis, FL, 2009.
7. Driankov, D. and Saffiotti, A. (Eds.) *Fuzzy Logic Techniques for Autonomous Vehicle Navigation*. Physica-Verlag, A Springer-Verlag Company, New York, NY, 2001.

第 10 章　机器人路径及运动规划

10.1　引言

移动机器人或任何移动的车辆都需要从初始点 A 到中间点再到目标点 B 点，AB 就是路径规划问题（PP）的区域。如果道路上有障碍物，则移动机器人/车辆应该能够避免不碰到这些障碍。路径空间中的这些障碍物/对象可以是静态的，也可以是动态的。在大多数情况下可能会提前知道障碍的位置，但并非总是如此。这些障碍的运动通常是不确定的，不知道障碍物何时移动以及如何移动，机器人（即其机载计算算法）应该有能力考虑这种不确定性。通常情况下，通过在路径规划算法中使用一些滤波算法，或者通过模糊逻辑计算并建立不确定性模型（第 1 章）。机器人从初始点 A 开始，然后沿路径向前移动（运动轨迹规划方面（MP））避免任何障碍到达目标点 B。可能会有多条路径供机器人选择，这些路径同样是可行的，但只有一条最优路径[1-3]。在这种情况下，机器人应该遵循这一最优（或至少是次优）路径到达目标位置。因此，机器人可以形成一个思路，包括两个主要优化（成本）函数：障碍函数，帮助机器人避免障碍；目标函数，不断引导机器人接近目标。这就类似推拉策略，即推动/排斥远离障碍物和拉动/吸引接近目标。这方面在机器人路径规划中的势场法里有很好的体现，其中包含吸引（目标）势函数和排斥（障碍）势函数。这个较好的路径被指定了一个最低成本的先验，针对长度或在此路径下花费更少的时间和最小的努力，这些可以由一个合适的成本函数获取。

因此，移动机器人从初始点到目标点（或最终目标）都需要导航。这两点连成路径，这条路径不一定是直线（但应该是顺畅的，因为在某些情况下，连线很可能不是直线），两个端点之间可行的路径有无数条。所以，当前的问题是要找到一个好的路径，机器人应该能够达到其目标，同时确保机器人系统在移动的部分花费最小能量/努力。导航（第 9 章）就是在点与点之间指导完成从基元运动到移动且同时避免静态或动态障碍的行为，导航中的障碍（第 12 章）有些可能是不确定的。这些障碍（在移动机器人附近的）的某些不确定性因素可能有各种各样的类型（第 12 章）。因此，在路径规划过程中，需要定义：状态—环境模型，还有机器人模型的状态；行为—机器人运动基元模型，也就是说机器人（或其上指导/跟踪/控制算法)将有哪些或应该有哪些行为。环境模型由对机器人位置的认知和障碍存在位置的知识组成。解决路径规划问题需谨记四个因素[1-4]:①维数(机器人动力学及其自由程度,自由度);②障碍数和它们的几何(位置/尺寸)形状的复杂性,依据统计数据(如均值和协方差矩阵)所得的不确定性知识;③机器人状态的复杂性(机器人的数学模型);④传感器的误差或不确定性(测量误差,由于机器人,事实上是它的软件,使用这些测量结果指导自身所引起的)在机器人的行为模型中,对环境作用的知识必须是已知的,也就是说,没有动作,应提供先验信息。其他相关因素有[1-4]:①机器人的行为约束(因为机器人是在特定领域为特定应用执行特定工作时执行任务的,也就是说,医疗机器人或挖掘机器人,约束的都是不同的尺寸、精度和性能);②运动(运动学的)约束(如类似机器人的汽车),有限速度和加速度;③高速动态效应(如振动影响,它将改变机器人的运行域,或许还影响机器人的稳定运行);④机器人运动误差或不确定性。

自主移动系统或机器人必须自己做出决定,也许最可能嵌入到机载计算机,由这个计算机做出合适的决定来实现目标或下一步运动,该运动将直接由执行机构传递给机器人。这样一个自主系统的重要组成部分就是它的路径规划机构,遵循所分配的最优路径使得机器人从一个地点或瞬时位置到达另一个地点,最终到达目的地,同时避免所有障碍[1-4],这是一个复杂的过程。路径/运动规划(PMP)连同交通流量数学模型、模型的交通流被运输工程师所用,游戏(玩/体育游戏)也使用某种形式的路径规划在游戏环境中去移动计算机控制的角色。由于在给定的时间计划实例[1-4]中要规划多条路径,所以需要一个快速路径规划者。对于机器人,其路径规划算法的时间和空间(计算方法)复杂性较低,在大多数情况下,嵌入式处理器的计算能力是有限的,并且路径规划应是无碰撞的最短路径[1-4]。此外,还有其他目标:为了避免危险而移动机器人;为了减少燃料消耗;覆盖整个地区,被国内机器人应用。后者所指机器人是指服务机器人,清洁地板或是在指定区域定期巡逻的机器人。

本章简要介绍移动机器人的路径和运动规划方法及算法。在这里强调,路径规划和运动规划问题是密切相关的,因此,在公开的文献中的这两个名词交替使用,两个规划没有做任何区分。运动规划本身是一个路径规划问题,“定义”或者是“协调”具体运动,及其二维空间行为的额外计算,是路径规划与运动规划之间的细微区别所在。本章对路径规划的各方面如空间配置(CS)、定位与绘制地图等进行讨论。机器人定位与绘制地图相结合的问题(如地图构建,有关机器人路径中的沿途标志的知识)称为同步定位与绘图(SLAM),将在第 15 章进行讨论。有关机器人导航与制导的相关问题如第 9 章所述。10.2 节简要介绍路径/运动规划的经典方法,10.3 节简要介绍探试法。PMP 的问题在 10.4 节再次提及，在 10.4 节～10.6 节有详细论述。局部和全局路径规划方法之间的简单区分见表 10.1。必须提到的是，各种经典算法的部分算法列表（A*、D*、Bug 算法（BA）等）参见文献[1]。

表 10.1 机器人路径规划方法

全局路径规划	区域路径规划
基于地图的过程	基于传感器的方法
成熟系统	反馈系统
需要工作区的完整信息	不需要完整信息
获得到达目标的可行路径	沿路径向目标移动并躲避障碍
反应较慢	反应迅速

10.2 经典方法

通常是制定一个基于算法的方法，通过定义初始点和目标点，将所有静态障碍物设置(x,y)坐标定义位置，或当障碍物为运动的情况下，定义障碍物运动的准确模型[1,5]。该方法/算法需要解决的问题是 PP，也就是说，给机器人提供的信息是它要到达的位置的下一个位置坐标$(x+,y+)$，然后该算法用某种编程语言实现。这个经典直观的方法在很多情况下非常成功。然而，当环境问题的信息贫乏或不完整时，也就是说，当障碍物信息是粗略描述时，该方法是失败的。一个基于经典的机器人体系结构/路径规划情况的计算机算法，没有内在智能（除非一些 AI 内置功能），因此它是按照程序告诉的去做。同时，如果算法的迭代和/或逻辑回路（if…then else 语句）太多，则在这种情况下需提供的可行且最优算法的计算量非常大。这是对于多自由度机器人的多维问题的真实反应。因为机器人可能有一些手臂，所以机指器人具有的运动可能性。可以横向、纵向移动的机器人只有两个自由度，而一个复杂的机器人手臂或扩展配件可能有六个自由度。该自由度是指特定机器人特定运动的独立参数个数。这有助于确定机器人结构以及周围环境的空间配置。机器人 PMP 的一些经典方法是路线图法、单元体分解法、势场法和数学规划法，其中一些将在以下各节简要介绍。

10.2.1 路线图法

在此方法中，自由 C 空间（一套可行的运动/空间配置）降低到或映射到一维网络（NW），这种方法也称为回缩、构架或道路法[5]。在路线图法中，寻找解决方案受限于网络，PMP 问题退化为地图搜索问题。众所周知，RMS 方法有可视图(VG)、Voronoi 图(VD)、轮廓(S)和子目标网络(SNW)四类[5]。VG,自由 C 空间的直线集合,从一个对象的特征点连接到另一个对象的特征点。这些特征点是多边形障碍物的顶点;可视图中有边,VG 是在二维中构建的。在 Voronoi 图中是对象的集合,Voronoi 图将空间分割成很多单元。每个单元组成一个特定点,相关点彼此靠近形成一个特定对象(而并非其他对象)。在轮廓法中,从高维空间到低维空间的转换中一个投影对应一个对象,然后描绘出投影的边界曲线,类似于描绘出一个人的轮廓。在子目标网络方法中,还没有建立障碍配置的明确表述,但从开始配置点到可达配置点的列表是存在的。在到达目标配置点时,PMP 就解决了。该可达性(一个配置点到另一个配置点)是由一个简单的局部 MP 算法确定的。这样的区域操作需要机器人在直线连接的配置点间移动。

10.2.2　单元分解法

在该方法及算法中,首先自由 C 空间被分解成一系列简单单元;然后计算出单元间的毗邻关系;最后得出起点与目标配置点之间的无碰撞路径。先从识别起点和终点开始,再将其与中间的单元按一定顺序连接起来。

10.2.3　势场法

在这种情况下,机器人被视为 CS 中的一个点,也就是,人工势场下的一个质点,人工势场就像电场或重力场(GF),然后在有引力的自由空间定义一个势函数,该势函数牵引机器人导向目标点并逆势场远离障碍[1,5,6]。这种吸引势能(功能/力)定义为机器人与目标点之间的相对距离函数,并假定目标在空间中是固定点。然而,它可以将机器人与目标之间的相对速度加入势场,从而增加自由度,使机器人能够胜任各种跟踪任务[6]。取决于相对距离和速度的势函数具有更多途径,通过该函数可获得更好的最优路径。加入机器人与障碍(构建障碍函数与排斥势函数)之间的相对位置和速度也是可行的。

10.2.4　数学规划法

数学规划(MP)法规划路径时,避障条件是一组配置参数(CP)的不等式[5],PM 规划描述成一个数学优化问题。解决 PMP 问题的方案是找到起始点和目标点之间的曲线,并将其标量最小化。

10.3　探试法

经典方法之所以经典,是因为它们被充分证明或经测试确定能够获得合理的结果,虽然可能不是最优的,但一定是在给定问题约束和机器人环境信息下的有效方案。经典或传统的方法有一些局限性[5]:在高维计算中时间复杂度高,这些方法需要更长的时间来解决高维的 PMP 问题;这些方法通常会陷入局部极小。因此这些算法在实际中变得效率极低。还有其他的方法/算法,它们提高了经典方法的效率:概率地图(PRM)和快速拓展随机树(RRT)。这些算法具有高速实现的优点,在算法步骤和迭代中只需较短的时间就能进行高维计算。由于上述传统方法的局限性,近年来已得出了一些新的方法(称为启发式算法,堪比经典的 PMP 方法)[5],如模拟退火(SA)与势场(PF)的组合、人工神经网络(ANN)、遗传算法(GA)、粒子群优化(PSO)、蚁群法(ACO)、协同机制、小波、模糊逻辑(FL)和禁忌搜索(TS)。虽然 PMP 解决方案不是由这些算法保证的,但是如果找到解决方案,那么这些方法可以用更短的时间获得解决方案。

10.3.1 人工神经网络

在移动机器人的周围障碍物可能是移动的,那么在动态环境中可以使用人工神经网络(第 1 章)实现实时无碰撞路径/运动规划。这种方法可以应用于指路移动机器人、机械手、车型机器人和多机器人系统[5]。在这种方法中,人工神经网络的状态空间作为机器人的空间配置。于是,人工神经网络的动态活动景观代表机器人周围环境的动态变化。就像势场法,目标在整个状态空间吸引机器人。障碍物使机器人在局部运动时总是远离它们,以避免碰撞。机器人到达目标的实时运动是通过人工神经网络规划的,但不包括以下方面[5]:在自由空间或无障碍路径的显式搜索;显式优化任何已选择的成本函数;有关环境的任何先验知识;任何学习过程;任何局部碰撞检测步骤。这样的方案在计算上非常有效。

10.3.2 遗传算法

针对机器人的 PMP 问题,遗传算法的应用(第 1 章)需要:发展一条合适的路径染色体;路径制导策略;避障方法;有助于实现最佳及平滑路径的代价函数或适应度函数。假定环境是静态的和已知的。在第 12 章将进一步探讨遗传算法在不确定环境下路径/运动规划中的应用。

10.3.3 模拟退火法

实际上,模拟退火法用于提取一个优化过程,它在搜索全局解决方案时被困在局部最小值中。新的解决方案(如候选者的下一位置的新 x 坐标)是在迭代的每一步被随机选择的。这个解决方案是从当前一组 x 解的临域被选出的,因为算法被困在这里[5]。如果机器人的新位置有较低势能，$U(x-\text{new}) \leqslant U(x)$（或者上坡移动—经验值概率（$-\Delta/T$）及 $\Delta = U(x-\text{new}') - U(x)$］，其中 U 为成本函数（势函数），T 为温度。如果新解决方案 $x-\text{new}$ 不被接受，则算法进行下一步。通过冷却速率 r 降低温度 T。重复以上过程直至出现一个接近零的极小值，或解决方案已经跳出局部最小圈闭。

10.3.4　粒子群优化算法

粒子群优化算法主要是基于对飞行鸟群优美动作的研究[5]。它的理念是基于某些生物种群展现的集体智慧行为，该理念可用于解决机器人的其他相关问题。在 PSO 算法中，一套（随机产生的）解决方案（称为初始群）传播于设计空间，针对多次迭代的最优解（移动）。这种策略利用了大量有关设计空间的信息。这一信息被从事飞行或搜索任务的种群所有成员所消化和共享。因此，PSO 算法的灵感是来自于鸟群、鱼群和通过不断移动来适应变化和新环境的动物群的能力。这个群优化行为帮助这些动物、昆虫、鸟类群体找到丰富的食物来源，并避免掠食者。从本质上讲，这是依靠信息共享完成的过程，并因此发展了进化优势和进化稳定策略。用模糊逻辑增强粒子群优化算法是可能的，模糊逻辑是通过模糊隶属函数和模糊 If…Then 规则合并信息共享过程的。

10.3.5　蚁群法

用于路径规划的蚁群优化方法利用了蚂蚁从巢穴到食物源完成搜索任务[5]的集体行为的优势。在该方法中，两个独立的蚁群分别放置在巢穴和食物源。许多蚂蚁（称为代理）从巢穴被释放，从起点配置点开始觅食，搜索食物并达到目标配置点。每只蚂蚁都有一定数量的信息素（一种物质），当它穿越路径时沿路径留下信息素，其他蚂蚁追踪这个由先前从巢穴出来的蚂蚁留下的信息素（足迹）。这些信息素可能包含低成本信息和附近的障碍（由障碍函数定义）信息，使蚂蚁朝着正确方向到达目标位置。初步的测试结果表明，基于蚁群算法的机器人路径/运动规划能够减少从初始到目标配置点之间的中间配置点，从而保证运行时间在可接受范围[5]。

10.3.6　协同机制

协同（“stigmergy”）概念描述了群居昆虫社会团体中的个体之间的间接沟通[5]。这个概念是不依赖于自蚁工本身的建筑活动的监管和协调，但主要是搭建巢穴。也就是说一个激发配置触发一个响应，白蚁工就会将一种配置转换成另一种配置。相应的，这一行动也可能触发，使同一只白蚁或蚁群中的任何其他成员执行另一个不同的动作。通过设计机器人的传感、驱动和控制功能的程序与一体化集成,可以在面向任务的机器人路径/运动规划中运用协同机制的概念。这个强大且有吸引力的协调机制需要个体机器人的功能极少。机器人之间不需要直接沟通。这个理念似乎是由自身进化的筑巢结构在员工群体中产生了一定的响应,这些员工开始修改当前的结构,并开发一个新的可能是更好的结构。这个过程可以被复制用来应对机器人 PMP 情况。这就像当一个机器人发现它的路径是好的时候,它被激发去做得更好,然后进化出一个更好的解决方案和一条路径。这就像快速学习,不仅从环境,而且从自身的成功行动中获取经验来取得下一个最优或有效行动。研究表明,遗传算法用于与协同机制概念相结合,以便评估出激励的适应度,确定组态改变或改进后的质量。该方法能与基于行为的机器人体系结构相媲美。

10.3.7 小波理论

在这种方法中,地形是用小波的多分辨分析表示的。路径通过相对光滑和平稳的粗略信息近似模拟而被分级规划。所选地形部分通过下载的已选成本函数的分层近似误差来区分。为了计算这个错误要应用相应的小波系数。另一个基于地形分类成本的非标量路径成本测量方法也可用于全局路径搜索算法。这样获得的路径避免了高分类成本的区域,还可以为特定机器人在粗糙地形表面获取有效运动规划的任务中添加约束。

10.3.8 模糊逻辑

模糊逻辑用于机器人路径规划的理念可以做如下展望:移动障碍物的不确定建模;考虑不同传感器测量的不确定性;在模糊推理系统(FIS)中使用一定的规则库。例如,如果传感器测量显示障碍很近,就向左转或向右转(是指挥机器人的决策)等。可以使用Ⅰ型或Ⅱ型(区间Ⅱ型)的模糊逻辑,可以将机器人环境模糊化并选择合适的隶属函数,也可以在机器人地图学习中使用神经网络结构,随后在动态环境中导航,或者可以使用自适应神经模糊推理系统(ANFIS)。

10.3.9 禁忌搜索

这是一种元启发式方法,相应的算法不存在局部极小问题[5]。计算特定移动的重复次数,然后算法确定移动量。这些移动量列在一个表格,作为路径规划的指导。利用禁忌搜索(TS,一系列的禁忌,即禁止)在每一次搜索迭代都重新定义动作,以此限制机器人的通航地点,并引导它朝向目的地。传感器测量范围的应用和定义成本函数值,使得机器人被某些障碍物顶点所吸引。连接不同障碍物的顶点组成线段,机器人沿着该线段形成的路径移动。当解决方案陷入死角时,规划者还可以利用随机移动解决方案。多次不同练习和实验表明,该方法效果很好。

10.4　机器人路径规划

机器人的配置可定义为环境中的一个点,这是由它的位置和转角给出的(参见 10.2.1 节和图 10.1)。路径规划问题是确定下一步(最佳/优化)移动,该移动是从当前配置(点)到下一点乃至再向前一点。这样,机器人将最终获取目标配置(最终目的地)[1]。路径选择,按照路径规划,遵循此路径,同时移动机器人应最小化其度量标准直到合适为止,例如,一些规范的路程,从初始点到目标点,或某种形式的能量(机器人花费的)应该最小化。应该利用和收集有关环境(就变化而言的)的信息,并根据这些信息确定下一步最佳措施。上述定义不需要(之前任何特定化的)从开始配置到目标配置的完整路径,它只需要路径规划者不停地给出下一个最优移动点,直到机器人到达目标点。机器人通过距离标量移动,机器人不断调整其驱动系统是不可能的,因为即使一个指令立即发出,两个连续命令的定义也有一定时间间隔,因此机器人是不断移动而不是连续移动。

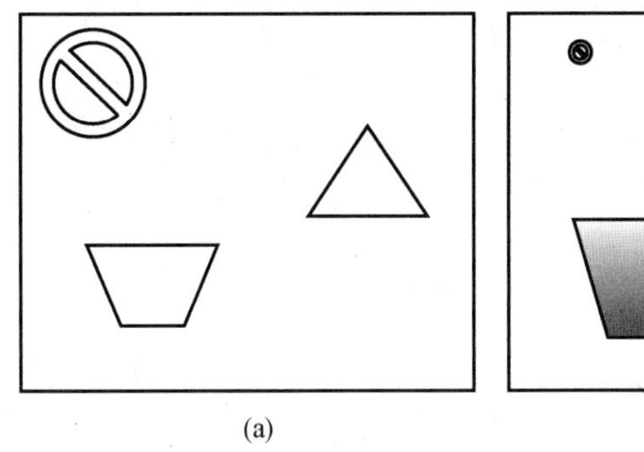

(a)

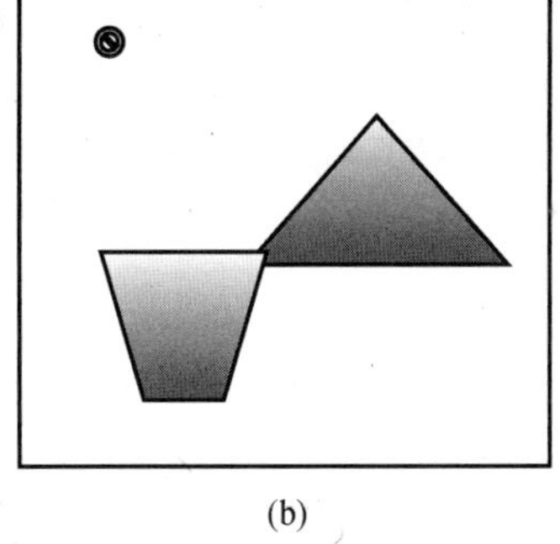

(b)

图 10.1　机器人空间配置

(a)被圆圈圈起的机器人;(b)障碍扩展到允许其在建模中被看作一个有尺寸的点对象的机器人。

10.4.1　空间配置

需要构建一个机器人(建一个合适的数学模型,第 2 章)与环境的模型,目的是为处在该环境的机器人规划路径。假定用 N 维矢量描述机器人周围环境的状态。该矢量定义了机器人的配置(空间),矢量应该足够完整,以准确描述机器人周围环境的状态[1]。同时,矢量应足够简单保证它的维数相对较少,从而使路径规划的计算是可行的。机体固定机器人在 3D 空间可以沿任何方向移动,具有六个自由度:它的位置由沿 X、Y 和 Z 轴的直线方向和相关轴的旋转角度——俯仰角、偏航角和滚转角确定。对于机体非固定机器人,例如,一个外延机械手臂,如果它在操作或运动时有显著影响,那么机器人的外形尺寸应扩展到手臂。因此,这些可能的机器人配置(沿 X 轴、Y 轴、Z 轴的位置和旋转,外臂的尺寸与凸出物体的尺寸)称为空间配置。可以限制空间保留三个自由度:机器人在 X 轴和 Y 轴的位置以及机器人所面对的方向,即偏航与航向。因此,给定机器人可以被一个最小半径封闭,即可认为是圆形的或设计成一个圆的形状。在这个空间配置定义中,它是一个连续的二维欧氏空间。为了实际应用,机器人可视为配置空间的一个点(图 10.1)。也可能把机器人自己的空间看作任何其他的规则形状,这取决于机器人空间的维数和延展范围。机器人也可视为空间配置中的一个“点”,而障碍物可适当放大,以获得一个相当的配置空间(图 10.1(a))。

10.4.2 图表

机器人的环境是应用有向图来模拟的。有向图 $G(V,E)$ 定义为一组顶点和有向边 E[1]。边 $e=(V,W)$(集合 E 的一个组分)是在 V 空间中,直接连接源顶点 v(集合 V 的一个组分)到目标顶点 W 的直线。对于顶点集合中的每个顶点,边缘的目标函数由 $\mathrm{out}(v)=\{w|e=(v,w)|E\}$ 给定,边缘的源函数由 $\mathrm{in}(v)=\{w|e=(w,v)|E\}$ 给定[1]。开始的顶点代表机器人的初始物理位置用 vS 表示,目标顶点用 vG 表示。在二维环境中,图形可以在相邻网格单元之间的网格模式中给出。如果在相邻两个顶点之间存在障碍,则可以去掉边缘或将其成本设置为过高的值。

10.4.3 广度优先搜索

广度优先搜索(BFS)算法假定所有的边缘(10.4.2 节)具有相同的权重,它能得出最优路径[1]。算法处理顶点的顺序是依据给定顶点与列表中开始点之间的边缘数量:该列表包含当前级别必须处理的顶点;该列表包含下一步将要处理的顶点。BFS 算法由起始顶点(标记为访问)初始化,并放置在第一个列表。第二个列表为空。而第一个列表不为空,顶点从中移除和扩大,当一个顶点被扩大,它所增加的所有“邻居”都是第二列表没有访问过的(以及标记已访问)。一旦第一个列表中的所有顶点都被扩大,第一列表和第二列表互相交换,而程序继续进行。当目标达到时(它被添加到第二列表),该算法可以停止,因为已经找到了一条路径。如果两个列表都为空,则表示没有找到目标,这意味着起点与目标之间没有路径可寻该列表可以实现为链表,连续时间内在该列表中可以进行插入和清除,顶点标记和返回指针存储为顶点数据的一部分,这些都是给定顶点初始化时所需的初始值。因此,获取和设置顶点标记需要持续一段时间。在极端的情况下,图可能包括两个互相连接的组分(一个仅是目标顶点,另一个是剩余的每个顶点),除了目标每个顶点将被访问。用这种方法检测每个边缘,该算法是最简单的图形算法,能够提供最佳路径。但是,如果所有边缘成本是相同的,则对于不同的成本需要更常规的算法。

10.4.4　Dijkstra 算法

Dijkstra 算法允许不同的边缘成本。它使用一成本函数 $g(v)$ 估计从开始顶点到顶点 v 的成本,该成本被初始化,对于开始顶点它为零,对于所有其余的顶点它为无穷大。顶点按照 g 值升序被访问,当一个顶点被访问(它被标记为访问),所有周围未被访问的顶点 g 值重新更新。附加边缘成本的顶点 g 值如果小于周围临近顶点的,则算法执行。当一个顶点被标记为访问时,它的 g 值包含从开始顶点到该顶点的准确成本。如果目标顶点被访问时,则找到路径。如果没有更多的顶点可访问,就表明没有路径。由此看来,由于以上算法需要不同的逻辑表达,所以它可能需要建立基于规则的专家系统软件或算法来提高自身的效率。

10.5　其他算法

10.5.1　Bug 算法

Bug 算法专门为带传感器(范围有限)的机器人应用而设计。该算法指示/引导机器人朝向目标移动(图 10.2)。障碍物是多边形形状,有凸有凹。

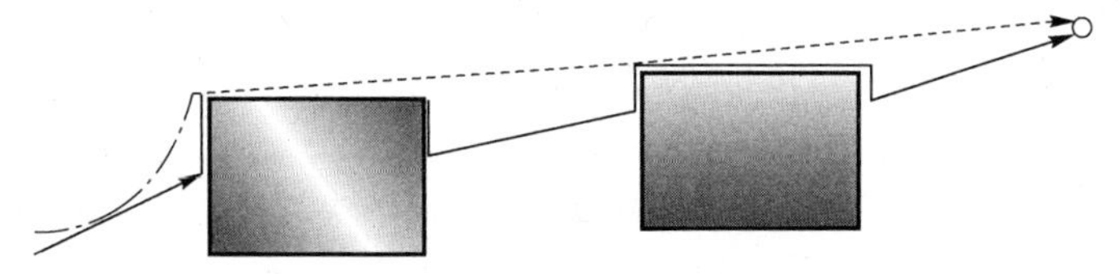

图 10.2　应用 BAS 的机器人路径规划

注:直线是 BA 算法规划的,虚线是 TBA 算法规划的。

当障碍物阻挡了机器人的路径,机器人必须绕开/沿障碍物边缘移动,直到它到达另一点(该点在通向目标的原始路径上),然后机器人继续朝着目标移动。有一种情况是,机器人完全绕着所遇到的障碍物行走,没有朝着目标,这意味着到达目标的路径不存在。BA 算法不能提供最优路径。切线 Bug 算法(TBA)作为标准 Bug 算法的扩展版,可在机器人给定范围内利用传感器信息。TBA 要求机器人周围装有测距传感器。该算法在运动目标模式和边界跟踪模式下操作[1]。在两种模式中,受传感器范围限制,TBA 将障碍物模拟成一个薄壁,所以当突然遭遇障碍时算法无法模拟其深度(仅能识别障碍物的存在)。这些薄壁是通过传感器测量时的不连续检测造成的。如果范围逐渐变化时突然增大到最大范围,则会出现突然增加的角度(这些角度表示障碍物的顶点)。因此,根据传感器的这些信息,该算法可以构造障碍的局部切线图。局部切线图包含障碍物边缘上的顶点和从机器人位置到这些顶点的边缘。在运动目标模式,机器人沿直线向目标移动。它也可以走向障碍物的顶点(通过这个顶点的路径是最短路径)。TBA 给出的路径更接近最优路径。在设计时让这些系统在静止障碍物的环境中工作。动态 Bug 算法(DBA)优化动态环境中的 TBA。

10.5.2 势能函数

势能函数适用于以下情况:目标是一个有吸引力/被吸引的点,而障碍是有斥力/被排斥的点。总的势能函数(TPF)是通过综合所有独立潜能函数(针对目标和所有障碍)构成的:$U(p)$ 是 TPF,p 是环境中的任一点,U_0 是针对目标的潜能函数,$U_i(i\in[1,n])$ 是针对 n 个障碍的潜能函数。在该方法中移动机器人的运动方向是利用 TPF 上采用的梯度下降法确定的,因此这种方法给出了机器人前进的方向。潜能函数(PF) U 必须是光滑的,如果不光滑,机器人路径可能会发生偏转而绕开这些不光滑点。连续矢量场应用于机器人的路径规划,可以用来直接控制机器人的驱动系统;然而,PMP 算法给出的是离散解,因此需要在这些结果中间插值以提供一个平滑的路径。这种方法带来问题是出现局部极小,但也有一些解决方案,如使用 SA 方法走出局部最小。因此,通常认为潜能函数的方法应与其他方法一起使用。可以使用各种各样的数学表示定义障碍函数,这样定义出的障碍才是最合适类型的障碍。同时,在给定环境中可以使用不同类型的势函数代表不同类型的障碍,或者势函数本身可以做如下指定,它是一个时间变异函数,模拟运动的障碍,就像在移动机器人环境中的人类。在高频动态环境中包含障碍并且周围有不确定因素,可以利用决策机制选择处于该环境的函数中的一个。

10.5.3 A* 算法

A* 算法利用启发式函数确定订单流程图中顶点的顺序[1](10.4.2 节)。如果每个顶点的欧氏坐标是已知的,则启发式函数可定义为欧氏距离函数(EDF)。如果启发函数更接近精确距离,则该算法在处理更少的顶点方面得到改善。在一个给定的启发式过程中,该算法通过处理尽可能少的图形定点产生最优路径和确定最短路径。如果最短路径的距离被高估,那么 A* 算法不能保证找出最优路径,但可以找到一条很快的路径。A* 算法使用的是类似在 Dijkstra 算法中应用的数据类型。A^* 算法使用估计成本函数 g、标记函数 t、返回指针函数 b、开放式列表的优先队列、启发式函数 t,该函数给出了从给定顶点到目标顶点之间的启发距离。对于 V 中的每个 v,优先级队列的命令函数 $f(v) = g(v) + h(v)$。实现路径规划,A^* 算法的步骤如下[1]:

(1) 初始化:所有的顶点被标记为 NEW,而所有其他的顶点函数不定义。

(2) 通过标记开始顶点为 OPEN 来初始化算法。

(3) 成本 g 被分配为零值,并纳入优先队列。

(4) 该算法处理优先级队列,直到队列为空或目标顶点标记为关闭。

(5) 当一个顶点从优先级队列中移除后,考虑其所有标记为 NEW 或 OPEN 的邻居的功能函数。

(6) 对于任何新的邻居,成本设置为当前顶点成本与边缘(顶点到邻居的)成本的总和。

(7) 如上所述,同样的计算用于开放的邻居,但这个计算值仅用于更新邻居的成本(如果它提高了当前的成本)。

(8) 对于新邻居,由于提高了成本值,返回指针就设置为当前顶点。

(9) 被标记为开放的顶点重新插入优先队列。

由于启发式函数设置为零,该算法等价于 Dijkstra 算法。A^* 算法将首次扩大了从开始到目标直线上的顶点。然后,它将扩展该线上的邻近顶点。算法处理顶点的方向是一个重要方面,出于这个原因,应当在相反的方向即从目标顶点到开始顶点的方向上研究 A^* 算法。

10.5.4　D^* 算法

D^* 算法是动态的 A^* 算法,没有使用任何的启发式算法,并可视为一个动态版的 Dijkstra 算法[1]。在 Dijkstra 算法中如图 10.3(a)副区,网格单元将在径向方向上被处理,而在 A^* 算法(图 10.3(b)副区)中,如果很好地应用启发式算法,则网格单元在目标方向上被处理。填充的单元格已被处理,而打开的单元格是在开放式列表中被处理的。该算法从目标顶点开始处理,而不是从开始顶点开始。如果环境发生变化,则改变的顶点被重新访问,并向外传播变化(通常是在处理几个顶点之后)。因此,并非每一次发现新障碍或障碍在环境中移动时,整个图形都将被探查。

该算法利用了当前的成本函数 g、顶点标记函数 t 和开放式列表。它定义了先前的成本函数 p,是用来维持开放列表中的顶点在发生变化后处理顺序的秩序,顺序由关键函数 $k(v) = \min[g(v), p(v)]$ 确定。先前成本函数 p 可以聚焦到关键函数 k,从而使成本函数 p 产生冗余。

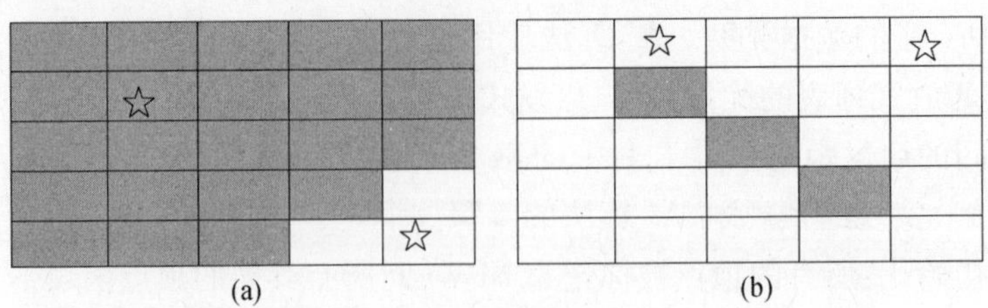

图 10.3　网格单元处理方向

(a)网格单元沿径向方向处理；(b)网格单元沿目标方向处理。

注:图(a)中的处理是在 Dijkstra 算法中进行;图(b)中的处理是在 A* 算法中进行,且充分应用了启发式算法,打开的单元格在开放式列表中处理,填充的单元格是已被处理的。

10.5.5　聚焦 D* 算法

D* 算法没有像 A* 算法那样使用启发式算法。聚焦 D* 算法[1]:在 D* 算法(DF)中使用相同的标记;不保持以前的成本值 p;使用开放式列表关键值 k 来存储相同的信息。h 是指顶点的当前成本,g 作为启发成本。FDA 几乎是等同 DA 的,二者的主要区别是在开放列表的排序上,FDA 通过使用 $f(v) = k(v) + h(v) + fb$ 完成。其中,fb 为当顶点已经插入到开放列表中时机器人的偏差,它的初始为零。偏差通过机器人先前位置与当前位置(无论何时移动)之间的启发式成本而增加,这避免了机器人移动时启发式值无效。

10.5.6　D* 算法简化

终身规划 A*(LPA)算法是一个最新算法,利用先前的路径计算和启发,然后通过适应 A* 算法(如果环境改变,为重新使用信息)而开发[1]。算法实施过程简单易懂,但只针对开始和目标位置固定的情况。因此,它不能直接用于机器人路径规划。D* 精简(DL)算法是来自 LPA*。它的工作原理很像一个路径规划者,但实际算法完全不同。D* 精简算法要利用一个需要被处理的开放式列表(如有序的顶点列表)。开放式列表只包含目标顶点和从列表中被处理的顶点。算法一直执行,直到满足终止条件。DL 算法使用的常见定义是针对顶点 g 的当前成本和顶点 h 的启发式成本,它还定义了一个未来价值 la,这是下一个当前成本的成本值。开放式列表是通过关键矢量(a,b)排序的,此时 $a = \min[g(v), \mathrm{la}(\mathrm{vaa})] + h(v) + km$, $b = \min[g(v), \mathrm{la}(v)]$,$km$ 类似于 FD 中机器人的偏差值。关键矢量的第一个元素是用来给顶点排序。如果有任何顶点之间的关系被打破,则用第二个元素。当机器人移动时,km 值通过机器人先前和当前位置之间的启发式距离而被增加,由于 km 值的变化,一旦顶点被处理,其实际关键值可能有别于它自己,实际值插入到开放列表中。

10.6　图形表示

图的顶点位置和顶点之间的连接是由环境图形决定的。其他方面如机器人如何在顶点图上移动,需要进行讨论。

10.6.1　网格表示

机器人环境由网格近似模拟,其中每个单元由图中的一个顶点表示[1]。该单元的邻居将在图中有适当的边缘。如果每个单元的临域太小,则该算法将在很有限的区间执行。如果每个单元的临域太大,该算法将花费很长的时间处理每个单元格的所有邻居。常见的邻近空间有:冯·诺依曼临域,仅包括给定单元的正北、正南、正东、正西方向的临域;除了冯·诺依曼临域以及对角线临域还包括莫尔临域;扩展的莫尔临域包括莫尔临域,也包括它们自己的莫尔邻居。所选临域的中心就是构造这个临域的单元。临域半径要适当定义,以保证临域内的行数/列数等于 $2r+1$。机器人可以沿着障碍的边缘移动,直至到达障碍的角落。如果机器人临域的外角为空,则会试图穿越障碍。解决这个问题的方法是形成一个分层结构,在该结构中由离邻域中心更近的邻居确定远离中心的邻居是否为空。

10.6.2　可视图

在可视地图/图(VMG)中,当(且仅当)视野中有一条畅通无阻的视线(LOS)时,顶点被连接[1]。成本是顶点之间的实际距离。在一个简单的可视图中,图形的顶点可以放置在障碍的边角,也可以放在起始位置和目标位置,并且它可称为可视图。假设环境中的障碍是多边形(或包含在多边形内),为获得 VMG 的可视性,必须确定图中的每对顶点。每个顶点和所有其他顶点之间的可视性由计算得出;使用的是旋转平面扫描算法,从而在测试两顶点之间可视性时减少多边形的边数。

10.6.3　四叉树

减少网格中单元数的方法是使用多分辨率网格,如四叉树(QT),它将环境分成四个单元[1]。每个单元都是四叉树的根节点下的子节点。网格中的每个单元也分成四个子单元,创建四个子节点,重复这个过程,直达预期的深度。四个相同的孩子由单亲单元代表。QT 允许障碍物边缘有高分辨率,然后对图的其余部分采用低分辨率,在 QT 的分区不一定要分成对等的部分。分区线也没有必要一定是垂直的。这些线可放置在节点的任何位置,只要它们将节点的空间划分为四个部分。然后找到一个最佳子空间,在该空间树的节点数目被最小化。临域也必须定义为四叉树单元,临域没有固定的单元数,从一个邻居到另一个邻居的移动成本视为两单元之间的欧氏距离。机器人在四叉树的单元之间移动,如同它在网格间移动一样。

10.6.4 方向表示

第三维度添加到常规网格作为机器人的方向。这个三维网格是一个定向网格(DG),是由传统网格构造得来的[1]。这个网格被分割成 n 层,n 是临域单元的数目(不包括临域中心的单元)。这些层从一层到下一层的变化方向为 360°/n。这样布置以后,在一个层内的单元就与邻近它的两个层内的相应单元连接。第一层和最后一层以同样的方式连接,以便定向轴包含其中。在已完成的 DG 中,层与层之间的运动使机器人旋转,而同一层上的运动(被赋予)使机器人在一个单一方向上移动。两个单元之间的距离(在定向网格中)不是这些单元所代表的位置之间的实际/真实距离。使用 DG 的优点是它有额外的成本来旋转机器人,它应该提供较少匝数的路径。DG 的缺点是增加了网格维数,并需要路径规划算法(PPA)来处理更多的单元。DG 确保不同的目标可以合并成图表示。

10.7 动力学算法

动力学算法应该满足:必须提供最优或接近最优的路径;由于移动机器人通常具有有限的计算能力,所以算法必须通过合理计算找到这些最优路径的及时成本和效率。

10.7.1 动态 Bug 算法

针对动态环境,DBA 采用 TBA[1]。它也有运动目标模式和边界跟踪模式两种工作模式。DBA 本身不观察周围障碍的全部,如果障碍物阻挡机器人的路径目标,DBA 仅仅观察障碍的左边缘和右边缘。当障碍物的两个边缘被发现时,机器人会选择能到达目标的最短路径的一边绕过障碍。当采用 TBA 时,如果机器人远离目标,就启动边界跟踪模式,在这种模式下,DBA 会注意障碍物上任一点到目标点之间的最短距离。该算法首先检查(在绕过障碍物之前)是否有任何点比障碍物上的任何点更接近目标。如果存在这样一个点,机器人就朝着这一点移动,终止然后边界跟随模式;否则,机器人将沿着这个方向继续向前移动绕过障碍物。DBA 并非总保持关注环境的任何信息,因此当障碍物移动时,它不需要任何更多的计算。它是一种次优算法。

10.7.2　A* 算法

A* 算法并不能处理变化图，因此当机器人每移动一步时，它就重新规划整个路径，以此方式处理动态变化，达到动态算法的效果[1]。重新规划的工作需要机器人拥有强大的处理器，这些处理器在机器人配置中反复运行传感器→计划→执行（SPC）循环（第 16 章）。这种技术在图形表示中也是必要的，且依赖于机器人的位置，如可视图。另一种方法是当观察到环境中的变化时，A* 算法将再次运行。这两种方法都允许机器人遵循最佳路径，但计算成本比一般方法更高。用 A* 算法规划路径，即只有当图中的某些顶点被修改时，算法才需要重新规划路径。该算法只利用边缘列表中的开放性顶点来决定最短路径。如果开放列表中既没有开始点也没有目标点的边缘发生变化，则当前最优路径不改变，该算法也就不需要执行。如果这些变化增加了边的权重，则需要另一条优化路径。如果边的权重被提高，则该算法只需要重新规划其路径。如果提高的边缘位于移动路径所要遍历的当前最佳路径的其余部分上，则完成此操作。当重新运行该算法时，这些新的条件可以确保在任何动态环境中，利用 A* 算法的计算成本会显著降低。

10.7.3　次优 A* 算法

在这种次优算法中，路径最优的限制条件是宽松的。高估准确距离的启发式算法会被指定条件。但如果曼哈顿启发式算法在摩尔邻居中使用，则它不会低估准确距离[1]。另外，可以忽略一些环境信息。因此，A* 算法的变体被开发出来，并称为盲 A* 算法（BAA）[1]。BAA 的函数与 A* 算法极其相似，若当前路径的一部分受阻，则只是重新运行 A* 算法。在动态环境中，对于算法而言重新规划路径是容易实现的，因为障碍足够远，不足以阻碍机器人。算法重新规划路径的范围是较小的。但是，对于机器人来说移动绕过障碍物是足够大的。BAA 忽略了路径上的可能障碍直到非常接近它们，因此 BAA 产生的路径比 A* 算法产生的路径平均长度要长。

10.7.4　D* 算法

在 D* 算法中，如果顶点的成本有变化，则算法沿着指针的相反方向执行。如果通过使其 g 值大于 k 值的变化提高了一个顶点，则相邻的顶点也被提高。算法持续执行，直到找到一个成本更低、更好的路径。当这个路径被发现时，顶点的 g 值减小。这种升降周期意味着该周期的每个顶点都会被处理两次。D* 算法的进一步介绍可参见文献[1]。

10.7.5 机器人运动轨迹规划

事实上,运动规划旨在提高机器人自动决定和执行一系列运动的能力,该系列运动目的是使机器人在自身环境中执行任务而不碰撞任何其他目标。在路径规划上,正如前几章所述只有几何设计,也就是考虑了机器人位置和方向的运动学细节,而在轨迹规划中,考虑线速度和角速度。像移动机器人一样,自主的代表如感知、规划及在实际和/或虚拟世界中行动,需要路径规划和运动轨迹一规划算法。这些算法和系统用于表达、捕捉、规划、控制和渲染一些独立或集体物理对象的运动(参见第 17 章)[3],应用在于制造、移动机器人、计算生物学、计算机辅助手术和数字操作子等方面。因此,运动规划的目标是计算运动策略,如几何路径、时间参数化轨迹和基于传感器的运动指令序列。目的是实现高层次的目标,如避免与障碍物发生碰撞地到达目的地 D、组装产品 P、建立环境地图 E、检测和找到一个对象。

在运动规划中,很多问题是基本路径规划问题:为一个刚性的、铰接式对象(机器人),或为在输入静态(和动态)障碍物的环境中的移动机器人计算无碰撞路径,如机器人与障碍几何学、机器人运动学(自由度)、初始和目标配置(机器人位置)以及连接初始和目标(机器人)配置的无碰撞连续运动序列的输出。然而,基本路径规划问题可以更复杂、更富有经验、更普及地扩展,并结合不确定性移动障碍物环境、多机器人(多机器人协作和路径规划)、可移动对象、可变形对象、用传感器提高数据采集的目标任务、非完整约束、动态约束、启发式或次优计划之前的最优规划、控制与传感的不确定性识别,这将会影响轨迹穿越的精度。因此,路径规划问题可扩展到更复杂的运动规划。这些扩展(至少其中的几个)将广泛应用于[3-6]:制造与相关工艺的设计;机器人编程与合理安置,如稳定定位;检查建筑代码;产生指令表;移动机器人的模型构建;数字操作子的图解动画;计算机辅助手术规划;分子运动预测;火星探测漫游者;军用车辆运动;组装维护;虚拟环境和游戏;计算生物学和化学应用;机器人足球世界杯比赛。路径/运动规划问题的共同概念(在 10.2 节 ~ 10.5 节中已经论述):状态空间(CS)、位置和与时间有关的速度;复合结构/状态空间(扩展机器人手臂,凸起部分);配置/状态空间的稳定区域;配置/状态空间的可视区域。

10.8 A* 算法与模糊逻辑组合

在这种联合方法中,假定所有障碍是静态的,机器人地图和障碍位置已知[7]。A* 模糊推理系统(FIS)算法为给定的机器人提供了无碰撞路径。A* 提供一个粗略的路径规划,而 FIS 给出更高水平的规划。两种算法各有优缺点:

A^*在路径优化和死锁上有优势,在非完整约束、时间复杂度和尺寸输入上有缺点;FIS 在非完整约束、时间复杂度和尺寸输入上有优势,但在路径优化和死锁上有缺点。在联合 A^*FIS 算法中,后者的缺点被 A^*算法的应用给弥补。在这种方法中,首先由 A^*算法发现初步的粗略路径,然后 FIS 产生,并利用遗传算法使之优化。这意味着,FIS 的参数是由合适的遗传算法优化的,经过训练的 FIS 应用于 FIS 路径规划,其中,中间点作为目标和结果添加到路径。这样,细微的调整都是由已训练的 FIS 完成,而它本身利用遗传算法进行优化。在联合算法中,FIS 方法是重复由 A^*算法提供的最初解决方案中所有点。此外,遗传算法最大限度地发挥了小型基准图的性能。

10.9　多 Agent 系统路径规划

多 Agent 系统的路径规划是一个复杂的问题,因为它涉及大量的代理系统(第 1 章)数据。在多 Agent 系统中,一个环境中的几个代理合作在某一部分时间执行已分配任务。因此,常用的方法可能不太适合具有特殊功能和要求的多代理系统实施路径规划[8]:障碍碰撞回避与多个代理/系统/机器人碰撞回避;避免死锁(发现无解,或算法陷入一个局部最小值);计算量可能非常大;多 Agent 系统之间可能需要大量信息交换;通信过载。所以,对于多 Agent 系统路径规划的方法有集中法、解耦法和组合法。在集中法中,所有机器人在一个聚合系统中运行。它们试图找到一个完整且最佳的解决方案,只要这个完整的信息和这样的解决方案存在。这里,要求计算能力非常高,复合系统中的机器人数量会呈指数倍增加。在解耦方法中,为单个机器人产生路径,这些机器人相互影响、彼此关照。在这种情况下,计算时间与相邻机器人的数目成比例,并且该方法具有健壮性[8]。在联合方法中,应用累积信息实现全局路径规划,然后区域信息用于局部路径规划。在多 Agent 系统路径规划组合方法中,主要目标是计划一个从当前位置到最终位置的完整路径。使用的方法可以是 A^*算法,波前法或概率地图。这种组合方法需要图形表示,图形可以由单元分解法实现,针对区域路径规划,应用组合方法,目标是为了避免障碍,实现合作。对于区域路径规划,可以使用势场法或矢量场法。在这种情况下,没有全局信息,也不需要地图表示。可以使用规则库,也就是说,如果"条件满足",那么"左边的 agent 应该首先移动"等。但这需要给多 agent 系统分配资源。这样可能会导致路径规划的解决方案不是最优。组合方法的其他重要方面有[8]:一个领导者和多个追随者的概念是可行的;一个可以指定领导者的层级,或者有一个虚拟的领导者;可以使用虚拟阻尼器和弹簧;可以将动态信息分配给边缘和顶点。

协同环境下的搜索和搜查机器人及其任务就是一个多 agent 系统的实例,

是上述方法中的一种,可用于路径规划。在这种情况下,对象位置/对象采用航空图像经过处理后确定它们的位置,帮助机器人规划路径。另外,集中算法和进化算法(GA)任选其一可用于确定最佳路径。

10.10 A* 算法路径规划问题图表

这里展示的是摘自 MATLAB®[9]的 A* 算法工作列表。首先定义一个二维图数组。该数组存储每个坐标系中地图和对象的坐标。其次该地图被适当的输入值初始化。这部分是交互式的,所以用户可以在这个二维图形上指定目标位置和障碍的位置(图 10.4)。同样也允许选择车辆的初始和最终位置。一旦该算法运行,就会生成最优路径,从最后节点即目标节点开始,然后确定它的父节点,直到到达起始节点。对于给定 CS(指定静态障碍)这应该是最优路径。用距离函数计算任意两个笛卡儿坐标之间的距离。函数是用来取用一个节点,并根据计算的函数值返回到继承者的扩展列表。使用的标准是,继承节点不在“closed”列表。填充“打开”列表的函数也被使用。在最小“Fn”内返回节点的函数以列表“open”作为输入并返回具有最低成本值的节点指针。运行 A* 算法后的 MATLAB 子图如图 10.4 所示,图 10.4(a)为 22 个障碍,图 10.4(b)为 5 个障碍。

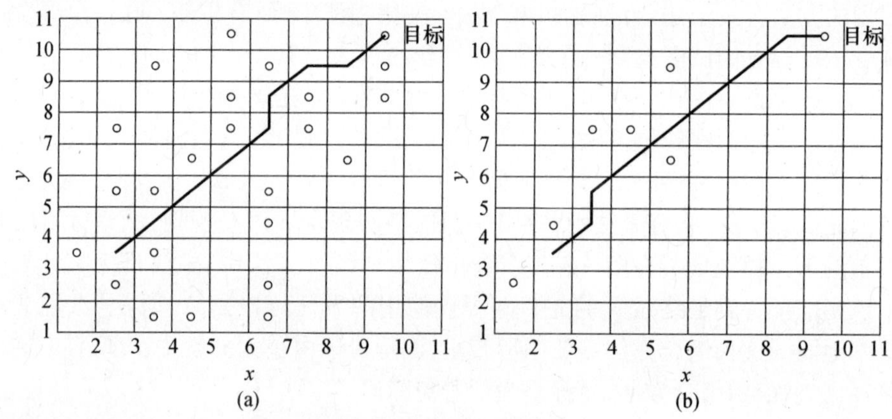

图 10.4 A* 算法的路径规划结果
(a)22 个障碍;(b)5 个障碍。

参考文献

1. Crous, C.B. Autonomous robot path planning. MSc thesis, University of Stellenbosch, South Africa, March 2009.

2. Simon, K. Evolutionary approaches to robot path planning. Doctoral thesis, Brunel University, UK, March 1999.
3. Sziebig, G. Interactive vision-based robot path planning. MSc thesis, Budapest University of Technology and Economics, May 2007.
4. Jean-Claude, L. Motion planning: A journey of robots, digital actors, molecules and other artifacts, Computer Science Department, Stanford University, Stanford, CA.
5. Masehian, E. and Sedighizadeh, D. Classic and heuristic approaches in robot motion planning—A chronological review. *World Academy of Science, Engineering and Technology*, 23, 101–106, 2007.
6. Ge, S.S. and Cui, Y.J. *Dynamic Motion Planning for Mobile Robots using Potential Field Method, Autonomous Robots*. Kluwer Academic Publishers, The Netherlands, 13, 207–222, 2002.
7. Kala, R., Shukla, A. and Tiwari, R. Fusion of probabilistic A* algorithm and fuzzy inference system for robotic path planning. *Artificial Intelligence Review*, Springer Publishers, 33, 4, 275–306, 2010.
8. Kaplan, K. Path planning for multi agent systems, 2005. http://www.robot.cmpe.boun.edu.tr/robsem/robsem/MASPP_KEMAL.ppt. July 2011.
9. Paul, V. Path planning A* algorithm in MATLAB (code, April 2005), http://www.yasni.com/vivian+paul+premakumar/check+people, July 2011.
10. Buniyamin, N., Sariff, N., Wan Ngah, W.A.J. and Mohamad, Z. Robot global path planning overview and a variation of ant colony system algorithm. *International Journal of Mathematics and Computers in Simulations*, 5(1), 9–16, 2011.

第 11 章　失序测量丢失数据问题

11.1　引言

近年来已经出现了几种传感应用的方法。几个应用程序需要基于噪声观测序列的动态系统的状态保持高保真估计。此类应用要求使用如卡尔曼滤波器(KF)[1,2]等的过滤机制,以便为给定的系统动力学模型匹配观测序列。本章的主要研究动机源于分布式传感器网络的多目标跟踪中出现的问题。多目标跟踪(MTT)的中心问题就是失序测量(OOSM)[3-14],也称之为随机取样延迟追踪问题[15-17]和混合时间延迟测量问题[18]。

许多跟踪和滤波工作是建立在测量可立即提供给代理的假设上的。然而,在测量中有遭遇不可忽略的延迟情况的可能,这使得测量和接收之间的滞后时间大到足以对估计或预测产生影响[19]。引起该问题的具体影响有:从传感器到跟踪的通信延迟;不同传感器在不同时间观测目标的当前状态;发送路径到数据融合节点的延迟(通常是因为传感器是一个有特定时间标记的旋转雷达的测量器)和观测数据的不稳定预处理时间,这依赖于系统的负载,从一个测量到另一个测量可以是不同的。延迟测量可能产生很多麻烦,特别是对于离散时间过滤。延迟观测分为常延迟和随机延迟两类。常延迟包括相同滞后常数的延迟测量。在这种方式中,测量从未观测到失序;这样的测量简单且连续。该行为可以被诱发,如通过传感器网络上的恒定带宽限制来实现。与此相反,随机延迟存在多种可能性,其中包括有恒定概率但固定滞后的延迟测量,或具有恒定概率但随机滞后的延迟测量。这样的问题可能作为传感器网络上的间歇带宽限制的结果而出现。随机延迟的所有模型都可能造成 OOSM 问题。因此,本章更关注 OOSM 问题。

与 OOSM 有关的另一个问题是不完整数据或丢失值。事实上,为了估计而应用 KF 时,跳过“校正”而直接进行“预测”,等效于把延迟测量作为失踪值来考虑[20-22]。在大量现实环境的数据库中丢失值的存在是很普遍的,这已成为学术研究中最重要的问题之一,因为大多数学习系统和早期阶段的统计没有对处理丢失数据(不完整矢量)进行设计。数据中存在丢失值有多个原因。一个值可能会丢失,是因为它不可用或由数据记录活动的“默认”而引起。丢失值的发生,也可能是因为数据收集中的混淆问题或传感器故障。在某些情况下,丢失可以由属性变量本身之间的关系引起。也就是说,在给定的属性变量上丢失的信息可能与数据集中其他属性变量的值有关。还有一种极端的情况,就是丢失值可能是在数据集中与一个未观测值(缺少值)有关。

本章一方面探讨 OOSM 的反弹,另一方面对传感器数据丢失的各种形式进行插补,以便在建立机器人预测模型时提高意识,应对延迟测量产生的影响。我们的研究重点是 OOSM 的应用和多目标跟踪预测的多重插补(MI)。重点突出是因为:OOSM 是一种新兴技术,可以在单个或多个目标跟踪预测中辅助处理延迟测量;该延迟观测问题与不完整数据问题有关,因此,可以利用插补程序(单个或多个插补);MI 方法比单一插补有优势,这是由于它克服了对插补值的不确定性的低估(单一插补方法低估了试图填充或插补的值的真正方差);由于缺乏足够的工具来处理延迟测量,机器学习技术已用来解决这样的问题,包括单个或多个目标跟踪或导航预测。

跟踪和过滤的大部分工作是建立在测量可立即提供给代理的假设上的。然而,不难想象测量中必然产生不可忽略的延迟,如测量和数据之间的滞后大到足以影响估计。在这种情况下,传统的假设即观测立即可用,很容易被打破[19]。OOSM 问题的直接解决方法是简单地忽略和放弃跟踪过程,这更类似于大多数统计软件包中处理数据丢失的标准默认方法,即列表删除。此方法显然会导致包含在丢弃 OOSM 的信息的丢失。为了避免这一缺点,相关文献中提出了几种可选方法,用以处理 OOSM 问题,特别是用于处理随机延迟。引人注目的是,处理延迟测量的大多数方法共同之处是延迟测量最终并入滤波处理。在时间延迟的情况下,通用方法与求解偏微分方程和边界条件方程有关,一般没有一个明确的解决方案[23-27]。在离散时间系统的情况下(尤其是对随机延迟),该问题已通过标准卡尔曼滤波[28]和相应的增广系统而得到研究[28-30]。Matveev 和 Savkin [31]考虑用增广状态的迭代形式处理随机延迟。Larsen 等人[32]是通过在延迟期间重新计算滤波器解决 OOSM 问题。在此基础上,Larsen 等人[32]进一步提出:应用 KF 的过去和当前估计来推断近似值的测量方法,然后计算这个近似测量值的最佳增益。Thomopoulos 和 Zhang[17]检验了固定采样下的随机延迟情况和随机延迟滤波器,结果证明其等同于约束滞后值为 1。Larsen[32]和 Alexander[33]等人建议使用延迟测量计算修正项并将其添加到过滤器估计。Zhang 等人[34]提出的算法是尽量减少在 OOSM 状况的信息存储[34]。Challa 等人提出在贝叶斯框架中表达 OOSM 问题[9]。上述方法在 11.3 节进行了更详细的描述。

11.2　背景问题的信息

本节介绍基于离散线性化时变系统的 KF 方程,其状态矢量 $\boldsymbol{x}_k$ 中,输入矢量

为 $\boldsymbol{u}_k$，输出矢量为 $\boldsymbol{y}_k$。KF 是处理噪声干扰下的离散线性系统的状态与测量的最优递归数据处理算法。KF 需要系统和测量动力学的知识，该系统和被测噪声的统计描述，动态模型的不确定性以及所感兴趣的变量的初始条件的任何可用信息。基于这些认识，它可以给出状态变量在观测下的最优估计[35,36]。KF 从开始就已成为广泛研究和应用的主题，尤其是在自主导航、辅助导航和目标跟踪区域方面。对 KF 的详细分析已超出了这项工作的范围。为了对 KF 的概率起源进行更详细的研究，可参见文献[36]。以下列出的方程，其目的是为了标记符号，由 Geld[38] 提出，由 Bar - Shalom 和 Li 改进[39]，后来由 Julier 和 Uhlmann 改善[40]。

11.2.1 系统和模型描述

KF 解决了离散时间控制过程的状态 $x \in \Re^n$ 的估计问题，假设随着时间由 t_{k-1} 到 t_k，该问题由以下线性随机差分方程求得

$$\boldsymbol{x}(k) = \boldsymbol{F}(k,k-1)\boldsymbol{x}(k-1) + v(k,k-1) \tag{11.1}$$

式中：$\boldsymbol{x}(k)$ 为在 k 时刻的状态矢量；$\boldsymbol{F}(k,k-1)$ 为从 t_{k-1} 到 t_k 的状态转移矩阵；$v(k,k-1)$ 为此区间的过程噪声（累积效应）。$\boldsymbol{F}$ 和 $\boldsymbol{v}$ 中的自变量顺序依据过渡矩阵的约定。通常情况下，这个过程噪声只有一个自变量，但为了能够描述明确，这里的两个自变量都是必需的。在 $\boldsymbol{\tau}$ 时刻构造 OOSM，并假设

$$t_{k-l} < \boldsymbol{\tau} < t_{k-l+1} \tag{11.2}$$

这要求过程噪声对任意非整数采样间隔的评价有效。注意，$l = 1$ 对应的情况是，延时是采样间隔的一部分。为简单起见，即使这个延时是时间步长的一小部分，也称为“1 步延时”的问题。测量 $Z \in \Re^m$，因此测量或观测模型为

$$\boldsymbol{z}(k) = \boldsymbol{H}(k)\boldsymbol{x}(k) + \boldsymbol{w}(k) \tag{11.3}$$

式中：$\boldsymbol{z}(k)$ 为观测矢量；$\boldsymbol{w}(k)$ 为观测噪声矢量；$\boldsymbol{H}(k)$ 为观测矩阵。

假设噪声矢量 $\boldsymbol{v}(k,k-1)$ 与 $\boldsymbol{w}(k)$（彼此）独立，加白噪声，其正态概率分布为

$$p(w) \sim N(0,Q) \tag{11.4}$$

$$p(v) \sim N(0,R) \tag{11.5}$$

过程噪声的协方差 $Q(k)$ 和测量噪声的协方差 $\boldsymbol{R}(k)$ 互不相关，它们可写为

$$\boldsymbol{E}[\boldsymbol{v}(k,j)\boldsymbol{v}(k,j)'] = \boldsymbol{Q}(k,j), \boldsymbol{E}[\boldsymbol{w}(k)\boldsymbol{w}(k)'] = \boldsymbol{R}(k) \tag{11.6}$$

与等式(11.1)类似，有

$$\boldsymbol{x}(k) = \boldsymbol{F}(k,\boldsymbol{\kappa})\boldsymbol{x}(\boldsymbol{\kappa}) + \boldsymbol{v}(k,\boldsymbol{\kappa}) \tag{11.7}$$

式中：$\boldsymbol{\kappa}$ 为时间 $\boldsymbol{\tau}$ 的离散表示法。

式(11.7)可改为

$$\boldsymbol{x}(\kappa)=\boldsymbol{F}(\kappa,k)[\boldsymbol{x}(k)-\boldsymbol{v}(k,\kappa)] \tag{11.8}$$

式中：$\boldsymbol{F}(\kappa,k)=\boldsymbol{F}(\kappa,k)^{-1}$，为反向转移矩阵。

11.2.2　用于延时测量的融合过程

用 $\boldsymbol{Z}^k \triangleq \{z(i)\}_{i=1}^{k}$ 表示一组累积测量值，则 OOSM 问题（截止到时刻 $t=t_k$，不包括时间标记 $t_\tau<t_k$ 的测量值 $z(\tau)$，如图 11.1 所示）简化为计算目标状态估计的条件均值问题，即

$$\hat{\boldsymbol{x}}(k|k) \triangleq \boldsymbol{E}[\boldsymbol{x}(k)|\boldsymbol{Z}^k] \tag{11.9}$$

其相关误差的协方差为

$$\boldsymbol{P}(k|k) \triangleq \mathrm{cov}[\boldsymbol{x}(k)|\boldsymbol{Z}^k] \tag{11.10}$$

假设初始状态 x_v 是高斯模型，目标状态估计的条件均值 $\hat{x}(k|k)$ 在最小方差时是最优的，可以应用 KF 递归运算得到。

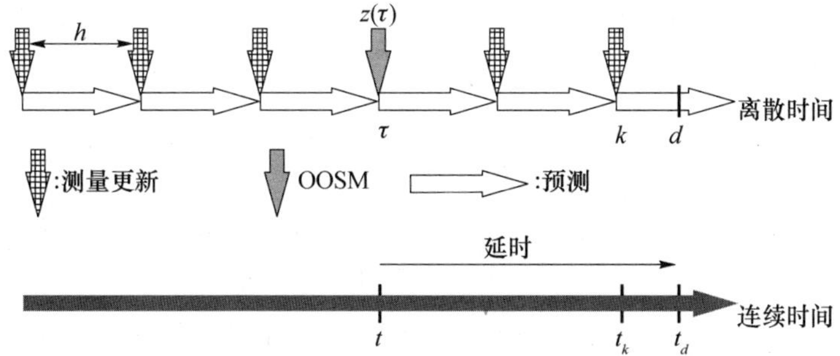

图 11.1　失序测量的时序图

假设测量值 z 被采集并用于更新时间间隔 h 内的轨道，以及其数据的到达时刻已知且该时刻属于正确的时间序列内，则 KF 基本算法可扩展为多传感器系统。给定 τ 时刻的测量值（用离散时间 κ 表示）为

$$z(\kappa) \triangleq z(\tau)=H(\kappa)x(\kappa)+w(\kappa) \tag{11.11}$$

在计算式(11.9)和式(11.10)之后，以一定的延迟到达，如图 11.1 所示。这里面临的问题是更新状态估计以及延迟测量的协方差，即计算

$$\hat{\boldsymbol{x}}(k|\kappa) \triangleq E[\boldsymbol{x}(k)|\boldsymbol{Z}^k] \tag{11.12}$$

和

$$\boldsymbol{P}(k|\kappa) \triangleq \mathrm{cov}[\boldsymbol{x}(k)|\boldsymbol{Z}^k] \tag{11.13}$$

式中

$$\boldsymbol{Z}^k \triangleq \{\boldsymbol{Z}^k, z(\kappa)\} \tag{11.14}$$

式(11.13)为延迟 KF 的权重提供了一种简单、直观的解释。分配给测量值的权重是该测量值与系统当前状态相关程度的函数。因此，实现延迟 KF 的困难

是计算 $\boldsymbol{P}(k|\kappa)$。11.3 节提出了延迟测量问题的解决方案。

11.3 现有的各种方法

11.3.1 OOSM

相关文献中提供了许多方案可以解决 OOSM 问题。对这个问题的大多数现有解决方案都是基于逆行性的，在这种情况下，对当前估计状态的逆向预测用于在适当时刻整合 OOSM。然而，近年来一些研究人员已经解决了 OOSM 问题，不需要进行反向预测，参见文献[41]。人们感兴趣的是反向预测解决方案。文献[17]研究了完整的失序测量矢量的随机延迟情况，其中延迟值限制为 1。测量结果与随机延迟的融合，可能是由于传感器缓冲区的排队，也可能是由于传输时间和传播时间的延迟。用于目标轨迹估计的最优滤波器是基于随机时间与失序的融合所接收的不确定源的测量，根据随机抽样、随机延时、随机抽样和随机延迟导出。

在文献[32,33]中，使用延迟测量来计算修正项，并将其添加到滤波器估计中，再次考虑完整观测矢量的延迟。在相同情况下，文献[32]提出了一种测量推算方法，以确保过滤器的最优，同时解决像改变测量和状态噪声协方差矩阵这样的问题。另一种解决随机延迟测量问题的方法[31]称为状态增广法，该方法用于处理由白噪声干扰的部分观测系统的线性离散时间。通过迭代增广状态设计出线性无偏估计量的降阶。文献[31]解决了最小方差状态的估计问题，并进一步展示了其提出的方法在自然假设下呈指数稳定。文献[42]提出了变维滤波，用以处理至关重要的过去状态以及状态达到的最大延迟。

文献[40]考虑了应用 KF 来估计动态系统状态的问题，它使用不精确的时间标记观测序列，并且认为这个问题与 MTT 应用中的身份模糊问题有相似之处。同时还描述了一种多假设与协方差联合(CU)的方法用于这类问题，并与概率数据关联滤波(PDAF)方法进行比较。其结果表明，PDAF 得到的结果最精确，但是计算成本也更高。PDAF 对似然模型的精度依赖性较强，这是其缺点。虽然 CU 需要两个 KF 更新估计，但它的优势在于不依赖于似然模型准确性这样的特定假设。

文献[34]提出了包含三种不同信息存储情况的两种算法，这些信息用于 OOSM 的状态估计更新。这两种算法在更新线性最小均方误差检测可用信息的应用上是最优的。文献[34]提出的算法(基于线性最小均方误差)通过应用不同信息(与单个 OOSM 发生的时间相关的)的最小化存储来试图尽量缩减 OOSM 局势的信息存储。此外，针对任意多个 OOSM 的情况，还拓展了单个 OOSM 的更新算法。文献[9]在贝叶斯框架中用公式阐述并解决了 OOSM 问题。他们认为,该解决方案涉及当前状态与过去状态的联合概率密度或与延迟测量相对应的状态的联合概率密度。对于多重延迟的情况,作者指明:该解决方案涉及一个针对增广状态矢量的联合概率密度的贝叶斯递推。在此基础上,增广状态的卡尔曼滤波器(AS - KF)和它的变量维度拓展(VDAS - FK)作为针对所述线性高斯情况下的方案被提出,从根本上解决了这个问题。AS - FK 用于处理与噪声目标状态互相关的隐式,并可以很容易地扩展到杂波处理。VDAS - FK 的理念是,增广状态只包含当前状态以及丢失测量值的过去状态。如果没有 OOSM,则滤波器降低到正常的 KF。此外,文献[9]中提出了一种新的增广状态概率数据关联滤波器(AS - PDA),该滤波器处理 OOSM 问题中出现的杂波的数据关联问题。仿真结果可用于证明这些算法的有效性。结果表明,与现有的方法相比,所提出的解决方案的成本较高;但实现的方法简单,而且在性能方面有明显的改进。处理该问题的原理性更强的方法是,扩展 Challa 的贝叶斯形式[9,37],包括时间延迟的不确定性。这类似于 MTT 产生的问题[43]。当跟踪系统接收到几个不同目标中的任何一个目标的观察时,MTT 产生,但所观察到的目标确切身份是未知的。

11.3.2　多重插补方法

插补是对丢失数据点或丢失数据点的某些值的替换或复位[44-46]。MI 是多变量分析中常用的处理丢失数据的最有吸引力的方法之一,它是一种三步处理法:一是应用恰当的模型创建丢失情况下的 M 个似真值的集合($M=5$,图 11.1),该集合反映了丢失数据所造成的不确定性,这些似真值集合的每一个值都用来“过滤”丢失值,并创建 M 个“完整的”数据集(“插补”);二是这些 M 个数据集中每一个都可以应用完整的数据方法来分析;三是将 M 个完整数据集的结果结合起来,这样将允予考虑就插补问题而论的不确定性(混合或组合)。

例如,用五个似真值或插值的集合代替每个丢失值(在实例中是这种情况,如图 11.2 所示),这样会创建一个五层的决策树(DT)[47],决策树的预测值将被平均化成单一的树,也就是,由 MI 获得的平均树。MI 保留了单一插补的大部分优势并纠正了它的主要缺点,如前所述。有多种方法可以生成插补。Schafer[46]编写了一套用于连续多变量数据(NORn)多变量分类数据(CAT)、混合分类与连续(MIX)数据以及多变量面板或聚簇数据(PNA)的通用程序。NORM 包含了一个最大均值似然估计、方差和协方差的期望值最大化(EM)算法。NORM 还利用了数据增强(DA)[48]的贝叶斯方法,在特定参数值的随机插补和参数后验分布下(给定的观测和插补数据)随机抽取之间的迭代中,增加了回归预测变量[49]。这两个迭代步骤足够长,其结果对于多个插补数据集来说是可靠的[46]。

迭代的目标是收敛到其平稳分布，然后仿真出丢失值的独立近似图表。该算法基于这样一种假设，即该数据来自一个多元正态分布，并且是随机丢失(MAR)。从本质上说，随机丢失数据的原因可能取决于观测到的数据，但一定与观测到的丢失值无关。

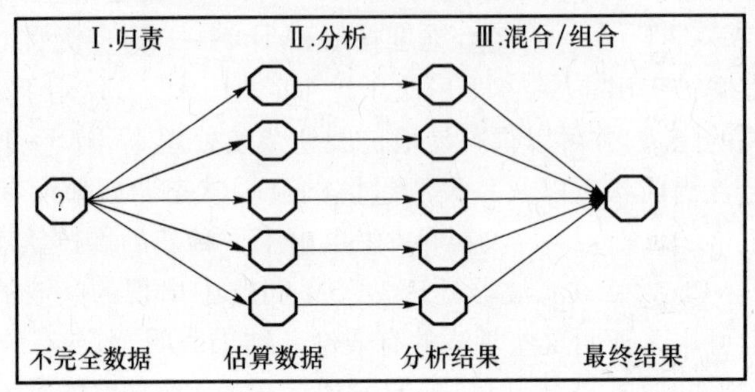

图 11.2　多重插补过程

虽然并非绝对必要，在尝试生成 MIS 之前，运行 EM 算法[50]几乎总是一个好主意。EM 的参数估计为 DA 提供了方便的起始值。此外，EM 的收敛性为 DA 可能的收敛行为提供了有用信息。因此，首先计算这些参数的 EM 估计；然后记录所需的迭代次数(用 t 表示)；最后单独运行长度为 tM 的 DA 算法，使用 EM 估计作为起始值，其中，M 为需要插补的数量。EM 算法的收敛是线性的，且是由丢失的那部分信息来确定。因此，当丢失信息的部分较大时，收敛因所需的迭代次数而变得很慢。然而，当丢失值部分很小时，收敛速度要快得多，收敛条件不那么高。EM 和 DA 过程描述：EM 算法的核心思想是引入一些不可观测的变量 Z，用于正在考虑的模型，如果已知 Z，可以容易计算 θ 的最优值。完整的条件概率密度(包括丢失变量)为

$$L(\theta \mid X,Z) = \sum_{i=1}^{N} \sum_{j=1}^{M} z_{ij} \log f(x_i \mid z_i;\theta) f(z_i;\theta) \tag{11.15}$$

通常的做法是把 Z 作为丢失数据，然后对它迭代估计。EM 算法欲使完整数据的似然性最大化，但不能直接利用，所以只能最大化期望，记为 $Q(\theta|\theta')$。如文献[50]所述，$L(\theta|x)$ 是完整数据其期望的似然性可以通过以下步骤实现最大化：

(1) 随机初始化参数。设置 $t=0$。

(2) E 步骤：确定 $Q(\theta|\theta^{(t)}) = E[L(\theta|X,Z)|X,\theta^{(t)}]$。

(3) M 步骤：设置 $\theta^{(t+1)} = \underset{\theta}{\operatorname{argmax}}\{Q(\theta|\theta^{(t)})\}$，其中，$\theta^{(t)}$ 为在 t 时刻的步骤中的当前参数估计。

(4) 迭代步骤(2)和(3)直到收敛。

假设数据集 $X=\{x_1,\cdots,x_N\}$ 分别分成观测部分 X_{obs} 和丢失部分 X_{miss}。为处

理丢失值,可以重写 EM 算法如下:

(1) 随机初始化参数。设置 $t=0$。

(2) E 步骤:确定 $Q(\theta|\theta^{(t)})=E[L(\theta|X_{obs},X_{miss},Z)|X_{obs},\theta^{(t)}]$。

(3) M 步骤:设置 $\theta^{(t+1)}=\underset{\theta}{\arg\max}\{Q(\theta|\theta^{(t)})\}$,其中 $\theta^{(t)}$ 为在 t 时刻的步骤中的当前参数估计。

(4) 迭代步骤(2)和(3)直到收敛。

E 步骤计算充分统计量的期望值,给定了模型参数 θ 的模型和数值,即对于丢失数据的完整数据可能性的期望值,给定了观测数据和当前参数的估计。M 步骤使用标准程序,通过最大化似然估计模型参数,给出完整的数据。程序通过这两个步骤进行迭代,直至收敛完成。当迭代中参数估计的变化可以忽略时,就会出现收敛。EM 算法的一个重要任务就是在 E 步骤修复插值中的误差变化。通过使用 EM 算法将丢失值替换为插补值,其结果是 EM 进行单一插补(EM-SI)。DA(类似于 EM)遵循以下程序:

(1) 随机初始化参数。设置 $t=0$。

(2) I 步骤:给定一个当前估计 $\theta^{(t)}$,从 $X_{miss},X_{miss}^{t+1}\sim P(X_{miss}\mid X_{obs},\theta^{(t)})$ 的条件预测分布中选择一个丢失值。

(3) P 步骤:以 X_{miss}^{t+1} 为条件,从完整数据的后半部分 $\theta^{(t+1)}\sim P(\theta|X_{obs},X_{miss}^{(t+1)})$ 中得出 θ 的新值。通过一个迭代过程获得两个分布 $P(\theta|X_{obs})$ 和 $P(X_{miss}|X_{obs})$。为选择 t 的合适值,可以通过文献[48]实现的 DA 算法,就是从 $P(\theta|X_{obs})$ 的采样 $\theta^{(t+1)}$ 到 $P(X_{miss}|X_{obs})$ 的采样 X_{miss}^{t} 进行迭代。

(4) 迭代步骤(2)和(3)直到收敛。

I 步骤对假设参数值下的丢失数据的随机插补进行仿真。P 步骤是根据观测数据和估算数据从贝叶斯后验分布中获得新参数。替代仿真数据和参数的程序由一个马尔可夫链(MC)$X_{miss}^{(1)},\theta^{(1)},X_{miss}^{(2)},\theta^{(2)},\cdots$创建[19],其最终是稳定的或在分布中收敛于 $P(X_{miss},\theta|X_{obs}$。程序迭代这两个步骤直至获得收敛。收敛速率与丢失信息的分数有关。可认为 DA 是应用仿真的 EM 算法的小样本细化,其中,插补步骤相当于 E 步骤,之后的步骤相当于 M 步骤。这是本章遵循的方法,称为贝叶斯多重插补(BAMI)方法。MI 的特点:①在插补过程中引入适当的随机误差项,使得该方法可以得到所有参数的近似无偏估计;②重复插补能够获得好的标准误差估计;③MI 可以用于任何种类的数据和任何类型的分析而无需专门软件;④MI 节省了资金,因为对于相同的统计功率,MI 需要更小的样本,如案例或案例删除;⑤一旦插补被知识渊博的用户产生,研究人员就可以使用自己的统计分析。然而,MI 必须满足某些要求才能拥有这些理想的特性:一是数据必须被 MAR;二是用于生成估算值的模型在某种意义上必须是“正确的”;三是在

某种意义上用于分析的模型必须与在插补中使用的模型相匹配。这些条件在文献[46,57]中有详细的描述。

11.4 仿真实验

本节研究了五种应对基于模型的插补程序的 OOSM 过程。选择的四种方法基于固定采样和随机延迟卡尔曼滤波器(FSRD - KF)、外推测量卡尔曼滤波器(ME - KF)、随机延迟状态增强卡尔曼滤波器(SARD - KF)、最小存储卡尔曼滤波器(MR - KF)和贝叶斯框架卡尔曼滤波器(BF - KF)。跟踪性能的特征是,在每个特定场景下运行的均方根误差(RMSE)超过 1000 次蒙特卡罗仿真。均方根偏差(RMSD)或均方根误差是模型或估计的预测值与实际观测到的模型或估计值之间的差异测量。一个估计量相对于估计参数 θ 的估计值 $\hat{\theta}$ 的 RMSD 定义为均方误差的平方根(MSE):

$$\mathrm{RMSD}=\mathrm{RMSE}(\hat{\theta})=\sqrt{\mathrm{MSE}\hat{\theta}}=\sqrt{E((\hat{\theta}-\theta)^2)} \tag{11.16}$$

以下对 Bar - Shalom 算法[3]的两种情况(过程噪声 q 为 0.1、4)在 λ 为 0.3、2 时进行实验,即底层目标进行直线运动或者高度机动。每次从初始状态开始随机生成数据:

$$x(0)=[200\mathrm{km}, 0.5\mathrm{km/s}, 100\mathrm{km}, -0.08\mathrm{km/s}] \tag{11.17}$$

对于先验误差协方差或形成增广状态的初始误差协方差,用两数据点法[43]初始化滤波器,有

$$\boldsymbol{P}(0|0)=\begin{pmatrix}\boldsymbol{P}_0 & 0\\ 0 & \boldsymbol{P}_0\end{pmatrix}$$

式中

$$\boldsymbol{P}_0=\begin{pmatrix}R & R/T\\ R/T & 2R/T^2\end{pmatrix} \tag{11.18}$$

如文献[52]所述,假设 OOSM 仅有一个延迟最大值,且在整个仿真周期内,数据延迟均以概率 P_r 分布,则该电流测量被延迟。所有统计检验均采用 MINITAB 软件[53]进行。方差分析采用一般线性模型(GLM)程序[54],用来研究主要效应和它们各自的作用。这样需要使用一个三通重复测量设计(其中,每一个效应都是根据它与仿真数据集的交互进行测试的)。固定效应因素是 OOSM 与插补方法、测量延迟概率和机动指标。

11.4.1 实验 I

为了验证评估这五个 OOSM 方法和基于 RMS 误差的 EMSI 性能,在实验中

应用了仿真数据。该实验是为了对单个 OOSM 方法进行排序，并评估单个延迟上的延迟测量（不同时间间隔和距离间隔）在位置误差条件下对单一插补的影响。实验结果描述了在 RMS 位置误差下的一个延迟测量的影响。对这些方法的运用在距离间隔和时间间隔上进行探究。从这些实验中可以观察到以下结果。

所有的主要影响其显著性水平为 5% 时最明显（$F = 37.17$，df = 5 用于 OOSM 方法和 EMSI；$F = 6.195$，df = 1 用于延迟测量的概率；$F = 9.39$，df = 1 用于操纵指数；每种影响的 $p < 0.05$）。从图 11.3 中可得，BF – KF 是处理一次滞后的延迟测量的最佳技术，过量误差率为 5.6%，其次是 EMSI、FSRD – KF 和 MR – KF，过量误差率分别为 6.1%、8.2% 和 8.5%。最差的技术是 SARD – KF，误差率为 9.9%。Tukey 的多重比较实验表明：ME – KF 与 SARD – KF，以及 FSRD – KF 与 MR – KF 之间没有显著差异。所有对比实验的显著性水平均为 5%。我们发现，所有的交互影响在显著性水平为 5% 时都是不明显的。在显著性水平为 5% 上没有发现交互影响。因此，在本章中没有讨论。

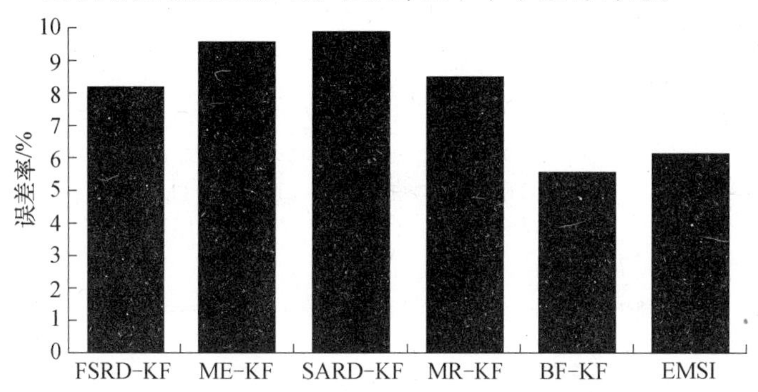

图 11.3　OOSM 和单一插补的综合结果

图 11.4 和图 11.5 显示了仿真结果，比较了 OOSM 和单一延迟超过 1000 次的插补方法的性能。有以下四点意见：

（1）SARD – KF 和 ME – KF 与 FSRD – KF 具有类似的 RMS 误差性能，MR – KF 和 EMSI 实现类似的性能。然而，后一种方法总是能实现较低的 RMS 误差率。BF – KF 在任何时候都能达到更高的准确率。这是针对非机动目标跟踪的情况（图 11.4）。

（2）在机动目标跟踪的情况下，BF – KF（再次）优于与 EMSI 差不多的方法。性能差异主要表现在较高的测量概率（图 11.5）。

（3）对于这两种操作，提高测量延迟概率 P_r 与增加方法之间的性能差异有关。实际上，所有方法的性能都随测量概率的增加而降低。

（4）BF – KF 和 EMSI 的精度以分钟来计算，需要更高的成本来实现（表

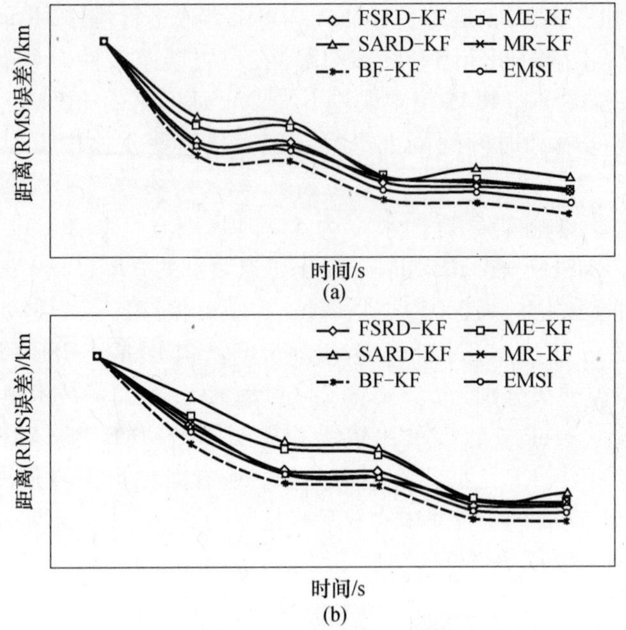

图 11.4　单一延迟 OOSM 的直线运动目标的性能(P_r 操纵指数为 0.3)

(a)$P_r=0.5$;(b)$P_r=0.25$。

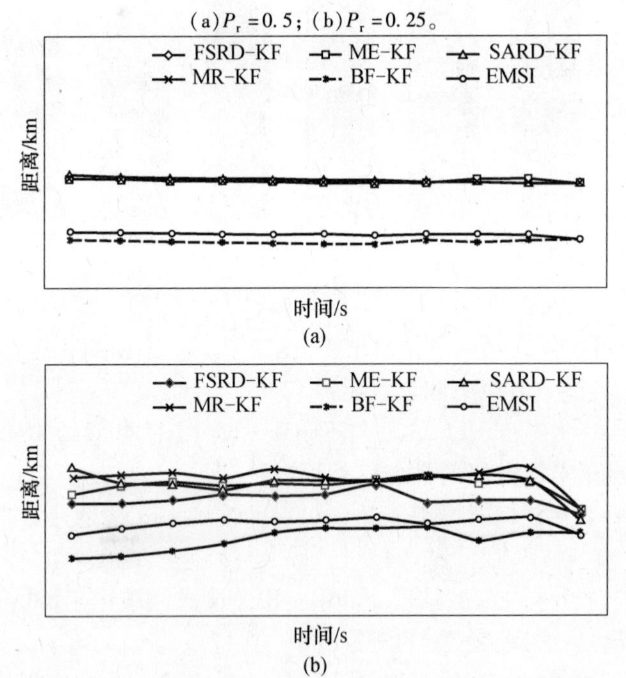

图 11.5　单一延迟 OOSM 的直线运动目标的性能(操纵指数为 1)

(a)$P_r=0.25$;(b)$P_r=0.5$。

11.1）。与其他方法相比，这两种方法大约需要 2 倍（在某些情况下是 3 倍）的时间。

表 11.1　OOSM 和单一插补方法的比较（单一延迟）

P_r	FSRD - KF	ME - KF	SARD - KF	MI - KF	BF - KF	EMSI
0	2.67	2.78	3.71	2.01	6.54	6.78
0.25	3.15	3.40	4.43	2.57	6.54	6.78
0.5	3.74	3.97	4.78	2.64	6.55	6.78
注：计算时间以分钟为单位						

11.4.2　实验 II

本实验的主要目的是要比较 OOSM 与多重延迟的插补方法的性能，尤其是前两个 OOSM 方法，在以前的实验中表现出更高的准确率。这些都是 FSRD - KF 和 BF - KF。此外，我们致力于检验针对延迟测量问题而提出的多重插补方法（处理不完整数据的进程）的有效性。所有的主要影响其显著性水平为 5% 时最明显（$F = 54.8$，$df = 2$ 用于 OOSM 方法和多重插补方法；$F = 11.62$，$df = 1$，用于测量延迟的概率；$F = 12.93$，$df = 1$ 用于操纵指数；每种影响的 $p < 0.05$）。

图 11.6 显示了 12000 个实验的平均结果（3 个 OOSM 和多重插补方法 ×2 测量延迟概率 ×2 操纵指数），总结了每种方法的准确性。图 11.6 进一步表明，在测量概率和操纵指数方面，BAMI 在整个范围中具有最高的准确性。Tukey 的多重比较实验表明，在 5% 的显著水平上 BAMI 和其他单个的 OOSM 方法之间存在明显差异。

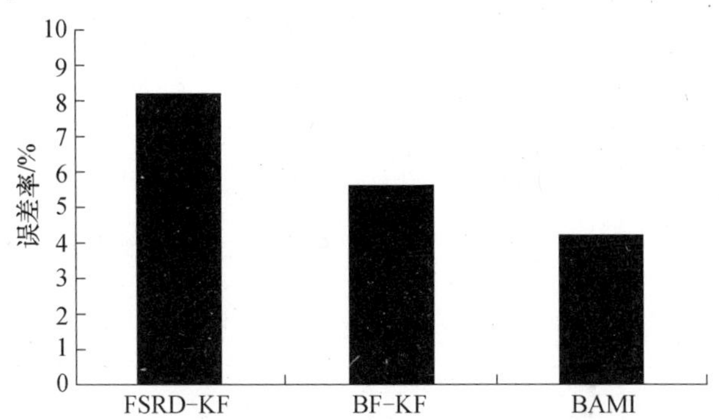

图 11.6　OOSM 和多重插补方法（多延迟）的结果（综合）

再次，在 5% 的显著性水平上的交互影响没有统计学意义。从这些实验结果中可以得到以下结论：

(1) 在非机动跟踪案例中,在所有时间和距离水平上这三种方法的精度都明显降低。另外,当没有测量延迟时,所有的方法都显示出非常好的适应性。事实上,在较低距离水平(20 ~ 90s)上,BAMI 可与 BF - KF 相媲美。总体而言,BAMI 作为处理延迟观测的方法实现了最高准确率,其次是 BF - KF 和 FSRD - KF(图 11.7)。

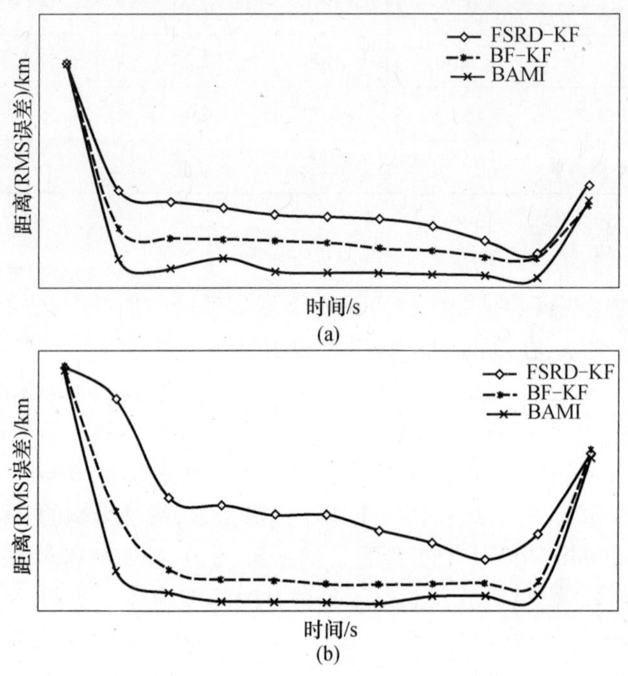

图 11.7 多重延迟 OOSM 的直线运动目标的性能
(a) $P_r = 0.25$; (b) $P_r = 0.5$。

(2) 在机动跟踪的情况下,BAMI 和 BF - KF 之间似乎没有性能差异,尤其是当延迟概率增加时。当概率较低时,性能上的差异相当突出,如图 11.8 所示。然而,在均方根误差方面,BAMI 仍优于 BF - KF。

(3) BAMI 的计算成本大约是 FSRD - KF 的 3 倍,几乎是 BF - KF 的 1.5 倍(表 11.2)。

表 11.2 OOSM 和多重插补方法的比较(多重延迟)

P_r	FSRD - KF	BF - KF	BAMI
0	3.19	8.14	10.67
0.25	4.43	8.14	10.67
0.5	5.99	8.14	10.67
注意:计算时间以分钟为单位			

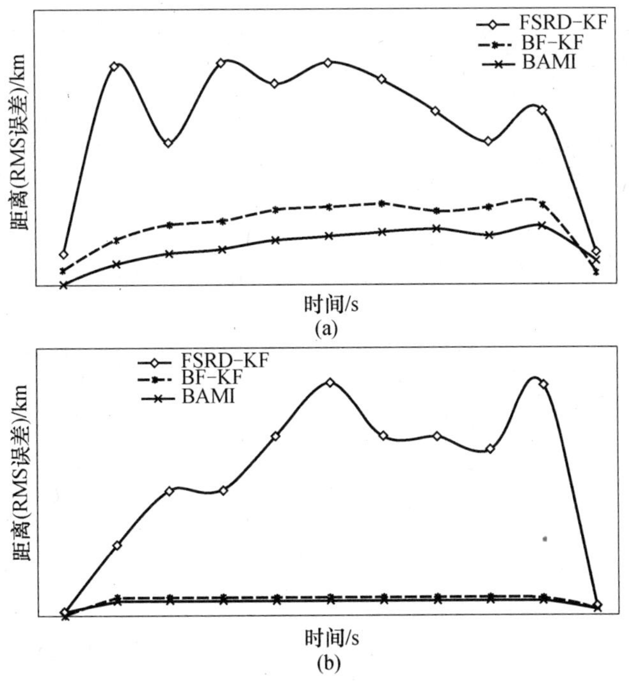

图 11.8　高度机动情况下多重延迟 OOSM 的性能

(a) $P_r = 0.25$；(b) $P_r = 0.5$。

11.5　探讨 OOSM 实验与结论

本章的主要贡献是利用仿真实验来证明 OOSM 算法处理延迟测量的有效性。所提到的技术是众所周知的，但对这些方法的广泛经验评价是一种原创性的贡献。此外，插补过程在传感器数据融合中并没有被广泛应用，因此，展示用于处理 OOSM 数据这一技术的可能性是本章对机器人学习方面的另一个贡献。

实证数据的分析研究是基于仿真数据，结果表明，插补策略可以成功地应用于处理延迟测量。根据初步证据，发现 EMSI 的性能可与单一延迟测量数据中的 BF - KF 相媲美，而 BAMI 在多延迟测量中可达到更高的准确率。BAMI 的良好性能可以归因于它的方差平均效益，即使它的计算成本很高。研究结果进一步表明，测量延迟的概率对该方法的性能影响很大。较大的位置误差率是由较高概率延迟方法产生的，这是由于方法之间存在较大的性能差异。此外，由于每个方法的性能随测量延迟概率的变化而不同，延迟测量的处理似乎不仅非常依赖于测量延迟概率，而且取决于操纵目标跟踪的范围。这些方法的实现中性能最差的是非机动目标跟踪。这是一个令人惊讶的结果，这并不符合统计理论给出的说法,即完全随机丢失(MCAR)更容易处理,而即时数据很难处理[46]。实验研究的潜在限制包括仿真数据的应用,这样可能会不由自主地造成某些偏见,尤其是当这些视为延迟的测量数据包含重要信息,而它们并没有像假设的那样延迟时。实验结果得到了验证。例如,实验是在对传感器数据有深刻理解的该领域专家的监督下进行的。这对我们自己和专家来说都是一次耗时的工作。

必须考虑对给定的传感器数据集(事实上存在延迟测量)应用插补策略。针对此处所描述的工作,对数据进行了仿真。不幸的是,这种类型的信息很少为大多数"现实世界"的应用程序所知。在某些情况下,可能需要使用领域知识来确定产生延迟测量的机制。在没有这些知识的情况下,采用人们所共识的保守理论:测量将被随机延迟。

仅对一个数据集应用了 OOSM 和插补两种方法。这项工作可以通过考虑使用更加平衡的其他类型数据集或更小的数据集进行更详细的仿真研究来进一步拓展,以便了解插补的优点。此外,在比较仿真研究中,尽可能多地使用数据集,以使结果更加合理。这项工作也可以扩展到对数据集的比较评估,对原始数据集进行人为的仿真丢失。上述问题将在未来进行研究。总之,本章为更好地理解基于模型的插补策略处理延迟测量的方法的相对优势和弱点提供了一个开端。希望这将激励人们在未来对不完整数据和软件预测进行理论与实证调查,也许可以消除对将插补数据用于软件预测心存怀疑的人的疑虑。

参考文献

1. Kalman, R.E. 1960. A new approach to linear filtering and prediction problems, *Transaction of the ASME—Journal of Basic Engineering*, 82(D): 33–45.
2. Allison, P.D. 2001. *Missing Data.* Sage, Thousand Oaks, CA, USA.
3. Bar-Shalom, Y. 2000. Update with out-of-sequence measurements in tracking: Exact solution. *Proceedings of the SPIE Conference on Signal and Data Processing of Small Targets*, Orlando, FL, USA, pp. 51–556.
4. Wang, H., Kirubarajan, T., Li, Y. and Bar-Shalom, Y. 1999. Precision large scale air traffic surveillance using and IMM estimator with assignment, *IEEE Transactions in Aerospace, Electronic Systems, AES*, 35(91): 255–266.
5. Mallick, M., Coraluppi, S. and Carthel, C. 2001. Advances in asynchronous and decentralized estimation. *Proceedings of the 2001 IEEE Aerospace Conference*, Big Sky, MT, USA.
6. Mallick, M. and Marrs, A. 2002. Comparison of the KF and particle filter based out-of-sequence measurement filtering algorithms. *Proceedings of the 6th International Conference on Information Fusion*, July 8–10, Cairns, Australia.
7. Mallick, M., Krant, J. and Bar-Shalom, Y. 2002. Multi-sensor multi-target tracking using out-of-sequence measurements. *Proceedings of the 5th International Conference on Information Fusion*, August 8–11, Annapolis, MD, USA.
8. Mallick, M., Zhang, K. and Li, X.R. 2003. Comparative analysis of multiple-lag out-of-sequence measurement filtering algorithms. *Proceedings Signal and Data Processing of Small Targets*, San Diego, CA, USA.
9. Challa, S., Evans, R.H. and Wang, X. 2003. A Bayesian solution and its approximation to out-of-sequence

measurement problems, *Information Fusion*, 4:185–199.

10. Bar-Shalom, Y., Chen, H. and Mallick, M. 2004. One-step solution for the multistep out-of-sequence measurements problem in tracking, *IEEE Transactions on Aerospace and Electronics Systems*, 40:27–37.
11. Bar-Shalom, Y., Chen, H., Mallick, M. and Washburn, R. 2002. One-step solution for the general out-of-sequence measurement problems in tracking. *Proceedings 2002 IEEE Aerospace Conference*, Big Sky, MT, USA.
12. Bar-Shalom, Y., Li, X.R. and Kirubarajan, T. 2001. *Estimation with Applications to Tracking and Navigation.* Wiley & Sons, New York, USA.
13. Bar-Shalom, Y. and Li, X-R. 1993. *Estimation and Tracking: Principles, Techniques and Software.* Artech House, MA, USA.
14. Blackman, S.S. and Ropoli, R. 1999. *Design and Analysis of Modern Tracking Systems.* Artech House, MA, USA.
15. Marcus, G.D. 1979. *Tracking with Measurements of Uncertain Origin and Random Arrival Times*, MS thesis, Department of Electrical Engineering and Computer Science, University of Connecticut, Storrs, USA.
16. Hilton, R.D., Martin, D.A. and Blair, W.D. 1993. Tracking with Time-Delayed Data in Multisensor Systems, NSWCDD/TR-93/351, Dahlgren, VA.
17. Thomopoulos, S.C.A. and Zhang, L. 1994. Decentralized filtering with random sampling and delay, *Information Sciences*, 81:117–131.
18. Ravn, O., Larson, T.D., Andersen, N.A. and Poulsen, N.K. 1998. Incorporation of time delayed measurements in a discrete time Kalman filter. *Conference on Decision and Control*, Tampa, FL, USA, *Proceedings of the 37th IEEE, National Bureau of Standards*, pp. 3972–3977.
19. Ray, A. 1994. Output feedback control under randomly varying distributed delays, *Journal of Guidance, Control Dynamics*, 17(4):701–711.
20. Lewis, R. 1986. *Optimal Estimation with an Introduction to Stochastic Control Theory.* John Wiley & Sons, Inc., New York, USA.
21. Challa, S., Evans, R. and Wang, X. 2001. Target tracking in clutter using time delayed out-of-sequence measurements. *Proceedings of Defence Applications of Signal Processing (DASP)*, Adelaide, Australia.
22. Tasoulis, D.K., Adams, N.M. and Hand, D.J. 2009. Selective fusions of out-of-sequence measurements, *Information Fusion*, 11(2):183–191.
23. Kwakernaak, H. 1967. Optimal filtering in linear systems with time delays, *IEEE Transactions on Automatic Control*, 12:169–173.
24. Richard, J.P. 2003. Time delay systems: A review of some recent advances and open problems, *Automatica*, 39:1667–1694.
25. Mallick, M. and Bar-Shalom, Y. 2002. Non-linear out-of-sequence measurement filtering with applications to GMTI tracking. *Proceedings of SPIE Conference Signal and Data Processing of Small Targets*, Orlando, FL, USA.
26. Zhang, H., Zhang, D. and Xie, L. 2003. Necessary and sufficient condition for finite horizon H_∞ estimation of time delay systems. *Proceedings of the 42nd IEEE Conference on Decision and Control*, 9–12 December 2003, Maui, Hawaii, USA, Vol. 6, pp. 5735–5740.
27. Zhang, H., Zhang, D. and Xie, L. 2003. An innovation approach to H_∞ prediction for continuous-time systems with application to systems with time delayed measurements, *Automatica*, 40:1253–1261.
28. Anderson, B.D.O. and Moore, J.B. 1979. *Optimal Filtering.* Prentice Hall, Englewood Cliffs, New Jersey, USA.
29. Hsiao, F-H. and Pan, S-T. 1996. Robust Kalman filter synthesis for uncertain multiple time-delay stochastic systems, *Journal of Dynamic Systems, Measurement, and Control*, 118(4): 803–808.
30. Kaszkurewicz, E. and Bhaya, A. 1996. Discrete time state estimation with two counters and measurement delay. *Proceedings of the 35th IEEE Conference on Decision and Control*, Kobe, Japan.
31. Matveev, A. and Savkin, A. 2003. The problem of state estimation via asynchronous communication channels with irregular transmission times, *IEEE Transactions on Automatic Control*, 48(4):670–676.
32. Larsen, T., Poulsen, N., Anderson, N. and Ravino, O. 1998. Incorporating of time delayed measurements in a discrete-time Kalman filter. *CDC'98*, Tampa, FL, USA.
33. Alexander, H.L. 1991. State estimation for distributed systems with sensing delay, In V. Libby (Ed.) *SPIE, Data Structures and Target Classification*, 1470:103–111.

34. Zhang, K., Li, X.R. and Zhu, Y. 2005. Optimal update with out-of-sequence measurements, *IEEE Transactions on Signal Processing*, 53(6):1992–2004.
35. Kailath, T., 1970. The innovations approach to detection and estimation theory. *Proceedings of the IEEE*, 58:680–695.
36. Maybeck, P.S. 1979. *Stochastic Models, Estimation and Control*. Vol. 1, Academic Press, New York, USA.
37. Orton, M. and Marrs, A.D. 2001. A bayesian approach to multi-target tracking and data fusion with out-of-sequence measurements. *IEEE International Workshop on Target Tracking Algorithms and Applications*, Enschede, the Netherlands.
38. Geld, A. 1974. *Applied Optimal Estimation*. The MIT Press, Cambridge, Massachusetts, USA.
39. Bar-Shalom, Y. and Li, X.R. 1995. *Multitarget-Multisensor Tracking: Principles and Techniques*. YBS Publishing, Connecticut, USA.
40. Julier, S.J. and Uhlmann, J.K. 2005. Fusion of time delayed measurements with uncertain time delays. *Proceedings of the American Control Conference 2005*, pp. 4028–4033.
41. Rhéaume, F. and Benaskeur, A. 2007. Out-of sequence measurements filtering using forward prediction. *Technical Report TR 2005-484*, Defence R & D Canada—Valcartier.
42. Lu, X., Zhang, H.S., Wang, W. and Teo, K.L. 2005. Kalman filtering for multiple time-delay systems, *Automatica*, 41(8):1455–1461.
43. Bar-Shalom, Y. and Fortmann, T.E. 1988. *Tracking and Data Association*. Academic Press, New York, USA.
44. Rubin, D.B. 1987. *Multiple Imputation for Nonresponse in Surveys*. John Wiley and Sons, New York, USA.
45. Rubin, D.B. 1996. Multiple imputation after 18+ years, *Journal of the American Statistical Association*, 91:473–489.
46. Schafer, J.L. 1997. *Analysis of Incomplete Multivariate Data*. Chapman and Hall, London.
47. Breiman, L., Friedman, J.H., Olshen, R.A. and Stone, C.J. 1984. *Classification and Regression Trees*. Chapman and Hall Inc., New York, USA.
48. Tanner, M.A. and Wong, W.H. 1987. The calculation of posterior distributions by data augmentation (with discussion), *Journal of the American Statistical Association*, 82:528–550.
49. Gilks, W.R., Richardson, S. and Spiegelhalter D.J. 1996. *Markov Chain Monte Carlo in Practice*. Chapman and Hall, London.
50. Dempster, A.P., Laird, N.M. and Rubin, D.B. 1977. Maximum likelihood estimation from incomplete data via the EM algorithm, *Journal of the Royal Statistical Society*, Series B, 39:1–38.
51. Allison, P.D. 2001. *Missing Data*. Sage, Thousand Oaks, CA.
52. Challa, S., Evans, R.J., Wang, X. and Legg, J. 2002. A fixed lag smoothing solution to out-of-sequence information fusion problems, *Communications in Information and Systems*, 2(4):327–350.
53. MINITAB. 2002. *MINITAB Statistical Software for Windows 9.0*. MINITAB, Inc., PA, USA.
54. Kirk, R.E. 1982. *Experimental Design* (2nd Ed). Brooks, Cole Publishing Company, Monterey, CA, USA.

第12章　动态与不确定环境中基于遗传算法的移动机器人路径规划

12.1　引言

机器人导航包括通过动态建模而形成的运动规划以及能够限制自身空间和几何模型的路径规划。运动规划在实时引导方面具有广泛应用,通过生成的反馈控制律为机械手和驱动轮提供扭转力矩,从而提供有效的参考轨迹。避障主要是基于“感知和回避”的理念,并利用车载传感器实现。路径规划主要应用于高级离线导航任务。路径规划的输出是从给定的初始位置到期望的最终位置,与机器人结构的可能空间和工作区域内已知障碍相关联的机器人的可行/最佳轨迹或路径。遗传算法[1]是基于自然选择和进化模型的强大工具,有助于对不连续大空间进行穷尽搜索(第1章)。

机器人系统的路径规划是指在避开已知障碍物的前提下,从给定起点到指定目的地的可行路径。此外,路径在最小距离/时间或燃料消耗方面也要求是最优的。最优路径通常作为数值优化问题提出,为此,各种优化算法被应用。Castillo 和 Trujillo[2]针对二维平面中的离线点对点的路径规划问题使用了多目标遗传算法(MOGA)。最小化目标是该路径的长度和难度。Khepera 机器人的运动规划问题是通过 GA[3]解决的。这些工作大多只考虑其所关注领域内的静态障碍物,然而在许多实际问题中障碍物大多是动态的。例如,在多个机器人操作流水作业线的情况下,其他机器人看作障碍物,并有一个已定义的动态行为。动态障碍的存在使路径规划问题引入了“时间维度”,否则只能在配置空间中解决路径规划。

Tychonievich 等人[4]在动态圆形障碍物存在的情况下应用机动方法进行路径的规划。Fiorini 和 Shiller[5]提出了速度障碍概念,基于该概念可以得出实时的规避策略。轨迹定义为在离散时间间隔内得出的一系列规避动作。Vadakkepat 等人[6]考虑了动态目标和障碍物的情况,利用自变量来定义障碍物和目标的各个潜在场,并沿合成势场假设机器人的运动。上述与运动规划有关的研究都是基于“意识避免”原则。因此,由这些研究所产生的路径是局部最优而不是全局最优。全局最优是必要的,例如,自主机器人在不确定的道路交通情况下行驶,必须要求路径全局最优。在许多情况下,其他实体(障碍)跟踪的路径在执行时是已知的先验,但包含不确定性。van den Berg 和 Overmars[7]的研究在开始时先假设障碍物的唯一信息是最大速率,没有关于方向的信息。然而,这是一个相当悲观的做法。Guibas 等人[8]在顶点的位置上假定了动态的多边形障碍,采用概率路径规划的方法来降低碰撞风险概率,进而导航到目标终点。文献[9]中使用了 GA 方法为自主机器人进行路径规划,而 Walther 等人[10]中认为,B 样条可以用来表示移动路径和控制运动。Singh 和 Gopal[11]使用遗传算法解决了机器人在障碍物位置和方向存在有界不确定性下的动态椭圆障碍状况中的路径规划问题。假定障碍物的名义运动轨迹是已知的,尽管其有一定的不确定性。人们提出了一种新的用于分析椭圆边界障碍物的不确定性的分析结果。在大多数文献中,认为机器人是一个"质点",因为机器人的尺寸与障碍物的大小相比可以忽略不计。最后,本章给出基于遗传算法的机器人运动规划的简要讨论。

12.2 二维平面中路径的表示

解决路径规划问题的第一步是在指定的区域内,从指定的开始位置到停止位置的路径参数化表示。本节仅适用于二维平面,但是,此方法也可拓展至高维度。机器人可以移动的领域通常是有限的,一般为[0,1] × [0,1]。此外,用(x_0,y_0)和(x_d,y_d)表示的起始点和目的地分别假定为(0,0)和(1,1)。Singh 和 Gopal[11]在现有文献的基础上讨论了在二维平面中表示路径的一些方法。路径可以表示为增量$(\Delta x,\Delta y)_k$的矢量,或者是极坐标中增量$(R,\theta)_k$的矢量[2,9]。在这些表示方法中,很难确保路径在期望值范围内,或能够到达指定的目标位置。因此,Castillo 和 Trujillo 在[2]提出了一个"路径修复"机制,以确保不可行路径可以转换为可行路径。Tian 和 Collins[12]提出了一个双关节双连机器人在二维平面中的运动轨迹规划。双关节双联机器人可以看作是一个 2 自由度的机械手,它的两个角度旋转用作路径参数。通过 Hermite 三次插值的多项式来表示空间轨迹的时间历程。在这种情况下,自由度运动学可以保证轨迹在可行区域内。然而,使用角度作为参数的问题是角度必须 360°环绕。这一问题可以通过使用外矢量来解决(它在二维平面(xn,yn)中有两个分量来定义其位置)。因此,应该选择路径参数的表示方法,并确保所有可能的路径都能得到充分的表示。另外,B 样条提供了一种有吸引力的方式来表示路径,它是由局部定义的分段连续片断组成[1,10,11]的。此外,还可以生成满足任何特定平滑性需求的 B 样条曲线。样条表示可以很容易地确保轨迹保持在指定区域内,且可以到达目标位置。因此,B 样条表示法适用于此项研究。路径表示为在某些实验时间间隔内定义的一组局部基函数的线性组合。如图 12.1 所示,位于$[0,t_1,t_2,\cdots,t_{\text{expt}}]=[0,1,2,\cdots,10]$的节点的线性二次基函数。令 B_J^k表示从值 J 开始的 k 次基函数。应当注意,基函数 B_J^1具有非零值,即跨越到节点 2,而 B_J^2跨越到节点 3,因此,在指定领域内有 $N-k-1$ 个基础函数。路径/轨迹可表示为

$$x_k(t) = \sum_{J=0}^{J=N-k-1} a_J B_J^k(t) \tag{12.1}$$

式中:N 为节点数;a_J 可以根据客户需要来选择,是构成基函数线性组合的自由参数。显而易见,B_J^1的线性组合会影响 C^0 的连续轨迹,而 B_J^2会影响 C^1 的轨迹,即 C^1 的轨迹在加速时可能会有间断。若有需要,可以通过使用 B 样条来实现更高要求的轨迹连续性。

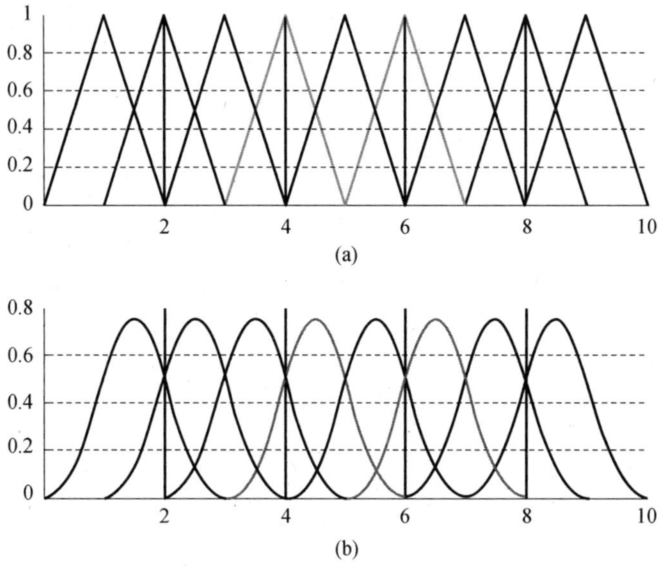

图 12.1　一阶和二阶 B 样条基函数

(a)线性 B 样条基函数;(b)二次 B 样条基函数。

根据定义,最后一个节点位置的轨迹值 $\boldsymbol{x}_k(t_{\text{expt}})=0$。因此,应该适当选择节点位置使 t_{goal}小于 t_{expt}。在 k 阶样条存在的情况下,任何给定时刻都有 $t_0 \geqslant t_{\text{J}}$,只有前面 $k+1$ 个节点的基函数可以有非零值。对于第一阶样条,有

$$x_k(t=t_0) = a_{J-1}B_{J-1}^1(t_0) + a_J B_J^1(t_0) \tag{12.2}$$

由于自由参数 a_J 对轨迹曲线有局部影响,因此,在前$j-1$ 个参数的基础上,通过适当选择第 J 个控制参数可以很容易地执行“目标到达”的条件。

对于线性样条曲线,只能修改初始位置和最终位置。二次样条曲线可以用来固定初始和最终的速度与位置。通过将自由参数约束在[0,1)内,可以使曲

线保持在区域[0,1]×[0,1]内。随着时间的推移,对于 x 和 y 轨迹使用相同的基函数集可以确保它们同时到达目标(1,1)。因此,使用如上约束的 $2(N-k-1)$ 个自由参数,可以相对容易地对二维平面中的可能轨迹的集合进行参数化。

12.3 动态障碍物的表示

相关文献已经讨论了各种二维几何形状的障碍。二维障碍物主要包括多边形障碍物和圆形障碍物。之所以圆形障碍物广泛使用,是因为它不仅可以更容易地表示在二维平面上,而且其旋转变得无关紧要。但是,当其使用不当时,表示结果会比较保守。例如,一个多边形障碍可以尽可能地表示成一系列圆形障碍物的集合[5]。本章主要研究椭圆障碍物,因为它们的旋转是有意义的。二维平面中,椭圆由其中心(x_c,y_c)、长半轴和短半轴(a,b)以及沿参考轴 X 的旋转角 θ 来定义。与 van den Berg 和 Overmars 的研究不同,假设障碍物中心的名义时间轨迹:平移尺寸$[x_N(t),y_N(t)]$和旋转角度 $\theta_N(t)$ 是已知的。假设由(a,b)指定的障碍物物理尺寸是特定常数。此外,假定在给定的名义轨迹之外存在与中心位置和旋转有关的有界不确定性。不确定的项由下标 U 来表示。特别是障碍物的实际轨迹,包括"名义"项的扰动在内,变为

$$
\begin{aligned}
\boldsymbol{x}_{aC}(t) &= \boldsymbol{x}_{\mathrm{N}}(t) \pm \boldsymbol{x}_{\mathrm{U}}(t) \\
\boldsymbol{y}_{aC}(t) &= \boldsymbol{y}_{\mathrm{N}}(t) \pm \boldsymbol{y}_{\mathrm{U}}(t) \\
\varphi(t) &= \theta_{\mathrm{N}}(t) \pm \theta_{\mathrm{U}}(t)
\end{aligned}
\tag{12.3}
$$

不确定性的边界依据$[h,k,\Theta]$的指定值给出:

$$
\begin{aligned}
|\boldsymbol{x}_{\mathrm{U}}(t)| &= h \\
|\boldsymbol{y}_{\mathrm{U}}(t)| &= k \\
|\boldsymbol{\theta}_{\mathrm{U}}(t)| &= \Theta
\end{aligned}
\tag{12.4}
$$

12.4 沿坐标轴的矩形框组成的障碍物

定义了障碍物的时间轨迹后,接下来讨论由不确定椭圆组成的边界框。矩形边界框也是由五个相同的参数集进行参数化。假设矩形的中心和旋转角度与名义轨迹的相同,即$[\boldsymbol{x}_{\mathrm{N}}(t),\boldsymbol{y}_{\mathrm{N}}(t),\theta_{\mathrm{N}}(t)]$。矩形边界的主要和次要尺寸$(a_{\mathrm{RB}},b_{\mathrm{RB}})$在障碍物的每个时刻都需要计算。应该注意的是,基于原点平移的椭圆不影响边界尺寸,因此研究前提是假定椭圆中心在原点(0,0)。在任意时刻 t,以原点为中心的椭圆障碍物可以用下述参数表示(简洁起见,省略了时间关连):

$$
x_{\mathrm{e}}(p;[x_{\mathrm{U}},y_{\mathrm{U}},\phi]) = x_{\mathrm{U}} + a\cos p \cdot \cos\phi - b\sin p\sin\phi
$$

$$y_e(p;[x_U,y_U,\phi]) = y_U + b\sin p \cdot \cos\phi + a\cos p\sin\phi \tag{12.5}$$

式中:p 为从$[-\pi+\pi)$的变量;$\phi=\theta_N+\theta_U$,其中,θ_N 为名义上的旋转角度,θ_U 是不确定值。

如图 12.2 所示,边框是轴线对齐的,即它的中心和旋转角度为$[0,0,\theta_N]$。椭圆(上面定义的)上任意一点到旋转轴的距离(x_{eR},y_{eR})可按下式求得:

$$\begin{cases} x_{eR}(p;[x_U,y_U,\phi]) = x_e(p;[x_U,y_U,\phi])\cos\theta_N + y_e(p;[x_U,y_U,\phi])\sin\theta_N \\ y_{eR}(p;[x_U,y_U,\phi]) = x_e(p;[x_U,y_U,\phi])\sin\theta_N + y_e(p;[x_U,y_U,\phi])\cos\theta_N \end{cases} \tag{12.6}$$

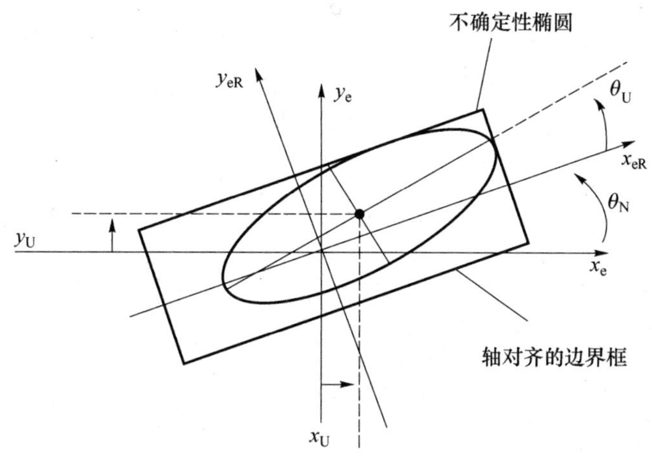

图 12.2　轴对齐边界框的几何形状

边界框尺寸的计算公式如下:

$$\begin{cases} a_{RB} = \max\{x_{eR}(p;[x_U,y_U,\phi])\}\ \text{over}\{[\pi\ \text{to}+\pi];[h,k,\theta_N\pm\Theta]\} \\ b_{RB} = \max\{y_{eR}(p;[x_U,y_U,\phi])\}\ \text{over}\{[\pi\ to+\pi];[h,k,\theta_N\pm\Theta]\} \end{cases} \tag{12.7}$$

前面方程中的 $x_{eR}(\cdot)$和 $y_{eR}(\cdot)$可简化为

$$\begin{cases} x_{eR}(p;[\cdot]) = x_U\cos\theta_N + y_U\sin\theta_N + a\cos p\cos\theta_U + b\sin p\sin\theta_U \\ y_{eR}(p;[\cdot]) = x_U\sin\theta_N + y_U\cos\theta_N + a\cos p\sin\theta_U + b\sin p\cos\theta_U \end{cases} \tag{12.8}$$

因此,由以上 $x_{eR}(\cdot)$和 $y_{eR}(\cdot)$的拓展可以看出,可以把它们分为两个:第一个取决于中心(x_U,y_U)和旋转角度 θ_U 的不确定性;第二个为旋转角度 θ_U 不确定性的函数。对于函数f_1 和f_2,有

$$\max(f_1+f_2) \leqslant \max(f_1) + \max(f_2) \tag{12.9}$$

因此,$x_{eR}(\cdot)$和 $y_{eR}(\cdot)$的最大值可由其组成函数的最大值计算得出。矩形的边界尺寸(a_{RB},b_{RB})为

$$a_{RB} = d_{hk}\max(|\cos(\Gamma_{12}\theta_N)|) + \max(a,\text{sqrt}\sqrt{a^2\cos^2\Theta + b^2\sin^2 T})$$

$$b_{\mathrm{RB}} = d_{hk}\max(\ |\sin(\Gamma_{12}\theta_{\mathrm{N}})\ |\ ) + \max(a,\mathrm{sqrt}\ \sqrt{[a^2\sin^2\Theta + b^2\cos^2\Theta)} \tag{12.10}$$

式中

$$d_{hk} = \sqrt{h^2 + k^2}$$
$$\Gamma_{12} = [\arctan(k/h), \arctan(k/h)] \tag{12.11}$$

需要注意的是，Γ_{12}代表两个值，且第一项的 $d_{hk} * \mathrm{mac}(\cdot)$由两个可能值计算得出：

$$d_{hk}\max(|\cos(\Gamma_{12} - \theta_N)|) = d_{hk}\max([|\cos(\Gamma_1 - \theta_N)|],[|\cos(\Gamma_2 - \theta_N)|]) \tag{12.12}$$

上面的分析结果可以用来寻找每个障碍物随时间变化的矩形边界框。路径规划问题可以将这些矩形边界框视为障碍物，而不是椭圆障碍物。

12.5 基于遗传算法的路径规划的实现

下面的示例问题使用的是一阶 B 样条曲线，其节点位于时刻[0,2,4,6,8,10]。因此，有 $N=4$ 个基本样条函数和四个相应地自由参数$[a_1,a_2,a_3,a_4]$。达到终点所需的时间 $t_{\mathrm{goal}}=8$。这种情况下，目标达到的条件简化为 $a_4=1$。因此，对于此类问题，有 $N-1=3$ 个独立参数限制在[0,1]中。一组$[a_1,a_2,a_3]$可用来实时定义 x 或 y 的轨迹。在独立参数$\{\boldsymbol{X},\boldsymbol{Y}\in\mathbf{R}^3\}$存在时，相同的样条配置可用于规划 x 和 y 的轨迹，因此，路径规划问题需要通过六维空间进行搜索。所以，$x-y$ 的可能路径可用 $\boldsymbol{P}(\boldsymbol{X},\boldsymbol{Y})$来表示。对此问题，文献[11]中给定了一系列障碍物。即随着时间的推移，对轨迹上的每个点(x,y)，都要检查“避障”。对位于任何一个矩形边界框内的特定点，都意味着与障碍物有交集。障碍物函数在碰撞时定义为正数，反之定义为负数。碰撞函数(CF)定义为障碍物函数沿路径“正”的次数，期望得到一个最小路径长度(PL)。目标点的速度 $\boldsymbol{v}_{\mathrm{body}}=\sqrt{v_x^2+v_y^2}$，引入速度约束以确保 $\boldsymbol{v}_{\mathrm{body}}\leqslant 0.5$。速度约束函数(VCF)定义为沿给定路径违反上述约束的次数。此外，正在寻找最小范数$|[\boldsymbol{X},\boldsymbol{Y}]|$的解决方案。这样，最小化问题可以表述如下：

寻求$([\boldsymbol{X},\boldsymbol{Y}])$的最小化，有

$$\mathrm{PL}(\boldsymbol{P}(\boldsymbol{X},\boldsymbol{Y})) + \mathrm{CF}(\boldsymbol{P}(\boldsymbol{X},\boldsymbol{Y})) + \mathrm{VCF}(\boldsymbol{P}(\boldsymbol{X},\boldsymbol{Y})) + |[\boldsymbol{X},\boldsymbol{Y}]|, \boldsymbol{X},\boldsymbol{Y}\in[0,1] \tag{12.13}$$

遗传算法为在大型搜索空间中没有特定梯度或连续性要求的情况下解决此类优化问题提供了一种有效而有力的方法，它采用以群体为基础的搜索方法，因此很有可能克服传统搜索技术中遇到的局部极小问题。搜索采用遗传算子，如

个体交叉、选择和突变，每一个都表示为独立变量的染色体。第一代初始群体是用随机数生成器生成的。群体中的每一个个体都代表一个可能的二维路径，对目标函数进行评估。下一代的个体是通过将遗传操作应用到上一代来获得的，以此提高群体的总体适应能力。目前的工作使用的是 MATLAB® 提供的“遗传算法和直接搜索工具箱”。

12.5.1　数值仿真案例

如上所述，椭圆形障碍物 E 由中心位置、长半轴和短半轴以及以参考轴为基准的旋转 $E:=\{x_c, y_c, a, b, \theta\}$ 五个参数表示。椭圆障碍物的五个名义参数定义如下：

$E_1: \{0.55+\sin t/20,\quad 0.45+\sin t/20,\quad 0.12, 0.06,\quad 1.5\sin 1.5t\}$

$E_2: \{0.20+\sin 2t/20,\quad 0.15+\sin t/20,\quad 0.04, 0.12,\quad 1.5\sin 2t\}$

$E_3: \{0.80+\sin t/20,\quad 0.80+\sin t/20,\quad 0.04, 0.12,\quad \pi/4+1.5\sin 2.5t\}$

$E_4: \{0.20+\sin 2t/20,\quad 0.80+\sin t/20,\quad 0.12, 0.04,\quad \pi/2+1.5\sin 1.25t\}$

$E_5: \{0.80+\sin 2t/20,\quad 0.20+\sin t/20,\quad 0.12, 0.04,\quad \pi/3+\sin 3t\}$

利用 GA 遗传算法可以得到最优路径。在有限范围内可以得到机器人的自身速度。避障物函数的轨迹如图 12.3 所示。如图 12.4 所示，显示 $t=2.64$s 时刻的工作空间快照，黑线为最佳路径。黑圈表示机器人在当前时刻的位置。图 12.4 显示了不确定性椭圆障碍物及矩形边界框，由图 12.4 可得，实际上有两个障碍物在这个时间点合并。

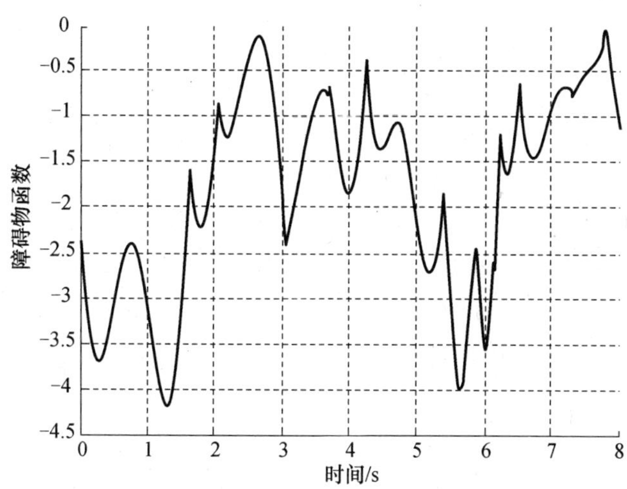

图 12.3　障碍物函数的轨迹

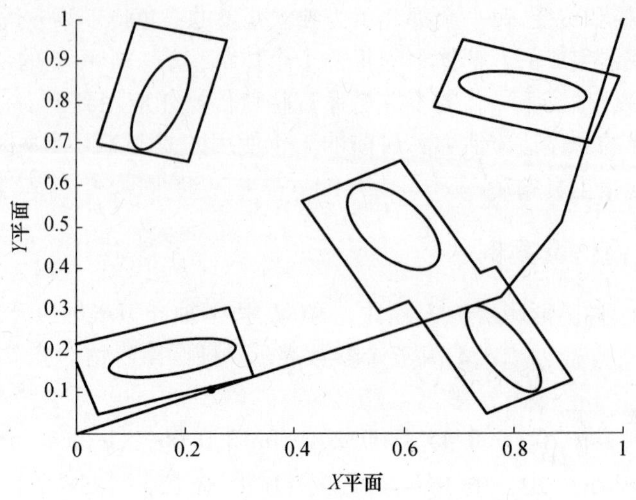

图 12.4　在 $t=2.64\text{s}$ 时刻工作区的快照

12.6　基于 GA 的运动规划

正如在第 1 章介绍的,GA 是解决科学和工程中多准则/多目标优化问题非常有效的方法。GA 模拟自然进化的模型,并有能力获得近似最优,甚至全局最优的自适应搜索大空间的方法。GA 的一个重要应用是在机器人进化领域。在这个领域中,GA 用于设计机器人的行为控制器和自主移动车辆的自主代理。尤其是,GA 用于路径规划(PPGA),提出了一种控制模拟移动机器人的染色体姿态结构演化的方法[13]。这些姿态指定机器人到达目标点的基本动作。该 PPGA 负责执行直线运动并避免碰到障碍。不管机器人的目标和环境有任何变化,用于教授机器人运动的适应度函数都能实现应对变化的行为。PPGA 学习过程是不依赖于障碍物环境分布的。此外,它也不依赖于起点和终点。因此,当参数变化时,控制器的 PPGA 不需要重新训练。

由于其非常有趣且价值前景可观,特定机器人模拟器的一些细节在本节中有所描述[13]。在特定的模拟移动机器人系统中,有 8 个传感器可以检测在机器人周围的接近它的物体:前、后、左或右。例如,每个传感器返回 0 ~ 1023 之间的整数值,0 值意味着没有障碍物,而 1023 值意味着一个障碍物离传感器很近,也就是说,靠近机器人本身[13]。中间的数可以用来表示传感器和障碍物之间的距离。该机器人具有两台电动机,每一台电动机都能达到一个整数值速度,-10 ~ +10。机器人的模拟器还可以容许对机器人的位置(x,y)和方向角 α 进行读数,x 与 y 坐标范围为 0 ~ 1000,方向角范围为 $-\pi$ ~ $+\pi$。当机器人向右看时,向角为0°。基于 PPGA 的机器人利用由传感器提供的输入信息和至到达点的距离,移动到达目标点并且不接触任何障碍。这种方法与其他基于图的经典 PMP 算法(第 3 章)有很大不同,除了描述基于图的算法外,还描述了启发式方法,GA 就是其中之一。但是,遗传算法也是软计算范例的一部分。进化过程将包括在 GA 系统编程中以进化机器人的控制器。在 PPGA 中,每条染色体代表了一组基本姿态,它们根据机器人的环境所提供的反馈来定义机器人的运动。此反馈被输入到系统,并在机器人的方向朝着目标点时从传感器的读数中获得。该传感器系统可以简化为检测机器人左、右、后两侧的障碍物。输入到该机器人模拟器系统的其他量是机器人朝着目标位置的方向,其计算方法:令 a 作为机器人的方向角度,由模拟器在机器人的任何位置设置;b 为机器人位置与固定到达位置之间的最小距离角;b 和 a 之间的差表示目标点在机器人的前面、后面或者左侧、右侧;然后确定机器人的目标方向。通过应用传感器读数和机器人的方向输入,机器人的姿态可以用以下规则定义[13]:

```
If ((Sleft > L) or (Sright > L) 0r (Sback > L));
Then
an obstacle is detected
the proximity - sensor = highest value(Sleft,Sright,Sback)
E1se
An obstacle is not detected
target direction = b - a
END
```

在上述状态规则中,常数 L 表示碰撞阈值,在传感器的范围[0,1023]时可以被测定。由状态规则中定义的每个可能的姿态对应于染色体的基因,并且每个基因由一对机器人(M_1,M_2)的运动速度组成。机器人的姿态状态分为两部分:一部分确定未检测到障碍物时机器人目标方向上的基本运动;另一部分是检测到障碍物的状态,采用避免碰撞的运动速度的动作,并且独立于目标点位置。因此,如果机器人的状态定义为无冲突且目标点在它的左侧,则机器人的姿态与染色体的某一特定基因相对应;如果机器人检测到物体在其右侧靠近它,则机器人会在不考虑目标方向的情况下,采取其他基因的动作。GA 需要一个适应度函数来监测其全局最优的进展。适应度函数 F 在每个机器人的时间步长都可以计算,包含 V、D 和 A 三种组分,组分 V 通过机器人的速度最大,组分 D 通过机器人的直线运动最大化,组分 A 通过机器人的动作最大化。组分 A 依赖于根据状态规则定义的姿态:如果所述机器人的状态是无冲突且到达点是在其前端,GA 应该进化 M_1,M_2,最小化这个距离;如果机器人是自由的,但不定向到目标点,那么机器人应该找到一对 M_1、M_2,它的前端朝着目标的方向旋转;如果物体位于机器人视图的范围内,那么 GA 应该在某些步骤中忘记目标点,并找出最好的方法,一对 M_1,M_2 避免可能的碰撞。组分 A 是由每个姿态执行的总步数的平均值计算的,这是因为数据中存在随机噪声,特别是在电动机转速和传感器的读数中。

12.7 结束语

本章针对机器人路径规划问题,提出了一种计算不确定椭圆轴对齐边界框的算法。将此方法应用于二维速度约束下动态运动的椭圆障碍物机器人路径规划问题。利用遗传算法求解有界速度最短路径问题,同时避开障碍物。仿真结果说明了该方法的有效性。同时,简要描述了一个基于遗传算法的路径的运动规划算法,得到了基于传感器测量和已明确定义的适应度函数的路径解决方案。

参考文献

1. Kostaras A.N., Nikolos I.K., Tsourveloudis N.C. and Valvanis K.P. Evolutionary algorithm based on-line path planner for UAV navigation, *Proceedings of the 10th Mediterranean Conference on Control and Automation—MED2002*, Lisbon, Portugal, July 9–12, 2002.
2. Castillo O. and Trujillo L. Multiple objective optimization genetic algorithms for path-planning in autonomous mobile robots, *International Journal of Computers, Systems, and Signals*, 6(1), 2005, 48–63.
3. Thomaz C.E., Pacheco M.A.C. and Vellasco M.M.B.R. Mobile robot path planning using genetic algorithms, *Lecture Notes in Computer Science*, 1606, 1999, 671–679. (Proceedings of the International Work-Conference on Artificial and Natural Neural Networks: Foundations and Tools for Neural Modelling).
4. Tychonievich L., Zaret D., Mantegna J., Evans R., Muehle E. and Martin S. A maneuvering-board approach to path-planning with moving obstacles, *Eleventh International Joint Conference on Artificial Intelligence*, 2, 1989, 1017–1021.
5. Fiorini P. and Shiller Z. Motion planning in dynamic environments using velocity obstacles, *International Journal of Robotics Research*, 17(7), 1998, 760–772.
6. Vadakkepat P., Tan K.C. and Ming-Liang W. Evolutionary artificial potential fields and their application in real-time robot path-planning, *Proceedings of the 2000 Congress on Evolutionary Computation*, 1, 2000, 256–263.
7. van den Berg J. and Overmars M. Planning time-minimal safe paths amidst unpredictably moving obstacles, *International Journal of Robotics Research*, 27(11–12), 2008, 1274–1294.
8. Guibas L.J., Hsu D., Kurniawati H. and Rehman E. Bounded uncertainty roadmaps for path planning, *International Workshop on the Algorithmic Foundations of Robotics*, Guanajuato, Mexico, 2008.
9. Candido S. *Autonomous Robot Path Planning Using a Genetic Algorithm*, project report downloaded from http://www-cvr.ai.uiuc.edu/~scandido/pdf/GApathplan.pdf.
10. Walther M., Steinhaus P. and Dillmann R. Using B-Splines for mobile path representation and motion control, *Proceedings of the 2nd European Conference on Mobile Robots (ECMR)*, Ancona, Italy, 2005.
11. Singh G.K. and Gopal A. Path planning in the presence of dynamically moving obstacles with uncertainty, In special issue on Mobile Intelligent Autonomous Systems of *Defence Science Journal*, 60(1), 2010, 55–60.
12. Tian L. and Collins C. An effective robot trajectory planning method using a genetic algorithm, *Mechatronics*, 14, 2004, 455–470.
13. Thomaz, C.E., Pacheco, M.A.C. and Vellasco, M.M.B.R. Mobile robot path planning using genetic algorithm. In *Foundations and Tools for Neural Modeling*, Lecture Notes in Computer Science, 1999, Vol. 1606/1999, pp. 671–679, DOI: 10.1007/BFb0098225, http://www.springerlink.com/content/krn12872x2367p55, July 2011.

第 13 章 机器人时态逻辑运动规划

13.1 引言

机器人计算机系统在人们的日常生活中变得越来越普遍,使得开发安全可靠的机器人系统成为需要。在一些领域,要求机器人系统在以下方面发挥重要功能:与运输相关的应用,如内部物流、自动停车场和自主车辆;与采矿相关的应用,如自动化矿山车辆和矿山遥感技术;与防御力相关的应用程序,如自主车辆;与医院相关的应用程序,如外科手术。在这些应用中,机器人系统的任何故障都可能带来麻烦,如机器人接待员接收到不正确信息,或在外科手术和自动化采矿中引发灾难性事故。为了确保这些系统的安全性和可靠性,通常考虑四个主要验证技术:定理证明;模型检验;交换审核;按照合适的条件对实际机器人系统的硬件和软件子系统进行仿真和测试。

定理证明是应用演绎的方法来开发计算机程序的过程,这表明某些陈述(如猜想)是一套公理和假设的逻辑推论。但是,一般情况下定理证明的过程更困难,需要大量的专业技术鉴定和对规范的深入理解。一般定理证明过程也比较慢,更容易出错,属劳动密集型工作。模型检测是一种自动验证技术,针对有限状态并发系统,如安全关键系统、通信协议、时序电路设计等。对于验证方法和验证系统的仿真与测试,模型检验是一种有吸引力的非传统技术。但模型检测技术受状态空间爆炸问题(维数灾难)的阻碍,系统对大小的表示行为随系统的大小呈指数级增长。目前的做法是,计算机系统的正确性由人来检查:同行评审,仿真和很少自动化的或无自动化的测试。同行评审是指软件工程师团队审查,这些工程师最好没有参与系统设计(软件),而仿真是指模型执行过程,该模型用于描述系统行为,通过用户或工具提供的脚本执行完成。测试是指用某些输入执行软件的过程,称为测试案例,运行时沿不同的已知路径执行。然而,同行审查,仿真和测试是不完美的:很难说什么时候停止,检查所有复杂机器人系统和/或模型的运行也是不可行的。因此,它很容易忽略那些运行(这可能揭示小的错误)。它们在显示误差上也存在缺陷,但并非不存在误差。1977 年前后,Pnueli 引入线性时态逻辑(LTL)无功计算机系统的需求,此后,验证关键系统的时态逻辑得到突飞猛进地发展。20 世纪 80 年代初,两个独立研究团队,Clarke

和 Emerson[1] 以及 Queille 和 Sifakis[2]，介绍了另一种类型的时态逻辑，称为计算树逻辑(CTL)。因此，目前有两种时态逻辑：一是线性时态逻辑，假设一个隐式通用量化的执行系统；二是分支时态逻辑，假设一个显式存在的通用量化执行系统。这些逻辑的变型细节将在 13.4 节中给出。机器人技术的主要障碍是能够验证自主系统，以确保这些系统在人们面前安全可靠。时间逻辑可以确保机器人系统在人类面前安全可靠地运作方面发挥重要作用。本章回顾方案合成和运行验证两种试图解决这个问题的方法。方案合成涉及反应式系统(如控制器)结构，该反应式系统给每个输入分配相应的、满足一定系统要求的输出。运行验证是指在系统正常运行中检测故障的过程。

13.2 自主性的重要性

自主驾驶领域是指车辆可以完全依靠自己在一个复杂环境中，而不需要人为驱动和远程控制而自主行驶。这一领域有着丰富的历史，时间跨度超过 10 年，其优势是显而易见的。现代先进传感器给车辆提供内置环境模型，即描述当地周围环境和车辆系统在环境中的定位。这些自主车辆的引进为社会提供并承诺了很多益处：减少汽车事故，减少(或消除)交通拥堵，以及直接影响采矿、农业、健康、建筑等方面。在这方面的研究工作已经有很多报道[3]。在南非，由道路交通管理公司(RTMC)编制的文件显示，尽管自 2006 年 7 月以来发生的致命车祸和死亡人数持续逐月减少，但道路交通事故令人担忧。从 2007 年 4 月到 2008 年 3 月，重大事故中的车辆总数仍达 15172 辆，致命事故损失总成本约为 113 亿兰特(南非通用货币)。自主移动车辆的引入有显著减少这些道路交通事故和相应损失成本的潜能。除了安全，自主移动车辆可以同时带来很多公共益处：促使家庭司机(或旅客)不开自己家的车，以及避免祖父母、学童开车，避免醉酒驾车等。实际上，尽管其他自主车辆如农业和建筑车辆的发展在一定程度上已达到成熟，但自主汽车在公共道路上仍远远没有被商业化(因为在这一领域还存在着问题)。公共道路本身是不确定的(而且是动态的过于繁忙)，统计预先不知道意图的移动障碍(如移动障碍、公共场所等)是一个非常具有挑战性的问题。然而，自主车辆对信息的需求是相当大的，特别是在采矿的地方，这里对于人类是很危险的地方。自主移动车辆的主要难题是开发计算高效的框架和算法，允许这些车辆与普通民众互动，以便它们完成任务。这些任务可能用类似人类的语言来表达，如时态逻辑，允许高层次的规格说明，如“从停止 A 开始，到停止 B，等待 30min，然后停止 C，等待 30min，再停止 A”等等。这种方法将使移动机器人解决大量的实际问题。13.3 节简要介绍了通用问题：自动系统验证的定义。

13.3 一般问题定义

验证技术如模拟和测试不能按比例扩展到大型机器人系统,这在很大程度上取决于复杂的环境和变化的时间。这样就使得验证技术很难预测和验证系统之前的执行操作,因为机器人当前的状态包括物理环境和配置,二者称为状态空间。状态空间捕捉所有可能出现的情况,例如,表征机器人的位置和方向,以及障碍物的位置等。在运动规划中,当前状态非常重要,因为它可以生成实时的计划,从而使任务得以设计,并开发和正式验证运动规划算法的正确性。但是,对于移动机器人来说,准确地获悉自身状态[5]以及通过传感器、激光、GPS 等提供的状态信息估计自身状态的方法(可能是唯一方法)选择,几乎是不可能的。这些设备提供的信息对设计和开发自主机器人的安全可靠的运动规划算法提出了很大挑战。这些难题包括:由设备故障引起的不确定性,由噪声数据引起的不可靠性,机器人在危险环境中(如采矿工业)操作引起的不安全性,以及与 GPS 连接时丢失数据引起的数据不可用等。唯一的解决方案是通过概率滤波技术合成机器人的状态。运动规划架构主要包括三个组成部分:代表机器人物理环境和配置的领域;过滤感知数据的估计技术;运动规划。通过程序综合的运动规划是本章的重点,它需要世界模型和正式规范两个输入,并产生一个输出(控制策略)。世界模型是不断变化的环境的代表,而正式规范是指静态环境与机器人所执行的任务二者的高层次规范的程式化。运动规划可以由若干个级别[6]组成,最终输出对机器人的控制策略。该工作在 13.5.1 节中综述,试图解决正式规范的问题,可用下式表达:

$$\varphi=\{(\phi_{\text{init}}^{\text{env}}\wedge\Box\phi_{\text{safety}}^{\text{env}}\wedge\Box\Diamond\phi_{\text{goal}}^{\text{env}})\Rightarrow(\phi_{\text{init}}^{\text{sys}}\wedge\Box\phi_{\text{safety}}^{\text{sys}}\wedge\Box\Diamond\phi_{\text{goal}}^{\text{sys}})\}\quad(13.1)$$

式中:$\phi_{\text{init}}^{\text{env}}$、$\phi_{\text{init}}^{\text{sys}}$分别为环境与机器人系统的初始条件;$\phi_{\text{safety}}^{\text{env}}$、$\phi_{\text{safety}}^{\text{sys}}$分别为在整个运行过程中的环境与机器人系统的真实条件;$\phi_{\text{goal}}^{\text{env}}$、$\phi_{\text{goal}}^{\text{sys}}$分别为环境与系统的目标通常能实现的条件。方形和菱形符号在下一节中解释;时间公式 φ 可以解读为:如果车辆和环境在给定状态,并且总能满足要求,那么通常它们能够到达目标。高层次规范任务,如"开始,到 A 停止,继续,到 B 停止,等待 20min,然后继续,到 C 停止,等待 30min,继续,再到 A 停止,可以很自然地转换成时间公式 φ,如线性时态逻辑(LTL)、计算树逻辑(CTL)、定时计算树逻辑 TCTL)、概率计算树逻辑(PCTL)等。因此在 13.5.1 节,只考虑包含计算与程式化方法的理论工具在内的运动规划技术。除了程序综合,运行验证也是验证机器人系统的理想方法。传统验证技术,如同行评审,模拟和测试,通常不能扩展沿用到大型和开放的系统,如非常依赖于环境和随时间而变化的机器人系统。这样导致在执行前很难预测和验证这些动态系统。因此,运行验证是完成动态系统验证的合适的技术。Leucker 和 Schallhart[7]将运行时验证定义为“计算机科学的学科,涉及验证技术的研究、开发和应用,该验证技术允许检查系统运行时是满足详细审查还是侵犯了给定的正确性”。虽然没有更新的方法,但由于新的验证技术(如模型检查技术)的出现,运行时验证正受到越来越多的关注。13.5.2 节将介绍运行验证的背景和运行验证当前状态的分析。

13.4 时态逻辑概述

13.5.1 节和 13.5.2 节分别综述了时态逻辑在程序综合与运行验证中的应用。因此,提出时间逻辑的概念。这些逻辑用来精确描述并发系统的性能(如安全性和活跃属性),大约在 1977 年因计算机系统的规范和验证而由 Pnueli 首次介绍。时态逻辑常用的两种类型是 LTL 和 CTL。有关这些逻辑更多的信息参见文献[1,8,9]。

13.4.1 线性时态逻辑

LTL 是参照时间模式的时间逻辑模态。在 LTL 中,公式编译是关于路径(或运行)发展的,如状态将最终为真,或者状态为真直到另一条件变为真等。

13.4.1.1 LTL 语法

LTL 的语法定义是依据原子命题、逻辑连接和时态算子。原子命题是最简单的陈述,可以提出关于系统的问题,从而确定值是真或是假。原子命题实例:门是封闭的,x 就小于2。原子命题以由字母表示,如 p 和 q。原子命题的集合称为 AP。用在 LTL 语法中的布尔运算符有 ∨、∧、¬、⇒和⇔。此外,还有四种时态算子:□表示“always”;◇ 表示“eventually”;U 表示“strong until”;X 表示“next”。

LTL 公式的结构是由以下 Backus - Naur Form(BNF)符号表示的语法描述给出:

$$\alpha ::= p \mid \neg\alpha \mid \alpha \vee \beta \mid X\alpha \mid \overline{\alpha U \beta}$$

在算子中,∧、⇒、⇔、true、false、◇和□在语法中没有提及,可认为仅是使用规则的缩写:

$$\begin{array}{llllll} \alpha \wedge \beta & \equiv & \neg(\neg\alpha \vee \neg\beta & \alpha \Rightarrow \beta & \equiv & \neg\alpha \vee \beta \\ \alpha \Leftrightarrow \beta & \equiv & (\alpha \Rightarrow \beta) \wedge (\beta \Rightarrow \alpha) & \text{true} & \equiv & \neg\alpha \vee \alpha \\ \text{false} & \equiv & \neg\text{true} & \Diamond\alpha & \equiv & \text{true}U\alpha \\ \Box\alpha & \equiv & \neg\Diamond\neg\alpha & & & \end{array}$$

13.4.1.2 LTL 语义

语法定义了 LTL 公式如何构造,但没有提供对公式或算子的解释。LTL 公式的正规解释是依据一个三组元模型 $M=(S,R,\text{Label})$ 的定义。其中：S 是一个非空可数的状态集合；$R:S\rightarrow S$ 是一个函数，分配给每一个 $s\in S$ 一个后继 $R(s)$；$\text{Label}:S\rightarrow 2^{AP}$ 是一个函数，分配给每一个状态 $s\in S$ 一个原子命题 $\text{Label}(s)$，该命题在 s 中有效。LTL 公式的含义是依据模型 M，状态 $s\in S$ 和公式 α 与 β 之间的满足关系定义的，由符号 $\vDash$ 表示。$M,s\vDash\alpha$ 当且仅当在模型 M 的状态下 α 才是有效的。如果 s 理解为是模型 M 的一个状态，则 M 丢弃，且满意关系在数学上定义如下：

$$
\begin{aligned}
&s\vDash p && \text{iff} \quad p\in \text{Label}(s)\\
&s\vDash\neg\alpha && \text{iff} \quad \neg(s\vDash\alpha)\\
&s\vDash\alpha\vee\beta && \text{iff} \quad (s\vDash\alpha)\vee(s\vDash\beta)\\
&s\vDash X\alpha && \text{iff} \quad R(s)\vDash\alpha\\
&s\vDash\alpha U\beta && \text{iff} \quad (\exists j\geqslant 0:R^j(s)\vDash\beta)\wedge(\forall 0\leqslant k<j:R^k(s)\vDash\alpha)
\end{aligned}
$$

式中：R^i 表示函数 R 中 i 的应用，如 $R^3(S)$ 和 $R(R(R(s)))$ 相同。其他连词如 true，false，$\wedge$、$\Rightarrow$，$\Diamond$ 和 $\Box$ 的正式解释可从定义上按相似方法得出。

13.4.2　计算树逻辑

CTL 是基于每个状态的概念，有多个可能的后继，与基于模型的 LTL 不同，其每个状态 s 只能有一个后继 s'。由于时间的分支概念，CTL 也被类属于分支时态逻辑。CTL 的解释也因此是基于一个树，而不像在 LTL 中的那样基于一个序列。

13.4.2.1　CTL 语法

CTL 公式由原子命题、命题逻辑的标准布尔连接词和时态算子组成。每个时态算子由两个部分组成，一个路径量词（对任意 $\forall$ 或存在 $\exists$）后跟一个时间模态（$\Diamond$，$\Box$，X，U）。值得注意的是，一些作者分别使用 G 和 F 代替 $\forall$ 和 $\exists$。时间模态的含义与 13.4.1 节的相同。语法由 BNF 范式给出：

$$\alpha ::= p\mid\neg\alpha\mid\alpha\vee\beta\mid\alpha\wedge\beta\mid\exists X\alpha\mid\exists[\alpha U\beta]\mid\forall[\alpha U\beta]$$

13.4.2.2　CTL 语义

CTL 语义与 13.4.1 节中的 LTL 定义略有不同，即，序列的概念由树的概念取代。CTL 的解释是由模型 M、它的一个状态 s 和一些公式三者之间的满足关系 $\vDash$ 定义的。令 $AP=\{p,q,r\}$ 为一组原子命题，$M=(S,R,\text{Label})$ 为一个 CTL 模型，$s\in S$，α 和 β 为 CTL 的公式。为了定义满足关系（$\vDash$），首先给定下列关系：路径定义为一个状态的无限序列 s_0，s_1，s_2，…记为 $(s_i,s_{i+1})\in R$。令 $\rho\in S^w$，表示一个路径。对于 $i\geqslant 0$，$\rho[i]$ 是指 ρ 的第 $(i+1)$ 个元素，也就是，如果 $\rho=s_0$，s_1，s_2，…，那么 $\rho[i]=s_i$。$P_M(s)=\{\rho\in S^w\mid\rho[0]=s\}$ 是一个从 s 开始的路径组。就像在 LTL 中那样，如果 s 理解为模型 M 的一个状态，则 M 被丢弃。满足关系

定义如下：

$s \models p$ iff $p \in \text{Label}(s)$

$s \models \neg\alpha$ iff $\neg(s \models \alpha)$

$s \models \alpha \vee \beta$ iff $(s \models \alpha) \vee (s \models \beta)$

$s \models X\alpha$ iff $\exists \rho \in P(s): p[1] \models \alpha$

$s \models \exists[\alpha U \beta]$ iff $\exists \rho \in P(s): \exists j \geqslant 0: (\rho[j] \models \beta \wedge \forall 0 \leqslant k < j: \rho[k] \models \alpha)$

$s \models \forall[\alpha U \beta]$ iff $\exists \rho \in P(s): \exists j \geqslant 0: (\rho[j] \models \beta \wedge \forall 0 \leqslant k < j: \rho[k] \models \alpha)$

13.4.3 时间计算树逻辑

13.4.1 节和 13.4.2 节介绍的时态逻辑关注的是事件的时间顺序，但并没有明确陈述这些事件的实际时间。临界机器人系统需要考虑事件发生的定量时间，即，大多数机器人系统的正确性不仅取决于函数的要求，还取决于时间的要求。本节将介绍 TCTL 的语法和语义，首先先给出时间自动机的概述。

13.4.3.1 时间自动机语法

有限状态实时系统用时间自动机建模。时间自动机是一个标准的有限状态自动机，它由一个非负实值的时钟变量集（或只是短时钟）扩展。时钟设定从上一次复位开始以相同的速率测量过去的时间。为了正式定义一个时间自动机，首先定义时钟和时钟约束：时钟是一个变量，范围超过$\mathbb{R}^+$（这里$\mathbb{R}^+$代表非负实数）；对于时钟集 C 有 $x,y,z \in C$，对集合 C 的时钟约束：$\alpha ::= x \prec c \mid x - y \prec c \mid \neg\alpha \mid (\alpha \wedge \alpha)$，这里$\prec \in \{<, \leqslant\}$；$\psi(C)$是所有可能的时钟约束的集合。时钟定义为范围在非负实数，即，$x,y,z \in \mathbb{R}^+$。时间自动机的状态由一个时钟的位置和值组成。时钟约束是用来标记时间自动机的边缘，时钟约束 guard 用于允许或阻止位置之间的转换。时钟约束也用于标记位置，所以这样的约束是不变量，它限制了在一个位置上花费的时间总量。正规地讲，一个时间自动机 A 在行动集 Σ，原子命题集 AP 和时钟集 C 上定义为数组$(L, l_0, I, \text{Label})$，其中，$L$ 是一个包含初始位置非空位置集合 $l_0 \in L$；$E \subseteq L \times \Psi(C) \times \Sigma \times 2^C \times L$ 对应一个边缘集合，$(l,g,a,r,l') \in E$ 代表边缘从位置 l 到位置 l'的附加时钟约束 g（也称为边缘使能条件或 guard）的转换动作 a 将进行而时钟集 r 重置；$I: L \to \Psi(C)$ 是一个函数，给每一个位置分配一个时钟约束（如一个不变量）；$\text{Label}: L \to 2^{AP}$是一个函数，给每一个位置分配一个原子命题集，该命题集持有这个位置。

13.4.3.2 时间自动机语义

时间自动机是依据一个无限过渡系统定义的，为了正式定义时间自动机的语义，时钟分配函数和时间自动机状态做如下定义：

(1) 针对时钟集 C 的时钟估计（时钟分配）是一个函数 $u: u: C \to \mathbb{R}^+$给每个时钟 $x \in C$ 分配它的值 $u(x)$。令所有对 C 的时钟估计值集合由 $V(C)$来设定。时钟估计具有以下特点：

① 对 $u \in V(C)$ 和 $d \in \mathbb{R}^+$，基于 C 的时钟估计 $u+d$ 意味着所有时钟随 d 增加，也就是，所有 $u(x)+d$ 对所有 $x \in C$ 成立。

② 对 $C' \subseteq C$，$u[C' \to 0]$ 意味着所有时钟在 C' 中置为零，也就是，全部设置和 C' 中的零时钟复位，所以 $u[C' \to 0](x)=0$，对所有 $x \in C'$ 和 $u[C' \to 0](x)=u(x)$，及所有 $x \notin C'$ 成立。如果 C' 是单点集 $\{z\}$，只有 $u[z \to 0]$ 应写入。

③ 对于给定时钟估值 $u \in V(C)$ 和时钟约束 $\alpha \in \Psi(C)$，$\alpha(u)$ 是一个布尔值，表示是否存在 α 满足条件。

(2) 状态是二组元 (l, u)，在此 I 是自动机 A 的位置，u 是一个对 C 的时钟估计。

因此，时间自动机 $A=(L,E,I,\text{Label})$ 在时钟设置 C 的操作语义通过无限状态跃迁系统 $M_A=(S,s_0,\to,\text{Label})$ 来定义，其中：

$S=L\times V(C)$ 是一个状态集。

s_0 是 A (l_0, u_0) 的初始状态。

$\to$ 是由以下两规则定义的成员间的过渡关系：动作转换，$(l,u)\xrightarrow{a}(l',u')$，如果存在一个边缘 $(l\xrightarrow{g,a,r}l')$ 有 $g(u)$ 和 $u'=u[r\to 0]$，对每个 $\text{inv}\in I(l')$ 有 $\text{inv}(u')$；延迟转换，如果 $(l,u)\xrightarrow{d}(l,u)$，则对 $d\in\mathbb{R}^+$，对所有 $d'\leqslant d$ 和 $\text{inv}\in I(l)$ 有 $u'=u+d$ 和 $\text{inv}(u+d')$

$\text{Label}: S\to 2^{AP}$ 是原子命题函数，从 $\text{Label}: L\to 2^{AP}$ 通过 $\text{Label}(l,u)=\text{Label}(l)$ 简单扩展。

13.4.3.3　TCTL 语法

TCTL 语法是基于 CTL 语法的，用时钟约束扩展。为了清楚地定义语法，给出以下定义：

(1) 路径是一个无穷序列 $s_0\,a_0, s_1\,a_1, \cdots$ 状态通过转换标签交替转换，如 $(s_i \xrightarrow{a_i} s_{i+1}$ (对所有 $i\geqslant 0$)，其中 a_i 是 (g,a,r) 或 d。

(2) 令 $\rho\in S^w$ 表示一个路径。对 $i\geqslant 0$，$\rho[i]$ 表示第 $i+1$ 个 ρ（参见 13.4.2 节）元素。

(3) $P_M(s)=\{\rho\in S^w \mid \rho[0]=s\}$ 是从 s 开始的路径集，（参见 13.4.2 节）。

(4) 路径位置是一个二元组 (i, d)：如果 $a_i=(g,a,r)$，则 $d=0$；如果是其他条件，则 $d=a_i$。

(5) 令 $\text{Pos}(\rho)$ 为 ρ 中的位置集合。为方便起见，状态 (l_i, v_i+d) 也可写成 $\rho(i, d)$。

(6) 位置总规则由下式定义：

$(i,d) << (j,d'),(i<j) \vee (i=j \wedge d \leqslant d')$

(7) 如果 $\lim_{i\to\infty}\Delta(\rho, i)=\infty$，路径 ρ 称为小时－扩散，这里 $\Delta(\rho, i)$ 表示时间从 s_0 流经到 s_i，也就是

$$\Delta(\rho,0)=0\Delta(\rho,i)=\Delta(\rho,i)+\begin{cases}0, & a_i=(g,a,r)\\ a_i, & a_i\in\Re\end{cases}$$

式中：$\Re=\mathbb{R}^+$。

(8) 令 $P_M^\infty(s)=\{\rho\in S^w \mid \rho[0]=s\}$ 表示从 s 开始的小时－扩散路径集。

令 $p\in \mathrm{AP}$，D 为非空时钟集，与 A 的时钟集不相交（如 D 为 TCTL 公式的时钟集且 $C\cap D=\varnothing$），$z\in D$ 且 $\alpha\in\Psi(C\cap D)$。那么，TCTL 公式由以下 BNF 范式定义：

$$\beta::=p\mid\alpha\mid\neg\beta\mid\beta\vee\beta\mid z\mathrm{in}\beta\mid\exists[\beta U\beta]\mid\forall[\beta U\beta]$$

时钟约束 α 定义在公式时钟和时间自动机时钟上，从而可以比较两个时钟。时钟 z 称为冻结标识符以及 β 内的边界公式时钟。例如，$\forall[\beta U_{\leqslant 4}\phi]$ 可定义为 z 在 $\forall[(\beta\wedge z\leqslant 4)U\phi]$ 内。

13.4.3.4 TCTL 语义

令 $p\in \mathrm{AP}$，$\alpha\in\Psi(C\cap D)$ 为在 $C\cup D$ 上的时钟约束，模型 $M=(S, \rightarrow, L)$ 是一个无限转换系统，$s\in S$，$w\in V(D)$，ψ 和 ϕ 是 TCTL 公式。满足关系 $\models$ 定义如下：

$s,w\models p$ iff $p\in L(s)$

$s,w\models\alpha$ iff $v\cup w\models\alpha$

$s,w\models\neg\phi$ iff $\neg(s,w\models\phi)$

$s,w\models\phi\vee\psi$ iff $(s,w\models\phi)\vee(s,w\models\psi)$

$s,w\models z\mathrm{in}\phi$ iff $s,w[z\rightarrow 0]\models\phi$

$s,w\models\exists[\phi U\psi]$ iff $\exists\rho\in P_M^\infty(s):\exists(i,d)\in\mathrm{Pos}(\rho):(\rho(i,d),$
$w+\Delta(\rho,i)\models\psi\wedge\forall(j,d')<<(i,d):\rho(j,d'),$
$w+\Delta(\rho,j)\models\phi\vee\psi))$

$s,w\models\forall[\phi U\psi]$ iff $\forall\rho\in P_M^\infty(s):\exists(i,d)\in\mathrm{Pos}(\rho):(\rho(i,d),$
$w+\Delta(\rho,i)\models\psi\wedge\forall(j,d')<<(i,d):\rho(j,d'),$
$w+\Delta(\rho,j)\models\phi\vee\psi))$

13.4.4 概率时态逻辑

当讨论自主机器人系统中的验证时，概率时态逻辑（PTL）值得一提。PTL 对指定机器人系统的概率要求是很重要的。目前的连续随机逻辑（CSL）也涵盖 PCTL。也有其他相关的时态逻辑如随机博弈逻辑（SGL）[10] 可以指定开放系统，

如自主机器人系统。CSL 语法和语义简要概述如下。

13.4.4.1 CSL 语法

CSL 公式由原子命题、命题逻辑的标准布尔连词和概率算子 $P<_p(\cdot)$ 组成。概率算子代替路径量词:对任意 ∀ 和存在 ∃。令 $p\in[0,1]$, $<\in\{\leqslant,<,\geqslant,>\}$, $t\in\mathbb{R}^+$,则语法由 BNF 范式给出:

$$\varphi ::= p \mid \neg\varphi \mid \varphi\wedge\varphi \mid P_{<p}(X\varphi) \mid P_{<p}(X^{[0,t]}\varphi) \mid P_{<p}(\varphi U\varphi) \mid P_{<p}(\varphi U^{[0,t]}\varphi)$$

13.4.4.2 CSL 语义

CSL 的含义由连续(或离散)马尔可夫链模型 M 及它的一个状态和一些公式之间的满足关系定义。时态算子的语义如 next、until 等,类似 13.4.2 节中 CTL 算子的语义解释,除边界路径时态算子外其他算子要求公式满足指定时间间隔。

13.5 机器人验证概述

自主机器人系统归类于开放系统,是由于它与环境密切互动以及通用规范语言如 LTL 和 CTL 不能精确指定其属性。这些逻辑是封闭系统的自然规范语言。为了应对自动机器人系统的验证,需要新的规范语言。此项工作已经开始,正在试图找到验证的开放系统的解决方案,目前的两个工作是程序合成和运行验证。这些方法不是新的,但由于模型检查技术的发展,它们已经获得了新势头。文献[6,11 - 14]。讨论了机器人运动规划中的程序合成。13.5.2 节介绍了一些运行验证中所做的工作文献[15 - 19]展示了它们在开放系统的验证中的相关性。

13.5.1 运动规划方案合成

自主移动机器人的运动规划是机器人学的一个基本问题。这是一个复杂而具有挑战性的问题,这主要是因为其固有的不可靠性,以及机器人应用操作是在动态环境中。尽管如此,运动规划产生精确和安全的轨迹的能力依然是自主移动车辆有效并可靠地完成任务的基本功能。因此,应用程序合成在运动规划中产生精确、安全的轨迹(控制策略)是一种很有前途的方法。我们讨论的运动规划技术是使用程序合成产生符合某些正式规范的轨迹。

13.5.1.1 离散事件模型时态逻辑

在文献[11]中,该理念建立于一个强大的编译程序——类似硅编译器——合成不同机器人应用和制造任务应用的控制程序,该编译程序基于离散事件系统(DES)理论[20]、Petri 网[21,22]和时态逻辑[23]。合成器(或编译器)需要两个输入:一是机器人问题模型;二是一组在时序逻辑中表达的高级技术指标,并输

出一个合成控制器,它能产生满足合成控制器的控制指令。用于测试和模拟合成器的运行示例属四条腿的"步行机问题"。该机器的模型分为离散层和连续层。离散层是指几条腿同步行走状态的方案,这是用有限状态机(FSM)作为模型。有六种状态,即开始、卸载、恢复、负载、驱动和滑动,其中每一个对应于一个腿部的不同运动。连续层代表在 FSM 每个状态的不同运动方程。步行机的每条腿都由 FSM 模型化,四条腿的 FSM 的同步产品有 1296 个状态和 5184 个转换。这些状态之间的转换是由传感器数据给出的,只有位置信息用于仿真。鉴于 p_f 代表腿的前部位置,该位置 p_r 代表后部位置。可能系统允许步长比腿更长,这受限于图的遍历,该图的遍历保持后腿和前腿之间差异的最小值和最大值,也就是 $\Delta(p_{feet}) = |p_f - p_r|$。例如,方程 $\Delta(p_{feet})[\mathrm{Load}_1, \mathrm{Driver}_2] = \Delta(p_{feet})[\mathrm{Recover}_1, \mathrm{Driver}_2] + \frac{1}{2}\mathrm{step}$ 用来假定后腿需要一个非常小的步距,方程$\Delta(p_{feet})[\mathrm{Load}_1, \mathrm{Driver}_2] = \Delta(p_{feet})[\mathrm{Recover}_1, \mathrm{Driver}_2] + 2\mathrm{step}$ 用来假定一个完整的步距。所需的约束条件是 $\Delta(p_{feet}) < \ell$,其中 ℓ 从步行机的力学中获得。文献[11]遵循了许多用于控制器的合成过程的步骤:

(1) DES 标准的修改和时态逻辑规范的使用,以及验证性能。

(2) 修改后的模型检查器用于标记机器的不理想状态,如该系统不应该在火车的两条腿都在恢复、驾驶或滑动这样一个状态(这些状态应避免)。用来标记这些状态的 CTL 公式如下:

$$\mathrm{AG}(\neg \mathrm{state})([\mathrm{Driver}_1, \mathrm{Driver}_2]) \wedge \neg \mathrm{state}[\mathrm{Recover}_1, \mathrm{Recover}_2]) \wedge \neg \mathrm{state}([\mathrm{Slipping}_1, \mathrm{Slipping}_2]))$$

(3)修改后的模型检查器也用来验证监控合成器,以确保能保持机器所需的行为,这是作者的初衷——验证合成器本身的正确性。同时,还验证了更令人关注的性能,这将在 13.6 节中讨论。

13.5.1.2 机器人运动符号规划与控制

文献[6]阐述了机器人运动规划的挑战。这些挑战涉及考虑机器人约束的计算效率框架的发展和复杂环境,同时促进了细化的高层次规格任务。框架用来解决运动规划问题,通常分为三层:第一层(称为规范水平)是关于将状态空间划分成单元,通常由图形表示;第二层(称为执行层)找到最短路径,并从初始状态到目标状态避免障碍;第三层(称为贯彻层)生成一个参考轨迹,且控制器遵循该轨迹来开发。文献[6]利用计算理论和形式化方法工具来表示规格任务、机器人约束和环境,是 Belta 等人创造了关于这些工具的使用的术语"符号"。运动规划符号化可以很容易地纳入上述三个层次的框架。文献[6]概述了将这些工具纳入运动规划的挑战和研究方向。13.6 节将讨论这些挑战和研究方向的详细分析。

13.5.1.3　移动机器人时态逻辑运动规划

文献[12]介绍了是用运动规划连接离散 AI 规划的方法。Fainekos 指出,在运动规划中,排序等形式的正式规划提供了新的挑战,引入计算方法来处理这些方法的复杂性。这些属性可以在时序逻辑如 LTL 和 CTL 中表达。将它们从早期的相关方法中区分出来的方法是使用模型检查,以产生满足时态逻辑规范的离散路径。研究结果是基于模型的规划(MBP)[24]、时态逻辑规划(TLPlan)[25]和非确定性领域的通用规划(UMOP)[26]。目的是产生满足时态逻辑公式的连续轨迹。需通过三个步骤来实现:单元空间的分解[27,28],使用模型检查器 NuSMV(新型符号模型验证器)[29]生成满足 LTL 性质的离散运动规划及满足指定 LTL 特性的连续轨迹的生成。

文献[12]选择了模型化机器人,在多边形环境 P 中操作,机器人的运动描述如下:

$$\dot{\boldsymbol{x}}(t)=\boldsymbol{u}(t),x(t)\in P\subseteq\mathbb{R}^2,u(t)\in U\subseteq\mathbb{R}^2 \tag{13.2}$$

式中:$x(t)$为机器人在 t 时刻的位置;$u(t)$为控制输入。

感兴趣的对象如空间、通道等是源自命题,由集合 $\Pi=\{\pi_1,\ \pi_2,\ \cdots,\ \pi_n\}$ 表示,观察图与式(13.2)相关,定义如下:

$$h_C:P\to\Pi \tag{13.3}$$

这是一个观察图,需要将机器人与图的连续状态映射到一组命题。命题是一个凸集合的形式:

$$P_i=\{x\in\mathbb{R}^2\bigwedge_{1\leqslant R\leqslant m}a_k^{\mathrm{T}}x+b_k\leqslant 0,a_k\in\mathbb{R}^2,b_k\in\mathbb{R}\} \tag{13.4}$$

观察图 $h_C:P\to\Pi$ 和原子命题(感兴趣的对象)集之间的关系定义如下:

$h_C(x)=\pi_i$,当且仅当 x 属于某相关集 P_i 时,由式(13.3)给出。式(13.1)给出了机器人模型和观察图,如方程(13.2)所示,初始状态 $x(0)\in P$ 和 LTL 公式 φ,问题是构建控制输入 $u(t)$,该输入可使机器人轨迹满足状态 $x(t)$。为了解决这个问题,令 $x[t]$定义机器人轨迹开始于状态 $x(t)$。LTL 的公式 φ 的含义是依据满意关系来定义,用 C 表示,在连续机器人轨迹 $x(t)$上。然后,$X\ [t]=c\varphi$ 表示开始于 $x(t)$的轨迹,$x[t]$满足公式 φ。其他 LTL 公式可以递归构造。生成连续机器人轨迹,且满足 LTL 公式的过程包括三个步骤:①机器人运动的离散抽象化;②时态逻辑规划使用模型检查;③离散规划的连续实现。

第一步,将工作空间 P 划分为三角形,选择分区算法的两点理由:一是存在许多有效的三角算法[30];二是所使用的控制器被证明可有效计算三角形[28]。所以,图 $T:P\to Q$ 发送状态 $x\in P$ 到有限三角形集合 $Q=\{q_1,\ \cdots,\ q_n\}$。给定一个已划分的工作空间 P,机器人运动由以下转换系统定义:

$$D=(Q,q_0,\to D,h_D) \tag{13.5}$$

式中:Q 为状态集;$q_0\in Q$ 是一个转换关系,定义为 $q_i\to_D q_j$ 当且仅当三角形 q_i 和

q_j 彼此拓扑相邻;$h_D:Q \to \Pi$ 是一个观察图,其中 $h_D(q)=\pi$,如果有状态 $x \in T^{-1}(q)$ 如 $h_C(x)=\pi$,$T^{-1}(q)$ 包含所有由 q 标记的状态 $x \in P$。

D 的轨迹定义为一个序列 $p[i]=p_i \to_D p_{i+1} \to_D p_{i+2} \cdots$,其中 $p_i=p(i) \in Q$。

第二步,模型检测器 NuSMV[29] 和'spin'(SPIN)[31] 应用于产生系统 D(在第一步解释过的)的轨迹 $p[i]$。然而,模型检测工具并不意味着直接产生轨迹(见证),但如果属性满足条件,则验证系统输出 Yes,如果不满足,则验证系统输出 No。为了生成满足式(13.1)的轨迹,在这些工具中使用反例算法。由于这些反例算法产生一个满足$\neg\varphi$(i.e., $p[i] \models \neg\varphi$)的计算序列 $p[i]$,原公式被否定而由模型检查器验证,于是产生了 $p[i]$ 的反例算法。这个轨迹满足 $\varphi=\neg(\neg\varphi)$,用于下一步指导连续轨迹的生成。

第三步,为生成满足式(13.1)的连续轨迹,连续转换系统定义为

$$C=(P,x(0),\to C,h_C) \tag{13.6}$$

式中:P 为多边形集合;$x(0) \in T^{-1}(T(x))$ 是初始状态;$\to C \subset P \times P$ 是一个转换关系,定义为 $x \to_C X'$ 在 P 中的状态间,当且仅当 x 和 x' 属于相邻三角形;$h_C:P \to \Pi$ 是一个观察图,其中 $h_C(x)=\pi$,感兴趣区域的连续状态(集 Π)。

为了使系统 C 实现由任何模型检查器生成轨迹,p 的三角化必须满足双模拟性质[32]。也就是,$T:P \to Q$,称为双模拟当以下列条件对 $\forall X,Y \in P$ 满足:

- If $T(x)=T(y)$, then $h_C(x)=h_C(y)$(观察保持)
- If $T(x)=T(y)$ and if $x \to C\ x'$, then $y \to_C y'$ 且 $T(x')=T(y')$(可达性保持)

如果三角环境满足双模拟属性,控制器就可设计成满足该属性。文献[28,33]中介绍的一些框架可以应用。

13.5.1.4 基于传感器的时态逻辑运动规划

文献[13]给出了自下而上和自上而下两种运动规划方法。自下而上的方法重点在于生成控制输入并输入给机器人模型,使机器人从一个配置空间到另一个配置空间。自上而下的方法着重寻找离散机器人动作,以便实现高层复杂的任务,包括多机器人环境中机器人的互动、时序动作的测序等。高水平的任务规划和低水平的运动规划是以前不可能完成的,直到出现混合动力系统。混合动力系统集成了离散系统和连续系统,使得现在有可能将高层次的任务规划和低级别的机器人运动规划整合在一起。这种混合动力系统的新模式使得将新方法引入到机器人运动成为可能,[12,34,35]。两个新型运动规划直接用于传感器输入的时态逻辑以及片段时态逻辑的应用(也称作一般反应性(GR)[36],它是一个计算多项式)。降低复杂性并不影响其表达,即使在这个逻辑上有不能寻址的属性。

我们的目标是开发一个框架,它可以自动、可验证地生成控制器,以满足在

时间逻辑中表达的高层次规范任务。要实现这一点,应对机器人模型、容许环境和所需的系统规范进行以下定义:

(1) 机器人模型:假设机器人在一个多边形工作空间 P 内操作,机器人的运动表示为

$$\dot{P}(t)=u(t),P(t)\in P\subseteq\mathbb{R}^{+},U(t)\in U\subseteq\mathbb{R}^{+} \tag{13.7}$$

式中:$p(t)$ 为机器人在 t 时刻的位置;$u(t)$ 为控制输入。

此外,假定 P 划分成若干单元 $P_1, P_2, \cdots, P_n$,其中 $P=\bigcup_{i=1}^{n}p_i$,且 $P_i\cap P_j=\varnothing$ 当 $i\neq j$。还假定,分区是凸多边形,每个分区创建一个命题集 $\gamma=\{r_1, r_2, \cdots, r_n\}$。所以,位置 r_1 为真,当且仅当 $p\in P_i$,其他位置为假。

(2) 容许环境:机器人通过传感器与环境交互。文献[13]假设传感器为二进制且 m 传感器变量 $\chi\{x_1,x_2,\cdots,x_m\}$ 没有明确建模;而高层假设则有明确建模,所以变量可以将容许环境模型化。这些允许环境被模型化成形式为 φ_e 的 LTL 公式。

(3) 系统规范:机器人的期望行为表达成 LTL 公式 φ_s,规范可以表示成 LTL,包括覆盖、测序和回避性能。

给出机器人模型,如式(13.7),初始状态 $t(0)\in P$ 和一些 LTL 公式 φ,问题是构建一个控制输入 $u(t)$,使机器人轨迹满足状态 $p(t)$。为了解决这个问题,令 $x[t]$ 定义机器人的轨迹开始于状态的 $x(t)$。LTL 公式 φ 的含义依据满意度关系定义,用 C 表示,定义在连续机器人轨迹 $x[t]$ 上。于是,$\boldsymbol{x}[t]\models_{C}\varphi$ 表示轨迹 $x[t]$ 开始于 $x(t)$ 满足公式 φ。其他线性时态逻辑可递归构造。

给定一个 LTL 公式,由 LTL 公式产生一个可接受行为的合成自动机。文献[37]证明了合成过程成双指数变化。然而,使用的算法是多项式时间 $O(n^3)$,其中 n 是传感器和状态变量估值的数量[36]。合成过程与机器人和环境之间的游戏相类似。首先,环境根据转换关系做出转换,然后机器人做相同转换。如果机器人能够满足 LTL 公式 φ,不管在什么环境,机器人赢;否则,判定环境赢,且期望行为不能实现。给出赢的条件(即 GR(1)) $\phi=\varphi_g^e\rightarrow\varphi_g^s$,当 φ_g^s 为真或为 φ_g^e 假时机器人赢。当机器人赢时,表示所需行为的自动机合成,定义为以下数组:

$$A=(\chi,Y,Q,q_0,\delta,\gamma) \tag{13.8}$$

式中:χ 为环境命题的输入集;Y 为系统命题的输出集;$Q\subset N$ 为状态集;$q_0\in Q$ 为初始状态;$\delta:Q\times 2^{\chi}\rightarrow 2^{Q}$ 是转换关系,也就是 $\delta(q,X)=Q'\subset Q$,其中,$q_0\in Q$ 是状态,而 $X\subseteq\chi$ 是传感器命题为真的子集,$\gamma:Q\rightarrow 2^{Y}$ 为状态命题集,在状态 q 时为真。

自动机的重要性是产生一个路径,使机器人可以遵循容许的输入。给定容许输入序列 $X_1,X_2,X_3,\cdots,X_j\in 2^{\chi}$,自动机生成一个运行 $\sigma=q_0,q_1,\cdots$,该运行 σ 解释为序列 $y_0, y_1, \cdots$ 这里 $\gamma(q_i)=y_i$ 是第 i 个状态的标记。最后一步是使用

运行 σ 影响机器人连续行为。有一些混合控制器[27,28]可以驱动机器人从一个区域到另一个区域。在文献[13]中,一个控制器满足双模拟性能[32],则被选择,该控制器在文献[27]有描述。

13.5.1.5 多智能体运动任务的自动合成

用控制理论来发展满足复杂要求的自动控制器引起相关学者越来越大的兴趣[14]。研究这一方向的关键问题是使用正式规范。文献[38]中,区域控制器是基于图形表示的规范而合成,而在文献[39]中使用了 LTL 的规范。文献[12]中也提到,一些研究使用了多种运动描述语言[40]。文献[14]使用 LTL 规范是由于其表是实数集达属性数量的能力及其接近自然语言。假定以下情形用来测试该方法:存在 m 个机器人在工作空间 $W \subset \mathbf{R}^2$ 中移动;每个机器人 $i = 1, \cdots, m$ 在空间 $R_i = \{q \in \mathbf{R}^2 : \| q - x_i \| \leqslant r_i\}$ 占用一个磁盘,其中 $x_i \in \mathbf{R}^2$ 是磁盘中心,r_i 是半径。每个机器人的配置空间由 C 表示,运动模型为

$$\dot{x} = u \tag{13.9}$$

令 $\phi(x,\ x_0,\ x_{\mathrm{f}})$ 为多机器人的导航功能,机器人不能重叠,则控制法则为

$$u = - \nabla \tag{13.10}$$

式中 $\nabla_{\mathrm{o}} = [(\partial/\partial_{x1}),(\partial/\partial_{x2}),\cdots,(\partial/\partial_{xn})]_{\mathrm{o}}$,且 φ 是多机器人的导航功能,能让所有机器人从可行的初始配置 x_0 到达任何可行的最终状态 x_{f}。定义运动控制器的两个层次。全局收敛控制器管理基本运动任务和其他控制器集,这在于它的收敛范围。重点是合成 Büchi 自动机,该自动机能实现机器人系统的所需行为。实现这一目标的步骤如下:

(1) 给定一个 LTL 公式 ϕ,构造了一个 Büchi 自动机接收满足 ϕ 的语言。构造后,最大非阻塞子自动机 A_{ϕ}^{NB} 从 A_{ϕ} 中被构造。如果 A_{ϕ}^{NB} 为空,则应改写 LTL 公式 ϕ。应用于合成控制器的 LTL 公式是 $\square G \wedge \phi$ 的形式,其中,$\square G$ 是指全球控制器,必须是有效的。

(2) 应用 A_{ϕ}^{NB} 作为一个模型,创建函数 $\Delta: S \times O \rightarrow \{0,1\}^{|C|}$ 以产生观察和控制器谓词。

(3) 定义符合以下控制规律的控制器:$u = -k_1 \nabla\phi + \beta \cdot \overset{*}{u}_2$,文献[14]详细介绍了如何推导这个方程。

13.5.2 运行验证

目前运行验证工作与日俱增,这里只提出这项工作的一部分。运行验证不是一个新话题,但近年发展迅猛,现在每年(从 2010 年开始)有一个新的国际会议专注于该项工作,包括运行系统的验证。回顾了仅在文献[15 - 19]中所做的工作,因为这些来源使用的是正规方法技术。

13.5.2.1　监测与检查

监测和检查(MAC)[15]提供了一个确保目标程序相对于正式需求规范运行正确的总体框架。这个框架由原始事件定义语言(PEDL)和元事件定义语言(MEDL)两个规范语言。前者是用来定义方法和被监测对象;过滤器可以保持提供监视区域、全局变量以及监视对象地址的列表。后者用于编写高规范要求。应用两种规范语言的主要原因是使实现细节与高层需求检查分离,从而使框架可移植到不同编程语言和规范语言。

13.5.2.2　面向监控程序设计

面向监控程序(MOP)设计[16]是一个构建程序监视器的框架和方法。它允许正式属性规范添加到目标程序中,并且不需要对应用的形式进行任何限制(只要对应的规范语言的转换器存在)。转换代码必须包含声明、初始化、监控主体、成功条件和故障条件。用户将注释放在目标程序中,必须以监视代码插入。目前,MOP 支持过去时 LTL、将来时 LTL 和扩展的规则表达式三种规范语言。

13.5.2.3　Java 的 Assertion(断言)功能

有断言功能的 Java(JASS/Jass)[17]是顺序执行的通用监测方法,是在 Java 上开发的并发和反应系统。Jass 工具是一个预编译器,将注释转换成遵守规范的纯粹的 Java 代码,该代码在运行时被动态测试。断言功能增加了契约设计[41],允许断言规范用前置条件和后置条件的形式存在,类不变式、循环不变式和额外检查插入到程序代码的任何部分。Jass 还提供细化检查和跟踪断言。细化检查是用来促进不同抽象级别的规范,跟踪断言是用来监测方法调用的正确行为、顺序和用时。

13.5.2.4　Java 路径探测器

Java 路径探测器(JPaX)[18]是一个通用监测方法,针对用 Java 开发的顺序程序和并发程序。该工具提供了基于逻辑的监测和错误模式分析两个主要功能。正式规范写在 LTL(过去和将来)中或 Maude[42,43]中。仪器 JPaX 通过提交 Java 字节代码来发送事件流给观察器,执行检查违反高层规范(基于逻辑的监测)的事件及检查底层编程错误(错误模式分析)两个功能。

13.5.2.5　Temporal Rover 工具

Temporal Rover(TR)[19]是一个基于规范编写的商业工具,程序用 C、C ++ 、Java、Verilog 和 VHDL 编写。在 TR 中,用户诠释目标程序的部分其属性需要在运行时检查。TR 支持线性时态逻辑(LTL)和度量时态逻辑(MTL),其属性可由这些逻辑来规范,包括未来时态属性、上/下限属性、相对时间性能和实时性。该工具将目标程序作为输入,它的解析器会生成一个相同的程序并作为属性插入目标程序,执行期间生成的代码验证了针对特定属性的执行程序。

13.6 分析

文献[11]介绍了一些运动规划方面的研究方向。然而,有一些研究问题尚未回答,有些问题没有清楚地解释。主要包括三个方面:①未能实现本书目标,即开发一个类似于 Silicon 编译器的编译器;②一些 CTL 公式含义不明确,也就是,有一些 CTL 规范中的合成监控器可能失败,如 $AX(AG(p_1)) \vee AX(AG(p_2))$,其中标记 $A(s_2)=p_1$,$A(s_4)=p_2$,状态 s_2、s_4 没有离开边界,而是自循环,失败可能是由于模糊控制子语言的最大化;③探讨有限 CTL 的应用,如文献[44]所述。此外,还讨论无实时问题和"步行机"运动规划的避障算法。除了这些悬而未决的研究问题,还有一些重要问题需要详细解释,包括修改后的模型检查和模型检查器的输入规范语言。修改后的模型检查的详细讨论非常重要,这可能会影响模型检查算法的复杂性。其他问题的描述是关于机器状态的语言和结果说明,这些依然没有清楚地解释其细节。在文献[11]中,系统的使用情况是用一辆两腿(前腿和后腿)列车测试的。概述了一条腿的行为状态机,对类似于 13.5.1 节所述的属性(应避免的状态)进行了不受管制的验证并给出了 NIL 的结果,这表明该属性不满足条件。在这种某些状态不可取的情况下,模型检查输出这些状态并从期望行为中删除。结果实例:

```
CMUCL 7 > (omega - op K legs uncontrollable - events)
;;Debugging deleted…
> > OMEGA(0): removable states = ((D1 SL2) (SL1 D2))
- - - - - - - - - - - - -
;;Debugging deleted…
> > OMEGA(1): removable states = NIL
# < Representation for the approximation to K >
CMUCL 8 >
```

文献[6]提供不完整的答案,也强调了问题并努力尝试回答以下问题:"能否开发出一种计算框架,用高级的、类似人类的语言来指定这样的任务,并可自动生成可证明正确的机器人控制规则?"这些问题和挑战都围绕离散化的概念,离散化可以是环境驱动或者控制驱动。在后者中,环境在执行层由 LTL 表达。这样的表达也带来了许多悬而未决的问题。目前尚不清楚哪些是最好用的规范语言,是使用 LTL,还是 CTL? 这确定是一个问题,因为存在一些高层规范任务无法用 LTL 表达也无法用 CTL 表达。此外,一个表达功能过强的时间逻辑可能会影响性能的分析。对于动态移动机器人,在离散化驱动环境中它不可能执行超过分区的字符串。最好的方法是在控制器层级做离散化。控制驱动离散化想法的实质是将系统划分为子任务,如传感模式和每个子任务的行为在运动描述语言(MDL)中创作词符[45]。控制驱动离散化的方法包括控制量子、运动原语和反馈编码。其他低复杂度的方法使用实验数据来模拟,如人类操作员的行为。在多机器人系统中,可以通过研究成群的鸟类或鱼群的行为来控制控制策略,这些行为可以导致一些可预测的行为。另外,这样的通信或控制策略可以通过使用嵌入式图形语法来实现[46]。

然而,大部分的问题都没有在文献[6]解决;相反,它提供了比回答更多的问题。在环境驱动离散中,当模型检测分析和规范语言的选择等方法应用到现实环境问题时,需要回答三个问题:①保证机器人从一个区域过渡到另一个区域,或为机器人创造一个不变区域的针对非完整约束的控制器尚未开发;②这种方法应该考虑到由数字控制器和传感器引起的约束(如有限的输入和输出空间);③给定一组区域交互机器人和某环境中的高层规范,证明正确的(区域)控制策略如何产生?什么全球(表达)规范可以有效分布?区域交互(如消息传递与公共事件同步)如何建模?

在控制驱动离散化的情况下,需要解决三个问题:①如何实现给定任务运动原语的最佳选择?②给定一个运动原语的字母系统,有什么与限制机器人轨迹相关的处罚是通过组合这些更大的原语组可以获得的?③这种象征性的运动规划方法可以扩展到多机器人环境吗?其中的一些问题可以通过文献[12]的13.7节给出的方法回答吗?其目标是产生满足时态逻辑公式的连续轨迹。这需要通过三个步骤完成:①工作空间分解成单元[27,28];②使用模型检查NuSMV[29]生成离散运动规划方案,满足LTL特性;③生成满足规范的LTL属性的连续轨迹。这是一个能让人看到希望的好方法:有一天人们可以安全地与移动机器人进行交互。然而,为了实现这一目标,也有一些需要解决的问题,包括使用模型检查算法而不用任何修改。这是因为当模型检查工具如SPIN被应用时,很可能会产生不必要的长路径(轨迹)。图13.1描述了一个状态空间(环境的)的实例,用于生成满足一定LTL属性 φ 的路径,φ 即 $p[i]\models\neg(\neg\varphi)$(如13.5节所述)。如果采用嵌套深度优先搜索算法的模型检查器用接受周期[9](如图13.1所示)计算强连通分量(SCC),轨迹可能是 $I\rightarrow A\rightarrow B\rightarrow C\rightarrow D\rightarrow E\rightarrow F\rightarrow C$,其中 B 代表初始状态中的几百万个状态。但是最短轨迹是 $I\rightarrow A\rightarrow C\rightarrow D\rightarrow E\rightarrow F\rightarrow C$,从初始状态 I 开始。显然,使用没有任何修改的模型检查算法可能会影响合成过程的

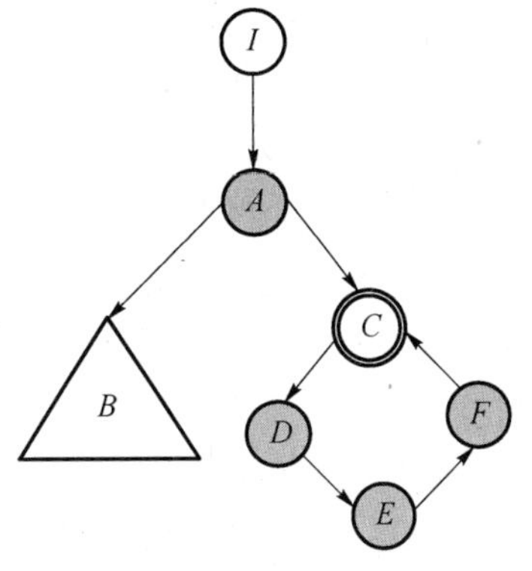

图 13.1 状态空间的图形表示

性能。在文献[12]的13.5.1节,问题公式化和方法综述促使了以下属性的合成:

(1) 要求是无特定顺序的访问空间,定义为($\Diamond r_1 \wedge \Diamond r_2 \wedge \Diamond r_3 \wedge \Diamond r_4 \wedge \Diamond r_5 \wedge \Diamond r_6$)。由NuSMV生成一条轨迹很快,用MATLAB®合成不超过15s。

(2) 要求是访问空间r_2,然后是空间r_1,然后是r_3、r_4、r_5,同时避开障碍物o_1、o_2和o_3。路径由SPIN生成。没有提到每个过程需要多长时间,但数字显示环境,路径在文献[12]中展示。

(3) 要求是从一个白色空间开始,去两个黑色空间。此要求的环境由1156个空间组成它的离散抽象环境由9250个三角形组成。路径由NuSMV生成,大约需要55s,控制器用MATLAB合成,需持续约90s。

文献[13]介绍了一些运动规划中应用时态逻辑的可喜成果。机器人利用传感器收集环境信息而GR(1)公式表示这种互动。由于GR(1)是LTL的一个分类,如果相同类型的逻辑可以衍生出CTL *,在机器人运动规划中,可以找到一种更高健壮性和更强表达力的逻辑来综合许多要求。文献[13]提出的方法用两个实例测试:单机器人——婴儿室场景;多机器人——搜索与救援。

第一个实例表明从区域1开始,保持检查婴儿是否在区域2或4中哭泣。如果你找到一个哭泣的孩子,就去区域6、7和8寻找一个成人,一直寻找直到找到成人。在发现成人后,回去监护婴儿等。需要2s合成一个能实现需求的自动机,自动机有41个状态。

第二个实例表明,在这个搜索和救援方案中,采用两架无人机连续搜索区域1、2、3、7和8,搜索受伤的人。一旦发现受伤的人,地面车辆(救护车)就驾驶到伤员的位置并进行帮助,地面车辆不再移动等。在这种情况下,它需要大约60s合成自动机,自动机有282个状态。

在自主机器人系统中,主要的问题是来自传感器的噪声数据。这个问题需要使用贝叶斯过滤器。贝叶斯过滤器是非常有用和强大的统计工具,用于估计传感器数据中感兴趣的变量,也用来融合来自不同传感器的数据。然而,无论是过程合成还是本章介绍的运行验证方法,都没有使用这些过滤器计算正确结果的概率。在我们的框架中,使用这些过滤器计算约束和属性的概率。

13.7 建议方法

传统的验证技术,如同行评审,模拟和测试往往不能很好地扩展到大系统,如机器人系统,这取决于环境和时间变化。这种行为使得它很难预测和验证系统之前的执行。因此,随机运行验证是这些技术的恰当补充,这是本章将要阐述的。虽然不是新方法,但是运行验证仍受到越来越多的关注,这是由于新的验证技术,如模型检查技术的出现。尽管在运行验证中引入模型检查技术,机器人系统仍然带来了一些挑战,必须在验证中有一个范式转移,目的是实现高层自主操作的期望、可预测性和健壮性。这些挑战包括其他环境的不确定性和资源限制,以及使用没有附带源代码的库代码。目前,没有验证技术解决这些问题。这些挑战(如环境不确定性的因素、资源限制和库调用)呼吁使用随机推理、离散和连续动力学、定性和定量测量、目标导向方法等,还有在线技术如机器学习、博弈论和规划技术。例如,采用随机推理,使我们能够确定(或验证)给定情况发生的可能性,或需要多长时间才能发生。这是不同于软件只能输出简单的"是"或"否"的常规模型检查,而是输出原因。目前的建模技术把更多的精力放在封闭系统,并不解决开放式系统,如机器人系统。网络技术如机器学习将使这些系统完成连续验证,以确保正确处理传感器输入,并做出正确决策,如果发生问题,也能采取恰当步骤。这将减少频繁的人机交互,具有良好的性能和效率。

在挖掘机器人技术的机器控制下,软件平台处理的环境要复杂得多。与有限的、明确定义的处理任务不同,机器人机器可能会与其他机器(以及周围的人)进行连续的一系列谈判,因为它们使用 GPS 和扫描仪这样的设备来感知世界,而路由器则通过无线方式相互交换信息。这些机器也将不得不在非确定环境中工作,在这样的环境中,带宽这样的资源可能会变得稀缺。中心思想是,让它们自主调整,以处理任何可能出现的情况。我们工作的最终目标是设计和开发一个运行验证软件平台,能够在运行时学习、监控和验证其他系统,以确保它们的工作全程正确。Oliver G. Selfridge 说过一段话:"……看程序如何查找并修复一个 bug,这个程序将永远可用。"为了确保这样的软件平台得到发展,建议使用一个观测器设计模式[47]。观测器设计模式也称为发布 - 订阅或从属,它定义了合作对象之间的一对多的属地,当一个对象(受试者)改变状态,所有它的从属者(观测器)被通知并自动更新。虽然不是新方法,由于在事件驱动系统中的实用性,该模式受到越来越多的关注。它包括一套行之有效的通信模式,允许任何数量的受试者(出版商)与任意数量的观测器(订阅者)异步交流并匿名通过事件通道。我们相信,这种设计模式的使用将能实现运行验证,并可以容易地合并在动态系统中成为其中一员。这种情况下,运行验证模块将作为观测器来实现,而其他模块将作为受试者来实现。这种设置允许组件之间的相互封装并促进组件的松散耦合。允许组件彼此明确提及,彼此发送和接收消息。受正规验证成功和概率机器人的启发,运行验证软件平台的创新挑战不仅涉及规范、设计或执行水平的验证与统计技术,还涉及在系统运行时组合这些技术,由于系统基于平台,所以系统可以安全可靠地应对环境不断变化的复杂性。这种方法还涉及随机过程与运行验证基本原则的调查,随机过程的正式规范,以及所提出的平台的规范、设计、验证和实施。

目标平台将提供给需要运行验证的机器人系统一个接口。该接口能使这些系统连同相应的正式要求实现无缝对接,并在执行过程中验证。比如,同时SLAM系统将必须采用该平台提供的接口,以便SLAM系统展示可能的转换和状态变量,并针对正式规范要求验证状态变量,以确保安全、可靠的运行。平台可以提供以下益处:①确保系统的运行验证不会是完全离线验证,这包括复杂的第三方组件库、黑盒系统、通用操作系统等;②在系统行为主要取决于复杂环境的情况下,找到一个精确的环境模型是很困难的(或几乎不可能),从而使得它难以运用传统验证技术,因此,该平台将能够对此类系统进行充分的验证,因为它能够监视所观察到的违反要求的行为;③平台也将用来补充传统验证技术(定理证明、模型检查和测试)的不足,以检查在离线验证中所证明或测试的内容在运行时是否保持不变。

13.8 案例研究

本节提出一些在已提供平台方面的初步工作。正如前面强调的,目标是要制定一个框架,确保动态机器人系统在运行时的验证,而我们需要解决的问题是确定机器人在地图上某个位置和/或接近地图上某一区域的概率。于是,系统状态定义为一个时间戳和位置的数组,也就是$\langle t_i, p_i \rangle$,其中,t_i为时间戳,p_i为第i步中机器人在地图中的xy坐标。系统要求描述对象(即机器人、人等)在环境中相互作用的期望行为。这些要求包括躲避、覆盖、定序和条件。躲避是指使用传感器避免与其他物体的碰撞。覆盖是指指定遍历感兴趣区域的规则。定序是按一定秩序遍历指定区域。条件是指那些从真值到真值的表达成函数的逻辑条件。

问题:为了测试我们的验证,考虑一个在工作台周围移动的机器人,如图13.2和图13.3所示。要回答的问题是:机器人远离位置的概率(x_{1k}, y_{1k})是什么?其中,(x_{1k}, y_{1k})为在时间戳k的任何xy坐标。为了回答这个问题,用粒子滤波器过滤机器人的测距,然后用欧氏距离计算两点之间的距离。用正态分布密度函数来估计/近似两点间的距离。式(13.11)显示了要验证的要求,而式(13.12)和式(13.13)用来估计两点之间的距离概率:

$$P_{\geqslant 0.7}(\diamond((-2.5 \leqslant x_k \leqslant -2.0) \land (-2.5 \leqslant y_k \leqslant -2.0))) \tag{13.11}$$

$$d_k = \sqrt{(x_{2k} - x_{1k})^2 + (y_{2k} - y_{1k})^2} \tag{13.12}$$

$$P(d_k) = \frac{1}{\sigma\sqrt{2\pi}} e^{-(d_a - \mu)^2 / 2\sigma^2} \tag{13.13}$$

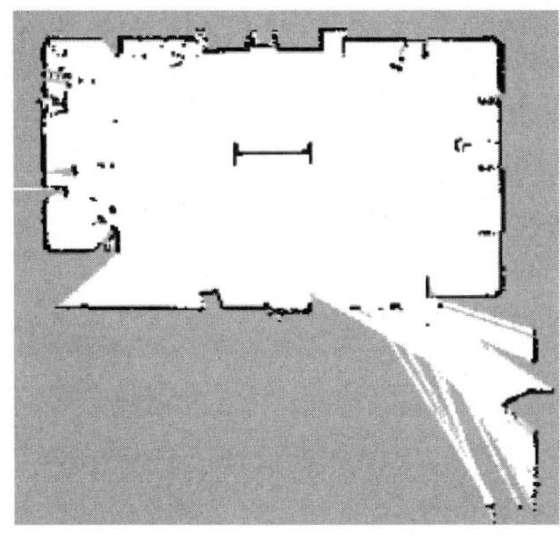

图 13.2　CSIR – MIA 视觉实验室

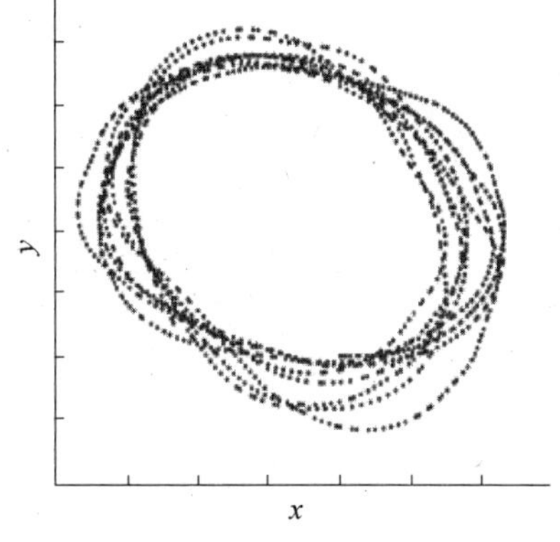

图 13.3　机器人路径

图 13.3 和图 13.4 分别显示机器人的轨迹和在地图上某个位置的归一化权重。用高权重的 xy 坐标系(高概率)选择机器人的位置,这样可以估计机器人离目的地有多远。使用粒子滤波计算这些权重。

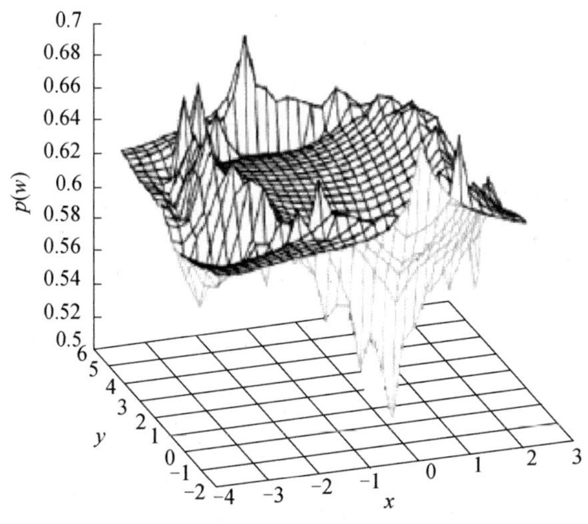

图 13.4　估计路径

图 13.5 和图 13.6 显示了从开始到结束目标的概率估计。图 13.5 显示了初始位置的概率设定在机器人轨迹的开始到轨迹的最后;在概率为 0.40 的情况下机器人达到了它的目标位置。负距离显示机器人已经越过了它的目标位置,正距离显示机器人正在走向它的目标位置。图 13.6 中,在机器人轨迹的开始设置了目标位置,由图可知,机器人只能远离它的目标位置。这些图表的结果由 $P_{<p}(\varphi)$ 算子(在 13.4.4 节中有解释)计算。当运行验证器时,它产生的元组形

式为(真,概率),其中第一个参数是一个真实值,告诉要求是否被满足(真)或未被满足(假)。元组的第二个元素告诉必须接受这个结果的概率。验证结果的实例如下:

…

(False, 0.75803)

(True, 0.241970)

(True, 0.241970)

…

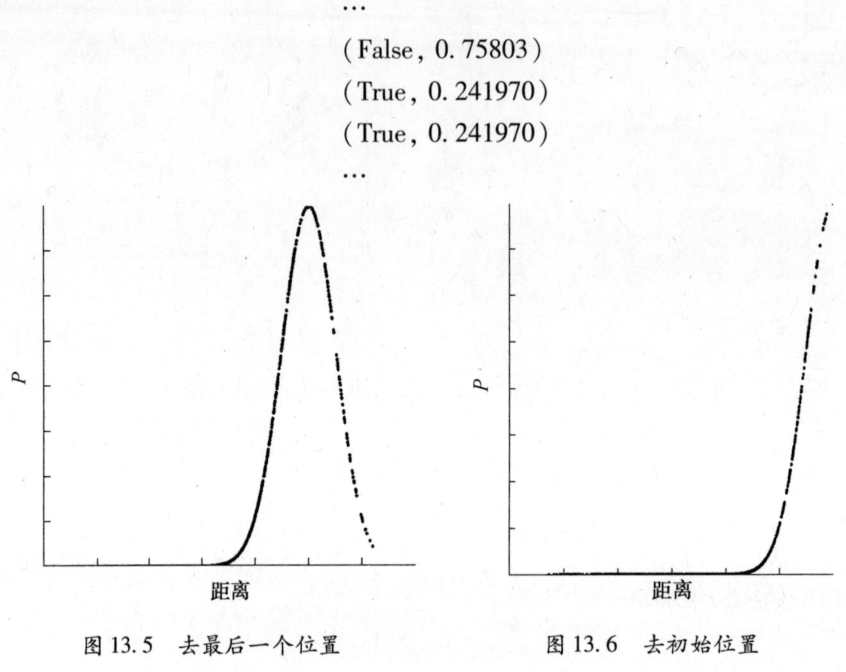

图 13.5 去最后一个位置　　图 13.6 去初始位置

13.9 未来可能性

使用时序逻辑的程序合成成为自主移动车辆设计和开发运动规划框架与算法的一种很有前途的方法。本章回顾了五个研究工作,都是关于使用计算理论和正规的方法工具与技术合成(程序合成)的。文献[1]的目的是用于机器人应用与制造任务的合成控制器程序开发一个编译器。文献[2]是作者在2006所举办的一个研讨会的结果,研讨会是为了解决大众关注的问题,使用计算理论的挑战和问题,在运动规划中应用正规方法工具与技术的问题。他们是创造了“符号运动规划”术语的人。文献[3]利用现有的模型检测工具如SPIN和NuSMV,生成一个满足一定要求的离散路径。该路径于是被译成连续轨迹,以驱动机器人从某些初始状态到目标状态。文献[4,5]也使用时态逻辑来合成自动机以实现机器人运动规划中的复杂要求。该程序相似与文献[3]中的相应程序,只是在方法论和时态逻辑的应用上略有差异。

本章的主要目的是验证运行时的机器人系统,由于系统运转中环境的随机性质,故需要一个强大的验证器可以应付环境的不确定性。本章只强调运行验证框架,包括正规的方法技术。在 13.8 节中所示的初步结果使我们相信,随机博弈论和机器学习技术是这种验证的理想技术。可以通过以下问题而获益:

(1) 机器人和环境的相互作用是非常重要的,想要通过使用博弈论给这种互动建模来获得进展。应审视类似 Piterman 等属性类型的那类要求。文献[36]讨论过这些内容,尽管专注于 LTL,但没有涵盖我们正在研究的需求类型。该要求如方程所示:

$$P_{<p}((\phi_{\text{init}}^{\text{env}} \wedge \Box\phi_{\text{safety}}^{\text{env}} \wedge \Box\Diamond\phi_{\text{goal}}^{\text{env}}) \Rightarrow (\phi_{\text{init}}^{\text{sys}} \wedge \Box\phi_{\text{safety}}^{\text{sys}} \wedge \Box\Diamond\phi_{\text{goal}}^{\text{sys}}) \quad (13.4)$$

$$P_{<p}(\phi_{\text{init}}^{\text{env}} \wedge \Box\phi_{\text{safety}}^{\text{env}} \wedge \Box\Diamond\phi_{\text{goal}}^{\text{env}}) \Rightarrow P_{<p}(\phi_{\text{init}}^{\text{sys}} \wedge \Box\phi_{\text{safety}}^{\text{sys}} \wedge \Box\Diamond\phi_{\text{goal}}^{\text{sys}}) \quad (13.5)$$

式中:env、sys 分别指环境和机器人系统;init、safety 和 goal 分别指初始条件、安全要求和公式的目标要求。

(2) 继承是随机验证中的一个重要概念。由于机器人系统甚至环境可能被设计在同一个分层,以此方式来简化系统设计和实现的复杂性,我们的概率要求也可以以同样的方式实施,所以环境与系统的不同组件可以继承不同正规属性,从而方便组件重用。

(3) 机器学习技术也是一种重要的技术,也是我们将要关注的。因为我们的验证依赖于环境和机器人系统数据,所以认为验证器可以使用这些数据来学习并做出相应的反应,以适应动态环境的需要,从而使我们的系统安全可靠地运行。

参考文献

1. E. M. Clarke and E. A. Emerson, Design and synthesis of synchronization skeletons using branching-time temporal logic, In *Logic of Programs, Workshop*, London, UK: Springer-Verlag, 1982, Vol. 131, pp. 52–71.
2. J.-P. Queille and J. Sifakis, Specification and verification of concurrent systems in CESAR, In *Proceedings of the 5th Colloquium on International Symposium on Programming*, London, UK: Springer-Verlag, 1982, pp. 337–351.
3. M. Campbell, M. Egerstedt, J.P. How and R.M. Murray, Autonomous driving in urban environments: Approaches, lessons, and challenges, *Philosophical Transactions of the Royal Society A*, 368, 4649–4672, 2010.
4. R. T. M. Corporation, Road Traffic Report, March 2008, downloaded from http://www.arrivealive.co.za/documents/March_2008_-_Road_Traffic_Report_-_March_2008.pdf.
5. S. M. LaValle, *Planning Algorithms*, University of Illinois: Cambridge University Press, 2006.
6. C. Belta, Antonio, M. Egerstedt, E. Frazzoli, E. Klavins and G. J. Pappas, Symbolic planning and control robot motion, *Robotics and Automation Magazine, IEEE*, 14(1), 61–70, 2007.
7. M. Leucker and C. Schallhart, A brief account of runtime verification, *Journal of Logic and Algebraic Programming*, 78(5), 293–303, 2009. The 1st Workshop on Formal Languages and Analysis of Contract-Oriented Software (FLACOS'07).
8. M. Seotsanyana, *Formal Specification, Development, and Verification of Safety Interlock Systems: Comparative Case Study*, 1st ed. Saarbrücken, Germany: VDM Verlag, September 2008.
9. C. Baier and J.-P. Katoen, *Principles of Model Checking*, 1st ed. Cambridge, MA: MIT Press, 2008.
10. B. Christel, B. Tomáš, G. Marcus and K. Antonín, Stochastic game logic, In *Fourth International*

Conference on the Quantitative Evaluation of Systems (QEST 2007), Los Alamitos, Washington, Tokyo: IEEE Computer Society, 2007, pp. 227–236, Edinburgh, Scotland.

11. M. Antoniotti and B. Mishra, Discrete event models + temporal logic = supervisory controller: Automatic synthesis of locomotion controllers, in *IEEE International Conference on Robotics and Automation*, 1995, pp. 1441–1446, Nagoya, Aichi, Japan.
12. G. E. Fainekos, H. Kress-Gazit and G. J. Pappas, Temporal logic motion planning for mobile robots, In *Proceedings of the 2005 IEEE International Conference on Robotics and Automation*, April 2005, pp. 2020–2025, Barcelona, Spain.
13. H. Kress-Gazit, G. E. Fainekos and G. J. Pappas, Where's Waldo? Sensor-based temporal logic motion planning, In *Proceedings of the IEEE Conference on Robotics and Automation*, Vol. 2324, 2003, pp. 3546–3551.
14. S. G. Loizou and K. J. Kyriakopoulos, Automatic synthesis of multi-agent motion tasks based on LTL specification, In *43rd IEEE Conference on Decision and Control*, 14–17, February 2004, Atlantis, Paradise Island, the Bahamas.
15. M. Kim, S. Kannan, I. Lee, O. Sokolsky and M. Viswanathan, Java- MaC: Run-time assurance tool for Java programs, In *Proceedings of the Fourth IEEE International High Assurance Systems Engineering Symposium*, 1999, pp. 115–132.
16. F. Chen and G. Roşu, Towards monitoring-oriented programming: A paradigm combining specification and implementation, *Electronic Notes in Theoretical Computer Science*, Elsevier, 89(2), 2003.
17. D. Bartetzko, Jass—Java with assertions, In *Proceedings of the First Workshop Runtime Verification (RV'01)*, K. Havelund and G. Roşu (eds.), *Electronic Notes in Theoretical Computer Science*, Paris, France: Elsevier Science, 55(2), 2001.
18. K. Havelund and G. Roşu, Java PathExplorer—A runtime verification tool, *Symposium on Artificial Intelligence, Robotics and Automation in Space*, Montreal, Canada, June 2001.
19. D. Drusinsky, The temporal rover and the ATG rover, *SPIN 2000*. Cupertino, CA: Time-Rover, Inc.
20. P. J. Ramadge and W. M. Wonham, The control of discrete event systems, In *Proceedings of the IEEE*, 77(1), 81–98, 1989.
21. L. E. Holloway and B. H. Krogh, Synthesis of feedback control logic for a controlled Petri nets, *IEEE Transactions on Automatic Control*, 35(5), 514–523, 1990.
22. B. J. McCarragher and H. Asada, A discrete approach to the control of robotic assembly tasks, In *IEEE International Conference on Robotics and Automation*, IEEE, 1993, pp. 331–336, Atlanta, Georgia, USA.
23. E. M. Clarke, E. A. Emerson and A. P. Sistla, Automatic verification of finite-state concurrent system using temporal logic specifications, *ACM Transactions on Programming Langauges and Systems*, 8(2), 244–263, 1986.
24. P. Bertoli, A. Cimatti, M. Pistore, M. Roveri and P. Traverso, MBP: A model based planner, In *Proceedings of the IJCAI'01 Workshop on Planning under Uncertainty and Incomplete Information*, Seattle, August 2001. [Online]. Available: citeseer.ist.psu.edu/bertoli01mbp.html.
25. F. Bacchus and F. Kabanza, Using temporal logics to express search control knowledge for planning, *Artificial Intelligence*, 116(1–2), 123–191, 2000.
26. R. M. Jensen and M. M. Veloso, OBDD-based universal planning for synchronized agents in non-deterministic domains, *Journal of Artificial Intelligence Research*, 13, 13–189, 2000.
27. D. Conner, A. Rizzi and H. Choset, Composition of local potential functions for global robot control and navigation, In *Proceedings of 2003 IEEE/RSJ International Conference on Intelligent Robots and Systems (IROS 2003)*, IEEE, 2007, pp. 3116–3121, Las Vegas, Nevada, USA.
28. C. Belta and L. Habets, Constructing decidable hybrid systems with velocity bounds, In *43rd IEEE Conference on Decision and Control*, Bahamas, 2004.
29. A. Cimatti, E. Clarke, F. Giunchiglia and M. Roveri, NUSMV: A new symbolic model verifier, In *Proceedings Eleventh Conference on Computer-Aided Verification (CAV'99)*, ser. Lecture Notes in Computer Science, N. Halbwachs and D. Peled, Eds., no. 1633. Trento, Italy: Springer, July 1999, pp. 495–499.
30. M. de Berg, M. van Kreveld, M. Overmars and O. Schwarzkopf, *Computational Geometry: Algorithms and Applications*, 2nd ed., Berlin, Heidelberg, New York: Springer-Verlag, 2000.
31. G. J. Holzmann, *The Spin Model Checker: Primer and Reference Manual*, Lucent Technologies Inc., Bell Laboratories: Addison-Wesley, 2004.
32. R. Alur, T. A. Henzinger, G. Lafferriere, George and G. J. Pappas, Discrete abstractions of hybrid systems, In *Proceedings of the IEEE*, 2000, pp. 971–984.

33. L. Habets and J. van Schuppen, A control problem for affine dynamical systems on a full-dimensional polytope, *Journal of Artificial Intelligence Research*, 40(1), 21–35, 2004.
34. M. Kloetzer and C. Belta, A fully automated framework for control of linear systems from temporal logic specifications, *IEEE Transactions on Automatic Control*, 53(1), 287–297, 2008.
35. G. E. Fainekos, H. Kress-Gazit and G. J. Pappas, Hybrid controllers for path planning: A temporal logic approach, In *Proceedings of the 44th IEEE Conference on Decision and Control*, December 2005, pp. 4885–4890, Seville, Spain.
36. N. Piterman, A. Pnueli and Y. Sa'ar, Synthesis of reactive(1) designs, *Lecture Notes In Computer Science*, Springer-Verlag, 3855, 364–380, 2006.
37. A. Pnueli and R. Rosner, On the synthesis of a reactive module, In *POPL '89: Proceedings of the 16th ACM SIGPLAN-SIGACT Symposium on Principles of Programming Languages*, New York, NY: ACM, 1989, pp. 179–190.
38. E. Klavins, Automatic synthesis of controllers for assembly and formation forming, In *Proceedings of the International Conference on Robotics and Automation*, 2002.
39. T. Tabuada and G. J. Pappas, Linear time logic control of linear systems, submitted, *IEEE Transactions on Automatic Control*, 51(12), 1862–1877, 2006.
40. M. Egerstedt, Motion description languages for multi-modal control in robotics, In *Control Problems in Robotics*, A. Bicchi, H. Cristensen and D. Prattichizzo (Eds.), Atlanta, GA: Springer-Verlag, pp. 75–90, 2002.
41. B. Meyer, Applying design by contract, *IEEE Computer*, 25(10), 40–51, 1992.
42. M. Clavel, S. Eker, P. Lincoln and J. Meseguer, *Principles of Maude*, Electronic Notes in Theoretical Computer Science, Vol. 4, 1996.
43. M. Clavel, F. Duran, S. Eker, P. Lincoln, N. Marti-Oliet, J. Meseguer and J. Quesada, Using maude, In *Proceedings of the Third International Conference on Fundamental Approaches to SE*, Lecture Notes in CS 1783, pp. 371–374, 2000, Berlin, Germany.
44. B. Mishra and E. M. Clarke, Hierarchical verification of asynchronous circuits using temporal logic, *Theoretical Computer Science*, 38, 269–291, 1985.
45. M. Egerstedt and R. Brockett, Feedback can reduce the specification complexity of motor programs, *IEEE Transactions on Automatic Control*, 48(2), 213–223, 2003.
46. E. Klavins, R. Ghrist and D. Lipsky, A grammatical approach to self-organizing robotic systems, *IEEE Transactions on Automatic Control*, 51(6), 949–962, 2006.
47. Judith Bishop. *C# 3.0 Design Patterns*, Ed. 1. O'Reilly, December 2007.

第14章 军队路径查寻问题的约束规划求解

14.1 引言

移动机器人/车辆环境中的路径和运动规划问题在第3章中已经讨论,并给出了应用 A^* 算法得出的结果。本章提出一个解决动态军队路径查寻问题(DMUPFP)的算法,是基于斯坦茨的著名 D^* 算法,该 D^* 算法就是解决动态路径查寻问题的[1]。军队路径查寻问题是一个从起点到一个目的地的路径查寻问题,在此过程中,军队是移动或被移动的、安全的,同时要避免威胁和障碍,并最大限度地减少在实际地形的数字表述上的路径成本[2]。

路径查寻是将一个对象从起点移动到目标点的问题,同时避免障碍和最大限度地降低成本。它的应用范围很广,如计算机游戏、交通运输、机器人技术、网络等。路径查寻算法可以分为静态(或全局)和动态两种不同类型算法。对于静态算法,假定环境是已知的,在对象被移动之前已经计算出最优路径。对于动态算法,在对象开始移动之前环境可能不是完全已知的,或当对象移动时它可能会改变,在这种情况下路径规划必须在执行时进行更新。相关文献中有大量的记载,路径查寻问题得到了很好的研究。

在军事行动中,军队经常遇到路径搜索问题,目标是避免威胁或至少以最小偏离距离通过(或避免)威胁,同时以尽可能快的速度移动。在 DMUPFP 中,要求在两个主要准则、路线速度和安全之间保持平衡[2]。但是有方法解决 DMUPFP,即现有的方法是结合各种标准的优化,再以某种形式的目标函数表达。我们的方法是在确保某些标准如安全要求满足的情况下,将路径成本降至最低。这意味着我们的目标函数是一个纯粹的成本函数。采用基于约束的方法,与获得最佳成本的目标和安全措施的遵守有一个明显的区分。这样的方法依据不同约束的建模也允许有一定的灵活性。如果在秉承安全措施或其他约束问题的前提下用户有新的要求,那么仅仅需要添加约束或修改现有约束,而主要算法保持不变。14.3节给出约束规划(CP)概述和约束满足问题(CSP)。14.4节提出一个新的算法来解决动态 MUPFP(DMUPFP)。目标函数只表示遍历特定路径的成本,即表示路线速度。将安全标准模型化为约束,是必须满足的。例如,一个约束可以指定必须避免障碍,或当通过威胁如狙击手时,必须观察获得一个可接受的距离。以前的工作主要围绕基于 A* 算法[3]的静态约束方法。

14.2 路径查寻方法概述

关于路径查寻技术的大量研究已经完成,一项专属技术的成功依赖于环境和所施加的约束。在本章中,范围限定在一个管辖区域,在该区域内军队是移动或被移动的、安全的,同时要避免威胁和结构障碍。假设地形可以表示为一个二维网格或图表。Tarapata[4]给出了地形表述技术的概述。解决路径搜索问题最常用的方法是基于 Dijkstra 最短路径算法和 A* 搜索算法。A* 搜索算法是基于图表的算法,是通过最小化当前节点到目标节点的估计成本来找到源节点和目标节点之间的最小成本路径。该算法是最有效的基于图形的路径查找算法之一。基于搜索的 A* 算法用于大多数电子游戏的路径查寻。A* 搜索是一种启发式、优化算法,效率也是优化的,也就是说,从节点扩展方面来说,至少和其他任何一种优化算法一样有效[5]。启发式函数的选择是非常重要的。如果启发式函数从来没有高估从节点 n 到目标节点的最低成本,A* 搜索就是最优的。通用的启发式函数是曼哈顿或欧氏距离。搜索算法的缺点之一是它需要大量的存储空间。在大地图上的路径查寻是有问题的,但许多扩展算法通过减少搜索空间、时间和内存需求来解决这个不足。A* 搜索算法是静态环境的公式化表达,但有一个扩展算法,D* 算法,这是专为动态环境设计的。在以后将更深入地讨论该算法。

Botea 等人[6]提供一个分层路径查寻算法的调查,是依据地形报告将任务分解成更小的组成部分。最简单的实例是一个两级分层方法[7]。原始地图被抽象成集群,路径从集群的一个边界到其他边界被发现。集群的实例可以是一个建筑物房间或领域的一部分。这种方法是快速的,但不一定是最优的。另一种方法是依据可见节点有效地抽象一张地图[8]。凸形障碍的拐角用边缘连接相关节点来表示。当障碍数量较小且障碍没有凹面或内凹形状时,这种方法效果很好。Duc 等人[9]展示了如何在战略游戏和模拟环境中成功地应用分层路径查询、可见点和强化学习。四叉树用来分解图层,通过将图分割成不同尺寸的方形块来实现,其中每一个方形块包含步行单元或阻断单元[10]。如果不是这样的话,方形块将被进一步分解。在这种方法中,路径在两个相邻方形块的中心之间被发现。在文献[11]中,初始图被分解成一系列子图和连接分散子图的全局子图。信息也被存储,以备在随后的计算中重新使用。在分层 A* 搜索[12]中,抽象空间的一个分层次结构建立直到得到一个状态空间。空间分层表述的目的是为了减少整体搜索时间,以及搜索空间的大小。其中一些算法已经为动态环境而修改。Wichmann 等人[13]展示了如何通过计算地形的多分辨率表述来减少搜索空间的尺寸。他们用低分辨率的地形表述开始，找到一个从源节点到目标节点的路径；然后，通过将低分辨率解决方案中的每一对源节点和目标节点当作更高分辨率地形表述中的源节点和目标节点使用来推进工作。这个过程是重复的，直到找到一个原始地形表述的解决方案。实验表明，虽然得到路径的平滑度随分辨率降低而降低，但多分辨率进程显著减少了搜索时间和节点访问的数目。这种技术可以应用到 A* 搜索以外的其他搜索算法。在增量搜索中，与其从头解决一系列问题，不如重新使用以前的搜索信息找到一个解决方案。这些算法在动态环境中是很有用的。Koenig 等人[14]提供了一个动态环境时增量搜索技术和地址规划的概述。终身规划 A*（LPA*）[15]是 A* 搜索的增量版本，在环境突然变化的情况下，用于先前的搜索信息被重新使用。LPA* 第一次迭代类似于 A* 搜索。如果该图变化，后续的搜索可能会更快，因为它使用的信息来自早期搜索，而早期搜索的信息是基于搜索树相同的部分。LPA* 在其搜索中也具备处理图形变化的功能。LPA 是一种优化算法。

D* 算法[1]基于 A* 算法，但在未知路径、部分已知路径和变化环境的路径查寻中是适合使用的。它是最佳的、通用的算法，可以应对任何成本路径优化问题包括在执行过程中成本值发生变化的问题。D* Lite（算法）综合了 LPA* 和 D 的属性[16]。一个完整的规划可以解决任何可解的问题，并指出问题不可解的失败原因。然而，完整性往往导致漫长的运行时间。完整性的弱点被定义，如概率完备性。给定一个可解决的问题，如果一个规划方案被称为完整概率[17]，则当运行时间趋于无穷大时解决它的概率收敛到 1。Svestka 和 Overmars[17]给出了概率路径规划的一个概述。成功的概率规划方案实例是概率路径规划（PPP），方案采用遗传算法和随机路径规划（RPP）[18]。蚁群优化（ACO）是解决计算问题的概率技术，可应用于路径查询。这些算法是基于蚂蚁行为公式化表达的启发式信息。蚂蚁寻找食物，当返回它们的蚁穴时，将信息素留在回来的路上。找到信息素的蚂蚁很可能遵循这条路径同时也留下信息素。信息素是挥发的，随着时间的推移变得越来越淡。回到蚁群前较长路径上的信息素比较短路径上的信息素消失得更快，所以较短路径更容易跟踪和强化。Mora 等人[2,19]已成功地改变了蚁群算法以适应 MUPFP。将路径查寻公式化成一个 CSP 仅需要做非常小的工作。Gualandi 等人[20]和 Allo 等人[21]都成功地使用了并行程序解决飞机的路径查寻。

14.2.1 解决动态路径查寻问题的 D* 算法

1994 年，Stenz 介绍了 D* 算法在解决动态路径查寻问题方面的应用[1]。在这里给出了该算法的简要概述，使 14.2 节（这里描述了改进的 D* 算法，目的是解决 DMUPFP）更容易阅读。该算法的详细描述参见文献[1]。该算法最初应用一个最佳首选方法计算一条从目标节点返回开始节点的最佳路径。对于每一

个节点 x,该算法保持一个从当前节点到目标节点的边缘成本的估计 $h(x)$。理想情况下,这个估计值等于从节点到目标节点的最小成本。该算法还保持一个 OPEN 节点列表,并根据每个节点的关键值分类。节点 x 的关键值可能是修改映射到地图值之前的最小 $h(x)$ 值,所有 $h(x)$ 值自节点 x 后首次被放入开放列表。节点 x 的关键值确定了该节点是"RAISE"状态还是"LOWER"状态。RAISE 状态是当 $k(x)$ 小于 $h(x)$ 的时候,这意味着路径成本已增加,该信息必须被传送出去。LOWER 状态,$k(x) \geq h(x)$,表明有可能是一条成本降低的路径。如果 $k(x)$ 等于 $h(x)$,则表明从目标节点到 x 节点的路径是最优路径,而 x 节点的邻居被扩展。该算法通过设置每个节点的"返回指针"使其"返回"到其当前位置的前一个位置来追踪当前最优路径。主要算法,即 MUPFP_D* 和初始化函数程序如下:当开始节点从 OPEN 列表中删除时该算法的第一阶段停止。后面的指针跟随开始节点走到目的节点,同时计算该路径中每个边缘的实际成本的总和。如果实际成本的总和与该路径上的节点的 h 值有争议,则该算法停止在这个节点上。这个争议表明,要有一个边缘成本的修改,算法重新计算从争议节点到被确定目标节点的最优路径。D* 算法的第一阶段类似于军队路径查寻问题的约束规划求解。D* 算法的第一阶段类似于图 14.1 所示算法,其中,初始化函数如图 14.2 所示。

```
MUPFP_DStar( )
Initialise ( );
ComputeOptimalPath( );
for ever do
      … wait for changes…
   if the value of an edge (x, y) has changed then
   ModifyCost(x, y); //Call this if the change was for a cost
  else if the status of a node changed then
   StatusChange(s, statusold);
  for x ∈ PutOn do
    if t(x) ≠ NEW then
      InsertOnOpenQ(x, h(x));
   PutOn =∅;
    for i ∈ TakeOff do
flag = true; //local Boolean variable
for x ∈ Neighbour(i) do
      if t(x) ≠ NEW then
       flag = false;
        exit for loop;
if flag = true then
      t(i) = NEW;
      Remove(OpenQ,i);
TakeOff = ∅;
s = ⊠1;//Initialise s
ComputeOptimalPath( );
```

图 14.1　主要算法(MUPFP_D*)

```
Initialise( )
OpenQ = ∅;
TakeOff = ∅;
PutOn = ∅;
for s ∈ N do
    h(s) = ∞ ;
    t(s) = NEW;
    b(s) = NULL;
InsertOnOpenQ(sgoal,0);
```

图 14.2　初始化函数

计算最优路径函数,如图 14.3 所示,第 6、7 行没有约束检查代码。D* 第二阶段,替换了 OPEN 列表中的节点,此处边缘成本已被改变。

```
ComputeOptimalPath( )
1 while s ≠ s_start AND OpenQ ≠ empty do
2    s = Dequeue(OpenQ);
3    k_old = k(s);
4    NSet = Neighbour(s);
5    for all x ∈ NSet do //Remove any invalid nodes in loop
6      if ¬ ConstraintCheck(x) then
7        Remove(NSet, x);
8    if k_old < h(s) then //a RAISE state
9      for all x ∈ NSet do
10       if h(x) ≤ k_old AND h(s) > h(x) + c(x,s) then //path via x    better than via s
11         b(s) = x;
12        h(s) = h(x) + c(x,s);
13 if k_old = h(s) then //path via s is optimal
14    for all x ∈ NSet do //can path cost be lowered via x?
15      if (t(x) = NEW)
        OR (b(x) = s AND h(x) ≠ h(s) + c(s, x))
        OR (b(x) ≠ s AND h(x) > h(s) + c(s, x)) then
16        b(x) = s;
17        InsertOnOpenQ(x, h(s) + c(s, x));
18 else //s is a LOWER state
19    for all x ∈ NSet do
20      if (t(x) = NEW)      OR (b(x) = s AND h(x) ≠ h(s) + c(s,x)) then
21        b(x) = s;
22        InsertOnOpenQ(x, h(s) + c(s, x));
23      else if b(x) ≠ s AND h(x) > h(s) + c(s, x) then
24       InsertOnOpenQ(s, h(s))
25      else if b(x) ≠ s AND h(s) > h(x) + c(x, s) AND h(x) > k_old   AND t(x) = CLOSED then
26        InsertOnOpenQ(x, h(x))
```

图 14.3　计算最优路径函数

14.3 约束满足问题综述

依据约束条件的问题模型化有着自然的和可公式化表达的优势。当一个问题定义为 CSP 时,这就表示什么是必须满足的,但没有指定应如何满足。CSP 是由一个变量集、一个变量区域和一个约束集组成。每一个约束定义在变量集的子集上。约束是涉及一个或多个变量的逻辑关系,其中每个变量都可能有一个可能值的区域,从而约束限制了变量可能的值。约束可以指定变量的部分信息是声明性的,也可能是非线性的。对于所有变量,CSP 指定变量的解决方式是满足所有约束条件。有许多通用技术可用于解决 CSP,如整数规划、局部搜索和神经网络技术,但有一项专用技术广泛应用,即与回溯和一致性检查相结合的树搜索。约束规划是一个术语,是指用于解决 CSP 的计算系统。约束规划从一些学科中脱颖而出,如人工智能、计算逻辑、编程语言和操作研究。约束规划已被证明在解决组合和过约束问题上是有效的,即不可能被满足约束集。关于 CP 和 CSP 的介绍参见文献[22,23]。

14.4 军队路径查寻约束满足问题

本节讨论约束规划方法,该方法通过将问题公式化为 CSP 来解决 MUPFP。在早期的工作中,定义并实现了一种改进的 A^* 搜索算法来解决静态情况下 MUPFP 的 CSP 公式化。该算法在 14.1 节有简要讨论。在 14.2 节介绍了一种改良的 D^* 算法来解决 MUPFP,并在 14.3 节展示了它的应用实例。

在路径查询问题中遵循基于约束的方法,其优点是该框架提供的灵活性。MUPFP 涉及环境和目标,二者可由约束来有效表述,其中,可以轻松添加新的信息。在 CSP 公式中,为了易于实施,选择了一种基于图形的方法。地形图分为节点和边缘,其中每一个边缘有一个相关的成本。MUPFP 设计环境和目标可以通过约束有效地表达,其中新的信息可以轻松增加。在 CSP 公式化中,为了易于实施选择了一种基于图的方法。地形图分成节点和边缘。其中每一个边缘有一个相关的成本。一个节点代表一个地理位置,一个边缘代表两个节点之间的路径,即两个地理区域。在我们的公式中,一个边缘的成本代表它移动的难度,尽管实际路线的特定部分由该边缘代表。例如,如果在路径上有一个士兵不能移动(障碍)的结构,则这个边缘将有一个有限成本(最大)值。通过约束来表达危险的避免。危险的实如一名狙击手,他的存在是在某个特定的、已知的节点。在这个公式中,包括禁止运动到一个节点的约束,其中有一个已知的障碍或危险,还包括到包含一个已知危险的节点一定距离时禁止运动的约束。威胁和障碍是动态的,在这个意义上,它们可以移动或消失。假定地形图被划分成一个包含节点集 $N=\{x_1, x_2, \cdots, x_k\}$ 和边缘集 $A = \{(x_i, x_j) \mid i, j \in N\}$ 的图表。集合 A 中的每一条边 (x_i, y_j) 都有相关的成本值 $C(x_i, y_j)$。函数 status:$N \rightarrow \{O, T, U\}$ 定义为是否有障碍(O)或威胁(T)存在于一个节点,或是否该节点是空闲的(U)。在后一种情况下,没有已知的障碍。令变量集合 $V = \{V_1, V_2, \cdots, V_n\}$,其中每个变量代表一个在已解决路径上的节点。路径是图中的一个节点序列,序列中的每个节点到下一个节点都有一条边。每个变量的区域 Dom $= \{x_1, x_2, \cdots, x_k\}$。约束集 C,至少包括下面列出的一项:

C_1:一个完全不同的约束,$V_1 \neq V_2 \neq \cdots \neq V_n$。此约束确保解决路径中的每个节点都是唯一的。

C_2:$V_1 = s_{\text{start}}$ 和 $V_n = s_{\text{goal}}$,其中 s_{start} 表示路径中的起始节点,s_{goal} 表示路径中的目标节点。

C_3:对于每一个 V_{i+1}, $i=1, \cdots, n-1$,如果 $V_i = x_j$, $V_{i+1} = x_m$,当且仅当 $(x_j, x_m) \in N$。这个约束确保变量分配的值形成一条路径。

C_4:对于每一个 V_i, $i=2, \cdots, n-1$, $V_i \neq x_j$,如果 status$(x_j) = \{O, T\}$。该约束不允许含有威胁或障碍的节点形成解决路径的一部分。

C_5:对于每一个 V_i, $i=2, \cdots, n-1$, $V_i \neq x_j$,如果存在一个边缘(x_i, x_j)如 status$(x_j) = \{T\}$。该约束确保了解决路径不会冒险太接近威胁。在这种情况下,我们模型的安全距离是超过一个单独的边缘,也就是不允许这样一个节点(威胁邻居的节点)包含在最优路径中。问题的解决方案是为集合 V 中的变量赋值,例如

$$\min \sum_{s=1,\cdots,n-1} c(x_i, y_j), V_s = x_i, V_{s+1} = y_j$$

注意:约束 C_5 可以被选择模型化,这样就可以限制路径中一个节点与相邻节点间的边缘的允许成本。对于每一个 V_i, $i=2, \cdots, n-1$, $V_i \neq x_j$,如果 status$(x_j) = \{T\}$,那么 $V_i \neq x_j$,则存在一个边缘(x_i, x_j),有 $\mathrm{C}(x_i, x_j) <$ SafeDistance,其中 SafeDistance 是一些整数界。

14.4.1 解决军队静态路径查寻的约束满足问题

Leenen 等人[3]定义并实现了一种改进的 A* 搜索算法来解决静态 MUPFP 公式如 CSP。该算法保持一个从指定的起点节点到指定的目标节点的潜在(部分)解决方案列表。该列表中最有潜力部分的解决方案(依据路径总成本,同时满足约束)被选择和扩展:对于每一个可能的延伸,新的航路点被添加到所选部分的路径的末端。该算法不使用启发式信息。任何新航路点必须满足所有的约束条件。

CSP 有一个有限的、已知的变量数。在我们的应用中,并不知道前进的最优或良好的解决路径的长度是多少。因此在解决 CSP 之前,必须搞清 n 值(CSP 中的决策变量数)是多少。D* 算法计算一条最优解决路径,然后当测量成本值的变化时,返溯这条路径。如果初始解决路径包含了 m 边缘,那么分配值,$n = m + 1$ 个变量。如果成本发生了变化并且算法的另一个执行结果被需求,那么 n 值可能会改变。

14.4.2　解决军队动态路径查寻的约束满足问题

MUPFP 动态版本允许图形在任何时间发生改变。D* 算法在计算出一个潜在最优路径后只考虑边缘成本可能的变化,然后重新跟踪这条潜在最优路径并检查在每个节点上该路径是否确实最优,或是否有影响其最优性的边缘成本值变化。我们改进的 D* 算法 MUPFP_D* 稍微偏离了这方面:算法计算出最优路径,同时满足所有约束条件,然后进入事件驱动阶段,它不断检查任何形成图形信息,但在计算当前最佳路径时又没有被考虑的修改。在改进的 D* 算法中,这些偏差并没有严格依据 D* Lite 算法和 LPA* 算法[15,16]。

在应用中,有模型化约束来避免障碍,并与已知的威胁保持一个指定距离。为简单起见,将这个安全距离模式化为"一个节点距离",即路径将不包括任何与威胁节点相邻的节点。当考虑一个特定节点 x 的邻居列表,即 x 扩展时,检查是否有一个邻居节点 y,是障碍或威胁(执行约束检查)。算法调用函数 ComputeOptimalPath,为当前图形计算一条最优路径,同时满足安全约束,然后进入一个无限循环并等待以下任一事件发生,即成本边缘已被修改和节点状态已被修改。初始最优路径的计算与 D* 算法的相应计算类似。它最初应用最佳首选方法计算一条从目标节点到起始节点的最优路径。对于每一个节点 x,该算法保持一个从该节点到目标节点的边缘成本估计 $h(x)$。理想情况下,这个估计值等于从 x 节点到目标节点的最小成本。该算法还保持一个 OPEN 节点列表,并根据每个节点的关键值 $k(x)$ 进行分类。节点 x 的关键值在映射值和它的所有 $h(x)$ 值被修改前是它的 $h(x)$ 值中的最小值,因为节点 x 放置在 OPEN 列表的首位。一个节点的关键值确定了该节点是在 RAISE 状态、LOWER 状态或是最优状态。RAISE 状态,当 $k(x) < h(x)$ 时,表示路径成本增加的信息必须被传播。LOWER 状态,当 $k(x) \geqslant h(x)$ 时,表示有可能已经减少路径成本。当 $k(x) = h(x)$ 时,节点 x 的路径是最优的,它的邻居节点被扩展。该算法跟踪当前最佳路径是通过设置返回指针使每个节点返回到当前位置的前一个位置(已解决路径上)来实现的。对于每一个上述事件,我们的算法执行了一些步骤,于是又再次调用 ComputeOptimalPath 函数,针对变化图重新计算最优路径。该算法等待上述事件发生,然后重复循环过程。

在成本改变的情况下，遵循的步骤类似于 D* 算法中的步骤，是通过识别节点被重新插入 OPEN 列表来实现。调整了节点的 h 值，这可能受成本变化的影响。在节点状态已更改的情况下，该算法有必要检查并确认节点，该节点通过调用 StatusChange 函数重新评估，需要确认以下情况：

（1）节点 s 的状态从障碍或空置转变成威胁。这个节点就会从最优路径中变为无效，对于它的每一个邻居 x，函数 RevertPath 被调用。此函数的目的是通过节点跟踪扩展路径，并对前节点进行调整。这样做很有必要，因为节点 x 现在是威胁节点的邻居，不应包括在当前从目标节点到任意节点的最优路径。这些路径需要破坏掉。

（2）如果节点 s 的状态从空置转变成障碍，那么调用 RevertPath，以确保 s 不包括在从目标节点到任意其他节点的最优路径。

（3）如果节点 s 的状态从障碍转变成空置，那么 s 的邻居节点如果受到约束就会插入 OPEN 列表。

（4）如果节点 s 的状态从威胁转变成空置或障碍。这种情况下，状态变化之前，不考虑 s 的邻居扩展，所以考虑邻居节点被插入 OPEN 列表。

主要算法如 MUPFP－D Star 和其他子算法，以及 Initialise 函数、ComputeOptimalPath 函数、ConstraintCheck 函数、InsertOnOpenQ 函数、ModifyCost 函数、StatusChange 函数、RevertPath 函数和 DangleNode 函数。

14.4.3 MUPFP_D* 算法

该算法假定以下信息和数据结构存在：

（1）包含 n 个变量的 CSP，约束集 C 和阈值 Dom 集合。

（2）一条由节点集 N 和边缘集 A 组成的路径。每个节点 $x \in N$ 有一个标记、一个状态值、一个启发式值 $h(x)$、一个关键值 $k(x)$ 和返回指针 $b(x)$，$b(x)$ 能指到 N 中的另一个节点。每个边缘 $(x,y) \in A$，包含一个相关成本 $c(x,y)$。

（3）一个函数，状态：$N \rightarrow \{U, O, T\}$，其中，$U$ 代表一个空置节点，T 代表威胁，O 代表障碍。

（4）一个标记函数，t：$N \rightarrow \{\text{NEW}, \text{OPEN}, \text{CLOSED}\}$，其中，NEW 指示一个节点还没有被扩展，OPEN 指示节点是 OPEN 列表中的一个成员，CLOSE 指示节点被考虑或已经从 OPEN 列表中移除。

（5）指定源节点 S_{start}，指定目标节点 S_{goal}。

（6）OpenQ 是一个优先级队列，代表被扩展的节点的 OPEN 列表，并依据成员关键值按非递减顺序分类。

（7）PutOn 和 TakeOff 是两个集合：第一个集合包含的节点可能会在一个节点的状态变化后又回到 OpenQ，第二个集合包含的节点可能会在一个节点的状态变化后从 OpenQ 中删除。

以下函数在算法中被调用：

（1）Initialise( ) 初始化全局变量并将目标节点插入到 OpenQ。

（2）ComputeOptimalPath( ) 从源节点到目标节点计算一条最优路径，同时满足威胁和障碍约束。

（3）ConstraintCheck(s) 执行约束检查：检查节点 s 的任何邻居是否是一个障碍、威胁或威胁的邻居。如果是这样，则返回一个 false 值；否则，返回 true 值。

（4）StatusChange(s, $status_{old}$) 当节点 s 被确认接受一个新状态值时被调用。此函数对多种节点值和其他集合进行了必要的修改，这样可以计算出一条新的最优路径。如果有必要，它可以调用两个函数 RevertPath 和 DangleNode。注意，RevertPath 的第二个参数是可选的。

（5）ModifyCost(x, y) 当边缘(x, y)的成本改变时被调用，并返回相关节点到 OpenQ。

（6）Neighbours(s)返回一个集合，包含节点 s 的所有邻居节点。

（7）InsertOnOQenQ(s, value) 在计算节点 s 的新 k 值之后，插入带新 h 值的节点 s、value 到优先队列 OPenQ 中。

（8）Dequeue(Q) 移除并返回优先队列 Q 中的第一个元素（最小关联值元素）。

（9）Remove(Q, s) 从优先级队列 Q 中删除成员 s。

（10）Add(S, s) 将一个成员 s 插入到集合 S 中。

假设：无论是起始节点还是目的节点都不是障碍、威胁或威胁的邻居。

14.4.3.1　主要函数，MUPFP_DStar

MUPFP_D* 算法的主要函数如图 14.1 所示。它调用的初始化函数如图 14.2 所示。在主要函数的第 2 行计算一条最优路径之后，在 3 ~24 行有一个 for 循环运行，直到用户停止算法。该算法是事件驱动的，开始于第 5 行的 if 语句检查任何对路径实行的更改。ComputeOptimalPath 函数类似于附带约束检查的 Stenz's D* 算法的第一阶段，如图 14.3 所示。ConstraintCheck 和 InsertOnOpenQ 的调用如图 14.4 和图 14.5 所示。

```
ConstraintCheck(s)
if status(s) = O then //is s a Obstacle'
    return false;
for x ∈ Neighbour(s) do
    if status(x) = T then //is s a Threat'
        return false;
return true; //All the other checks failed, so the node is safe
```

图 14.4　ConstraintCheck 函数

如果边缘(x,y)的成本在算法的主要部分(第5、6行)已经改变,则函数ModifyCost被调用,如图14.6所示。该函数检查是否节点x和y包含在从当前到目标的最佳路径中。在这种情况下,如果有一个CLOSED状态,则原始节点重新插入OpenQ;否则,无论是x还是y是CLOSED,原始节点都必须重新插入OpenQ。

```
InsertOnOpenQ(s, h_new)
if s = s_goal then
    h_new = 0;
if t(s) = NEW then
    k(s) = hn_ew;
else if t(s) = OPEN then
    k(s) = min(k(s), hnew);
else if t(s) = CLOSED then
    k(s) = min(h(s), h_new);
Enqueue(OpenQ, s, k(s))
h(s) = h_new;
t(s) = OPEN;
```

图 14.5 InsertOnOpen$Q$ 函数

```
ModifyCost(x,y)
if b(y) = x then
    if t(x) = CLOSED then
        Insert (OpenQ, x, h(x));
else if b(x) = y then
    if t(y) = CLOSED then
        InsertOnOpenQ(Y, h(Y));
else
    if t(y) = CLOSED then
        InsertOnOpenQ(y, h(y));
    if t(x) = CLOSED then
        InsertOnOpenQ(x, h(x));
```

图 14.6 ModifyCost 函数

注意,地图是允许被用户更改的,即任何时刻可以改变节点或边缘成本的状态。这些变化会立即实施在图中,但所有这些变化会保留记录,这样,函数StatusChange或ModifyCost将在主for循环语句中被调用。

当任何节点s的状态变更时,StatusChange(主要算法第8行)被调用,如图14.7所示。如果一个节点s的新状态是威胁(第3~10行),那么它不能包含在任何最佳路径,它的邻居也不可能。对于节点s的每个邻居x,RevertPath被调用来破坏最优路径中包含x的部分。如果s的状态从空置转变成障碍(第11~13行),RevertPath被调用,破坏最优路径中包含s的部分。当状态从障碍转变成空置(第14~17行),所有不为NEW的空置邻居被重新插入OpenQ。最后,在威胁转变成非威胁或障碍的情况下,所有s的邻居在状态变化之前被置为无效节点。因此,必须考虑节点s的每一个邻居x,将所有x的邻居放入OpenQ,除非它们是NEW或空置的。RevertPath调用函数DangleNode识别由状态改变造成的无效最佳路径,如图14.8和图14.9所示。

14.4.3.2 函数 ComputeOptimalPath

该函数从OpenQ中删除一个最小k值的节点s(第2行),从它的邻居集中删除所有无效的邻居(第4~7行)。无效邻居节点是不满足任何一个安全约束的节点,也就是说,它是一个障碍、威胁或威胁的邻居。

```
StatusChange(s ,status_old)
1 status_new = status(s);
2 if status_new = T then//new status is a 'Threat'
3 h(s) = k(s) = ∞;
4 if t(s) = OPEN then
5   Remove(OpenQ, s);
6 t(s) = NEW;
7 for x ∈ Neighbours(s) do
8   if t(x) ≠ NEW then
9     RevertPath(x, s);
10 b(s) = NULL;
11  else if status old = U then //changed from 'Unoccupied⇒Obstacle'
12   if t(s) ≠ NEW then
13     RevertPath(s);
14 else if status old = O then //changed from 'Obstacle'⇒ 'Unoccupied'
15   for all x ∈ Neighbour(s) do
16     if t(x) ≠ NEW AND status(x) = U then
17       InsertOnOpenQ(x, h(x));
18 else if status_old = T then //was status 'Threat' before
19   for all x ∈ Neighbour(s) do
20     for all y ∈ Neighbour(x) do
21       if x ≠ s AND t(y) ≠ NEW AND status(y) = U then
22         InsertOnOpenQ(y, h(y));
```

图 14.7　StatusChange 函数

```
Revertpath(s ,i)
1 h(s) = k(s) = ∞;
2 b(s) = NULL;
3 if t(s) = OPEN then
4   Remove(OpenQ,s);
5 t(s) = NEW;
6 if b(s) ≠ NULL AND t(b(s)) ≠ NEW then
7   InsertOnOpenQ(b(s)) ,h(b(s));
8 for x ∈ Neighbour(s) do
9   if ConstraintCheck(x) AND i ≠ x AND b(x) = s then
10     DanqleNode(x);
```

图 14.8　RevertPath 函数

然后,确定 s 是否是 RAISE 状态($k<h$),在第 8 ~ 12 行,或是 LOWER 状态($k>h$),在第 18 ~26 行。在这些情况下,函数传递变化成本。如果 s 是最优的($k=h$),就扩展 s 的邻居(第 13 ~17 行)。

```
DangleNode(s)
1  if  t(s) ≠ OPEN  then
2  t(s) = NEW;
3  else
4   Add(Takeoff ,s);
   //Nodes in Takeoff may later be removed from OpenQ
5  for all x ∈ Neighbour(s) do
6     if  x ≠ b(s)  AND  ConstraintCheck(x) then
7      if  b(s) = s then
8      DangleNode(x);
9      else if  t(x)  = CLOSED  then
10        Add (puton, x);
    //Nodes in PutOn Will later be considered for insertion on OpenQ
11 b(s) = NULL;
```

图 14.9 DangleNode 函数

14.4.3.3 函数 StatusChange

在第 2 行,确认节点 s 改变了状态,变成威胁。这意味着,无论是 s 还是它的任一邻居都不能包括在从目标节点到任何其他有效节点的最佳路径中。如果 s 当前在 OpenQ 中,则它被删除(第 4、5 行)。在第 7 ~ 9 行,函数确保节点 s 的邻居的无效性被确认。如果 s 变成障碍节点,则第 11 ~ 13 行确保它设为无效。第 14 ~ 22 行处理先前无效节点,使之成为有效节点,并且必须考虑通过向 OpenQ 插入相关节点使该节点纳入从目标到其他节点的最佳路径。

14.4.3.4 函数 DangleNode(s,i)

此函数标识并破坏包含已成为无效节点的参数 s 的那部分最佳路径。参数 i 是可选的,并用于避免重新检查已知为无效的节点,如已知该节点已成为威胁。第 3、4 行确保 s 不在 OpenQ。第 6 ~ 10 行检查:目标节点与其他节点,包括最新无效节点之间的最佳路径的存在情况,函数 DangleNode 被调用破坏该路径。另外,在从目标节点到 x 之间的最佳路径中,邻居节点 x 是 s 的前任,重新考虑放入 OpenQ。

14.4.3.5 DangleNode(s)

组成最佳路径的节点 s 已变成无效。如果它在 OpenQ 中,则之后会考虑去除;否则,其标记改为 NEW(第 1 ~4 行)。s 的邻居也要进行检查,因为任一通过它的路径也将变为无效(第 6 ~8 行),或者其他邻居也可能重新插入 OpenQ 中(第 9、10 行)。

已经在 C++(Visual Studio 2008)中实现了该算法,下面展示几个实例。

例 14.1 计算初始最优路径。

考虑图 14.11 中的图形。开始节点是节点 2(顶端右侧节点 4 和节点 9 之间),目标节点是节点 16(节点 13 和 14 之间的底部)。节点 1 和 18 是障碍(涂黑的阴影节点),其他节点是空置的(浅灰色阴影节点)。我们展示了算法如何计算初始最优路径。

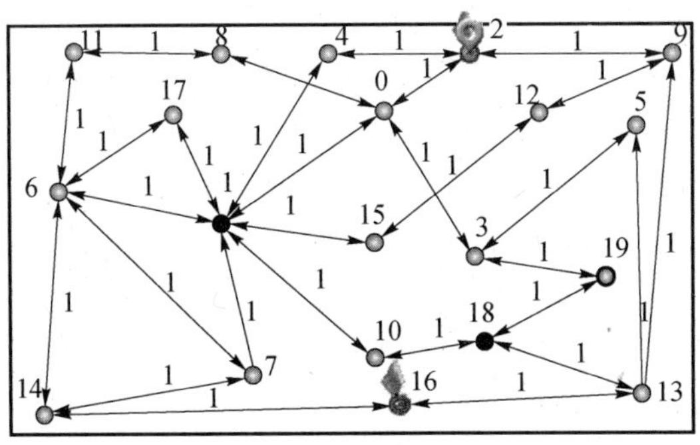

图 14.10　例 14.1 的初始图

目标节点由初始化函数插入 OpenQ。在 MUPFP_DStar 第一次执行中,s = 16,它的邻居节点,节点 13 和 14 放入 OpenQ。执行以下步骤:

s = 13 and OpenQ: 14, 9, 5

s = 14 and OpenQ: 9, 6, 7, 5

s = 9 and OpenQ: 6, 7, 5, 12, 2

s = 6 and OpenQ: 7, 5, 12, 11, 2, 17

s = 7 and OpenQ: 5, 12, 17, 11, 2

s = 5 and OpenQ: 12, 17, 3, 11, 2

s = 12 and OpenQ: 17, 3, 11, 2, 15

s = 17 and OpenQ: 3, 11, 2, 15

s = 3 and OpenQ: 11, 2, 15, 0, 19

s = 11 and OpenQ: 2, 15, 0, 19, 8

s = 2 and OpenQ: 15, 0, 19, 8, 4

最优路径,2 - 9 - 13 - 16,总路径成本为 3,在图 14.11 中用黑色显示。

例 14.2　从无人到障碍的节点变化的状态。

假设节点 13 从空置变为障碍。以前的最优路径必须重新计算。主要算法将确定节点 13 的状态变化并调用函数 StatusChange(13)。RevertPath 在第 13 行被调用。节点 13 的邻居节点 5、9、16 和 18,在第 5 ~ 10 行被 RevertPath 评估。节点 16 插入 OpenQ(第 7 行),节点 18 是一个障碍,所以不采取措施,DangleNode 为节点 5 和 9 而被调用(第 10 行)。通过节点 5 和 9 的最佳路径是无效的:调用 DangleNode(9)生成调令,将节点 2 和 12 调入 DangleNode,这就导致节点 4 和 15 插入到 TakeOff,之后通过主函数从 OpenQ 中移除。同样,调用 DangleNode

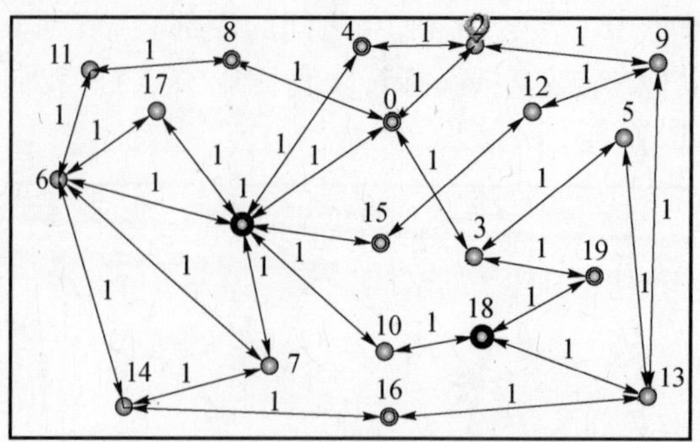

图 14.11　例 14.1 中计算的最优路径

(5)导致节点 0 和 19 从 OpenQ 中移除。

OpenQ 中只包含节点 16 和 8。一条新的最优路径是 2 - 0 - 8 - 11 - 6 - 14 - 16,由附加路径成本为 6 的 ComputeOptimalPath 计算得出,如图 14.12 所示。注意,图 14.12 中的三个障碍节点 1、18 和 13,与节点 8、4、0、15 和 19 仍然在 OpenQ 中。

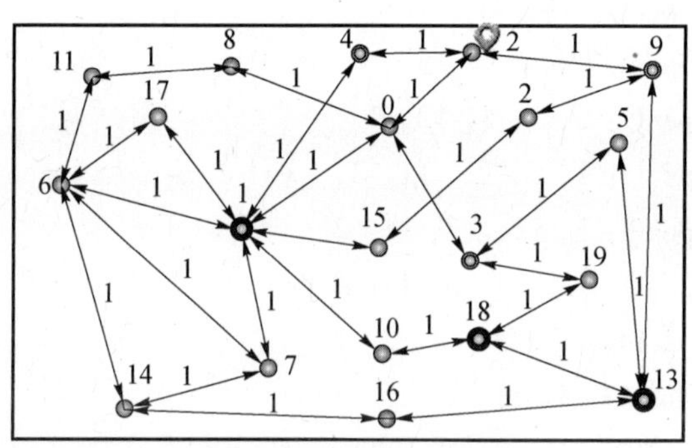

图 14.12　例 14.2 中计算的最优路径

例 14.3　从障碍到威胁的节点变化的状态。

将节点 1 的状态从障碍转变成威胁,将节点 13 的状态改回空置。注意,应用程序使所有地图立即改变,这些变化记录在主算法中,作为 for 循环检测这样的变化是否已经发生。在这种情况下,这两种状态的变化将导致两次调用 StatusChange。OpenQ 当前包含节点 3、4 和 9。StatusChange(1)为节点 1 的每个邻居调用 RevertPath。节点 3、4 和 9 从 OpenQ 中移除,而节点 14 插入。它也破坏了当前通过节点 6、0 的最佳路径。调用 StatusChange(13),调用 RevertPath(13),它们将节点 16 重新插入 OpenQ。节点 5 和 9 有一个 NEW 状态,节点 18 是一个障碍。

OpenQ 包含节点 14 和 16,然后 CalculateOptimalPath 被调用,重新计算最优

路径并得到路径 2－9－13－16，如图 14.13 所示。注意，节点 0，3，4，和 15 仍然在 OpenQ 中，节点 18 是障碍，节点 1 是威胁。

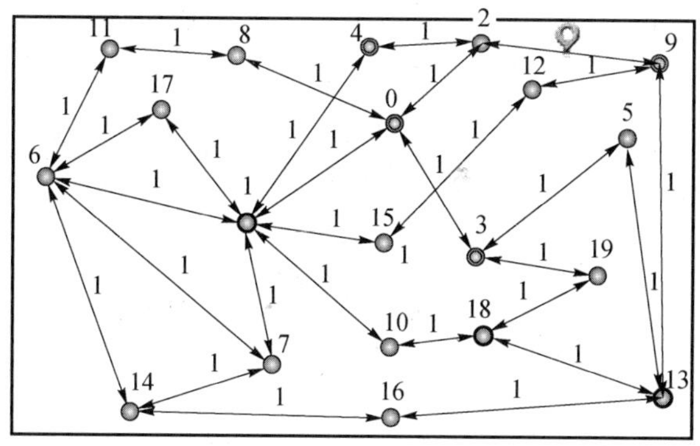

图 14.13　例 14.3 中计算的最优路径

14.5　结束语

本章介绍了一种基于约束的算法来解决动态军队路径寻找问题的 CSP 公式。我们的算法是基于著名的针对动态路径查找问题的 D* 算法：通过添加约束扩展了 D* 算法，该约束是必须满足的。我们的目标函数只代表路径成本。针对路径查寻问题的 CSP 方法的优点是它在具有一定特性（如军队路径查寻）的模型化问题中提供了灵活性，其中路径成本必须最小化，同时必须考虑安全方面的问题。该算法可以通过包含启发式直接搜索而被改进。启发式信息的使用将因直接搜索而大大减少计算。

参考文献

1. Stentz, A., 1994. Optimal and efficient path planning for partially-known environments, *IEEE International Conference on Robotics and Automation*, Carnegie Mellon University, Pittsburgh, USA.
2. Mora, A.M., Merelo, J.J., Laredo, L.L.J., Millan, C. and Torrecillas, J., 2009. *International Journal of Intelligent Systems*, Wiley Periodicals Inc., published online in Wiley InterScience, vol. 24, pp. 818–843 (www.interscience.wiley.com).
3. Leenen, L., Vorster, J.S. and Le Roux, W.H., 2010. A constraint-based solver for the military unit path finding problem, *SpringSim 2010*, April, Orlando, Florida, USA.
4. Tarapata, Z. 2003. Military route planning in battlefield simulation: Effectiveness problems and potential solutions. *Journal of Telecommunications and Information Technology*, **4**, 47–56.
5. Russel, S. and Norvig, P., 1995. *Artificial Intelligence: A Modern Approach.* 1st edn. New Jersey: Prentice-Hall.
6. Botea, A., Müller, M. and Schaeffer, J., 2004. Near optimal hierarchical path-finding. *Journal of Game Development*, **1**(1), 7–28.
7. Rabin, S., 2000. A* aesthetic optimizations. In: M. Deloura, ed, *Game Programming Gems.* Hingham, MA, USA: Charles River Media, pp. 264–271.

8. Rabin, S., 2000. A* speed optimizations. In: M. Deloura, ed, *Game Programming Gems*. Hingham, MA, USA: Charles River Media, pp. 272–287.
9. Duc, L.M., Sidhu, A.S. and Chaudhari, N.S., 2008. Hierarchical path finding and AI-based learning approach in strategy game design. *International Journal of Computer Games Technology*, **2008** (Article ID 873913), http://www.hindawi.com/ journals/ijcgt/2008/873913/.
10. Samet, H., 1988. *An Overview of Quadtrees, Octrees and Related Hierarchical Data Structures,* in NATO ASI Series, Vol. F40, pp. 51–68.
11. Shekhar, S., Fetterer, A., and Goyal, B., 1997. Materialization trade-offs in hierarchical shortest path algorithms, *5th International Symposium on Large Spatial Databases (SSD'97)*, Berlin, Germany.
12. Holte, R., Perez, M., Zimmer, R. and MacDonald, A., 1996. Hierarchical A*: Searching abstraction hierarchies efficiently, *Thirteenth National Conference on Artificial Intelligence (AAAI-96)*, Portland, Oregon, USA.
13. Wichmann, D.R. and Wuensche, B.C., 2004. Automated route finding on digital terrains, *International Image and Vision Computing New Zealand Conference*, University of Auckland, Auckland, New Zealand.
14. Koenig, S., Likhachev, M., Liu, Y. and Furcy, D., 2004. Incremental heuristic search in artificial intelligence. *Artificial Intelligence Magazine*, **25**(2), 99–112.
15. Koenig, S., Likhachev, M. and Furcy, D., 2004. Lifelong planning A*. *Artificial Intelligence*, **155**(1–2), 93–146.
16. Koenig, S. and Likhachev, M., 2002. D* lite, *Proceedings of the Eighteenth National Conference on Artificial Intelligence (AAAI-02)*, Edmonton, Alberta, Canada.
17. Svestka, P. and Overmars, M.H., 1998. Probabilistic path planning. In: J. Laumond, ed, *Robot Motion Planning and Control (LNCIS 229)*. Heidelberg: Springer-Verlag, pp. 255–304.
18. Barraquand, J. and Latombe, J.C., 1991. Robot motion planning: A distributed representation approach. *International Journal Robotics Research*, **10**(6), 628–649.
19. Mora, A.M., Merelo, J.J., Laredo, J.L.J., Castillo, P.A., Millan, C. and Torrecillas, J., 2007. Balancing safety and speed in the Military Path Finding problem: Analysis of different ACO algorithms, *Genetic and Evolutionary Computation Conference (GECCO'07)*, London, England, UK.
20. Gualandi, S. and Tranchero, B., 2004. Concurrent constraint programming-based path planning for uninhabited air vehicles, *Proceedings of SPIE's Defense and Security Symposium*, Orlando, Florida, USA.
21. Guettier, C., Allo, B., Legendre, V., Poncet, J.C., and Strady-Lécubin, N., 2002. Constraint model-based planning and scheduling with multiple resources and complex collaboration schema, *The Sixth International Conference on AI Planning and Scheduling (AIPS'02)*, Toulouse, France.
22. Dechter, R., 2003. *Constraint Processing*. 1st edn. San Francisco: Morgan Kaufmann.
23. Rossi, F., Van Beek, P. and Walsh, T. (eds), 2006. *Handbook of Constraint Programming* 1st edn. Amsterdam, The Netherlands: Elsevier.

第15章　移动车辆的同时定位和映射

15.1　引言

同步定位和映射(SLAM)是一个机器人定位的问题,也是在开机或联机时,构建地图或同时升级现有地图(机器人环境)的问题。这个问题也称为地图的并发映射和本地化(CML)。视觉同步定位和映射(V-SLAM)是机器人技术和人工视觉技术的结合,目的是为SLAM问题的解决提供更好的方案。因此,具有SLAM功能的移动机器人可以放置在一个未知环境和未知位置。这意味着,机器人逐步建立一个与环境一致的地图,同时应用该地图确定其位置,因此,解决SLAM问题的方案可以/将提供能使机器人真正实现自主的方法[1]。SLAM问题在文献[1-5]中已进行广泛研究和讨论。SLAM对于无人飞行器(UAV)、微型飞行器(MICAV/MAV)和许多其他类型的自主车辆也是非常有用的,如从室内到室外(医院服务机器人)机器人、水下机器人(UWV)、无人地面车辆(UGV)和机载系统,机载系统的SLAM称为空中SLAM。因此,SLAM是一个移动机器人可以建立环境地图,并依靠地图移动或遍历环境,同时应用该地图确定或发现(事实上是通过状态/参数估计的过程)自己位置的过程。机器人平台的轨迹和可用地标(和地图构建)的位置(在线/实时)是在没有任何机器人位置的先验知识下估计的。SLAM领域的概述和机器人路径规划的综合方法如图15.1[3]所示。移动机器人可以通过提供的相关地标(代表它们自己的位置)的观测(意思是将观察报告应用到车载SLAM程序/算法)来穿过一个未知环境。依据车辆位

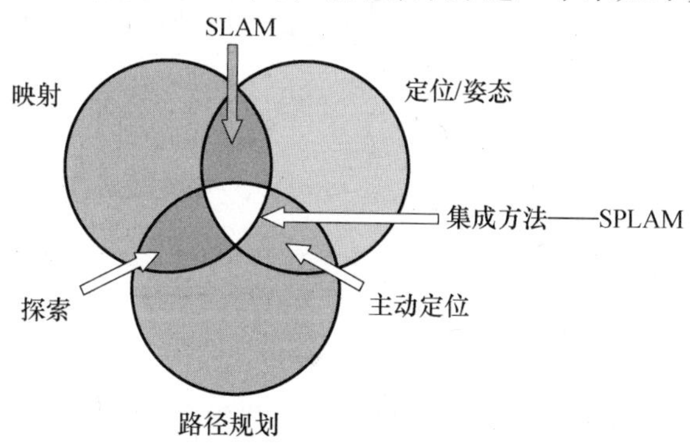

图15.1　包括SLAM和路径规划的综合方法

置估计中的共同错误[2]，可知这些地标的估计最有可能是相互关联的。因此，解决联合定位和映射问题较好且完整的方案将需要一个组成车辆姿态和每一个地标位置的联合状态，更新每个地标观测——属于联合参数状态估计问题，需要使用一个大的状态矢量（如果保持在地图上的地标数量非常大）[4]。这将是一个很大的计算负担。

15.2 SLAM 问题

让移动机器人使用位于机器人上的传感器观测一定数量的未知地标，从而移动并穿过某个环境。在 k 时刻，定义的数量[2]：x_k是区域状态矢量（这里，x，y 和 z 的位置坐标假定为非显示的）和车辆的方向（角度）；u_k是控制变量，在 $k-1$ 时刻应用，用来驱动车辆在 k 时刻时处于 x_k状态，意思就是说，机器人的状态将从 $k-1$ 时刻转变到 k 时刻；m_i是描述第 i 个地标位置的矢量，是假设时间不变时的真实位置；z_{ik}是车辆传感器对于第 i 个地标在时刻 k 的位置观察。此外，一些相关变量集的定义：$\boldsymbol{X}_{0:k}=\{\boldsymbol{x}_0, \boldsymbol{x}_1, \cdots, \boldsymbol{x}_k\}=\{\boldsymbol{X}_{0:k-1}, \boldsymbol{x}_k\}$是车辆位置的时间历程；$\boldsymbol{U}_{0:k}=\{\boldsymbol{u}_1, \boldsymbol{u}_2, \cdots, \boldsymbol{u}_k\}=\{\boldsymbol{U}_{0:k-1}, \boldsymbol{u}_k\}$是应用控制输入的时间历程；$\boldsymbol{m}=\{\boldsymbol{m}_1, \boldsymbol{m}_2, \cdots, \boldsymbol{m}_n\}$是所有地标的集合；$\boldsymbol{Z}_{0:k}=\{\boldsymbol{z}_1, \boldsymbol{z}_2, \cdots, \boldsymbol{z}_k\}=\{\boldsymbol{Z}_{0:k-1}, \boldsymbol{z}_k\}$是所有地标观测的集合。图 15.2 给出了 SLAM 的集合问题[2]。简而言之，SLAM 问题就是估计移动机器人在相同时刻 $p(x, m|z, u)$的姿态 x（机器人的位置，即位置坐标）和地图 m（地标的坐标），其中 x 是机器人的姿态，m 是地图（由它在全局坐标/参考系下的坐标表达），z 指示机器人的观察和移动，u 指示控制输入。SLAM 问题是很难的，因为机器人定位（确定姿态）需要地图以及创建地图需要姿态（估计）。地图依赖于数据采集过程中的机器人姿态，如果位姿已知，映射则容易；如果映射精确，则机器人位姿也精确。

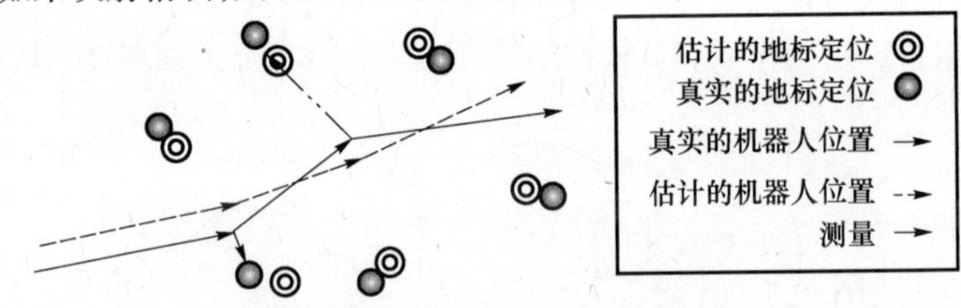

图 15.2 SLAM 的集合问题

15.2.1 SLAM 的概率形式

同时定位和地图构建问题需要对所有时间 k 的概率分布计算[2]：

$$P(\boldsymbol{x}_k, \boldsymbol{m} | \boldsymbol{Z}_{0:k}, \boldsymbol{U}_{0:k}, \boldsymbol{x}_0) \tag{15.1}$$

上述概率分布指定了地标位置(m)的联合后验概率密度函数(pdf)和车辆状态 x,(在时间 k)给出了测量/观察(z)和直至并包括 k 时刻的控制输入(u)。这是车辆的初始状态,也就是给定的初始条件。为了解决 SLAM 问题,开始估计在 $k-1$ 时刻的分布 $P(\boldsymbol{x}_{k-1},\boldsymbol{m}|\boldsymbol{Z}_{0:k-1},\boldsymbol{U}_{0:k-1})$;然后,跟随控制输入 $\boldsymbol{u}_k$ 和观察 $\boldsymbol{z}_k$ 的联合后验概率分布,利用贝叶斯定理计算得出。这需要状态转换和指定的观察模型。这种测量/观察模型描述了车辆位置(x)和地标位置(m)已知时,进行观察 $\boldsymbol{z}_k$ 的可能性,描述如下:

$$P(\boldsymbol{z}_k|\boldsymbol{x}_k,\boldsymbol{m}) \tag{15.2}$$

假设,一旦车辆的位置/状态和地图(坐标)被定义,观察就是一定条件下独立的。机器人运动模型依据状态转换下的概率分布给定:

$$P(\boldsymbol{x}_k|\boldsymbol{x}_{k-1},\boldsymbol{u}_k) \tag{15.3}$$

上述方程中,状态转换过程假定为马尔可夫过程,其中下一个状态 x_k 只取决于前一状态 $\boldsymbol{x}_{k-1}$ 和应用的控制 $\boldsymbol{u}_k$。

SLAM 算法在标准的两步骤递归预测中实现时间传播和校正,测量/数据更新形式如下[2]:

Time – propagation

$$P(\boldsymbol{x}_k,\boldsymbol{m}\mid z_{0:k-1},\boldsymbol{U}_{0:k},\boldsymbol{x}_0) = \int P(\boldsymbol{x}_k\mid \boldsymbol{x}_{k-1},\boldsymbol{u}_k)\times P(\boldsymbol{x}_{k-1},\boldsymbol{m}\mid \boldsymbol{Z}_{0:k-1},\boldsymbol{x}_0)\,\mathrm{d}\boldsymbol{x}_{k-1} \tag{15.4}$$

Measurement/data – update

$$P(\boldsymbol{x}_k,\boldsymbol{m}\mid z_{0:k},\boldsymbol{U}_{0:k},\boldsymbol{x}_0) = P(z_k\mid \boldsymbol{x}_k,\boldsymbol{m})P(\boldsymbol{x}_k,\boldsymbol{m}\mid \boldsymbol{U}_{0:k},\boldsymbol{x}_0)/P(z_k\mid \boldsymbol{Z}_{0:k-1},\boldsymbol{U}_{0:k}) \tag{15.5}$$

上述时间传播或时间更新和联合估计矢量的测量/数据更新两个方程,提供了一个递归程序,用来计算机器人在 k 时刻的状态 $\boldsymbol{x}_k$ 和地图 $\boldsymbol{m}$ 的联合部分,该程序基于到时刻 k 且包括 k 时刻的所有观察 $\boldsymbol{Z}_{0:k}$ 和所有控制输入 $\boldsymbol{U}_{0:k}$。这些计算是通过线性情况下的卡尔曼滤波和非线性情况下扩展的卡尔曼滤波(EKF)来实现的。对于后者,甚至应用了无导数卡尔曼滤波和粒子过滤。

15.2.2　SLAM 结构的观察

一般来说,大部分估计和真实地标位置之间的误差通常在地标之间[2,4],这是由于机器人的认知错误(x)产生于地标观测(z)被实施的时刻。这意味着地标位置之间的位置估计误差是高度相关的。意思就是:即使地标 $\boldsymbol{m}_i$ 的绝对位置可能不确定,任何两个地标之间的相对位置 $\boldsymbol{m}_i-\boldsymbol{m}_j$ 仍然可以较高的精度被认知(常见误差几乎可以互相抵消)。一个重要的观察是,地标估计之间的相关性因更多的观测/测量而增加。这意味着地标的相对位置的认知得到提高,也就是,当更多的测量进行时,所有地标 $P(\boldsymbol{m})$ 上的联合 pdf 变得非常突出。这是因为,移动机器人的观测可以认为是地标之间相对位置的“几近独立”的测量。

15.3 SLAM 问题的解决方法

解决 SLAM 问题的概率,需要适当的描述观察/测量和运动/状态模型。最合适的形式是附加了高斯噪声的状态空间模型(和相关测量模型,通常是以代数离散时间的形式描述)。对于线性系统,这是一个高斯－马尔可夫模型的程序。对于非线性系统,则必须使用 EKF。但是,也有许多可应用的解决方案供选择,如无导数卡尔曼滤波、粒子滤波和 H－无穷大(H－∞)滤波。H－∞滤波在 SLAM 问题中的应用是很少的或几乎为零。本章提供了一些在 SLAM 问题中使用 H－∞验后滤波的结果。第 31 章描述的 EKF 可以很容易修改以解决 SLAM 问题,同时适当定义状态和测量变量。

15.3.1 SLAM 的收敛

当地图协方差矩阵 $\boldsymbol{P}_{\mathrm{mm},k}$ 以及所有地标子矩阵的行列式单调收敛到零时,地图的基于 EKF 的 SLAM 问题是隐式收敛[2,4]。单个地标方差收敛于一个下界,取决于最初的机器人位置和观察的不确定性,这些边界可以通过扩展 Cramer－Rao 边界(极大似然法的 CRB)在 EKF 中的应用来确定。

15.3.2 计算方面

在观察/数据更新周期内,所有地标和协方差矩阵在每一次观察时被更新,并纳入过滤器计算。计算将以地标数量的二次方增长。可以尝试应用其他一些有效的方法以减少计算。因此,SLAM 矩阵跨度在给定地图上地标数量的二次方以内。如果 SLAM 算法是实时计算的,则上述跨度范围是一个限制。处理这种复杂性有四种方法[4]:线性时间状态增强;信息形式的稀疏;分区更新;子映射方法。这些基于状态空间方法的算法要求状态的联合估计,该状态是机器人姿态 x 和所观察到的地标 m 位置的扩展。由于过程状态的数学模型只影响车辆姿态状态,而测量模型只参考单一车辆地标对,所以许多方法用于拓展这种结构并在这样的情况下开发,以减少计算的复杂度。最优 SLAM 算法减少了计算,但得到的估计非常接近原来的算法;而保守算法可能比最优算法有更大的不确定性,但在实时实现上更有效、更有用。

15.3.2.1 状态扩展

为了减少计算的复杂性,可以利用状态增强法限制时间传播计算,以及一种更新方程的分块形式来限制测量更新的计算。因为在任何时刻,联合算法的状态矢量都有机器人姿态状态 x 和地图上的地标位置集合 m 两个部分。车辆模型根据给定的控制输入 u,可以只传输姿态状态。地图状态不受影响,因为只有姿态状态 x 受影响(受机器人模型影响),可以重新改写协方差预测矩阵,使得它在地标数目允许范围内有现在的线性复杂度[2]。新地标(在地图中)作为机器人的姿态状态函数和观察函数 z_k 被初始化,所以增强状态(联合状态矢量)是一个现有状态的小数目的函数。结果是,EKF 预测步骤和添加新地标的计算过程在允许的地标数量范围内是线性的。

15.3.2.2　分区更新

在最初的 SLAM 执行中,测量数据更新是通过每一次新测量更新所有机器人和地图状态来实现的。减少这个(二次)负担的方法是限制传感器的速度,使更新到一个很小的区域范围,并仅以一个很低的速度更新全局地图。一种方法是用自身的局部坐标系产生一个短期的子地图,这样避免了非常大的全局协方差;同时使数值更稳定,且更不受线性化错误的影响。在本地子地图算法中保持两个独立的 SLAM 估计[2]:一个由全局参考地标集(以及由子图坐标框架组成的全局参考姿态)组成的地图;带有区域地标的区域子地图(以及区域参考的机器人姿态状态)。由于测量被执行并纳入过滤/估计程序,则更新在区域子图中进行,且仅应用子图中的那些地标。实际上,通过联合区域参考姿态状态和子图坐标框架的全局估计,在任意时刻获得全局机器人姿态估计是可能的。一个最优全局估计是通过将全局地图记录到子图,创建新的子图和持续向前不停的估计程序来获得的。这个子图方法具有的优点:仅限于区域子图框架中的那些地标;在区域参考系中有较低的不确定性;子图注册可应用批量验证门。

15.3.2.3　稀疏

SLAM 状态空间的再形成转变成信息的形式,用信息矩阵(IM)表示,以便减少计算负担。另一种表达方式是在信息形式中使用信息矢量和相关的 IM,这是协方差矩阵的逆(从 KF 计算中产生)。对于大范围地图,信息形式的优势是归一化 IM 的几个非对角分量非常接近零。这使得稀疏化程序可行,并且可以设置归一化 IM 中接近零的元素为零值[2]。随着信息的稀疏,可以构造有效的信息估计更新程序并得到地图。现在有几个一致的稀疏解决方案是可用的,因此在 SLAM 问题的 IM 形式中状态增强是一个稀疏操作。

15.3.2.4　子图

这种方法的中心思想是打破整张地图,分割成附带区域坐标系统的子区域,然后以分层方式排列(地图)。实施局部更新,并通过框架间更新来定期细化。这些技术在全局框架中提供了一般的保守估计。子图方法的意义是在测量更新时解决二次计算问题的复杂性。子图方法有全局范围引用和区域引用[2]。子图定义局部坐标系,估计附近地标相对区域框架。这些子图仅包含在使用区域参考地标的标准/最优 SLAM 算法的应用中。这些子图结构安排在一个层次,导致全局地图的计算效率不理想。全局子图方法用来估计坐标系相对于普通基本框架的子图的全局位置。这些方法通过保持对全局地图的保守估计来减少线性计算或常数时间的依赖性。因为,子图框架是相对共同基础坐标框架而定位,全局子图不缓解线性问题以及由此带来的大面积姿态不确定性。在相对子图方法中没有共同坐标框架。任何给定子图的位置仅由它的在图形化网络中连接的邻居子图记录。全局估计通过沿网络中某一路径求和获得。相对子图方法产生局部最优地图以及与整张地图大小无关的计算复杂度;通过处理区域更新使自身数值非常稳定;允许批间关联;最大限度地减少全局框架线性化所产生的问题。

15.3.3 数据关联

标准的 EKF - SLAM 程序是弱化地标测量间的不正确关联。数据关联(DA)的解决方案是在 SLAM 问题程序中必须合并。当地标不是简单的一个点,且从不同观察点看确实表现不同时,数据关联情况必须与环境复合。因此,重要的问题是正确关联地标观察与地图上的地标位置。也就是说,给定一个环境地图、一组传感器观测、关联观测与地图元素。这属于数据关联领域(DA)。新的测量与现有地图地标关联,然后将数据融合到地图。融合后,这些关联不能修改。一个不正确的数据关联,可以导致地图估计发散。在连续 SLAM 中数据关联的一些重要方面有[4]:最近邻和/或联合兼容性;激光 SLAM 和声纳 SLAM;地图连接;循环闭合问题。在解决 DA 问题时,应考虑类型、密度、精度和健壮性的影响。解决 DA 的方法是:配置空间中的搜索,找到机器人漫游车的位置以及地图重叠的最大数据,这些可以应用原始数据或特性来做;在对应的空间搜索,找到一个完全对应的假设,并计算机器人漫游车的位置,从数据中提取特征(如果数据是稀疏移动并构建一个区域地图),得到基于特征的地图,搜索数据特征到地图特征的对应关系。

15.3.3.1 批量验证

为了避免不太可能的关联(路径/地标的测量数据),大多数 SLAM 执行 DA 时仅使用目标跟踪文献中的统计验证门控方法。一些早期的 SLAM 算法的实现,通过检查已观测地标是否与预测地标紧密联系来考虑每个与地标单独关联的测量。如果车辆姿态 x 是非常不确定的(状态误差协方差矩阵较大),那么这种类型的个体门控是很不可靠的,除了用在人烟稀少和结构化的环境外,一无是处。批量门控的概念中,同时考虑多关联将更有优势。相互关联的兼容性利用了地标间的几何关系。批量门控的两种形式[2,4]:一是联合兼容性分枝定界(JCBB)法,这是一种树搜索;二是联合约束数据关联(CCDA),这是一个图搜索。通常,单批门控过程实现可靠的 DA 是足够的:如果门限有足够的约束,则关联误差有最小的影响;如果错误关联是由一个不正确的地标产生,但该地标在物理上接近正确的地标,则不一致性是次要的。

15.3.3.2　多假设数据关联

对于在嘈杂环境中的目标稳定跟踪,多假设数据关联(MHDA)是至关重要的[2],因为它通过对每一个关联假设产生一个独立跟踪估计,并创造了一个随时间推移的轨迹的树状分支,由此解决了关联模糊。可能性低的轨迹从假设树中修剪去除。特别是在复杂的大环境中,多假设跟踪(MHT)对于复杂的 SLAM 实现也是非常重要的。在 SLAM 闭合回路中,因可以回路,机器人应该保持独立的假设。对于感知环境结构相似的情况,它还应该保持一个“不循环”假设。在 MHT 中 SLAM 应用的一大瓶颈是,对于每个假设保持独立地图估计的计算超支。实际上,FastSLAM 算法是 MHT 的解决方案,每个粒子都有自己的地图估计。FastSLAM 算法的贡献是有能力执行粒子数据关联[4]。

15.3.4　非线性

基于 EKF 的 SLAM 采用了非线性运动的线性化模型和观测模型,因此继承了它们的近似估计,并可能导致不准确性以及 SLAM 算法的发散。这可能导致解决方案不一致。收敛性和一致性只有在线性情况下才能保证。SLAM 问题本质上是一个非线性问题。这一点,从上述 SLAM 过程为任何一个移动机器人具备映射和定位能力提供解决方案可清楚判定。该领域仍需某些工作要做[3]:大范围映射的以信息(状态/矩阵)为向导的方法,协调混杂环境中的多台车辆与传感器网络和动态地标的问题;为了保证质量和健壮性,处理 SLAM 的失序测量数据问题;基于外观和姿态的 SLAM 方法,对于映射和位置估计不需要过多的几何地标描述;更强、更有说服力的实现和论证;论证解决大型问题的 SLAM 方法;不使用全球定位系统映射到整个广域;论证真正的自主定位和映射结构。

15.4　用于 SLAM 的数学公式

本节主要集中论述使用卡尔曼滤波算法解决 SLAM 问题。在机器人环境中,移动机器人使用相对于地标位置的观察(z)[5]。这个环境是移动机器人将要穿越的总行程。这些测量数据应用于机器人的计算机,用来估计机器人的状态和地标位置 x。状态矢量可以包含机器人的位置,任一或更多方向 x、y、z 上的速度和加速度,此外还包含机器人的方向。因此,KF 将使用车辆模型、地标模型和传感器模型三个数学模型。车辆模型描述了机器人模型的运动学和动力学。传感器模型涉及状态矢量测量的估计。

15.4.1 数学模型

为了简化阐述和清楚地理解 SLAM 的估计问题,可以考虑数学模型线性化。然而,在实际中通常这些模型是非线性的、异步的。

15.4.1.1 车辆数学模型

车辆的数学模型如下:

$$\boldsymbol{x}_v(k+1)=\boldsymbol{F}_v\{\boldsymbol{x}_v(k),\boldsymbol{u}_v(k+1),k+1\}+\boldsymbol{w}_v(k+1) \tag{15.6}$$

式中:$\boldsymbol{u}$ 为控制矢量,包括速度输入和转向角;$\boldsymbol{x}$ 为模型的状态矢量,包括车辆的状态(位置、速度等);矩阵 $\boldsymbol{F}$ 获取机器人的移动性、运动学和动力学,包括方向动力学。任何未建模行为由过程表述或假设为零的状态噪声,即白噪声,$\boldsymbol{Q}$ 是其协方差矩阵。车辆状态矢量可以扩展到包括其他更高的状态,如加速度和方向。

15.4.1.2 地标数学模型

地标位置是固定的,包含或不包含某些不确定因素。地标可视为一个点模型,或是一些带有附加特性的形状,后者使地标的数学模型复杂化,增加了高阶维度。本节所考虑的地标模型是简单的模型,对于全局参考坐标系具有两个参数。因此,地标模型中时间不变。环境中第 i 个点地标的定义为

$$\boldsymbol{p}_i=\begin{bmatrix}x_i\\y_i\end{bmatrix} \tag{15.7}$$

地标是固定的,因此可表示为

$$\boldsymbol{p}_i(k+1)=\boldsymbol{p}_i(k)=\boldsymbol{p}_i \tag{15.8}$$

在地标模型中没有考虑附加的不确定因素,因为地标的位置是精确已知的;但在现实中这不是真实的。假设意味着,如果有任何不确定性,就假定模型中的时间是恒定的。

15.4.1.3 测量模型

测量模型如下:

$$z_i(k)=\boldsymbol{H}_i\{\boldsymbol{x}_v(k),\boldsymbol{p}_i,k\}+\boldsymbol{v}_i(k) \tag{15.9}$$

变量具有一般意义。变量 $\boldsymbol{z}$ 表示相对于机器人位置的地标位置的观察。未建模不确定性集中到噪声 v 的测量中,假定该噪声为零均值,即白噪声,其协方差矩阵为 $\boldsymbol{R}$。本章中主要模型假设为线性的;然而,为了软件模块“ekfslam_sim”和“hislamsim”的仿真结果的产生,线性化用于计算协方差传播/更新、EKF 中的卡尔曼增益和 H $-\infty$ 滤波器。

15.4.2 地图表达

机器人环境地图表达可以用绝对形式和相对形式两种形式来完成[5]。在绝对形式中,地标表达成在常用全局坐标参考系中注册的位置。绝对地图作为

一个矢量被给出，称为绝对地图矢量。然而，相对地图表达的是这些固定地标位置之间的关系，认为这些关系是相对地图的状态。基本上，如果有两个已知位置（相对于某些全局参考系）的地标，那么相对 -（地图 -）状态是两个位置坐标之间的差异。

15.5　依据 H - ∞ 滤波器的移动机器人 SLAM

下面介绍一种基于约束的算法来解决动态军事单位路径寻找问题的 CSP 公式。我们的算法是基于著名的针对动态路径查找问题的 D^* 算法：通过添加约束扩展了 D^* 算法，该约束是必须满足的。我们的目标函数只代表路径成本。针对路径查寻问题的 CSP 方法的优点是在具有一定特性（如军事单位路径查寻）的模型化问题中提供了灵活性，其中路径成本必须最小化，同时必须考虑安全方面的问题。该算法可以通过启发式直接搜索而改进。启发式信息的使用将因直接搜索而大大减少计算。

15.5.1　健壮滤波

最近，基于 H - ∞ 的概念已经得到了重视，现在大量的基于 H - ∞ 范数的滤波算法是可用的。首先讨论基于 Krein 空间的 H - ∞ 滤波算法，然后将该算法应用到 SLAM 结构。使用数值模拟数据研究该过滤器算法的性能。在卡尔曼滤波方法中，信号处理系统是由一个已知统计特性的白噪声程序驱动的状态空间模型。假定测量信号被已知统计特性的白噪声干扰。滤波的目的是将终端状态估计误差的方差最小化。H - ∞ 滤波问题在两个方面不同于卡尔曼滤波[6]：一是白噪声被未知确定性的、能量有限的干扰输入取代。二是预先指定的正实数（γ，标量参数）被定义。然后，过滤器的目标是确保从干扰输入到（输出）估计误差的能量增益小于这个值。这个值称为阈值，是输出估计误差和输入扰动能量之间的传递函数的大小。一个重要的方面是，卡尔曼滤波是从 H - ∞ 滤波演化而来，其阈值数趋于无穷大。从健壮性这一点可看到 H - ∞ 概念至少在理论上会产生一个强大的滤波算法，但也许不是最优。在许多应用程序中，健壮性比单纯的最优更重要。

15.5.2　H - ∞ 范数

H - ∞ 范数的概念和 H - ∞ 滤波器出自频域中的最优控制综合理论[6]。有趣的是，H - ∞（最优）的控制是一个频域优化综合理论，H - ∞ 理论明确解决了建模误差的关键问题。H - ∞ 概念和规范的基本宗旨以及 H - ∞ 过滤器的哲学宗旨或范式是论述最坏情况的处理方案：为最坏情况规划，然后优化该规划。这一思想是将最大输出误差最小化。这就是最小－最大问题。因此,该框架具有以下特性:能够处理布置建模误差和未知扰动;必须是自然扩展到现有理论,是指基于 H－2 的卡尔曼滤波理论,所以基于 H－∞ 的理论更普遍;必须能够进行有意义的优化;必须能够适用于多变量问题。H－∞ 范数涉及信号的均方根值,也就是,一个信号的测度或度量标准,反映了均方根值的绝对平均值大小。这是一个反映信号大小的经典概念,用于工程的许多领域。H－∞ 范数[6] 应用于导出的健壮滤波算法:

$$\frac{\sum_{i=0}^{N}(\hat{\boldsymbol{x}}_f(k)-\boldsymbol{x}(k))^{\mathrm{T}}(\hat{\boldsymbol{x}}_f(k)-\boldsymbol{x}(k))}{(\hat{\boldsymbol{x}}_{0f}-\boldsymbol{x}_{0f})^{\mathrm{T}}P_{0f}(\hat{\boldsymbol{x}}_{0f}-\boldsymbol{x}_{of})+\sum_{k=0}^{N}\boldsymbol{w}^{\mathrm{T}}(t)\boldsymbol{w}(t)+\sum_{i=1}^{m}\sum_{k=0}^{N}\boldsymbol{v}_i^{\mathrm{T}}(k)\boldsymbol{v}_i(k)} \tag{15.10}$$

从式(15.10)可以看出,滤波器的输入表现为能量(由分母中的方差表示)。这是由于以下方面的错误:初始条件(状态错误);状态干扰(程序噪声);测量噪声(主要是指传感器带来的)。该滤波器的输出能量(在分子给出的)取决于融合状态的误差。基本上这个比率,H－∞ 范数应小于 γ^2,这可以视为一个从输入到输出的最大能量增益的上限,也就是最坏的情况。必须强调的是,在这一过程中没有必要对噪声过程进行统计假设。因此,通过分类,H－∞ 过滤器为指定的滤波器,其健壮性比信号的随机性或随机方面强调得更多。

15.5.3 H－∞ 滤波器

最近的研究表明,H－∞ 估计和控制问题与风险敏感估计相关,自适应滤波可以在一 Krein 空间的不定度量空间,以简单、统一的方式被研究[7,8]。传统的 H－2 框架基于的卡尔曼滤波[9]、未知参数(或状态)矢量和附加干扰(噪声)假定为随机变量或随机过程。在 H－∞ 空间,解决滤波问题的、胜于健壮性的最优方案是通过最小化预期误差能量来发现的。在 H－∞ 框架中没有对未知矢量和干扰进行统计假设,然而,该解决方案/估计的健壮性是通过最小化(或至少包含)源自估计误差干扰的最大能量增益来保证的,H－∞ 范式的定义如式(15.10)的表达。

15.5.4 数学模型

移动机器人的动力学模型如下:

$$\boldsymbol{x}(k+1)=\boldsymbol{F}\boldsymbol{x}(k)+\boldsymbol{G}\boldsymbol{w}(k) \tag{15.11}$$

式中:$\boldsymbol{F}$ 为状态系数矩阵;$\boldsymbol{G}$ 为过程扰动增益矩阵;k 为离散时间指数(表征采样

间隔 T)。

地标的相对测量模型如下：

$$Z(k)=\boldsymbol{H}\boldsymbol{x}(k)+\boldsymbol{v}(k) \tag{15.12}$$

式中：$\boldsymbol{H}$ 为测量模型/矩阵，基本上它是一个传感器的数学模型。过程测量噪声认为是未知的确定性扰动。

15.5.5　H－∞ 后验滤波器

通过 $H-\infty$ 后验滤波器(HPOF)得到状态估计[7,8]。时间传播给定如下：

$$\boldsymbol{P}_i(k+1)=\boldsymbol{F}\boldsymbol{P}_i(k)\boldsymbol{F}'+\boldsymbol{G}\boldsymbol{Q}\boldsymbol{G}'-\boldsymbol{F}\boldsymbol{P}_i(k)[\boldsymbol{H}_i^{\mathrm{T}}\boldsymbol{L}_i^{\mathrm{T}}]\boldsymbol{R}_i^{-1}\begin{bmatrix}\boldsymbol{H}_i\\ \boldsymbol{L}_i\end{bmatrix}\boldsymbol{P}_i(k)\boldsymbol{F}'$$

$$\boldsymbol{R}_i=\begin{bmatrix}I & 0\\ 0 & -\gamma^2 I\end{bmatrix}+\begin{bmatrix}\boldsymbol{H}_i\\ \boldsymbol{L}_i\end{bmatrix}\boldsymbol{P}_i(k)[\boldsymbol{H}_i^{\mathrm{T}}\boldsymbol{L}_i^{\mathrm{T}}] \tag{15.13}$$

R 的表达包括 γ 常数，表示标量阈值参数，L 表示状态估计的线性组合(用于 Krein 空间)。H－∞ 滤波器的增益方程如下：

$$\boldsymbol{K}_i=\boldsymbol{P}_i(k+1)\boldsymbol{H}_i^{\mathrm{T}}(I+\boldsymbol{H}_i\boldsymbol{P}_i(k+1)\boldsymbol{H}_i^{\mathrm{T}})^{-1} \tag{15.14}$$

状态更新测量如下：

$$\hat{\boldsymbol{x}}_i(k+1)=\boldsymbol{F}\hat{\boldsymbol{x}}_i(k)+\boldsymbol{K}_i(z_i(k+1)-\boldsymbol{H}_i\boldsymbol{F}\hat{\boldsymbol{x}}_i(k)) \tag{15.15}$$

以上更新结合了状态估计的时间传播。尽管一定数量的高通滤波器称为语法学家[7]，但为简单起见，仍使用协方差的传统符号，并保持与经典和传统卡尔曼滤波的符号以及随机理论的符号相联系。

15.6　数据仿真结果

SLAM 是非线性滤波问题，我们使用了一个线性化过程，类似于所使用的扩展卡尔曼滤波算法。这种线性化过程，H－∞ 滤波器可纳入 SLAM 结构直接应用。车辆状态：X 轴、Y 轴和航向角 φ。这被定义为车辆姿态并定义车辆模型。还包括车辆速度 V。在 HISLAMSIM 程序中数学模型的表达形式如下[10]：

```
xv = [xv(1) + V * dt * cos(G + xv(3,:));
xv(2) + V * dt * sin(G + xv(3,:));
pi_to_pi(xv(3) + V * dt * sin(G)/WB)]
```

其中：G 为转向角度；WB 为车辆基地。矩阵 $\boldsymbol{Q}$ 的对角线元素选择为 $\boldsymbol{Q}$＝[0.09 0;0;0.003]。类似的，测量的协方差矩阵 $\boldsymbol{R}$＝[0.01 0; 0 0.0003]。所选择的最

大范围为30m。最大转向角为30°,最大转向速率为20(°)/s。对于数据关联,使用协方差矩阵的方法。航路点和地标的配置布局在图15.3中,由ekfslamver2.0获得的实际和估计的SLAM轨迹如图15.4所示。例如,图15.3显示了为产生SLAM结果,应用交互程序ekfslamver2.0获得的航路点(线与线连接)规范和地标(星点)。图15.5描述了为产生SLAM结果,应用交互程序ekfslamver2.0获得的汽车真实数据和车辆路径估计[10]。虽然区域不重叠,但可以很容易地看到,x轴、y轴和航向轨迹之间的时间历史匹配是非常好的。

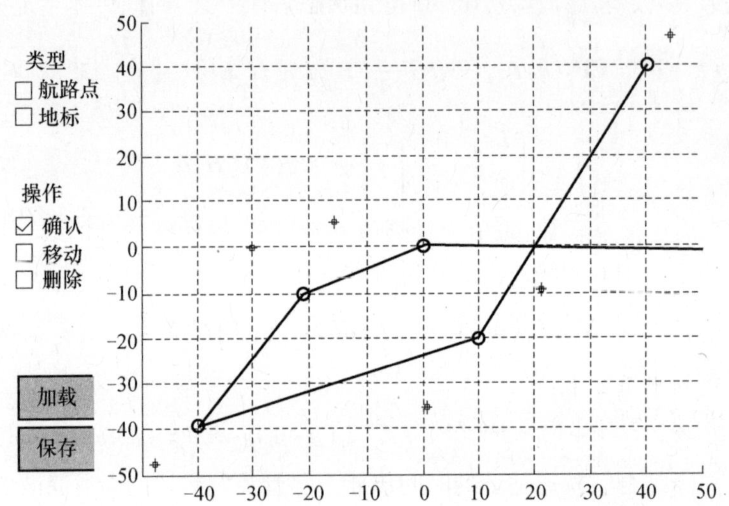

图15.3 为产生SLAM结果,应用交互程序ekfslamver2.0获得的航路点(线与线连接)规范和地标(星点)

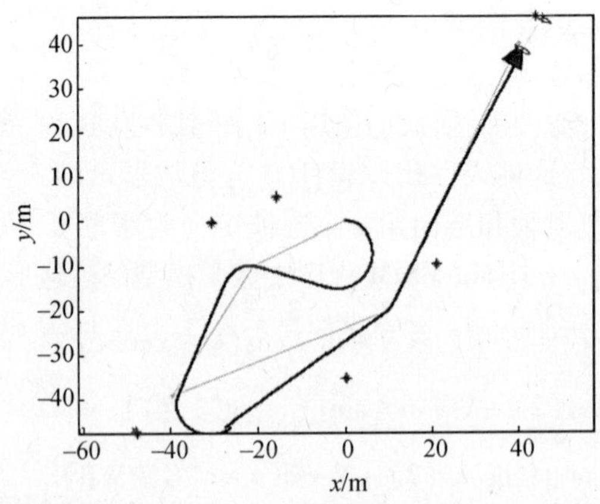

图15.4 由ekfslamver2.0获得的实际和估计的SLAM轨迹

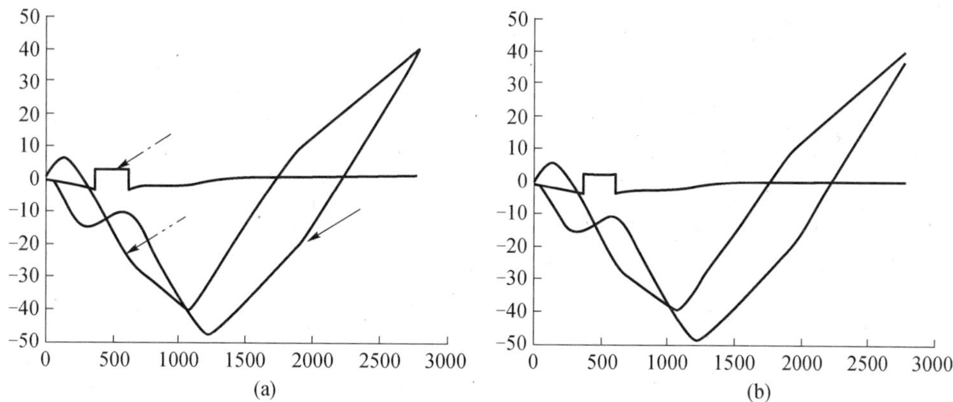

图 15.5　为产生 SLAM 结果,应用交互程序 ekfslamver2.0 获得的汽车真实数据和车辆路径估计
(a)汽车真实数据;(b)车辆路径估计。

另一个航路点和地标的布局如图 15.6 所示。通过 H - ∞ 滤波器与图 15.6 的布局得到的 SLAM 仿真结果显示在图 15.7 ~ 图 15.14。由 HISLAMSIM 程序获得的 slam 的实际轨迹与估计轨迹如图 15.7 所示。HISLAMSIM 程序获得的 slam 的实际轨迹和估计轨迹(以上描述的三个状态)的时间历史匹配如图 15.8 所示。在图 15.9 中,由 HISLAMSIM 程序获得的 slam 的实际轨迹与估计轨迹(地标: * ——已知, + ——估计。轨迹:实际的——粗线,估计的——与粗线合并的细线。单一细线→航路点,图 15.6),对于 Q、R,其噪声指数为 0,H - ∞ 过滤器中的 $\lambda = 1.05$,如图 15.9 所示。图 15.10(a)显示了由 HISLAMSIM 程序获得的实际与估计的 slam 轨迹,也就是,三条轨迹的时间历程,即实际的是虚线,估计的是实线。图 15.10(b)是误差状态图:x 轴是粗实线,y 轴是细实线,航向误差是中粗线,对于 Q、R 的噪声指数为 0,H - ∞ 滤波器中 $\lambda = 1.05$。相似的,对 $2Q$,$2R$ 的噪声指数为 1,也就是,协方差矩阵的。幅值是上一个的 2 倍。(在 H - ∞ 滤波器中)λ 为 1.5 和 1.3,如图 15.11 ~ 图 15.14 所示。对于各种噪声指标和 λ 值、x 轴、y 轴安装误差和航向误差的百分比见表 15.1 所列。我们看到,合理的低值对于 H - ∞ 的 SLAM 问题已经实现了。从这些结果可以推断出对于 SLAM 的 H - ∞ 滤波器的实现是令人满意和鼓舞的。此外,它还用来评估 HISLAMSIM 的更多数据,以及应用于可能的传感器数据融合方案[11]。本节为在移动机器人导航与制导中的 SLAM 问题提出了一个新的解决方案。有专用的 H - ∞ 滤波器实现状态与参数估计的联合。

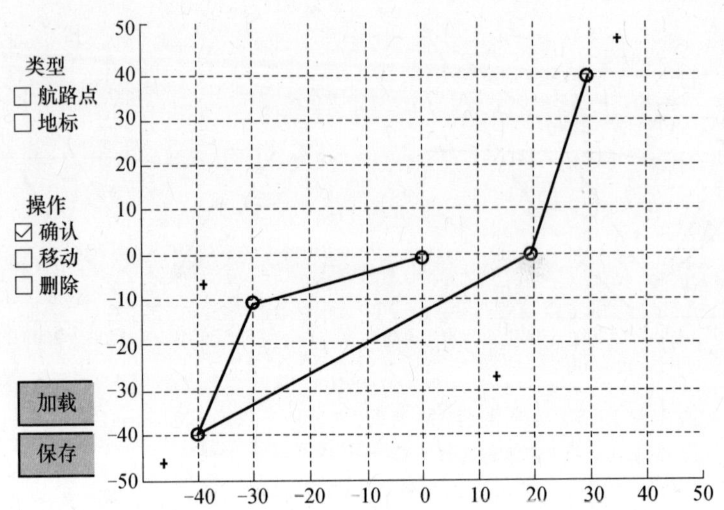

图 15.6　为产生 SLAM 结果,应用交互程序 hislamsimver1.0 获得的航路点(线与线连接)规范和地标(星点)

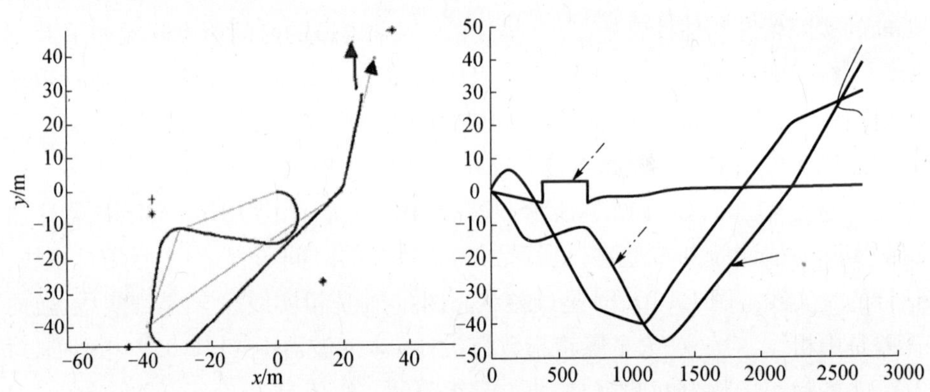

图 15.7　由 HISLAMSIM 程序获得的实际与估计的 slam 轨迹(地标:*——已知,+——估计。轨迹:粗线—实际的,与粗线合并的细线——估计的。图 15.6 的航路点——单一细线,对 Q、R 的噪声指数为 0)

图 15.8　由 HISLAMSIM 程序获得的实际与估计的 slam 轨迹的时间历程匹配(三条轨迹的时间历程:虚线——实际的,连续实线——估计的;航向 - · -;x 位置 - ·· -;;y 位置 - -)

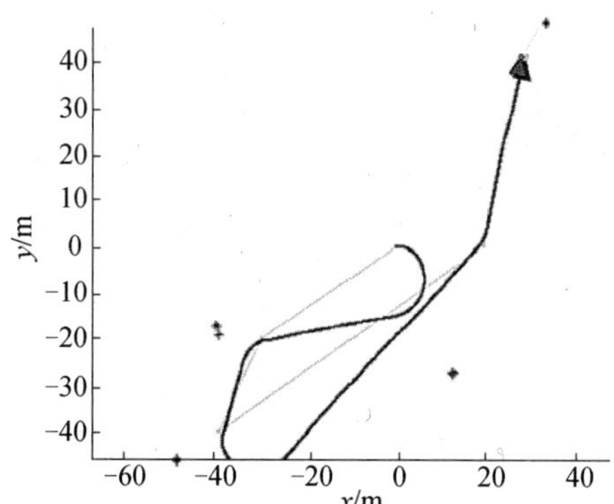

图 15.9　由 HISLAMSIM 程序获得的实际与估计的 slam 轨迹（地标：*——已知，+——估计；轨迹：粗线——实际的，与粗线合并的细线——估计的。图 15.6 的航路点——单一细线，对 Q、R 的噪声指数为 0，HI 滤波器中 $\lambda=1.05$）

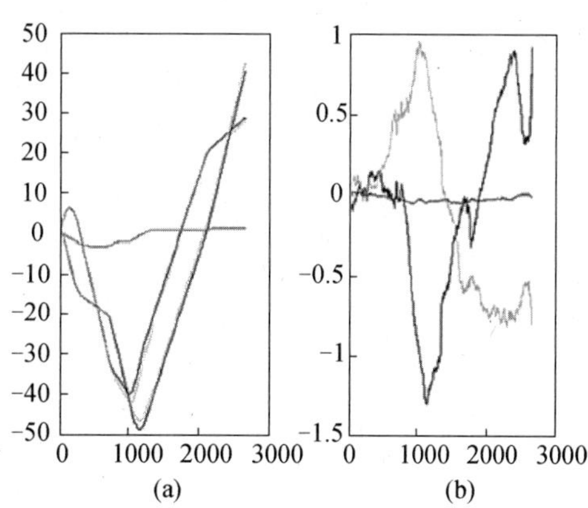

图 15.10　slam 轨迹和误差状态图
（a）由 HISLAMSIM 程序获得的实际与估计的 slam 轨迹（三条轨迹的时间历程：虚线——实际的，实线——估计的；
（b）误差状态图（粗实线——x 轴，细实线——y 轴，中粗线——航向误差。对 Q、R 的噪声指数为 0，HI 滤波器中的 $\lambda=1.05$

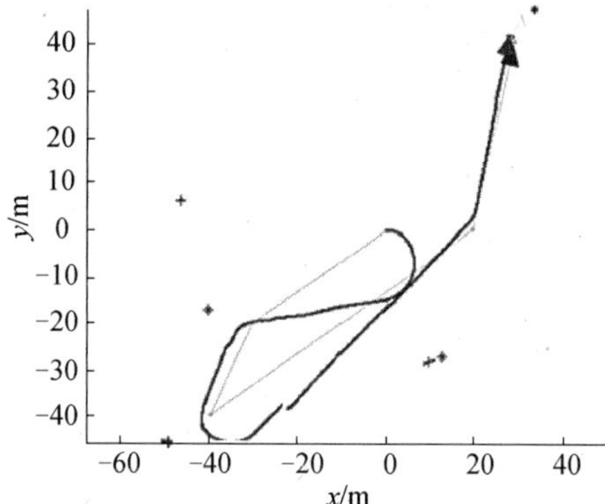

图 15.11　由 HISLAMSIM 程序获得的实际与估计的 slam 轨迹（地标：*——已知，+——估计。轨迹：粗线——实际的，与粗线合并的细线——估计的。图 15.6 的航路点——单一细线，对 $2Q$、$2R$ 的噪声指数为 1，HI 滤波器中 $\lambda=1.5$）

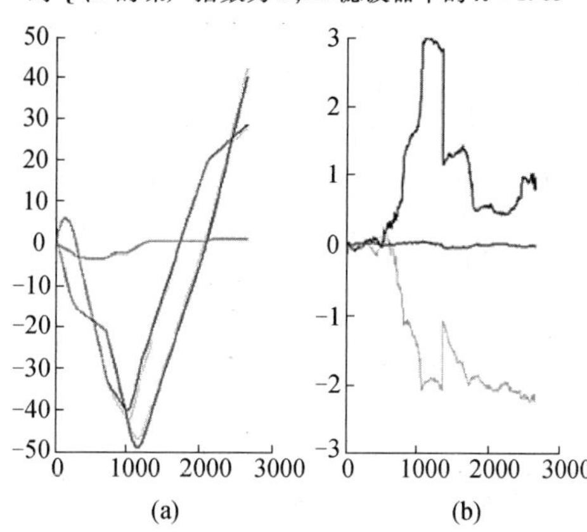

图 15.12　slam 轨迹和误差状态图
（a）由 HISLAMSIM 程序获得的实际与估计的 slam 轨迹（三条轨迹的时间历程：虚线——实际的，实线——估计的）；
（b）误差状态图（粗实线——x 轴，细实线——y 轴，中粗线——航向误差。对 $2Q$、$2R$ 的噪声指数为 0，HI 滤波器中的 $\lambda=1.5$）

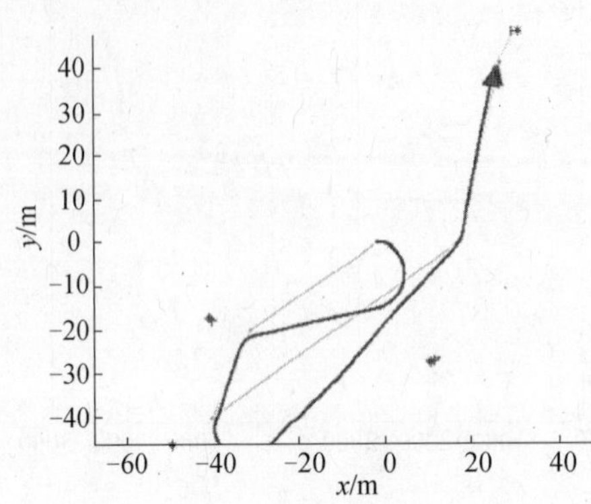

图 15.13　由 HISLAMSIM 程序获得的实际与估计的 slam 轨迹
(地标：*——已知，+——估计。
轨迹：粗线——实际的，
与粗线合并的细线——估计的。
图 15.6 的航路点——单一细线，
对 $2Q$、$2R$ 的噪声指数为 1，
HI 滤波器中 $\lambda = 1.3$)

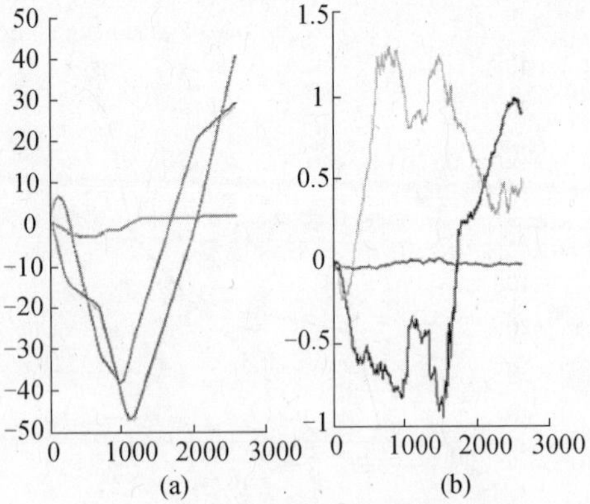

图 15.14　slam 轨迹和误差状态图
(a)由 HISLAMSIM 程序获得的实际与估计的 slam 轨迹(三条轨迹的时间历程：
虚线——实际的，实线——估计的；
(b)误差状态图(粗实线——x 轴，
细实线——y 轴，中粗线——航向误差。
对 $2Q$、$2R$ 的噪声指数为 0，
HI 滤波器中的 $\lambda = 1.3$)

表 15.1　针对 SLAM 的 H－∞ 滤波器的拟合误差百分比

噪声指数(NI)	噪声方差	HI 滤波器中的 λ	x 轴	y 轴	航向
0	Q,R	1.05	2.5	2.06	1.78
1	$2Q,2R$	1.5	5.8	5.9	1.344
1	$2Q,2R$	1.3	2.77	3.0	1.4

参考文献

1. Aulinas, J. *3D Visual SLAM Applied to Large-Scale Underwater Scenarios*. MSc thesis, Institute of Informatics and Applications, University of Girons, Girons, Spain, 2008.
2. Hugh, D.-W. and Tim, B. Simultaneous localization and mapping: Part I. *IEEE Robotics & Automation Magazine*, 99–108, June 2006.
3. Giorgio, G., Cyrill, S. and Wolfram, B. Improved techniques for grid mapping with Rao–Blackwellized particle filters, *Transactions on Robotics*, 23, 34–46, 2007.
4. Tim, B. and Hugh, D-W. Simultaneous localization and mapping: Part II. *IEEE Robotics & Automation Magazine*, 108–117, September 2006.
5. Newman, P.M. *On the Structure and Solution of the Simultaneous Localization and Map Building Problem*. PhD thesis, Australian Center for Field Robotics, The University of Sydney, 1999.
6. Green, M. and Limebeer, D.J.N. *Linear Robust Control*. Prentice-Hall, Englewood Cliffs, NJ, 1995.
7. Hassibi, B., Sayed, A.H. and Kailath, T. Recursive linear estimation in Krein spaces—Part I: Theory. *Proceedings of the 32nd IEEE Conference on Decision and Control*, San Antonio, TX, Dec. 1993.
8. Hassibi, B., Sayad, A.H. and Kailath, T. Linear estimation in Krein spaces—Part II: Applications. *IEEE*

Trans. on Autom. Contrl., 41(1), 34–49, 1996.
9. Raol, J.R., Girija, G. and Jatinder, S. *Modelling and Parameter Estimation of Dynamic Systems*. IEE (/IET) Control Series Vol. 65, IEE London, UK, August, 2004.
10. Bailey, T. ekfslamver2.0, a MATLAB program for EKF based SLAM. http://www-ersonal.acfr.usyd.edu.au/tbailey/software/slam_simulations, accessed July 2011.
11. Raol, J.R. *Multi-Sensor Data Fusion with MATLAB*. CRC Press, Taylor & Francis, FL, USA, 2009.

第 16 章　机器人和移动车辆架构

16.1　引言

在任何机器人系统以及移动自主系统,硬件(HW)和软件(SW)架构在显示所有互联子系统中都起到非常关键的作用。这些硬件与软件架构也显示了整个主动/被动系统的功能和控制方面。本章简要讨论机器人(控制)架构的不同类型,这些架构稍加修改就可以应用于开发任何移动车辆/系统的架构[1-6],并且讨论某些架构设计的特性。这些方法的分类和比较需要尝试,强调这些不同架构的属性和特性。

复杂移动自主机器人和系统智能化的设计具有良好的自主性,这样的系统能够同时和/或异步执行分配的各种任务,当然这也增加了系统的复杂性。这就需要定义一个适当的软硬件结构,说明所有子系统应该如何相互作用。机器人的体系结构是某些硬件组件和在机载计算机系统/处理器中操作的软件模块的集合。这些软件构建模块(算法/计算过程/计算/控制算法/嵌入式神经网络和与模糊推理系统相关的计算),方便移动机器人完成高度专业化和独立的任务。机器人基本水平的硬件架构包括传感器、信号处理/调理器、系统的致动器和物理特性(机械平台/机械臂/任何其他类型的扩展),该特性能够实现彼此互动来执行特殊活动与任务。本章只专注于系统架构的传感—规划—驱动的抽象概念。自主系统和机器人领域对于研究和开发具有健壮性与智能性的架构来说是一个具有挑战性的领域,该架构可能包括与以下相关的许多能力:实时运行,实时控制(RTC);传感器/执行器及其控制,包括智能传感器/系统;并发性;对外来和特殊情况的检测与反应;处理不确定性;高层规划与低层控制任务整合。

16.2　架构设计

移动车辆的架构设计是移动智能自主系统(MIAS)/机器人的一个重要方面[1],其设计标准主要为以下几个方面。

16.2.1　系统可靠性

子系统功能的稳定性,也就是整个 MIAS/机器人系统对于没有失败或任何阻碍地完成指定任务的重要性。应当确保可靠性（如果不是太高就稍微提高），即使在时间（有些功能需要更多的时间）、成本（成本较高）或精度（稍微降低精度）上的性能降低。可靠性应通过使用传感器/功能、执行器、通信通道和完成任务时的测量影响以及性能指标来评估。它可以利用各种处理函数的冗余。当机器人的硬件、软件或硬件/软件层具有容错机制时机器人系统的整体可靠性就可提高。因此，MIAS/机器人系统的可靠度/可靠性对于实现自主系统的容错性是很重要的一个方面（第 29、31 和 32 章）。

16.2.2　泛化特征

即使是在系统之前没有遇到过的情况下采取的次优方法，泛化特征仍是 MIAS 采取适当行动的能力。在机器学习中，通过分离训练、测试和在任一新情况下的演示性能来评估泛化能力。然而，必须记住的是，如果一个系统是高度泛化的，那么它可能在一些其他的常规/正常任务中不会运行得很好。

16.2.3　系统适应性

它是指在新情况下修改系统行为以便运行得更好的能力。任何这样的系统/机器人应该有能力根据当前的目标与执行情况来优化当前的任务和行为。如果系统架构是模块化的，具有灵活性，那么很容易实现适应性。这种适应性在基于行为的架构中能以更好的方式实现，因为基本概念适合。该适应性也可以与自动故障检测、隔离和管理相关联，包括配置方面。

16.2.4　系统模块

该系统应建立若干模块和组件，并使它们能够彼此连接、相互作用并具备正确功能。模块化的主要优点是，当组件中的任何一个显示出错误或故障时可以很容易地更换。模块化增加了系统功能的灵活性，它可以减少系统停机时间，从而提高 MIAS/机器人系统的时间可靠性。

16.2.5　自主行为

自主行为是系统独立行动，没有用户参与的能力。通常，这些任务被预先规划，并且系统被编程/要求，当程序被调用要求执行时完成这些任务。在一个真正的自主系统中，自主行为是从以前或当前的系统行为观测中实现在线/实时学习。对于某些移动车辆系统，自主行为是非常重要的，因为这些自主行为可能在一些危险的情况下要求执行，在此情况运营商直接参与非常危险。这些系统有时可能需要长时间的连续操作，如采矿机器人。在某些实验情况下，自主性也将是非常有用的。

16.2.6 健壮性

任何 MIAS/机器人系统应该在不完全输入、突发事件和某种不确定性条件下圆满完成任务。因此,系统建立时需要具有一定的健壮性。健壮性主要是控制子系统所需。健壮性意味着尽管用于仿真的数学模型和控制器设计存在不确定性,系统(包括子系统)和/或它的各种功能仍继续以一定水平的预期/指定的精度和准确度运行。

16.2.7 任务执行的可扩展性

系统的某些学习能力应尽可能使 MIAS/机器人系统用于除指定以外的某些任务的扩展模式,这就像是计算机的扩展记忆或支持人类功能运动的机器人本身的扩展手臂。有时需要移动车辆执行额外任务,这是初期没有设想到的,因此,系统架构应该使系统能够扩展其能力,甚至暂时应对额外的指定任务。这就要求该系统最初为扩展任务而设计,但在正常情况下它仅为有限的任务运行。

16.2.8 反应性

系统应该在该反应的情况下做出恰当反应,对任何新情况做出适当反应,以致系统的管理费用不会太多。这样的反应性是所有类型机器人架构的共同特点。

16.2.9 人工智能

大多数自主系统和车辆应该有人工智能(第 1 和 28 章)。系统将由计算机指挥其功能——机器人内在智能。然而,为了应对不寻常状况,应该赋予机器人足够适应性的人工智能(AI)特性,这样会导致机器人有基于行为自动学习的能力。

16.2.10 机动性

机动性是一种引入新特性如学习和适应方法的能力。此外,通常的操作灵活性与几个相互关联的软、硬件模块,也增加了机器人架构的机动性。模块化和灵活性是互补的功能。

总的来说,这些设计要求性能可以用于测量,同时评估机器人架构的表现。应该知道,一个单一系统不可能拥有所有的属性或功能,例如,对于某些任务,泛化可能比可扩展性更理想。因此,设计这些 MIAS/机器人系统架构时,折中解决总是需要发挥作用。一个系统若包含上述所有功能将是非常复杂的,也可能会变得异常昂贵。此外,某些功能的组合要求也许是不可行的,因为事实上,这些功能可能是相互矛盾的,或者需要在系统要求与整个系统的执行情况之间进行权衡。

16.3 机器人传感—规划—行为范式

在公开的文献中,常见的和公认的机器人原语是传感、规划、依据采集和处理的传感器数据而行动,以及车辆如何移动/运动被提前规划,并通过MIAS/机器人系统生成/传达[1,2]。以下对机器人架构中的每个原语给出了简短说明。

16.3.1 传感

如果任何 MIAS/机器人系统没有传感器(第 8 章),就都不能发挥作用(传感器是这些系统包括所有航天飞行器的"眼睛"),这些传感器的测量提供了车辆内部以及外部状态的连续信息。依次对这些信息评估、处理和进一步分析,并得到所需的结果,结果用于通信、指挥和车辆的控制。这一决定直接取决于传感器的输出数据/响应。因此,"感觉"(感应)的范例代表机器人用于感知和"感觉"周围世界的传感器。机器人获得自身"感觉"、自己的位置、自身的姿态,然后经过一些算法所做的决定,命令机器人移动到下一步指定目标。因此,这些检测到的数据对于规划过程是非常重要的。

16.3.2 规划

许多机器人功能是在高级任务导向系统中规划的,因此"规划"(规划范式)代表一个规划者,通常是内置于机载计算机的一个算法。这通常是一个复杂的规划者,使用了某些解决复杂问题的方法。规划涉及车辆进行的各种任务,包括路径和运动规划。如果车辆执行困难的任务或使命,则规划过程可能相当复杂。规划过程需要一个好的机器人环境模型,除了其自身的数学模型外,还有最优路径规划算法和相关的系统逻辑决策。

16.3.3 行为范式

行为→行动→活动(AAA)范式代表执行器、行动机构,使机器人可以应对周围环境而行动以便完成某一任务。AAA 范式还需要一个复杂的规划,它是规划过程的组成部分。它也需要执行器的数学模型,与机器人的动力学数学模型联合使用,AAA 过程需要画出决策树,然后指挥车辆到达预定目标。命令输入被周密监测,机器人的响应也被监测,并用于反馈来提高车辆的稳定特能。这个

AAA 和决策树(ADT)可采用模糊逻辑和遗传算法进行设计。总之,所有的自主系统包括机器人,需要通过以上三个阶段成功地完成给定任务。

16.4 机器人架构

基于传感→规划→行为的基本范式,机器人架构定义为三类:分层/基于功能的架构(也被称为慎思架构)、基于行为(称为反应)的架构和混合架构。它结合了第一和第二架构。这些架构的概念描述如图 16.1 所示。

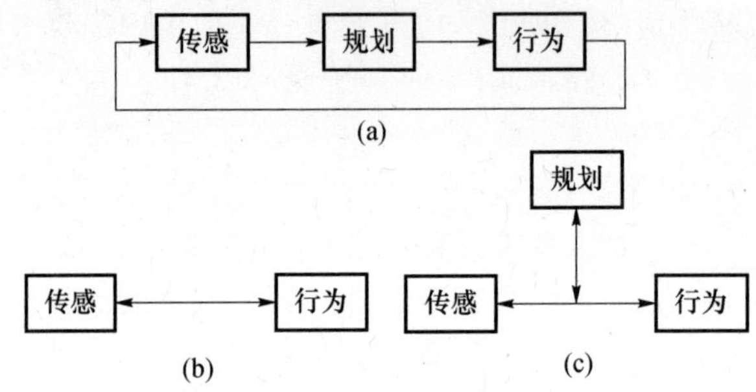

图 16.1 三个主要的机器人架构

(a)基于功能的机器人架构范式;(b)基于行为的机器人架构范式;(c)混合式架构范式。

16.4.1 基于功能的架构

基于功能的架构,传感→规划→行为→反馈到传感(图 16.1(a)),这是一个经典的方法,应用于早期(AI)机器人的主导范式。但是,多数重点放在了机器人(路径/运动)规划和更高层次的推理。架构遵循自上而下的方法,传感→规划→行为与适当的反馈机制,这个循环每个任务重复一次。重点是构建一个详细的环境模型,然后详细规划机器人需要完成的功能/步骤是什么。感测模块将传感器的测量数据转换并传入模型内部,当然,这种数学模型将需要使用一些系统识别/参数估计算法,它可以在板载处理器(在线/实时规划)上实现,或者用于离线模式,这是一个复杂的任务。然后,规划者(算法/软件)将采用这一内部模型并考虑用到指定目标上,以产生系列行动的规划供车辆遵循使用。最后,执行者遵循该规划,并把行动告诉机器人的执行器。这种架构的优点是能够利用过去的经验和专家知识来完成一项任务。然而,专家知识可以被纳入模糊的 If…Then规则,传统的基于功能的架构可以转换成一个专家系统架构。

16.4.2 基于行为的架构

这种架构不涉及规划区块(图 16.1(b)),指的是这样一个系统表现出不同的行为,其中一些是具有紧迫性的,因而没来得及规划。这样的机器人系统的特点是用最小的计算量将传感器和执行器紧密/直接融合在一起。然而,由于没有明确的规划区块,因此假设某种规划是可接受的或与传感器或行为区块相吻合,或可分为两区块时需要审慎。必须做得非常仔细,否则不能避免对规划块的需求。也就是传感部分和行为部分可以做得非常“智能”,以至于规划块可以完全避免。机器人由行为模块和现实环境中与机器人紧密耦合的各种行为的反馈控制组成。因为这样的机器人对环境的变化反应相当好,所以这种架构更适合在动态环境中的机器人。由于规划块是不存在的,因此基于行为的系统的主要挑战是,如果环境任务的复杂性增加,该系统就可能会失去吸引力。由于这个原因,机器人可能需要扩展的行为数量也将增加,而这对于机器人来说,预测最终行为非常困难。由于没有规划,因此这一架构的智能化程度很低,而且缺乏代表性。表 16.1 给出了机器人构架的特点。

表 16.1　机器人构架的特点

基于功能的/审慎式架构	基于行为的/反应式架构
规划是必需的/基于规划者的	不需要规划
计算任务繁重	计算量较少
反应迟缓	反应较快
需要和使用环境表达	不使用环境表达
适用于静态环境	适用于动态环境
所用的智能化水平较高	所用的智能化水平较低

资料来源:Adapted from Mtshali M and Engelbrecht A, Robotic architectures (review paper). In Raol JR and Ajith G. (Eds), Mobile Intelligent Autonomous Systems, Sp. issue of the Def. Sc. Jl., 60, 1, 15 – 22, 2010

16.4.3　混合式架构

混合式架构试图融合两种架构的特点,并采用直接耦合的方式在某些方式上保留规划(图 16.1(c))。由于综合了两种经典架构的特点,加强了自主机器人的决策能力和反应的灵活性,因此,这种架构模式非常有用,也非常成功。混合式架构更适用于复杂的环境,该环境可以是静态的,也可以是短时动态的。然而,这个构架相当多的变化取决于设计细节,例如,应用什么样的技术,以及它们是如何组合以获取新的变化[5,6]。一些混合架构可能继承功能架构和行为架构的缺点,面临的挑战是在二者之间找到一个合理的平衡。文献[7,9]中介绍了几个具体的机器人架构。一个与混合架构[4]密切相关的、令人瞩目的方法是,整合两个独立架构,整合后可堪比一个双架构,更胜于开发一个混合架构。

16.5 基于行为的架构中的协调功能

在这种架构中,行为分为不同类型,但在执行一些复杂且相互关联的任务时是必需的,并且需要适当和有意义的协调才能把行为的命令发送到驱动器。问题是系统如何仲裁/协调行为与行动,并使它们合作,以确保发送到驱动器的命令信号没有冲突。协调机制避免两个或多个积极开展任一任务的行为之间的冲突,这种机制是竞争的和合作的。在竞争的协调中,行为相互竞争,只有一个能胜出并选中和激活。图 16.2 所示的是协调的概念。该行为可以优先选择并使用抑制和禁止功能[2]。而另一种基于竞争的方法则使用行动—选择来实现协调。这种方法允许行为因行动而投票,加权投票最多的行动被选择。这种竞争性协调的优点是模块化、健壮性和调优时间。缺点是性能降低、增加了开发时间以及增加了复杂性。这些缺点是缘于在各种相互竞争的行为中选择最优行为的机制。合作协调功能不同,在某种意义上,不同的行为都能适当地融合在一起。该构架提供了在同一时刻多个行为同时输出的能力。其主要部分是将所有行为输出融合成一个行为的组合机制。于是,重要结果的行为被规范化。其优点是性能提高、开发时间少以及简单。

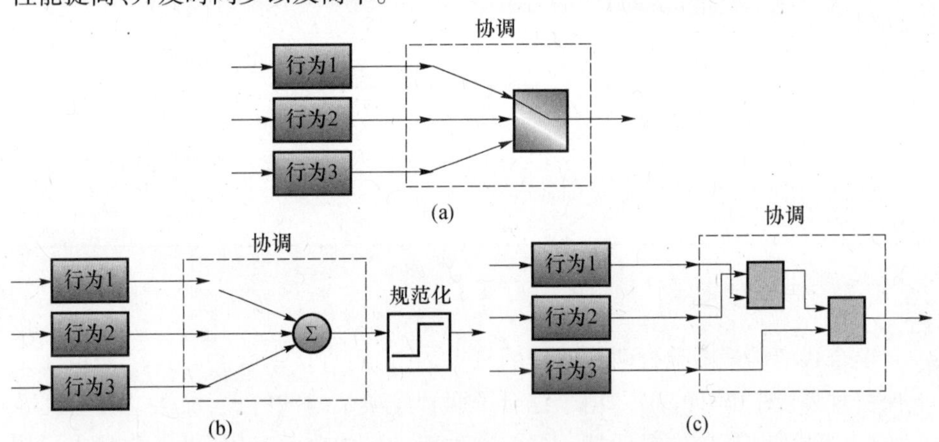

图 16.2 基于行为的架构的命令协调机制

(a)、(b)竞争性命令生成计划;(c)混合指挥协调方案。

混合协调是一个竞争协调与合作协调的组合,以克服各自的缺点。这种混合协调的结构和功能在图 16.2 中描述得非常清楚。然而,由于多处理不同的行为,混合协调的方法会增加延迟(时间)。

16.6　分层方法

为使机器人在动态环境中能执行复杂的任务,设计一种更有效的构架是较稳妥的方法。可以采用分层的架构,每个功能各占一层[10,11]。因此,三层架构在机器人控制体系中变得非常普遍。当然,层数没有固定的数量限制(图 16.3)。顶层采用了面向更多目标的视图,计划在一个更长/更大的范围内使用从感官数据中获得的信息。其他各层提供快而短的层位决策,以便快速执行基于传感数据输入的行动。上层是协商决策,而中间层是被动反应。下层控制机器人的结构部件,如传感器和执行器。这些层在架构、状态信息通信机制以及协调移动机器人活动上都不相同。

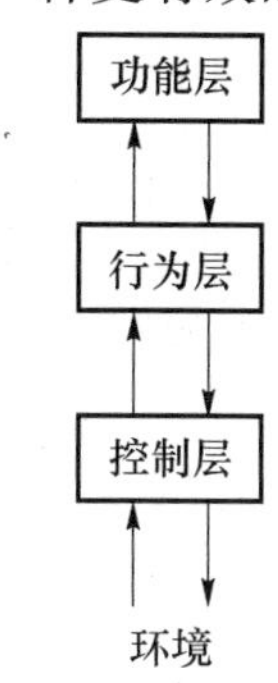

图 16.3　三层机器人架构

16.7　集中式与分布式架构

就像一个多传感器数据融合系统/方法一样,在机器人系统中,选择一个集中式或分布式方法是至关重要的。在复杂环境下,集中式方法用于协调多个目标和多个约束。一个纯粹的集中式架构并不是很适合动态环境或不确定环境下的实时系统[9]。分布式架构提供对动态环境的反应性,由于其灵活性和健壮性被加强,该架构非常适合这样的任务。在分布式系统中,模块间的通信是一个挑战。在某些架构中,模块之间直接通信。这样,便给该系统提供了一个设计:在操作系统上的高度控制(灵活性),当模块设计成彼此交互时,该控制方式可取。

16.8　架构的开发工具

在有关机器人架构的文献中,一些机器人编程语言是可用的。有关这些工具的评论在相关文献中有述。文献[12,13]为功能机器人(FROB)提出了一种编程语言。但是,目前仍然没有统一的编程语言。针对机器人的发展及其各种功能有大量的问题急待解决:机器人必须执行的任务的多样化;环境变化,即结构化与非结构化的环境;静态/动态环境;近期开始,在机器人发展中使用的人工智能组件。关于机器人系统的进一步发展和构建方面的内容参见文献[14,17]。

16.9　四维/实时控制模型架构

四维/实时控制(4DRTC)模型架构是专为智能控制系统而设计的最新参考模型架构,适用于机器人以及许多其他移动系统。它具有传感元件以获得感知能力、认知能力、决策能力、常规规划和控制方面[18]。它还包含许多不同的概念。4DRTC 是一个独特的架构,其特征为分层结构、分布式架构、审慎式架构及反应式架构。它将认知、反思、规划和反馈控制连接起来。各种规划算法用于基于案例的推理、基于搜索的优化方法和基于模式的脚本。在分布式架构中,每个节点都有自己的规划者,它可以在无人地面车辆(UGV)上自主执行,或可以使用计算机辅助规划。在这种架构中,对于外部世界情况的认知,可以用能被推理机操纵、分解和分析的形式表现。这种认知依次描述了实体的大小、形状、位置、方向、速度和分类。它还使系统能够知道在环境中的当前位置以及系统本身的状态。在 4DRTC 架构中,还纳入了象征性的和符号化的知识。象征性的知识是关于抽象数据结构的,用来表示行为、实体和事件。符号化的知识是关于空间/时间的对象和情况的信息。此信息关于图像、地图和状态—时间历程。

16.10　一种可选择的混合架构

另一种混合式架构是一个概念性架构,共有三层,如图 16.4 所示。该架构包括传感器数据融合。同时,建议应用模糊逻辑与启发式知识合并,以此支持基于行为的学习和规划,构架中缺失的因素参见文献[19]。

这种架构既有审慎层也有行为层。审慎层应该确保良好的规划机制和高层推理以便机器人系统执行。控制层是硬件单元,控制机器人的传感和驱动机制。行为层是为了确保机器人通过创建适当的行为来快速反应未知环境/情况。提出的改进架构主要包括世界模型、规划器、学习组件和命令发生器。世界模型定义机器人将要与之交互的外部环境。它可以代表动态和静态环境。规划—处理器与世界模型交互,并决定规划是否是必要的。若规划是不必要,它将通过适当的行为给予反应,这可以通过将启发式知识与模糊逻辑合并使用来实现。若规划是必要,则规划器依据任务的顺序生成一个规划,而该系统必须保证完成这个目标。

应用一个混合协调器将各种行为协调在一起,该混合协调器就是使用竞争与合作机制将不同的行为结合在一起。命令生成器将为机器人执行器创建所要求的的命令。为了把人工智能组件带入已按提议修改好的架构中,引入了一个学习组件,该学习组件能将新知识、事实、行为和规则合并引入到系统中。能使

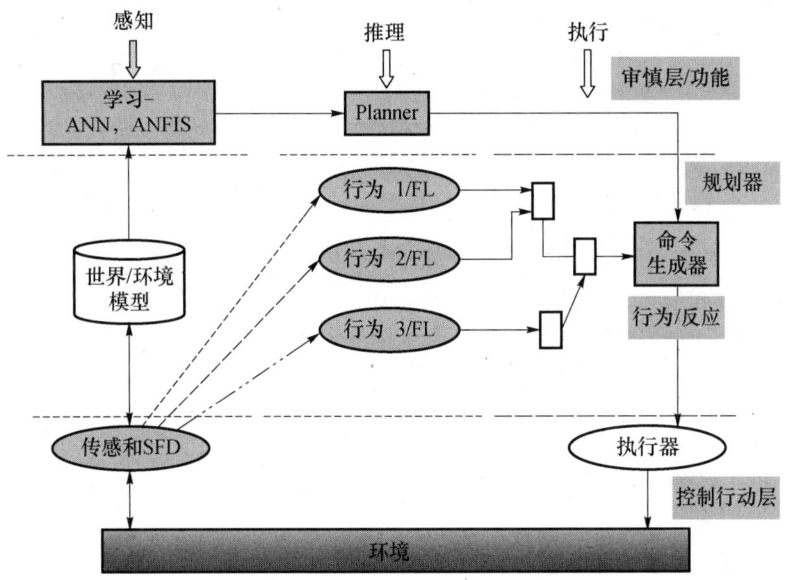

图 16.4　针对机器人和移动系统的经修改的概念式混合架构
(包含传感器数据融合(SDF)以辅助世界模型的建立)
注:虚线表示一个或多个行为的选择,其中启发式知识可以与模糊逻辑合并使用。

用的学习机制有加强学习、通过模仿来学习及人工神经网络学习。可以使用切换操作选择一个行为,此时它优先于另一个行为。多传感器数据融合可用于生成精确的世界模型。所选的这种带有人工智能组件的混合架构很容易创建、测试和验证。

16.11　结束语

本章简要讨论了几个关于机器人架构的概念,并对一些基于功能的和基于行为的特点、混合、分层和 4DRTC 架构进行了讨论。还有一些改进架构的特点,包括传感—规划—行动周期、反应单元、混合命令协调、学习单元、分层行为部分、传感器数据融合,以辅助建立经过讨论的世界模型。它可以作为一个实例架构,并在给定的机器人系统任务中进行测试。

参考文献

1. Arkin R, *Behavior-Based Robotics*, MIT Press, USA, 1998.
2. Murphy R, *Introduction to AI Robotics*, A Bradford Book, The MIT Press, Cambridge, Massachusetts, London, England, 2000.
3. Gat E, Integrating planning and reacting in a heterogenous asynchronous architecture for controlling

real-world mobile robots, *Tenth National Conference on Artificial Intelligence (AAAI)*, San Jose Convention Center, San Jose, California, pp. 809–815, 1992.

4. Langland B, Jansky O, Byrd J, and Pettus R, Integration of dissimilar control architectures for mobile robot applications, *Journal of Robotic Systems* 14(4), 251–262, 1997.
5. Connell J, SSS: A hybrid architecture applied to robot navigation, *Proceedings of the IEEE Conference on Robotics and Automation (ICRA-92)*, Nice, France, pp. 2719–2724, 1992.
6. Mithun S. and Marie desJardins, Data persistence: A design principle for hybrid robot control architectures, Paper presented at *International Conference on Knowledge Based Computer Systems*, Mumbai, India, 2002.
7. Volpe R, Nesnas I, Estlin T, Muts D, Petras R, and Das H. The CLARAty architecture for robotic autonomy, *Aerospace Conference, IEEE Proceedings*, Big Sky, MT, USA, vol. 1, pp. 121–132, March 2001.
8. Arkin R and Balch T, AuRA: Principles and practise in review, *Journal of Experimental & Theoretical Artificial Intelligence* 9(2–3), 175–189, 1997.
9. Rosenblatt J, DAMN: A distributed architecture for mobile navigation, *Journal of Experimental & Theoretical Artificial Intelligence* 9(2–3), 339–360, 1997.
10. Brooks R, A robust layered control system for a mobile robot, *IEEE Journal of Robotics and Automation* 2(1), 14–23, 1986.
11. Gat E, *On Three-Layer Architectures*, Artificial Intelligence and Mobile Robots: 195–210. http://www.flownet.com/gat/papers/tla.pdf, 1998.
12. Pembeci I and Hager G, *A Comparative Review of Robot Programming Languages*, CIRL Lab Technical Report, University of Oregon, Eugene, OR, USA, 2001.
13. Biggs G and MacDonald B, A survey of robot programming systems, In: *Proceedings of the 2003 Australasian Conference on Robotics and Automation (ACRA)*, Auckland, 2003.
14. Brooks, RA, How to build complete creatures rather than isolated cognitive simulators, *Architectures for Intelligence*, Lawrence Erlbaum Associates, Hillsdale, NJ, 1991, pp. 225–239.
15. Konolige K, Myers K, and Ruspini E, The saphira architecture: A design for autonomy, *Journal of Experimental and Theoretical Artificial Intelligence*, 9, 215–235, 1997.
16. Bonasso R, Firby R, Gat E, Kortenkamp D, Miller D, and Slack M, Experiences with an architecture for intelligent, reactive agents, *Journal of Experimental and Theoretical Artificial Intelligence*, 9(2–3), 237–256, 1997.
17. Simmons R, Structured control for autonomous robots, *IEEE Transactions on Robotics and Automation*, 10(1), 34–43, 1994.
18. Madhavan R, Messina ER, and Albus JS (Eds.). *Intelligent Vehicle Systems: A 4D/RCS Approach*. Nova Science Publishers, Inc., New York.
19. Mtshali M and Engelbrecht A, Robotic architectures (review paper). In Raol JR and Ajith G. (Eds), *Mobile Intelligent Autonomous Systems*, Sp. issue of the *Def. Sc.* Jl., 60, 1, 15–22, 2010.

第 17 章　多机器人协调

17.1　引言

多机器人协调问题是多机器人技术应用的核心问题。多机器人系统(MRS)是一组机器人,它们被组织成多智能体结构,合作完成一项共同的任务。该系统的概念正成为应用于合作机器人研究的智能与复杂软件设计的重要模型,这是因为它们有一些特殊的性能,如协调定位、协调行为、协调规划和协调控制[1,2]。协调问题可看作是避免群组机器人冲突,以便优化共同目标的问题。可以使用多种方法解决,如无线通信技术、学习、设定公共知识领域或在机器人之间设定角色等[3]。无线通信技术提供的是基本功能,这些功能是指信息共享和明确机器人之间的协调,以此支持复杂协调与协调算法的发展。在群组机器人学习期间,每一个机器人都会知道或可以预测同组其他机器人的任务,并成功协调它们之间的活动来完成共同的复杂任务。

本章提出一项关于合作机器人近期的工作调查,特别针对多机器人协调。多机器人协调问题划分为五个基本部分,即 MRS、协调、控制器、软件体系结构和控制成组机器人。这项工作的主要贡献是为当前多机器人协调方法调查并建立一个分类结构,协调方法具体的地点设在一个大型合作机器人社区;为未来研究打开一片领域,为该结构奠定理论基础。

17.2　从单机器人到多机器人的控制

从单一机器人到多机器人控制的转变,控制架构和开发工具并不依赖于平台,而是用于处理平台运动。

我们插入本章的目的之一就是想介绍原有控制架构的文献内容。一种为 Shakey 机器人开发的,基于传感—规划—行为规范的开源机器人架构包括三个不同操作阶段的特性,这在文献[4]中有述。但严格的分解并不很适合动态环境。他们还开发了另一套包括反应性规划[5]的控制架构。该架构包括一个基于行为的三层系统,该系统包括当前用于一些巡游机器人的底层控制程序。中间行为层采用多目标行为控制功能选择机制。由于管理行为的挑战性,分层控制机器人架构,如开放式机器人控制软件(OROCOS)[6]和播放器/阶段[7],目前用于产品开发,以便在过去努力的基础上实现长远目标。对于具体的实施,图17.1给出了两个机器人的控制架构,该架构可以扩展到多个机器人系统[8]。图17.1是一个集中的MRS,其中机器人和用户连接到一个中央服务器(计算机),它执行板外计划、调度和资源共享等。它需要的时空信息,将通过板载区域控制和远程控制以不同方式应用。板载区域控制是反应式的,处理安全任务,如依据远程全球规划指令避障。

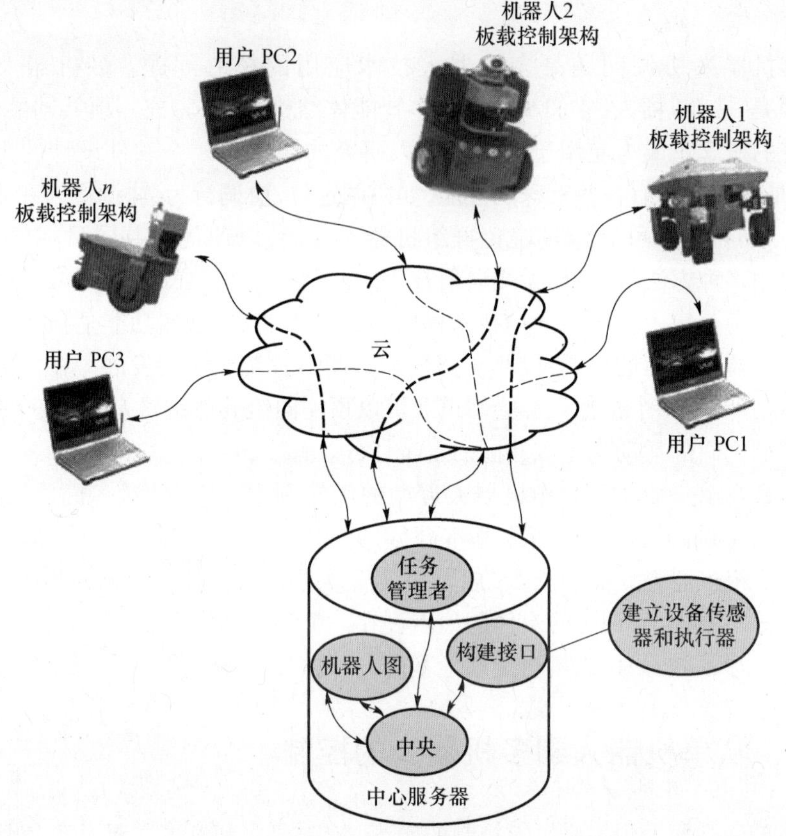

图17.1 多机器人控制架构

远程控制系统几乎是一个审议系统,主要为多个机器人处理规划任务。这表示该系统处理审议计算,但它需要一些有关必要时改变计划的任务信息。还有传感信息,如用户界面所需的相机图像。系统中机器人上的板载控制架构分为四个模块:控制硬件交互的硬件服务器;控制集成传感器和运动信息;应用程序开发;用于调试和跟踪的接口模块。

17.3 MRS 的挑战

多机器人的挑战在于多个机器人之间协调行动,将所有的联合行动模型化是不可行的,因为行动的个数是随机器人的个数成指数倍增长的。例如,软件架构中反应与审议之间的协调和平衡问题是存在于机器人足球世界杯比赛[9]中科学挑战的一部分。允许机器人玩家之间无线通信,可以利用无线通信来实现良好的协调。然而,由于通信故障频繁,机器人可能不会完全依赖于通信或其他机器人提供的信息。此外,还有内部布满传感处理的 MRS 的协调,传感器输入有时会导致许多可能的错误源,这似乎也是一个具有挑战性的问题。为简明扼要,MRS 中的一些重要研究问题集中在多机器人地下矿井检查和多机器人目标检测。前者主要是部署一组机器人到地下矿井,检查松散的岩石,以提高矿井安全。对于两个机器人的团组,可以按照图 17.2 所示进行部署,一个安排在采场区,另一个安排在矿井的廊道区,它们的合作行为可以将一个复杂的检测任务分解成简单的子任务。在后者中,自主机器人群组合作移动,将物体从一个位置运送到目标位置并在静态或动态环境中定位[10]。这样运输单一对象是一个具有挑战性的任务,可能比一个机器人单独处理更艰巨,而环境可能还有固定和移动的障碍物。在成功运送单一对象任务上,确定一个合适的合作策略是 MRS 的重大挑战。这意味着要推导机器人施力的最佳幅值和位置,同时在运输过程中避免障碍。

(a)　　　　　　　　(b)

图 17.2　两台组发掘机器人群组检查地下矿井

(a)廊道; (b)采场区域。

17.4 协调在 MRS 中的必要性

在人类活动的不同领域中,协调的存在变得越来越普遍。如果能将具有适应性、容错性和自组织性的学习能力集成到协调系统中，就能克服在动态环境中无法有效避免障碍的困难。当机器人选择同时行动时，行为冲突和合作失败可能会加剧产生，这是一个自然且实际的发展结果，所以，期待一个有效的协调即每个机器人应该做什么来避免冲突和合作不利是合情合理的。特别是当两个机器人选择相同的动作来实现共同的任务时，它们就会相互竞争，从而违反了协调策略的设置。针对这些挑战，MRS 中，一个好的协调策略应该能够确保机器人在选择行动或做出决定之前，考虑到其他机器人的行动。从系统工程的角度看，协调通常使 MRS 更快地执行任务，促进固有的冗余，当一组成员出故障时，机器人可以代替群组继续工作。这些协调的必要条件能使多机器人在各种领域有用武之地，如勘探[11]、巡察[12]和运输[10]。在机器人足球世界杯比赛中[9]，协调可以提高团队的绩效——用在对方中进球的数量来衡量，获得控球和防守自己的目标。在勘探中，协调可以通过避免互相干扰和避免勘察其他机器人已经勘测过的地方来提高 MRS 的系统性能。

17.5 从局部交互到全局协调

多机器人协调的某些方面在所有应用程序中变得流行。这就形成一个事实：几台机器人之间的交互可以设计成特定行为的全局协调。但是，如何设计区域交互规则以完成机器人群组的部分全局行为依然难以实现。在应用中处理这一问题的一种方法是，使用分治策略设计[13]来实现指定的全局协调。这个理念将一个全局性规范分解成子规范，每个子规范由一个机器人独自实现。于是，区域控制器专为一台机器人设计以满足区域规范，从而实现良好的全局行为。为开发类似设计需要回答的一些研究问题：如何简洁、正规化地描述全球规范和子任务？如何分化全球规范？是否总是有可能分化？什么是分化的必要和充分条件？另一个方法是使用协调图(CG)[14]。其中，全球性支付函数可以分解成区域支付函数的线性组合。为了说明这一点，图 17.3 显示了 CG 描述的局部交互和全局协调问题。类似于第 34 章中的贝叶斯网络模型，节点 R_1 ~ R_4 代表机器人，边缘的描述依赖于机器人之间的 f_1 ~ f_3。只有直接连接的机器人才可以在

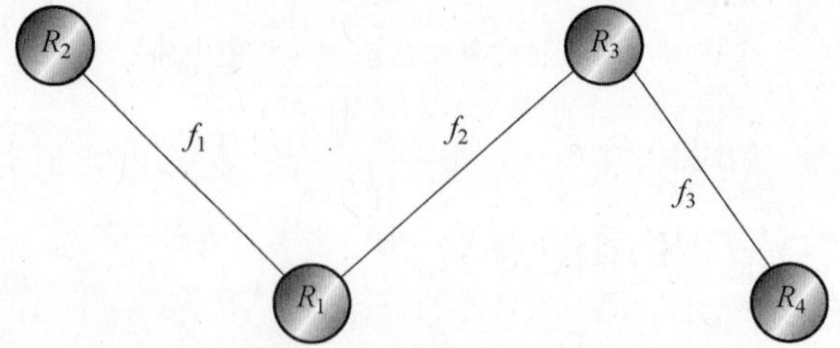

图 17.3　从区域交互到全局协调的协调图

任何时间于区域内交互。就图中区域来看，机器人 R_2 与 R_1 交互，R_4 与 R_3 交互，R_3 与 R_4 和 R_1 交互，R_1 与 R_2 和 R_3 交互。这意味着，多机器人的全局协调是由多个区域机器人交互来取代完成的。这有助于在 MRS 中处理随机器人数量增加而呈指数增长的行动数量。

17.6　通过环境的交互

虽然机器人已用于辅助技术、手术和治疗[15]，但在机器人社区由于所处环境被人类占据，基于环境的机器人交互的连续性问题没有得到很好的研究[16]。不像工业布车和采矿机器人，服务机器人直接为人类执行服务活动以提高其生活质量，如解决护理人员短缺问题，辅助康复[17]，以及与障碍儿童在教育方面沟通。安全是一个关键问题，因为服务机器人与人类直接交互。在设计服务机器人的服务领域时，相交互空间可能取决于许多规则[18]：作为一种社交活动，可以用一个友好的方式与人类交互；允许存在模糊意向——当机器人不知道要用什么实际行动来完成给定任务时，它应该有一个类似人类的智慧来确定该怎么办；服务机器人的应用程序必须经过已验证的技术测试，不允许试验和错误。机器人和人类之间的各种通信方法，涉及通过触摸和行为模式来实现视觉识别的摄像机的应用，实现声音识别的声音回路。例如，红外传感器在老年家庭用于与安全系统通信[19]。这些具有挑战性的基于环境的机器人交互的研究和开发领域还没有得到恰当的发掘。在此方面的研究中，机器人应该设计成通过学习人类的复杂行为来适应人类，并将机器因素最小化。

17.7　MRS 设计与分析

由于提高了灵活性和生产力，因此对在一般工作空间中的 MRS 的应用已经进行了诸多研究。本节介绍 MRS 分析和未来工作进展。分析 MRS，需要考虑[20]：分散式数据系统；每个机器人团队成员解决问题的能力；非全局控制；异步计算；传感、执行和通信设备中的错误；机器人避碰协作。由于协调是多机器人的一个重要方面，可以用来衡量一个团队的性能，因此检验团队协作机制的关键研究领域是：团队架构；资源冲突，合作来源/起源；学习；几何问题。此外，MRS 的绩效评估是依据团队中每个机器人的个体表现的集合。特别是在机器人足球世界杯比赛中[9]，团队的绩效可以用防止对手进球得分、个体获得控球和守门来衡量。

为了避免机器人之间的碰撞，基于多处理器系统概念的互斥法被广泛应用，并且一个针对 MRS 的嵌入式马尔可夫链模型具有共同的工作空间，可以构造成一个期权。马尔可夫模型的状态空间会随着系统尺寸的增加而变得异常大,这可能会引入一些配置问题。MRS 配置图将多机器人运动分为同时运动、协调运动和重叠运动[21]。同时运动和协调运动适用于复杂的任务,单一机器人不能完成。17.3 节中给出的对象运输问题就是一个实例。相比之下,重叠运动不需要机器人紧密合作。重叠运动提高了生产力,因为机器人不需要改变软件程序就能完成各种任务。迄今为止,MRS 的方法都集中在灵活性和容错能力方面的性能上,但从工程角度看,这需要在效率上做更多的工作。另一个需要研究的是设计问题,这个问题目前尚未解决。该设计必须测定机器人和它们的工作环境的数量,看起来这更像是优化问题。

17.8 MRS 控制器的原理综述

在当前传感器数据不确定的情况下,由于环境噪声的误差使得 MRS 控制器的原理综述是一个具有挑战性的任务[24]。这一挑战指出,MRS 的机器人团队导航控制器经常强调团队成员导航控制器(如跟踪参考轨迹)、点稳定和路径跟随三个基本问题[25,26]。例如,在轨迹跟踪问题中,团队中的移动机器人要遵循预先指定的轨迹。在跟踪问题中,运动学和车辆动力学有时忽略有时考虑。在忽略动力学的情况下,假定有恰当的速度跟踪,车辆控制输入可由控制算法计算得出[27]。当有恰当的速度跟踪被应用,制定控制算法的基础有两个假设:一是所有的机器人运动学和动力学都已知,并且机器人动力学不包括在控制器设计内;二是机器人遵循所需的轨迹必须没有任何速度误差。如果是属于这种情况,以下就是没有运动控制器的控制算法的实例:基于行为的控制器[28];模糊逻辑控制器[29]。当考虑动力学的情况时,以下是基于运动控制器的控制算法的实例:自适应控制器[30]和神经网络控制器[31]。基于以上情况,有必要进行更多的研究并开发一个详细的控制系统来应对具有完美速度跟踪却性能很差的问题。在没考虑跟踪时动态学的情况下,传感器数据的不足实际上加剧了性能的不佳。看到团队中的机器人其控制器对开放轨迹也启动跟踪显示程序将是一件很有趣的事。

17.9 多机器人软件架构

在 MRS 软件体系结构中,软件程序必须有一套有效的低级别的技能,必须能够自我协调组成一个团队。如图 17.4 所示的软件架构主要处理团队中每个 CAMBADA 机器人的节点(便携式电脑)[32],运行多个软件程序,如图像采集、图像分析、与低级别的模块集成和通信。进程调度是由进程管理器安排的,它存储每个活动进程的特性。实时数据库(RTDB)的共享数据结构存储所有每一个机器人收集到的有关感知过程、完整基础的测程法、存在障碍等的信息。每个机器人的实时数据库共享区与使用多点传送通信协议的其他机器人相连通。重要的是,团队中的每个机器人软件架构必须允许有一个成功的内部机器人和内部机器人的整合团队,该团队通过支持通信与合作完成不同活动[33]。ETHNOS IV 是一个用于多机器人实时系统的环境设计,解决通信问题。

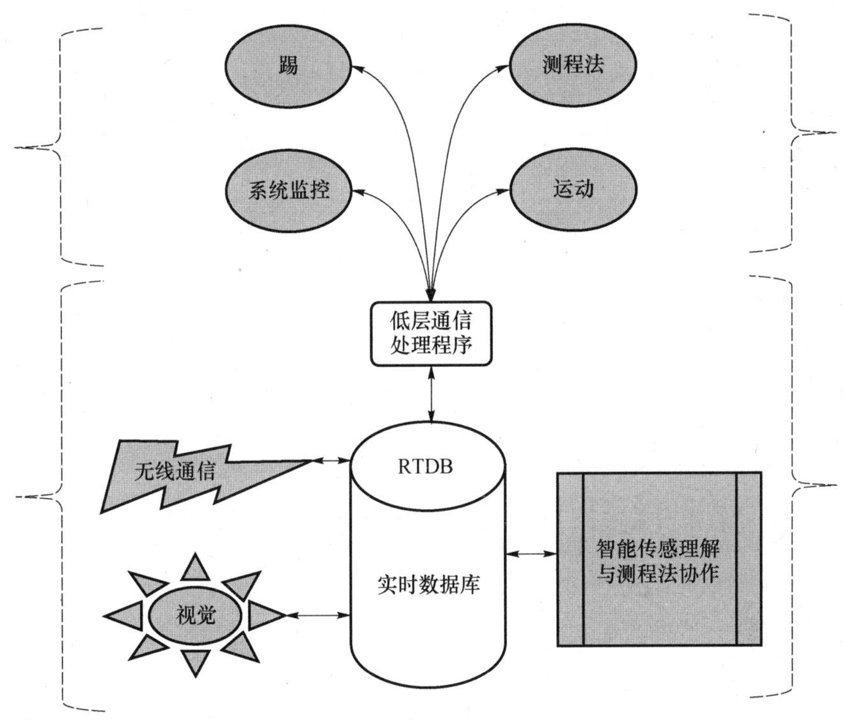

图 17.4　团队中的 CAMBADA 机器人的分层软件架构

17.10　多机器人协调的实时框架

多机器人框架,将它们之间的协作分为不同的方法,将类似的协调方法归为一类。框架使用协调图协调多个机器人,协调图在 17.5 节有述。假定机器人群组被嵌入到一个连续且动态的领域,机器人就会通过传感器感知周围的环境。

在位置选择行为(PSB)的框架内容中[34],该框架通常用在机器人世界杯小组里检查沥青的当前情况,并建议一块好的区域以便让机器人移动过去。游戏中位置选择要考虑队友的位置、对手的位置、球的位置和机器人队员能力。所有的团队成员都有不同的角色,角色反过来又决定了它们的位置。

由于足球移动时的背景环境和机器人的运动都是动态的、不可预测的，所以协调框架有助于判断并选择一个有利位置接到来自对手的球。用于协调机器人之间活动的实时多智能体框架在文献[10]中也有介绍。该框架包括四个软件智能体，分别为视觉智能体、学习智能体、两个机器人助手智能体和两个物理机器人。基于来自自身传感器的信息和内部状态信息，智能体互相协作来确定一个合作战略，以实现共同的目标。四个软件智能体构成一个高层协调子系统，辅助指挥物理机器人的低层控制与执行子系统。视觉智能体负责使用摄像机获取和处理图像。学习智能体被当作一个学习者、监听者和顾问来应用。作为物理机器人与软件代理之间的中介，辅助智能体通过发送信息，来完成服务工作如将机器人的位置发送给高层代理。

17.11 机器人组的控制

在一个分布式与无监督的模式下，机器人群组的控制和协调是一个分散控制问题，因为只有区域信息是可用于控制每个机器人成员的[35]。需要一个分散控制法则触发自主机器人群组同时移动，并且要沿着给定路径，遵循给定速度，以解决机器人之间的碰撞问题。寻找这些法则的方法是基于使用最近邻规则的发展共识算法。这意味着在机器人之间达成了一个共识。例如，每个自主机器人的运动，可以使用其他机器人的速度信息来控制，这几个机器人是给定时间内机器人的最近邻居。编队控制方法，如基于电位的和基于行为的，也用来控制机器人群组。但是，基于电位的编队控制法有一个区域极小的缺点，使得要求的编队模式可能并不总是有所保证，它使用一些人工电位功能和负梯度的功能提供机器人控制。在基于行为的方法的背景下，难以保证所要求的编队模式的数学收敛。其他一些方法中，群组内的机器人之间的通信网络全程是持续不断的，而其他的通信网络允许在某一时间段间断。导引—追随法是研究最多的编队控制策略，采用单个控制器的分层布置。这意味着针对群组机器人的编队控制问题相对于个体跟踪问题有所减少[37]。在各种情况下改进这些控制方法的模拟仿真，将有利于例证。

17.12 结束语

本章对 MRS 技术提出了一个很好的调查，以解决多机器人协调问题。多机器人协调具有引人注目的特点，就是一个非机器人专家的直觉获知通信介质。此外，多机器人协调补充了许多单机器人协调技术的传统策略，提供了一个解决方案来应对传统方法中的某些弱点。因此，多机器人协调已成功地应用于许多机器人。然而,机器人团体中的多机器人协调,缺乏一个确定的、组织方法的结构。在这项调查中,通过多机器人协调技术的分类(如前面章节所述)提供了一个这样的结构。虽然已经证明多机器人协调对机器人策略发展是一个成功的概念,但仍然存在许多开放领域需要进行研究,其中几个在以上大部分章节中已经确定。

参考文献

1. R. Rocha, J. Dias, A. Carvalho, Cooperative multi-robot systems: A study of vision-based 3-D mapping using information theory, *Journal of Robotics and Autonomous Systems*, 53(3–4), 282–311, 2005.
2. G. A. S. Pereira, V. Kumar, M. F. M. Campos, Closed loop motion planning of cooperating mobile robots using graph connectivity. *Journal of Robotics and Autonomous Systems*, 56(4), 373–384, 2008.
3. C. Boutilier, Planning, learning and coordination in multiagent decision processes. In: *Proceedings of the 6th Conference on Theoretical Aspects of Rationality and Knowledge*, pp. 195–210, Renesse, Holland, 1996.
4. V. Ng-Thow-Hing, K. R. Thórisson, R. K. Sarvadevabhatla, J. Wormer, T. List, Cognitive map architecture: Facilitation of human–robot interaction in humanoid robots. *IEEE Robotics & Automation Magazine*, 16(1), 55–66, 2009.
5. P. Pirjanian, T. L. Huntsberger, A. Trebi-Ollennu, H. Aghazarian, H. Das, S. S. Joshi, P. S. Schenker, CAMPOUT: A control architecture for multi-robot planetary outposts, In: *Proceedings of SPIE Conference on Sensor Fusion and Decentralized Control in Robotic Systems III*, pp. 221–230, Boston, MA, November 2000.
6. Bruyninckx, H., Open robot control software: the OROCOS project, In: *Proceedings of the IEEE International Conference on Robotics and Automation*, ICRA, ISBN: 0-7803-6576-3, pp. 2523–2528, Seoul, Korea, 2001.
7. B. P. Gerkey, R. T. Vaughan, A. Howard, The Player/Stage Project: Tools for multi-robot and distributed sensor systems. In: *Proceedings of the International Conference on Advanced Robotics*, pp. 317–323, Coimbra, Portugal, 2003.
8. J. López, D. Pérez, E. Zalama, A framework for building mobile single and multi-robot applications. *Journal of Robotics and Autonomous Systems* 59, 151–162, 2011.
9. M. Asada, H. Kitano, The RoboCup challenge. *Journal of Robotics and Autonomous Systems* 29, 3–12, 1999.
10. N. Miyata, J. Ota, T. Arai, H. Asama, Cooperative transport by multiple mobile robots in unknown static environments associated with real-time task assignment. *IEEE Transactions on Robotics and Automation* 18(5), 769–780, 2002.
11. K. H. Low, G. J. Gordon, J. M. Dolan, P. Khosla, Adaptive sampling for multi-robot wide-area exploration, *2007 IEEE International Conference on Robotics and Automation*, Roma, Italy, 10–14 April 2007.
12. N. Agmon, S. Kraus, G.A. Kaminka, Multi-robot perimeter patrol in adversarial settings, *IEEE International Conference on Robotics and Automation, ICRA 2008*, Pasadena, California, pp. 2339–2345, 2008.
13. M. Karimadini, H. Lin, Guaranteed global performance through local coordinations. *Journal of Automatica* 47, 890–898, 2011.
14. C. Guestrin, D. Koller, R. Parr, Multiagent planning with factored MDPs. In: *Advances in Neural Information Processing Systems*, Vol. 14, MIT Press, Cambridge, MA, pp. 1523–1530, 2002.
15. M. Hans, B. Graf, R. D. Schraft, Robotic home assistant care-o-bot: Past–present–future. In: *IEEE Ro-man, 11th InternationalWorkshop on Robot and Human Interactive Communication*, Berlin, Germany, pp. 380–385, 2002.
16. S. Haddadin, S. Parusel, R. Belder, J. Vogel, T. Rokahr, A. Albu-Schaffer, G. Hirzinger, Holistic design and analysis for the human-friendly robotic coworker, *IEEE/RSJ International Conference on Intelligent Robots and Systems*, Taipei, Taiwan, pp. 4735–4742, 2010.
17. M. Hillman, Rehabilitation robotics from past to present—A historical perspective. In: *IRCORR, The*

Eighth International Conference on Rehabilitation Robotics, KAIST, Daejeon, Korea, 2003.
18. L. Leifer, Tele-service robots: Integrating the Socio-Technical Framework of Human Service through the Internet-WWW. In: *Proc. of International Workshop on Biorobotics: Human–Robot Symbiosys*, Japan, 1995.
19. K. Haigh, L. Kiff, J. Myers, V. Guralnik, K. Krichbaum, J. Phelps, T. Plocher, D. Toms, The independent lifestyle assistant: Lessons Learned, Tech. Rep., Honeywell Laboratories, 3660 Technology Drive, Minneapolis, 2003.
20. J. Ota, Multi-agent robot systems as distributed autonomous systems. *Journal of Advanced Engineering Informatics*, 20, 59–70, 2006.
21. C.-K. Tsai, Multiple robot coordination and programming. *IEEE International Conference on Robotics and Automation*, Sacramento, CA, pp. 978–985, 1991.
22. T. Arai, J. Ota, Dwarf intelligence—A large object carried by seven dwarves. *Journal of Robotics and Autonomous Systems*, 18(1–2), 149–55, 1996.
23. H. Asama, M. Yano, K. Tsuchiya, K. Ito, H. Yuasa, J. Ota, A. Ishiguro, T. Kondo, System principle on emergence of mobiligence and its engineering realization. In: *Proceedings of the IEEE/RSJ International Conference of Intelligent Robots System*, pp. 1715–1720, 2003.
24. P. Coelho, U. Nunes, Path following control of mobile robots in presence of uncertainties. *IEEE Transactions on Robotics and Automation*, 21(2), 252–261, 2005.
25. M. S. Kim, J. H. Shin, S. G. Hong, J. J. Lee, Designing a robust adaptive dynamic controller for nonholonomic mobile robots under modelling uncertainty and disturbances. *Journal of Mechatronics*, 13(5), 507–519, 2003.
26. E. Maalouf, M. Saad, H. Saliah, A higher level path tracking controller for a four-wheel differentially steered mobile robot. *Journal of Robotics and Autonomous Systems*, 54(1), 23–33, 2006.
27. R. Fierro, F. L. Lewis, Control of a nonholonomic mobile robot using neural networks. *IEEE Transactions on Neural Networks*, 9(4), 589–600, 1998.
28. M. Egerstedt, X. Hu, A hybrid control approach to action coordination for mobile robots. *Journal of Automatica*, 38(1), 125–130, 2002.
29. F. M. Raimondi, M. Melluso, A new fuzzy robust dynamic controller for autonomous vehicles with nonholonomic constraints. *Journal of Robotics and Autonomous Systems*, 52(2–3), 115–131, 2005.
30. W. Dong, K. D. Kuhnert, Robust adaptive control of nonholonomic mobile robot with parameter and non-parameter uncertainties. *IEEE Transactions on Robotics and Automation*, 21(2), 261–266, 2005.
31. D. Gu, H. Hu, Neural predictive control for a car like mobile robot. *Journal of Robotics and Autonomous Systems*, 39(2), 73–86, 2002.
32. Azevedo, J, M. Cunha, L. Almeida Hierarchical distributed architectures for autonomous mobile robots: A case study. In: *Proceedings of the 12th IEEE Conference on Emerging Technologies and Factory Automation*, Greece, pp. 973–80, 2007.
33. D. Nardi, G. Adorni, A. Bonarini, A. Chella, G. Clemente, E. Pagello, M. Piaggio, ART'99: Azzurra robot team, In: M. Veloso, E. Pagello, H. Kitano (Eds.), *RoboCup'99: Robot SoccerWorld Cup III, Lecture Notes on Artificial Intelligence*, Vol. 1856, Springer, Berlin, pp. 695–698, 2000.
34. M. Hunter, K. Kostiadis, H. Hu, A behaviour-based approach to position selection for simulated soccer agents. In: *Proceedings of the RoboCup Euro 2000 Workshop*, 2000.
35. W. Ren, R. W. Beard, *Distributed Consensus in Multi-Vehicle Cooperative Control*, Springer, London, 2008.
36. V. Gazi, B. Fidan, Coordination and control of multi-agent dynamic systems: Models and approaches. In: *Swarms Robotics*. Lecture Notes in Computer Science, Springer, Berlin, pp. 71–102, 2007.
37. A. Fujimori, T. Fujimoto, G. Bohacs, Distributed leader follower navigation of mobile robots. In: *Proceedings of International Conference on Control and Automation* (ICCA '05), 2, pp. 960–965, Budapest, Hungary, June 2005.

第18章　具有生物脑的自主移动机器人

18.1　引言

自主移动机器人通常受控于计算机系统,该系统或被嵌入机器人,或通过无线方式或脐带方式与机器人连接。然而现在培养和训练生物神经元,使之成为自主移动机器人的"大脑"是可能的,这些神经元可以完全取代计算机系统或以合作的方式与计算机系统共同操作。当这种类型的混合系统装入机器人平台,就可以提供观察生物神经结构的一般操作,因此,这一领域的研究有直接的医学意义,在新机器人结构中也有相当大的潜在意义。本章描述的这些研究其目的是评估分离,培养神经网络的计算和学习能力。混合系统由自主机器人的闭环控制组成,通过神经元培养来创建。本章包含解决该问题所涉领域的概述,介绍培养过程,给出科研领域的理念,详述可操作系统的架构,并作为实例,报告用"实际生活中"的机器人进行实验的结果。

人脑是一个复杂的计算平台,具有快速处理大量信息,适应噪声和容错的能力。近来在混合系统方面已经取得了进展,即将生物神经元和电子元件结合成一个整体。文献[1]表明:使用七鳃鳗的大脑来控制机器人的运动轨迹是可实现的,而其他动物的大脑也能够成功地给蟑螂[2]或大鼠[3]的神经系统发送控制命令,它们就如同机器人那样。虽然这样的研究可以告诉人们关于对活体动物大脑的信息处理和编码[4],但这样做存在伦理问题,也存在技术上的障碍,如同访问大脑受限于皮肤和头骨等的障碍,数据解释会被许多因素混淆,这些因素包括存在于大脑中数量庞大的神经元,即使是神经生理最简单的动物也一样。此外,所有动物能够记录单个神经元或其小种群活动的方法都受限于侵入性、破坏性和这种技术的本质。出于这些原因,在实验室条件下按非侵入性电极平面排列的神经元培养,提供了一个更具吸引力的平台,以便探索生物神经网络的操作。

多种原因决定了这一研究领域是非常重要的。首先,了解神经行为对于在大脑和外部设备之间建立更好的双向互动是很重要的;其次,在处理许多神经系统疾病时,建立一个提高理解的根本依据,以便将神经元活动作为有意义的行为解读出来是至关重要的。机器人身体可以在给定区域做可能的移动,并且生物大脑对机器人的影响就是控制其身体,这是可以见证的。这将使基本评估和理解有关记忆和基于学习与习惯的行为的细胞相关性成为可能。

研究主要集中在体外培养数以万计的脑细胞网络[5]。这些网络由游离的神经元组成,神经元从啮齿类动物胎儿的大脑皮层组织中获得,使用酶在专门的腔内通过提供适宜的环境条件和营养来培养。电极阵列嵌入腔的边缘多极阵列(MEA),为神经元培养[6-9]提供电气接口。这样培养出来的神经元开始自发地分支,并在 1h 内,即使没有外部刺激,也会开始与附近的神经元重新连接,并进行化学和电气通信。这种自发连接的倾向和通信展示了网络固有的倾向特性。神经培养研究表明:活动变化出现 30 天趋于稳定,持续至少 2 ~ 3 个月,由此定义了不同的发展阶段[10,11]。神经细胞在培养腔边缘的 MEA 上形成单层,这使它们特别适合于光学显微镜观察,也易于物理和化学处理[9]。Lewicki [12]提供了尖峰排序法的概述和神经活动电位的检测与分类。

本章所描述的项目和实验的目的是探讨培养神经元,以便控制移动机器人。然而,为了产生有用的作用,我们认为,有意义的输入/输出关系是闭环传感与环境交互的一部分,只有这样,无形的生物网络才能发展。通过对动物和人类的研究表明,发展传感匮乏的环境认知导致的后果是神经回路欠佳或不正常[13,14]。整体闭环混合动力系统涉及在 MEA 和移动机器人的原代大脑皮层培养,确保足够丰富和连续的环境以供培养所需,从而创建了一个有趣而新奇的方法来检测生物网络的计算能力[15]。通常情况下,体外神经元培养包括数千个神经元细胞,由它们产生高度可变的多维信号。想要从这些信号的数据中提取代表网络整体状态的部分和特征,必须恰当应用预处理和降维技术。到目前为止,相关文献中报道的几个调查混合动力系统能力的方案已建成。值得注意的是,Shkolnik[16]为仿真机器人创造了一个非常有趣的控制方案。一个 MEA 的双通道选择和包含一个脉冲(±600 MV,400μs 双相)的电激励,在不同激励间隔被传递。信息编码的概念是通过测试给定时间延迟内的电诱导神经元兴奋的效果形成的,这个给定的时间延迟称为中间探针区间,介于两激励探针之间。这种技术产生了一个特征响应曲线,并为用基本命令(向前,向后;向左,向右)决定机器人的运动方向打下基础。在其他实验中[16],物理机器人如 Koala 和 Khepera 被使用,其中一个 Koala 总能与 Khepera 机器人维持恒定的距离,这是随机控制下的移动。据报道,Koala 机器人能成功追随 Khepera 机器人并保持固定距离。重要的是在此需要强调,自发活动的信息被发送到一台计算机,然后计算机产生一个二进制指令,指示 Koala 机器人应该采取什么行动。有一点很重要,需要注意:培养本身并没有通过反馈回路直接控制 Koala 机器人,据报道也没有学习效应被利用。相反,闭环控制和学习在我们的研究中都是中心目标。在一个公开的实验,DeMarse 和 Dockendorf[17]通过引入能实现一个现实问题的控制的思想,研究了神经元网络的计算能力,如控制一个模拟飞机的飞行路径(如高度和俯仰调整)。同时,最近的事态发展集中在神经细胞培养的学习技术的应用上。Shahaf 和 Marom[18] 报道了首批实验中的一项,就是通过采用一个简单形式即向无形神经元培养进行监督式学习,完成所需的离散输出计算。Bull 和 Uruokov[19] 成功地应用学习分类系统来操纵培养活动,意在使用简单的输入信号达到目标水平。然而,在这两种情况下所需的结果在实验中仅实现了约三分之一,这表明了神经网络的潜在复杂性,实验变异性的影响以及在这些系统中实现重复性的困难。

显然,即使在早期阶段,这样的再体现(真实的或虚拟的)在生物学习机制的研究中也担任着重要角色。我们所提出的物理机器人,为创建一个控制回路概念的证明并嵌入神经元培养和更具体地强化学习实验的未来基本平台,提供了出发点。基本问题是机器人的目标与培养的输入/输出映射的耦合,在本章中讨论的机器人架构的设计强调,需要灵活性,在搜索这种耦合时需要使用机器学习(ML)技术。

18.2　人工神经网络的制备

为了创建人工神经网络,皮层组织从大鼠胚胎大脑中分离出来,在播种到平面 MEAs 之前,神经元细胞被酶解分离。细胞通过一个反模板形成的电阵列被限制在记录范围内,反模板是在播种之前由胶带黏着在 MEA 上构成的,细胞稳定后立即移除(约 1h)。MEA 也充满了包含养分的常规细胞培养基、生长激素和抗生素,每周更换两次,每次有 50% 被更换。1h 内神经元完成播种,24h 内延展连接到附近的细胞,神经元外延的厚衬边在播种区域内是可见的。后续几天里,连接速度迅速增加。7 天之后,最初的电气信号以单个动作电位的形式呈现并可观察,在“无形培养”(没有与闭环相连接)中,经过随后的 7 天,又转换成几乎同步的电活动的密集爆发遍布整个网络,爆发继续直到达到成熟(体外 30 天起)。然而,这种持续的爆破行为在最初的发展阶段之后可能由传感输入贫瘠而产生的潜在病理状态代替,这种电活动行为不同于闭环培养发展中的活动[20]。平均计算,培养能保持 3 个月的高度活跃。在这段时间里,它们被密封起来与 Potter 环[21] 隔绝,以此保持不育和摩尔渗透压浓度,并保持在一个湿润的,温度为 37℃,含 5% CO_2 的培养箱里。记录在非增湿 37℃,含 5% 二氧化碳的培养箱中进行 30min ~ 8h,时间取决于环境湿度和由此产生的活动的稳定性。

18.3　实验装置

多电极阵列(MEA)能使电压波动(相对于外部网络的参考地电极)并被记

录成 8×8 阵列的 59 个 64 位站点(图 18.1),允许百米半径内的单个电极的神经元动作电位检测。使用尖峰排序算法[12],使得从单一电极中将多个独立神经元或神经元的小团体分离出来成为可能(尽管是非平凡的)。因此,多电极记录允许整个神经网络的全局活动图片的形成。这也使得电激励通过任何一个电极诱发集中的神经活动成为可能。因此 MEA 形成了一个功能性的和非破坏性的双向接口到神经元培养。

电诱发反应和培养的自发活动(神经网络)通过一个 ML 接口耦合到机器人架构,ML 接口映射的是与具体的执行器命令相关的特性。将机器人反馈的传感数据与恰当的激励协议相关联交付于培养器,这样可以关闭机器人培养环。因此,信号处理可以被分解成两个独立的部分:一是机器人的神经培养,其中输出的 ML 程序处理活的神经元的活动;二是培养后的机器人,涉及从机器人传感器到激励的输入映射过程。我们的整个系统已设计成一个闭环、模块化的架构。神经网络具有毫秒级精度的时空模式[22],它的处理需要从神经生理记录和机器人控制系统中得到快速响应。为该响应开发的软件运行于基于 Linux 的工作站,通过快速服务器—客户端模块进行以太网通信,从而在生物系统工作时提供必要的速度和灵活性。近年来,因商用平面 MEA 系统对培养生物神经元的研究大大促进。这些商用系统由一个内衬 8×8 阵列电极的玻璃标本室组成(图 18.1)。

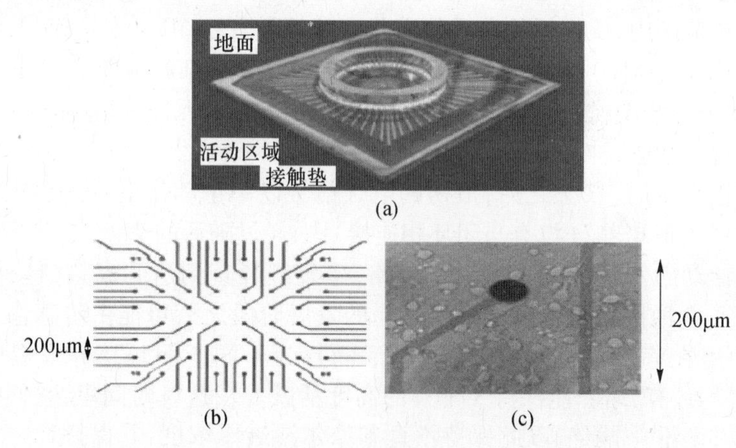

图 18.1 8×8 阵列的 59 个 64 位站点

(a) MC200/30iR - gr MEA 显示的是 30μm 的电极,电极柱按行排列;

(b)光学显微镜下观察到的,放大倍数为 4,在 MEA 中心的电极阵列;

(c)放大倍数为 40 下的 MEA,显示了与可见扩展接近并互连的神经元细胞。

标准的 MEA(图 18.1(a))尺寸为 49mm×49mm×1mm,其电极提供培养器与系统其他部分之间的双向链接。相关的数据采集硬件包括探头(MEA 连接接口)、60 通道的放大器(1200 倍增益;10 ~ 3200Hz 带通滤波器)、激励发生器和 PC 数据采集卡。

到目前为止,我们已经成功地建立了一个在(物理)移动机器人平台和应用于 MEA 的培养神经元网络之间的模块化闭环系统,允许培养器与机器人之间的双向通信。据估计,在我们的研究中所用的培养器包括 100000 个神经元,实际数目依赖于播种增殖后的自然密度变化和实验目的。培养器中的自发电化学活性作为输入送到机器人的致动器,机器人的(超声波)传感器读取后(按比例)转换成培养器能接收的激励信号,有效地关闭循环。对于机器人架构,我们选择了 Miabot 商用机器人平台(源自 Merlin 机器人),英国,具有非常精确的电机编码器精度(约 0.5mm),最大速度为 3.5m/s。记录与激励的硬件通过开源 MEA 台架的软件[23]控制。我们还开发了自定义的激励控制软件,与商用激励硬件接口,无需修改硬件[23]。现实生活中的机器人的仿真副本与它的环境也被开发。仿真副本可以与培养软件接口,与真实的机器人系统有完全相同的方式,从而拓展了系统的模块化功能。

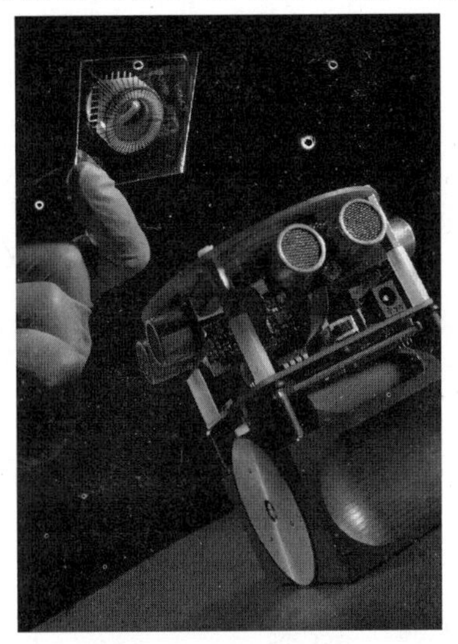
图 18.2 MiaBot 机器人及其人工培养的神经网络

预计该仿真将特别有助于长期运行的实验,实验中真正的机器人可能面临一些问题,如电池消耗以及部署各种 ML 实验。但必须强调的是,关键驱动是针对直接控制物理 Miabot 的培养器(图 18.2)。已经创建了仿真作为辅助工具,主要用于系统设置,并确保适当的系统运行。

因此,整个闭环系统包含:真实或仿真机器人的几个模块;MEA 与激励硬件;进行繁琐的神经数据分析计算的直联工作站;单机运行机器人控制接口;直接连接培养器与机器人机身的网络管理器发送的路由信号。该体系结构的各种组件通过 TCP/IP 套接字进行通信,允许数据处理加工装载到雷丁大学局域网下的多台机器。该问题的模块化方法如图 18.3 所示。

Miabot 是通过蓝牙无线控制的。通信和控制是通过自定义 C + + 服务器代码和 TCP/IP 套接字执行的,运行于 PC 的客户端直接控制和记录与激励软件。服务器通过一个虚拟串口与蓝牙连接发送电动机命令和接收传感数据,而客户端程序包含与激励 MEA 培养相连的闭环编码。客户端代码也在实验过程中执行所有重要数据的文本记录,然后可以离线分析。这种针对架构的模块化的方法能使系统更容易地重构组件,所得闭环系统可以有效处理通过记录软件流动

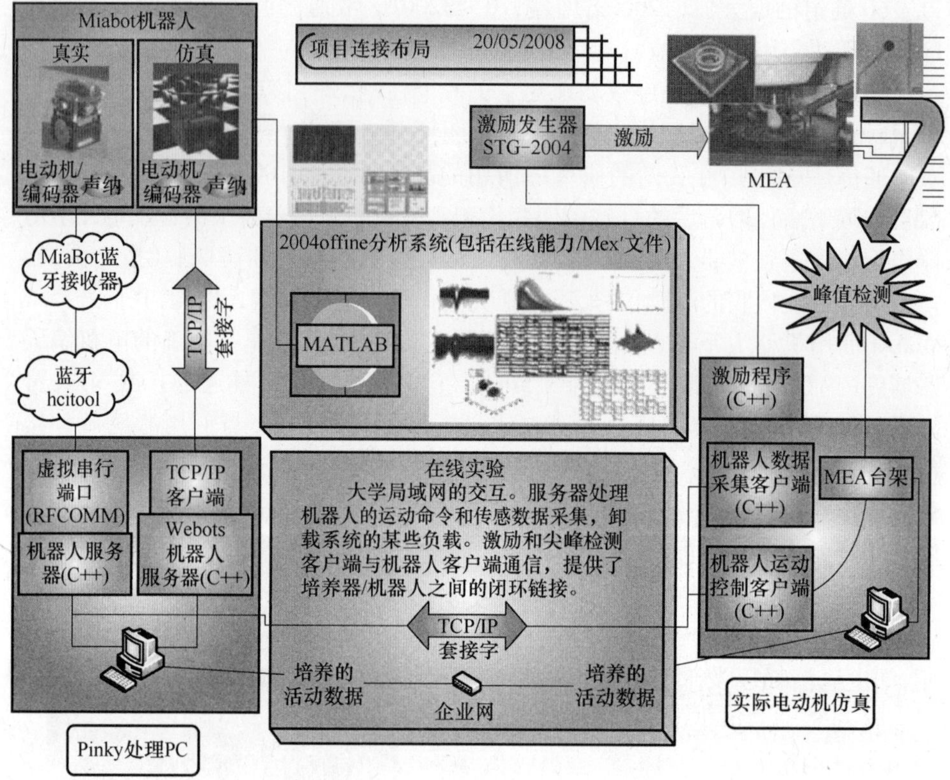

图 18.3 机器人-MEA 系统的模块化布局

的大量数据信息。典型采样频率为 25kHz 的培养活动需要大量的网络、处理能力和存储资源。因此，当调查实时闭环学习技术时，动态流的峰值检测数据是首选方法。

18.4 结果

我们首先利用自定义的激励软件测试了所有的系统组件和实验中整个封闭回路的操作[24]；然后用一个活体培养进行了相同的实验；最后存活的合理的神经通路通过搜索电极对之间强大的输入/输出关系而被确定。合理的输入/输出对定义成电极组合，组合中趋近一个电极的神经元在激励时间超过 60% 时（在 100ms 的激励下至少一个动作电位）响应另一个电极，响应时间不超过激励任何其它电极时间的 20%。

输入/输出响应映射由所有预选独立电极和阳极首选双相波（600 mV，每波段 100μs，重复 16 次）的循环激励创建。通过平均超过 16 次的激励来确保大多数的刺激事件避免任何培养器内可能会发生的爆裂。用这种方式可以选择出合理的输入/输出对,这取决于培养如何发展以便给机器人提供一个初步的决策机制。机器人在限制范围内遵循前进的路径,直到遇到障碍墙,此处的前一点的声纳值下降,当低于阈值(设置在 30cm 内)时触发激励脉冲(图 18.4)。如果响应/输出电极记录下跟随输入脉冲的活动,那么机器人就会转向而避免碰撞。从本质上讲,响应电极的活动解释为指示机器人避免碰壁的命令。其结果是,每当活动记录在响应/输出电极上时,机器人就自发转向。并且,最有趣的(和相关)结果是发生事件链:壁检测—激励—响应。

这项研究揭示了测试不同培养在不同条件下的反应时间的可能性,以及它们如何被外部因素如电场和药物兴奋剂等所影响[24]。在任一时刻,通常有 25 种不同培养可用,因此这种比较的研究正在进行。声纳阈值设置为离墙 30cm 的范围,激励脉冲被施加到培养中,通过传感输入,每次当机器人的位置离墙足够近时,该阈值被有效实施。简单墙壁检测/右转弯实验中机器人典型活动描述如图 18.4 所示。主要轨迹指示前面的声纳值。竖线指示激励脉冲次数和声纳计时/驱动器命令计时。响应事件(单一被检峰值)可能会自发地发生或是由于把电激励作为传感器阈值又被超越而发生。这些事件仅当激励和响应之间的延迟小于 100ms 时才认为是“有意义”的。换句话说,这个事件是一个强指标,即一个电极上的电激励引起记录电极上的神经反应。当旋转命令发送给机器人时,这些事件总是被耦合(第一事件是开始向右旋转,第二个事件是简单地结束旋转)。通过这些旋转的结果可以清楚地看到此时机器人的响应,传感器超过阈值,导致被记录的声纳值急剧增加。这是作为电极激励的直接后果(作为电极触发的结果,也就是立即启动旋转指令)。例如,一个事件链变为“有意义”是在 1.95s,此时声纳值下降并低于阈值(30cm),然后激励响应发生。

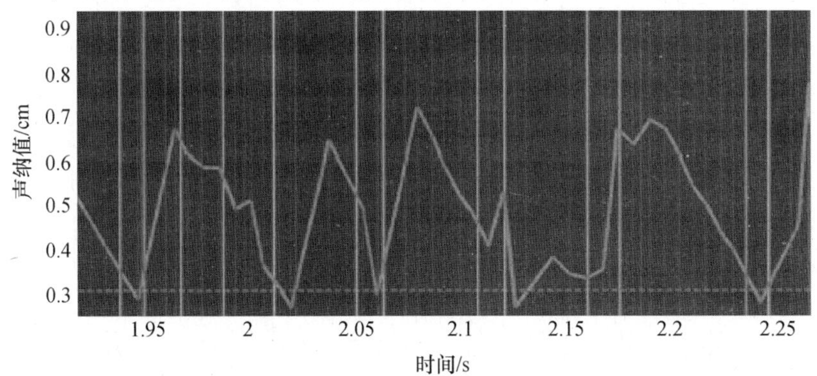

图 18.4　简单墙壁检测和右转弯实验中的机器人活动

表 18.1 列出了从模型细胞和活体培养实验中得到的典型结果。如果活体

培养表现“完美”，没有错误，那么这两栏（模型细胞—显示“理想”表现和活培养）将是相同的。在表 18.1 中，“总的闭环时间”是指从墙面检测到响应信号从培养处返回之间的时间间隔。“有意义的转向”指的是机器人因“墙面检测—激励—响应”事件链而转向。“壁激励事件”对应于被传感器超越的阈值即 30cm，这样，激励脉冲被发送到培养器处。同时，“激励响应事件”也对应于一个电机指令信号，产生于培养器，被发送到机器人的车轮上，使其改变方向。整个过程遵循：对于培养器，一些“激励响应事件”将会“考虑”响应最近的激励——称为有意义的激励，而其他的事件——称为自发事件——将视为虚假激励或在“考虑”响应培养中的某些思想时，这个激励是我们不知道的。

事实上，通过统计本实验中进行的所有实验（超过 100 次），预期比例和由模型细胞到活体培养的“理想”性能的自发转换之间有相当大的差异（表 18.1）。在模型的控制下，模型细胞的 95 ±4%（平均）是有意义的转化，而其余的自发转化（5 ±4%）很容易因阈值峰值活动而发生。相比之下，活体培养显示了相对低数量的有意义转化（46 ± 15%），而大量的自发转化是神经元内在自发活动的结果（54 ± 19%）。如此大数量的自发转化在未知系统中是所期望的，当前工作的重点是在这样的培养中减少自发水平、痫样记录、活动现状，并发现更恰当的输入点和激励模式。

表 18.1　避免碰壁实验的基本统计

事件/结果	活体培养	细胞模型
壁激励事件	100%	100%
激励响应事件	67%	100%
总的闭环时间	0.2 ~ 0.5s	0.075s
运行时间	140s	240s
有意义的转向	22	41
自发转化	16	41

这个实验有“封闭循环”的功能，能够应用自定义激励协议，并为后续实验设定基础，后续实验将重点放在为执行更复杂的机器人控制而使用机器学习技术描述的培养反应，进行更复杂的机器人控制的基础上。作为后续闭环实验，机器人的独立（左、右）轮速通过两次被选电动机/输出电极所记录的尖峰放电频率来控制。频率实际上是由峰值检测器计算出两个输出电极的平均峰值率。每个电极被检测到的峰值都是分开的，由信号采集时间隔开并给出频率值。然后，这些频率（从其典型范围 0 ~ 100Hz）被线性映射到 0 ~ 0.2m/s 的范围，该范围是指车轮的独立线速度。同时，接收到的声纳信息用来直接控制（按比例）传感器/输入电极的激励频率。0 ~ 100cm 的典型声纳范围被线性调整到电极激励频

率0.2~0.4 Hz 的范围内(600mV 的电压脉冲)。整体结构是一个经典的简单 Braitenberg 模型[25];然而,在这种情况下,传感器速度控制被附带整体反馈回路的培养网络所调解。培养中能诱导适宜接受状态的某些实验研究方法,可能会允许控制涉及与记忆源相连的大脑皮层中的学习记忆模式[26]。为了比较,用实际机器人和模拟机器人进行了实验,运行时间为 30min。这样的测试时间或许被认为不足以唤起长时程增强,即培养中的定向神经通路,从而影响激励-记录电极之间的可塑性。虽然在执行这部分实验时这不是主要目标,但已经可注意到,在其他地方,高频突发时间可以快速诱导可塑性[27,28]。其结果是,现在我们正在调查的依赖于可塑性的峰值时序是基于峰值与激励的并存。

18.5 机器学习范式

最初,所培养的神经网络其固有操作特性已作为使物理机器人机体以适当方式响应的起点。然后,培养在机器人机体上的控制范围内运行一段时间。例如,实验持续时间,培养在机器人机体内运行多长时间,只不过是实验设计而已。因此,几个实验可以在一天内完成,无论是相同培养还是不同培养。物理机器人的机体当然也可以运行 24/7。

学习和记忆研究是在早期阶段。然而,我们惊讶地看到,在系统用活体培养测试时,随着时间的推移,机器人以其墙壁回避能力提高了性能。我们目前正在调研这个有前途的初步观察,并检验是否可以重复健壮性,随后量化。我们所见证的可能意味着这样一个神经结构/路径:能够完全通过习惯性的执行过程趋于加强并引致令人满意的行为。这样的可塑性在文献[29]曾被报道,而且已经开始实验,目的是调查在随后的培养发展中感觉功能丧失的影响。在实例中,我们现在正在监测其中的变化,并试图提供一个联系可塑性与经验和时间的量化特性描述。混杂变量的潜在数目是相当大的,随后的塑性过程(最有可能)依赖于这样的因素,如初始播种和生长的近电极以及瞬变环境(如进给量、温度和湿度)。在完成这些基础设施建制的第一阶段后,有一个公认的显著研究贡献:混合动力系统闭环实验的 ML 技术的应用。这些技术可以应用于各个领域,如峰值排序过程(峰值数据分布降维,神经单元聚类)、传感数据和培养激励之间的映射过程、培养活动和电动机命令之间的映射过程,以及关于培养中受约束电激励的学习技术的应用,并试图开发培养网络的计算能力。

18.6 结束语

在这个阶段,我们可以得出这样的结论:已成功地实现了一个自适应闭环反馈系统,它涉及(物理)移动机器人平台和应用 MEA 的培养的神经元网络,并采用了电生理学方法。这就需要在培养器和机器人之间实时保持双向通信。被采用的培养由 100000 个神经元组成,然而在任一时刻只有相对较小比例的神经元处于激发活动状态。对整个机器人的初步实验已经进行,并与预期的激励响应即"理想"性能做了对比。可以观察到:许多场合下培养响应都能达到预期效果,但有些场合不能,在某些情况下,当它不能达到预期效果(有人可能这么觉得)时可以提供一个电动机信号。

事实上,在这种情况下仅是"理想"响应的概念就因涉及生物网络而很难解决,或许当培养不能坚持或不能实现这样的理想响应时,也不应该消极看待。正如我们对基本的神经元处理过程——能够产生有意义的行为特别是涉及复杂学习过程知之甚少,但我们依然应该对培养行为保留更多的开放观念一样。培养制备技术不断得到完善,产生了稳定的培养,这表明自发与诱发的尖峰形成/破裂活动不断发展。这与其他组的研究结果完全符合[15,21]。稳定的机器人基础设施已经被广泛测试,对未来 ML 和培养行为实验,现在也已准备就绪。实施模块的实例化可以通过机器人硬件平台或成为以比较为目的软件仿真来实现。现有基础设施已测试成功,可以很容易地进行修改,以便研究多种替代机械设备的介导培养控制,替代机械设备如机器人头部、"自主"车辆、机械臂/夹具、移动机器人群组和多足步行机器人等。

依据机器人学,这项研究和其他研究表明,机器人仅凭一个生物大脑就可以做"决定"。100000 个神经元的基准仅仅是由于现在的限制,很明显,这个基准的数目还要增加。由于传感输入的范围在扩展,以及封装培养神经元的数目在增加,所以整个研究领域在迅速扩大。因此,这种机器人的潜在能力,包括它们可以执行的任务范围,需要进行调查。

18.7 未来研究方向

目前的研究方案中有许多方法可以尝试。首先,Miabot 可以扩展到包括其他传感设备(如附加声纳阵列、音频输入、移动摄像机)和其他测距硬件(如车载红外传感器)。这样就可以提供机会来探讨培养中的传感融合,进行更复杂的行为实验,甚至试图论证行为与培养塑性之间的关联,沿着文献[29]的主线,整理不同传感输入。为机器人控制提供动力底板也很重要,为了给机器人提供较长时间的相对自主性,从而建议的 ML 技术被应用,培养的行为响应被监测。为此,Miabot 必须适应于操作一个机构内部的动力底板,以便给机器提供人不受限制的动力。此功能最初是基于博物馆中的陈列设计[30],但作为 ML 是必要的,并且培养行为的测试还要进行许多分钟,甚至需要 1h 的时间。其他小组使用了一个模拟的老鼠[31]，在一个包含障碍物的四壁环境内移动。然而，值得指出的是，机器人模拟为连续运行闭环提供了一种替代的解决方案，避免了当前的硬件限制。当前机器人目标与培养输入/输出之间关系的硬件编码映射可以通过应用 ML 技术减少、甚至消除映射的先验选择来得到扩展。特别是，现代强化学习技术，可以应用到各种移动机器人的任务，如沿壁导航和迷宫导航，在试图提供的正式框架内引入神经元培养的实际学习能力。

为了提高培养训练的有效性超过以前工作中的 30% 的成功率，目前正在进行生物实验，以确定在与细胞相关的学习过程中可能发挥作用的生理功能。这些实验还探讨了诱导特定培养中的适宜接受状态的可能方法，特定的培养可能会对处理能力和涉及特定网络活动变化（输入和反馈状态之间的切换）的记忆信息[26]有极大限度的控制，这些方法可能允许给定集成网络功能的识别。进一步的研究领域是确定发展的最合适阶段，此阶段要在闭环中放置培养，是否有更少的病理（癫痫样）和更有效地操纵，当培养被允许接受当前传感输入下的初步发展时达到活跃状态。此外，该项目的进展需要 ML 技术和培养所获结果的标杆管理。要实现这一点，有必要建立一个基于有关培养密度和活动的实验数据的神经网络模型。这种行为评价模型是通过比较模型性能和培养性能来提供强大的洞察力审视神经网络的运作。尤其，对所观察到的控制水平，我们希望能更好地理解培养塑性和学习能力的贡献。

也有可能将培养规模扩展到三维版本，按今天的标准是由 3000 万个神经元组成。再加上这是人类使用的标准，而不是大鼠的，神经元成为自身培养的基础。然而，嵌入 3000 万个人类神经元去控制一个机器人的身体，这却以恰当的方式打开了医疗问题，引出了许多关于生命和权利的伦理问题[32]。作者们意识到这些问题需要深入讨论。

参考文献

1. Reger, B., Fleming, K., Sanguineti, V., Simon Alford, S. and Mussa-Ivaldi, F. Connecting brains to robots: An artificial body for studying the computational properties of neural tissues. *Artificial Life*, 2000, **6**, 307–324.
2. Holzer, R., Shimoyama, I. and Miura, H. Locomotion control of a bio-robotic system via electric stimulation. *Proceedings of International Conference on Intelligent Robots and Systems*, Grenoble, France, 1997.
3. Talwar, S., Xu, S., Hawley, E., Weiss, S., Moxon, K. and Chapin, J. Rat navigation guided by remote control. *Nature*, 2002, **417**, 37–38.
4. Chapin, J., Moxon, K., Markowitz, R. and Nicolelis, M. Real-time control of a robot arm using simultaneously recorded neurons in the motor cortex. *Nature Neuroscience*, 1999, **2**, 664–670.
5. Bakkum, D.J., Shkolnik, A., Ben-Ary, G., DeMarse, T. and Potter, S. *Removing Some 'A' from AI: Embodied Cultured Networks*, Lecture Notes In Computer Science, 2004, 130–145.

6. Thomas, C., Springer, P., Loeb, G., Berwald-Netter, Y. and Okun, L. A miniature microelectrode array to monitor the bioelectric activity of cultured cells. *Experimental Cell Research*, 1972, **74**, 61–66.
7. Gross, G. Simultaneous single unit recording in vitro with a photoetched laser deinsulated gold multimicroelectrode surface. *IEEE Transactions on Biomedical Engineering*, 1979, **26**, 273–279.
8. Pine, J. Recording action potentials from cultured neurons with extracellular microcircuit electrodes. *Journal of Neuroscience Methods*, 1980, **2**, 19–31.
9. Potter, S., Lukina, N., Longmuir, K. and Wu, Y. Multi-site two-photon imaging of neurons on multielectrode arrays. *In SPIE Proceedings*, 2001, **4262**, 104–110.
10. Gross, G., Rhoades, B. and Kowalski, J. Dynamics of burst patterns generated by monolayer networks in culture. In: Bothe, H.-W., Samii, M. and Eckmiller, R. (eds), *Neurobionics: An Interdisciplinary Approach to Substitute Impaired Functions of the Human Nervous System*, 1993, 89–121, Elsevier, Amsterdam.
11. Kamioka, H., Maeda, E., Jimbo, Y., Robinson, H. and Kawana, A. Spontaneous periodic synchronized bursting during the formation of mature patterns of connections in cortical neurons. *Neuroscience Letters*, 1996, **206**, 109–112.
12. Lewicki, M. A review of methods for spike sorting: The detection and classification of neural action potentials. *Network (Bristol)*, 1998, **9**(4), R53.
13. Saito, S., Kobayashik, S., Ohashio, Y., Igarashi, M., Komiya, Y. and Ando, S. Decreased synaptic density in aged brains and its prevention by rearing under enriched environment as revealed by synaptophysin contents. *Journal of Neuroscience Research*, 1994, **39**, 57–62.
14. Ramakers, G.J., Corner, M.A. and Habets, A.M. Development in the absence of spontaneous bioelectric activity results in increased stereotyped burst firing in cultures of dissociated cerebral cortex. *Experimental Brain Research*, 1990, **79**, 157–166.
15. Chiappalone, M., Vato, A., Berdondini, L., Koudelka-Hep, M. and Martinoia, S. Network dynamics and synchronous activity in cultured cortical neurons. *International Journal of Neural Systems*, 2007, **17**(2), 87–103.
16. Shkolnik, A.C. Neurally controlled simulated robot: Applying cultured neurons to handle an approach/avoidance task in real time, and a framework for studying learning *in vitro*. *Mathematics and Computer Science*, 2003, Masters thesis, Department of Computer Science, Emory University, Georgia.
17. DeMarse, T.B. and Dockendorf, K.P. Adaptive flight control with living neuronal networks on microelectrode arrays. *Proceedings of the 2005 IEEE International Joint Conference on Neural Networks*, 2005, **3**, 1548–1551.
18. Shahaf, G. and Marom, S. Learning in networks of cortical neurons. *Journal of Neuroscience*, 2001, **21**(22), 8782–8788.
19. Bull, L. and Uruokov, I. Initial results from the use of learning classifier systems to control in vitro neuronal networks. *Proceedings of the 9th Annual Conference on Genetic and Evolutionary Computation* (GECCO), pp. 369–376, 2007, ACM, London, England.
20. Hammond, M., Marshall, S., Downes, J., Xydas, D., Nasuto, S., Becerra, V., Warwick, K. and Whalley, B.J. Robust methodology for the study of cultured neuronal networks on MEAs. *Proceedings 6th International Meeting on Substrate-Integrated Micro Electrode Arrays*, 2008, pp. 293–294.
21. Potter, S.M. and DeMarse, T.B. A new approach to neural cell culture for long-term studies. *Journal of Neuroscience Methods*, 2001, **110**, 17–24.
22. Rolston, J.D., Wagenaar, D.A. and Potter, S.M. Precisely timed spatiotemporal patterns of neural activity in dissociated cortical cultures. *Neuroscience*, 2007, **148**, 294–303.
23. Wagenaar, D., Demarse, T.B. and Potter, S.M. MEABench: A toolset for multi-electrode data acquisition and on-line analysis. *Proceedings of the 2nd International IEEE EMBS Conference on Neural Engineering*, 2005, pp. 518–521, IEEE, Piscataway, NJ.
24. Xydas, D., Warwick, K., Whalley, B., Nasuto, S., Becerra, V., Hammond, M. and Downes, J. Architecture for living neuronal cell control of a mobile robot. *Proceedings of European Robotics Symposium EUROS08*, 2008, pp. 23–31, Prague.
25. Hutt, B., Warwick, K. and Goodhew, I. Emergent behaviour in autonomous robots. Chapter 14. *Information Transfer in Biological Systems* (Design in Nature Series, vol. 2), Bryant, J., Atherton, M. and Collins, M. (eds.), 2005, WIT Press.
26. Hasselmo, M.E. Acetycholine and learning in a cortical associative memory source. *Neural Computation Archive*, 1993, **5**, 32–44.
27. Cozzi, L., Chiappalone, M., Ide, A., Novellino, A., Martinoia, S. and Sanguineti, V. Coding and decoding of information in a bi-directional neural interface. *Neurocomputing*, 2005, **65/66**, 783–792.

28. Novellino, A., Cozzi, L., Chiappalone, M., Sanguinetti, V. and Martinoia, S. Connecting neurons to a mobile robot: An *in vitro* bi-directional neural interface. *Computational Intelligence and Neuroscience*, 2007, 13, doi: 10.1155/2007/12725.
29. Karniel, A., Kositsky, M., Fleming, K., Chiappalone, M., Sanguinetti, V., Alford, T. and Mussa-Ivaldi, A. Computational analysis *in vitro*: Dynamics and plasticity of a neuro-robotic system. *Journal of Neural Engineering*, 2005, **2**, S250–S265.
30. Hutt, B. and Warwick, K. Museum robots: Multi-robot systems for public exhibition. *Proceedings of 35th International Symposium on Robotics*, 2004, p. 52, Paris.
31. DeMarse, T., Wagenaar, D., Blau, A. and Potter, S. The neurally controlled animal: Biological brains acting with simulated bodies. *Autonomous Robots*, 2001, **11**, 305–310.
32. Warwick, K. Implications and consequences of robots with biological brains. *Ethics and Information Technology*, 2010, **12**, 223–234.
33. Marks, P. Rat-brained robots take their first steps. *New Scientist*, 2008, **199**(2669), 22–23.

第 19 章　移动机器人制造中的安全有效自主决策

19.1　引言

本章对智能机器人系统制造中的安全有效自主决策的开发研究进行了讨论，特别是一些移动机器人应用于危险工作中，如扫雷、核退役、建筑工地的发掘、考古发掘等。

几十年来，由于频繁的事故和处于危险环境中的人类生命遭受巨大损失[1,6]，代替人类工作的自主机器人应运而生。本章讨论的工作主要集中在两个方面：一是探讨如何将安全性融入自主机器人的自主决策过程；二是在移动机器人上实现控制架构（考虑到模块化和再利用），使它可以自主和安全地执行导航与路径规划任务。机器人和人工智能的方法相结合，以便获得必要的成就。

在上述领域提到的观点中，实时控制系统参考模型结构（RCS - RMA）已作为一个架构被应用。RCS 是一个混合分层架构，便于模块化，重组应用并在不同层次能够灵活使用各种控制算法。概率推理模型，局部可观测性马尔可夫决策过程（POMDP）已经用于安全决策和应对由于对环境的局部可观测性而引入的不确定性。可以观察到，POMDP 模型映射到 RCS - RMA 的基本操作单元和 POMDP 可以使用便于安全决策制定的 RCS 节点开发。

19.2　机器人架构：分类与选择

系统架构主要是指控制系统的软件和硬件框架。智能系统的开发既复杂又困难。它们的子系统发挥各自的功能并获得实时信息，再通过其他子系统传播信息[7,8]。

在技术文献中描述的过去几十年发展的大多数架构风格可以归结为协商式、反应式和混合式三类。图 19.1 描绘了这些架构策略的范围：左边表示的是协商推理的方法，右边表示的是反应式控制，中间的是混合式[9]。还有其他的架构，必须单独考虑，Sekiguchi 等[10]在此架构中提出了通过结构化神经网络控制移动机器人的方法。同时,包含的生物启发式架构不属于下图 19.1 中所示的分类[11-15]。

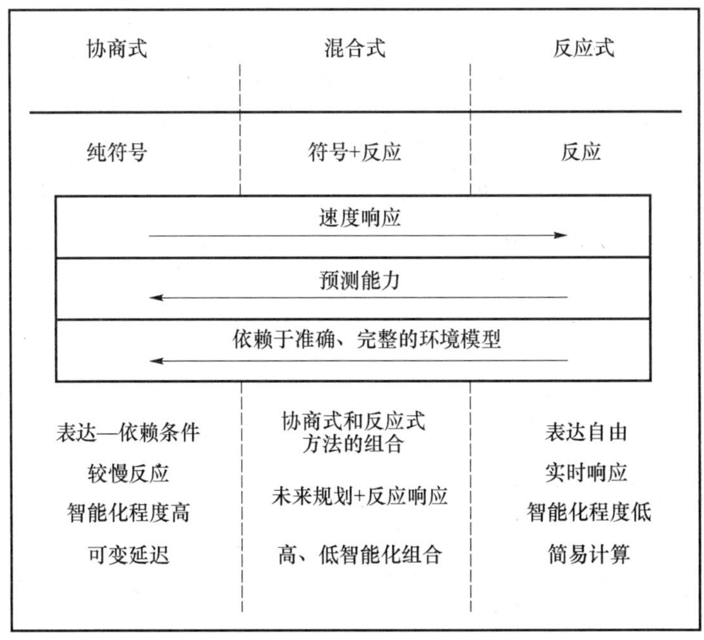

图 19.1　移动机器人架构结构

严谨的推理往往需要对环境模型进行强有力的假设,主要的推理知识要有一致性、可靠性和确定性。如果推理使用的信息是不准确的或已经改变,推理结果就可能导致严重的错误。美国航空航天局/NBS 标准参考模型(NASREM)[16,17]就是协商架构的例子。图 19.1 的右边是反应系统。反应式控制是感知和行动紧密耦合的一种技术,通常以电动机行为为背景,能有效、及时地产生位于复杂、动态和非结构化领域的机器人的响应。自主机器人的反应式控制如果逾越了规划识别,无论多么用心良苦都是浪费时间。子包含模式是一种由 Brookes 发展而来的反应式架构[18,19]。

基于反应行为的机器人控制可以在复杂与动态的区域有效地产生健壮性能。然而,在某些方面,纯粹反应系统做出的强有力的假设却成为缺点。引入各种形式的知识转化进入机器人架构可以使基于行为的导航更灵活和更通用。协商系统允许代表性的知识在执行前用于规划目标。为了获得更好的行为,混合架构既可以与审议策略相结合,又可以与无功策略相结合。

混合类型将反应控制和协商控制结合在一个异构架构,有利于有效控制低层设计和高层推理的关系。然而,这两层之间的连接必须精心设计并实施,以保证反应性和协商性的良好相容[17]。混合协商式/反应式的机器人架构结合了传统的AI符号方法及其使用的抽象的代表性知识，但保留了纯粹反应系统的响应性、健壮性和灵活性。混合架构允许通过潜在行为成分上的推理能力重新配置基于现有环境知识的反应式控制系统。

混合动力系统的设计者认为，这两种方法单独看都是令人满意的，但必须同时考虑。这两种方法中的每一个成员解决了智能机器人固有复杂性的不同子问题。人类的行为也是一种由环境与经验加权的协商规划和反应的组合[20,21]。混合架构的例子有AuRA（自主机器人架构）[22,23]、BERRA（基于行为的机器人研究架构）[24]和RCS-RMA[25]。

RCS-RMA是由美国国家标准与技术研究所（NIST）开发的一种混合架构。RCS-RMA不同于其他混合架构（如AuRA、BERRA），它没有把分级控制系统的高层规划和反应行为水平降低[17,25]。RCS在每一层都结合了协商成分和反应成分。RCS的每一层级都包含一个规划者和反应执行者。RCS的高级规划者具有更长的规划视野与分辨率较低的规划空间。图19.2显示了自动引导车队的RCS架构模型[26]。

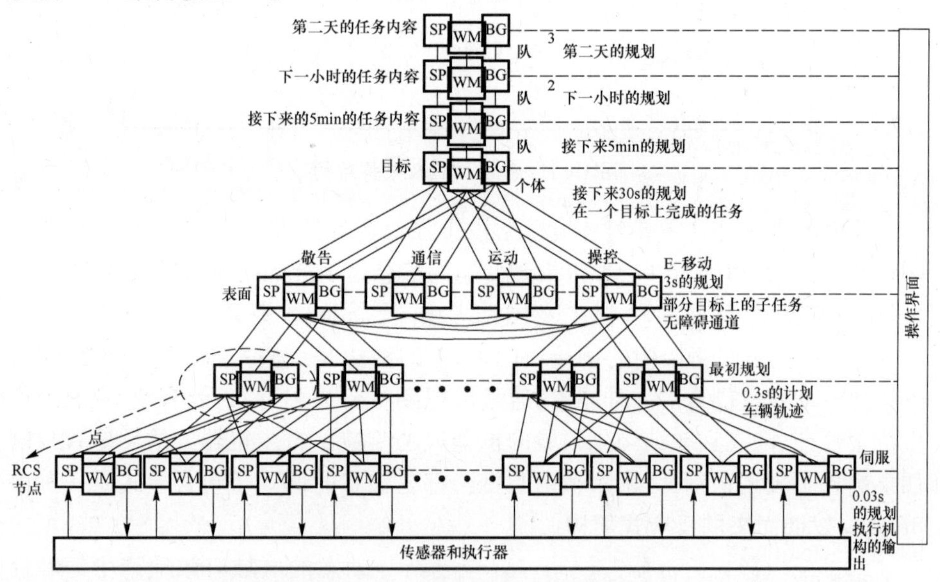

图19.2 显示RCS节点的RCS架构

RCS的基本操作块称为RCS节点（图19.3）[26]。RCS的每一层的RCS节点（S）上都有一个反应和协商的成分存在。RCS节点与传感器、执行器和其他部件一同负责RCS层次的基本功能。

综上所述，选择RCS作为本次开发的参考模型架构有如下原因：

（1）RCS结合了许多AI控制理论的概念。RCS支持许多不同空间和时间分辨率上的复杂动态环境模型。它在许多不同级别的分辨率上结合了审议与反

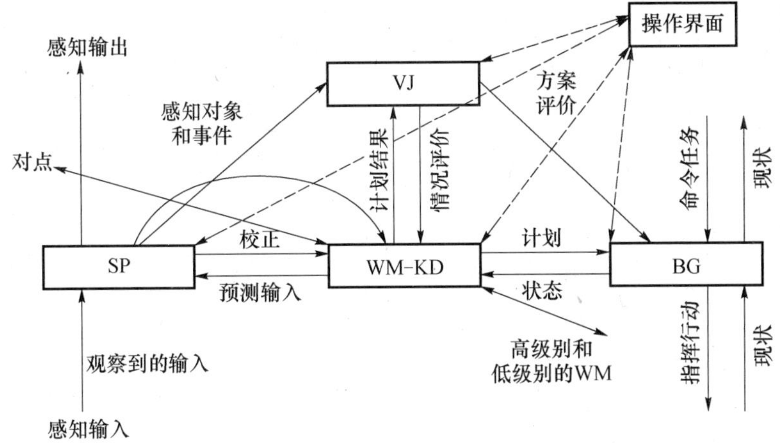

图 19.3　RCS 的计算节点

应行为。

（2）操作界面（OI）提供了操作器与系统在任一时间、任一不同层次进行交互的能力。OI 的功能可以根据应用程序定义。

（3）在 RCS 中，处理智能系统的固有复杂性可以用分层、焦点关注和软件复用等方法。

（4）RCS 采用等级水准测量的原理，以便促进软件复用。

（5）它更容易将一个系统划分成模块，并建立彼此之间的关系，从而满足模块化的标准。当晋升一个层次，RCS 遵循 IIDP（增加智能化同时降低精度）原理[27,28]。

RCS 是一个灵活的架构设计（RCS 设计师可自由选择控制器层次）。为实现控制目标，设计者可以选择任何结构的控制器。

RCS 架构在过去的 20 年里已成功应用于各种领域[25]，如自主水下航行器，邮局自动化、煤炭开采等。它是一个相当广义的参考架构，因此在可用系统架构中得到长足发展。RCS 是一个成熟的系统，拥有大量的软件工程工具和可提供给潜在用户的软件库。NIST 为 RCS 架构和 RCS 库[25]的实施提供支持。

19.3　RCS－RMA 的组成

RCS 是一个分层结构，它将控制问题转化为四个基本要素（称为功能要素）[29]。RCS 节点如图 19.3 所示，是 RCS 架构的基本构造块。

19.3.1　RCS 计算节点

RCS 参考模型架构的功能组成是传感处理（SP）、环境模型（WM）－知识库

(KD)、价值判断(VJ)和行为产生(BG)[29]。当一个特定的应用程序用于 RCS 结构框架而设计,则它可分为更小的子任务或子系统。一个节点分配给一个或更多的子任务,每个节点的基本功能是完成这一任务(S)。RCS 根据这些不同的子系统将四个功能要素集中到计算节点并安排这些节点的层次,每一层都有特点的功能和时序。在 RCS 层的任一层还可以有多个节点。每一层提供一个机制,用来整合协商(规划)和反应(反馈)控制。

Koestler[30]通过不同的例子说明,系统的分层组织不仅是生物和人类社会的生活特征,也是任何复杂进化系统的内在特征。当使用分层方法时,不仅所需要的时间大大缩短,更主要的是将任务分解成子任务,各种控制算法可适用于各子系统。此外,分层方法采用的可重用性原则在一定程度上降低了开发时间。分层方法也在维护、管理和修复方面提供了固有利益[31]。

每个 RCS 节点,如果不在最高层,它就会依据其命令提供的传感信息和状态报告向上寻找更高的节点。每个 RCS 非叶节点(层次结构中最低级别以外的节点)也向下寻找一个或多个更低级别的节点,并依据自身收到的传感信息和状态报告向它发布命令。每一个节点也可以与同级别的节点(对等节点)进行通信,并与它交换信息。体系结构中的每个节点(图 19.3)作为智能系统的操作单元来使用。

SP 要素包括一组程序,传感数据通过它可以与先验知识进行交互以便检测和识别与环境有关的有用信息,感知在 SP 系统要素里发生的情况,即将传感观察到的情况与内部环境模型预期产生的情况相比较。WM 是一个功能程序,在支持 BG 和 SP 时建立、维护和使用环境模型的 KD。WM 是外部环境的一种内部表示法,可以在任一给定的 RCS 层定义和构造,适用于该层的控制算法。WM 也能产生和维持环境状态的最佳估计,这样可用于控制当前行动和未来行为的规划。它可基于环境与规划行动的估计状态模拟未来规划可能产生的结果。模拟结果由 VJ 系统进行评估并选择最佳的执行计划。VJ 计算行动与规划的成本、风险和效益,还评估感知和规划的行动及信息的可靠性。VJ 计算感知的状态与事件的回报或惩罚影响的能力能使 BG 选择目标并确定优先权。BG 要执行行动规划与控制以便完成或维持行为目标。行为目标是一个理想的结果。BG 接受命令和规划,并/或利用 WM 信息选择规划。

在图 19.3 中,SP、VJ、WM - KD 和 BG 代表四个功能要素。必要时,这些功能要素中的任何一个都可以与操作界面进行通信。功能要素之间的各个环节显示了它们之间执行的数据流。SP - WM - KD - BG 回路完成预测与观察到的传感数据之间的反馈回路,更新知识和相应的规划。在 SP 中,观察到的来自传感器和低级节点的输入与 WM 产生的预测相比。观察和预测之间的差异被 WM 用于更新知识库。SP - VJ - WM - KD 之间的连接负责评估和规划,并代表 RCS

的协商式组分。在 BG 中,高层目标与知识库里的环境状态估计进行比较。BG 通常涉及规划和执行功能。目标和估计状态之间的差异用来产生行动。知识库中每个节点可以与对等节点交换信息以保证同步和信息共享。WM - KD - VJ - BG 之间的连接代表 RCS 的基层的反应式组分,并负责评估计划,学习以及产生实际的物理行为。

RCS 计算节点的集合(图 19.3),可以用来构建分布式分层参考模型体系架构(图 19.2)。类似的架构可以开发用于陆地自主车、施工现场的工程机械和实现协同作战的水下航行器等。

19.3.2 RCS 层的控制算法

本节描述了通过实施 RCS - RMA 来设计机器人应用的一个广义方法。每个 RCS 节点(图 19.3)负责不同的子任务[32]。因此,每一层都有相应的时间 - 空间分辨率和行为(协商的或反应的)。每层所需的控制方法要求不能相同。如果同一控制方法应用在所有层次,那么功能完备的方法可能在低层应用而浪费,它提供的功能超过了低层所需的功能;而过于简单的方法用于高层又不能胜任,它缺乏高层所需的功能。总之,该体系架构的层次性可通过应用上层的 WM 实现可视化,以便提供环境中心表达,低分辨率但范围大的视野,以及提供机器人工作区的概貌。在较低层,WM 将采取一个以自我为中心的表达形式,允许系统评估它的当前状态和与当前环境的交互,这样,机器人系统在动态环境中可认为是静止的。在架构的控制要求和控制范围内给定变量,每个 RCS 层的控制方式(也在节点内层)必须依据特征来定义制定决策的具体层。

因此,这样一个多层架构方案即所有层使用一个共同的控制方法,可能是不恰当的。不同的控制方法用于 RCS,以便达到预期的操作目标并提供所需的自主程度。控制器功能管理需求,许多系统的分布式性质和许多系统对用户界面(如用于监测和指定系统的目标)的需求,决定了控制器的层次结构。图 19.2 展示了一个多层结构(也称为控制器的组织层次)的实例。在图 19.2 中,方框代表控制器的不同模块,每一个分配了不同的任务(或子任务),实线代表通信链路。

19.4 机器人系统的自主安全管理

开发在实际工作环境中执行有用任务的自主移动机器人,重要的挑战是有效操作和商业化应用,最重要的是操作安全[33]。为移动机器人代替人类涉入危险环境的情况(如地雷场地和核废料清除)设置安全参数是比较容易的。在这种情况下,重要的是机器人有足够的智能来保障自身的安全。如果机器人由于一些不安全的行动决策选择而停止工作或被困住，并且要求操作器冒险进入不安全区域去施救，那么机器人将不能服务于它的目的。然而，在其他情况下如施工现场或医院，机器人自身可能是主要的安全问题，因为它要面对拥挤的区域。在这里，一个不安全的机器人意味着增加与人类发生碰撞事故的可能性。

安全是一个相对术语，没有绝对安全的系统，被认为是安全的系统从其他角度来看也是不安全的，确保完全的安全是不可能的。由于没有保证完全安全的能力，所以有必要确保一个可容忍的风险水平，它适合于正在开发中的应用程序。在这方面，了解与系统相关的各种术语，即安全、可靠性和不确定性，是必不可少的。不确定性往往会产生不安全的行为，正如以上解释的那样。可靠性涉及系统依据其规范连续执行工作的能力。在同一时间，一个不确定系统可能是可靠的却是不安全的。虽然可靠性和安全性在许多方面都是相关的，但它们不对应相同的目标，因此，具有可靠性的系统的工作无法定义该系统可以安全运行。Pace[34]指出了以下两个方面引起了操作安全性和操作可靠性的差异：

(1) 如果它操作时遇到的情况在设计时未考虑，则该系统仍然是完全可靠的，不过是以不安全的方式操作。

(2) 不可靠系统的后果是没有充分考虑系统的风险，因此，它不可能充分评估可靠性，或缺乏可靠性如何影响系统的安全性。

这个差异也是安全性和以有效方式完成给定任务的能力的重要区分。后者需要可用性和可能的灵活性以及访问自由。换言之，通过提供明确的距离和障碍来保障机器人在工厂的安全的传统方法往往不被选择。同样，无论何时出现不确定性，选择简单地停止和等待进一步的指示，都无助于有效地完成任务。很明显，如果移动机器人在非结构化环境中的操作是有效的，则它们需要分析推理自己的行为以及确保最低安全保障的方式。

19.4.1 系统安全分析与不确定性

特定行为的选择很大程度上影响机器人系统的安全管理。不安全操作状况可能是由与内部故障有关的工况描述不明确引起，而不是因为机器人的环境。主要有以下三方面的危害[35]：

(1) 碰撞：被机器人的移动部分碰撞或被机器人携带或操纵的部件或工具碰撞。这可能是由机器人意想不到的动作或机器人喷射的工件或滴下的熔融金属引起。

(2) 捕获：这可能是由机器人接近固定物体，如机器、设备、围栏等的运动引起的。捕获点可由工作车、平台、滑梭或其他转动机制的运动决定。捕获点可以在机器人身上，也可在机器人某结构上或机器人手臂上。

(3) 其他：包括应用本身所固有的危险，如电击、电弧闪光、燃烧、烟雾、辐射、有毒物质、噪声等。

Dhillon 和 Fcynn 提出了一个关于各种机器人安全性与可靠性评估技术的概述[36]。概述对已开发用于机器人安全性和可靠性的各种评估方法,如故障模式和影响分析、故障树分析和马尔可夫分析进行了详细讨论。无论机器人还是环境存在危险都是由于各种灾害,如系统故障、环境因素和传感器的不可靠性,产生碰撞、倾倒等事故。如果机器人能够推理自身的安全,并采取所需的安全决策,选择周围的环境,那么机器人本身将实现自动保护。非常重要的是,在这样的环境中工作的机器人很好地配备了必要的决策能力。这些决策受机器人环境知识的可用性和系统如何快速实时反应环境中的突然变化的强烈影响。

此外,机器人在碰撞和执行快速、不稳定运动[37]时能够释放大量的能量,使得它们即使在一个封闭的环境也成为危险。

工业上发生的事故并不少见[38,40],这些事故的主要原因往往与机器人设计和自主性相关(例如,机器人不能检测到周围环境中的突发和意外事物,机器人无法做出快速的安全决策以及机器人反应太慢)。安全推理和随后的安全行为产生来自于机器人系统设计。Margrave 等人[41]建议使用一个单独的模块安装在机器人上,称为安全管理器,以确保移动机器人的安全操作。但是,这种方法也有不利方面(因此,这里没有使用),原因如下:

(1) 将安全管理集成到一个单一模块耗资过大,虽然这样降低了其他元素的重要性,但把过度的负担施加于安全管理器以确保安全。为此,安全管理器不得不将设计成具有非常高的完整性水平的模块。

(2) 安全管理器的复杂性——考虑到机器人系统要在非结构化环境中运行,必须处理复杂的行为,这将使安全管理器处理海量的不同问题。

(3) 获得安全行为与有效任务完成之间的正确方案很困难——决策制定过程有必要适当地评估安全性以及系统计划行动目标实现的重要性。因此,由一个模块产生一个完整计划意义不大或者可以说毫无意义,只能被安全管理器拒绝。

在整个系统传播与安全相关的活动并可能覆盖不同子系统,降低整个层的要求。在不同控制层下使用安全决策也可实现管理。通过系统实施安全管理也能确保在安全和任务完成两个方面平衡的基础上做出行动选择。

以上讨论并没有明确放弃安全管理方法,而是明确指出采用几个安全模块,其主要目的是在各个层面和操作性上采取安全考虑以制约决策过程,这样会更好。

基于上述原因,机器人架构必须在其决策过程中嵌入安全推理。安全问题不能作为一个单独的外体来考虑,安全管理应视为决策过程中的一个内在组成部分[34]。通过在机器人的决策过程引入安全推理,可以提高运行可靠性。换言之,安全考虑应包括在机器人架构的行动选择/决策过程中。本研究采用 RCS 作为结构框架,讨论基于 RCS 的不同操作方面,关键是如何使 RCS - RMA 的决策过程在本质上是安全的。

在非结构化环境如建筑和核退役中,机器人的部署需要它们更适应当地的环境并为在不确定的环境条件下承担决策责任。危险的重要原因就是不确定。处理基本操作不确定性的能力被界定智能行为的许多人士中的 Albus [29]、Moravec[42] 和 Brooks[19] 所强调。不确定性是不安全或危险行为的根本原因。系统运行中的不确定性有两个主要原因:

(1) 机器人自身状态和外部环境状态的理解与再现。

(2) 系统资源的限制以及之后的环境再现限制。

不确定性原因的鉴定,以何种方式影响决策过程和不确定度,对于找到一个满意的解决方案是至关重要的。从机器人的角度来看,以下类型的不确定性是需要管理的[34]:

(1) 当前系统的状态和环境状态的不确定性,对当前的内部系统状态和外部环境状态的解释永远不会完全准确。这主要是由于传感器不能以最高程度的可靠性去察觉和感知外部世界的所有参数。传感器不能视为百分之百的可靠,传感器的输出有一定的偏差。不确定性也总是源于对感官数据的解释不恰当的理解。

(2) 系统选择执行行动/行为的结果的不确定性,这种类型的不确定性源于对环境的错误解释。这种不确定性与感官数据解释联合起来引起了行动决策结果的不确定性。如果系统不确定行动的结果就决定执行,它可能会做出错误的选择。这就是一定行动执行后的未来状态识别的不确定性,即未来状态的预期或估计的不确定性。

(3) 由于传感器故障或系统故障等内部故障产生的不确定性——传感器故障是源于不可靠的传感行为导致不确定性或错误传感数据被处理。系统故障包括由系统适时解释传感器数据失败而引起的引入故障。

19.2 节讨论研究 RCS 的采用。下一节阐述如何能够将安全纳入 RCS - RMA 的决策层。

19.4.2 在 RCS 中的安全集成

RCS 是一个多广义的结构框架[25],允许各种控制方法并入其分层布局。然而,它仍有修改和改进的余地。改进的一方面是在不确定性和需要安全性的情况下提高健壮性。为提高 RCS 的可靠性和健壮性,其建议如下:

(1) RCS 一般不考虑安全性,但可以通过推理引入安全行为管理。当分析系统的安全性时,特别是如果系统在不可预知和无法控制的环境中自主运行时,需要考虑局部可观测性（不确定性）、不完整的和不一致的数据、危害以及造成危害的原因等。

（2）RCS 框架自身并不处理不确定性。RCS 设计师的工作是选择合适的算法执行，但 RCS 并不支持在其框架内使用各种算法。为了真实情况的正确表达，应该考虑不确定性。该系统必须有效模拟外部环境。依据不确定性的水平（以及这种不确定性如何改变决定），该系统不仅应该表征什么是确定的，也应该表征什么是不确定的。RCS 提供工作结构框架。但整合的不确定性使 RCS 更强大。

安全性的全面整合对于 RCS 的多层次是很重要的，所以在整个规划和执行的过程中应予以考虑。这与大多数其他方法相背离，从与环境直接交互的角度考虑，其他方法一般只在控制的最低层考虑安全性。与 RCS 嵌入安全性有关的问题如下[43]：

（1）在 RCS 价值判断中应该把安全作为一个额外价值考虑。价值判断的参数可以是风险度量的形式（在风险分析领域可以考虑可测量风险值，所以从理论上讲存在量化风险的方法）。

（2）如何处理一个安全价值判断。可能的情况下，这应该是通过评估建议规划的潜在事故风险来实现的（即价值判断过程无非是一个依据所提出的规划做出的风险评估过程，以及由风险评估产生的“价值”）。

（3）包括安全在内的决策制定的内涵是什么。这需要创建环境模型和传感处理的可靠性评估的某种形式，即如何确定一个环境模型以及系统的认知是现实环境的真实反映。在系统目标的背景下，需要定义什么是“安全”。“安全”行动可能并不总是“有效任务”，反之亦然，因此，对于既“安全”又“有效”的决策制定，机制为了权衡这些目标必须集成决策算法。

（4）如何将风险测评与决策集成，其他价值如任务完成如何被 VJ 考虑，BG 如何使用这些价值产生行为。

（5）架构层如何影响安全管理。从本质上说，这意味着操作风险可以在不同的时间和空间尺度上考虑。这样做的优点是架构层以“安全防火墙”的形式作为决策在起作用，并且这些作用被架构传递下去，其中，每一层在消除机器人被暴露的隐患中都扮演一个角色。安全防火墙是仲裁者还是/或是障碍，要依据不同的情况和背景而定，这是一个很重要的问题，并被集成到 RCS 和安全性考虑的哲学，贯穿整个规划和执行过程。

RCS 的不同层次被分配了不同的子任务。架构层次越往下，其重点更加集中于安全决策的执行，而高层更关心的是依据实际做出这些安全决策。高层为任务的完成也负责长期规划。更进一步地说，每一层的每个子系统，除了被设计的主要任务外，也要在保持系统安全方面起到作用。在这种情况下，基本目标是在整个运行过程中确保系统安全,远离危险,例如。层次越高,在规划安全路径等方面越积极有效;层次越低,越能灵活反应和响应,以系统的方式确保安全。假定在最低层仍有机电联锁装置,如限位开关、保险杠等,当前要确保系统会最终停止而不是伤到自己或他人。停止行为可能会产生不安全的条件,但如果没有其他选择(如果在机器人的安全范围内突然出现意外的障碍,可能会触发保险杠开关,那么机器人要移动到安全的地方),机器人应该决定停止运行。如果可能,机电联锁装置作为最后一道屏障工作在最低层,防止系统受周边环境的伤害。当然,用户不希望机器人停止,因为这显然阻碍了任务的完成,所以在更具体的条款中,要求所有的高层应在一起工作,以确保最低层无需干预。

因此,整个 RCS - RMA 可以说是一个安全管理系统。RCS 的每个模块都满足安全要求,因此,没有把安全性作为系统的子任务来考虑,而是分配给分层体系结构的每一个模块。这是在确切反对“安全管理”的概念时,由 Seward 等人建议的[44-46],正如在本节早些时候讨论的。对于移动机器人,这样一个 RCS 的安全层次是可行的。在这个阶段还要考虑的是,一些应用程序可能需要机器人涉入危险环境,如核退役现场。如果每一层都确认安全,那么最低层干预的可能性会降低。通过分配安全任务,任何一个特定层都不会有负担;同时,由于是在所有层都分配了任务,所以会更易于管理。

19.4.3 减少不确定性概率的应用

在不确定和非结构化环境中,不确定性的量化是主要问题。概率提供了一种方法来量化和测量不确定度。在这项研究中使用概率的首个原因也是最重要的原因是,该系统的各种变量可以通过使用概率被模型化和量化。在使用概率推理技术把不确定性问题建模以后,会变得更容易处理和操控。各种不确定性从一个可衡量、非结构化的形式转换成一个更广为人知的权威结构。这种量化提供了一种方法来定义、衡量和应对不确定性。

对于每一个可用的选择,人类的大脑以一定的概率运作/思考/形成一个决定/选择的行动。为处理不确定性而使用概率也要遵从将人类思维映射到机器这个比喻。人类的大脑考虑和权衡每一个给定的行动(选项),并选择给定环境下最好且与当前思维过程的焦点相关的那一个。人类的推理基于概率评价,虽然是一个模糊的版本。Pearl[47]称概率推理是常识的忠实守护者。

效用理论[48]认为,人类做出决定是为了最大限度地提高效益和最小化成本。正如 18 世纪功利主义哲学家 Bentham 所说,任何活动的目的都应该是“最大幸福的最大化”[49]。这个决策过程中所固有的,往往是潜意识的,对达到预期结果的概率的考虑。此外,对于依据目前的“目标”或“信仰”或个性选择最适当的行动,不同的人可以得出不同的结论。因此,一个谨慎和有安全意识的个体对同一个醒目而集中的任务会做出不同的决定。

决策制定的 POMDP 方法利用概率来应对不确定性[50]。概率由贝叶斯网络技术计算。贝叶斯网络为状态变量计算概率分布,同时考虑从传感器获得的部分观测和状态变量与之前观测得到的信息之间的条件概率。被系统“目标”感知的行为因最大化利益而分配到最高回报。POMDP 与 RCS 的一体化拓展了处理不确定性决策的范围。此外,POMDP 决策可以纳入多层次这一事实意味着系统提供了对事故的“纵深防御”。

利用概率的优势之二是可以利用数学模型建立健壮性和精确的模型[51,52]。概率方法,如马尔可夫决策过程模型,已用于移动机器人定位以及 Thrun[53,54]和 Olson[55]等人的环境映射。Koenig 和 Simmons[56]提出了针对概率导航的 POMDP 应用。处理不确定性的概率技术也在应用于其他领域,如远距离医学[57,58]等。

卡尔曼滤波器和贝叶斯网络等可供选择的方法,被 Roumeliotis 等人用于定位。贝叶斯模型也用于动态环境特性[61]的模拟和跟踪。卡尔曼滤波器也用于故障检测和诊断[62]。Nehzmow 将神经网络用于移动机器人的学习[63]。zurada 等人[64]采用神经网络和模糊逻辑相结合的方法处理系统的安全性。虽然这些不同的控制策略,如模糊逻辑、卡尔曼滤波器和神经网络是可用的,但概率模型被选定为发展对象。

人类、自然智能系统、动物和其他事物建立他们的决定、选择、从一个巨大的选项数组中选择什么的决定的基本工作原理是概率。

19.4.4 为什么选用 POMDP

不确定性的引入,主要是由于(系统的和环境的)状态因 19.3.1 节提到的各种原因而没有被完全观察到。当系统在局部可观察的非结构化区域工作,应该采用可具体处理这个问题的方法。POMDP 模型提供了一种应用概率处理和操作未知和不确定性的有效方法。

在 POMDP 中,由于局部可观测性而引入的给定系统问题可以使用概率来建模。该模型使用从传感器获得的部分观测信息。传感观测由不确定、不完整的环境信息组成,机器人本身形成 POMDP 模型中最重要的部分。不确定性使用概率推理技术建模,然后 POMDP 模型应用这些概率函数和过去获得(学习)的信息开发了回报/价值功能。这个价值/回报功能负责决策和选择能产生安全行为的行动。

POMDP 处理各种当前概率,然后给它们每一个分配值,使系统选择最高回报的活动。POMDP 的方法用于概率导航[56],以便决策制定和应对行为选择的不确定性[34]。选择 POMDP 的原因如下:

(1) 出于本能,危险环境是可以被部分地察觉到的,这就引入了不确定性。POMDP 方法是利用概率来应对不确定性以便制定决策[50]。应用概率可以量化不确定性。POMDP 方法可以有效处理这种不确定性,主要是因为不确定性可以利用概率推理来量化。利用 POMDP,不确定性可以建立数学模型并提高健壮性。

(2) POMDP 已成功应用于各种机器人机构,如导航、定位[53,54,65,66],安全防倾倒[34]等。Simmons[67]等人还开发了一个基于 POMDP 的机器人体系架构,称为"Xavier"。POMDP 也进行了修正,用于能会话的机器人[68]。在这项研究中,它们的应用得到扩展以确保导航安全性,并确保避障,从而尽量减少碰撞事故的可能性。

(3) POMDP 模型能很好地映射到 RCS - RMA 框架。

19.5 案例研究:移动机器人应用

本节以及接下来的几节讨论移动机器人应用案例中的 RCS 方法的实施[25]。即使机器人的组件或子系统部分或全部损坏仍可继续操作,RCS 方法支持这样的机器人系统的发展。它支持增量实现,并允许系统的可扩展性。典型 RCS 设计开始于对系统执行任务的学习,由所定义的控制器结构来执行,该控制器结构由分层组织的 RCS 节点(称为模块或控制模块)构成。控制模块是一个由 RCS 节点组成的通用的处理结构,可以实现控制算法。层间(不同层之间)操作通常是异步的,但同层(在一层)内的操作是同步的。层间通信是通过一个应用于 RCS 开发的中性消息语言(NML)的特殊协议实现的[25]。典型的 RCS 设计有三个基本步骤[25]:

(1) 将给定应用程序分解为任务和子任务;

(2) 定义控制器架构;

(3) 决定每个控件的控制算法和数据流。

兰卡斯特大学(LU)工程系致力于自主和安全移动机器人的研究已有 20 余年(20 世纪 80 年代后期到现在)。作为这项研究的一部分,兰卡斯特大学研发了计算机智能挖掘机(LUCIE)[69,70]。为了概念发展的论证和实施,基于 LUCIE 设计的移动机器人的案例研究被考虑。考虑中的应用程序涉及该移动机器人挖掘机的安全导航,同时避免与非结构化环境周围的障碍物发生碰撞。从分析的角度来看,系统硬件对于理解 LUCIE 的设计非常重要。图 19.4 展示了自主挖掘机 LUCIE 及其主要硬件组件。挖掘机装备有传感组件包括

(1) 手臂上的电位器,用来反馈手臂位置;

(2) 两轴倾斜传感器,用于监测挖掘机的倾斜程度;

（3）两个 180°视场的激光测距扫描仪（一个在前，一个在后）；
（4）用于定位与导航的差分全球定位系统（GPS）装置；
（5）两个用于速度测量的转速计（每一个轨道）；
（6）用于定位的电子罗盘。

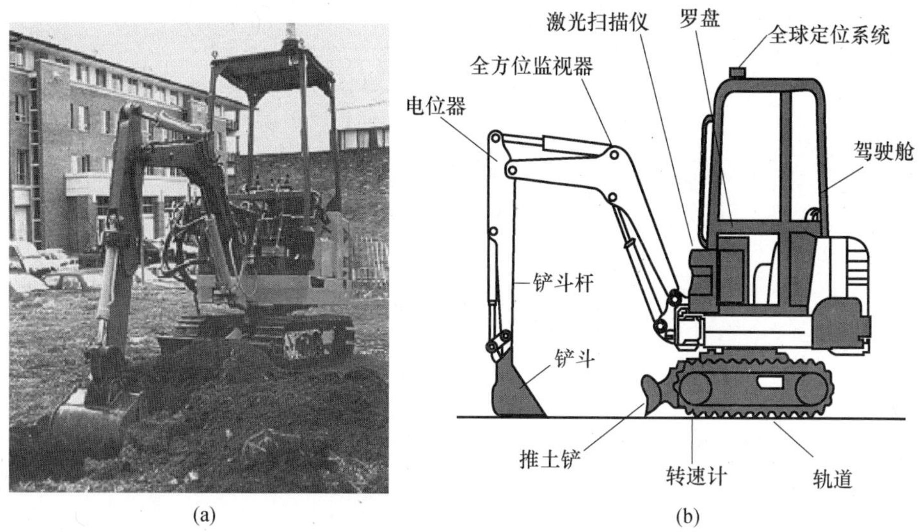

图 19.4　LUCIE 及其主要硬件组件
（a）LUCIE；（b）LUCIE 的主要组成元件。

19.5.1　任务分解

图 19.5 显示了移动机器人挖掘机的任务分解。任务是从工地开始到目标位置的行进以及开始挖掘，这个任务被分解成较小的任务。

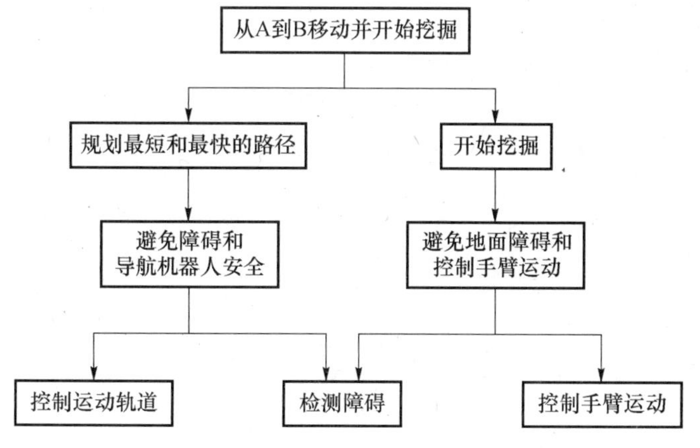

图 19.5　任务分解分析

图 19.6 显示了挖掘机应用程序的控制器层次结构。其中令人感兴趣的是移动机器人导航的开发,和与之相关的路径规划与运动控制[71,72]、障碍物检测以及相关的安全问题。此处不考虑挖掘、拾取和放置等其他任务。因此,图 19.6 中只有控制器层次结构中的虚线框内表示的部分才在这项研究中被考虑和研发。该控制器采用不同的控制方法,在下一节中详细介绍。

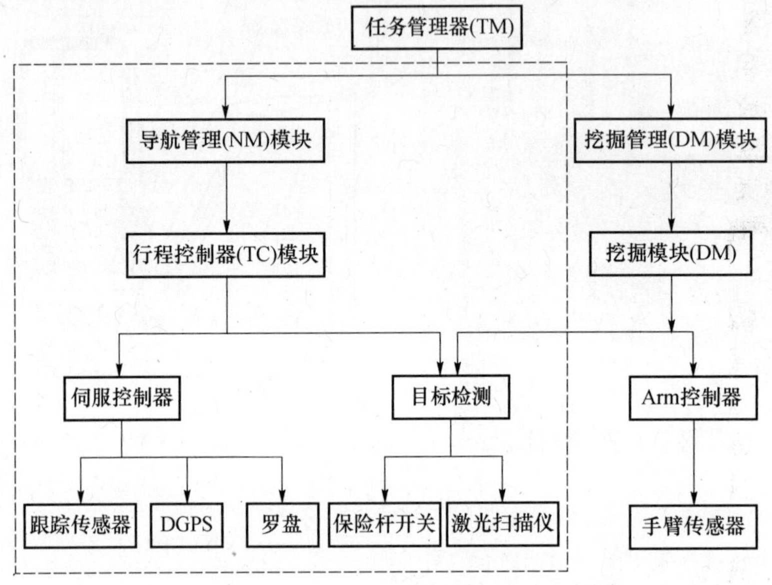

图 19.6　挖掘机的控制器层次结构

19.5.2　控制算法的实现

在一个分层结构如 RCS – RMA 使用不同控制方法的原因在 19.2 节中已有解释。虽然 RCS 是一个广义架构并提供了一个框架,但 RCS 设计师仍需要为 RCS 的不同层次定义和编写控制算法(S)。而且,应用于每一控制层的控制方法必须适应不确定性的表现和管理、给定的子任务目标、该层的分辨率和范围。本节讨论集成于四层移动机器人 RCS 层(图 19.6)内的控制和决策策略。

在本章中,导航管理器模块、行程控制器模块、伺服控制器模块和目标检测模块分别用缩写 NM、TC、SC 和 OD 来代替。此外,机器人、车辆和挖掘机都是指移动机器人。下面的控制和决策策略是为集成于 RCS 框架内而提出,如图 19.7 所示。

19.5.3　四层移动机器人的应用

本节详细解释实施于每一层次的控制策略。功能元素(BG、VJ、WM、SP)的后缀表示这些功能元素所属模块的名称。

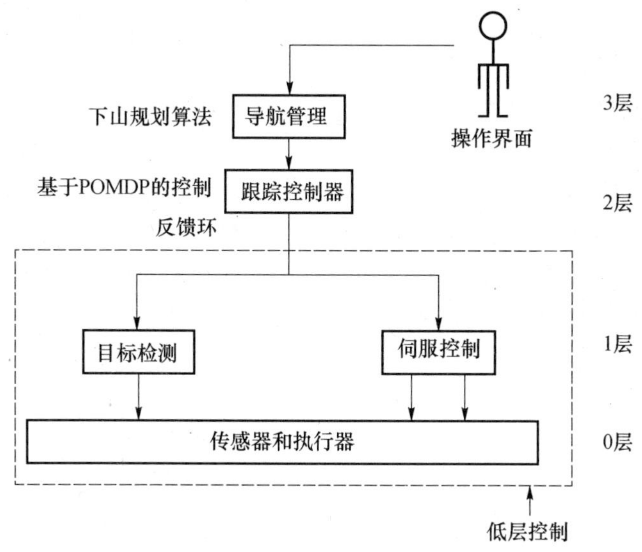

图 19.7　移动机器人架构的控制层

19.5.3.1　第 3 层:导航管理器模块

该层的任务是规划从起始位置到目标位置的路径。因此,如文献[71 - 73]所述规划算法在该层是合适的。这个实现过程采用了基于下坡规划算法的方法[73]进行路径规划。该层负责"战略规划",它在本质上最审慎,是所有层中反应最少的。它包括一个基于网格的动态路径规划算法。该层确保任务以最具成本效益和时间效益的方式完成。该算法规划的路径是安全最佳的路径。该算法避免了障碍,但没有考虑当地地形条件和路径规划时可能改变的地形条件。

最初,NM 模块生成一个环境地图。环境和障碍体现在一个尺寸依据工地面积的二维网格。网格中的每个单元格对应于真实环境的一小部分。网格上的方格代表环境中的障碍,标记为"FULL",而开放的区域标记为"EMPTY"。由于操作开始时机器人对障碍物是未知的,则整个区域标记为"EMPTY"。如果机器人发现障碍物,则 TC 模块计算障碍物的大小和位置,并将这些数据发送到 NM。然后 NM 更新网格上的相应区域,并将其标记为"FULL"。网格中的变化需要重新规划步骤,因为,一个新的障碍可能会阻碍规划的路线,亦或新发现的开放空间可能会提供一个捷径。

规划的路径是以成本网格的形式展现的。网格中的每个单元格都是一个从该点到目标的最短距离的估计。目标单元格的成本为 0.0,其他单元格的成本随它与目标的距离越远而增加。成本网格由算法进行数学计算。为了更好地了解成本网格,可以查看每点成本作为高度绘制成的三维表面。三维图上的高点是障碍物。目标是低点。很显然,执行此规划就像滚球下山,因此称为下山规

划。该路径是从指向目标位置方向的初始位置开始,经过最低成本单元格的一条线。因此,NM 的路径规划算法遵循如下步骤:

(1) 将网格初始化,标记为“EMPTY”;

(2) 规划;

(3) 检查机器人的传感信息,给出机器人的位置,目标和附近的障碍;

(4) 更新网格,将相应区域标记为“FULL”;

(5) 重新计算该规划;

(6) 检查规划,并沿最短路径开始运动;

(7) 转步骤(3)。

描述该算法后,重要的是要讨论在该算法的运行中功能元素如何参与。SP_{NM}(NM 模块中的 SP—参照图 19.3 和图 19.7)从第二层(行程控制器模块)接收总数,被检测出的障碍物的类型和机器人的当前位置等信息。环境模型(WMNM)是由整个区域(网格大小为 100)的动态地图和从开始到目标位置的航路点数据组成。实际上 WM_{NM} 是环境的中心。NM 模块具有最广泛的(更广泛的范围,更少的细节)环境模型和最长的时间跨度,但一般在其范围内分辨率相对较低,且缺乏细节。WM_{NM} 以相对较慢的速度更新(几分钟内);因此,从操作目标的角度看,在更新之间 WM_{NM} 仍然相对有效。

WM_{NM} 包含机器人规划路径(航路点)的信息。机器人是固定的,在它周围是不断移动的环境。BG_{NM} 发送由下一个航路点到 TC 组成的命令 PLAN_GLOBAL_PATH,然后发送命令来设置参考给 SC 和 OD。NM 模块的命令如表 19.1 所列。

表 19.1 NM 模块的命令

命令	描述
INIT	操作人员操纵开关,将手动操作切换到自动操作时执行。初始化系统:启动挖掘机。将任何所需的变量初始化并将 INIT 发送到行程控制器(TC)
HALT	当挖掘机到达目标点或操作员操纵开关将自动操作切换到手动操作时执行。停止操作:保存任何所需的数据并将 HALT 发送到 TC
PLAN_GLOBAL_PATH	正常操作:当用户让车载电脑来控制时,只要自动控制器运行即可。从当前位置到目标位置的路径规划,要考虑从低层接收到的障碍信息

19.5.3.2 第 2 层:行程控制器模块

这些中间层在不确定性存在的情况下处理安全决策制定问题。在这种情况下安全是一个被关注的问题,并且,感知和认知的不确定性可能引起不安全操作[34],这对一个可以处理不确定性的算法的执行来说是非常重要的。POMDP 应用概率为处理和操纵未知与不确定性提供有效途径[74]。在控制的中间层,有人认为 POMDP 为开发所需的控制策略提供了一个合适的结构，使 RCS 的功能元素，即 SP、WM、VJ 和 BG，映射到 POMDP 自身的特定要素上[32,75]。这种映射为确保控制层的元素之间的适当交互提供了一些方法，还提供了相干控制器行为以及决策制定过程，该决策制定过程成功管理了存在于该控制层的不确定性。

TC 负责确定从低层接收到的障碍物数据（OD）是否可靠，如果可靠，再把这些数据发送到 NM。它还负责初始化低层模块，指挥它们执行任务，查询障碍，以及机器人的状态数据。该层负责决策制定，以确保操作的安全和机器人的精确移动。该层从上层接收命令（NM 模块）。可以说，这一层制定决策和规划“战术”要在第 3 层（NM 模块）制定的“战略规划”范围内。这层的反应少于第 1 层和第 0 层，但多于第 3 层，它在性质上比 3 层也有更少的协商，但比低层的协商多。总之，这个模块负责安全决策制定和安全操作 NM 模块指示的演习。

SP_{TC}从低层（1 层）模块接收关于机器人状态和障碍的过程传感器输入。每个周期，SC 都发送机器人数据（如方向、位置和速度）到 TC，OD 发送激光扫描片（对象数据）到 TC。WMTC 在本质上很少以环境为中心，更多的是以自我为中心。关于周围的环境它有详细的信息，但缺乏传感器范围以外的信息。信息以机器人为中心，有几秒的时间跨度。WM_{TC}由下一条路径的点位置数据组成，之前位置数据由 NM 模块发送。BG_{TC}命令系统去执行动作。

将决策制定任务分配到 TC 的主要原因是，它将不确定性处理的很明朗。TC 有重写 NM 发送的命令的能力。虽然由 NM 来计算路径，但 TC 负责决定是否有重新规划路径的必需。NM 自身没有能力决策是否有一个意想不到的、突如其来的障碍出现，也没有能力处理它。这还要依赖于 TC 去处理。如果它从 OD 接收到传感数据并确定障碍物（S）在车辆附近，就能决定采取什么行动。虽然并不能明确下一个路径点，它可以要求 NM 重新计算路径。随后，命令设置参考位置和方向等，对实际传感数据在算法上进行比较，然后发送到 SC 和 OD。TC 命令如表 19.2 所列。

表 19.2　TC 命令

命令	描述
INIT	初始化任何所需变量，并发 INIT 到 SC 和 OD
HALT	保存任何所需数据，并发送 HALT 到 SC 和 OD
PROCEED	挖掘机正常运行。这个行动决策被采纳，直到 OD 遇到障碍。该命令从 TC 被发送到 SC 和 OD
CHANGE_DIR	改变运动方向。如果 NM 将 TC 早期发送的基于障碍物信息的新路径点发送给 TC，这个行动决策被采纳。该命令从 TC 被发送到 SC

（续）

命令	描述
WAIT	等待，直到 NM 计算并发送新的路径点，发生在障碍物检测的情况下。该命令从 TC 发送到 SC
SPEED_UP/DOWN	增加或降低机器人的速度。该命令从 TC 发送到 SC，并依据障碍物相对于机器人的位置和方向

19.5.3.3 第1层

如图 19.7 所示，第1层主要由两个模块，即 OD 和 SC。但是，这一层不能参与高层决策制定或规划。在该层使用的控制方法是反馈控制。这两个模块在第1层通过减少以下不确定性来帮助保持系统的安全：机器人的当前状态，如位置、方向、速度和倾斜角度；环境的当前状态，如障碍物的存在及障碍物的速度和类型。

19.5.3.3.1 第1层：目标检测模块

此模块负责障碍物检测。WM_{OD} 主要包含所需障碍的数据。当障碍物进入安全操作范围，设计 OD 做出反应性行为。如果有意外的障碍物突然进入接近机器人的范围（$<5m$），该模块也能停止系统。时间跨度为毫秒。简单的闭环反馈回路最合适于最低层，由传感器、执行器和它们之间的伺服反馈回路组成，并在能处理不确定性的条件下提供最小容量。

SP_{OD} 从传感器，即激光扫描仪和保险杠开关接收观测信息。它处理这些数据并决定观测范围内各种障碍物的位置和类型。WM_{OD} 包含机器人位置、目标位置的数据和障碍物数据。BG_{OD} 从 TC 接收命令，启动 OD 程序，将障碍物检测状态发送给 TC 并驱动传感器。OD 命令如表 19.3 所列。目标检测和防撞程序在 19.6 节中讨论。

表 19.3 OD 命令

命令	描述
INIT	初始化任何所需变量，并打开任何所需设备
HALT	保存任何所需数据，通知 TC 并关闭任何所需设备
SET_REF	将数据传输到 TC。通常数据包含有关机器人及其周围环境的信息

19.5.3.3.2 第1层：伺服控制器模块

该模块确保机器人朝目标位置精确运动；确保轨道顺利运行；必要时，也能够停止系统。WMSC 包含机器人数据，如位置、速度和方向。它接收来自传感器的机器人数据，并将处理后的传感数据发送到 TC。它接收 TC 的命令来设置参考（关于车辆的速度、位置和方向）。它还从 TC 收到有关下一步行动选择的数据。基于此行动，它可以计算挖掘机左、右阀的阀门控制信号。计算阀门信号后，它再将其发送到车辆。SC 命令如表 19.4 所列。

表 19.4　SC 命令

命令	描述
INIT	初始化任何所需变量,并打开任何所需设备
HALT	保存任何所需数据,通知 TC 并关闭任何所需设备
SET_REF	将数据传输到 TC。通常数据包含有关机器人及其周围环境的信息

19.5.3.4　第 0 层:传感器和执行器

不同类型的智能传感器应用于控制器层结构和执行器(比例控制阀)的最低层。OD 与 SC 在第 1 层与这些传感器和执行器互动。挖掘机配备的传感器能够确定车辆的方向、环境中目标的存在,以及检测目标是否可能会碰撞。传感器通过形成最后的屏障参与确保安全,该屏障可以在需要的时候停止系统。在理想的情况下,该系统不会被要求停止。高层应该以这样的方式运作,以确保最低层不需要反应行为。

了解 RCS 的层次,确定适合每个层次的算法,下一步就是拓展这些算法。想要更充分地定义模块与系统如何进行交互、操作和相互配合,必须定义可能发生的通信(如命令发送、接收状态、较低级别的节点):

(1) INIT 和 HALT 由高层节点发送到低层节点。INIT 初始化,同时 HALT 停止运行。

(2) PLAN_GLOBAL_PATH 命令对应于一个请求:“机器人挖掘机到达指定位置的策略”。此命令由主管或操作员发送,并由 NM 接收。此命令应携带挖掘机预计将达到的(“目标位置”)位置的数字值信息(依据坐标或定位系统的参数)。该命令初始化 NM;然后 NM 发送 INIT 命令给 TC。

(3) 一旦所有模块被初始化,NM 就会接受 TC 的新请求。

(4) NM 必须再发送命令 PLAN_PATH 给 TC,以便寻找机器人附近的障碍(S),并制定下一步的行动决策。

(5) TC 发送命令/信号 SET_REF(参考设置),提示低层模块 OD 启动目标检测程序。发送此命令以便探寻机器人周围障碍物的状态。

基于研究目的,“目标”可看作一个存在于机器人环境的实体。“障碍”是目标的一个子集。当目标如有可能与机器人碰撞时,认为它是一个“障碍”。OD 模块负责检测机器人附近的目标。TC 负责给定被检目标是否可能会碰撞机器人的结论,并考虑机器人的位置和路径。如果 TC 认为有碰撞的可能性,它会发送有关障碍的信息给 NM。同时,TC 也向 SC 请求机器人数据。

(1) 一旦 NM 接收到障碍数据,它便重新规划机器人当前位置到目标位置的路径。

(2) 同时,TC 发送命令 WAIT(意思相当于等待,直到路径被 NM 重新计算)给 SC。然后 TC 生成相应的同速度和方向的控制阀信号 CRUISE 并发送给 SC。一旦 TC 从 NM(基于重新规划的路径)收到下一个位置(路径点),它便计算出理想速度和方向,并发出相应的控制信号给 SC。

(3) 如果 TC 没有察觉到与障碍物碰撞的可能性,它发送命令 PROCEED 到 SC,意思相当于"没有障碍",因此机器人可以继续前进。然后,TC 向 NM 请求下一个路径点,计算出与理想速度和方向相应的控制信号,并发送这些数据到 SC。

(4) 当机器人的位置 = 目标位置时,NM 发送 HALT 给 TC,TC 再转送给 OD 和 SC。在不可预见和不可避免的碰撞可能性情况下,缓冲器开关发送相应的信号给 OD,OD 立即停止系统运行。

图 19.8 显示了目前为止所讨论的每一个模块内的 RCS 层次结构以及各功能单元的功能。

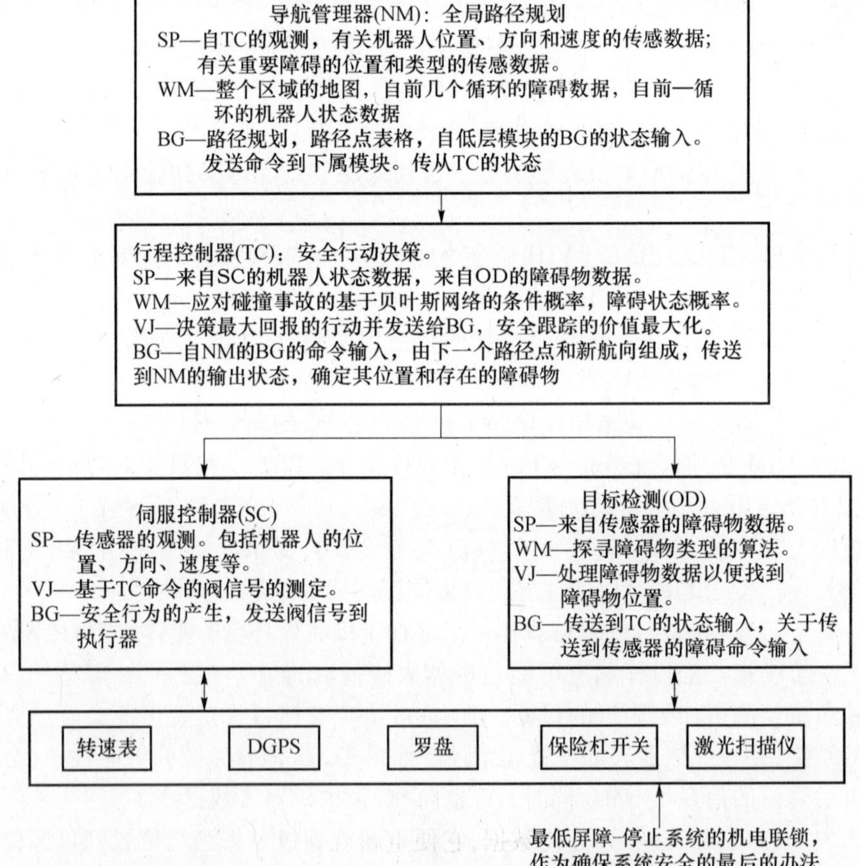

图 19.8 移动机器人系统的 RCS - RMA

19.5.4 RCS 中的安全等级

RCS 的每一层都提供安全服务,安全不仅仅是系统的一个组件/部分的责任,也是所有层的责任。在这个方面,它可能将安全作为一个参数映射到挖掘机的 RCS 架构的不同层次,如图 19.8 所示。图 19.9 显示了安全管理如何在整个体系结构中扩展,以及各个模块如何在保持系统安全性方面发挥了重要作用。因此,整个 RCS - RMA 是一个安全管理系统。

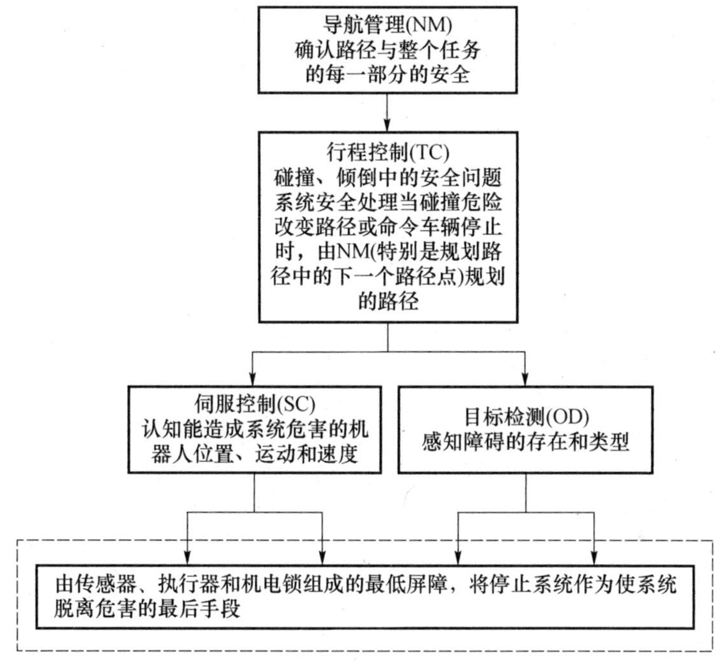

图 19.9 安全层次结构

19.6 目标检测与避碰算法

利用机器人上传感器的有限范围,可开发目标识别和避障的算法。现有算法[76-81]并不合适,因为当前机器人的传感装备并不充足,也没有被开发得足以为这些算法提供传感输入。进行自主的、新开发的另一个原因是,由系统依据可用传感数据绘制的动态地图(包括障碍位置)必须在每一个时间步长进行更新,以便做出安全决策来避免碰撞。当启动 OD,可从激光扫描仪数据中检测目标,确定障碍物相对于机器人的位置,并将目标的位置数据发送到 TC(在该序列中的)。本节详细介绍目标检测和避碰的算法。

19.6.1 目标检测

当控制器启动时,层结构的所有模块都启动了。启动后,一层模块(OD 和 SC)开始从模拟机器人接收传感数据。激光扫描仪数据对于障碍物检测和避碰目的来说具有实际意义。激光扫描仪数据是以反射激光束的距离的形式反映出来的。如果没有障碍,光束的距离为 15m。如果光束从对象上反射,距离小于 15m。每两度有一个光束。激光扫描仪总范围为 180°。因此,每个激光扫描仪(前部和后部)一共有 90 个光束。如果连续两个光束的扫描距离小于 15m,OD 的一次增量为检测到的对象的数量。之后,计算起始角。起始角等于激光扫描仪对应于第一个"<15m"读数的角度。起始角用 s 表示。然后光束角度递增,直到下一个扫描距离为 15m 时的读数。当最后一个读数小于 15m 时所对应的目标被考虑,计算结束角。结束角用 e 表示。接下来,确定对应最小扫描距离的障碍物上的点。该点就是扫描仪检测到的对象某部分的"顶端"。对应于这点的光束角称为中间角,并用 m 表示。对应起始角的扫描距离是 D_curr_s,对应中间角的扫描距离是 D_curr_m,对应结束角的扫描距离是 D_curr_e,如图 19.10 所示。

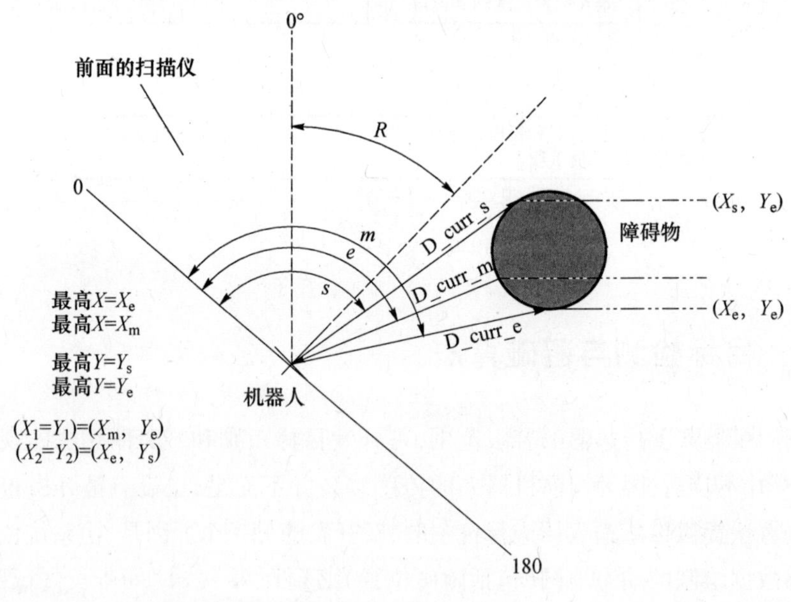

图 19.10 目标检测

19.6.2　计算障碍位置坐标

接收到 OD 的信息时,0°~180°的扫描范围转换到地图象限系统。所有的角度,即开始角度 s、中间角度 m 和结束角 e 都是首先被转换到地图象限系统。转换角度用 s_in_map、e_in_map 和 m_in_map 表示。依据 s、e、m、D_curr_s、D_curr_m 和 D_curr_e,利用三角函数确定起点位置、终点位置和障碍物宽度的中间位置的坐标。图 19.11 显示了定位在第一象限的情况。图 19.11 只显示开始位置坐标。终点位置和中间位置的坐标可用完全相同的方式计算,仅仅需将起始角 s_in_map 分别更换为 e_in_map 和 m_in_map。

根据机器人的方向,余弦项和正弦项加上或是减去机器人位置坐标 X 和 Y 中的 W 和 H,可以是负,也可以是正。一旦对应起始角度,结束角度和中间角度的三个位置坐标确定,则最低点(X_1, Y_1)和最高点(X_2, Y_2)被确定,如图 19.10 所示。对象的相关数据 X_1,Y_1 和 X_2,Y_2 通过状态通道送到行程控制器。

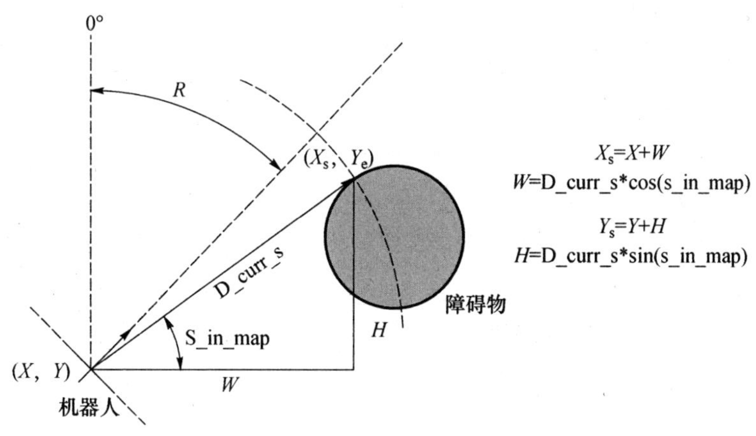

图 19.11　关于机器人第一象限内的障碍

19.6.3　动态地图更新

动态地图更新程序如图 19.12 所示。TC 负责决策 OD 检测到的对象是否是障碍物。如果 TC 确定某个对象是障碍物时,它会向 NM 发送该障碍物的位置数据。在每一个周期中,如果 TC 检测到障碍物,在地图上清除一个以机器人为中心、半径为 15m 的圆形,如果没有检测到障碍物,则不更新地图。一旦这个区域被清除,NM 用一个宽度为(X_2-X_1)、高度为(Y_1-Y_2)的矩形表示障碍物(面积为 BIG 成本)标记在地图上。

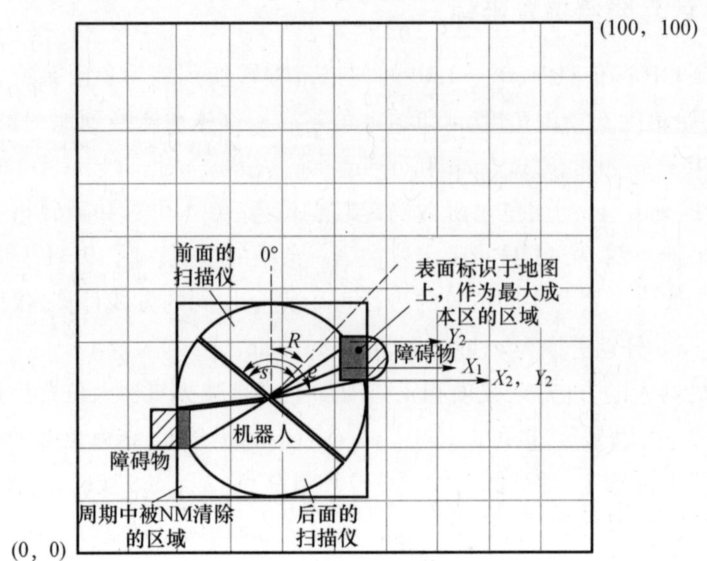

图 19.12　地图更新

需要注意的是，在每个周期内整个地图并不更新，即使检测到障碍物。仅仅是以机器人为中心、半径为 15m 的圆被清除。其次，从机器人当前位置到目标的路径要重新计算。当单元成本很高时，机器人避开它而转向相邻的成本最低单元。这有助于在有效规划路径时避免障碍。这个过程在每一个周期都被重复。其流程图如图 19.13 所示。

以上总结了适合移动机器人应用的四级 RCS 层次结构的整体发展。图 19.14 显示了完整 RCS 过程的流程图和层间数据如何流动。已经讨论了特定应用的控制器的体系结构设计，下一步是实现该控制器。基于此目的的 RCS 软件库已被开发[25]。

第二部分建立了 RCS 和 POMDP 之间的关系，并显示了 RCS 功能元件可用来表示 POMDP 模型的计算要素。这部分特别针对 POMDP 在 RCS 节点内的开发。基本 POMDP 模型已给出，它概述了所应用的计算模型的基础。

POMDP 用于移动机器人 RCS 四层结构的中间层（行程控制器模块）的安全决策。如前面章节中讨论的，POMDP 提供了一个通过概率处理不确定性的有效途径。集成于 RCS 内的 POMDP 拓展了在不确定领域制定决策的范围。如图 19.9 所示的安全层次结构，RCS 的所有层都参与并致力于整个系统的安全运行。

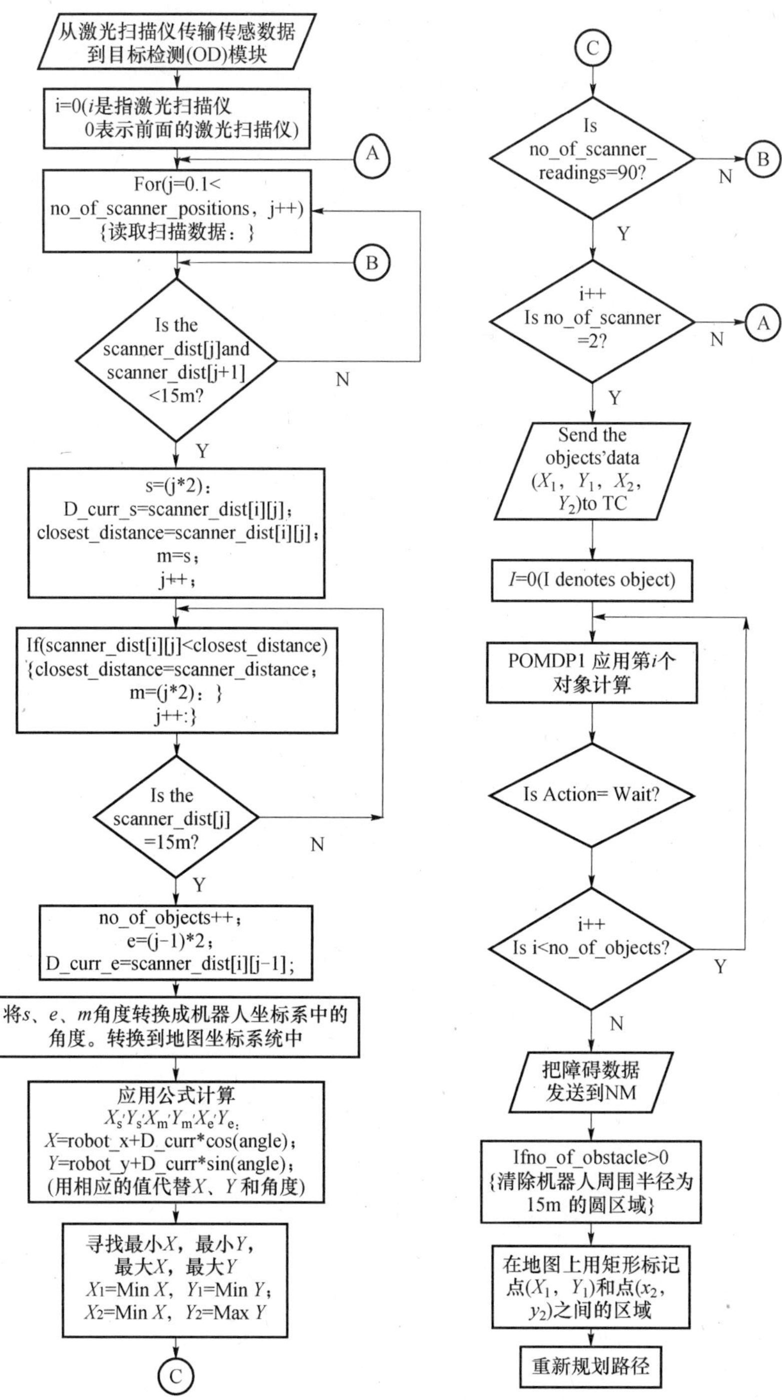

图 19.13　用于 OD 和避碰算法的流程

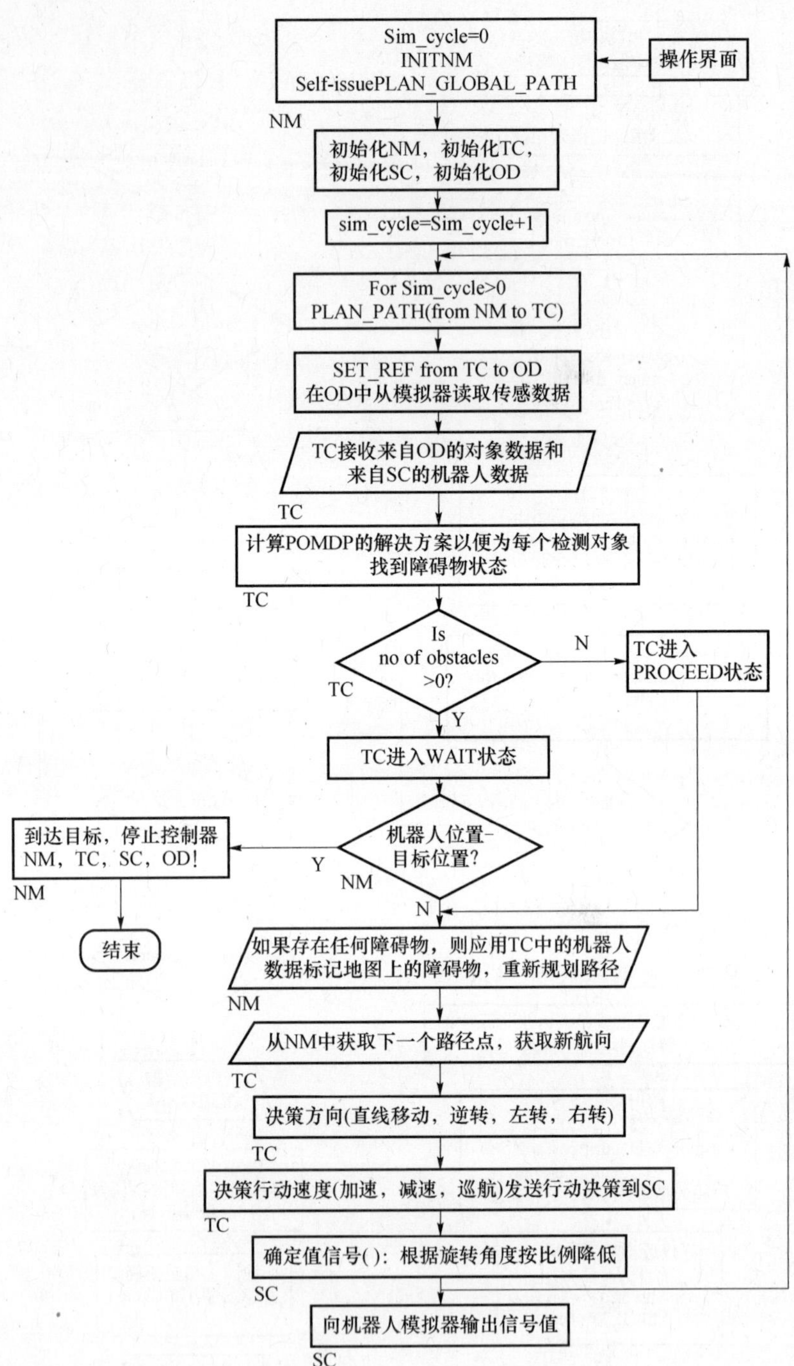

图 19.14　四层移动机器人应用的 RCS 程序的流程

19.7　RCS 节点上的 POMDP 工艺开发

19.7.1　POMDP 模型

POMDP 模型首先提供了一个可视的马尔可夫决策过程(MDP),然后考虑决策制定和行动策略选择,最后考虑不确定性的存在、局部状态可观测性以及如何修改 MDP 以适应这一局部可观测性。

在数学上,马尔可夫进程可定义为一个数组 $<S, T>$,其中,S 为一个有限状态集,T 为过渡函数。这个过渡函数定义了系统从一个状态到另一个状态的转换。转换条件概率取决于当前的系统状态和在该特定状态下所采取的行动决策。

从决策理论[48]上分析,决策需要基于某些目标的实现,在数学表达中可以表示为回报/价值(在一定程度上实现某个目标)。这个值可以与一个特定的状态或行为相关。定义 MDP 需要识别一组可能实现的行为(这些行动将影响转换概率)。

这个值通常是通过一些效用函数得到,概述了决策者的参数选择。系统动态调整该效用函数的值作为学习过程的一部分。在 MDP 中,一个动作或状态的值可以通过一系列系统在特定状态、特定行动中实现的回报来表达。这种情况下的回报可以以不同方式定义。例如,回报可以分配给系统状态或在采取特定行动时从一个状态转换到另一个状态。一个系统可以在每一个时间步长都获得回报,该系统的目的是选择行动决策,其中最大的预期总回报或实用价值是在特定的时间步数中获得的。MDP 在数学术语中可以表示为一个数组 $<S, A_d, T, R>$[74],其中:

- S 是一个环境状态的有限集合;
- A_d 是一组可以采取的行动的有限集合;
- $T:S \times A_d \rightarrow \Pi(S)$ 是一个状态转移函数(TF),其中对于每个状态 s_i 和行动 a,都给出一个环境状态的概率分布,其中 $T(S_i, a, s_j)$ 表示状态 s_j 结束的概率,$T(S_i, a, s_j) = \Pr(S_{t+1} = s_j) \mid S_t = s_i, A_d = a)$
- $R:S \times A_d \rightarrow R$ 是回报函数(RF),提供系统针对每个状态 s,$R(s,a)$ 中的每一行动 a 所获得的预期即时回报。

在这个模型中,下一个状态(s_j)和预期收益仅依赖于之前的状态和采取的行动;即使额外追加先前的状态为条件,转换概率和预期回报也将保持不变。这称为马尔可夫属性——状态,$t+1$ 时刻的收益只依赖于 t 时刻的状态和行动。

以上的 MDP 模型需假设可以完全观察系统的状态,即系统能够确切地知道它所存在的状态。这个假设是不现实的,尤其是在非结构化和不确定的区域。系统也无法识别在每个时间步长将要结束,并要采取行动时它所处的状态。因此,不确定性存在于对行动结果的认知中。为了在部分可观察环境中准确有效地实现某一行为,必须使用先前行动和观察的记忆来帮助解释环境状态。POMDP 框架为此提供了一个系统方法。关于安全管理有一个问题,就是系统无法精确感知当前的操作条件,也就是完整的系统状态或环境条件,这主要受限于传感器和感知资源。因此,系统只能获得当前操作条件的部分认知。

POMDP 是 MDP 的一种,其中的智能体无法观察当前状态。但是,它能使观察建立于行动的基础之上并由此产生状态。智能体的目标仍然是最大限度地增加预期、未来的折扣收益。POMDP 描述的一组观测数据代表该系统所能接收的信息。此信息在概率意义上与系统状态相关,因此,该系统可以定义处于某个特定状态时所接收的观测信息的可能性。POMDP 的数学表示是基于一个元组 $\langle S, A_\mathrm{d}, T, R, \Omega, O\rangle$[74],其中:

- S、A_d、T 和 R 描述 MDP;

Ω 是一组有限观测集系统可使用它的观测数据。

- $O: S \times A_\mathrm{d} \rightarrow \Pi(\Omega)$ 是一个观察函数(OF),为每个行动及产生的状态在可能的观察范围给出概率分布。其中,$O(s_j, a, o)$ 是指在 $t+1$ 时刻观察事件 o 的概率,已知在 t 时刻系统采取行动 a,在 $t+1$ 时刻处于状态 s_j,即

$$O(s_j, a, o) = \Pr(\Omega_{t+1} = O \mid A_{d,t} = a, S_{t+1} = s_j)$$

以上模型真实地表示了系统状态识别不确定性问题,在现实中,该系统能够接收特定的传感观察,依据运行状态的可能性得出结论,并给出观察。因此观察形成了该模型最重要的部分。有了这样的表示,才可以确定决策过程以便系统能够给出最高期望收益。但是,由于缺乏是否存在于某特定系统状态[74]的确定性,这一行动决策问题变得更加困难。因此,确定行动选择策略的观测不确定性的影响是必要的。

19.7.2 RCS 计算节点中的 POMDP 开发

RCS 和 POMDP 的映射如图 19.15 所示。为了表现出 RCS 和 POMDP 之间的关系,下面详细解释了相对 POMDP 的每个 RCS 的功能要素。

如在 RCS 参考架构中所提到的,功能要素 BG、WM、VJ 和 SP 被编入,并称为“RCS 节点”的操作单元。每一层有一个或多个节点,每个模块有一个节点[29]。尽管在这项研究中,POMDP 仅用于移动机器人的 RCS 层的 TC 模块,但在接下来的章节,广义的 POMDP 模块在 RCS 节点中被开发。由于 RCS 节点是基本的 RCS - RMA 组织构建单元,所以该结构块只适合在一个节点内开发 POMDP,然后可以在 RCS 应用内扩展到各个节点。这种开发包括更换 RCS 功

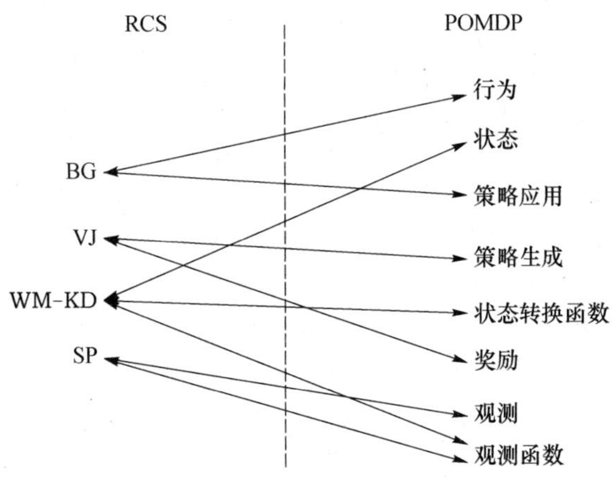

图 19.15　RCS 和 POMDP 的映射

能要素，它们通过恰当的 POMDP 组分链接。以上所述如图 19.3 和图 19.16 所示。图 19.3 中原始 RCS 节点里的功能要素和要素流被图 19.16 中 POMDP 修正节点里的相应 POMDP 组分替换。

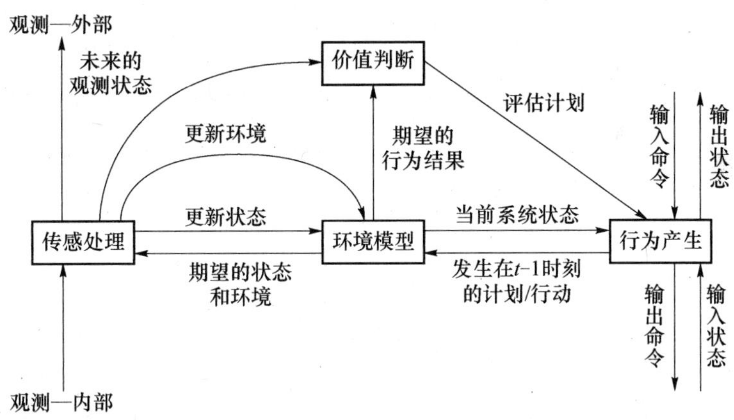

SP—观测函数，设置的集观测Ω，状态S_{t+1}；
WM—转移函数，当前状态S_t，有效行动集　，预期行动结果，修剪
VJ—回报函数，修剪，评估计划；
BG—行动选择，策略Π。

图 19.16　POMDP 在 RCS 计算节点上的修正

19.7.3　RCS 节点上改进 POMDP 的价值判断

POMDP 的回报/价值函数是 RCS 中 VJ 的对应函数。评估和认知决策的预

期成本，决策制定风险的预期惩罚或安全决策制定的预期回报对于做出好的行为选择是非常重要的。系统考虑的“好”的行为选择是基于该系统的最终目标。每个系统都是为了完成应用而设计的，但设计考虑很大程度上取决于其他目标，如安全性、经济性等。决策行动最合适的选择是满足这些参数（安全、完成速度、经济和上述所有完成的任务）的组合。

VJ 评估（回报分配）感知和规划的行动与现状，从而使 BG 选择目标并产生恰当的行为。若估计的规划/行动被评估为更安全、风险更小、成本较低，则将被选中并执行；而其他的则被评估为不安全，更危险以及成本更高。已在 19.3 节进一步讨论，主要是看安全性是否可以作为 VJ 中的重要价值来应用，以及如何依据安全性开发价值计量过程。

系统的目标/目的（如安全任务的完成）被分为子目标。安全管理分散在 RCS 的各个层次结构，每个模块都致力于一定程度的安全工作（有些安全程度更高）。一旦 VJ 接收一组可能的行动，这些行动组就会得到分配的成本（无论是回报还是处罚都依据实现这一目标的行为是“好”还是“坏”）。于是，预期能产生最大回报（行动视为“好”）的行动被选择。然后，这一行动传递到 WM，WM 再依次发送相应于这一行动的控制信号给 BG，以便产生物理行为。

VJ 选择具有最高价值的单一行动，评估情况，制定规划并将此信息发送到 WM 和 BG。其中，重要的是要说明什么是特定子目标的正值或负值回报。正值回报有助于系统达到既定目标/目的，而负值回报则禁止安全行为。正值分配给完成的目标，体现希望（希望得到）；负值分配给安全性的缺乏，体现恐惧（害怕不受约束或暴露于危险之中）。在更多拟人化的条款中，机器人模拟风险和冒险行为的方式是通过对恐惧和希望的情绪进行建模实现的[82]。恐惧本质上是生物大脑对风险的评估。希望是预期的效益评估。平衡恐惧所失与希望所得是指自然大脑如何着手处理冒险行为。如果预期成本（恐惧）大于预期效益（希望），则机器人将避免危险行为的发生。通过调整阈值使希望所得超过恐惧所失，可以改变机器人从谨慎变为进取的行为状态。POMDP 采用概率分布状态空间，并计算有效行动的回报。能产生正值回报的行动是良好的或有希望实现系统目标。负值回报（惩罚）的行为是坏的或担心目标不能实现。通过 POMDP 计算回报的方法在后面的章节中详细讨论。

19.7.3.1 POMDP 角度的价值判断

报酬函数依据预定义的和标识的系统值将奖励/价值分配给行为，以此定义 VJ 程序。表 19.5 列出了 RCS 节点上修正的 POMDP 内流入/流出 VJ 的流量（图 19.3 和图 19.16）。

表 19.5　依据 POMDP 的流入/流出 VJ 的流量

流量	原始链接	更换链接	链接的功能
VJ - BG	方案评估	评估计划/行动	发送可用的计划/行动及其分配的价值(回报或惩罚);考虑依据的是行动的顺序(政策),而不仅是最新的行动

19.7.4　RCS 节点上改进 POMDP 中的环境模型

POMDP 内与 WM 对应的是离散状态集 S、观测集 Ω、行为集合 A 以及转移函数 TF。每个节点的 WM 模型都包含环境范围和分辨率的知识,这些适合于节点上行为产生过程的控制函数。WM 给 VJ 提供信息,使之能为行动/规划分配回报。POMDP 模型能够掌握学习过程,但 RCS 框架提供了合并 POMDP 的方法。

至关重要的是,WM 不仅表征系统确定什么,还表征系统不确定什么。系统正在做什么,系统的当前状态,以及执行特定行为后它要在哪里结束,涉及以上这些的不确定性必须很好地模型化。不确定性可以由概率推理技术表示。为此研究目的,应用贝叶斯网络形式由概率表示不确定性。

WM 还包括感官完整性的解释,这很重要。同样重要的是了解如何产生感官完整性的评价,以及这样的感官完整性如何影响从传感器获得的信息。基于安全的考虑,VJ 认为这会增加事故条件的鉴定。这种条件下的鉴定产生于 WM 的信息,因此,无论这些条件是什么,不管条件已经产生还是即将产生,提出一个恰当的评价是必要的。感官完整性的作用及其对所获得信息的影响都应该这样看待。

19.3.2 节进一步说明,WM 是 RCS 的一个重要的安全关键要素(不是唯一,但绝对是重要的要素——VJ 的贡献也很显著,因为它是一个嵌入了什么是安全、什么是不安全的要素)。创建回报/价值依赖于 WM,因此,拥有一个具有高度完整性的 WM 是非常重要的,因为它会影响整个系统的性能和 RCS 的所有其他要素。它不应该是真实情况的虚假影像,而应尽可能接近现实。

19.7.4.1　POMDP 角度的环境模型

此要素存储当前的信度状态,应用转移函数为给定的可用行动计算转移概率,负责识别未来预期的状态和环境变化。转移函数估计下一个状态(在 $t = t + 1$ 步),在此状态下该系统结束了随后的对 $t = t$ 时的特定行动的选择。表 19.6 列出了 RCS 节点上修正的 POMDP 中流入/流出 WM 的流量(参考图 19.3 和图 19.16)。

表 19.6　依据 POMDP 的流入/流出 VM 的流量

流量	原始链接	更换链接	链接的功能
WM - SP	预测输入	预期的状态与环境	此链接仅用于向前超过一步的情况； 在这种情况下，它负责发送行动转换评估之后的未来预期状态与环境，以及执行于时间步长 t 的给定行动的先前估计状态和环境
WM - VJ	计划结果	行动结果的期望	行动结果的期望，这是基于 WM 中预期状态和环境的估计
WM - BG	状态	当前状态	评价可能的当前状态信度。它与可用于决策制定的行为一起由 WM 发送到 BG

19.7.5　RCS 节点上改进 POMDP 中的行为产生过程

相应于 BG 的 POMDP 是策略应用。根据任务(任务的完成或安全)的重点产生 WM 的策略。行动决策在进行价值最大化后由 VJ 选择，并提供给 BG 以便依据该策略实际执行操作。命令操作可能包括指定如何，在哪里，何时，多少，有多快速和在什么上的参数。

BG 只执行基于 VJ 产生的策略和 WM 接收到的状态输入的实际行动。分配给 BG 的智能几乎没有或很少。BG 执行指令以便保持安全的环境。BG 可能已经嵌入安全功能(保险杠开关等)，但主要决策如一个特定行动是否安全依然由 VJ 采取。

目标的选择和计划是由 WM、BG 和 VJ 要素之间的循环作用产生的。BG 要素还监控计划的执行和发送状态到高层，进而在需要的情况下修改策略。BG 利用先验知识和价值判断功能，结合传感处理过程提供的实时信息和环境模型，开发或选择计划，以便找到最好的分配工具和资源代理，并找到最佳的行动计划(从预期的起始状态到目标状态的最有效率的计划)。

策略选择过程在 BG 内进行，不仅是为了发现实现目标的方法，也是为了减少不确定行为和风险行为(或提高安全性)。选择最大回报的行动过程是基于 VJ 计算的回报函数。适合生成安全行为的行动可能并非最适合完成任务。重要的是知道这两个目标(任务完成和安全行为生成)有相对利益，并可能造成不同的行为选择。获得它们之间的平衡是至关重要的，BG 负责实现这种平衡。19.7.3 节讨论整合安全和任务完成回报的方法。BG 负责执行行动和产生实际行为。

19.7.5.1　POMDP 角度的行为产生过程

此要素负责行动选择和行为产生，从而降低不确定性，确保安全运行和任务的完成。表 19.7 列出了 RCS 节点上修正的 POMDP 中流入/流出 BG 的流量(参考图 19.3 和图 19.16)。

表 19.7　依据 POMDP 的流入/流出 BG 的流量

流量	原始链接	更换链接	链接的功能
BG - WM	计划	行动	在 $t-1$ 步中已经执行的行动或命令从 BG 发送到 WM
行为产生(在 $n-1$ 层)—行为产生(在 n 层)	状态	来自状态	当前系统状态,如停止、执行和初始化
	状态	到状态	低层状态信息
	命令	到命令	被考虑的层执行的任务
	命令	来自命令	低层执行的任务,也就是 BG 在低层进行的行动选择

19.7.6　RCS 节点上改进 POMDP 中的感觉处理过程

与 SP 对应的 POMDP 是观测集 Ω 和 OF 的集合。观测集是 POMDP 最重要的方面,因为它可以为更新 WM 和最大化 VJ 中的值提供基准,进而产生策略,这给 BG 提供了最大回报。然而,WM 和 SP 的角色之间有重叠。在大多数情况下,传感器不能直接测量环境状态,通常只能测量依赖于环境状态的现象。因此,SP 必须从输入信号和先验知识来推断环境状态。

19.3.2 节已提到,RCS 层在安全管理中扮演着重要角色。RCS 是一个分层体系架构,架构的层可以有效地用于实现 POMDP。

19.7.6.1　POMDP 的角度感觉处理过程

SP 决定基于预期(来自 WM)和实际观测(传感器)的当前状态(车辆状态和环境)的信度(概率)。OF 负责当前信度状态估计,未来观测状态估计和未来观测状态的修剪。修剪是 POMDP 必不可少的一部分,因为它降低了系统的计算复杂度和后续处理时间[83]。表 19.8 列出了 RCS 节点上修正 POMDP 中的流入/流出 SP 的流量(参考图 19.3 和图 19.16)。

表 19.8　依据 POMDP 的流入/流出 SP 的流量

流量	原始链接	更换链接	链接的功能
SP - WM	更新	更新状态和环境	是当前关于车辆和环境状态的信度分布
传感器 - SP	传感输入	观察内部	根据 RCS 层结构内特殊节点的位置(层),该环节负责通过观察变量的值(由低层模块计算)或观察传感输入(直接从传感器获得)来注视车辆状态和环境
SP(在 $n-1$ 层) - SP(在 n 层)	传感输出	观察外部	发送更新的状态和环境的概要(送到高级模块)
SP - VJ	感知的对象和事件	未来观察的状态	由 SP 发送观察到的未来状态给 VJ。未来观察状态的计算由 SP 进行,计算基于观测函数(在 SP 内)和 WM 的输入

图 19.17 显示了依据 POMDP 组件,RCS 节点的所有功能要素之间的联系,总结了到目前为止所有的讨论。RCS 节点的不同功能要素之间的流量被修正 POMDP 节点上的相对物取代。

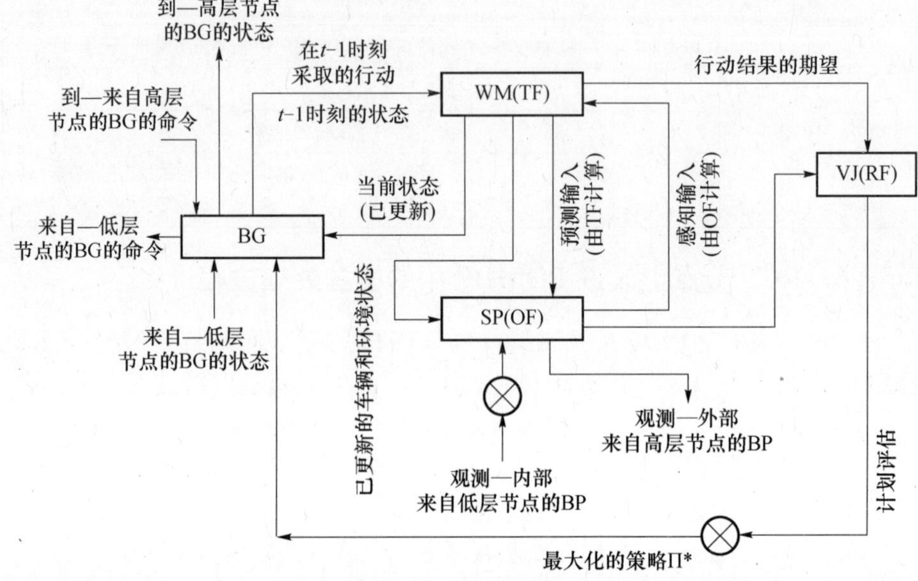

图 19.17　修正 POMDP 的节点内 SP_VJ_WM_BG 之间的关系

19.8　基于 POMDP 的决策算法的开发

POMDP 模型用于航行时的安全决策,主要关注的是避免与移动的和静态的障碍物碰撞。由于传感数据不完全取决于局部可观测性和不确定性,因此,考虑状态的概率分布。POMDP 模型在 19.6.1 节中有描述。有这样一种说法,确定系统的行动决策过程将给予最高预期回报是可能的。最安全有效的行动决策是平衡任务完成的目标和安全行为生成。

因此,一个 POMDP 控制器的状态估计组件可以以一个给定的模型为结构 - 贝叶斯网络为推理不确定性条件下的局部信度提供了形式。开发 POMDP 求解过程的研究部分包括以下步骤:

(1) 碰撞事故的故障树分析;

(2) 为信度状态计算而开发的观测信度网络(OBN);

(3) 离线 POMDP 求解计算。

在本节考虑的问题与碰撞事故有关。为解决障碍状态的概率,开发了贝叶斯网络。OBN 用来估计机器人周围障碍的当前信度状态。如图 19.18 所示,造成碰撞事故的可能因素(系统状态矢量参数)是机器人的速度、机器人的方向、机器人的位置、障碍物的存在、障碍物的位置、障碍物的速度、障碍物的方向和传感器故障状态。

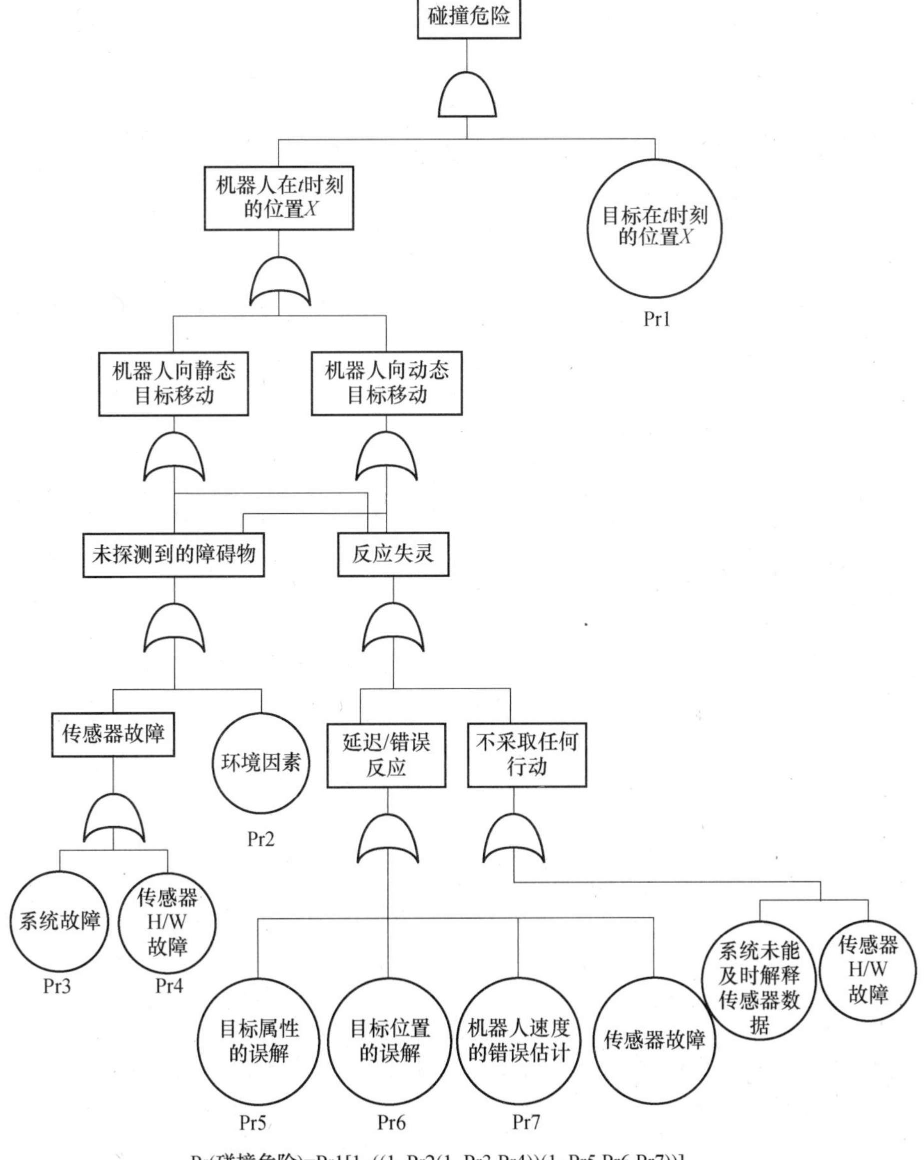

图 19.18 碰撞事故故障树的简化

考虑下列假设/修改:

(1) 障碍状态作为一个单独的状态变量被考虑,与 5 种不同状态有关。这些状态考虑到所有与障碍有关的数据。变量包括障碍物的存在、障碍物的类型、障碍物的位置和障碍方向。为了开发 OBN,其他状态变量作为父(根)节点给程序提供信息以便计算障碍物的状态概率。

(2) 据推测,障碍速度不能用传感器直接测量,因此它在进一步的计算中不再考虑。

(3) 坑洼地形会引起与隐藏于地面的障碍物的碰撞。然而,正如前面提到的,本研究探讨与地表障碍物(动态或静态)的碰撞事故,因此不考虑坑洼地形。

另外,还需考虑以下观察变量:

(1) 激光扫描仪读数(前部和后部)。观察变量作为子节点,并为程序提供信息以便计算“障碍物状态”的信度状态。图 19.19 显示了碰撞事故的 OBN。障碍状态变量受机器人位置和方向的影响。障碍物的位置状态基于障碍物和机器人之间的关系,而障碍物的位置或方向始终是相对于机器人位置和方向的。此信息与障碍物的先验知识集成。激光扫描仪(前部和后部)提供有关障碍物位置和方向的数据,以便计算障碍物状态的概率。传感器状态节点提供有关 LS 状态的信息给障碍物状态节点。引入虚拟节点,目的是处理来自连续多个读数的 LS 数据的知识。虚拟节点代表粗略数据——这些数据的集成和解释显示于 LS 数据节点。如图 19.19 所示的 OBN 通过考虑以下假设被进一步简化。简化的碰撞事故的 OBN 如图 19.20 所示。

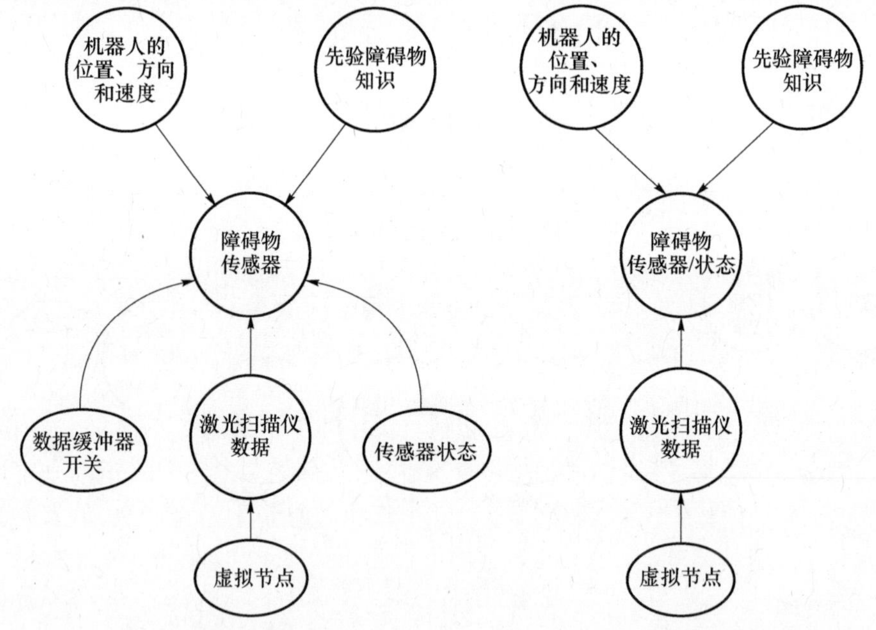

图 19.19 碰撞事故的 OBN

图 19.20 简化的碰撞事故的 OBN

（2）不考虑保险杠开关（BS），是因为 BS 一旦发现目标就停止系统。而系统一旦停下来就没有必要计算 OBN 和随后的 POMDP 求解。

（3）机器人的位置、方向和速度不受网络链接的影响。各种传感器提供了足够的知识可以应用。因此，这些状态变量的网络链接未显示在图 19.20 中。

（4）障碍状态和传感器状态的起因组合在一起，以便减少计算复杂度。它们形成一个单一的节点。在这种情况下，节点的值概率对应于障碍状态和传感器状态变量的概率，并采用相应的特定值，即

$$\text{概率} = \Pr(\text{障碍物状态}) \times \Pr(\text{传感器状态})$$

如图 19.21 所示，OB/St 节点接收关于先验障碍知识的信息和来自父节点的机器人数据，也接收来自子节点的传感数据。图 19.20 中简化的 OBM 可以表示成非周期循环图[47]的形式（图 19.21）。这种表达用于定义计算。

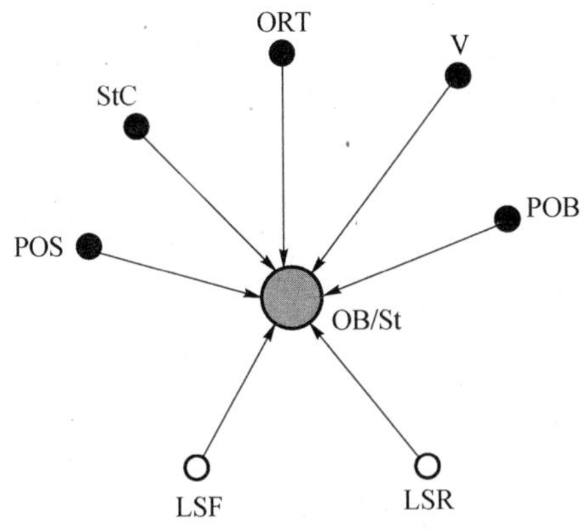

图 19.21　信度网络展示

实体节点代表状态变量（父节点），而清晰节点代表观察变量（子节点）。该中心的灰色节点代表障碍状态/传感器导致的信念状态计算节点。此节点接收来自子节点和父节点的信息。实体节点代表状态变量（父节点），而透明节点代表观察变量（子节点）。中心的灰色节点代表用于计算信度状态的障碍物状态/传感器起因节点。此节点接收来自子节点和父节点的信息。

19.8.1　障碍状态/传感器状态估计

应该指出的是，LS 读数受到障碍物与机器人之间在位置、方位、运动方向等方面的影响。OB/St 节点接收来自 5 个父节点和 1 个子节点的消息。从父节点接收的信息用 π 表示，从子节点接收到的信息用 λ 表示[47]。依据父节点和子节点接收的消息计算出“障碍状态”的信度状态。OB/ST 节点接收 5 个父节点的信息，如下所述。

父节点 StC：

$$\pi_{\mathrm{StC}}(\mathrm{StC}) = \Pr(\mathrm{StC})$$

$$\pi_{\mathrm{StC}}(\mathrm{OB/St}) = \Pr(\mathrm{St}\,|\,\mathrm{StC})\,\pi_{\mathrm{StC}}(\mathrm{StC}) \tag{19.1}$$

父节点 ORT:

$$\pi_{\mathrm{ORT}}(\mathrm{ORT}) = \Pr(\mathrm{ORT})$$

$$\pi_{\mathrm{ORT}}(\mathrm{ORT}) = \Pr(\mathrm{OB}\,|\,\mathrm{ORT})\,\pi_{\mathrm{ORT}}(\mathrm{ORT}) \tag{19.2}$$

父节点 POB:

$$\pi_{\mathrm{POB}}(\mathrm{POB}) = \Pr(\mathrm{POB})$$

$$\pi_{\mathrm{POB}}(\mathrm{POB}) = \Pr(\mathrm{OB}\,|\,\mathrm{POB})\,\pi_{\mathrm{POB}}(\mathrm{POB}) \tag{19.3}$$

父节点 POS:

$$\pi_{\mathrm{POS}}(\mathrm{POS}) = \Pr(\mathrm{POS})$$

$$\pi_{\mathrm{POB}}(\mathrm{POS}) = \Pr(\mathrm{OB}\,|\,\mathrm{POS})\,\pi_{\mathrm{POS}}(\mathrm{POS}) \tag{19.4}$$

父节点 V:

$$\pi_{\mathrm{V}}(\mathrm{V}) = \Pr(\mathrm{V})$$

$$\pi_{\mathrm{V}}(\mathrm{V}) = \Pr(\mathrm{OB}\,|\,\mathrm{V})\,\pi_{\mathrm{V}}(\mathrm{V}) \tag{19.5}$$

条件概率矩阵提供了上述 5 个节点和"障碍物状态"变量之间的关系。OB/St 节点也接收来自子节点的信息,如下所述。

子节点 LS(前面和后面):

$$\begin{cases}\lambda_{\mathrm{LS}}(\mathrm{OB}\,|\,\mathrm{St}) = \sum\limits_{\mathrm{LS}} \Pr(\mathrm{LS}\,|\,\mathrm{OB},\mathrm{St})\Pr(\mathrm{LS}) \\ \lambda_{\mathrm{LS}}\mathrm{OB},\mathrm{St}\,|\,\mathrm{ORT},\mathrm{POB},\mathrm{POS},V) = \sum\limits_{\mathrm{LS}} \Pr(\mathrm{LS}\,|\,\mathrm{OB},\mathrm{St},\mathrm{ORT},\mathrm{POB},\mathrm{POS},\mathrm{V})\Pr(\mathrm{LS})\end{cases} \tag{19.6}$$

OB/SD 的信度可以由下式计算:

$$\Pr(\mathrm{OB/St}) = \alpha\lambda_{\mathrm{LSR}}(\mathrm{OB/St})\lambda_{\mathrm{LSF}}(\mathrm{OB/St})\pi_{\mathrm{StC}}(\mathrm{OB/St})\pi_{\mathrm{ORT}}(\mathrm{OB/St})$$
$$\pi_{\mathrm{POB}}(\mathrm{OB/St})\pi_{\mathrm{POS}}(\mathrm{OB/St})\pi_{\mathrm{V}}(\mathrm{OB/St}) \tag{19.7}$$

式中:α 为正常化因素,确保所有个体概率的总和是 1。

替代 π_{StC}、π_{ORT}、π_{POB}、π_{POS}、π_{V},给出:

$$\Pr(\mathrm{OB/St}) = \alpha\lambda_{\mathrm{LSR}}(\mathrm{OB/St})\lambda_{\mathrm{LSF}}(\mathrm{OB/St})\Pr(\mathrm{St}\,|\,\mathrm{StC})\pi_{\mathrm{StC}}(\mathrm{StC})$$
$$\Pr(\mathrm{OB}\,|\,\mathrm{ORT})\pi_{\mathrm{ORT}}(\mathrm{ORT})\Pr(\mathrm{OB}\,|\,\mathrm{POB})\pi_{\mathrm{POS}}(\mathrm{POB})$$
$$\Pr(\mathrm{OB}\,|\,\mathrm{POS})\pi_{\mathrm{POS}}(\mathrm{POS})\Pr(\mathrm{OB}\,|\,\mathrm{V})\pi_{\mathrm{V}}(\mathrm{V}) \tag{19.8}$$

然后,给出进一步替代:

$$\Pr(\mathrm{OB/St}) = \alpha\lambda_{\mathrm{LSR}}(\mathrm{OB/St})\lambda_{\mathrm{LSF}}(\mathrm{OB/St})\Pr(\mathrm{St}\,|\,\mathrm{StC})\Pr(\mathrm{StC})$$
$$\Pr(\mathrm{OB}\,|\,\mathrm{ORT})\Pr(\mathrm{ORT})\Pr(\mathrm{OB}\,|\,\mathrm{POB})\Pr(\mathrm{POB})$$
$$\Pr(\mathrm{OB}\,|\,\mathrm{POS})\Pr(\mathrm{POS})\times$$
$$\Pr(\mathrm{OB}\,|\,\mathrm{V})\Pr(\mathrm{V}) \tag{19.9}$$

考虑到对关系网的解释，有必要针对每一个机器人方向(ORT)值，先验障碍物知识(POB)和每一个可能的机器人位置(POS)、速度(V)值计算障碍状态和传感器状态的信度：

$$\lambda_{LSF}(OB/St) = \sum_{LS} Pr(LSF|OB,St,ORT,POS,POB,V)Pr(LSF) \tag{19.10}$$

后面的 LS 读数做同样处理

$$\lambda_{LSR}(OB/St) = \sum_{LS} Pr(LSF|OB,St,ORT,POS,POB,V)Pr(LSR) \tag{19.11}$$

式(19.9)~式(19.11)用于计算 POS、POB、ORT 和 V 的每一个值。一旦得到其值，以 POB、POS、ORT 和 V 状态的每个特定组合为条件的 OB/St 值就可以计算为

$$\begin{aligned} Pr(OB,St|ORT,POB,POS,V) = {} & \alpha\lambda_{LSR}(OB,St|ORT,POS,POB,V) \\ & \lambda_{LSF}(OB,St|ORT,POS,POB,V)Pr(St|StC) \\ & Pr(OB|ORT)Pr(OB|POB)Pr(OB|POS)Pr(OB|V) \end{aligned} \tag{19.12}$$

通过考虑不同 POB、POS、ORT 和 V 的状态，在 OB/ST 状态的信度可做如下估计：

$$Pr(OB,St) = \alpha\sum_{ORT}\sum_{POS}\sum_{POB}\sum_{V}\left\{\begin{array}{c} [\lambda_{LSR}(OB,St|ORT,POS,POB,V] \\ [\lambda_{LSR}(OB,St|ORT,POS,POB,V] \\ \left[\begin{array}{c} Pr(St|StC)Pr(OB|ORT) \\ Pr(OB|POB)Pr(OB|POS)Pr(OB|V) \end{array}\right] \end{array}\right\} \tag{19.13}$$

19.8.2　障碍状态估计

要确定单个障碍状态和传感器状态，需要用边际概率计算：

$$\begin{cases} Pr(OB) = \sum_{St} Pr(OB/St) \\ Pr(St) = \sum_{OB} Pr(OB/St) \end{cases} \tag{19.14}$$

由式(19.14)，可以得出边际概率。上述文献中提到的条件概率关系矩阵作为本研究的一部分被开发。

如 19.6.2 节提到，POMDP 的行动决策必须基于某个任务的完成。接下来

介绍 POMDP 计算问题的简短描述。在一个 POMDP 中,代理器(在这种情况下的机器人控制器)在随机环境下操作时必须选择适当的行动,此时系统的状态只是部分可观察的。行动或状态的值可以由一系列回报值体现,这些回报值是系统在特殊状态采取特殊行动获得的。这种情况下的回报能以各种方式定义。例如,回报可能会分配给系统的状态,或者当一个特定行动/一个无关状态的特定行动被采取时,从一种状态转换到另一种状态。由于系统可以在每一个时间步获得回报,该系统的目的是选择行动决定,该决策最大限度地提高总的预期回报或实用价值,是在一些特定时间步中得到的。根据 Kaelbling 等人[74]利用 POMDP 求解找到一个策略(或行动),通过控制器的行动选择最大限度地提高获得的回报。策略是对代理行为的描述。简单来说,行动无非是一种策略。如前所述,POMDP 的解决方案可以从未来的任何数量的时间步中找到。它通常称为时域。因此,无限时域是指代理器的无限寿命。无限时域中的 POMDP 模型,所得回报增加并超过了代理器的无限寿命。为了表示早期获得的回报在其寿命中的重要性,应用了折扣因子 $\gamma(0<\gamma<1)$。代理器应采取行动以便优化:

$$E\left[\sum_{t=0}^{\infty}\gamma^{t}r_{t}\right] \tag{19.15}$$

其中:t 为时间步数($t\in(0,\infty)$),r_t 为在时间步 t 中获得的回报;E 为期望的回报总和;γ 为折扣因子。

在这个模型中,寿命早期得到的回报对代理器有更多的价值,被认为是无限寿命,但折扣因子确保的总和是有限的。折扣因子越大(接近 1),未来收益对当前决策制定的影响越大。为了这个研究目的,需考虑提前三步法。

在无限时域中模型产生的策略称为固定策略。在有限时域中模型产生的策略称为非平稳策略。固定政策不取决于时间。非平稳策略依赖于状态并按时间编入索引。代理器在有限时域模型的最后几步选择行动的方法,通常与它在有很长的未来寿命(无限时域模型)情况下选择行动的方法有很大差别。

在有限时域情况下,令 $V_{\pi,t}(s)$ 为价值函数,给出从状态 s 中获得的回报总和的期望值,并在 t 个步骤中执行非平稳策略 π。在最后一步,价值函数是采取最后一个策略要素指定的行动而得到的预期回报($V_{\pi,1}(s)=R(s,\pi_1(s))$)。为了评估未来,必须考虑所有可能产生的状态 s',它们发生的可能性(过渡函数 $T(s,a,s')$)以及它们在 $V_{\pi,t-1}(s')$ 提供的策略□下获得的 $t-1$ 步的价值。针对有限时域模型的 $V_{\pi,t}(s)$ 可以进行如下定义:

$$V_{\pi,s}(s)=R(s,\pi_t(s))+\gamma\sum_{s'\in s}T(s,\pi_t(s),s')V_{\pi,t-1}(s') \tag{19.16}$$

固定策略是不依赖于时间的,因此一个无限时域问题,其值可以通过下式计算:

$$V_{\pi,s}(s) = R(s,\pi_t(s)) + \gamma \sum_{s' \in s} T(s,\pi_t(s),s') V_\pi(s') \qquad (19.17)$$

策略 π 的价值函数 V_π 是这个线性方程组联立求解的特解，每个状态一个方程。上述讨论基于假设：该策略是设计者已知的，且价值函数可以从该策略中计算出。但事实上，在现实中求解 POMDP 问题就是寻找最优策略。如果已知价值函数，策略的计算可以从式(19.16)或式(19.17)开始，根据时域问题以相反的方向执行。对于一个无限时域模型，采取行动获得的策略就是在每一步中最大化预期的即时回报加上由 V 测量的下一个状态的折扣值，公式如下：

$$\pi_V(s) = \underset{a}{\operatorname{argmax}} \left[R(s,a) + \gamma \sum_{s' \in S} T(s,a,s') V(s') \right] \qquad (19.18)$$

式中：$R(s,a)$ 是在状态 s 中采取行动 a 所获得的预期即时回报。

如果是 POMDP，状态 s 是不能完全被观测的，因此信度状态取而代之。POMDP 的代理的策略部分必须将当前的信度状态转化为行动。策略树是一个深度为 t 的树，它明确了一个完整的 t 步骤的非平稳策略。顶点节点决定要采取的首个决定。然后，根据观察到的结果，链接追溯到下一层的节点，确定下一个行动。这是一个完整 t 步骤的总结。从执行策略树 p 中得到的期望折扣值取决于代理开始时的环境状态。在单视界的情况下，p 是一个单步策略树（单一行动）。令 $a(p)$ 为策略树的顶节点指定的行动。在式(19.16)中被 $a(p)$ 代替的策略 $\pi_t(s)$，其价值函数可表示为

$$\boldsymbol{V}_{p,l}(s) = \boldsymbol{R}(s,a(p)) \qquad (19.19)$$

更普遍地说，如果 p 是一个 t 步骤的策略树，那么

$$\boldsymbol{V}_p(S) = \boldsymbol{R}(s,a(p)) + \gamma \cdot \text{未来预期值} \qquad (19.20)$$

由于代理不知道环境的当前确切状态，所以它必须能够确定在初始信度状态 $b(s)$ 执行政策树 p 的价值。这个值是覆盖在每个状态都执行 p 的所有状态的期望：

$$\boldsymbol{V}_p(b) = \sum_{s \in S} b(s) \boldsymbol{V}_p(s) \qquad (19.21)$$

令 $\boldsymbol{\alpha}_p = \langle \boldsymbol{V}_p(s_1) \cdots \boldsymbol{V}_p(s_n) \rangle$，则 $\boldsymbol{V}_p(b) = b \cdot \boldsymbol{\alpha}_p$

$\boldsymbol{\alpha}_p$ 也被称为 α 矢量。这给出了在每个可能的信度状态执行策略树 p 的值。然而，构建一个最佳的 t 步骤的非平稳策略并不完全相同。依据不同初始信度状态执行不同策略树，这通常是必要的。设 P 是所有 t 步骤的策略树的有限集，则

$$\boldsymbol{V}_t(b) = \max_{p \in P} b \cdot \boldsymbol{\alpha}_p \qquad (19.22)$$

也就是说，从信念状态 b 出发的最佳 t 步骤的值是在该信度状态执行最佳策略树的值。每个策略树 p 导出一个价值函数 V_p，该函数在信念状态 b 中是线性的，价值函数 V_t 是这个函数集的上表面。V_t 是分段线性的上凸（PWLC）函数。最佳值函数可以投射回信度空间，将一个分区划分成多面体区域。在每个

区域中,有一些单一的策略树 p,其 b 的标量积和值(政策树 p)在整个区域中是最大的。在这个区域的每个信度状态的最佳行动是 $a(p)$,即策略树根节点的行动。单一策略树可以执行以便最大化预期回报[74]。价值函数可以采用值迭代法、一步法算法、枚举算法、线性支持法、增量修剪算法和见证算法[50,84-87]来计算。

19.8.3 POMDP 的解决方案:整合目标和安全相关的决定

POMDP 回报函数或价值函数一般是通过某些效用函数推导出的,概述决策者的参数选择。到现在为止,本节给出的分析专注于基于安全操作的行动决策过程。然而,一个实用的、更精确的行动决策选择系统需要完成操作任务,同时保持系统的安全性。应当指出,用于制定决策的行动组必须同时等效于安全和实现操作任务目标,这是必要的,因为无论采取什么行动,最终都影响系统状态的安全和任务目标。如果主导的目标是"安全",那么最安全但不一定是最快的行动分配到最大回报。如果"完成任务"是系统的焦点,那么最快或最有效的但不一定是最安全的行动分配到最大回报。

价值函数或回报函数已经定义为 POMDP 问题的解决方案。由于直到现在讨论都集中在安全准则,所以考虑回报函数将最大回报分配给行动,从而改变系统的状态成为安全系统状态。类似的方法,应用于与安全相关的行动选择,也可以遵循与操作任务相关的决策。在后一种情况下,回报通过价值函数被分配,仅在任务完成方面反映行动决策的参数选择。Pace[34]指出:"行动决策参数选择和与安全管理和任务完成有关的相应回报值不可能在任何时候都是兼容的,对立的参数选择可能发生在机器人系统的操作过程中。"因此,有必要平衡这两个目标,并达成安全与完成任务的参数选择之间的最佳融合,这依然能确保正确安全层的保持。

19.8.3.1 整合安全和操作任务的成果参数选择

Pace[34]提出了一个加权因子尺度的概念。基于效用理论[48],定义了两个效用函数:一个是与安全相关的效用函数 V_{Safe};另一个是任务完成效用函数 V_{Task},从安全性和任务完成的角度详细规划决策制定过程的参数选择。行动 a_t 在采取时间 t 的总效用(价值)可以表示为

$$V_{\mathrm{Tot}}(a_t) = W_{\mathrm{S}} V_{\mathrm{Safe}}(a_t) + (1 - W_{\mathrm{S}}) V_{\mathrm{Task}}(a_t) \tag{19.23}$$

式中:W_{S} 为简单加权因子,范围在 0~1 之间,表示安全性和任务完成之间的相对权重。加权因子基于效用因素,其应用概念在后续章节的研究中已实现。

19.8.4 由 POMDP 解决方案提供的行动决策选择

POMDP 求解方法是通过增量修剪算法[86,88]计算的。增量修剪算法最初为每一个独立行动产生 $\boldsymbol{\alpha}$ 矢量组,然后在一个时间集中各个观察。为了构建一个

矢量需要为每个观察 z 选择一个行动 a 和一个矢量 $\boldsymbol{V}$。对于一个给定的行动，可以构建所有 $S(a,z)$ 集(针对每个观察)。添加即时回报是一个简单的步骤。主要问题是找到所有未来策略的不同组合。增量修剪算法就是通过观察来逐步观测。例如，令行动为 a，观察矢量组为($z_1,z_2,z_3,\cdots, zn$)。最初，集合 $S(a、z_1)$ 和 $S(a、z_2)$ 的所有组合被列出并给出了价值函数。这个价值函数产生了大量矢量。然后，在整个信度空间，完全由其他矢量主导的矢量被淘汰。这就是修剪。淘汰后删除的矢量与 $S(a、z_3)$ 组合，再执行同样的过程，直到特定行动(a)的所有矢量和所有观察($z_1\sim z_n$)组合在一起。其他行动也执行相同的过程。该算法修剪不必要的矢量并产生一系列可用于行动决定的几个矢量。

19.8.4.1　离线 POMDP 求解计算

迄今为止，讨论的最优策略的计算提供了从当前信度状态空间到行动状态空间的直接映射。POMDP 求解如 19.7.2 讨论，发现了由每个行动状态组合的 α 值组成的 α 矢量。α 矢量给出了在每个可能的状态下执行每个行动的价值函数。换句话说，它给出了在整个信度空间的每个可能信度状态内执行特定行动的值。

19.7.2 节介绍的方法提供了从当前信度状态空间到行动状态空间的直接映射。因此，操作系统只需通过观察和先验信度来估计当前的信度状态，并简单地将信度状态映射到行动。有观点认为，如果 POMDP 模型的各种信度状态的所有可能的求解都能预先计算，那么数值迭代算法的实时计算是不必要的。在运行时，只有信度状态是应用 19.7.1 节讨论的 OBN 来计算的。OBN 作为估计系统变量的当前状态的方法来应用(表 19.9)。当一个特定的信度状态基于传感观察被计算，那么 POMDP 的求解(价值函数)是指应用价值函数，决策出与信度状态相应的具有最大回报的行动。重写式(19.22)，$V_t(b)=\max\limits_{p\in P} b\cdot\alpha_p$，可以看出，信度状态 b 在时间 t 的值 V_t 等于信仰状态与对于 α 矢量中特定行动(策略 p)的 α 值的最大标量积。

表 19.9　OBN 缩写词

符号	变量
StC	L. S. 传感器状态因素
OB/St	障碍物状态/L. S. 传感器状态
POB	障碍物先验知识
POS	机器人位置
ORT	机器人方向
LSF	观察到的激光扫描仪(前)读数
LSR	观察到的激光扫描仪(后)读数
V	车辆速度

对于两状态问题，令行动 a_1 的值由状态 s_1 时回报 = 1 和状态 s_2 时回报 = 0 来相加求得。令行动 a_2 的值由状态 s_1 时回报 = 0 和状态 s_2 时回报 = 1.5 来相加求得。令信度状态属于闭区间[0.25,0.75]，那么在此信度状态所采取的行动 a_1 的值是 $0.25\times1+0.75\times0=0.25$。同样，行动 a_2 的值为 $0.25\times0+0.75\times1.5=1.125$。该计算过程可由一个价值函数粗略显示(图 19.22)。

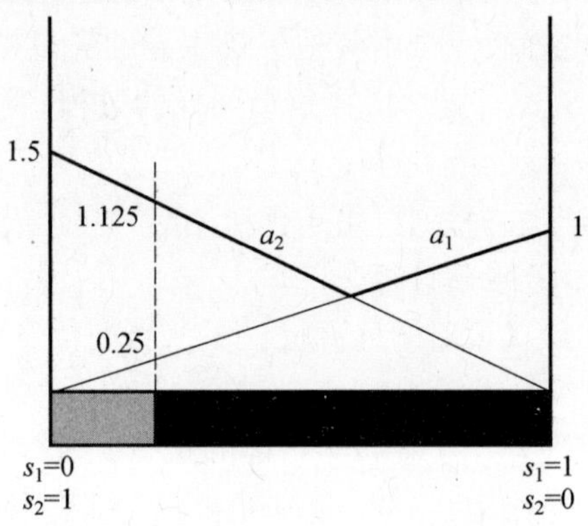

图 19.22 两状态问题的 PWLC 值函数

虽然这样的问题因信度空间维数的增加而难以表达，但相似类比理论仍可应用到更高状态的 POMDP 问题。图 19.23 给出了 POMDP 的求解过程。

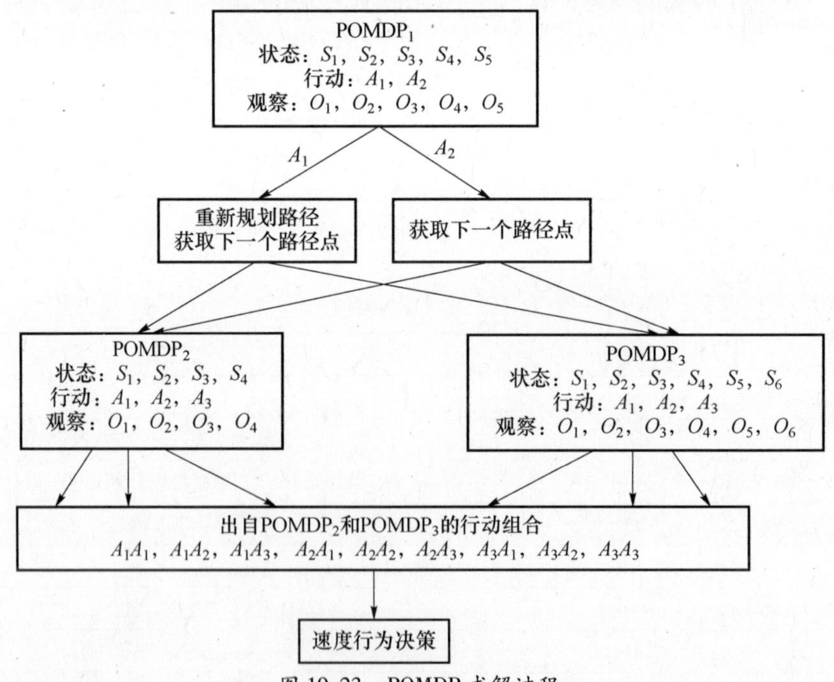

图 19.23 POMDP 求解过程

POMDP 在 RCS 层结构的第 2 层(行程控制器)作为安全决策算法使用,如前面章节所讨论。POMDP 负责选择基于观测数据和先验知识的最安全行动。最好的行动决策与三个主要参数(具有因果关系的因素)的状态相联系:

(1) 速度行为:减速或增加速度。

(2) 方向行为:直线移动、右转、左转,反向,选择合适的方向移动。

(3) 障碍状态行为:等待更新地图或程序。

最初,POMDP 模型由一组状态矢量发展而成。状态矢量组由上述三个具有因果关系的因素组成。状态变量形成状态矢量,如表 19.10 所列。

表 19.10　POMDP 状态矢量的分量

状态变量	状态数量	状态	有效操作
速度	2	慢 快	速度 - 上升 速度 - 下降 巡航
方向	4	0° ~90° 90° ~180° 180° ~270° 270° ~360°	启动 - 向前 启动 - 向后 转弯 - 向右 转弯 - 向左
障碍物状态	5	S_1 S_2 S_3 S_4 S_5	等待 继续
注:障碍状态变量与 5 个不同状态相关,即 S_1(在安全边界(SP)内并朝车辆移动的动态障碍物)、S_2(在 SP 内并远离车辆的动态障碍物)、S_3(在 SP 内并在车辆路径上的静态障碍物)、S_4(在 SP 内但不在车辆路径上的静态障碍物)、S_5(在激光扫描范围内无障碍物)			

上述三个元素组成的状态矢量可表示为

$$\begin{bmatrix} \text{速度状态} \\ \text{方向状态} \\ \text{障碍物状态} \end{bmatrix}$$

这三个状态变量的每一个可能的状态组合都产生一个非常大的状态、行动和观察的集合:

速度状态(2) * 方向状态(4) * 障碍物状态(5) =40 状态

速度行为(3) * 方向行为(4) * 障碍物状态行为(2) =24 行为

障碍物速度(2) * 障碍物方向(4) * 障碍物状态(5) =40 观察

这样一个庞大的 POMDP 模型(40 个状态、24 个行为、40 个观测值)使用现有的求解方法难以计算。部分可观性考虑不确定性,同时引入了模型计算的复杂度。尽管 POMDP 的表征能力很强,但它们的使用很明显由于为控制器(决策者)找到最优策略而耗费巨大计算量而受限。

19.8.5 降低 POMDP 求解计算的复杂度

研究人员提出了[68,86,89-92]减少复杂度的几种方法,使 POMDP 更易于管理和使用。重要的是,这些方法不仅降低了计算的复杂度,而且减少了寻找解决方法的时间。然而,目前的算法普遍都依然无法处理大型、复杂的 POMDP 问题涉及的大量状态。在这项研究中,提出了降低求解 POMDP 问题的复杂性的另一种方法。在接下来的几节将讨论其理论概念和实验结果。

19.8.5.1 POMDP 问题分解——分裂的 POMDP

在各种计算机体系结构中,把任务划分为子任务,然后,每一子任务都由不同的子系统解决。这是解决上述庞大 POMDP 问题的基本开发策略。分裂的 POMDP 方法是一个基于方法和 POMDP 问题求解的规则组合。这种方法通过将一个大的 POMDP 问题分解为多个较小的 POMDP 问题来减少求解 POMDP 问题的计算时间。需要注意的是,分裂的 POMDP 是一种强有效地降低复杂性的方法,但它依然不是一个通用方法。尽管它被使用并有效地用于本研究,为了使其更具普遍性,必须通过在更多的应用程序中测试该方法(使用它)来证明其有效性。

较大而复杂的 POMDP 问题由 40 个状态、24 个行动和 40 个观测值组成,被分解成三个更小的 POMDP 问题,即障碍物状态 POMDP、速度 - 障碍物 POMDP 和速度 - 方向 POMDP。

19.8.5.1.1 障碍物状态 POMDP

当检测到目标,机器人为每一个障碍物计算其信度状态,并为这些障碍物生成一个单独的 POMDP 模型。如果 POMDP 决策是“继续”,那么障碍物被忽视。如果决策是“等待”,关于特定目标的数据被保存下来用于动态更新地图并重新计算下一个路径点。当计算出下一个路径点,两个较小的 POMDP(速度 - 障碍物 POMDP 和速度 - 方向 POMDP)也被计算出。这两个 POMDP 将决定机器人在未来状态的速度。它们取决于机器人及其周围的障碍物之间的关系。

19.8.5.1.2 速度 - 障碍物 POMDP

这个 POMDP 负责决策机器人附近是否有障碍物。如果有障碍物,机器人必须考虑它,同时决定是加速、减速还是巡航。

19.8.5.1.3 速度 - 方向 POMDP

如果机器人正在迅速走向障碍物或者静态障碍物位于机器人的路径中,那么这个 POMDP 负责减速。如果障碍物不在机器人路径中或正在远离机器人,该 POMDP 选择最高回报的行动,那就是加速。如果机器人路径上没有障碍物,但仍有一个障碍物在机器人附近,那么该 POMDP 选择"巡航"行动。

分裂 POMDP 组分如表 19.11 所列。

表 19.11 分裂 POMDP 组分

组分	状态	行动	观测值
障碍物状态 POMDP	5($S_1 \sim S_5$)	等待出发	5(相应于 5 个状态)
速度-方向 POMDP	障碍物在 SP 内和机器人继续快走 障碍物不在 SP 内和机器人继续快走 障碍在 SP 内和机器人继续慢走 障碍不在 SP 内和机器人继续慢走	加速 减速 巡航	4(相应于 4 个状态)
速度-障碍物 POMDP	障碍物移向机器人和机器人快速移动 障碍物远离机器人和机器人快速移动 机器人快速自身旋转 障碍物移向机器人和机器人移动缓慢 障碍物远离机器人和机器人移动缓慢 机器人缓慢自身旋转	加速 减速 巡航	6(相应于 6 个状态)

注意到,最后两个 POMDP 选择的行动可能是不同的。同样要引起注意的是:当系统的重点是安全时,选择的行动可能是不同的;当系统的重点是任务完成时,这两个目标可能是对立的,对于相同的情况可能会产生不同的联合行动。这是表 19.12 所要展示的含义。

表 19.12 联合行动的决策基于的速度-障碍物的行动选择和速度-方向 POMDP

速度-障碍物行动决策	速度-方向行动决策	综合行动决策的安全性	综合行动决策的任务完成
加速	加速	加速	加速
加速	减速	减速	加速
加速	巡航	巡航	减速
减速	加速	减速	加速
减速	减速	减速	减速
减速	巡航	减速	巡航
巡航	加速	减速	巡航
巡航	减速	减速	巡航
巡航	巡航	巡航	巡航

当对象检测模块检测到对象时,对象检测模块决定对象的类型(如果它是移向/远离机器人,或者它是静态的且在机器人路径上或不在机器人路径),OD

发送所有对象的数据到TC。TC为每个障碍物计算信度状态,并为这些障碍物都生成单独的POMDP模型。如果POMDP决策是“继续”,那么障碍物被忽视。如果决定是“等待”,有关这个特定对象的数据就发送到NM模块用于更新动态地图并重新计算下一个路径点。当TC接收到下一个路径点,计算出另外两个更小的POMDP。这两个POMDP决定机器人在下一状态的速度。这两个POMDP取决于机器人及其周围的障碍物之间的关系。POMDP计算模型如图19.24所示。当在行程控制器模块执行时,POMDP如图19.25所示。DM安全性的分裂POMDP概念如图19.26所示。三个小的POMDP按特定顺序解决,如图

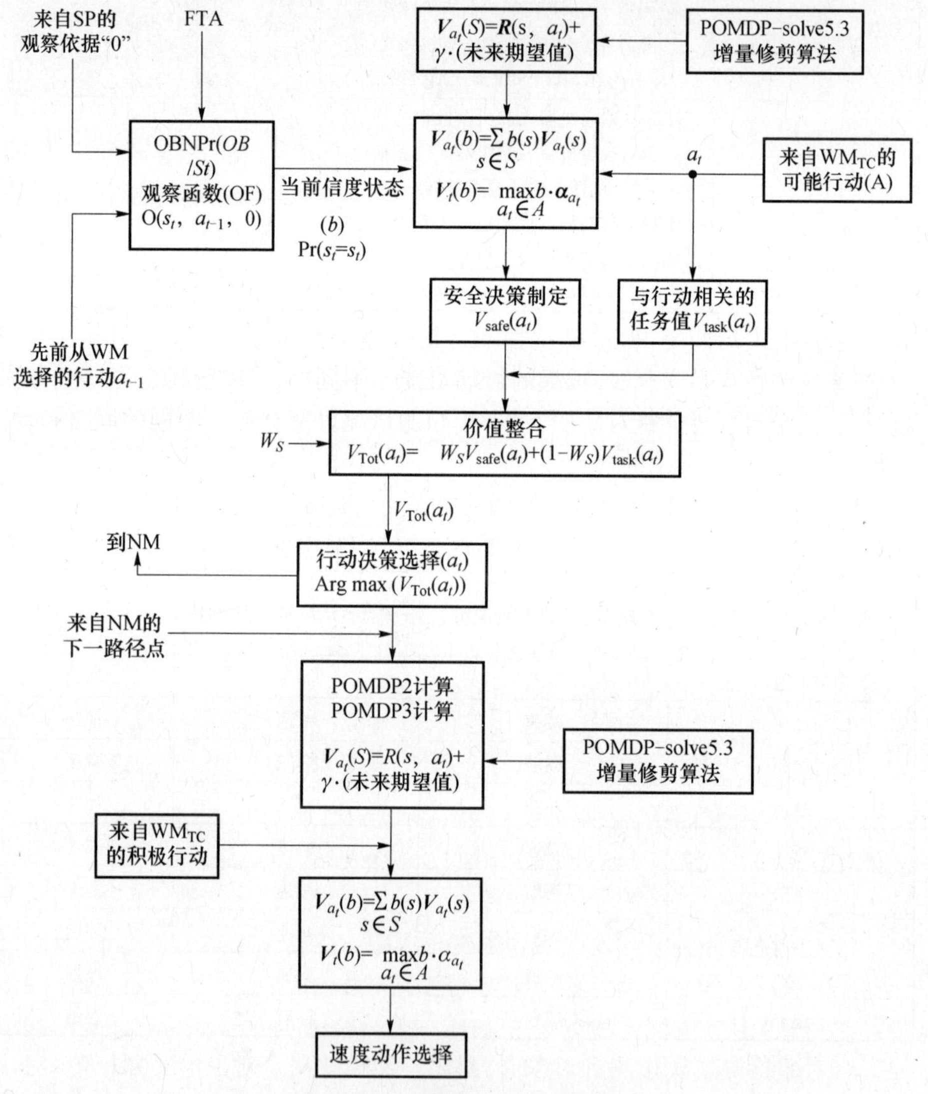

图19.24 POMDP过程计算模型

19.26 所示。这群更小的 POMDP 由 19.7 节中的程序单独处理。根据上述过程选择行动决策。系统目标可以平衡，如 19.7 节所示。实验结果在下一节中展示。

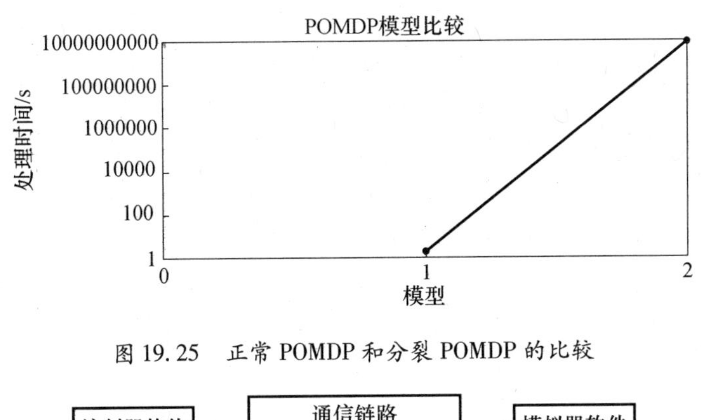

图 19.25　正常 POMDP 和分裂 POMDP 的比较

图 19.26　实验装置

19.9　测试与评价

本节的重点是在 RCS 架构下的安全决策制定过程测试与评估。两个主要的测试领域如下：

(1) POMDP 模型发展评估。

(2) 评估路径规划和避碰中存在不确定性的安全有效决策制定的整个方法。

19.9.1　POMDP 模型开发的测试结果和评估

POMDP 模型发展的评估由不同组的测试组成。所有以下测试装置只包含一台装有 Linux 操作系统的计算机，用来当作控制站。

从测试和评估的角度考虑下列目标：

(1) 为降低计算复杂度评估分裂的 POMDP 方法。

(2) 移动机器人避障与有效导航的实证案例研究。

在接下来几节的所有的测试或实验，除非另有说明，否则，POMDP 模型都是为了解决障碍物状态问题。“障碍状态”为单状态变量，与 5 个不同状态有关。与 POMDP 模型相对应的动作是 A_0—等待和 A_1—前进。

19.9.1.1 分裂的 POMDP 模型评估

将给定的 POMDP 模型分为多个较小的 POMDP,使问题更简单,更容易理解和计算。在一个分裂的 POMDP 中,给定的 POMDP 任务分成更小的子任务,对于每个子任务,开发一个较小的 POMDP 问题。分别解决这些小的 POMDP 后,由代理器作为最终行动决策者在其时间步选择联合行动决策。

一个自主移动机器人,采用 POMDP 是为了在不确定环境中导航而制定安全决策。POMDP 负责考虑障碍物数据和安全指挥机器人导航。OBN 用于找出与 5 个状态($S_1 \sim S_5$)相关的障碍状态变量的信度状态。

更大的 POMDP 问题包含巨大数量的状态,计算极其困难。如此大的 POMDP 模型对存储和处理能力的要求非常高,对于硬件来说,这是一个不切实际的标准,因为在现实环境中,其上的那些技术最有可能被展开。对于一个大型 POMDP,它还需要很长的时间(按天)来找到解决方案。分裂的 POMDP 方法,顾名思义,将这样一个大型的 POMDP 分成更小的 POMDP。然后,这些小的 POMDP 分别按照 19.7 节中讨论的一个特定顺序解决。

关于这种方法的有效性的初步证据,可以通过比较计算较大 POMDP 模型的求解所需处理时间与计算分裂后得到的较小 POMDP 模型的求解所需处理时间来获得。结果表明:分裂的 POMDP 方法减少了处理时间,并且计算能力明显强于单个大的 POMDP。由于 POMDP 规模继续增加,时间和计算功率以指数形式逐步升级。通过控制器为求解三个分裂的 POMDP(模型 1)而计算一个完整的迭代,然后找到联合行动的决策,所需要的处理时间约为 200ms。对于一个更大的 POMDP(模型 2,包含 40 个状态、40 个观测值(障碍物)、24 个动作),目前的处理器无法计算求解,由于模型的尺寸巨大,计算从开始,一直持续了 3 天仍未结束。后来,该过程被手动停止,并未完成计算。图 19.25 显示了这两个模型的处理时间的比较。

19.9.2 导航与防撞的结果与评估:安全决策过程评估

评估完分裂的 POMDP 方法,针对自主安全决策制定过程的模型的集成开发与 RCS 架构作为整体可进行评估。

这样的评估是基于一组数量的仿真移动机器人的模拟运行,其中机器人置身于碰撞事故的风险之中,同时执行行走任务。这些测试还考虑到移动机器人在障碍物存在情况下的路径规划和导航能力。各种类型的动态和静态障碍物都考虑到了。实验装置由一个控制器和一个模拟器组成,二者通过 TCP/IP 通信链路连接,如图 19.26 和图 19.27(a)所示。

在模拟方案中,保险杠开关、激光扫描仪、转速表、指南针等的传感行为是模拟出来的[93],这些传感器产生的传感信息基于模拟环境和机器人之间的交互。

图 19.27(b)显示的是模拟器软件界面。假定激光扫描仪检测 15m 以内的障碍物和斜坡地形,因此不考虑激光扫描仪的倾斜角度。控制器软件用 C + + 在 Linux(Debian)操作系统上开发[94,95]。

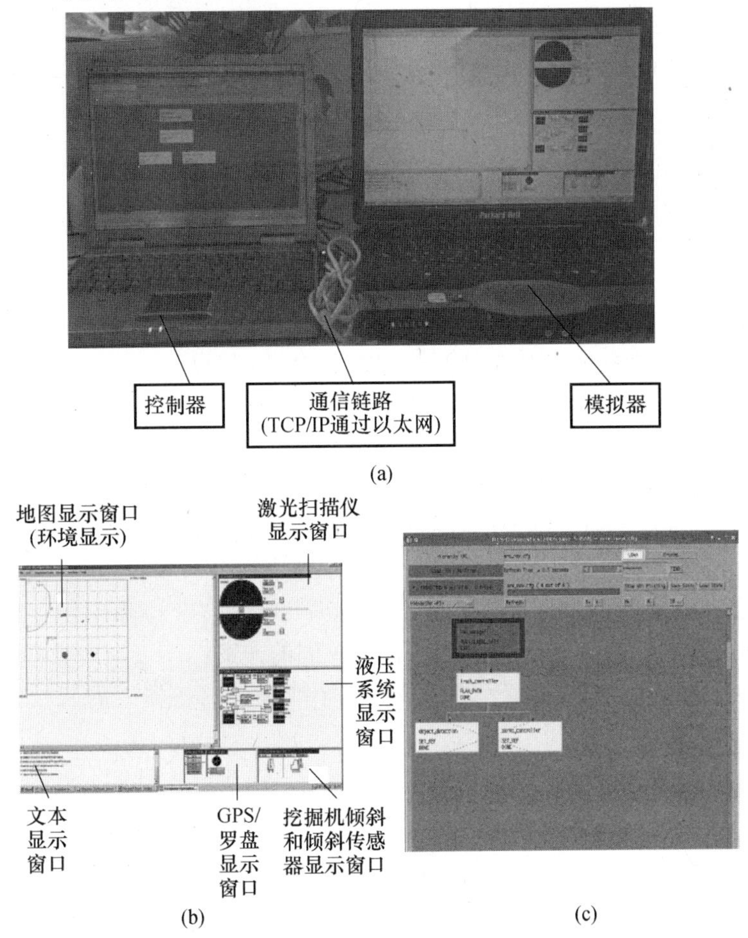

图 19.27　实验控制器与仿真软件及其界面

(a)实验控制器及仿真软件;(b)仿真软件界面;(c)控制器软件界面。

图 19.27(c)显示了应用 RCS 诊断工具的控制器界面[25]。控制器和模拟软件运行在两个独立的计算机和操作系统上(图 19.27)。进行下面的实验是为了测试控制器开发的有效性。它们证明了在航行过程中,目前所讨论过的安全决策制定过程的有效性。这样,也确定了障碍物检测算法和路径规划算法的有效性。这一评估也为今后的发展提供了某些兴趣点。

对于所有进行该评估的测试,环境通过模拟器软件模拟。地图面积为 100m × 100m。数据在每个模拟运行中被详细记录和绘制。在每个时间步长,记录机器人的位置(x,y 坐标),然后以对方为参照进行标定。机器人(和传感行为)也使用模拟器软件模拟。传感器的感测范围(15m)绘制在地图网格(100m ×100m)上。

处理时间是指由控制器处理模拟器接收到的数据,计算下一个动作决策并从操作开始,发送控制信号到模拟器,直到机器人达到目标的所用时间。行程时间是处理时间的超集。行程时间包含处理时间加上模拟机器人从开始到目标的移动所需时间。虽然这里的测试是在模拟系统中进行,行程时间和处理时间没有明显的区别,但是在真实的机器人系统中这种差异会较大。机械因素如机械摩擦、地面粗糙度、机器人轨道改变所需时间等,都会明显增加行程时间。

19.9.2.1 测试1

目的:测试动态和静态障碍物对机器人行为的影响。

本测试探讨在静态和移动障碍物存在下,机器人的行为如何。机器人保持在相同的起始位置。静态和动态障碍物存在于机器人开始位置与目标位置之间的相同位置。目标位置在地图(100m ×100m)的中心(50,50)。在动态和相对静止的障碍物存在的前提下,需要考虑行程时间和已行驶的路径。障碍物由模拟软件模拟。模拟器模拟的动态障碍物为卡车或人。动态障碍物的移动速度和轨迹由模拟器指定。模拟器模拟的静态障碍物为树、围栏、杆、土堆和战壕。这些障碍物的具体尺寸由模拟器指定。在动态(d)和静态(s)障碍物存在的前提下,为比较机器人的行为,需考虑以下四种不同的方案:

(1) 一辆卡车(d)或位于(32,80)的一个战壕(s),机器人的起始位置(30,84)和方向128°

(2) 一个人(d)或位于(68,69)的一个杆(s),机器人的起始位置(70,80)和方向0°

(3) 一个人(d)或位于(25,52)的一道围栏(s),机器人的起始位置(45,14) 和方向90°

(4) 一辆卡车(d) 或位于(58,33)的一棵树(s),机器人的起始位置 (65,28)和方向308°

无论是静态障碍物还是动态障碍物存在的情况下,机器人的起始位置和方向都是相同的,上述每个方案都可以进行比较。图19.28(a)和(b)显示了置身于动态障碍物和相对静止障碍物存在的环境下,机器人从不同起始位置开始所遵循的路径。

表19.13列出了静态或动态障碍物存在情况下,指定了起始位置和方向的行程时间的比较。可以看出,虽然战壕和土堆是地面障碍,但它们都不被视为碰撞障碍,因此机器人可以穿越战壕或通过土堆。

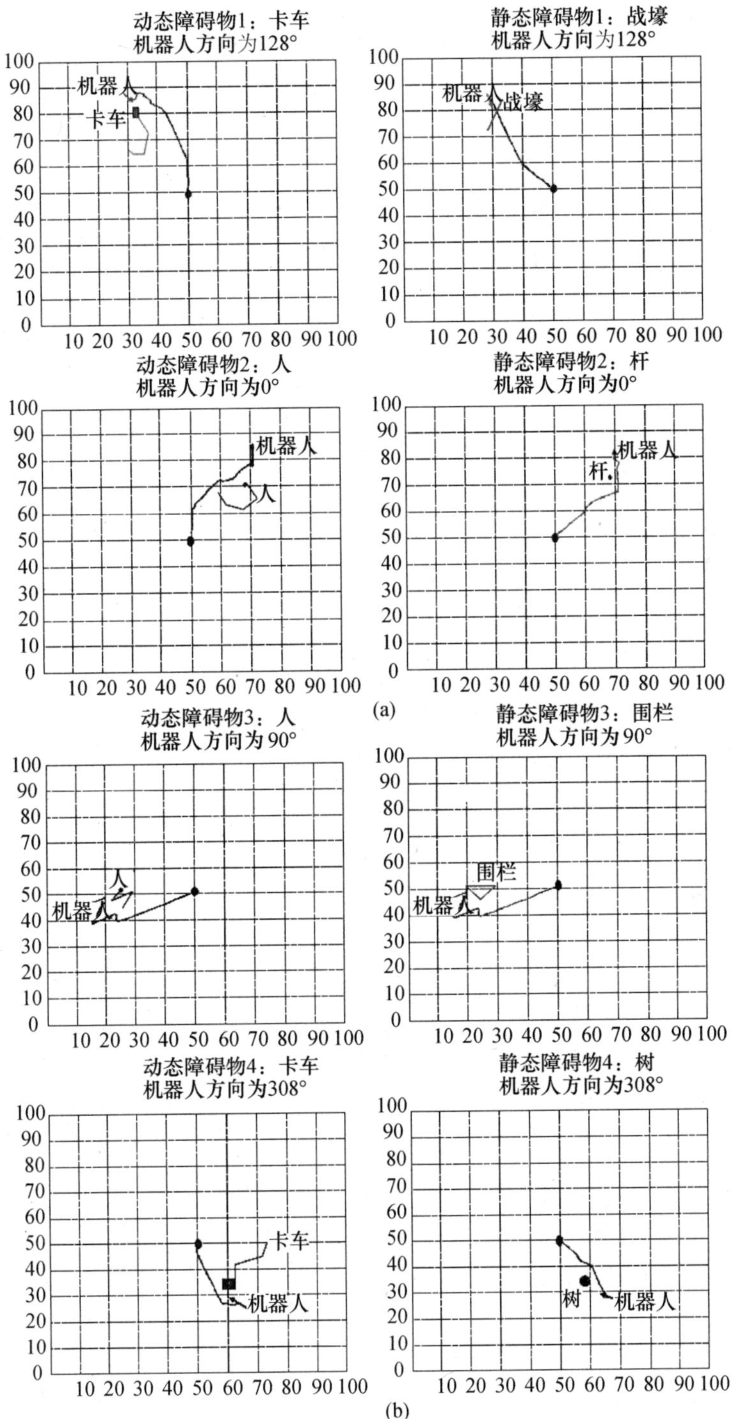

图 19.28　在动态障碍物和静态障碍物存在下机器人的路径(a,b)

表 19.13 静态或动态障碍物存在情况下不同起始位置的行程时间的比较

起始位置	障碍物类型	处理时间
(30,84)	动态(卡车)	3 min 17s
	静态(战壕)	2 min 28s
(70,80)	动态(人)	3 min 50s
	静态(杆)	2 min 3s
(45,14)	动态(人)	5 min 24s
	静态(围栏)	3 min
(65,28)	动态(卡车)	2 min 5s
	静态(树)	1 min 27s

结论:正如预期的那样,在动态障碍物存在的情况下,机器人所需的行程时间多于相同起始位置和方向下相对静止障碍物存在的情况。这是因为,在周围环境中存在不断移动的障碍物时,机器人需要多余的时间制定安全决策。

19.9.2.2 测试 2

目的:检查在越来越多的动态障碍物存在下,机器人的行为如何受到影响。

测试的设置与上述测试相同。机器人保持在起始位置(80,80)。最初,没有障碍物存在。然后,每运行一次障碍物的数量增加 1 个,最多增到 5 个障碍物。图 19.28 中网格标记的每个障碍物都给出了对应于测试运行的障碍物数量。

在每个测试运行中,以前测试运行中存在的所有障碍物也都存在。在每次测试运行的环境创设阶段,预先决策速度分配,每个移动障碍物遵循相同的路径。当移动障碍从开始到结束完成一个周期,它切换回初始位置并再次遵循同样的路径。这个过程一直持续到机器人到达目标。由于机器人和障碍物的移动,所有移动目标移动到视图中。

结论:随着动态障碍物数量的增加,行程时间增加。有趣的是,在动态障碍物数量增加的情况下,机器人所遵循的路径并未完全如预期的那样。随着障碍数量的增加,预期的路径应该更长,但从所示的路径来看显然不是。值得注意的是,随着障碍物数量的不断增加,机器人并非必须遵循那个较长的路径。由图 19.29 可以看出,在三个障碍物存在时,机器人遵循的路径比存在 4 个或 5 个障碍物时所遵循的路径更长。这看似是意外的行为,但当机器人在 3 个和 4 个障碍物存在下模拟运行相应的动作决策,并进行比较时,显而易见,机器人在 4 个障碍物存在的情况下所需要的动作决策(1042 次迭代周期)远远超过 3 个障碍物存在的情况(278 次迭代周期)。一个迭代周期对应于一个动作决策。机器人在障碍物数量更多的情况下变得更加谨慎,需要更多时间来决定下一步选择什么动作。5 个障碍物存在的路径比 3 个或 4 个障碍物存在的路径更直。这是因为,事实上 5 个障碍物存在时机器人所花费的时间明显多了,机器人的动作缓慢,与以前的相比,它看到的障碍物存在于不同的位置。如图 19.30 所示,当更多的障碍物存在于周边区域,机器人采取一个稍微曲折的路径,采取非常短但明显偏离直线的路径。此外,为达到目标它需要数量更多的行动决策,于是它变得越来越慢,用更多的时间在每一个时间步决策最佳的行动方针。当障碍物越少时,路径变得越直,需要的动作决策也更少。每一次运行的行程次数和动作决策的数量都证明这个结论更准确(表 19.14)。

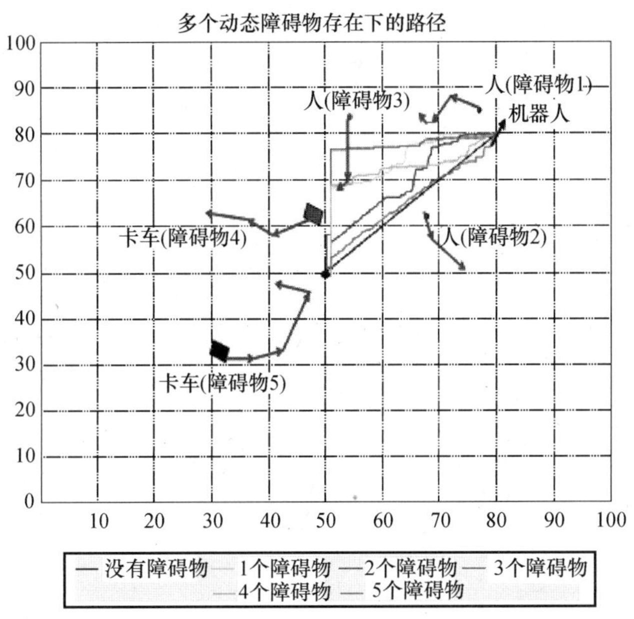

图 19.29　机器人在多个动态障碍物存在下的路径

表 19.14　在动态障碍物数量不断增加的情况下行程时间不断增加

障碍物数量	行程时间	动作的决策周期
0	40 s	156
1	1 min 58 s	192
2	2 min 20 s	215
3	2 min 47 s	278
4	3 min	1042
5	3 min 11 s	2012

19.9.2.3 测试 3

目的:测试加权因子变化对机器人行为的影响。

测试的设置与上述测试的相同。引入加权因子是为了平衡任务的完成与安全性两者之间的权重。下列方程用于计算价值函数:

$$V_{\text{Tot}}(a_t) = W_{\text{S}} V_{\text{Safe}}(a_t) + (1 - W_{\text{S}}) V_{\text{Task}}(a_t) \tag{19.23}$$

对于这个测试,实验设计包括不同的加权因子,使起始位置、目标位置、开始方向、障碍物位置等保持恒定。对于这个测试,考虑以下两个不同的条件:

(1) 在静态障碍物存在的情况下,用 Obs1 和 Obs2 标记的障碍物显示在地图上(图 19.30),机器人保持在起始位置,约为(11,32)。

(2) 在动态障碍物存在的情况下,用 Obs3 标记障碍物(图 19.31),机器人保持在起始位置,约为(70,80)。

目标位置为(50,50)。加权因子从 0 开始,以每次 0.2 的增量增加至 1。高加权因子使机器人更谨慎。机器人为每个加权因子设置的路径被观察。有静态障碍物的路径如图 19.30 所示,有动态障碍物的路径如图 19.31 所示。

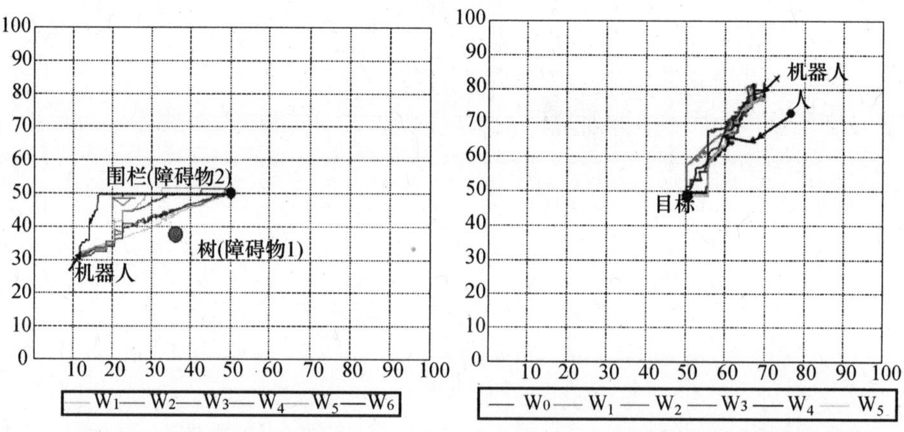

图 19.30 机器人在静态障碍物和变权因子存在下的路径

图 19.31 机器人在动态障碍物和变权因子存在下的路径

结论:随着加权因子的增加,系统的安全意识更强而完成任务的目标则被弱化。对于加权因子 0,系统的目标完全是完成任务,如式(19.23)所展示的那样。从这个公式可以看出,当加权因子向 1 转化时,与安全相关的回报继续增加,系统变得更加注重安全行为。正如预期的那样,增加安全意味着任务完成效率降低。导致安全行为的动作,完成任务的效率普遍都低(在这种情况下,当系统感知到障碍物靠近时必然选择“等待”动作,这使系统行为缓慢,增加了决策时间,实际上也增加了行程时间),从表 19.15 明显看出。值得注意的是,相同加权因子条件下,静态障碍物存在时机器人的行程时间高于动态障碍物存在时机器人的行程时间。这是由两种情况的起始位置和行程所需距离不同导致的。此外，两个静态障碍物与只有一个动态障碍物比，后者决策过程稍微容易。

表 19.15　加权因子与行程时间

加权因子	动态障碍物存在时的行程时间	静态障碍物存在时的行程时间
0	3 min 28 s	2 min 12 s
0.2	4 min 15 s	3 min 3 s
0.4	4 min 32 s	3 min 43 s
0.6	4 min 41 s	3 min 49 s
0.8	4 min 49 s	3 min 59 s
1.0	5 min 12 s	4 min 15 s

对于这两组测试，不考虑那些完全相同的操作条件，如起始位置、障碍物的位置、距离等。这是因为：早期试验证明，起始位置相同，与静态障碍物存在的情况比，在动态障碍存在的情况下，机器人需要更多的行程时间。在这个测试中，有意考虑随机起始位置和障碍物位置，是为了测试机器人的行为，并观察在各种随机操作条件下的发展成效。

19.10　结论与未来工作

从结果中可以得出以下结论：

（1）RCS 架构用于整个控制器的设计与实现，并有效致力于所有层结构的安全性。POMDP 模型在 RCS 节点的有效映射和 POMDP 过程可以在 RCS 节点内开发。一个非常强大的概率推理模型（POMDP）和一个柔性架构如 RCS 的组合，提高了架构的健壮性，同时提供了一种处理部分可观测性的有效方法。

（2）与实时解决相比，预先、离线计算 POMDP 的求解被证明是更容易、更简单的 POMDP 解决方法。代理器只需要实时计算信度状态，这样明显节省了处理时间。

（3）分裂的 POMDP 方法在很大程度上降低了计算处理时间，并有利于在合理时间内通过确定联合行动决定来制定有效决策。

（4）安全决策制定与结构框架的整合提供了安全意识行为产生的手段。随着加权因子的增加，系统的重心从完成任务向安全性转变，从而使系统更加规避风险和谨慎。

以上几个方面说明：一个系统不仅要通过转向装置远离障碍物来避免碰撞的风险，还要试图评估道路环境以提供最小不确定性和最小阻力。在这种方式下，系统安全性被集成和改进，同时确保系统有效完成设置在它面前的任务。发展成效主要取决于任务的完成，并考虑完成任务所需的时间。对未来工作的几点建议：

（1）将本章中的工作实现/移用到真实硬件，并通过在受控环境中首次实施来进行测试，然后在该领域，例如，在移动机器人的具体应用中，如智能处理未爆炸炮弹的机器人。目前正在进行的工作是基于可用于实际机器人的单板计算机的 Linux 端口控制器软件。

（2）对架构作为一个正式的安全案例如何应用进行讨论，也就是说，可以把它作为一种证明机器人是安全的方法。

参考文献

1. Mine Safety and Health Administration, http://www.msha.gov/MSHAINFO/FactSheets/MSHAFCT2.HTM [cited August 2007].
2. Labour, U.M.O. http://www.msha.gov/stats/charts/allstatesnew.asp.
3. Coal mining: Most deadly job in China Zhao Xiaohui & Jiang Xueli, Xinhua News Agency, Updated: 2004-11-13 15:01 [cited August 2007].
4. Watts, S., *BBC Newsnight*, http://news.bbc.co.uk/2/hi/programmes/newsnight/4330469.stm [cited August 2007].
5. Blackeye, D., *BBC- H2G2*, http://www.bbc.co.uk/dna/h2g2/A2922103 [cited August 2007].
6. BBC News, http://news.bbc.co.uk/1/hi/world/asia-pacific/6952519.stm [cited August 2007].
7. Simmons R. and Coste-Maniere E. Architecture, the Backbone of Robotic Systems, in IEEE International Conference on Robotics & Automation, San Francisco, 2000.
8. Medeiros A.A.D. A survey of control architectures for autonomous mobile robots, *Journal of the Brazilian Computer Society*, 4(3), 1998.
9. Arkin R.C. *Behaviour-Based Robotics*, MIT Press, Cambridge, MA, 1998.
10. Sekiguchi M. Nagata S. and Asakawa K. Behavior control for a mobile robot by a structured neural network, *Advanced Robotics*, 1992. 6(2): 215–230.
11. Aleksander I. *Neural Computing Architectures: The Design of Brain-like Machines*, MIT Press, Cambridge, MA, 1989.
12. Klein H., *General & Strategic Management Department, Temple University*, http://www.howhy.com/ucs2006/Abstracts/Klein.html [cited March 2008].
13. University of York, Department of Electronics, http://www.elec.york.ac.uk/intsys/projects/inspired.html [cited March 2008].
14. Darpa neural targeting, https://kat021zen.wordpress.com/2008/02/20/i-have-nothing-better-to-do/ [cited March 2008].
15. Ortega C. and Tyrrell A. Biologically inspired fault-tolerant architectures for real-time control applications, *Control Engineering Practice*, 1999. 7(5): 673–678.
16. Albus J.S. *Brains, Behaviour and Robotics*, Byte Books, Peterborough, NH, 1981.
17. Albus J.S. and Meystel A.M. A reference model architecture for design and implementation of intelligent control in large and complex systems, *International Journal of Intelligent Control and Systems*, 1996. 1(1): 15–30.
18. Brooks R.A. A robust layered control system for a mobile robot, *IEEE Journal of Robotics and Automation*, 1986. (2): 14–23.
19. Brooks R.A. *Planning Is Just a Way of Avoiding Figuring Out What to Do Next*, MIT Artificial Intelligence Laboratory, USA, 1987.
20. Rasmussen J. Skills, rules, knowledge; signals, signs, and symbols, and other distinctions in human performance models, *IEEE Transactions on Systems, Man and Cybernetics*, 1983. 13: 257–266.
21. Rasmussen J. The role of hierarchical knowledge representation in decision making and system management, *IEEE Transactions on Systems, Man and Cybernetics*, 1985. 15: 234–243.

22. Arkin R.C. Riseman E.M. and Hanson A.R. AuRA: An architecture for vision-based robot navigation, in DARPA Image Understanding Workshop, 1987.
23. Arkin R.C. and Balch T.R. AuRA: Principles and practice in review, *Journal of Experimental & Theoretical Artificial Intelligence*, 1997. 9: 175–189.
24. Orebick A. and Lindstrsm M. BERRA: A research architecture for service robots, in IEEE International Conference on Robotics & Automation, San Francisco, 2000.
25. Gazi V. et al. *The RCS Handbook—Tools for Real-Time Control Systems Software Development*, in Wiley Series on Intelligent Systems, ed. J.S. Albus, A.M. Meystel, and L.A. Zadeh, John Wiley and Sons, New York, 2001.
26. National Institute of Standards and Technology, http://www.isd.mel.nist.gov/projects/rcs/ref_model/TOF.htm [cited January 2008].
27. Albus J.S. Outline for a theory of intelligence, *IEEE Transactions on Systems, Man and Cybernetics*, 1991. 21(3).
28. Saridis G.N. Intelligent robotic control, *IEEE Transactions on Automatic Control*, 1983. 28(5): 547–557.
29. Albus J.S. and Meystel A.M. *Engineering of Mind: An Introduction to the Science of Intelligent Systems*, ed. J.S. Albus, A.M. Meystel, and L.A. Zadeh, John Wiley and Sons, New York, 2001.
30. Koestler A. *The Ghost in the Machine*, Penguin Group, London, England, 1967 (1990 reprint edition).
31. Edwards M. http://www.integralworld.net/edwards13.html [cited January 2008].
32. Agate R. et al. Control architecture characteristics for intelligence in autonomous mobile construction robots, in 23rd International Symposium on Automation and Robotics in Construction, ISARC2006, Japan, 2006.
33. Dhillon B. Fashandi A.R.M. and Liu K.L. Robot systems reliability and safety: A review, *Quality in Maintenance Engineering*, 2002. 8(3): 170–212.
34. Pace C. *Autonomous Safety Management for Mobile Robots*, Lancaster University, Lancaster, 2004.
35. Division, T.I.W. *Robot Safety*, Department of Labour, 1987.
36. Dhillon B. and Flynn A. Safety and reliability assessment techniques in robotics, *Robotica (Cambridge University Press)*, 1997. 15: 701–708.
37. Ramirez C.A. ed. *Safety of Robot International Encyclopedia of Robotics Applications and Automation*, ed. R.C. Dorf. John Wiley and Sons, New York, 1988.
38. Robotics online, http://www.roboticsonline.com/public/articles/archivedetails.cfm?id=1574 [cited February 2008].
39. Graham J.A.E. *Safety, Reliability and Human Factors in Robotic Systems*, Van Nortsand Reinhold, New York, 1991.
40. Dhillon B. *Robot Reliability and Safety*, Springer Verlag, New York, 1991.
41. Bradley D. Seward D.W. and Margrave F. Hazard analysis techniques for mobile construction robots, in 11th International Symposium on Robotics in Construction (ISARC), Brighton, UK, 1994.
42. Moravec H. Autonomous Mobile Robots Annual Report, Mobile Robot Laboratory, The Robotics Institute, Carnegie Mellon University, 1985.
43. Agate R.Y. Seward D.W. and Pace C.M. Emotions modelling for safe behaviour generation in robotic systems, in Safety and Reliability Conference ESREL2006, Portugal, 2006.
44. Seward D.W. et al. Safety Analysis of Autonomous Excavator Functionality, *in Proceedings of Reliability Engineering and Systems Safety,* 2000. 70: 29–39.
45. Seward D.W. et al. Developing the safety case for large mobile robots, in International Conference on Safety and Reliability, Lisbon, 1997.
46. Pace C. *Development of a Safety Manager for an Autonomous Mobile Robot*, Lancaster University, Lancaster, 1997.
47. Pearl J. *Probabilistic Reasoning in Intelligent Systems*, Morgan Kaufman, San Francisco, CA, 1998.
48. Joyce J.M. *The Foundations of Causal Decision Theory*, Cambridge University Press, UK, 1999.
49. Bentham J. *An Introduction to the Principles of Morals and Legislation, in Utilitarianism*, Fontana, 1789.
50. Sondik E. *The Optimal Control of Partially Observable Markov Decision Processes*, Stanford University, 1971.
51. Bertsekas D.P. *Dynamic Programming and Optimal Control*, Athena Scientific: Optimization and Computation, USA, Vol. 1. 2001.
52. Bertsekas D.P. *Dynamic Programming and Optimal Control*, Athena Scientific: Optimization and Computation, USA, Vol. 2. 2001.
53. Thrun S. Burgard W. and Fox D. A probabilistic approach to concurrent mapping and localisation for

mobile robots, *Machine Learning*, 1998. 31: 29–53.

54. Fox D. Burgard W. and Thrun S. Active Markov localisation for mobile robots, *Robotics and Autonomous Systems*, 1998. 25: 195–207.
55. Olson C.F. Probabilistic self-localisation for mobile robots, *IEEE Transactions on Robotics and Automation*, 2000. 16(1): 55–66.
56. Simmons R. and Koenig S. Probabilistic navigation in partially observable environments, in International Joint Conference on Artificial Intelligence (IJCAI–95), 1995, pp. 1080–1087.
57. Rose C. Smaili C. and Charpillet F. A dynamic Bayesian network for handling uncertainty in a decision support system adapted to the monitoring of patients treated by hemodialysis, in IEEE International Conference on Tools with Artificial Intelligence (ICTAI 05), Hongkong, China, 2005.
58. Moghadasi M.N. Haghighat A.T. and Ghidary S.S. Evaluating Markov decision process as a model for decision making under uncertainty environment, in International Conference on Machine Learning and Cybernetics, Oregon State University, Corvallis, USA, 2007.
59. Roumeliotis S.I. Sukhatme G.S. and Bekey G.A. Circumnavigating dynamic modelling: Evaluation of the error-state Kalman filter applied to mobile robot localization, in IEEE International Conference on Robotics and Automation (ICRA1999), Detroit, 1999.
60. Roumeliotis S.I. and Bekey G.A. Bayesian estimation and Kalman filtering: A unified framework for mobile robot localisation in IEEE International Conference on Robotics and Automation (ICRA2000), San Francisco, 2000.
61. Cox I.J. and Leonard J.J. Modelling a dynamic environment using a Bayesian multiple hypothesis approach, *Artificial Intelligence*, 1994. 66: 311–344.
62. Goel P. et al. Fault detection and identification in a mobile robot using multiple model estimation and neural network, in IEEE International Conference on Robotics and Automation (ICRA2000), San Francisco, 2000.
63. Nehzmow U. *Mobile Robotics: A Practical Introduction*, Springer Verlag, London, 2000.
64. Zurada J. Wright A.L. and Graham J.H. A neuro-fuzzy approach for robot system safety, *IEEE Transactions on Systems, Man and Cybernetics—Part C: Applications and Reviews*, 2001. 31(1): 49–64.
65. Roy N. et al. Coastal navigation: Robot navigation under uncertainty in dynamic environments, in IEEE International Conference on Robotics and Automation (ICRA), 1999.
66. Thrun S. et al. *Simultaneous Mapping and Localization with Sparse Extended Information Filters: Theory and Initial Results*, CMU-CS-01-112, 2002.
67. Simmons R. and Koenig S. *Xavier: A Robot Navigation Architecture Based on Partially Observable Markov Decision Process Models*, Carnegie Mellon University, School of Computer Science, 1998.
68. Pineau J. and Thrun S. Hierarchical POMDP decomposition for a conversational robot, in Workshop on Hierarchy and Memory in Reinforcement Learning (ICML), Williams College, MA, USA, 2001.
69. Bradley D. and Seward D. Developing real-time autonomous excavation—The LUCIE story, in 34th IEEE Conference on Decision and Control, New Orleans, 1995.
70. Bradley D. and Seward D.W. The development, control and operation of an autonomous robotic excavator, *Springer Journal of Intelligent and Robotic Systems*, 1998. 21(1):73–97.
71. Latombe J.C. *Robot Motion Planning*, Vol. 124, Kluwer International Series in Engineering and Computer Science, Boston, USA, 2000.
72. Brady M. *Robot Motion: Planning and Control*, ed. Brady M. et al. MIT Press, Cambridge, MA, 1982.
73. Balch T.R. Grid-based navigation for mobile robots, *The Robotics Practitioner*, 1996. 2(1): 7–10.
74. Kaelbling L.P. Littman M.P. and Cassandra A.R. Planning and acting in partially observable stochastic domains, *Artificial Intelligence*, 1998. 101: 99–134.
75. Seward D.W. Pace C. and Agate R.Y. *Safe and Effective Navigation of Autonomous Robots in Hazardous Environments*, Springer—Construction Robotics—Special Issue, 2006.
76. Rankin A. Huertas A. and Matthies. L. *Evaluation of Stereo Vision Obstacle Detection Algorithms for Off-Road Autonomous Navigation*, Jet Propulsion Laboratory, 2005.
77. Tsai-Hong Hong. Legowik S. and Nashman M. *Obstacle Detection and Mapping System*, Intelligent Systems Division, National Institute of Standards and Technology (NIST), 1998.
78. Badal S. et al. A practical obstacle detection and avoidance system, in Proceedings of the Second IEEE Workshop on Applications of Computer Vision, Sarasota, Florida, 1994.
79. Soumare S. Ohya A. and Yuta S. Real-time obstacle avoidance by an autonomous mobile robot using an active vision sensor and a vertically emitted laser slit, in The 7th International Conference on Intelligent

Autonomous Systems (IAS-7), USA, 2002.
80. Karuppuswamy J. *Detection and Avoidance of Simulated Potholes in Autonomous Vehicle Navigation in an Unstructured Environment*, University of Cincinnati, 2000.
81. Borenstein J. and Koren Y. Tele-autonomous obstacle avoidance, http://www-personal.umich.edu/~johannb/teleauto.htm, January 2006 [cited January 2008].
82. Albus J.S. Personal Email, R.Y. Agate, Editor, 2005.
83. Agate R.Y. *Annual Review 2004-05*, Lancaster University, Lancaster, 2005.
84. Monahan G.E. A survey of POMDP: Theory, models and algorithms, *Management Science*, 1982. 28(1): 1–16.
85. Cheng H.T. *Algorithms for Partially Observable Markov Decision Processes*, University of British Columbia, Canada, 1988.
86. Cassandra A.R. Littman M.L. and Zhang N.L. Incremental pruning: A simple, fast, exact method for partially observable Markov decision processes, in Proceedings of Uncertainty in Artificial Intelligence (UAI), Rhode Island, USA, 1997.
87. Littman M.L. The witness algorithm: Solving partially observable Markov decision processes, in *Technical Report CS-94-40*, Brown University, 1994.
88. Cassandra A.R. http://www.pomdp.org/pomdp/code/index.shtml. 2003 [cited 2006].
89. Russell S. and Parr R. Approximating optimal policies for partially observable stochastic domains, in *IJCAI*, Morgan Kouffmann, Quebec, 1995.
90. Parr R. and Russell S. *Reinforcement Learning with Hierarchies of Machines in Advances in Neural Information Processing Systems: Proceedings of the 1997 Conference*, MIT Press, Cambridge, MA, 1998.
91. Pineau J. Roy N. and Thrun S. A hierarchical approach to POMDP planning and execution, in Workshop on Hierarchy and Memory in Reinforcement Learning (ICML), Williams College, USA, 2001.
92. Theocharous G. and Mahadevan S. Learning the hierarchical structure of spatial environments using multiresolution statistical models, in IEEE International Conference on Intelligent Robots and Systems, Lausanne, Switzerland, 2002, pp. 1038–1043.
93. Agate R.Y. Safe and Effective Decision Making in Autonomous Mobile Robots, PhD thesis, Lancaster University, Lancaster, 2008.
94. Stevens R. and Rago S.A. *Advanced Programming in the UNIX(R) Environment*, Addison-Wesley Professional Computing Series, USA, 1992.
95. SS64, http://www.ss64.com/bashsyntax/vi.html [cited September 2006].

第20章 无人机避障反应的局部综合制导与控制

20.1 引言

与无人机相关联的各种技术的快速发展已经能以最少的人为干预执行许多复杂任务。无人机可以在众多应用中进行部署,如侦察与监视、更少附加伤亡的蓄意攻击、战斗损伤评估、预防犯罪的交通监测、检测与遏制工业危险泄漏、自然灾害评估与恢复等[1]。很明显,对于成功的自主任务,无人机应该有一个良好的内置机制和相关的指导法则,以避免飞行路径中的碰撞。这实际上是一个"路径规划"问题,通常包括两层:一层是全局路径规划;另一层是本地路径规划。全局路径规划通常会试图寻找一个较长且更好的最佳路径(通常是离线计算),这样可以避免已知障碍并到达目的地。对于本地路径规划,主要目的是避免与附近的障碍碰撞,特别是在早期的全局路径规划中未被占用的弹出式路径。在这样的情况下,避免碰撞是主要关键,而从燃料和控制最小化的角度来看,最优路径不太重要。

每当板载传感器检测到飞行路径上的近距离障碍时,反应性避撞制导算法试图操纵无人机尽快远离危险避免即将发生的碰撞。这样的制导也称为反应制导,因为决定是在很小的可用剩余飞行时间内做出,并导致了无人机在很短时间内的高机动性。另一个常规限制在于,这样的制导法则应该是计算效率很高的,最好以闭环形式应用,因为反应的时间通常是相当低的。不同于旋转翼飞行器(如四旋翼无人机),它们降低速度相对容易,甚至必要时悬停,固定翼飞行器通常不能迅速降低速度,必须以足够快的速度继续向前移动,以维持它们的升力。在避免障碍的同时,制导法则还应确保飞行器不至偏离原来的预定路径太多。这既是因为其他障碍应该不会出现在新的飞行路径上,也是因为它不应该偏离所寻的预期目的地太远;否则,把它放回到原来的路径是一项艰巨的任务。无人机避障反应问题和相关的创新解决方案在最近的文献中大量报道。对于广泛的文献目录和优势相关讨论以及各种尝试方法的弊端,有兴趣的读者可以参见文献[2]。例如,人工势场法由于不受声数学特征影响[3,4]的直观性而成为一种常用方法。在这种方法中,当目的地有一个吸力场时,障碍就有一个斥力场,以这样的方式来选择被优化的势函数。优化场导致无人机在安全的方向上前行。尽管这个算法很适合离线全局路径规划,并已经尝试了对有限局部路径规划也适用,但它仍不适合反应制导,由于它依赖于迭代优化算法,因此变成密集型计算。另一个常用的方法是快速扩展随机树(RRT)法,这是一种随机搜索算法,有许多吸引人的特点,包括计算效率[5]。然而,RRT 本质上是一种启发式的方法,这会导致以下问题:该算法通常产生一些多余的分支,这些分支最终是无用的。而且,它也没能产生一个最佳的解决方案。虽然反应避障允许非最优演习,但 RRT 在路径发现中的损耗(因此计算损耗)通常也是显而易见的。有关路径规划和避障制导思想的概述参见文献[2]。

即使障碍感应和有效反应避障制导是一个重要功能,必须得到应有的重视,但不该忘记的是,无人机的机身只对鳍挠度的控制输入形式通过改变机体速率来反应。因此,飞机的控制(自动驾驶仪)设计任务也很重要,为此必须考虑完整的非线性六自由度(六自由度)动力学和涉及的相关物理学,以便设计一个有效的控制法则。航空航天工业的惯例是:首先从几何(运动)关系中,或者充其量从点质量方程中得到一个制导定律;然后进行自动驾驶仪的设计以便尽量密切跟踪制导命令。这基本上是在一个三循环结构上运行:一是制导命令从外循环产生;二是这些制导命令在中间环被转换成必要的俯仰速率和偏航速率;三是通过在内循环产生必要的鳍挠度使受命的机体速率被跟踪。在这里,称其为“传统方法”。遗憾的是,传统的三循环结构在每个循环都引入了时间延迟,因此整体延迟变大。通常情况下,这样的结构还要引入大的整体瞬态,同时,内循环的瞬态作用大于外循环的瞬态作用。对于反应避障的目的,显然这些都是不受欢迎的功能,这些可能会导致瞬变衰减之前和/或误差解决之前的碰撞。有趣的是,在导弹末制导和控制阶段,低时间可用性、急转弯要求等方面的相关性很强。由于这些担忧,一些令人感兴趣的“综合制导与控制”(IGC)方法已经在导弹制导与控制文献(如文献[6-8])中被提出。其基本理念是,在一个直接嵌入六自由度动力的更大的三维状态空间问题中制定控制设计问题,从而实现制导目标。很明显,与传统方法不同的是,这种理念提供了几个优点,如总沉降时间的最小化、整体设计优化等。

然而遗憾的是,IGC 方法没有考虑到存在于航天飞机的固有时间尺度分离特性。一般情况下,相比其力的生成能力,它试图忽略控制表面的大力矩生成能力。因为制导问题本质上是平移整架飞机,它宁愿尝试直接通过改变系统的状态来实现。然而,调整设计必须间接确保由控制表面的偏转产生的机体速率应给予飞机有意义的转向,同时实现平移飞机的制导目标。除非小心谨慎地调整,否则通常会导致旋转动力学的不稳定。换句话说,调整设计变得相当困难,在很大程度上依赖于初始条件,这是非常不可取的。出现这种情况主要是缺乏有关

IGC 规划中"期望机身速率"的明确信息。为了克服上述困难,Padhi 等人[9]提出了在导弹制导背景下的部分综合制导和控制(PIGC)学[10],明确表明 PIGC 执行起来更优于传统方法以及 IGC 方法。PICC 学基本上在两个循环内工作,两者都直接应对飞机的六自由度动力,因此不需要以制导为目的的离散兼容点质量模型。而在保留 IGC 优点的同时,PIGC 方法未陷入困境(包括调谐困难)。在这一章,中心思想是基于碰撞检测的碰撞锥和回避哲学[11,12]以及瞄准点制导[13],PIGC 的设计方法是为无人机的反应避障而提出的。在这种方法中,水平和垂直平面上的必要角校正命令首先从代数关系中计算出。应用这些角命令,机身速率从应用动态逆方法的外循环中计算出[14]。然后,必要的鳍挠度命令从一个内循环(再次使用动态逆方法)中计算出,以便跟踪期望的机身速率。为了验证所提出的 PIGC 方法的有效性,已使用固定翼无人机的六自由度模型进行了数值实验,也使用了气动及推力控制的执行器模型。接下来进行飞机详细信息以及其数学模型的讨论。

20.2 无人机样机的六自由度模型

无人机样机的六自由度动力,命名为 AE－2(图 20.1),用于通过数值实验验证 PICC 的发展。AE－2 由印度班加罗尔的印度科学院航空航天工程系无人机实验室开发与设计。这是一个固定翼飞机,为长航时而设计。推力产生装置是一种带螺旋桨的电动机。它有一个推力推进器配置,使机载传感器(如摄像机)可以安装在机鼻上。

图 20.1　AE－2(全电动飞机－2)

假设飞机是一个刚体,并且地球是平坦的,描述运动方程(在机身和惯性系中)的方程组由以下微分方程[15]给出:

力方程:

$$\dot{U}=RV-QW-g\sin\theta+\frac{1}{m}(X_{\mathrm{a}}+X_{\mathrm{t}}) \tag{20.1}$$

$$\dot{V}=PW-RU+g\sin\phi\cos\theta+\frac{1}{m}(Y_{\mathrm{a}}) \tag{20.2}$$

$$\dot{W}=QU-PV+g\cos\phi\cos\theta+\frac{1}{m}(Z_{\mathrm{a}}) \tag{20.3}$$

力矩方程：

$$\dot{P}=c_1RQ+c_2PQ+c_3L_{\mathrm{a}}+c_4N_{\mathrm{a}} \tag{20.4}$$

$$\dot{Q}=c_5PR+c_6(R^2-P^2)+c_7(M_{\mathrm{a}}-M_{\mathrm{t}}) \tag{20.5}$$

$$\dot{R}=c_8RQ-c_2RQ+c_4L_{\mathrm{a}}+c_9N_{\mathrm{a}} \tag{20.6}$$

运动方程：

$$\dot{\phi}=P+Q\sin\phi\tan\theta+R\cos\phi\tan\theta \tag{20.7}$$

$$\dot{\theta}=Q\cos\phi-R\sin\phi \tag{20.8}$$

$$\dot{\psi}=Q\sin\phi\sec\theta+R\cos\phi\sec\theta \tag{20.9}$$

导航方程：

$$\begin{aligned}\dot{x}_i=&U\cos\theta\cos\psi+V(\sin\phi\sin\theta\cos\psi-\cos\phi\sin\psi)\\&+W(\cos\phi\sin\theta\cos\psi+\sin\phi\sin\psi)\end{aligned} \tag{20.10}$$

无人飞行器的局部综合制导与控制方程：

$$\begin{aligned}\dot{y}_i=&U\cos\theta\sin\psi+V(\sin\phi\sin\theta\sin\psi+\cos\phi\cos\psi)\\&+W(\cos\phi\sin\theta\sin\psi-\sin\phi\cos\psi)\end{aligned} \tag{20.11}$$

$$\dot{h}_i=U\sin\theta-V\sin\phi\cos\theta-W\cos\phi\cos\theta \tag{20.12}$$

U、V、W 可以由 $\boldsymbol{V}_{\mathrm{T}}$、$\alpha$ 和 β 通过下式计算得出：

$$\begin{cases}U=V_{\mathrm{T}}\cos\alpha\cos\beta\\V=V_{\mathrm{T}}\sin\beta\\W=V_{\mathrm{T}}\sin\alpha\cos\beta\end{cases} \tag{20.13}$$

式中：$V_{\mathrm{T}}=\sqrt{U^2+V^2+W^2}$ 为和速度；攻角 α 和侧偏角 β 定义为：$\alpha=\arctan(W/U)$，$\beta=\arcsin(V/V_{\mathrm{T}})$。式(20.4)～式(20.6)中的系数 $c_1\sim c_9$ 是机身轴系统中与无人机相关的惯性矩函数[15]：

$$\begin{bmatrix}c_1\\c_2\\c_3\\c_4\\c_8\\c_9\end{bmatrix}\triangleq\frac{1}{I_{xx}I_{yy}-I_{xz}^2}\begin{bmatrix}I_{zz}(I_{yy}-I_{zz})-I_{xz}I_{xz}\\I_{xz}(I_{xx}-I_{yy}+I_{zz})\\I_{zz}\\I_{xz}\\I_{xz}I_{xz}+I_{xx}(I_{xx}-I_{yy})\\I_{xx}\end{bmatrix},\begin{bmatrix}c_5\\c_6\\c_7\end{bmatrix}\triangleq\frac{1}{I_{yy}}\begin{bmatrix}I_{zz}-I_{xx}\\I_{xz}\\1\end{bmatrix}$$

空气动力和推力以及力矩：

$$[X_a \quad Y_a \quad Z_a] = \frac{\bar{q}s}{m}[-C_X \quad C_Y \quad -C_Z]$$

$$[L_a \quad M_a \quad N_a] = \bar{q}s[bC_l \quad cC_m \quad bC_n]$$

$$X_t = \frac{1}{m}(T_{\max}\sigma_t)$$

$$M_t = d(T_{\max}\sigma_t)$$

AE－2 的几何和惯性参数如表 20.1 所列。

表 20.1　AE－2 的几何和惯性参数

b/m	c/m	d/m	m/kg	I_{xx}/(kg·m^2)	I_{yy}/(kg·m^2)	I_{zz}/(kg·m^2)	I_{xz}/(kg·m2)
2	0.3	0.26	6	0.5062	0.89	0.91	0.0015

气动力和力矩系数是由无人机风洞数据的拟合曲线得到的，$t_{\max}$ 是最大推力值(15N)，可由电动机和组装螺旋桨产生，$\sigma_T \in [0,1]$ 是适用于系统(控制变量)的最大推力的百分比。各种空气动力系数和力矩系数给定如下：

$$C_X = C_{x_a}(\alpha)\alpha + C_{X\delta_e}(\alpha)\delta_e + C_{X_Q}(\alpha)\overline{Q}$$

$$C_Y = C_{Y_\beta}(\alpha)\beta + C_{Y\delta_a}(\alpha)\delta_a + C_{Y\delta_r}(\alpha)\delta_r + C_{Y_P}(\alpha)\overline{P} + C_{Y_R}(\alpha)\overline{R}$$

$$C_Z = C_{Z_0} + C_{Z_a}(\alpha)\alpha + C_{Z_\beta}\beta + C_{Z_{\delta e}}\delta_e + C_{Z_Q}(\alpha)\overline{Q}$$

$$C_l = C_{l_\beta}(\alpha)\beta + C_l(\alpha)\delta_a + C_{l_P}(\alpha)\overline{P} + C_{l_R}(\alpha)\overline{Q}$$

$$C_m = C_{m_0} + C_{m_\alpha}(\alpha)\alpha + C_{m_\beta}(\alpha,\beta)\beta + C_{m_{\delta_e}}(\alpha)\delta_e + C_{m_Q}(\alpha)\overline{Q}$$

$$C_n = C_{n_\beta}(\alpha)\beta + C_{n_{\delta_r}}(\alpha)\delta_r + C_{n_P}(\alpha)\overline{P} + C_{n_R}(\alpha)\overline{R}$$

式中

$$[\overline{P} \quad \overline{Q} \quad \overline{R}] = 1/2V_T[bP \quad cQ \quad bR]$$

各种静态和动态导数都是 α 和 β 的函数。它们从风洞数据的拟合曲线中获得，详细内容在本章附录中给出。空气动力和推力执行器的模型由一阶系统表示：

$$\dot{\delta} = -9.5\delta + 9.5u_\delta \tag{20.14}$$

$$\dot{\sigma}_t = -4.5\sigma_t + 4.5u_{\sigma_t} \tag{20.15}$$

这里，方程式(20.14)表示气动执行器模型，用于控制气动表面挠度(u_δ 为气动执行器的输入)，方程式(20.15)表示推力控制执行器模型(u_{σ_t} 为气动执行器的输入)。关于飞机的更多详细资料，可参见文献[16]。关于原始的风洞数据，可以参见文献[17]。

20.3　避障的瞄准点筛选

附近发现弹出式障碍后，此处提出的避障算法包含两个关键组成部分：一是检测障碍物是否能威胁到无人机；二是在有障碍的情况下，充分引导是至关重要的。为了执行这两项任务，可以依靠“碰撞锥”方法[11]。在该方法中，人工安全球首先放置在周围的障碍物中，如果扩展速度矢量输入这个安全球，则沿速度矢量方向的球边界表面上就有一个合适的“瞄准点”被选择。

20.3.1　“碰撞锥”结构

“碰撞锥”是一种有效的工具，用于检测碰撞，以及寻找能避免碰撞的另一个运动方向[11]。“碰撞锥”的构造如图 20.2 所示。

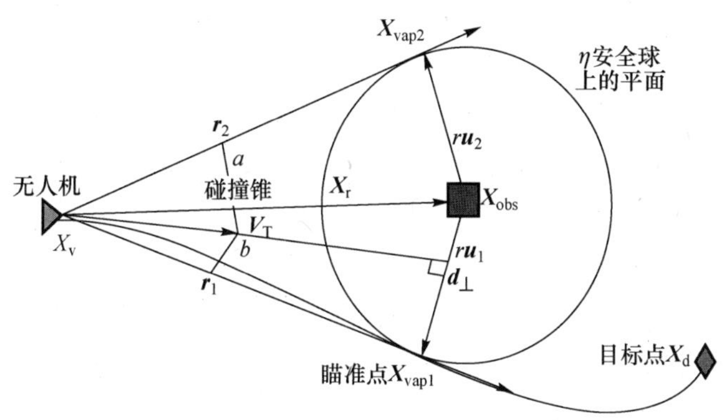

图 20.2　“碰撞锥”的构造

首先，半径为 r 的安全球是由周围障碍物的几何中心（假定障碍物的形状是从相应的机载传感器获取）以及几何边界的安全范围组成的，这样，即使无人机的重心（CG）接触到球表面上的任何点，仍然不会导致与障碍物的任何物理碰撞。其次，从无人机当前的位置（无人机中心的 CG，位置要准确）开始，由收集到的所有无人机重心到安全球的切线构成的锥，称为“碰撞锥”。

很明显，如果无人机的速度矢量在此锥内，无人机就存在于碰撞过程中，在这种情况下，无人机被导入安全球内，并且威胁成为“危险”。在这种危险的情况下，应采取纠正措施来扭转局面。然而，如果无人机被转向太多，则它可能再次陷入与其他障碍的碰撞过程中，而且让它再次回到原来的预期路径将变得困难。因此，这个理念是使飞机转向，以便它刚刚接触“碰撞锥”并向前移动，从而成功避免障碍，这个转向程度就足够了。

20.3.2 瞄准点计算

在危险情况下，球体表面上的“瞄准点”（朝着它的速度矢量被指定的方向）发现如下。从图 20.2 中，无人机和障碍物之间的相对位移由式 $\boldsymbol{X}_{\mathrm{r}} = \boldsymbol{X}_{\mathrm{obs}} - \boldsymbol{X}_{\mathrm{v}}$ 给出，其中，$\boldsymbol{X}_{\mathrm{obs}}$、$\boldsymbol{X}_{\mathrm{v}}$ 分别为障碍物与飞机的位置点，在某些平面上，该位移与惯性面平行。这种非旋转框架是假定固定在无人机的（$\boldsymbol{X}_{\mathrm{v}}=0$）CG。由于 $\boldsymbol{X}_{\mathrm{r}}$ 和 $\boldsymbol{V}_{\mathrm{T}}$ 同源，可以想象由这两个矢量张成一个平面。当削减安全领域时，这架无人机将产生一个“大圆圈”，因为它保证包含这个领域的中心。这个三维场景（包含“大圆圈”）中的几何关系如图 20.3 所示。

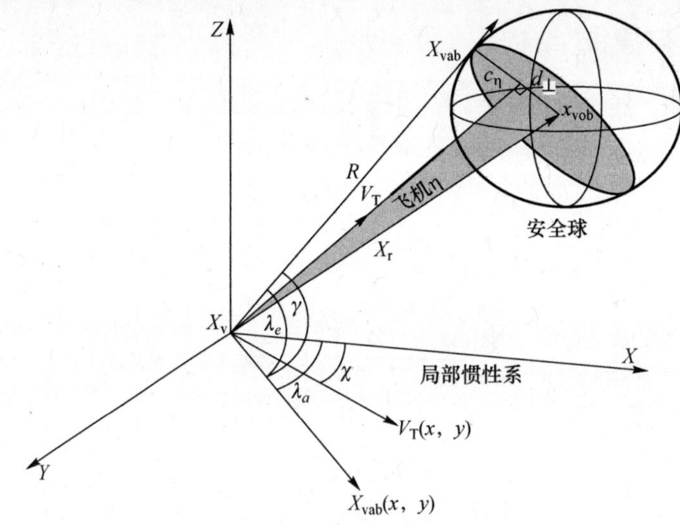

图 20.3 制导逻辑的三维矢量

在图 20.3 中，经过迭代可以得到以下关系[18]：

$$\boldsymbol{d}_{\perp} = \boldsymbol{X}_{\mathrm{r}} - \left(\frac{\boldsymbol{X}_{\mathrm{r}} \cdot \boldsymbol{V}_{\mathrm{T}}}{\|\boldsymbol{V}_{\mathrm{T}}\|^2}\right)\boldsymbol{V}_{\mathrm{T}} \tag{20.16}$$

获得 $d_{\perp}$ 值后，很明显，如果 $d_{\perp} < r$，则速度矢量 $\boldsymbol{V}_{\mathrm{T}}$ 位于“碰撞锥”内，因此障碍就成了威胁。在这种情况下，速度矢量需要转移，从而使其与圆的切线方向平行。显然，锁定的特定切线应更接近速度矢量，这样才能需要最小的修正（最终导致最低限度的控制工作）。为了实现这个目标，首先需要计算切向矢量 $\boldsymbol{r}_1$ 和 $\boldsymbol{r}_2$：

$$\boldsymbol{r}_1 = \boldsymbol{X}_{\mathrm{r}} + r\boldsymbol{u}_1 \tag{20.17}$$

$$\boldsymbol{R}_2 = \boldsymbol{X}_{\mathrm{r}} + r\boldsymbol{u}_2 \tag{20.18}$$

式中：$\boldsymbol{u}_1$、$\boldsymbol{u}_2$ 分别为垂直于切线的球半径的单位矢量，且有

$$\begin{cases} \boldsymbol{u}_1 = -\dfrac{1}{\|\boldsymbol{X}_\mathrm{r}\|^2}(c(\boldsymbol{X}_\mathrm{r} \cdot \boldsymbol{V}) + \boldsymbol{r})\boldsymbol{X}_\mathrm{r} + c\boldsymbol{V} \\ \boldsymbol{u}_2 = -\dfrac{1}{\|\boldsymbol{X}_\mathrm{r}\|^2}(c(\boldsymbol{X}_\mathrm{r} \cdot \boldsymbol{V}) - \boldsymbol{r})\boldsymbol{X}_\mathrm{r} - c\boldsymbol{V} \end{cases} \tag{20.19}$$

其中

$$c = \sqrt{\frac{\|\boldsymbol{X}_\mathrm{r}\|^2 - \boldsymbol{r}^2}{\|\boldsymbol{X}_\mathrm{r}\|^2 \|\boldsymbol{V}\|^2 - (\boldsymbol{X}_\mathrm{r} \cdot \boldsymbol{V})^2}} \tag{20.20}$$

速度矢量分成分量 $\boldsymbol{r}_2$ 和 $\boldsymbol{r}_1$，a 和 b 计算如下：

$$a = \frac{1}{2}\left(\frac{\boldsymbol{X}_\mathrm{r} \cdot \boldsymbol{V}_\mathrm{T}}{\|\boldsymbol{X}_\mathrm{r}\|^2 - \boldsymbol{r}^2} + \frac{1}{c\boldsymbol{r}}\right) \tag{20.21}$$

$$b = \frac{1}{2}\left(\frac{\boldsymbol{X}_\mathrm{r} \cdot \boldsymbol{V}_\mathrm{T}}{\|\boldsymbol{X}_\mathrm{r}\|^2 - \boldsymbol{r}^2} - \frac{1}{c\boldsymbol{r}}\right) \tag{20.22}$$

计算完 a 和 b 后，如果 $a > 0, b > 0$，那么障碍被当作威胁考虑，因为它导致了如果飞机继续朝着该方向前行，则入侵安全球。这种情况仅当 $d_\perp < r$ 时发生。最后，在危险情况下，所需的瞄准点通过以下方式确定：

$$\boldsymbol{X}_{aP} = \boldsymbol{X}_V + \boldsymbol{r}_1, a > b \tag{20.23}$$

$$\boldsymbol{X}_{aP} = \boldsymbol{X}_V + \boldsymbol{r}_2, b > a \tag{20.24}$$

需要注意的是，当没有障碍是威胁时，目标点则成为瞄准点，即 $\boldsymbol{X}_\mathrm{ap} = \boldsymbol{X}_\mathrm{g}$，其中 $\boldsymbol{X}_\mathrm{g}$ 为目标点坐标。因此，此处的制导问题有足够的通用性，既能避免障碍又能达到目标点。以上计算中所用的标准都是欧几里得(二)规范。有关上述关系的推导方法的更多细节，可以参见文献[11,12]。

20.3.3　剩余飞行时间计算

有时必须计算剩余飞行时间(到达瞄准点或目标点的时间)t_go。剩余飞行时间在许多种方法中都非常有用，包括调整制导回路。可以用以下方式获得：

无人机与瞄准点之间的相对距离为

$$\boldsymbol{X}\mathrm{vap} = \boldsymbol{X}\mathrm{ap} - \boldsymbol{X}\mathrm{v} \tag{20.25}$$

式中：矢量 $\boldsymbol{X}_\mathrm{vap}$ 可以是取决于(式 20.23)和(式 20.24)中指定条件的 $\boldsymbol{r}_1$ 或 $\boldsymbol{r}_2$ 中的任何一个。

假设速度矢量是瞬间对准的，其大小保持不变，则剩余时间为

$$t_\mathrm{go} = \frac{(\boldsymbol{X}_\mathrm{vap} \cdot \boldsymbol{V}_\mathrm{T})}{\|\boldsymbol{V}_\mathrm{T}\|^2} \tag{20.26}$$

t_go 可用于调整增益，误差可设置在可用 t_go 的一小范围内。

20.4 速度矢量方向与动态方位角

在局部 IGC 框架内的规划问题,速度矢量方向和动态方位角的概念也是必要的,是本节讨论的内容。

20.4.1 速度矢量的电流和预期方向

找到速度矢量的电流和预期方向,以便可以制定一个合适的制导问题。图 20.2 中,*XYZ* 框架是坐标系,其原点是飞机重心,但坐标轴的取向平行于惯性系。为了方便起见,这个坐标系可称为虚拟惯性系(第六坐标系),即使它不是惯性系。注意,为了避免碰撞,目标信息以及速度在第六坐标系中的分量不需要已知真正的惯性系,机身姿态(机身坐标)足以提供信息来计算出所需的控制动作。然而,对于飞机轨迹的信息,应该已知真正的惯性系。注意,机载加速度传感器通常会给惯性系中的速度分量信息。所以,总速度矢量 $\boldsymbol{V}_{\mathrm{T}}$ 在第六坐标系中的分量 v_x、v_y、v_z 是已知的。由此,这两个定义瞬时速度矢量方向(图 20.2)的飞行路径角度 γ 和 χ,即航迹角和航向角,分别可以从速度矢量分量中得出:

$$\gamma = \arctan\left(\frac{v_z}{\sqrt{v_x^2 + v_y^2}}\right) \tag{20.27}$$

$$\chi = \arctan\left(\frac{v_y}{v_x}\right) \tag{20.28}$$

假定安全气囊(也可以说成“障碍物位置”)$\boldsymbol{X}_{\mathrm{obs}} = [x_{\mathrm{obs}}\ y_{\mathrm{obs}}\ z_{\mathrm{obs}}]^{\mathrm{T}}$ 在第六坐标系(事实上,信息从传感器坐标系到第六坐标系的必要转换后,可以得到这个位置)中是可用的。用这个信息以及速度矢量方向的信息,可以推断障碍是否是威胁,如果是,则计算必要的瞄准点位置 $\boldsymbol{X}_{\mathrm{vap}} = [x_{\mathrm{vap}}\ y_{\mathrm{vap}}\ z_{\mathrm{vap}}]$,以上内容在本节中探讨。有了这些信息,速度矢量的取向(沿 $\boldsymbol{X}_{\mathrm{vap}}$ 方向),也就是预期的航迹角和航向角,分别可计算如下:

$$\gamma^{\mathrm{c}} = \arctan\left(\frac{z_{\mathrm{vap}}}{\sqrt{\boldsymbol{v}_{\mathrm{vap}}^2 + \boldsymbol{v}_{\mathrm{vap}}^2}}\right) \tag{20.29}$$

$$\chi^{\mathrm{c}} = \arctan\left(\frac{y_{\mathrm{vap}}}{x_{\mathrm{vap}}}\right) \tag{20.30}$$

制导和控制的设计目的是尽可能地确保 $\gamma \to \gamma^{\mathrm{c}}$ 和 $\chi \to \chi^{\mathrm{c}}$ 的转换,这样非常合乎逻辑。注意,假定速度矢量的大小保持不变(这样是合理的,因为剩余飞行时间值很小),同时它的方向被控制,以达到制导目标。

20.4.2　瞄准点计算

为了实现 $\gamma \to \gamma^c$ 和 $\chi \to \chi^c$ 的转变的目的（本质上这是一个跟踪问题），应该有 γ 和 χ 的动力分析。首先，$\dot{\gamma}$ 的表达式可由以下步骤得出。

从图 20.2 中可以看到，惯性坐标系的坐标可定义如下：

$$\dot{x}_i = V_T \cos\gamma \cos\chi \tag{20.31}$$

$$\dot{y}_i = V_T \cos\gamma \sin\chi \tag{20.32}$$

$$\dot{h}_i = V_T \sin\gamma \tag{20.33}$$

然而，高度的变化率也可由式（20.12）得到。因此，由式（20.12）和式（20.33）得出的 $\dot{h}$ 的两个表达式等同，可以写成

$$\sin\gamma = \frac{U}{V_T}\sin\theta - \frac{V}{V_T}\sin\phi\cos\theta - \frac{W}{V_T}\cos\phi\cos\theta \tag{20.34}$$

式（20.34）可以通过使用 α、β 的定义进一步简化。经过必要的代数计算，式（20.34）可以写成

$$\sin\gamma = \cos\alpha\cos\beta\sin\theta - \sin\beta\sin\phi\cos\theta - \sin\alpha\cos\beta\cos\phi\cos\theta \tag{20.35}$$

注意：在飞行控制中，确保侧偏角尽可能小以便整个飞行中的阻力最小化是非常必要的。通过“坐标转换”[15]（讨论后通过生成倾斜角实现坐标转换）确保小的侧偏角，假设 $\sin\beta \approx \beta$，$\cos\beta \approx 1$，则式（20.35）简化为

$$\sin\gamma = \sin\theta\cos\alpha - (\sin\phi\cos\alpha)\beta - \sin\alpha\cos\phi\cos\theta \tag{20.36}$$

将时间导数代入式（20.36），并进行必要的代数计算，飞行轨迹角的动态表达式可写为

$$\dot{\gamma} = \frac{1}{\cos\gamma}(C_1\theta + C_2\dot{\phi} + C_3) \tag{20.37}$$

式中

$$C_1 = \cos\theta\cos\alpha + (\sin\phi\sin\theta)\beta + \sin\alpha\cos\phi\sin\theta$$
$$C_2 = (\cos\phi\cos\theta)\beta + \sin\alpha\sin\phi\cos\theta$$
$$C_3 = (-\sin\theta\sin\alpha - \cos\alpha\cos\phi\cos\theta)\dot{\alpha} + (\sin\phi\cos\theta)\dot{\beta} \tag{20.38}$$

其中

$$\dot{\alpha} = \frac{U\dot{W} - W\dot{U}}{U^2 + W^2} \tag{20.39}$$

$$\dot{\beta} = \frac{(V_T\dot{V} - V\dot{V}_T)\cos\beta}{U^2 + W^2} \tag{20.40}$$

这里

$$\dot{V}_T = \frac{(U\dot{U} + V\dot{V} + W\dot{W})}{V_T}$$

假设侧偏角的变化率是零，$(\dot{\beta} \approx 0)$，因为 β 几乎是不变的，它的值在 C_3 中几乎为零。在式(20.39)和式(20.40)中，用式(20.1)~式(20.3)可以进一步扩展$\dot{\alpha}$和$\dot{\beta}$的表达式。接下来，航向角的动态变化可以得出如下：

由式(20.31)和式(20.32)中可得：

$$\frac{\dot{y}}{\dot{x}} = \tan\chi \tag{20.41}$$

由导航方程的六个自由度方程，即式(20.10)和式(20.11)，很明显有

$$\frac{\dot{y}}{\dot{x}} = \left(\frac{\begin{array}{c}\cos\alpha\cos\theta\cos\beta\sin\psi + \sin\beta(\sin\phi\sin\theta\sin\psi + \cos\phi\cos\psi) \\ + \sin\alpha\cos\beta(\cos\phi\sin\theta\sin\psi - \sin\phi\cos\psi\end{array}}{\begin{array}{c}\cos\alpha\cos\theta\cos\beta\cos\psi + \sin\beta(\sin\phi\sin\theta\sin\psi - \cos\phi\sin\psi) \\ + \sin\alpha\cos\beta(\cos\phi\sin\theta\cos\psi + \sin\phi\sin\psi\end{array}}\right) \tag{20.42}$$

因此，由式(20.41)和式(20.20)可得

$$\tan\chi = \left(\frac{\begin{array}{c}\cos\alpha\cos\theta\cos\beta\sin\psi + \sin\beta(\sin\phi\sin\theta\sin\psi + \cos\phi\cos\psi) \\ + \sin\alpha\cos\beta(\cos\phi\sin\theta\sin\psi - \sin\phi\cos\psi\end{array}}{\begin{array}{c}\cos\alpha\cos\theta\cos\beta\cos\psi + \sin\beta(\sin\phi\sin\theta\sin\psi - \cos\phi\sin\psi) \\ + \sin\alpha\cos\beta(\cos\phi\sin\theta\cos\psi + \sin\phi\sin\psi)\end{array}}\right) \tag{20.43}$$

假定 α 和 β 足够小，使得 $\sin\alpha = \sin\beta = 0$，则式(20.43)可简化为

$$\tan\chi = \frac{\cos\alpha\cos\theta\sin\psi}{\cos\alpha\cos\theta\cos\psi} = \tan\psi \tag{20.44}$$

由于正切是$[-\pi,\pi]$内的一一对应函数，由式(20.44)可推出

$$\chi = \psi \tag{20.45}$$

在$[-\pi,\pi]$，已知的 α 和 β 是很小值。假设式(20.45)在所有时间上都是有效的，那么航向角的动态表达式可写为

$$\dot{\chi} = \dot{\psi} = Q\sin\phi\sec\theta + R\cos\phi\sec\theta \tag{20.46}$$

20.5 局部 IGC 规划

如 20.1 节所述，PIGC 规划在两个回路内执行(图 20.4)，融合了传统三回路方法以及单回路综合制导与控制方法的优点。通过对其六自由度模型的两步智能操纵，保留并利用了航天飞机的快速动力学与慢速动力学之间的固有分离。

为实现速度矢量 V_T 的预期方向,外环回路产生在俯仰和偏航方位所需的机身速率,同时,产生所需滚转速率,以确保必要滚动角,而必要滚动角是转弯协调所必要的。另外,内回路跟踪很快,足以追踪所需的机体速率(在所有三向滚转、俯仰和偏航通道上)。这一方法的细节在本节中讨论。

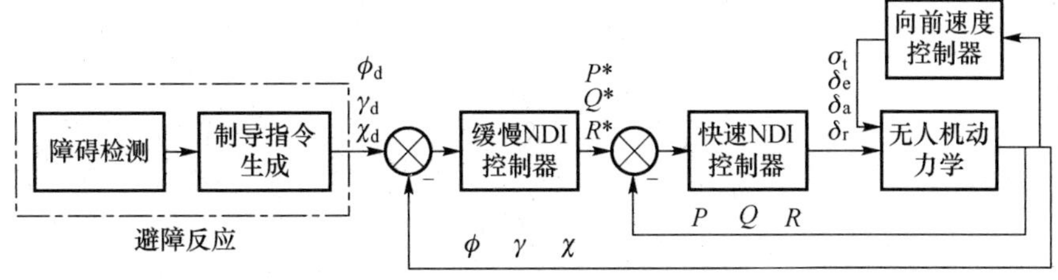

图 20.4　PIGC 设计框图

20.5.1　协调转弯的滚动角

在固定翼飞机上,因为有很大的阻力损失,所以协调转弯是非常必要的。这些是通过保持侧偏角 β 尽可能小来保证的,或者,通过尽可能确保 $V\to 0$ 来保证,所以,对任何时刻都有 $V\approx 0$。为了确保这一要求,可以令 $\dot{V}=k_V V$,其中,增益 $kV>0$ 由式(20.2)替换 $\dot{V}$,可推出

$$PW-RU+Y_a+g\cos\theta\sin\phi=-k_V V \tag{20.47}$$

为从式(20.47)中求解 ϕ,协调转弯中必要的预期滚动角由下式给出:

$$\phi_d=\arcsin\left(\frac{-k_V V-(PW-RU+Y_a}{g\cos\theta}\right) \tag{20.48}$$

计算力 Y_a 需要控制面偏转的信息,这是假定在任何更新周期内都保持先前值(最初的偏转被假定为零)的前提下成立。这是非常合理的,因为受控制表面变形所产生的分力通常是非常小的。

20.5.2　外环回路的机身速率

在外环回路,其目的是产生必要的机身速率(即滚动、俯仰和偏航率),这样物理角度 ϕ、γ 和 χ 跟踪的期望值分别是 ϕ_d、γ_d 和 χ_d。要做到这一点,应遵循以动态反演理念[14],动态误差应按以下执行:

$$\begin{bmatrix}\dot{\varphi}-\dot{\varphi}_d\\ \dot{\gamma}-\dot{\gamma}_d\\ \dot{\chi}-\dot{\chi}_d\end{bmatrix}+\begin{bmatrix}k_\varphi & 0 & 0\\ 0 & k_\gamma & 0\\ 0 & 0 & k_\chi\end{bmatrix}\begin{bmatrix}\varphi-\varphi_d\\ \gamma-\gamma_d\\ \chi-\chi_d\end{bmatrix}=0 \tag{20.49}$$

假设障碍是静态的 $\gamma_d=\chi_d=0$，并假设 $\varphi_d=0$。即使这些角度可能不断变化，也可能带来"拟稳态假设"，即这些角度在每一个时间步都更新，但它们的值在每步中假定为常数，直到下一步时间。接下来，分别从式(20.7)、式(20.37)和式(20.46)中替换$\dot{\phi}$、$\dot{\gamma}$和$\dot{\chi}$，并进行必要的代数计算，预期机身速率在一个封闭的形式被求解：

$$\begin{bmatrix} P^* \\ Q^* \\ R* \end{bmatrix} = \boldsymbol{g}_A^{-1}(\boldsymbol{b}_A - \boldsymbol{f}_A) \tag{20.50}$$

式中

$$\boldsymbol{f}_A \triangleq \begin{bmatrix} 0 \\ C_3\sec\gamma \\ 0 \end{bmatrix}, \boldsymbol{b}_A \triangleq \begin{bmatrix} -k_\phi(\phi-\phi_d) \\ -k_\gamma(\gamma-\gamma_d) \\ -k_\chi(\chi-\chi_d) \end{bmatrix}$$

$$\boldsymbol{g}_A \triangleq \begin{bmatrix} 1 & \sin\phi\tan\theta & \cos\phi\tan\theta \\ C_2\sec\gamma & \sec\gamma(C_1\cos\phi + C_2\sin\phi\tan\theta) & \sec\gamma(C_2\cos\phi + \tan\theta - C_2\sin\phi) \\ 0 & \sin\phi\sec\theta & \cos\phi\sec\theta \end{bmatrix}$$

20.5.3 外环回路的表面变形控制

产生必要的机身速率后，要求飞机的实际机身速率应该追踪接近期望值。遵循动态反演理念[14]，这需要通过执行以下一阶误差动态分析来实现：

$$\begin{bmatrix} \dot{P}-\dot{P}^* \\ \dot{Q}-\dot{Q}^* \\ \dot{R}-\dot{R}^* \end{bmatrix} + \begin{bmatrix} k_P & 0 & 0 \\ 0 & k_Q & 0 \\ 0 & 0 & k_R \end{bmatrix} \begin{bmatrix} P-P^* \\ Q-Q^* \\ R-R^* \end{bmatrix} = 0 \tag{20.51}$$

遵循"拟稳态假设"，可以假定$\dot{P}^*=\dot{Q}^*=\dot{R}^*=0$。将式(20.4)～式(20.6)分别代入式(20.51)，经过简化可得

$$\boldsymbol{f}_R + \boldsymbol{g}_R U_c = \boldsymbol{b}_R \tag{20.52}$$

通过代数计算，由反演机身速率动力学得到的闭合形式解为

$$\boldsymbol{U}_c = \boldsymbol{g}_R^{-1}(\boldsymbol{b}_R - \boldsymbol{f}_R) \tag{20.53}$$

式中 $\boldsymbol{U}_c = [\delta_a \quad \delta_e \quad \delta_r]^{\mathrm{T}}$

$$\boldsymbol{f}_R \triangleq \begin{bmatrix} c_1RQ + c_2PQ + c_3L_{a_x} + c_4N_{a_x} \\ c_5PR + c_6(P^2-R^2) + c_7(M_{a_x} - M_t) \\ c_8PQ - c_2RQ + c_4L_{a_x} + c_9N_{a_x} \end{bmatrix}$$

$$\boldsymbol{g}_R \triangleq \begin{bmatrix} c_3 L_{a_u} & 0 & c_4 N_{a_u} \\ 0 & c_7 M_{a_u} & 0 \\ c_4 L_{a_u} & 0 & c_9 N_{a_u} \end{bmatrix}$$

$$\boldsymbol{b}_R \triangleq \begin{bmatrix} \dot{P}^* - k_P(P - P^*) \\ \dot{Q}^* - k_Q(Q - Q^*) \\ \dot{R}^* - k_R(R - R^*) \end{bmatrix}$$

其中

$$L_{a_x} \triangleq \bar{q}Sb[C_{l_\beta}(\alpha)\beta + C_{l_P}(\alpha)P + C_{l_R}(\alpha)R]$$

$$M_{a_x} \triangleq \bar{q}Sc[C_{m_0} + C_{m_\alpha}(\alpha)\alpha + C_{m_\beta}(\alpha,\beta)\beta + C_{m_Q}(\alpha)Q]$$

$$N_{a_x} \triangleq \bar{q}Sb[C_{n_\beta}(\alpha)\beta + C_{n_P}(\alpha)P + C_{n_R}(\alpha)R]$$

$$[L_{a_u} \quad M_{a_u} \quad N_{a_u}] \triangleq \bar{q}Sb[C_{l\delta a} \quad C_{m\delta e} \quad C_{n\delta r}]$$

注意,假定推力为缓慢变化的参数,以较低的频率更新,参见 20.5.4 节的讨论。还要注意,内环回路的增益选择通常高于外环回路的增益,因为机身动力学速率通常比外环的动力学角速率快得多。

20.5.4　速度控制

当采用气动控制操纵飞机远离障碍物时,飞机推力也是一个控制参数。然而,因为它只能缓慢变化(需要更长的时间才能有效),且反应演习的有效时间通常很小,所以该控制不能成为一种非常有效的控制。然而,它至少可以用来防止车辆加速度(如从某一高度下降的情况),以便剩余飞行时间不会进一步缩减。从数学角度看,这意味着向前速度 U 应该追踪预期速度 U^*,它也可以假定为开始动作的初始值(是一个恒定值)。为此,可以再次借助同一动态反演理念[14],并执行以下动态误差计算:

$$(\dot{U} - \dot{U}^*) + k_U(\dot{U} - \dot{U}^*) = 0 \tag{20.54}$$

从式(20.54)中将$\dot{U}$中的状态项量和控制项量分离出来,并进行必要的代数运算,可以将气动控制写为

$$\sigma_s = g_U^{-1}(b_U - f_U) \tag{20.55}$$

式中

$$g_U \triangleq \frac{T_{\max}}{m}, b_U \triangleq \dot{U}^* - k_U(U - U^*), f_U \triangleq RV - QW - g\sin\theta + X_a$$

20.5.5　执行器输入的动力学与设计

对于操纵面偏转,AE-2 采用电机伺服系统来控制,它们都很相似。控制

产生的内环回路的变形传递给一阶致动器,系统。升降舵伺服系统的致动器动力学由式(20.14)给出,油门伺服系统的致动器动力学由式(20.15)给出。作为对设备的动态控制,实际气动控制挠度通过执行器获得。由于执行器模型产生一阶延迟而引入的跟踪误差可能对系统性能产生不利影响。

因此,为了补偿延迟,应使用快速执行器或控制器的执行机构应依据跟踪误差而设计。在这项研究中,控制器的设计应假设执行机构的状态(控制挠度)可用于反馈。控制器的设计是基于执行机构的实际状态误差 σ_t、δ_e、δ_a、δ_r 和执行机构的理想状态,分别是 σ_t^*、δ_e^*、δ_a^*、δ_r^*。这是通过执行下列升降舵偏角的一阶动态误差(其他渠道与此非常相似)分析完成的:

$$(\dot{\delta}_e-\dot{\delta}_e^*)+k_{\delta_e}(\delta_e-\delta_e^*)=0 \tag{20.56}$$

将式(20.14)代入式(20.56),可得

$$u_{\delta_e}=\frac{1}{9.5}[-9.5\delta_e+\dot{\delta}_e^*-k_{\delta_e}(\delta_e-\delta_e^*)] \tag{20.57}$$

注意,执行机构的动力学也受到位置和速率的限制,这些在仿真研究中已有解释,在此不赘述。相关内容可参见文献[19]。

20.6 数值结果

在 PIGC 框架中,反应非线性制导算法被无人机的完全非线性六自由度模型所验证。为了获得更高的精度,无人机模型用 Runge – Kutta 方法[20]全部集成仿真。具有多种障碍和不同半径的安全球的方案考虑为到达目标点的路径。这是因为在实践中会遇到不同大小的障碍,这些障碍可以用周围恰当尺寸的安全球来感知。在目前的研究中,安全球的半径在 5 ~ 20m 之间变化。在 PIGC 框架中,外循环和内循环基于 NDI 技术工作。在 NDI 中,对应于外环和内循环的增益选择取决于系统动力学的稳定时间和达到目标点的剩余时间。在所有的情况下,用一阶执行器模型进行控制面挠曲实验。在跟踪过程中,控制面挠曲在通过执行器后发生一阶延迟。因此,为了补偿跟踪误差,执行机构控制器的设计应假设控制挠度可作为反馈状态应用。执行机构控制器观察构成系统姿态的位置和速率限制。所有的结果都表现出执行机构控制器的效果。

20.6.1 纵倾条件

文献[16]对给定速度和高度的稳定飞行求出了纵倾条件。状态矢量 $\boldsymbol{X}=[U\ \ V\ \ W\ \ P\ \ Q\ \ R\ \ \phi\ \ \theta\ \ \psi\ \ x_i\ \ y_i\ \ h_i]^{\mathrm{T}}$代表无人机被纵倾值初始化,纵倾值列在表 20.2 中。

表 20.2　状态变量与控制变量的纵倾值

速度/(m/s)	$V_T = 20$
位置/m	$x_{trim} = 0, y_{trim} = 0, h_{trim} = 50$
机身角速率/((°)/s)	$P_{trim} = 0, Q_{trim} = 0, R_{trim} = 0$
欧拉角/(°)	$\phi_{trim} = 0, \theta_{trim} = 3.1339, \psi_{trim} = 0$
气动角/(°)	$\alpha_{trim} = 3.1339, \beta_{trim} = 0$
控制面偏转/(°)	$\sigma_{trim} = 0.3708, \delta_{e_{trim}} = -3.2673, \delta_{a_{trim}} = 0, \delta_{r_{trim}} = 0$

以下约束受限于执行器，受限变量是与无人机有关的控制变量，如表 20.3 所列。

表 20.3　激励约束描述

	节气门 σ_1	升降舵 δ_e	副翼 δ_a	方向舵 δ_r	ϕ_d
约束上限/(°)	1	+5	+15	+15	+45
约束下限/(°)	0	-25	-15	-15	-45
上限频率/((°)/s)	不适用	+45	+45	-45	不适用
下限频率/((°)/s)	不适用	-45	-45	-45	不适用

假定障碍物的瞬时位置由机载被动传感器获得。因为飞机的姿态是变化的，所以传感器方向将改变，这样可能会导致静态视图在该坐标系中的运动。为保证视图中传感器框架的灵敏度，障碍物的位置必须考虑转换到惯性坐标系中去完成制导命令的计算。两种情况需要考虑，一种是单障碍物，另一种是多障碍物(本案中是两个障碍物)。在所有情况中，执行器和飞机约束的影响都要考虑。

20.6.2　方案 1:单障碍物

假定仿真起点在障碍物感知处，设为 $\boldsymbol{X}_i = [0 \quad 0 \quad 50]^T$。目标点设为 $\boldsymbol{X}_d = [200 \quad 15 \quad 52]^T$。在惯性坐标系中的障碍物位置 $\boldsymbol{X}_{obs} = [80 \quad 7 \quad 49]^T$，球的半径约为 15m。图 20.5 显示了能避免障碍物并在可用时间内最终到达目标点的制导算法的有效性。

图 20.6 显示的是避障方案的二维视图，在 $X-Y$ 平面内，它提供了对无人机转向能力更好的洞察。

图 20.7 描述了飞机在纵向平面内所需的控制工作。它展示了节气门和升降舵的控制分布。图 20.7 中的参考命令表示执行器的输入(内部循环的控制)和执行器控制器的输出跟踪参考值。在图 20.7 中，节气门控制是用来保持前行速度 U 为常数，因为阻力超过总升力会导致速度趋于减小。它发生在翻转过程中，此时只有一个升力矢量的分量可用平衡无人机的重量。

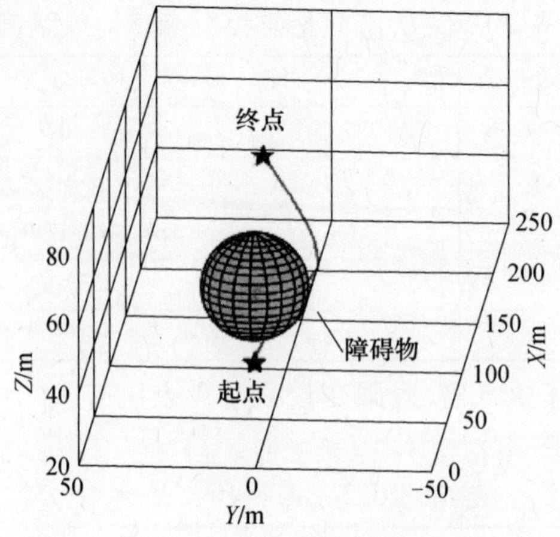

图 20.5 单一障碍物避障轨迹的三维视图

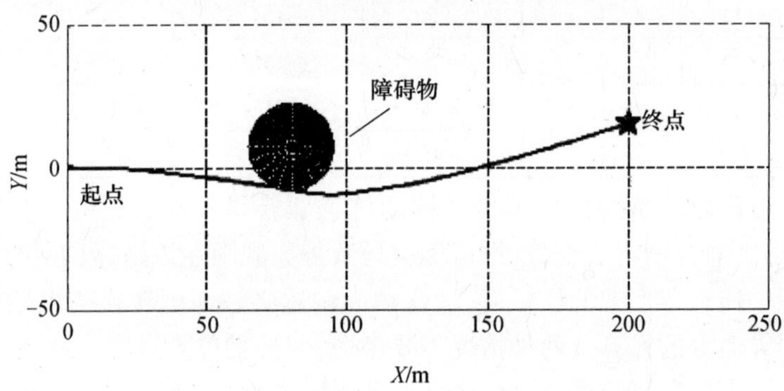

图 20.6 单一障碍物在 $X-Y$ 平面内的避障轨迹二维视图

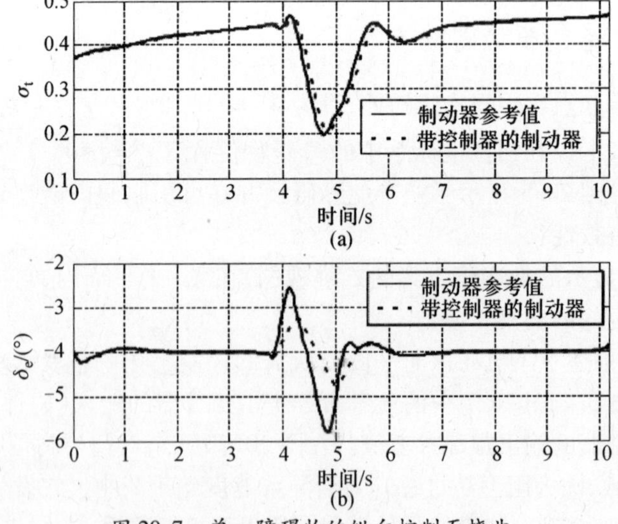

图 20.7 单一障碍物的纵向控制面挠曲

图 20.8 显示了横向平面所需的控制工作的响应。图 20.8 给出了执行器输出遵循以下参考值的控制分布(输入到执行器)。可以看出,无论是副翼控制还是方向舵控制,都对规定约束内的避障操纵做出响应。可以看出,当避障结束时,二者的挠度都会降至它们的纵倾值。

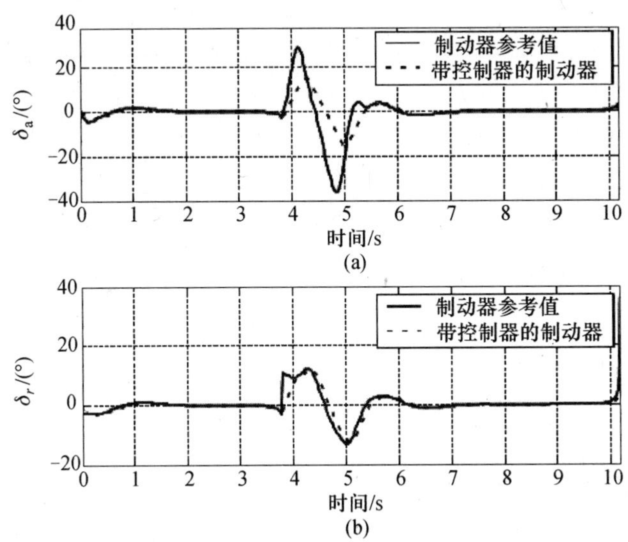

图 20.8　单一障碍物的横向控制面挠曲

图 20.9 显示了实际机身角速度追踪命令机身角速度的情况。从图 20.9 可以看出,内环增益值的正确选择可导致机身角速度能有效追踪它们的命令值。

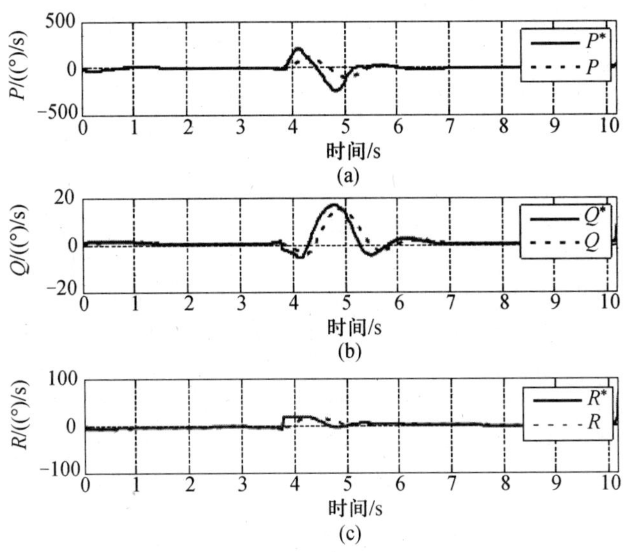

图 20.9　单一障碍物的命令机身角速度追踪

在图 20.10 中可以看出，在外循环中，飞行路径的角度 γ 和 χ 跟踪的制导指令能成功地显示瞄准点和目标点。可以从图 20.10 中推断出无人机的合成速度 V_T 维持的恒定值与仅当障碍物被避让时的偏离量。

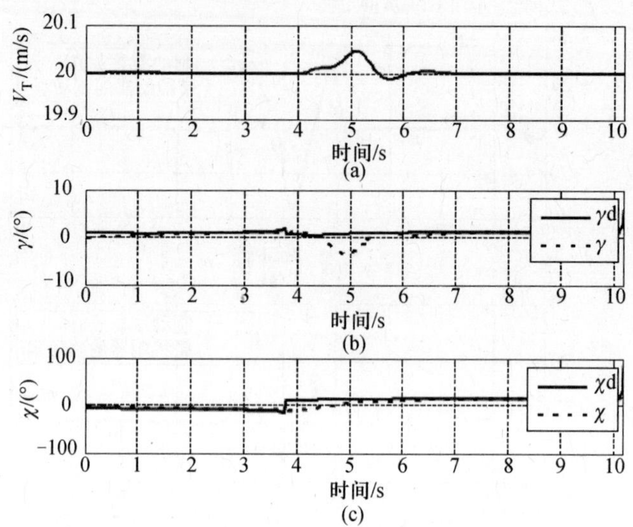

图 20.10　单一障碍物的合成速度与方向

图 20.11 显示的是前进速度的分布和相应的气动角 α 和 β，启动角是从仅当避障发生时的纵倾约束中得到的。可以看出，侧滑角接近于零。

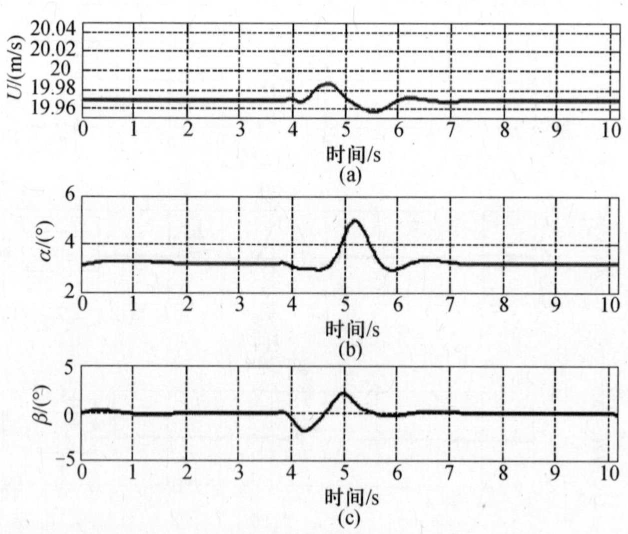

图 20.11　单一障碍物的前进速度与气动角度

图 20.12 描述的是无人机的姿态，此时滚动角快速追踪它的命令值，即使是用外循环的执行器也不违反转动约束。从图 20.12 中可以推断出，当障碍物避免时，姿态确定的角度可以确定为稳态值。

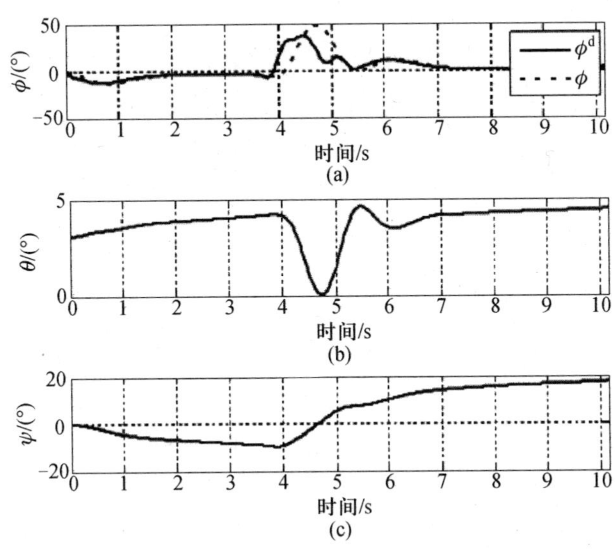

图 20.12　单一障碍物的滚动角与欧拉角的追踪

20.6.3　方案 2：两个障碍物

通过模拟可观察到，无人机与障碍物之间距离应该至少是球（该球区域是指周围障碍物所占空间的大小）半径的 5 倍。甚至障碍之间的距离也应有 50m。这些制导算法的约束由飞机的能力依据当前情况而制定。多障碍的情况只考虑两个障碍物。在惯性坐标系中，障碍物的位置为 $\boldsymbol{X}_{\mathrm{obs1}} = [80 \quad 7 \quad 49]^{\mathrm{T}}$，$\boldsymbol{X}_{\mathrm{obs2}} = [180 \quad -27 \quad 52]^{\mathrm{T}}$，目标点为 $\boldsymbol{X}_{\mathrm{d}} = [300 \quad -34 \quad 54]^{\mathrm{T}}$。

图 20.13 显示了无人机的侧倾轨迹，在该轨迹中，制导算法能有效避免位于到达目标点的路径环境中的两个障碍物。可以推断，不论障碍物的数目是多少，避障算法都有能力在杂乱的环境中完成工作。图 20.14 给出了一个更好的由无人机执行的避障方案，是 $X-Y$ 平面内的二维视图。

图 20.15 表示在纵向平面内节气门和升降舵的控制分布，针对两个障碍物的避障方案需求响应两次。同样，图 20.16 表示在横向平面内，两次响应避障方案需求的副翼和方向舵控制分布。在图 20.15 和图 20.16 中，由于执行器的存在，控制挠曲在两个平面上都是光滑的。此外，执行器的输出遵循其参考值（执行器的输入）。

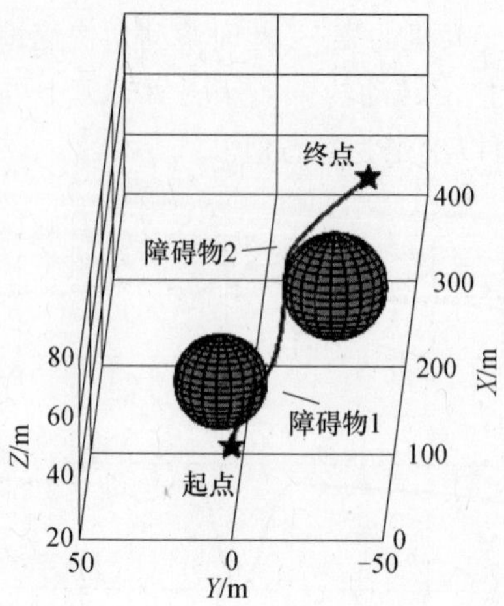

图 20.13　多障碍物避障轨迹的三维视图

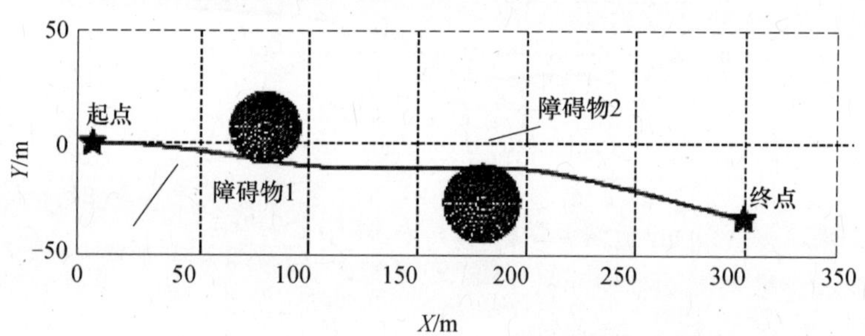

图 20.14　$X-Y$ 平面内多障碍物避障轨迹的二维视图

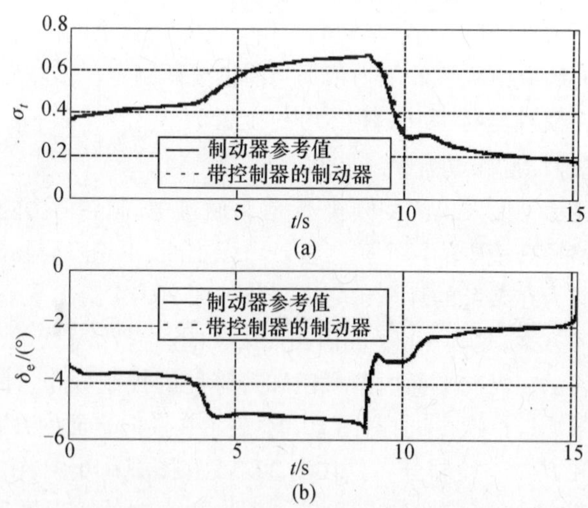

图 20.15　多障碍物的纵向控制面挠曲

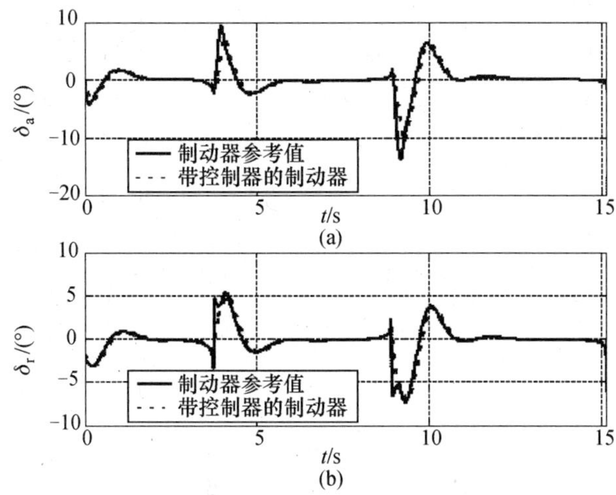

图 20.16　多障碍物的横向控制面挠曲

从图 20.17 中可以推断出,场景中的障碍物数目与环内执行器的存在不影响有效地追踪命令机身速度。

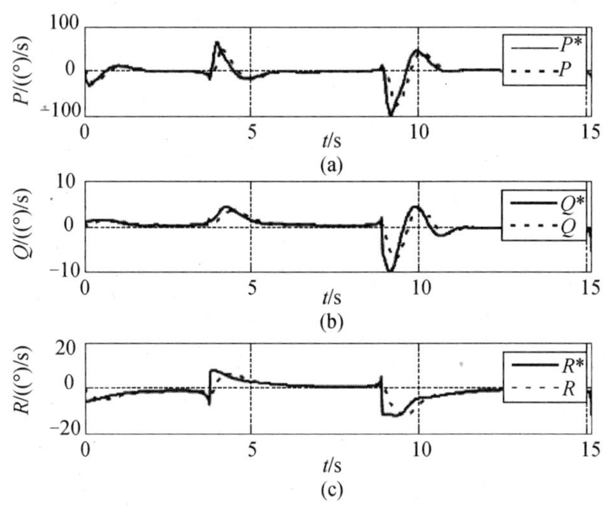

图 20.17　多障碍物的命令机身角速度的追踪

图 20.18 显示了合成速度的概况,几乎保持在纵倾值不变。图 20.18 中的追踪制导指令得到有效执行,直到到达目标点,显示了瞄准点的成功。

图 20.19 显示了保持前进速度恒定的节气门控制功率,从图 20.19 可以确定,气动角 α 和 β 的稳态值是它们的纵倾值。气动角仅当避障发生时和在到达

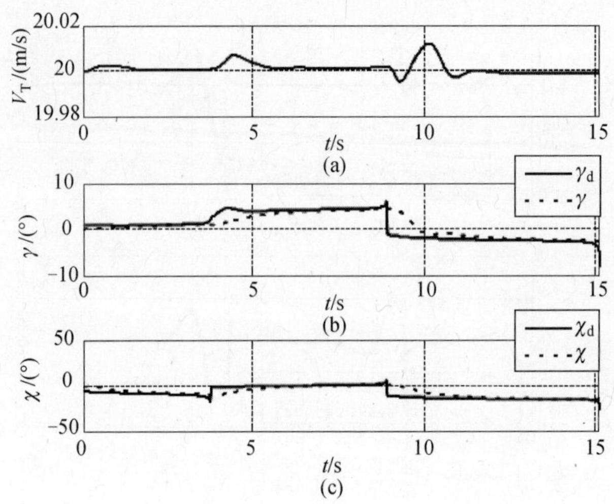

图 20.18 多障碍物的合成速度及方向

目标点的任务过程中才响应。

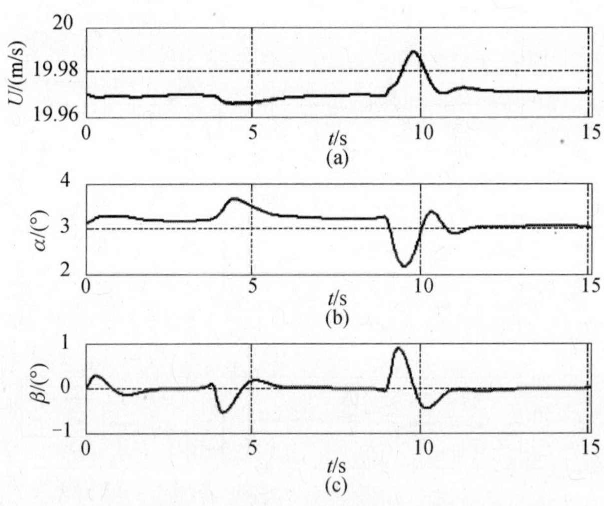

图 20.19 多障碍物的前进速度和气动角度

图 20.20 显示了命令滚动角的追踪,它能在执行器存在的前提下有效协调飞行。由图 20.20 可以看出,障碍物的数目不妨碍无人机的姿态获得稳态值,即使有执行器控制器。在许多仿真研究过程中得出过类似的预见结果。这些结果清楚地表明了 PIGC 技术,一个针对无人机防撞设计得很好的方法,特别是针对弹出式障碍。

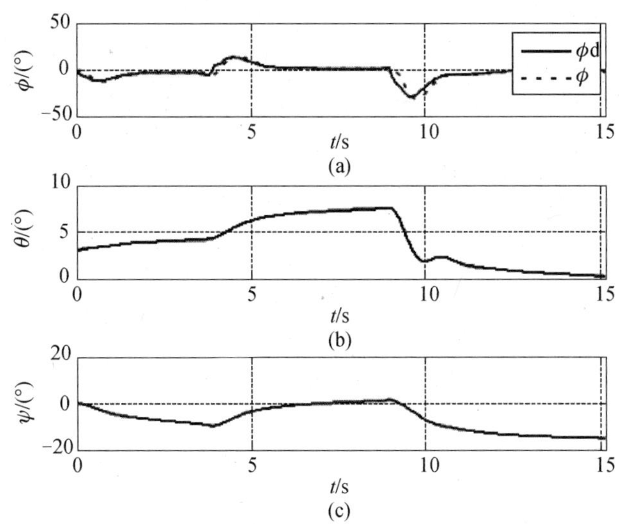

图 20.20　多障碍物的滚动角和欧拉角的追踪

20.7　结束语

在这项工作中,无人机的防撞问题一直以局部综合制导与控制(PIGC)创新的技术为基础。与传统方法不同的是,它执行双循环结构,并最大限度地减少在多循环追踪中由时间滞后而产生的瞬态。因此,PIGC 算法在短时间跨度里避免受到碰撞的执行速度更快。此外,PIGC 不能在单循环结构中执行,就像 IGC 方法一样,无法考虑航天飞机所属的固有时间尺度分离特性。因此,PIGC 算法克服了常规方法和 IGC 方法的不足并保持了它们的优点。PIGC 明确地使用完整的无人机六自由度非线性模型来设计制导和控制循环结构。本章瞄准制导算法在 PIGC 框架中设计,由检测碰撞锥和规避思想激励。在这种算法中,水平和垂直平面上的必要角度校正命令首次由代数关系计算得出。应用这些角度命令,必要的机身速率可以从使用动态反演的外循环中计算出来。其次,必要的控制面偏转命令从内环计算(再次使用动态反演)得出,用于跟踪这些期望的机身速度。所提出的 PIGC 方法的有效性由数值结果体现,应用于固定翼无人机的六自由度模型,该模型还包括气动控制以及推力控制的执行器模型。由一阶延迟导致执行器模型引入的跟踪误差可能对系统性能产生不利影响。因此,为了补偿滞后,设计了控制器并假设执行器的状态(控制挠度)可用于反馈。

附录:空气动力系数

AE-2 型无人机的气动模型在 20.2 节给出。模型的各种力和力矩系数在本附录中完整地给出。部分导数依据攻击角度分区到线性区域和非线性区域。从风洞数据观测到,分区中 α 的值被发现是 10°。在派生的导数函数中,$\alpha_{10}=10°(\alpha\leqslant 10°)$,$\alpha_{10}=\alpha-10°(\alpha\geqslant 10°)$。依据这个定义,各种气动力导数的计算如下:

$$C_{x_\alpha}\alpha = x_{10}\alpha + x_{11}\alpha^2 + x_{12}\alpha_{10}^2 + x_{13}\alpha_{10}^3 + x_{14}\alpha_{10}^4$$

$$C_{x\delta_\alpha} = x_{20} + x_{21}\alpha + x_{22}\alpha_{10}^2$$

$$C_{xQ} = x_{30} + x_{31}\alpha$$

$$C_{Y_\beta} = y_{10} + y_{11}\alpha + y_{12}\alpha^2 + y_{13}\alpha_{10}^2 + y_{14}\alpha_{10}^3$$

$$C_{Y_{\delta_a}} = y_{20} + y_{21}\alpha + y_{22}\alpha^2 + y_{23}\alpha^3 + y_{24}\alpha_{10}^2 + y_{25}\alpha_{10}^3 + y_{26}\alpha_{10}^4$$

$$C_{Y_{\delta_r}} = y_{30} + y_{31}\alpha_{10}^2 + y_{32}\alpha_{10}^3$$

$$C_{Y_P} = y_{40} + y_{41}\alpha$$

$$C_{Y_R} = y_{50} + y_{51}\alpha$$

$$C_{Z_\alpha}\alpha = z_{10}\alpha + z_{11}\alpha_{10}^2 + z_{12}\alpha_{10}^3$$

$$C_{Z_Q} = z_{10}\alpha + z_{11}\alpha_{10}^2 + z_{12}\alpha_{10}^3$$

$$C_{l_\beta} = l_{10} + l_{11}\alpha + l_{12}\alpha^2 + l_{13}\alpha_{10}^2 + l_{14}\alpha_{10}^3$$

$$C_{l_{\delta_a}} = l_{20} + l_{21}\alpha + l_{22}\alpha^2 + l_{23}\alpha^3 + l_{24}\alpha_{10}^2 + l_{25}\alpha_{10}^3 + l_{26}\alpha_{10}^4$$

$$C_{l_P} = l_{30} + l_{31}\alpha + l_{32}\alpha^2$$

$$C_{l_R} = l_{40} + l_{41}\alpha + l_{42}\alpha^2$$

$$C_{m_\alpha} = m_{10} + m_{11}\alpha + m_{12}\alpha^2 + m_{13}\alpha^3 + m_{14}\alpha^4 + m_{22}\alpha\beta$$

$$C_{m_\beta} = m_{20}\beta + m_{21}\alpha + m_{23}\alpha^2\beta$$

$$C_{m_{\delta_\alpha}} = m_{30} + m_{31}\alpha + m_{32}\alpha_{10}^2$$

$$C_{m_Q} = m_{40} + m_{41}\alpha + m_{42}\alpha^2$$

$$C_{n_\beta} = n_{10} + n_{11}\alpha + n_{12}\alpha^2 + n_{13}\alpha_{10}^2$$

$$C_{n_{\delta_r}} = n_{20} + n_{21}\alpha_{10}^2 + n_{22}\alpha_{10}^3$$

$$C_{n_P} = n_{30} + n_{31}\alpha + n_{32}\alpha^2$$

$$C_{n_R} = n_{40} + n_{41}\alpha + n_{42}\alpha^2$$

以上表达式中各种常数的数值列于表 20.4 中。更多的模型细节和动力系数的来源可参见文献[17]。

表 20.4　不同常数的数值

C_{x0}	0.0386	y_{51}	0.0035514	m_{11}	−0.00026206
x_{10}	−0.0040376	C_{Z_0}	0.1653	m_{12}	-1.7853×10^{-5}
x_{11}	−0.0010525	z_{10}	0.087138	m_{13}	-2.1109×10^{-6}
x_{12}	0.0027887	z_{11}	−0.0091867	m_{14}	1.1346×10^{-7}
x_{13}	0.00010917	z_{12}	0.00024242	m_{20}	0.00024049
x_{14}	-5.3586×10^{-6}	C_{Z_β}	−0.0020001	m_{21}	-7.8566×10^{-6}
x_{20}	−0.00035832	$C_{Z_{\delta r}}$	0.0039823	m_{22}	1.0663×10^{-6}
x_{21}	-2.2061×10^{-5}	z_{20}	6.9303	m_{23}	-7.8866×10^{-7}
x_{22}	-5.7342×10^{-6}	z_{21}	−0.047657	m_{30}	−0.0145
x_{30}	−0.18476	l_{10}	0.0022856	m_{31}	9.2552×10^{-6}
x_{31}	−0.10227	l_{11}	6.4827×10^{-5}	m_{32}	9.0437×10^{-6}
y_{10}	0.0099319	l_{12}	-3.0529×10^{-6}	m_{40}	−13.954
y_{11}	0.00029462	l_{13}	-2.7687×10^{-5}	m_{41}	0.0017379
y_{12}	1.7831×10^{-5}	l_{14}	1.7713×10^{-6}	m_{42}	0.0016743
y_{13}	−0.00030969	l_{20}	0.0029091	n_{10}	−0.0015474
y_{14}	1.6759×10^{-5}	l_{21}	9.0047×10^{-6}	n_{11}	6.1309×10^{-5}
y_{20}	0.0022145	l_{22}	-7.4562×10^{-6}	n_{12}	-1.8989×10^{-6}
y_{21}	0.00041878	l_{23}	3.0423×10^{-7}	n_{13}	-5.5706×10^{-6}
y_{22}	1.3117×10^{-5}	l_{24}	-2.5531×10^{-5}	n_{20}	0.00077238
y_{23}	-1.1549×10^{-6}	l_{25}	4.1263×10^{-6}	n_{21}	1.1379×10^{-6}
y_{24}	-5.2196×10^{-5}	l_{26}	-2.0918×10^{-7}	n_{22}	-4.1705×10^{-8}
y_{25}	8.8682×10^{-6}	l_{30}	−0.44336	n_{30}	−0.015512
y_{26}	-3.2717×10^{-7}	l_{31}	0.00075577	n_{31}	−0.011325
y_{30}	−0.0016884	l_{32}	−0.00013921	n_{32}	9.8251×10^{-5}
y_{31}	-1.3637×10^{-5}	l_{40}	0.076582	n_{40}	−0.085307
y_{32}	1.3214×10^{-6}	l_{41}	0.010019	n_{41}	0.00080338
y_{40}	−0.14504	l_{42}	1.1783×10^{-5}	n_{42}	−0.00026197
y_{41}	0.013516	C_{m_0}	0.0346		
y_{50}	0.13784	m_{10}	−0.013841		

参考文献

1. DeGarmo, M. and Nelson, G. M., Prospective unmanned aerial vehicle operations in the future national airspace system, *Proceedings of the 4th Aviation Technology, Integration and Operations (ATIO) Forum*, AIAA, Chicago, IL, 20–22 Sept. 2004.
2. Mujumdar, A. and Padhi, R., Evolving philosophies on autonomous obstacle/collision avoidance of unmanned aerial vehicles, *Journal of Aerospace Computing, Information, and Communication*, 2011, 8(2), 17–41.
3. Scherer, S., Singh, S., Chamberlain, L. and Elgersma, M., Flying fast and low among obstacles: Methodology and experiments, *The International Journal of Robotics Research*, 2008, 27(5), 549–574.
4. Paul, T., Krogstad, T. R. and Gravdahl, J. T., Modeling of UAV formation flight using 3D potential field, *Simulation Modeling Practice and Theory*, 2008, 16(9), 1453–1462.
5. LaValle, S. M. and Kuffner, J. J., Rapidly-exploring random trees: Progress and prospects, *Algorithmic and Computational Robotics: New Directions*, 2001.
6. Palumbo, N. F., Reardon, B. E. and Blauwkampand, R. A., Integrated guidance and control for homing missiles, *Johns Hopkins APL Technical Digest*, 2004, 25(2), 121–139.
7. Xin, M., Balakrishnan, S. N. and Ohlmeyer, E. J., Integrated guidance and control of missiles with $\theta - D$ method, *IEEE Transactions on Control Systems Technology*, 2006, 14(6), 981–992.
8. Mingzhe, H. and Guangren, D., Integrated guidance and control of homing missiles against ground fixed targets, *Chinese Journal of Aeronautics*, 2008, 21, 162–168.
9. Padhi, R., Chawla, C., Das, P. G. and Venkatesh, A., Partial integrated guidance and control of surface-to-air interceptors for high speed targets, *American Control Conference*, 10–12 June 2009, St. Louis, USA.
10. Chawla, C. and Padhi, R., Reactive obstacle avoidance of UAVs with dynamic inversion based partial integrated guidance and control, *AIAA Guidance, Navigation, and Control Conference and Exhibit*, 2–5 August 2010, Toronto, Canada.
11. Watanabe, Y., Calise, A. J. and Johnson, E. N., Minimum effort guidance for vision-based collision avoidance, *AIAA Atmospheric Flight Mechanics Conference and Exhibit*, 21–24 August 2006, Keystone, Colorado.
12. Chakravarthy, A. and Ghose, D., Obstacle avoidance in a dynamic environment: A collision cone approach, *IEEE Transactions on Systems, Man and Cybernetics-Part A: Systems and Humans*, 1998, 28(1), 562–574.
13. Tsao, P. L., Chou, C. L., Chen, C. M. and Chen, C. T., Aiming point guidance law for air-to-air missiles, *International Journal of Systems Science*, 1998, 29(2), 95–102.
14. Enns, D., Bugajski, D., Hendrick, R. and Stein, G., Dynamic inversion: An evolving methodology for flight control design, *International Journal of Control*, 1994, 59(1), 71–91.
15. Stevens, B. and Lewis, F., *Aircraft Control and Simulation*, 2nd Edition, John Wiley & Sons, Hoboken, NJ, 2003.
16. Singh, S. P. and Padhi, R., Automatic path planning and control design for autonomous landing of UAVs using dynamic inversion, *American Control Conference*, 10–12 June 2009, St. Louis, USA.
17. Surendranath, V., Govindaraju, S. P., Bhat, M. S. and Rao, C. S. N., Configuration Development of All Electric Mini Airplane, ADE/DRDO Project, 2004, Project Ref. No: ADEO/MAE/VSU/001, Department of Aerospace Engineering, Indian Institute of Science, Bangalore.
18. Carbone, C., Ciniglio, U., Corraro, F. and Luongo, S., A Novel 3D Geometric Algorithm for aircraft autonomous collision avoidance, *Proceedings of the 45th IEEE Conference on Decision and Control*, 13–15 December 2006, San Diego, CA, USA.
19. Chawla, C., Robust Partial Integrated Guidance and Control of UAVs for Reactive Obstacle Avoidance, Thesis, Department of Aerospace Engineering, Indian Institute of Science, Bangalore, December 2010.
20. Atkinson, K. E., *An Introduction to Numerical Analysis*, John Wiley & Sons, New York, 2001.

第21章　用于自主智能设备的阻抗控制机电一体化系统

21.1　引言

现代技术的发展导致现有机电一体化系统(MS)的功能达到极限。工程与智能自主系统的新发展趋势需要获得新功能或更高品质的能力。大多数情况下,机电一体化系统和机器人系统执行的接触任务是在工艺过程中的技术环境里完成的。开发出各种力控制方法,以满足在制定范围内对接触力的规范。力控制基于纯力控制和阻抗控制两种不同的方法(图21.1)。

纯力控制只能应用于末端执行器与环境的接触。而在阻抗控制中,力受控于位置控制和其他力之间的关系,即机电一体化系统的机械阻抗[1]。机械阻抗$Z(s)$表示MS的作用力$\delta F(s)$的公共抵抗,MS的动态特性[2]。它产生了一个位置δx的期望值的偏差[1],即

$$\boldsymbol{Z}(s)=\frac{\delta\boldsymbol{F}(s)}{\delta x}=Ms^2+Bs+K \tag{21.1}$$

式中:M、B和K为动态系统参数,分别表示质量、阻尼和刚度。

MS的动态特性控制是基于一个假设,即MS接受的技术环境(TE)是一个物理系统。在物理系统之间的相互作用中,其中一个可以表示为阻抗,而另一个是导纳;反之亦可。控制机械阻抗需要设置两个控制集[1]:忽略输出链接运动要求的流源和表示执行机构的机械阻抗Z的控制集。阻抗控制可以通过三种方法来实现[1]。大量的工作投注于用已知的方法之一开发阻抗控制(通过阻抗控制器)的第一种方法[3],即常数PD控制、自适应控制[4]、基于模型来计算力矩的控制[5]、基于滑模的阻抗控制[6]、学习阻抗的控制[7]、基于健壮饱和状态的控制[8]和/或基于四元数的阻抗控制器[9]。它们也有各种缺点:由于机器人的结构和运动速度不断变化使得理想阻抗值不能被维持;基于模型来计算力矩的控制对动态模型中的不确定因素过于敏感;测量噪声降低了动态参数估计的精度;需要很大的计算量与高收益。阻抗控制的第二种方法就是通过节点冗余,可实现在必要方向上控制阻抗任务的特定应用[10]。这里,机器人具有超过任务空间维度数的自由度(DOF)数,从而获得冗余,称为冗余度。结点冗余度至少可以

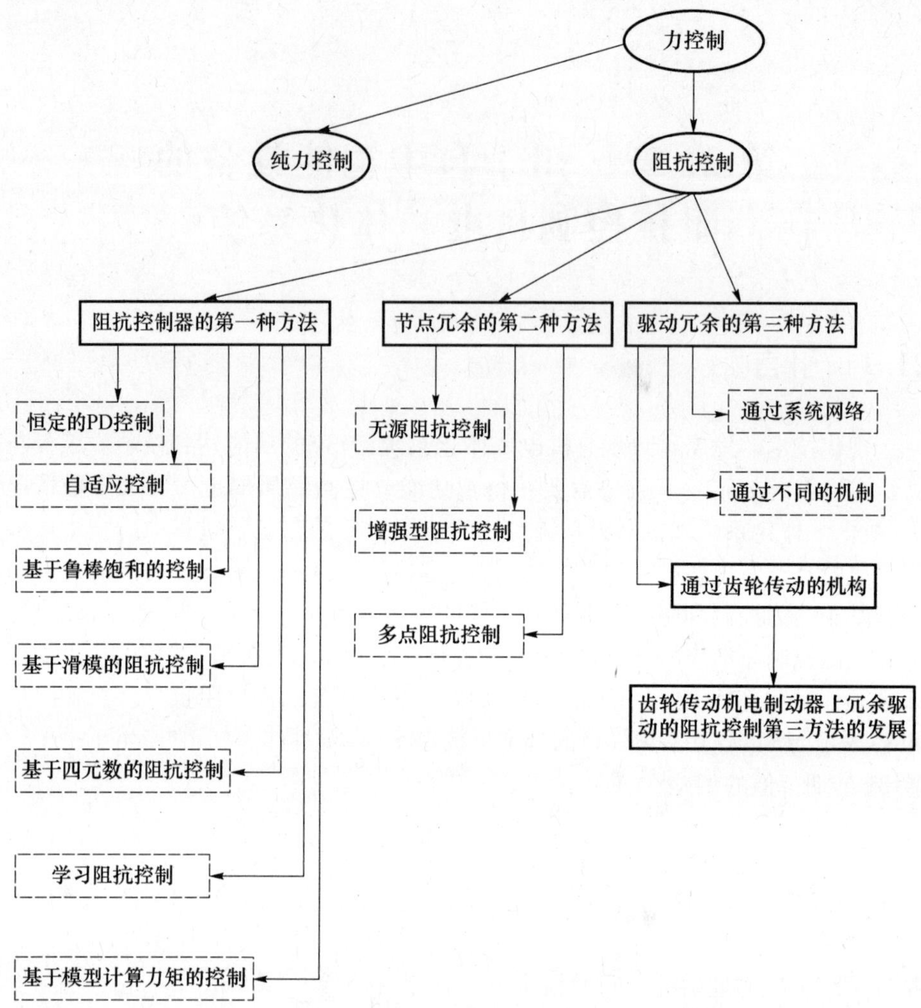

图 21.1　力控制方法

提供一个方向,该方向上所需的阻抗控制可以实现。其缺点:在实现复杂平面的阻抗控制时,需要在不同 MS 的节点或机器人之间切换阻抗控制。这个缺点是实现复杂平面的阻抗控制,需要在不同的节点或机器人之间切换阻抗控制。

第二种方法减少了一个进入第三种方法的节点,以便通过冗余驱动每个 MS 或机器人来实现阻抗控制。许多开发了阻抗控制第三种方法[11,12]的研究员使用了反驱动节点,节点由两个驱动器通过肌腱形成。通过这种方法,驱动器的数目可超过自由度数,因此,由此产生的冗余称为致动冗余度[13]。多出的驱动器能明显提高 MS 的负载处理能力,然而,冗余是用来最大限度地减少节点力矩或满足执行器约束的[14-16]。同时,冗余能使系统通过实现内部负载分布来调节末端执行器的阻抗[17,18]。并联机器人[19,20]作为特殊的机电一体化系统,设计了冗余,而冗余度是串联机器人的特点,其阻抗控制使用的是第二种方法。平行结构也由接触环境的串行机器人、移动机器人、末端执行器或多空间协调机器人组成[21]。混合(串行)机器人结合了两种类型的特性,并承认冗余度和驱动冗余。这里,阻抗控制的第二种和第三种方法都可以应用。

如果可以指定响应任意干扰力的末端执行器的运动,操纵与运动学约束就会大大简化。控制策略普遍称为刚度控制的冗余驱动[24,22],是为此目的而开发的。不足之处在于驱动器的冗余性、伺服机构的复杂度、增加的能耗等。这些已知的阻抗控制方法缺点是指定了实际应用范围,并在此范围定义了方法的设计。通过分析 MS 与 TE 理念的动态交互,设计子系统的驱动、机械、传感器、控制和信息,整个 MS 的方法因此而生成。这可能要提供所需的质量参数和将要实现的 MS 的先进功能。

本章主要介绍基于驱动器冗余的阻抗控制机电一体化系统。

21.2　冗余驱动的机械阻抗控制

冗余驱动器是在自然界(生活)中的一个简化的反驱动模型。MS 的电驱动器合成装置基于的是运动过渡方法[25]。该合成装置由执行器输出链接上的双区动态控制传动机构组成,其中双区是通过引入一个与现有单元一致的反驱动单元实现的。在这种构成方式中,运动链是对称且封闭的,因为反力/力矩是由额外的驱动单元给出的。冗余致动会使传动机构内部产生内力/力矩,这对外部环境不会有任何影响,但执行机构的结点刚度取决于内部转矩[14]。在此基础上,合成了 16 种内啮合齿轮传动机构(表 21.1)的动态冗余方案,以及 10 种外啮合齿轮传动机构(表 21.2)的动态冗余方案[26]。

表 21.1　内啮合齿轮传动机构的动态冗余方案

	圆盘	圆柱体	锥体	圆环
圆盘	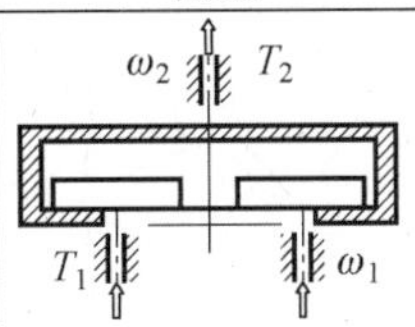 ω_2 T_2 T_1 ω_1			
圆柱体		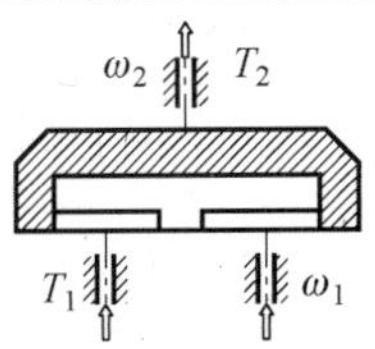 ω_2 T_2 T_1 ω_1	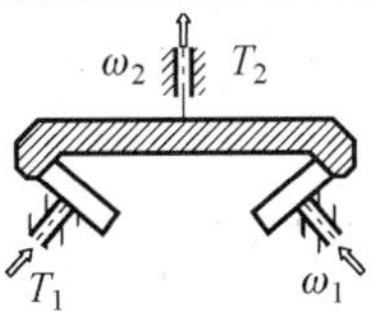 ω_2 T_2 T_1 ω_1	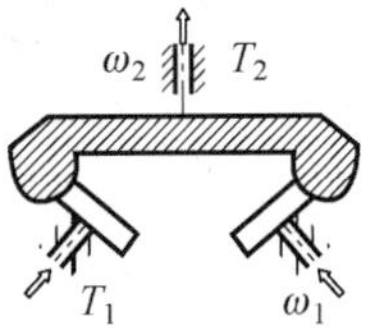 ω_2 T_2 T_1 ω_1

（续）

	圆盘	圆柱体	锥体	圆环
圆柱体		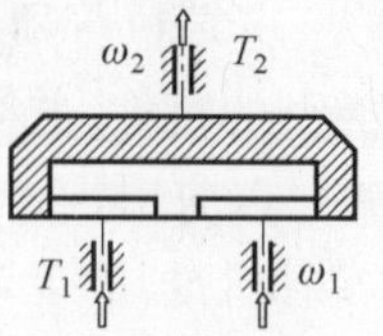 ω_2 T_2 T_1 ω_1	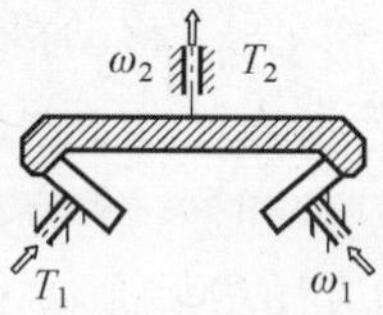 ω_2 T_2 T_1 ω_1	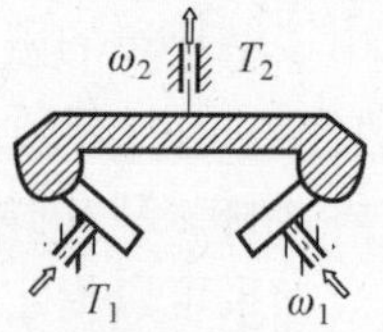 ω_2 T_2 T_1 ω_1
锥体		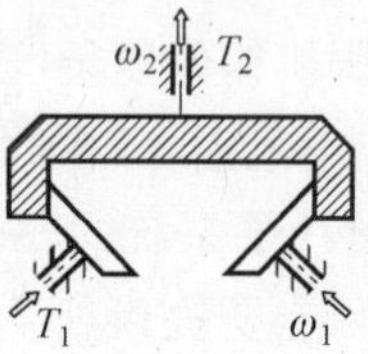 ω_2 T_2 T_1 ω_1	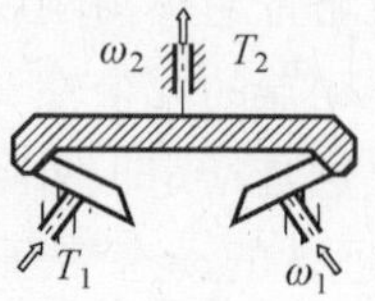 ω_2 T_2 T_1 ω_1	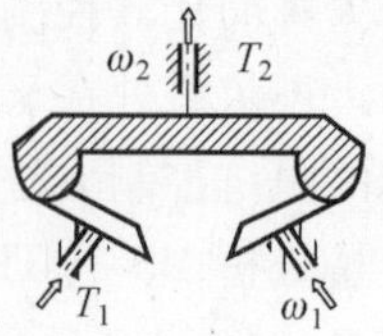 ω_2 T_2 T_1 ω_1
圆环		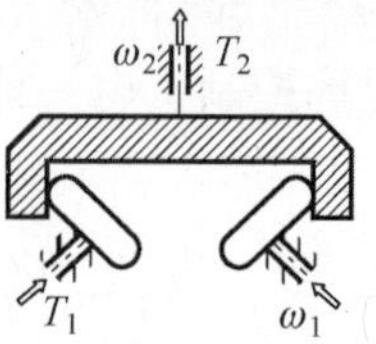 ω_2 T_2 T_1 ω_1	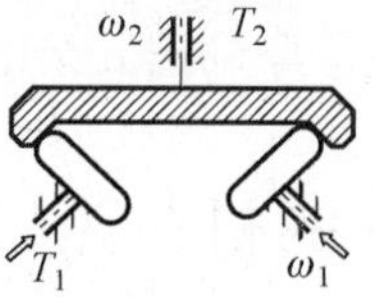 ω_2 T_2 T_1 ω_1	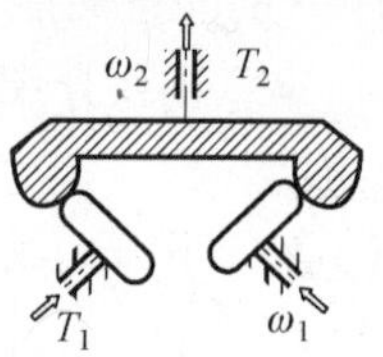 ω_2 T_2 T_1 ω_1

表 21.2　外啮合齿轮传动机构的动态冗余方案

	圆盘1	圆柱体2	锥体3	圆环4
圆盘1	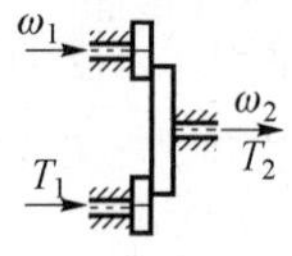 ω_1 ω_2 T_2 T_1	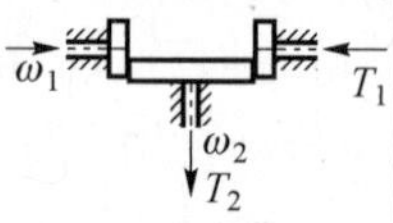 ω_1 T_1 ω_2 T_2	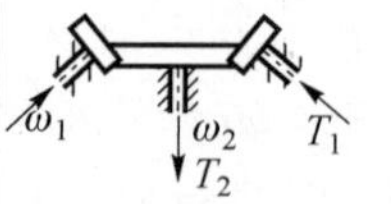 ω_1 T_1 ω_2 T_2	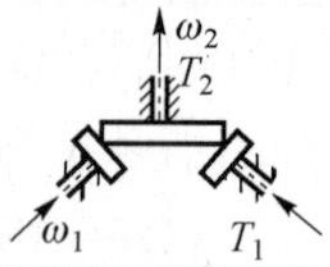 ω_2 T_2 ω_1 T_1
圆柱体2	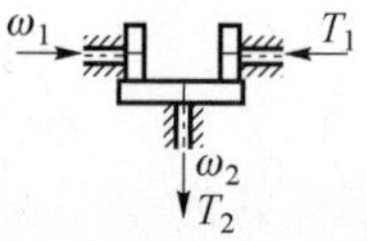 ω_1 T_1 ω_2 T_2	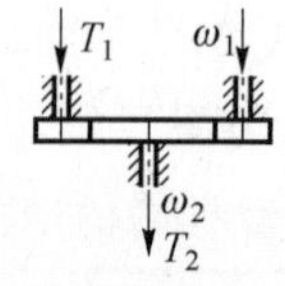 T_1 ω_1 ω_2 T_2	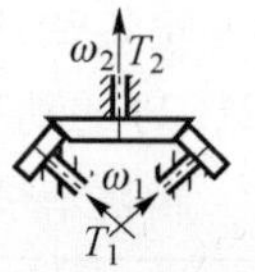 ω_2 T_2 ω_1 T_1	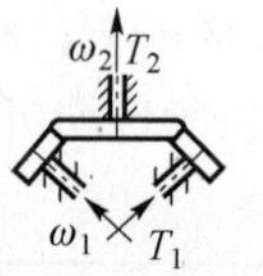 ω_2 T_2 ω_1 T_1
锥体3	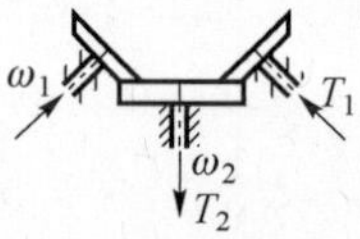 ω_1 T_1 ω_2 T_2	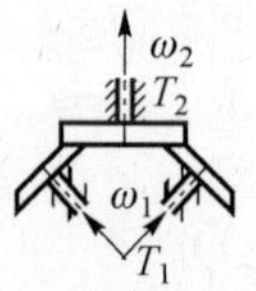 ω_2 T_2 ω_1 T_1	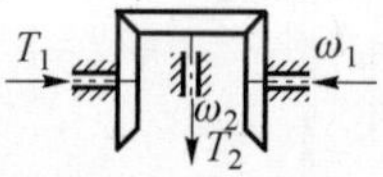 T_1 ω_1 ω_2 T_2	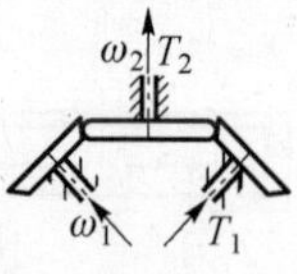 ω_2 T_2 ω_1 T_1
圆环4	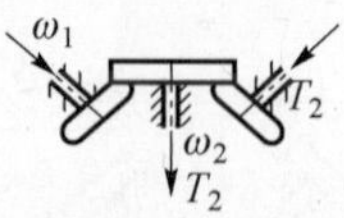 ω_1 T_2 ω_2 T_2	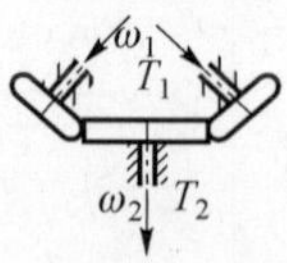 ω_1 T_1 ω_2 T_2	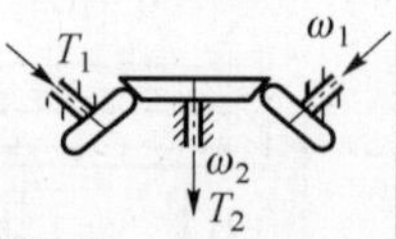 T_1 ω_1 ω_2 T_2	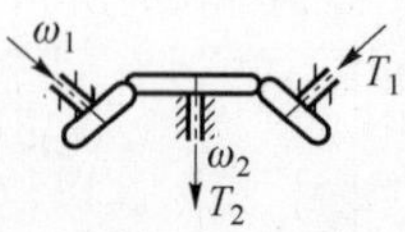 ω_1 T_1 ω_2 T_2

21.2.1　机械阻抗控制的运动传递方法与方案

上述运动方案可以通过非自停和自停传动装置实现。这些传动机构的可能动态冗余方案变型应用在机器人化复合体空间质量控制中的机电一体化智能设备的进给与定位，也可应用于 MS(图 21.1)精密进给操作中使用的机器人辅助材料去除，或在(Langmuir - Blodgett(LB)薄膜沉积的机电一体化系统中作为一个障碍驱动器(图 21.2)。机械阻抗由结节组件和非结节组件两部分组成。结节组件机械阻抗 Z_0 由刚度 K 和阻尼 B 决定，而非结组件机械阻抗 Z_1 反映惯性属性。正如上面提到的，驱动器的节点刚度取决于内力/力矩 T_a。对于双蜗杆传动机构(图 21.3)，其刚度为

$$K = \frac{0.8184 \times 10^6 n_0}{\cos\lambda} \sqrt{\frac{T_a}{m_0 y_k d_w W(\alpha) \cos\alpha}} \tag{21.2}$$

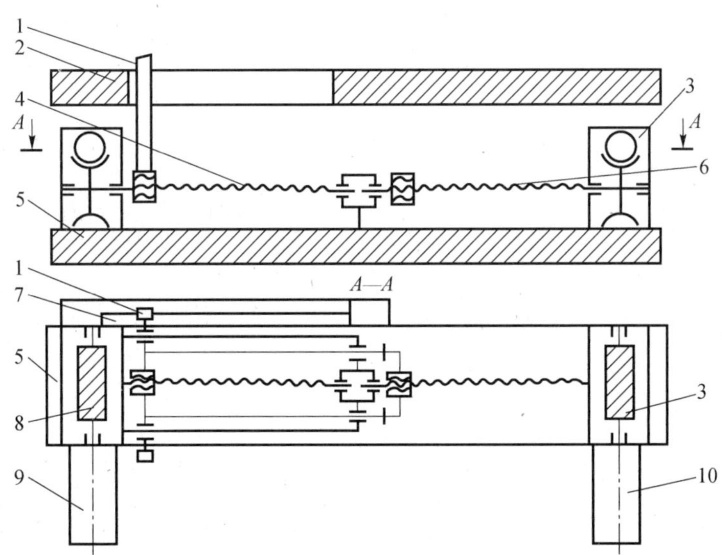

图 21.2　障碍驱动的运动链

1—障碍；2—上板；3—蜗杆；4—滚珠丝杠螺母系统；5—基地；6—滚珠丝杠螺母系统；7—线性位移传感器；8—蜗杆；9、10—直流电动机。

如果双蜗杆传动阻尼由两个传动带 A 和 B 之间的摩擦引起(图 21.3)，那么它可以表示为

$$B_w = B_c + \frac{2\mu f_T(a)}{\dot{\varphi}_{OL} d_k}\left[1 + \frac{\sin(\alpha_1 - \rho_1 - \rho_0)\cos\rho_2}{\sin(\alpha_1 + \rho_1 + \rho_2)\cos\rho_0}\right] T_a = B_c + B_a(T_a) \tag{21.3}$$

式中：B_c 为传统蜗轮蜗杆传动机构的阻尼；$\dot{\varphi}_{OL}$ 为输出链速度；$B_a(T_a)$ 为内部转

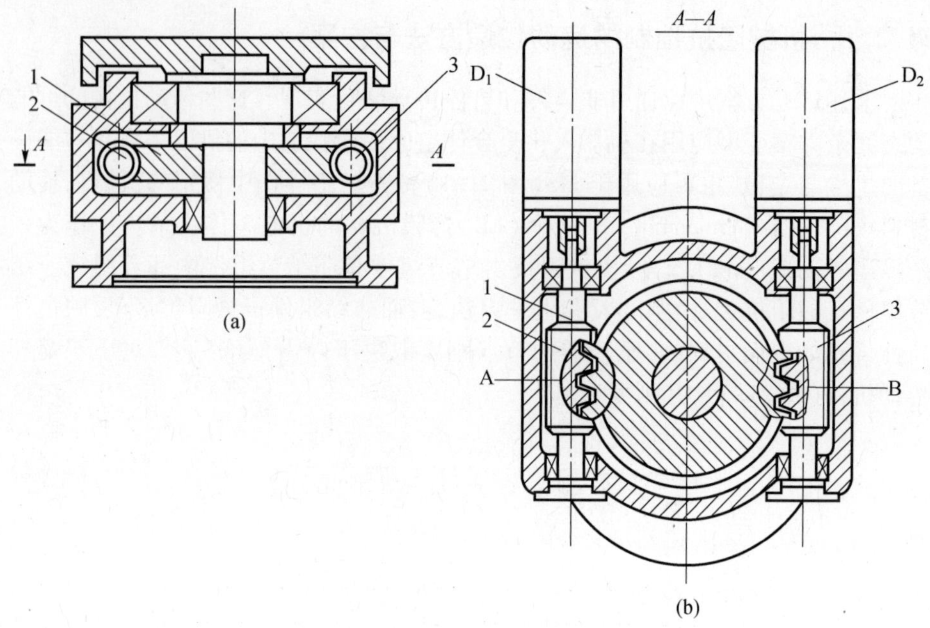

图 21.3　旋转台及传动带截面

(a)旋转台；(b)传动带 1－2 和 1－3 截面。

1—蜗轮；2、3—蜗轮；D_1、D_2—直流电动机；A、B—传动带。

矩 T_a 引起的附加项。

式(21.2)和式(21.3)中的其他参数是蜗轮的构造参数。因此，通过控制内部转矩 T_a，结节机械阻抗可以根据式(21.2)和式(21.3)来控制，因为传动机制的输出链运动可以用不同等级被电动机激活[26]。

21.2.2　冗余驱动执行器的建模

所讨论的驱动器可以视为一个复杂的系统，由机械与电气系统和伺服控制器组成。阻抗控制的 MS 的结构如图 21.4 所示(其传动机构如图 21.3 所示)。

有冗余的合成运动规划由两个输入和一个输出来定义。驱动电动机的功能条件依据齿轮机构的类型可分为非自停型或自停型。

21.2.2.1　有自停装置的阻抗控制机电驱动器

反驱动电动机电压 U_3 设置一个参考输出链速度 $\dot{\varphi}_{2d}(t)$。驱动器控制电压 U_1 与设置虚拟值 $\dot{\varphi}_1^r$ 和速度参照值 $\dot{\varphi}_3^r$ 的反驱动电动机电压 U_3 之间的区别设置了所需联合机械阻抗 Z_0，依据

$$T_a = T_1 - T_3 = k_e k_T(\dot{\varphi}_1^r - \dot{\varphi}_3^r)/R_a = k_T(U_1 - U_3)R_a \tag{21.4}$$

用内部转矩 T_a 关闭运动链，且必须满足

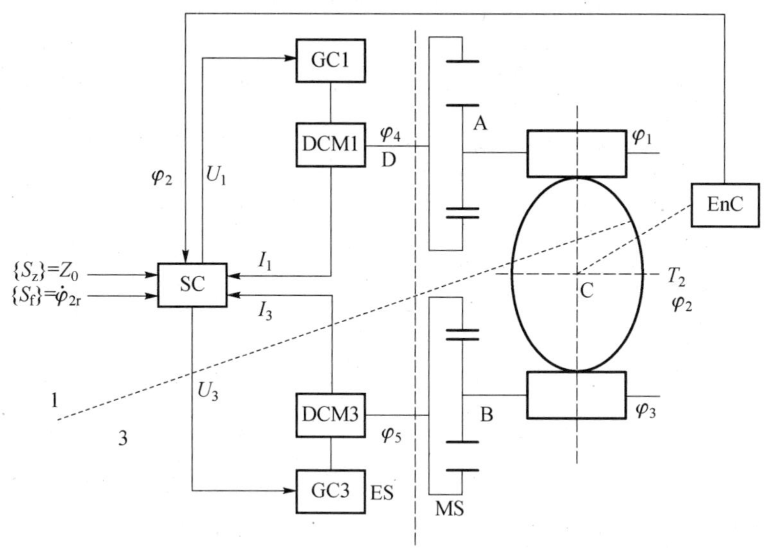

图 21.4　阻抗控制的驱动器结构

GC1、GC3—步态变换器；DCM1、DCM3—直流电动机；E_nC—编码器；SC—伺服控制器；1—驱动单元；3—反驱动单元；ES—电气子系统；MS—机械子系统。

$$\dot{\varphi}_1^{r} > \dot{\varphi}_3^{r} \tag{21.5}$$

所以，阻抗控制的两个控制集$\{S_f\}$和$\{S_z\}$分别是由反驱动器 3 和驱动单元 1 设置的。

21.2.2.2　有非自停装置的阻抗控制机电驱动器

内部转矩 T_a 是通过反驱动电动机 T_3 引起的。驱动电动机 DCM1 定义了所需的输出链速度 $\dot{\varphi}_{2d}(t)$。阻抗控制的两个控制集$\{S_f\}$和$\{S_z\}$分别由反驱动器 3 和驱动单元 1 设置。在传动机制带有非自停装置和自停装置两种情况下，当运动方向改变时，反驱动单元被启动；反之，则启动驱动单元。因此，在这两种情况下，非自停和自停止装置运动链总是关闭没有反弹，但有结节机械阻抗控制。

21.3　控制策略

动态精度[2]的调节控制方法已被应用。调节阻抗控制的方案由两个部分组成。第一部分是一个前馈控制器，离线使用 MS 阻抗控制的动态模型；第二部分是开环阻抗控制，包括控制集$\{S_f\}$和$\{S_z\}$对所需输出链速度 $\dot{\varphi}_{2r}(t)$ 的离线规划、平稳运动 $\Delta\dot{\varphi}_2(t)$ 及预期影响和干扰 T_a，这样则允许有开环干扰和影响抑制。驱动器输出链和 TE 之间相互影响的转矩为

$$T_{\mathrm{i}}=T(\phi,\dot{\varphi})-J\frac{\mathrm{d}\dot{\varphi}}{\mathrm{d}t}=K(\phi_{\mathrm{r}}-\phi_{\mathrm{a}})+B(\dot{\varphi}_{\mathrm{r}}-\dot{\varphi}_{\mathrm{a}})-J\frac{\mathrm{d}\dot{\varphi}}{\mathrm{d}t} \tag{21.6}$$

式中:$T(\phi,\dot{\varphi})$为驱动器中非惯性元件的阻抗;J为任务空间中的惯性张量。

在理想刚性体中,TE 末端驱动器的动力学表达式为

$$J_{\Sigma}\frac{\mathrm{d}\dot{\varphi}}{\mathrm{d}t}=T_{\mathrm{e}}+T_{\mathrm{i}} \tag{21.7}$$

式中:J_{Σ}为 TE 末端驱动器的惯性张力;T_{e}为未知扭矩和撞击力。

系统“驱动器主轴——TE”的运动方程为

$$T_{\mathrm{i}}=T(\phi,\dot{\varphi})-J\frac{\mathrm{d}\dot{\varphi}}{\mathrm{d}t}=K(\phi_{\mathrm{r}}-\phi_{\mathrm{a}})+B(\dot{\varphi}_{\mathrm{r}}-\dot{\varphi}_{\mathrm{a}})-J\frac{\mathrm{d}\dot{\varphi}}{\mathrm{d}t} \tag{21.8}$$

为进料操作,保证平稳运动最重要,即 $\mathrm{d}\dot{\varphi}/\mathrm{d}t=0$。式(21.6)可改写为

$$(J_{\Sigma}+J)\frac{\mathrm{d}\dot{\varphi}}{\mathrm{d}t}=K(\phi_{\mathrm{r}}-\phi_{\mathrm{a}})+B(\dot{\varphi}_{\mathrm{r}}-\dot{\varphi}_{\mathrm{a}})+T_{\mathrm{e}}-J\frac{\mathrm{d}\dot{\varphi}}{\mathrm{d}t} \tag{21.9}$$

式(21.9)的物理意义是用驱动器结点机械阻抗 Z_0 的演变量在撞击时抑制干扰。所需的驱动器轴响应 $\phi_{\mathrm{a}}(t)$、$\dot{\varphi}_{\mathrm{a}}$ 的参考运动 $\phi_{2\mathrm{r}}$、$\dot{\varphi}_{2\mathrm{r}}$和外力矩 T_{i} 由所需机械阻抗(式(21.6))定义。在这种方式中,带驱动冗余的驱动器的控制策略是基于驱动器结点机械阻抗参数的调整,该参数包括,给定的干扰或撞击力 T_{i}、运动误差参考参数 $\Delta\phi_2$以及不均匀速度 $\Delta\dot{\varphi}_2$:

$$\Delta\phi_2=\phi_{2\mathrm{r}}-\phi_{2\mathrm{a}}(T_{\mathrm{i}})$$

$$\Delta\dot{\varphi}_2=\dot{\varphi}_{2\mathrm{r}}-\dot{\varphi}_{2\mathrm{a}}(T_{\mathrm{i}}) \tag{21.10}$$

开环阻抗控制包括反驱动电动机电压 U_1 和 U_3 的离线规划,如获取所需驱动器的结节机械阻抗特性和在某些已知碰撞的初期产生的净有效载荷。由此产生了开环干扰和冲击抑制的通用调节阻抗控制方案,如图 21.5 所示。

反馈控制器用于补偿在线小扰动和非建模动态。有阻抗控制驱动器的机电一体化进料装置的运动方程[26]的特点由以下参数设定:

$$L=1.37\times10^{-3}\mathrm{H},R=1.14\Omega,m=52,n=62/30$$

$$T_{vT}=0.1\mathrm{ms},J_2=2.2136\times10^{-3}\mathrm{kg}\cdot\mathrm{m}^2,J_{\mathrm{r}}=2.429\times10^{-3}\mathrm{kg}\cdot\mathrm{m}^2$$

$$J_{2R}=1.321\times10^{-3}\mathrm{kg}\cdot\mathrm{m}^2,J_{1R}=2.415\times10^{-5}\mathrm{kg}\cdot\mathrm{m}^2,J=4.11\times10^{-3}\mathrm{kg}\cdot\mathrm{m}^2$$

$$B_2=B_{\mathrm{r}}=B_{2R}=B_{1R}=0.1,C=9.6962\times10^6\mathrm{N}\cdot\mathrm{m/rad},\overline{C}=2.424\times10^5\mathrm{N}\cdot\mathrm{m/rad}$$

$$K_{p1}=K_{p2}=0.1,K_{g1}=K_{g2}=0.05,K_{vT}=1.5,k=K_e=0.172\mathrm{V}\cdot\mathrm{s/rad}$$

控制合成是用优化方法 ARSTI(有转换间隔的自适应随机搜索[27])程序生成的。控制电压 U_1、U_3 的最优分布可以得到所需的驱动器输出链速度和运动平稳性。得到的驱动电动机控制电压 U_1,驱动器输出链的设定参考速度如图

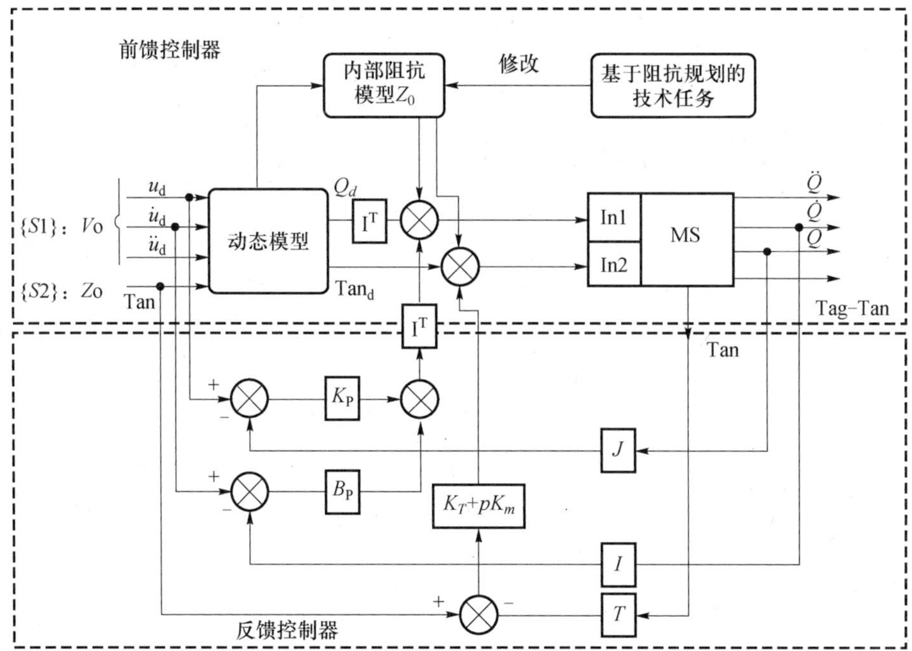

图 21.5　通用调节阻抗控制方案

注：Q、$\dot{Q}$、$\ddot{Q}$ 为机电系统任务坐标。

21.6 所示。输出链应对所受影响 $T2$ 的相应速度 $\dot{\varphi}_{2a}(t)$ 如图 21.7 所示，具有不均匀性且小于参考角度的参考值，可以从图 21.8 中看出。因此，针对带驱动冗余的机电一体化系统阻抗控制所提出的控制策略在上线控制不需要大量的计算资源和时间，而调整驱动器结点机械阻抗则需要一定的开环影响和干扰抑制。

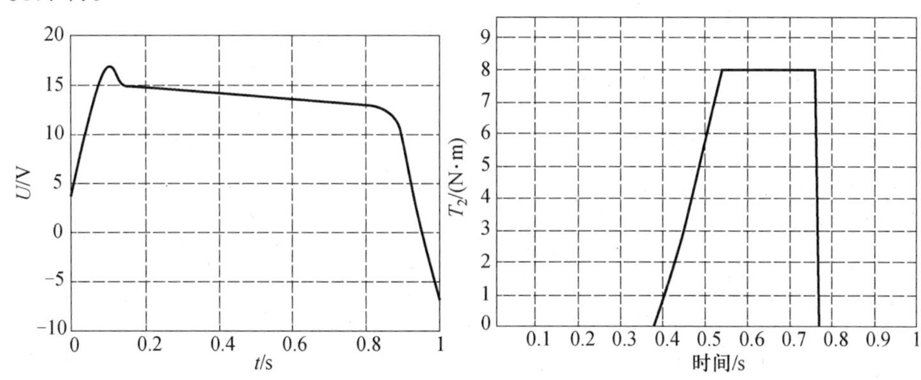

图 21.6　驱动电动机的控制电压

图 21.7　预期影响 T_2

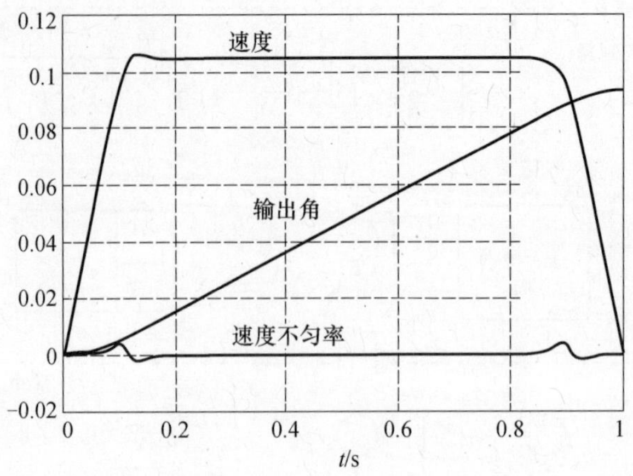

图 21.8　输出链运动参数

21.4　实验结果与讨论

已设计带驱动器冗余的三个实验测试床，通过以下三种方法去实现阻抗控制的 MS 的可能性：

(1) LB 膜沉积机电系统的障碍驱动单元，这是一个运动方案(如图 21.2 所示)；

(2) 一种应用传动机构的机器人辅助材料去除的进给操作旋转台(图 21.3)；

(3) 针对机器人的谐波联合驱动器(HawIC)和外围机电设备(图 21.9)

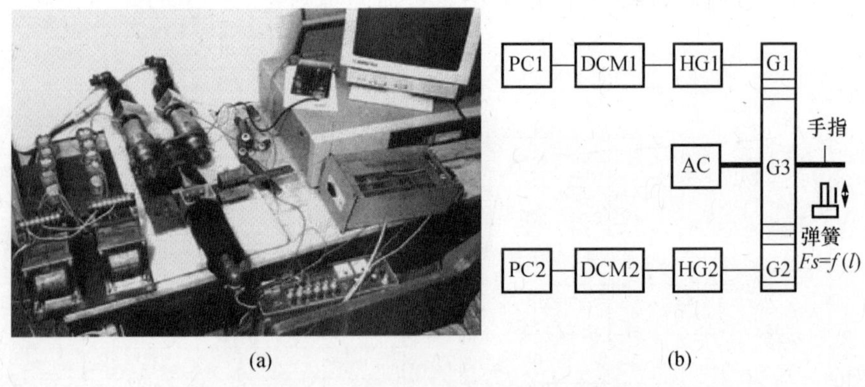

图 21.9　具有阻抗控制的谐波致动器

PC—脉冲编码器；DCM—直流电动机；HG—谐波齿轮；G—齿轮；AC—轴编码器。

实验研究的不依赖切削力技术就能平稳进给操作的旋转工作台已制造，应用了 Bruel & Kjaer 双通道信号分析仪 BK2034，用来捕捉响应励磁器激励的加速度计 B12，线性特性比率为 1Hz/10kHz、非线性频率为 10% 且频率小于 1Hz 的放大器 BK2635 和力传感器 BK8200 激励的冲击锤。频率响应函数 $H_2 = F/\ddot{\varphi}_2$ 由输出链速度 $\dot{\varphi}_2 = 0.105\text{rad/s}$ 求得。驱动器机械阻抗的两个不同值测得的结果如图 21.10 所示。低阻抗情况下的谐振频率为 72.5Hz，高阻抗情况下的谐振频率为 107Hz。对于这种情况，阻抗比可以依据位移得到：

$$D_{\mathrm{k}} = \frac{K_{\max}}{K_{\min}} = \frac{\omega_{\max}^2}{\omega_{\min}^2} = \frac{f_{\max}^2}{f_{\min}^2} = 2.18$$

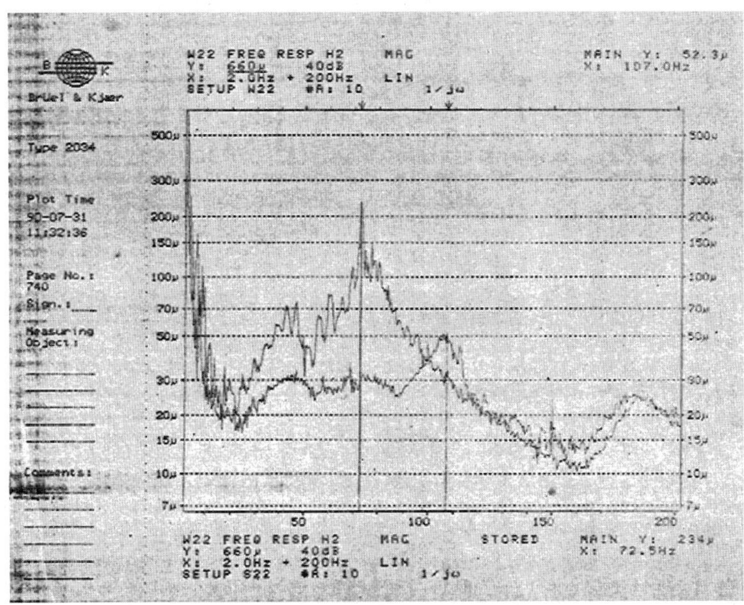

图 21.10　频率响应函数的光谱

对于相同的输出链速度，阻抗比依赖于速度，得到相同的驱动器机械阻抗值。阻尼是由时域内的测量程序确定的，包含激励下的测量响应（图 21.11）。每次测量记录量值 A_1 和 A_2。阻抗控制驱动器的阻尼确定为对数衰减率 $B = \lg(A_2/A_1)$。

因此，依赖于速度的阻抗比是以上提到的低阻抗时的阻尼值与高阻抗时的阻尼值之间的比率，即

$$D_B = \frac{B_{\max}}{B_{\min}} = \frac{\lg(A_2/A_1)_{\max}}{\lg(A_2/A_1)_{\min}} = 2.06$$

LB 膜沉积系统的障碍冗余驱动器还进行了实验，并研究了其微运动、速度比和产生的振动。最后一个是设备的重要要求，因为产生的振动可以破坏其表

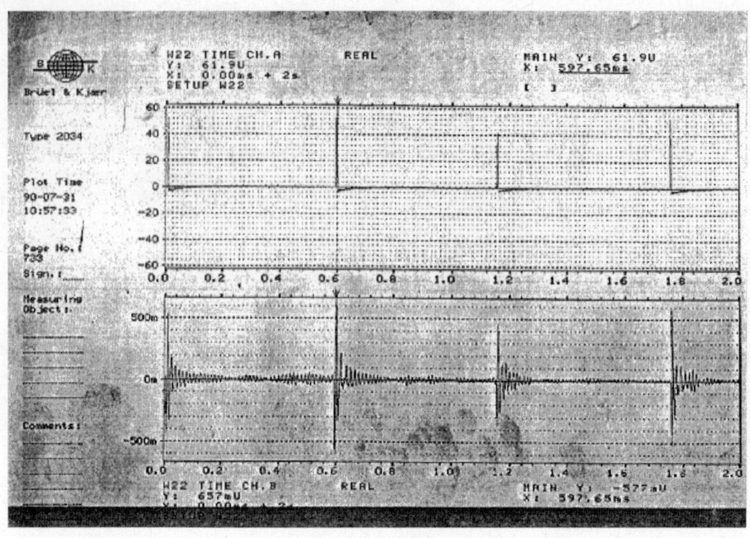

图 21.11　阻尼实验测定

面层。障碍的微运动实现的距离是 1μm，特别依赖于应用在一系列运动的位置传感器(350mm)。平稳运动的最小与最大速度比(1∶10000)也能够实现。图 21.12 显示了在 z 和 x 方向上，速度为 100μm/s 时，背景与障碍运动的加速度谱结果。得到的实验结果表明，所产生的振动是可以忽略不计的，小于参考值。对于障碍运动，在 60Hz 处与背景之间的差异小于 10 m(10^{-4}m/s^2)。如果频率围绕 60Hz 左右时的幅值偏高，就由驱动器的机械阻抗来控制，幅值可以降低。x 方向上的结果表明障碍运动的不均匀性。在三种不同幅值(低、中、高)的情况下可以得到 HawIC 实验结果的结点机械阻抗。在这三种幅值的条件下驱动电动机和反驱动电动机之间的相对位移 Δ，以及两个结点轴 ϕ_2 在每次转向时碰撞产生的误差动矢量，分别如图 21.13(a)、(b)和(c)所示。结果表明，结点轴与反驱动电动机轴处的碰撞产生的影响可以忽略不计。这意味着 HawIC 的特点是通过结点机械阻抗的改性，使得节点轴绝对式编码器的位置信息与电动机轴

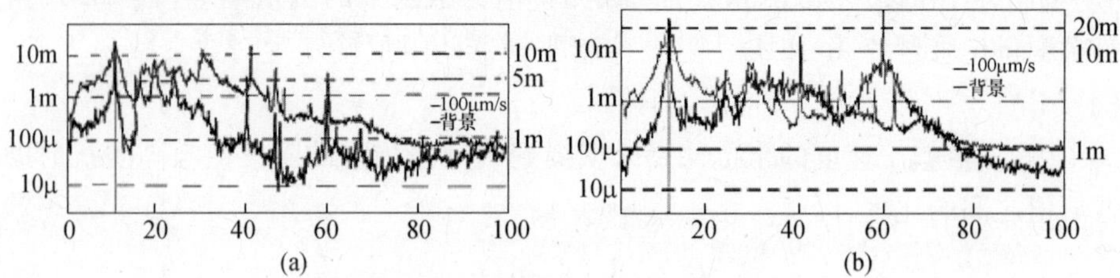

图 21.12　在 z、x 方向上速度为 100μm/s 的背景与障碍物运动加速度谱

(a) z 方向；(b) x 方向。

注：MR = 10；$m = 10^{-4}$m/s^2。

编码器的信息一致性得到显著改善,而与驱动轴碰撞无关。在图 21.13(d)中,这种一致性由传统谐波驱动器可显示。调节控制方法被 HawIC 所采纳,系统动态响应的改进在碰撞和驱动器机械阻抗的影响下被研究。因此,HawIC 可以在某些能高精度调整其结点机械阻抗的碰撞中工作。在这种情况下,联合轴绝对编码器的位置信息与电动机轴编码器的信息的一致性也有所改善。

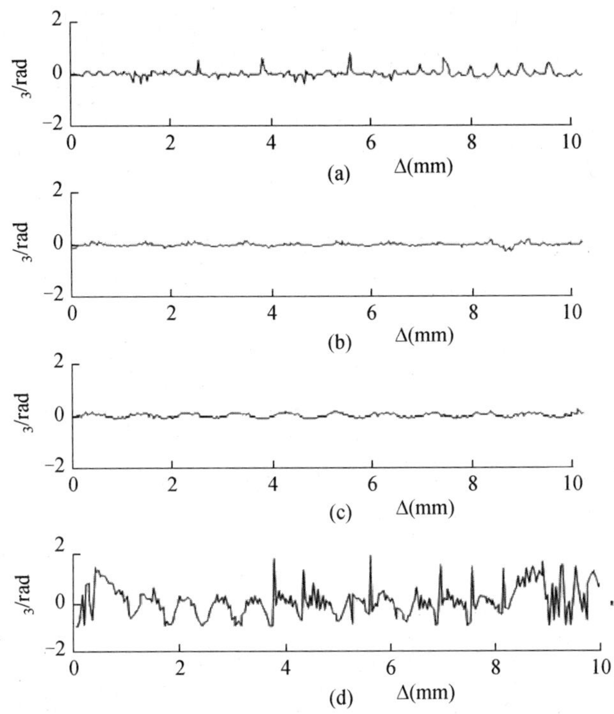

图 21.13　结点机械阻抗的低、中、高值与传统谐波驱动器比较的实验结果

总之,带有驱动冗余的阻抗控制 MS 的主要包含:驱动器机械阻抗的控制改进;输出链微运动,特别是针对障碍时——1μm,在运动范围(350mm)和较大的输出链负载范围内;在一个宽泛的最小与最大速度比(1:10000)的范围内实现平稳运动,无论 TE 阻抗调节器调节驱动器阻抗时的作用力是多少。

21.5　具有反驱动执行器的串、并联机器人

所研究的机械手[28]是串并联机构,包括在一个串行链中连接的基本链 0 和其它链接 1,…, n。末端执行器 M 位于该链的末端链 n 上,在 ν 操作空间移动。驱动链 A_1,…, A_m,数量为 m,连接到基本链 0,一直到末端链 n,形成平行链(图 21.14 所示)。

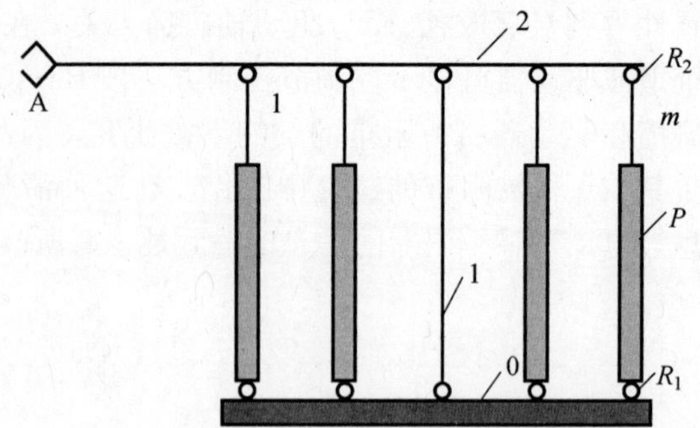

图 21.14 串、并联机器人的广义运动方案

21.5.1 具有驱动冗余的串、并联机器人运动学建模

这些链路包含相似类型的驱动模块，模块附带一个线性运动的独立驱动结点和两个被动旋转结点。每个平行链的自由度数目在平面中为 3，在空间中为 6。在这种方式中，机器人的自由度数目是由基本链 h 的自由度数目定义的。所研究的有驱动冗余的机器人自由度数目 h 应小于驱动模块的数目 $m(h<m)$。在平行链驱动直线结点中的相对运动参数和在基本链结点中的相对运动参数作为运动学系统的广义参数的定义。

$$\boldsymbol{\lambda}=[\lambda_1,\cdots,\lambda_m]^{\mathrm{T}} \tag{21.11}$$

$$\boldsymbol{q}=[q_1,\cdots,q_h]^{\mathrm{T}} \tag{21.12}$$

并联机器人结构中的每一个闭环在式(21.11)和式(21.12)中产生广义参数之间的链接。这些链接可以通过矢量函数 $\boldsymbol{\lambda}=\boldsymbol{\Phi}(q)$ 来定义，该函数可以由式(21.12)中的参数计算式(21.11)中的参数。式(21.11)中的 h 个参数，$\boldsymbol{\lambda}_u=[\lambda_1,\cdots,\lambda_h]^{\mathrm{T}}$，足以定义运动学系统，称为独立参数，其余的 $m-h$ 个参数，$\boldsymbol{\lambda}_d=[\lambda_{h+1},\cdots,\lambda_m]^{\mathrm{T}}$，称为依赖性参数。那么，式(21.11)的矢量为

$$\boldsymbol{\lambda}=[\boldsymbol{\lambda}_u;\boldsymbol{\lambda}_d]^{\mathrm{T}} \tag{21.13}$$

$\boldsymbol{\lambda}=\boldsymbol{\Phi}(\boldsymbol{q})$ 对时间的微分为

$$\dot{\boldsymbol{\lambda}}=\boldsymbol{L}\dot{\boldsymbol{q}} \tag{21.14}$$

并定义一阶偏导数的 $m\times h$ 矩阵

$$\boldsymbol{L}=\left[\frac{\partial\boldsymbol{\lambda}}{\partial\boldsymbol{q}}\right]=[\boldsymbol{\lambda}_u;\boldsymbol{\lambda}_d]^{\mathrm{T}} \tag{21.15}$$

包括 $h\times h$ 矩阵 $\boldsymbol{L}_u=\dfrac{\partial\boldsymbol{\lambda}_u}{\partial q}$ 和 $(m-h)\times h$ 矩阵 $\boldsymbol{L}_d=\dfrac{\partial\boldsymbol{\lambda}_d}{\partial q}$。

驱动结点中的所有参数（式(21.11)）的偏导数相对于独立参数 $\boldsymbol{\lambda}_u$ 的矩阵

定义为

$$\left[\frac{\partial \boldsymbol{\lambda}}{\partial \boldsymbol{\lambda}_u}\right]=\begin{bmatrix}\boldsymbol{E}\\ \boldsymbol{L}_d\boldsymbol{L}_u^{-1}\end{bmatrix} \tag{21.16}$$

式中:$\boldsymbol{E}$ 为单元 $h\times h$ 矩阵。

式(21.16)的双微分为

$$\ddot{\boldsymbol{\lambda}}=L\ddot{\boldsymbol{q}}+\dot{\boldsymbol{q}}^{\mathrm{T}}\boldsymbol{H}\dot{\boldsymbol{q}} \tag{21.17}$$

得出二阶偏导数 $m\times h\times h$ 矩阵:

$$\boldsymbol{H}=\left[\frac{\partial \boldsymbol{L}}{\partial \boldsymbol{q}}\right]=[\boldsymbol{H}_u,\boldsymbol{H}_d]^{\mathrm{T}} \tag{21.18}$$

以上每一个平面,$\boldsymbol{H}_i(i=1,\cdots,m)$都是包含以下元素的$(h\times h)$矩阵:

$$H_{i,j,k}=\frac{\partial^2\boldsymbol{\lambda}_i}{\partial q_k\partial q_j}=\frac{\partial}{\partial q_k}\left(\frac{\partial\boldsymbol{\lambda}_i}{\partial q_j}\right)\ (j=1,\cdots,k;k=1,\cdots,h)$$

基本链参数之间的联系,式(21.12)和末端执行器坐标是通过串联机器人的运动学正问题进行定义的,即

$$\boldsymbol{X}=[X_1,\cdots,X_v]^{\mathrm{T}},v\leqslant 6 \tag{21.19}$$

这个水平方向的位移、速度和加速度的正问题,通过方程

$$\boldsymbol{X}=\boldsymbol{\Psi}(\boldsymbol{q}),\dot{\boldsymbol{X}}=\hat{\boldsymbol{J}}\dot{\boldsymbol{q}}\text{ 和 }\ddot{\boldsymbol{X}}=\boldsymbol{J}\ddot{\boldsymbol{q}}+\dot{\boldsymbol{q}}^{\mathrm{T}}\boldsymbol{G}\dot{\boldsymbol{q}}$$

提出的,其中

$$\boldsymbol{J}=\left[\frac{\partial \boldsymbol{X}}{\partial \boldsymbol{q}}\right] \tag{21.20}$$

$$\boldsymbol{G}=\left[\frac{\partial \boldsymbol{J}}{\partial \boldsymbol{q}}\right] \tag{21.21}$$

是 $v\times h\times h$ 的二阶偏导矩阵。

21.5.2　冗余驱动上的刚度模型

与环境接触的操作系统是静态平衡的,不考虑引力[29]。可以用下式定义平行链线性结点上的驱动力:

$$\boldsymbol{F}=[\boldsymbol{F}_u;\boldsymbol{F}_d]^{\mathrm{T}} \tag{21.22}$$

式中:$\boldsymbol{F}_u$、$\boldsymbol{F}_d$ 是对应独立参数 $\boldsymbol{\lambda}_u$ 和相关参数 $\boldsymbol{\lambda}_d$ 的驱动力矢量。力 $\boldsymbol{F}_u=[\boldsymbol{F}_1,\cdots,\boldsymbol{F}_d]^{\mathrm{T}}$ 是机器人沿轨迹运动的充分条件,视为基本力,而力

$$\boldsymbol{F}_d=[F_{h+1},\cdots,F_m]^{\mathrm{T}} \tag{21.23}$$

是附加驱动力。

在线性连接上相应于独立参数 $\boldsymbol{\lambda}_u$ 的有效广义力可以通过 $h\times1$ 矢量定义：

$$\boldsymbol{U}=[U_1,\cdots,U_h]^{\mathrm{T}} \tag{21.24}$$

在基本串接链中对应于式(21.12)中的参数的有效广义力矩可以通过 $h\times1$ 矢量定义：

$$\boldsymbol{Q}=[Q_1,\cdots,Q_h]^{\mathrm{T}} \tag{21.25}$$

施加于末端执行器，并对应于式(21.19)中的坐标的外部力和力矩可以通过($\nu\times1$)矢量定义：

$$\boldsymbol{P}=[P_1,\cdots,P_v]^{\mathrm{T}},v\leqslant6 \tag{21.26}$$

以上提到的力之间的关系可以根据虚拟工作原理来定义。以此方式的还有式(21.16)中的驱动力之间的关系，式(21.22)和式(21.24)之间的关系为

$$\boldsymbol{U}=\begin{bmatrix}\boldsymbol{E}\\ \boldsymbol{L}_d\boldsymbol{L}_u^{-1}\end{bmatrix}^{\mathrm{T}}\boldsymbol{F} \tag{21.27}$$

或

$$\boldsymbol{U}=\boldsymbol{F}_u+[\boldsymbol{L}_d\boldsymbol{L}_u^{-1}]^{\mathrm{T}}\boldsymbol{F}_d \tag{21.28}$$

基本链结点中的广义有效转矩之间的关系(式(21.25))，和平行链直线结点中的驱动力由式(21.14)辅助定义：

$$\boldsymbol{Q}=\boldsymbol{L}^{\mathrm{T}}\boldsymbol{F} \tag{21.29}$$

外力及扭矩(式(21.26))和有效广义扭矩之间的联系(式(21.25))由式(21.20)定义：

$$\boldsymbol{Q}=\boldsymbol{J}^{\mathrm{T}}\boldsymbol{P} \tag{21.30}$$

式(21.29)和式(21.30)定义了外力和驱动力之间的链接：

$$\boldsymbol{J}^{\mathrm{T}}\boldsymbol{P}=\boldsymbol{L}^{\mathrm{T}}\boldsymbol{F} \tag{21.31}$$

式(21.31)对式(21.12)的参数的微分，在考虑式(21.20)和式(21.21)以及式(21.18)和式(21.15)后产生以下方程：

$$\boldsymbol{G}^{\mathrm{T}}\boldsymbol{P}+\boldsymbol{J}^{\mathrm{T}}\frac{\partial\boldsymbol{P}}{\partial\boldsymbol{X}}\boldsymbol{J}=\boldsymbol{H}^{\mathrm{T}}\boldsymbol{F}+\boldsymbol{L}^{\mathrm{T}}\frac{\partial\boldsymbol{F}}{\partial}\lambda\boldsymbol{L} \tag{21.32}$$

式(21.32)将机器人定义为一个弹性系统，其末端执行器的刚度 $\boldsymbol{K}=\partial\boldsymbol{P}/\partial\boldsymbol{X}$ 由线性驱动结点中的轴刚度 $\boldsymbol{K}_{\mathrm{sh}}=\partial\boldsymbol{F}/\partial\boldsymbol{\lambda}$ 和表达式 $\boldsymbol{G}^{\mathrm{T}}\boldsymbol{P}$ 与 $\boldsymbol{H}^{\mathrm{T}}\boldsymbol{F}$ 描述的潜在刚度定义。潜在刚度是交互过程中，式(21.31)中的外力与式(21.26)中的驱动力的静力平衡的结果，同时也是式(21.22)得出的、由式(21.28)中的基本驱动力 $\boldsymbol{F}_u$ 和附加驱动力 $\boldsymbol{F}_d$ 之间平衡的结果。产生的刚度作为反驱动力平衡的结果，称为反驱动刚度。式(21.32)中的等式可以不应用式(21.18)、式(21.22)和式

(21.28)定义：

$$-\boldsymbol{H}_u^{\mathrm{T}}\boldsymbol{L}_u^{-\mathrm{T}}\boldsymbol{J}^{\mathrm{T}}\boldsymbol{P}+\boldsymbol{G}^{\mathrm{T}}\boldsymbol{P}+\boldsymbol{J}^{\mathrm{T}}\boldsymbol{K}\boldsymbol{J}=-\boldsymbol{H}_u^{\mathrm{T}}\boldsymbol{L}_u^{-\mathrm{T}}\boldsymbol{L}_d^{\mathrm{T}}\boldsymbol{F}_d+\boldsymbol{H}_d^{\mathrm{T}}\boldsymbol{F}_d+\boldsymbol{L}^{\mathrm{T}}\boldsymbol{K}_{\mathrm{sh}}\boldsymbol{L} \quad (21.33)$$

驱动冗余机器人允许通过分配附加驱动力的大小来规范末端执行器的刚度,式(21.23)由式(21.33)推导得出。在仿真与控制过程中,使用刚度矩阵 $\boldsymbol{K}$ 的逆矩阵是很方便的

$$\boldsymbol{B}=\boldsymbol{K}^{-1} \quad (21.34)$$

这个逆矩阵称为端部执行器的柔度矩阵。该末端执行器在控制过程的具体性研究没有考虑外力。根据式(21.33)和式(21.34)以及 $\boldsymbol{P}=0$,在操作空间中的末端执行器的柔度可以表示为

$$\boldsymbol{B}=\boldsymbol{J}[-\boldsymbol{H}_u^{\mathrm{T}}\boldsymbol{L}_u^{-\mathrm{T}}\boldsymbol{L}_d^{\mathrm{T}}\boldsymbol{F}_d+\boldsymbol{H}_d^{\mathrm{T}}\boldsymbol{F}_d+\boldsymbol{L}^{\mathrm{T}}\boldsymbol{K}_{\mathrm{sh}}\boldsymbol{L}]^{-1}\boldsymbol{J}^{\mathrm{T}} \quad (21.35)$$

21.5.3 所需末端执行器的柔度条件

对于冗余驱动机器人的刚度控制的实现,是一个合适的末端执行器刚度或柔度的规范化链接问题。这个刚度是产生恢复力的原因,机器人因交互而产生外部激励,该刚度也作为对激励产生的预期响应。

反馈刚度控制[23]的性能时,末端执行器的柔度(式(21.35))是通过在驱动结点 $\boldsymbol{k}_{\mathrm{sh}}=\partial\boldsymbol{F}/\partial\boldsymbol{\lambda}$ 中选择刚度,或是在反驱动刚度控制[22,24]的实现中,通过选择适当的附加驱动力 F_d(式(21.23))来规范的。一个必要条件是,偏导数矩阵 $\boldsymbol{J}$、$\boldsymbol{L}$ 和 $\boldsymbol{H}$ 在刚度规范[17]过程中是非奇异的。此外,这个对称的柔度矩阵,式(21.34),必须是正定义,也必须具有正的特征值或

$$\det\boldsymbol{B}>0,b_{ii}>0 \quad (21.36)$$

式中:b_{ii}为对角矩阵组元。

对称性柔度 $\nu\times\nu$ 矩阵(式(21.34))有 μ 个独立分量,$\mu=\nu\times(\nu+1)/2$。根据式(21.35),理论上,对于机器人必须有 μ 个附加驱动结点才能完全符合柔度矩阵规范。每个驱动结点都是一个反驱动作用力发生器(Fd 的元素)(式(21.23))。该驱动结点的总数量必须为 $\mu+h$ 个,因为具有 h 个自由度的机器人运动控制的驱动结点必须有 h 个,如果每一个并行链有一个驱动结点,那么并联机器人必须有 $m=\mu+h$ 个平行链。

所需末端执行器的柔度可以用以下矢量表示:

$$\boldsymbol{b}^0=[b_1,\cdots,b_j,\cdots,b_\mu]^{\mathrm{T}} \quad (21.37)$$

包括式(21.34)的矩阵的独立分量。

所需柔度(式(21.37)),可以由 μ 个组元组成的附加驱动力矢量 $\boldsymbol{F}_d$ 确定。由此,由式(21.35)驱动的线性方程组为

$$\begin{cases} b_1 = f_1(F_d) \\ b_j = f_j(F_d) \\ b_\mu = f_\mu(F_d) \end{cases} \tag{21.38}$$

上层系统的解决方案可以利用驱动力虚高值,可以由式(21.23)导出。找到式(21.38)的系统解决方案的可能性缩小,这是由于在附加力大小的幅值中存在实际限制。用限制参数来解决给定柔度规范化的问题可以通过优化来实现。在这种情况下,定义实际力 F_d 有很多困难,并能产生满足式(21.36)限柔度的矩阵。计算机进行了实验,目的是检测式(21.36)的不等式产生的柔度的相关性。所进行的实验是二维,其中,操作空间的柔度是由一个二维线性柔度矩阵来定义的:

$$\boldsymbol{B}^{\mathrm{L}} = \begin{bmatrix} b_{xx} & b_{xy} \\ b_{xy} & b_{yy} \end{bmatrix} \tag{21.39}$$

下一个系数是在式(21.39)的二维情况下由式(21.36)建立:

$$\kappa = \frac{b_{xy}}{\sqrt{b_{xx} b_{yy}}} \tag{21.40}$$

当 $-1 < \kappa < 1$ 时,定义刚度矩阵。此外,该系数可间接为这个刚度进行定性评价。如果柔度用合规椭圆的图表方式表示,那么 κ 接近1,且 κ 可以定义坐标轴与椭圆主轴的最大偏差角,当 $\kappa = 0$ 时,椭圆主轴与坐标轴重合。合规椭圆四个主要方向上的区域形成了刚度值,并用 A、B、C 和 D 表示(图21.15)。这四个区域面积通过系数的大小来确定,元素 b_{xx} 和 b_{yy} 之间的关系描述如下:

$$\begin{gathered} A: -0.5 \leqslant \kappa \leqslant 0.5, b_{xx} < b_{yy}; B: -0.5 \leqslant \kappa \leqslant 1 \\ C: -0.5 \leqslant \kappa \leqslant 0.5, b_{xx} < b_{yy}; D: -1 \leqslant \kappa \leqslant -0.5 \end{gathered} \tag{21.41}$$

实验使用了一个二维并行操作器(图21.16)。操作器由包含一个固定链接和两个移动链接 l_0、l_1、l_2($l_1 = 0.4\ [m]$)的基本链组成,由两个转动链接 J_1 和 J_2($h = 2$)相连。操作器的结构包括附加在固定基地 l_0 和链路 l_2 上的1~6个并联驱动链(图21.16)。平行链如图21.16所示,用数字1、2、3、4、5、6指示。末端执行器的柔度由离散变化的大小和所限范围内的驱动力方向评估:

$$-300\mathrm{N} \leqslant F_i \leqslant 300\mathrm{N}, i = 3, \cdots, 6 \tag{21.42}$$

刚度由系数值定义,如式(21.40)所示,位于式(21.41)所示的区域内。刚度在给定的力分布上用图形示意,标志—\ |/,对应于区域 A、B、C、D。操作器驱动链的数量改变,其结构也改变,从而形成几种结构变体。

操纵器如图21.16所示,包含四个平行链,用1、2、4和5标记。受限范围内

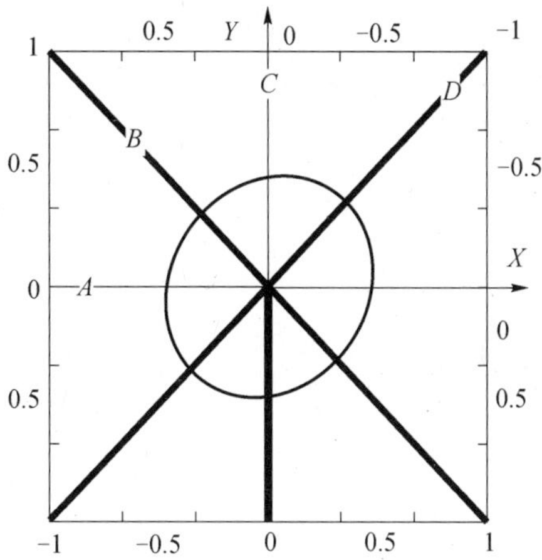

图 21.15 合规椭圆主轴方向上的区域

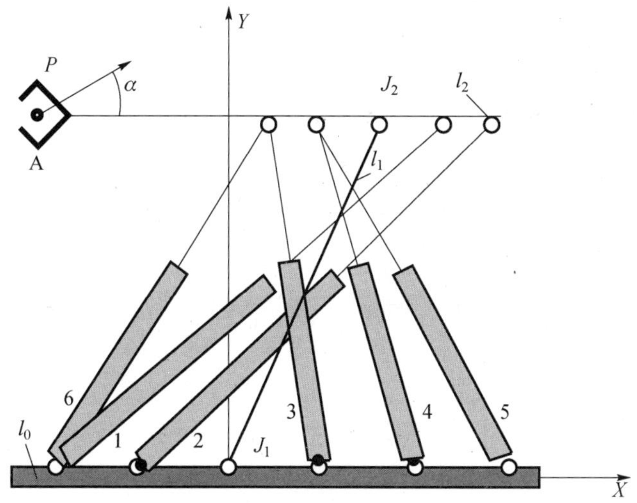

图 21.16 具有六个驱动链的并联操作器

的离散值(式(21.42)),被分配到两个驱动链接(4 和 5)内的附加力 $\boldsymbol{F}_d$ 上。实验结果如图 21.17(a)所示。附加力 F_{d4} 和 F_{d5} 的值沿坐标轴指示标出。考虑 5 个平行链(1、2、3、4、5,图 21.16)的操作器变体的解决方案。在三结点 4、5、6 上的附加驱动力 F_{d3}、F_{d4}、F_{d5} 在受限范围内变化。刚度产生的结果如图 21.17(b)所示,图中,使用了相同的坐标轴(F_{d4} 和 F_{d5})。图 21.17(b)中,针对力 F_{d4} 和 F_{d5} 的一个幅值,椭圆轴的柔度存在于不同方向,这缘于第三力 F_{d3} 的变异。最后显示的结构解决方案是一个有六个平行链(1、2、3、4、5、6,图 21.16)的操作器的变体。F_{d3}、F_{d4}、F_{d5}、F_{d6} 在受限范围内(式(21.42))接收离散值。结果在图 21.17

(c)中以类似的方式显示。对进行实验的结果进行基本总结：尽管它们之间存在一个对立平衡，但对于驱动力的所有值，反驱动刚度的影响都不存在；椭圆轴柔度大小的变化和附加力方向的变化引起的椭圆轴柔度方向变化的可能性是有限的；增加附加驱动链的数目带来了合规椭圆轴方向变化的可能性，并扩大了力产生刚度的范围。

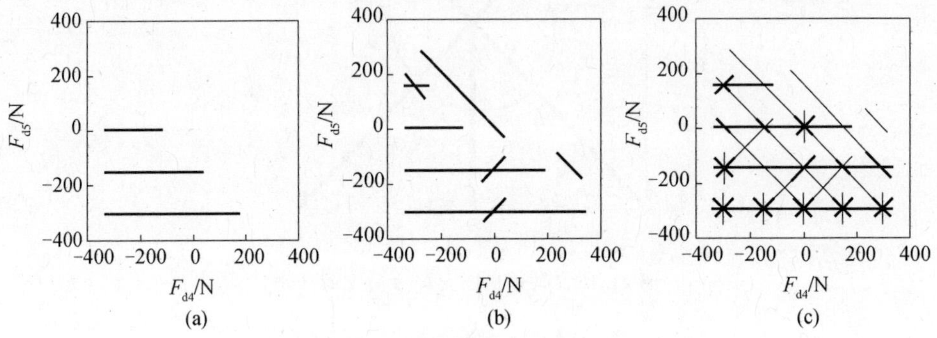

图 21.17 由活动平行链数量的不同引起附加力大小和方向的变化，从而引起合规椭圆主轴方向的变化

(a)4 个平行链用 1、2、4、5 标记；

(b)5 个平行链用 1、2、3、4、5 标记；(c)6 个平行链用 1、2、3、4、5、6 标记。

21.5.4 柔度规范的方法

通过反驱动力分配得到的随机柔度矩阵技术规范不可能总是依据上述规范。对于许多情况下的问题，没有必要完全符合矩阵规范。系列技术任务规范仅对柔度矩阵的某些组元是充分条件，或者规范只能沿操作空间的一个方向，或者在操作空间的柔度上限内才有保证。由于这些原因而开发的一些方法不包括完整的柔度矩阵规范。以下的优化程序是为这些方法而编写的，并通过了计算机实验验证。

21.5.4.1 操作空间内的柔度上限规范

在这种方式中，柔度在所有方向上被限制在一个已定义的上限内。操作空间内的最大柔度值 $b_{\max}$ 是从主要柔度 b_1 和 b_2 之间选择一个较大值(如 $b_1 > b_2$，则 $b_{\max} = b_1$；反之亦然)。主要柔度是线性柔度矩阵的特征值，可由以下方程定义：

$$\det[\boldsymbol{B}^{\mathrm{L}} - \boldsymbol{B}^0] = 0$$

式中

$$\boldsymbol{B}^0 = \begin{bmatrix} b_1 & 0 \\ 0 & b_2 \end{bmatrix}$$

如果期望柔度上限定义为 b_d，那么参考函数为

$$G_A = (b_{\max} - b_d)^2 \tag{21.43}$$

假设结点刚度 k_{sh}是恒定的，那么式(21.43)对附加驱动力 F_d 被定义为最小值零，即

$$\min G_A(F_d) \Rightarrow 0 \tag{21.44}$$

$b_{\max} - b_d \geqslant 0$ 满足优化计算。

21.5.4.2　操作空间内给定方向上的柔度规范

在二维解决方案中期望的方向定义由单位矢量 $\boldsymbol{P} = [P_x; P_y]^{\mathrm{T}}$(式中 $\boldsymbol{P}^{\mathrm{T}}\boldsymbol{P} = 1$)来定义。相同方向上的柔度由方程 $\boldsymbol{b}_p = \boldsymbol{P}^{\mathrm{T}}\boldsymbol{B}^{\mathrm{L}}\boldsymbol{P}$ 定义，式中 $\boldsymbol{B}^{\mathrm{L}}$ 为线性柔度矩阵，见式(21.39)。给定 P 方向上的柔度由附加驱动力定义，见式(21.23)。在给定方向上，如果用 b_{pd}来标记期望柔度，那么目标函数为

$$G_B = (b_p - b_{pd})^2 \tag{21.45}$$

寻找式(21.45)对于驱动力 F_d 的最小零值：

$$\min G_B(F_d) \Rightarrow 0 \tag{21.46}$$

$b_p - b_{pd} \geqslant 0$ 满足优化计算。使用上述方法 A，针对操作器的计算机实验执行情况如图 21.16 所示，最大末端执行器柔度值被规范为已定义的上限 $b_d = 0.005\mathrm{m/N}$。点 A_1、A_2、A_3、A_4、A_5 上的柔度由操作空间中的一个单一轨迹 S 规范，如图 21.18 所示。四个附加驱动力定义为 F_3、F_4、F_5、F_6。应用自适应随机搜索的计算机方法将式(21.44)相对于力进行最小化[28]。计算出的附加力 F_3、F_4、F_5、F_6 对每个轨迹点的最优值列于表 21.3。表 21.3 显示的是力 F_1 和 F_2 根据式(21.28)以及所有力的平均值得出的大小，标记为 F。图 21.18 显示的是表

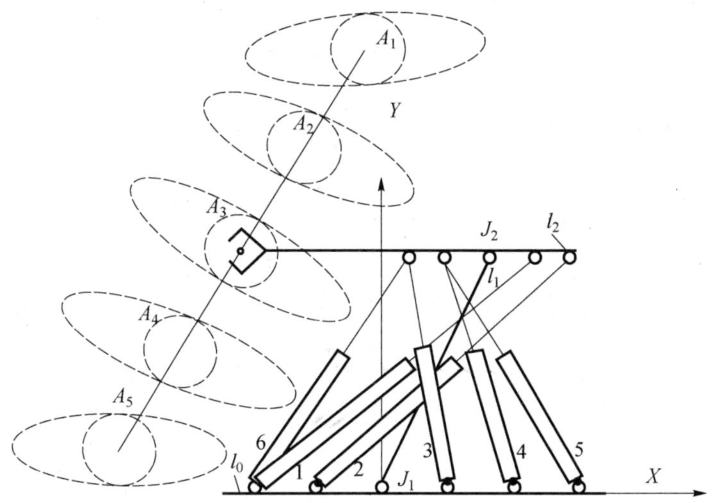

图 21.18　运动轨迹点中对应于表 21.3 中的力的合规椭圆

21.3 给出的驱动力产生的在轨迹点 A_1、A_2、A_3、A_4、A_5 上的合规椭圆。图 21.18 显示了合规极限($b_1 = b_2 = b_d$)的椭圆。实验结果表明,该方法允许期望刚度在并非完全符合矩阵规范的条件下简单而有效地定义。对于更高的驱动力值,第一种方法是在所有方向上限制柔度,是更为常见的方法。这些力的维度在更高的驱动数量中才被降低。前面提到的实验是在结点 k_{sh} 处应用零刚度值进行的。在所进行的优化中,结点刚度的恒定值的估计是以减少必要的驱动力值的大小以及展现结点弹性变形为结果的。

表 21.3 驱动力对每个轨迹点的最佳值

	F_1	F_2	F_3	F_4	F_5	F_6	F
A_1	-225	-985	-247	-244	-246	-247	-366
A_2	-821	-507	-324	-317	-324	-326	-436
A_3	-1117	-404	-433	-446	-452	-439	-548
A_4	-628	-612	-442	-452	-459	-444	-506
A_5	-49	-1015	-387	-389	-397	-387	-437

21.6 结束语

机械阻抗控制的机电一体化系统的发展通过驱动冗余实现了第三种方法的机械阻抗控制。基于这种方法,附加执行器的智能自主机电系统可以完成非常精细的运动,不管是它们与其余技术设备的交互,还是与环境的交互。所开发的并联机器人的运动学模型与驱动冗余的刚度模型是研究并联机器人的力学性能和开发控制策略的基础。提出的刚度研究表明:对于末端执行器期望刚度的规范,拮抗平衡的存在并非总是充分条件。对于具有更多数量冗余驱动器的情况,这种效果的可能性更大。不需要开发出完全符合矩阵规范的方法用以解决这一问题。关于反驱动刚度的研究可用于自主智能机电系统完成交互任务,产生的反驱动刚度给出了系统对任意干扰力的响应。

参考文献

1. Hogan, N., Impedance control: An approach to manipulation, *Transactions of ASME Journal*, DSMS, 1, 1985, 1–23.
2. Kostadinov, K.Gr., Accommodation control in the drive dynamic accuracy for positioning robot, 38 *Int. wissenschaftliches kolloquium*, Tagungsband, ss. 100–108, Ilmenau, 20-23.09, 1993.
3. Lu, Z. and Goldenberg, A., Robust impedance control and force regulation: Theory and experiments, *The International Journal of Robotics Research*, 14(3), 1995, 225–254.
4. Lee, S., Yi, S.-Y., Park, J.-O., Lee C.-W., Reference adaptive impedance control and its application to obstacle avoidance trajectory planning, *Intelligent Robots and Systems. IROS '97, Proceedings of the IEEE/RSJ International Conference*, 7–11 September 1997, Grenoble, France, vol. 2, pp. 1158–1162.

5. Chan, S.P. and Liaw, H.C., Experimental implementation of impedance based control schemes for assembly task, *Journal of Intelligent & Robotic Systems*, 29, Nr.1, 2000, 93–110.
6. García-Valdovinos, L.-G., Parra-Vega, V. and Arteaga, M.A., Observer-based sliding mode impedance control of bilateral teleoperation under constant unknown time delay, *Robotics and Autonomous Systems*, 55(8,31), 2007, 609–617.
7. Cheah, C.-C. and Wang, D., Learning impedance control for robotic manipulators, *IEEE Transactions on Robotics and Automation*, 14(3), 1998, 452–465.
8. Liu, G. and Andrew A., Goldenberg: Comparative study of robust saturation-based control of robot manipulators: Analysis and experiments, *International Journal of Robotic Research*, 15(5), 1996, 473–491.
9. Caccavale, F., Natale, C., Sicoliano, B. and Villani, L., Six-DOF impedance control based on angle/axis representation, *IEEE Transactions on Robotics and Automation*, 15(2), 1999, 289–300.
10. Tsuji, T., Jazidie, A. and Kaneko, M., Hierarchical control of end-point impedance and joint impedance for redundant manipulators, *Systems, Man and Cybernetics, Part A: Systems and Humans, IEEE Transactions on*, 29(6), 1999, 627–636.
11. Jacobsen, S.C., Ko, H., Iversen, E.K. and Davis C.C., Antagonistic control of a tendon driven manipulator, *Proceedings of the IEEE International Conference on "Robotics and Automation"*, May 14–19, 1989, Scottsdale, Arizona, USA, pp. 1334–1339.
12. Mittal, S. Tasch, U. and Wang, Y., A redundant actuation scheme for independent modulations of stiffness and position of a robotic joint: Design, implementation and experimental evaluation, DSC-Vol.49, *Advances in Robotics, Mechatronics, and Haptic Interfaces*, ASME, 1993, pp. 247–256.
13. Dasgupta, Bh. and Mruthyunjaya, T.S., Forse redundancy in parallel manipulators: Theoretical and practical issues. *Mechanism and Machine Theory*, 33(6), 1998, 727–742.
14. Tadokoro, S., Control of parallel mechanisms, *Journal of Advanced Robotics*, 8(6), 1994, 559–571.
15. Gardner, J.F., Kumar, V. and Ho, J.H., Kinematics and control of redundantly actuated closed chains, *IEEE International Conference on Robot and Automation*, Scottsdale, 1989, pp. 418–424.
16. Nahon, M.A. and Angeles, J., Force optimization in redundantly—Actuated closed kinematic chains, *IEEE International Conference on Robot and Automation*, Scottsdale, 1989, pp. 951–956.
17. Byung-Ju Yi and Freeman, R., Geometric characteristics of antagonistic stiffness in redundantly actuated mechanisms, *IEEE International Conference on Robot and Automation*, Atlanta, 1993, pp. 654–661.
18. Byung-Ju Yi, Il Hong Suh and Sang-Rok Oh, Analysis of a 5-bar finger mechanism having redundant actuators with applications to stiffness, *IEEE International Conference on Robot and Automation*, Albuquerque, 1997, pp. 759–765.
19. Merlet, J.-P., *Les Robots paralleles*, Hermes, Paris, 1990.
20. Gosselin, C., Stiffness mapping for parallel manipulators, *IEEE Transactions on Robotics and Automation*, 6(3), 1990, 377–382.
21. Tarn, T., Bejczy, A. and Yun, X., Design of dynamic control of two cooperating robot arms: Closed chain formulation, *Proceedings of the 1987 IEEE International Conference on Robotics and Automation*, Raleigh, North Carolina, March 31–April 3, 1987, vol. 4, pp. 7–13.
22. Byung-Ji Yi, Freeman, R. and Tesar, D., Open-loop stiffness control of over constrained mechanisms/ robotic linkage systems, *IEEE International Conference on Robotics and Automation*, Scottsdale, 1989, pp. 1340–1345.
23. Yokoi, K., Kaneko, M. and Tanie, K., Direct compliance control of parallel link manipulators, *8th CISM—IFToMM Symposium, Ro.man.sy'90*, Cracow, 1990, pp. 224–251.
24. Kock, S. and Schumacher, W., A parallel *x-y* manipulator with actuation redundancy for high-speed and active-stiffness applications, *IEEE International Conference on Robot and Automation*, Leuven, Belgium, 1998, pp. 2295–2300.
25. Kostadinov, K.Gr. and Parushev, P.R., *Method of Motion Transition*, Bulg. Patent No.44365, 30.06.1987.
26. Kostadinov, K., *Synthesis and Investigation of the Electromechanical Drives for Positioning Robots*, PhD thesis, Institute of Mechanics and Biomechanics, 1994, Sofia (in Bulgarian).
27. Edissonov, I., The new ARSTI optimization method: Adaptive random search with translating intervals, *American Journal of Mathematical and Management Sciences*, 14, 3&4, 1994, 143–166.
28. Chakarov, D., Study of the passive compliance of parallel manipulators, *Mechanism and Machine Theory*, 34(3), 1999, 373–389.
29. Chakarov, D., Study of the antagonistic stiffness of parallel manipulators with actuation redundancy, *Mechanism and Machine Theory*, 39/6, 2004, 583–601.

第22章 微产品制造中 Hydro – MiNa 机器人的微型与纳米操作技术

22.1 引言

许多在微纳米技术领域的科学与工业任务要求微/纳米操作，如拾取和放置、装配、喂食等，并结合几厘米大的机器人（对某些领域的机器人和医疗机器人）操作。这种复杂的任务需要一个具有高精度的大工作空间的机器人和一个或多个具有高精度的小运动范围的操作手。根据机器人系统的末端执行器，对于生物和工业微型与纳米技术操作，不同应用都有可能。为了满足这些要求，必须给机器人提供精密制造与操作的机器人技术，使之具有高分辨率运动、高重复性和高带宽能力的特点，而机器人的尺寸可以有较大的变动范围，从几十毫米到几百毫米[1]。这些要求涉及运动规划、机械连接、材料、制造、执行器、传感器和控制计划。柔性并联微动机器人的特点是包含具有不同类型运动和基于柔性铰链连接的并联结构，该机器人首选微型与纳米应用技术[1,2]。某些微操作机器人利用了压电陶瓷（PZT）致动器或双晶片压电陶瓷板[2-7]，它们在生物细胞操作如大力、高频与高精度小位移[4,8]等方面存在巨大的优势。在微型和纳米技术领域，遥操作控制方法被广泛应用。它是伴随试图实现微纳米操作的完全自动化控制[3,7,9-11]而产生的。大多数的机器人系统有一个专门的视觉模块，提供实时控制的过程。相机数量、自身定位、目标放大和分辨率是非常重要的。光模块是多机器人系统提供位置视觉控制和任务工具和对象[2,12]定位的反馈。在混合装配方法，欧盟体 FP6 项目 HYDROMEL——# 026622 的自组装技术[13]其目的是与高性能机器人工具，如带亚微米分辨率与机电一体化处理装置或给料装置的精密机器人，检测微小物体或末端执行器尖端的创新视觉，力传感和机器人系统控制等相结合。本章介绍能够得以实现的机器人技术，包括应用于封闭结构自动化合成的 Web 应用技术，从而实现微型与纳米应用，基于不同定标方法、技术和实时控制的应用来发挥压电致动器、封闭机器人运动学结构和已开发的自动化与遥感控制方法的优势，利用光学传感方法提供吸管尖端检测和高亚微米分辨率跟踪。

22.2 Hydro – MiNa 机器人技术

本章涉及的机器人技术主要包括应用于封闭结构自动化合成的 Web 应用技术，利用压电致动器和封闭机器人运动学结构的优势从而实现微型与纳米应用。将算法集成到已开发的基于 Web 的应用程序[14]，提供机器人运动链的合成，潜在用户对从微产品制造到满足用户要求这一领域并没有广泛认知。这项技术也有利于促成以下运动链的合成，专家可以为所需要的微纳制备技术在必要的规范，如外形尺寸、位置精度和分辨率、运动范围、力的测量和控制等方面提供最优解。基于精确功能任务规划的设计方法，开发适合区域与局域机器人系统作为模块化机器人的一部分，能够实现预期的功能任务，如图 22.1所示。

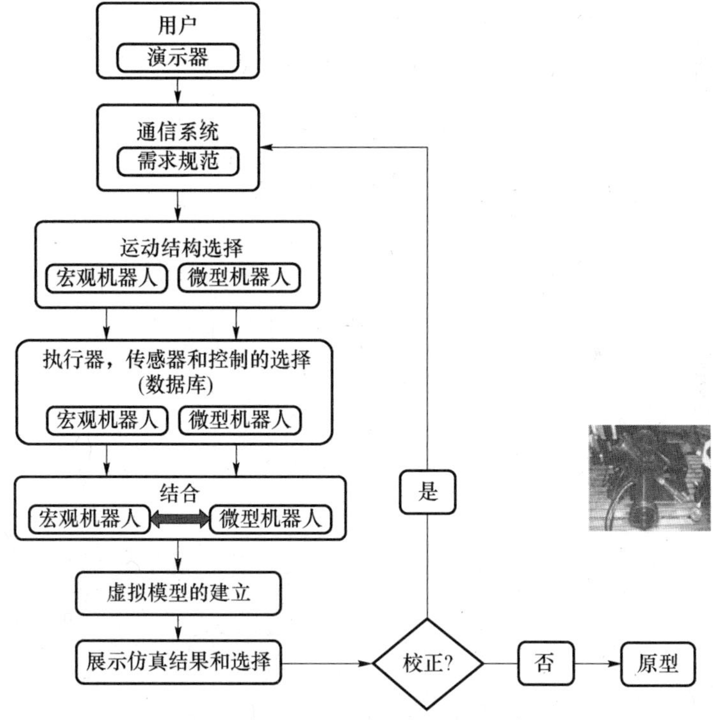

图 22.1 Hydro – MiNa 机器人设计方法

22.2.1 在微/纳米操作领域关于功能任务制定的统一方法

Hydro – MiNa 通信系统的开发是为了利用微型和纳米操纵过程从用户中采集必要信息，目的是制定精确的功能任务。为了将用户要求指定给精密制造的自动化过程[14]，开发了交互式程序，并利用了微纳操纵或操作任务（图22.2）。所开发的交互式仿真模块允许指定参数和/或指定参考操纵或操作任务的要求，并用图表给用户说明机器人虚拟模型的功能。机器人执行要求的/需求的技术任务设计成区域与局域的机器人结构组合，从而实现微纳运动。区域机器人结构或大工作空间的机器人系统设计是基于模块化概念[15]和用于宏观机器人优化结构的合成与选择的程序[16]。作为一个实例，微观机器人的开发是为了微产

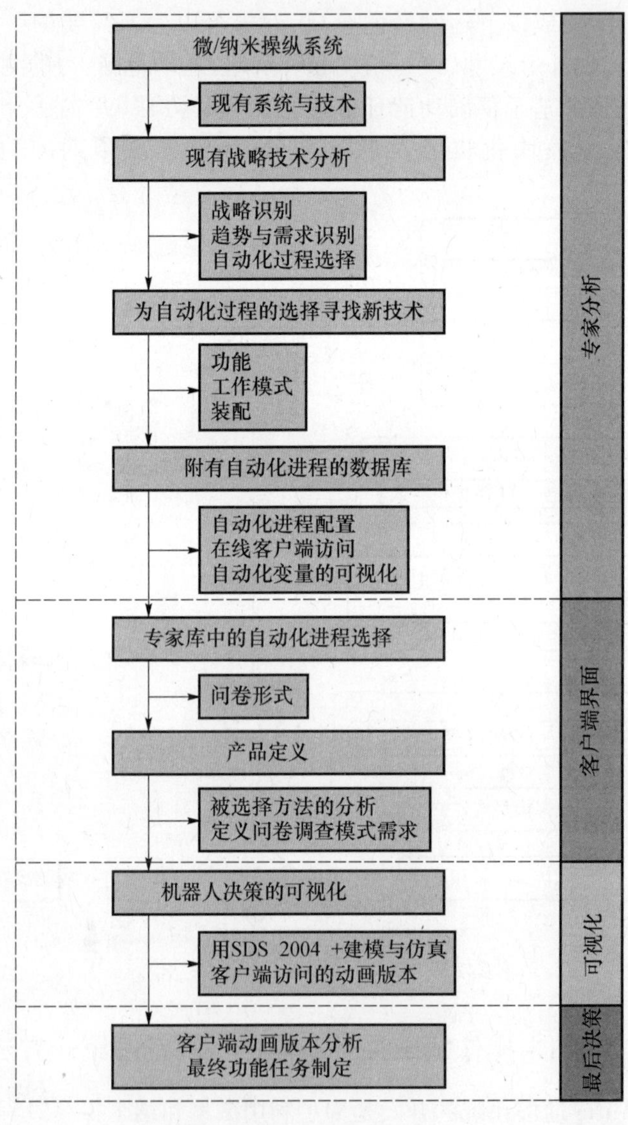

图22.2 功能任务制定方案的算法块

品制造的自动化和细胞微操作功能任务能够实现必要的宏观运动要求，微观机器人已经具有机器人的结构，如图 22.3 所示。相应的开发原型（图 22.3）具有如下技术指标：3 转换（$T_1 \to T_3$）、1 闭环旋转（R_1）；粗定位和玻璃吸管取向的应用；运动范围（$T_1 \to T_2$）—50mm；R_3—30mm；R_4—360°；工作空间（$XYZ\Theta$）-50mm/ 50mm/ 30mm/ 360°；0.1μm，末端执行器在 XYZ 上的分辨率；最大 XYZ 速度，分别为 25mm/s、25mm/s 和 12mm/s。

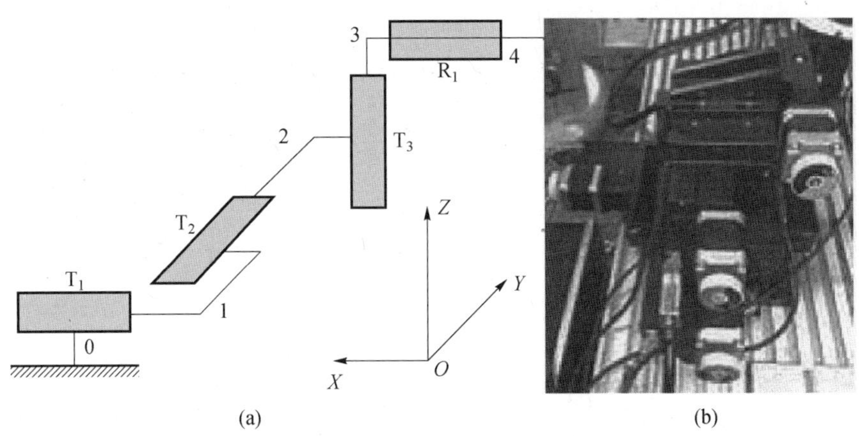

图 22.3　4 自由度机器人区域结构的运动方案与原型

22.2.2　局部微纳操作的时压结构合成

通过使用合成的 1 ~ 3 个自由度的闭合压电式运动结构，局域机器人结构被开发成机电一体化处理设备，完成微纳操作任务。为了能受张力，压电陶瓷结构必须由平行或闭合拓扑组成。为了在闭合的压电陶瓷结构中实现张力，它是可能的，在弹性连接或冗余致动器的反驱动交互中很有可能使用预定义变形。为了这个目的，机电一体化处理装置（MHD）选择恰当的闭合结构进行合成的方法已被开发，MHD 基于压电陶瓷结构[2]或应用压电堆作动器和微纳操作的独立陶瓷致动器[17]。所开发的合成方法需考虑三种情况：①当结构包括基本链路时，它们之间只通过致动器相连；②当结构包括基本链路时，它们之间通过连接致动器的串行链相连；③当结构包括基本链路时，它们之间通过连接致动器的并行链相连。合成的三例结构适合基于压电陶瓷结构，包括极化和非极化区域的器件，或适合使用压电堆作动器和单陶瓷致动器的装置。合成程序自动化的 Web 应用被创建[16]，以便于技术应用。使用自由度、执行器（自由度）的数量和基本链路的数量等输入参数，利用压电堆作动器或集成式压电陶瓷结构，用户可以轻松选择合适的应用微纳操作的闭合结构的解决方案。基于合成结构的、能够实现微纳应用的机电一体化处理设备作为实例被展示。其中一个是已开发的能进行单元操作[18]的3自由度局域结构,如图22.4所示,其技术指标:带综合应变计压的电堆作动器($A_1 \rightarrow A_3$);无隙弹性接头($J_1 \rightarrow J_3$);玻璃吸管和细胞注射的精细定位与定向的应用;运动范围($A_1 \rightarrow A_2$)—30μm, A3—60μm;工作空间的大小,*XY* 方向—180μm/180μm 和 *Z* 转向—60μm;*XYZ* 上的分辨率,分别为3.6nm、3.6nm、0.6nm。

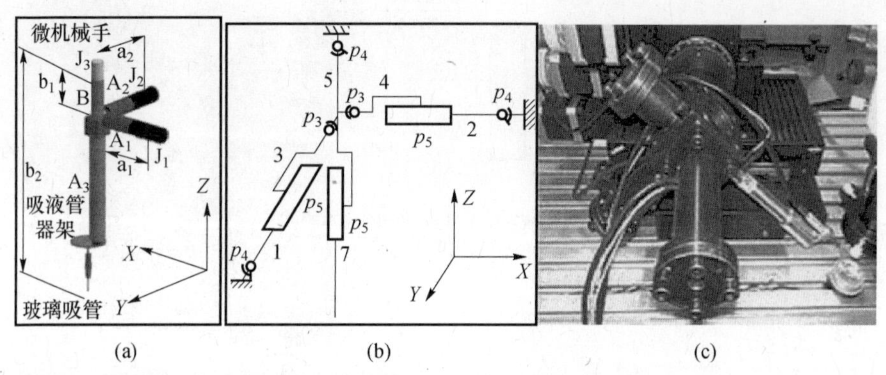

图22.4 单元微操作(仿真模型,运动方案和原型)的局域机器人结构

另一个实例是3自由度单元操作的机电一体化装置,它是基于运动学结构A型,包含两个基本串行链($n^0=2, h=3$)组成的链路。执行器的数目 m 大于装置的 自由度数目,$m=h+r$,或 $m=3+3=6$。所选择的结构6-6对应于上述参数,它是根据引入条件被开发的,并附有合成变体[5]。该结构是对称的,每一个基本链路可以作为固定结构被选择,如图22.5(a)所示。旋转接头有不同的分布可能,3、4和5的自由度分别用 p_3、p_4 和 p_5 表示:

$$p_3=3, p_4=9$$

$$p_3=4, p_4=7, p_5=1$$

$$p_3=5, p_4=5, p_5=2$$

$$p_3=6, p_4=3, p_5=3$$

$$p_3=7, p_4=1, p_5=4$$

在上述研究的基础上,接头 $p_3=6$, $p_4=3$ 和 $p_5=3$ 的运动方案的建立如图22.5(b)所示。两个基本链接0和1,选择链接0作为固定链接。附带压电陶瓷结构的原型的仿真如图22.5(c)所示。

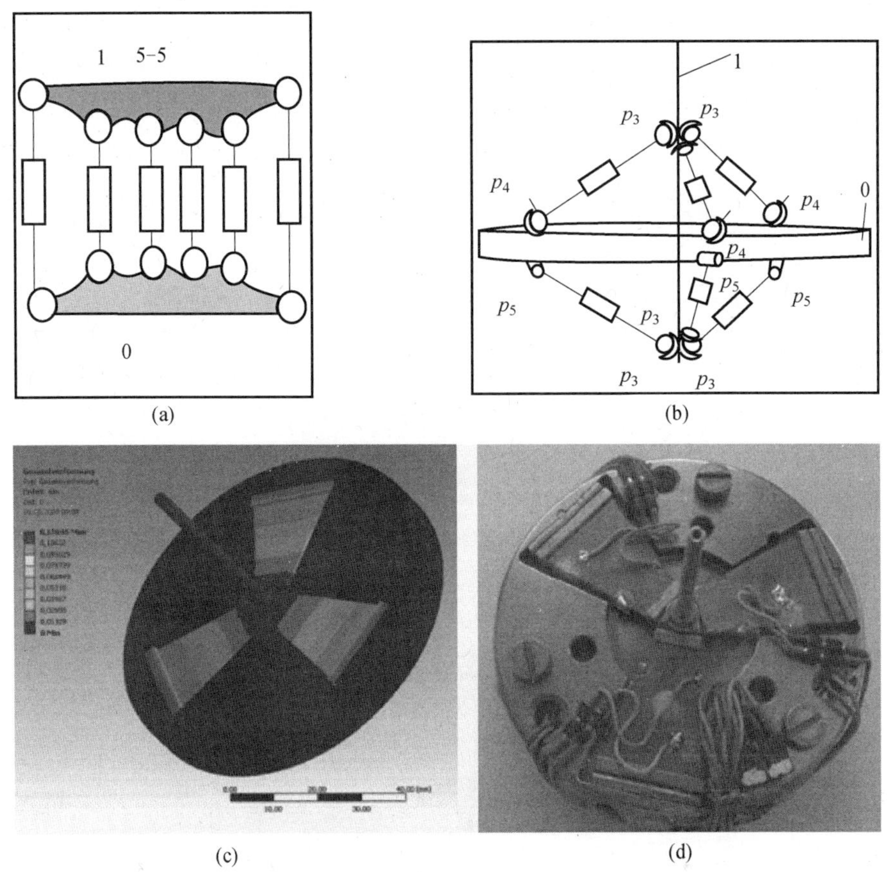

(a)　　　(b)

(c)　　　(d)

图 22.5　附带压电陶瓷结构的 MHD 作为局域机器人结构

(其中 $n^0 = 2$(A 型),$h = 3$,$m = 6$)

(a)结构;(b)运动方案;(c)FE 仿真模型;(d)已开发的优化原型。

22.3　Hydro - MiNa 机器人的微米与纳米操作系统

为了利用压电陶瓷结构技术提供的所有可能性,开发了一个两阶段的设计方法[19]。第一阶段涉及致动器系统的运动设计,主要是从应用要求,如执行机构的受力和运动等,规范运动结构和原始几何数据。环干扰和冲击抑制的通用调节阻抗控制方案,如图 21.5 所示。第二阶段,在一个基于机电一体化系统的精细有限元仿真的迭代过程中进行优化和微调几何参数与材料参数。图 22.6(a)、(b)展示了针对微制造(如 MEMS 微夹钳和力传感器的微装配)的其他应用和激光芯片检测的现有 Hydro - MiNa 机器人系统的虚拟模型;图 22.7(a)、 (b)展示的是针对射频识别(RFID)标签和细胞注射的微装配的 Hydro - MiNa 机器人系统虚拟模型。它们是基于微观机器人运动的最佳区域结构的合成与选择[20]。图 22.7 展示的是一个附有力传感器的 7 自由度 Hydro - Mina 机器人,用于细胞注射,利用机器人技术完成所要求的单元操作任务。

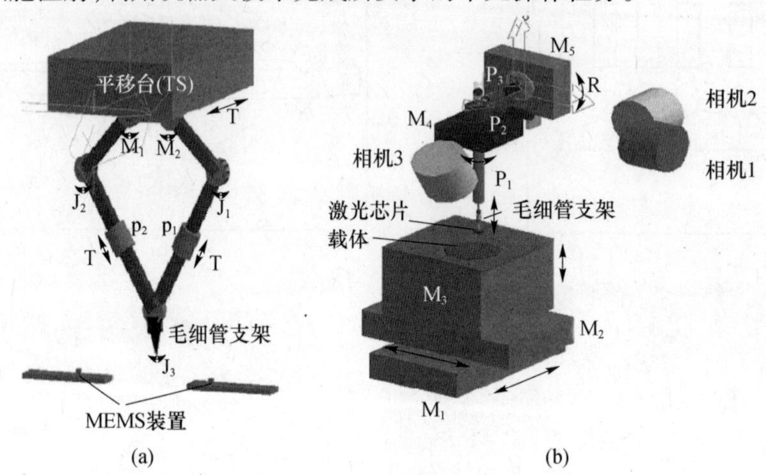

(a) (b)

图 22.6 Hydro - MiNa 机器人系统的虚拟模型

(a)用于 MEMS 微夹钳和力传感器的微装配;(b)激光芯片检测。

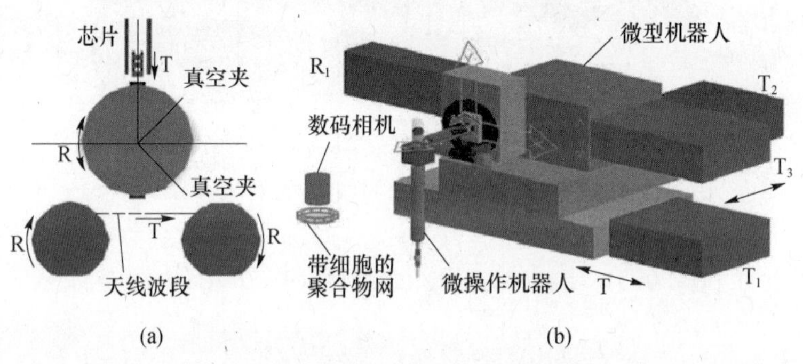

(a) (b)

图 22.7 Hydro - MiNa 机器人系统的虚拟模型

(a) RFID 标签的微装配;(b)细胞注射。

22.4 具有高分辨率成像和力反馈的机器人传感与控制

恰当的光学系统(图 22.8)在细胞支架尺寸定义的工作区域内提供注射针的高分辨率成像。工作过程中的吸管尖端检测与跟踪的数值算法被开发,这些算法的亚像素精度和高精度线性测量系统集成于大工作空间的机器人中,允许影像空间的精确校准。这样,视觉反馈被用于整个 Hydro - MiNa 机器人系统和相对目标细胞的吸管尖端位置的自主控制。光学系统提供的分辨率为 4μm,视场为 1mm×1mm,而连接到玻璃吸管的集成光导纤维允许吸管尖端的精确跟踪。集成的红色 LED 背景照明改善了在颜色空间中的吸管末端分离。在微场景中跟踪吸管的两种不同方法已经实现,即基于归一化互相关的吸管点跟踪和通过联合变换相关的吸管点跟踪(图 22.8(b))。软件应用集成了所开发的图像处理例程和机器人控制。对于吸管尖端的检测和工作过程中的自动跟踪数值算法被开发,分辨率为 0.1μm。亚像素精度算法和高精度线性测量系统集成于大工作空间的机器人中,允许影像空间的精确校准。这样,机器人控制系统可跟踪吸管相对于目标细胞的位置。一旦细胞位置在图像空间中被检测和定义,注射过程可以自动进行。许多微纳技术领域内的科技和工业任务都要求力传感器在纳牛至微牛范围使用。这些传感器必须集成于机械手和/或末端执行件。这样一个复杂的设备需要恰当的尺寸与力的比例去匹配所有系统组件。依据被操纵对象和末端执行器,针对生物和工业的微纳技术操作,不同的应用程序都是可能使用的。细胞注射中,细胞膜反应力为 1~30μN。因此,微牛力范围检测范围低于微牛的力传感器被开发(图 22.9),为机器人控制系统提供微牛以下的分辨率反馈。

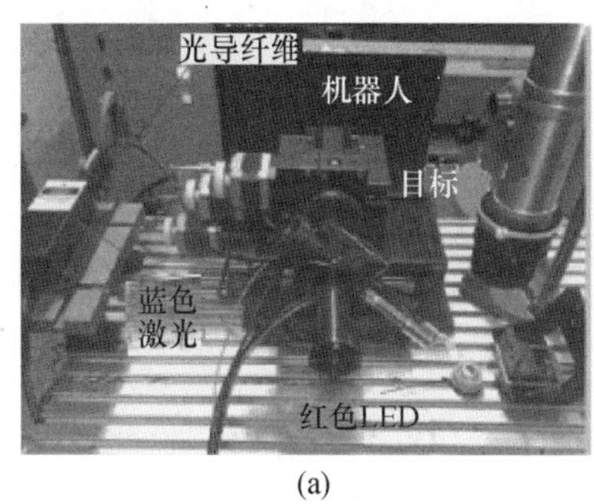

(a)

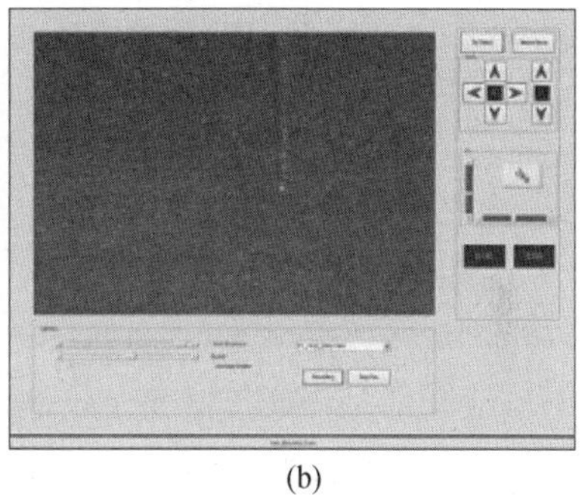
(b)

图 22.8　成像光学机器人系统和吸管点跟踪

(a)注射针的高分辨率成像光学机器人系统;(b)依据结点转换相关性的吸管点跟踪。

机器人的自动遥感控制方法[9,21]是基于不同的标定方法、技术和实时控制应用。该技术是基于两个用于遥感操作和虚拟操作器自主学习的软件应用。第一个应用实现了基于阻抗法的自主学习方法,阻抗标定法[22]提供了一种改进的微/纳米操作领域的遥感操作器控制。研发的遥感控制方法提高了遥控机器人微纳操纵工艺的操作技能。应用阻抗标定技术,使得感知人类未知的和感觉奇异的微纳操作环境成为可能。因此,操作器可以感知工作空间的边界,并可以控制末端执行器的速度。这种方法已被两个基于压电陶瓷致动器的 3 自由度微动机器人验证。微型零件和尺寸小于 1mm 的产品(如 MEMS 器件、RFID 标签、

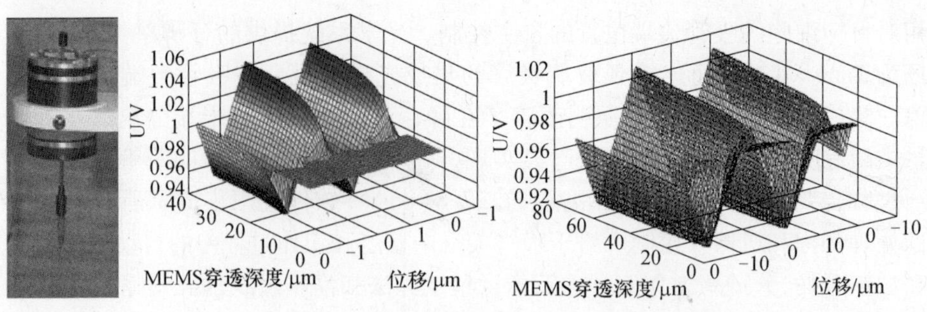

图 22.9　力传感器原型和顶端穿入软层过程中的 MEMS 输出信号以及横向位移((±1～±10)μm)

生物细胞、光学系统和纳米线)的装配、加工和制造中的重音演示系统的选择，证明研发的机器人能动技术可以作为混合组装技术的一部分[13]。非洲爪蟾蜍卵母细胞和难以转移的细胞(HTC)的自动化注射是通过研制的 Hydro－MiNa 机器人实现的。HTC 细胞的注射尺寸为 20～25μm，如图 22.10 所示。

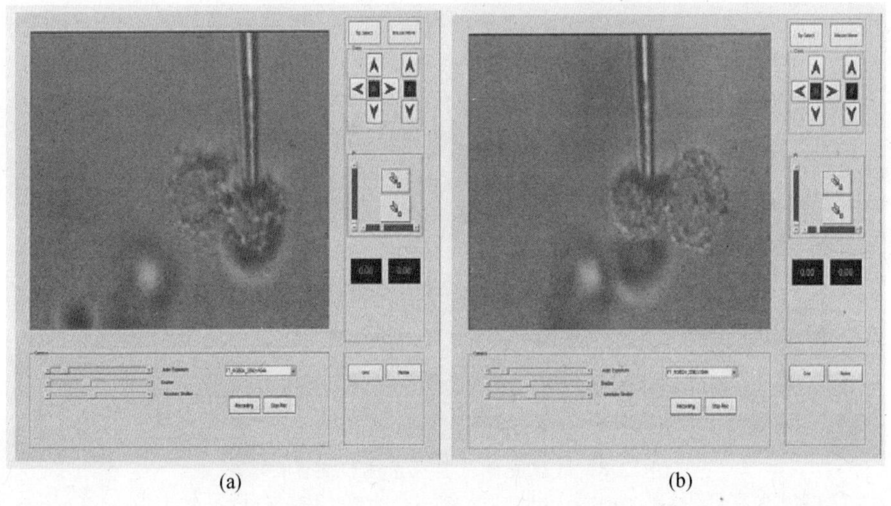

图 22.10　应用已开发 Hydro－Mina 机器人系统对单个 HTC 进行注塑工艺的截图

22.5　结束语

使能机器人技术的发展包括 Web 在以下方面的应用：依据机器人和自动化的用户功能任务制定，微纳应用的闭合结构自动化合成，应用压电陶瓷致动器和闭合机器人运动学结构的优势。完成要求技术任务的机器人已设计成一个实现必要微操作和微运动的区域与局域机器人的结构组合体。局域机器人结构的运动方案的合成是基于压电堆作动器或是基于具有封闭运动结构的压电陶瓷结构。该算法集成到了已开发的基于 Web 的应用,提供了一种微产品制造领域的机器人运动链合成,但没有提供这一领域的可能用户的深入认知。机器人的自动化遥感控制方法的开发都是基于不同的标度方法和技术,以及实时控制应用程序。该技术是基于两个用于遥感操作和虚拟操作的自主学习的软件应用。第一种应用是基于阻抗法和阻抗标定法,实现了方法的自主学习,为遥感操作器提供了改善。在欧盟 FP6 项目中,为了完成细胞操作和单个非洲爪蟾卵母细胞与 HTC 的注射演示,7 自由度的 Hydro – MiNa 机器人已研发。这是一个模块化的机器人系统,在细胞注射过程自动化中,高精度和集成的二维视觉控制方面具有很大的工作范围。大工作空间的机器人在尺寸达到 50mm × 50mm × 50mm 的工作空间中完成了玻璃吸管的区域定位和运动取向,并实现了细胞膜的粗定位,精度为 1μm。集成线性测量系统为大工作空间的机器人控制系统提供了 0.1μm 分辨率的反馈。技术动作如精细定位、取向和细胞渗透,是通过设计成一个局域机器人结构的微机械手实现的,由 3 个附带分辨率为 0.6nm、行程达 100μm 的集成应变片的压电堆栈致动器驱动,第二原型有 3 个自由度,由压电陶瓷结构驱动,并作为 DFG 项目 KA – 1161 的一个结果。由 Hydro – MiNa 机器人操纵的玻璃吸管用于细胞渗透和直径 10 ~ 800μm 的细胞注射。复杂的数值算法允许分辨率为 100nm 的吸管尖端跟踪。软件应用集成了所开发的图像处理程序和机器人控制。

参考文献

1. Q. Xu, Y. Li, N. Xi, Design, fabrication, and visual servo control of an XY parallel micromanipulator with piezo-actuation, *IEEE Trans. on Automation Science and Engineering*, 6(4), 710–719, 2009.
2. R. Kasper, M. Al-Wahab, W. Heinemann, K. Kostadinov, D. Chakarov, Mechatronic handling device based on piezo ceramic structures for micro and nano applications, *Proceedings of 10th International Conference on New Actuators*, Bremen, Germany; pp.154–158, 2006.
3. A. Kortschack, A. Shirinov, T. Trüper, S. Fatikow, Development of mobile versatile nanohandling microrobots: Design, driving principles, haptic control, *Journal of Robotica*, 23, 419–434, 2005.
4. K. Gr. Kostadinov, F. Ionescu, R. Hradynarski, T. Tiankov, Robot based assembly and processing micro/nano operations, in W. Menz and St. Dimov (Eds) *1st International Conference on Multi- Material Micro Manufacture 4M2005 (Karlsruhe, 29.06.–01.07.05)*, Elsevier, Karlsruhe, Germany, pp. 295–298, 2005.
5. Y. Irie, H. Aoyama, J. Kubo, T. Jujioka, T. Usuda, Piezo-impact-Driven X-Y stage and precise sample holder for accurate microlens alignment, *Journal of Robotics and Mechatronics*, 21(5), 635–641, 2009.
6. H. Kawasaki, M. Yashima, Piezo-driven 3 DoF actuator for robot hands, *Journal of Robotics and Mechatronics*, 2(2), 129–134, 1990.
7. N. Ando, M. Ohta, K. Gonda, H. Hashimoto, Workspace analysis of parallel manipulator for telemicromanipulation systems, *Journal of Robotics and Mechatronics*, 13(5), 488–496, 2001.
8. H. Maruyama, F. Arai, T. Fukuda, On-chip microparticle manipulation using disposable magnetically driven microdevices, *Journal of Robotics and Mechatronics*, 18(3), 264–270, 2006.
9. K. Kostadinov, R. Kasper, T. Tiankov, M. Al-Wahab, D. Gotseva, Telemanipulation control of mechatronic handling devices for micro/nano operations, In St. Dimov, W. Menz and Y. Toshev (Eds.), *4M2007 3rd Int. Conf. "Multi-Material Micro Manufacture" (Borovetz, 03.10.-05.10.2007)*, Whittles Publishing

CRC Press, ISBN 978-1904445-52-1, pp. 241–244, 2007.

10. P.T. Szemes, N. Ando, P. Korondi, H. Hashimoto, Telemanipulation in the virtual nano reality, *Transaction on Automatic Control and Computer Science CONTI, Romania*, 45(49)(1), 117–122, 2000.
11. J. Unger, R. Klatzky, R. Hollis, A telemanipulation system for psychophysical investigation of haptic interaction, *Proceedings of the International Conference on Robotics and Automation, Taipei*, Taiwan, pp. 1253–1259, 2003.
12. A. Otieno, Ch. Pedapati, X. Wan et al., Imaging and wear analysis of micro-tools using machine vision, *06 IJME–INTERTECH Proceedings* IT301:Paper071, 2006.
13. Al. Steinecker, Hybrid assembly for ultra-precise manufacturing, in *Precision Assembly Technologies and Systems: 5th IFIP Wg 5.5 International Precision Assembly Seminar*, IPAS 2010, Chamonix, France, 14–17 February, 2010, Proceedings, Vol. 315 of IFIP Advances in Information and Communication Technology Series, Ed. Sv. Ratchev, Springer, Berlin, Heidelberg, New York, Germany, pp. 89–96, 2010.
14. K. Kostadinov, R. Kasper, T. Tiankov, M. Al-Wahab, D. Chakarov, D. Gotseva, Unified approach for functional task formulation in domain of micro/nano handling manipulations, in W. Menz and St. Dimov (Eds.), *4M2005 2nd International Conference on Multi-Material Micro Manufacture (Grenoble, 20.09.–22.09.2006)*, Elsevier, Oxford, pp. 255–258, 2006.
15. A. Burisch, A. Raatz, J. Hesselbach, Design of modular reconfigurable micro-assembly systems, In *Micro-Assembly Technologies and Applications*, Springer, Boston, Vol. 260, pp. 337–344, 2009.
16. D. Chakarov, K. Kostadinov, D. Gotseva, T. Tiankov, Web-based synthesis of robot structures for micro and nano manipulations, *Journal of Solid State Phenomena*, 147–149, 25–30, 2009.
17. D. Chakarov, M. Abed Al-Wahab, R. Kasper, K. Kostadinov, Synthesis of tense piezo structures for local micro- & nano- manipulations, *Proceedings of the "8. Magdeburger Maschinenbau-Tage"*, Otto-von-Guericke-Universität Magdeburg, Magdeburg, pp. 173–180, 2007.
18. K. Kostadinov, D. Chakarov, T. Tiankov, Fl. Ionescu, *Robot for Micro and Nano Manipulations*, BG Patent application Nr. 110432/28.07.2009.
19. K. Kostadinov, R. Kasper, M.A. Al-Wahab, D. Chakarov, T. Tiankov, D. Gotseva, Mechatronic handling device for cell micro operations with human assisted automation control, *Presented at the International Conference "Motion and Vibration Control: MOVIC 2008"*, Munich, Germany, 12pp., 2008.
20. P. Genova, K. Kostadinov, Vl. Kotev, Synthesis and selection of optimal structures for macro robots. *Journal of ICMaS*, 3, 087–092, 2008.
21. T. Tiankov, P. Genova, Vl. Kotev, K. Kostadinov, Strategy for control of a hybrid macro–micro robot with a 5-link closed structure—An inverse problem of kinematics, *Journal of ICMaS*,4, 113–118, 2009.
22. K. Kostadinov, Impedance scaling approach for teleoperation robot control. *Journal of ICMaS*, ISSN 1842-3183, 1, 059–062, 2006.

第3部分　MIAS/机器人的联合技术

第23章　闭环回路、不稳定车辆的实时系统辨识实时系统,闭环中的不稳定车辆的辨识

23.1　引言

系统鉴定、卡尔曼滤波和状态/参数估计对于航空航天及其他相关系统如微型飞行器(MAV)、无人飞行器(UAV)、水下地面车辆(UWGV)甚至是机器人系统都有着许多潜在的应用。这些应用涵盖了飞行控制建模、高速试飞包层扩张、空气动力学数据更新、飞行安全评估以及上述系统的动力学数学建模和目标跟踪。这些方法也应用于构建移动机器人模型[1-5]。在线估计算法的开发,对于重构飞行控制及其相关应用至关重要[1,5-7]。已经有许多算法应用于实时参数估计,其中,方程误差算法由于计算简单更加适合实时应用。本章基于方程误差的时域算法——递归最小二乘法(RLS)的评估可以应用于多个场合:后失效模型估计的在线参数辨识(PID);在没有校准气流角情况下,对新飞机的测试模型参数进行在线估计的方法;评估不稳定飞机的实时稳定裕度。因此,这里着重展示递归最小二乘法对以上三个方面的适用性。本章以飞行器为研究对象,这种方法也可以很容易地延伸到各类机器人子系统数学模型的建立中。这些依据经验确定的数学模型,可用于机器人路径规划、多机器人协调及其他移动智能自动系统(MIAS)的相关建模和仿真研究。

飞行器或其他航天器中的容错控制系统具有检测、鉴定、调节传感器和执行器故障的能力。有些系统甚至已经内置了重构功能。文献[5]描述了对主操纵面(舵面)持续损伤飞行器数学模型的在线评估时,运用基于离散傅里叶变换(DFT)的递归估计方法,并在结果中给出了容错飞行控制系统的在线参数识别(PID)的能力。运用傅里叶变换方法完成的效果很好,但是它在达到足够的频

域信息之前产生了一个相对振荡瞬态响应,并且其收敛速度很慢,需要更高的浮点运算周期(FLOPS)。在同一案例中,将傅里叶变换和贝叶斯方法进行了对比,实验证明,贝叶斯方法优于傅里叶变换[7]。贝叶斯方法是迭代算法,也是一种集成算法。从本章中可以看到,RSL 方法较傅里叶变化方法来说,产生的振荡瞬态响应较少,单调收敛得更快,浮点运算周期更小。模拟数据的使用有效演示了其概念和过程。带有遗忘因子的 RSL 算法在不充分激发的条件下有趋于不稳定的倾向。文献[9]引入一个稳定 RSL(SRSL)的参数,提出了解决这一问题的方法。当然,SRSL 和 RSL 相比,在渐近收敛性方面相似。在可重构控制的 PID 方法中,将 SRLS 和傅里叶变化方法进行了对比。RLS 算法可以进行初始值为零的未知参数估计。特定的噪声协方差需要引入遗忘因子来补偿。遗忘因子和稳定因子的选择并不影响最终的估计,只影响时间估计的收敛性(快速、单调的收敛,减少振荡)。因此,滤波调试并非必要。飞行器在进行开发飞行测试时,可能无法校准冲角 α,不能测量侧滑角 β。而 RLS 和 SRLS 则非常适用于估算这些气流角。6 自由度非线性飞行模拟中的仿真数据可以用于证明这一理念。

现代战斗机固有的纵向不稳定性确保了良好的可操控性。随后,这些飞行器被赋予高度增强的全权控制准则。评估安全性的一种方法是通过相位估计和裕度增益。这些裕度是飞行试验地面支持团队给飞行员的,从一个测试点到另一个测试点的许可飞行的依据。如果裕度满足当前飞行测试点的要求,就可以获得飞行许可。通常,飞行许可分析要求脱离已记录的飞行测试数据,因此,想要提高飞行测试效率,实时稳定裕度估计是不二之选。文献[10]提出了一种利用飞行数据频率响应获得稳定裕度的近似实时估计方法。该文献对近似实时稳定裕度估计的三种方法进行了比较研究,这三种方法都基于增加复杂度的快速傅里叶变换(FFT)。稳定裕度估计的最好方法是利用短周期飞行测试数据,使用频率响应的参数估计。该方法通过离线优化,依靠短周期传递函数的已知结构,对短周期频率响应数据进行拟合。模型参数优化以后,环路传递函数就可以通过飞行器传递函数的估计和已知控制器传递函数的乘积获得[10]。为了计算稳定裕度,使用 RLS 算法完成短周期模型的实时估计,不使用频率响应模型拟合。假定冲角 α 和俯仰率 q 是可以测量得出的。即使冲角不能直接获得,通过其他信号(包括飞机法向加速度)也可以同样估计出相同结果。侧滑角则主要通过横向加速度信号估算。

23.2 后失效估计的应用

在线 PID 在容错飞行控制(FTFC)系统分析方面有广泛的应用。容错飞行控制系统需要进行故障检测、鉴定和调节,目的是:尽量避免故障之后操作性变差；发生故障时，无需终止任务便可优先保证继续安全飞行；降低飞机损失率。在线 PID 作用如图 23.1 所示。DFT 和 RLS 算法可参见文献[6]。

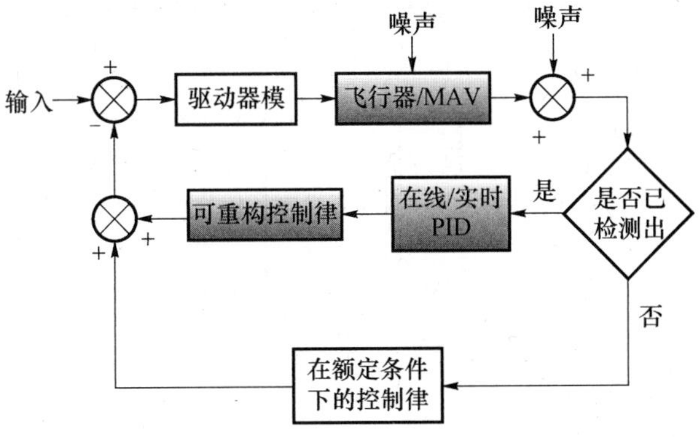

图 23.1　容错飞行控制原理

23.2.1　SRLS 算法[6]

SRLS 算法可以通过成本函数的最小化获得[6]：

$$J(\boldsymbol{\kappa}(N)) = \sum_{i=1}^{N} \lambda^{N-i} |\varepsilon(i)|^2 + \delta |\boldsymbol{\kappa}(N) - \boldsymbol{\kappa}(N-1)|^2, i = 1,2,\cdots,N \tag{23.1}$$

式中：N 为数据点的数量。

式(23.1)的解为

$$\boldsymbol{\kappa}(N) = \left[\sum_{i=1}^{N} \boldsymbol{X}(i)\boldsymbol{X}^{\mathrm{T}}(i)\lambda^{N-i} + \delta\boldsymbol{I}\right]^{-1}\left[\sum_{i=1}^{N} X(i)\boldsymbol{Y}^{\mathrm{T}}(i)\lambda^{N-i} + \delta\boldsymbol{\kappa}(N-1)\right] \tag{23.2}$$

状态变量 X 和测量变量 Y 类似于一个标准最小二乘平方。式(23.2)的递推式推出了 SRLS 算法。这种算法的协方差矩阵为

$$\boldsymbol{P}(N) = \left[\sum_{i=1}^{N} X(i)X^{\mathrm{T}}(i)\lambda^{N-i} + \delta\boldsymbol{I}\right]^{-1} \tag{23.3}$$

式(23.1)中：$\delta|\boldsymbol{\kappa}(N) - \boldsymbol{\kappa}(N-1)|^2$ 保证了算法的稳定性。这个附加的项(可能很大程度上)不利于参数变量 $\boldsymbol{\kappa}$ 的变化。式(23.2)中的附加项 $\delta_{\kappa}(N-1)$ 保证参数估计不偏离，当协方差矩阵是非常态方程时，可能会发散。递归算法总结如下：

初始化算法：$P(0) = (1/\delta)I$

协方差矩阵变为

$$\boldsymbol{P}(n) = (1/\lambda)\boldsymbol{P}(n-1) - (1/\lambda)\boldsymbol{P}(n-1)\boldsymbol{C}(n)[\lambda\boldsymbol{I} + \boldsymbol{C}(n)^{\mathrm{T}}\boldsymbol{P}(n-1)\boldsymbol{C}(n)]^{-1}\boldsymbol{C}(n)^{\mathrm{T}}\boldsymbol{P}(n-1) \tag{23.4}$$

式中，

$$\boldsymbol{C}(n)=[\boldsymbol{X}^{\mathrm{T}}(n)\ \sqrt{n_p\delta(1-\lambda)}\boldsymbol{e}(n)] \tag{23.5}$$

其中

$$\boldsymbol{e}(1)=\begin{bmatrix}1\\0\\\vdots\\0\end{bmatrix},\boldsymbol{e}(2)=\begin{bmatrix}0\\1\\\vdots\\0\end{bmatrix},\boldsymbol{e}(n_p)=\begin{bmatrix}0\\0\\\vdots\\1\end{bmatrix},\boldsymbol{e}(n_p+1)=\begin{bmatrix}1\\0\\\vdots\\0\end{bmatrix} \tag{23.6}$$

这里：n_p 为状态方程中要估计参数的个数。

参数的更新由以下公式给出：

$$\begin{aligned}\boldsymbol{\kappa}(n)=\boldsymbol{\kappa}(n-1)&+\boldsymbol{P}(n)\boldsymbol{X}(n)^{\mathrm{T}}[\boldsymbol{Y}(n)-\boldsymbol{X}(n)\boldsymbol{\kappa}(n-1)]\\&+\delta\lambda\boldsymbol{P}(n)[\boldsymbol{\kappa}(n-1)-\boldsymbol{\kappa}(n-2)]\end{aligned} \tag{23.7}$$

23.2.2 后失效分析模型

本研究以文献[5]中描述的飞行器为模型。假设左侧的升降舵在第 15 秒的时候出现了卡住停顿，同时造成了操作有效性 67% 的损失。假定故障在 1s 内被检测到，同时换用右侧正常的升降舵来执行 PID。短周期的飞行器模型为

$$\begin{bmatrix}\dot{\alpha}\\\dot{q}\end{bmatrix}\begin{bmatrix}Z_\alpha & Z_q\\M_\alpha & M_q\end{bmatrix}\begin{bmatrix}\alpha\\q\end{bmatrix}=\begin{bmatrix}Z_{\delta_{el}}Z_{\delta_{er}}\\M_{\delta_{el}}M_{\delta_{er}}\end{bmatrix}\begin{bmatrix}\delta_{el}\\\delta_{er}\end{bmatrix} \tag{23.8}$$

23.2.2.1 后失效模型

假设驱动器出现故障或战斗性损伤，由于纵向和横向动力学耦合，升降舵的故障比副翼和方向舵的故障更为严重。操纵面的特性可以由法向力、轴向力、一些固定点和轴心力矩建模获得。假设影响纵向操纵面变形的轴向力忽略不计，只有法向力发生变化。为了得到一个后失效模型，需要获得无量纲化的航空动力稳定性，并且随法向力系数而变化的控制导数的闭合表达式，该表达式用来控制面故障或战斗性损伤[6]。由纵向控制表面左、右两侧的 $C_{L\delta}$ 可以得到 $C_{L\alpha}$、$C_{m\alpha}$、$C_{L\dot{\alpha}}$、$C_{m\dot{\alpha}}$、C_{Lq}、C_{mq} 的表达。文献[5]讨论了一种后失效模型，该模型因飞行器左侧升降舵卡住而使有效性降低了 67%。名义模型如下：

$$\begin{bmatrix}\dot{\alpha}\\\dot{q}\end{bmatrix}=\begin{bmatrix}-0.53 & 0.99\\-7.74 & -0.717\end{bmatrix}\begin{bmatrix}\alpha\\q\end{bmatrix}+\begin{bmatrix}-0.03 & -0.028\\-5.7 & -5.7\end{bmatrix}\begin{bmatrix}\delta_{el}\\\delta_{er}\end{bmatrix} \tag{23.9}$$

后失效模型如下：

$$\begin{bmatrix}\dot{\alpha}\\\dot{q}\end{bmatrix}=\begin{bmatrix}-0.534 & 0.99\\-4.72 & -0.38\end{bmatrix}\begin{bmatrix}\alpha\\q\end{bmatrix}+\begin{bmatrix}-0.0094 & -0.028\\-1.9 & -5.7\end{bmatrix}\begin{bmatrix}\delta_{el}\\\delta_{er}\end{bmatrix} \tag{23.10}$$

23.2.3　后失效模型估计的结果和讨论

在单一的仿真中，结合无噪声仿真数据和噪声仿真数据进行了名义模型和后失效模型的 PID 实验。文献[8]提到，在名义条件下 DFT 方法不能以单侧升降舵在线估计作为起始。DFT 不能作为起始的原因是操纵面的输入是有相互关系的。PID 实施方案以单侧的升降舵为对象在名义和后失效条件下进行建模。(在文献[6]中使用最小浮点运算可以分析出）比较 RLS 和 DFT 的最小板载内存，RLS 优于 DFT。在激励不充分的情况下含有遗忘因子的 LS 算法不稳定。该问题的解决方法是通过白噪声给操纵面（控制面）一个小的扰动，持续激发回归矢量。不过扰动会妨碍飞行。另一种方法是重置协方差，引起剧烈间断和瞬变响应。SRLS 算法是修正后的 RLS 算法，避免了在不充分激励的条件下重置协方差。左右升降舵正常（0 ~ 15s）、左升降舵正常而右升降舵故障（15 ~ 30s）的操纵面输入如图 23.3 所示。飞行器的响应（α, q）被 SNR = 10 的高斯白噪声所破坏。SRLS 和 DFT 方案的参数的收敛（拟合）结果及其真值如图 23.3 所示。相对于 DFT 来说，SRLS 的收敛振荡较小，单调且收敛较为迅速。SRLS 之所以如此顺畅地收敛，是由于使用参数 δ 对偏离估计值进行修正。$\delta = 10$。δ 的使用相当于引进了阻尼效应。δ 值越大，收敛就越慢，并且 δ 值不影响最终的准确性。遗忘因子 $\lambda = 0.999$。在嘈杂数据条件下（SNR = 10）SRLS，蒙特卡罗模拟运行 500 次，得到了令人满意的结果，见表 23.1。表 23.1 ~ 表 23.3 使用 PEEN 表示参数估计误差指标，定义如下：

$$\text{PEEN} = \frac{\text{norm}(\boldsymbol{\kappa}_t - \hat{\boldsymbol{\kappa}})}{\text{norm}(\boldsymbol{\kappa}_t)} \times 100 \tag{23.11}$$

式中：$\boldsymbol{\kappa}_t$ 为实际参数矢量；$\hat{\boldsymbol{\kappa}}$ 为参数矢量估计。

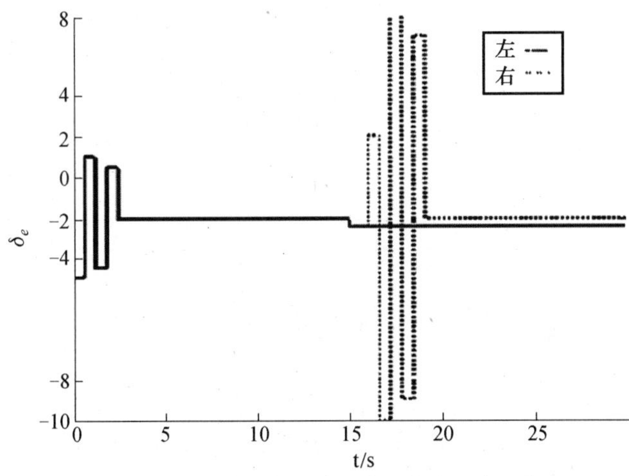

图 23.2　输入到航空器控制界面中的双峰状命令

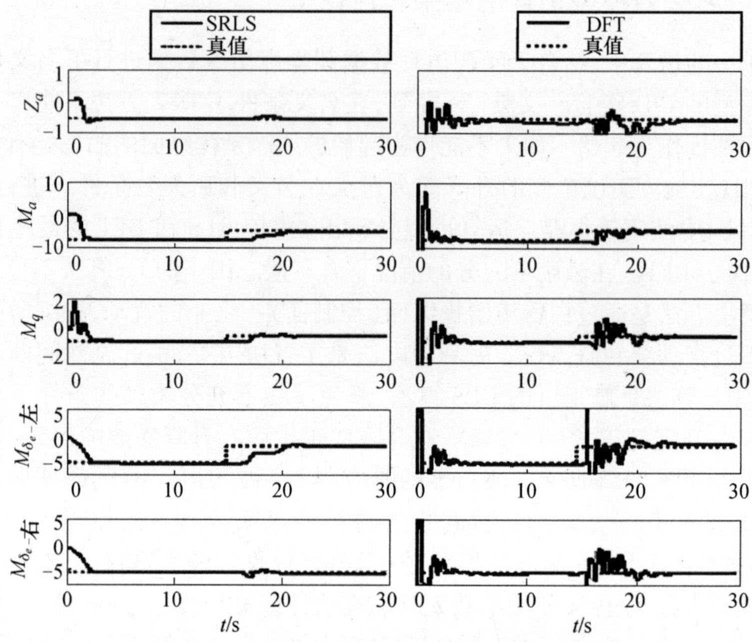

图 23.3 SRLS 和 DFT 算法的结果(SNR = 10)

表 23.1 SRLS 蒙特卡罗分析(SNR = 10)

飞行器参数	真值 (名义条件)	总体均值估计值	真值 (后失效条件)	总体均值估计值
Z_α	-0.534	-0.534	-0.534	-0.531
M_α	-7.740	-7.559	-4.720	-5.035
M_q	-0.717	-0.676	-0.380	-0.403
$M_{\delta e-左}$	-5.700	-5.589	-1.899	-1.948
$M_{\delta e-右}$	-5.700	-5.589	-5.700	-5.973
PEEN/%	2.168	—	5.473	—

23.3 无校准的入射角和侧偏角估计

在 RLS 算法中,假设 α 表示飞行器短周期数据,β 表示荷兰滚数据。但是,当无法获得校准的 α 和 β 测量值时,使用在质心位置测量出的法向加速度和横向加速度进行在线重构。机载惯性平台可以检测到该位置的加速度,该加速度是质心处加速度和角速度的和。加速度是在传感器位置测量的，与质心处的加速度有一定的关系：

$$N_{z_{\text{sensor}}} = N_{z\text{CG}} + \dot{q}x_s \tag{23.12}$$

式中：X_s为加速度传感器在 x 方向上的相对于质心的位移。如果测量的 $N_{z\text{CG}}$不可用，则使用 $N_{z_{\text{sensor}}}$ 和俯仰率的过滤分化，得到 $N_{z\text{CG}}$。类似的方法适用于计算 $N_{y\text{CG}}$。

如果无法测量 $N_{z\text{CG}}$，可以使用 $N_{Z_{\text{sensor}}}$ 和俯仰率（俯仰角速率）的微分，以此获得 $N_{z\text{CG}}$。类似的方法也适用于计算 $N_{y\text{CG}}$。

23.3.1　数学模型的拓展

AoA 和 AoS[1,4,11]可以通过联立下列方程得到：

$$\dot{\alpha} = q + \frac{g}{V}(\cos\theta\cos\phi + N_{z\text{CG}}),\dot{\beta} = p\sin\alpha_0 - r\cos\alpha_0 + \frac{g}{V}(N_{y\text{CG}} + \sin\phi) \tag{23.13}$$

式中：α_0为迎角的调整值。

式(23.13)是由基础飞行力学方程推导出来的[11]。α 和 β 的重构值可以为该算法提供实时参数估计。图 23.4 阐明了缺乏空中校准数据情况下进行在线 PID 算法的方法。加速度 $N_{z\text{CG}}$ 和 $N_{y\text{CG}}$ 是有噪声的，这些变量的融合将会对导出的 α 和 β 造成偏离，进而影响估计的准确性。

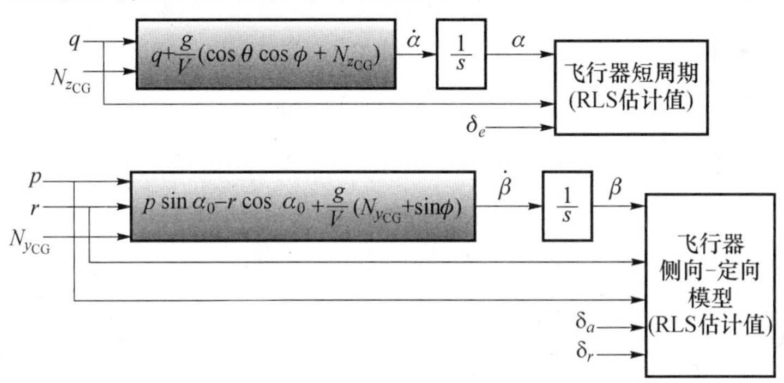

图 23.4　没有校准流角度的估计

因此，要进行估计的飞行器状态空间模型应该包括一个常数项，用于对偏离的建模。进行估计的短周期模型可通过增加偏离常量 k_1 和 k_2 扩展：

$$\begin{bmatrix}\dot{\alpha}\\ \dot{q}\end{bmatrix} = \begin{bmatrix}Z_\alpha & Z_q\\ M_\alpha & M_q\end{bmatrix}\begin{bmatrix}\alpha\\ q\end{bmatrix} + \begin{bmatrix}Z_{\delta_e} & k_1\\ M_{\delta_e} & k_2\end{bmatrix}\begin{bmatrix}\delta_{el}\\ u_s\end{bmatrix} \tag{23.14}$$

二阶荷兰滚横向模型使用偏离常数 k_1 和 k_2 扩展后变为

$$\begin{bmatrix}\dot{p}\\\dot{r}\end{bmatrix}=\begin{bmatrix}L_p & L_r\\N_p & N_r\end{bmatrix}\begin{bmatrix}p\\r\end{bmatrix}+\begin{bmatrix}L_\beta & L_{\delta\alpha} & L_{\delta r} & k_1\\N_\beta & L_{\delta\alpha} & N_{\delta r} & k_2\end{bmatrix}\begin{bmatrix}\beta\\\delta\alpha\\\delta r\\u_s\end{bmatrix} \tag{23.15}$$

式中:u_s为离散单位阶跃信号。

使用从有噪声的加速度信号中推导出的 α 和 β 时,建立增加偏离常数的飞行器动力学模型,使用 RLS 算法进行参数估计,可以得到最好的 LS 解决方案(LS 的最佳解)。

23.3.2 短周期结果

使用6 自由度飞行仿真软件获取短周期实时参数估计的数据。亚声速飞行时飞行器着陆阶段(期)的数据生成,发现飞行器短周期模型是不稳定的。图 23.5 通过纯净数据显示了重要短周期参数的收敛性情况。为了测试算法对于测量噪声的健壮性,通过响应(α 和 q)被 $SNR=10$ 的高斯随机噪声破坏,再一次进行估计。图 23.6 显示了有噪声的 $N_{z_{CG}}$ 和 q 信号。假定 δ_e 没有被噪声破坏。图 23.6 显示了构造的 α 和仿真的 α,构造的 α 出现了偏离。在建模时对偏离进行了处理,以便仍可以得到合理的估计。图 23.7 显示了重要的短周期参数的收敛情况。然后,分别在有噪声和无噪声的情况下利用接近声速和超声速的数据对算法进行了测试。超声速数据被 SNR = 100 的高斯噪声破坏,这是由于在超声速飞行的情况下 δ_e和 α 的振幅大大降低。表 23.2 列出了飞行噪声数据。在表 23.2 中,利用 PEEN 对估计结果进行评估。如果没有使用式(23.14)中关于偏离的增项,估计值就会大大偏离真实值。

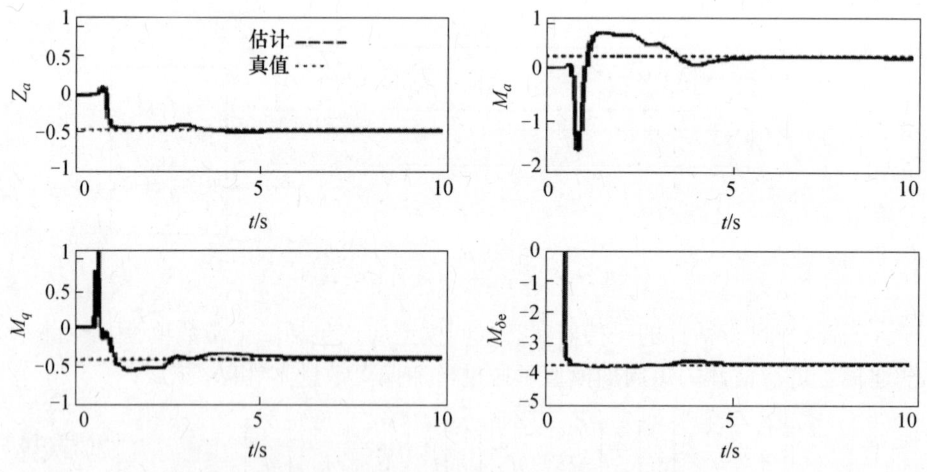

图 23.5 短周期估计:真值收敛(W/O 型噪声数据)

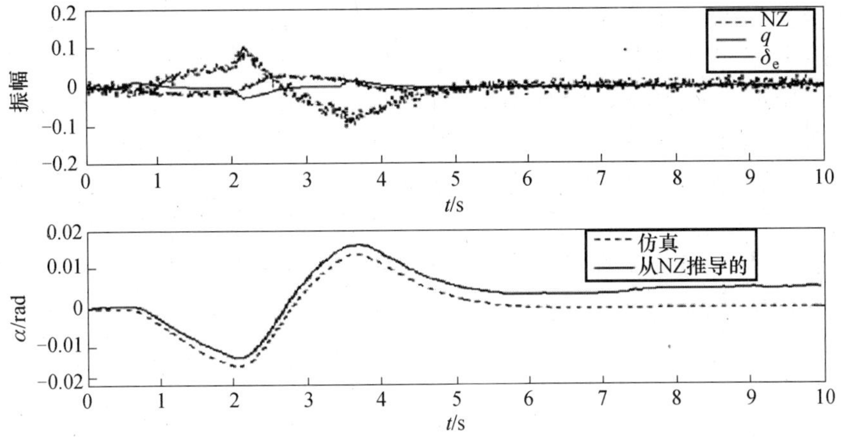

图 23.6　模拟 α(噪声数据)的构造比较

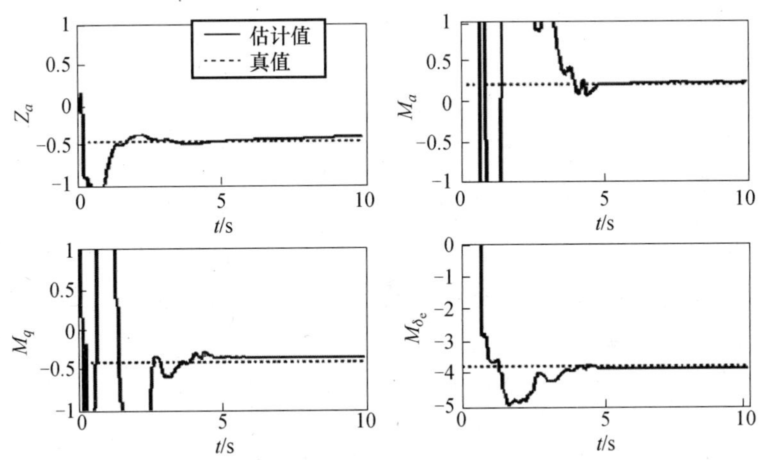

图 23.7　短周期的估计：真值收敛(噪声数据)

表 23.2　短周期参数估计(没有校准 α)

飞行器 SP 参数估计	亚声速 FC(SNR = 10)		跨声速 FC(SNR = 10)		超声速 FC(SNR = 100)	
	真值	RLS 估计值	真值	RLS 估计值	真值	RLS 估计值
Z_α	-0.445	-0.389	-0.842	-0.785	-1.060	-1.010
Z_q	0.972	0.921	0.987	0.969	0.989	0.989
Z_{δ_e}	-0.181	-0.229	-0.331	-0.287	-0.199	-0.126
M_α	0.199	0.226	-4.917	-4.689	-25.086	-23.299
M_q	-0.428	-0.376	-1.616	-1.701	-0.707	-0.662
M_{δ_e}	-3.756	-3.815	-34.997	-34.911	-31.648	-30.056
PEEN/%	2.53	—	0.758	—	5.93	—

23.3.2.1 湍流条件下的性能

RLS 和 SRLS 在湍流风条件下没有改进。为了评估长度方向上(纵向)的性能,不仅测量传感器噪声(SNR = 10),在仿真中还引用了一个前行速度和垂直速度为 0.5ft/s(1ft = 0.308m)并且强度较小的湍流剖面(轮廓)。图 23.8 表示了重构(重新形成)的 α,其在 5s 之后发生了偏离。尽管在仿真中运一个常量来解释偏离,仍需注意,相比于图 23.7,图 23.9 中 Z_α 仍有分叉的趋势。虽然如此,对于这个风廓线(风速轮廓线)来说,PEEN 值达到了 5.177,是令人满意的结果(结果还是合适的)。

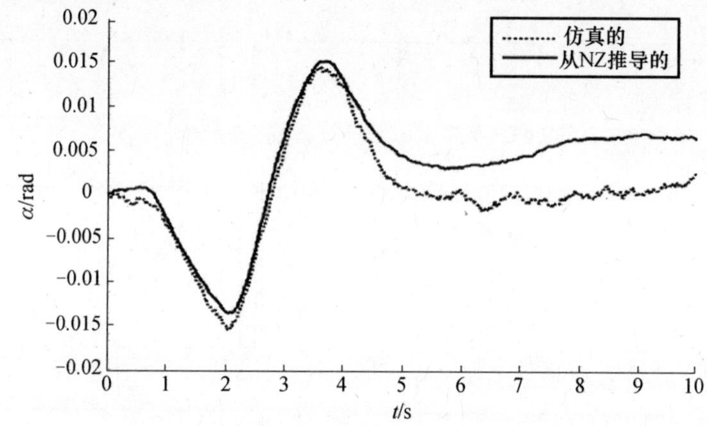

图 23.8 已经存在的湍流中:构建与仿真的 α

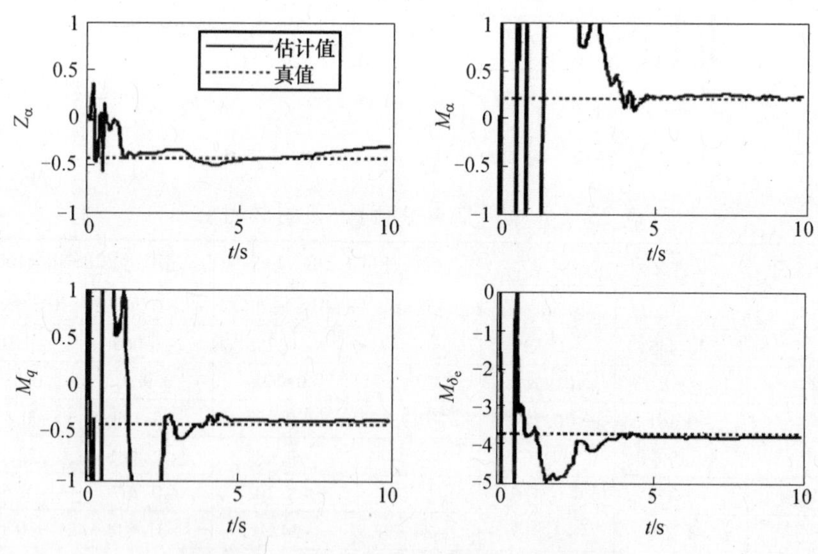

图 23.9 短周期参数:真值收敛(已存湍流)

23.3.3　荷兰滚的结果

作者对同一架飞行器的荷兰滚数据进行了模拟，使用亚声速飞行条件的仿真数据集对估计量进行测试。横向荷兰滚参数的净值收敛如图 23.10 所示。为了测试该方法的健壮性，亚声速数据被高斯测量噪声（SNR = 10）损坏。结果发现，重构的 β 与仿真的 β 相匹配。图 23.11 是横向荷兰滚参数的收敛情况。该算法分别在有噪声和无噪声的情况下，使用亚声速和超声速仿真数据进行检测。有噪声飞行数据结果见表 23.3。结果显示，RLS 算法表现良好。如果没有使用式（23.15）中关于偏离的增项，那么估计值会大大偏离真实值。

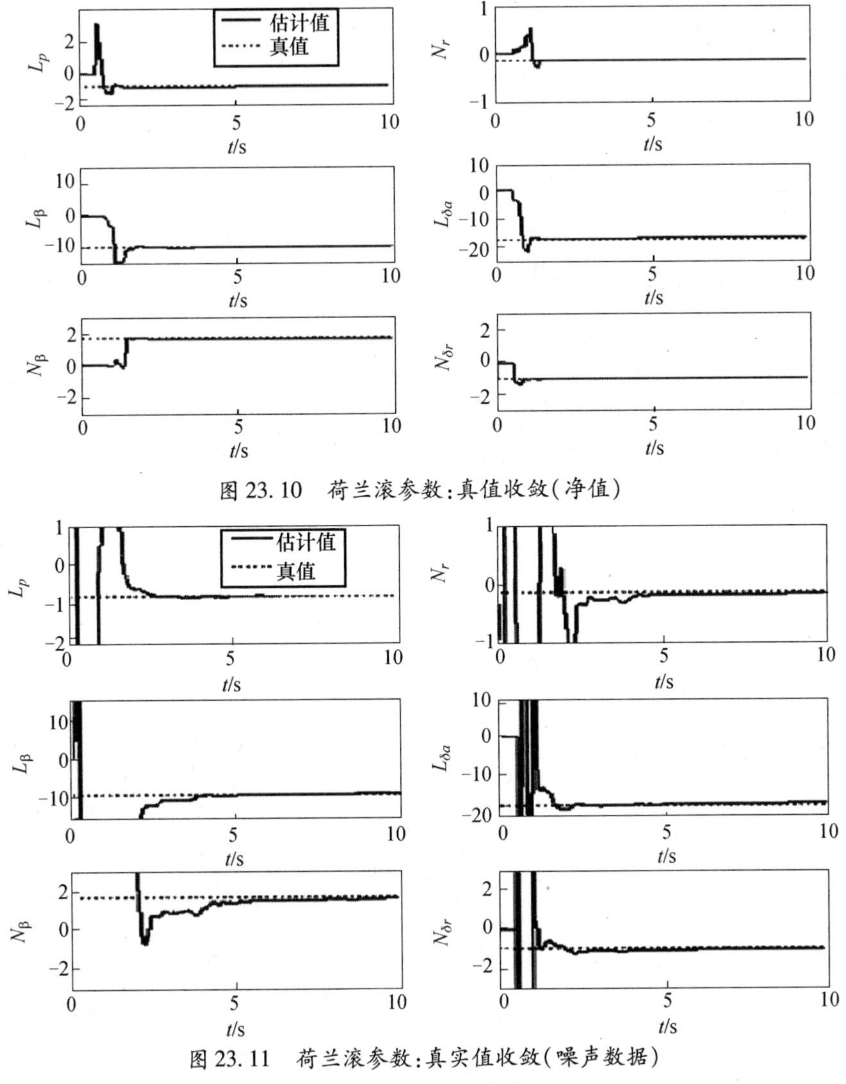

图 23.10　荷兰滚参数：真值收敛（净值）

图 23.11　荷兰滚参数：真实值收敛（噪声数据）

表 23.3 荷兰滚估计(无校准测试)

飞行器横向 DR 参数估计	亚声速 FC(SNR = 10)		跨声速 FC(SNR = 10)		超声速 FC(SNR = 10)	
	真值	RLS 估计值	真值	RLS 估计值	真值	RLS 估计值
L_p	-0.823	-0.743	-1.924	-1.807	-2.230	-12.056
L_r	0.755	0.787	1.629	1.364	0.798	0.549
L_β	-10.525	-10.065	-34.174	-34.58	-68.584	-67.56
$L_{\delta\alpha}$	-17.56	-17.012	-103.99	-102.12	-102.793	-99.74
$L_{\delta r}$	1.79	1.813	12.256	13.327	6.149	7.284
N_p	-0.041	-0.067	-0.067	-0.036	-0.071	-0.079
N_r	-0.137	-0.155	-0.344	-0.378	-0.398	-0.372
N_β	1.603	1.552	9.212	9.558	13.702	12.735
$N_{\delta\alpha}$	-1.39	-1.277	-10.762	-10.005	-14.524	-14.13
$N_{\delta r}$	-1.005	-1.079	-5.297	-4.919	-3.565	-3.262
PEEN/%	3.52	—	2.136	—	2.78	—

23.3.3.1 湍流条件下的性能

为了评估横向(侧向)估计的性能,除添加传感器测量噪声(SNR = 10)外,在仿真中还增加了侧向速度大小为 0.5ft/s 的湍流。重构的 β 随时间变化曲线如图 23.12 所示。图中,4s 后曲线发生了偏离。在估计中使用一个常量来表示偏离(漂移),可以看到,参数 L_p、L_β、N_β、$L_{\delta\alpha}$ 的估计值都偏离了真实值,如图 23.13 所示。这些估计出的参数值与其真实值的巨大偏差使 PEEN 值增加到 36.64%,这是相当大的数值。因此,需要更加深入的研究来改善这个结果。建议将湍流的数学模型和测量噪声协方差矩阵 $\boldsymbol{R}$ 引入 SRLS 算法中,以期改善估计的结果。

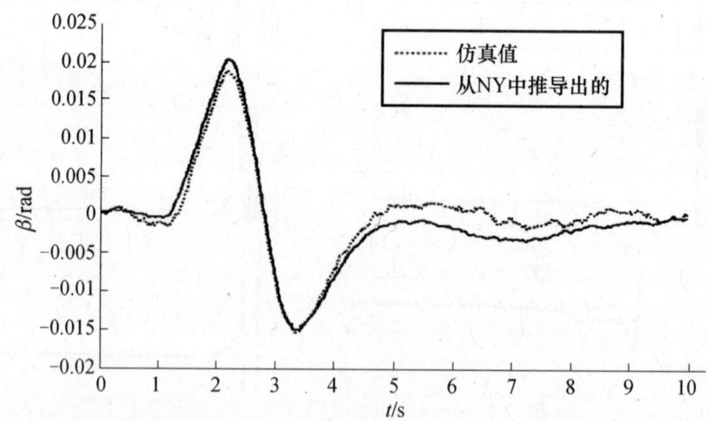

图 23.12 构建测试与模拟测试:在震动条件下

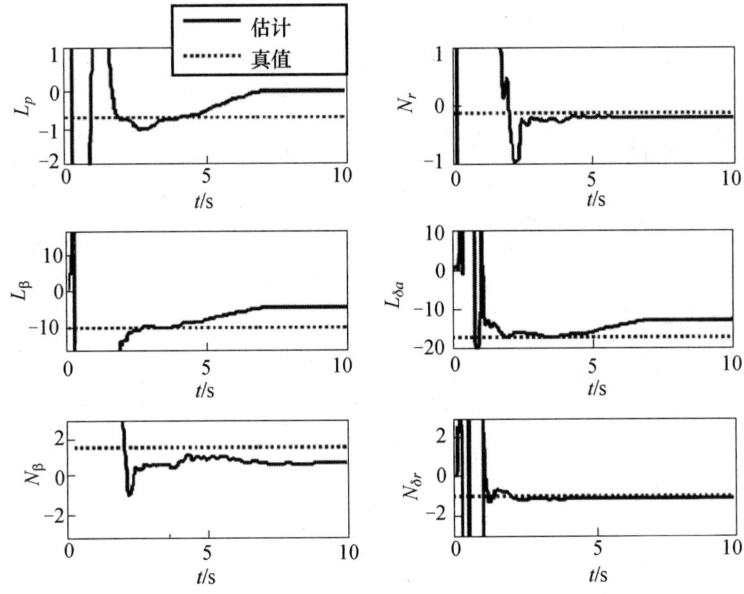

图 23.13　荷兰滚参数：在湍流存在条件下收敛

23.4　实时稳定裕度估计方法

稳定裕度的实时估计需要两个步骤(图 23.14)：一是使用实时稳定裕度估计算法对飞行器的短周期模型进行估计；二是对短周期模型的估计结果和(控制器＋执行器)转移函数(传递函数(TF))进行计算。这个过程产生了闭回路(循环)TF。通过预先同时计算控制器和执行器的转移函数，步骤二可以共同实时进行。位相和增益裕度通过开环转移函数完成计算。

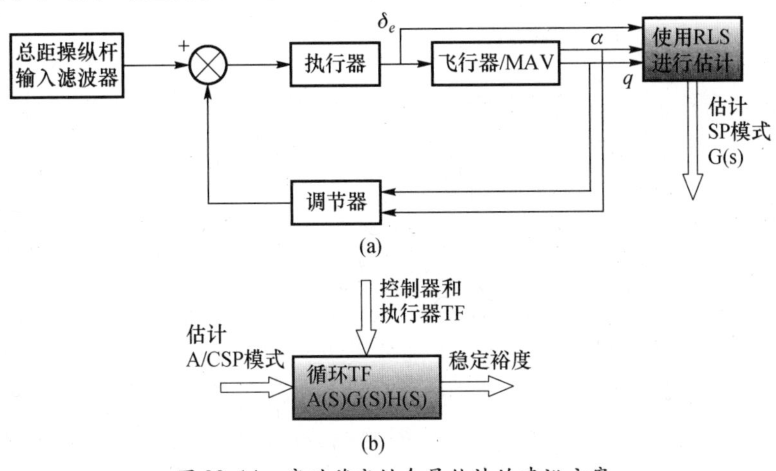

图 23.14　实时稳定性余量估计的建议方案

23.4.1 不稳定飞机模型的稳定裕度估计

试验的飞行器本身就具有纵向的不稳定性，式(23.16)给出了该不稳定飞行器的模型。飞行器纵向的动力学具有短周期和长周期两种模式。矩阵 $\boldsymbol{A}$ 的左顶角和矩阵 $\boldsymbol{B}$ 的前两个元素(式(23.16)的矩阵中)表示飞行器的短周期参数。式(23.16)中同一分块矩阵的矩阵 $\boldsymbol{A}$ 右下角和矩阵 $\boldsymbol{B}$ 的底部两个元素表示飞行器的长周期参数[1,4,6,11]：

$$\begin{bmatrix} \dot{\alpha} \\ \dot{q} \\ \dot{\theta} \\ \dot{u}/u_0 \end{bmatrix} = \begin{bmatrix} Z_\alpha & 1 & 0 & Z_{\dot{u}/u_0} \\ M_\alpha & M_q & 0 & M_{\dot{u}/u_0} \\ 0 & 1 & 0 & 0 \\ X_\alpha & 0 & X_\theta & X_{\dot{u}/u_0} \end{bmatrix} \begin{bmatrix} \alpha \\ q \\ \theta \\ u/u_0 \end{bmatrix} + \begin{bmatrix} Z_{\delta_e} \\ M_{\delta_e} \\ 0 \\ X_{\delta_e} \end{bmatrix} \delta_e \tag{23.16}$$

上面状态模型中的数值[10]为

$$\begin{bmatrix} \dot{\alpha} \\ \dot{q} \\ \dot{\theta} \\ \dot{u}/u_0 \end{bmatrix} = \begin{bmatrix} -0.7771 & 1 & 0 & -0.1905 \\ 0.3794 & -0.8329 & 0 & 0.0116 \\ 0 & 1 & 0 & 0 \\ -0.9371 & 0 & -0.0960 & -0.0296 \end{bmatrix} \begin{bmatrix} \alpha \\ q \\ \theta \\ u/u_0 \end{bmatrix} + \begin{bmatrix} -0.2960 \\ -9.6952 \\ 0 \\ -0.0422 \end{bmatrix} \delta_e \tag{23.17}$$

式(23.17)的特征值为 −1.4917、0.2506、−0.3523、−0.0461，有一个不稳定极点 0.2506。这种不稳定性主要是由短周期的动力学引起的。为计算稳定裕度，仅对短周期的参数进行估计。

23.4.2 稳定裕度估计结果

为了解释稳定裕度估计的概念，飞行器的模拟闭环反应(α, q)没有测量任何噪声。短周期参数估计在操纵控制一结束便收敛。结果，3.5s 左右稳定裕度的计算是较为正确的。该估计结果是针对 0 ~ 10s 的数据进行计算产生的。稳定裕度计算结果和真值见表 23.4。裕度估计的精确度按照文献[10]中的每个评估标准进行了评定。对有噪声数据的 RLS 估计量的健壮性通过给响应(回应)α 和 q 添加 SNR = 10 的高斯白测量噪声进行评估。控制表面输入是没有测量噪声的。尽管数据有噪声，估计值随着操纵控制的结束很快收敛。真实的开环 TF 和估计的闭环 TF 的波特图如图 23.15 所示。这种匹配程度对有噪声的数据来说还是较为合理的。将有噪声数据的稳定裕度估计和真值进行了对比，见表 23.4。

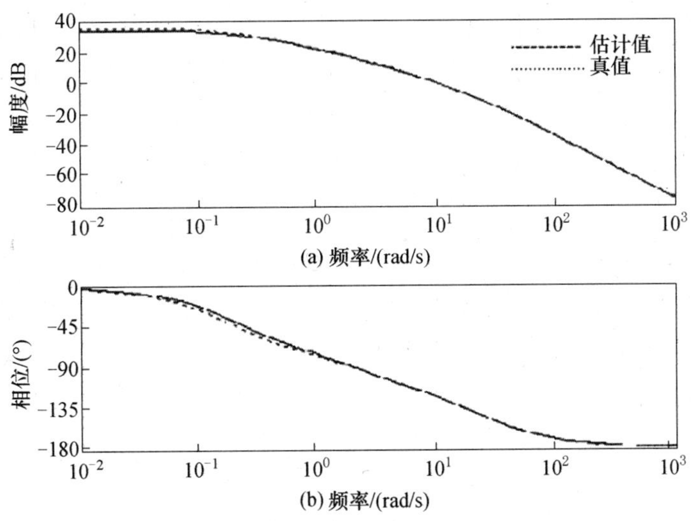

图 23.15　嘈杂数据时,真值和估计的模型波特图

表 23.4　稳定裕度

	裕度估计		真值		错误(真估计)	
	在程度上的阶段裕度	在 dB 上的增益裕度	在程度上的阶段裕度	在 dB 上的增益裕度	在程度上的阶段裕度	在 dB 上的增益裕度
W/O 型的噪声数据	58.2	∞	57.9	∞	-0.27	0
SNR = 10 的数据	57.9	∞	57.9	∞	-0.047	0

23.5　结束语

本章提出了 RLS 算法在飞行器飞行控制和飞行检测中的一种实际应用。根据测试情况,这些结果可以很好地拓展到任一机动车辆甚至是机器人的研究中。在依据瞬态、收敛特性和 flops 方面的后失效飞行器模型估计中,SRLS 算法完成得更好。采用了一种在缺少校准冲角和校准侧滑角的情况下使用的 RLS 的新方法,经证明,RLS 方法在分别从横向和纵向加速度重构而来的 α 和 β 值方面应用得很好。此外,用于评估飞行器实时稳定裕度的 RLS 新应用也得到了成功的示范(此外,RLS 在评估飞行器实施稳定裕度方面的一种新应用也得到了成功的示范)。值得一提的是,这些估计方案和估计方法可以很容易用于飞行测试,以此来评估飞机上 RLS 的适用性。这些适用性包括本章中所有提到的重要的应用。使用 RLS 和 SRLS 估计方法的示范过程可以很好地拓展到微型飞行器(MAV)、无人飞行器、自动直升机和其他类似的自主地面车辆(包括场地机器

人)等领域。在这些领域,不仅需要在线实时系统鉴定和参数估计用于评估系统的性能,还需要它们确定这些来自真实数据、用于仿真模型更新的系统的数学模型。

附录:符号和术语

α	迎角(AoA)(rad)
β	侧偏角(AoSS)(rad)
p	侧倾速度(rad/s)
q	俯仰(rad/s)
r	偏航率(rad/s)
κ	参数向量(线性模型)
J	成本函数
$\boldsymbol{P}$	状态-协方差矩阵
δ_{el}	左边的升降机控制面偏转(rad)
δ_{er}	右边的升降机控制面偏转(rad)
δ_a	副翼控制面偏转(rad)
δ_r	舵控制表面偏转(rad)
g	重力加速度(m/s^2)
V	实际空气速度(m/s^2)
θ	俯仰角(rad)
ϕ	侧倾角(rad)
ψ	偏航角(rad)
N_{ZCG}	在 CG 上的法向加速度
N_{YCG}	在 CG 上横向加速度
u	湍流中的前进速度(ft/s)
v	湍流中的横向速度(ft/s)
w	湍流中的垂直速度(ft/s)
λ	遗忘因子的估计量
δ	稳定参数
T	转置变量
E	数学期望因子
^	估计变量
PID	参数识别
6 DOF	六自由度

参考文献

1. Raol J.R., Girija G. and Singh J. *Modelling and Parameter Estimation of Dynamic Systems*, IEE Control Engineering Book Series, Vol. 65, IEE/IET, London, UK, 2004.
2. Klein V. and Morelli E.A. *Aircraft System Identification: Theory and Practice*, AIAA, USA, 2006.
3. Morelli E.A. Real-time parameter estimation in the frequency domain, *AIAA Guidance, Navigation and Control Conference and Exhibit*, USA, 1999, Paper No. AIAA-99-4043.
4. Raol J.R. and Singh, J. *Flight Mechanics Modeling and Analysis*, CRC Press, Boca Raton, FL, USA, 2009.
5. Napolitano M.R., Song Y. and Seanor B. On-line parameter estimation for restructurable flight control systems, *Aircraft Design*, 4(2001), 19–50, 2001.
6. Kamali C., Pashilkar A.A. and Raol J.R. Real time parameter estimation for reconfigurable control of unstable aircraft, *Defense Science Journal*, 57(4), 527–537, 2007.
7. Han Y. et al. Frequency and time domain online parameter estimation for reconfigurable flight control system, AIAA Paper No 2009–2040, USA.
8. Morelli E.A. Practical aspects of the equation error method for aircraft parameter estimation, AIAA Paper No. 2006–6144, USA.
9. Shore D. and Bodson M. Flight testing of a reconfigurable control system on an unmanned aircraft, *Journal of Guidance, Control and Dynamics*, 28(4), 698–707, 2005.
10. Patel V.V., Deodhare G. and Chetty S., Near Real Time Stability Margin Estimation from Piloted 3–2–1–1 Inputs, AIAA Aircraft Technology Integration and Operations (ATIO2002), Technical Forum, October 2002.
11. Nelson R.C. *Flight Stability and Automatic Control*, Aerospace Series, McGraw-Hill International Editions, Singapore, 1990.

第24章 移动自主系统智能天线：自适应加速算法

24.1 引言

在移动智能自主系统中，经常有动态的场景，这就需要越过障碍场景。例如，机器人移动时，需要观察周围物体并避开它们。嵌入机器人内部的传感器通过执行自适应算法，可以实现机器人的越障功能。这种算法也可以应用到微型飞行器(MAV)和无人飞行器(UAV)。这里提供一种机载计算机系统，它可以自主决策任务的相关活动，如侦察、监视和目标跟踪。机载决策以所述传感器数据为基础[1]。系统决定三维的$\theta-\varphi$(海拔、方位角)的运动方向，使用自适应算法接收传感器的数据还可以对它进行再次调整。将来，该系统还可能应用到具有越障能力的星际登录探测车上，用于攀登陡峭、地形不平的月球和太阳系的其他行星上。

基于自主系统的人工智能(AI)必须在前端集成天线系统。智能系统是有好处的，例如，带有主波束的多波束天线(MBA)可以同时朝所期望的方向。更重要的是，飞行器绕开障碍物。最先进的说法是这将涉及智能或自适应天线，它能够在线实时重新配置模式，而这些都可以使用自适应算法完成。尽管自适应天线已经出现了一段时间，但改进该算法仍具有重要意义，这将是本章的重点。该算法的效率不仅体现在决策的正确，还体现在收敛速度和决策速度。基于实时情况接收的信号，对于某些情况，天线及其处理模块需要进行优化分配，包括外部干扰或接收器噪声。较好的替代方法可以是自适应阵列，使用任意单元模式、极化和间距。自适应阵列通过实时主动接收信号的加权得到，并根据其下运行的条件重新配置来获得。最优权重可采用有效的自适应算法来获得。(期望方向的)信号和外部产生的干扰差值可用于抑制干扰和提高期望信号。自适应阵列技术非常实用，不仅抑制了探测源，而且在移动通信和广播方面也有潜在的应用[2]。

24.2 旁瓣对消器的有源抑制

广义旁瓣对消(GSC)是一种自适应波束形成器，它可以抵消干扰(干扰源），同时保持高输出信号干扰噪声比（SINR）。不过，GSC 对到达方向（DOA）不匹配相当敏感。在这种情况下，阵列将期望信号当作干扰源处理并试图压制它，这种现象称为信号消除。另外，在 GSC 的情况下，输入信号存在于随机梯度中，这使得梯度增大，因此需要一个非常小的步长。这进一步降低了收敛速度。为了解决这个问题，补救措施之一是在常规 GSC 中使用陷波过滤器，也可以在 GSC 中加入盲均衡器用以改善不匹配误差的健壮性。这样的设计[3]统称为判定反馈广义旁瓣对消器（DF - GSC）。盲均衡器一般用于数字信号，可以避免符号间干扰（ISI）。为了达到更高效率和耐用性，另一种方法是在旁瓣消除器中添加不同类型的约束。其中，点约束、方向约束和导数约束三种主要的约束得到了广泛应用[4]。然而，目前的模拟只包括点约束和一阶导数约束。可以观察到：由于在 GSC 中加入限制，健壮性增加了，但输出 SINR 降低了。

24.2.1　传统的广义旁瓣对消器

GSC 结构由两个权重和一个阻挡矩阵 $\boldsymbol{B}$ 组成，如图 24.1 所示。上层分支的权重称为静态匹配滤波器 ω_q，下层分支的权重被称为干扰消除滤波器 ω_α。主要的元素是阻挡矩阵，它有一个特有性质即每个独立的一行的总和为零[5]。许多矩阵可以由这个属性来构成，常用 Walsh Hadamard 方程来生成阻挡矩阵。Walsh 函数有三种类型，分别是 Walsh 有序的、二元有序的和 Hadamard 有序的。Hadamard 有序 Walsh 函数也称为 Hadamard 函数。这是一组正交函数只包含 1 和 -1[6]。为了产生这些函数，例如，对于 $N=16$，一个（16×4）矩阵可以通过从 0～15 十进制数字的二进制代码获得。

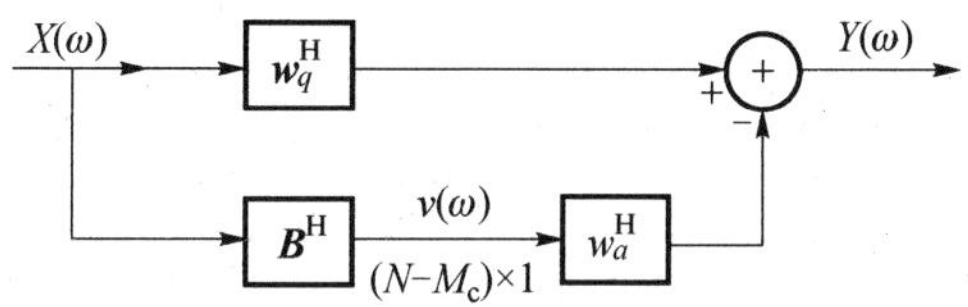

图 24.1　广义旁瓣对消（GSC）

因此，$b_k(i)$ 的所有值（与传送符号 $B_0(k)$ 无关）得到如下：

$$b_3(0)=b_2(0)=b_1(0)=b_0(0)=0$$

$$b_3(1)=b_2(1)=b_1(1)=0,b_0(1)=1$$

$$b_3(0)=b_2(0)=0,b_1(0)=1,b_0(0)=0$$

$$\cdots$$

（16×16）Hadamard 矩阵中的 Had(i,j) 可以通过下式得到：

$$\boldsymbol{Had}(i,j)=(-1)\sum_{k=0}^{3}b_k(i)b_k(j) \tag{24.1}$$

由此获得的 Hadamard 矩阵称为 Hermitian 矩阵。所有的列是线性无关的。因为使用了点失真约束,通过去除一列,得到(16×15)的矩阵。此矩阵的所有列归纳为零。也可以由式(24.2)得到 Hadamard 矩阵的递归方式:

$$\boldsymbol{Had}_{n+1}=\begin{bmatrix}\boldsymbol{Had}_n & \boldsymbol{Had}_n\\ \boldsymbol{Had}_n & -\boldsymbol{Had}_n\end{bmatrix} \tag{24.2}$$

$N\times 1$ 导向矢量定义为

$$\boldsymbol{S}(\theta_m)=[1,\mathrm{e}^{\mathrm{i}\tau\theta_0},\mathrm{e}^{2i\tau\varphi_0},\cdots,\mathrm{e}^{\mathrm{i}(N-1)\tau\theta_0}]^{\mathrm{T}} \tag{24.3}$$

式中:$\tau\theta_0=2\pi d/\lambda\sin\theta$,$d$ 为单元间距,λ 为输入信号的波长;θ_m为 DOA 的第 m 个源。

第 k 个快照接收的信号为

$$x(k)=S(\theta_0)s_0(k)+\sum_{m=1}^{3}S(\theta_m)s_m(k)+n(k)=s(k)+i(k)+n(k) \tag{24.4}$$

式中:$s(k)$为期望信号;$S_0(k)$为发送信号;$i(k)$为干扰信号;$n(k)$为噪声。

在目前的工作中,优化为

$$J=\boldsymbol{w}^H\boldsymbol{R}_x\boldsymbol{w},\boldsymbol{C}^{\mathrm{H}}\boldsymbol{w}=\boldsymbol{f} \tag{24.5}$$

式中:$\boldsymbol{C}$ 为 $N\times P$ 约束矩阵;f 为 $P\times 1$ 响应矢量,P 为约束的数目;J 为均方误差(MSE);$\boldsymbol{w}$ 为重力矢量,R_x 可以通过输入相关矩阵给出,即

$$\boldsymbol{R}_x=E\{\boldsymbol{x}(k)\boldsymbol{x}^{\mathrm{H}}(k)\}$$

GSC 的输出为

$$\boldsymbol{y}(k)=(\boldsymbol{w}_q-\boldsymbol{B}\boldsymbol{w}_\alpha)^{\mathrm{H}}\boldsymbol{x}(k) \tag{24.6}$$

式中:$\boldsymbol{w}_q$ 为 $N\times 1$ 维矢量,$\boldsymbol{B}$ 为 $N\times(N-P)$维矩阵;$\boldsymbol{w}_\alpha$ 是$(N-P)\times 1$ 维矢量。无论是分析或是迭代的方法都可以确定权重 w_q。

24.2.1.1 分析方法

为简化起见,当前的主要工作是在平坦衰落信道环境[7]下正交相移键控(QPSK)调制。在这里有

$$\boldsymbol{w}_q=\boldsymbol{C}(\boldsymbol{C}^{\mathrm{H}}\boldsymbol{C})^{-1}\boldsymbol{f} \tag{24.7}$$

式(24.5)可以写为

$$\min J=\min(\boldsymbol{w}_q-\boldsymbol{B}\boldsymbol{w}_a)^{\mathrm{H}}\boldsymbol{R}_x(\boldsymbol{w}_q-\boldsymbol{B}\boldsymbol{w}_a) \tag{24.8}$$

然后,得到最佳 $\boldsymbol{w}_\alpha$:

$$\boldsymbol{w}_{\alpha,\mathrm{opt}}=(\boldsymbol{B}^{\mathrm{H}}\boldsymbol{R}_x\boldsymbol{B})^{-1}\boldsymbol{B}^{\mathrm{H}}\boldsymbol{R}_x\boldsymbol{w}_q \tag{24.9}$$

令最优权重 $\boldsymbol{w}_{\text{opt}}=\boldsymbol{w}_q-\boldsymbol{B}\boldsymbol{w}_{\alpha,\text{opt}}$,那么对于式(24.8)中表示为 $J_{\min}$ 的最小均方误差(MMSE)由下式给出:

$$\boldsymbol{J}_{\min}=\boldsymbol{w}_{\text{opt}}^{\text{H}}\boldsymbol{R}_x\boldsymbol{w}_{\text{opt}}=\boldsymbol{w}_q^{\text{H}}\boldsymbol{R}_x\boldsymbol{w}_{\text{opt}} \tag{24.10}$$

式中:$\boldsymbol{R}_x$ 为输入相关矩阵,且有

$$\begin{aligned}\boldsymbol{R}_x=&\sigma_{s_0}^2\boldsymbol{S}(\theta_0)\boldsymbol{S}^{\text{H}}(\theta_0)+\sigma_{s_1}^2\boldsymbol{S}(\theta_1)\boldsymbol{S}^{\text{H}}(\theta_1)\\&+\sigma_{s_2}^2\boldsymbol{S}(\theta_2)\boldsymbol{S}^{\text{H}}(\theta_2)+\sigma_{s_3}^2\boldsymbol{S}(\theta_3)\boldsymbol{S}^{\text{H}}(\theta_3)+\sigma_{\text{n}}^2\boldsymbol{I}\end{aligned} \tag{24.11}$$

其中:$\sigma_{s_j}^2$ 表示第 j 个信号的方差。

干扰加噪声的相关矩阵为

$$\boldsymbol{R}_{i+n}=\sigma_{s_1}^2\boldsymbol{S}(\theta_1)\boldsymbol{S}^{\text{H}}(\theta_1)+\sigma_{s_2}^2\boldsymbol{S}(\theta_2)\boldsymbol{S}^{\text{H}}(\theta_2)+\sigma_{s_3}^2\boldsymbol{S}(\theta_3)\boldsymbol{S}^{\text{H}}(\theta_3)+\sigma_n^2\boldsymbol{I}_d \tag{24.12}$$

式中:$\boldsymbol{I}_d$ 为单位矩阵。

在 GSC 的情况下,最小输出功率为

$$P_{0,\min}=J_{\min} \tag{24.13}$$

输出期望信号功率为

$$\boldsymbol{P}_s=\sigma_{s_0}^2\left|\boldsymbol{w}_q^{\text{H}}\boldsymbol{S}(\theta_0)\right|^2 \tag{24.14}$$

式中:$\sigma_{s_0}^2$ 为输入期望信号的功率。

SINR 最优通用表达式为[8]

$$\text{SINR}_{\text{opt}}=\frac{\boldsymbol{P}_s}{\boldsymbol{P}_{0,\min}-\boldsymbol{P}_s} \tag{24.15}$$

用于波束模式的增益为

$$\text{Gain}=\boldsymbol{w}_{\text{opt}}^{\text{H}}\boldsymbol{S}(\theta) \tag{24.16}$$

24.2.1.2　迭代方法

在迭代方法中,使用标准最小均方(LMS)算法对 w_{a} 进行迭代计算。权重 $\omega_{a,\text{opt}}$ 计算为

$$w_a(k+1)=w_a(k)+\mu_a v(k)e*(k) \tag{24.17}$$

式中:μ_a 为控制收敛性的步长;$v(k)$ 为阻挡矩阵的输出,且有

$$\boldsymbol{v}(k)=\boldsymbol{B}^{\text{H}}x(k) \tag{24.18}$$

由于 GSC 的实现将阵列输出信号作为误差信号 $\boldsymbol{e}(k)$ 再次使用,有

$$\boldsymbol{e}(k)=\boldsymbol{y}(k) \tag{24.19}$$

在实际情况下很容易发生 DOA 的不匹配,而传统的 GSC 对于 DOA 的不匹配是敏感的。式(24.17)中的随机梯度,也就是 $\boldsymbol{v}(k)\boldsymbol{y}^*(k)$,即使达到最优权重也不接近于零。其结果是,由 LMS 算法导出的超量均方误差是很大的。为了降

低均方误差,应使用小的步长,但这同时会造成收敛变慢。

24.2.2 广义旁瓣对消的判定反馈

将判定反馈(DF)模块添加到传统的 GSC 中,用以增强传统 GSC 的健壮性和性能。此外,引入盲均衡器,用来对输出和输入信号之间的误差信号进行测试。它还包含一个反馈滤波器,用来对 GSC 和反馈滤波器输出[3]之间的误差信号进行调整。这些共同构成 DF - GSC,如图 24.2 所示。盲均衡器可以均衡通道和 DOA 不匹配效应。反馈滤波器的作用是消除 LMS 误差信号中的期望信号分量。这中判定反馈盲均衡器的融合消除了信号之间的耦合。盲均衡器和反馈滤波器通过不同的错误信号调整,它们分别有不同的权重 w_{m} 和 w_{b}。盲均衡器可以通过一个可以接受的相位多值性恢复传输比特 $b_0(k)$。盲均衡器由误差信号产生的 $e_m(k)=\hat{b}_0(k)-w_m^* y(k)$,其中,$\hat{b}_0(k)$ 为被检测的符号,w_m 为均衡器权重系数。

w_m 的新方程为

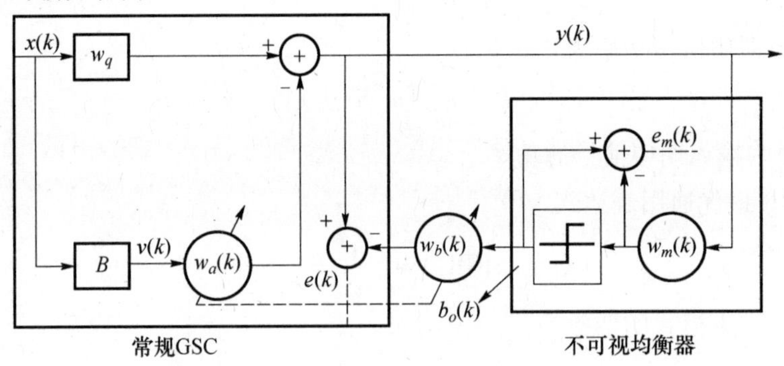

图 24.2 判定反馈广义旁瓣对消(DF - GSC)

$$w_m(k+1)=w_m(k)+\mu_m y(k)e_m^*(k) \tag{24.20}$$

式中:μ_m 为控制 w_m 收敛行为的步长。

最小功率为

$$\boldsymbol{J}_{\min}=\boldsymbol{w}_q^{\mathrm{H}} R_{i+n} \boldsymbol{w}_{\mathrm{opt}} \tag{24.21}$$

式中:$\boldsymbol{w}_q$ 和 R_{i+n} 与传统 GSC 中的相同;$\boldsymbol{w}_{\mathrm{opt}}$ 为

$$\boldsymbol{w}_{\mathrm{opt}}=\begin{bmatrix} w_a \\ w_b \end{bmatrix} \tag{24.22}$$

其中:w_{b} 为 1×1 的反馈权重。

假定盲均衡器能够检测正确的符号,因此有

$$s_0(k)=\hat{s}_0(k)=b_0(k)=\hat{b}_0(k)$$

24.2.2.1　分析方法

式(24.22)给出的 $\boldsymbol{w}_{\text{opt}}$，可以分解为两个权重：

$$\boldsymbol{w}_{a,\text{opt}} = (\boldsymbol{B}^{\text{H}}\boldsymbol{R}_x\boldsymbol{B})^{-1}\boldsymbol{B}^{\text{H}}\boldsymbol{R}_x\boldsymbol{w}_q \tag{24.23}$$

$$\boldsymbol{w}_{b,\text{opt}} = \boldsymbol{S}^{\text{H}}(\theta_0)\boldsymbol{w}_q \tag{24.24}$$

这两个公式可以在分析权重计算中使用，快照数量是多样化的。输出功率 $P_{\text{o,min}}$ 和期望信号功率 P_s，用式(24.13)和式(24.14)分别计算。

24.2.2.2　迭代方法

在迭代方法中，不用式(24.23)和式(24.24)，而是使用权重更新方程进行权重计算。w_{a} 和 w_{b} 的递归计算如下：

$$\begin{cases} w_a(k+1) = w_a(k) + \mu_a \boldsymbol{v}(k)e^*(k) \\ w_b(k+1) = w_b(k) + \mu_b b_0(k)e^*(k) \end{cases} \tag{24.25}$$

式中：μ_a 为 w_a 的步长；μ_b 为 w_b 的步长；$\boldsymbol{v}(k)$ 为滤波器的输入矢量，由式(24.18)给出。

满足上述两个权重的误差信号为

$$e(k) = (\boldsymbol{w}_q\boldsymbol{B}\boldsymbol{w}_a)^{\text{H}}x(k)w_b^* b_0(k) \tag{24.26}$$

对于 DF－GSC 该 SINR 方程保持不变。关于 P_s 和 $P_{\text{o,min}}$ 的公式也保持不变。不同之处是 w_{opt} 的计算。要注意 $P_{\text{o,min}}$ 不等于 $J_{\min}$，如下：

$$\boldsymbol{J}_{\min} = \boldsymbol{w}_q^{\text{H}}\boldsymbol{R}_{i+n}\boldsymbol{w}_{\text{opt}} \tag{24.27}$$

因此，$P_{\text{o,min}}$ 用式(24.21)计算出。

24.2.3　自适应阵列处理的约束

在传统的 GSC 中，为了从干扰信号分离出期望信号分量，需要添加陷波器。目的是为了增加 GSC 的健壮性，这种健壮性通过无信号操作得到了保证。陷波器还减轻了优化和自适应权重之间偏差，从而改善收敛速度[9]。这种方法的主要缺点是需要陷波滤波器和从属阵列，用于回收期望信号。另外还有其他几种方法可用于增加自适应阵列的健壮性。其中之一是使用限制[10]。在阵列处理方面，多线性约束的最佳波束成形是目前常用的方法。在最简单的情况下加强约束。通过限制最小化波束形成器的输出功率，计算权重矢量。目前有很多约束自适应阵列主波束响应的方法，主要有[11]：主波束中，对来自主波束信号响应的自适应处理器实施约束；限制处理器以保持期望方向的恒定增益以及该方向附近的响应模式；当没有干扰存在时，能搜索获得期望的静态模式。

24.2.3.1　点约束

这是需要施加到适配权重矢量上的最小约束。在这种情况下，有 $\boldsymbol{C}=\boldsymbol{E}$，$F=N$(标量)，其中 $\boldsymbol{C}$ 为约束矢量，$\boldsymbol{E}$ 为 $N\times 1$ 矢量(N 为元素的数量)[12]。因此，

约束方程变为

$$W^{*}E = N \tag{24.28}$$

将权重矢量 W 限制在观测方向。在此约束下,除了在它的观测方向,所有方向权重矢量的输出功率都减小。由于有用信号(目标)和它的观测方向通常不完全一致,除了偏轴信号,研究成束的权重矢量的响应是很重要的。然而,在实际应用中,在近距离目标和干扰线支配下存在扰动,利用多个约束可以维护主瓣角扇区是很有利的。

24.2.3.2 导数约束

期望信号功率越大,信号抑制得越差,有效的波束宽度越窄。这一问题的补救措施是在观察方向的主波束上强加导数约束。因此,通过控制主瓣的前几个导数[13],自适应阵列能够避免将零值放在主瓣区。目前的研究工作中,已经考虑一阶导数约束阵列的抗干扰性能。如果导数为零[14],则约束系统如下:

$$\tilde{V} = [\,v(\theta) \quad \dot{v}(\theta) \quad \ddot{v}(\theta)\cdots\,] \tag{24.29}$$

式中:$\tilde{V}$ 表示的矩阵,其列是约束矢量,$v(\theta)$ 为第一点约束列,$\dot{v}(\theta)$ 为一阶导数,$\ddot{v}(\theta)$ 为二阶导数。

这些约束允许波束模式灵敏度针对期望信号的引导角和实际到达角之间的不匹配做出直接调整。改进的 GSC 结构的自适应部分是在操纵元素信号的缩减集上使用一个简单的无约束 LMS 算法。权重的数量需要修改,应小于直接约束波束形成器的数量。导数约束系统独立于相原点,当前期操作良好的时候,可以达到最大的输出信噪比。可以看出,导数的要求越高,在观测方向的波束越宽。当实际信号方向和已知信号方向完全不相同时,宽阔波束就具有重要作用。

24.2.3.3 方向约束

观察方向约束的自适应阵列可以非常有效地抑制干扰,并且达到最大信噪比。然而,转向误差(又称指向误差)将使自适应阵列空出期望信号,就像是一个干扰。为了使最佳波束形成器对波束转向角误差具有健壮性,在波束形成器的极性响应方面使用多个方向约束或多个导数约束。对于给定的多方位的约束系统,该系统在方向上的约束的数量用 Δ 表示,发现波束形成器受到 Δ 的影响[15]。可看出,在一些实际情况下,定向约束易于出现相关矩阵调节不良的问题,导数约束则可以避免这种情况出现。当方向约束之间的夹角减小时,导数约束的信号抑制接近于方向约束系统,在这些情况下可以优先选择导数约束。然而,这并不意味着导数约束总是处在良好条件,选择哪种形式事实上取决于提供条件更好的系统[16]。

24.2.4　仿真结果

一个 $N=16$ 天线元件线性阵列(ULA),间隔 $\lambda/2$,信号环境包括期望信号源和三个不相关的干扰源探测,角度分别为 0°、20°、50°和 -35°。期望信号的 SNR =0dB,每个干扰源的干扰噪声比值(INR)为 20dB。期望信号源和干扰源使用随机产生的 QPSK 信号。假设平缓衰减信道环境,使 $s_0(k)=h(k)\times b_0(k)$,其中 $h(k)$ 为信道系数。为了计算简单,令 $h(k)=1$。噪声为高斯白噪声模型,方差为 0.35。假设,期望信号 DOA 已知,因此,DF - GSC 不需要训练。这里只有一个点失真约束。图 24.3 介绍了 GSC 的学习曲线和 DF - GSC 方案。它显示快照输出变化 SINR(dB)。权重适应算法是标准的 LMS 算法。因为涉及随机信号的生成,所以结果显示了 200 个平均模拟。GSC 和 DF - GSC 的适应波束模式如图 24.4 所示。箭头表示适应期望信号源的空/主瓣的方向。可以观察到自适应 DF - GSC 比 GSC 性能更好。静态模式(无干扰源模式)也包括在内。很明显,自适应性 DF - GSC 的 SINR 高于传统的 GSC。两种方案相差大约 10dB。

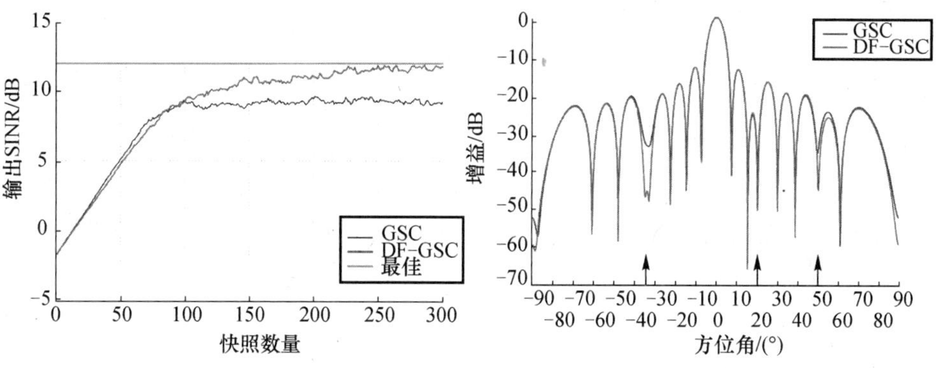

图 24.3　学习曲线 GSC 和 DF - GSC

图 24.4　200 个快照后 GSC 和 DF - GSC 的波束模式

为了比较两种算法的收敛速度,相同 SINR 学习曲线的 GSC 和 DF - GSC 示于图 24.5。图中表明,DF - GSC 收敛大约 150 快照,GSC 收敛大约 350 快照。与 GSC 相比,DF - GSC 达到输出 SINR 最佳值的耗时较少。可以认定实施 GSC 的重要性,它的计算并不复杂。在传统的 GSC 中,增加判定反馈的盲均衡器可以提供更好的健壮性,收敛得更快,输出 SINR 更高。DF - GSC 方案对相同的收敛速度可以获得更高的 SINR 值。此外,增加期望信号功率,可增强 SINR 的输出。如果 DF - GSC 可以获得较深的空值,这就表明 DF - GSC 有更好的抑制能力。旁瓣对消器的抑制功能,也可以利用在隐身技术。在飞机和导弹的适当位置上安放这些对消器来接收期望信号,同时抑制不需要的部分,这将在敌人基地或飞行的时候对雷达隐身。同样,自适应阵列的这种能力可用于空间探测器和机器人的智能活动。

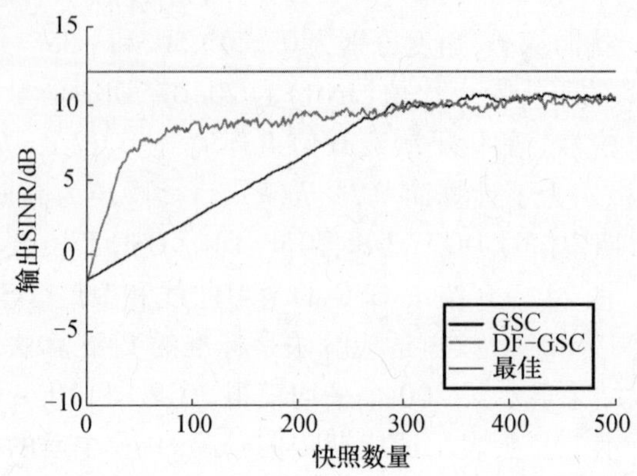

图 24.5　相同 SINR 目标的学习曲线 GSC 和 DF - GSC

24.3　抵达方向不匹配分析

假设传统的波束形成器调整期间期望信号不存在,在这种情况下的阵列响应波束形成器不匹配误差足够稳定。但是在典型的实际应用中,很难获得自由信号调整快照。为了解决 DOA 失配阵列性能下降的问题,补救措施之一是增加额外的约束,如阵列权重矢量方面的点约束、导数约束和线性约束。然而,在抑制干扰和噪声方面,增加额外的约束,会消耗一些阵列的自由度。

本章中包括两个点约束和一阶导数约束,针对 DOA 不匹配误差,用 GSC 和 DF - GSC 健壮性来进行仿真强化分析。为了获得所需要的坚固性,DF - GSC 方案需要初步调整快照。但在实践中,难以确定初始快照编号。因此,盲和半盲方法可以解决这个问题。用盲方法对 DF - GSC 的性能进行分析,权重研究有三个阶段。为了提高系统的健壮性,有两个阶段的计算,引入一种新的半盲消除方案。使用不同的算法 LMS 来完成模拟。稳态分析表现为盲 DF - GSC 使用标准 LMS 和结构化的 LMS 算法。

24.3.1　信号模型不匹配

如果在实际和假设期望信号之间 DOA 存在不匹配,则有

$$\theta_o = \hat{\theta}_o + \Delta \tag{24.30}$$

式中:$\hat{\theta}_o$ 为 DOA 估计;Δ 为偏差值。

导向矢量为

$$S(\theta_o)=S(\hat{\theta}_o+\Delta)=[1,e^{i\alpha\sin(\hat{\theta}_0+\Delta)},e^{i2\alpha\sin(\hat{\theta}_0+\Delta)},\cdots,e^{i(N-1)\alpha\sin(\hat{\theta}_0+\Delta)}]^T \tag{24.31}$$

式中：$\alpha=2\pi d/\lambda$。

由于 Δ 一般较小，则有

$$\sin(\hat{\theta}_o+\Delta)\approx\sin\hat{\theta}_o+\Delta\cos\hat{\theta}_o \tag{24.32}$$

假设 $\hat{\theta}_o=0°$，并利用式(24.31)和式(24.32)，则不匹配的导向矢量为

$$S(\theta_0)=S(\Delta)=[1,e^{i\alpha\Delta},e^{i2\alpha\Delta},\cdots,e^{i(N-1)\alpha\Delta}]^T \tag{24.33}$$

$S(k)$重新写成 $s(k)=S(\Delta)s_0(k)$。

24.3.2　在 GSC 中 DOA 不匹配

在期望信号 DOA 的估计误差中，w_q 与期望信号的导向矢量不匹配，阻挡矩阵不能阻挡干扰消除滤波器输入的期望信号。如果有足够的自由度，过滤器将取消来自静止过滤器输出导致信号抵消的期望信号。在 GSC 的情况下，即使有最佳加权矢量，也不提供最大化的 SINR[3]。传统 GSC 最佳输出 SINR 的表达式为

$$\mathrm{SINR}_{\mathrm{opt}}=\frac{P_s}{P_{o,\min}-P_s} \tag{24.34}$$

式中：P_s 为期望信号输出的功率；$P_{o,\min}$ 为最小功率，等同于 J，表示为

$$\min J=\min(w_q-Bw_a)^H R_x(w_q-Bw_a) \tag{24.35}$$

其中：B 为阻挡矩阵；R_x 为相关矩阵。

在传统的 GSC 中，输出期望信号的功率变为

$$P_s=\sigma_{s_0}^2|(w_q-Bw_{a,\mathrm{opt}})^H S(\Delta)|^2 \tag{24.36}$$

这与 $P_s=\sigma_{s_0}^2|(w_q^H S(\theta_0)|^2$ 是不一样的，因为此时 $w_{a,\mathrm{opt}}^H B^H S(\Delta)\neq 0$。

信号衰减的实际量取决于信号的功率和误差量。在不匹配时，最小输出功率 P_o 用于计算传统 GSC 不匹配的最优输出 SINR，也是相同的式(24.35)。

24.3.3　在 DF - GSC 中 DOA 不匹配

在 DF - GSC 的情况下，避免了信号抵消。由于 GSC 两个路径之间存在相关性，如果不匹配 $w_{a,\mathrm{opt}}$ 和 $w_{b,\mathrm{opt}}$ 之间会发生耦合，$w_{a,\mathrm{opt}}$ 和 $w_{b,\mathrm{opt}}$ 可表示为[3]

$$w_{a,\mathrm{opt}}=(B^H R_{i+n}B)^{-1}B^H R_{i+n}w_q \tag{24.37}$$

$$w_{b,\mathrm{opt}}=S^H(\Delta)(w_q-Bw_{a,\mathrm{opt}}) \tag{24.38}$$

在 DF - GSC 情况下 MMSE 不匹配可表示为

$$J_{\min}=w_q^H R_{i+n}w_{\mathrm{opt}} \tag{24.39}$$

期望信号的功率与式(24.36)相同,与 DF - GSC 不匹配时,最小输出功率为

$$\boldsymbol{P}_{\mathrm{o,min}}=\boldsymbol{w}_{\mathrm{opt}}^{\mathrm{H}}\boldsymbol{R}_{x}\boldsymbol{w}_{\mathrm{opt}} \tag{24.40}$$

为了估计 GSC,SINR 输出可以使用类似的表达式(式(24.34))。

24.3.4 收敛性分析

参考 GSC 和 DF - GSC 的收敛性分析,MSE 和 SINR 处于稳定状态。特征值用于 SINR 的计算。

24.3.4.1 稳定状态下的 MSE

令处于稳定状态的 MSE 表示为 $J(\infty)$,有

$$\boldsymbol{J}(\infty)=\boldsymbol{J}_{\min}+\boldsymbol{J}_{ex}(\infty) \tag{24.41}$$

式中

$$\boldsymbol{J}_{\min}=\boldsymbol{w}_{q}^{\mathrm{H}}\boldsymbol{R}_{i+n}\boldsymbol{w}_{\mathrm{opt}} \tag{24.42}$$

$$\boldsymbol{J}_{\min}=\boldsymbol{w}_{\mathrm{opt}}^{\mathrm{H}}\boldsymbol{R}_{x}\boldsymbol{w}_{\mathrm{opt}}=\boldsymbol{w}_{q}^{\mathrm{H}}\boldsymbol{R}_{x}\boldsymbol{w}_{\mathrm{opt}} \tag{24.43}$$

此时,GSC 和 $\boldsymbol{J}$ 为过量 MSE,计算为

$$\boldsymbol{J}_{ex}(\infty)=\boldsymbol{J}_{\min}\sum_{l=1}^{N-P}\frac{\mu_{a}\lambda_{l}(\boldsymbol{B}^{\mathrm{H}}\boldsymbol{R}_{x}\boldsymbol{B})}{2-\mu_{a}\lambda_{l}(\boldsymbol{B}^{\mathrm{H}}\boldsymbol{R}_{x}\boldsymbol{B})} \tag{24.44}$$

式中:$\lambda_{l}(\boldsymbol{B}^{\mathrm{H}}\boldsymbol{R}_{x}\boldsymbol{B})$ 为 $\boldsymbol{B}^{\mathrm{H}}\boldsymbol{R}_{x}\boldsymbol{B}$ 的第 l 的特征值。可以观察到过量 MSE 与所得 MMSE 和所用的步长大致成正比。

24.3.4.2 稳定状态下的 SINR

稳定状态下的 SINR 输出可以作为自适应 GSC 和 DF - GSC 方案的性能指标。稳态 SINR 的 LMS 算法由下式给出:

$$\mathrm{SINR}_{\mathrm{LMS}}=\frac{P_{s}}{P_{\mathrm{o,min}}+\boldsymbol{J}_{ex(\infty)}-P_{s}} \tag{24.45}$$

可以看出,过量 MSE 值越小,SINR 稳态越大。对于 GSC 和 DF - GSC 来说,在不同的 SNR 环境下该 SINR 性能示于图 24.6。在这里不对均值进行模拟。由此可以看出,在定值 SINR 之后,对于饱和的 GSC,在 DF - GSC 中观察不到 SINR 的趋势。

24.3.4.3 期望信号 DOA 不匹配

假定期望信号 DOA 已知。在实际情况中,接收的和估计方向之间的期望信号是存在误差的。考虑有 2°的不匹配,在快照变化时,SINR 对 GSC 和 DF - GSC 进行绘制,如图 24.7 和图 24.8 所示。

GSC 在点约束下,GSC 模拟包含点约束,当输出 SINR 计算超过 20000 快照

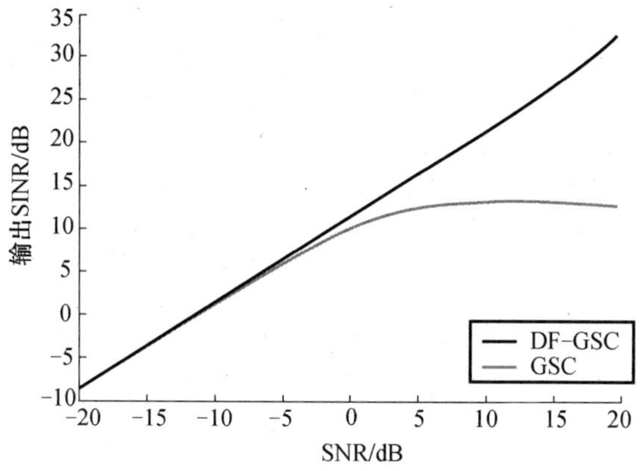

图 24.6　在不同的信噪比环境下的稳态 SINR

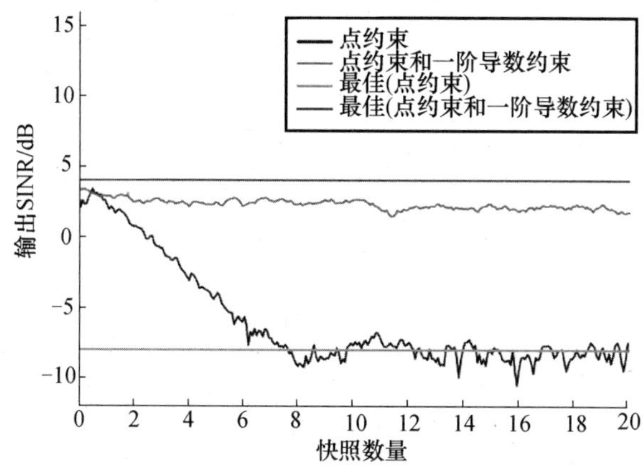

图 24.7　GSC 学习曲线（DOA 不匹配，只利用点约束和一阶导数的约束）

时，输出 SINR 急剧降低，如图 24.7 所示。收敛是围绕 - 8dB 的 SINR 水平来实现的。

GSC 在一阶导数和点约束下，同时伴有点约束的导数约束，对 GSC 的性能做比较分析。相应的学习曲线如图 24.7 所示。可以看到，附加的约束使抗干扰能力加强。额外的一阶导数约束，使 SINR 大幅度增加。在 1000 快照和大约 2.5dB 值 SINR 是稳定的。

DF - GSC 在点约束下，同样在图 24.8(a)，呈现的是 DF - GSC 和 DOA 不匹配时的学习曲线。这是模拟 20000 快照的结果。在 3000 快照并稳定到近似 9dB 之后，它的积收敛。

DF - GSC 一阶导数和点约束，在 GSC 的情况下，DF - GSC 与 DOA 不匹配的学习曲线如图 24.8(b)，包括一阶导数约束和点约束。在这种情况下不进行调整,额外约束可以降低 DF - GSC 的 SINR,原因是可用自由度较少。为了清楚起见,分别给出点约束和导数约束的两条曲线。仿真结果表明,相比于常规的 GSC 结构,GSC 与判决反馈提供了更好的稳定性。

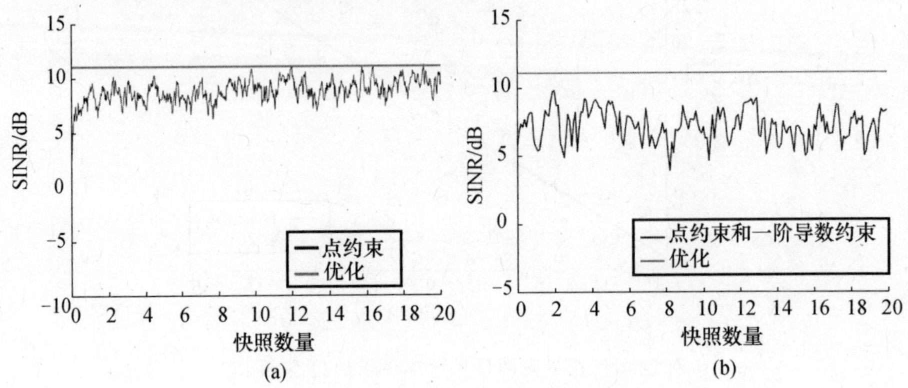

图 24.8　DF - GSC 与 DOA 不匹配时的学习曲线
(a)仅点约束;(b)一阶导数约束。

24.3.5　权重步长 SINR 输出的适应性关系

SINR 的估计有两种方法,即分析方法和模拟方法[3]。

在分析方法中,使用方程进行权重计算:

$$\boldsymbol{w}_{a,\mathrm{opt}} = (\boldsymbol{B}^{\mathrm{H}}\boldsymbol{R}_x\boldsymbol{B})^{-1}\boldsymbol{B}^{\mathrm{H}}\boldsymbol{R}_x\boldsymbol{w}_q \tag{24.46}$$

这是计算 w_a 的特定公式。应该指出的是权重估计不能完成迭代。噪声方差设定为 0.5。假设干扰信号功率为 100,期望信号功率为 0.68。如图 24.9 所示,GSC 的 SINR 依赖性和 DF - GSC 的步长。输出 SINR 缓慢而且持续下降。对于 DF - GSC,$\boldsymbol{w}_a$和 $\boldsymbol{w}_b$ 用

$$\boldsymbol{w}_{a,\mathrm{opt}} = (\boldsymbol{B}^{\mathrm{H}}\boldsymbol{R}_x\boldsymbol{B})^{-1}\boldsymbol{B}^{\mathrm{H}}\boldsymbol{R}_x\boldsymbol{w}_q, \boldsymbol{w}_{b,\mathrm{opt}} = \boldsymbol{S}^{\mathrm{H}}(\theta_{\mathrm{o}})\boldsymbol{w}_q$$

分别计算。在这种情况下,SINR 稳定且不会下降。这又一次证明了稳态计算的情况下,DF - GSC 远不如传统的 GSC。

在模拟方法中,使用 GSC 反复计算权重:

$$w_a(k+1) = w_a(k) + \mu_a \boldsymbol{v}(k) e^*(k) \tag{24.47}$$

式中:μ_a 为步长;$v(k)$为阵列输出;$e(k)$为误差信号。

对于 DF - GSC,权重调整公式如下:

$$\begin{cases} w_a(k+1) = w_a(k) + \mu_a \boldsymbol{v}(k) e^*(k) \\ w_b(k+1) = w_b(k) + \mu_b b_0(k) e^*(k) \end{cases} \tag{24.48}$$

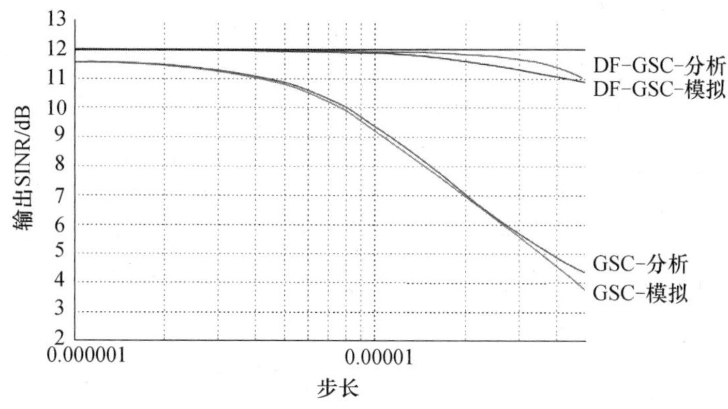

图 24.9　不同步长的稳定 SINR 性能。

在上述情况下均匀性、噪声方差和干扰来源是一样的。在 GSC 和 DF - GSC 中，分析和模拟曲线匹配。因此，对 GSC 和 DF - GSC 两个指数性能进行了分析，SINR 和 MSE 证明，即使在 DOA 不匹配的情况下，DF - GSC 具有更快的收敛性和较高的 SINR 输出。通过使用一阶导数约束，点约束的稳健性进一步增强。可以观察到定值 SNR 之后，GSC 的 SINR 输出降低，观察 DF - GSC 没有这样的趋势。

24.4　旁瓣对消的自适应算法

在阵列的元素中，自适应阵列涉及引发信号的操作。几十年来，由于其广泛的适用性，许多研究者对这一领域很感兴趣。为了提高性能和收敛速度，提出了很多算法。在这些算法中，LMS 算法是最简单的算法之一，调整阵列传感器对期望信号做出反应，同时抑制噪声和干扰[4]。LMS 算法是随机梯度算法中的重要组成。LMS 算法的最显著的特点就是简单。它不需要任何关联矩阵和逆矩阵的计算。LMS 算法有很多，如标准 LMS 算法、结构梯度 LMS 算法、改进 LMS 算法、递推 LMS 算法。标准 LMS 算法是最广泛使用的算法，因为它不复杂。此外，标准 LMS 算法在硬件上容易实现。通过重复使用以前迭代中产生的自相关矩阵（ACM）值，改进的 LMS 算法增强了性能。为了分析旁瓣对消器的干扰抑制功能，在不同信号的情况下不同形式的 LMS 算法用于权重适配。输出的 SINR 和 MSE 可以作为性能指标。此外，还分析了 GSC 和 DF - GSC 方案中步长大小的影响和期望信号的功率水平。

24.4.1 权重适应性采用 LMS 算法

LMS 算法适用迭代计算权重的原理,可以利用阵列输出和参考信号之差。每次迭代后,权重在梯度的负方向通过一个小的量来改变。该常数决定了这个量,称为步长[17]。梯度用不同形式的 LMS 算法,不同的方式估计[4]。为了最大限度地减少平均输出功率,需要确定权重的最佳值。各种形式的 LMS 算法采用不同梯度估计的方法。每一个算法中,用第 n 次迭代后获得的样本来计算在第 $n+1$ 次迭代的权重。先前的样本没有作用。在每次迭代后,所有的算法做过滤和权重更新。

过滤:

$$\boldsymbol{y}(n)=\boldsymbol{W}^{\mathrm{H}}(n)\boldsymbol{x}(n) \tag{24.49}$$

权重更新:

$$\boldsymbol{W}(n+1)=\boldsymbol{P}[\boldsymbol{W}(n)-\mu g(\boldsymbol{W}(n))]+\frac{\boldsymbol{S}_{\mathrm{o}}}{\boldsymbol{S}_{\mathrm{o}}^{\mathrm{H}}\boldsymbol{S}_{\mathrm{o}}} \tag{24.50}$$

式中:$S_{\mathrm{o}}=S(\theta_{\mathrm{o}})$,为入射角 θ_{o} 的期望信号导向矢量;$g(\boldsymbol{W}(n))$ 为相对于 $\boldsymbol{W}(n)$,$\boldsymbol{W}^{\mathrm{H}}(n)\boldsymbol{R}\boldsymbol{W}(n)$ 梯度的无偏估计;$\boldsymbol{P}$ 为投影矩阵,且有

$$\boldsymbol{P}=\boldsymbol{I}-\frac{\boldsymbol{S}_{\mathrm{o}}\boldsymbol{S}_{\mathrm{o}}^{\mathrm{H}}}{\boldsymbol{S}_{\mathrm{o}}^{\mathrm{H}}\boldsymbol{S}_{\mathrm{o}}} \tag{24.51}$$

方程(24.50)包括非自适应和自适应两部分,非自适应 $\boldsymbol{S}_{\mathrm{o}}$ 包含观察方向的约束,自适应包含投影矩阵 $\boldsymbol{P}$。

24.4.1.1 标准 LMS 算法

这个算法包括最简单梯度的估计。尽量减少输出功率,$\boldsymbol{W}^{\mathrm{H}}(n)S_{\mathrm{o}}=1$,而在观察方向离开的信号不受影响。最优加权矢量的迭代估计使用式(24.50)。梯度由下式给出:

$$g[\boldsymbol{W}(n)]=2\boldsymbol{X}(n+1)\boldsymbol{X}^{\mathrm{H}}(n+1)\boldsymbol{W}(n)=2\boldsymbol{X}(n+1)y*[\boldsymbol{W}(n)] \tag{24.52a}$$

24.4.1.2 结构化梯度 LMS 算法

结构化算法是 ACM 梯度估计算法,约束具有 Toeplitz 结构[18],也就是说,沿对角线的元素是相等的。ACM 的产生过程[19]:①计算矩阵 $\boldsymbol{x}(k)\cdot\boldsymbol{x}^{\mathrm{H}}(k)$;②只考虑 N 对角线上三角矩阵,对于每个对角,对角元素取均值,每个对角线元素的新值是均值;③考虑 $N-1$ 对角线下三角矩阵。每一个对角线,在上三角矩阵的相应对角线所有元素被作为共轭复值,产生新的矩阵(ACM)Hermitian 。结构化梯度 LMS 算法,由新生成的 $\hat{R}(k)$ 替换 $\boldsymbol{x}(k)\cdot\boldsymbol{x}^{\mathrm{H}}(k)$ 以获得更好的性能。梯度估计定义为

$$\hat{g}[\boldsymbol{W}(n)] = 2\hat{\boldsymbol{R}}(n+1)\boldsymbol{W}(n) \tag{24.51b}$$

式中：$\hat{\boldsymbol{R}}(n)$为在第 n 个瞬时阵列相关矩阵的结构化估计，且有

$$\hat{\boldsymbol{R}}(n) = \begin{bmatrix} \hat{r}_0(n) & \hat{r}_1(n) & \cdots & \hat{r}_{L-1}(n) \\ \hat{r}_1^*(n) & \cdots & \cdots & \cdots \\ \cdots & \cdots & \cdots & \cdots \\ \cdots & \cdots & \cdots & \cdots \\ \hat{r}_{L-1}^*(n) & & & \hat{r}_0(n) \end{bmatrix} \tag{24.52}$$

其中

$$\hat{r}_1 = \frac{1}{N_l}\sum_i x_i(n)x_{i+1}^*(n), l = 0,1,\cdots,L-1 \tag{24.53}$$

其中：N_l 表示滞后元件可能的组合数。对于等间隔元素的线性阵列，$N_l = L - l$。每个 $\hat{R}(n)$是具有相同空间滞后 $R(n)$的所有元素的平均值。

24.4.1.3　改进 LMS 算法

此算法也使用 Toeplitz 结构[19]，沿对角线的元素是相等的。梯度的计算公式[20]为

$$g_I[\boldsymbol{W}(n)] = 2\tilde{\boldsymbol{R}}(n+1)\boldsymbol{W}(n) \tag{24.54}$$

式中

$$\boldsymbol{R}(n+1) = \frac{1}{n+1}[n\tilde{\boldsymbol{R}}(n) + \hat{\boldsymbol{R}}(n+1)] \tag{24.55}$$

$\hat{R}(n)$见式(24.52)。

24.4.1.4　递推 LMS 算法

该算法使用下面的公式进行梯度估计：

$$g_R[\boldsymbol{W}(n)] = 2\boldsymbol{R}(n+1)\boldsymbol{W}(n) \tag{24.56}$$

式中

$$\boldsymbol{R}(n+1) = \frac{1}{n+1}[n\boldsymbol{R}(n) + \boldsymbol{X}(n+1)\boldsymbol{X}^{\mathrm{H}}(n+1)] \tag{24.57}$$

24.4.1.5　递归最小二乘法

增由益矩阵 $\boldsymbol{R}$ 替换步长，迭代计算为

$$\boldsymbol{R}^{-1}(n) = \boldsymbol{R}^{-1}(n-1) - \frac{\boldsymbol{R}^{-1}(n-1)\boldsymbol{X}(n)\boldsymbol{X}^{\mathrm{H}}(n)\boldsymbol{R}^{-1}(n-1)}{1+\boldsymbol{X}^{\mathrm{H}}(n)\boldsymbol{R}^{-1}(n-1)\boldsymbol{X}(n)} \tag{24.58}$$

式中

$$R^{-1}(0)=\frac{I}{\varepsilon},\varepsilon>0 \tag{24.59}$$

$R^{-1}(n)$使用以前的倒数与当前采样来计算，因此权重计算为

$$W(n)=\frac{R^{-1}(n)S_o}{S_o^H R^{-1}(n)S_o} \tag{24.60}$$

24.4.2 新型仿真

GSC 的性能和 DF－GSC 的相控阵方案使用了不同形式的 LMS 算法进行研究。

1. 广义旁瓣对消

GSC 学习曲线使用标准的 LMS，结构化梯度 LMS 和改进 LMS 算法，如图 24.10 所示。进行了 300 快照的模拟。由此可以看出，结构化梯度和改进 LMS 算法，输出 SINR 越高，收敛速度越快。GSC 适应的波束模式采用结构化 LMS 算法如图 24.11 所示。虚线表示积(包含静态模式)。GSC 比使用标准的 LMS 算法获得的整体性能要好得多。

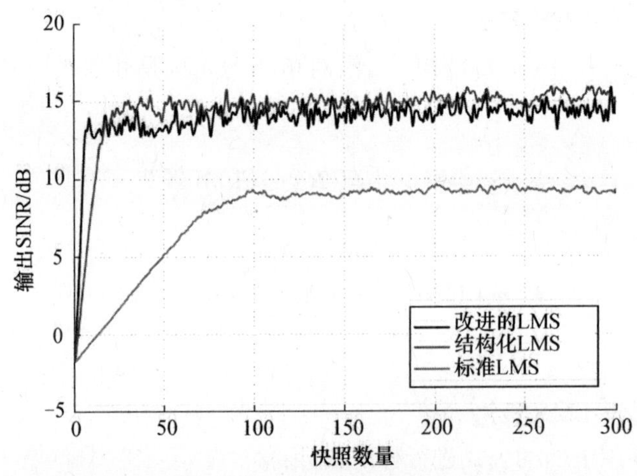

图 24.10 使用不同形式的 LMS 算法 GSC 学习曲线

输出 SINR 时，期望信号水平的变化影响示于图 24.12。信号水平为 1、10 和 100。权重的适应算法是结构化的 LMS 算法。由图 24.12 可知，期望信号功率增加，SINR 输出也如预期增加。计算超过了 200 平均快照。3 步长的 GSC 学习曲线如图 24.13 所示。所用的步长为 0.2×10^{-5}、0.5×10^{-5}、0.7×10^{-5}。由此可以看出，该步长减小时，收敛时间增加，但最终的 SINR 水平几乎保持不变。在图 24.14 中，干扰源变为 10、100 和 1000 的功率比后，绘制 GSC 波束模式。这样做的原因是，如果探测源具有同等功率，那么相应的特征值也相同。如果有不同来源的功率，探测源特征值相比其他探测源特征值会大很多，因此综合性能较好。

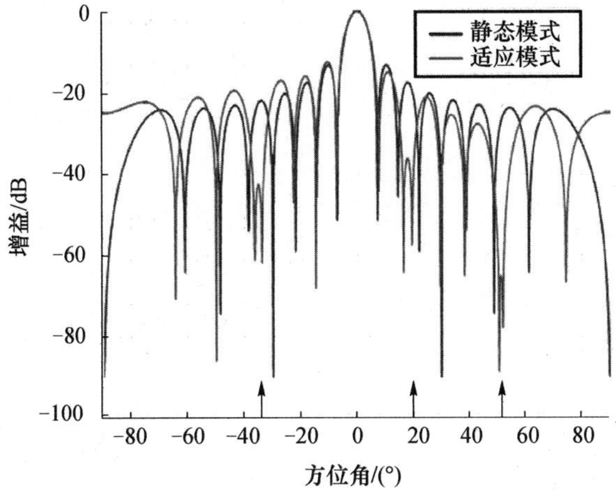

图 24.11　使用结构化的 LMS 算法的 GSC 波束模式

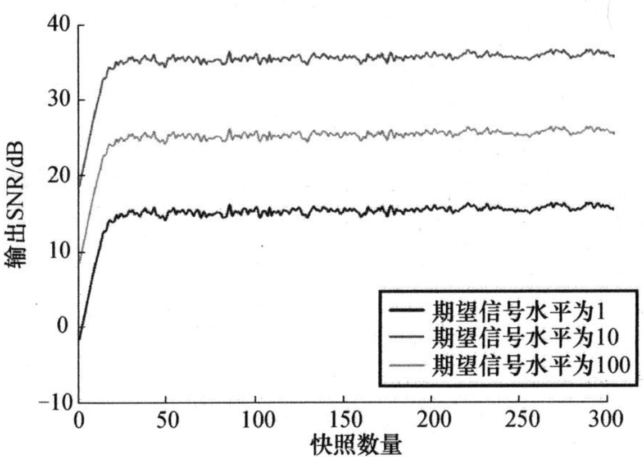

图 24.12　对于不同的期望信号水平，使用结构化 LMS 算法的 GSC 学习曲线

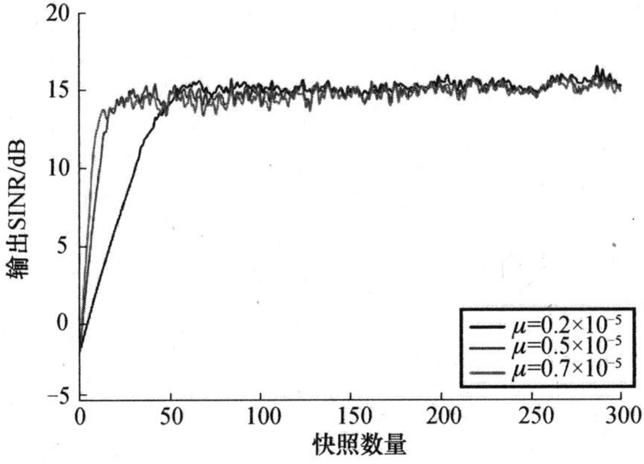

图 24.13　结构化的 LMS 算法，不同步长时 GSC 的学习曲线

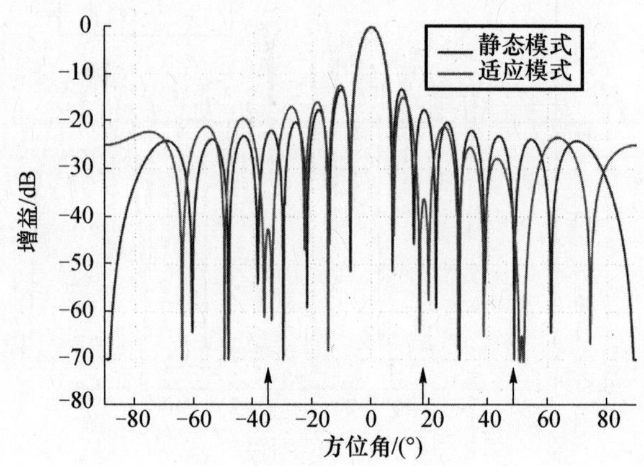

图 24.14 对于干扰不同功率等级的来源条件下,GSC 的波束模式,即 10、100 和 1000 使用结构化的 LMS 算法

2. 决策反馈广义旁瓣对消

在图 24.15 中,DF - GSC 执行类似的计算,使用标准 LMS、结构化梯度 LMS 和改进 LMS 算法。可以推断,改进的 LMS 是三种 LMS 算法中最好的。随着 SINR 的提高,改进的 LMS 有最好的收敛速度。尽管标准 LMS 的计算复杂度降低,与此同时收敛速度也较慢,SINR 减少。

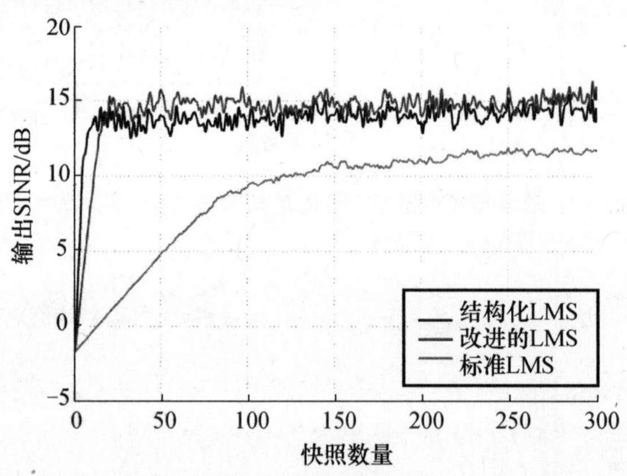

图 24.15 使用三种形式的 LMS 算法时,DF - GSC 的学习曲线

为了验证紧密间隔干扰源的影响,DF - GSC 波束模式示于图 24.16,而后减少干扰源之间的间距。来源抵达(DOA)的新方向为 36°、48°和 66°。干扰源的功率水平保持恒定在 100。步长大小是 $\mu_a = 10.0 \times 10^{-7}$,$\mu_b = 0.01$ 。由图可知,获得模式被扭曲并且更深。这是由于阵列紧密间隔干扰器作为一个连续源,因此它的性能越高。

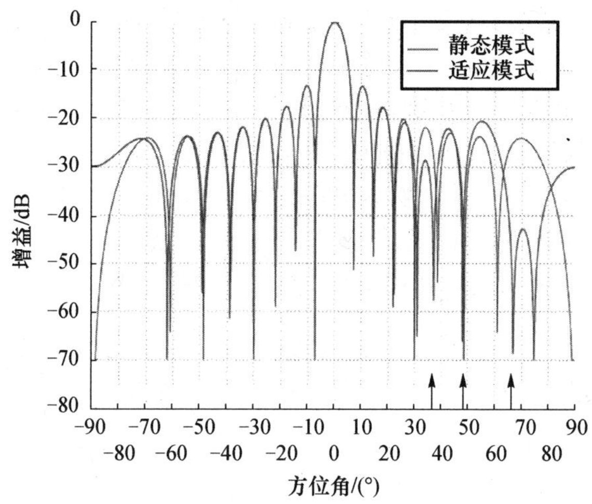

图 24.16　密集间隔干扰源使用结构化的 LMS 算法，DF－GSC 的波束模式

24.5　盲均衡器和反馈滤波器的旁瓣对消

事实上，DF－GSC 方案比传统的 GSC 方案具有更好的抑制力。通过使用附加约束，其稳定性可以进一步提高，如导数约束和定向约束。然而，这些附加约束使输出 SINR 降低[3]。

在数字通信中，人们希望在一个有限的时间跨度内，均衡器利用线性色散介质完全消除干扰同时不放大噪声。另外，需要考虑易于实现。通信系统的接收器正常地回复由发射机发送的符号，均衡是非常重要的，因此所接收的信号可能包含干扰、噪声等。许多通信设备包含均衡模块，如调制解调器、蜂窝电话和数字电视。盲均衡对取消重复发送调整信号是有用的，从而提高系统的输出。找到一个有效的、强大的、在计算上有效的算法来执行盲均衡，这仍然是一个具有挑战性的工作[5]。

为了提高频谱效率，研究者提出了几个盲和半可视方法进行信道识别、均衡和解调。此外，衰落信道可能会严重损坏发送符号的已知序列，所以常规的调整均衡器变得不可靠，那些均衡器需要调整一些最初快照。"盲"是指接收器并不知道任何发送/接收的序列或信道脉冲响应。只有一些发送和接收信号的统计或者结构特性，在适应均衡器的过程中使用[4]。

24.5.1　不匹配的 DF－GSC 盲方法

信道盲方法允许追踪快速变化，并且信息符号重新获得运行条件。如果有相关发射序列的经验知识，这些信息应该加以利用。在大多数情况下，期望信号可能太弱而不能启动盲均衡。因此,当 DOA 不匹配时,难以在最初获得正确决策。盲路径在初始阶段 DF - GSC 能跳过使用调整符号,并通过适应来达到期望 SINR 性能。在调整信号过程中,常规均衡器采用一个预先分配的已知、发送时隙。在接收器中,随后通过改变某种算法或调整系数(如 LMS 和 RLS),使得均衡器的输出匹配调整序列。然而,这些调整信号减少了系统的输出。因此,为了解决这个问题,使用不需要调整适应技术,即盲自适应方案。图 24.17 表明,盲自适应使用均衡滤波器输入和输出的采样信号 ,噪声误差检测的数据符号使盲自适应不受影响。

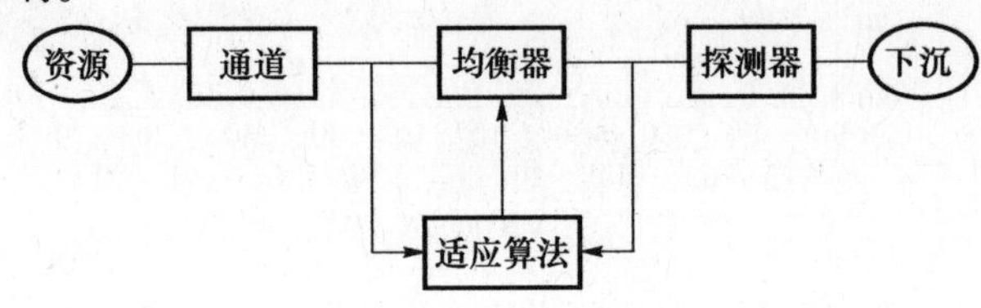

图 24.17　盲自适应方案

DF - GSC 方法的原理是利用导数约束粗略数,然后逐渐放开限制。主波束用一定量偏差值 DOA 加宽,但在静态滤波输出时可以确保有足够的期望信号强度,那么均衡能够积极收敛无需调整。汇合后,GSC 释放一个接一个的约束,因此该阻挡矩阵的列逐渐减小。这将导致自由度的增加,从而增强干扰和噪声抑制能力。

所使用的盲算法由三部分组成:初始化,计算投影矩阵和增加权重矢量的维数;新矩阵的过渡,迭代计算静态权重,假设限制点导数约束的数目,从 p 到 $p-1$,自由度从 $N-P$ 增加至 $N-(P-1)$;迭代计算权重。详细步骤描述如下[3]:

(1)初始化:投影矩阵为

$$\boldsymbol{P}_{N-(P-1)}=\boldsymbol{B}_{N-(P-1)}\boldsymbol{B}_{N-(P-1)}^{\mathrm{H}} \tag{24.61}$$

投影矢量 $\boldsymbol{b}$,新的约束矢量 $\boldsymbol{c}_p$ 为

$$\boldsymbol{b}_{N-(P-1)}=\boldsymbol{P}_{N-(P-1)}c_{\boldsymbol{P}} \tag{24.62}$$

矢量差等于新旧静态权重矢量之差:

$$d_{N-(P-1)}=\boldsymbol{w}_{q,N-(P-1)}-\boldsymbol{w}_{q,N-p} \tag{24.63}$$

为了避免新矩阵和权重矢量之间不匹配,w_{a} 表示零矢量:

$$\boldsymbol{w}_{a,N-(P-1)}=[\boldsymbol{w}_{a,N-P}\quad \boldsymbol{0}] \tag{24.64}$$

(2) 过渡:新的权重矢量 $\boldsymbol{W}$ 和新的阻塞矩阵分别为

$$\begin{cases}\boldsymbol{B}_{N-(p-1)}=[\boldsymbol{B}_{N-p}\quad \gamma_k b_{N-(p-1)}]\\ \boldsymbol{w}_{q,N-(p-1)}=\boldsymbol{w}_{q,N-p}+\gamma_k d_{N-(p-1)}\end{cases} \tag{24.65}$$

式中

$$\gamma_k=1-\{(T-1)-k\}/(T-1),0\leqslant k\leqslant(T-1)$$

(3) 重复上述步骤，直到 $\gamma_k = 1$，并且在最后部分权重计算迭代。

因此，按照上述程序，DF－GSC 可以跳过调整，不降低性能。表 24.1 列出了三个阶段的计算方法，其中第一阶段是初始化阶段权重的迭代计算。在此阶段，投影矩阵使用式(24.61)计算。差矢量使用公式(24.63)计算，在过渡阶段进行权重计算。第二阶段是在过渡阶段，连同权重，块矩阵也呈递归变化。在最后阶段，权重用封闭矩阵的一个固定维数再次重复计算。

表 24.1　盲 DF－GSC 计算的三个阶段

第一阶段	第二阶段	第三阶段
初始化	过渡	迭代
块矩阵 $N \times N-(P-1)$	块矩阵 $N \times (N-1)$	块矩阵 $N \times (N-1)$
$\boldsymbol{w}_a, \boldsymbol{w}_b$（迭代计算）	$\boldsymbol{w}_a, \boldsymbol{w}_b$（迭代计算）	$\boldsymbol{w}_a, \boldsymbol{w}_b$（迭代计算）
$\boldsymbol{w}_q$（计算离线）	$\boldsymbol{w}_q$（迭代计算）	$\boldsymbol{w}_q$（计算离线）
块矩阵的维度是固定的	阻挡矩阵计算迭代	块矩阵的维度是固定的

10 元件 ULA 盲 DF－GSC 方案的学习曲线如图 24.18 所示。期望信号的功率为 0.2，3 干扰源均保持 100。三种 DOA 的干扰分别为 20°、50°和 －35°。认为 2°方位不匹配。在这种方法中涉及三个阶段。在第一阶段中，使用点、一阶导数约束和权重迭代计算。在 115 快照之后第二阶段开始，式(24.65)用于权重自适应。在最后阶段开始之后，(继续使用公式)直到第 190 快照。现在，阻挡矩阵的维度是一定的，并且进行仿真。期望信号的功率为 0.2，过渡时间为 84。标准 LMS、结构化 LMS 和改进的 LMS 算法进行比较。由此可以看出，标准 LMS 算法 SINR 输出最低，而改进 LMS 算法 SINR 输出更高。标准 LMS 算法速度收敛最快。

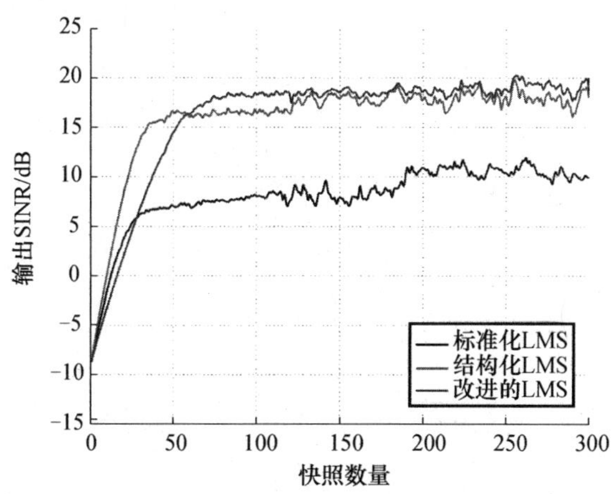

图 24.18　盲 DF－GSC 学习曲线（三种形式的 LMS 算法）

相应的标准化适应盲 DF - GSC 波束模式，使用三种形式 LMS 算法如图 24.19 所示。如图虚线曲线，每个小区域内的静态模式便于比较。对比结构化和标准 LMS 算法，(改进 LMS 的情况下，在敌对位置)获得更深的空值。为了维持均匀性，保持功率恒定 100。期望信号功率仅为 1。考虑到其他信号的情况，位于 38°、45°和 66°相同动力水平对的探头，盲 DF - GSC 的适应模式使用结构化的 LMS 算法，如图 24.20 所示。由此可以看出获得的空值为 -70dB，标志着有效抑制敌对来源。

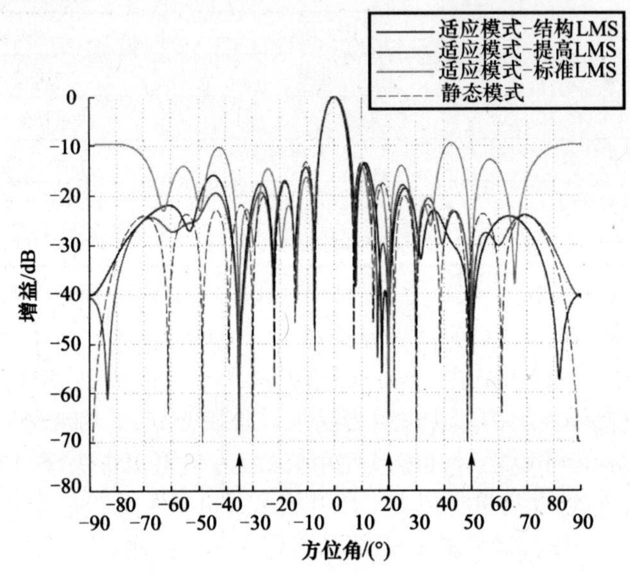

图 24.19　盲 DF - GSC 适应波束模式(标准 LMS、结构化 LMS 和改进 LMS 算法)

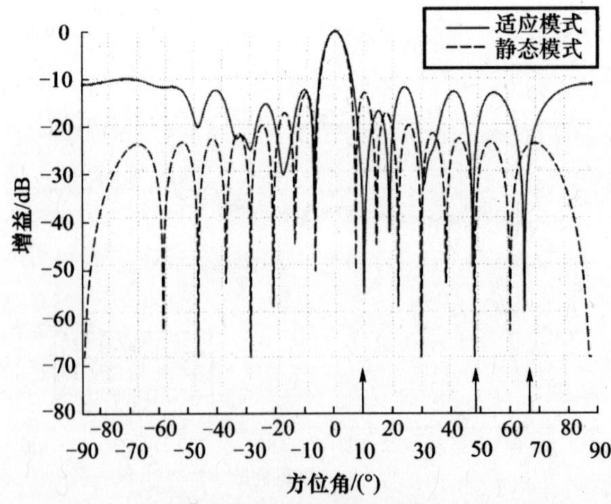

图 24.20　盲 DF - GSC 适应波束模式，采用结构化 LMS 算法，用于探测源 (10°、48°、66°、信号功率水平 100)

在半盲方法中，只有两个计算阶段，不包括迭代的最后阶段。第一阶段是初始化阶段，而第二阶段是过渡阶段涉及块矩阵的迭代计算。第二阶段称为半盲路径。图 24.21 展示了半盲 DF－GSC 学习曲线，采用了三种形式的 LMS 算法。可以看到使用改进 LMS 算法的 SINR 输出更高，收敛速度更快。

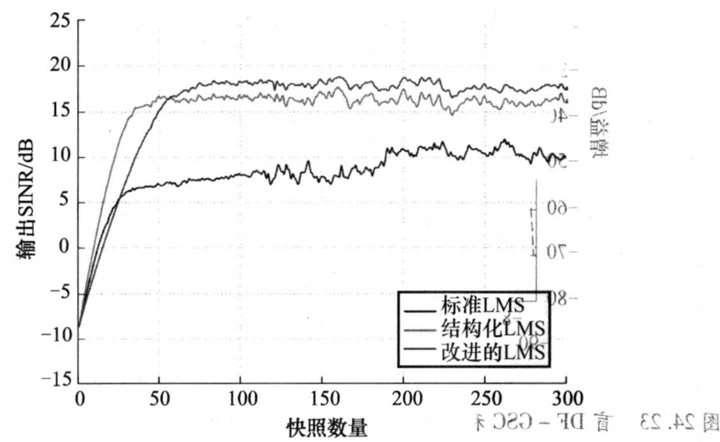

图 24.21　半盲 DF－GSC 的学习曲线（三种形式的 LMS 算法）

在正常 DF－GSC 和半盲 DF－GSC 之间，适应模式如图 24.22。可以看出，在半盲 DF－GSC 的情况下每个探测方向（20°、50°和－35°）都可获得更深空值。图 24.23 显示了同一信号情况下的波束图案，结构化 LMS 算法条件下的盲和半盲 DF－GSC。可以看出，半盲比盲 DF－GSC 方法能更好地抑制探测器。在盲 DF－GSC 中，图案变形了。然而，这不符合半盲 DF－GSC 的情况。图

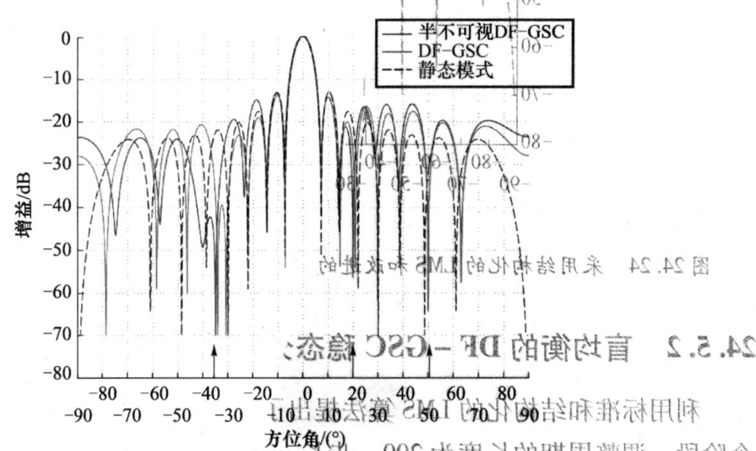

图 24.22　半盲 DF－GSC 和 DF－GSC 的适应波束模式，用于探测源（50°、20°、－35°，信号功率水平 100）

24.24 对改进 LMS 和 LMS 结构算法、半盲 DF－GSC 的性能进行了比较。由此可以看出该空值的深度，相比于结构化 LMS 算法，改进 LMS 更好。

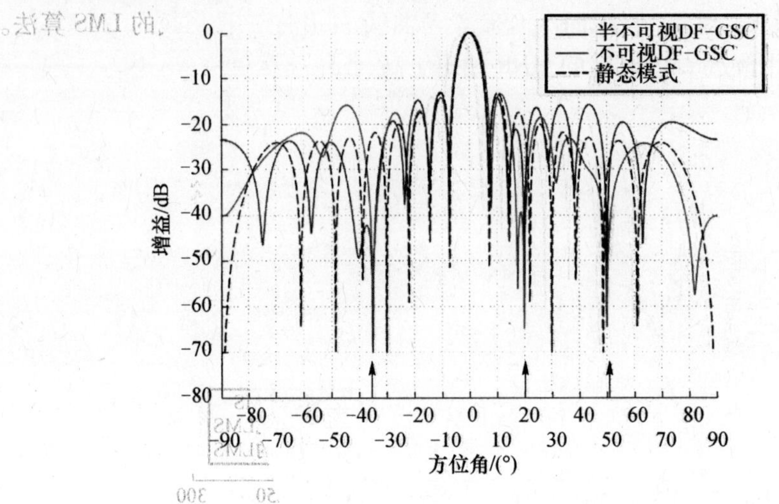

图 24.23　盲 DF－GSC 和半盲 DF－GSC 的适应波束模式(使用结构化的 LMS 算法)

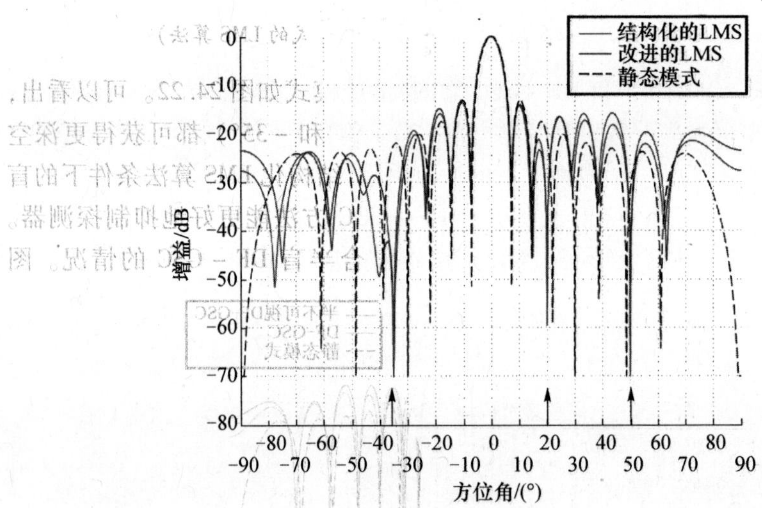

图 24.24　采用结构化的 LMS 和改进的 LMS 算法的半盲 DF－GSC 的适应波束模式

24.5.2　盲均衡的 DF－GSC 稳态分析

利用标准和结构化的 LMS 算法提出了静态分析方法。盲的 DF－GSC 有三个阶段。调整周期的长度为 200。步长 $\mu_a = 5\times10^{-7}$ 和 $\mu_b = 0.01$。对不同的信噪比计算，快照固定在 1。相应的积如图 24.25 所示。如果相比正常 DF－GSC，盲 DF－GSC 可以观察到 SINR 输出更高。同样，对于盲 DF－GSC 的稳态分析，使用结构化的 LMS 算法示于图 24.26。步长 $\mu_a = 2.5 \times 10^{-7}$ 和 $\mu_b = 0.01$。为了一致，调整周期的长度保持与上述相同。由图可知，SINR 输出更高，收敛速率更好。此外，SINR 输出高达 34dB，由此，可以实现结构化的 LMS 算法。收敛速度相比于标准的 LMS 算法快。

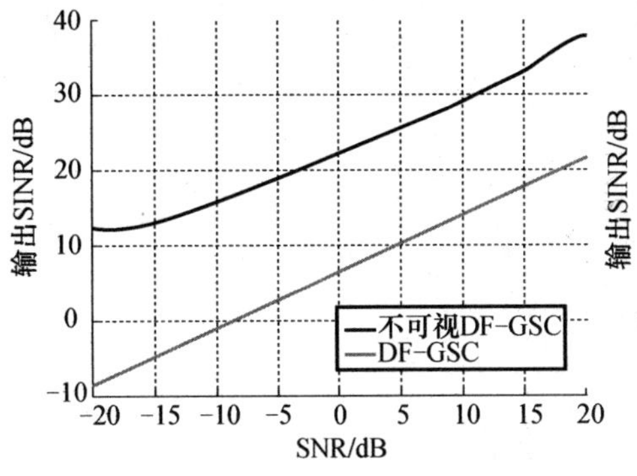

图 24.25　DF－GSC 和盲 DF－GSC 的稳态分析(使用标准的 LMS 算法)

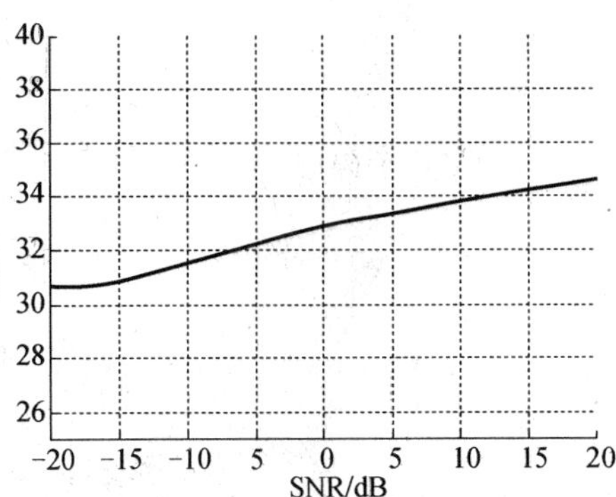

图 24.26　盲 DF－GSC 的稳态分析(使用结构化的 LMS 算法)

24.6　宽频探头抑制

相位阵列的干扰抑制能力对频率是敏感的。因此，探测源的带宽显著影响阵列的性能。假定 f_0 为中心频率，Δf 为偏移量，则相位因子为

$$u_i = \left(1 + \frac{\Delta f}{f_0}\right)\frac{\pi}{2}\sin\theta_i \tag{24.66}$$

式中：θ_i 为干扰信号的传入方位，i 为敌对源的数量。

u_i 使用此频率相关表达式，带宽干扰源可通过多个谱线分割功率源来处理。对于特征值的计算，协方差矩阵为

$$\boldsymbol{M} = \boldsymbol{M}_q + \sum_{r=1}^{I} P_r \boldsymbol{M}_r \tag{24.67}$$

式中：P_r 为功率比；$\boldsymbol{M}_r$ 为第 r 个干扰源的协方差矩阵。接收器噪声功率和为 1，$\boldsymbol{M}_{\mathrm{q}}$ 为静态协方差矩阵，是一个单位矩阵。从而

$$\boldsymbol{M} = I_d + \sum_{r=1}^{I} P_r \boldsymbol{M}_r \tag{24.68}$$

宽源的情况下，$\boldsymbol{M}$ 可重新写为[21]

$$\boldsymbol{M} = I_d + \sum_{r=1}^{K} \sum_{r=1}^{L} P_{rl} M_{rl} \tag{24.69}$$

式中：M_{rl}为协方差矩阵第 r 个的干扰源的第 1 个谱线。

M_{rl}的第 mn 个部分为

$$(M_{rl})_{mn} = \mathrm{e}^{\mathrm{j}2u_{rl}(n-m)} \tag{24.70}$$

式中

$$u_{rl} = (1 + (\Delta f_l / f_0))\frac{\pi}{2}\sin\theta_r$$

频率扩散程度，即 $\Delta f / f_0$ 第 1 个谱线的特定敌对源计算表达式为

$$\frac{\Delta f}{f_0} = \frac{B_r}{100}\left(\frac{-1}{2} + \frac{l-1}{L_r - 1}\right) \tag{24.71}$$

式中：B_r 为带宽；L_r 为频谱线的数目。

24.6.1 宽频信号旁瓣对消器的收敛方式

本节对频谱线的数目、功率、源的数量、到达角以及带宽在天线阵的抑制能力方面进行了分析，并分析了不同的宽带探测源情况下 SINR 输出估计和不同算法的收敛速度。

单个宽带探测源：42°的宽带探测源，假设 16 天线元件探测天线阵，间隔 $\lambda/2$。图 24.27 显示利用改进 LMS 算法的 GSC 计划学习曲线。显示不同带宽结果，即 2% BW、4% BW 和 5% BW。功率比为 100。步长 $\mu_a = 1.0 \times 10^{-6}$，保持恒定。由图 24.27 可知，减少带宽源的情况下 SINR 输出增加。这是因为单个宽带敌对源相当于一组窄带源，它取决于谱线和扩散的到达角[22]。因此，随着带宽的增加，窄带源探测天线阵的数目增加，使 SINR 输出下降。

在图 24.28 中，对 2% BW 的单个探测源（42°），标准的收敛速度、结构化和改进的 LMS 算法进行了比较，功率比是 100 的 GSC 方案探测天线阵列。由此可以看出，当使用结构化的和改进的 LMS 算法时，常规 GSC 的 SINR 输出在一个 16dB 的高值处收敛，相比于标准 LMS 算法，其收敛只有 8dB。改进 LMS 算法的性能，因其较快的速度收敛认为是最好的。表 24.2 表明，增加探测源的带宽、使用标准 LMS 算法，GSC 的性能变差，这是不符合结构化的 LMS 算法的。在三种情况下获得空值高达 -60dB（图 24.29）。改进 LMS 算法，对于单个探测源（42°），用 2% 的 BW 和 100 的功率比，在图 24.30 中对标准和结构化的 LMS 算法进行了比较。空值放置朝向探测源，假设改进 LMS 算法可达 -80dB。在准确和高效的探测抑制方面，表明了改进的 LMS 算法的效率。对于一个单一的宽带探测源，表 24.3 比较了三种算法的性能。很显然在 GSC 方案中使用三种形式的 LMS 算法，改进的 LMS 算法给出了最好的结果。

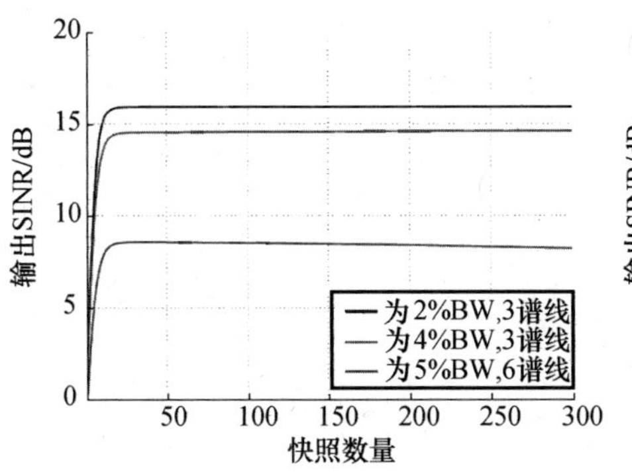

图 24.27 不同带宽的，在 42°单个宽带探测源抑制的 GSC 学习曲线（权重自适应改进的 LMS 算法）

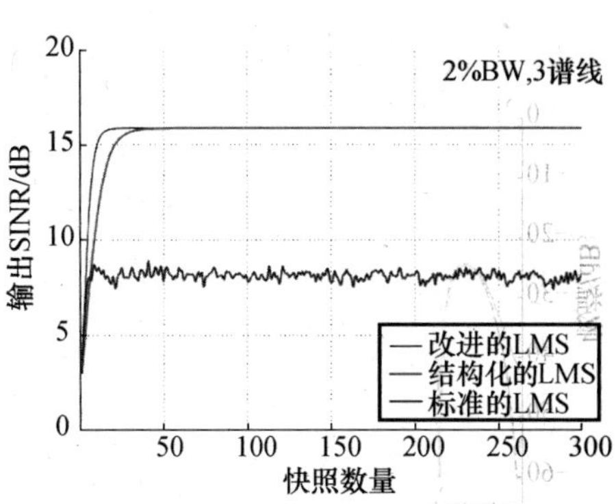

图 24.28 传统的 GSC 模式中，标准收敛速度、结构化的和改进的 LMS 算法的对比分析

表 24.2 标准和结构化 LMS 算法的传统 GSC 方案性能的比较分析（一个探测源，不同的带宽）

探测方向/(°)	不同带宽/% BW	谱线数	算法	抑制程度/dB
42	2	3	标准 LMS	-38
			结构化梯度 LMS	-60
42	5	6	标准 LMS	-34
			结构化梯度 LMS	-60
42	15	11	标准 LMS	-25
			结构化梯度 LMS	-60

表 24.3 标准、结构和改进 LMS 算法在 GSC 方案中，性能的比较分析

探测方向/(°)	BW/%，线谱	功率比	算法	抑制的程度/dB
42	2,3	100	标准 LMS	-38
			结构化 LMS	-61
			改进的 LMS	-79

表 24.4 不同带宽和权重情况下，标准 GSC 模式的抑制能力和 2 宽带探测源结构化 LMS 算法的比较

源数	探测方向/(°)	BW/%，线谱	功率比	算法	抑制的程度/dB
2	-35	2,3	10	标准 LMS	-35
				结构化梯度 LMS	-60
	25	5,6	100	标准 LMS	-43
				结构化梯度 LMS	-60

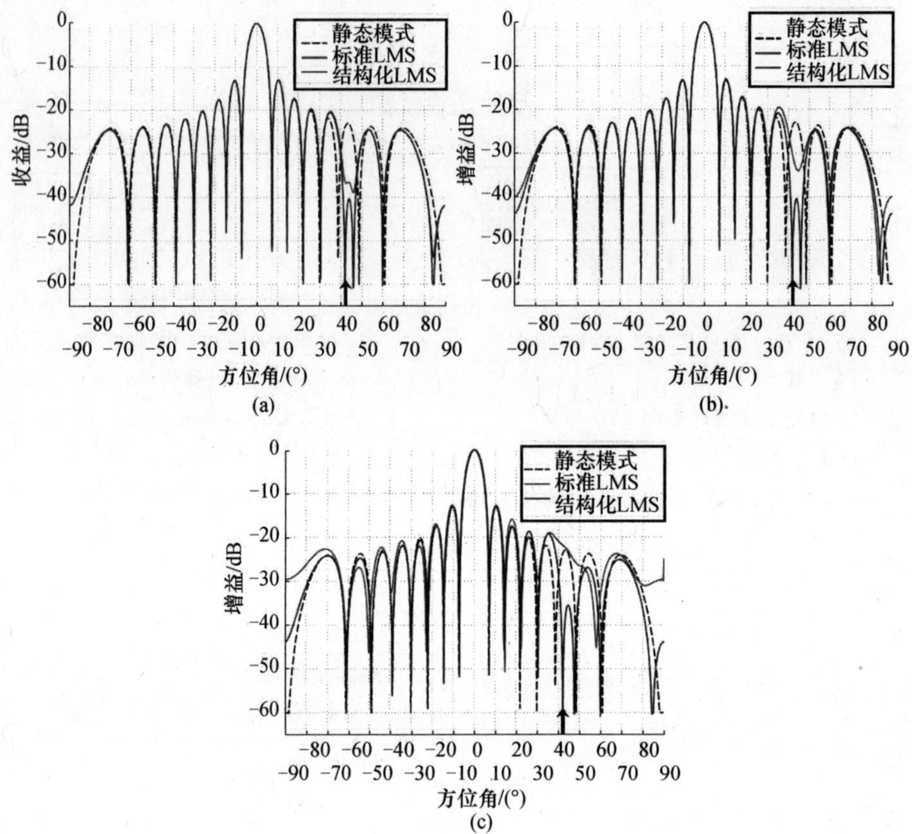

图 24.29 标准和结构化 LMS 算法的波束图案 GSC

(a)DOA =42°,2% BW,3 谱线,功率比为 100;(b)DOA =42°,5% BW,6 谱线,功率比为 100;

(c)DOA =42°,15% BW,16 谱线,功率比 =100。

两个宽带来源:假定 -35°和25°的两个探测源,分别具有2% 和5% 的带宽。考虑功率比为 10 和 100。图 24.31 给出,对应调整波束模式 GSC 方案,采用标准和结构化 LMS 算法。由图可知,两个探测源主动消除时,结构化 LMS 算法比标准 LMS 算法执行得更好。尽管源有不同带宽,不同功率比,GSC 方案中它们同样被结构化梯度算法与标准 LMS 算法抑制。表 24.4 表明,GSC 方案的结构化 LMS 算法提供了良好的空值,减少动力源探测,标准 LMS 算法性能随探测源动力下降而下降。

在相同和不相同受力条件下的三条途径:假定 3 宽带源(-25°、42°和 70°)探测天线阵列。在相等和不相等受力比值的两个例子中,对比 GSC 方案标准和结构化 LMS 算法的效率。这两种情况下的适应波束模式分别示于图 24.32 和

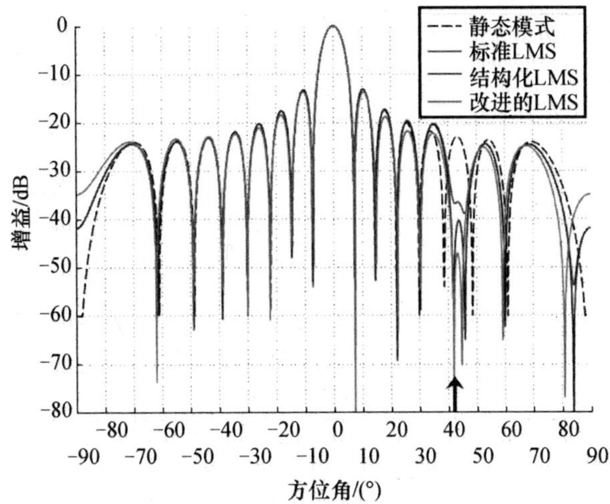

图 24.30 标准的、结构化的和改进的 LMS 算法的 GSC 波束模式（DOA = 42°，2% BW，3 谱线，功率比为 100）。

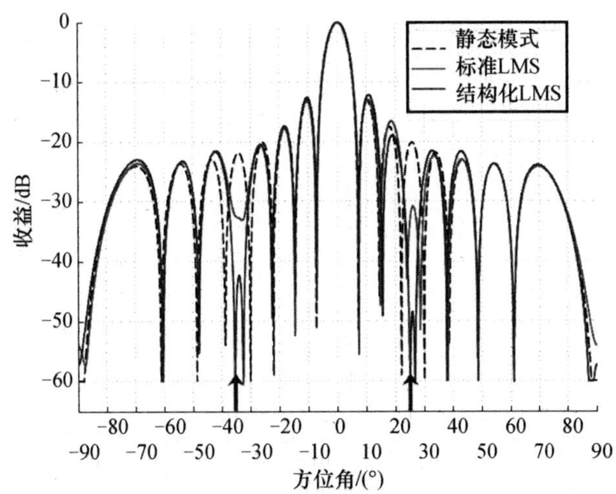

图 24.31 标准和结构化 LMS 算法的 GSC 波束模式（DOA 为 −35°、25°、2% BW、5% BW；3、6 谱线；功率比为 10、100）。

图 24.33。可以观察到所有的源具有相等的功率比，标准 LMS 算法性能降低，相同动力源主动对消结构化 LMS 算法一如既往的好。

连续分布源：图 24.34 是 GSC 模式适应波束模式，使用结构化和改进 LMS 算法，表明 2% 带宽的 3 间隔连续探测的宽带源为探测天线阵。假定有 1、10 和 100 的功率比。可以看到，来源的方向和最近的波瓣都受到很大程度的抑制。

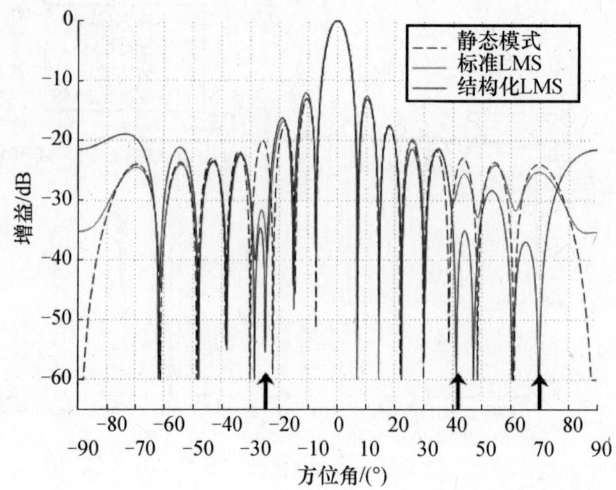

图 24.32 标准和结构化 LMS 算法,GSC 的波束模式(DOA 为 -25°、42°、70°;2% BW、2% BW、5% BW,3,3,6 谱线;功率比为 10、5、100)

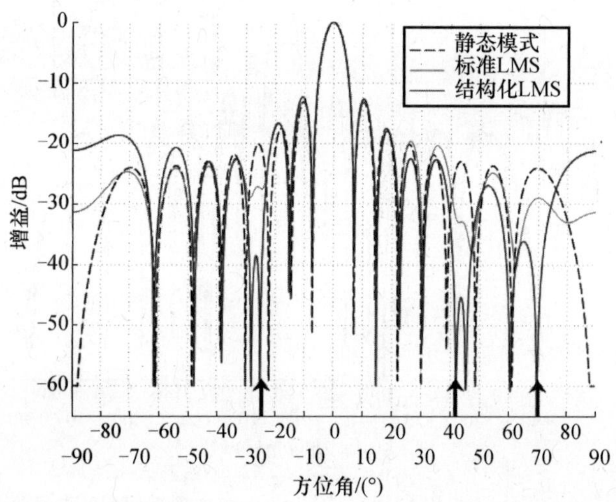

图 24.33 标准和结构化 LMS 算法,GSC 波束模式(DOA 为 -25°、42°、70°,2% BW、2% BW、5% BW, 3,3,6 谱线;功率比均为 100)

改进 LMS 算法的空值更深。

下面对 GSC 方案的宽带探测源的抑制能力进行讨论。首先分析宽带信号的 DF - GSC 方案。图 24.35 给出了两个相同受力(100 个)的探测源,DF - GSC 的适应模式(-35°、25°,2% 、5% 的带宽)。在图 24.35 可看到,在敌对源位置获

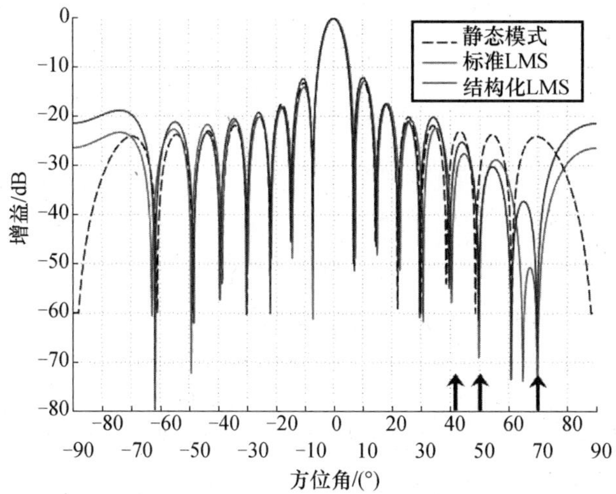

图 24.34　结构化和改进的 LMS 算法，GSC 的波束模式
(DOA 为 -42°、50°、70°，2% BW，功率比为 1、10、100)

得更多空值，图中没有其他失真。其次对宽带探针抑制谱线的作用进行研究。分析 GSC 方案的性能(表 24.5)，主动对消具有相同带宽的单个宽带探测源，但谱线的数目不同。由此可以看出，GSC 模式的使用标准、结构化或改进的 LMS 算法的权重调整，3 谱线宽带探测源被抑制在一个更大的范围内，即相比较所获得的 9 谱线源的空值，它可以放置更深的空值。

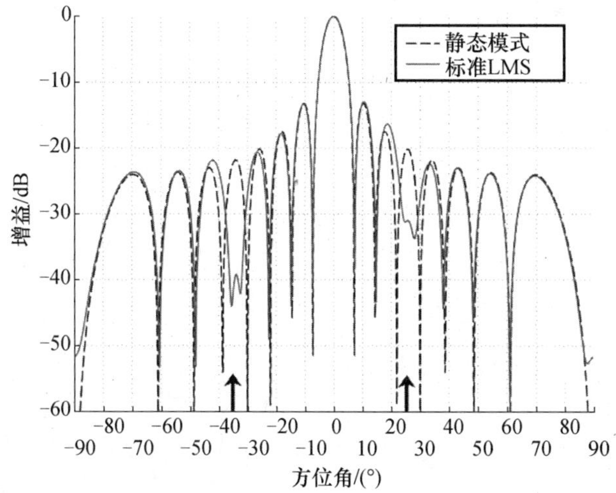

图 24.35　(100 个)同等功率 2 探测源 -35°和 25°、2% 和 5% 的带宽情况下，DF - GSC 的适应模式(标准 LMS 算法用于权重适应)

表 24.5　在探测源带宽的谱线数量变化情况下 GSC 方案的性能

探测方向/(°)	带宽/% BW	算法	谱线数	抑制的程度/dB
42	15	标准 LMS	3	-32
			9	-23
		结构化 LMS	3	-60
			9	-42
		改进 LMS	3	-78
			9	-63

在图 24.36 中,使用标准的 LMS 算法的 DF - GSC 模式学习曲线,可以显示多个宽带探测源。所有源假定有 2% 的带宽,功率水平不相等。每一种情况,期望信号水平均为 0dB。由此可以看出,SINR 输出和收敛的速度随源数量的增加而减小。

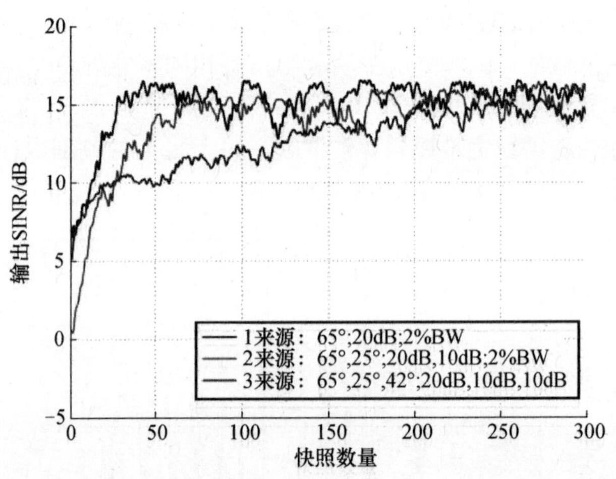

图 24.36　标准的 LMS 算法,宽带源 DF - GSC 方案的学习曲线

然后对单一宽带探测源用于盲 DF - GSC 的性能进行分析。敌对源的 DOA 为 25°,功率比为 100。源被假定为 2% 宽带 3 谱线。获得适应模式示于图 24.37。静态模式如图中虚线所示。由此可以看出主波束不变形,放置了空置。

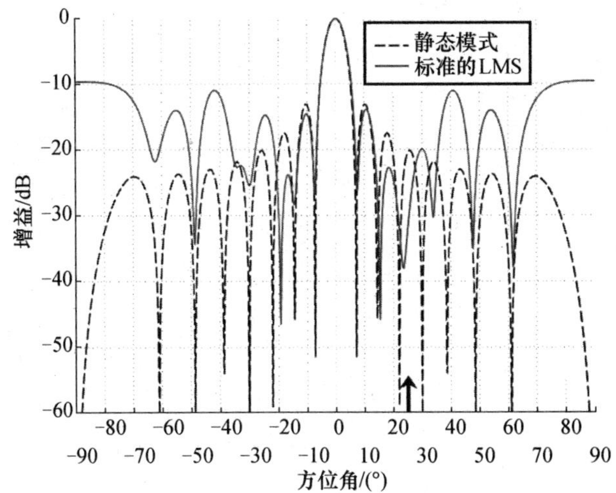

图 24.37 标准的 LMS 算法,单一的宽带源(DoA = 25°;2% BW,3 谱线;功率比为 100)盲的 DF - GSC 适应模式。

24.7 平面相控阵的干扰抑制

从几何预期来看,平面天线阵可视为线性阵列中的一个,因此,当多个线性阵列放置在彼此相邻垂直方向[23]可以获得一个辐射平面时,如一个长方形平面,阵列可通过将天线元件沿着一个矩形网格获得,即元件是沿着两个正交的方向存在,如 x 和 y。这种布置提供了天线设计附加变量,从而便于控制和整理阵列模式。众所周知的是,平面阵列比线性阵列更灵活,它们可以提供较低的旁瓣对称形态[24]。平面天线阵能够扫描空间上任意点的天线主波束。在相控天线阵中,天线元件的直线和圆弧排列在任意方向平面上,提供了波束控制;然而,天线阵的仰角放射图案取决于各辐射的辐射图案。相反地,平面天线阵还可以引导仰角平面上的波束,并产生一个窄波束[25]。由于平面阵列可以扫描到 3D 空间的波束,这些阵列广泛用于雷达跟踪、雷达搜索、遥感和无线通信系统。由于扫描波束可以在任何方向(θ,ϕ)使用,在便携设备中使用这些阵列是非常有用的。平面天线阵具有结构简单、成本低、高度低、体积小、高偏振和较宽频带的优点[26]。

24.7.1 辐射模式的生成

矩形横截面形状的平面阵如图 24.38 所示。矩形阵列$(d_x \times d_y)$包含离散元件，$x-y$ 平面以原点为中心相位逐步偏移。这些元件被布置在两个方向（如 x 和 y），在任一方向的不同数量的元件形成了矩形网格。基于该二维阵列的几何形状，可以分析其他变量。为天线阵列具体的设计要求提供了一个很好的控制。在平面阵中，方向性与坐标系的选择无关[5]。在这种矩形边界特殊情况下，可分离两个轴的权重 w_{nm}。波束模式是两个独立的阵列因子的产物[27]：

$$\boldsymbol{B}(\boldsymbol{\Psi}_x,\boldsymbol{\Psi}_y)=\boldsymbol{B}(\boldsymbol{\Psi}_x)\times\boldsymbol{B}(\boldsymbol{\Psi}_y) \tag{24.72}$$

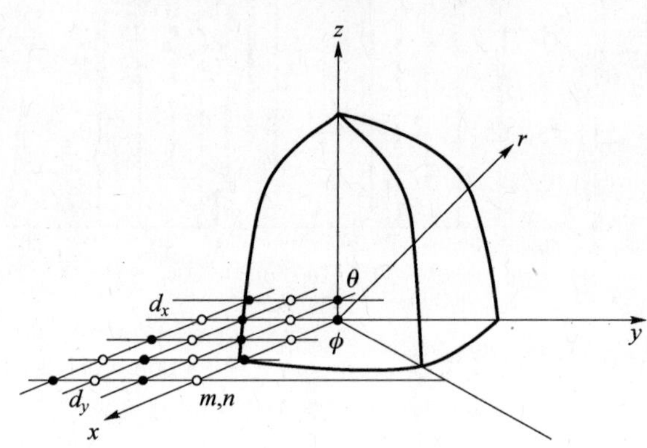

图 24.38　天线元件矩形阵列几何模型

横截面均匀的矩形阵列的波束图案[5]由下式给出：

$$B(\boldsymbol{\Psi}_x,\boldsymbol{\Psi}_y) = \mathrm{e}^{-\mathrm{j}([(N-1)/2])\Psi_x+[(M-1)/2]\Psi_y)}\sum_{n=0}^{N-1}\sum_{m=0}^{M-1} w_{nm}^{*}\mathrm{e}^{\mathrm{j}(n\Psi_x+m\Psi_y)} \tag{24.73}$$

式中：N、M 分别为沿 x 和 y 方向的元素数量；w_{nm}^{*} 为振幅励磁，λ 为波长；$\mathrm{j}=\sqrt{-1}$

$$\boldsymbol{\Psi}_x=\frac{2\pi}{\lambda}d_x\sin\theta\cos\phi$$

$$\boldsymbol{\Psi}_y=\frac{2\pi}{\lambda}d_y\sin\theta\cos\phi \tag{24.74}$$

式中：d_x、d_y 分别为在 x 和 y 方向元件之间的间隔；θ、ϕ 分别为分布在方位角平面和仰角平面。

（$\boldsymbol{\Psi}_x$，$\boldsymbol{\Psi}_y$）可见区域为

$$\sqrt{\left(\frac{\boldsymbol{\Psi}_x}{d_x}\right)^2+\left(\frac{\boldsymbol{\Psi}_y}{d_y}\right)^2}\leqslant\frac{2\pi}{\lambda} \tag{24.75}$$

在 U 形空间中，式(24.74)可以表示为

$$\begin{cases}u_x=\sin\theta\cos\phi\\ u_y=\sin\theta\cos\phi\end{cases} \tag{24.76}$$

在可见光区域为

$$u_r \approx \sqrt{u_x^2 + u_y^2} \tag{24.77}$$

24.7.2　在恶劣环境下的平面阵列特点

本节对不同的信号环境下，适用于平面阵模拟结果的问题进行了讨论。干扰信号的各种分布，如分离窄带探测源、带宽资源、低功耗的探测源和连续分布源可以用于计算。依靠不同孔径分布，如均匀分布和 Dolph - Chebyshev 分布，得到的结果可以用于激发自适应阵列。这里，改进 LMS 算法用于适应模式。该阵列为 16×10 的矩形阵列。元件之间的间隔为 $d_x = 0.484\lambda$，$d_y = 0.770\lambda$。

N 元天线阵列有 $N-1$ 自由度可用。因此，天线模式将有 $N-1$ 空值，或波束最大程度上消除 $N-1$ 探测源。DOF 依赖于探测源的数量。图 24.39 所示，3 探测源 $\theta_1 = 20°$，$\theta_2 = 30°$，$\theta_3 = 40°$的抑制，功率为 $P_1 = 10$，$P_2 = 10$，$P_3 = 100$。对每个探测方向准确地设置空值。统一配送振幅励磁的天线元件。另外，在 16×10 平面阵列方位角平面上，模拟了 5 探测源（$\theta_1 = -60°$，$\theta_2 = -45°$，$\theta_3 = 25°$，$\theta_4 = 25°$，$\theta_5 = 45°$；$P_1 = 10$，$P_2 = 10$，$P_3 = 100$，$P_4 = 10$，$P_5 = 100$）的抑制，图 24.40 表示相应的适应模式。抑制模式可达 -35dB，每个源的位置都可以观察得到。保持几何阵列不变，用 Dolph - Chebyshev 分布计算。如图 24.41 所示：在 16×10 单元平面阵列方位角平面上利用改进的 LMS 算法，2 个探测源的探头（$\theta_1 = 20°$，$\theta_2 = 60°$）抑制，功率不相等（$P_1 = 10$，$P_2 = 100$）。旁瓣水平保持在 -20dB。

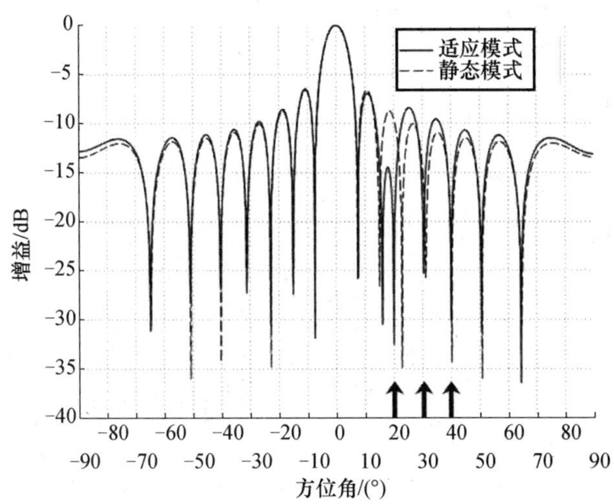

图 24.39　16×10 平面阵列的方位角平面上的 3 探测源（$\theta_1 = 20°$，$\theta_2 = 30°$，$\theta_3 = 40°$；$P_1 = 10$，$P_2 = 10$，$P_3 = 100$）抑制（采用统一的励磁）

深层空值放置朝向探测方向。如图 24.42 表示，在 16×10 单元平面阵列的方位角平面上，2 探测源探测适应模式（$\theta_1=-45°,\theta_2=55°;\ P_1=100,P_2=10$）。在这种情况下，Dolph - Chebyshev 分布用于合成 -20dB 的旁瓣水平（16×10 平面阵列）。显而易见的是，探头在 $\theta_1=-45°(P_1=100)$ 的抑制超过 $\theta_2=55°(P_2=10)$。这里强调，具有高功率水平的源比期望信号天线阵可以更有效地抑制。不过，这也取决于自适应算法的有效性。

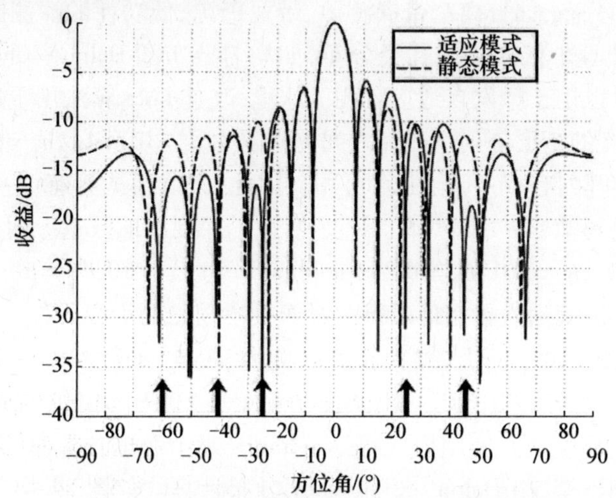

图 24.40　16×10 平面阵列的方位角平面上的 5 探测源（$\theta_1=-60°,\theta_2=-45°,\theta_3=25°,\theta_4=25°,\theta_5=45°;P_1=10,P_2=10,P_3=100,P_4=10,P_5=100$）抑制（采用统一的励磁）

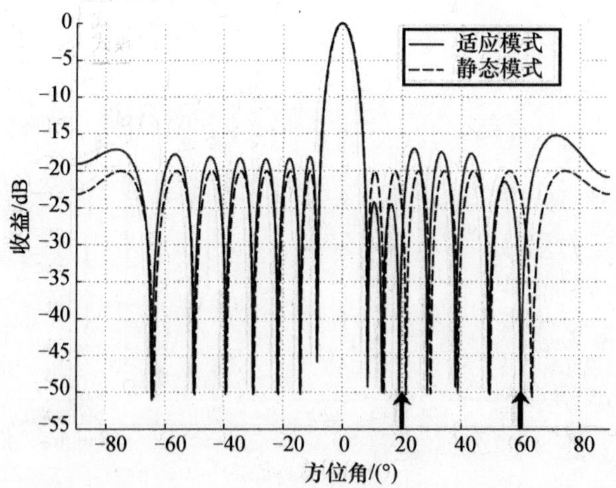

图 24.41　16×10 平面阵列的方位角平面上的 2 探测源（$\theta_1=20°,\theta_2=60°;P_1=10,P_2=100$）抑制（-20dB 的旁瓣水平 Dolph - Chebyshev 分布）

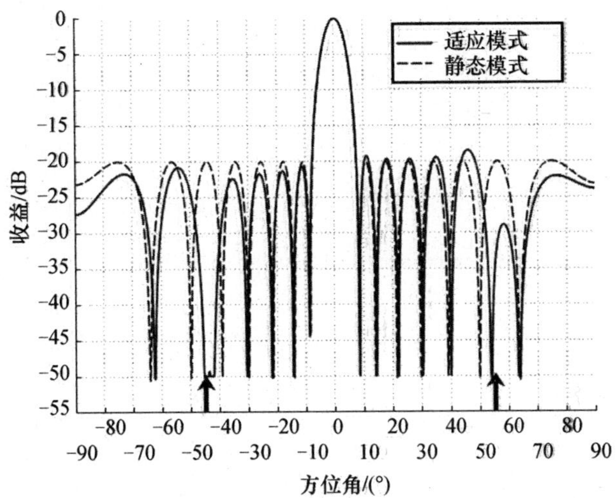

图 24.42　16×10 平面阵列的方位角平面上 2 探测源（$\theta_1=-45°$，$\theta_2=55°$；$P_1=100$，$P_2=10$）抑制（-20dB 的旁瓣水平 Dolph - Chebyshev 分布）

24.8　主动消除同一时刻多个期望信号的探测效果

总体上看，移动的机器人、机器人技术和卫星通信等方面，多目标同时监测。因此，天线阵列具备形成波束的能力，在期望方向上同步接收多个选择性增益信号。相干探测抑制可以提供多个波束约束自适应波束形成技术。在这种方法中，合成自适应阵列波束形成器与多个波束约束，主要涉及了引导矩阵结构和信号环境的约束矢量，约束矢量的输入表示朝向信号的天线阵列的增益。为了加速收敛，信号模型和自适应算法能采取（部分或全部）信号之间的相互关系。

24.8.1　同一时刻多个期望信号的适应权重

多个同时存在的期望信号，权重更新公式可参见文献[28]，由式（24.50）变化为

$$\boldsymbol{W}(n+1)=\boldsymbol{P}[\boldsymbol{W}(n)-\mu g(\boldsymbol{W}(n))]+\frac{\boldsymbol{S}_1}{\boldsymbol{S}_1^{\mathrm{H}}\boldsymbol{S}_1}+\frac{\boldsymbol{S}_2}{\boldsymbol{S}_2^{\mathrm{H}}\boldsymbol{S}_2}+\cdots+\frac{\boldsymbol{S}_m}{\boldsymbol{S}_m^{\mathrm{H}}\boldsymbol{S}_m} \tag{24.78}$$

同样，投影运算 $\boldsymbol{P}$ 采用以下形式：

$$\boldsymbol{P}=\boldsymbol{I}-\frac{\boldsymbol{S}_1\boldsymbol{S}_1^{\mathrm{H}}}{\boldsymbol{S}_1^{\mathrm{H}}\boldsymbol{S}_1}-\frac{\boldsymbol{S}_2\boldsymbol{S}_2^{\mathrm{H}}}{\boldsymbol{S}_2^{\mathrm{H}}\boldsymbol{S}_2}-\cdots-\frac{\boldsymbol{S}_m\boldsymbol{S}_m^{\mathrm{H}}}{\boldsymbol{S}_m^{\mathrm{H}}\boldsymbol{S}_m} \tag{24.79}$$

式中：$g(\boldsymbol{W}(n))$为关于$\boldsymbol{W}(n)$的梯度$\boldsymbol{W}^{\mathrm{H}}(n)\boldsymbol{R}\boldsymbol{W}(n)$的无偏估计；$\boldsymbol{R}$为自相关矩阵；$\boldsymbol{I}$为单位矩阵；$\boldsymbol{S}_1,\boldsymbol{S}_2,\cdots,\boldsymbol{S}_m$为对应于$m$期望信号不同角度入射到阵列中的导向矢量。这是改进LMS算法的修改版本。

采用这些权重的ULA处理接收数据$x(t)$，获得阵列输出：

$$\boldsymbol{y}(t)=\boldsymbol{w}^{\mathrm{H}}\boldsymbol{x}(t) \tag{24.80}$$

接收的信号为

$$\boldsymbol{X}(t)=\boldsymbol{A}s(t)+\boldsymbol{n}(t) \tag{24.81}$$

式中：$\boldsymbol{A}=[a(\theta_1)a(\theta_2)\cdots a(\theta_k)]$为响应矩阵，$a(\theta_k)=\mathrm{e}^{-\mathrm{j}kd(i-1)\sin\theta_k}$为传感器第$k$个信号的复杂反应，$d$为传感器之间的间距；$\boldsymbol{s}(t)=[s_1(t)s_2(t)\cdots s_k(t)]^{\mathrm{T}}$为信号源矢量，$\boldsymbol{n}(t)=[n_1(t)n_2(t)\cdots n_k(t)]^{\mathrm{T}}$为噪声矢量。

24.8.2 模拟结果

模拟一个均匀线性阵列(ULA)朝向不同的信号环境的分析反应。假定在阵列元件之间，ULA有10种均匀间隔$\lambda/2$的各向同性元素。该阵列采用改进LMS算法进行权重优化，在24.8.1节讨论。模拟中，假定期望信号的功率比干扰源的功率低。结果在主动取消探测效果方面，即使需要多个同时的期望信号，直线和平面天线阵证明可以改进LMS算法的有效性，可以用在RCS降低方面。

24.8.2.1 窄频探测源

考虑一个简单的场景：有两个期望信号(60°，120°，0dB)和两个干扰信号(80°，150°，30dB)。获得的波束模式如图24.43所示。静止模式，即没有探测源模式，也包括在图中。图中还显示出使用标准LMS和递归LMS算法的改编模式。如图24.43所示，不显示抑制探测源时，主瓣对应每个准确期望方向，标准LMS和递归LMS算法的适用模式。然而，这是没有修正改进LMS算法的情况。随着LMS算法的改进，发现天线阵列可以保持期望方向，并且在探测源的方向放置深空值。噪声功率和快照的变化如图24.44所示。

对算法结果进行比较，即标准LMS、递推LMS和改进LMS算法。由此可以看出随着时间的推移输出噪声功率急剧减少。这意味着，复合权重可以调整其几次迭代的最佳值。最低的输出噪声功率可以通过对于给定的信号模式改进LMS算法实现。此外，该算法的收敛速度也很好。在两个期望信号和3探测源的情况下的阵列放射模式示于图24.45。假定期望信号在相同的方向以相同的输入功率获得。3探测源从90°、140°和145°的方向探测，30dB的功率。采用改

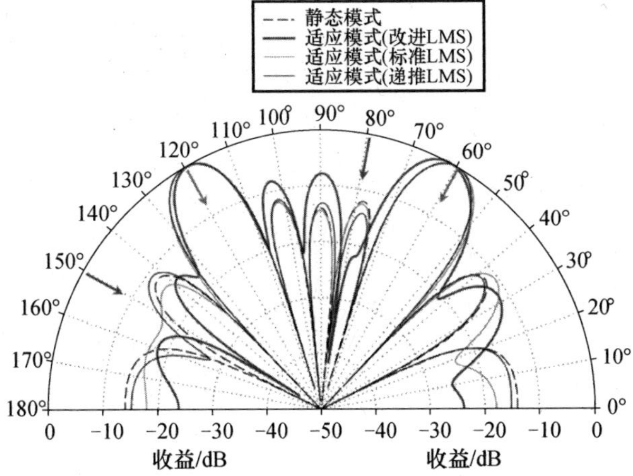

图 24.43　采用改进 LMS、标准 LMS 和递推算法 LMS 的适应波束模式

注:两个期望信号(60°、120°,0dB)。考虑用两个窄带探测源(80°、150°、30dB)。

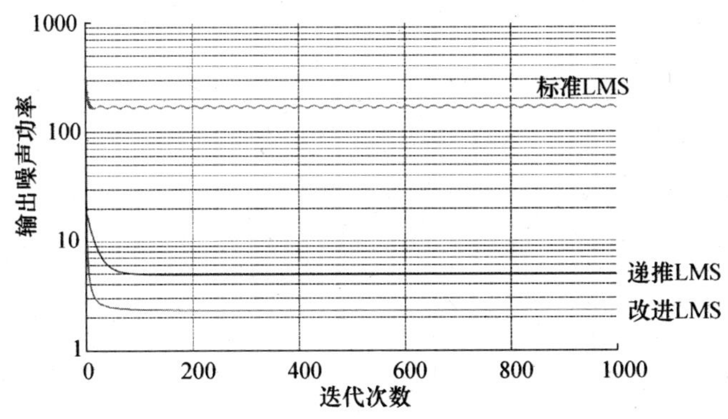

图 24.44　10 元件均匀线性阵列的输出噪声功率

注:两个期望信号(60°、120°、0 dB),两个探测源(80°、150°,30dB)。

进 LMS 算法有很好的抑制能力,并且可以在探测源的方向获得空值。图 24.46 展示了探测方向上输出噪声功率的变化。保持到达角度、期望信号的功率和步长大小相同的情况下,干扰源的数量被减少到 1。可采取 1000 功率比的探测源可变角度。从图 24.46 可以看出,当探测源落入阵列的主瓣,该输出噪声功率突然增大。这意味着,如果探测角度正好与信号方向重合,通过使用改进 LMS 算法,该阵列的性能大幅降低。图 24.47 呈现出 3D 情况。其中,探测方向和输入的探测源动力是两个可变参数。可以看到干扰源功率增加,噪声功率水平也增加,并且在 60°和 120°时观察到最大探测功率。

为了进一步分析自适应性的平面天线阵,探测源的数量增加到 8 个。探测

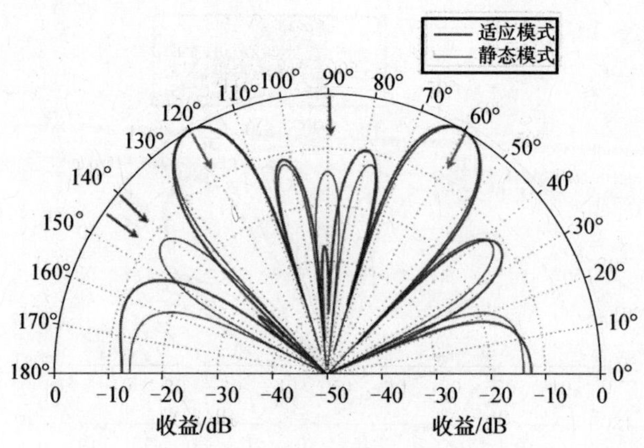

图 24.45　信号环境适应波束模式

注:2 个期望信号(60°,120°,功率比 1),3 探测源(90°、140°、145°,功率比 1000)。

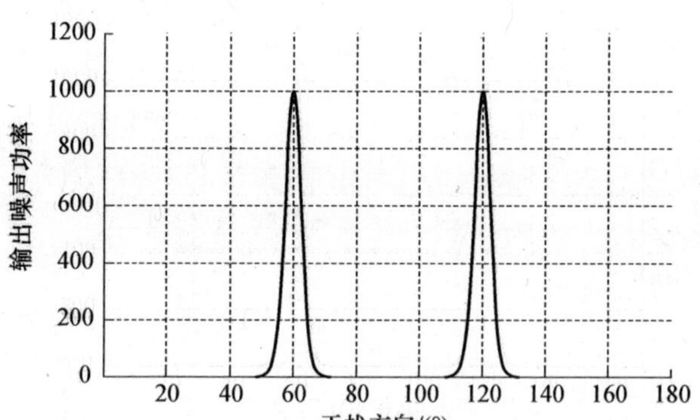

图 24.46　天线阵列与干扰信号方向的输出噪声功率

注:考虑两个期望信号(60°、120°,0 dB),1 个可变到达角度探测源(30dB)。

源的 DOA 和功率列于表 24.6。适应模式(图 24.48)的优势是很明显的,8 探测源 16×10 天线阵列能够保持主瓣朝向彼此的期望方向(-30°和 50°)对探测源放置足够深的空值。图 24.49 为两个间隔很大期望信号(-60°和 60°)和 10 间隔紧密不相等的供电探测源,展示了 16×10 天线阵列的适用模式。整个信号模式的详细描述列于表 24.7。适用模式沿着预期线路。接下来,期望信号的数量增加到 4 个。假定期望方向在 -10°、-20°、10°、20°,而这三个敌对(探测)源保持在 -40°、42°、55°,功率比分别为 1000、100、100。期望信号的功率相同,为 0dB。得到的适用模式(图 24.50)表明:在期望信号方向上该阵列能够保持足够增益,并在每个探测方向精确地放置更深空值。

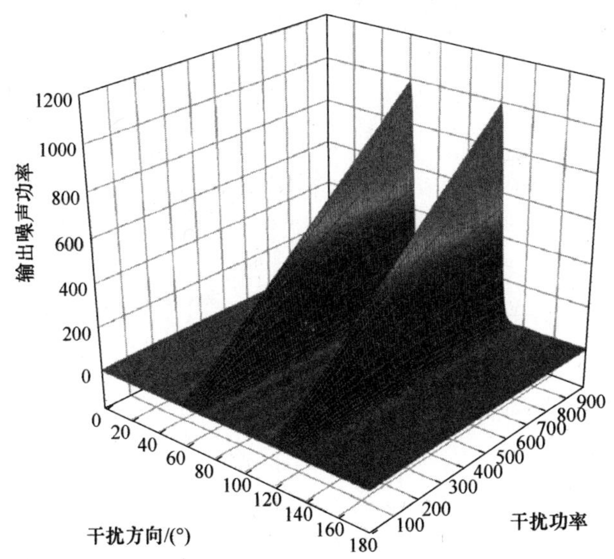

图 24.47　天线阵列的输出噪声功率的干扰方向和干扰功率

注：两个期望信号(60°、120°,0 dB)，一个可变到达角度和可变功率的探测源。

表 24.6　两期望信号的信号场景(-30°,50°),8 探测源 16×10 平面阵列

DOA 的探测源	探测源的功率比	DOA 的探测源	探测源的功率比
-5°	10	20°	50
-45°	180	27°	10
-12°	50	35°	180
30°	50	12°	50

表 24.7　两种大间隔期望信号(-60°,60°)信号方案和
10 探测源 16×10 平面天线阵

DOA 的探测源	探测源的功率比	DOA 的探测源	探测源的功率比
-43°	100	0°	40
-33°	50	7°	50
-26°	40	16°	50
-15°	30	24°	40
-8°	60	34°	60

图 24.51 给出了紧密间隔 3 探测源(-20°、-5°,3°,功率均为 100),4 个间隔宽期望信号(20°、60°、-40°、-60°)的适用模式。显而易见,即使在这样的复杂信号环境中,天线阵列也能够生成期望适用模式。保持期望信号的数目(-10°、-20°、10°、20°)不变,探测源的数量增加至 4 个,即(-40°、42°、55°、

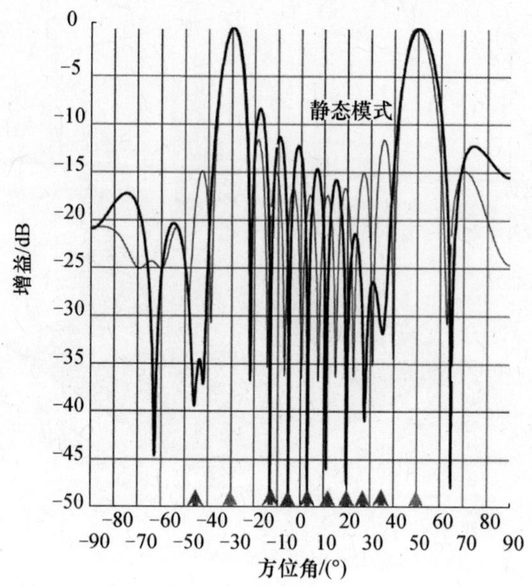

图 24.48　16×10 天线阵列的适应波束模式

注:两个期望信号(50°、-30°,功率比 1),8 探测源(-5°、-45°、-12°、3°、20°、27°、35°、12°, 10、180、50、50、50、10、180、50)。

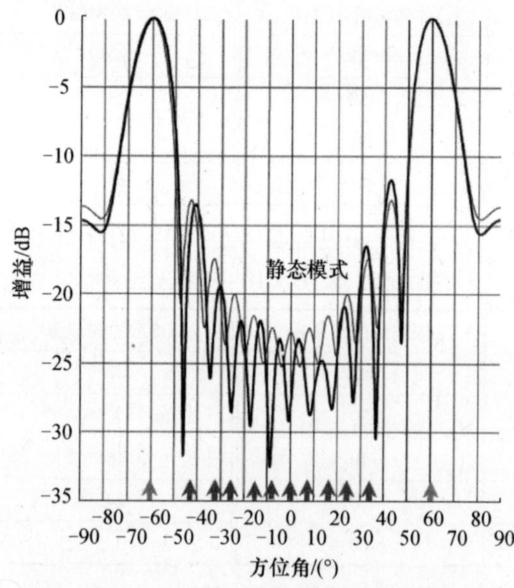

图 24.49　16×10 天线阵列的适应波束模式

注:两个期望信号(60°、-60°,功率比 1),10 探测源(-43°、-33°、-26°、-15°、-8°、0°、7°、16°、24°、34°、100、50、40、30 、60、40、50、50、40、60)。

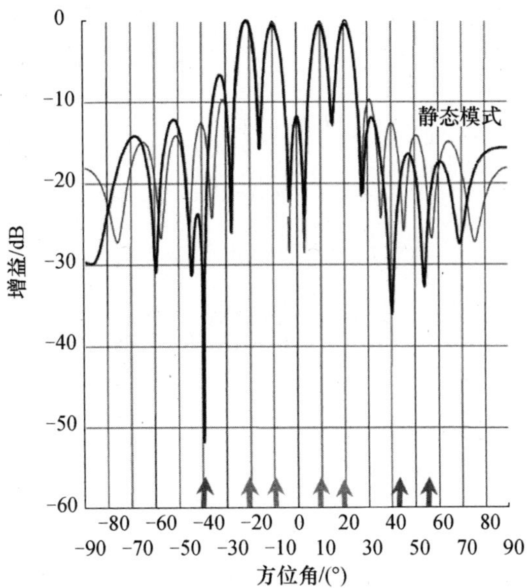

图 24.50　16×10 天线阵列的适应波束模式

注：期望信号（-10°、-20°、10°、20°，功率比 1），3 探测源（-40°、42°、55°，功率比 1000、100、100）。

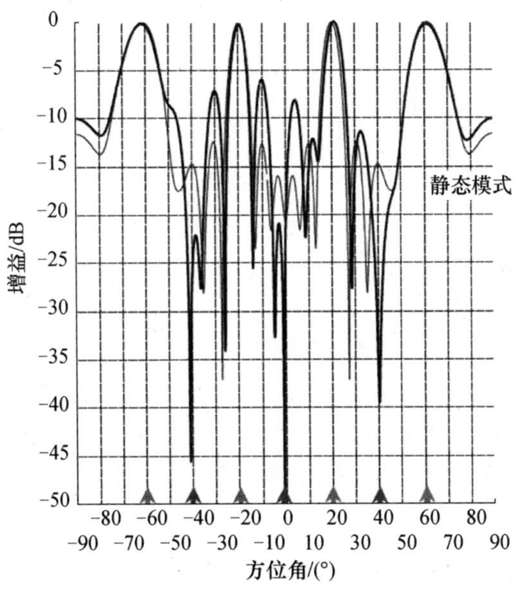

图 24.51　6×10 天线阵列的适应波束模式

注：期望信号（20°、-20°、60°、-60°，功率比 1），探测源（40°、40°、2°，1000、1000、1000）。

75°,1000、100、100、100)。所得适用模式(图 24.52)表明探测源确实无效,不会对主瓣产生任何影响。这表明伴随着一个有效的改进 LMS 算法,窄带天线阵列的性能(线性/平面的)很好,以满足窄带/宽带信号环境下单个或多个的探测源。

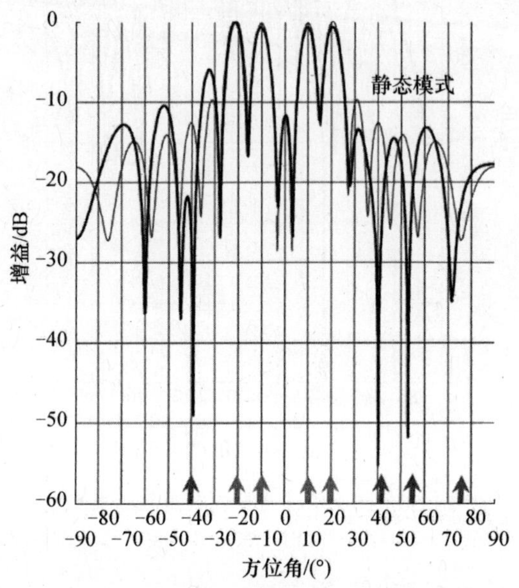

图 24.52　16×10 天线阵列的适应波束模式

注:期望信号(-10°、-20°、10°、20°、功率比 1),4 探测源(-40°、42°、55°、75°,1000、100、100、100)。

24.8.2.2　期望与探索方向的重叠

假设一个期望信号 DOA 与探测方向匹配的信号场景,探测源的方向与该期望信号的方向(-20°)一致。如图 24.53 所示,主瓣朝向期望信号方向上所得的适应模式,有 0.5°~1°的小幅移位。然而,探测方向准确地放置更深的空值(约 -50dB)。另一种情况(图 24.54)证实,探测源假定与 20°的期望信号一致,在所得适应模式中可以观察到类似的效果。图 24.55 和图 24.56 展示了相对复杂的情况下,2 个和 3 探测源与期望信号的方向一致。模式表达出,随着探测方向放置准确空值,在适应模式的主瓣中,可以忽略不计角度偏差。期望方向与探测源一致,显示了改进 LMS 算法的附加能力。自适应算法没有干扰效果,这证明了天线阵列的效率。

24.8.2.3　宽频探测源

本节将利用改进 LMS 算法窄带天线阵列的性能来分析宽带探测源存在。根据谱线[22]的数量,假定一个宽带源等于许多窄带源。相位因子与对应于宽带探测源的协方差矩阵,围绕一个中心频率计算,考虑相同扩散。对期望窄带信号开展模拟。

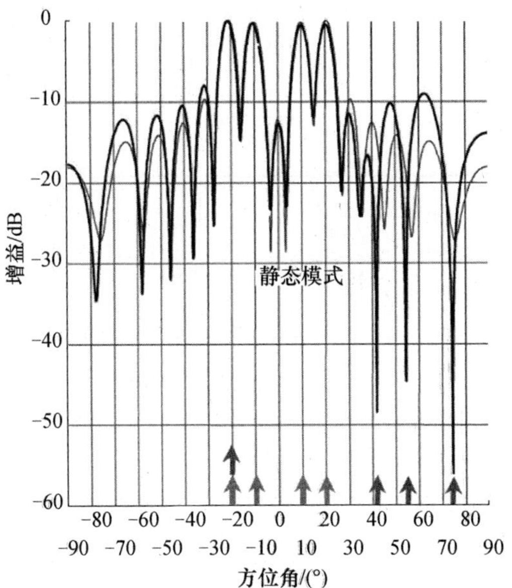

图 24.53　16×10 天线阵列的适应波束模式

注：期望信号（-10°、-20、10、20°，功率比 1），干扰（-20°、42°、55°、75°，1000、100、100、100）。

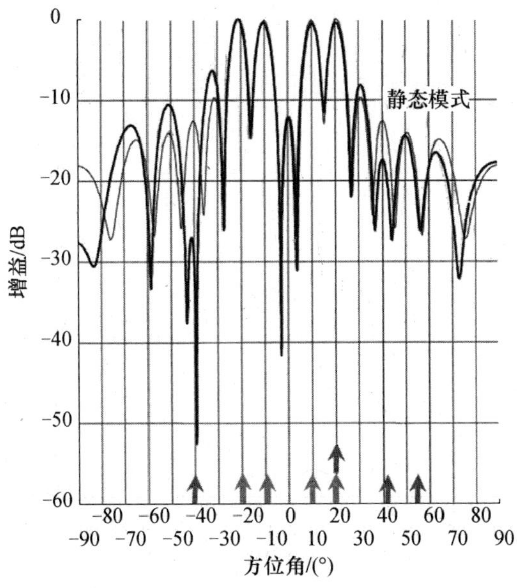

图 24.54　16×10 天线阵列的适应波束模式

注：期望信号（-10°、-20°、10°、20°；功率比 1）、探测源（-40°、42°、20°、75°，1000、100、100、100）。

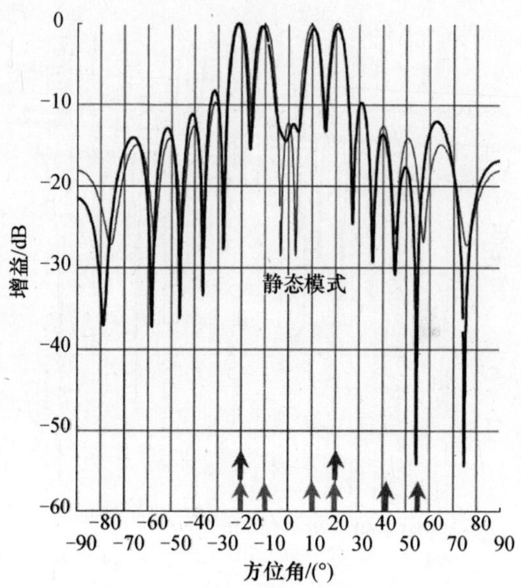

图 24.55 16×10 天线阵列的适应波束模式

注:期望信号(-10°、-20°10°、20°;功率比 1)、探测源(-20°,20°,55°,75°;1000,100,100,100)。

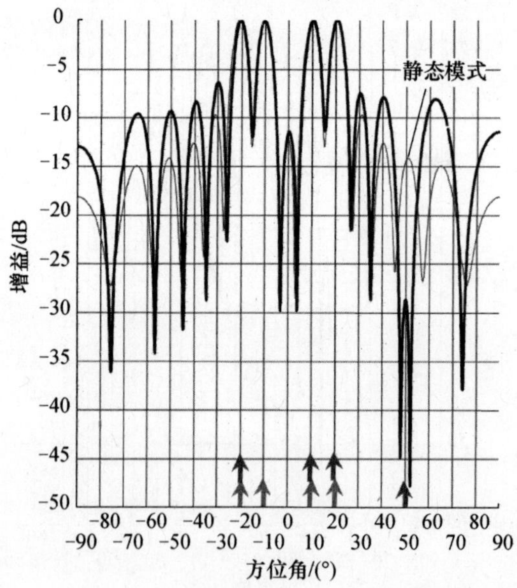

图 24.56 16×10 天线阵列的适应模式

注:期望信号(-10°,-20°,10°,20°;功率比 1)、探测源(-20°,10°,55°,20°;1000,100,100,100)。

在图 24.57(a)所示适应模式中,2 个期望信号(60°,1;120°,1 谱线)和单一探测源(80°,1000,2% BW,3 谱线)假定为入射在天线阵列上。步长为 1.0×10^{-6}。可以看出,空值高达 -48dB。在图 24.57(b)中,探测源带宽提高了 15%,其余所有其他参数保持相同,如图 24.57(a)所示。由此可以看出,虽然在这两种情况下放置的空值和增益是适当的,而更多空值用于较大带宽。此外,在图 24.58 中,探测源的数量增加为 2 个。2 个期望信号(60°,1;120°,1 谱线)和 2 个宽带探测源(80°,1000;150°,100;2% BW,3 谱线)在不同功率比方面对数据有影响。在早期的研究有用信号时,当阵列空置了干扰信号时候,空值深度不是无限的,实际上它取决于干扰功率。本方案具有多个同时期望信号,可以根据期望线获得结果。从模式图可知,更高功率源被抑制了。强源被抑制到 -62dB,而较弱的抑制到 -44dB。

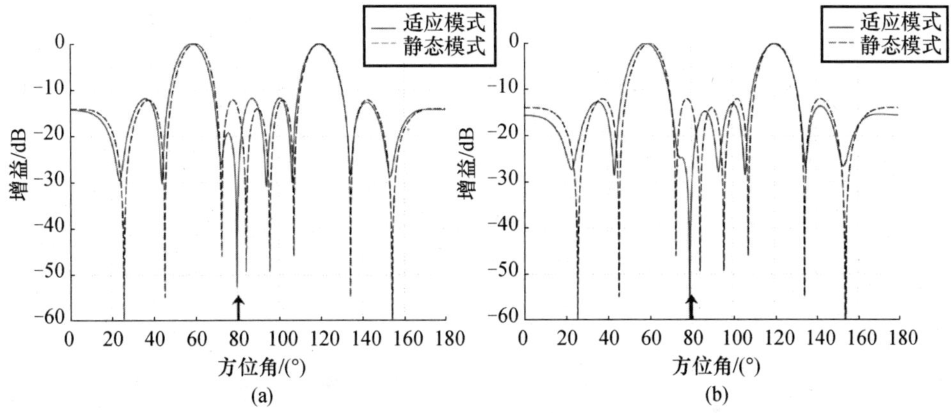

图 24.57　修改后的改进 LMS 算法的适应波束模式

注:期望信号(60°,120°,功率比 1),单个宽带探测源(80°,功率比 1000)。
(a)2% BW,3 谱线;(b)15% BW,16 谱线。

考虑类似的情况,相同功率比(1000)的两个宽带探测源。除了源功率,其他参数都相同,如图 24.58 所示。在早期的单期望信号研究中,发现相等动力源探测的抑制是较小的。在两个期望信号方案中,可以观测到相同的效果。相应适应波束图示于图 24.59。由此可以看出,如果信源强度相等,则阵列的干扰抑制能力变差。这是因为由于获得的特征值相同,阵列不能解析出探测源。图 24.60 表示的是在一个信号中三个密集宽带探测源的情况下适应波束模式。这些探测假设 88°、90°和 92°,分别为 2% BW,3 谱线;5% BW,6 线;2% BW,3 谱线。波源功率比分别为 600、1200、400。由此可以看出,探测方向中的旁瓣被广泛地抑制,同时图中的主波瓣失真。

现在考虑 16 × 10 的平面天线阵。图 24.61 表示三个期望信号(-50°,-10°,30°)和两个探测源(5°,-30°)的情况。1 探测源(5°)是窄带,一个探测

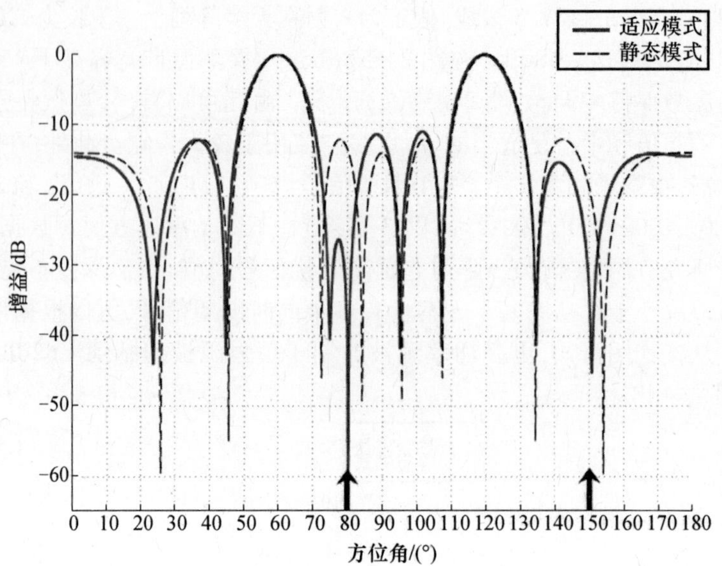

图 24.58　改进 LMS 算法的适应波束模式

注:期望信号(60°,120°,功率比 1),
宽带探测源(80°,2% BW,3 谱线,1000;150°,2% BW,3 谱线,100)功率比不相等。

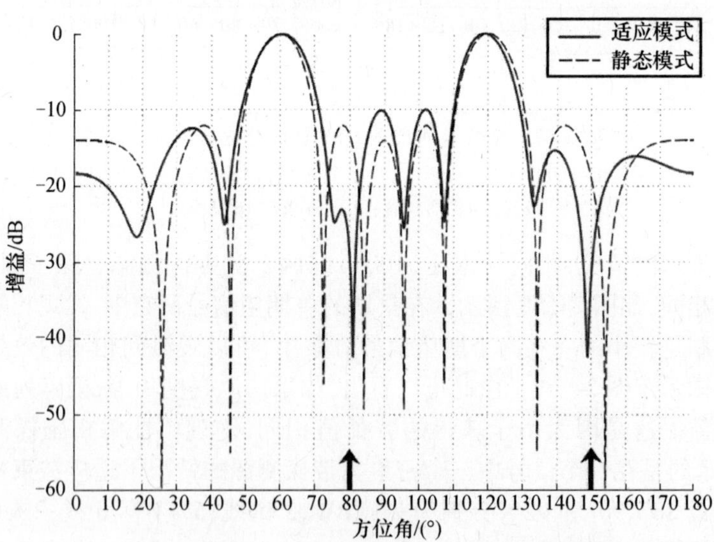

图 24.59　修改后的改进 LMS 算法的适应波束模式

注:考虑期望信号(60°,120°,功率比 1),宽带探测源
(80°,2% BW,3 谱线,1000;150°,2% BW,3 谱线,1000)功率比相等。

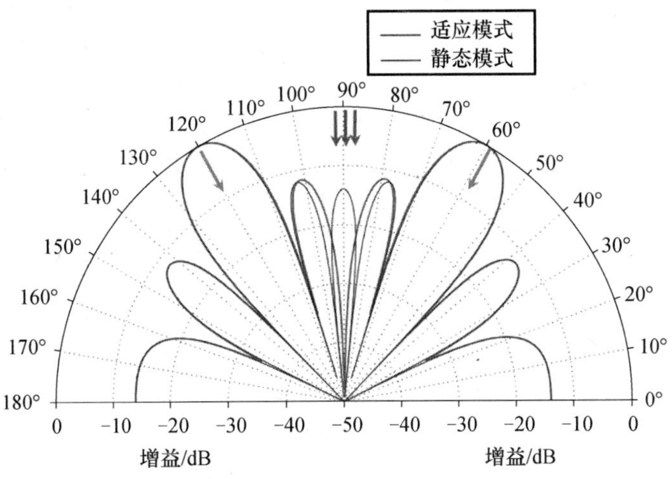

图 24.60　适应波束模式

注：期望信号(60°,120°,均为 0 dB)，密集宽带探测源(88°, 600, 2% BW, 3 谱线；90°,1200,5% BW,6 谱线；92°,400, 2% BW, 3 谱线)。

在 −30°是用 5% BW 带宽和 6 谱线。该模式有多个主瓣，每个都指向期望方向，同时探测方向有准确和较深的空值。两个窄带模式差异和 5°、−30°的宽带资源探测，也显示出了类似前面的趋势。考虑复杂的情况，三个期望信号(−60°、10°、30°)和不同带宽的(−25°,5% BW,6 谱线；−35°,2% BW,3 谱线；−20°, 10% BW,5 谱线)三个密集宽带探测源。从图 24.62 可以看出每个探测源被有效地抑制，使该模式有更深和广泛的空值。

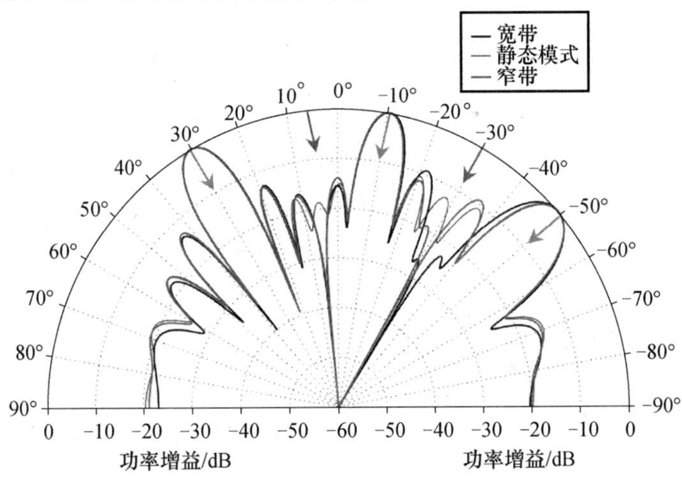

图 24.61　窄带和宽带探测源 16×10 平面天线阵列的适应波束模式

注：期望信号(−50°, −10°,30°),2 探测源。1 窄带探测源(5°)，1 宽带探测源在(−30°,5% BW,6 谱线)。

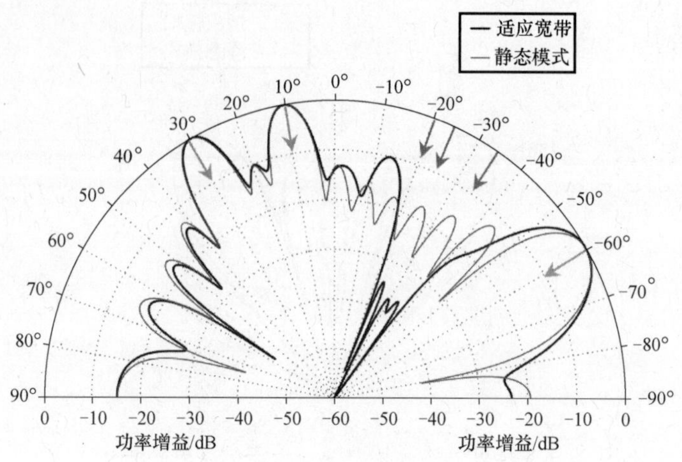

图 24.62 16×10 平面天线阵的适应波束模式

注:三个期望信号(-60°,10°,30°),3 宽带探测在源(-25°,5% BW,6 谱线;-35°,2% BW,3 谱线;-20°,10% BW,5 谱线)。

24.9 在相干信号环境下消除有效探测

下面讨论自适应算法干扰消除天线阵列的功能,假设从不同方向和来自其他方向探测源的期望信号是不相关的。然而在实践中,当信号相关时,容易出现困难。当信号完全相关时,所述两个信号是相关的,即:一个信号的缩放和延迟依赖另外一个信号[4]。相干干扰可以在多途径传播的情况下出现,或者通过信号能量到接收器,智能干扰器诱导相关干扰。连贯性可以彻底毁坏自适应阵列系统的性能。传统的波束形成器,像 Frost 波束形成器和 Howells - Applebaum 阵列,完全无法在这样的接收器单元条件下正常工作。像子孔径采样或空间平滑的技术,可以化解相干影响。然而,这些技术在某些特殊情况下,并不提供一个明确的方法[29]。传统自适应波束的形成方法(假设它是不相关的信号源)还受到消除相干信号的影响。这样的阵列响应起因于所估计的协方差矩阵的非 Toeplitz 结构。这可能用到生物医学信号航空航天和其它各行业的故障探测。一些冗余平均和增强冗余技术提出,把空值放在相干干涉的 DOA 中[30]。然而,相干信号方向的转向空值是不可取的。波束形成器应该能够将这些信号组合起来,而非取消所有(除一个之外),从而避免损失任何信息。在相干多途径传播的情况下,Gonen 和 Mendel[31]开发了一种以累积量为基础的盲波束形成器来解决这个问题。依据迭代算法,由 Lee 和 Hsu[32]提出了包括矩阵改造方案在内的另一种方法,使得相干信号兼顾阵列效率。

24.9.1　自适应阵列处理与多波约束

在常规波束形成器中，通过受到各种约束的最小化平均输出功率，进行权重估计。然而，信号之间相关，常规自适应模式不能用于权重估计。假设干扰信号与期望信号相关。然后在定向约束的情况下，处理器调整相关干扰的相位，诱发最优权重估计天线单元。目的是获得总输出功率最小，总输出功率是期望信号和相关的干扰信号的功率之和。这将使期望信号抵消[4]。相关矩阵失去相关信号的结构（图 24.63），从而导致信号抵消。应当指出的是，多路径效应信号 $s_2(t)$ 和 $s_3(t)$ 都彼此相关。为了恢复所述相关矩阵的期望结构，连同迭代算法矩阵改造模式一起模拟。迭代有限次之后获得的矩阵，用来计算加权矢量。然后，最佳权重矢量结合所接收的数据矢量，形成阵列输出信号。

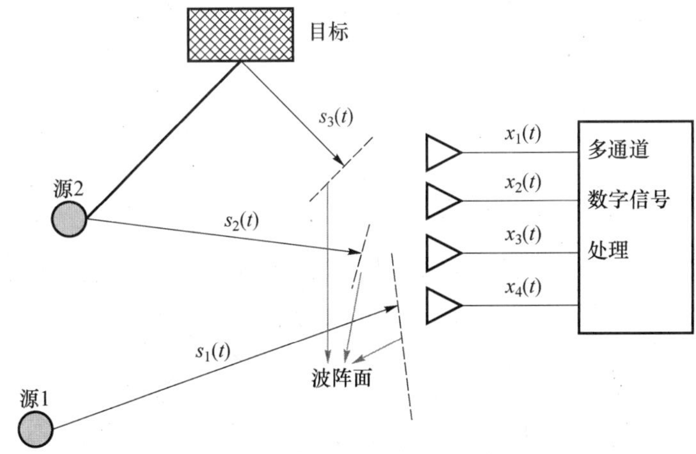

图 24.63　相干信号环境示意（信号 $s_2(t)$ 和 $s_3(t)$ 彼此相关）

24.9.1.1　导向矢量和信号表示

假设一个均匀直线阵（ULA）由 N 个相同的传感器和间距为 $\lambda/2$ 元件组成，其中 λ 为最小的信号波长。假设 p $(p<N)$ 远处的窄带信号，在中心频率 ω_0 入射到方向阵列 $\{\theta_1,\theta_2,\cdots,\theta_p\}$。用复杂的信号表示，第 i 个传感器接收到的信号为

$$x_i(t) = \sum_{k=1}^{p} a_k s_k(t) \mathrm{e}^{-\mathrm{j}w_0(i-1)\sin\theta_k(d/c)} + n_i(t), \quad i = 1,2,\cdots,N \tag{24.82}$$

式中：$s_k(t)$ 为第 k 个信号的复杂波；a_k 为传感器到第 k 个信号的复杂反应；d 为传感器之间的距离；c 为信号的传播速度；$n_i(t)$ 为空间均值为零的白噪声。

假设传感器是全向的，即 $a_k=1$，式（24.82）以矢量表示为

$$\boldsymbol{x}(t) = \sum_{k=1}^{p} a(\theta_k) s_k(t) + \boldsymbol{n}(t) \tag{24.83}$$

式中

$$a(\theta_k) = e^{-jw_0(i-1)\sin\theta_k(d/c)}$$

为了进一步简化符号,式(24.83)可重新写为

$$\boldsymbol{x}(t) = \boldsymbol{A}\boldsymbol{s}(t) + \boldsymbol{n}(t) \tag{24.84}$$

式中:$\boldsymbol{A} = [a(\theta_1)a(\theta_2)\cdots a(\theta_k)]$;$\boldsymbol{s}(t) = [s_1(t)s_2(t)\cdots s_k(t)]^{\mathrm{T}}$ 为信号源矢量;$\boldsymbol{n}(t) = [n_1(t)n_2(t)\cdots n_k(t)]^{\mathrm{T}}$ 为噪声矢量。

$N \times N$ 的 $x(t)$ 的 Toeplitz - Hermitian 相关矩阵为

$$\boldsymbol{R}_x = E\{\boldsymbol{x}(t)\boldsymbol{x}^{\mathrm{H}}(t)\} = \boldsymbol{A}\boldsymbol{S}\boldsymbol{A}^{\mathrm{H}} + \sigma_n^2\boldsymbol{I}, \boldsymbol{S} = E\{\boldsymbol{s}(t)\boldsymbol{s}(t)^{\mathrm{H}}\} \tag{24.85}$$

式中:H 表示矩阵共轭复数的转置;$E\{\}$ 为期望值。

信号不相关时,源相关矩阵 $\boldsymbol{S}$ 是斜向的。而信号之间的相关存在使得矩阵 $\boldsymbol{S}$ 不同。当信号部分相关时,非对角但奇相关,当非条件和非奇时,信号完全相关[33]。为简单起见,假设该 k 的入射信号是一致,即 $s_2(t) = \alpha s_1(t)$,用 α 作为两个相干信号之间的相关系数,表示增益的相位关系。在这种情况下,$s(t)$ 为第 $a(k-1)\times 1$ 矢量,即

$$\boldsymbol{s}(t) = [(1+\alpha)s_1(t)s_3(t)\cdots s_k(t)]^{\mathrm{T}} \tag{24.86}$$

并且 $\boldsymbol{A}$ 为 $a\{(k-1)\times N\}$ 的矩阵,即

$$\boldsymbol{A} = [a(\theta_1) + \alpha a(\theta_2)a(\theta_3)\cdots a(\theta_k)] \tag{24.87}$$

从式(24.85)可以得出,$\boldsymbol{R}_x$ 为 $a(k-1)\times(k-1)$ 非奇异矩阵。因此,在相干信号的环境中,该相关矩阵的特征结构会被破坏,导致常规特征结构的性能不一致。

24.9.1.2 用迭代算法进行矩阵重建

迭代矩阵重建方法[32]用于接收的期望特征结构,以获得所述 Toeplitz - Hermitian 矩阵。迭代矩阵重建方法包括以下步骤:

(1) 从所接收的信号来估计,使用式(24.85)。

(2) 重建 $\boldsymbol{R}_x$ 以获得 Toeplitz - Hermitian 结构。

① 只考虑了三角矩阵 N 的对角线。对于每一个对角线,对角元素取平均值。每个对角线元素的新值可以这样计算平均值。

② 考虑 $N-1$ 的下三角矩阵的对角线。在每一个对角线,每个元素是上三角矩阵的对角线的共轭复值,以获得新的 Hermitian 矩阵(ACM)。

③ 让 $\hat{\boldsymbol{R}}_x$ 重建相关矩阵。

(3) 用 $\hat{\boldsymbol{R}}_x$ 计算矩阵 $\tilde{\boldsymbol{R}}_{xs}$:

$$\tilde{\boldsymbol{R}}_{xs} = \sum_{j=1}^{p} \lambda_j \boldsymbol{e}_j \boldsymbol{e}_j^{\mathrm{H}} + \lambda_{\mathrm{av}} \sum_{j=p+1}^{N} \boldsymbol{e}_j \boldsymbol{e}_j^{\mathrm{H}} \tag{24.88}$$

式中:$\lambda_1 \geqslant \lambda_2 \geqslant \cdots \geqslant \lambda_N$ 为特征值,$e_j(j=1,2\cdots)$ 是矩阵 $\hat{\boldsymbol{R}}_x$ 特征矢量;λ_{av} 为特征值

的平均值。

(4) 如果标准矩阵 $|\tilde{\boldsymbol{R}}_{xs}-\hat{\boldsymbol{R}}_x|>\varepsilon$，这里，设 ε 为正实数，然后令 $\boldsymbol{R}_x=\tilde{\boldsymbol{R}}_{xs}$，重复步骤(2)，直到得到 $\tilde{\boldsymbol{R}}_{xs}$后停止。因此，相关矩阵 $\tilde{\boldsymbol{R}}_{xs}$具有 Toeplitz - Hermitian 和期望特征结构，因此可以用于最佳权重矢量的计算。

24.9.1.3　权重估计

在 p 的方向中假设增益/空值要求，p 表示增益/空值约束信号数量($p\leqslant K$)的最佳权重[32]为

$$w_o=\tilde{\boldsymbol{R}}_{xs}^{-1}M(\boldsymbol{M}^{\mathrm{H}}\tilde{\boldsymbol{R}}_{xs}^{-1}\boldsymbol{M})^{-1}\boldsymbol{c} \tag{24.89}$$

式中：$\boldsymbol{M}$ 为约束矩阵，$\boldsymbol{M}=[a(\theta_1)a(\theta_2)\cdots a(\theta_p)]$；$\boldsymbol{c}$ 为相应的增益矢量，$c=[c_1c_2\cdots c_p]$。约束矩阵 $\boldsymbol{M}$ 的维数取决于增益矢量 $\boldsymbol{c}$ 的元素数。ULA 用权重来处理所接收到的数据 $x(t)$，以获得阵列 $\boldsymbol{y}(t)=\boldsymbol{w}^{\mathrm{H}}x(t)$ 的输出。目前，显示了使用此方案的权重估计，期望增加时可以接收多个信号，所有相关以及不相关的探测源可以同时被抑制。

24.9.2　相干信号环境下阵列的性能分析

本节对 Lee 和 Hsu 算法[32]的基本步骤进行模拟，用于通用的信号环境。采用一个 10 各向同性 ULA 天线单元。元件之间的距离固定在 $\lambda/2$。使用权重矢量获得的适应辐射模式算法在上一节中有所讨论，为了分析已存在的相关干扰和连贯期望信号的阵列性能。假定所有期望信号的 DOA 和干扰源是已知的先验。

24.9.2.1　相关探测源

本节考虑探测源和任何一个期望信号的相关性，分析在不同的场景中解决信号的阵列能力。阵列预计的去相关信号，空值放置朝探测方向，同时在期望方向保持峰值。

第一种情况，两个期望信号 $-30°$ 和 $0°$ 到达。假定单一干扰源探测天线阵列在 $30°$。三个源的功率水平为 0dB。干扰源相互关联，以到达 $-30°$ 的信号。复数相关系数 α 为($-0.15,0.05$)。增益矢量 $\boldsymbol{c}$ 参考两个期望信号[1 1]。从下面的适应辐射模式可看出，如图 24.64(a)所示，两个主瓣保持期望信号方向，空值到大约 -37dB 放置在探测方向。这意味着，无论干扰源和期望信号之间有何相关性，阵列都能在期望方向维持增益，朝探测方向放置空值。

图 24.64(b)显示适应波束模式在这种情况下的所有参数，如图 24.64(a)所示，除了增益矢量，所有参数都相同。增益矢量 $\boldsymbol{c}$ 取为[1 1 0]，对应于两个期望信号和一个不需要的信号。可以观察到阵列成功保留了期望信号以保持主瓣，朝探测源的空值变深，即 -70dB(参见图 24.64(a))。这进一步显示了本方案

良好的性能。图 24.65 给出了两个不相关的期望信号投射到 -30°、0°阵列上的时候,适应波束模式和天线阵列的对应静态模式。两个干扰源在 30°和 50°探测阵列。30°的探测信号, -30°{α = (-0.15,0.05)}是相关的期望信号。所有信号的功率为 0dB。由此可以看出期望信号和不需要的干扰之间的相关性是由自适应波束形成器解决的,因为在相干扰的方向它为空值,无需在输出时抵消期望信号。相关系数的取值不同,为了分析阵列的探测器抑制能力,如图 24.65 所示,获得附加条件相适应波束模式,50°干扰信号时,相关信号是 0°。保持相位延迟为 0,相关系数收益的不同值为(-0.08, -0.1, -0.2)。图 24.66 表明,相

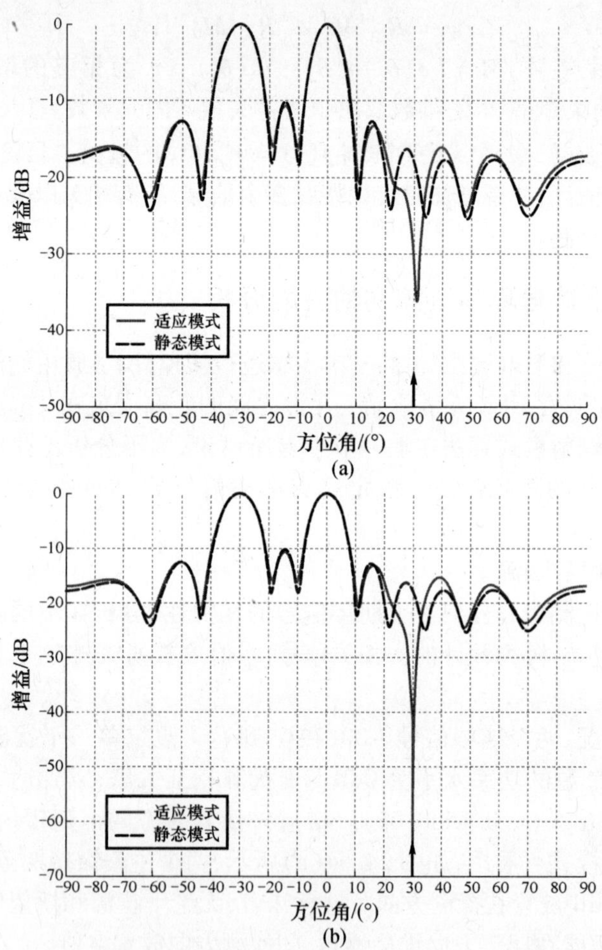

图 24.64 适应波束模式[32]

注:天线阵列的两个期望信号(-30°,0°),一个干扰源(30°)

干扰信号是相关信号,在 -30°,α = (-0.15, 0.05)。

(a) $\boldsymbol{c}$ = [1 1]; (b) $\boldsymbol{c}$ = [1 1 0]。

关系数的绝对值增加,探测源抑制减少。因此,可以推断出干扰和期望信号之间随着相关性的增加,天线阵列的探测器对消的能力降低。当 2 期望信号(-30°,0°)和 2 相关干扰源(30°,50°)投射到天线阵列上时,两个干扰源是相关的,在 -30°时候接收到信号的相关系数为(-0.1,0.09)和(-0.1,-0.05)。增益矢量 $\boldsymbol{c}$ 对应两个期望信号取为[1 1]。所得适应波束模式和静态图案(曲线)在图 24.67(a)所示。干扰源在 30°和 50°被分别抑制到 -38dB 和 -29dB。因此,在不需要的信号中,天线阵列解析了期望信号,即使有相关性的存在。

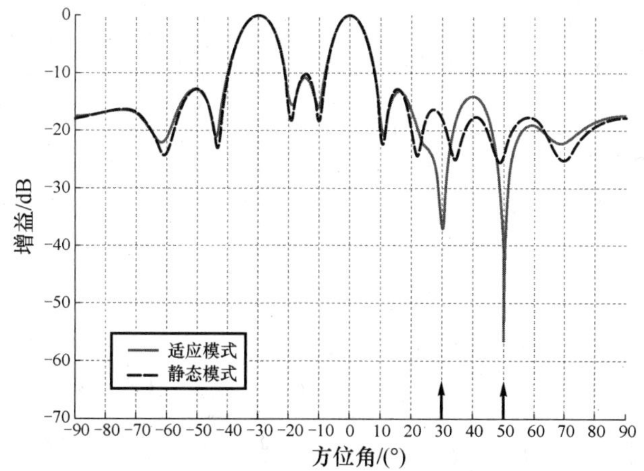

图 24.65 天线阵列的适应波束模式

注:两个期望信号(-30°,0°)和两个探测源(30°,50°)。在 30°探测信号相关联的信号 -30°,α = (-0.1, 0.09), $\boldsymbol{c}$ = [1 1 0]。

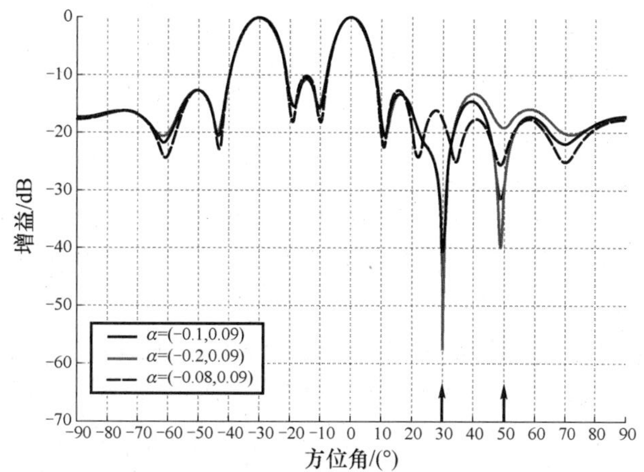

图 24.66 天线阵列的适应波束模式

注:2 期望信号(-30°,0°)和 2 探测源(30°,50°)。50°探测信号是 -30°的相关信号。α 为(-0.08,0.09),(-0.1,0.09),(-0.2,0.09),$\boldsymbol{c}$ = [1 1 0]

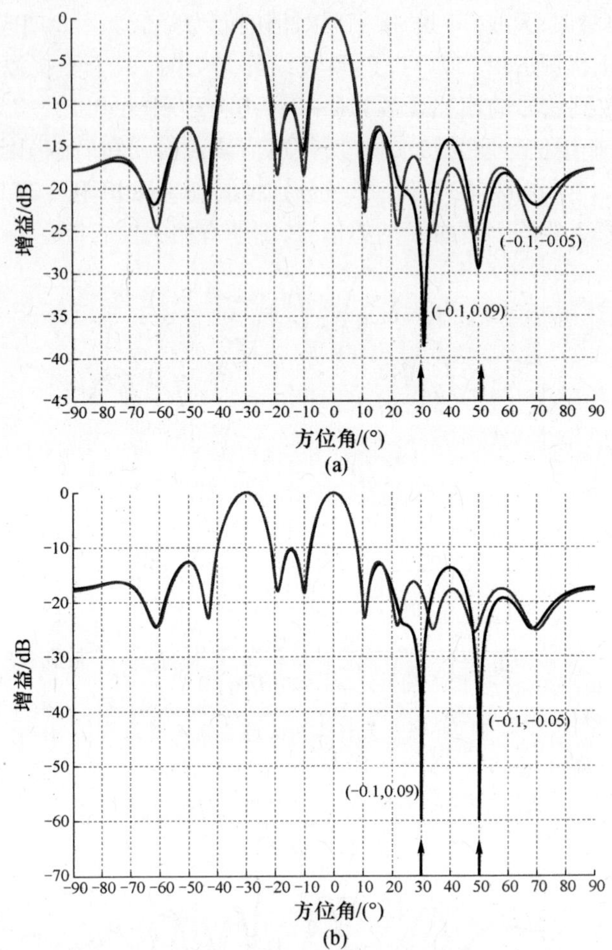

图 24.67　天线阵列的适应波束模式

注:2 期望信号(−30°,0°)和 2 干扰源(30°,50°)。两个在 30°和 50°的干扰信号是 −30°的相关信号,α 分别为(−0.1,0.09)和(−0.1,0.05)。
(a)c =[1 1]; (b)[1 1 0 0]。

另外,考虑到相关系数和所有其他参数相同,如图 24.67(a)所示,增益矩阵 $\boldsymbol{c}$ 变为[1 1 0 0],以便获得 −30°和 0°的期望增益和 30°和 50°的空值。静态模式获得输出辐射模式,示于图 24.67(b)。由此可以看出,强加约束的相关信号、更深的空值可以由探测方向来获得。图 24.68 是当考虑 2 期望信号(−20°,20°)和 4 干扰源(−60°, −40°,5°,40°)时的阵列辐射图。信号在 5°和 −40°时候对应 −20° 相关的期望信号,相关系数分别为(0.1, −0.23)和(−0.15, −0.08)。增益矢量 $\boldsymbol{c}$ 取为[1 1 0 0]。显而易见,不相关的干扰比相关的干扰,得到的抑制更多;空值放置在所有的测量方向。在去相关的信号中,这显示天线阵的性能,并且对应期望/不期望信号的增益/放空。

24.9.2.2　相干的期望信号

考虑干扰源和期望信号之间相关。本节模拟一个场景[34],其中有相干期望信号和不相关的干扰源。同时考虑单个和多个干扰源的情况。假定 -20°两束相干源和一个不相关的干扰源分别以 20°和 60°投射到阵列上。三个信号的功率保持 0dB。相关系数值为(1.0, -0.2)。增益矢量取[1　0]。1 和 0 分别对应于两个连贯期望信号和一个干扰信号。可以观察到适应波束模式(图 24.69),在探测方向上阵列同时接收期望信号和放置的深空值。为了进一步分析多重探测源的阵列性能,干扰源增加为两个。两个相干期望信号保持相同,假定探测阵列 -55°和 60°的 2 不相关干扰源,可以给出的增益矢量 $\boldsymbol{c}$ = [1 1 0 0]。可以观察到(图 24.70),该峰值朝向期望方向,两个抑制干扰为 -0dB。

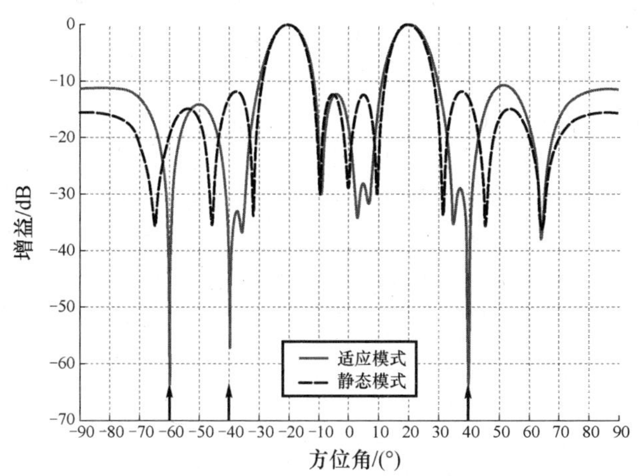

图 24.68　天线阵列的适应波束模式

注:2 期望信号(-20°,20°)和 4 探测源(-60°,-40°,5°,40°)。在 -40°和 5°的探测信号是 -20°,相关信号 α 分别为(0.1, -0.23)和(-0.15,0.08)。$\boldsymbol{c}$ = [1 1 0 0]。

如图 24.71 所示,当投射四个期望信号(S_1, -40°, S_2: -20°, S_3, 20°, S_4, 40°)和两个干扰信号(I_1, -60°, I_2, 50°)到天线阵列的情况下,适应波束模式和静止模式阵列。-20°和 20°的两个期望信号,即 S_2 和 S_3,彼此相干{α = (1.0, 0.0)}, -40°和 40°的其他两个,即 S_1 和 S_4,也彼此相干{α = (1.0,0.0)}。所有信号的功率比为 1,增益矢量取为[1 1 0 0],对应四个相干信号中的前两个 1*s* 和 0*s* ,用于探测源。由此可以看出,该深空值放在朝不相关的探测方向。然而,不论其连贯性如何,要保持四个期望信号有足够的增益。因此,可以得出结论:提出的信号模型和加权估计技术可以被多个信号接收到,并且所有的相关以及

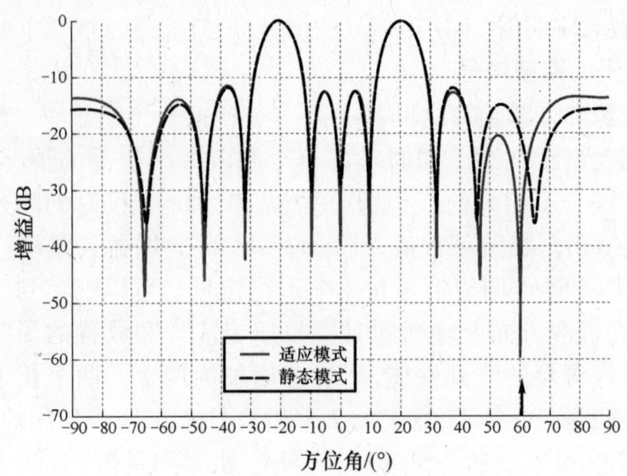

图 24.69 天线阵列的适应波束模式

注:2 期望信号(-20°,20°)和干扰源(60°)。

两个期望信号是相干的。$\alpha=(1,-0.2)$。$\boldsymbol{c}=[1\ 0]$。

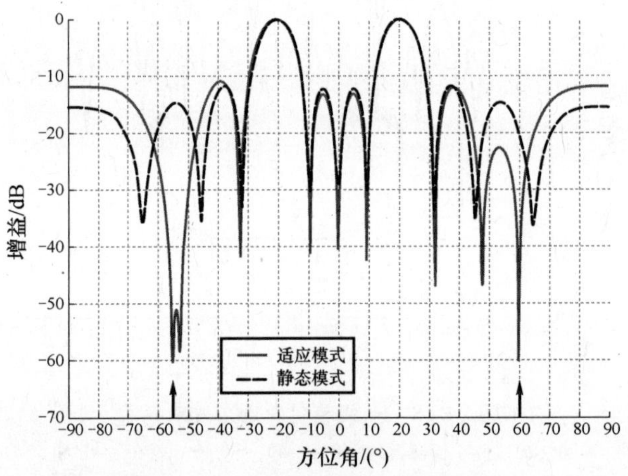

图 24.70 天线阵列的适应波束模式

注:2 期望信号(-20°,20°)和 2 不相关的干扰源(-55°,60°)。

两个期望信号是相干的。$\alpha=(1.0,-0.2)$。$c=[1\ 0\ 0]$。

不相关的探测源可以同时被抑制。

24.9.3 抑制宽频相关来源

第一种情况,一个 10 元件的线性相关天线阵列有两个期望信号(-30°,0°)和两个干扰源(30°,50°)。天线元件之间的间隔为 $\lambda/2$。30°的干扰信号是

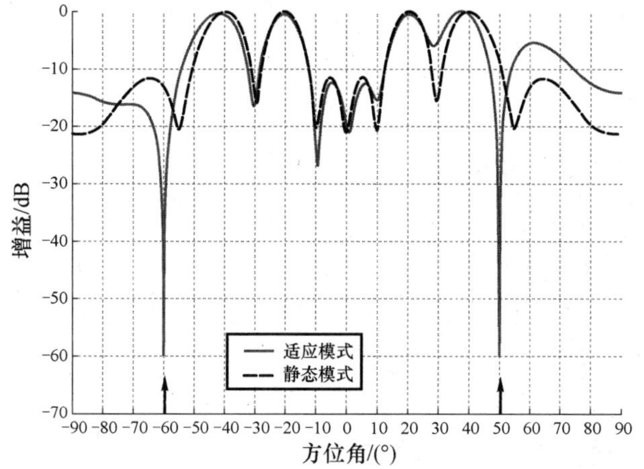

图 24.71　天线阵列的适应波束模式

注：4 期望信号(−20°,20°, −40°,40°)和 2 不相关的探测源(−60°,50°)。当 −20°和 20°时，期望信号 $\alpha_1 = (1.0, 0.0)$；当 −40°和 40°，$\alpha_2 = (1.0, 0.0)$是相干的。$\boldsymbol{c} = [1\ 1\ 0\ 0]$。

−30°的相关期望信号，{α = (−0.1,0.09)}。约束矢量取为[1 1 0]。对应的调整模式连同静态图示于图 24.72。如果 50°的干扰信号是 5% BW 和 6 谱线的宽带，相应的适应模式也可以根据这个期望。简单地说，探测源的每个光谱分量被有效地抑制，而主波瓣没有任何失真。在这两种情况下，天线阵列能够消去两个相关信号，并且保持主瓣朝期望方向和确切的地方，深的空值朝探测方向。宽带信号的深度小于窄带信号。

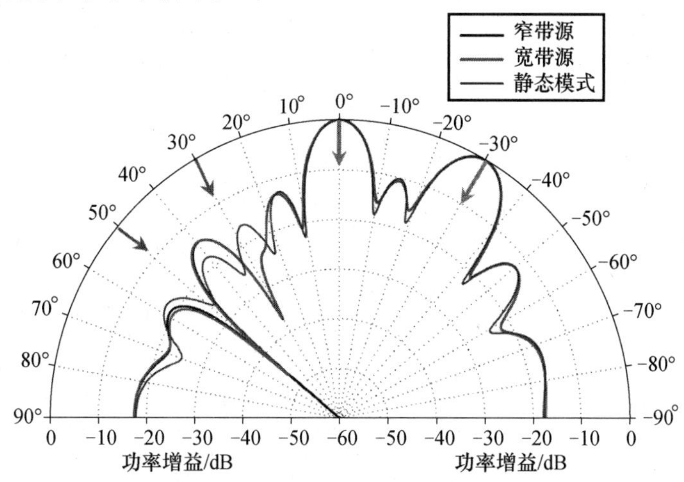

图 24.72　10 单元天线阵列的适应波束模式

注：2 个期望信号(−30°,0°)和 2 个探测源(30°,50°)。30°探测信号与 −30°的信号相关联。50°的干扰信号是宽带(5% BW,6 谱线)。$\boldsymbol{c} = [1\ 1\ 0]$。

图 24.73 中,天线阵列适应波束模式,两个期望信号(-20°,20°)和一个干扰源(60°)。在这种情况下,两个期望信号相干{α = (1.0, -0.2)}。约束矢量$\boldsymbol{c}$ = [1 1 0]。认为在 60°的干扰信号是宽带,2% BW 和 3 谱线。适应模式含有不失真、准确主瓣,当它含有有限的光谱分布时深的空值朝向探测源。为了分析带宽和探测源谱线的效果,探测源的带宽(60°)增加至 5% BW、6 谱线、15% BW、9 谱线。图 24.74 对天线阵列的性能进行了比较。由此可以看出,在这两种情况下,放置的空值是准确的,深度的空值随带宽和频谱线的增加而下降。

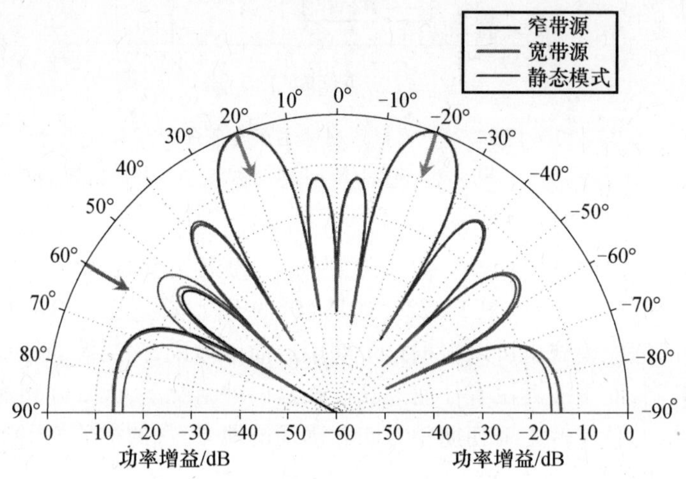

图 24.73 天线阵列的适应波束模式

注:2 期望信号(-20°,20°)和 1 探测源(60°)。两所期望信号是一致的。60°探测信号是宽带(2% BW,3 谱线)。$\boldsymbol{c}$ = [1 1 0]。

期望信号增加到四个(-20°,20°, -40°,40°)。认为信号环境有两个探测源(-60°,50°)。在(-20°,20°),(40°,40°)的期望信号,取相干相关系数 α = (1,0)。在两个不相关的探测源(-60°和 50°)为宽带(2% BW,每条 3 谱线)。约束矢量 $\boldsymbol{c}$ = [1 1 0 0]。图 24.75 显示了一个复杂的信号方案的适应模式。显而易见,即使期望信号是相干的,空值放置也是准确的。主波瓣在 40°和 -40°有一个小的位移(小于 0.1°)。可能是由于这样的事实:干扰源探测在 -60°和 50°是宽带多谱线,并且在空间上也接近期望信号。但是,天线阵列能够除去相关信号,产生期望的适应模式。图 24.76 表示,两个探测源的带宽是不同的(-60°,2% BW,3 谱线;50°,11% BW,6 谱线)。天线阵列的适应波束模式的四个期望信号(-20°,20°, -40°,40°)和两个干扰源(60°,50°)随着静态模式被示出。四个期望信号是相干的,α = (1,0)。约束矢量 $\boldsymbol{c}$ = [1 1 0 0]。在这种情况

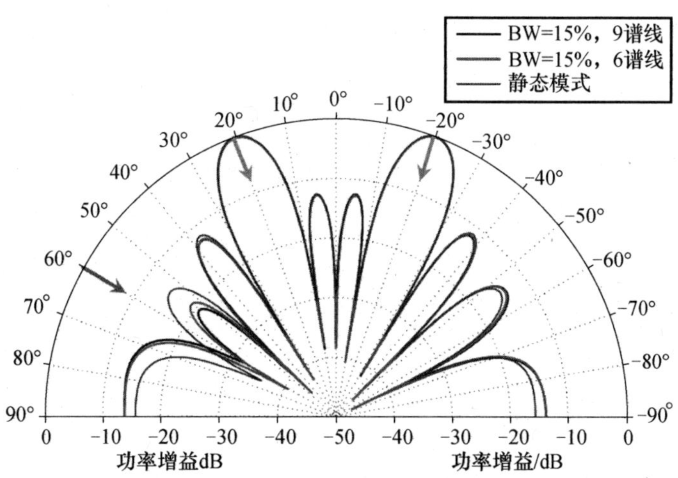

图 24.74 10 单元天线阵列的适应波束模式

注：2 期望信号（ – 20°，20°）和 1 干扰源（60°）。两期望信号是一致的。60°探测信号是宽带（15% BW，9 谱线；5% BW 和 6 谱线）。$\boldsymbol{c}$ = [1 1 0]。

下，天线阵列能够保持主瓣朝向期望信号，即使它们是相同的探测源宽带。放置空值也是准确和深的（ – 60dB）。

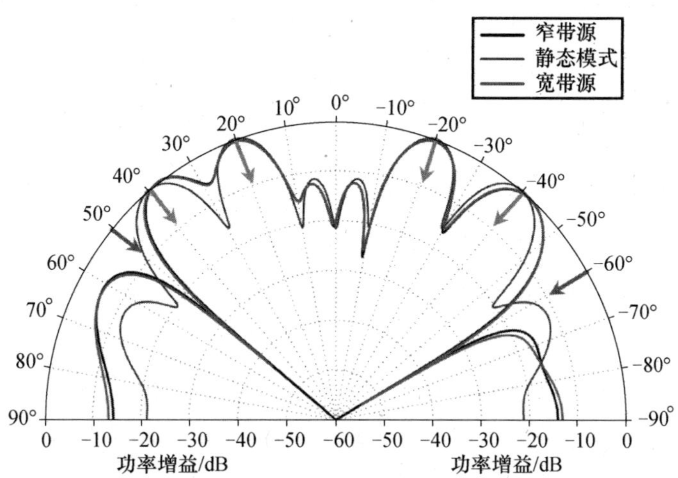

图 24.75 10 单元天线阵列的适应波束模式

注：4 期望信号（ – 20°，20°，– 40°，40°）和 2 干扰源（ – 60°，50°）。在期望信号（ – 20°，20°）和（ – 40°，40°）是相干的 α = (1，0)。两个不相关的干扰源（ – 60°和 50°）是宽带（2% BW，3 谱线）。$\boldsymbol{c}$ = [1 1 0 0]。

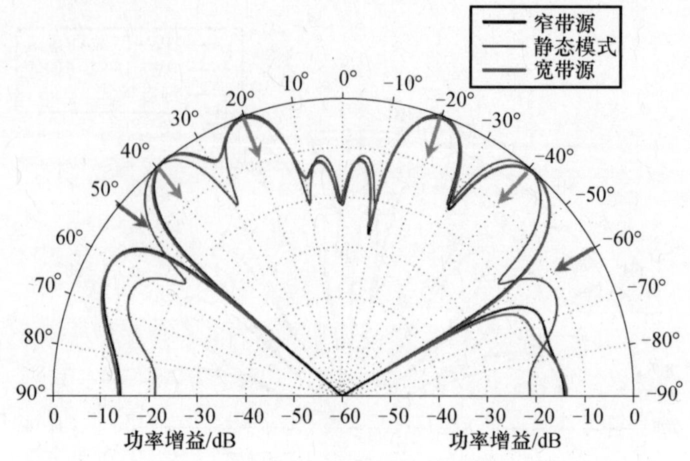

图 24.76　10 单元天线阵列的适应波束模式

注:4 期望信号(-20°,20°, -40°,40°)和 2 干扰源(60°,50°)。4 期望信号是一致的。宽带探测信号(-60°,2% BW,3 谱线;50°,11% BW,6 谱线)。$\boldsymbol{c}=[1\ 1\ 0\ 0]$。

24.10　结束语

对于均匀间隔阵列，研究了不同信号的场景下广义旁瓣对消(GSC)和DF - GSC干扰抑制能力。实施 GSC 是很重要的,因为计算不复杂。常规 GSC 判决反馈的盲均衡器,可以提供更好的健壮性、快的收敛速度和高的 SINR 输出。模式称为判定反馈旁瓣对消。可以推断得到:DF - GSC 对于相同的收敛速度可以实现更高的 SINR 值。此外,期望信号功率增加,SINR 的输出增强。DF - GSC 的情况下,深空值表明 DF - GSC 具有更好的抑制能力。它表明:相比于标准 LMS 算法,在结构化 LMS 和改进 LMS 算法的情况下收敛速度和输出 SINR 得到增强。此外,分析了步长和功率期望信号在 GSC 和 DF - GSC 中的影响。

为了进一步提高健壮性,DF - GSC 中添加了一些导数约束。然而,额外的约束在实际应用中难以获得初步的调整。因此,为了克服这个问题,可在盲 DF - GSC 的新方法中执行仿真的三个阶段。在这种情况下,无需初步调整,更高的 SINR 输出依靠更好的收敛速度来实现。此外,只使用两个阶段的新方法,即半盲 DF - GSC。DF - GSC 的性能通过这种方法进一步增强,获得更深空值。盲 DF - GSC 和半盲 DF - GSC 方案的性能分析,进行了不同形式的 LMS 算法。旁瓣对消器的干扰抑制能力可以使用隐身技术。在飞机和导弹适当的位置安装这些消除器,可以接收期望信号,同时抑制不需要的成分。在敌人的基地或飞机对于雷达不可见的时候，减少活动 RCS。

当该天线阵列同时跟踪多个源时，其模式应朝向主波束的来源。因此，导向矢量、投影矢量和权重系数应当进行相应的计算。从期望适应模式来看，修改后的改进 LMS 算法提供了最佳的权重系数。如果雷达来源是宽带，那么它们的光谱分布可用来估计相关矩阵。它是基于每个谱线可视为单独的源，并且所得阵列相关矩阵的特征矢量是不同且广泛的。这就引出了朝探测方向上更广泛空值。

如果该干扰和期望信号之间相关性增加，则天线阵列的探测器抵消能力降低。此外，可以推测加强约束相关信号、适应模式、朝探测方向得到更深层次的空值。相关性和增益矢量对阵列的性能都起着显著作用。它表明，使用矩阵重构算法的天线阵列对去相关信号是有效的，对期望/不期望的信号保持增益/空值。换句话说，即使存在相关性，天线阵列可以有效地解决（从不想要的信号中存在的）期望信号的问题。有效的自适应算法确立线性/平面的相控天线阵列的能力，在 catering 变化的信号环境，由窄带、宽带、单个/多个源、不相关/相关/相干信号组成。然而，对于相关信号，矩阵重构算法需要恢复阵列相关矩阵的特征结构。这种自适应/智能天线阵列，如果安装在机器人、卫星或航天类任何平台上时，在任何实际的信号情况下都可以利用所需的性能。

参考文献

1. K. Nonami, Prospect and recent research & development for civil use autonomous unmanned aircraft as UAV and MAV, *Journal of System Design and Dynamics*, 1, 120–128, 2007.
2. S. Chandran, *Adaptive Antenna Arrays: Trends and Applications*. New York: Springer, 2004.
3. Y. Lee and W.-R. Wu, A robust adaptive generalized sidelobe canceller with decision feedback, *IEEE Transactions on Antennas and Propagation*, 53, 3822–3832, 2005.
4. L. C. Godara, *Smart Antennas*. Boca Raton, Florida: CRC Press, 2004.
5. H. L. V. Trees, *Detection, Estimation, and Modulation Theory: Optimum Array Processing*. New York: Wiley, 2002.
6. H. F. Harmuth, *Transmission of Information by Orthogonal Functions*. New York: Springer-Verlag, 1969.
7. J. B. Anderson and A. Svensson, *Coded Modulation Systems*. New York: Kluwer Academic/Plenum Publishers, 2003.
8. N. K. Jablon, Steady state analysis of the generalized sidelobe canceller by adaptive noise canceling techniques, *IEEE Transactions on Antennas and Propagation*, AP-34, 330–337, 1986.
9. L. J. Griffiths and K. M. Buckley, Quiescent pattern control in linearly constrained adaptive arrays, *IEEE Transactions on Acoustics, Speech, and Signal Processing*, ASSP-35, 917–926, 1987.
10. A. M. Vural, Effects of perturbation on the performance of optimum/adaptive array, *IEEE Transactions on Aerospace and Electronics Systems*, AES-24, 585–599, 1976.
11. S. P. Applebaum and D. J. Chapman, Adaptive arrays with main beam constraints, *IEEE Transactions on Antennas and Propagation*, AP-34, 650–662, 1986.
12. O. L. Frost III, An algorithm for linearly constrained adaptive array processing, *Proceedings of IEEE*, 60, 926–935, 1972.
13. K. M. Buckley and L. J. Griffiths, Adaptive generalized sidelobe canceller with derivative constraints, *IEEE Transactions on Antennas and Propagation*, AP-34, 311–319, 1986.
14. K.-C. Huarng and C.-C. Yeh, Performance analysis of derivative constraint adaptive arrays with pointing errors, *IEEE Transactions on Antennas and Propagation*, AP-40, 975–981, 1992.

15. A. K. Steele, Comparison of directional constraints for beamformers subject to multiple linear constraints, *IEE Proceedings*, pt. H, 130, 41–45, 1983.
16. K. Takao, M. Fujita and T. Nishi, An adaptive antenna array under directional constraint, *IEEE Transactions on Antennas and Propagation*, AP-24, 662–669, 1976.
17. B. Widrow, K. M. Duvall, P. R. Gooch and W. C. Newman, Signal cancellation phenomena in adaptive arrays: Causes and cures, *IEEE Transactions on Antennas and Propagation*, 30, 469–478, 1982.
18. L. C. Godara, Performance analysis of structured gradient algorithm, *IEEE Transactions on Antennas and Propagation*, AP-38, 1078–1083, 1990.
19. L. C. Godara and D. A. Gray, A structured gradient algorithm for adaptive beam forming, *Journal of the Acoustical Society of America*, 86, 1040–1046, 1989.
20. L. C. Godara, Improved LMS algorithm for adaptive beam forming, *IEEE Transactions on Antennas and Propagation*, AP-38, 1631–1635, 1990.
21. W. F. Gabriel, Adaptive arrays: An introduction, *Proceedings of IEEE*, 64, 239–273, 1976.
22. H. Singh, S. Sharma and R. M. Jha, Parametric study of suppression capabilities of adaptive arrays against multiple wideband radars, *International Symposium on Electromagnetics Theory, EMTS-2007*, Ottawa, ON, Canada, 3 p., July 26–28, 2007.
23. H. J. Visser, *Array and Phased Array Antenna Basics.* New York: John Wiley & Sons, 2005.
24. C. A. Balanis, *Antenna Theory: Analysis and Design.* New York: John Wiley & Sons, 1982.
25. B. Allen and M. Ghavami, *Adaptive Array Systems: Fundamentals and Applications.* New York: John Wiley & Sons, 2005.
26. Z. N. Chen and M-Y. W. Chia, *Broadband Planar Antennas: Design and Applications*. New York: John Wiley & Sons, 2006.
27. R. S. Elliott, *Antenna Theory and Design*. Englewood Cliffs, NJ: Prentice-Hall, 1981.
28. H. Singh and R. M. Jha, Efficacy of active phased arrays in maintaining desired multi-beam radar signals, *International Symposium on Aerospace Science and Technology, INCAST-2008*, Bangalore, p. 4, June 26–28, 2008.
29. T. J. Shan and T. Kailath, Adaptive beamforming for coherent signals and interference, *IEEE Transactions on Acoustics, Speech, and Signal Processing*, ASSP-33, 527–536, 1985.
30. M. H. E.-Ayadi, E. K. A.-Hussaini and E. A. E.-Hakeim, A combined redundancy averaging signal enhancement algorithm for adaptive beamforming in the presence of coherent signals and interferences, *Signal Processing*, SP-55, 285–293, 1996.
31. E. Gonen and J. M. Mendel, Applications of cumulants to array processing—Part III: Blind beamforming for coherent signals, *IEEE Transactions on Signal Processing*, SP-45, 2252–2264, 1997.
32. J. H. Lee and T. F. Hsu, Adaptive beamforming with multiple-beam constraints in the presence of coherent jammers, *Signal Processing*, SP-80, 2475–2480, 2000.
33. T. J. Shan, M. Wax and T. Kailath, On spatial smoothing for direction-of-arrival estimation of coherent signals, *IEEE Transactions on Acoustics, Speech, and Signal Processing*, ASSP-33, 806–811, 1985.
34. N. Purswani, H. Singh and R. M. Jha, Active cancellation of probing in the presence of multiple coherent desired radar sources, *IEEE Applied Electromagnetics Conference AEMC 2009*, Kolkata, India, Paper No.: ATT-36-7160, 4 p., ISBN: 978-1-4244-4819-7/09, December 14–16, 2009.

第 25 章　四旋翼微型飞行器的集成建模,仿真与控制器设计

25.1　引言

近几十年产生了很多开发微型和小型飞行器的方案,其中许多已应用于不同的场合。关于微型和小型飞行器的研究还有很多创新的空间,并逐步发展为一个研究与开发的完备领域。最初该研究由军事应用所推动,近年来在民用领域中的应用极大地促进了其研究发展[3]。

航空航天系统的建模与仿真技术已经发展到较先进的水平。在此阶段,开发过程中的许多不确定因素都可以通过地面模拟解决,无需重复试验与修改[4]。各种系统与子系统的集成建模与仿真成为任一航空飞行器设计与发展项目的重要里程碑[5]。如果能够得到适用于微型飞行器的高保真方法,则也可以使用多学科优化设计方法对微型飞行器进行设计[6]。软件回路和硬件回路的建模与仿真,是控制系统设计与评估的必备条件[7]。因此,微型飞行器的设计与开发中用到的建模与仿真方法值得进行研究。

本章主要阐述四旋翼微型飞行器的建模、仿真和控制器的设计,该飞行器是基于严格的时间和成本限制条件下的系统方法而设计开发的。从基础的结构开始,依靠现有市场上的组件和容易得到的部件,所有的子系统可以建模和集成到同一个系统模型中。这可以用来测试飞行器的性能、稳定性、对外部干扰的响应和控制输入。该模型通过真实数据对四旋翼飞行器系统进行验证。与四旋翼建模和模拟试验同时进行的,是部件的获取和四旋翼的组装。四旋翼模型可用于设计控制器,控制器通过软件控制,并与模型完整结合。闭环系统的模拟过程验证了其稳定性和响应特性。在必要的地方修改了设计,如调整质心的垂直位置并反复试验。用操纵杆和开放源码集成飞行模拟器进行数据仿真,评估飞行器的飞行质量之后将其清除。由于缺乏时间和缺少有效性的必需工具,并未采用多学科优化设计。控制法内嵌在自动驾驶主板上,并集成在飞行器的机身中。四旋翼安装在一个专门建造的 3D 侧倾—俯仰—偏航试验台上。测试装置可以用于评估飞行器在侧倾、俯仰、偏航和调整 PID 增益方面的稳定性和可控性,还用以校正四转子之间推力的不对称。如果平台试验结果令人满意,则飞行器在室内进

行试飞,先手动,后自动。由于试验台的支点与飞行器质心不重合,对 PID 增益做一些调整是必要的。最后,在室外一个开放的地面建筑区域进行飞行试验。

25.2 四旋翼微型飞行器

四旋翼微型飞行器是采用四个转子的垂直起飞和着陆(VTOL)的飞行器,转子通常安装在框架的四个端部。如图 25.1 所示,一组相对的四旋翼顺时针转动,而另一组则逆时针转动。四旋翼比传统直升机有显著优势,如转子可以使用固定倾斜度的叶片,且不需要任何尾旋翼,因为它可以避免由反作用扭矩而产生的偏航。这使得它们的机械结构非常简单,降低了陀螺效应,使它们易于构建和测试。它们比其他直升机也更安全,更能抵抗飞行测试中的损坏。四旋翼运动可通过改变每个转子的相对转速来控制,从而改变它的推力和扭矩。四旋翼结构本质上是不稳定的,没有三坐标角运动的自动稳定是不能飞行的。然而,对于许多无人飞行来说,四旋翼是理想的,与直升机和固定翼飞机相比有许多优点。近来许多文献都提到了四旋翼和小型飞行器的开发[8,9]。四旋翼是通过不同速度的转子控制的,进而产生空气动力和气动力矩的变化。悬停时,四个转子以同样的速度转动;垂直运动时,四个转子同时增加或减少相同的速度。为可以倾斜,并使飞行器朝倾斜方向运动,转子 1 和 3 反向旋转。同样的,用于进行侧倾和相应的侧向运动,转子 2 和 4 反转。为了产生偏航,一对相对放置转子的速度增加,而另一对的速度减少相同的量。如此,产生的总推力是相同的,阻力矩差产生偏航。

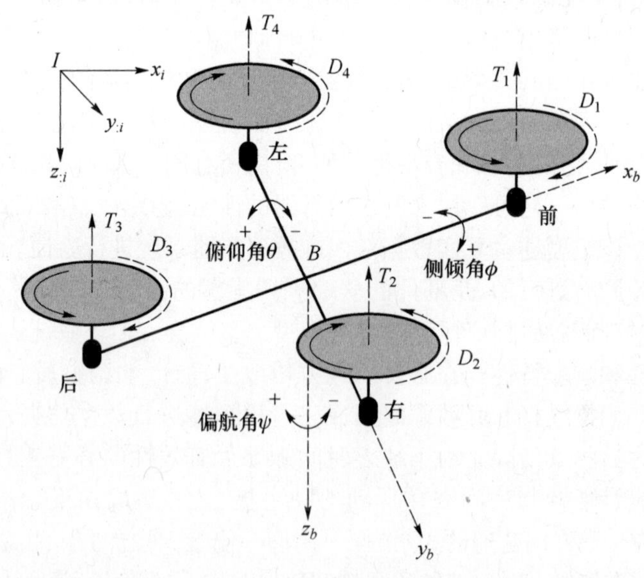

图 25.1 四旋翼的结构

四旋翼使用X-UFO(市售模型)为基准设计。有刷电动机替换为无刷电动机,使用三芯锂聚合物电池,以提高车辆的提升能力和耐力。此外,为了减少重量,将去掉转子罩和其他非关键结构。电子设备替换成定制的自动驾驶仪的硬件(包括无刷电动机控制器)。制作完成的飞行器如图25.2所示。采用的自动驾驶仪是由印度班加罗尔珊瑚数字技术有限公司内部开发的产品。自动驾驶仪使用一个16位的24HJ系列PIC单片机,用于实现计算、通信功能和手动和自动模式之间切换功能。导航算法使用三个陀螺仪和两个加速度计来估算方向。使用压力传感器估计高度和速度,使用GPS获得位置。飞行期间,使用无线传感器网络(ZigBee)调制解调器进行地面控制站(GCS)的通信。GCS接收来自自动驾驶仪的数据,用以监控飞行过程中飞行器的轨迹和其他关键参数,并能更新飞行过程中的路点和PID增益。机载SD卡记录在50Hz时飞行中的几个参数,用于分析飞行结束后的飞行数据。按键接口的自动驾驶仪硬件和通信协议示于图25.3。最终的飞行器,可以吊装自动驾驶仪和合适的电池组,重320g(包括电池、自动驾驶仪)并拥有额外的40g有效载荷。该模型的横向尺寸是每路65cm,垂直尺寸约为15cm。

图25.2 四旋翼平台:修正X-UFO

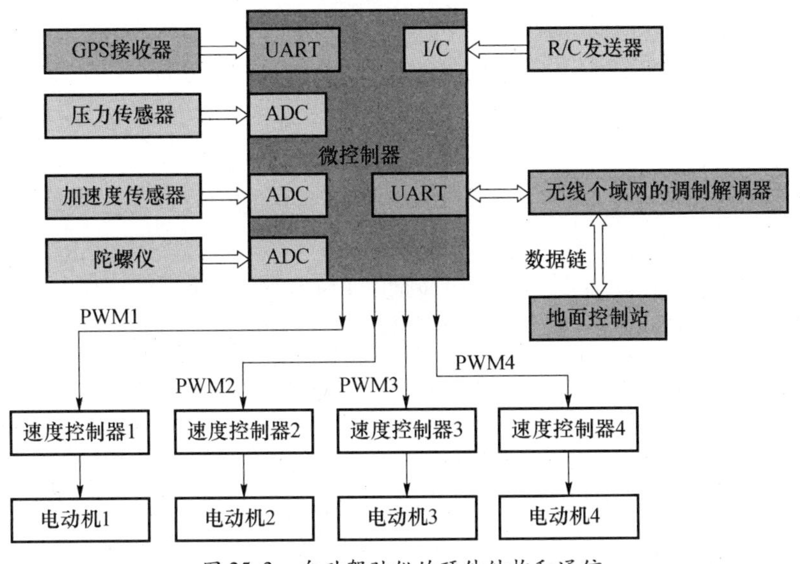

图25.3 自动驾驶仪的硬件结构和通信

25.3 飞行器动态模型

在图 25.1 中,I 是惯性坐标(下标 i),B 是机体固定架(下标 b)。动态模型是根据以下假设导出[7,10]:结构是刚性的,并且侧倾俯仰对称;飞行器的质心和 B 轴系统的原点重合;所述转子在平面上是刚性的。

25.3.1 运动学模型

利用欧拉角参数,飞行器的朝向由矩阵 $\boldsymbol{A}$ 的旋转给出,从 B 转到 I 的:

$$\boldsymbol{A}=\begin{pmatrix} C_\psi C_\theta & C_\psi S_\theta S_\theta - S_\psi C_\theta & C_\psi S_\theta C_\theta + S_\psi S_\theta \\ S_\psi C_\theta & S_\psi S_\theta S_\theta + C_\psi C_\theta & S_\psi S_\theta C_\theta - C_\psi S_\theta \\ -S_\theta & C_\theta S_\theta & C_\theta C_\theta \end{pmatrix}$$

式中:C_φ、S_φ表示 $\cos\varphi$、$\sin\varphi$。

欧拉时间导数都与角速率有关

$$\begin{aligned}[\dot{\varphi}\dot{\theta}\dot{\psi}]^{\mathrm{T}} &= \boldsymbol{M}^{-1}[\omega_{xi}\omega_{yi}\omega_{zi}]^{\mathrm{T}} \\ &= \boldsymbol{M}^{-1}\boldsymbol{A}[\omega_{xb} \quad \omega_{yb} \quad \omega_{zb}]^{\mathrm{T}}\end{aligned} \tag{25.1}$$

式中

$$\boldsymbol{M}=\begin{pmatrix} \dfrac{C_\psi}{C_\theta} & \dfrac{S_\psi}{C_\theta} & 0 \\ -S_\psi & C_\psi & 0 \\ 0 & 0 & 1 \end{pmatrix}$$

由于只关注位于 B 的质心速度,因此可以根据变换矩阵,利用惯性坐标的速度直接得到框架速度,即

$$[\dot{x}_b\dot{y}_b\dot{z}_b]^{\mathrm{T}} = \boldsymbol{A}^{-1}[\dot{x}_i\dot{y}_i\dot{z}_i]^{\mathrm{T}} \tag{25.2}$$

25.3.2 力学方程

采用动量理论,转子的空气动力(推力)与旋转速度的平方、半径的平方成正比[11],即

$$T_i = C_1\left(\frac{1-2\pi LCS}{P\alpha_i} + 2\pi\,\frac{\dot{z}_b - \omega_{zb}}{p\alpha_i}\right) \tag{25.3}$$

式中:$C_1 = k_t\rho A_p \alpha_i^2 R_p^2$。

式(25.3)中,若 i 为 1 或 4,则 $C=1$;若 i 为 2 或 3,则 $C=-1$;若 i 为 1 或 3,则 $S=\omega_y b$;若 i 为 2 或 4,则 $S=\omega_x b$。四旋翼的移动速度和风力干扰的力学公式为

$$F_{\mathrm{WI}} = A[k_{\mathrm{s}}(w_{xb} - \dot{x}_b)k_{\mathrm{s}}(w_{yb} - \dot{y}_b)k_u(w_{zb} - \dot{z}_b)] \tag{25.4}$$

因此，惯性坐标给出了线性动量平衡：

$$\begin{bmatrix} \ddot{x}_l \\ \ddot{y}_l \\ \ddot{z}_l \end{bmatrix} = -\begin{bmatrix} \omega_{xb} \\ \omega_{yb} \\ \omega_{zb} \end{bmatrix}\begin{bmatrix} \dot{x}_l \\ \dot{y}_l \\ \dot{z}_l \end{bmatrix} + g\begin{bmatrix} 0 \\ 0 \\ 1 \end{bmatrix} + \frac{F_{\omega il}}{\boldsymbol{M}} - \frac{T_1 + T_2 + T_3 + T_4}{m}\boldsymbol{A}\begin{bmatrix} 0 \\ 0 \\ 1 \end{bmatrix} \tag{25.5}$$

25.3.3　力矩方程

利用动量理论，可以证明转子的空气阻力矩与其转速的平方、半径立方成比例的[11]，即

$$D_i = C_2\left(\frac{1 - 2\pi LCS}{P\alpha_i} + 2\pi\frac{\dot{z}_b - \omega_{zb}}{p\alpha_i}\right) \tag{25.6}$$

式中：$C_2 = k_{\mathrm{d}}\rho A_{\mathrm{p}}\alpha_i^2 R_{\mathrm{p}}^3$。

惯性反转矩是由于转子旋转速度变化而产生的反力矩，可表示为

$$I_{\mathrm{ct}} = J_{\mathrm{p}}(-\dot{\alpha}_1 + \dot{\alpha}_2 - \dot{\alpha}_3 + \dot{\alpha}_4) \tag{25.7}$$

由于旋转运动产生的摩擦力矩[12]为

$$\boldsymbol{M}_{\mathrm{f}} = k_{\mathrm{r}}[\dot{\varphi}\dot{\theta}\dot{\psi}]^{\mathrm{T}} \tag{25.8}$$

扰动力矩由于不可控因素（如风等）形成，可表示为

$$\boldsymbol{\tau}_{\mathrm{d}} = [\boldsymbol{\tau}_{xb}\boldsymbol{\tau}_{yb}\boldsymbol{\tau}_{zb}]^{\mathrm{T}} \tag{25.9}$$

回转力矩由四旋转的转子和架子组合而成，可表示为：

$$\boldsymbol{M}_{\mathrm{g}} = \boldsymbol{J}_{\mathrm{p}}[\dot{\theta}_\alpha\dot{\omega}_\alpha 0] \tag{25.10}$$

因此：$\alpha = -\alpha_1 + \alpha_2 - \alpha_3 + \alpha_4$。

主体框架的角动量平衡：

$$\begin{bmatrix} \dot{\omega}_{xb} \\ \dot{\omega}_{yb} \\ \dot{\omega}_{zb} \end{bmatrix} = -\boldsymbol{J}^{-1-1}\omega \boldsymbol{X}\boldsymbol{J}\begin{bmatrix} \omega_{xb} \\ \omega_{yb} \\ \omega_{zb} \end{bmatrix} - \boldsymbol{J}^{-1}(\boldsymbol{M}_{\mathrm{f}} + \boldsymbol{\tau}_{\mathrm{d}} + \boldsymbol{M}_{\mathrm{g}}) + \boldsymbol{J}^{-1}\begin{bmatrix} L(T_4 - T_2) \\ L(T_1 - T_3) \\ D_1 - D_2 + D_3 - D_4 + I_{\mathrm{ct}} \end{bmatrix} \tag{25.11}$$

式中

$$\omega \boldsymbol{X} = \begin{bmatrix} 0 & -\omega_{zb} & \omega_{yb} \\ \omega_{zb} & 0 & -\omega_{xb} \\ -\omega_{yb} & \omega_{xb} & 0 \end{bmatrix} \tag{25.12}$$

25.3.4　转子动力学

感应忽略不计的标准直流电动机表达如下：

$$\tau_{mi} = k_i\left(V_i - \frac{k_v - \alpha_i}{G}\right)\Big/ R$$

$$\alpha_i = \frac{G\tau_{mi} - D_i}{J_p}$$

动态模型用 MATLAB ® 进行了编码,使用文献[13]中的数据进行核准,转载表 25.1。

表 25.1 四旋翼数据的验证案例

设计变量	数值
m/kg	4.493
L/m	0.38
G	80/12
J_p/(kg/m^2)	1.46×10^{-3}
I_{xx},I_{yy}/(kg/m^2)	0.177
I_{zz}/(kg/m^2)	0.334
R_p/m	0.228
P/m	0.152
V/V	5
R/Ω	0.3
k_t	0.008
k_d	0.0013
k_i/(N·m/Ω)	3.87×10^{-3}
k_v/(V/(r·min))	0.0004
k_r/(N·ms/rad)	0.35
k_s,k_u/(N·s/m)	1

25.4 控制器设计

尽管有四个独立的执行机构,独立旋翼仍然是一个缺少驱动的系统,因此,控制器的设计使用了内部和外部两个循环结构,如图 25.4 所示。内部循环有 θ、φ、ψ 和 h 四个参数,通过适当地调整这四个转子的速度,独立控制这四个参数。如前所述,需要进行调整转子 1 和 3 的速度用于控制 θ,调整 2 和 4 用于控制 φ,所有四个转子用于控制 ψ 和 h。在外部循环,控制前向 $\dot{X}_i'$和侧

向速度 $\dot{Y}_i'$。这些都是框架中的速度，通过旋转惯性框架可得到，用 ψ 表示，如下所示：

$$\begin{cases}\dot{X}_i' = \dot{X}_i\cos\psi + \dot{Y}_i\sin\psi \\ \dot{Y}_i' = \dot{X}_i\sin\psi + \dot{Y}_i\cos\psi\end{cases} \tag{25.13}$$

在模拟器的屏幕上使用操纵杆导航四旋翼时，它是有帮助。此外，执行器饱和与速率极限也被模拟。设计控制器的目的是避免超出这些范围。各种控制四旋翼运动的控制器设计方法在文献[14-17]进行了介绍。然而，从实际来看，PID 控制器是最简单的，并且可以快速设计。此外，可以使用标准程序调整 PID 增益，也是众所周知的[18]。因此，在内部循环中的四个独立 PID 块，对每个变量进行控制。基于该指令和测量值之间的变量误差信号，内环 PID 发出差分电压信号指令。

外部循环基于修整计算或仿真结果，查表找到一个定飞行速度下需要的基准 θ 和 φ。基准角度（θ_b 和 φ_b）为内环设定点 θ 和 φ 控制器。基于速度误差，外环 PID 控制附加俯仰角 $\Delta\theta$ 和侧倾角 $\Delta\varphi$，目的是保留设定点，框图如图 25.4 所示。使用 Ziegler - Nichols 方法先调整 PID 增益，然后根据所需的模拟响应进行手动调整。提出一些典型的模拟试验。如图 25.5 所示，调节内部循环参数的仿真响应。控制器稳定零点处的方位角，并且达到 45m 高度，初始条件为 $h = 30\text{m}$，$\varphi = \theta = \Psi = 18°$，$w = \tau = \omega = 0$。内循环控制器的性能是令人满意的，随后进行了外环控制器参数的仿真。如图 25.6 所示的仿真响应，控制器的目的是获得一个向前的速度 $\dot{X}_i' = 10\text{m/s}$，$h = 50\text{m}$。起始高度和转子的参数都与上述相同，只是初始欧拉角保持在零。因为对称性，相同的控制参数可用于侧向速度 $\dot{Y}_i'$。最终选定的 PID 增益列于表 25.2。有趣的是，尽管尽了最大努力，控制高度变化不大，从随时间变化的子图 25.5 和图 25.6 观察 h（子图中不同的时间标尺）。

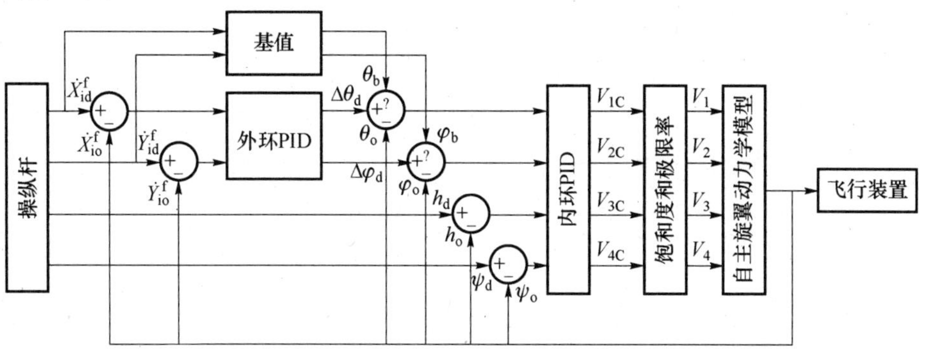

图 25.4　双回路控制器的结构

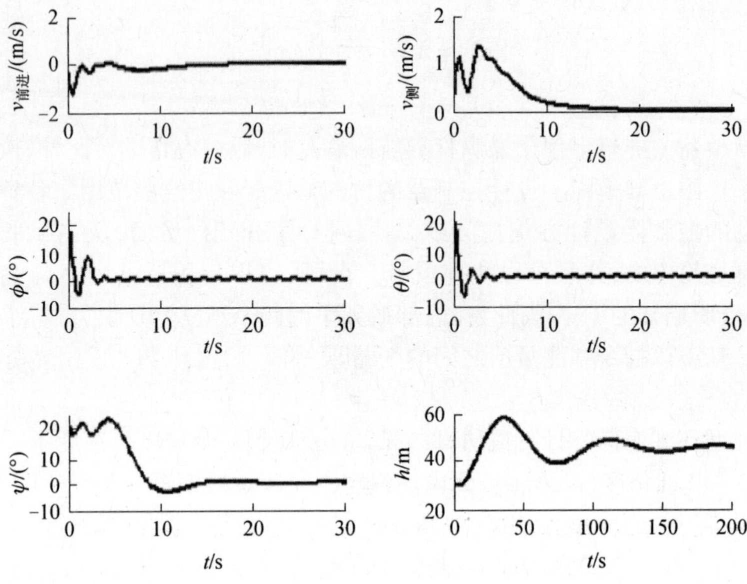

图 25.5　使用模拟内环参数进行的调整

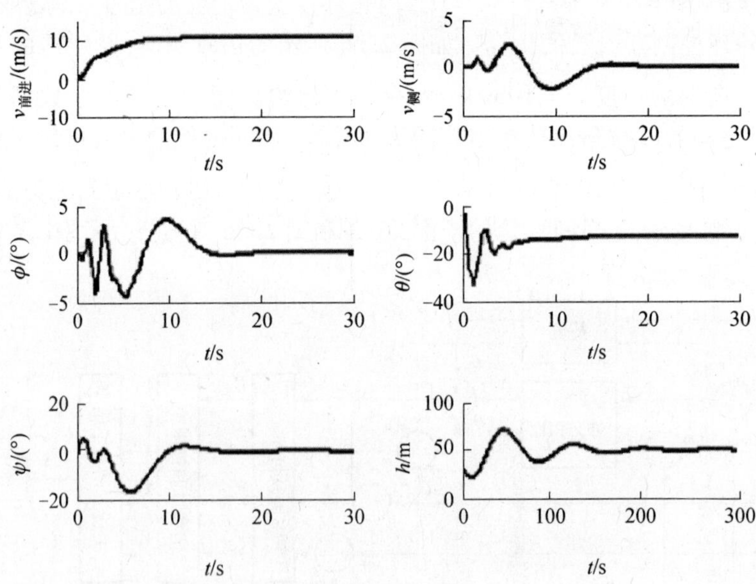

图 25.6　用模拟进行外回路参数调整

表 25.2 PID 增益

控制	输出	K_p	K_i	K_d
Θ	$+V_1$，$-V_3$	0.05	0	0.02
Φ	$+V_4$，$-V_2$	0.05	0	0.02
ψ	$+V_1$，$-V_2$，$+V_3$，$-V_4$	0.005	0	0004
H	$+V_1$，$+V_2$，$+V_3$，$+V_4$	0.01	0.0007	0.01
$\dot{X}_i'$	$-\Delta\theta$	-1.5	-0.06	0
$\dot{Y}_i'$	$\Delta\varphi$	1.5	0.06	0

25.5 飞行仿真

实时仿真软件实现仿真模型。为了 3D 可视化，飞行装置[19]，在 GNU 许可证允许的情况下使用一个开放源码的飞行模拟器。使用 MATLAB\Flightgear 的接口需要用 MATLAB / Simulink 飞行装置发送输出矢量，如图 25.4 所示。具有 MATLAB 航天模块库的预配置接口模块用于此。为了可视化，惯性框架的坐标转换成该位置的纬度、经度和高度，并且传递指定的三个欧拉角的方位。由于缺少一个 Flightgear 的四旋翼模型，用直升机（欧洲直升机公司 Bo105）的内置模式进行三维可视化。图 25.4 最左边的方框代表操纵杆接口。一个标准的力学反馈操纵杆设定$\dot{X}_i'$、$\dot{Y}_i'$、ψ 和 h 值。以这种方式设置了用操纵杆操纵的实时仿真，并且可以用飞行装置屏幕观察。模拟器屏幕快照（模型 $h=1000\text{m}$）示于图 25.7。为了获得更高的速度和更好的性能，在 PC 上运行 Matlab 和 Flightgear。

图 25.7 模拟 Flightgear

25.6 仿真平台和飞行测试

仿真研究之后,在自动驾驶仪上装入该控制规则,然后集成四旋翼机身。为了保证测试过程中的安全性,在自动和手动模式之间自动驾驶仪设计了切换逻辑。手动和自动模式下的自动驾驶仪的流程如图 25.8 所示。注意,在这两种情况下,速度反馈回路是飞行器动力学的一部分,即在手动模式下的速率反馈控制器继续工作。由于其固有的不稳定性, 如果不提供这样一个速度反馈给飞行员,就不可能手动操纵任何飞行的四旋翼。该体系结构还允许有选择的输入到手动或自动模式中。自动驾驶仪的输出对应俯仰、侧倾、偏转和推力指令,在这里通道拆分程序段转换成电动机的 RPM 命令。

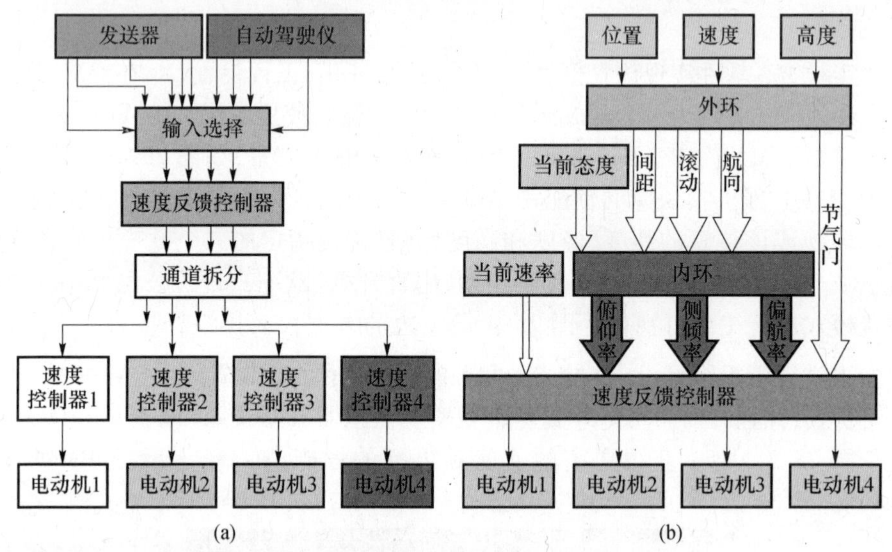

图 25.8 自动驾驶仪

(a)手动模式;(b)自主模式。

25.6.1 平台测试

第一组试验是在三自由度试验台上进行的,只允许旋转,以测试姿态的稳定性和飞行器方向控制能力。该试验台还允许进一步微调 PID 增益。自动驾驶飞行器安装在三坐标测试机上,如图 25.9 所示。自动驾驶(安装在飞行器上)连接到 PC 来监视姿态和实时控制动作,用于检查系统倾斜和俯仰的稳定性。试验台的信号如图 25.10。在图 25.10。自动驾驶以手动模式开始,在 $t=19\mathrm{s}$ 切换到自动模式。在整个试验中,侧倾角和俯仰角为 0°,且推力恒定。图 25.10 中显示,人工扰动系统的峰值,以测试控制器的稳定性。该控制器表现良好,并在俯仰和侧倾方向上可以很好地抗干扰。

图 25.9　在三坐标试验台上的四旋翼飞行器

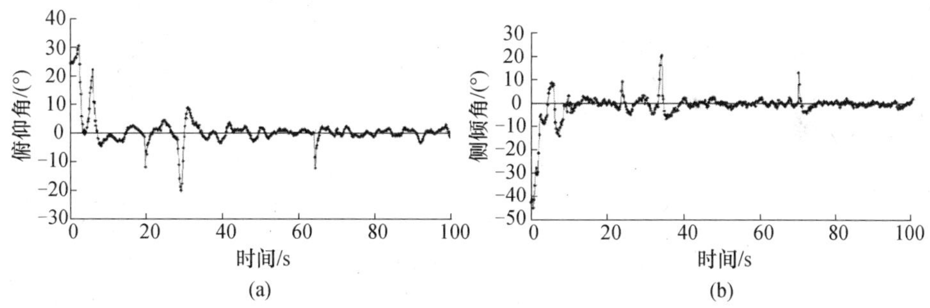

图 25.10　试验台的信号

(a)俯仰角;(b)侧倾角。

25.6.2　飞行测试试验

台架试验之后,控制器可以自由飞行。自由飞行试验的目标首先能够实现自主悬浮(姿态稳定性控制),然后是提升和飞走。只有推力是由飞行员在手动模式下控制的。姿态稳定性和控制性的样本结果示于图 25.11。在扰动下可以实现比较好的姿态稳定性。据观察,在没有实时指令输入时,飞行器能够保持悬浮。然而,因为外层导航循环尚未实现,缓慢的漂移是可以观察到的。

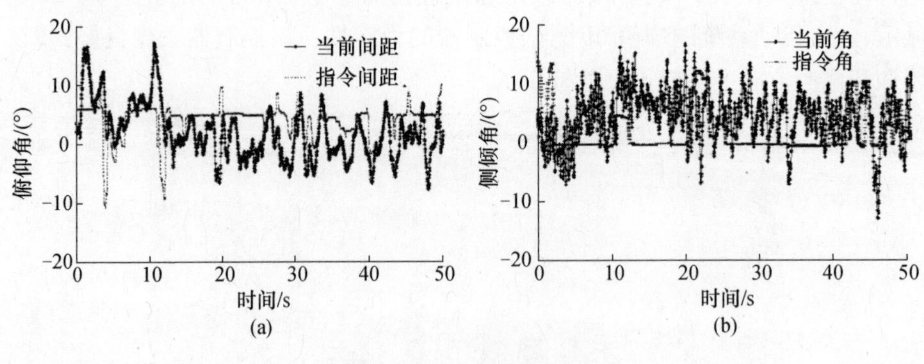

图 25.11 飞行测量的信号

(a)俯仰角;(b)侧倾角的信号。

25.7 结束语

本章首先描述了一个复杂微型四旋翼的建模和模拟演练,然后将其建成并飞行成功。除了其用于控制规则的设计,形成了一个基于地面模拟系统的组成部分。对于这一点,模型集成了操纵杆和飞行模拟器,使运行过程中的实时体验非常逼真。避免设计过程中的变更、减少飞行试验的时间之后,建模和仿真工作有助于减少开发时间和成本。

附录:符号表

$\boldsymbol{A}$	旋转矩阵;
A_p	转子区域;
B	机身固定框架;
D	阻力矩;
DOF	自由度;
F_{wl}	基于移动速度和风的力;
G	齿数比;
h	车辆高度;
I	惯性系;
I_{xx}、I_{yy}、I_{zz}	机身的 x、y、z 轴分别的惯性四旋翼力矩;
I_{ct}	惯性反力矩;
J	瞬时惯性矩;

J_p　单个转子的转动惯量；

k_d　瞬时空气阻力系数；

k_i　当前电机常数；

kr　由于旋转速度引起的摩擦系数；

ks, ku　由于平移速度引起的摩擦系数；

kt　空气动力推力系数；

kv　电动机的转速常量；

L　从原点到转子中心的距离；

$\boldsymbol{M}$　(机身的角速率)欧拉时间导数的矩阵；

M_f　摩擦力矩；

M_g　回转力矩；

m　四转子整车装配质量；

P　转子叶片的间距；

R　电动机的电阻；

R_p　转子的半径；

T　轴向力；

V　施加到电动机的电压；

w　风速；

$\dot{X}_i$,$\dot{Y}_i$　在水平面上正向和侧向的速度；

$\dot{X}_i$,$\dot{Y}_i$　惯性系速度；

α　转子的角速度；

φ, θ, ψ　欧拉角；

φ_b, θ_b　基于欧拉角的指令；

τ　力矩；

τ_t　干扰力矩；

τ_m　电机转矩；

ω　四转子的主体框架的角速率；

1, 2, 3, 4　转子数量；

B　主体框架的坐标；

c　指令值；

d　理想值；

i　在惯性坐标系的坐标；

o　获得的值；

参考文献

1. Mueller, T.J., Kellogg, J.C., Ifju, P.G. and Shkarayev, S.V. (Eds.), *Introduction to the Design of Fixed-Wing Micro Air Vehicles: Including Three Case Studies*, AIAA Education Series, AIAA, Reston, Virginia, January 2007.
2. Mueller, T.J., On the birth of micro air vehicles, *International Journal of Micro Air Vehicles*, 2009, 1(1), 1–12.
3. Nonami, K., Prospect and recent research and development for civil use autonomous unmanned aircraft as UAV and MAV, *Journal of System Design and Dynamics*, 2007, 1(2), 120–128.
4. Reed, J.A., Follen, G.J. and Afjeh, A.A., Improving the aircraft design process using web-based modeling and simulation, *ACM Transactions on Modeling and Computer Simulation*, 2000, 10(1), 58–83.
5. Kumar, P.B.C., Gupta, N.K., Ananthkrishnan, N., Renganathan, V.S., Park, I.S. and Yoon, H.G., Modeling, Dynamic Simulation, and Controller Design for an Air-Breathing Combustion System, AIAA 2009-708, 47th AIAA Aerospace Sciences Meeting, 5–8 January 2009, Orlando, Florida.
6. Rohani, M.R. and Hicks, G.R., Multidisciplinary design and prototype development of a micro air vehicle, *Journal of Aircraft*, 1999, 36(1), 227–234.
7. Castillo, P., Lozano, R. and Dzul, A.E., *Modeling and Control of Mini-Flying Machines*, Springer-Verlag, New York, 2005, pp. 39–60.
8. Bouabdallah, S., Murrieri, P. and Siegwart, R., Design and Control of an Indoor Micro Quadrotor, International Conference on Robotics and Automation, New Orleans, USA, 2004.
9. Roberts, J.F., Stirling, T.S., Zufferey J.-C. and Floreano, D., Quadrotor Using Minimal Sensing for Autonomous Indoor Flight. 3rd US–European Competition and Workshop on Micro Air Vehicle Systems (MAV07) and European Micro Air Vehicle Conference and Flight Competition (EMAV2007), 17–21 September 2007, Toulouse, France.
10. Hamel, T., Mahony, R., Lozano, R. and Ostrowski, J., Dynamic Modeling and Configuration Stabilization for an X4-Flyer, 15th Triennial World Congress of International Federation of Automatic Control, Barcelona, Spain, 2002.
11. Bramwell, A.R.S., Done, G. and Balmford, D., *Bramwell's Helicopter Dynamics*, 2nd ed., Butterworth Heinemann, Oxford, UK, 2001.
12. Mahony, R., Altug, E. and Ostrowski, J.P., Control of a Quadrotor Helicopter Using Visual Feedback, Proceedings of 2002 IEEE Conference on Robotics and Automation, Washington DC, 2002, pp. 72–77.
13. Nice, E.B., Design of a Four Rotor Hovering Vehicle, MS thesis, Cornell University, 2004.
14. Tomlin, C.J., Jang, J.S., Waslander, S.L. and Hoffmann, G.M., Multi-Agent Quadrotor Testbed Control Design: Integral Sliding Mode vs. Reinforcement Learning, IEEE International Conference on Intelligent Robots and Systems, Alberta, Canada, 2005, pp. 468–473.
15. Tayebi, A. and McGilvray, S., Attitude stabilization of a VTOL quadrotor aircraft, *IEEE Transactions on Control Systems Technology*, 2006, 14, 562–571.
16. Kendoul, F., Lara, D., Coichot, I.F. and Lozano, R., Real-time nonlinear embedded control for an autonomous quadrotor helicopter, *Journal of Guidance, Control, and Dynamics*, 2007, 30(4), 1049–1061.
17. Das, A., Lewis, F. and Subbarao, K., Backstepping approach for controlling a quadrotor using Lagrange form dynamics, *Journal of Intelligent and Robotic Systems*, 2009, 56(1–2), 127–151.
18. Wang, Q.G., Lee, T.H., Fung, H.W., Bi, Q. and Zhang, Y., PID tuning for improved performance, *IEEE Transactions on Control Systems Technology*, 1999, 7(4), 457–465.
19. Anon. *Introduction to FlightGear: Open-Source Flight Simulator*, Under the GNU General Public License; FlightGear, http://www.flightgear.org, accessed December 3, 2009.
20. Gupta, N.K., Goel, R. and Ananthkrishnan, N. Design/development of mini/micro air vehicles through modeling and simulation: Case of an autonomous quadrotor. In *Sp. Issue on Aerospace Avionics and Related Technologies* (Eds.: Raol, J.R. and Ajith Gopal), *Def. Sc. Jl.*, 61(4), 337–345, 2011.

第 26 章　运用卡尔曼滤波器和平滑器测定移动车辆的发射点与落点

26.1　引言

许多防御情境要求武器运载系统可以通过运行部分轨迹准确地预测目标的发射点和碰撞落点。知道目标从哪里发射，目标是来自敌人的领土还是盟友的领土是很重要的。同样重要的是还要知道目标将会影响哪里，如是海洋还是大城市。假如可以做到非常准确的预测，任何摧毁目标的恰当行动就可以根据需要启动。传统上，使用基于滤波器的卡尔曼过滤器来预测这样的轨迹。如果可以观察到整个飞行轨迹，那么发射点和落点可以直接使用卡尔曼滤波计算出来。但是一些情况下仅可以获得飞行中的部分轨迹。在这种情况下，发射和落点的确定通过轨迹的外延计算得来。在时间上慢于发射点，提前预测出落地点。这种判断与预测可以通过使用平滑器和过滤器来实现。判断发射和落点的过程可以分为下两个阶段：第一阶段，对于可以通过传感器观察到的移动物体，可以通过点质量模型和卡尔曼滤波计算出轨迹[1]。由于平滑技术可以显著改善状态估计的初始条件[2]，可以用该技术准确地预测发射点，因此可以使用 R－T－S 做平滑状态估计。第二阶段，当不能由传感器观察目标的时，使用点质量模型和协方差来进行轨迹估计，由向前传播算法来获得目标落点的信息[3]。通过向后一体化的方法，利用平滑状态估计（在发射点）预测发射点的轨迹。本章用卡尔曼滤波和正向预测的方法预测飞行轨迹的落点。同样地，运用卡尔曼滤波、固定间隔的 R－T－S 平滑器[4]和向后一体化来预测飞行轨迹的发射点。这些算法可以由 PC MATLAB ®软件来实现，并且这些算法可以通过恒定加速度的运动目标的模拟数据来验证。模拟测试结果表现在发射和落点预测的准确性、时间上的比较、理论界限残差的自相关性、理论界限的创新序列[5,6]和模拟数据的状态误差边界。

26.2　发射点和落点估计

涉及飞行轨迹中发射点和落点估计的两个阶段示于图 26.1。图 26.1 所示为目标从 A 到 D 的典型轨迹,其中以 A 作为发射点、D 作为落点。假定仅测量点 B 和 C 之间的轨迹可以用传感器观测到,要求以此估计落点 D 和发射点 A。在第一阶段,通过卡尔曼滤波的方法,使用 B 和 C 之间的数据生成估计目标状态和协方差矩阵。在 B 和 C 之间使用 R－T－S 平滑器,利用卡尔曼滤波的输出在向后传递操作中生成平滑的目标状态(由 C 到 B)。在第二阶段,A 点是通过以 B 点的平滑输出为起点的后向一体化计算得到的,而 D 点是通过在 C 点使用卡尔曼滤波输出的正向预测计算得到的。

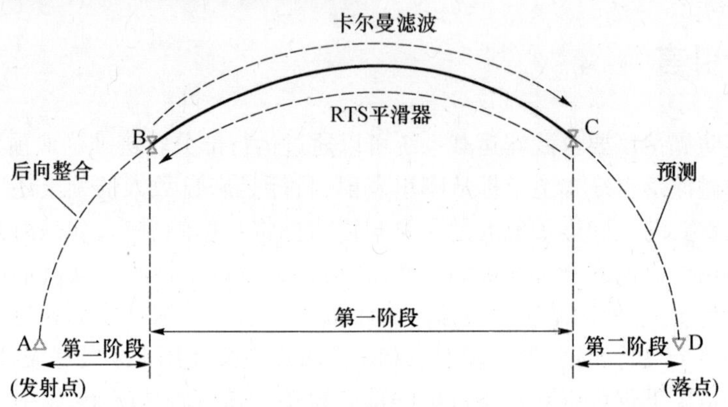

图 26.1　典型的飞行轨迹

26.2.1　卡尔曼滤波

卡尔曼滤波器是由卡尔曼在 1960 年最先开发的[7],它已经成为一种标准估计算法,在跟踪算法开发中广泛使用。在笛卡儿坐标系测量时,卡尔曼滤波具有最小均方差、独立测量,并且高斯分布和目标的运动(目标的数学模型)是已知的。目标跟踪系统的目的是使用传感器提供的测量值形成并持续跟踪感兴趣目标的轨迹。图 26.2 示出了典型的递归目标跟踪系统的信息流程。它的基本要素是时间预测和测量更新。首先执行时间预测。使用目标过程模型,从 k 开始到 $k+1$ 预测轨迹。在测量更新时,$k+1$ 的测量值被纳入到预测状态估计中,以获得使用计量模型情况下改进的估计。

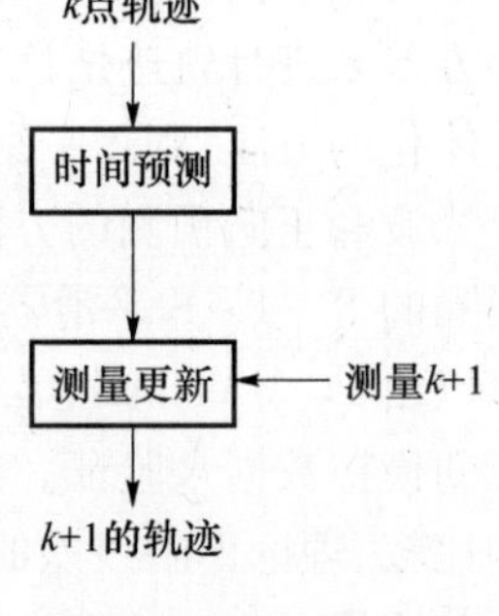

图 26.2　递归目标状态估计的信息流程

26.2.1.1　过程模型

为了使其能够使用卡尔曼滤波器,随机系统的动态模型必须以状态方程描述的形式构建。卡尔曼滤波器用于目标状态估计,不执行任何控制功能。因此,系统的输入控制不是系统模型形成的。随机过程模型提供随机过程状态的动态

关系。该模型由一组一阶的微分方程组成,随机输入噪声为变量。可以用一个离散时间形式表示的广义方程表示[6,7]:

$$\boldsymbol{X}(k)=\boldsymbol{F}\boldsymbol{X}(k-1)+\boldsymbol{G}w(k),\ \boldsymbol{X}(0)=\boldsymbol{X}_0 \tag{26.1}$$

式中:$\boldsymbol{F}$ 为状态转移矩阵;$\boldsymbol{X}(k)$ 为第 k 个时间样本的状态矢量;$\boldsymbol{G}$ 为过程噪声增益矩阵;$w(k)$ 为过程噪声;X_0 为初始状态矢量。

卡尔曼滤波假设:该过程噪声 $w(k)$ 是均值为零的白高斯分布并且协方差已知;过程噪声独立于系统状态 $\boldsymbol{X}(k)$。在初始系统状态 $X(0)$ 时,已知均值和协方差 $P(0)$。附加信息如下:

$$\boldsymbol{X}(k)\approx N(\hat{\boldsymbol{X}}(k),\hat{\boldsymbol{P}}(k)) \tag{26.2}$$

$$E\{[\hat{\boldsymbol{X}}(k)-\boldsymbol{X}(k)][\hat{\boldsymbol{X}}(k)-\boldsymbol{X}(k)]^{\mathrm{T}}\}=\hat{\boldsymbol{P}}(k)$$

$$\boldsymbol{w}(k)\approx N(0,\boldsymbol{Q})$$

$$E\{\boldsymbol{w}(k)\boldsymbol{w}^{\mathrm{T}}(k)\}=\boldsymbol{Q}\delta$$

$$E\{\boldsymbol{w}(k)\boldsymbol{X}^{\mathrm{T}}(k)\}=0$$

式中:$E\{\}$ 为期望算子;$\hat{X}\{k\}$ 为 $X(k)$ 的估计或均值;$\hat{\boldsymbol{P}}(k)$ 为状态误差的对称、半定的协方差矩阵;$\boldsymbol{Q}$ 为过程噪声协方差矩阵;δ 为克罗内克 δ 函数。

26.2.1.2　测量模型

测量模型提供了由传感器测得的系统状态和物理量之间的关系,可表示为广义离散公式:

$$z_m(k)=\boldsymbol{H}\boldsymbol{X}(k)+\boldsymbol{v}(k) \tag{26.3}$$

式中:$z_m(k)$ 为从传感器得到的测量;H 为观测矩阵/传感器的数学模型; $\boldsymbol{v}(k)$ 为测量噪声。

测量噪声说明了测量系统误差对所测物理量的影响。据推测,$z_m(k)$ 是充足时间下高斯分布随机变量, 测量噪声序列 $\boldsymbol{v}(k)$ 是一个零均值和已知协方差的白高斯分布过程,独立于过程噪声序列 $w(k)$ 以及状态矢量 $\boldsymbol{X}(k)$。

相关假设如下:

$$\boldsymbol{v}(k)\approx N(0,\boldsymbol{R}) \tag{26.4}$$

$$E\{\boldsymbol{v}(k)\boldsymbol{v}^{\mathrm{T}}(k)\}=\boldsymbol{R}\delta$$

$$E\{\boldsymbol{v}(k)\boldsymbol{X}^{\mathrm{T}}(k)\}=0$$

$$E\{\boldsymbol{v}(k)\boldsymbol{w}^{\mathrm{T}}(k)\}=0$$

式中:$\boldsymbol{R}$ 为测量噪声的正定协方差矩阵。

给出卡尔曼滤波算法并进行了两个步骤递归:

(1) 更新时间(跟踪过程中的动态效果)。

状态预测：
$$\tilde{\boldsymbol{X}}(k|k-1) \approx \boldsymbol{F}\hat{\boldsymbol{X}}(k-1k-1) \tag{26.5}$$

预测误差方差：
$$\tilde{\boldsymbol{P}}(kk-1) = \boldsymbol{F}\hat{\boldsymbol{P}}(k-1|k-1)\boldsymbol{F}^{\mathrm{T}} + \boldsymbol{GQG}^{\mathrm{T}} \tag{26.6}$$

(2) 测量更新(测定作用)。

创新：
$$\boldsymbol{\vartheta} = z_m(k) - \boldsymbol{H}\tilde{\boldsymbol{X}}(k|k-1) \tag{26.7}$$

创新协方差：
$$\boldsymbol{S} = \boldsymbol{H}\tilde{\boldsymbol{P}}(k|k-1)H^{\mathrm{T}} + \boldsymbol{R} \tag{26.8}$$

卡尔曼增益：
$$\boldsymbol{K} = \tilde{\boldsymbol{P}}(k|k-1)\boldsymbol{H}^{\mathrm{T}}\boldsymbol{S}^{-1} \tag{26.9}$$

状态估计/滤波：
$$\hat{\boldsymbol{X}}(k|k) = \tilde{\boldsymbol{X}}(k|k-1) + \boldsymbol{K\vartheta} \tag{26.10}$$

估计误差方差：
$$\hat{\boldsymbol{P}}(k|k) = (\boldsymbol{I} - \boldsymbol{KH})\tilde{\boldsymbol{P}}(k|k-1) \tag{26.11}$$

ϑ 称为创新,因为当新的计量可使用时,它提供了新的信息。可以观察到,卡尔曼增益 K 仅取决于过程噪声 $w(k)$ 和测量噪声 $\nu(k)$ 的统计,与测量 $z_m(k)$ 没有关系。

26.2.2 RTS

平滑是一种非实时的数据处理方式,采用所有的测量从 T(最后时标)开始到 0(在初始时间点),来估计目标在某一时刻 t 的平滑状态,其中 $0 \leqslant t \leqslant T$。这项工作中使用的平滑技术是逆向传递到前馈的卡尔曼滤波器,并利用 KF 输出过滤协方差和卡尔曼收益。因为使用[2,4,6]简单,所以使用 RTS 平滑器公式。RTS 的递归:生成平滑的目标状态估计和相应的误差协方差,即

$$\hat{\boldsymbol{X}}(k \mid N) = \boldsymbol{F}^{-1}\hat{\boldsymbol{X}}(k+1 \mid N) \tag{26.12}$$

$$\hat{\boldsymbol{P}}(k \mid N) = \hat{\boldsymbol{P}}(k \mid k) + \hat{\boldsymbol{G}}(k)(\hat{\boldsymbol{P}}(k+1 \mid N) - \tilde{\boldsymbol{P}}(k+1 \mid k))\hat{\boldsymbol{G}}^{\mathrm{T}}(k) \tag{26.13}$$

式中

$$\hat{\boldsymbol{G}}(k) = (\hat{\boldsymbol{P}}(k \mid k)\boldsymbol{F}^{\mathrm{T}}(k)\tilde{\boldsymbol{P}}^{-1}(k+1 \mid k) \tag{26.14}$$

RTS 递归是由 $k = (N_{\mathrm{C}} - 1), \cdots, N_{\mathrm{B}}$ 反向进行的。向前使用直传卡尔曼滤波器,找到状态估计 $\tilde{\boldsymbol{X}}(k+1 \mid k)$ 和对应的协方差矩阵 $\tilde{\boldsymbol{P}}(k+1 \mid k)$。

26.2.3 落点的预测

第二阶段的正向预测,用来预测飞行轨迹的落点 D(索引为 N_{D})。

$$\tilde{\boldsymbol{X}}(k+1 \mid k) = \boldsymbol{F}\hat{\boldsymbol{X}}(k \mid k) \tag{26.15}$$

$$\tilde{\boldsymbol{P}}(k+1 \mid k) = \boldsymbol{F}\hat{\boldsymbol{P}}(k \mid k)\boldsymbol{F}^{\mathrm{T}}, k = N_{\mathrm{C}}, \cdots, N_D \tag{26.16}$$

式中：$\hat{\boldsymbol{X}}(k \mid k)$ 和 $\hat{\boldsymbol{P}}(k \mid k)$ 的初始值是在 C 点的卡尔曼滤波器输出值。

26.2.4　发射点预测

在第二阶段执行后向整合，以预测飞行轨迹的发射点[6]：

$$\hat{\boldsymbol{X}}(k \mid N) = \boldsymbol{F}\hat{\boldsymbol{X}}(k+1 \mid N) \tag{26.17}$$

$$\hat{\boldsymbol{P}}(k \mid N) = \boldsymbol{F}^{-1}\hat{\boldsymbol{P}}(k+1 \mid N)(\boldsymbol{F}^{\mathrm{T}})^{-1}, k = (N_B - 1), \cdots, 1 \tag{26.18}$$

式中：$\hat{\boldsymbol{X}}(k+1 \mid N)$ 和 $\hat{\boldsymbol{P}}(k+1 \mid N)$ 的初始值是在点 B 的平滑器或卡尔曼滤波器的输出。

26.3　滤波器性能评价

通过检查以确定目标跟踪滤波器性能：状态估计和边界收敛；残差及其边界的收敛；白度的残差自相关性。对卡尔曼滤波器的跟踪性能进行了评估，确定通过检查与否[5,6]：状态误差 $\Delta\boldsymbol{X} = \boldsymbol{X} - \hat{\boldsymbol{X}}$ 落在理论界限 $\pm 2\sqrt{\hat{\boldsymbol{P}}}$ 内（仅为模拟数据）；创新序列 $\boldsymbol{J} = z_m - \boldsymbol{H}\hat{\boldsymbol{X}}$ 落在理论界限内 $\pm 2\sqrt{\boldsymbol{S}}$，其中 $\boldsymbol{S} = \boldsymbol{H}\tilde{\boldsymbol{P}}\boldsymbol{H}^{\mathrm{T}} + \boldsymbol{R}$；残差的自相关（cor）落入理论界限 $\pm\dfrac{1.96}{\sqrt{N}}$ 内，其中 N 为样本数目。

26.4　结果与讨论

卡尔曼滤波器和 RTS 平滑器技术使用 PC MATLAB 来实现和演示。在恒定的加速度下，使用移动目标的模拟测试数据来评估该算法的性能。为了生成模拟的测试数据，目标状态变量是 x 向位置、x 向速度、x 向加速，y 向位置、y 向速度、y 向加速，z 向位置、z 向速度、z 向加速，即目标状态矢量由下式表示：

$$\boldsymbol{X} = [x, \dot{x}, \ddot{x}, y, \dot{y}, \ddot{y}, z, \dot{z}, \ddot{z}]$$

式（26.1）和式（26.3）给出了该系统的模型。采样时间 $T = 0.1\mathrm{s}$，生成仿真数据，持续 50s。过渡矩阵和其他相关矩阵为

$$
\boldsymbol{F}=\begin{pmatrix}1 & \boldsymbol{T} & 0.5\boldsymbol{T}^2 & 0 & 0 & 0 & 0 & 0 & 0\\ 0 & 1 & \boldsymbol{T} & 0 & 0 & 0 & 0 & 0 & 0\\ 0 & 0 & 1 & 0 & 0 & 0 & 0 & 0 & 0\\ 0 & 0 & 0 & 1 & \boldsymbol{T} & 0.5\boldsymbol{T}^2 & 0 & 0 & 0\\ 0 & 0 & 0 & 0 & 1 & \boldsymbol{T} & 0 & 0 & 0\\ 0 & 0 & 0 & 0 & 0 & 1 & 0 & 0 & 0\\ 0 & 0 & 0 & 0 & 0 & 0 & 1 & \boldsymbol{T} & \boldsymbol{T}^2\\ 0 & 0 & 0 & 0 & 0 & 0 & 0 & 1 & \boldsymbol{T}\\ 0 & 0 & 0 & 0 & 0 & 0 & 0 & 0 & 1\end{pmatrix},\ \boldsymbol{G}=\begin{pmatrix}T^3/6 & 0 & 0\\ 0 & T^2/2 & 0\\ 0 & 0 & T\\ T^3/6 & 0 & 0\\ 0 & T & 0\\ 0 & 0 & T\\ T^3/6 & 0 & 0\\ 0 & T & 0\\ 0 & 0 & T\end{pmatrix}
$$

$$
\boldsymbol{H}=\begin{pmatrix}1 & 0 & 0 & 0 & 0 & 0 & 0 & 0 & 0\\ 0 & 0 & 0 & 1 & 0 & 0 & 0 & 0 & 0\\ 0 & 0 & 0 & 0 & 0 & 0 & 1 & 0 & 0\end{pmatrix},\ \boldsymbol{R}=\begin{pmatrix}r_x^2 & 0 & 0\\ 0 & r_y^2 & 0\\ 0 & 0 & r_z^2\end{pmatrix},\ \boldsymbol{Q}=\begin{pmatrix}q_x^2 & 0 & 0\\ 0 & q_y^2 & 0\\ 0 & 0 & q_z^2\end{pmatrix}
$$

初始状态矢向量 $\boldsymbol{X}(0)=[1200.0,20,0,3000.0,\ 0,0,0,20,\ -0.4]$。通过添加随机噪声 $r_x^2=r_y^2=r_z^2=1$ 方差，测量 x 向位置、y 向位置和 z 向位置由式(26.3)生成。过程噪声方差仿真中使用的是 $q_x^2=q_y^2=q_z^2=0.0001$。假设测量的数据是 10 ~ 40s，图 26.3 显示了在点 B 和 C 之间的 x 坐标位置的状态估计。利用 RTS 平滑器输出的发射点(A 点)和滤波器输出落点(D 点)的预测状态估计，与真值进行比较。图 26.3 表明该发射和落点预测非常接近真实值。类似的推论分别由图 26.4 和图 26.5 中 y 向和 z 向的位置得来。修正的数据结果、理论边界自相关性和状态误差如图 26.6 ~ 图 26.8 所示。修正的数据结果、理论边界自相关性和状态误差表明在理论范围内的良好过滤性。从图 26.6 观察，有些残差是超出界限的，边界是 $1-\boldsymbol{\Sigma}$。这些残差(平均残差)在 0 附近波动如表 26.1 所列。利用卡尔曼滤波器和 RTS 平滑器，在 x、y 和 z 轴位置的状态误差如图 26.9 所示。显然，与 KF 状态比较，平滑器提供了非常流畅的状态。在 x、y 和 z 轴的地方，拟合误差百分比和平均状态误差示于表 26.1。这些误差是非常小的，表明有很好的过滤性。许多案例表明，假设的测量数据可用在不同的时间段(用点 B 和 C 表示，在表 26.1 和表 26.2 中)。在 C 点处使用卡尔曼滤波器输出的落点预测结果和正向预测(FP)示于表 26.2，并且给出了落点预测标准偏差和落点预测结果。显然(见案例 6)，即使只有 10s 数据落点的预测是非常准确，从而证明当目标模型和噪声统计准确时利用卡尔曼滤波输出预测落点是准确的。在 B 点并且向后整合(BI)，使用 RTS 平滑器输出预测发射点的结果列于表 26.2。因为模拟数据是已知的，(在第 50 秒 D 点)的真正落点和(在第 0 秒 A 点)的发射点，示于表 26.2 的括号内。在持续的测量时间内，预测发射或落点不确定性的平均值列于表 26.2。当可用于测量的时间比较少或者发射/落点的持

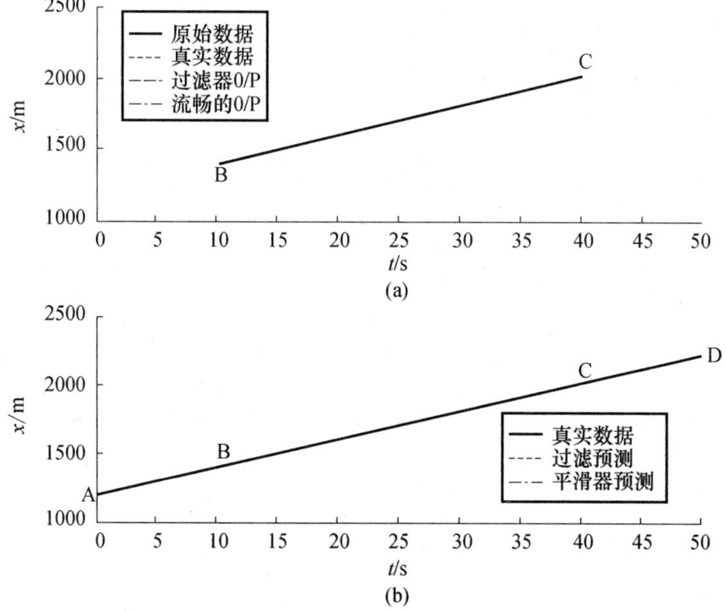

图 26.3　利用卡尔曼滤波器和 RTS 平滑器对 x 位置的估计
(a) 卡尔曼滤波器；(b) RTS 平滑器。

续时间(进行预测的时间长度)更多的时候,从表 26.2 观察到该预测的准确度降低(见案例 6)。显然,在所有的情况下,使用 RTS 平滑器的预测结果更加准确。状态误差连同它们的理论界限示于图 26.10 和图 26.11。因为有可测值,误差在(第一阶段的)滤波和平滑的边界内,因为没有更新测量值,误差越过了(第二阶段的)边界。等速目标移动的模拟数据可以用于该技术/算法的验证。真实数据的应用程序,可能涉及非线性状态方程和机动目标。这个问题将需要大量的建模工作。

表 26.1　拟合误差百分比和平均状态误差

案例	时间/s		PFE			平均残差		
	B	C	x 向	y 向	z 向	x 向	y 向	z 向
1	0	50	0.056	0.033	0.261	0.039	0.080	−0.038
2	0.5	49.5	0.056	0.033	0.261	−0.018	0.072	−0.042
3	2.5	47.5	0.055	0.033	0.258	−0.010	0.056	−0.027
4	5	45	0.055	0.033	0.257	0.042	0.074	−0.088
5	10	40	0.054	0.033	0.253	−0.006	0.171	0.022
6	20	30	0.051	0.033	0.242	0.0182	−0.175	0.074

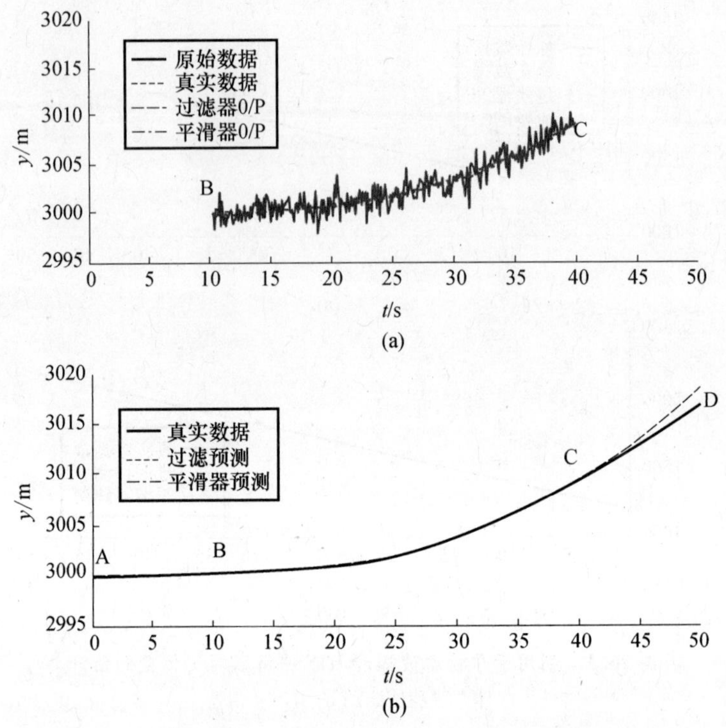

图 26.4　利用卡尔曼滤波器和 RTS 平滑器对 y 位置的估计
（a）卡尔曼滤波器；（b）RTS 平滑器。

表 26.2　发射点和落点估计

案例	时间/s		落点——D 点(2216.8,3016.8,516.8) 在第 50 秒时			发射点——A 点(1201,3000,1.998) 在第 0 秒时		
	B	C	x 向	y 向	z 向	x 向	y 向	z 向
1	0	50	2216.796 ±0.153	3016.758 ±0.154	516.876 ±0.168	1202.000 ±0.105	3000.033 ±0.095	1.912 ±0.115
2	0.5	49.5	2216.743 ±0.171	3016.705 ±0.172	516.883 ±0.187	1201.949 ±0.109	3000.051 ±0.095	1.943 ±0.148
3	2.5	47.5	2216.792 ±0.268	3016.958 ±0.267	517.06 ±0.28	1201.841 ±0.148	2999.986 ±0.1	1.796 ±0.19
4	5	45	2217.164 ±0.432	3017.278 ±0.432	517.138 ±0.450	1201.973 ±0.176	2999.956 ±0.099	1.832 ±0.263
5	10	40	2218.598 ±0.941	3018.415 ±0.941	518.529 ±0.982	1201.936 ±0.251	3000.087 ±0.119	1.311 ±0.571
6	20	30	2214.194 ±2.705	3013.802 ±2.819	529.428 ±7.044	1204.748 ±1.212	3002.515 ±0.589	18.508 ±6.923

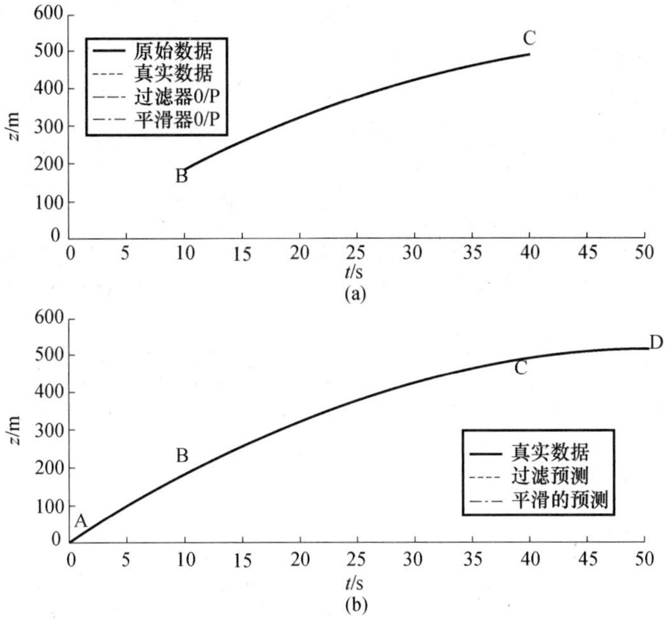

图 26.5　利用卡尔曼滤波器和 RTS 平滑器对 z 位置的估计

（a）卡尔曼滤波器；（b）RTS 平滑器。

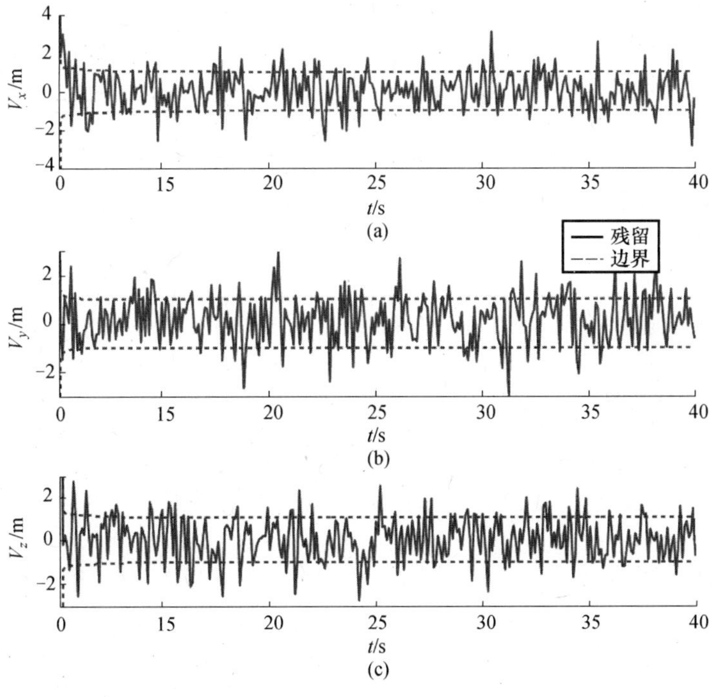

图 26.6　修正后的结果与理论边界

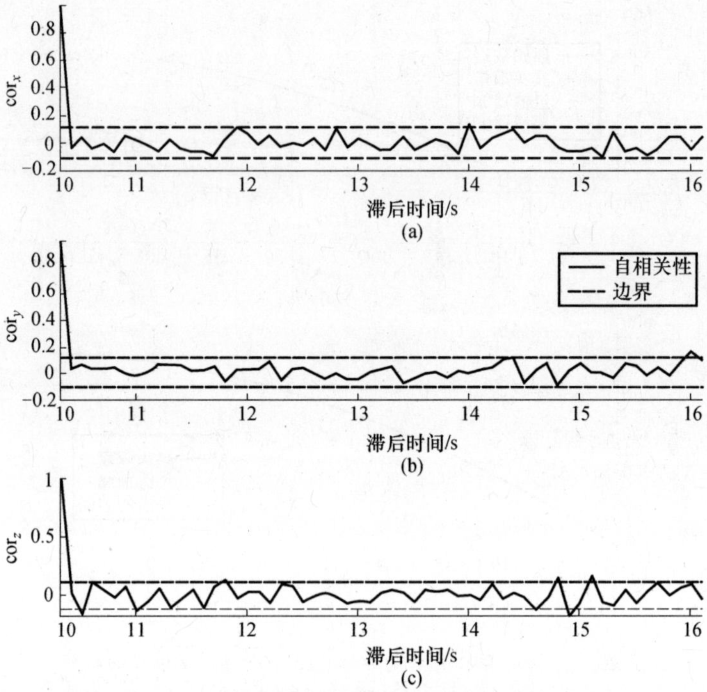

滞后时间/s
(a)

滞后时间/s
(b)

滞后时间/s
(c)

图 26.7　理论边界自相关性

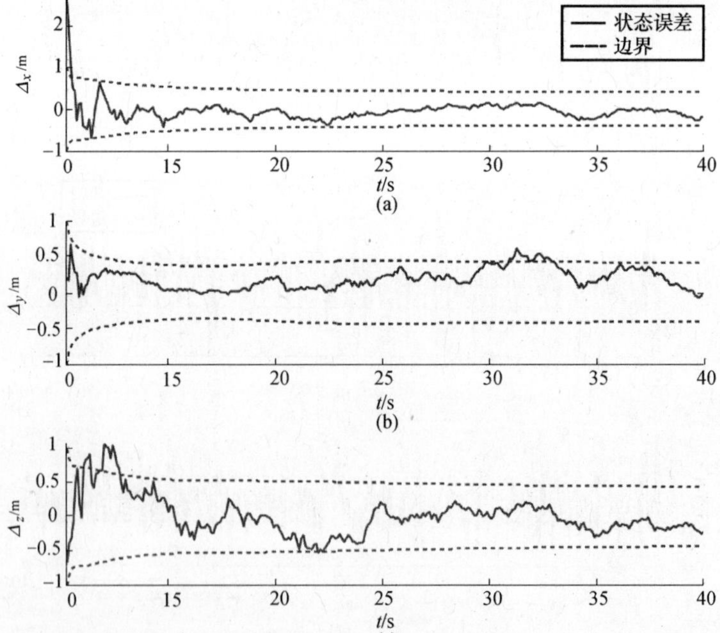

图 26.8　理论边界状态误差

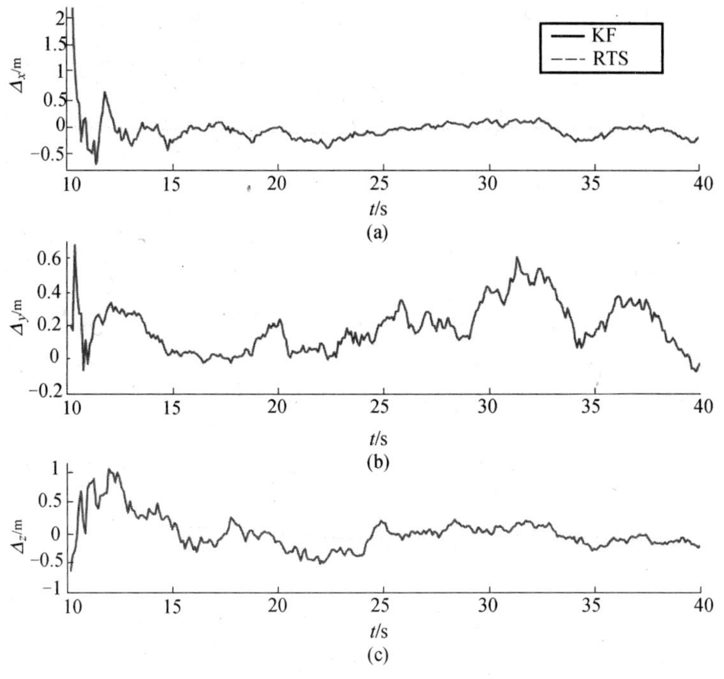

图 26.9　卡尔曼滤波和 RTS 平滑器的状态误差

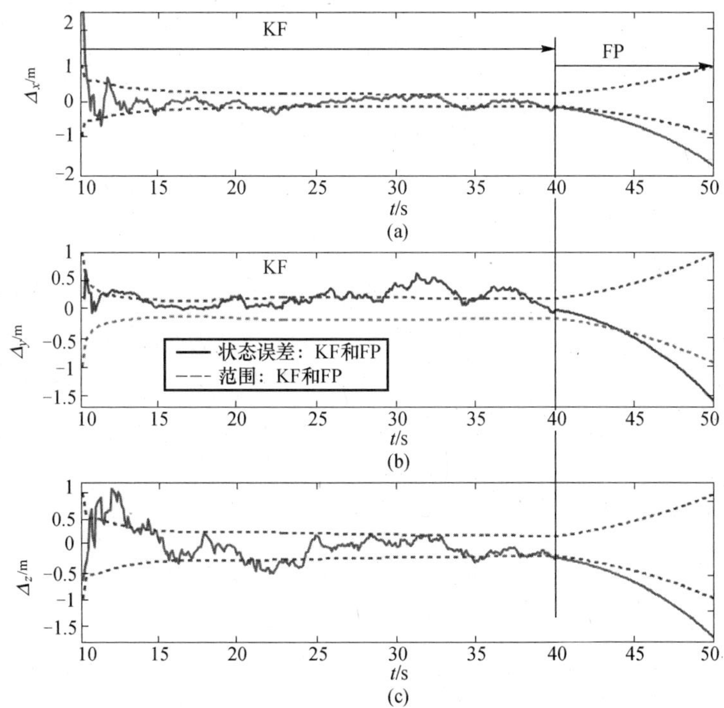

图 26.10　理论边界状态误差(KF 和正向预测)

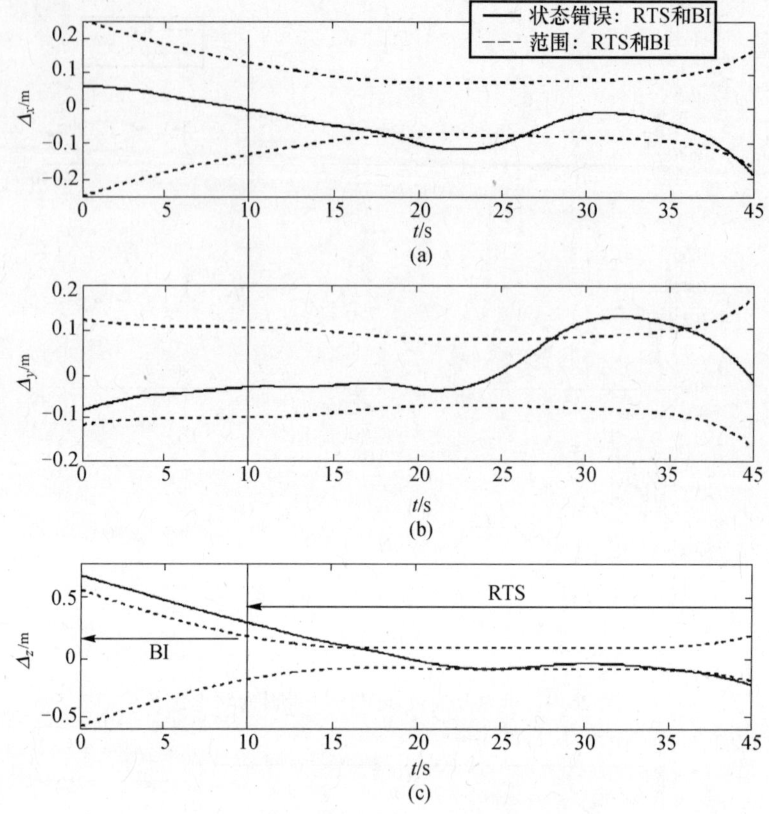

图 26.11　理论边界状态误差(RTS 和后向整合)

26.5　结束语

在 PC MATLAB 中实现和演示卡尔曼滤波器和 RTS 平滑器,并且使用模拟测试数据对其性能进行了研究。RTS 平滑器可以生成更精确的目标状态估计,这使得发射点的预测精度比较精确。这还需要进一步的研究。这是值得探讨的应用程序,程序的状态方程是高非线性的,并且数据跨度较短。MATLAB 代码开发是这项工作的一部分,提供给用户一个网址:http://www.crcpress.com/product/isbn/9781439863008。

参考文献

1. Eli, B., *Tracking and Kalman Filtering Made Easy*, John Wiley & Sons, New York, 1998.
2. Arthur, G., *Applied Optimal Estimation*, 7th Edition, The MIT Press, MA, 1982.
3. Candillo, G.P., Mrstik, A.V., Plambeck, Y., A track filter for reentry objects with uncertain drag, *IEEE*

Transactions on Aerospace and Electronic Systems, 35(2), 394–409, 1999.

4. Bierman, G.J., A new computationally efficient fixed—Interval, discrete-time smoother, *Automatica* 19(5), 505–511, 1983.
5. James, V.C., *Signal Processing, The Model Based Approach*, Second printing. McGraw-Hill International Edition, Singapore, 1987.
6. Naidu, V.P.S., Girija, G. and Raol, J.R., Estimation of launch and impact point of a flight trajectory using U-D Kalman filter/smoother, *Defense Science Journal*, 5(4), 451–463, 2006.
7. Kalman, R.E., A new approach to linear filtering and prediction problems, *Trans. of the ASME, Journal of Basic Engineering*, 82 (Series D), 35–45, 1960.

第 27 章 微型飞行器的新型增稳系统：迈向自主飞行

27.1 引言

在过去 10 年中，低成本、便携和低空监视设备的需求，带动了小型飞行器的开发和测试，称它们为微型飞行器（MAV）[1,2]。MAV 在商业和军事中都有广泛的应用。MAV 可搭载相机、声学设备和武器等，用在处于空中的三维自由度的各种场合。MAV 通过无线电控制系统来远程控制，并且由于非常规的设计和不可预知的飞行特性而不容易起飞。遥控飞机的另一个局限性是飞行员的视线范围。因此，为了在各种任务中减少专业飞行员对 MAV 的操作，迫切需要一种在飞行包线上具有可接受稳定性的健壮优化的飞行控制器。因此，为实现 MAV 的完全自主飞行，具有健壮性能的控制器的设计与实现成为一个活跃的研究领域[3]。

在过去的 30 年中，随着人们对健壮控制器的探索，关于可以稳定和平衡系统的控制器的研究得到广泛开展[4,5]。大量文献采用 H_∞[6,7] 和 μ 合成[8,9] 的设计方法设计健壮控制器。然而，H_∞ 控制器是基于最坏情况下设计的结果，因此，这种方法过于依赖健壮性的稳定，并且牺牲了一定的视野。很多时候，对于监视和航测任务来说，MAV 能够平稳顺畅的飞行是至关重要的。H_2 是实际健壮控制器[10,11] 的性能指标。然而，文献[10,11]中存在一个明显的弊端，这些技术通常会导致更高阶的控制器。但是降阶控制器和闭环系统的稳定性不能保证，并且可能会丧失最优性[12]。关于固定低阶健壮 H_2 控制器（特别是针对 MAV 的）的设计和开发所做的工作很少。对于 MAV 的正常运行来说，健壮性能是重点。本章延伸了文献[13]的内容，并且进行了 Sarika－1 离散纵向动力学的健壮固定阶 H_2 控制器的设计和评估。在文献[14,15]中，通过投影算符耦合的四个矩阵方程的解，可以获得最佳稳定状态的固定阶动态补偿，该投影算符的秩等于补偿的阶。在文献[15]中，通过运用加强离散最优投影方程（SDOPE）的四矩阵方程，设计出了时域降阶 LQG 补偿器。状态和控制变量的加权矩阵是恒定的。频率加权的选择使得设计人员能够在预先规定的频率范围内（通过给予更大的权重）形成更精确的响应，当然这是以在其他次要的频率范围内出现较大误差为代价的。因此,本章使用 SDOPE[15] 设计 H_2 控制器,H_2 控制器是频率相关加权固定阶的。该设计允许使用闭环系统中的灵敏度和控制灵敏度之间的权衡比。本章的主要工作是对控制器的设计和实时验证,需要满足整个 Sarika-1 飞行包络线(飞行速度为 15~25m/s)上的飞行质量、抗干扰和噪声衰减指标。

针对模型的不确定性,为了评估闭环系统的性能和健壮性,进行了事后健壮性分析。闭环系统稳定性和性能的量化评估,可以采用线性矩阵不等式进行了基于 Lyapunov 的二次稳定性/性能测试(涉及的参数使用 Lyapunov 函数运算)。假设空气动力学参数中有不确定因素而开发相应的参数相关的放射状态矩阵[16]。最后,通过离线仿真和实时硬件在环仿真(HILS)实验装置对控制器进行验证。本章介绍 MAV 健壮固定阶 H_2 控制器和机载计算机的通用设计方法。该方法的有效性可以通过设计名为 Sarika-1 的 MAV 固定阶健壮 H_2 增稳系统进行证明。加强离散最优投影方程(近似一阶最优条件)可以用于控制器的设计。通过输出灵敏度和控制灵敏度最小化来减轻低频阵风干扰和高频传感器噪声的影响。基于机载计算机的数字信号处理器(DSP),命名为飞行仪表控制器(FIC),该设计旨在根据自动或手动模式来操作。将该控制器移植到飞行计算器中,随后,通过实时硬件在环仿真验证。相较于离线模拟,硬件在环仿真可以获得更好的响应。

27.2　标准 H_2 最优控制方案

图 27.1 和图 27.2 为标准 H_2 最优控制方案框图。信号 w 和 z 分别是外部输入和性能变量,y 为测得的变量,u 为控制输入。G 表示装置,P_g 为广义对象模型,代表全部加权函数的串联飞行器动态。K_1 为传感器以及放大器增益,K 为要设计的控制器。所有可能的不确定因素集合为 Δ,组成了一个区块对角化有限维线性非时变系统。$\boldsymbol{W}_1$ 和 $\boldsymbol{W}_2$ 分别为用于输出灵敏度矩阵函数 $\boldsymbol{S}_0$ 和用于控制灵敏度传递函数值 S_iK (S_i 为输入灵敏度矩阵)的权重矩阵。T_{ZW} 为从 ω 到 z 产生的闭环传递函数。

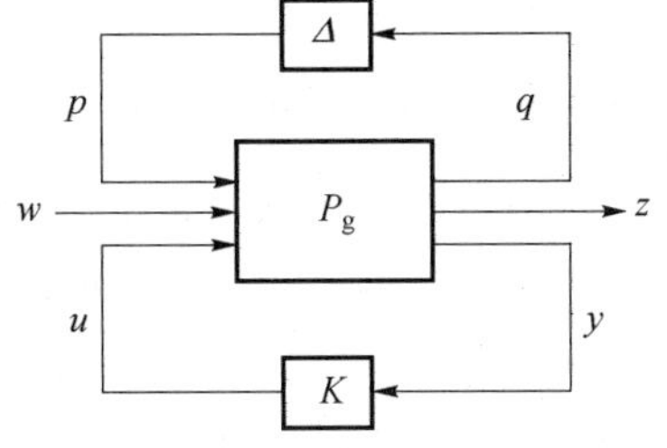

图 27.1　标准 H_2 控制方案

H_2 设计的目的是在所有稳定的闭环系统内部产生可使用的控制器内找到最佳控制器,以尽量减少 T_{ZW} 的 2 范数,即

$$\min \| T_{ZW} \|_2 = \min \left\| \begin{bmatrix} \boldsymbol{W}_1\boldsymbol{S}_0 \\ \boldsymbol{W}_2\boldsymbol{S}_iK \end{bmatrix} \right\|_2 \tag{27.1}$$

式中

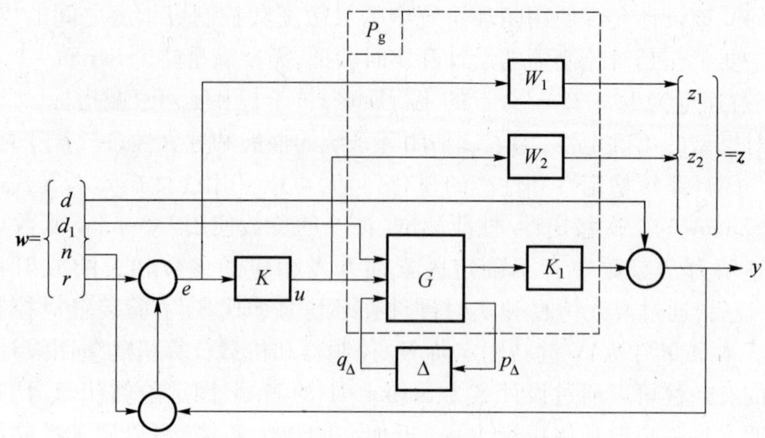

图 27.2　互连装置、控制器和权重矩阵

$$\boldsymbol{S}_0=(\boldsymbol{I}+\boldsymbol{GKK}_1)^{-1},\boldsymbol{S}_i=(\boldsymbol{I}+\boldsymbol{KK}_1\boldsymbol{G})^{-1}$$

在低频时(假设是充分识别的装置),最重要的是性能需求。加权函数 $\boldsymbol{W}_1$ 决定了闭环系统的性能。换句话说,$\boldsymbol{W}_1^{-1}$ 给出了灵敏度的上限。加权函数 $\boldsymbol{W}_2$ 决定了闭环系统的健壮性特征是非结构化相加不确定性,也就是说 $\boldsymbol{W}_2^{-1}$ 为控制器增益(SIK)的上限。在任何给定复频 $S=\mathrm{j}\omega$ 中,SIK 越大,需要使系统不稳定的加法模型误差越小[17],因此,加法模型误差的大小决定了 SIK 的安全上限。

权重 $\boldsymbol{W}_1$ 和 $\boldsymbol{W}_2$ 的状态空间描述由下式给出:

$$x_{w1}(k+1)=A_{w1}x_{w1}+B_{w1}e,z_1(k)=C_{w1}x_{w1}+D_{w1}e \tag{27.2}$$

$$x_{w2}(k+1)=A_{w2}x_{w2}+B_{w2}u,z_2(k)=C_{w2}x_{w2}+D_{w2}u \tag{27.3}$$

式中:e 为控制器 K 的输入。

使用线性分式变换理论[17],带有加权成本函数的广义装置重新拟订为

$$\begin{bmatrix} z \\ \hline y \end{bmatrix}\begin{bmatrix} P_{g11} & P_{g12} \\ P_{g21} & P_{g22} \end{bmatrix}\begin{bmatrix} w \\ u \end{bmatrix}\begin{bmatrix} W_1 & -W_1K_1G \\ 0 & W_2 \\ \hline I & -K_1G \end{bmatrix}\begin{bmatrix} w \\ u \end{bmatrix} \tag{27.4a}$$

或

$$\begin{bmatrix} x(k+1) \\ z(k) \\ y(k) \end{bmatrix}=\begin{bmatrix} \boldsymbol{\Phi} & \boldsymbol{B}_1 & \boldsymbol{\Gamma} \\ \boldsymbol{E}_1 & \boldsymbol{E}_3 & \boldsymbol{E}_2 \\ \hline \boldsymbol{C} & \boldsymbol{D}_1 & \boldsymbol{D} \end{bmatrix}\begin{bmatrix} x(k) \\ w(k) \\ u(k) \end{bmatrix} \tag{27.4b}$$

式中:$\boldsymbol{\Phi}$、$\boldsymbol{\Gamma}$、$\boldsymbol{C}$、$\boldsymbol{D}$、$\boldsymbol{B}_1$ 和 $\boldsymbol{D}_1$ 是 $n\times n$、$n\times m_1$、$p_1\times n$、$p_1\times m_1$、$n\times m_2$ 和 $p_1\times m_2$ 广义对象模型矩阵,且有

$$\boldsymbol{\Phi}=\begin{bmatrix} A_{\mathrm{p}} & 0 & 0 \\ -B_{w1}K_1C_{\mathrm{p}} & A_{w1} & 0 \\ 0 & 0 & A_{w2} \end{bmatrix},\boldsymbol{B}_1=\begin{bmatrix} 0 & 0 & 0 & B_{\mathrm{p2}} \\ B_{w1} & -B_{w1}K_1 & -B_{w1} & -B_{w1}K_1D_{\mathrm{p2}} \\ 0 & 0 & 0 & 0 \end{bmatrix} \tag{27.5a}$$

$$\boldsymbol{\Gamma}=\begin{bmatrix} B_{\mathrm{p1}} \\ -B_{w1}K_1D_{\mathrm{p1}} \\ B_{w2} \end{bmatrix},\boldsymbol{E}_1=\begin{bmatrix} -D_{w1}K_1C_{\mathrm{p}} & C_{w1} & 0 \\ 0 & 0 & C_{w2} \end{bmatrix},\boldsymbol{E}_2=\begin{bmatrix} -D_{\mathrm{w1}}K_1D_{\mathrm{p1}} \\ D_{\mathrm{w2}} \end{bmatrix} \tag{27.5b}$$

$$\boldsymbol{E}_3=\begin{bmatrix} D_{w1} & -D_{w1}K_1 & -D_{w1} & -D_{w1}K_1D_{\mathrm{p2}} \\ 0 & 0 & 0 & 0 \end{bmatrix},\boldsymbol{C}=[\,-K_1C_{\mathrm{p}} \quad 0 \quad 0\,] \tag{27.5c}$$

$$\boldsymbol{D}_1=[\,I \quad -K_1 \quad I \quad -K_1D_{p2}\,];\boldsymbol{D}=[\,-K_1D_{\mathrm{p1}}\,];\boldsymbol{w}=[\,r \quad d \quad n \quad w_{\mathrm{g}}\,]^{\mathrm{T}} \tag{27.5d}$$

对于给定的矩阵 $\boldsymbol{P}_{\mathrm{g}}$，$\mathrm{H}_2$ 控制器要求[14,17]如下：

(1) $(\boldsymbol{\Phi}, \boldsymbol{\Gamma})$ 是稳定的，$(\boldsymbol{\Phi}, \boldsymbol{C})$ 是可检测的。

(2) 前馈矩阵 $\boldsymbol{E}_3$ 必须为零。

(3) $\boldsymbol{E}_2$ 是列满秩矩阵，$\boldsymbol{D}_1$ 是行满秩矩阵。

由于固定低阶控制器的设计没有处理补偿器最优阶问题，对于初始设计练习，通常设计不同阶的控制器，选择最低阶的顺序控制器，使得稳定性和运行性能不受损害。将低阶补偿器的性能与全/高阶补偿器相比较，可以证明控制器最优化的充分性。

因此，最优降阶稳定的动态补偿问题的目标是对未知的 A_{c}、B_{c}、C_{c} 和 D_{c} 设计 n_{c} 阶稳定的动态补偿器：

$$x_{\mathrm{c}}(k+1)=A_{\mathrm{c}}x_{\mathrm{c}}(k)+B_{\mathrm{c}}y(k) \tag{27.6a}$$

$$u(k)=C_{\mathrm{c}}x_{\mathrm{c}}(k)+D_{\mathrm{c}}y(k) \tag{27.6b}$$

满足以下两个设计准则：

(1) 闭环系统方程式(27.4)和式(27.6)：

$$\boldsymbol{x}_{\mathrm{CL}}(k+1)=\boldsymbol{A}_{\mathrm{CL}}\boldsymbol{x}_{\mathrm{CL}}(k)+\boldsymbol{D}_{\mathrm{CL}}\boldsymbol{w}(k),z(k)=\boldsymbol{E}_{\mathrm{CL}}\boldsymbol{x}_{\mathrm{CL}} \tag{27.7}$$

式中

$$\boldsymbol{x}_{\mathrm{CL}}=\begin{bmatrix} x \\ x_{\mathrm{c}} \end{bmatrix},\boldsymbol{A}_{\mathrm{CL}}=\begin{bmatrix} \boldsymbol{\Phi}+\boldsymbol{\Gamma}\boldsymbol{D}_{\mathrm{c}}\boldsymbol{C} & \boldsymbol{\Gamma}\boldsymbol{C}_{\mathrm{c}} \\ \boldsymbol{B}_{\mathrm{c}}\boldsymbol{C} & \boldsymbol{A}_{\mathrm{c}} \end{bmatrix},\boldsymbol{D}_{\mathrm{CL}}=\begin{bmatrix} \boldsymbol{\Gamma}\boldsymbol{D}_{\mathrm{c}}\boldsymbol{D}_1 \\ \boldsymbol{B}_{\mathrm{c}}\boldsymbol{D}_1 \end{bmatrix};\boldsymbol{E}_{\mathrm{CL}}=[\,\boldsymbol{E}_1 \quad \boldsymbol{E}_2\boldsymbol{C}_{\mathrm{c}}\,] \tag{27.8}$$

渐近稳定。

(2) 闭环传递函数矩阵的2范数 T_{zw}:

$$\boldsymbol{T}_{zw}=\boldsymbol{E}_{CL}(z\boldsymbol{I}-\boldsymbol{A}_{CL})^{-1}\boldsymbol{D}_{CL} \tag{27.9}$$

被最小化。

目标2可以写为最小化:

$$\boldsymbol{J}(A_c,B_c,C_c,D_c)=\lim_{N\to\infty}\frac{1}{N}\left\{\sum_{k=1}^{N}\boldsymbol{T}_{zw}^{*}(e^{j\omega k})\boldsymbol{T}_{zw}(e^{j\omega k})\right\}$$

或

$$\begin{aligned}\boldsymbol{J}(A_c,B_c,C_c,D_c)=\lim_{N\to\infty}\frac{1}{N}\Big\{\sum_{k=1}^{N}(x^{*}(e^{j\omega k})\boldsymbol{Q}(e^{j\omega k})x(e^{j\omega k})\\+u^{*}(e^{j\omega k})\boldsymbol{R}(e^{j\omega k})u(e^{j\omega k}))\Big\}\end{aligned} \tag{27.10}$$

Q 和 R 从频率相关加权矩阵 $\boldsymbol{W}_1$ 和 $\boldsymbol{W}_2$[18] 得到。所述控制器(A_c、B_c、C_c、D_c),其最小化目标函数(式(27.10)),通过求解SDOPE,从定理1.1中的定义获得。

定理1.1[15] 稳定补偿器(A_c、B_c、C_c、D_c)满足对于最优降阶LQG补偿的一阶最优必要条件。当且仅当存在非负对称 $n\times n$ 的矩阵 $\boldsymbol{P}$、$\boldsymbol{S}$、$\hat{\boldsymbol{P}}$、$\hat{\boldsymbol{S}}$ 时取最低值。在这里投射因子($\hat{\boldsymbol{P}}\hat{\boldsymbol{S}}$)中的($G$、$M$、$H$):

$$\boldsymbol{A}_c=\boldsymbol{H}[\boldsymbol{\Phi}-\boldsymbol{K}_p\boldsymbol{C}-\boldsymbol{\Gamma}\boldsymbol{L}_s]\boldsymbol{G}^{T},\boldsymbol{B}_c=\boldsymbol{H}\boldsymbol{K}_p,\boldsymbol{C}_c=\boldsymbol{L}_s\boldsymbol{G}^{T},\boldsymbol{D}_c=0 \tag{27.11}$$

(注:为了便于计算,假定 $\boldsymbol{D}$c=0。)

并使得 $\boldsymbol{P}$、$\boldsymbol{S}$、$\hat{\boldsymbol{P}}$、$\hat{\boldsymbol{S}}$ 和 $\boldsymbol{\tau}$ 满足SDOPE:

$$\boldsymbol{P}=\boldsymbol{\Phi}\boldsymbol{P}\boldsymbol{\Phi}^{T}-\sum\nolimits_{P}^{1}+\boldsymbol{V}+\boldsymbol{\tau}_{\perp}\boldsymbol{\psi}_{S,\hat{P},P}^{1}\boldsymbol{\tau}_{\perp}^{T} \tag{27.12a}$$

$$\boldsymbol{S}=\boldsymbol{\Phi}^{T}\boldsymbol{S}\boldsymbol{\Phi}-\sum\nolimits_{S}^{2}+\boldsymbol{Q}+\boldsymbol{\tau}_{\perp}^{T}\boldsymbol{\psi}_{P,\hat{S},S}^{2}\boldsymbol{\tau}_{\perp} \tag{27.12b}$$

$$\hat{\boldsymbol{P}}=\frac{1}{2}[\boldsymbol{\tau}\boldsymbol{\psi}_{S,\hat{P},P}^{1}+\boldsymbol{\psi}_{S,\hat{P},P}^{1}\boldsymbol{\tau}^{T}] \tag{27.12c}$$

$$\hat{\boldsymbol{S}}=\frac{1}{2}[\boldsymbol{\tau}^{T}\boldsymbol{\psi}_{P,\hat{S},S}^{2}+\boldsymbol{\psi}_{P,\hat{S},S}^{2}\boldsymbol{\tau}] \tag{27.12d}$$

提供,$\mathrm{rank}(\hat{\boldsymbol{P}})=\mathrm{rank}(\hat{\boldsymbol{S}})=\mathrm{rank}(\hat{\boldsymbol{P}}\hat{\boldsymbol{S}})=n_c$,并且,$\boldsymbol{\tau}^2=\boldsymbol{\tau}=(\hat{\boldsymbol{P}}\hat{\boldsymbol{S}})(\hat{\boldsymbol{P}}\hat{\boldsymbol{S}})^{\#}$(幂等矩阵),$V\geqslant0$,$B_1w(k)$ 的协方差 $W>0$,$D_1w(k)$ 的协方差 $W>0$

$$\sum\nolimits_{P}^{1}=\boldsymbol{K}_p\boldsymbol{W}_p\boldsymbol{K}_p^{T},\sum\nolimits_{S}^{2}=\boldsymbol{L}_s^{T}\boldsymbol{R}_s\boldsymbol{L}_s,\boldsymbol{\Phi}_p^{1}=\boldsymbol{\Phi}-\boldsymbol{K}_p\boldsymbol{C},\boldsymbol{\Phi}_s^{2}=\boldsymbol{\Phi}-\boldsymbol{\Gamma}L_s$$

$$\boldsymbol{\Psi}_{S,\hat{P},P}^{1}=\boldsymbol{\Phi}_s^{2}\hat{\boldsymbol{P}}(\boldsymbol{\Phi}_s^{2})^{T}+\sum\nolimits_{P}^{1},\boldsymbol{\Psi}_{P,\hat{S},S}^{2}=(\boldsymbol{\Phi}_p^{1})^{T}\hat{\boldsymbol{S}}\boldsymbol{\Phi}_P^{1}+\sum\nolimits_{S}^{2},\boldsymbol{\tau}_{\perp}=\boldsymbol{I}_n-\tau$$

$$\boldsymbol{W}_p=\boldsymbol{W}+\boldsymbol{C}\boldsymbol{P}\boldsymbol{C}^{T},\boldsymbol{R}_s=\boldsymbol{R}+\boldsymbol{\Gamma}^{T}\boldsymbol{S}\boldsymbol{\Gamma},\boldsymbol{K}_p=\boldsymbol{\Phi}\boldsymbol{P}\boldsymbol{C}^{T}W_p^{-1},\boldsymbol{L}_s=\boldsymbol{R}_s^{-1}\boldsymbol{\Gamma}^{T}\boldsymbol{S}\boldsymbol{\Phi}$$

若稳态成本存在最优:

$$\boldsymbol{J}(A_c,B_c,C_c,D_c)_{\infty}=(A_c,B_c,C_c,D_c)_{Q,R}=(A_c,B_c,C_c,D_c)_{V,W}$$

式中

$$\boldsymbol{J}(A_c,B_c,C_c,D_c)_{Q,R}=\mathrm{tr}[\boldsymbol{QP}+(\boldsymbol{Q}+L_S^{\mathrm{T}}R_SL_S)\hat{\boldsymbol{P}}] \tag{27.13a}$$

$$\boldsymbol{J}(A_c,B_c,C_c,D_c)_{V,W}=\mathrm{tr}[\boldsymbol{VS}+(\boldsymbol{V}+K_PW_PK_P^{\mathrm{T}})\hat{\boldsymbol{S}}] \tag{27.13b}$$

式(27.12)表示改进的 Riccati 和 Lyaponov 两个方程耦合集。依靠 τ 的耦合,其秩等于所述补偿器的阶,表示了一个降解控制器的经典分离原理的图形描述。尽管耦合非线性投影方程非常难以计算,但是在文献[14,15]中仍提到许多有效的算法。在本章中,频率相关加权矩阵 SDOPE 可以通过迭代算法[15]算出。

27.3 MAV 说明和规范

27.3.1 MAV 介绍

Sarika-1 微型飞行器如图 27.3 所示,这是一架遥控小飞行器,跨度约 1.28m、长度 0.8m、起飞重量约 1.75kg。它有一个表面积为 0.2688m^2 的长方形机翼,宽度为 0.06m 的恒定方形截面积的机身。操纵面包括升降机、副翼和方向舵。发电设备是一个 4cm^3 螺旋桨发动机(OSMAX-25LA),它使用甲醇以及蓖麻油作为燃料,其中有掺有 10% ~15% 硝基甲烷,用以提高发动机的功率。Sarika-1 MAV 按规定携带摄像机和有效载荷传感器。

图 27.3 Sarika-1 微型飞行器

27.3.2 机载飞行系统

机载计算机的选择有许多约束,如大小、计算速度、可用空间、功率和容许重量等。基于这些约束,图 27.4 中 FIC 是围绕两个 TI 基的 DSP 进行的设计,即 TMS320LF2407 和 TMS320VC33。TMS320LF2407 DSP 用于数据采集和电动机控制应用程序，而 DSP TMS320VC33 则用于数学计算和数据存储管理。两个 DSP 之间的通信，通过内置的同步串行通道以 5Mb/s 的速度运行。由于涉及的比较复杂，软件开发中简单的错误常可导致严重故障以致死机或 MAV 机身的损坏。为了缓解这一问题，设置了硬件数字交换逻辑，便于飞行员按照自己的意愿从自动切换到手动模式，从而安全降落飞行器。这将确保从地面接收到的指令信号绕过控制器块，直接链接到伺服执行器。手动飞行模式对于飞行器飞行参数估计也有作用，因为一旦关闭反馈回路，有些参数就会隐藏起来。

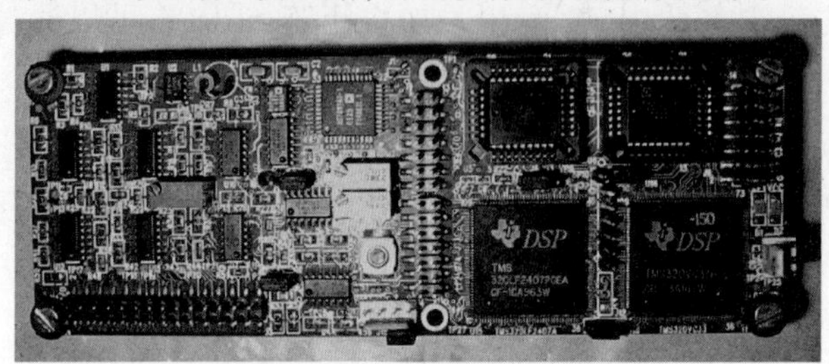

图 27.4　飞行仪表计算机

要增加控制，必须知道飞机当前状态的信息，以及来自飞行员输入发射器的信息。从两个机载传感器、速率陀螺仪和加速度计来获得状态数据。如图 27.5 所示，这些传感器直接连接到主板上的飞行系统 FIC。

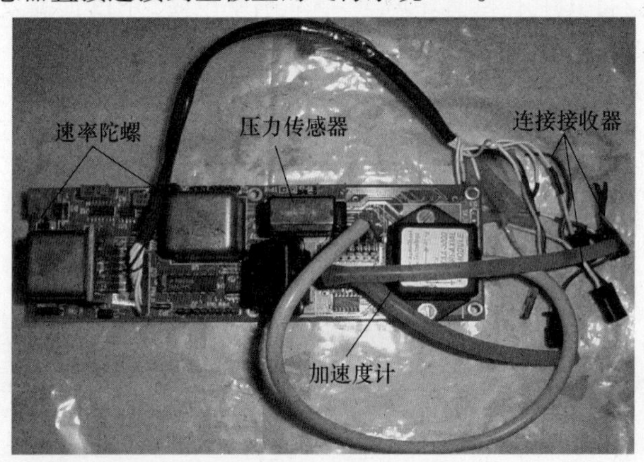

图 27.5　感应卡

27.3.3　Sarika－1 MAV 的纵向动力学

建立表示小扰动纵向动态的线性状态空间模型，假设在班加罗尔地平面上 100m（或在海平面以上 1000m）的恒定高度平直飞行，速度在以 15～25m/s 的五个工作点范围微调。纵向状态变量 $\boldsymbol{x} = [\Delta u \quad \alpha \quad q \quad \theta]^{\mathrm{T}}$，其中，$\Delta u$、$\alpha$、$q$ 和 θ 分

别为前进速度、迎角、俯仰率和俯仰角。线性纵向状态方程[19]为

$$\Delta\dot{u} = (X_u + X_{Tu})\Delta u + X_\alpha\left(\alpha + \frac{w_g}{U_1}\right) + \frac{Z_u}{U_1}q - (\cos\theta_1)\theta + X_{\delta e}\delta_e \quad (27.14a)$$

$$\dot{\alpha} = \frac{Z_u}{U_1 - Z_{\dot{\alpha}}}\Delta u + \frac{Z_\alpha}{U_1 - Z_{\dot{\alpha}}}\left(\alpha + \frac{w_g}{U_1}\right) + \left(\frac{Z_q + U_1}{U_1 - Z_{\dot{\alpha}}}\right)q + \frac{Z_{\delta e}}{U_1 - Z_{\dot{\alpha}}}\delta_e \quad (27.14b)$$

$$\dot{q} = \left(\frac{M_{\dot{\alpha}} \times Z_u}{U_1 - Z_{\dot{\alpha}}}\right)\Delta u + \left(M_\alpha + M_{\dot{\alpha}}\frac{Z_\alpha}{U_1 - Z_{\dot{\alpha}}}\right)\left(\alpha + \frac{w_g}{U_1}\right) + \left(M_q + M_{\dot{\alpha}}\frac{Z_q}{U_1 - Z_{\dot{\alpha}}}\right)q + \left(M_{\delta e} + M_{\dot{\alpha}}\frac{Z_{\delta e}}{U_1 - Z_{\dot{\alpha}}}\right)\delta_e \quad (27.14c)$$

$$\dot{\theta} = q \quad (27.14d)$$

式中:$w_g/U_1 = \alpha_g$为垂直风力 w_g的迎角;U_1为稳定状态的速度;δ_e 为升降机偏转角度。升降机是由机电伺服系统驱动。测得的输出变量是法向加速度 a_z(使用 TAA－3804－100)和飞行器的俯仰率(使用微陀螺仪 100)。飞行器质心的法向加速度[20]为

$$a_z = U_1(\dot{a} - q)$$

动态导数使用解析方法[21]来计算,静态和控制导数是基于所述风洞产生的数据计算得出[22]。控制器设计的一个要求是在飞行器的中央工作点利用所有的飞行条件设计一个控制器。因此,按照控制器的设计要求,选择 18m/s 的飞行速度。在该飞行速度下,Sarika－1 MAV 的纵向动力学的状态空间表示由下式给出:

$$\begin{bmatrix}\Delta\dot{u}\\ \dot{\alpha}\\ \dot{q}\\ \dot{\theta}\end{bmatrix} = \begin{bmatrix}-0.2585 & 6.8252 & 0 & -9.81\\ -0.0578 & -6.7463 & 0.9487 & 0\\ 0.2675 & -89.6339 & -0.4115 & 0\\ 0 & 0 & 1.00 & 0\end{bmatrix}\begin{bmatrix}u\\ \alpha\\ q\\ \theta\end{bmatrix} + \begin{bmatrix}-0.0748\\ -0.5111\\ -72.482\\ 0\end{bmatrix}\delta_e \quad (27.15)$$

法向加速度和俯仰速率为

$$\begin{bmatrix}a_z\\ q\end{bmatrix} = \begin{bmatrix}-0.3253 & 82.8876 & 1.36 & 0\\ 0 & 0 & 1.00 & 0\end{bmatrix}\begin{bmatrix}u\\ \alpha\\ q\\ \theta\end{bmatrix} + \begin{bmatrix}71.97\\ 0\end{bmatrix}\delta_e \quad (27.16)$$

同样地,其他工作点(在 15m/s、20m/s、22m/s 和 25m/s)也可以建立数学模型进一步分析。

27.3.4　开环分析

表 27.1 给出了在飞行速度 15～25m/s 的范围内,五个不同的操作点纵向动

力学的频率和阻尼比[23]。随着速度的增加,短周期模式下装置的无阻尼固有频率从4.71rad/s 增加至7.65rad/s,阻尼比保持在0.27 左右。长周期模式下无阻尼固有频率从0.821rad/s 减少至0.503rad/s,阻尼比从0.138 增加至0.204。虽然 Sarika - 1 MAV 的纵向动力学设计稳定,但是在飞行过程中可能会出现稳定导数较大的变化。由于不良的操控性,弱阻尼快速短周期响应使得飞行很难用无线电控制(有时,越来越接近停滞或其他飞行故障模式)。因此,在开环飞行中,风力试点修正即使是可能的,也会非常困难。这些困难对在任何运行条件中下的飞行稳定性提出了严格要求。因为 Sarika - 1 MAV 没有传感器测量真实值或指示飞行速度,它使用的是非惯性量传感器,所以增益/控制器调度是不可行的。

表 27.1　装置极数、频率和阻尼比率

速度/(m/s)	特征值	ξ	ω/(rad/s)	注释
15	-3.00 ±6.75i	0.4	7.39	短周期
	-0.0847 ±1.11i	0.08	1.12	长周期
18	-3.61 ±8.65i	0.38	9.37	短周期
	-0.103 ±0.877i	0.11	0.883	长周期
20	-4.01 ±9.82i	0.38	10.6	短周期
	-0.12 ±0.772i	0.15	0.781	长周期
22	-4.42 ±11.0i	0.37	11.8	短周期
	-0.136 ±0.689i	0.19	0.702	长周期
25	-5.03 ±12.6i	0.37	13.6	短周期
	-0.159 ±0.59i	0.26	0.612	长周期

27.3.5　设计规范

纵向动力学闭环设计规范是由对升降机操作杆发送的飞行命令输入的预期响应决定的。基于视觉提示,因为地面试验可以调节发动机油门,所以油门控制不是反馈控制的一部分。因此,针对提高操纵质量的稳定性增强系统(SAS)的要求在27.3.5.1 节做出总结。

27.3.5.1　Level - 1——飞行品质的技术指标

短周期阻尼比 $0.35 \leqslant \zeta_{sp} \leqslant 1.3$,长周期阻尼比 $\zeta_{ph} \geqslant 0.5$。

27.3.5.2　抗干扰指标

当 Sarika - 1 MAV 的所有动态模式被激发,并且考虑到最坏的情况,该标准湍流参数、侧力阵风 L_v 和 σ_v[24] 修改为 $L_v = 3\text{m}$ 和 $\sigma_v = 5.5\text{m/s}^2$。阵风频谱密度按照航速 15 ~25m/s 进行评定,并可以文献[23]中看到,阵风频谱宽度因航速的增加而增加（在航速 25m/s 时达到 13.6rad/s）。抗干扰规定：对于 $\omega < 14$rad/s，使最小灵敏度函数低于 0dB 。

27.3.5.3　传感器噪声衰减指标

在实验中发现，低成本传感器像速率陀螺仪（微陀螺 100 转，USA）和加速度计（TAA－3804－100 Neuw 根特技术，美国）具有高频噪声分量，主要集中在高于 15rad/s 的区域。因此，要实现高频率的噪声衰减规范是在频率高于 15rad/s 时得到 40dB/dec 的衰减。

27.3.5.4　健壮性能指标

在所有的飞行条件下，控制器应对设备模型的结构化和非结构化的不确定具有健壮性。模型的结构参数不确定性是由不同飞行条件和气动稳定性导数波动产生的。较大的不确定性使用动力学导数分析，动力学导数由 DATCOM[21] 分析获得，因为风洞产生的数据比使用分析方法计算出的更准确。不同维度导数的不确定性水平列于表 27.2。假设无量纲导数的不确定性在所有飞行条件下都不变。因此，健壮性能指标：中心工作点设计的控制器，在所有飞行条件下应该是具有健壮性的（至少 6dB 的增益裕度和 60°的相位裕度），旨在避免增益/控制器的调度。

表 27.2　在稳定性不确定性衍生物水平

参数	不确定性水平/%	参数	不确定性水平/%
X_α	20	X_{Tu}	40
Z_α	20	$X_{\delta e}$	20
Z_q	40	$Z_{\delta e}$	20
M_α	20	M_q	40
X_u	40	$M_{\delta e}$	20

27.3.5.5　针对计算延迟的健壮性

由于计算复杂，可能出现时间延迟，闭环系统还应当对可能出现的最大预期时间延迟具有健壮性。Sarika－1 MAV 的控制器由建立在 TMS320LF2407 和 TMS320VC33 上的 FIC 执行。基于先前测量的瞬间信号，对当前时刻控制信号进行实时运算。对于控制信号，引入了一个采样周期的延迟，以达到伺服机构。

因此，除了上述健壮性的要求，闭环系统还应对于 20ms 的名义计算延迟具有健壮性。

27.3.5.6　控制表面变形量的规定

控制面的最大偏转是由连接驱动器到控制表面的机械联动限制。由实验可知，升降机的最大偏转限制在 ±16°。因此，闭环控制面偏转不应超过全尺寸偏转的 ±16°。

目的是设计和验证在一个操作点下(18m/s 的飞行条件)健壮离散优化 H_2 控制器,从而达到在所有飞行条件下同时实现稳定、干扰抑制和噪声抑制的要求。

27.4 结果与讨论

具有健壮性的健壮固定阶 H_2 控制器设计在 Sarika-1 MAV 的中心工作点(18m/s),适用于所有的飞行条件。所述加权矩阵 $\boldsymbol{W}_1$ 和 $\boldsymbol{W}_2$ 必须正确,以使连通项 $E_3=0$。根据加权矩阵选择的准则[18],权重矩阵的最终选择 $\boldsymbol{W}_1$ 和 $\boldsymbol{W}_2$(离散域)为

$$\boldsymbol{W}_1(z)=\begin{bmatrix}\dfrac{1.1881}{z-0.9802} & 0\\ 0 & \dfrac{0.198}{z-0.9802}\end{bmatrix},\boldsymbol{W}_2(z)=\left[\dfrac{8.75(z-0.9139)}{z-0.2466}\right] \tag{27.17}$$

通过加权矩阵选择(式(27.17)),广义对象模型的秩为 9。因此,设计出不同秩的固定阶控制器($n_C=9\sim1$),并发现三阶控制器满足设计要求。三阶纵向控制器的要素为

$$K(z)=\frac{1}{\Delta}[-0.0089(z-0.2524)(z-0.9735)\quad 0.013(z-1.445)(z-1.051)] \tag{27.18a}$$

式中

$$\Delta=(z-0.1323)(z-0.8509)(z-0.9915) \tag{27.18b}$$

表 27.3 给出了在不同飞行条件下(使用 18m/s 的飞行速度设计的控制器),闭环系统的短周期和长周期频率。在所有飞行条件下,短周期和长周期阻尼分别大于 0.35 和 0.5。因此,可以满足 1 等级的严格飞行质量要求。

表 27.3 闭环频率和阻尼比率

巡航速度/(m/s)	ξ	频率/(rad/s)	注释
15	0.5	1.33	长周期
	0.68	10.1	短周期
18	0.51	1.06	长周期
	0.52	11.8	短周期
22	0.6	0.95	长周期
	0.5	13.2	短周期
25	0.9	0.53	长周期
	0.41	15.9	短周期

27.4.1　健壮性和性能分析

为了评估控制器的健壮性,对目标函数的奇值(式(27.1))进行了分析。闭环系统 S_o 和 S_iK 的奇值示于图 27.6 和图 27.7。在负坐标的 0dB 附近有幅度值的低频区(低于 10rad/s),S_o 的奇值对于正常的加速度和俯仰速率互有偏差。所有飞行条件均存在这种变化趋势。因此,在所有的飞行条件下,闭环能够拒绝所有可能出现的低于 $\omega<10\text{rad/s}$ 的低频阵风输入。注意,如图 27.7 所示,在整个频率范围内,所有的飞行条件下,最大奇值 S_iK 仍然低于 0dB。这表明,控制器对可能出现的不确定性具有健壮性。

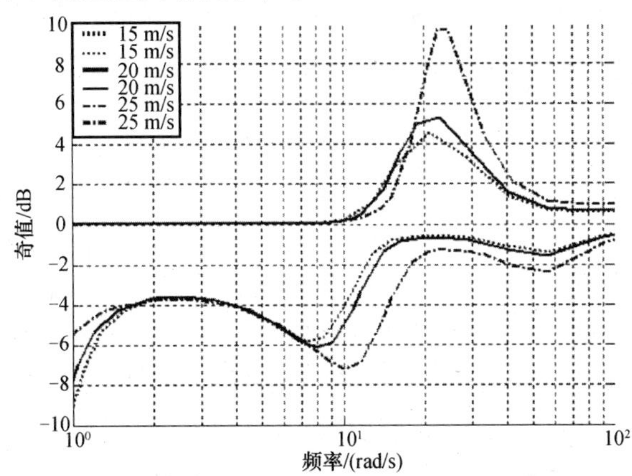

图 27.6　输出灵敏度传递函数 S_o 的频率响应

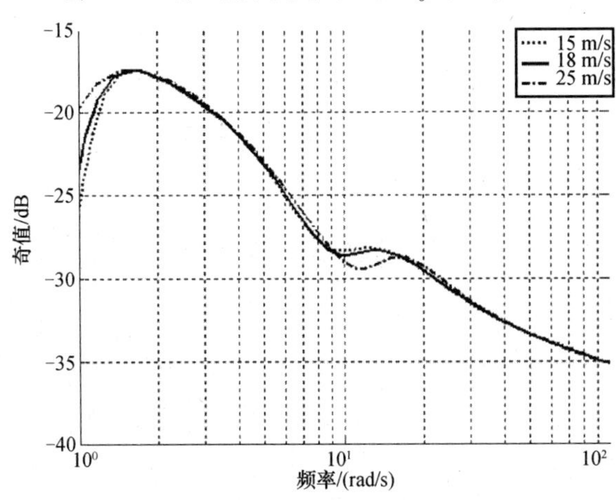

图 27.7　控制灵敏度传递函数 S_iK 的频率响应

27.4.2　扰动分析

在所有的飞行条件下(使用 18m/s 的额定飞行速度而设计的控制器)健壮

稳定性和闭环系统的性能，由基于 LMI 的测试进一步证明[16,25]。对于这一点，在所有的飞行条件下，通过假设结构实数参数不确定性，来开发基于仿射参数设备模型（通过扰动飞行器的稳定性导数）。

在巡航速度为 18m/s 时，闭环系统的二次稳定性建立在规定数的 125.0133% 的不确定参数框内。同样，在巡航速度为 15m/s 和 25m/s 时，闭环系统的二次稳定性分别为不确定参数框的 103.185% 和 101.861%。对于相同的不确定性水平，巡航速度分别为 18m/s、15m/s 和 25m/s 时，μ 的上限约为 0.5549、0.6454 和 0.6745。因此，在不会失去稳定性情况下可以忍受的不确定性的最大量 Δ 为 1.802、1.549、1.483，大于所要求的下限 1.0。

27.4.3 时间响应分析

运用实际飞行中最真实的试验指令——0.1ms 幅度、持续时间为 2s 的脉冲升降机指令输入，来模拟闭环时间响应。图 27.8 ~ 图 27.11 显示了不同巡航速度下的装置和闭环系统对脉冲输入的响应。在巡航速度为 22 ~ 25m/s 时，短周期响应具有快速和阻尼良好的特点，稳定时间为 5s。但是，在巡航速度 15 ~ 18m/s 时，稳定时间增加至 10s。装置响应的稳定时间超过 50s，伴有强烈的振荡。在巡航速度 22 ~ 25m/s 时，长周期状态的稳定时间小于 9s，在 15 ~ 18m/s 时，稳定时间增大到 11s。稳定时间的增长可以降低长周期阻尼。但是，相比于开环响应在 50s 之后仍然振荡的情况，这种稳定时间还是要快得多。闭环的 q 和 a_z 的稳态值是零，与开环系统的相同。这是事先预料到的，因为没有设计出自动驾驶控制系统。但这项研究的仿真没有考虑传感器噪声和阵风输入（该响应在下一部分给出）的影响，以便更好地理解正常飞行器的飞行行为。有控制器时飞行器的轨迹是平滑的，没有控制器时轨迹剧烈振荡。导入延迟不会使响应恶化，这证明了闭环系统对预期的计算时间延迟也具有健壮性。

27.4.4 阵风时间响应与传感器噪声输入

闭环系统和设备的仿真结果，需要考虑传感器噪声和阵风存在的情况，以便评估闭环系统的阵风和噪声抑制能力。为了模拟频率 $\omega > 15\text{rad/s}$ 的传感器噪声，需要使用截止频率为 15rad/s 的高通滤波器。使用文献[24]中给出的程序可以生成阵风输入。因此，如图 27.12 所示进行传感器噪声输入和阵风输入。使用在上一节所提到的脉冲输入，启动闭环仿真。图 27.13 和图 27.14 显示的是在不同飞行条件下，机身 a_z 和 q 的实际响应。

由图 27.13 和图 27.14 可以看出，按照设计规范，任何飞行条件下的闭环系统，阵风和传感器噪声得到完全拒绝。

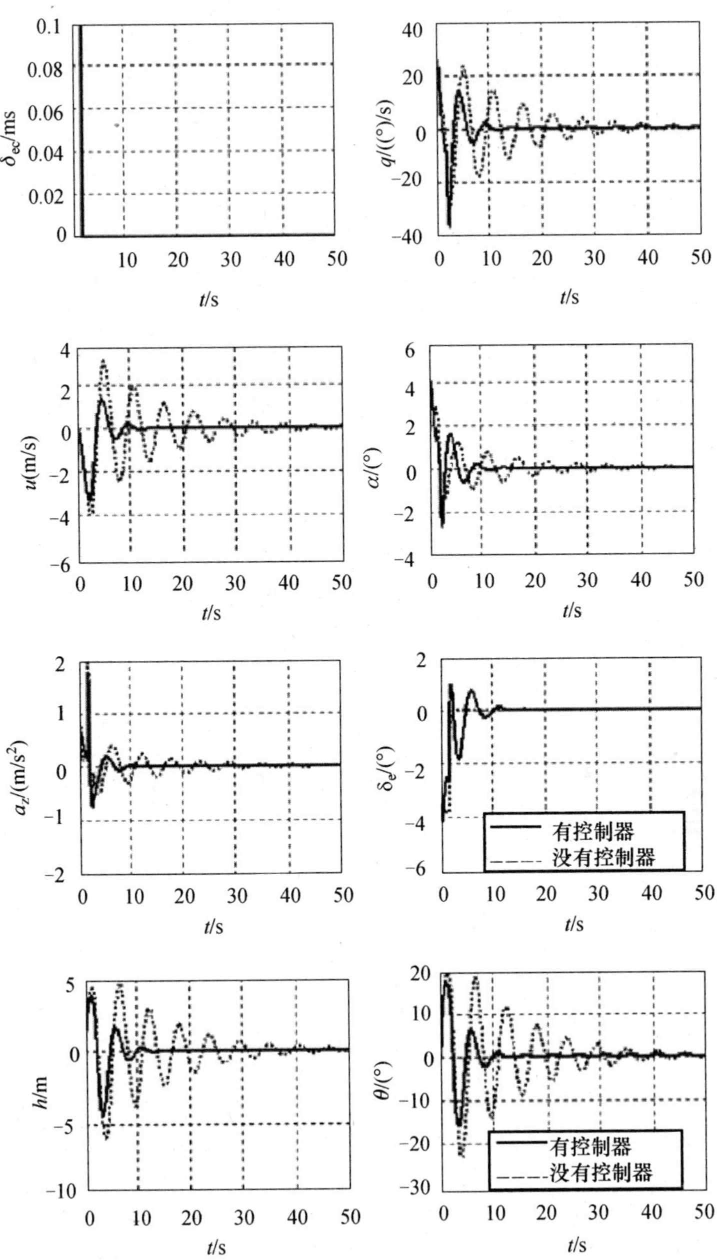

图 27.8　在巡航速度 15m/s 时的脉冲响应

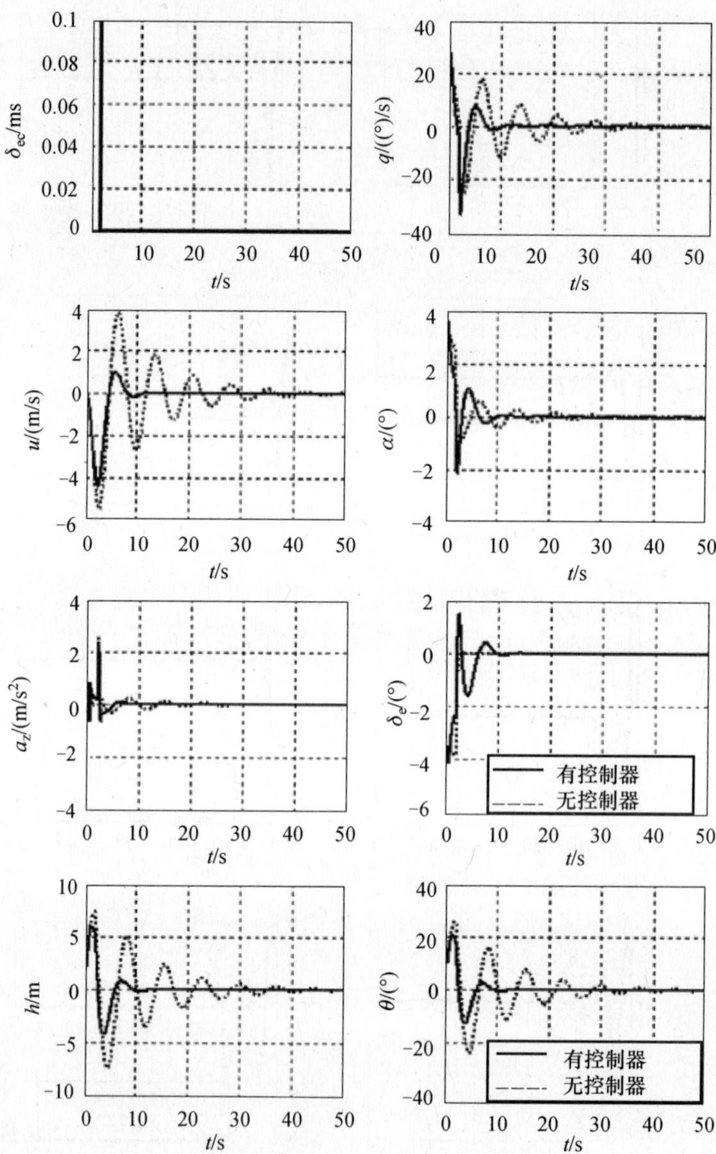

图 27.9　在巡航速度为 18m/s 时的脉冲响应

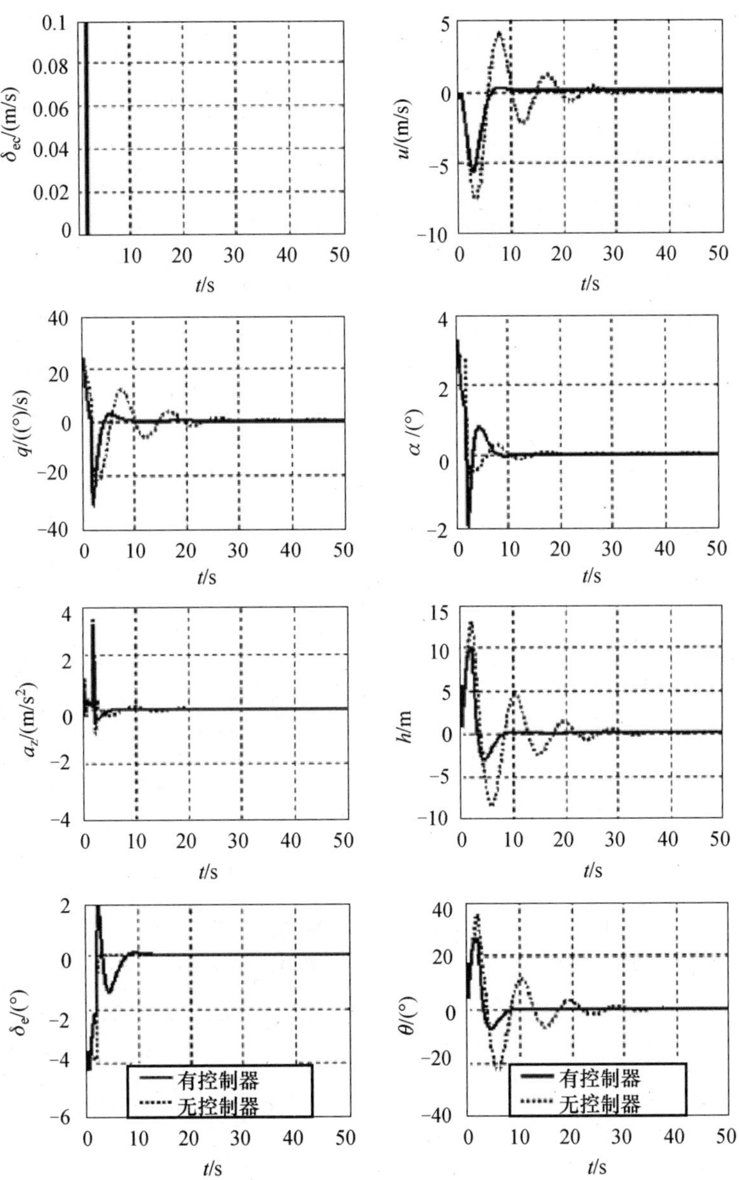

图 27.10 在巡航速度 22m/s 时的脉冲响应

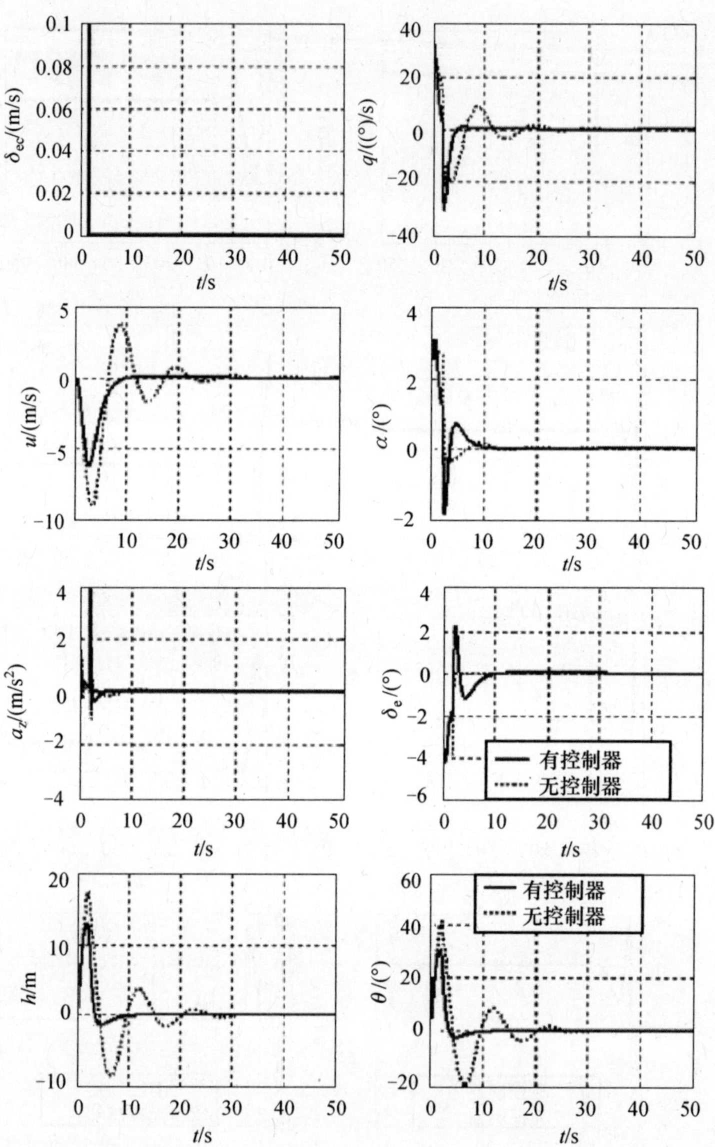

图 27.11 在巡航速度 25m/s 时的脉冲响应

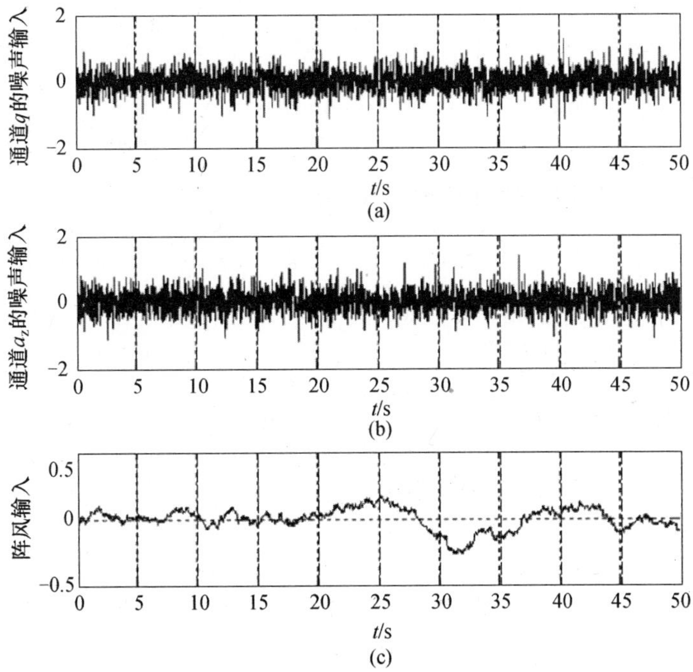

图 27.12　注入传感器噪声和阵风输入

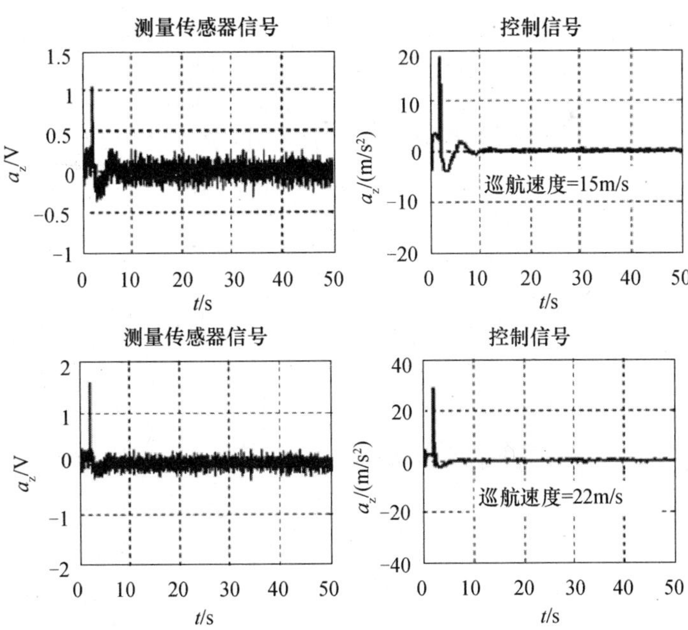

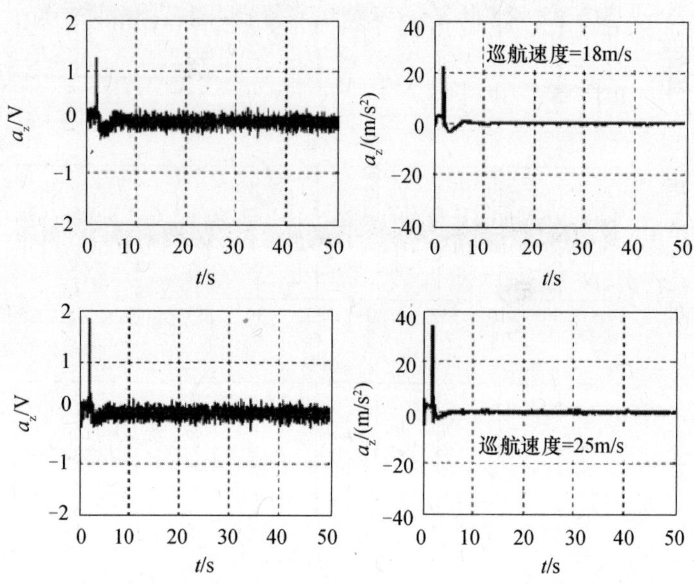

图 27.13 a_z 通道传感器噪声和阵风输入的时间响应

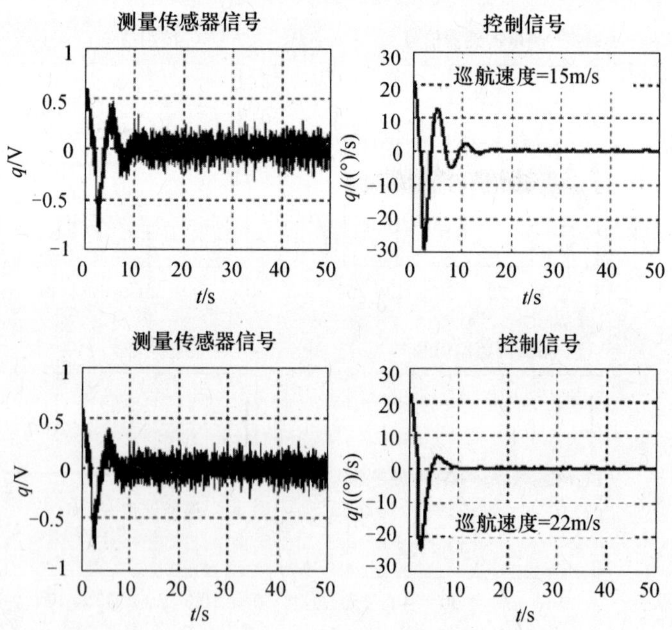

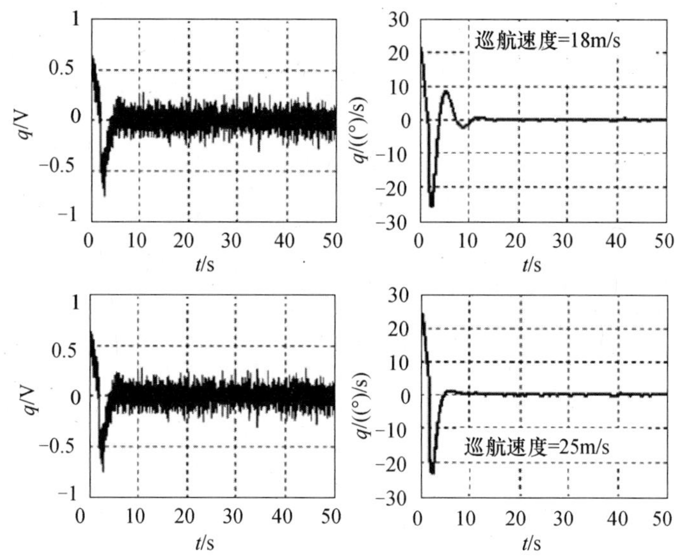

图 27.14 q 通道传感器噪声和阵风输入的时间响应

27.5 控制器的实时验证:HILS

HILS 的过程示于图 27.15。要增强控制,必须要知道飞机当前状态、发射器的输入等方面的信息。可以从两个机载传感器、速率陀螺仪和加速计获得状态数据。传感器直接连接到机载飞行系统 FIC 上。无线电控制系统的人类控制信号通过机载计算机进行解码,基于传感器的反馈进行运算,并进行驱动。因此,HILS 实验装置包括模拟计算机和机载飞行仪表计算机。机载计算机提供了程序和外部数据存储、高速数据采集(使用 10Hz 的低通滤波器和信号调节器)、内部数据记录和捕获生成 PWM 信号四个主要功能。该数据最多可以记录 4MB (FPROM)。仿真计算机是奔腾 4(Windows 2000 的操作系统),在 3.4GHz 下使用 dSPACE DS1104RTI/ RTW 运行。DS1104 机载控制器是一个完整的实时系统,并且基于一个 250MHz 的 603 POWERPC 浮点型处理器运行。机载计算机的 PWM 发动机,接口是 DS1104 捕获单元。HILS 的构成模块如图 27.15 所示。在台式计算机上运行的纵向飞行动态模型,计算出了飞行器的俯仰率和垂直加速响应,DS1104 系统随后产生电压模拟传感器信号。

Sarika - 1 MAV 所使用的基于 MEM 的传感器是速率陀螺仪 1.11mV/((°)/s)(2.25V 偏移),加速度计 500mV/g(2.5V 偏置)。因此,传感器的输出根据以下关系产生:

$$V_{eqq} = 0.063603q + V_{offsetq} \tag{27.19a}$$

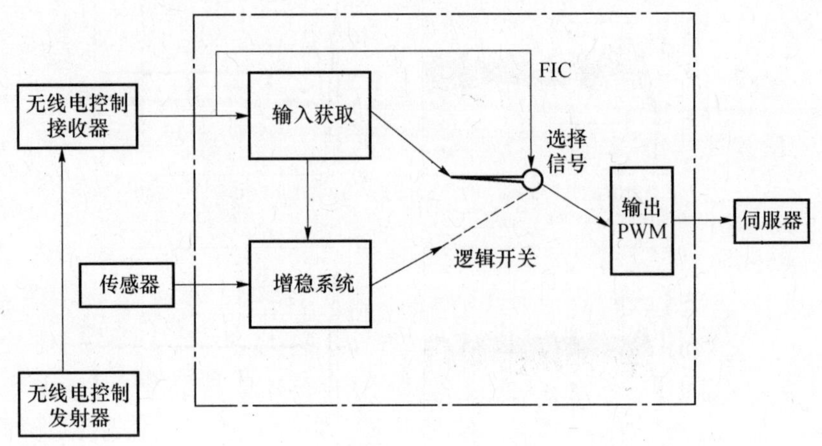

图 27.15　HILS 过程

$$V_{\text{eqa}\,z} = 0.05a_z + V_{\text{offseta}\,z} \tag{27.19b}$$

机载计算机模/数转换器(ADC)用来接收 DS1104 数/模转换器(DAC)传输的模拟信号(式(27.19a)和式(27.19b))。无线电控制系统的地面试验信号通过机载计算机的捕获单元进行解码。另外,在指定的时刻,对于每一个预定变量,在 HILS 下的控制器输入(如步骤、脉搏、常数等),可以由实用的基于软件的函数发生器产生。在闭环试验中,机载计算机接收来自机载接收器/调度器的输入和来自 DAC 的输出的信息。该驱动器输出的信息通过嵌入式控制逻辑进行计算,通过硬件 RTI 硬件连接,并对飞行器的响应进行仿真。这种策略的优势在于,飞行器动力学和电子控制器的动态耦合可以创建出类似于实际飞行的环境。

27.5.1　控制器的执行和验证

控制法则通过浮点编程在机载计算机中进行编码。由于输入的是电压信号,而输出需要的是以毫秒为单位的 PWM 信号。通过实验发现,电压和 PWM 信号宽度之间的关系为

$$\text{PWM} = (V_{\text{signal}} - V_{\text{offset}}) \times 1.18\text{ms} \tag{27.20}$$

以时间索引的方式,计算机监督下的调度器可以操作控制器的输入和驾驶。为了记录控制器对给定时间索引信号的响应,用集成的数据采集系统的模拟器和控制器来记录数据。为了实时验证该控制器,在不同的飞行条件下进行广泛闭环测试。图 27.16 和图 27.17 显示了升降机指令的实时信号轨迹(从 RF 发射机给出),并记录了(18m/s)较短时间间隔的闭环响应。注意,图 27.16 中,t 为 1s、0.028ms 的脉冲(0.082m 位置)的 PWM 信号从发射机发出,在 $t=8$s 时变为 -0.022m(0.082m 位置),并持续到 $t=12$s。相应的实时模拟反馈信号

(dSPACE 1104)如图 27.17 所示。响应快速，阻尼性良好，并且与离线仿真响应匹配较好。注意，在 0.028ms 正向脉冲 PWM 指令输入的期间，飞行器显示了$1\sim1.5\mathrm{m/s^2}$的垂直加速度 a_z 响应的偏移，并在 3s 内稳定下来。同样在 $t=8\mathrm{s}$，a_z 显示了稳态值为 $2.25\mathrm{m/s^2}$ 的峰值响应。这些值与离线模拟获得的数值相差无几。图 27.18 和图 27.19 显示了实时模拟下的状态变量的响应。同样，响应快速，阻尼性良好，并且与离线仿真响应匹配良好。所不同的是，捕捉瞬间的实时仿真变量的初始值不同于离线仿真的假设初始值。同样，在其他飞行条件(15m/s、22m/s 和 25m/s)进行控制器实时测试，其结果也是令人满意的。

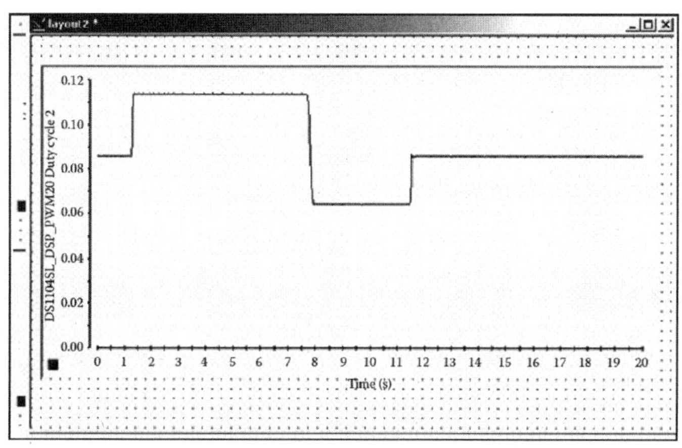

图 27.16　从 RF 发送器发出的升降机指令输入

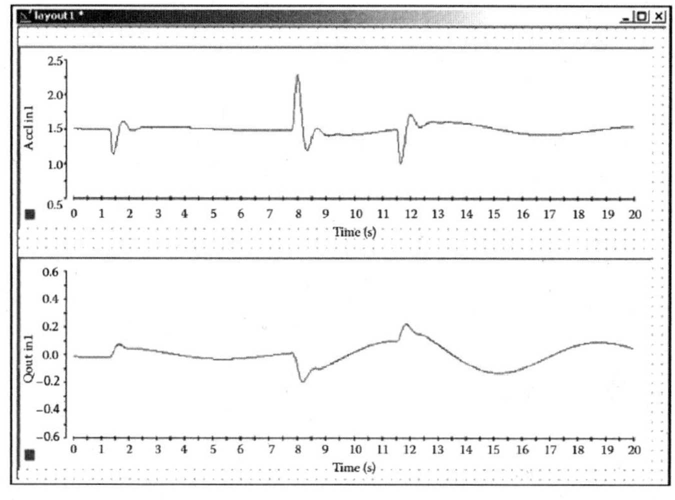

图 27.17　使用 dSPACE DS1104 RTI/RTW 的模拟反馈信号(a_z 和 q)

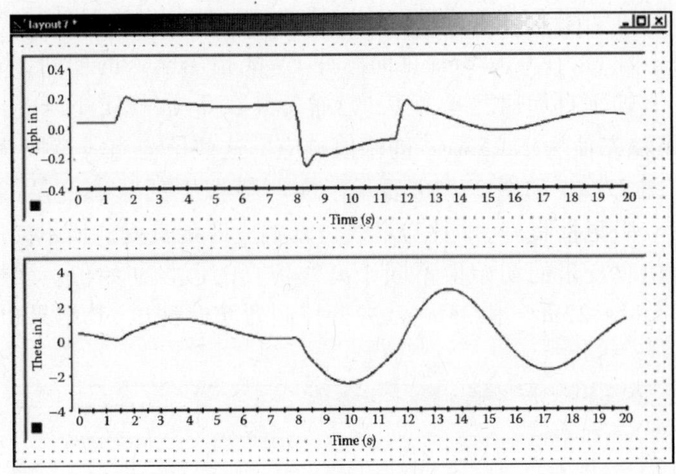

图 27.18 使用 dSPACE DS1104 RTI/RTW 的模拟状态变量(α 和 θ)

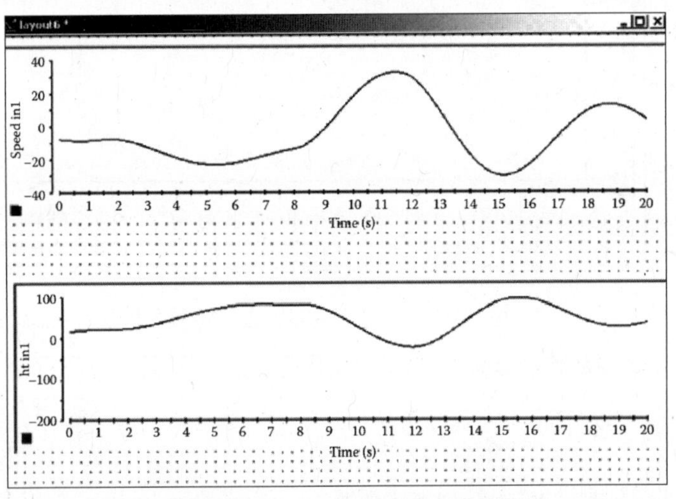

图 27.19 使用 dSPACE DS1104 RTI/RTW 的仿真状态变量
(u 和其相应的轨迹,高度、符号为 h_t)

27.6 结束语

发明了一种用于离散健壮性频率 H_2 最优飞行稳定系统的设计的新方法,设计出了 Sarika-1 MAV。该设计方法运用了加强离散最优投影方程。详细的时域和频域分析表明,H_2 最优控制器能够满足所有设计规范。在 15~25m/s 的速度范围内,单个控制器在所有的飞行条件下,以高于最低要求的 6dB 增益裕度和 60°相位裕度,很好地稳定了 Sarika-1 MAV。离线时间的响应证明,飞行稳定性可以很好地达到设计者的要求。随后,通过基于数字信号处理器的机载计算机上对控制器实施实时验证,证实了离线模拟结果。实时 HILS 响应与桌面仿真响应匹配良好。因此,稳定的 H_2 增稳系统使 MAV 更具有自主能力,从而显著提升 MAV 执行多样化任务的实用性。

参考文献

1. McMicheal JM, Francis MS, Micro-air vehicles—Toward a new dimension in flight world wide web, http://www.darpa.mil/tto/mav/mav_auvsi.html 3/21/2003.
2. Grasmeyer JM, Keennon MT. Development of the black widow micro air vehicle. AIAA Paper: 2001-0127.
3. Ruffier F, Franceschini N, Visually guided micro aerial vehicles: Automatic take off, terrain following, landing, and wind reaction. *Proceedings of the IEEE International Conference on Robotics and Automation*, New Orleans. 2004:2339–2346.
4. Stoorvogel AA. The singular H_∞ control problem with dynamic measurement feedback. *SIAM Journal of Control and Optimization* 1991; 29(1): 160–184.
5. Hyde RA, Glover K. The application of scheduled H_∞ controllers to VSTOL aircraft. *IEEE Transactions on Automatic Control* 1993; 38(7): 1021–1039.
6. Shiau JK, Tseng CE. A discrete H_∞ low-order controller design using coprime factors. *Tamkang Journal of Science and Engineering* 2004; **7**(4): 251–258.
7. Kannan N, Seetharama Bhat M. Longitudinal H_∞ stability augmentation system for a thrust vectored unmanned aircraft. *Journal of Guidance Control and Dynamics* 2005; 28(6): 1240–1250.
8. Aouf N, Boulet B, Botez R. Model and controller reduction for flexible aircraft preserving robust performance. *IEEE Transactions on Control Systems Technology* 2002; 10(2): 229–237.
9. Francesco A., Raffaele I. μ Synthesis for a small commercial aircraft: Design and simulator validation. *Journal of Guidance, Control, and Dynamics* 2004; **27**(3): 479–490.
10. Stoorvogel AA. The robust H_2 control problem: A worst-case design. *IEEE Transactions on Automatic Control* 1993; 38(9): 1358–1370.
11. Goh K-C, Wu F. Duality and basis functions for robust H_2—performance analysis. *Automatica* 1997; 33(11): 1949–1959.
12. Liu Y, Anderson BDO. Controller reduction: concepts and approaches. *IEEE Transactions on Automatic Control* 1989; 34(8): 802–812.
13. Meenakshi M. Seetharama Bhat M. Robust fixed order H_2 controller for micro air vehicle—design and validation. *International Journal of Optimal Control and Application Methods* 2006; 27: 183–210 (Published online on 15th February, 2006 in Wiley InterScience), DOI: 10.1002/oca.774.
14. Haddad WM, Huang HH, Bernstein DS. Robust stability and performance via fixed-order dynamic compensation: The discrete-time case. *IEEE Transactions on Automatic Control* 1993; 38(5): 776–782.
15. Van Willigenburg LG, De Koning WL. Numerical algorithms and issues concerning the discrete time optimal projection equations. *European Journal of Control* 2000; 6(1): 93–110.
16. Feron E, Apkarian P, Gahinet P. Analysis and synthesis of robust control systems via parameter-dependent Lyapunov functions. *IEEE Transactions on Automatic Control* 1996; 41(7): 1041–1046.
17. Green M, Limebeer DJN. *Linear Robust Control*. Prentice-Hall, Englewood Cliffs, NJ 1995: 131–178.
18. Hu J, Bohn C Wu HR, Systematic H_∞ weighting function selection and its application to the real-time control of a vertical take-off aircraft. *Control Engineering Practice* 2000; 8, 241–252.
19. Jan R. Flight dynamics part 4. Roskam Aviation and Engineering Corporation, Box 274, Ottawa, Kansas 66067, USA 1971:5.1–6.118.
20. Stevens BL, Lewis FL. *Aircraft Control and Simulation*. John Wiley and Sons, New York, Second Edition, 2003.
21. Jan R. *Airplane Design: Part VI—Preliminary Calculation of Aerodynamic, Thrust and Power Characteristics*. University of Kansas, Kansas, 1990.
22. Srinivasa Rao BR, Surendranath V, Prasanna HRS. *Wind Tunnel Test Results of SARIKA Airplane,*

Rep. No: AE/WT/IRR/16, Department of Aerospace Engineering, Indian Institute of Science, Bangalore, 2001.
23. Meenakshi M. Design and real time validation of discrete fixed order robust H_2 controller for micro aerial vehicle. PhD thesis, Aerospace Engineering, Indian Institute of Science, Bangalore, July 2005.
24. *U.S. Military Handbook MIL-HDBK-1797*, 19 December 1997.
25. Gahinet P, Nemirovski A, Laub AJ, Chilali M. *LMI Control Toolbox for Use with MATLAB*. 1995:1.1–3.26.

第28章　飞机自动着陆的神经模糊容错控制

28.1　引言

众所周知,从安全的角度来看,着陆和飞行起飞是最重要的阶段。最现代化的机场有适用于极端天气条件下的无线电着陆辅助设备,但是缺乏控制执行器也会导致飞机着陆时发生严重问题。在设计飞行系统的过程中采用的传统方法是使发生这种事件的概率降到最低($<10^{-9}$),可靠性和安全性的设计在很大程度上依赖于使用多个冗余驱动器和操纵面,这是实现可靠性的一种有效方法,但是这种系统的开发和维护导致寿命周期成本显著上升。因此,研究能够进行故障检测并有效地利用现有的气动冗余安全地完成任务的可重构或智能的系统很有必要。本章从这个角度研究自动着陆问题。

处理操纵面和传感器失效问题的通用方法是故障检测与识别,在这种方法中,对预先设定的故障情况进行了检测。基于观察到的故障,控制系统以一个确定的方式重新配置。因此,该方案必须解决检测、识别和重新配置三方面的问题。该方案具有对预定故障完美解决的独特优势,对于解决未知的故障该方案没有把握。在控制面的损坏范围可从轻微损伤(如战斗导致一个升降舵损坏)到一个表面彻底损坏的情况下,故障检测和识别算法能适当地解决这个问题。在这种情况下,能保证性能的在线自适应控制器是一个合理的解决办法。研究者提出了一些基于反馈线性化和在线机制的方法[1-3]。Kim、Calise[1]和Pesonen等人[3]提出了反馈线性化的方法来解决这个问题,前者说明了在F-18飞机上的应用,后者应用于一般的航空飞机。在飞机控制中使用反馈线性化遇到的主要困难是需要掌握非线性装置动力学的详细知识。Napolitano等人[2]提出了一种在线学习动态控制系统重构机制的方法,用于当飞机的重要操纵面已经持续受到严重损坏,一种使用扩展的反向传播算法的神经控制器将飞机在发生故障后恢复到平衡。Kim和Lee[4]利用反推神经网络控制器描述了一个非线性自适应飞行控制系统,并利用李雅普诺夫理论来分析所提出的控制系统的稳定性。Li等人[5]提出了一个充分调整的径向基函数网络控制器,该系统使用在线学习描述飞机系统的局部逆动力学。自适应调整规则是基于李雅普诺夫的合成方法,以保证封闭系统的稳定性。在充分调整径向基函数网络,隐藏单元的数量、中心和宽度随着网络的权值进行更新。文献[6]描述的飞机模型中,使用了一个从 Kawato[7] 的学习反馈—误差—学习方案[7] 中的简单架构,控制体系结构在内部循环中采用传统的 PID/H_∞ 控制器来稳定系统动力学,并以神经控制器作为传统控制器的辅助。Krstic 等人将积分反推技术用于设计非线性控制系统[8]。自适应反推神经网络控制器(ABNC)已经采用这种方法用于飞机自动着陆问题(参见文献[9])。该控制器具有级联结构,它假设通过反馈能获得所有的飞机状态。

28.2 飞机自动着陆问题

本节介绍了飞机自动着陆问题,一架高性能战斗机沿着一定的路径飞行,该路径由水平飞行、转弯、下降、在跑道上滑行、闪光操纵和最后着陆等飞行段组成,对应这些阶段的轨迹段需要考虑强风的存在。28.2.2 节详细描述了可能用到的风力模型,风会导致飞机偏离确定的航线,着陆条件有着严格的规范,为了方便将其命名为着陆场。基线控制器的设计旨在满足执行器在无故障条件下着陆阶段的所有规范。当飞机发生不同类型的驱动器故障时,神经控制器有助于改善基本轨道跟踪控制器的性能。飞机沿着水平飞行的路径开始飞行,结束时在跑道的边界范围内安全着陆。

通过将整个飞行计划分成下面七种不同的部分(图 28.1)来分析问题:

(1) 水平飞行:600m 高度,从东飞向西,即 -90°,飞机的速度保持在 83m/s。

(2) 协调转弯:飞机开使右转,与 600m 高空有 40°的倾斜角,对准自己的跑道(南北方向),垂直 0°,速度仍然为 83m/s。

(3) 水平飞行:完成转弯后,飞机保持当前航向、速度和高度一定的时间。

(4) 第一次下降:飞机第一次下降沿着 -6°的斜坡下降,高度降低至 300m。

(5) 第二次下降:第二次下降沿着 -3°的小斜坡下滑使飞机高度进一步降低到 12m。

(6) 闪光和着陆:在闪光期间飞机的速度从 83m/s 降低到 79m/s。当飞机在 12m 的高度时开始回旋,空气速度从 82.88m/s 降低到 76.19m/s,海拔呈指数级降低,即

$$h = h_0 e^{-t/\tau} \tag{28.1}$$

式中:$h_0 = 12\text{m}$,$\tau = h_0/\sin\gamma = 3\text{s}$。

(7) 着陆场条件是按照飞机第一次在地面上的着陆点进行评估的。

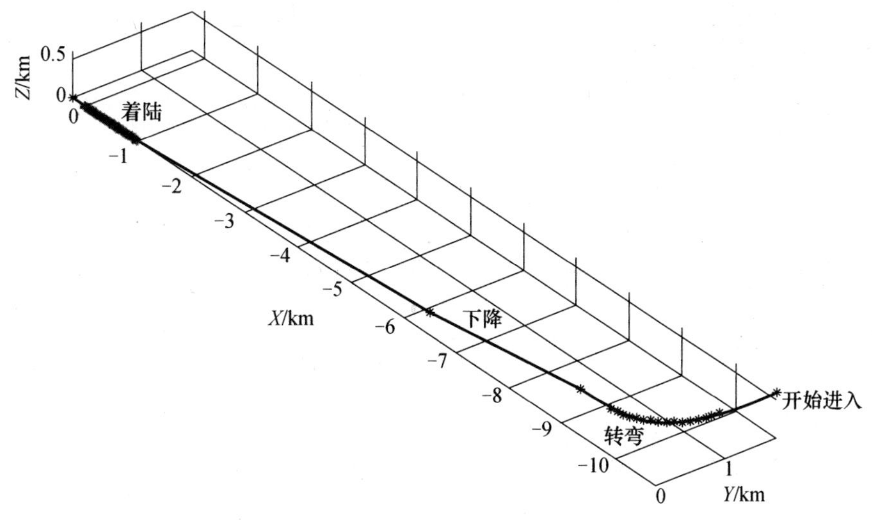

图 28.1　自动着陆部分

28.2.1　安全和性能标准

设计控制器时应考虑在着陆过程中满足多种安全和性能标准。这些措施包括飞行的边界参数(如横向偏差、高度、航向角、下沉率和空速)和飞机的着陆场区域(飞机必须在指定的条件下着陆的边界,见表 28.1)。设计控制器时应考虑即使发生故障也能运行,即在给定的区域(只有飞机在着陆区着陆时)操作能成功地处理故障。跑道起点位于飞机正在靠近的终点。因此,在表 28.1 中规定的 x 和 y 距离限制飞行器所需的着陆区为长 400m、宽 10m 的矩形内。规定最低的速度是确保飞机在最终靠近时不会失速状态。对下降速度的限制也很有必要,以保证起落架受到的载荷是在可承受的限度内。对航向角度的限制是确保翼尖不会碰触地面。在中等湍流的条件下,对于副翼、升降舵和方向舵的驱动器速率不应达到饱和,即长时间保持在 60(°)/s,这将达到反馈增益的上限。

表 28.1　着陆区域规定

x 向距离/m	$-100 \leqslant x \leqslant 300$
y 向距离/m	$\lvert y \rvert \leqslant 5$
总速率/(m/s)	$V_T \geqslant 60$
下降速率/(m/s)	$h \leqslant 1.0$
航向角/(°)	$\lvert \Phi \rvert \leqslant 10$

28.2.2　风廓线

在飞机着陆过程中,沿着飞机的三个轴需要考虑风的三个分量。以下模拟遭遇微爆气流。

28.2.2.1 垂直分量

在给定的高度产生垂直方向(微爆)的风切变,垂直风的方向突然从上向下变化,即

$$w_w = -w_0[1 + \ln(h/510)/\ln51] \tag{28.2}$$

式中:w_0 在 $h_{切变}$高度上方是 12m/s、在 $h_{切变}$ 高度下方是 -12m/s。

图 28.2 为风廓线示意,其中 $h_{切变}$为 91m,风切变高于 150m 时消失。

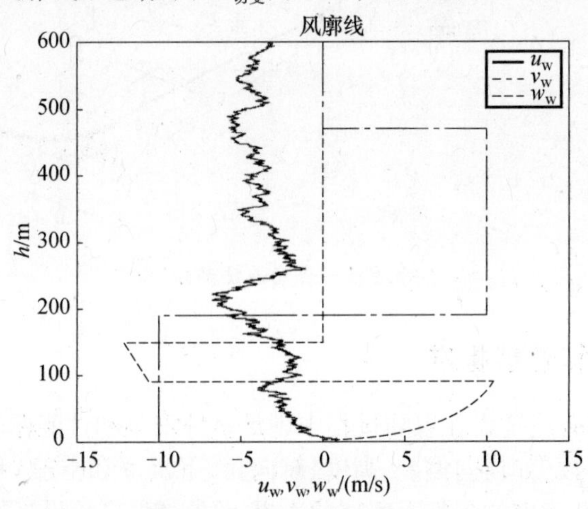

图 28.2　着陆阶段的风廓线

28.2.2.2 风的前向分量

假设湍流仅在水平方向上存在,使用 Dryden 分布为湍流建模。在数学上,纵向的风由下式表示:

$$u_w = u_{gl} + u_{gc} \tag{28.3}$$

式中:u_{gl}为湍流组元;u_{gc}为风的平均量。

$$u_{gl} = 0.2|u_{gc}|\sqrt{2a_u}N_1 - a_u u_{gl} \tag{28.4}$$

式中:N_1 为高斯随机噪声,平均值为 0,方差为 100;a_u 为

$$a_u = \begin{cases} u_0/(100^3\sqrt{h}), h > 70\text{m} \\ u_0/600, h \leqslant 70\text{m} \end{cases} \tag{28.5}$$

式中:u_0 为 72m/s。

$$u_{gc} = \begin{cases} -u_0[1 + \ln(h/510)/\ln51], & h \geqslant 3\text{m} \\ 0, & h < 3\text{m} \end{cases} \tag{28.6}$$

式中:$u_0 = 6$m/s。

28.2.2.3 侧向风

侧向风在海拔 470m 和 190m 时会有跳跃变化,分别为 7m/s 和 -14m/s。

$$v_w = \begin{cases} -7, h < 100\text{m} \\ 7, 190\text{m} \leqslant h \leqslant 470\text{m} \\ 0, h \geqslant 470\text{m} \end{cases} \tag{28.7}$$

风是沿 X 轴的 Dryden 湍流和在其他两个轴向风的综合(图 28.2)。陡峭阶跃变化在 v_w(在 470m 和 190m 处)和 w_w(150m 和 90m)中尤为明显。这些轮廓图分别表示风在水平和垂直方向上有大的切变。

28.2.3　飞机模型和故障情景

本研究中使用的飞机模型来源于文献[6]。值得注意的是,飞机在纵向轴上是开环不稳定的。因此,控制系统必须增强稳定性如同增强飞机着陆的性能一样。

在直线水平飞行条件下($h = 600\text{m}, v = 82.88\text{m/s}$),F－16 飞机的线性化模型可使用下式描述:

$$\begin{cases} \Delta\dot{\boldsymbol{x}} = \boldsymbol{A}\Delta\boldsymbol{x} + \boldsymbol{B}\Delta\boldsymbol{u} \\ \Delta\boldsymbol{y} = \boldsymbol{C}\Delta\boldsymbol{x} + \boldsymbol{D}\Delta\boldsymbol{u} \end{cases} \tag{28.8}$$

式中

$$\Delta\boldsymbol{x} = [\Delta u \quad \Delta w \quad q \quad \Delta\theta \quad \Delta h \quad v \quad p \quad r \quad \theta \quad \psi \quad y]^{\mathrm{T}}$$

$$\Delta\boldsymbol{u} = [\Delta\delta_e \quad \delta_a \quad \delta_r \quad \delta_{thr}]^{\mathrm{T}}$$

$$\Delta\boldsymbol{y} = [\gamma \quad q \quad \Delta\theta \quad \Delta h \quad \Delta V_{\mathrm{T}} \quad p \quad r \quad \theta \quad a_y \quad \Delta x]^{\mathrm{T}}$$

需要注意的是,符号 Δ 表明特定量的偏差高于其调节值,这仅适用于只有一个非零调节值的量。

如果把飞机的纵向动力学从横向动力学解耦,控制的设计将进一步简化。因此,解六个自由度方程的传统方法是将其分解成纵向方程和横向方程。纵向系统矩阵为

$$\boldsymbol{A} = \begin{bmatrix} -0.0183 & 0.1023 & -15.3342 & -9.6192 & -0.0002 \\ -0.1060 & -0.6485 & 73.6202 & -1.9024 & 0.0009 \\ -0.0025 & 0.0098 & -0.6491 & 0 & 0 \\ 0 & 0 & 1.0000 & 0 & 0 \\ 0.1940 & -0.9810 & 0 & 82.8421 & 0 \end{bmatrix}$$

$$\boldsymbol{B} = \begin{bmatrix} 0.0049 & 7.1522 \\ -0.1359 & 0 \\ -0.0598 & 0 \\ 0 & 0 \\ 0 & 0 \end{bmatrix}$$

$$C=\begin{bmatrix}0.0023 & -0.0118 & 0 & 1.0000 & 0\\ 0 & 0 & 1.0000 & 0 & 0\\ 0 & 0 & 0 & 1.0000 & 0\\ 0 & 0 & 0 & 0 & 1.0000\\ 0.9810 & -0.1938 & 0 & 0 & 0\end{bmatrix}$$

$$D=\begin{bmatrix}0 & 0\\ 0 & 0\\ 0 & 0\\ 0 & 0\\ 0 & 0\end{bmatrix}$$

状态矢量和控制矢量为

$$\Delta\boldsymbol{x}=[\Delta u \quad \Delta w \quad q \quad \Delta\theta \quad \Delta h]^{\mathrm{T}}$$

$$\Delta\boldsymbol{u}=[\Delta\delta_{\mathrm{e}} \quad \delta_{\mathrm{thr}}]^{\mathrm{T}}$$

$$\Delta\boldsymbol{y}=[\gamma \quad q \quad \Delta\theta \quad \Delta h \quad \Delta V_{\mathrm{T}}]^{\mathrm{T}}$$

横向系统矩阵为

$$A=\begin{bmatrix}-0.1487 & 16.2718 & -80.6519 & 9.6216 & 0 & 0\\ -0.1708 & -1.7533 & 0.8792 & 0 & 0 & 0\\ 0.0227 & -0.0482 & -0.2424 & 0 & 0 & 0\\ 0 & 1.0000 & 0.1978 & 0 & 0 & 0\\ 0 & 0 & 1.0194 & 0 & 0 & 0\\ 1.0000 & 0 & 0 & -16.0768 & 82.8632 & 0\end{bmatrix}$$

$$B=\begin{bmatrix}-0.0024 & 0.0036\\ -0.1684 & 0.0340\\ -0.0014 & -0.0169\\ 0 & 0\\ 0 & 0\\ 0 & 0\end{bmatrix}$$

$$C=\begin{bmatrix}0 & 1.0000 & 0 & 0 & 0 & 0\\ 0 & 0 & 1.0000 & 0 & 0 & 0\\ 0 & 0 & 0 & 1.0000 & 0 & 0\\ -0.0152 & 0.0195 & 0.0666 & 0 & 0 & 0\\ 0.0121 & 0 & 0 & -1940 & 1.0000 & 0\end{bmatrix}$$

$$
\boldsymbol{D}=\begin{bmatrix} 0 & 0 \\ 0 & 0 \\ 0 & 0 \\ -0.0002 & 0.0034 \\ 0 & 0 \end{bmatrix}
$$

状态矢量、输入矢量和输出矢量为

$$\Delta \boldsymbol{x}=[v \quad p \quad r \quad \varphi \quad \psi \quad y]^{\mathrm{T}}$$

$$\Delta \boldsymbol{u}=[\delta_a \quad \delta_r]^{\mathrm{T}}$$

$$\Delta \boldsymbol{y}=[p \quad r \quad \varphi \quad \alpha_y \quad \Delta \chi]^{\mathrm{T}}$$

可以看出,在纵向控制输入和横向的运动方程之间存在耦合。升降舵必须以对称的方式运行(两个升降舵朝同一个方向),由于一个升降舵表面发生故障,两个升降舵就不能对称运行,从而导致气动滚转。因此,一个升降舵故障导致在俯仰和滚转通道产生同时扰动。在两个副翼有故障的情况下,利用不同的升降舵滚动运动来控制飞机。飞机驱动器模型由一阶滞后组元构成:

$$\frac{\gamma(s)}{u(s)}=\frac{20}{s+20} \tag{28.9}$$

升降舵的挠度限制在 ±25°,副翼表面变形限制在 ±20°,舵面偏转不超过 ±30°,所有驱动器的主要表面速率限制在 60(°)/s。

28.2.3.1　场景

本节分析五种类型的故障,包括单一操纵面故障及相结合操纵面的故障,而忽视了两个升降舵都发生故障的案例情况,因为两个升降舵都发生故障一般是不可恢复的。当操纵面发生故障时,引起的硬伤位置可能是在偏差允许的范围内。显然,所有可能的硬伤位置是不可行的,在某些情况下,着陆演练所产生的力矩是不能修剪的。为了确定能够允许一个和两个故障的区域,开环的飞机被修剪为[10]水平飞行修剪区域($p=q=r=\gamma=0°$,6 个自由度加速度为 0)、水平下降($p=q=r=0,\gamma=6°$,6 个自由度加速度为 0)和水平翻转修剪区域($\varphi=40°$,6 个自由度加速度为 0)。这些交叉区域用来从可恢复的故障中获得可行的区域。值得注意的是,这个计算仍然是保守的,由于在实际情况下飞机必须有控制权且在区域以上机动(如抵制干扰)。在这些区域的边界没有机动的标志,在现实条件下真实的边界应位于可行的地区。此外,修剪的区域没有计算风的影响可能有所不同,在飞行过程中会受不同风力的影响。驱动器故障类型见表 28.2,在结果部分显示可行区域的图形表示,伴随着每个控制器的性能。

表 28.2　驱动器故障类型

故障类型	故障详细描述
Ⅰ类	任一升降舵发生故障
Ⅱ类	任一副翼发生故障
Ⅲ类	左升降舵和左副翼发生故障
Ⅳ类	左升降舵和右副翼发生故障
Ⅴ类	左副翼和右副翼发生故障

28.2.3.2　故障注入点

对问题的定义，在飞机着陆前经过的飞行路径上共有七段。飞行路径的两个关键阶段是水平转弯和下降阶段。如果飞行控制器处理这些阶段的健壮性很强，就能保证成功着陆。当飞机在飞行时故障可能发生在任何点，在机动前发生是最致命的。因此，在所有的模拟结果中，升降舵发生故障在 10s 内，任一副翼发生故障在 8s 内，这两者同时发生故障在转向前的时刻。

28.3　神经辅助弹道追踪控制器

本节研究在反馈误差学习模式中神经网络控制器的辅助下，自主着陆任务中参照驱动器故障的基线控制器容错性的改进。图 28.3 为用于神经辅助控制器方案的反馈误差结构。该控制器处理被测飞机的输出，从传统控制器产生误差信号中得到参考基准信号。使用误差信号调整神经网络参数，得到神经网络输出值 u_{nn}。完整的控制方案设计为两部分（图 28.3）：外环包括一个跟踪指令发生器（产生基于轨迹偏差的命令信号），称为导航环；内部控制器是基本轨道跟踪控制器。神经网络控制器采用动态径向基函数神经网络称为最小资源分配网络扩展，只使用在线学习，不需要事先训练[5]。两个控制器使用跟踪控制器

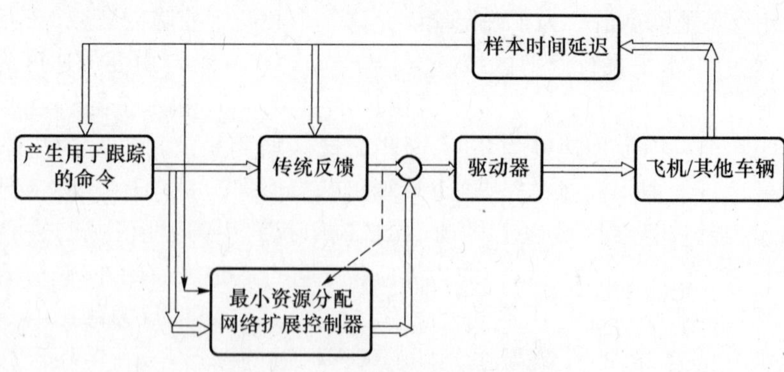

图 28.3　神经辅助轨道跟踪器

所产生的参考信号的“r”(图 28.3)来指挥飞机操纵面。神经控制器使用参考信号和飞机的输出来产生命令信号,它还使用基本轨道跟踪控制器输出来学习装置(在这种情况下的飞机)的反向动力学。

28.3.1　基本轨迹跟踪控制器设计

利用经典的回路成形单输入单输出设计技术来设计基本轨道跟踪控制器。假定攻击角和侧滑角在反馈中是不可用的。经典的级联反馈控制器处理四种参考信号,由跟踪控制器通过下列方式产生:①通过生成所需的命令实现高度控制。航迹角误差也用于反馈以提供阻尼给高度信号,最内层循环是俯仰角速度回路。②通过操纵节气门实现空速控制。③使用角地面轨迹的偏差作为内回路实现 $X-Y$ 平面的轨迹跟踪。这个回路反过来命令俯仰角度环与滚动速度环的内层。④使用估计的侧滑率($r-p\tan\alpha$)和横向加速度作为反馈信号,通过指挥舵将侧滑降至最低。所有的回路设计要求最低增益 6dB 和至少 45°的相位,最终控制器的纵向结构是一个级联的形式(图 28.4)[11]。在两个副翼都发生故障的情况下,从滚动轴起到产生差动升降舵的作用。当发生 V 型故障(左、右副翼故障)时,文献[10]提到的标准基本轨道跟踪控制器是无法处理这种情况的,两个副翼都发生故障意味着没有操纵面来调节滚动运动。在副翼引导滚动时,飞机的升降舵在不同的模式中只有 60% 是有效的,这一特性用于控制 V 型故障的飞机。用于横向控制规则的最终方案如图 28.5 所示[11]。

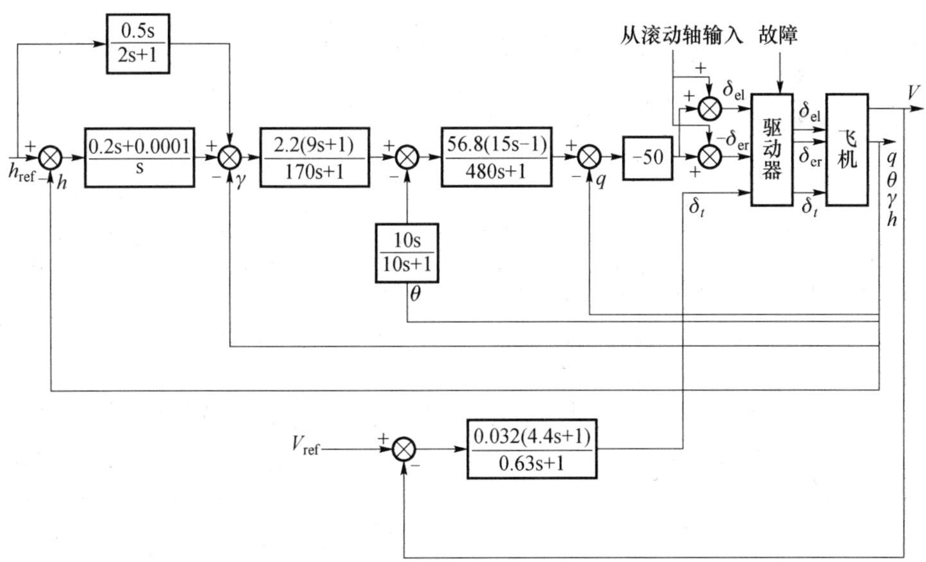

图 28.4　基本轨道跟踪控制器的纵向轴线设计

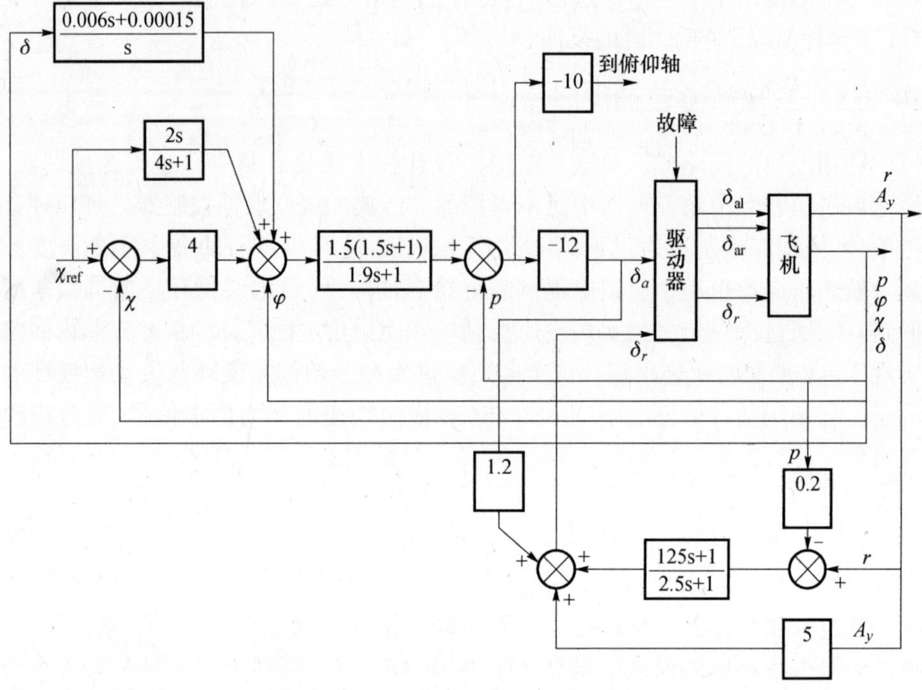

图 28.5　用于 BTFC 的横向轴线设计

28.3.2　最小资源分配网络扩展

最小资源分配网络扩展是对连续学习径向基前馈网络的快速执行，Lu 等人[12]称之为最小资源分配网络。本节简述最小资源分配网络及其扩展（EM-RAN），更多的细节参见文献[5]。径向基前馈网络输出用高斯函数 $\boldsymbol{\Phi}$ 表示为

$$f(\boldsymbol{\xi}_n) = \boldsymbol{a}_0 + \sum_{i=1}^{h} \boldsymbol{\Phi}_i(\boldsymbol{\xi}_n), \boldsymbol{\xi} \in \mathbf{R}^m, f \in \mathbf{R}^p \tag{28.10}$$

$$\boldsymbol{\Phi}_i(\boldsymbol{\xi}_n) = \boldsymbol{\alpha}_i \exp\left(-\frac{1}{\boldsymbol{\sigma}_i^2} \|\boldsymbol{\xi}_n - \boldsymbol{\mu}_i\|^2\right)$$

式中：$\boldsymbol{\xi}$ 为网络的输入矢量；h 为隐层神经元的总数量；$\boldsymbol{\mu}_i$、$\boldsymbol{\sigma}_i$ 分别为第 i 个隐藏神经元的中心和宽度；n 为时间指数；$\| \ \|$ 表示欧氏范数；函数 f 为径向基前馈网络的输出，它代表了网络逼近期望输出 y_n，在误差反馈学习结构中，期望输出的是基本轨道跟踪控制器（u_c），如图 28.3 所示；$\boldsymbol{\alpha}_i$ 表示在输出层中第 i 个隐藏神经元的权值，$\boldsymbol{a}_0$ 是偏项，两者都是矢量。网络开始时没有隐藏的神经元。当输入数据是顺序接收时，根据一定的标准在网络添加或删掉隐藏神经元。对最

小资源分配网络的连续学习算法总结如下[12]：

(1) 获得输入，计算网络输出及相应的误差。

(2) 如果符合以下三种条件：

① 误差超过最小阈值；

② 一系列数据的网络平方差超过一定阈值；

③ 新的输入与隐层神经元足够远。

则创建一个新的径向基前馈隐层神经元。

(3) 如果不满足条件(2)，则使用扩展卡尔曼滤波器算法调整径向基前馈网络的重量和宽度。

如上所述，最小资源分配网络扩展与最小资源分配网络在最后这一步有所不同[5]，不是更新所有参数(重量、中心和宽度)的所有隐藏神经元，它只更新最近的神经元参数。在近似误差方面 EMRAN 和 MRAN 只有轻微的性能差异；但在速度方面，EMRAN 显著优于 MRAN。除了添加神经元，删除神经元采用如下策略：

(1) 在一定数量的连续输入下，如果一个隐藏的神经元对结果的作用低于一个阈值，则这个隐藏的神经元将被删除。

(2) 如果两个隐藏的神经元彼此接近，并被阈值所藐视，则它们会合并到一个隐藏的神经元。扩展的卡尔曼滤波尺寸将调整并进行下一个输入处理。修剪策略确保产生的径向基网络使用的神经元数量最小。神经元数量降低可使算法计算效率提高。考虑飞机动力学的方程为

$$\dot{x}=f(x,u) \tag{28.11}$$

假定 f 在轨道的邻域内平滑且有界，Bugajski 和 Enns[13] 研究表明，反置飞机的非线性动态方程并形成强大的非线性控制器很有可能。在反置三角速率方程的同时，基于所需的角加速度反置过程开始计算操纵面挠度，采用反置的力学方程计算所需的角加速度。这样形成的控制器能够接收参考信号、期望速度、高度和顶部形成的升降舵、副翼、方向舵和油门控制信号作为跟踪的参考信号。可用下式表示反置：

$$u=f^{-1}(\dot{x},x) \tag{28.12}$$

式中：f^{-1} 为运动方程的反置。

在实践中，如果 $\dot{x}_a$ 是状态矢量导数的期望值，有利于替代式(28.12)中 $\dot{x}_a-G\cdot(x-x_a)$ 来获得控制输入，文献[11]对此有专门的解释。因此，必须合成多变量函数，使用状态及其导数，以获得所需的使飞机跟踪期望轨迹的控制输入。此外，如果这个函数表示反飞机动力学，则经过一段时间的改变，利用神经网络的学习能力，当有改变发生时，立即进行纠正。假设气动控制输入(升降舵、副翼和方向舵)没有显著的耦合，这意味着升降舵主要产生俯仰力矩，副翼对滚动

力矩和偏航力矩能起主要作用。这个假设允许把飞机的两个逆控制器看成一个用于纵向轴,另一个用于横向轴。以此为动机,Gomi 和 Kowato 提出了反馈误差学习策略。这一假设将经典的反馈控制器的输出作为学习的信号($u_c = u_c = u_{nn}$)。经过一段时间后,最小资源分配网络扩展学会了总控制信号($u_{nn} \to u_t$),导致驱动基本轨道跟踪控制器的输出为零(图 28.3)。这意味着通过学习式(28.12)表示的反函数,最小资源分配网络扩展已产生了逆装置。在弹道仿真中有两种阻滞法,一种用于纵向轴,另一种用于横向轴。

如果最小资源分配网络扩展向古典控制器学习,则它不会得到比这更好的控制器。通过向经典控制器的输出有比例地添加轨迹误差信号可以弥补这一缺陷,来修改用于最小资源分配网络扩展的误差信号。图 28.6(a)为用于纵向和横向轴最小资源分配网络扩展控制器的比例因子[11]。类似的方法也用于横向最小资源分配网络扩展块(图 28.6(b))[11]。

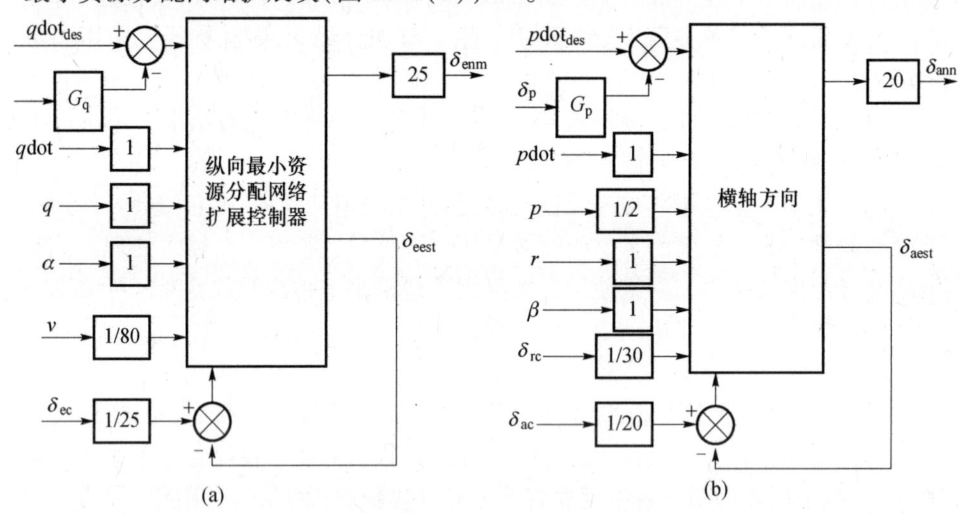

图 28.6　最小资源分配网络扩展的应用
(a)在纵轴上的应用;(b)在横轴上的应用。

总的来说,纵向和横向最小资源分配网络扩展块代表了图 28.3 中的神经控制器。值得注意的是,纵向最小资源分配网络扩展块的输入、误差和输出为

$$\boldsymbol{\xi} = [\dot{q}_{\mathrm{d}} - G_{\mathrm{a}}(q - q_{\mathrm{d}}) \quad \dot{q} \quad q \quad \hat{\alpha} V_{\mathrm{T}}]$$

$$\boldsymbol{e} = [\delta_{\mathrm{ec}}/25 - \delta_{\mathrm{eest}}]$$

$$\boldsymbol{y} = [\delta_{\mathrm{enm}}/25 \quad \delta_{\mathrm{eest}}]$$

式中:$G_{\mathrm{q}} = -0.48967$。

对于横向最小资源分配网络扩展块,也采用相同的策略,输入、误差及输出为

$$\boldsymbol{\xi} = [\,\dot{q}_d - G_p \cdot (p - p_d) \quad \dot{p} \quad p/2 \quad r \quad \hat{\beta} \quad \delta_{\text{rc}}/30\,]$$
$$\boldsymbol{e} = [\,\delta_{\text{ac}}/20 - \delta_{\text{aest}}\,]$$
$$\boldsymbol{y} = [\,\delta_{\text{ann}}/20 - \delta_{\text{aest}}\,]$$

式中：$G_p = 0.14971$。

28.3.3　BFTC 性能评价及故障情况下神经辅助 BFTC

为了形成这些控制器的故障宽容区域，对操纵面驱动器的单故障（Ⅰ型和Ⅱ型）和双故障（Ⅲ型、Ⅳ型和Ⅴ型）在 1°～2°的间隔内已经进行了模拟，用先前讨论的着陆场规范判断是否成功。图 28.7～图 28.13 说明了在这些情况下的结果，下面进行详细分析。图 28.7 为在着陆阶段以两个最小资源分配网络扩展控制器为基准，左升降舵停留在 16°、10s 的横向位置（Y）、侧滑角（β）、高度和速度，这是一个明显的大型故障部位。图 28.8 为沿着来自基本轨道跟踪控制器、最小资源分配网络扩展及最小资源分配网络扩展神经元记录控制信号下的升降舵和副翼偏转。图 28.8（a）显示左升降舵（$\delta_{\text{e-left-t}}$）和右升降舵（$\delta_{\text{e-right-t}}$）随着基本轨道跟踪控制器（$\delta_{\text{e-right-c}}$）和神经网络组件（$\delta_{\text{e-right-nn}}$）控制信号的偏转。

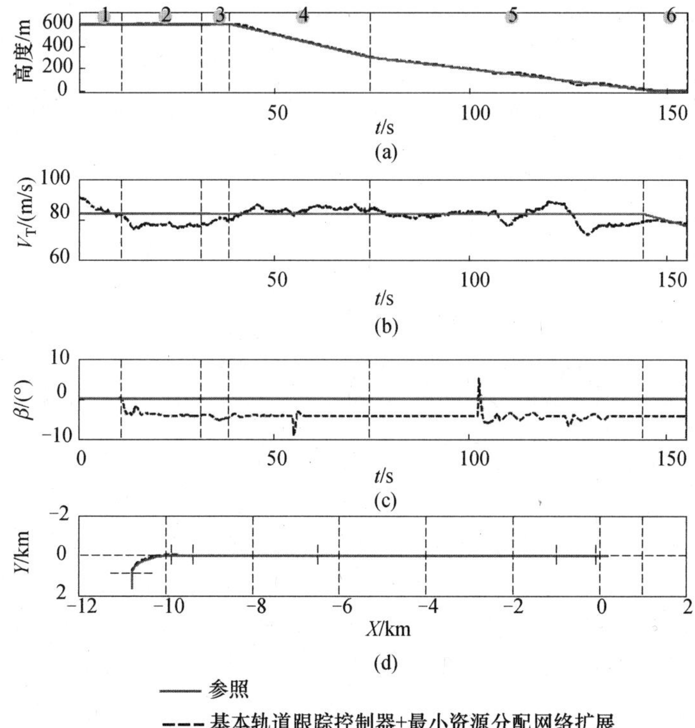

图 28.7　EMRAN 及 BFTC 控制器（单升降舵故障发生在 16°、10s）的时间响应

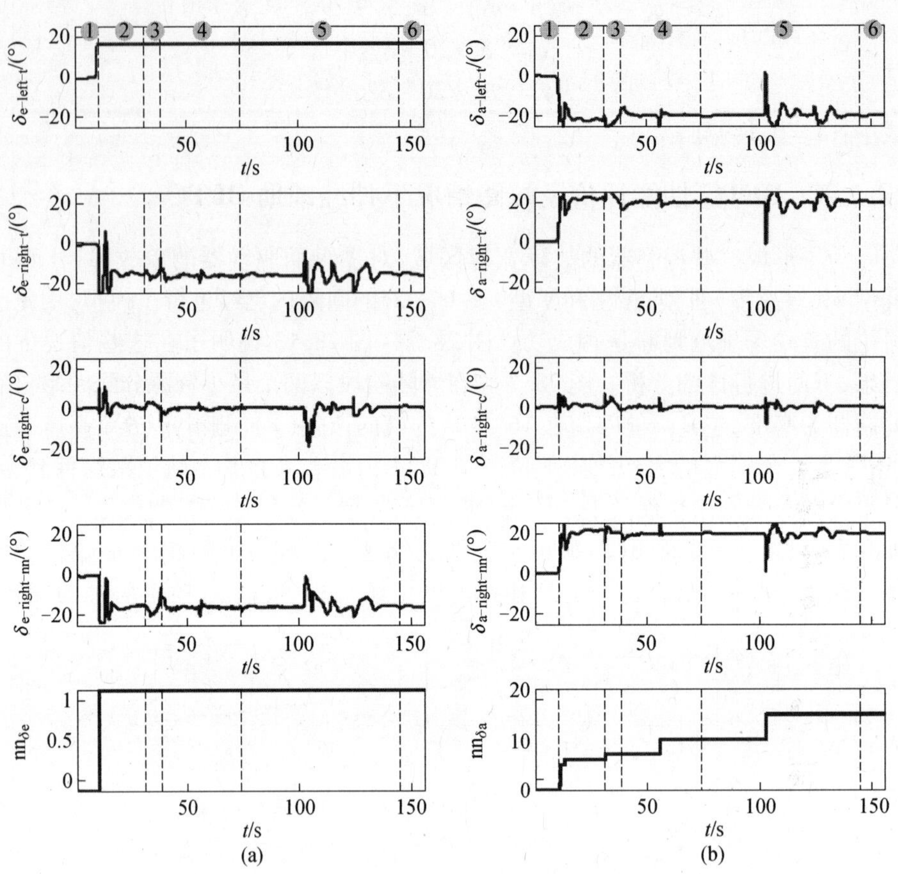

图 28.8　用于 ENRAN 和 BFTC 控制器(单升降舵故障发生在 10s)的升降舵、副翼偏差及神经元记录

基于最小资源分配网络扩展的右升降舵神经元记录($nn_{\delta e}$)也一并显示。图 28.8(b)为副翼的相似结果,神经辅助控制器不仅可以使飞机着陆,而且达到了降落的性能要求。由于左升降舵处于持续的负偏差侧滑,导致不同部位发生故障不对称的结果。对学习而言,最小资源分配网络扩展的每条横向轴需要 1 个神经元,每条纵向轴线需要 15 个神经元。从图 28.9 ~ 图 28.13 为最小资源分配网络扩展控制器对不同类型的故障容差范围。相对于基本轨道跟踪控制器,在发现故障的范围明显增加时,最小资源分配网络扩展控制器可以成功地处理故障。图 28.9 显示单一的升降舵故障在 -8° ~ 17°范围内(不包括在 -2°故障),可以被最小资源分配网络扩展控制器容忍,而基本轨道跟踪控制器仅仅限制在 -2° ~ 6°的范围内。同样,在其他故障的情况下,性能也有大幅度的提高。此外,在两个副翼发生故障(V 型)的情况下,大部分的可行域可以通过最小资源分配网

络扩展控制器处理。在发生复合故障的情况下,总的容错区域还存在一些空白,有些空白可以归因于着陆场条件不符合产生的 y 轴偏差。神经辅助的(最小资源分配网络扩展)控制器具有较大范围地覆盖所有类型故障的性能。把在线神经网络学习方案称为最小资源分配网络扩展,应用于反馈误差学习结构的控制器。非线性动态逆(NDI)技术是这种神经增强的基础。结果表明,尽管基本轨道跟踪控制器的容错性能提高了,但容错区域存在几个空白区域(不是单一连接),这对最小资源分配网络扩展控制器提供性能保障提出了挑战。28.4 节将介绍工作在非线性反置的自适应反推设计,不会受到这些问题的困扰。

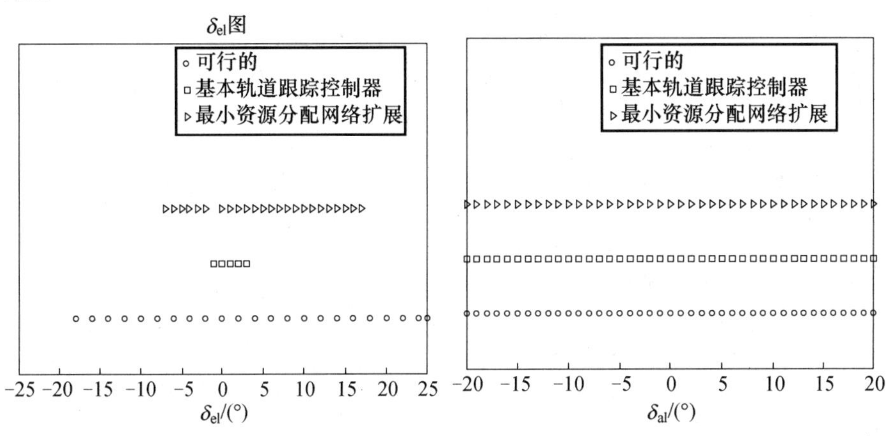

图 28.9　EMRAN 控制器的左升降舵故障容差

图 28.10　EMRAN 控制器的左副翼故障容差

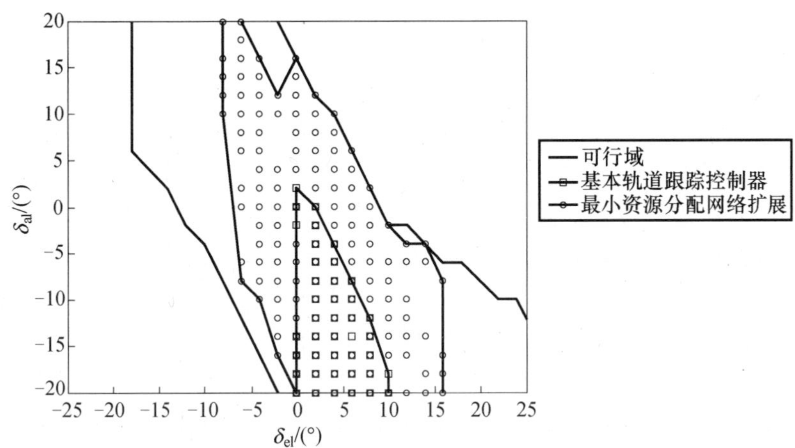

图 28.11　EMRAN 控制器的左升降舵和左副翼故障容差

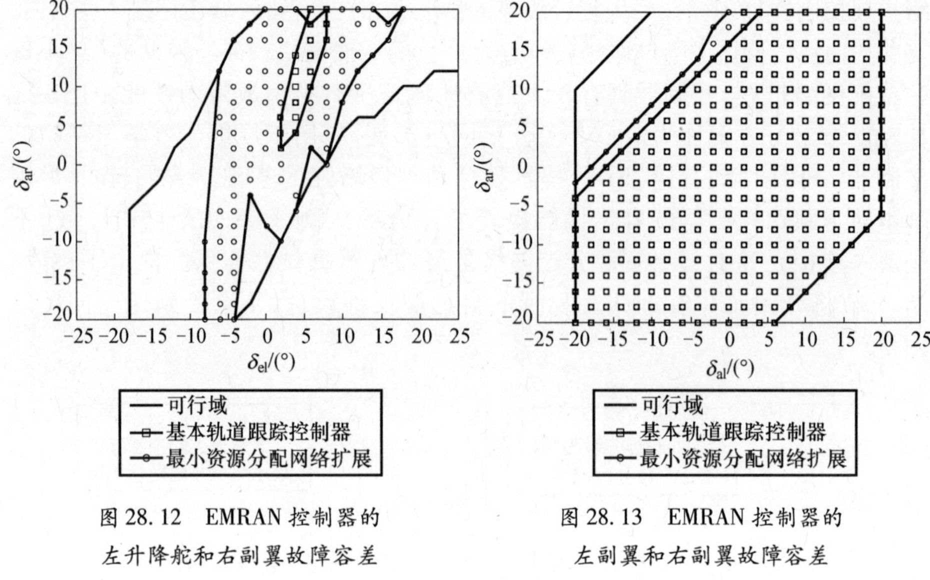

图 28.12 EMRAN 控制器的左升降舵和右副翼故障容差

图 28.13 EMRAN 控制器的左副翼和右副翼故障容差

28.4 自适应反推神经网络控制器

飞机的自适应反推神经网络控制器设计开发参见文献[9]。该控制方案采用径向基函数神经网络,全状态测量轨迹跟踪采用自适应反推结构,稳定性的需求与网络学习部分是分离的,这允许使用任何逼近函数方案(包括神经网络)来学习。对径向基前馈神经网络,一种学习算法是在网络的开始没有神经元,在轨迹误差增多的基础上添加新的神经元,随着径向基前馈神经网络的中心、宽度和重量的更新而稳步调整规则。利用李亚普诺夫理论,结果控制器给出了最终有边界意义的稳定性证明。容错控制器的设计说明,不稳定的高性能飞机在终端着陆阶段,要受到多个操纵面严重故障和强风。设计采用了完整的六自由度非线性飞机模型,仿真研究表明,上述控制器能够使飞机在降落时能成功稳定地着陆。Bugaiski 和 Enns[13]将反推方法用于非线性动态逆控制。

这一方法的特征是在动态反推过程的每一步不需要导数的状态,取而代之的是一个与误差状态成比例的信号,通过比例反馈增益使非线性动态逆健壮性更强。这消除了神经网络控制器向下传播时高频信号的数值分化问题和不必要的执行器饱和问题。该方法需要控件设计器将装置动力学分离成快和慢的时间尺度。系统的稳定性取决于在时间尺度上的适当分离。然而,在飞机动力学的广泛变化下,由于飞机的逆动态模型不适应,系统的反馈增益不足以使系统稳定。高增益可用来补偿这一问题,但可以激发装备中未建模动力学的高频。文献[9]提供的结果适用于完整的六自由度非线性动力学(包括纵向和横向两个动力学),表明在飞机舵机发生故障(升降舵和副翼故障)的情况下执行着陆机动,反推神经网络控制器的设计应同时考虑单和双驱动器故障,使用稳定的自适应调整轨迹跟踪控制规则。

自适应反推神经网络控制器结构如图 28.14 所示。从图中可以看出,该方案具有级联的四级神经网络。值得注意的是,Johnson 和 Kannan[14] 提出了一种用于直升机自适应控制的级联结构,所需的神经网络的数目取决于输出的相对程度(时间的输出数量是分化到方程中的控制输入)。与个别输入不同的是,所有的网络接收飞机的状态矢量作为输入。NN1 是最内部的网络,产生升降舵、副翼和方向舵的控制信号。级联终止在 NN4 网络,它的输入是所需飞机的输出,希望在着陆阶段能够控制(指海拔高度和交叉轨道的偏差等),这是积分反推过程,在文献[9]中有详细描述。个体网络学习各阶段的逆非线性动力学,每个神经网络的参数都适应运用李亚普诺夫理论产生合适的误差信号。这里给出的稳定性证明能够保证所有信号的边界都是在闭环系统内。

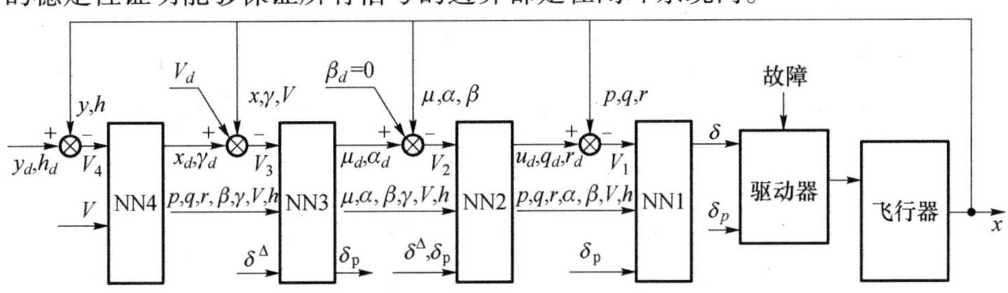

图 28.14　自适应反推神经网络控制器结构

28.4.1　非线性动态倒置

本节提出使用反推法的自适应神经网络控制器飞机的设计方法。积分反推设计技术是由 Kanellakopoulos 等人[15] 提出的,根据文献[13]制定的运动方程,有

$$\begin{cases}\dot{x}=f(\boldsymbol{x},\boldsymbol{u})\\ \boldsymbol{Y}=l(\boldsymbol{x})\end{cases}\tag{28.13}$$

式中

$$\boldsymbol{x}=[x_1,\cdots,x_{11}]^{\mathrm{T}}=\begin{bmatrix}(p,q,r)^{\mathrm{T}}\\(\mu,\alpha,\beta)^{\mathrm{T}}\\(\chi,\gamma,V)^{\mathrm{T}}\\(y,h)^{\mathrm{T}}\end{bmatrix}=\begin{bmatrix}X_1\\X_2\\X_3\\X_4\end{bmatrix}$$

$$\boldsymbol{u}=\begin{bmatrix}(\delta_e,\delta_a,\delta_r)^{\mathrm{T}}\\ \delta_p\end{bmatrix}=\begin{bmatrix}\delta\\ \delta_p\end{bmatrix}$$

$$\boldsymbol{Y}=[\beta \quad y \quad h \quad V]^{\mathrm{T}}$$

组件的状态矢量保留它们的通常意义[13]。控制矢量 $\boldsymbol{u}$ 由升降舵、副翼、方向舵和油门的顺序组成。目的是设计一个控制器,运用状态反馈来跟踪具有边界误差、给定的光滑参考轨迹 Y_{d}。用速记法矢量符号,式(28.13)可改写为

$$\begin{cases}X_1=F_1(p,q,r,\alpha,\beta,V,h,\delta,\delta_p)\\X_2=F_2(p,q,r,\mu,\alpha,\beta,\gamma,V,h,\delta,\delta_p)\\X_3=F_3(p,q,r,\mu,\alpha,\beta,\gamma,V,h,\delta,\delta_p)\\X_4=F_4(\chi,\gamma,V)\end{cases}\tag{28.14}$$

应当指出的是,式(28.14)的不确定项是由气动力和力矩系数引起的。此外,节流 δ_p、推力 T 在这些方程中也假设是不确定的。相对于控制矢量的元素,气动、推力和力矩系数也假定为不相关的。

28.4.2 控制器设计方法

式(28.14)可改为用 x 和 u 表示的式子:

$$\begin{cases}h_1(x,u,\dot{X}_1)=\dot{X}_1-F_1(x,u)=0\\h_2(x,u,\dot{X}_2)=\dot{X}_2-F_2(x,u)=0\\h_3(x,u,\dot{X}_3)=\dot{X}_3-F_3(x,u)=0\\h_4(x,\dot{X}_4)=\dot{X}_4-F_4(x)=0\end{cases}\tag{28.15}$$

式(28.15)的函数 $h_1,\cdots,h_4$ 为运动方程的隐式形式,对这些式运用隐函数定理,存在函数 $K_1,\cdots,K_4$,即

$$\begin{cases}[\chi,\gamma]^{\mathrm{T}}=K_4(\dot{X}_4,V)\\[\mu,\alpha,\delta_p]^{\mathrm{T}}=K_3(\dot{X}_3,p,q,r,\beta,\gamma,V,h,\delta)\\[p,q,r]^{\mathrm{T}}=K_2(\dot{X}_2,\mu,\alpha,\beta,\gamma,V,h,\delta,\delta_p)\\[\delta_e,\delta_a,\delta_r]^{\mathrm{T}}=K_1(\dot{X}_1,p,q,r,\alpha,\beta,V,h,\delta_p)\end{cases}\tag{28.16}$$

式(28.16)确切表示式(28.14)的反函数。该控制器包括评价上述多变量矢量函数,从 K_4 到 K_1 的顺序,以获得各种控制信号(u)。因此,名称“反推”相当于通过运动方程反推得到正常的写法,该函数必须用所期望的状态导数 $\dot{X}_1,\cdots,\dot{X}_4$ 评估。理想的状态矢量部分是从输出矢量 $\boldsymbol{Y}$ 及式(28.16)得到。正如文献[13,16]所述,非线性动态逆控制器由评价反函数 K_i 组成,通过设置所需的状态导数,使其与状态轨迹误差所对应的信号相等。为此,定义了伪控制变量 $\boldsymbol{V}_i(i=1,\cdots,4)$:

$$\begin{cases}\boldsymbol{V}_1=\begin{bmatrix}v_1\\v_2\\v_3\end{bmatrix}=\begin{bmatrix}\Gamma_1e_1\\\Gamma_2e_2\\\Gamma_3e_3\end{bmatrix}\\\boldsymbol{V}_2=\begin{bmatrix}v_4\\v_5\\v_6\end{bmatrix}=\begin{bmatrix}\Gamma_4e_4\\\Gamma_5e_5\\\Gamma_6e_6\end{bmatrix}\\\boldsymbol{V}_3=\begin{bmatrix}v_7\\v_8\\v_9\end{bmatrix}=\begin{bmatrix}\Gamma_7e_7\\\Gamma_7e_8\\\Gamma_8e_9\end{bmatrix}\\\boldsymbol{V}_4=\begin{bmatrix}v_{10}\\v_{11}\end{bmatrix}=\begin{bmatrix}\Gamma_{10}e_{10}\\\Gamma_{11}e_{11}\end{bmatrix}\end{cases}\tag{28.17}$$

式中：Γ_i 为要设计的增益；$\boldsymbol{e}_i$ 为误差矢量的分量，且有

$$\boldsymbol{e}_i=x_i-x_i^d,i=1,\cdots,11\tag{28.18}$$

这确保了期望值的状态收敛及控制器不会受到外部干扰。式(28.16)的反函数被神经网络阶段取代，成为自适应反推神经网络控制器结构，用于不确定系统(图 28.14)。这个阶段的实施通过

$$\begin{cases}[\chi^d,\gamma^d]^{\mathrm{T}}=\mathrm{NN}_4(V_4,V)=\hat{W}_{04}+\hat{W}_4+\hat{\boldsymbol{\Phi}}_4(V_4,V)\\[\mu^d,\alpha^d,\delta_p^d]^{\mathrm{T}}=\mathrm{NN}_3(V_3,p,q/r,\beta,\gamma,V,h,\delta)=\hat{W}_{03}+\hat{W}_3^{\mathrm{T}}\hat{\boldsymbol{\Phi}}_3(V_3,p,q,r,\beta,\gamma,V,h,\delta^{\Delta})\\[p^d,q^d,r^d]^{\mathrm{T}}=\mathrm{NN}_2(V_2,\mu,\alpha,\beta,\gamma,V,h,\delta,\delta_p)=\hat{W}_{02}+\hat{W}_2^{\mathrm{T}}\hat{\boldsymbol{\Phi}}_2(V_2,\mu,\alpha,\beta,\gamma,V,h,\delta^{\Delta},\delta_p)\\[\delta_e^d,\delta_a^d,\delta_r^d]^{\mathrm{T}}=\mathrm{NN}_1(V_1,p,q,r,\alpha,\beta,V,h,\delta_p)=\hat{W}_{01}+\hat{W}_1^{\mathrm{T}}\hat{\boldsymbol{\Phi}}_1(V_1,p,q,r,\alpha,\beta,V,h,\delta_p)\end{cases}\tag{28.19}$$

式中：$\hat{W}_{0i}$为网络偏差估计；$\hat{W}_i$为最优径向基前馈权重矢量估计；$\hat{\boldsymbol{\Phi}}_i$为最优径向基函数矢量估计。$[\sigma_1,\cdots,\sigma_{11}]^{\mathrm{T}}=\chi^d,\gamma^d,\mu^d,\alpha^d,\delta_p^d,p^d,q^d,r^d,\delta_e^d,\delta_a^d,\delta$ 是随时间变化的神经网络输出，表示在逼近神经网络级联中所需的中间控制信号，如图 28.14 所示。值得注意的是，在式(28.19)中神经网络的偏差和权重表示多变量矢量函数。因此，式(28.14)的每个偏差和权重分别是矢量和矩阵。这些网络的更新规则必须以这样一种方式设计，系统是由跟踪期望轨迹来驱动的。函数 NN_i 代表神经网络部署在一个级联。评价序列开始从左侧 NN_4 开始到 NN_1 结束，后者产生的气动控制矢量 $\boldsymbol{\delta}$ 使飞机驱动。可以看出，网络 NN_3 和 NN_2 需要将气动控制偏差作为输入，当这些控制在 NN_1 网络下游计算时就产生一个代数循环，解决这一问题需要将样本的延迟气动控制作为这些神经网络(记为 δ^{Δ})的输入。假设如果采样率是足够高的，延迟不会影响网络的逼近过程。为了说明这个问题，采用了径向基函数神经网络(RBFNN)来近似。任何其他的神经网络也可以作为通用逼近器。如果将神经网络调整规则按照下面给定的变化率设计，则稳定性能得到保证[9]：

$$
\begin{cases}
\begin{bmatrix}\dot{\sigma}_1\\ \dot{\sigma}_2\\ \dot{\sigma}_3\end{bmatrix} = -\begin{bmatrix}\Lambda_{11} & \Lambda_{12} & \Lambda_{13}\\ \Lambda_{21} & \Lambda_{22} & \Lambda_{23}\\ \Lambda_{31} & \Lambda_{32} & \Lambda_{33}\end{bmatrix}\cdot\begin{bmatrix}e_1\\ e_2\\ e_3\end{bmatrix} - \begin{bmatrix}\Omega_1\cdot\sigma_1\\ \Omega_2\cdot\sigma_2\\ \Omega_3\cdot\sigma_3\end{bmatrix}\\
\begin{bmatrix}\dot{\sigma}_4\\ \dot{\sigma}_5\\ \dot{\sigma}_6\end{bmatrix} = -\begin{bmatrix}\Lambda_{44} & \Lambda_{45} & \Lambda_{46}\\ \Lambda_{54} & \Lambda_{55} & \Lambda_{56}\\ \Lambda_{64} & \Lambda_{65} & \Lambda_{66}\end{bmatrix}\cdot\begin{bmatrix}e_4\\ e_5\\ e_6\end{bmatrix} - \begin{bmatrix}\Omega_4\cdot\sigma_4\\ \Omega_5\cdot\sigma_5\\ \Omega_6\cdot\sigma_6\end{bmatrix}\\
\begin{bmatrix}\dot{\sigma}_7\\ \dot{\sigma}_8\\ \dot{\sigma}_9\end{bmatrix} = -\begin{bmatrix}\Lambda_{77} & \Lambda_{78} & \Lambda_{79}\\ \Lambda_{87} & \Lambda_{88} & \Lambda_{89}\\ \Lambda_{97} & \Lambda_{98} & \Lambda_{99}\end{bmatrix}\cdot\begin{bmatrix}e_7\\ e_8\\ e_9\end{bmatrix} - \begin{bmatrix}\Omega_7\cdot\sigma_7\\ \Omega_8\cdot\sigma_8\\ \Omega_9\cdot\sigma_9\end{bmatrix}\\
\begin{bmatrix}\dot{\sigma}_{10}\\ \dot{\sigma}_{11}\end{bmatrix} = -\begin{bmatrix}\Lambda_{10,10} & \Lambda_{10,11}\\ \Lambda_{11,10} & \Lambda_{11,11}\end{bmatrix}\cdot\begin{bmatrix}e_{10}\\ e_{11}\end{bmatrix} - \begin{bmatrix}\Omega_{10}\cdot\sigma_{10}\\ \Omega_{11}\cdot\sigma_{11}\end{bmatrix}
\end{cases}
\tag{28.20}
$$

上式确定径向基函数神经网络参数的变化率通过以下方程得到：

$$\dot{w}_i = [\nabla\hat{g}_i]^+\cdot\dot{\sigma}_i, i=1,\cdots,11 \tag{28.21}$$

式中：$[\nabla\hat{g}_i]^+$为径向基函数神经网络的梯度矢量的伪逆，且有

$$
\begin{aligned}
[\nabla\hat{g}_i] = [&I,\hat{\phi}_{i1}\cdot I,2\hat{\phi}_{i1}/\hat{\sigma}_{i1}^2\cdot\hat{W}_{i1}\cdot(x-\hat{\mu}_{i1})^{\mathrm{T}},2\hat{\phi}_{i1}/\hat{\sigma}_{i1}^3\cdot\hat{W}_{i1}\cdot\|x-\hat{\mu}_{i1}\|^2,\cdots,\\
&\hat{\phi}_{ik}\cdot I,2\hat{\phi}_{ik}/\hat{\sigma}_{ik}^2\cdot\hat{W}_{ik}\cdot(x,\hat{\mu}_{ik})^{\mathrm{T}},2\hat{\phi}_{ik}/\hat{\sigma}_{ik}^3\cdot\hat{W}_{ik}\cdot\|x-\hat{\mu}_{i1}\|^2]^{\mathrm{T}}
\end{aligned}
$$

系数I表示第i条网络，第二下标代表运行在网络上的神经元数量$(1,\cdots,m)$。参数矢量$\boldsymbol{w}_i=[W_{0i1},\hat{W}_{i1},\hat{\mu}_{i1},\hat{\sigma}_{i1},\cdots,\hat{W}_{ik},\hat{\mu}_{ik},\hat{\sigma}_{ik}]^{\mathrm{T}}$由径向基函数网络偏差、权值和中心宽度组成。根据先前描述的最小资源分配网络学习方案[12]，依据用于自适应反推神经网络控制器的标准，神经元可以自适应地成长，神经元的删减是没有用的，而神经元的最大数目有上限限制。当神经元的数目达到了极限时，就不能增加神经元，但可对参数进行更新。控制器中的信号都是最终有界，且靠近一个取决于网络逼近误差的紧集。为了防止失稳时轨迹进入紧集，一个标准的解决方案是应用盲区[17]，随着网络的学习，逼近误差减少。因此，盲区最初较大($\varepsilon_{\max}$)，随后减小到一个较低的值($\varepsilon_{\min}$)。盲区的瞬时值由$\varepsilon=\max(\varepsilon_{\max}\cdot r^n,\varepsilon_{\min})$确定，其中，$n$为迭代次数，变化率$r$在$(0,1]$之间选择。控制法是以离散的形式来实现，控制器按照如下的计算执行：

```
Begin
Compute the RBF network output
Compute the deadzone threshold ε
if ‖e‖ >ε then
        Update the network parameters using Equations 28.20
and 28.21.
            if m < N_max then
```

```
        Add a neuron at the current location with fixed over-
        lap(κp)to the nearest neuron in input space(see Ref.
        [11] for details).
      End
    End
    End
```

自适应反推神经网络控制器的增益是利用控制器的级联结构选择的，最内部增益的设计根据响应所需的速度和稳定性来实现。增益矩阵的对角元素乘以轨迹误差 Λ_{ii} 影响的主要是响应速度，而增益乘以输出项 Ω_i 影响闭环的稳定性，增益 Γ_i 就是反推修正系数。对网络的考察表明，NNW 能被准确地逆解析 $\gamma^d = \arcsin(h^d/V)$，$\chi^d = \arcsin[y^d/(V\cos\gamma)]$ 所支持。此外，为充分利用该方法，还可以设计神经网络 NN_1 分别输出到五个控制舵面，即左升降舵、右升降舵、左副翼、右副翼和方向舵。这在文献[9]定义为多表面冗余控制(MSRC)。这种方法的优点是，选择适当的控制器增益，当多个控制效果器可用时可以利用冗余。在飞机中，升降舵可用于差分模式(像副翼)中以实现对横向轴的控制。这意味着，使用性能良好的升降舵可以处理两副翼故障。表 28.3 列出了自适应反推神经网络控制器设计的增益，用于多表面冗余控制。

表 28.3　自适应反推神经网络控制器设计增益用于多表面冗余控制

网络	Λ	Ω	Γ	ε_{min}	ε_{max}	r	κ_p
NNW	$\begin{bmatrix} 60 & 0 & 0 \\ 60 & 0 & 0 \\ 7 & -70 & 0 \\ -7 & -70 & 0 \\ 0 & 0 & -5 \end{bmatrix}$	$\begin{bmatrix} 60 \\ 60 \\ 37.5 \\ 37.5 \\ 5 \end{bmatrix}$	$\begin{bmatrix} 5 \\ 5 \\ 5 \end{bmatrix}$	0.001	0.002	0.88	2.5
NNW2	$\begin{bmatrix} 18 & 0 & 0 \\ 0 & 25 & 0 \\ 0 & 0 & -1 \end{bmatrix}$	$\begin{bmatrix} 13.5 \\ 7 \\ 1 \end{bmatrix}$	$\begin{bmatrix} 5 \\ 4 \\ 5 \end{bmatrix}$	0.001	0.002	0.88	2.5
NNW3	$\begin{bmatrix} 12 & 0 & 0 \\ 0 & 15 & 0 \\ 0 & 0 & 1.5 \end{bmatrix}$	$\begin{bmatrix} 7.5 \\ 16 \\ 5 \end{bmatrix}$	$\begin{bmatrix} 5 \\ 0.5 \\ 5 \end{bmatrix}$	0.002	0.003	0.88	2.5

28.4.3　发生故障时自适应反推神经网络控制器性能评价

图 28.15(a)为在正常和有故障情况下，对自适应反推神经网络控制器(ABNC)应用多表面冗余控制(MSRC)，完整着陆轨迹的时间历程。图 28.15(b)为多表面冗余控制下的表面挠度。有故障的情况对应于左升降舵困在 8°、10s 和左副翼停留在 8°、8s，从高度和速度的时间历程可以看出，在升降舵发生故障的情况下，除了故障条件下的残余侧滑，ABNC 的性能与正常接近，其结果是在所有故障条件下成功的着陆。MSRC 具有同时处理左、右副翼故障的能力，这在图 28.16(a)和(b)所示的模拟图中已经说明，其中，左副翼是在 8°发生故

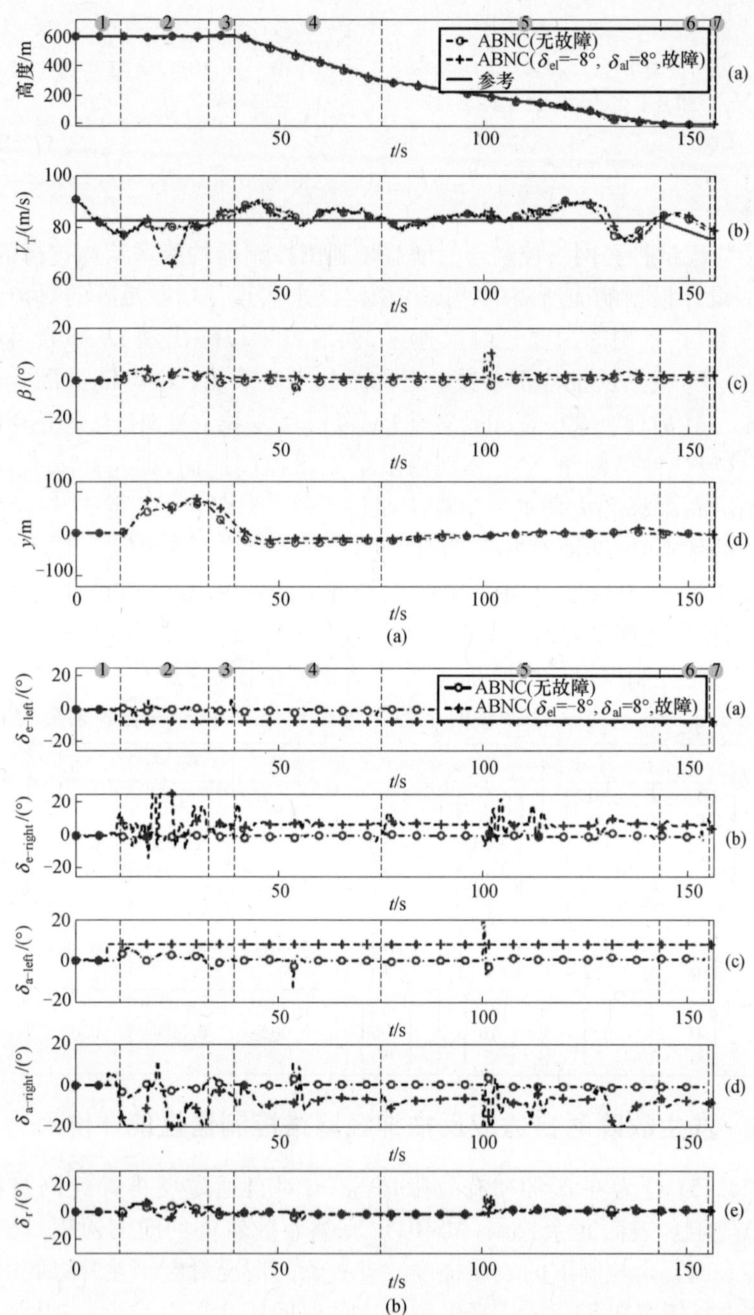

图 28.15 着陆仿真和控制偏差

(a)无故障及左升降舵在 −8°、10s,左副翼在 8°、8s 发生故障下的 ABNC 运用 MSRC 进行着陆仿真;
(b)无故障及左升降舵在 −8°、10s,左副翼在 8°、8s 发生故障下的 ABNC 运用 MSRC 实施控制偏差。

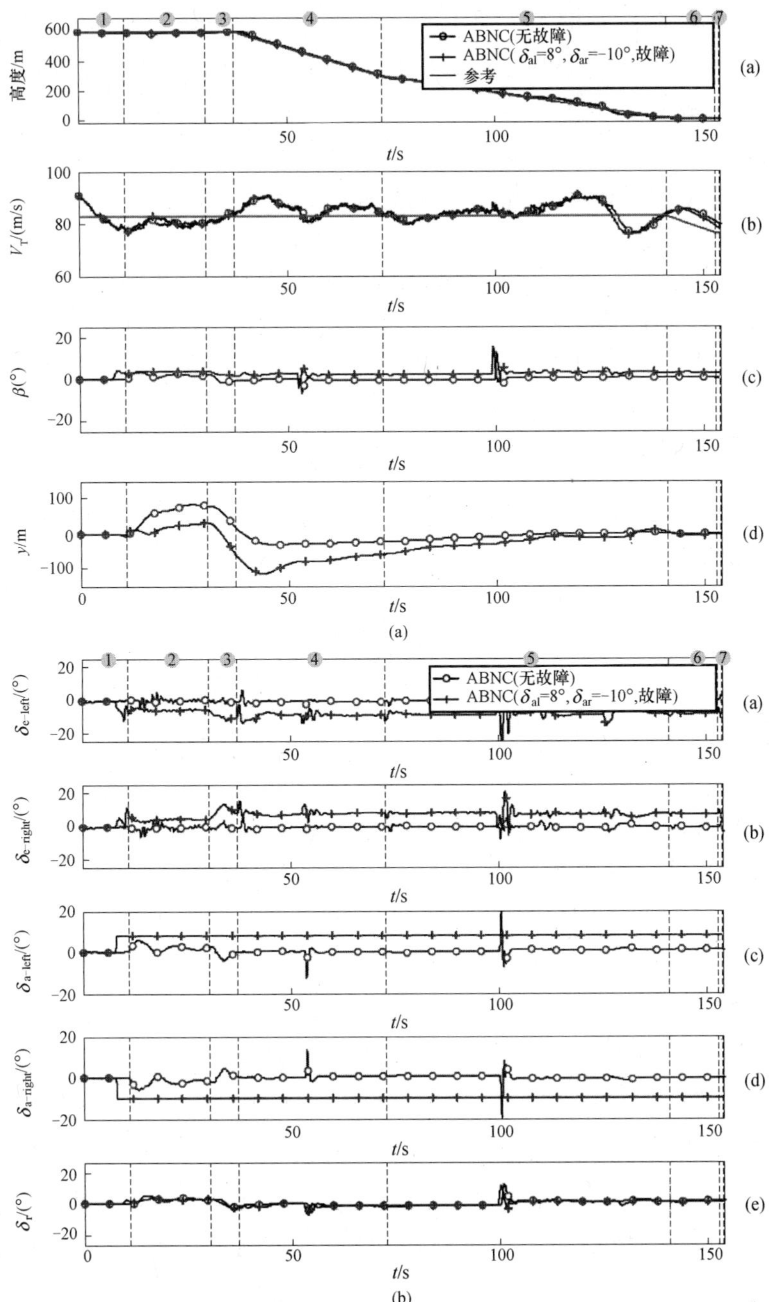

图 28.16　着陆仿真和控制偏差

(a)无故障及左升副翼在 8°、8s，右副翼在 −10°、8s 发生故障下的 ABNC 运用 MSRC 进行着陆仿真；(b)无故障及左副翼在 8°、8s，右副翼在 −10°、8s 发生故障下的 ABNC 运用 MSRC 实施控制偏差。

障,同时右副翼也在 -10°、8s 发生故障。可以看出,MSRC 能够处理两副翼失效,在这种情况下,神经网络应用微分控制升降舵实现容错的能力,来自于增益矩阵的非对角线元素(表 28.3)。

28.5 模糊神经辅助轨迹跟踪控制器

通过一系列模糊推理规则,模糊系统在很宽的运行条件范围内具有逼近不确定非线性系统的能力,能代表人工专家的经验。基于模糊逻辑的控制器设计是一个功能强大的工具用来解决在强风[18,19]下飞机的降落问题。然而,这些方法主要是根据设计者的经验却没有在线学习能力,形成的模糊推理规则用于模糊控制器。当这些模糊规则难以建立,无法实现有效的控制时,模糊神经网络(FNN)能克服传统的模糊逻辑系统的缺点,利用神经网络的学习能力调整模糊隶属函数的形状及其输出权值。基于模糊神经网络的模糊控制方案用于飞机着陆问题[20,21],许多研究人员对此进行了深入研究。仿真结果表明,这些模糊神经网络控制方案在不同风力模式下能达到所需的性能。然而,在所有这些着陆方案中,尽管考虑了强风,但没有考虑执行器的故障,在降落过程中执行器发生故障后果很严重,会导致飞机不稳定。同时,由于无法事先预测故障的类型,与早期使用的离线训练方案相比,建议只使用在线学习方案。当运用模糊神经网络来解决实际问题时,必须考虑两个问题,即结构辨识和参数调整。结构辨识与模糊规则数量的确定有关,而参数调整是调整应用模糊规则之前和之后部分的相关参数。

两种有效的模糊神经网络算法已研发成功:一种是连续的自适应模糊推理系统(SAFIS)[22],其中模糊规则的数目根据在线输入的数据确定;另一种是在线连续模糊极端学习机(OS - Fuzzy - ELM)[23],其中模糊规则的参数以非常快的速度实时更新。两种容错神经模糊控制策略都是基于着陆问题的两种完善的算法,参见文献[24,25]。控制结构是基于"反馈 - 误差 - 学习"的方案,如图 28.17所示。在该方案中,提出的 SAFIS 算法和 OS - Fuzzy - ELM 算法用于模糊神经网络控制器,与 BTFC 一起用于飞行器自动着陆问题。本节将这两种算法的性能与 EMRAN 辅助 BTFC 和 BTFC 进行比较。仿真结果表明,提出的 SAFIS 辅助 BTFC 和 OS - Fuzzy - ELM 辅助 BTFC 控制方案,与传统控制方法相比,用于 BTFC 的容错包络对单、双故障有明显改善。同时,对两个模糊神经控制器之间的自动着陆容错问题进行了性能比较。

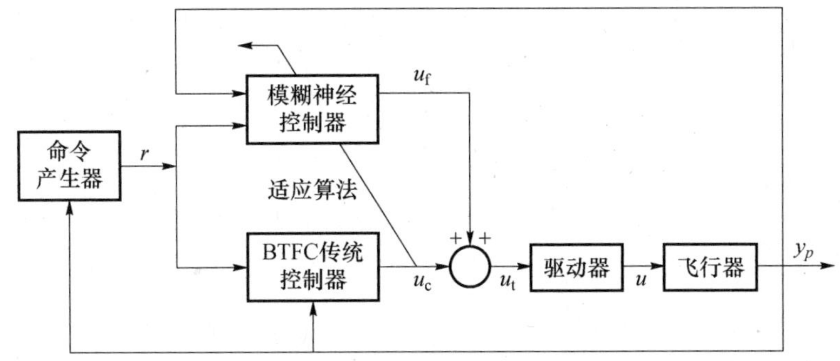

图 28.17 用于自动着陆问题模糊神经控制器辅助基本轨迹跟踪控制器(BTFC)控制策略

28.5.1 模糊神经网络

模糊神经网络结合神经网络结构的模糊推理过程建立,神经网络的学习能力用来调整模糊规则。除了一些特殊的使用模糊神经元和模糊权重[26,27]的模糊神经系统,近来 FNN[22,23,28]大部分是基于标准的前馈网络、具有局部性质的局部近似模糊推理系统而建立的。神经网络可以处理模糊推理系统,包括最常用的 Mamdani 型的模糊模型及 TSK 型的模糊模型。Mamdani 型的模糊模型中前期(如果)部分和随后(那么)部分都是由模糊集描述的;TSK 型的模糊模型只有前期部分用模糊集合表示,而随后的部分是由实数表示的。TSK 模糊模型可以用较少的规则实现较好的性能,广泛用于非线性系统的控制问题[29,30]。SAFIS 和 OS-Fuzzy-ELM 算法都是基于 FNN 运用 TSK 模糊模型而发展起来的。

TSK 模糊模型由以下规则[31]确定:

$$Rulei: if(x_1\ is\ A_{1i})AND(x_2\ is\ A_{2i})AND\ \cdots\ AND(x_n\ is\ A_{ni}),$$
$$then(y_1\ is\ \omega_{i1})\cdots(y_m\ is\ \omega_{im})$$

其中:$A_{ji}(j=1,2,\cdots,n;i=1,2,\cdots,\tilde{N})$在规则 i 中为第 j 个输入变量 x_j 的模糊集;n 为输入矢量 $\boldsymbol{X}(\boldsymbol{X}=[x_1,\cdots,X_n]^{\mathrm{T}})$的维数;$m$ 为输出矢量 $\boldsymbol{y}(\boldsymbol{y}=[y_1,\cdots,y_m]^{\mathrm{T}})$的维数;$\tilde{N}$ 为模糊规则数;$\omega_{ik}(k=1,2,\cdots,m;i=1,2,\cdots,\tilde{N})$为明确值,可以是任何函数的输入变量,而常用的是一个常数值,或是输入变量的线性组合。在一个线性函数中,它由 $\omega_{ik}=q_{ik,0}+q_{ik,1}x_1+\cdots+q_{ik,n}x_n$ 确定。

基于模糊神经网络的结构说明参见文献[32],系统输出由下式计算:

$$\hat{y}=\frac{\sum_{i=1}^{\tilde{N}}\omega_i R_i(x;c_i,a_i)}{\sum_{i=1}^{\tilde{N}}R_i(x;c_i,a_i)}=\sum_{i=1}^{\hat{N}}\omega_i G(x;c_i,a_i) \tag{28.22}$$

式中：$\omega_i=(\omega_{i1},\omega_{i2},\cdots,\omega_{im})$可以是一个恒定值和输入变量的线性组合；$R_i$ 为第 i 条规则的发射强度(如果部分)，如果采用高斯隶属函数，它将简化成

$$R_i(x;c_i,a_i)=\exp\left(\frac{1}{2}\|x_t-c_i\|^2\right) \tag{28.23}$$

如果应用柯西隶属度函数，则 R_i 将由下式确定：

$$R_i(x;c_i,a_i)=\prod_{j=1}^{n}\frac{1}{1+((x_j-c_{ji}/a_i))^2} \tag{28.24}$$

式中：c_i、a_i 为模糊隶属度函数的参数。

28.5.2 连续自适应模糊推理系统

为了形成紧凑且具有较少数量规则的模糊系统，通过借鉴生长剪枝径向基函数(GAP - RBF)神经网络[33]，研发了连续自适应模糊推理系统(SAFIS)。SAFIS 算法有两个方面：一是确定模糊规则；二是对模糊规则前提和结论参数的调整。SAFIS 运用模糊规则影响的概念，在学习过程中添加或删除规则。类似于神经元在 GAP - RBF 中的意义，当输入数据均匀分布时，从统计意义上来说，模糊规则的影响也是系统输出的贡献标记。SAFIS 算法的学习过程与 GAP - RBF 算法相似，即模糊规则的添加和去除相当于神经元的增加和去除。它们的区别在于，SAFIS 中的生长和修剪标准是基于模糊规则的影响，而 GAP - RBF 的生长和修剪标准是利用神经元添加和删除隐藏的神经元。然而，从概念上来说，它们是作为添加和删除模糊规则和神经元的标记。在 SAFIS 中，应用了具有常量结果的 TSK 模糊模型，其发射强度由先前的部分(如果部分)的模糊规则表示，这一规则是由 RBF 神经网络的高斯函数给定的。因此，系统的输出和隶属函数分别由式(28.22)和式(28.23)给出。SAFIS 利用模糊规则的影响在学习过程中添加和删除规则，它是由下式给出：

$$E_{\inf}(i)=|\omega_i|\frac{(1.8a_i)^n}{\sum_{i=1}^{N}(1.8a_i)^n} \tag{28.25}$$

在 SAFIS 算法中，利用添加和删除模糊规则的影响描述以及 SAFIS 的连续学习过程参见文献[10]。SAFIS 开始时没有模糊规则。当起始输入 x_1、y_1 被接收时，它被翻译成第一规则的参数，$c_1=x_1,\omega_1=y_1,a_1=\kappa\|x_1\|$。那么，作为新的输入，$x_t$、$y_t$($t>1$，是时间指数)在学习过程中被顺序接收，模糊规则的发展是基于距离准则和新添加的模糊规则 $\tilde{N}+1$ 的影响：

$$\begin{cases}\|x_t-c_{nr}\|>\varepsilon_t\\ E_{\inf}(\tilde{N}+1)=|e_t|\dfrac{(1.8k\|x_t-c_{nr}\|)^n}{\sum_{i=1}^{\tilde{N}+1}(1.8a_i)^n}>e_g\end{cases} \tag{28.26}$$

式中：ε_t、e_g 为适当选择的阈值；x_t 为最后输入的数据；C_{nr} 为接近 x_t 模糊规则的中心；e_g 为生长阈值，根据 SAFIS 的精度要求选择，$e_g = y_t - \hat{y}_t$，其中 y_t 为真实值，$\hat{y}_t$ 为近似值；κ 为重叠的因素，决定了在输入空间模糊规则的重叠；ε_t 为距离阈值，呈指数衰减，且有

$$\varepsilon_{\mathrm{t}} = \max\{\varepsilon_{\max} \times \gamma^t, \varepsilon_{\min}\} \tag{28.27}$$

式中：$\varepsilon_{\max}$、$\varepsilon_{\min}$ 分别为最大和最小的兴趣长度；γ 为衰变常数。

式(28.27)表明，最初它具有最大兴趣长度的输入空间，该空间允许少数模糊规则粗略地学习系统，然后呈指数下降到最小兴趣长度的输入空间，该空间允许更多的模糊规则细致地学习系统。当增加新的模糊规则 $\tilde{N}+1$ 后，其相应的前提和随后的参数分配如下：

$$\begin{cases} \omega_{\tilde{N}+1} = e_t \\ c_{\tilde{N}+1} = x_t \\ a_{\tilde{N}+1} = \kappa \| x_t - c_{nr} \| \end{cases} \tag{28.28}$$

当没有新的模糊规则加入时，SAFIS 修改最近的模糊规则的参数，这最接近于当前输入的数据。所有模糊规则的参数矢量由下式给出：

$$\boldsymbol{\theta}_t = [\theta_1, \cdots, \theta_{nr}, \cdots, \theta_{\tilde{N}}]^{\mathrm{T}} = [\omega_1, c_1, a_1, \cdots, \omega_{nr}, c_{nr}, a_{nr}, \cdots, \omega_{\tilde{N}}, c_{\tilde{N}} a_{\tilde{N}}] \tag{28.29}$$

式中：$\boldsymbol{\theta}_{nr} = [\omega_{nr}, C_{nr}, \alpha_{nr}]$ 为最近模糊规则的参数矢量。其梯度可求导如下：

$$\begin{cases} \dot{\omega}_{nr} = \dfrac{\partial \hat{y}_t}{\partial \omega_{nr}} = \dfrac{\partial \hat{y}_t}{\partial R_{nr}} \dfrac{\partial R_{nr}}{\partial \omega_{nr}} = \dfrac{R_{nr}}{\sum\limits_{i=1}^{\hat{N}} R_i} \\ \dot{c}_{nr} = \dfrac{\partial \hat{y}_t}{\partial c_{nr}} = \dfrac{\partial \hat{y}_t}{\partial R_{nr}} \dfrac{\partial R_{nr}}{\partial c_{nr}} = \dfrac{\omega_{nr} - \hat{y}_t}{\sum\limits_{i=1}^{\hat{N}} R_i} \dfrac{R_{nr}}{\sum\limits_{i=1}^{\hat{N}} c_{nr}} \\ \dot{a}_{nr} = \dfrac{\partial \hat{y}_t}{\partial a_{nr}} = \dfrac{\partial \hat{y}_t}{\partial R_{nr}} \dfrac{\partial R_{nr}}{\partial a_{nr}} = \dfrac{\omega_{nr} - \hat{y}_t}{\sum\limits_{i=1}^{\hat{N}} R_i} \dfrac{R_{nr}}{\sum\limits_{i=1}^{\hat{N}} a_{nr}} \\ \dfrac{\partial R_{nr}}{\partial c_{nr}} = 2R_{nr} \dfrac{x_t - c_{nr}}{a_{nr}^2} \\ \dfrac{\partial R_{nr}}{\partial a_{nr}} = 2R_{nr} \dfrac{\| x_t - c_{nr} \|^2}{a_{nr}^3} \end{cases} \tag{28.30}$$

获取最近模糊规则的梯度矢量后，$\boldsymbol{B}_{nr} = [\omega_{nr}, C_{nr}, \alpha_{nr}]^{\mathrm{T}}$，用 EKF 来更新它的参数：

$$\begin{cases} \boldsymbol{K}_t = \boldsymbol{P}_{t-1}\boldsymbol{B}_t[R_t + \boldsymbol{B}_t^{\mathrm{T}}\boldsymbol{P}_{t-1}\boldsymbol{B}_t]^{-1} \\ \boldsymbol{\theta}_t = \boldsymbol{\theta}_{t-1} + \boldsymbol{K}_t e_t \\ \boldsymbol{P}_t = [\boldsymbol{I} - \boldsymbol{K}_t\boldsymbol{B}_t^{\mathrm{T}}]\boldsymbol{P}_{t-1} + \boldsymbol{Q}_0\boldsymbol{I} \end{cases} \tag{28.31}$$

当加入一个新的规则后，P_t 的尺寸增加到

$$\begin{pmatrix} P_{t-1} & 0 \\ 0 & p_0\boldsymbol{I}_{z_1\times z_1} \end{pmatrix} \tag{28.32}$$

式中：Z_1 为通过新添加规则引入参数的维数；p_0 为分配到新配置规则的不确定性初始值。

在参数调整之后，计算出最近的模糊规则的影响。模糊规则的删除是基于以下标准，

$$E_{\inf}(i) = |\omega_i| \frac{(1.8a_i)^n}{\sum_{i=1}^{\hat{N}}(1.8a_i)^n} < e_p \tag{28.33}$$

将最近的模糊规则的影响与剪枝阈值 θ_p 相比，如果最近的规则对输出的影响很小，则可以删除。

28.5.3 用于自动着陆问题的 SAFIS 控制器性能评价

28.5.3.1 单表面故障

本节研究了升降舵或副翼在强风下的单一故障。首先提出了升降舵故障的结果，即左升降舵是在开始旋转时停在 -10°，图 28.18 和图 28.19 分别为 SAFIS 辅助 BTFC、EMRAN 辅助 BTFC 和 BTFC 在着陆阶段的高度 h、速度 V_{T}、侧滑角 β 和横向位置 Y。

图 28.18 和图 28.19 顶部的数字代表轨迹的不同片段。当在 50s 左右高度下降时，单独 BTFC 无法应对这种故障实现安全着陆。然而，从图 28.18 和图 28.19 可以看出，SAFIS 辅助 BTFC 和 EMRAN 辅助 BTFC 不仅能使飞机降落，而且能满足着陆的性能要求。此外，从图 28.18 和图 28.19 还可以看出，SAFIS 辅助 BTFC 和 EMRAN 辅助 BTFC 的控制方案能够密切跟踪参考的轨迹。在图 28.19 中约 110s 出现的大侧滑是由于侧向阵风廓的突然阶跃输入，但这些偏移被控制器迅速衰减了。表 28.4 列出了 SAFIS 辅助 BTFC 和 EMRAN 辅助 BTFC 方案中均方根轨迹误差随着规则数/神经元的变化。从表中可以看出，SAFIS 的轨迹误差和规则数小于 EMRAN 的轨迹误差和规则数。为了更详细地分析控制方案的性能，图 28.20 为左升降舵偏差 $\delta_{\mathrm{e-left-t}}$ 和右升降舵偏差 $\delta_{\mathrm{e-right-t}}$ 随着 BTFC 控制信号 $\delta_{\mathrm{e-right-c}}$ 和 SAFIS/EMRAN 组件控制信号 $\delta_{\mathrm{e-right-f/n}}$ 的变化，同时也显示基于 SAFIS 和 EMRAN 用于升降舵 δ_{e} 的规则和神经元记录。在图 28.20 中，

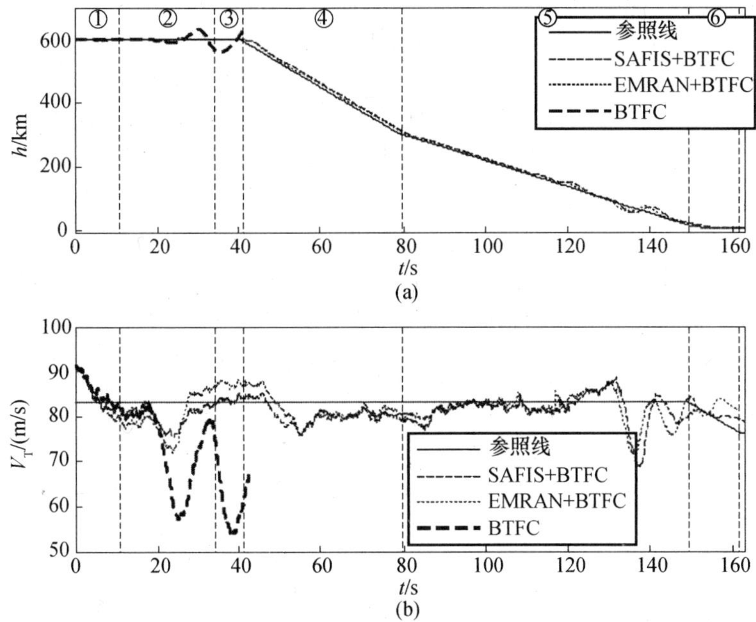

图 28.18　左升降舵停在 $-10°$SAFIS 辅助 BTFC、EMRAN 辅助 BTFC 和 BTFC 在高度 h 和速度 V_T 的比较

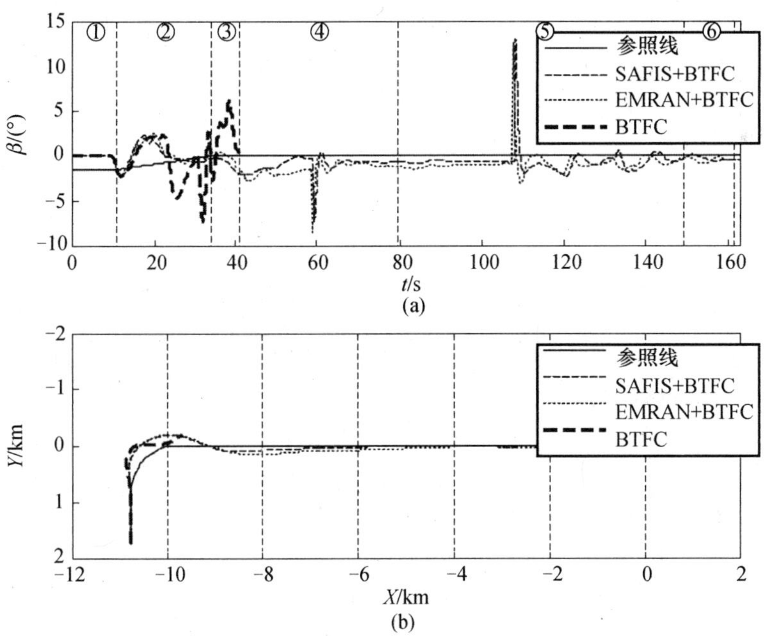

图 28.19　左升降舵停在 $-10°$下 SAFIS 辅助 BTFC、EMRAN 辅助 BTFC 和 BTFC 的侧滑角 β 和横向位置 Y 的比较

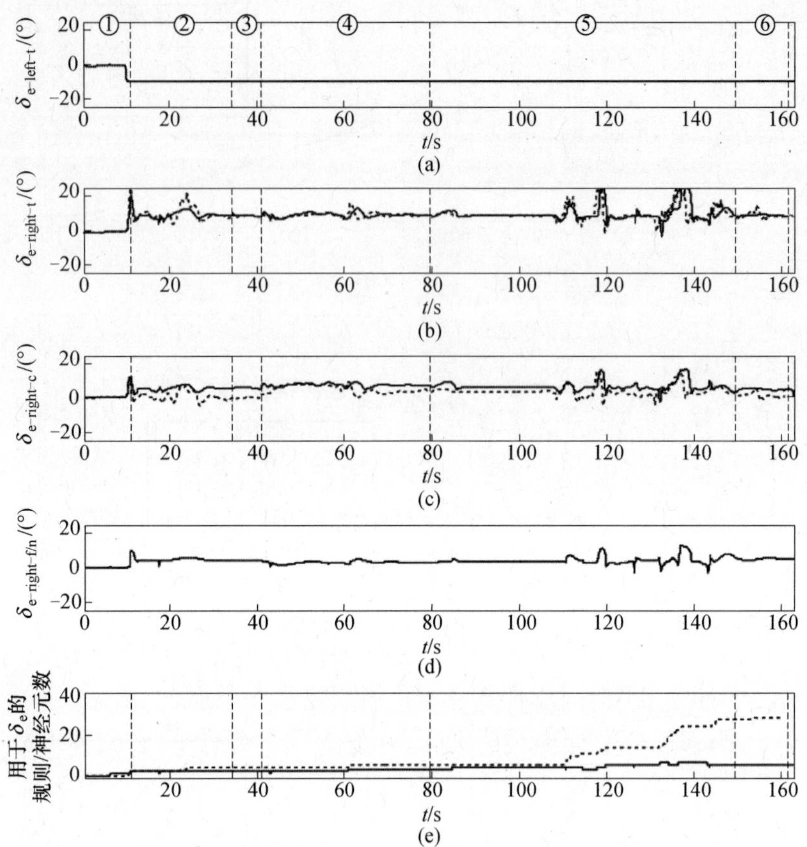

图 28.20　左升降舵停在 −10°SAFIS 辅助 BTFC 和 EMRAN 辅助 BTFC 下左、右升降舵控制信号(实线表示 SAFIS 辅助 BTFC;虚线表示 EMRAN 辅助 BTFC)

实线表示 SAFIS 辅助 BTFC 的结果,虚线表示 EMRAN 辅助 BTFC 的结果。值得注意的是,在图 28.20 中,SAFIS 辅助 BTFC 的控制信号和 EMRAN 辅助 BTFC 的控制信号是相似的。然而,SAFIS 辅助 BTFC 控制信号的振荡性比 EMRAN 辅助 BTFC 的小。同时,SAFIS 只需 6 条规则用于学习,而 EMRAN 需要 28 个神经元来学习。

表 28.4　左升降舵停在 −10°下 SAFIS 辅助 BTFC、EMRAN 辅助 BTFC 控制方案比较

方法	SAFIS 辅助 BTFC	EMRAN 辅助 BTFC
轨迹误差(RMSE)	8.8573	8.9206
速率误差(RMSE)	3.4243	3.8146
δ_e 的规则/神经元数	6	28
δ_a 的规则/神经元数	14	15

如图 28.21 所示，左、右副翼的信号是相似的。图 28.22 为 SAFIS 辅助 BTFC、EMRAN 辅助 BTFC 和 BTFC 下的单台升降舵表面失效的容错能力。图 28.22 中的每个点表示一个满足着陆场需求的成功着陆。从图 28.22 可以看出，与 EMRAN 辅助 BTFC 的偏差（-12°～12°）相比，SAFIS 辅助 BTFC 能够更大范围满足着陆场的偏差要求（-12°～18°）。图 28.22 中没有对应 BTFC 的点，因为 BTFC 不能满足整个故障范围 -18°～25°的着陆场要求。此外，SAFIS 辅助 BTFC 在连续升降舵偏差没有"间隙"时也能够满足着陆场要求，但 EMRAN 辅助 BTFC 无法在 -8°、0°和 8°的升降舵变形时满足着陆场的要求。在前面的章节中，已经详细地分析在 -8°、0°和 8°的情况，可以观察到三例故障只有一例符合着陆场条件，即触地时的 y 偏差。此外，着陆场条件的偏差量不是很大，小于 1.5m，适用于 SAFIS、沿着触地点 $x-y$ 平面的着陆场如图 28.23 所示。从

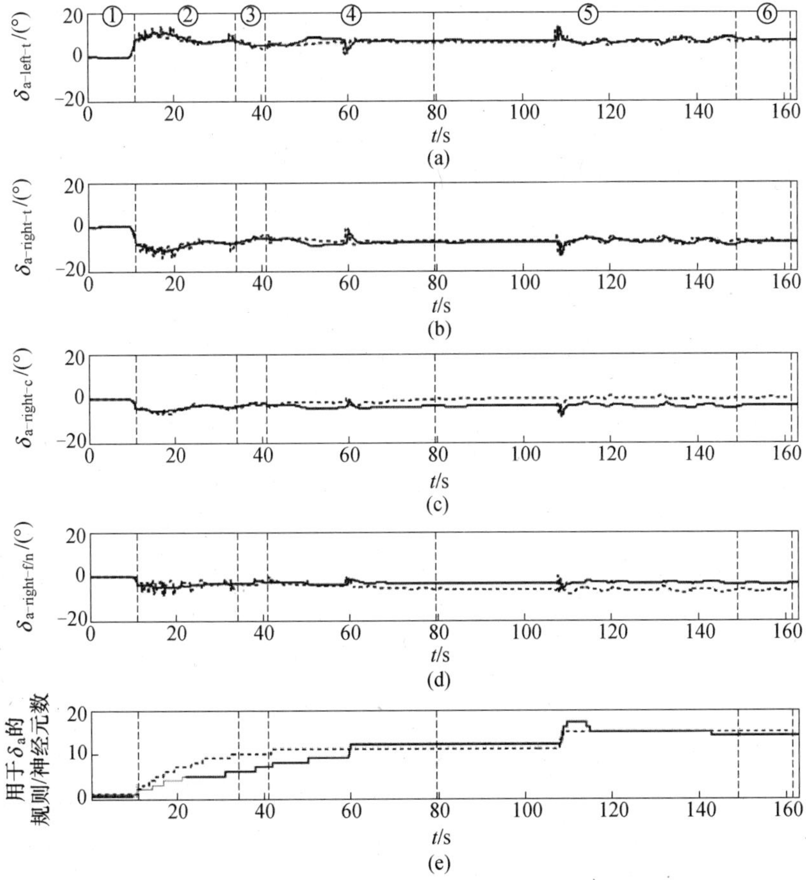

图 28.21　左升降舵停在 -10°SAFIS 辅助 BTFC 和 EMRAN 辅助 BTFC 下左、右副翼控制信号（实线表示 SAFIS 辅助 BTFC；虚线表示 EMRAN 辅助 BTFC）

图 28.23可以看出,所有这些着陆点位于着陆场的内侧。对于单副翼发生故障的情况类似的结果如图 28.24 所示。从图 28.24 中可以看出,相比 BTFC 的副翼故障容差范围($-7° \sim 4°$),SAFIS 辅助 BTFC 有一个更大的副翼故障容差范围($-14° \sim 14°$),比 EMRAN 辅助 BTFC($-7° \sim 20°$)的容错范围稍大一些,在 2°的故障例外(针对 EMRAN)。在范围 $15° \sim 20°$,EMRAN 可以容忍故障,SAFIS 仍然能够成功降落飞机,但只违反 y 向距离标准不能满足着陆场的要求。图 28.25 为 SAFIS 的着陆点及在 $x-y$ 平面的着陆场,可以观察到这些着陆点是在着陆场内侧的。

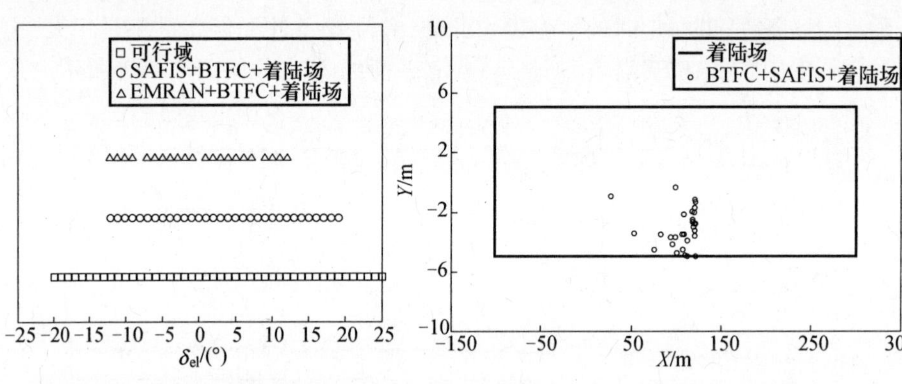

图 28.22 左升降舵停止的情况下 SAFIS 辅助 BTFC、EMRAN 辅助 BTFC 和 BTFC 的故障容差

图 28.23 左升降舵停止、BTFC 辅助 SAFIS 条件下的着陆点

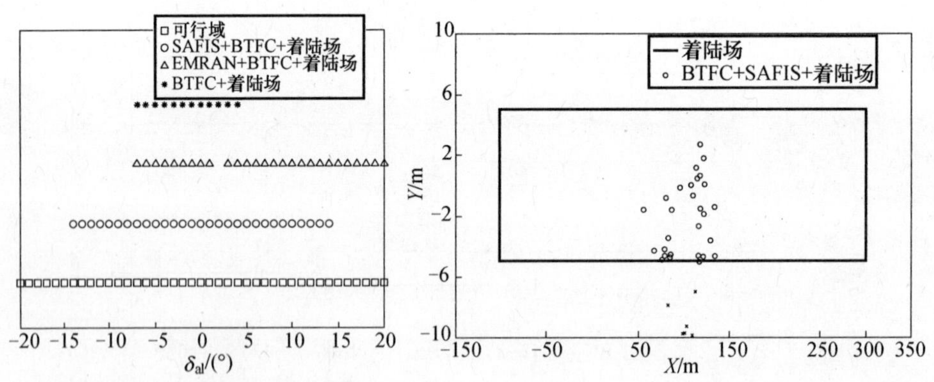

图 28.24 左侧副翼停止条件下 SAFIS 辅助 BTFC、EMRAN 辅助 BTFC 和 BTFC 的故障容差

图 28.25 左侧副翼停止条件下 SAFIS 辅助 BTFC 的着陆点

28.5.3.2 两个表面故障

考虑两个故障案例:一是左升降舵和左副翼都停止在不同的挠度;二是左升降舵和右副翼停止在不同的挠度。

28.5.3.3 左升降舵和左副翼停止在不同的挠度

首先提出一个左升降舵停在 -10°、左副翼停在 +10°的典型轨迹结果。图 28.26和图 28.27 为在着陆阶段 SAFIS 辅助 BTFC、EMRAN 辅助 BTFC 和 BTFC 的高度 h、速度 V_T、侧滑角 β 和横向位置 Y 随着参考轨迹的变化。从图 28.26 和图 28.27 可以看出,当高度下降约 30s 时,只有 BTFC 无法应对这一故障而实现安全着陆,然而,SAFIS 辅助 BTFC 和 EMRAN 辅助 BTFC 不仅能够降落飞机,而且能满足着陆的性能要求,同时紧密伴随着参考轨迹。

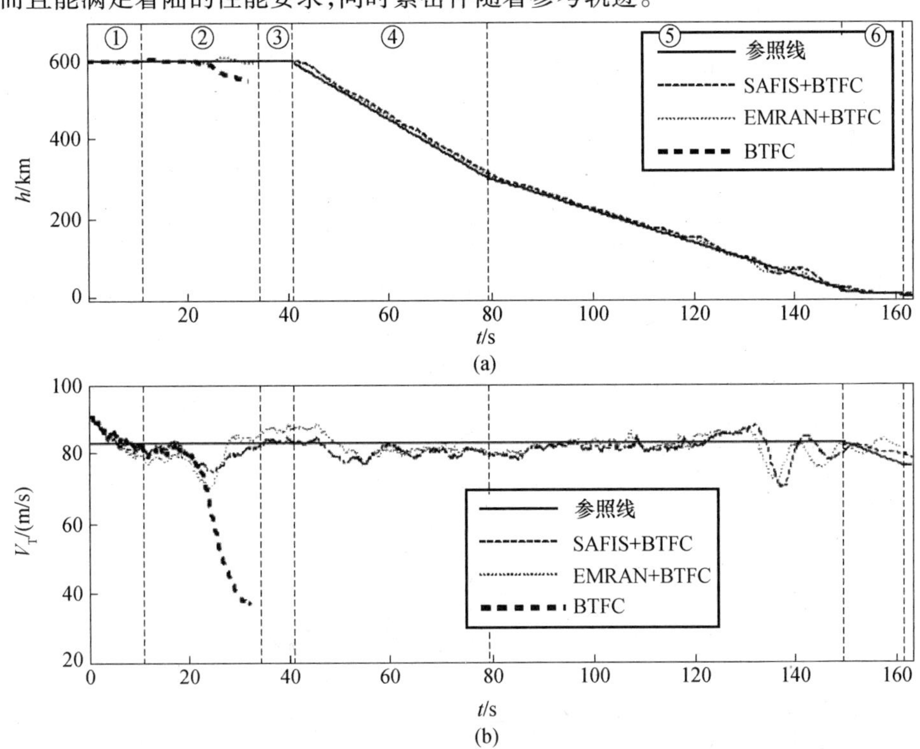

图 28.26 左升降舵停在 -10°、左副翼停在 10°下 SAFIS 辅助 BTFC、EMRAN 辅助 BTFC 和 BTFC 在高度 h 和速度 V_T 的比较

表 28.5 列出了 SAFIS 辅助 BTFC 和 EMRAN 辅助 BTFC 方案中随着规则数/神经元数变化的 RMS 轨迹误差。从表中可以看出,SAFIS 的轨迹误差和规则数小于 EMRAN 的轨迹误差和规则数。图 28.28 为左升降舵偏转 $\delta_{e-\text{left}-t}$ 和右升降舵偏转 $\delta_{e-\text{right}-t}$。在图 28.28 中,实线代表 SAFIS 辅助 BTFC 的结果,虚线表示 EMRAN 辅助 BTFC 的结果。

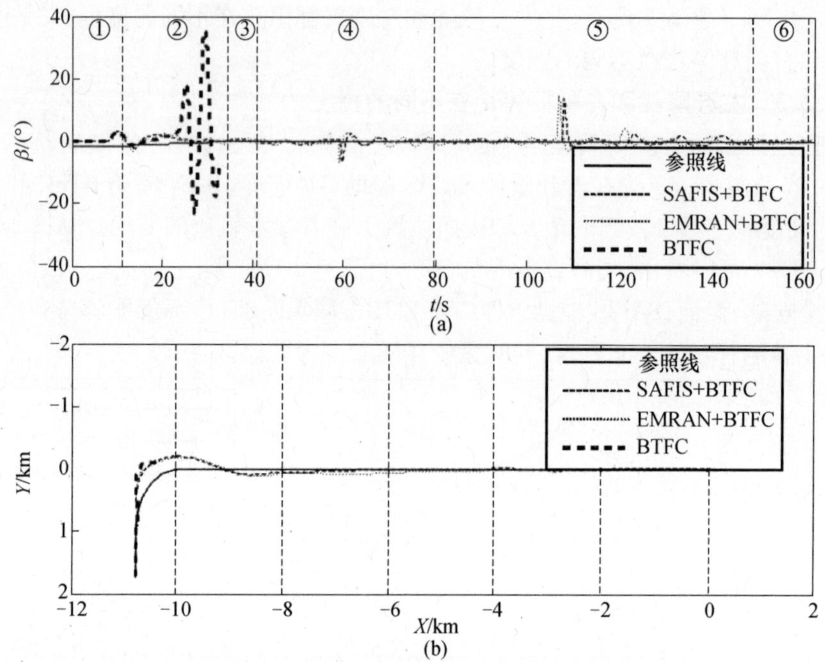

图 28.27 左升降舵停在 -10°、左副翼停在 10°下 SAFIS 辅助 BTFC、EMRAN 辅助 BTFC 和 BTFC 的侧滑角 β 和横向位置 Y 的比较

表 28.5 左升降舵停在 -10°和左副翼停在 10°的情况下 SAFIS 辅助 BTFC 和 EMRAN 辅助 BTFC 控制方案之间的性能比较

方法	SAFIS 辅助 BTFC	EMRAN 辅助 BTFC
轨迹误差(RMSE)	8.8978	8.9127
速率误差(RMSE)	3.2761	3.8097
δ_e 的规则/神经元数	8	32
δ_a 的规则/神经元数	22	25

图 28.28 还显示了 BTFC 组件的控制信号($\delta_{e-right-t}$)随着 SAFIS/EMRAN 组件信号($\delta_{e-right-t}$)的变化情况,基于 SAFIS 和 EMRAN 的规则和神经元的更新过程用于升降舵的 δ_e 也同时显示。可以看出,EMRAN 方案需要大约 30 个神经元用于学习,而 SAFIS 方案大约只需要个 10 规则,这表明 SAFIS 可以用紧凑的网络完成工作。

图 28.29 表示左、右副翼具有类似的结果。SAFIS 辅助 BTFC、EMRAN 辅助 BTFC 和 BTFC 在整个偏差范围的容错能力如图 28.30 所示,实线、虚线和点画线分别为 SAFIS 辅助 BTFC、EMRAN 辅助 BTFC 和 BTFC 的容错包层边缘,在各

自的容错区域,每个点表示一次符合着陆场的成功着陆,需求用∘、+和×表示。

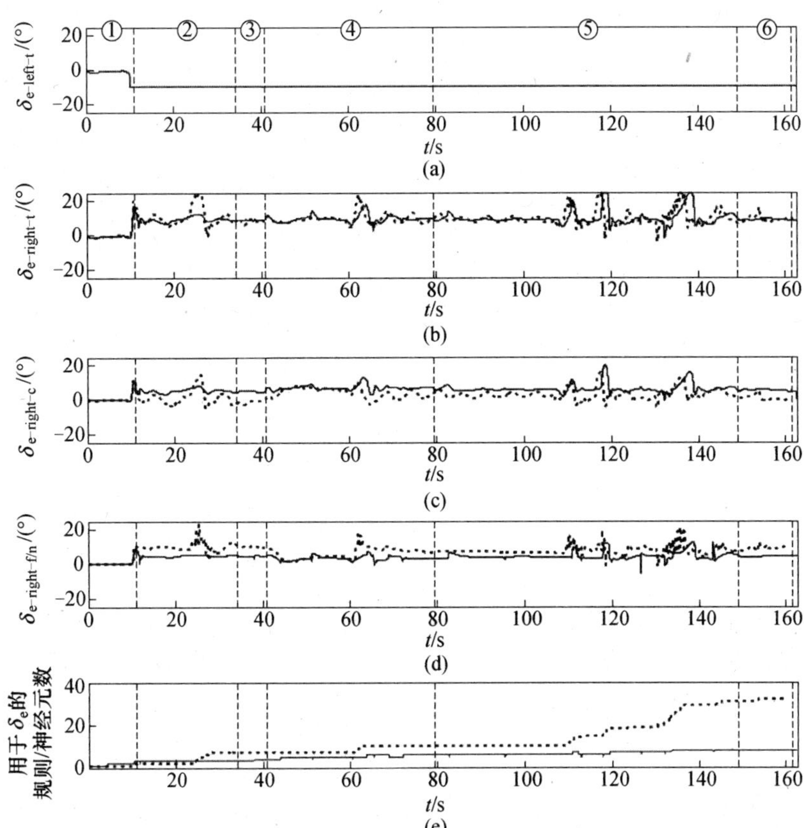

图 28.28　左升降舵停在 −10°、左副翼停在 10°下 SAFIS 辅助 BTFC 和 EMRAN 辅助 BTFC 的左边和右边升降舵控制信号(实线表示 SAFIS 辅助 BTFC;虚线表示 EMRAN 辅助 BTFC)

从图 28.30 可以看出,SAFIS 辅助 BTFC 与 EMRAN 辅助 BTFC 及 BTFC 相比,能够在较宽范围的偏差内满足着陆场要求。从图 28.30 看到,SAFIS 辅助 BTFC 的容错区域覆盖了 EMRAN 辅助 BTFC 和 BTFC 的容错区域。但是 EMRAN 辅助 BTFC 不能覆盖整个 BTFC 区域,这是由于其无法满足严格的着陆场条件。这也可以从图 28.30 中观察到,BTFC 辅助 SAFIS 在整个区域内没有“间隙”,而 EMRAN 辅助 BTFC 和 BTFC 在这些区域有“间隙”,说明它们在这些间隙偏向停留时不能满足严格的着陆场要求。

28.5.3.4　左升降舵、右副翼停止在不同的挠度

图 28.31 给出了在左升降舵和右副翼同时故障的情况下,SAFIS 辅助 BTFC、EMRAN 辅助 BTFC 和 BTFC 的容错包络,它们的容错包络边缘分别用实线、

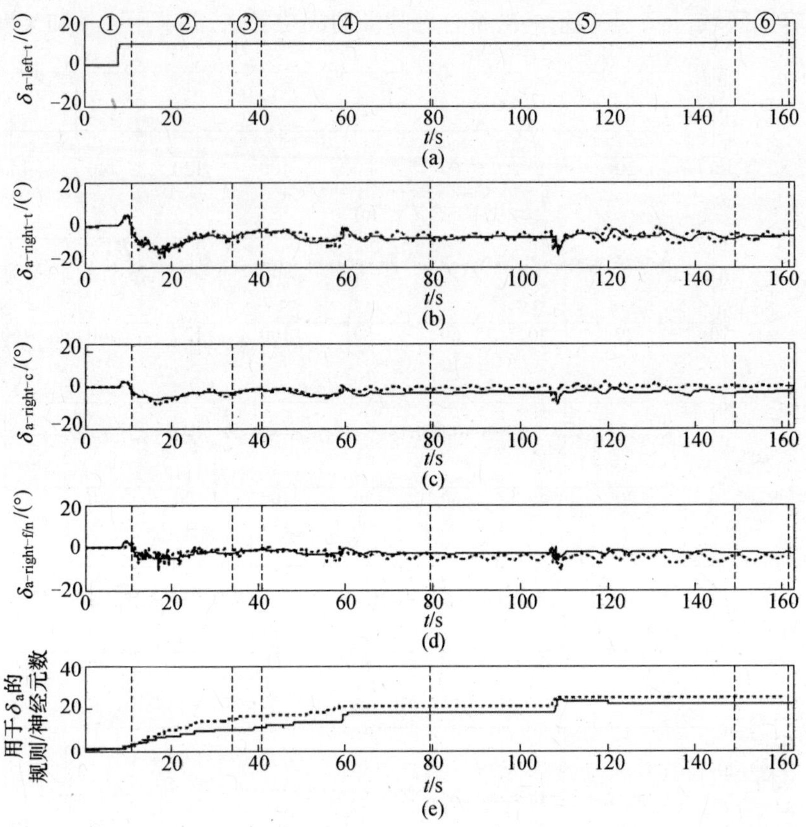

图 28.29　左升降舵停止在 −10°、左副翼停留在 10°下 SAFIS 辅助 BTFC 和 EMRAN 辅助 BTFC 左、右副翼控制信号(实线表示 SAFIS 辅助 BTFC;虚线表示 EMRAN 辅助 BTFC)

虚线、点画线表示。在各自的容错区域,每个点表示一次满足着陆场需求的成功着陆,由符号 ∘、+ 和 × 表示。从图 28.31 可以看出,与 EMRAN 辅助 BTFC 及 BTFC 相比,SAFIS 辅助 BTFC 能够在较大的偏差范围满足着陆场的要求。还可以从图 28.31 看到,SAFIS 辅助 BTFC 的容错区域覆盖了 EMRAN 辅助 BTFC 和 BTFC 的容错区域。但是 EMRAN 辅助 BTFC 不能覆盖整个 BTFC 区域,这是由于其不能满足严格的着陆场要求。从图 28.31 中可以进一步观察到,SAFIS 辅助 BTFC 在整个区域没有“间隙”,而被 EMRAN 辅助 BTFC 和 BTFC 覆盖的区域有“间隙”,说明它们在那些间隙偏向停留时不能满足严格的着陆场要求。SAFIS 算法的一个缺点是在学习前需要通过试验和错误来确定的控制参数。此外,SAFIS 只可用于指定的模糊隶属度函数即高斯隶属函数。在下一节中,一种新的快速的包括少量控制参数的训练算法,可用于任何模糊隶属函数,以满足有界非常量分段连续函数训练 FNN,也是用来解决高性能战斗机的自动着陆问题。

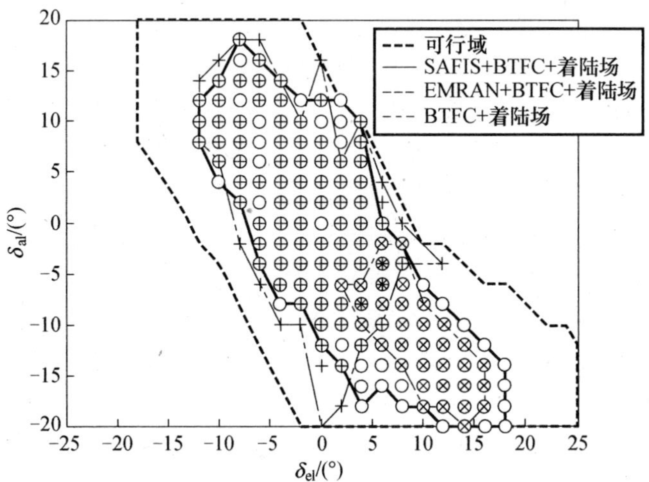

图 28.30　左升降舵、左副翼停止的情况下 SAFIS 辅助 BTFC、EMRAN 辅助 BTFC 和 BTFC 的故障容差

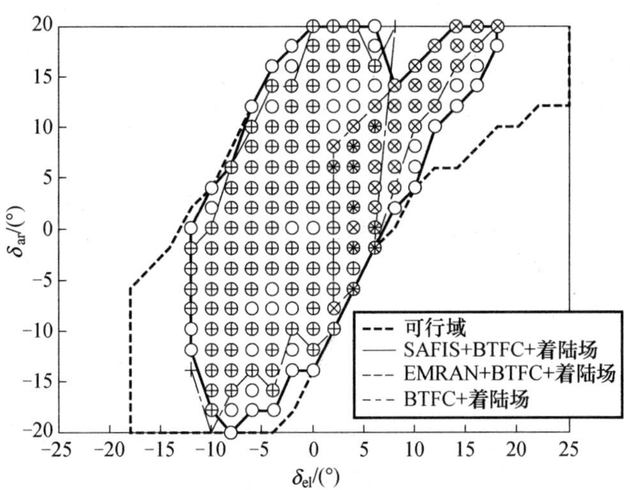

图 28.31　左升降舵、右副翼停止的情况下 SAFIS 辅助 BTFC、EMRAN 辅助 BTFC 和 BTFC 的故障容差

28.6　在线连续模糊极端学习机

一种基于 ELM [34-39] 的快速模糊神经算法称为在线连续模糊极端学习机(OS - Fuzzy - ELM)研发成功,其结合了神经网络(学习)和模糊推理系统(近似推理)的优势。OS - Fuzzy - ELM 处理的模糊推理系统(包括 TSK 和 Mamdani 模糊模型)都有界且是非恒定的分段连续隶属函数。此外,在 OS - Fuzzy - ELM 的

学习可以一个接一个或一块接一块(数据块)的模式进行,其中块具有固定大小或可变大小。在 OS - Fuzzy - ELM 中,模糊隶属函数的参数在训练过程中不需要进行调整,可以随机给它们分配参数,然后分析确定随后参数的值。该系统主要包括两个阶段,初始化阶段是利用 Fuzzy - ELM 方法在初始化阶段训练批量数据 FNN,当初始化阶段完成后这些初始化训练数据将被丢弃。为此,需要的训练数据量非常小,可以等同于规则的数目。例如,如果有 10 个规则,可能需要 10 个训练样本用于初始化学习。初始化阶段后,OS - Fuzzy - ELM 将依次或依块(固定尺寸或变化尺寸)学习训练数据,一旦完成对这些训练数据的学习,所有的训练数据将被抛弃。OS - Fuzzy - ELM 用于具有线性结果的 TSK 模糊模型的学习过程简要总结如下。有关详细信息参见文献[23]。

推荐的 OS - Fuzzy - ELM 算法:给定隶属函数 g 和规则数 $\tilde{N}$,用于特定的应用,数据 $\aleph = \{(x_i, t_i) \mid x_i \in \mathrm{R}_n, t_i \in \mathrm{R}^m, i = 1, \cdots\}$ 按顺序到达。

步骤一:初始化阶段。从给定的训练集 $\aleph = \{(x_i, t_i) \mid x_i \in \mathrm{R}^n, t_i \in \mathrm{R}^m, i = 1, \cdots\}$, $N_0 \geqslant \tilde{N}$ 使用少量的初始训练数据 $\aleph_0 = \{(x_i, t_i)\}_{i=1}^{N_0}$ 进行初始化学习:

(1) 分配随机隶属函数参数 $(c_i, a_i), i = 1, \cdots, \tilde{N}$。

(2) 计算的 TSK 模型的初始矩阵 $\boldsymbol{H}_0$:

$$\boldsymbol{H}_0 = \boldsymbol{H}(c_1, \cdots, c_{\tilde{N}}, a_1, \cdots, a_{\tilde{N}}; x_1, \cdots, x_{N_0})$$

其中 $\boldsymbol{H}$ 参见文献[23]。

(3) 估计初始参数矩阵 $\boldsymbol{Q}^{(0)} = \boldsymbol{P}_0 \boldsymbol{H}_0^{\mathrm{T}} \boldsymbol{T}_0$,其中 $\boldsymbol{P}_0 = (\boldsymbol{H}_0^{\mathrm{T}} \boldsymbol{T}_0)^{-1}$, $\boldsymbol{T}_0 = [t_1, \cdots, t_{N_0}]^{\mathrm{T}}$

(4) 设 $k = 0$。

步骤二:连续的学习阶段。提出第 $k+1$ 个新的观察块:

$\aleph = \{(x_i, t_i)\}_{i=\left(\sum_{j=0}^{k} N_j\right)+1}^{\sum_{j=0}^{k+1} N_j}$,其中,$N_{k+1}$ 表示第 $k+1$ 个组块的观察数。

(1) 计算 TSK 模型数据 $\aleph_{k+1}$ 中第 $k+1$ 号块的偏矩阵 $\boldsymbol{H}_{k+1}$ 为

$$\boldsymbol{H}_{k+1} = \boldsymbol{H}\left[c_1, \cdots, c_{\tilde{N}}, a_1, \cdots, a_{\tilde{N}}; x_{(\sum_{j=0}^{k} N_j)+1}, \cdots, x \sum_{j=0}^{k+1} N_j\right]$$

式中:$\boldsymbol{H}$ 参见文献[23]。

设

$$\boldsymbol{T}_{k+1} = [t_{(\sum_{j=0}^{k} N_j)+1}, \cdots, t_{\sum_{j=0}^{k+1} N_j}]^{\mathrm{T}}$$

(2)计算参数矩阵 $\boldsymbol{Q}(k+1)$:

$$\boldsymbol{P}_{k+1} = \boldsymbol{P}_k - \boldsymbol{P}_k \boldsymbol{H}_{k+1}^{\mathrm{T}} (\boldsymbol{I} + \boldsymbol{H}_{k+1} \boldsymbol{P}_k \boldsymbol{H}_{k+1}^{\mathrm{T}})^{-1} \boldsymbol{H}_{k+1} \boldsymbol{P}_k$$

$$\boldsymbol{Q}^{(k+1)} = \boldsymbol{Q}^{(k)} + \boldsymbol{P}_{k+1} \boldsymbol{H}_{k+1}^{\mathrm{T}} (\boldsymbol{T}_{k+1} - \boldsymbol{H}_{k+1} \boldsymbol{Q}^{(k)})$$

(3) Set $=k+1$,返回步骤(2)。

推荐 OS - Fuzzy - ELM 也作为模糊神经网络控制器来辅助 BTFC,基于反馈 - 误差 - 学习控制策略,用于飞机自动着陆的问题。研究了高斯形式和柯西形式的隶属度函数解决在逐次实现模式下基于 TSK 模糊模型的问题。同样,在第 27 章所描述的故障情况下对 OS - Fuzzy - ELM 辅助 BTFC 控制策略性能进行了评估,并和 EMRAN 辅助 BTFC、BTFC 进行了比较。结果表明,相比其他两个方案,OS - Fuzzy - ELM 辅助 BTFC 提高了故障容错能力(参见文献[32])。下面,基于飞机自动着陆的容错控制问题和同样的故障情况对 OS - Fuzzy - ELM 算法和 SAFIS 算法做了进一步比较。如文献[32]所述,已经基于两种类型的隶属函数(高斯隶属函数和柯西隶属函数)对 OS - Fuzzy - ELM 辅助 BTFC 进行了研究,并从两种隶属函数也得到了相似的结论。因此,在下面,比较 OS - Fuzzy - ELM 和 SAFIS,只给出从柯西形式的隶属函数得到的结果。

28.6.1 OS - Fuzzy - ELM 和 SAFIS 用于飞机自动着陆系统问题的比较

28.6.1.1 单表面失效

本节只考虑单一的升降舵和副翼故障。首先提出了升降舵故障的结果。在这里,左升降舵开始旋转时停在 -10°。图 28.32 和图 28.33 给出了在着陆阶段 OS - Fuzzy - ELM 辅助 BTFC 和 SAFIS 辅助 BTFC 的高度 h、速度 V_T、侧滑角 β 和横向位置 Y。

在图 28.32 和图 28.33 顶部的数字表示不同的轨迹片段。从图 28.32 和图 28.33 中可以看出,OS - Fuzzy - ELM 辅助 BTFC 和 SAFIS 辅助 BTFC 能够处理故障使飞机成功降落,它们利用在线学习快速得到所需的信号,然后产生较大的控制信号来驱动飞机跟踪期望输出。图 28.32 和图 28.33 进一步说明 OS - Fuzzy - ELM 辅助 BTFC 和 SAFIS 辅助 BTFC 能够密切跟踪参考轨迹。由图 28.33 可见,OS - Fuzzy - ELM 和 SAFIS 在 110s 左右产生了大侧滑,这是由于在侧阵风廓有突然阶跃输入,但是这些侧滑迅速被控制器衰减了。表 28.6 为伴随着 OS - Fuzzy - ELM 辅助 BTFC 和 SAFIS 辅助 BTFC 规则数的 RMS 的轨迹误差,可以观察到,OS - Fuzzy - ELM 的轨迹误差小于 SAFIS,在横向运动方向上,OS - Fuzzy - ELM 的规则数比 SAFIS 的少,在纵向的运动方向上,它们需要相同数量的模糊规则。图 28.34 显示左升降舵偏转($\delta_{e-left-t}$)和右升降舵偏转($\delta_{e-right-t}$)随着 BTFC($\delta_{e-right-c}$)和 OS - Fuzzy - ELM/SAFIS 组件($\delta_{e-right-f}$)的变化,其中控制信号是由 OS - Fuzzy - ELM 辅助 BTFC 和 SAFIS 辅助 BTFC 控制方案获得的。在图 28.34 中,实线表示 OS - Fuzzy - ELM 辅助 BTFC 的结果,虚线表示 SAFIS 辅助 BTFC 的结果。

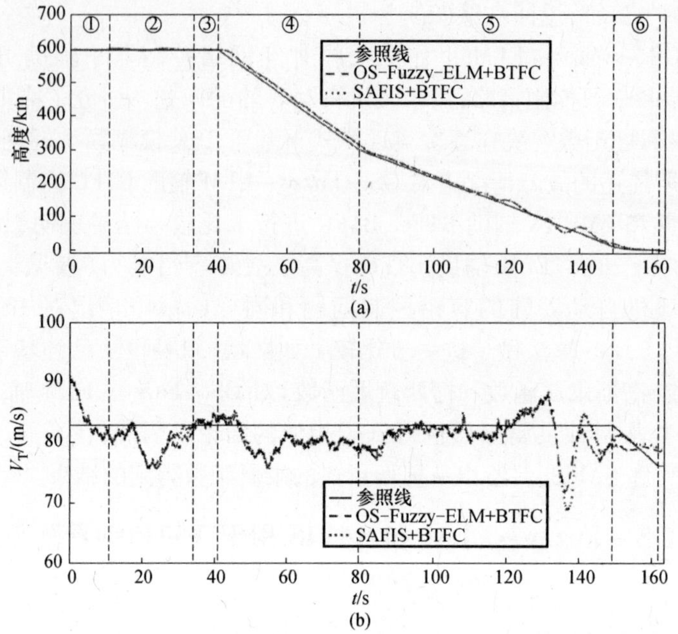

图 28.32 左升降舵停在 10°的情况下 OS - Fuzzy - ELM 辅助 BTFC 和 SAFIS 辅助 BTFC 的高度 h 和速度 V_T 比较

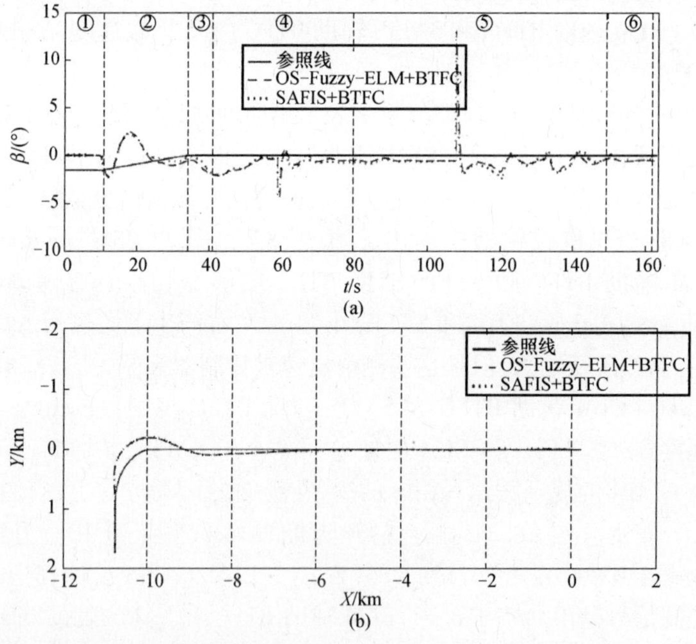

图 28.33 左升降舵停在 10°的情况下 OS - Fuzzy - ELM 辅助 BTFC 和 SAFIS 辅助 BTFC 的侧滑角 β、横向位置 Y 的比较

表 28.6　左升降舵停在 -10°情况下 OS - Fuzzy - ELM 辅助 BTFC、SAFIS 辅助 BTFC 控制方案性能比较

方法	OS - Fuzzy - ELM 辅助 BTFC	SAFIS 辅助 BTFC
跟踪误差(RMSE)	8.8364	8.8573
速率误差(RMSE)	3.1929	3.4243
δ_e 的规则数/神经元数	6	6
δ_a 的规则数/神经元数	6	14

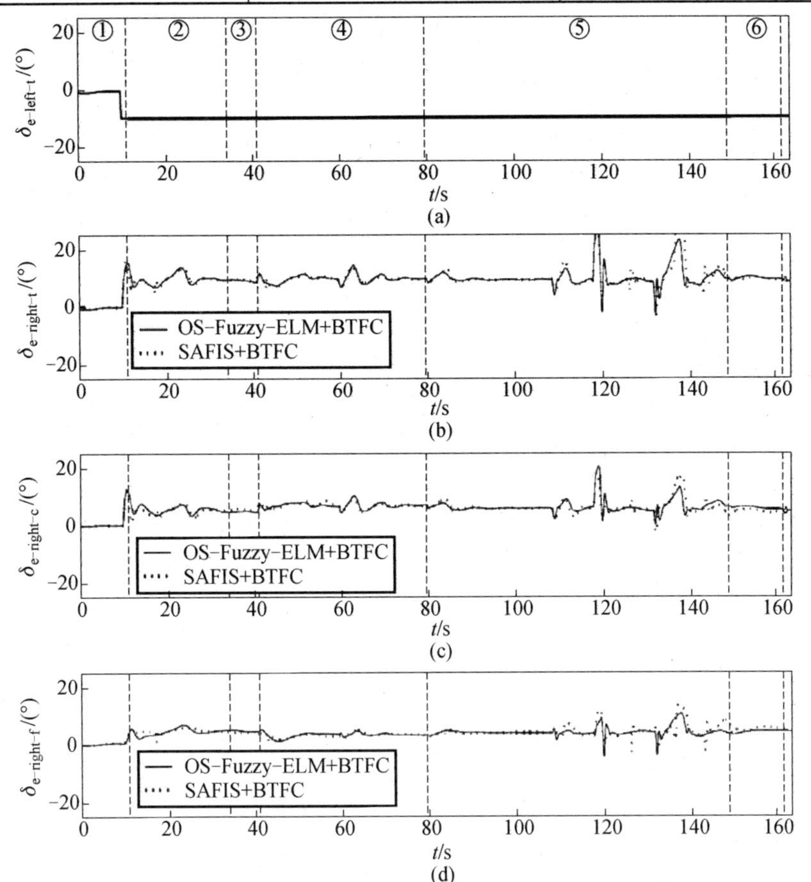

图 28.34　左升降舵停在 -10°的情况下 OS - Fuzzy - ELM 辅助 BTFC 和 SAFIS 辅助 BTFC 的左、右边升降舵控制信号

从图 28.34 中可以观察到，OS - Fuzzy - ELM 辅助 BTFC 和 SAFIS 辅助 BTFC 得到的控制信号非常相似。图 28.35 中左、右副翼信号也很相似。图 28.36 为在单升降舵表面故障时 OS - Fuzzy - ELM 辅助 BTFC 和 SAFIS 辅助 BTFC 的容错能力，图中每个点表示一次满足着陆场要求的成功着陆。从图 28.36 可以

看出,与 BTFC 辅助 SAFIS(-12° ~18°)相比,OS - Fuzzy - ELM 辅助 BTFC 能够容忍相同的连续范围(-12° ~18°)的升降舵故障。图 28.37 给出了单副翼发生故障的情况,从图中可以看出,OS - Fuzzy - ELM 辅助 BTFC 有稍宽的连续的副翼故障,容差范围(-20° ~9°)比 SAFIS 辅助 BTFC(-14° ~14°)要大。

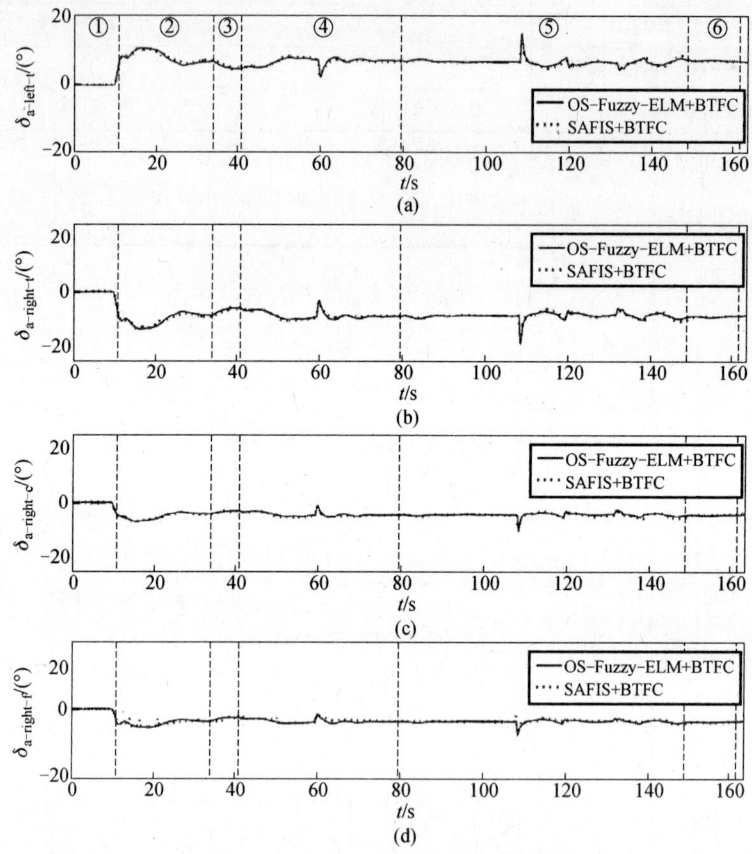

图 28.35 左升降舵停在 -10°时 OS - Fuzzy - ELM 辅助 BTFC 和 SAFIS 辅助 BTFC 的左、右副翼控制信号

28.6.1.2 双表面故障

考虑两个表面的故障:一是左升降舵和左副翼都停止在不同的挠度;二是左升降舵和右副翼停止在不同的挠度。

28.6.1.3 左升降舵和左副翼停止在不同的挠度

首先提出一个左升降舵停在 -10°、左副翼停在 10°时的典型轨迹结果。图 28.38 和图 28.39 给出了着陆阶段 OS - Fuzzy - ELM 辅助 BTFC 和 SAFIS 辅助 BTFC 的高度 h、速度 $\boldsymbol{V}_{\mathrm{T}}$、侧滑角 β 和横向位置 Y,图中顶部的数字表示不同的轨迹部分。从图 28.38 和图 28.39 可以观察到,OS - Fuzzy - ELM 辅助 BTFC 和

SAFIS 辅助 BTFC 都能够利用它们的在线学习能力处理故障并成功地使飞机降落。图 28.38 和图 28.39 进一步说明 OS - Fuzzy - ELM 辅助 BTFC 和 SAFIS 辅助 BTFC 能够密切跟踪参考轨迹。表 28.7 列出了 OS - Fuzzy - ELM 辅助 BTFC 和 SAFIS 辅助 BTFC 的 RMS 轨迹误差与规则数，可以观察到 OS - Fuzzy - ELM 的轨迹误差和规则数小于 SAFIS 的轨迹误差和规则数。

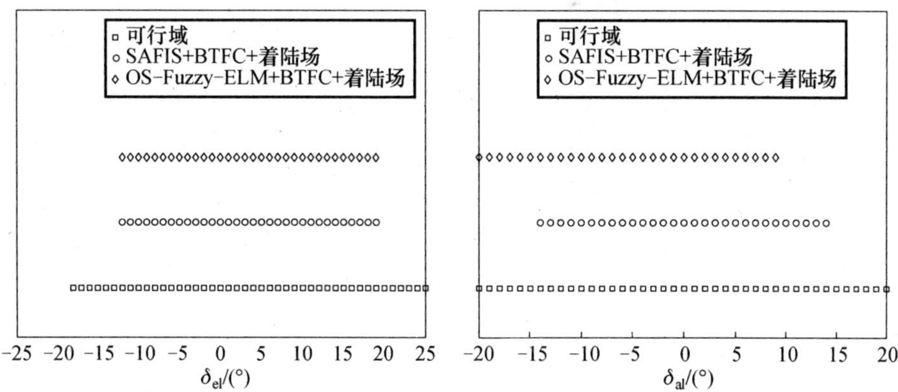

图 28.36　左升降舵停止时 OS - Fuzzy - ELM 辅助 BTFC 和 SAFIS 辅助 BTFC 的故障容差

图 28.37　左侧副翼停止时 OS - Fuzzy - ELM 辅助 BTFC 和 SAFIS 辅助 BTFC 的故障容差

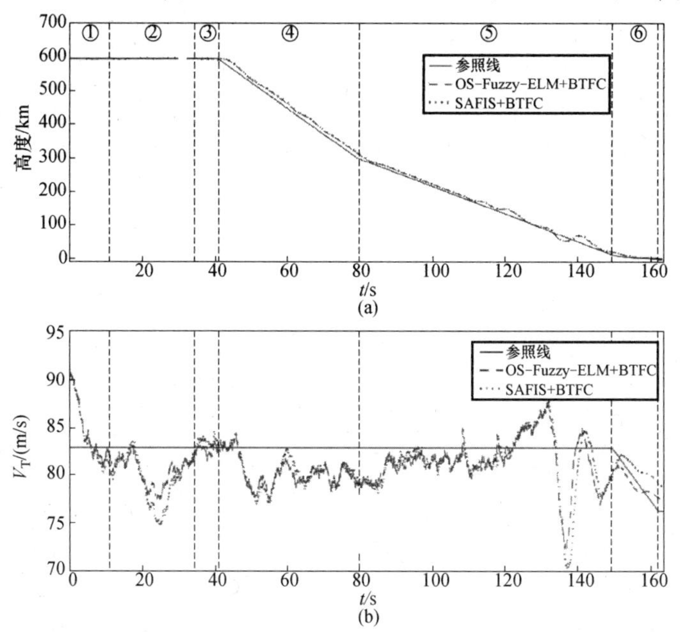

图 28.38　左升降舵停在 −10°、左副翼停在 10°时 OS - Fuzzy - ELM 辅助 BTFC 和 SAFIS 辅助 BTFC 的高度 h 和速度 V_T 比较

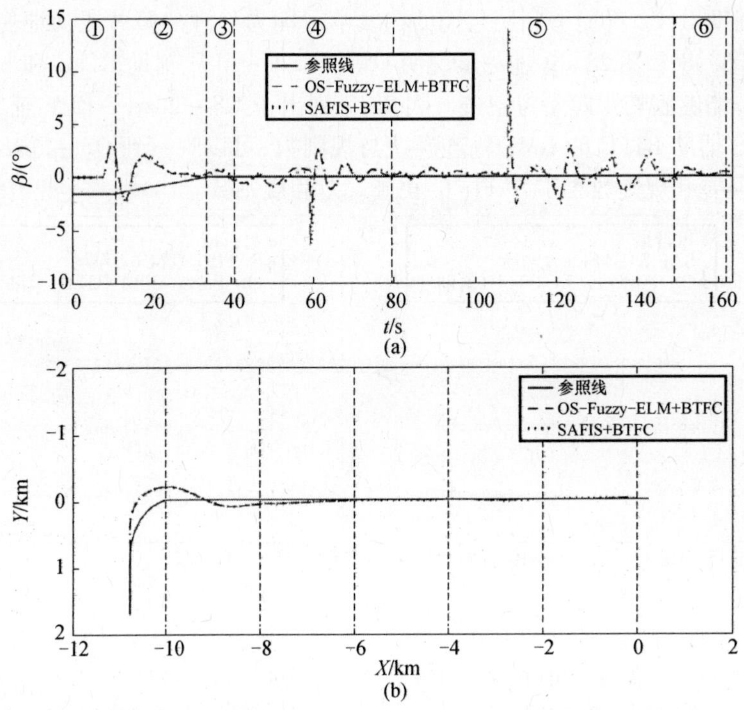

图 28.39 左升降舵停在 $-10°$、左副翼停在 $10°$ 时 OS - Fuzzy - ELM 辅助 BTFC 和 SAFIS 辅助 BTFC 的侧滑角 β 和横向位置 Y 比较

表 28.7 左升降舵停在 $-10°$、左副翼停在 $10°$ 时 OS - Fuzzy - ELM 辅助 BTFC 和 SAFIS 辅助 BTFC 控制方案的性能比较

方法	OS - Fuzzy - ELM 辅助 BTFC	SAFIS 辅助 BTFC
轨迹误差(RMSE)	8.8926	8.8978
速率误差(RMSE)	2.8663	3.2761
δ_e 的规则数/神经元数	6	8
δ_a 的规则数/神经元数	6	22

图 28.40 为左升降舵偏差($\delta_{e-left-t}$)和右升降舵偏差($\delta_{e-right-t}$)随着 BTFC($\delta_{e-right-c}$)和 OS - Fuzzy - ELM/SAFIS 组件($\delta_{e-right-f}$)的变化,其控制信号是由 OS - Fuzzy - ELM 辅助 BTFC 和 SAFIS 辅助 BTFC 控制方案实现的。在图 28.40 中,实线代表 OS - Fuzzy - ELM 辅助 BTFC 的结果,虚线代表 SAFIS 辅助 BTFC 的结果。由图 28.40 中观察到,从 OS - Fuzzy - ELM 辅助 BTFC 和 SAFIS 辅助 BTFC 得到的控制信号非常相似。图 28.41 中左、右副翼信号也很相似。图 28.42为 OS - Fuzzy - ELM 辅助 BTFC 和 SAFIS 辅助 BTFC 在整个偏差范围的

容错能力。由 OS - Fuzzy - ELM 辅助 BTFC 和 SAFIS 辅助 BTFC 得到的容错包络边缘分别用实线和虚线表示,在各自的容错区域,每个点表示一次满足着陆场要求的成功着陆,用一个开环(O)表示。从图 28.42 可以看出,与 SAFIS 辅助 BTFC 相比,OS - Fuzzy - ELM 辅助 BTFC 能够在更大范围的偏差内满足着陆场要求,它们的容错包络在很大程度上重叠。

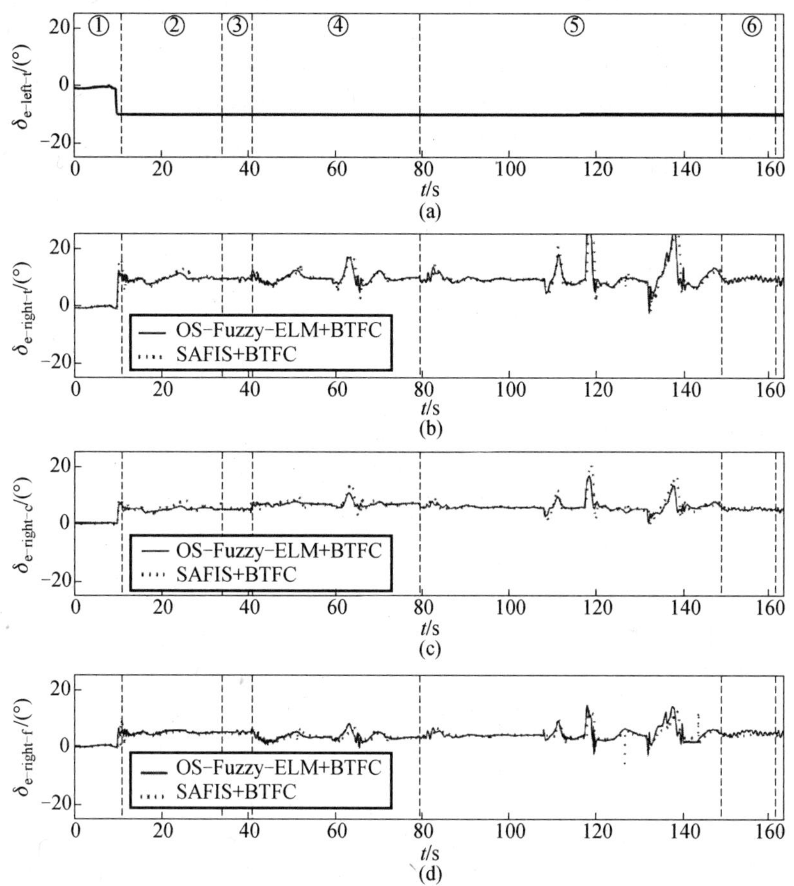

图 28.40 左升降舵停在 -10°、左副翼停在 10°时左和右升降舵 OS - Fuzzy - ELM 辅助 BTFC 和 SAFIS 辅助 BTFC 的控制信号

28.6.1.4 左升降舵、右副翼停止在不同挠度

图 28.43 为 OS - Fuzzy - ELM 辅助 BTFC 和 SAFIS 辅助 BTFC 在整个偏差范围内的容错能力。

通过 OS - Fuzzy - ELM 辅助 BTFC 和 SAFIS 辅助 BTFC 获得容错包络边缘,分别用实线和虚线表示。在各自的容错区域,每个点表示一次满足着陆场要求的成功着陆,并用一个开放环表示(O)。从图 28.43 可以看出,与 SAFIS 辅助

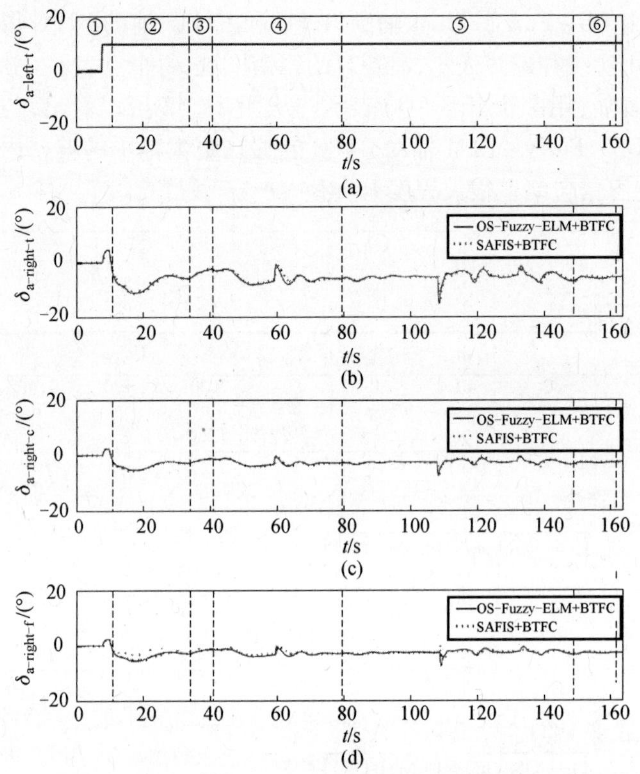

图 28.41 左升降舵停在 $-10°$、左副翼停在 $10°$ 时 OS - Fuzzy - ELM 辅助 BTFC 和 SAFIS 辅助 BTFC 的左、右副翼控制信号

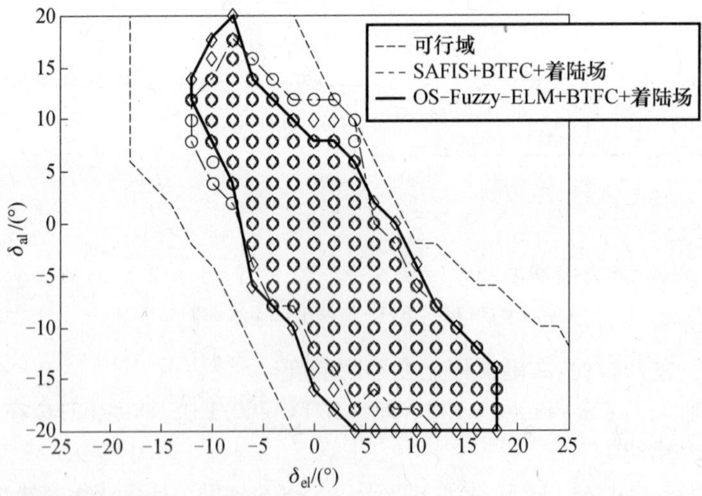

图 28.42 左升降舵和左副翼停止的情况下 OS - Fuzzy - ELM 辅助 BTFC 和 SAFIS 辅助 BTFC 的故障容差

BTFC 相比,OS - Fuzzy - ELM 辅助 BTFC 能在更广范围的偏差内满足着陆场要求,其容错包络大部分与 SAFIS 辅助 BTFC 的容错包络重叠。

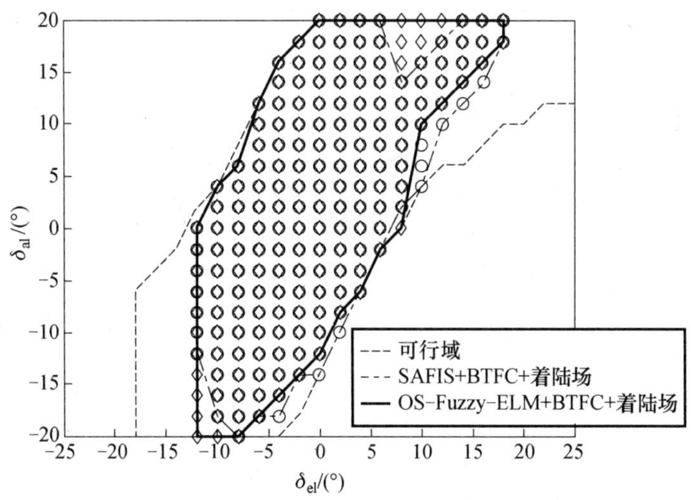

图 28.43　左升降舵、右副翼停止的情况下 OS - Fuzzy - ELM 辅助 BTFC 和 SAFIS 辅助 BTFC 的故障容差

28.7　结束语

自动着陆问题理论发展已经很全面了,提出这个问题的目的是说明各种神经模糊控制器在着陆阶段处理单个及多个操纵面故障的能力。接近地面时也注入强风来测试控制方案的功效。只有飞机遇到严格的着陆条件,如考虑着陆点、下降率、倾斜角和降落速度,才认为是成功着陆。本章评估了基于模糊神经网络的各种自适应/重构控制方案的性能。第一种控制方案是神经辅助控制器,同时基于由 BTFC 计算的增强的控制信号与 EMRAN 计算的附加信号。神经控制器试图利用其学习能力克服操纵面故障,EMRAN 能够增加 BTFC 的故障容差。然而,由于故障容差区域不是单连通的,很难提供性能保证。第二种控制方案是 ABNC,其完全是以神经网络为基础的控制器,ABNC 具有级联结构模拟运动方程,该方案具有处理多个冗余控制来消除故障的能力。

本章研究的其余两种控制方案是基于模糊神经网络的概念,研发了 SAFIS 和 OS - Fuzzy - ELM,这两种方案都是用来增强基本 BTFC。一般来说,相对于 SAFIS,OS - Fuzzy - ELM 具有较小的轨迹误差。在横向轴线上,OS - Fuzzy - ELM 也需要较少的规则数。在增加的故障包络方面,OS - Fuzzy - ELM 具有较好的边缘性能。基于以上研究结果可以推断:通过扩大由神经和模糊概念指导的基本控制器，用于执行器故障增强的故障包络线有一个明显的范围。作者认为，在这个方向的进一步研究需要对故障包络线提供性能保证。

参考文献

1. B. S. Kim and A. J. Calise, Nonlinear flight control using neural networks, *Journal of Guidance, Control and Dynamics*, 20(1), 26–33, 1997.
2. M. R. Napolitano, S. Naylor, C. Neppach and V. Casdorph, On-line learning nonlinear direct neurocontrollers for restructurable control systems, *Journal of Guidance, Control and Dynamics*, 18(1), 170–176, 1995.
3. U. J. Pesonen, J. E. Steck, K. Rokhsaz, H. S. Bruner and N. Duerksen, Adaptive neural network inverse controller for general aviation safety, *Journal of Guidance, Control and Dynamics*, 27(3), 434–443, 2004.
4. T. Kim and Y. Lee, Nonlinear adaptive flight control using backstepping and neural networks controller, *Journal of Guidance, Control and Dynamics*, 24(4), 675–682, 2001.
5. Y. Li, N. Sundararajan and P. Saratchandran, Analysis of minimal radial basis function network algorithm for real-time identification of nonlinear dynamic systems, *IEE Proceedings on Control Theory Applications*, 147(4), 476–484, 2000.
6. L. T. Nguyen, M. E. Ogburn, W. P. Gilbert, K. S. Kibler, P. W. Brown and P. L. Deal, Simulator study of stall/post-stall characteristics of a fighter airplane with relaxed longitudinal static stability, NASA Technical Paper 1538, December 1979.
7. H. Gomi and M. Kawato, Neural network control for a closed-loop system using feedback-error-learning, *Neural Networks*, 6(7), 933–946, 1993.
8. M. Krstic, I. Kanellakopoulos and P. V. Kokotovic, *Nonlinear Adaptive Control Design*, Wiley, New York, 1995.
9. A. A. Pashilkar, N. Sundararajan and P. Saratchandran, Adaptive nonlinear neural controller for aircraft under actuator failures, *Journal of Guidance, Control and Dynamics*, 30(3), 835–847, 2007.
10. A. A. Pashilkar, N. Sundararajan and P. Saratchandran, A fault-tolerant neural aided controller for aircraft auto-landing, *Journal of Aerospace Science & Technology*, 10(1), 49–61, 2006.
11. A. A. Pashilkar and N. Sundararajan, Enhanced-tolerant neural controller for aircraft autolanding, Final Report DSOCLO1144, School of Electrical & Electronic Engineering, Nanyang Technological University, Singapore, February 2005.
12. L. Yingwei, N. Sundararajan and P. Saratchandran, A sequential learning scheme for function approximation using minimal radial basis function neural networks, *Neural Computation*, 9, 461–478, 1997.
13. D. J. Bugajski and D. F. Enns, Nonlinear control law with application to high angle-of-attack flight, *Journal of Guidance, Control and Dynamics*, 15(3), 761–767, 1992.
14. E. N. Johnson and S. K. Kannan, Adaptive trajectory control for autonomous helicopters, *Journal of Guidance, Control and Dynamics*, 28(3), 524–538, 2005.
15. I. Kanellakopoulos, P. V. Kokotovic and A. S. Morse, Systematic design of adaptive controllers for feedback linearizable systems, *IEEE Transactions on Automatic Control*, 36(11) 1241–1253, 1991.
16. J. Park and I. W. Sandberg, Universal approximation using radial basis function networks, *Neural Computation*, 3, 246–257, 1991.
17. J.-J. E. Slotine and W. Li, *Applied Nonlinear Control*, Prentice-Hall, Englewood Cliffs, NJ, 1991.
18. K. Nho and R. K. Agarwal, Automatic landing system design using fuzzy logic, *Journal of Guidance, Control and Dynamics*, 23(2), 298–304, 2000.
19. K. Nho and R. K. Agarwal, Glideslope capture in wind gust via fuzzy logic controller, in *37th AIAA Aerospace Sciences Meeting and Exhibit*, Reno, NV, pp. 1–11, 1999.
20. J.-G. Juang, K.-C. Chin and J.-Z. Chio, Intelligent automatic landing system using fuzzy neural networks and genetic algorithm, in *Proceedings of the 2004 American Control Conference*, Vol. 6, Boston, MA, pp. 5790–5795, 2004.
21. S. M. B. Malaek, N. Sadati, H. Izadi and M. Pakmehr, Intelligent autolanding controller design using neural networks and fuzzy logic, in *Proceedings of the 5th Asian Control Conference*, Vol. 1, Melbourne, Australia, pp. 365–373, 2004.
22. H.-J. Rong, N. Sundararajan, G.-B. Huang and P. Saratchandran, Sequential adaptive fuzzy inference

system (SAFIS) for nonlinear system identification and prediction, *Fuzzy Sets and Systems*, 157(9), 1260–1275, 2006.

23. H.-J. Rong, G.-B. Huang, P. Saratchandran and N. Sundararajan, On-line sequential fuzzy extreme learning machine for function approximation and classification problems, *IEEE Transactions on Systems, Man, and Cybernetics: Part B*, 39(4), 1067–1072, 2009.
24. H.-J. Rong, N. Sundararajan, P. Saratchandran and G.-B. Huang, Adaptive fuzzy fault-tolerant controller for aircraft autolanding under failures, *IEEE Transactions on Aerospace and Electronic Systems*, 43(4), 1586–1603, 2007.
25. H.-J. Rong, G.-B. Huang, N. Sundararajan and P. Saratchandran, Fuzzy fault tolerant controller for actuator failures during aircraft autolanding, in *2006 IEEE International Conference on Fuzzy Systems*, Vancouver, BC, Canada, pp. 1200–1204, July 16–21, 2006.
26. M. M. Gupta and D. H. Rao, On the principles of fuzzy neural networks, *Fuzzy Sets and Systems*, 61(1), 1–18, 1994.
27. W. Pedrycz and A. F. Rocha, Fuzzy-set based models of neurons and knowledge-based networks, *IEEE Transactions on Fuzzy Systems*, 1(4), 254–266, 1993.
28. J-S. R. Jang, ANFIS: Adaptive-network-based fuzzy inference system, *IEEE Transactions on Systems, Man, and Cybernetics*, 23(3), 65–685, 1993.
29. R.-J. Wai and Z.-W. Yang, Adaptive fuzzy neural network control design via a T-S fuzzy model for a robot manipulator including actuator dynamics, *IEEE Transactions on Systems, Man, and Cybernetics, Part B: Cybernetics*, 38(5), 1326–1346, 2008.
30. K. M. Passino, *Biomimicry for Optimization, Control, and Automation*, Springer-Verlag, London, UK, 2005.
31. T. Takagi and M. Sugeno, Fuzzy identification of systems and its applications for modeling and control, *IEEE Transactions on Systems, Man, and Cybernetics*, 15(1), 116–132, 1985.
32. R. Haijun, Efficient sequential fuzzy neural algorithms for aircraft fault-tolerant control, Nanyang Technological University, PhD thesis, 2007.
33. G.-B. Huang, P. Saratchandran and N. Sundararajan, An efficient sequential learning algorithm for growing and pruning RBF (GAP-RBF) networks, *IEEE Transactions on Systems, Man, Cybernetics, Part B: Cybernetics*, 34(6), 2284–2292, 2004.
34. G.-B. Huang, L. Chen and C.-K. Siew, Universal approximation using incremental constructive feedforward networks with random hidden nodes, *IEEE Transactions on Neural Networks*, 17(4), 879–892, 2006.
35. G.-B. Huang and C.-K. Siew, Extreme learning machine: RBF network case, in *Proceedings of the Eighth International Conference on Control, Automation, Robotics and Vision (ICARCV 2004)*, Kunming, China, pp. 6–9, 2004.
36. G.-B. Huang, Q.-Y. Zhu, K. Z. Mao, C.-K. Siew, P. Saratchandran and N. Sundararajan, Can threshold networks be trained directly? *IEEE Transactions on Circuits and Systems II*, 53(3), 187–191, 2006.
37. G.-B. Huang, Q.-Y. Zhu and C.-K. Siew, Extreme learning machine: Theory and applications, *Neurocomputing*, 70, 489–501, 2006.
38. G.-B. Huang, Q.-Y. Zhu and C.-K. Siew, Extreme learning machine: A new learning scheme of feedforward neural networks, In *Proceedings of International Joint Conference on Neural Networks (IJCNN2004)*, Budapest, Hungary, pp. 985–990, July 25–29, 2004.
39. N.-Y. Liang, G.-B. Huang, P. Saratchandran and N. Sundararajan, A fast and accurate on-line sequential learning algorithm for feedforward networks, *IEEE Transactions on Neural Networks*, 17(6), 1411–1423, 2006.

第 29 章　航空航天飞行关键技术应用重构

29.1　引言

计算机技术的进步激励了航空工业利用已增加的处理器能力,通信带宽和主机的多个联合应用集成到一个平台,称为航空集成模块(IMA)。IMA 已成为在一个共享的计算环境平台集成多个航空电子设备的应用程序。由常见的硬件和系统资源组成网络计算环境非常强大,能满足多个应用程序的计算要求。IMA 具有重量轻、有效计算资源共享、体积较小、电子接口的复杂性低和物理维护容易等优势。然而,联合系统缺乏 IMA 的上述优点。在民用飞机的应用中,对硬件和软件资源管理的有效运用是成功的关键。在飞机程序的设计、开发、维护、服务和认证中,航空电子设备的结构起着非常重要的作用。因此,集成架构的使用近来发展很快。

在不同的飞行条件下,航空航天系统要求有非常高的系统可用性。在有限的故障情况下,继续利用航空电子设备的功能一段时间是很重要的,这形成了对系统健壮性的测量。重构提供了在有限的故障条件下增强设备的持续可用性。对现有的系统进行改进,已成为当前研究的一个主题。本章的目的是使用重构技术在时间和内存分区平台提高航空电子设备应用的可用性。重构在实时航空飞行关键系统中是一个任务过程或进程管理,规定重构功能以达到近实时的主要框架精度。在当前的方案中,故障任务是从下一个主框架计划移除并继续进入重新配置的计划表。该算法利用重构任务的关键控制指标或不会影响其余计划安全的过程。提出这些控制指标,用于重构和便于算法进行正确决策。

配置包括四个阶段:控制参数识别;错误检测和校正;控制参数的验证;所确定的任务重构。该算法基于重构,以提高航空电子设备飞行关键应用的可用性。联合系统的航空电子设备的硬件和软件体系结构具有很好的故障遏制和容错,是一个十分安全的体系结构。每个硬件功能盒称为可更换线性单元(LRU),在处理系统方面具有自身资源、内存和外围系统,它具有良好的容错能力应对资源重复的缺点。然而,与现代的集成系统相比,联合系统也有缺点,如重量增加、在每一个 LRU 具有冗余计算机资源、高度逼近的体积、电气接口复杂性和物理维护难等。先进技术在计算平台的发展使得航空业可将高处理能力、通信带宽和多个联合应用的主机集成到一个平台[1]。IMA 成为一个平台,用于在一个共享的集成计算环境[2]下整合多个航空电子设备的应用程序。该通用的计算环境应足够强大,以满足应用程序的实时性服务需求。

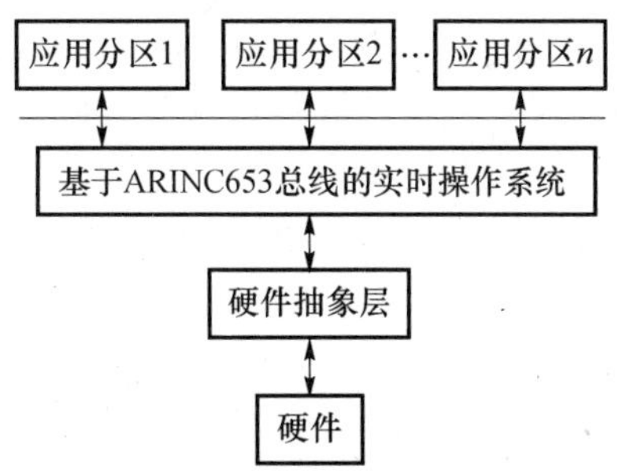

图 29.1　IMA 典型的系统结构

图 29.1 为 IMA[2]典型的系统架构,由核心系统、硬件核心和核心处理器三部分组成。同时,这种体系结构的关键组件是应用执行(APEX)[3]。应用程序分区是基于 ARINC 653 总线分区的空间或时间及内存保护机制。因此,应用软件的数据完整性相当高,这对飞行关键技术应用是非常必要的。

29.2　重要性和相关性

在不久前,航空航天应用较多的是开放式计算系统(OACS),目前已经转向集成的方法以利用平台的体系结构,目的是为了解决相关强化安全、可用性和可靠性问题。

航空电子设备应用使用电子柜实现,主机的多个航空电子应用使用 ARINC 653 平台实现。这意味着多个 LRU 的联合架构(FA)合并成一个承载多个应用软件的系统。因此,航空电子柜由于单点失效引起的故障可能会导致安全条件下的灾难。如果这样的失效处理不当,就会对其他功能产生严重影响。如果这样的故障处理不好,航空电子设备的功能可用性大幅度降低,集成体系结构报废。在民用航空应用的重构机制是行业中应用的国家最先进的技术。

29.3　民用航空电子设备

航空电子设备是用于航空电子或航天电子的航空术语。飞机上的航空电子设备用于飞机导航,是人-机接口(MMI)或人-机交互(HMI)的关键因素。从传统意义上来说,具有专用算法和架构方法的航空电子系统是用于性能增强[4]的多功能中心。航空电子体系结构分为联合架构和集成架构两个主要领域。

29.3.1　联合架构

联合架构是 20 世纪 80 年代的技术,该体系结构由一定数量独立系统组成,每一系统具有特定的功能,这些独立的系统称为 LRU,采用适用的接口集成在航空电子平台上,联合架构功能就是由专用硬件 LRU 实现的。除了外部通信数据总线外，联合体系结构不通过 LRU 共享任何资源。一个典型的联合航空电子器具[5]的每个功能都有独立的硬件单元或 LRU。航空电子系统基于功能[6,7]大致可分为通信系统、导航系统、显示系统、雷达系统、发动机仪表系统和数据采集与记录系统。如图 29.2 所示，民用飞机的航空电子设备由 LRU 组成，为实现上述系统功能，由常规的数字总线如 ARINC429 互连。各个 LRU 负责单一的功能，且与该功能标准自容。航空电子飞行关键系统的集成测试对航电设备[8,9]的成功非常关键和重要。对每个功能的故障遏制和有足够资源处理故障的能力是一个联合系统的关键优势。

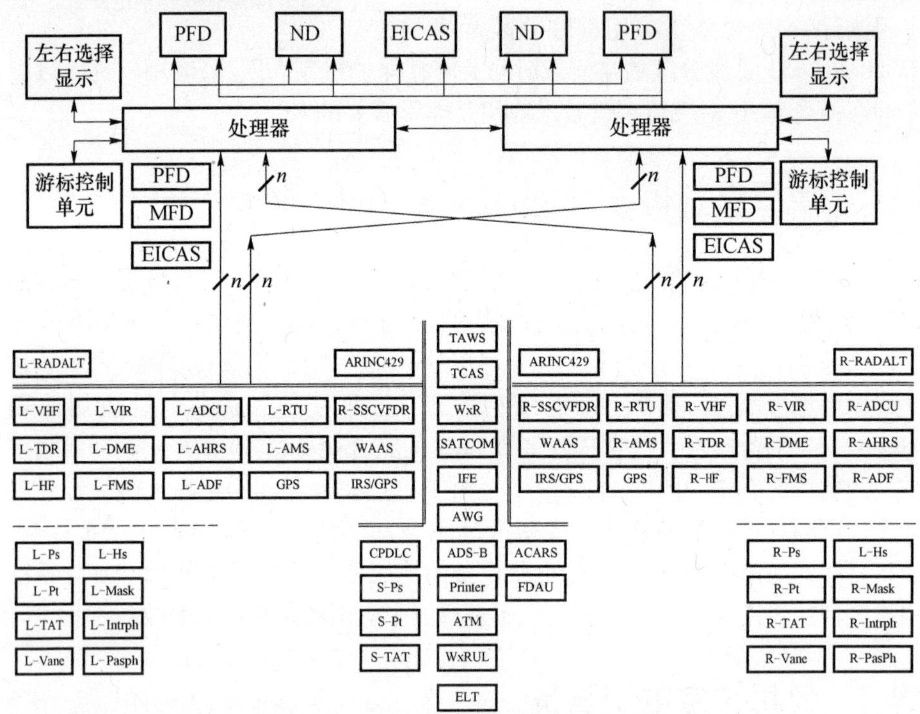

图 29.2　民用飞机的联合航空电子结构

联合体系结构的主要缺点是在每个不同功能 LRU 的资源重复，这增加了航空电子套装的功率、重量和体积。在民用飞机产业中功率、重量和体积是非常关键的。

航空电子系统是建立在具有当前交通防撞系统(TCAS)需求的数字通信模式、数字式自动驾驶仪和 AMLCD 多功能显示器的基础之上的。为了说明联合系统中互连的复杂性，以联合航空电子体系结构的通信和导航(COMNAV)系统为例加以说明，如图 29.3 所示。因此，目前的架构已转向集成体系架构。如果在集成架构中实现同样的功能，该接口将被简化，如图 29.4 所示。该系统是由一个点连接的全局总线网络互连,数据传输是基于地址的已定义好的源和目的地的传输。

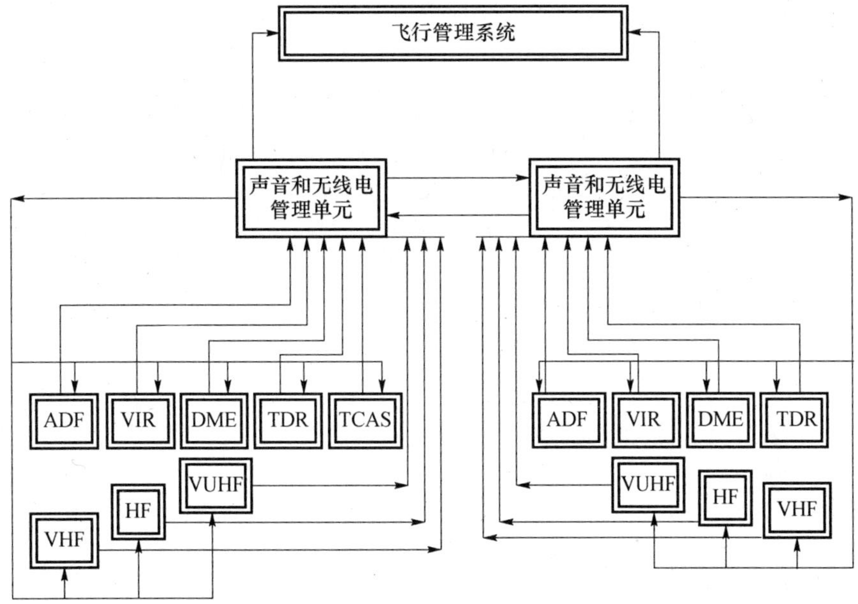

图 29.3　联合系统中典型的通信导航系统接口

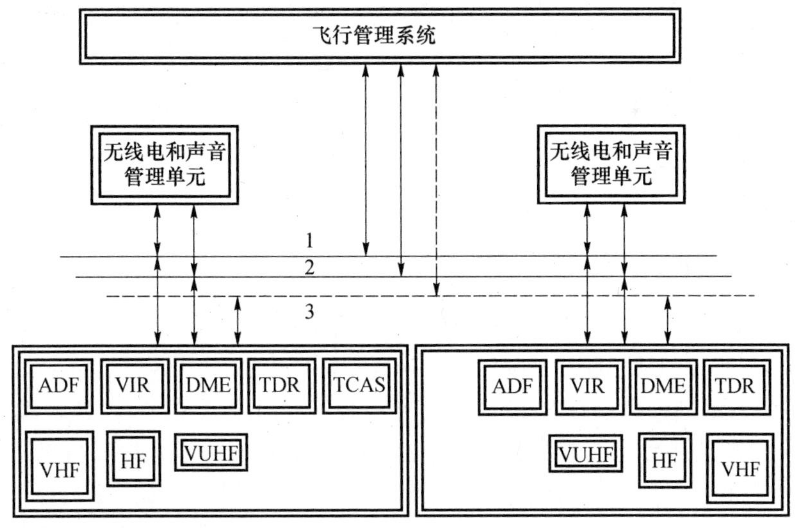

图 29.4　具有维护总线(虚线)的集成系统的典型通信导航系统接口

29.3.2　集成架构

飞机或航空设备上的电子系统在飞机功能如通信、导航和飞行安全中起着重要的作用。每一个独立的功能都需要分配专用的计算资源,这样的架构在运行时缺乏资源的有效利用。随着航空航天特别是航空电子技术在全球范围内的发展,人们发现联合结构在资源管理方面与目前的集成架构相比不太有利。

在不久前,航空电子系统结构有了极大的发展,由联合结构转向集成架构[10,11]。不像很多的刻度盘和仪表,飞行员要与多功能显示器(MFD)互动,系统是由MFD、通信和导航无线电控制单元、多模式互动设备的控制和导航、记录和故障管理系统、机身和健康监测诊断能力等组成的。飞行员和飞机界面(PVI)是良好的航空电子设备和座舱布局的一项重要措施,这意味着人机界面(MMI)优化、经济和飞行操作安全性增强。集成架构使用电子柜或处理柜实现,这些硬件模块和软件应用在柜中分区并称为集成模块化航空电子设备(IMA)。

29.4 集成模块化航空电子设备

传统上,自动控制飞机已实现将明确定义的功能作为独立系统。每个功能都有自己的资源遏制故障作为联合架构,在每个功能系统内故障被强有力地包容,不会传播到其他功能系统。集成架构具有共同的硬件和底层系统软件,以适应多个航空电子设备的功能。在这样的集成架构[12]下,分区使用适当的硬件和软件机制最大程度地恢复强劲的故障包容。在集成架构中时间和内存是最主要管理资源。这样的机制之一是IMA [2,13,14]体系结构,其应用是由分布式多处理器支持的,如图29.5所示。这些都具有共享内存和网络通信,称为航空电子应用软件标准接口或应用程序执行(APEX) - ARINC 653 [1]。APEX标准包含一组操作系统的应用程序接口(API)[3],它可以被应用软件所调用。在多个航空电子设备的功能之间,在由ARINC 653提供良好保护机制的同一平台上共享时间和内存。这已经由ARINC 653启用,作为实时操作系统(RTOS)的一部分,使用详细定义的应用程序执行(APEX)应用程序接口支持分区保护。APEX支持应用的结构作为IMA的原则:物理内存分成几部分,称为分区;航空电子设备应用程序由一组进程组成和它们在分区内外通信。出于安全考虑,这是被APEX和IMA指导方针所允许的。APEX的基本定义是与ARINC 659底板机制[15]相对关联的全局通信协议如ARINC 629数据总线[16]、航空电子全双工以太网(AFDX)[17]/ ARINC 664 [18-22]和时间触发以太网[23]。与联合体系结构相比,IMA具有更好的调度可靠性的优势。为了实现所需调度的可靠性,飞行的关键功能是在复杂的高成本的复制硬件上运行。在IMA系统,复制的处理器不是专用于特定的功能,因此依赖性很小。通过这种方法,可以按需分配功能,因此维修可以推迟到没有可用的处理器能实现最低要求的功能。IMA的实现需要采用良好的实时性的概念和方法[24]。因此,对 IMA 分区最好是在分布式处理器实现,以便使容错性有效,处理器之间的相互作用更强大。

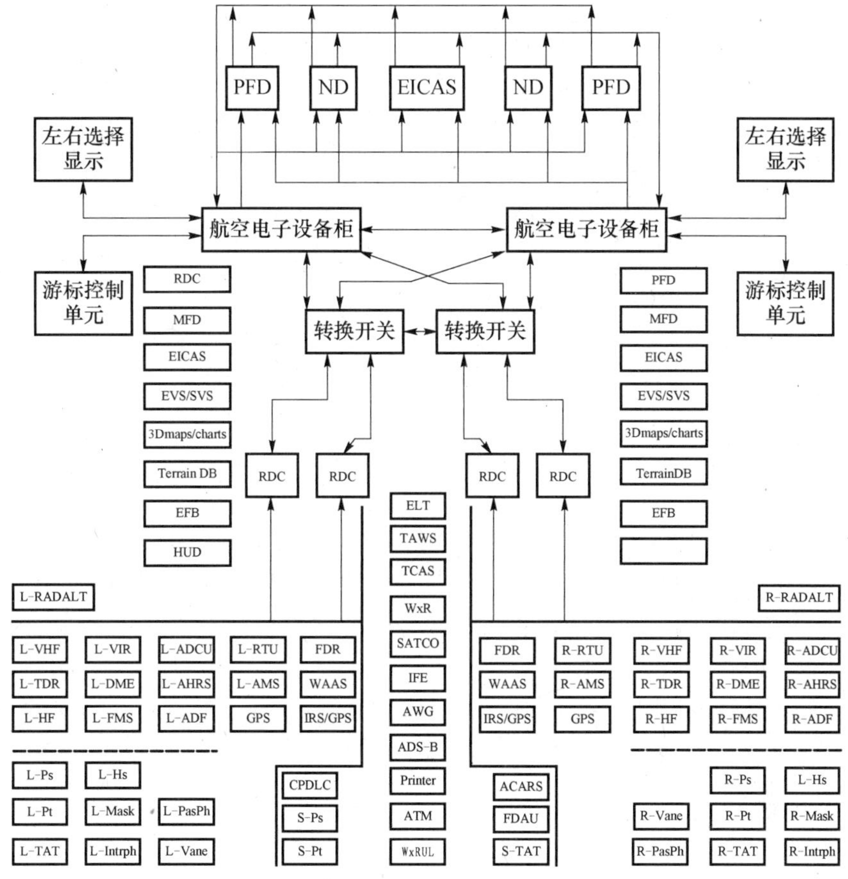

图 29.5　典型的集成模块化航空电子体系结构

29.4.1　分区

分区在 IMA 中具有较好的故障遏制,如果结构设计好,则是非常有效的。分区的重要意义是与联合系统的独立处理器相比,为了控制由于共享一个共同的处理器引起的功能危险。在行业内一种观点坚持认为:如果两个关键功能是相互依赖并共享一个处理器,或处理器发生故障,那么整个功能都会失效,而联合系统不会发生这种情况。因此,分配相应的功能给相关的处理器和分区是相当重要的,需要基于失效模式认真地考虑和分析。IMA 架构具有重要特性,这在 IMA 的定义和飞行关键系统中发挥重要的作用。分区是 IMA 架构的主要组成部分,因此具有如下重要属性:

(1) 临界级别:基于功能航空机载系统有不同的临界级别。这样的功能使用 IMA 分区可建立在相同的硬件。同时,临界在 A ~E 级的 DO 178B [25] 扩散用于机载应用软件的研发。

(2) 持续时间:每个时期分配给分区的时间。在这段时间内,分区独占处理器的资源。

(3) 锁定级别:在一个分区的进程之间,是否允许当前的进程具有抢占权。在飞行关键系统,优先权不允许用在确定的行为要求。用最简单的方法定义两个分区支持两种飞行应用的 IMA 架构,如图 29.6 所示。

图 29.6 简单的 IMA 分区架构

在 APEX – IMA 平台的分区使用周期的、静态表驱动预定义的固定优先级和非强占式排程进行安排。这基于预设的持续时间对所有分区提供了资源获取的途径,离线创建的计划约束所有分区至少一次,有些分区可能不止一次,这取决于一个分区的期限和时间表长度的关系。分区可以包含一个或多个应用进程,每个进程有额外的属性:

(1) 周期:进程可以是周期性的或不定期的。周期性的进程在后续的进程释放之前具有固定的定义周期。非周期性进程是一个独特的值来表明它们不是周期性的,因此它们没有固定期限。

(2) 时间:每个进程都有固定的执行时间,并且还有一个进程完成执行的最后期限,这是一个恒定值。

(3) 优先级:每个进程都有固定的优先级,根据选择有默认优先级和当前优先级,进程的优先级是预先设定作为静态调度的一部分。

(4) 状态:根据实际执行条件,进程的状态可以是休眠、就绪、等待或运行。

通过上述讨论,IMA 的分区是至关重要的,因此如果没有合同的规则,必须有一个分区的指导方针,这是强制性的。Rushby[26] 细述了分区的两种类型的黄金标准,分为空间分割(内存分区和保护)和暂时分区(时间分区与保护)。

29.4.2 黄金标准

分区系统应该提供故障遏制,相当于在每个分区分配一个独立的处理器及相关外设的一个理想系统,所有的分区间的通信通过专线进行。

可替换黄金标准是在一个分区软件的运行与性能不能受到其他分区软件的

影响。

然而,这些黄金标准并不被用户作为规则和合同来遵守执行,但可作为参考,系统分区有两种分类:空间划分(内存分配和保护);临时分区(时间分区与保护)。

Rushby[26]定义空间和临时分区如下:

(1) 空间分区:必须确保一个分区的软件不能改变另一个分区的软件或私有数据(不论在内存还是传输),也不能命令其他分区的设备或驱动器。

(2) 临时分区:必须保证软件在一个分区收到的共享资源服务不能受到另一个分区的软件的影响,这包括相关资源的性能,如速率、等待时间、跳动和访问持续时间等。空间分区和临时分区必须阻止故障跨分区和功能传播,以便严格地遏制故障。

如果没有时间和内存保护支持的功能分区,那么对应用程序的所有功能,软件设计水平的发展必须符合最高级别(A 级)。图 29.7 为 IMA 在 ARINC 653 兼容平台支持多层次的软件,这些应用软件在相同的硬件和系统软件资源中具有从 A ~ E 不同的级别。考虑典型飞机显示系统的一个例子,其飞行的关键应用软件安装在联合和 IMA 架构中,基于失效风险分析(FHA)和故障模式影响分析(FMEA)要求按照 A 级别实施的。显示系统具有以下主要功能:主要关键功能;次关键功能;注意和警告功能;地面测试功能;维护功能。

图 29.7　IMA 在 ARINC653 兼容平台支持多层次的软件

除了这些主要功能,关键功能如主要的、次要的和警示警告等要求软件能够兼容 A 级,其他的功能不需要达到 A 级,可兼容 B 级、D 级或 E 级。使用联合和集成架构实现显示系统功能,对应于每个功能的软件代码行(SLOC)比较如图 29.8(a)和(b)所示。图 29.8(a)为联合架构系统中飞行的关键应用,它是一个单片可执行的应用软件,所有功能符合软件最高级别的要求。图 29.8(b)为基于 IMA 架构系统的飞行关键应用,其每个功能都有独立的分区且软件具有从 A ~ E级不同的级别,级别 A 的大部分工作仅限于 A 级要求的功能,从而节省了大量的生命周期成本。表 29.1 为应用 IMA 系统架构节约工作的典型显示系统案例。

表 29.1 DO178B 级的严格要求比较

Sl 的序号	功能(需求级别)	SLOC	DO178B 的需求级别		
			联合架构基准	IMA 架构基准	IMA 省力
1	主关键(A 级)	10K	A	A	
2	次关键(B 级)	15K	A	B	15B
3	注意警告(A 级)	05K	A	A	
4	地面测试(D 级)	22K	A	D	22B
5	维护(E 级)	14K	A	E	14B

即使应用程序的一小部分要求一个临界水平,那么在联合系统的完整应用程序也应设计到 A 级临界水平,如图 29.8(a)所示。然而在 IMA 系统,只有所需的功能达到 A 级临界水平,其他功能达到 B 级、D 级和 E 级即可,如图 29.8(b)所示。这为飞行关键软件的设计、发展测试和独立检验认证(IV 和 V)提供了一个机制,可节省大量的时间、资金和工作。

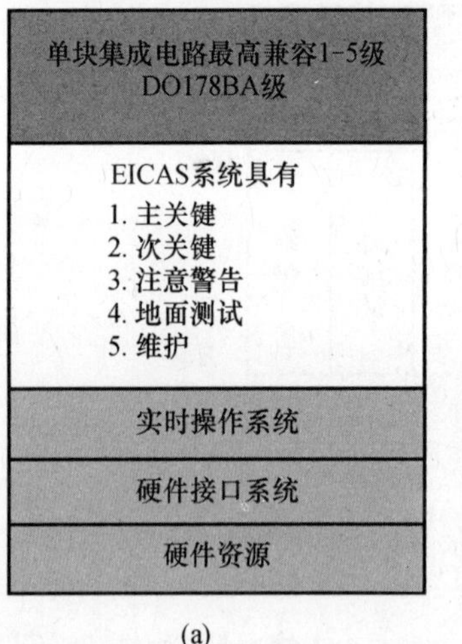

图 29.8 典型 EICAS 应用在联合系统和 IMA 系统的实施比较
(a)联合系统;(b)IMA 系统。

即使在集成架构,故障管理在一定程度上取决于应用程序的类型、每个分区故障管理的接口和方法模式。如果使用一个强大的处理器兼容 ARINC 653 的实时操作系统,以及必要的设备驱动来支持硬件接口,构建的体系结构是十分有效的。航空航天系统要求在各种极限的操作条件下飞机具有非常高的系统可用性,航空电子设备功能的持续可用性是系统健壮性的重要措施。即使在集成的体系结构,重构能力是十分有限的,大多数基于 IMA 开发的应用程序目前不具有重构性,因此集成架构有改进的余地。重构是在现有的系统中,在有限的故障情况下对应用提供的增强的持续改进。运用时间和内存分区保护的特征与控制机制,并通过重构方法可提高系统可用性。当一个任务失败时,已有的系统行为机制宣告系统故障导致一个分区的部分或全部功能不可用。这时,故障恢复没有执行,而是应用中止了。图 29.9 为具有严格标准的航空电子集成架构[2,12]的典型应用程序分区。

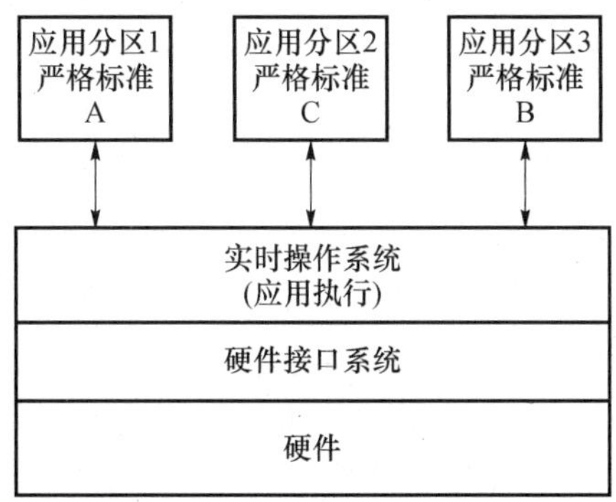

图 29.9 集成航空电子体系结构的应用程序分区

为了避免一个应用由于故障而被中止,应用程序必须在明确故障的情况下重构。一个应用程序的重构取决于当时的运行任务、其地位、依赖性和功能要求。如果通过一些手段,应用程序重构后能成功继续,那么系统架构限定在故障容错的范围内,这有助于增强飞行关键系统的可用性需求。重构算法解决了这个问题,使用控制指标参数实时验证检查,重新安排或重构任务或过程,从而实现所需功能。

29.4.3 重构的体系及其能力

具有安全要求特征的平台会大力支持体系中任务的重构,因此平台的特性和功能辅助任务成功重构是非常重要的。ARINC 653 总线的分区机制在采用重构算法时是十分重要和有效的。IMA 平台的应用程序通常更注重预期的功能,而不是与系统相关的检查和监控。应用程序使用平台信息及融合应用的健康信息用于系统决策。通常,在主要的飞行系统中健康监测是使用内置式测试(BIT)。BIT 在航空航天应用主要分为加电 BIT(PUBIT)或简单 PBIT、连续 BIT(CBIT)、初始 BIT(IBIT)和维护 BIT(MBIT)。应用 BIT 的结果和平台的健康管理(HM)形成了系统故障管理的基本数据。

29.4.4 可用性和可靠性的技术要求

在过去,机载系统包括完整的安全要求,可靠性和可用性在同一个 LRU 中作为联合架构的一部分。然而,该系统存在冗余的缺点,如运行时资源利用效率低、在每个硬件箱中硬件和软件的能力重复等。航空电子设备或飞行控制应用要求最大的可用性,可靠性为 10^9 个飞行小时发生 1 次故障(1×10^{-9})。根据民用飞机的要求,基于故障类型及其功能,故障条件分类[27]见表 29.2。

表 29.2 故障条件分类

分类	定义	可能性	软件标准
灾难性故障	导致系统不能安全运行的故障条件,如阻止安全飞行状态:飞机损坏和明显的灾祸数量	$<\times10^{-9}$	A
危险/严重	显著地降低系统的安全边际或功能能力的故障,可能造成致命的伤害 状态:飞机损坏,乘客受伤,人员死亡,工作负担加重	$<\times10^{-7}$	B
主要	降低了系统的安全边际的故障 状态:飞行员忙,应付突发事件能力的干扰	$<\times10^{-5}$	C
微小	显著降低系统(或飞机)安全的故障 状态:对乘员或飞机的能力影响很小甚至没有影响	1×10^{-3}	D
无影响	不会影响系统飞机的运行能力的故障 状态:对乘员或飞机的能力无影响	N/A	E

作为系统高效增加的技术需求,使用多功能共同资源变得更加高效和经济。基于 ARINC 653 APEX 为基础的平台、以实时操作系统支持的集成模块化航空电子体系结构投入使用。

29.4.5 可靠处理器平台的需求

具有时间和内存保护的 IMA 分区系统的实施需要有一个增强的平台。这不是 IMA 的缺点,而是运行在 IMA 平台上的应用程序的额外增强。因此,在可重构功能方面,额外增强在单个或多个分区或功能发生故障的情况下提供了应用程序的可用性,此功能的安全监测是用于重构算法的实现。由于监控软件不需要与应用程序或管理软件在同一水平,因此使用 IMA 平台实现分区变得十分简单,集成架构的监控功能比系统安全性要求的监测还要多。

29.5 重构机理研究进展

Sturdy 等人[28]描述了 IMA 运油机平台和运输平台的应用。IMA 架构第一次应用是在 777 飞机信息管理系统（AIMS）实现的，实施了时间和内存分区，已证明是第一种通用的集成航空电子设备（VIA），并推动了对航空工业的发展。VIA 提供一种商业可用的计算处理平台，能够适应整合军事和其他特殊的功能。VIA 设计是基于 ARINC 651，外部接口符合民用和军用标准，如 ARINC 429、MIL 1553，背板符合 ARINC 659，操作系统满足 ARINC 653，测试和维护接口符合 IEEE 1149 标准。运油机/运输机的实施方法使用 VIA 架构，VIA 已经在几个先进的商业飞行舱成功应用，包括军事平台[28]。基本的集成模块化航空电子设备不提供内存和时间的严格分区及关键平台完整性检查。然而，对重构任务的动态研究仍在进行，以达到高级应用甚至超越了 ARINC 653 IMA 平台，这导致飞行关键系统存在安全隐患，即使没有 ARINC 653 的平台或架构，也可以用明确定义的保护界限进行重构。

29.5.1　重构问题

分布式系统和控制重构是重构[29]的主要问题。系统重构在控制重构中结构驱动多于算法驱动。重构可以分为两种方法，即静态重构和动态重构。静态重构更关注的是一组预定义的离线方法，已经用在许多飞机上的应用程序中，它是基于预定义的、优先的、静态表驱动的计划表。动态重构对于重构的实时执行十分重要，在这种情况下，允许的最大时间是调整大框架。重构的方法有动态重构[30]、控制重构[31]和基于策略的容错控制[32]等。同时，其他的重构方案是基于功能[33]、资源[34]、静态重构[35]和 BIT[36]。重构的基本方法是在各种应用中[37]采用硬件冗余，但这种冗余是非常有效，同时又是非常昂贵和复杂的。在许多情况下，冗余是通过计算处理节点[38]和利用网络管理[39]实现的。每种算法基于应用程序和关联特征都有自己的优点和缺点。重构的主要问题是内存、时机、功能、计划修改和可用性。重构算法解决了上述问题，以保证系统的实时性和安全性要求能够慎重处理。重构算法比处理器或网络具有更多的功能冗余，能努力解决重构的所有上述问题。同时，在飞行的关键应用任务重构中故障容错和冗余管理是两个相关的主要问题，这是非常关键和重要的，在下一节对这两个问题简要概述。

29.5.2　容错

计算机处理技术的飞速发展已经把飞行关键系统推向极限的安全要求，如商用飞机[40]的自动飞行控制系统（AFCS）。商业飞机故障概率的要求比军用飞机的要求[41]高几倍。与极限可靠飞行控制系统相关的主要问题可以用软件机制来描述，如软件实现容错（SIFT）的计算机系统[42,43]。这种类型的容错机制在空中有着大量的应用，但在飞行关键系统是不需要的，作为资源管理是十分重要和昂贵的。为了克服这种局限性,可以对容错采用多处理器的方法,这种多处理器的架构称为容错多处理器(FTMP),详见文献[44]。FTMP 系统提供以硬件为中心的容错,具有增加了系统功能的优点,可用于选择和同步。在该方法中,通量消耗明显提高,不利于关键系统,但可以使用单一的处理器(称为容错处理器(FTP))的先进信息处理系统(AIPS)程序[45]。因为 FTP 是基于单处理器,处理带宽限定为单处理器,容错是由冗余处理通道提供的。到目前为止,容错使用单一的计算机处理,该计算机融合了软、硬件处理器及其组合,其结构称为多计算机体系结构容错(MAFT)[46,48]。MAFT 迎合了分布式计算机系统的可靠性和高性能性。一个实时系统的主要特征是在时间利用上的决定论[49]。在介绍实时系统时有两种主要的信息源应该被提到,一个是由 Kopetz[50] 提出,另一个是由 Krishna 等[51] 提出的。两者都回顾了集成的几个基本概念,对实时系统进行了连贯的概述,如容错策略、最常见的协议、最常见的时钟同步算法以及性能措施。到目前为止,讨论过各种架构,如多处理器的运用、多处理器和多通道表决等。先进的平台驱动机制由系统架构支撑,并由目前的集成模块化航空电子体系结构[3,12]实现,其中快速老化以成本效益的方式实现管理。基本概念是商业上的使用现成的(COTS)灵活的硬件和软件资源管理,以减轻对快速变化的硬件系统的依赖。IMA 提供随时增加或修改软硬件资源的能力,具有在尺寸、重量和系统成本上减少的优势,为航空航天应用[52]谨慎评估和认定。相对联合系统的常见故障如故障传播导致内存损坏、拒绝对其他系统服务或对关键系统发布不当的命令等,IMA 的容错性是非常有效的[12]。如果不是在受保护时间和资源环境实施,让一个功能自我保护免受故障的情况是很困难的。所以,IMA 的实现必须提供分区的能力,以确保故障从一个分区传播到另一个分区时能很好地控制和保护,这是在联合体系结构所固有的。典型的遵照 ARINC 653 的 IMA 提供了时间分区和内存分区两种主要的分区机制,详细情况已在前面叙述过。利用这种分区机制,IMA 的故障包容能力非常有效,应用十分广泛。

29.5.3 冗余管理

容错性是实时系统中使用的配置策略,以适应在许多情况下的故障处理。目前大多数的策略是与冗余相关且基于硬件、软件和时间冗余的方法。硬件冗余基本上是硬件或部分资源复制使用投票算法,称为 N 模数冗余(NMR)[53],如图 29.10 所示。

NMR 系统[53]的可靠性表示为

$$R_{\mathrm{NMRV}} = R_{\mathrm{V}}\left[\sum_{i=0}^{m}\left(\frac{N!}{(N-i)!i!}\right)R_m^{N-i}(t)\left[1-R_m\right]^i\right] \tag{29.1}$$

式中:R_{NMRV}为带有表决器的 NMR 系统的可靠性;R_{V} 为表决器的可靠性;R_m 为

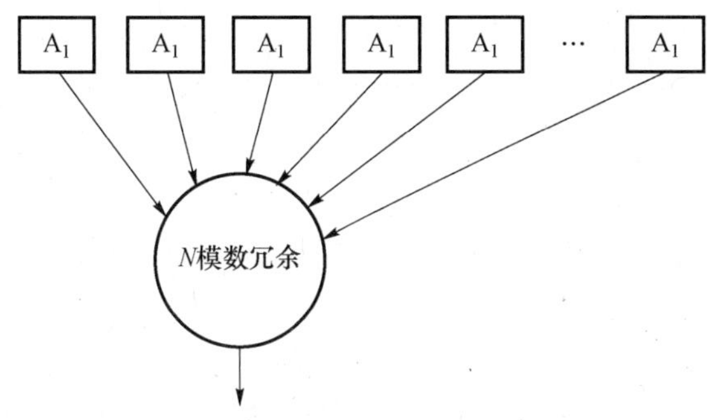

图 29.10 N 模数冗余模型

模数可靠性。

NMR 不是实现冗余的模块元件数增加的优化方法。冗余系统的实现通常使用投票的方法来确定哪个输出是正确的。这使用 r - out - of n 网络模型[32]很容易实现可靠性和平均故障时间(MTTF)的计算。

29.5.3.1 投票机制

一些常见的投票机制是选择多数表决器、加权平均表决器和中点表决器,在安全关键系统常用的是择多表决器。考虑具有极限阈值 ε 的输入 x_n 来评估两个输入 $d(x_i, x_j)$ 之间的差异,形成一个组 G_r 其输入值低于 ε,原理可以用图 29.11解释:当 $d(x_i, x_j) = |x_i, x_j|$时,两个输入之间的差异;如果 $d(x_i, x_j) < \varepsilon$,则任意两个输入属于组 G_r;组中大多数 $< \varepsilon$ 的都为投票输出。验证投票机制是用具有多状态的状态机逻辑来处理的,状态机变量针对应用程序的每个参数进行调整。典型的信号验证状态机如图 29.11 所示,共有五个状态,每个状态都基于信号故障计数(FAIL_COUNT)和通过计数(PASS_COUNT)有明确的转变。

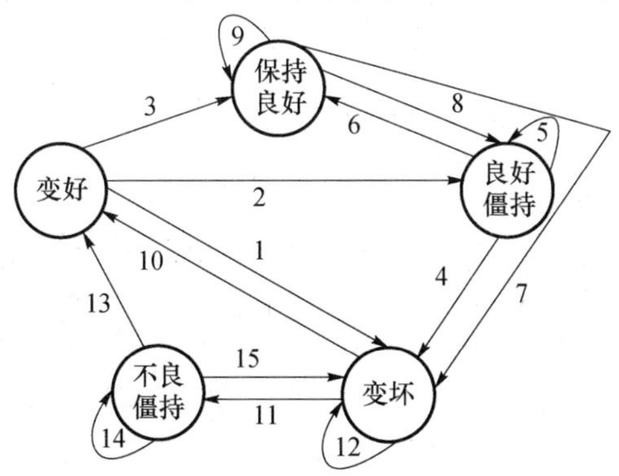

图 29.11 五种状态信号的投票方案

输入产生的每个参数都有一个数据字段和关联状态字段,数据字段包含了参数值,状态字段包含参数的有效性。在数据字段和参数状态字段之间不可能永远有一对一的关联，在某些情况下（如打包的离散信号），几个参数共用一个普通状态，但每个参数都有一个独立的数据字段。这些参数数据/状态字段的更新由验证后的输入来完成。

29.5.3.2 架构平台级冗余

增加联合体系结构系统可用性的典型方法是添加更多的符合关键功能要求的硬件。在集成的方法中，硬件的重复不是通过物理盒子，而是增加处理模块、处理器和相关的硬件和软件数量。例如飞机的飞行控制系统，冗余的是处理系统及驱动器通道本身驱动电子的重复。因此，硬件复制取决于要实现的功能，冗余的级别在不同的系统间会有变化。随着安全保护架构的发展，如实时操作系统支持的 ARINC 653 架构，物理硬件冗余正被重新考虑减少硬件水平和增加软件冗余。图 29.12 和图 29.13 为按照区域类别民用商用飞机的典型冗余机制[54]。图 29.12 为飞行控制计算机（FCC）硬件冗余架构，电子处理和驱动系统的接口为相同的硬件。FCC 采用四个模块，每个具有指挥和监控结构，共有八条线路。因此，传感器接口还可以连接到所有的线路，用于所有处理系统的数据同步。

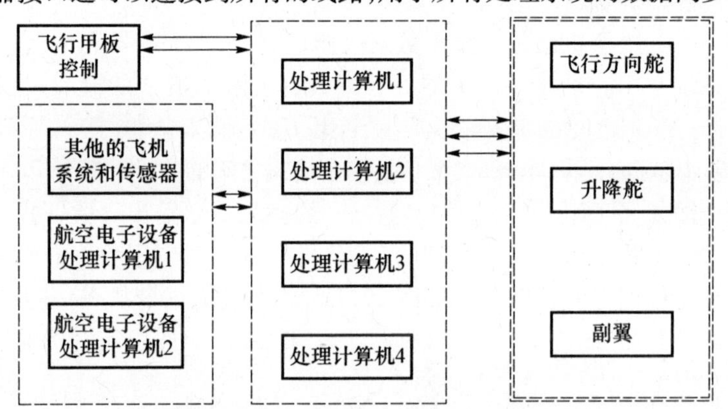

图 29.12 典型的四台计算机冗余结构

图 29.13 为驱动电子从主处理系统分离的备用架构，有一个双通道、一个单通道飞行控制模块（FCM）和三双通道驱动器控制电子（ACE）。因此，共有六条 FCM 线路和六条 ACE 线路。

在集成架构中，解决的是处理器或线路的冗余，而不是完整的通道。考虑第一个架构的处理能力，它带有四个计算模块，支持 ARINC 653 平台的时间和内存分区，有八条独立的线路，每条线路具有时间和内存分配能力。图 29.14 为带有分区计算模块的 ARINC 653 平台，每个处理器线路的驱动器电子设备都用于命令和监控。

冗余建立在处理器、线路、分区和接口之上。在这种情况下，故障管理在系统限制的情况下是不可配置的。应用程序的重构取决于当时的运行任务及其状

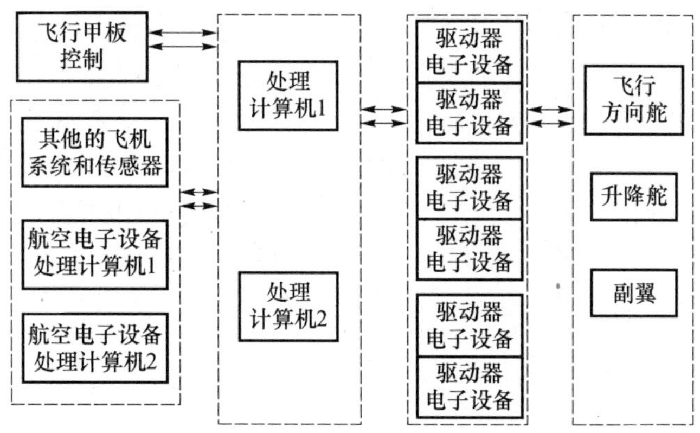

图 29.13　用于处理器和驱动电子冗余的分离计算机的典型架构

态、功能和其他应用要求。如果通过一些手段应用重构和配置成功，应用程序能继续进行，那么结构是在一定程度上的容错和辅助，在飞行关键系统中增强了可用性要求。这可以通过重构算法完成，使用控制参数的验证检查实时重新计划或重新配置任务或实现所需功能的过程。使用 ARINC 653 架构及其平台，IMA 体系结构可以两种基本模式实现：一是使用独立的处理结点；二是使用普通的处理结点。图 29.14 为 ARINC 653 平台的独立处理结点架构，功能被分成独立的

分区A1	分区B1			分区n1	分区A2	分区B2			分区n2	分区A3	分区B3			分区n3	分区A4	分区B4			分区n4
实时操作系统 兼容ARINC653					实时操作系统 兼容ARINC653					实时操作系统 兼容ARINC653					实时操作系统 兼容ARINC653				
硬件接口系统					硬件接口系统					硬件接口系统					硬件接口系统				
硬件资源					硬件资源					硬件资源					硬件资源				

指挥线路

分区A11	分区B11			分区n11	分区A22	分区B22			分区n22	分区A33	分区B33			分区n33	分区A44	分区B44			分区n44
实时操作系统 兼容ARINC653					实时操作系统 兼容ARINC653					实时操作系统 兼容ARINC653					实时操作系统 兼容ARINC653				
硬件接口系统					硬件接口系统					硬件接口系统					硬件接口系统				
硬件资源					硬件资源					硬件资源					硬件资源				

监控线路

图 29.14　分区处理器架构

处理结点,处理结点的数量、带宽和吞吐量得到了很好的解决。然而,在实现时是相当昂贵的。图 29.15 为 ARINC 653 平台普通的处理节点的架构,可以用一个硬件处理器分别实现指挥和监控(基于处理器负载和带宽流量的限制)。可以看出,不同的临界应用驻留在多系统的不同分区中。总之,在航空航天系统,功能可用性是非常重要的。在集成平台的故障管理对增强功能的可用性十分重要。同时,集成模块化航空电子系统在任务重构方面有改进的余地。

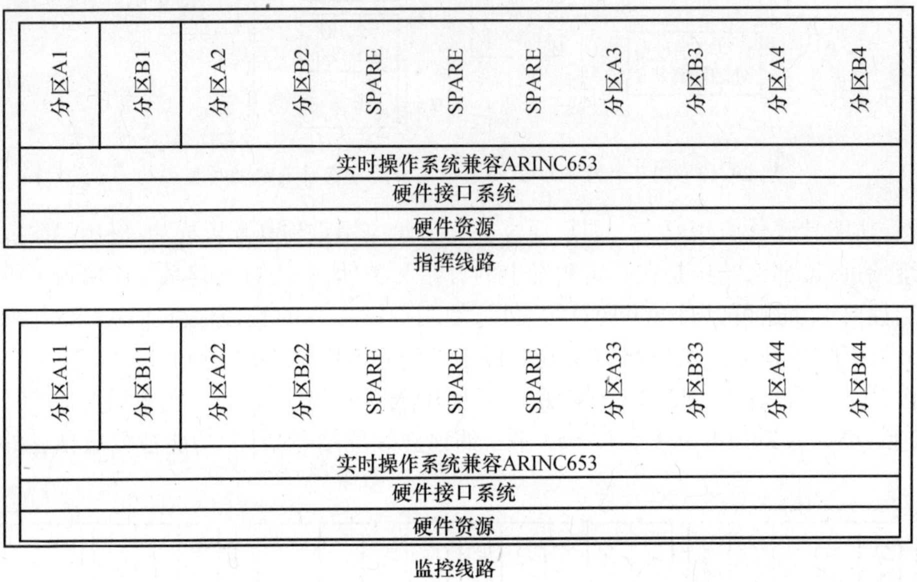

分区A1	分区B1	分区A2	分区B2	SPARE	SPARE	SPARE	分区A3	分区B3	分区A4	分区B4
实时操作系统兼容ARINC653										
硬件接口系统										
硬件资源										

指挥线路

分区A11	分区B11	分区A22	分区B22	SPARE	SPARE	SPARE	分区A33	分区B33	分区A44	分区B44
实时操作系统兼容ARINC653										
硬件接口系统										
硬件资源										

监控线路

图 29.15 使用单一处理器硬件用于指挥和监控的实现

29.6 增强进程或任务可用性的重构算法

在实时航空航天飞行关键系统中,重构是任务或进程管理的方法,在近实时故障事件中有规定可以重构功能。这些通过主框架的精度来执行,故障的任务是作为下个框架计划的一部分来重构的。该系统采用主框架、多分区及每个分区有多个进程来安排任务。典型的航空电子系统是用主要框架安排的,每个主框架有一组分区,每个分区或定义的功能组成一组进程,如图 29.16 所示,在每个进程都有子功能模块。作为软件组件,每个进程由一组称为任务的低级功能组成。

考虑含有一组分区 $P_{t_i}\cdots P_{t_n}$ 基于功能的主要框架 M,如图 29.16 所示。每个分区 P_{ti} 由一组基于应用程序子功能的进程 $P_{s_i}\cdots P_{s_n}$ 组成。每个 P_{si} 由一组任务 $(\tau_1\cdots\tau_2)$ 组成。在每个分区中分区的数量和进程数是基于硬件和软件综合能力获得实时响应的交换。

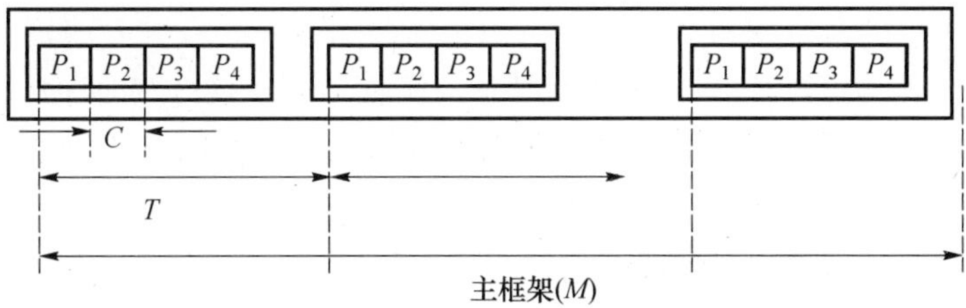

图 29.16　具有框架、进程和任务的典型 IMA 分区计划表
p—分区；C—P 的时间安排；T—时间周期。

$$\begin{aligned}\text{Each}\times\text{major}\times\text{frame}(M) &= \{P_{t_1},P_{t_2},P_{t_3},P_{t_4},\cdots,P_{t_n}\}\\ \text{Each}\times\text{major}(P_t) &= \{P_{s_1},P_{s_2},P_{s_3},P_{s_4},\cdots,P_{s_n}\}\\ \text{Each}\times\text{task}(P_s) &= \{\tau_1,\tau_2,\tau_3,\tau_4,\cdots,\tau_n\}\end{aligned} \tag{29.2}$$

图 29.16 为 P 分区的集合,通过部署由一组分区 P_{s_n} 组成的主框架,每个分区由一组任务/进程 τ_n/P_{s_n} 组成[3]。典型的基于 ARINC 653 总线的集成航空电子系统[1,2]有一个主框架、分区和一个小框架。重构算法[55,56]使用主框架、小框架和任务调度的概念来提高可用性。主框架、分区、进程和有任务数量的进程[56-58]可表示为

$$\boldsymbol{Major\ frame}=\begin{bmatrix}P_{t_1}\\P_{t_2}\\P_{t_3}\\\vdots\\P_{t_n}\end{bmatrix}=\begin{bmatrix}P_{s_{11}} & P_{s_{12}} & P_{s_{13}} & \cdots & P_{s_{1n}}\\P_{s_{21}} & P_{s_{22}} & P_{s_{23}} & \cdots & P_{s_{2n}}\\P_{s_{31}} & P_{s_{32}} & P_{s_{33}} & \cdots & P_{s_{3n}}\\\vdots & \vdots & \vdots & & \vdots\\P_{s_{m1}} & P_{s_{m2}} & P_{s_{m3}} & \cdots & P_{s_{mn}}\end{bmatrix} \tag{29.3}$$

每个进程 P_S 包含一组任务 $\tau_1,\cdots,\tau_n$,任务序列预先定义,优先权按照静态表调度来固定的,$P_{S_{11}}$ 为

$$\boldsymbol{P}_{s_{11}}=\begin{bmatrix}\tau_1,\tau_2,\cdots,\tau_n & \tau_1,\tau_2,\cdots,\tau_n & \cdots & \tau_1,\tau_2,\cdots,\tau_n\\\tau_1,\tau_2,\cdots,\tau_n & \tau_1,\tau_2,\cdots,\tau_n & \cdots & \tau_1,\tau_2,\cdots,\tau_n\\\tau_1,\tau_2,\cdots,\tau_n & \tau_1,\tau_2,\cdots,\tau_n & \cdots & \tau_1,\tau_2,\cdots,\tau_n\\\tau_1,\tau_2,\cdots,\tau_n & \tau_1,\tau_2,\cdots,\tau_n & \cdots & \tau_1,\tau_2,\cdots,\tau_n\end{bmatrix} \tag{29.4}$$

每个任务 τ_i 定义时序特性[3]为

$$C_i \leqslant D_i \leqslant T_i$$

式中:C_i 为任务在最坏情况下的执行时间(WCET);D_i 为任务的期限;T_i 为周期。

每个任务 τ_i 有关键时序特性,可通过实时性的要求进行检查,如最坏情况

下的阻塞、最坏情况下的分区延迟、最坏情况下的抖动和操作系统(OS)的内部自检。在进程的执行期间,WCET 和最坏情况下的进程跳动(J_i)是两个重要的时序特性,可认为是执行时间的逼真估计。下面简要描述这些时序特征。

(1) 最坏情况下的阻塞(B_i)最坏情况下的阻塞与时间有关,τ_i 被低级别的进程[3]阻止无法执行。

最坏情况下的阻塞由下式给出:

$$(B_i) = (TO_i * b_i) + b_i \tag{29.5}$$

式中:b_i 为由于较低级的进程造成单一阻塞延迟的最大值;TO_i 为最大超时次数。τ_i 可以在执行过程中发布。

(2) 最坏情况分区延迟(L_i)在多分区环境下,一个分区很有可能延迟到下一个预定的分区。在航空航天工业中分区延迟对飞行的关键应用非常重要。只要分区操作系统的关键部分能立即领先 P_{t_i},APEX 实现能确保这种延迟不会累积。

(3) 最坏情况下的跳动(WCPJ)(J_i)　WCPJ 量化了每个时期[59]的响应时间与执行时间的最大差值。跳动取决于核心自检和分区跳动。最坏情况下的进程跳动(J_i)取决于由核心自检和执行 P_t 的绝对开始时间在释放时间 P_S 的释放跳动,以便识别在 t 时刻 P_S 的释放时间。跳动测量用于典型的中期嵌入式目标[60],这种定时测量有助于表征算法中的延迟和非线性执行。任务或进程的响应时间包括各种延迟时间和执行时间,如下所示:

L_i	C_s	S_i	A_i
ns	μs	μs	ms

其中:L_i 为中断延迟时间;C_S 为累计节省时间;S_i 为计划时间;A_i 为处理时间。

因此,响应时间为

$$R_i = L_i + C_s + S_i + A_i \tag{29.6}$$

以上所有的时序问题在航空航天应用的重构算法中作为主要分析部分均提到了。

29.6.1 重构算法的控制参数

用于集成平台的重构算法是基于过去和现在对系统的不断更新结果,通过观察仪或其他称为重构测控单元(RCMU)的机制来更新。控制参数的选择标准在重构算法控制参数中角色定义的作用是很重要的。为了制定和识别控制参数,学者们进行了详细的研究、分析和仿真,以便在实时重构中做出决策。在上述研究的基础上,确定以下控制参数并用于重构算法。随着这些控制参数的使用,应用软件的进程或任务得到重新配置,在识别故障的情况下继续发挥作用。

在某些情况下，重构的程度取决于故障的类型，取决于当时的环境变量。有一种可感知的非重构系统，下面的控制指标是在集成平台定义的，用于飞行关键应用的重构算法：重构信息因子(RI)；可调度性测试/TL/UF(TL)；环境适应性和适合性(CAS)；飞行环境安全因素(CFS)。利用四个控制指标提出了一种新的基于度量的重构算法，该算法使用关键控制指标对任务或进程进行完美重构或完美降级。这些控制指标有助于算法在重构过程中的有效决策。基于控制指标，决定重构继续/停止。上述控制指标将在下面的章节中详细介绍。

29.6.1.1　重构信息因子

定义 RI 为重新计划任务功能积分(FCP)与原计划任务 FCP 的比率。FCP 是对功能的测量，在 0 ~ 1.0 范围内分配到每个分区的各个功能。FCP 值是基于以下措施分配：执行时间；资源消耗；功能的复杂性。在一个由许多计划表单组成的框架中，对每一个选定的关键任务(τ_s)至少有一个配置任务(τ_r)。替换任务的选择基于 RI，即进程 P_s 或任务 τ_s 可以通过进程 P_r 或任务 τ_r 重构当且仅当新进程 P_r 或任务 τ_r 的 RI 至少等于或大于错误进程 P_s 或任务 τ_s 的 RI，可以表示为

$$(\tau_s=\tau_r)\leftrightarrow(\mathrm{RI}(\tau_r)\geqslant \mathrm{RI}(\tau_s))\text{或}(P_s=P_r)\leftrightarrow(\mathrm{RI}(P_r)\geqslant RI(P_s)) \quad (29.7)$$

对每一个任务(τ_s)或(P_s)，都有明确的任务(τ_r)(用 $E!$ 表示)或进程(P_r)，以致

$$[\mathrm{RI}(\tau_r)\geqslant \mathrm{RI}(\tau_s)]\text{或}[\mathrm{RI}(P_r)\geqslant \mathrm{RI}(P_s)]$$

$$((\forall\tau_s)(E!\ \tau_r)(\mathrm{RI}(\tau_r)\geqslant \mathrm{RI}(\tau_s)))\text{或}((\forall P_s)(E!\ P_r)(\mathrm{RI}(P_r)\geqslant \mathrm{RI}(P_s)))$$

FCP 是基于任务的类型、任务的重要性和具有确定评价参数(如时间、复杂性和资源)的阶段应用包容而派生的。在所有关键任务中，安排在分区 P_t 的进程 P_s 的任务 τ 具有确定的 FCP。式(29.4)中的每个元素都有一个相应的功能积分矩阵，用矩阵(29.8)表示。矩阵(29.8)的 FCP 元素来源于系统的要求、设计限制、故障模式影响分析和测试指南。

$$\begin{bmatrix} f_1,f_2,\cdots,f_n & f_1,f_2,\cdots,f_n & \cdots & f_1,f_2,\cdots,f_n \\ f_1,f_2,\cdots,f_n & f_1,f_2,\cdots,f_n & \cdots & f_1,f_2,\cdots,f_n \\ f_1,f_2,\cdots,f_n & f_1,f_2,\cdots,f_n & \cdots & f_1,f_2,\cdots,f_n \\ \vdots & \vdots & & \vdots \\ f_1,f_2,\cdots,f_n & f_1,f_2,\cdots,f_n & \cdots & f_1,f_2,\cdots,f_n \end{bmatrix} \quad (29.8)$$

29.6.1.2　可调度性测试(时间加载或利用系数)

可调度性测试是对将要计划任务的时间加载或利用的标准方法：

$$\begin{cases} (\tau_s = \tau_r)\leftrightarrow(\mathrm{WCET}(\tau_s)\leqslant \mathrm{WCET}(\tau_r)) \\ (\tau_s = \tau_r)\leftrightarrow\left[\left(\sum_{i=1}^{s_n}\left(\dfrac{C_{si}}{T_{si}}\right)\leqslant\sum_{i=1}^{r_n}\left(\dfrac{C_{ri}}{T_{ri}}\right)\right)\right] \end{cases} \quad (29.9)$$

同样地，对于进程，当且仅当一个进程的可调度性测试按照式(29.9)通过，错误进程才被替换。对于任务阶段所有的情况，含有 n 个任务的组总会满足最后期限[3]，如果

$$\sum_{i=1}^{n}\left(\frac{C_i}{T_i}\right) \leqslant U(n) = n(2^n - 1) \leqslant 0.69 \tag{29.10}$$

式中：C_i 为最坏情况下任务 i 的执行时间；T_i 为时间量。

基于 TL 可选择更换的任务，即进程 P_s 或任务 τ_s 可通过进程 P_r 或任务 τ_r 重新配置，当且仅当 TL 新进程 P_r 或任务 τ_r 至少等于或小于故障进程 P_s 或任务 τ_s，可表示为

$$(\tau_s = \tau_r) \leftrightarrow (\mathrm{TL}(\tau_s) \geqslant \mathrm{TL}(\tau_r))\text{或}(P_s = P_r) \leftrightarrow (\mathrm{TL}(P_s) \geqslant \mathrm{TL}(P_r))$$

大多数的航天飞行关键系统都遵循这一指南，加载进程不超过 70%，通常加载约 50% 以照顾项目生命周期的增长潜力。式(29.9)和式(29.10)是在各个分区每个调度表严格执行的时间加载的静态计算算法。对要重构的任务或进程来说，执行时间或利用是有效选择的重要数据集合。对使用行业实践源头的执行时间来说，每个任务是基准，算法也使用了同样的源头。相应的矩阵为

$$\begin{bmatrix} t_1,t_2,\cdots,t_n & t_1,t_2,\cdots,t_n & \cdots & t_1,t_2,\cdots,t_n \\ t_1,t_2,\cdots,t_n & t_1,t_2,\cdots,t_n & \cdots & t_1,t_2,\cdots,t_n \\ t_1,t_2,\cdots,t_n & t_1,t_2,\cdots,t_n & \cdots & t_1,t_2,\cdots,t_n \\ \vdots & \vdots & & \vdots \\ t_1,t_2,\cdots,t_n & t_1,t_2,\cdots,t_n & \cdots & t_1,t_2,\cdots,t_n \end{bmatrix} \tag{29.11}$$

对于选定的关键任务，参考执行时间数据集被编译并形成与式(29.4)相一致的数据。重构算法采用矩阵(29.11)作为一个控制参数输入，使用从飞行主要程序捕获的数据进行测试。该算法检查参考数据作为任务选择的标准。

29.6.1.3 环境适应性和适用性

CAS 度量决定了故障任务更换在实时情况下的接受度，这包括检查 CAS 表和环境敏感度(CS)表来决定重新配置是否可行。因此，方案环境对任务的功能和适用性进行了验证和确认。CAS 可表示为

$$(\mathrm{CAS} = \mathrm{TRUE}) \leftrightarrow \left(\begin{array}{c}\text{重新计划任务或进程的上下文标志等于}\\ \text{或大于起始任务或进程的上下文标志}\end{array}\right) \tag{29.12}$$

它可以表示为对每一个任务(τ_s)或进程(P_s)，存在一个可更换的任务(τ_r)或进程(P_r)，以致

$$(\mathrm{CAS}(\tau_s,\tau_r)\text{为真})\text{或}(\mathrm{CAS}(P_s,P_r)\text{为真})$$

$$((\forall \tau_s \mathrm{CAS}(\tau_s,\tau_r)\text{为真}))\text{或}((\forall P_s \mathrm{CAS}(P_s,P_r)\text{为真}))$$

CAS 的因子用解析的方法推导而来，CAS 使用其因子和 CS 用于最终 CAS 继续/停止的决策。同时，算法中使用的 CAS 因子是基于系统功能和内部系统

重构的相关性，使用故障模式影响分析（FMEA）、故障风险分析（FHA）和系统安全性分析（SSA）。可更换任务的选择基于 CAS，即进程 P_s 或任务 τ_s 可通过进程 P_r 或任务 τ_r 重新配置，当且仅当新进程 P_r 或任务 τ_r 的 CAS 至少等于或大于故障进程 P_s 或任务 τ_s 的 CAS，可表示为

$$(\tau_s = \tau_r) \leftrightarrow (\mathrm{CAS}(\tau_r) \geqslant \mathrm{CAS}(\tau_s)) \text{或} (P_s = P_r) \leftrightarrow (\mathrm{CAS}(P_r) \geqslant \mathrm{CAS}(P_s))$$

同时，CAS 直接取决于确定系统临界故障参考的 CS。因此，最终的 CAS 来源于

$$\mathrm{CAS}_{Ptn} = \mathrm{CAS}_{Ptn} \text{和} \mathrm{CAS}_{Ptn}(\text{故障})，\text{即}$$

$$(\tau_s = \tau_r) \leftrightarrow [(\mathrm{CAS}(\tau_r) \geqslant \mathrm{CAS}(\tau_s)) \text{和} (\mathrm{CS}(\tau_r)_n == 1]$$

29.6.1.4 飞行环境安全系数

航天飞行的关键应用程序在重构前后检查系统的安全性非常重要。在验证完上述三个控制参数之后，检查系统的安全状态并开始重构。对闭环控制的飞机系统，错误的功能被重构可能会导致灾难性的故障。因此，所有的人工控制参数伴随着系统信息所采取的任何实时操作应彻底验证和确认。

飞行环境安全因子（CFS）可定义为

$$(\mathrm{CFS} = \mathrm{TRUE}) \rightarrow \begin{pmatrix} \text{重新计划任务或进程的安全因子/} \\ \text{起始任务或进程的安全因子}) \geqslant 1.0 \end{pmatrix}$$

同时，进程或任务能被替换仅当

$$(P_s = P_r) \leftrightarrow (\mathrm{CFS}(P_r) \geqslant \mathrm{CFS}(P_s))$$

$$(\tau_s = \tau_r) \leftrightarrow (\mathrm{CFS}(\tau_r) \geqslant \mathrm{CFS}(\tau_s))$$

可描述为对每一项关键任务（τ_s）或进程（P_s），存在一个可更换的任务（τ_r）或过程（P_r），以致

$$(\mathrm{CFS}(\tau_r, \tau_s) \geqslant 1.0) \text{或} (\mathrm{CFS}(P_r, P_s) \geqslant 1.0)$$

$$((\forall \tau_s \mathrm{CFS}(\tau_r, \tau_s) \geqslant 1.0)) \text{或} ((\forall P_s \mathrm{CFS}(P_r, P_s) \geqslant 1.0))$$

基于 CFS 选择可更换的任务，即进程 P_s 或任务 τ_s 可通过进程 P_r 或任务 τ_r 重构，当且仅当新进程 P_r 或任务 τ_r 的 CFS 至少等于或大于故障进程 P_s 或任务 τ_s 的 CFS，可表示为

$$(\tau_s = \tau_r) \leftrightarrow (\mathrm{CFS}(\tau_s) \geqslant \mathrm{CFS}(\tau_s)) \text{或} (P_s = P_r) \leftrightarrow (\mathrm{CFS}(P_r) \geqslant \mathrm{CFS}(P_s))$$

同时，CFS 直接取决于安全单元（SU）与飞机飞行阶段的参照。SU 是分配给各个分区的每项任务的布尔值，且基于飞行阶段分配。任务重构是安全的关键，因此不能在飞行的所有阶段重构。因此，最终的 CFS 来源于

$$\mathrm{CFS}_{Ptn} = \mathrm{CFS}_{Ptn} \text{和} \mathrm{Su}_{Ptn}(\text{阶段})，\text{即}$$

$$(\tau_s = \tau_r) \leftrightarrow [(\mathrm{CFS}(\tau_r) \geqslant (\mathrm{CFS}(\tau_s)) \text{和} (\mathrm{SU}(\tau_r)_{n\text{阶段}} == \mathrm{TRUE})] \tag{29.13}$$

CFS 是源于基于故障风险分析、故障模式影响分析（FMEA）和系统安全性

分析[61]的 RI 和 SU。式(29.4)的每一个元素都有相应的 SU 矩阵,将用于 CFS。SU 是在动态飞行背景下重构任务的系统安全边际措施。最后,任务重构通过与所有四个控制指标一致决策的算法决定。如果(RI&TL&CAS&CFS)= =TRUE,则重构成功。在重构后任务失败的情况下,该系统有一个降级模式用于限制功能。在这样关键的安全系统,基于 CAS 和源于进程任务两者的应用目的功能来决定降级的水平。降级水平(DL)是在重构系统选择的外层允许降低的性能或功能的程度。如果不允许功能降级,那么降级因子为 1。DL 的参考数据集是在动态预定场景下捕获的功能要求。针对不同的降级函数,每个情景都进行静态分析和功能模拟。最后,在允许降级的程度内对每个功能要求进行数据编译,在重构算法中降级因子并不是关键的。

29.6.2 重构算法

在有故障任务的情况下,非可重构系统或者关闭或者执行降级功能。在某些情况下,这可能会导致应用程序的无限循环或崩溃,从而导致严重的故障。这时,故障没有解决,相反,系统进入故障/降级的状态。重构算法能克服上述故障情况,通过故障任务重构使故障完全或部分恢复。通过监视器对故障任务进行识别,这是系统监视器或 RCMU。系统监控器以控制参数的环境作为参考,连续监测关键任务的状态情形。在广泛的检查和验证后,该算法通过一个可替换的、适当的、安全的替代品来替换错误的进程或任务。重构的任务或进程执行所需的操作,对系统和飞机没有任何安全影响。

使用控制指标对临界状态数据验证之后,当且仅当((RI&TL&CAS&CFS)= =TRUE)时,重构算法决定重构任务或进程。在算法进入故障循环且多次重构没有有效输出时,该算法具有结束故障的途径,这可以通过重构计数器处理,避免了对相同的故障重复重构。所提出的算法步骤如下:

(1) 如果任务失败。

① 捕获的任务(τ_S)状态、功能、优先级、识别故障任务的临界状态;

② 在验证以下指标的可行性后,确定最合适的替代任务(τ_r);

③ 可重构性 I 因子(RI);

④ 可调度性测试/TL/UF(TL);

⑤ 环境适应性/适用性(CAS);

⑥ 环境飞行安全单元(CFS);

⑦ 在对分区的功能状态进行系统评价之后,在下一个主框架之前重构任务表或进程(P_s)。

(2) 如果重构任务失败。

① 如果系统能以降级模式运行;

② 恢复所有任务到其初始状态；

③ 识别一组需要从时间表中移除的任务；

④ 使用停止任务移除技术(所有失败的任务从任务组中删除)，用性能降级重新计划任务组；

⑤ 重新计划后，其余任务组继续运行没有安全影响的给予。

(3) 如果降级模式不可行。

① 宣告失败；

② 关闭系统。

图 29.17 为重构算法的抽象流程图。该算法非常适合开放的多进程架构和多计划静态表机制。该算法运用高级实时监控软件连续监测计划表中运行任务的状态，该算法可用状态捕获、控制参数验证、重构算法，性能降级和失败关闭程序五个阶段来解释。

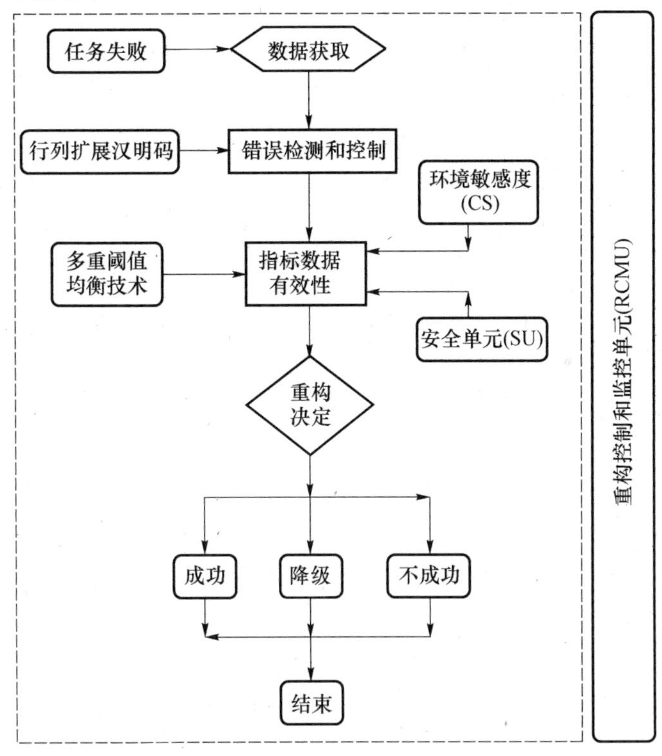

图 29.17　重构算法流程图

29.6.3　算法阶段

29.6.3.1　第一阶段：状态捕获

重要的航空电子设备应用程序通常嵌入大量的监控功能，对监视和捕获的数据进行处理，以提取进程良好管理所需的摘要信息。在任务执行过程中，该算法开始连续监测任务的状态和健康。数据采集作为应用软件的一部分，算法通过按需呼叫或全局资源共享来接收信息。当算法检测到任务失败或故障，开始执行第二阶段的算法。控制数据或捕获数据的验证用于度量参数提高了重构算法的性能。验证通过以下方法实现：可变输入数据的数据阈值平均值；对 RI 功能积分的有效分配；飞行阶段的识别与定义；环境敏感性分析。飞机的传感器输入分为不同的类型、层次、采样率和协议。这样从不同阈值和持久性数据的多重来源获得的数据需要小心处理，以确保正确的排序和数据与样本的同步。研究者提出了多级阈值平均方案的算法。在数据用于算法前，对所收集到的数据进行平均是非常必要的。典型的验证包括范围、分辨率、级别、极值和阈值。除了这些输入，多信号的平均[57]也用于飞行的关键应用程序。在使用控制指标的参数处理系统的输入数据之前，使用多阈值数据平均技术处理同样的数据。在 0 ~1.0 的范围内，功能积分（FCP）被分配给每个最初的功能和重新计划的任务。即使控制数据符合验证，具有控制度量的任务或进程重构也不能适用于所有的飞行阶段。飞行阶段的验证使用额外的尺度验证控制指标。通常情况下，飞行数据分析与阶段和部分的识别同时进行。NAL 飞行运行质量保证软件（NALFOQA）[62,63]设计和研发用于控制指标的识别及动态定义。NALFOQA 配置了飞机特定阶段参数及不同阶段的触发极限。

29.6.3.2 第二阶段：控制参数验证

收集完算法中所需的数据之后，数据用于控制指标辅助重构算法的决策。第二阶段的主要目的是利用控制参数的验证结果（RI、TL、CAS 和 CFS）确定最适合的任务。

29.6.3.2.1 重构指数

RI 使用每个任务的 FCP 确定重构最适合的任务。FCP 的来源基于执行时间、资源消耗和功能的复杂性。

对于每个进程的 FCP，来自 FCP（进程）= $[T_f][S_f][C_f]$ 的一个函数，其中，T_f 为时间因子，S_f 为空间因子，C_f 为复杂性因子。

29.6.3.2.2 时间加载

TL 提供每个任务消耗的实际时间，按照工业标准用于飞行关键系统，最大允许任务利用极限 TL≤0.69。一个典型的进程包括每一分区的各项任务在最坏情况下的执行时间估计和任务的近似计划。这是为了确保在最坏的情况下，计划不符合定义期的时间预算。

29.6.3.2.3 环境适应性和适用性

CAS 是验证分析方法和 CS 度量的措施，可以表示为 CS =［故障］［分区］［任务］。在给定的实施条件下，能识别可能的环境敏感度的故障集，并基于这些故障,得到每个任务的敏感性。这个矩阵用来确保给定的定义故障,CS 是关键的或非关键的。这是一个定义故障、分区和每个分区中任务数的三维矩阵。用 CS 衡量一个极限值,在 0 和 1 之间分级用于在算法运行中执行/不执行的分析。在有故障的情况下,如果 CS 是执行,那么重构状态设置为真,否则为假。

29.6.3.2.4　环境飞行安全

CFS 是基于系统安全性的一个重要的度量。CFS 使用 FCP 与 Su 一起识别潜在的不安全情况。Su 是飞行阶段分区的每个任务的参考源。由于飞行条件的安全性和重要性,任务重构不能在飞行的所有关键阶段执行,如起飞、爬升、下降和着陆等。因此,基于飞机动态性能检测的飞行阶段是非常重要并具有挑战性,输入数据进行采样和处理只用于选择阶段的控制参数。因此,飞行阶段用于定义重构的安全考虑。这种飞行的关键阶段不允许超出完成任务的最小需求的其他任何操作。在这些情况下,当与故障继续相比该操作会恶化情形时,系统不允许非常关键的功能进行重构。CFS 定义的度量作为一个三维矩阵 Su_{task} = [分区][进程/任务][阶段],称为 Su。在任务失败的情况下,如果 Su_{task} 是真的话,将重构标志设置为 TRUE;否则,设置为 FLASE。在任何情况下,如果一个控制参数不符合安全值,该算法返回到系统没有任何操作,从而导致恢复到最初状态或过渡到第四阶段。在成功完成控制参数的检测与验证后,算法启动执行第三阶段。

29.6.3.3　第三阶段:重构

在对控制指标成功验证之后,进行重构。在任务按照以下条件重新配置之前,重构算法使用所有的控制指标状态:

如果((RI & TL & CAS & CFS) = = TRUE),重构算法为真　(29.14)

在重构的过程中,系统的全局状态、过程或分区是不会改变的。只有选中的任务或进程能改变它们各自的状态变量。在成功重构之后,重构任务在下一个主框架开始执行,作为任务重构只有在下一个主框架才被激活。

29.6.3.4　第四阶段:性能降级

随着性能降级,算法具有安全出口。这意味着如果重构任务在下一个主框架中再次失败,那么算法可通过还原重构任务恢复到其以前的状态。如果降级后的性能或功能被允许有特定的功能,那么算法、故障任务或计划表的进程允许它继续工作。在这种情况下,系统继续进行而没有删除任务的功能。这仍然是一个改进的机制,而不是完全关闭还有良好状态的其他任务应用。同时,这对所有经受阶段环境和失效的故障是无效的。

29.6.3.5　第五阶段:失败关闭程序

在算法的执行过程中,如果降级后的功能不被允许,那么算法的表现与进入失效状态的正常进程相似。重构算法只适用于关键任务或进程,提高了作为重构影响的可用性。在航空航天飞行关键系统中配置任务或进程是一个涉及飞机安全和系统可用性的关键事件。用于重构的任务识别需要认真判断、系统分析和实时广泛地交叉比较各种相关参数。在任务序列重新计划前,控制参数要检查其状态、状况并验证。基于标准、设备的寿命和质量控制数据管理[60]对不同情形下的故障数据进行收集。

29.7 错误检测与控制

29.7.1 汉明码扩展与扩展后的行列汉明码

在过去对基本汉明编码[61]已有所扩展。一些对汉明编码的修改是基于流中的校验位的分布,从而减少解码的工作。为了克服基本汉明编码的限制,引入了扩展后的汉明码,称为行-列(RC)扩展汉明码,并用于多位错误检测和校正。行列扩展汉明码[64]通过分区及分区到 RCMU 数据传输的校正来检测和控制错误。每个控制指标数据为 4×4 矩阵,因此数据为 4 行和 4 列的 16 个元素流。汉明码的扩展是通过重新排列在 4×4 矩阵位的方式实现,与传统的汉明码相比,能够纠正突发的错误。扩展后的汉明码采用 16 位的数据以 4×4 矩阵形式实现,解码时先解码每一行,其次是每一列的数据。每行的奇偶校验位以规则的汉明码技术嵌入在实际的数据之间,生成列的奇偶校验位填充在最后。在解码端,每个水平行解码并使用单点误差校正,在矩阵的所有四行都解码后,垂直的列开始解码并用单点校正误差。与常规的汉明码相比,这需要较多的时间,但这样的正确率比单行的 1 位错误高很多。行列扩展汉明码的原理:先将 16 位的数据流排列在 4×4 矩阵中;一次一行应用行列汉明算法,如果一行中有两个错误,基本的汉明码纠正一位错误;对矩阵的每一列再次应用行列汉明算法。汉明码列算法检测和纠正行算法中剩下的错误,作为行列扩展汉明码算法。考虑行中的所有 4 位固定(引入误差)的情况下,解码时采用常规技术,这很难纠正。通过使用扩展汉明技术,一次应用不能检测到所有错误,但是最初的每一水平行检测到错误并纠正,然后当检测垂直列的错误时,所有错误都采用常规的汉明码技术校正了。这种技术要花很长时间,但其结果是明显的。这个系统有一定的限制,考虑下面的例子:

$$\text{原始数据} = \begin{bmatrix} a & b & c & d \\ e & f & g & h \\ i & j & k & l \\ m & n & o & p \end{bmatrix} \tag{29.15}$$

在传输完之后，a、b、c、d、e、i、m 的数据位固定了。

$$
\text{接收的数据}=\begin{bmatrix} \bar{a} & \bar{b} & \bar{c} & \bar{d} \\ \bar{e} & f & g & h \\ \bar{i} & j & k & l \\ \bar{m} & n & o & p \end{bmatrix} \tag{29.16}
$$

原始数据和接收到的数据分别如式(29.15)和式(29.16)所示。当进行水平解码时，对位 a、b、c、d 检查错误而不会被修正。然后，对下一行的位 e、f、g、h 检查错误和位 e 校正。同样地，位 i 和 m 也将被修正。在第二次运行的位对 a、e、i、m 进行解码和位 a 校正。同样，位 b、c、d 也将被校正。使用这种技术，每 16 位数据最大可校正 7 位。

图 29.18 为分区 1 任务矩阵和 RC 扩展汉明编码算法与典型的误码情况及其校正的说明。RC 扩展汉明码在两个阶段实现，称为行操作和列操作。为了说明 CFS 与 Su，这里使用了滑出阶段。扩展后的汉明码用 4 ×4 矩阵数据集来说明，举例如下：

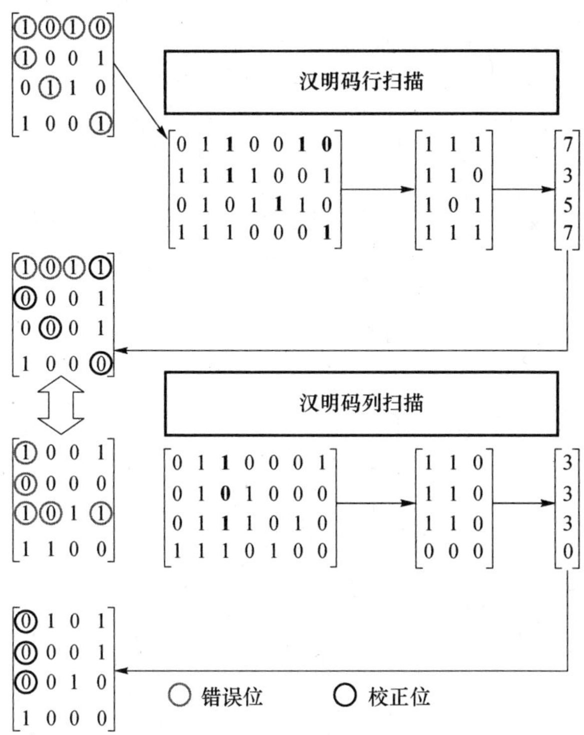

图 29.18　行 - 列扩展汉明编码算法示意

$$\begin{bmatrix} 0 & 1 & 0 & \mathbf{1} \\ 0 & \mathbf{0} & \mathbf{0} & \mathbf{1} \\ 0 & 0 & \mathbf{1} & \mathbf{0} \\ 1 & 0 & 0 & 0 \end{bmatrix}$$

这个矩阵的数据将按照汉明编码协议编码和最终发送数据为

$$\begin{bmatrix} 0 & 1 & \mathbf{0} & 0 & 1 & 0 & 1 \\ 1 & \mathbf{1} & \mathbf{0} & 1 & 0 & 0 & \mathbf{1} \\ 0 & 1 & \mathbf{0} & 1 & 0 & 1 & 0 \\ 1 & 1 & 1 & 0 & 0 & 0 & 0 \end{bmatrix}$$

当接收器接收到数据时,如果接收到的数据集没有错误,则为

$$\begin{bmatrix} 0 & 1 & \mathbf{0} & 0 & 1 & 0 & 1 \\ 1 & \mathbf{1} & \mathbf{0} & 1 & 0 & 0 & \mathbf{1} \\ 0 & 1 & \mathbf{0} & 1 & 0 & 1 & 0 \\ 1 & 1 & 1 & 0 & 0 & 0 & 0 \end{bmatrix}$$

然而,在考虑有 2 位被损坏的情况下,如粗体显示的数字,其中 0 和 1 是损坏的。可以看出,在每一行(粗体)的数据中,只有一位是损坏的,这可以容易被汉明码检测到且纠正,错误位的位置点如图 29.18 所示。

$$\begin{bmatrix} 0 & 1 & \mathbf{1} & 0 \\ \mathbf{1} & 0 & 0 & 1 \\ 0 & \mathbf{1} & 1 & 0 \\ 1 & 0 & 0 & \mathbf{1} \end{bmatrix}$$

相应的汉明码矩阵为

$$\begin{bmatrix} 0 & 1 & 0 & 0 & 1 & \mathbf{1} & 1 \\ 1 & 1 & \mathbf{1} & 1 & 0 & 0 & 1 \\ 0 & 1 & 0 & 1 & \mathbf{1} & 1 & 0 \\ 1 & 1 & 1 & 0 & 0 & 0 & \mathbf{1} \end{bmatrix}$$

采用汉明编码处理每一行,可以得到错误位的位置为 $2^2 b_2 + 2^1 b_1 + 2^0 b_0$,其中

$$b_0 = a_1 + a_3 + a_5 + a_7 \pmod{2}$$
$$b_1 = a_2 + a_3 + a_6 + a_7 \pmod{2}$$
$$b_2 = a_4 + a_5 + a_6 + a_7 \pmod{2}$$

得到关于 b_2、b_1、b_0 的 4×3 的矩阵,即

$$\begin{bmatrix} 0 & 1 & 1 \\ 1 & 1 & 0 \\ 1 & 0 & 1 \\ 1 & 1 & 1 \end{bmatrix}$$

对每一行采用汉明码处理,得到

$$\begin{bmatrix} 6 \\ 3 \\ 5 \\ 7 \end{bmatrix}$$

这表示,第一行的错误是在第 6 位,第二行的错误是在第 3 位,第三行的错误是在第 5 位和第四行的错误是在第 7 位。知道了错误位以后,很容易纠正。当每行有多于一个以上的错误发生时,那么正常的汉明码不能纠正错误位。因此,使用 RC 扩展汉明码可解决这一问题。

考虑在有多重错误的情况下,在第一行中所有四位都有错误

$$\begin{bmatrix} \mathbf{1} & \mathbf{0} & \mathbf{1} & \mathbf{0} \\ \mathbf{1} & 0 & 0 & 1 \\ 0 & \mathbf{1} & 1 & 0 \\ 1 & 0 & 0 & \mathbf{1} \end{bmatrix}$$

相应的汉明码矩阵为

$$\begin{bmatrix} 0 & 0 & \mathbf{1} & 0 & \mathbf{0} & \mathbf{1} & \mathbf{0} \\ 1 & 1 & \mathbf{1} & 1 & 0 & 0 & 1 \\ 0 & 1 & 0 & 1 & \mathbf{1} & 1 & 0 \\ 1 & 1 & 1 & 0 & 0 & 0 & \mathbf{1} \end{bmatrix}$$

下面介绍应用扩展汉明码。扩展后的汉明码是先将汉明码应用于处理结果矩阵的行、后应用于处理列的组合。通过计算上述错误矩阵的 b_2、b_1 和 b_0,得到了具有错误位置的 $\boldsymbol{B}$ 矩阵:

$$\begin{bmatrix} 1 & 1 & 1 \\ 1 & 1 & 0 \\ 1 & 0 & 1 \\ 1 & 1 & 1 \end{bmatrix}$$

应用汉明码处理,得到

$$\begin{bmatrix} 7 \\ 3 \\ 5 \\ 7 \end{bmatrix}$$

使用这些错误位置,矩阵被校正:

$$\begin{bmatrix} \mathbf{1} & \mathbf{0} & \mathbf{1} & 1 \\ 0 & 0 & 0 & 1 \\ 0 & 0 & 1 & 0 \\ 1 & 0 & 0 & 0 \end{bmatrix}$$

相应的汉明码矩阵为

$$\begin{bmatrix} 0 & 1 & \mathbf{1} & 0 & \mathbf{0} & \mathbf{1} & 1 \\ 1 & 1 & 0 & 1 & 0 & 0 & 1 \\ 0 & 1 & 0 & 1 & 0 & 1 & 0 \\ 1 & 1 & 1 & 0 & 0 & 0 & 0 \end{bmatrix}$$

RC 扩展汉明码的行操作已纠正第一行中四个错误位的一个,现在对矩阵的列应用相同的汉明码。为此将矩阵转置,生成的汉明编码矩阵如下:

$$\begin{bmatrix} \mathbf{1} & 0 & 0 & 1 \\ \mathbf{0} & 0 & 0 & 0 \\ \mathbf{1} & 0 & 1 & 0 \\ \mathbf{1} & 1 & 0 & 0 \end{bmatrix}$$

相应的汉明码矩阵为

$$\begin{bmatrix} 0 & 1 & 1 & 0 & 0 & 0 & 1 \\ 1 & 1 & 0 & 1 & 0 & 0 & 0 \\ 0 & 1 & 1 & 1 & 0 & 1 & 0 \\ 1 & 1 & 1 & 0 & 1 & 0 & 0 \end{bmatrix}$$

通过计算上述错误矩阵的 b_2、b_1 和 b_0,得到了具有错误位置的 $\boldsymbol{b}$ 矩阵:

$$\begin{bmatrix} 1 & 1 & 0 \\ 1 & 1 & 0 \\ 1 & 1 & 0 \\ 0 & 0 & 0 \end{bmatrix}$$

采用汉明码进行处理,得到

$$\begin{bmatrix} 3 \\ 3 \\ 3 \\ 0 \end{bmatrix}$$

因此,基于第二行错误位置的检测,可以校正剩余的错误位。现在,使用 RC 扩展汉明码校正了所有的错误位,再将矩阵转置回去,获得原始数据如下:

$$\begin{bmatrix} 0 & 1 & 0 & 1 \\ 0 & 0 & 0 & 1 \\ 0 & 0 & 1 & 0 \\ 1 & 0 & 0 & 0 \end{bmatrix}$$

同样地,每个参数的数据集在用于算法之前,都要进行错误检测并校正。因此,RCMU 所使用的数据完整性很好,重构的可靠性随着使用 RC 扩展汉明码进行错误检测和校正的方法也提高了。控制指标的系统验证如图 29.19 所示。

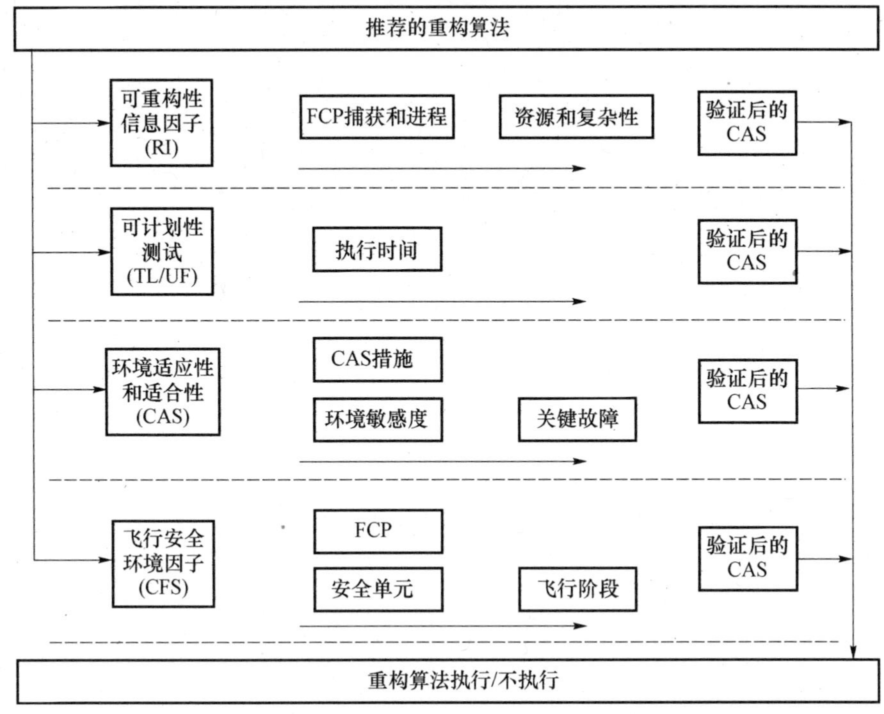

图 29.19　重构控制指标分析

在故障发生的情况下,对所有四个指标都进行了推导、验证和评估,对给定的任务每个指标都有执行/不执行的决策。例如,对任务 12 故障及个别指标的执行/不执行决策为是 RI(TRUE)、TL(TRUE)、CAS(TRUE)和 CFS(TRUE)。从用于重构的所有四个指标来看,算法执行重构过程和结果是基于

如果((RI&TL&CAS&CFS) = =TRUE),重构为真。

因此,任务 12 被重构清除,如图 29.20 所示。

图 29.20 为用于任务 12 失败情景的重构算法的总结评估。随着重构的成功,预期功能的可用性增加,如图 29.21 所示。

在飞行过程中获取的实际飞行数据共 25 组数据,使用此组数据对算法进行了评价。可以看出,重构算法清除了任务 12 用于重构。图 29.22 为在典型的任务 12 失败的情况下飞行员在驾驶舱看到的重构算法的结果。图中有无故障可用于符号可用性,在飞机航行时这对飞行员来说很重要。这是纯粹在地面系统实施的,在飞机系统中需要采用许多更加安全的考虑。在安全性、可靠性和机载

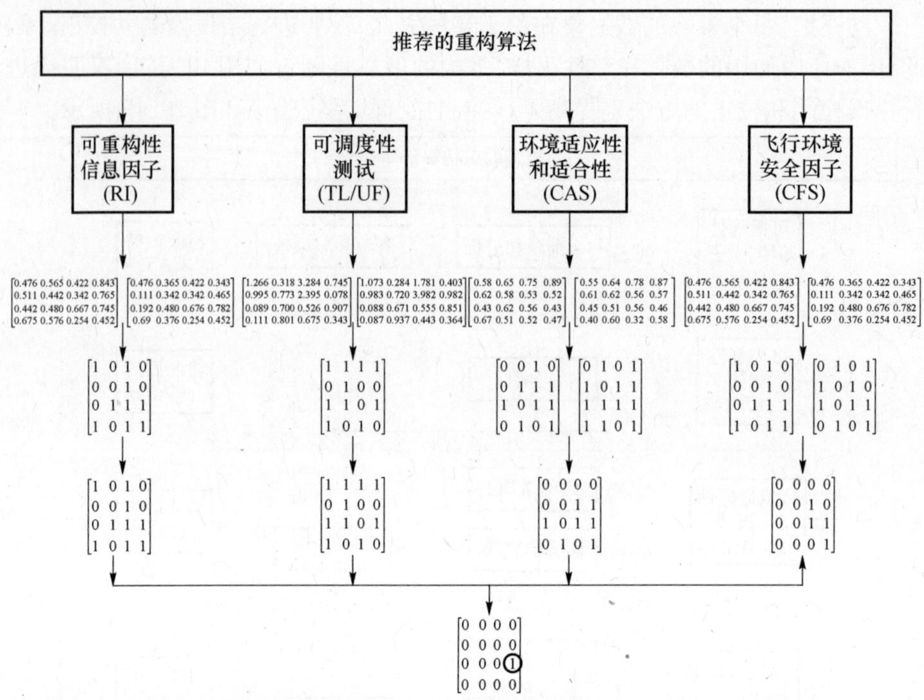

图 29.20 任务 12 故障总结评价及重构的功能

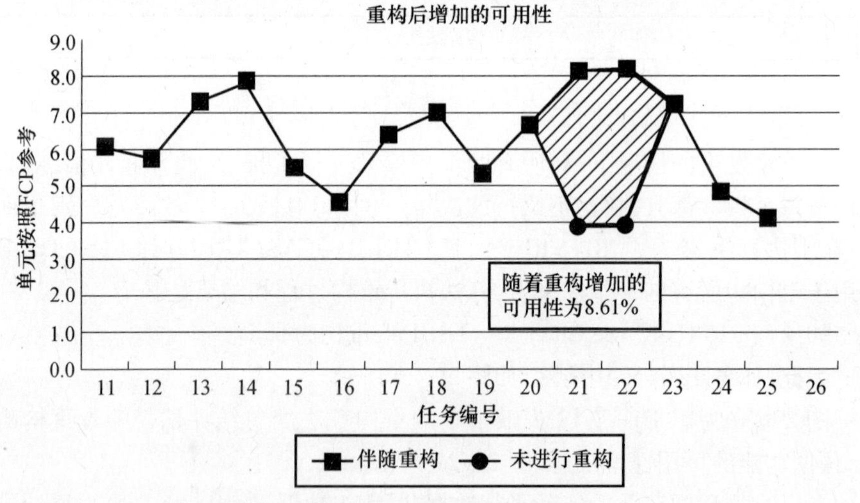

图 29.21 分区 1 任务 12 重构增加的可用性

系统的认证实现时需要考虑硬件、软件、算法和系统的完整性。随着任务的成功重构,实际的飞机显示系统的屏幕捕获如图 29.22(左)所示。同时,研究发现,当符号失败时,没有重构显示器不可用。使用重构算法后,系统的可用性增加了

8.61%,这在飞行关键系统中是相当可观的。在限定的飞行阶段预定义的故障情况下,它可以提高航空飞行关键系统的可用性。这可以推广到其他系统。在考虑安全、可靠性、认证和适航要求方面,必须采取民用飞机应用中已实现的重构算法。

重构算法= RI & TL & CAS & CFS

$$
\text{重构算法}=\begin{bmatrix}1&0&1&0\\0&0&1&0\\0&1&1&1\\1&0&1&1\end{bmatrix}\&\begin{bmatrix}1&1&1&1\\0&1&0&0\\1&1&0&1\\1&0&1&0\end{bmatrix}\&\begin{bmatrix}0&0&0&0\\0&0&1&1\\1&0&1&1\\0&1&0&1\end{bmatrix}\&\begin{bmatrix}0&0&0&0\\0&0&1&0\\0&0&1&1\\0&0&0&1\end{bmatrix}
$$

$$
\text{输出}=\begin{bmatrix}0&0&0&0\\0&0&0&0\\0&0&0&1\\0&0&0&0\end{bmatrix}
$$

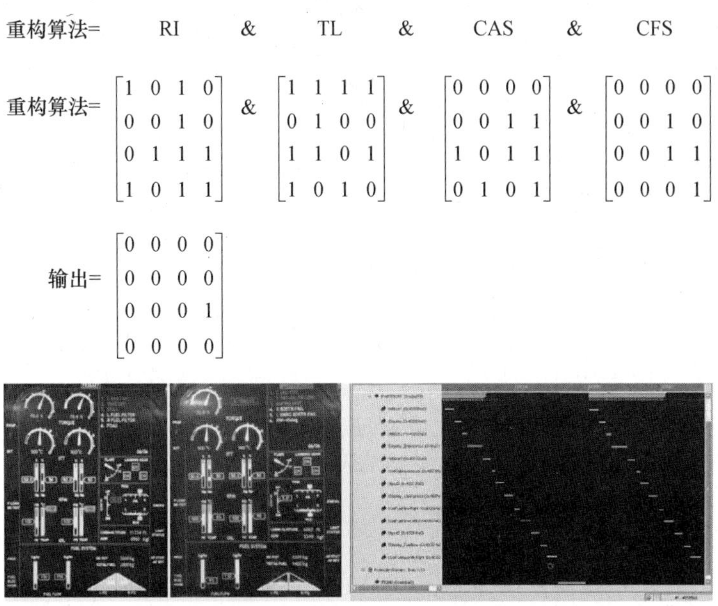

图 29.22　任务 12 失败场景重构算法的结果

附录:符号和术语

P_s——原进程;

P_r——可重构的进程;

M——主框架;

P_t——分区;

τ——任务;

J——跳动;

B_i——最坏情况下的阻塞;

L_i——最坏的情况下分区的延迟;

P_h——飞行阶段;

θ_{cd}——设计的累积缺陷率;

α——总评数;

N_i——在第 i 次设计审查时的独特缺陷总数;

L——成千上万的设计总评源行数；

γ_{cd}——代码的累积缺陷率；

M_i——在第 i 次代码审查时的独特缺陷总数；

SL——成千上万的代码总评源行数；

N_l——非预期故障最大可能性；

N_{sf}——预期故障数；

m_{fu}——发现的非预期故障数；

m_{sf}——发现的预期故障数；

ACE——驱动器控制电子设备；

ANDAS——飞机节点发现和分析系统；

APEX——应用执行；

ARINC——航空无线电公司；

BIT——内置测试；

CAS——环境适应性和适宜性因子；

CBIT——连续的内置测试；

COMNAV——通信导航；

COTS——商业现货；

CS——环境敏感度；

DF——降级因子；

DL——降级水平；

DME——测距设备；

EFB——电子飞行包；

EVS——视觉增强系统；

FA——联合架构；

FTMP——容错多处理器；

FTP——容错处理器；

GUI——图形用户界面；

HM——健康管理/监控；

HMI——人机界面接口；

HMI——抬头显示器；

IBIT——初始内部测试；

IDE——集成开发环境；

IVHM——集成车辆健康管理系统；

LRU——线路可更换单元；

MAFT——容错多计算机体系结构；

MBIT——维护内置测试；
MFD——多功能显示器；
NALFOQANAL——飞行运行质量保证；
ND——导航显示；
NMRN——模块化冗余；
OACS——开放式计算系统；
OS——操作系统；
PBIT——电源内置测试；
PVI——飞行员机接口；
RCMU——重构控制和监控单元；
RTOS——实时操作系统；
SIFT——软件实现容错；
SLOC——软件代码行；
SVS——合成视觉系统；
TCAS——交通防撞系统；
TL——时间加载；
UF——利用率系数；
VIA——通用航空电子综合；
VL——虚拟链路；
WAAS——广域增强系统；
WCET——最坏情况下的执行时间。

参考文献

1. ARINC Specification 653–1, *Avionics Application Standard Interface*, Aeronautical Radio Inc. Software, October 2003.
2. ARINC Report 651, *Design Guide for Integrated Modular Avionics*, Aeronautical Radio Inc., November 1991, Annapolis, MD.
3. N. Audsley and A. Wellings, Analyzing APEX Applications, *IEEE Real Time Systems Symposium RTSS*, Washington D.C., USA, 1996.
4. R.W. Duren, Waco, Algorithmic and architectural methods for performance enhancement of avionics systems, *28th Digital Avionics Systems Conference (DASC)*, Orlando, FL, 25–29 October 2009, pp. 1D4–1–1D1–6.
5. C.M. Ananda, General aviation aircraft aviation aircraft avionics: Integration and system system tests, *IEEE Aerospace and Electronic Systems Magazine*, 2009, ISSN 0885–8985, 25, 19–25.
6. C.M. Ananda, Civil aircraft advanced avionics architectures—An insight into SARAS avionics, present and future, *Conference on Civil Aerospace Technologies*, 2003, National Aerospace Laboratories, Bangalore, India.
7. C.M. Ananda, Avionics for general aviation light transport aircraft: An insight into the avionics architecture and integration, *AIAA Southern California Aerospace Systems and Technology Conference*, Santa Anna, CA, USA.

8. C.M. Ananda, General aviation transport aircraft avionics: Integration and systems tests, *26th Digital Avionics Systems Conference (DASC) on 4D Trajectory Based Operations—Impact on Future Avionics and Systems*, Dallas, TX, 21–25 October 2007, pp. 2.A.3–1–2.A.3–7.
9. C.M. Ananda, Avionics testing and integration for general aviation Light Transport Aircraft: Practical functional and operational integration activities for LTA, *AIAA Southern California Aerospace Systems and Technology Conference*, Santa Anna, CA, USA.
10. C.B. Watkins, and R. Walter, GE Aviation, Grand Rapids, Michigan, Transitioning from federated avionics architectures to integrated modular avionics, *26th Digital Avionics Systems Conference (DASC)*, Dallas, TX, USA, 21–25 October 2007, pp. 2.A.1-1–2.A.1-10.
11. J. López, P. Royo, C. Barrado and E. Pastor, Modular avionics for seamless reconfigurable UAS missions, *27th Digital Avionics Systems Conference* (*DASC*), St. Paul, Minnesota, 26–30 October 2008, pp. 1A3–1–1A3–10.
12. J. Rushby, *Partitioning in Avionics Architectures: Requirements, Mechanisms and Assurance*, Computer Science Laboratory, SRI International, NASA Contractor Report CR-1999-209347, USA, March 1999.
13. R. Nadesakumar, M. Crowder and C.J. Harris. Advanced system concepts or future civil aircraft-an overview of avionic architectures. *Proceedings of the Institution of Mechanical Engineers, Part G: Journal of Aerospace Engineering*, 1995, 209: 265–272.
14. R. Garside and F. Pighetti, Jr., GE Aviation, Grand Rapids, Michigan, integrating modular avionics: A new role emerges, *26th Digital Avionics Systems Conference (DASC)*, Dallas, TX, USA, 21–25 October 2007, pp. 2.A.2–1–2.A.2.-5.
15. *ARINC 659: Backplane Data Bus*, Airlines Electronic Engineering Committee (AEEC), December 1993.
16. *ARINC 629: IMA Multi-Transmitter Data Bus Parts 1–4*, Airlines Electronic Engineering Committee (AEEC), October 1990.
17. GE Fanuc, *AFDX/ARINC 664 Protocol, Tutorial.*
18. AFDX®/®/ARINC 664, *Tutorial, (700008_TUT-AFDX-EN_1000 _29/08/2008)*, techSAT.
19. J.L. Mauff and J. Elliott, *Architecting ARINC 664, Part 7 (AFDX) Solutions*, Xilinx.
20. B. Pickles, *Avionics Full Duplex Switched Ethernet (AFDX)*, SBS Technologies.
21. R. Collins, Inc, *Users Manual for the Avionics Full Duplex Ethernet (AFDX) End-System.*
22. ARINC 664, *Aircraft Data Network, Part 7– Avionics Full Duplex Switched Ethernet (AFDX) Network.*
23. Time Triggered Ethernet: Tutorial.
24. DO-178B: *Software Considerations in Airborne Systems and Equipment Certification*, RTCA, http://www.rtca.org.
25. H. Kopetz, *Real Time Systems—Design Principles for Distributed Embedded Applications*, Kluwer and Academic Publishers, Norwell, MA, USA, 1998.
26. J. Rushby, *Partitioning in Avionics Architectures: Requirements, Mechanisms and Assurance*, SRI International, Menlo Park, California, NASA/CR-1999–209347, June 1999.
27. J. Ganssle, *The Firmware Handbook—The Definitive Guide to Embedded Firmware Definitive Guide to Embedded Firmware Design and Applications*, Oxford Newness, Oxford, UK, 2004.
28. J. Sturdy, T. Redling and P. Cox, *An Innovative Commercial Avionics Architecture Military Tanker/ Transport Platforms, Digital Avionics Systems Conference*, St. Louis, Missouri, 1999.
29. H. Benitez-Perez and F. Garcia-Nocetti, *Re-Configurable Distributed Control*, Springer-Verlag, London, 2005.
30. R. Alves and M.A. Garcia, Communication in distributed control environment with dynamic configuration, *IFAC 15th Trennial World Congress*, Spain, 2002.
31. S. Kanev and M. Verhaegen, Reconfigurable robust fault tolerant control and state estimation, *IFAC 15th Trennial World Congress*, Spain, 2002.
32. M. Balnke, M. Kinnaert, J. Lunze and M. Staroswiecki, *Diagnosis and Fault Tolerant Control*, Springer-Verlag, Berlin Heidelberg, 2003.
33. E.A. Strunk and J.C. Knight, Assured reconfiguration of embedded real-time software, *Proceedings of the 2004 International Conference on Dependable Systems and Networks (DSN)*, Florence, Italy, July 2004,.
34. J. López, P. Royo, C. Barrado and E. Pastor, Modular avionics for seamless reconfigurable UAS missions, *27th Digital Avionics Systems Conference*, 26–30 October 2008, pp. 1.A.3.1–1.A.3.10.
35. E. A. Strunk, C. Knight and M. A. Aiello, Assured reconfiguration of fail-stop systems, *Proceedings of the 2005 International Conference on Dependable Systems and Networks (DSN'05)*, Yokohama, Japan © 2005 IEEE.
36. K.A. Seeling, *Reconfiguration in an Integrated Avionics Design Lockheed Martin Aeronautical Systems Company*, 0–7803–3385–3/96 © IEEE 1996.

37. E. Sharif, A. Richardson and T. Dorey, *A Diagnostic Reconfiguration Methodology for Integrated Systems*, IEE, Savoy Place, London WCPR OBL, UK, 1997 The Institution of Electrical Engineers.
38. M.D. Derk and L.S. DeBrunner, *Dynamic Reconfiguration For Fault Tolerance For Critical, Real-Time Processor Arrays*, University of Oklahoma, Normaq Oklahoma 730 19, pp. 1058–1062.
39. P.M. Sonwane, D.P. Kadam and B.E. Kushare, Distribution system reliability through reconfiguration, fault location, isolation and restoration, *International conference on control, automation, communication and energy conservation-2009*, Kongu Engineering College, Erode, India, 4–6 June 2009, pp. 1–6.
40. D.P. Gluch and M.J. Paul, Fault-tolerance in distributed digital flyby-wire flight control systems, *in Proceedings AIAA/IEEE Seventh Digital Avionics Syst. Conf.*, Fort Worth, Texas, 13–16 October 1986.
41. M.W. Johnston et al., *AIPS System Requirements (System Requirements (Revision l)*, CSDL-C-5738, Charles Stark Draper Lab., Inc., Cambridge, MA, August 1983.
42. J.H. Wensley et al., SIFT: Design and analysis of a fault-tolerant computer for aircraft control, *Proc. IEEE*, 66, 1240–1255, 1978.
43. J. Goldberg et al., *Development and Analysis of the Software Implemented Fault-Tolerance (SIFT) Computer*, Final Rep. NASA Contract NASA-CR-172146, February 1984.
44. A.L. Hopkins et al., FTMP-A highly reliable fault-tolerant multiprocessor for aircraft, *Proc. IEEE*, 66, 1221–1239, 1978.
45. J.C. Knight et al., *A Large Scale Advanced Information Processing System (AIPS) System Requirements (Revision I)*, Rep. *A Large Scale Advanced Information Processing System (AIPS) System Requirements (Revision I)*, Rep. CSDL-C-5709, Charles Stark Draper Lab., Inc., Cambridge, MA, October1984.
46. C.J. Walter et al., MAFT: A multicomputer architecture for fault tolerance in real-time control systems, *in Proc. IEEE Real-Time Syst. Symp.*, San Diego, California, USA, 3–6 December 1985.
47. R.M Kieckhafer, C.J. Walter, A.M. Finn and P.M Thambidurai, The MAFT Architecture for distributed fault distributed fault tolerance, *IEEE Transactions on Computers*, 37(4), 398–405, 1988.
48. C.J. Walter, *Evaluation and Design of an Ultra Reliable Distributed Architecture for Fault Tolerance*, Allied signal Aerospace Company, Columbia, 1990.
49. A.M.K. Cheng, *Real-Time Systems: Scheduling, Analysis, and Verification*, Wiley-Interscience, Canada, 2001.
50. H. Kopetz, *Real Time Systems—Design Principles for Distributed Embedded Applications,* Kluwer and Academic Publishers, the Netherlands, 1998.
51. C.M. Krishna and K.G. Shin. *Real-Time Systems*. McGraw-Hill, New York, 1997.
52. C. Wilkinson, *Prognostics and Health Management for Improved Dispatchability of Integrated Modular Avionics Equipped Aircraft*, CALCE Electronic Products and Systems Center, Department of Mechanical Engineering, University of Maryland, College Park, MD 20742.
53. B.S. Dillon, *Design Reliability—Fundamentals and Applications*, CRC Press, Boca Raton, FL, 1999.
54. NAL and HTSL team, *Regional Transport Aircraft, Integrated Flight Control System (IFCS)*, September 23, 2008.
55. C.M. Ananda, Re-configurable avionics architecture algorithm for embedded applications. *IADIS International Conference on Intelligent System and Agents 2007*, Lisbon Portugal. pp 154–160.
56. C.M. Ananda, *Improved Availability and Reliability Using Reliability Using Re-configuration Algorithm for Task or Process in a Flight Critical Flight Critical Software*, (F. Saglietti and N. OsterEds): Spriner LNCS publication, © Springer-Verlag Berlin Heidelberg 2007, pp. 532–545, 2007.
57. C.M. Ananda, Re-configuration of task in flight critical system—Error detection and control, *28th Digital Avionics Systems Conference (DASC) on Modernization of Avionics and ATM—Perspectives from the Air and Ground*, The Florida Conference Center, Orlando, FL, 25–29 October 2009, USA, IEEE, pp. 1.A.4-1–1.A.4.-10.
58. C.M Ananda, Improved availability using re-configuration algorithm in a flight critical system, *26th Digital Avionics Systems Conference (DASC) on 4-D Trajectory-Based Operations: Impact on Future Avionics and Systems*, Dallas, TX, 21–25 October 2007, USA, IEEE, pp. 2.C.3–1–2.C.3–11.
59. L.P. Briand and D.M. Roy, *Meeting Deadlines in Hard Real-Time Systems the Rate Monotonic Approach*, 1999, IEEE Computer Society Press, USA.
60. IEC 60812, 1985, *Analysis Techniques for System Reliability—Procedure for Failure Mode and Effects Analysis (FMEA)*, IEC 60812 Ed. 1.0 b: 1985.
61. U.K. Kumar and B.S. Umashankar, *Improved Hamming Code for Error Detection and Correction*, 1–4244–0523–8/07, 2007, IEEE.

62. C.M. Ananda, R. Kumar and M. Ghoshhajra, Configurable flight data analysis for trends and statistics analysis—An embedded perspective of an efficient flight safety system, *International Conference on Aerospace Electronics, Communications and Instrumentation (ASECI-2010)*, V.R. Siddhartha Engineering College and P.V.P.S.I.T, Vijayawada.
63. C.M. Ananda, *Configurable Flight Safety System for Incident and Accident Investigation*, REQUEST 2008, Bangalore, India.
64. C.M. Ananda, Sheshank, *Implementation of Improved Hamming Code in Xilinx Platform*, NAL-ALD/2009/010, CSIR-National Aerospace Laboratories, November 2009.

第 30 章　自动目标识别的三种原理研究

30.1　引言

本章从动态建模、算法和传感器建模的角度，为读者提供一些近来在自动目标识别（ATR）方面的科学成就。开始会问一些简单的问题，如“现在哪儿需要ATR，为什么？”“正确设计 ATR 系统应满足的健壮性指标是什么？”“图像处理是什么，为什么它很重要？”“什么是 ATR 系统，与其相关的问题有哪些？”“什么是基于人工智能的 ATR？”“解决 ATR 问题的不同途径/方法有哪些？”在回答所列问题的过程中，可能会想出更多的问题，希望本章公正地回答这些问题，或者给读者指出相关的参考。此外，试图提供一个简洁明了的对古典以及人工智能方法的理解用来解决 ATR 问题，以及统一方法解决基于贝叶斯先验模型（预测/模拟真实世界的行为）假设存在的 ATR 问题，相应的传播/加权取决于在实际测量和估计值之间的误差。此外，本章还表明，依靠单一方法来解决 ATR 问题是徒劳的，即便是纯粹的古典或完全贝叶斯，在用户定义的时间线之前，也需要从自动目标识别器、跟踪器和大量的数据中给定当前的严格要求。因此，这需要一个有效的 ATR 算法，融合上述方法的效率形成一个单一的方法，称为混合 ATR 方法。本节讨论 ATR 系统的某些问题和健壮性，从所观察到的图像或场景中提取所需的目标信息（S）时，ATR 系统处理各种图像（静态）和场景（动态）必须成功有效，最好是把信息实时传递给决策者。

30.1 节讨论了不同传感器图像来源。30.2 节概要介绍了 ATR 的经典方法，聚焦于各个阶段及这些阶段在文献中提出的算法。30.3 节从贝叶斯统计的角度，讨论了 ATR 问题，讨论了基于贝叶斯方法解决 ATR 问题的优势。30.4 节从设计和实施神经网络的角度，讨论了人工智能用于 ATR 系统的问题。本节还简要概述了神经网络，讨论了神经网络的结构和一些相关的数学模型用于神经网络的基本元素。为了读者方便理解，将图像处理作为 ATR 的引入。

30.2　图像处理的概念

简单来说，图像处理是信号处理的一种形式，其中输入是一个图像，通常是嘈杂的或扭曲的,输出是以图像形式或一组从输入图像中提取的参数。在这里,信号处理是对离散或连续时间信号进行分析,为了获得关于信号[1]的有用结论。图像处理的典型操作包括图像去噪,去模糊、重建、修复,注册恢复及其他。常见的图像处理应用程序称为图像去噪,输入图像是所需对象(S)的一个嘈杂混乱的图像,如一张照片(在静态情况下)或一个视频帧(在动态情况下),输出是对输入图像的重建,随着噪声/杂波充分地消除,使函数成本最小化。有时,输出也可以指一组指标、参数或特征(如方向、数量、位置),这与拍摄的对象有关,它们包含的信息通常说明对象的坐标或者是对象的倾向。从照相机或视频帧输入的图像视为确定对象的理想/真实的状况测量值。获得这样的输入图像作为图像处理算法测量值的技术称为成像。在本章所指的对象就是目标,把最初的图像/信号作为未加工的图像/信号,同时把测量数据作为传感器数据。通常情况下,传感器的数据是特定类型的传感器机构如普通相机或红外相机获得的图像流,或者是连续的信息如从雷达获得的目标范围或距离。电磁波(特别是无线电波)目标检测系统称为无线电探测和测距,声音传播导航(及通信)用于检测其他船只称为声纳、声音导航和测距。

30.3 ATR及其作用

ATR算法是用于检测、识别和跟踪对象的数学框架,对象为有生命或无生命体(限陆地、海洋和大气),ATR算法要处理足够数量的相关信息/数据,这些信息/数据是从一个或多个传感器的板载计算机或地面站中心监控单元[2,3]获得的。自动目标识别系统的目的是作为人类的眼睛和大脑,减少人类的工作负荷,如飞行员(特别是战斗机飞行员)、潜艇驾驶员和副驾驶员、坦克指挥官等的工作。这意味着ATR系统应该连续收集和处理传感器图像/数据,并以一定的方式表示这些处理过的图像做出决策或辅助最终用户(如图像分析员)做出决定。这样一个专门的ATR系统可以减轻或减少操作员的过度负担,他们要连续地执行非常重要的特殊任务,如在战场上、海洋空间或空域内的军事活动及敌人动向的大范围监测。具体而言,良好的ATR系统可以对战场提供详细而深入的理解和对场景中捕获的对象进行可靠分类。此外,监测产生的大量数据可能具有非常高的更新率,相关人员判读这些数据时不可行且不经济。因此,一个可靠的ATR系统应能制定/辅助决策,如必须重新获得机载跟踪仪器视场(FOV)的目标,尤其是在测量敌方的领地及做出关键决定执行特定任务。

30.4 ATR 系统

一个具有完全功能的强大 ATR 系统能够在极短的时间，对严格的目标捕获场景检测、识别、跟踪和传递大量的处理数据，给分析员做进一步分析。一个高效、有效的 ATR 系统用于绝对需要的军事目的是相当明显的[4]。至少，ATR 系统是相当准确的，当涉及战场分类调查时，通过图像或视频流捕获对象需要适当的对策。因此，自动目标识别系统的成功运行和部署，特别是在军事行动，必须足够强大以识别一组实际可能会遇到的条件。因此，一个强大的 ATR 系统应该满足以下要求：

(1) 能够对目标进行分类，与目标相互间的距离无关，即对车载传感器和目标之间的距离不敏感。

(2) 定向敏感，即不仅检测坦克的存在，而且坦克的炮塔指着的方向也要检测。

(3) 对规模不敏感，目标在测量记录装置的图像平面上显示大或小，与目标之间的距离有关，算法应对目标正确分类。这是对经典 ATR 方法的特别要求(见 30.2 节)，没有应用其他的智能或学习方法。

(4) 允许有不同的角度，可通过机载摄像机捕获场景图像。

(5) 能够从背景和其他可能看起来相似的目标/对象中分离所需目标。这种情况下一个目标从 ATR 系统中伪装或部分隐藏称为部分遮挡。

(6) 由于变化的背景或由于对所需目标部分遮挡，因此当在实时操作时可保持低误报率。

(7) 不受环境条件的影响，如大雨、雾、雪、烟，烟雾和沙尘暴等。

(8) 能适当地处理检测具有不确定性类型的目标/模型。任何强大的 ATR 必须清楚，敌人的新模型(飞机、舰船和坦克)可能不在跟踪模型的数据库内，这是非常重要的特征。因此，由于现有或已知数据集的实际限制，根本不能精确表示真实变化的世界，当在真实世界的图像上运行时，ATR 系统应该足够强大来探测和跟踪任何变化的实际存在的模型。

(9) 尽管其基本结构有改变/修改/包含，也能够检测到目标模型，如目标有或没有炮艇/军用装甲。

(10) 有一个足够详尽的数据库包含不同操作条件下不同目标热特征，特别是当使用红外传感器产生图像的时候。这个功能对经典 ATR 系统很有必要，相对传统的 ATR 系统，经典 ATR 系统不依赖于任何智能作为辅助机制。

30.5 ATR 系统的典型传感器

下面讨论用于 ATR 应用程序的通用类型的传感器。

30.5.1 红外

光是电磁辐射(EM 是能量表现为波的一种形式——表现为当它在空间传播时具有电场和磁场分量),波长在 0.7 ~ 300μm 之间,这意味着频率范围在 1 ~430THz 之间,如表 30.1 所列。红外成像在军事行动中应用非常广泛,如目标探测、识别、监视,归航和跟踪;在民用方面也有应用,如遥感温度测量、短距离无线通信、光谱和天气预报。此外,基于红外传感器的望远镜用来穿透空间区域(分子云)和检测等其他天体如行星和恒星。

表 30.1 电磁光谱:波长和频率范围

电磁光谱波	波长范围/nm	频率范围/THz
长波	$>10^{12}$	$<10^{-6}$
广播电视	$10^{8}\sim10^{10}$	$10^{-6}\sim10^{-3}$
高频(UHF)	$10^{8}\sim10^{9}$	$5\times10^{-4}\sim10^{-3}$
甚高频(VHF)	$10^{9}\sim10^{10}$	$3\times10^{-5}\sim3\times10^{-4}$
超高频(SHF)	$10^{7}\sim10^{8}$	$3\times10^{-3}\sim3\times10^{-2}$
极高频率(EHF)	$10^{6}\sim10^{7}$	$3\times10^{-2}\sim3\times10^{-1}$
微波(雷达)	$10^{7}\sim10^{8}$	$3\times10^{-4}\sim3\times10^{-1}$
红外	$700\sim3.5\times10^{5}$	1 ~ 430
近红外	$700\sim5\times10^{3}$	100 ~ 430
中红外	$5\times10^{3}\sim4\times10^{4}$	1 ~ 100
远红外	$4\times10^{4}\sim3.5\times10^{5}$	0.1 ~ 1
可见光	390 ~ 750	400 ~ 790
超紫光	10 ~ 400	$10^{3}\sim5\times10^{4}$
X 射线	0.01 ~ 10	$3\times10^{4}\sim3\times10^{7}$
γ 射线	$<10^{-2}$	$>10^{7}$

30.5.2 前视红外

前视红外(FLIR)发出红外(IR)辐射,并依靠其能力从它视野内的目标检测热/热能量,构建目标图像,也可以输出视频图像[7]。前视红外系统可以辅助飞行员、坦克指挥官、司机等,尤其是在夜间或朦胧/有雾的条件下,引导车辆不与路上的障碍碰撞。此外，由于 FLIR 依赖目标发出的热量，可以用来检测寒冷背景下的温暖目标，在夜晚这种情况相当普遍。通常情况下，FLIR 用于人群监测、低能见度飞行、建筑物的绝缘损耗检测、天然气及其他气体的泄漏检测，搜索和救援行动，尤其是在茂密的森林地区、沼泽湿地或海洋等。

30.5.3　合成孔径雷达

合成孔径雷达是雷达的一种形式，依赖于目标与跟踪天线在不同的天线位置（由安装在移动平台上的固定天线，如飞机）之间的相对运动，来重建目标区域[8,9]的图像。移动天线辐射电波的传播在垂直于飞行路径方向上有很大的分量，以便从飞机下方到地平线辐射探测地形，使用无线脉冲电波，其波长从几毫米到 1m。基于 SAR 的图像在地球和其他行星的遥感和表面映像有广泛的应用。

30.5.4　反向合成孔径雷达

反向合成孔径雷达（ISAR）是在相当长的时间用固定的天线，通过观察一个移动的目标，产生一个高分辨率目标图像的技术，从而形成了合成孔径[10-14]。ISAR 图像具有足够的分辨率和足够的细节来区分民用和军用飞机和识别导弹系统。此外，ISAR 还用于海上监视以对船舶和其他对象分类。虽然 SAR 和 ISAR 具有相同的基本理论，SAR 成像是通过雷达移动和目标固定完成的，而 ISAR 成像时则为目标移动和雷达固定。因此，ISAR 图像完成时伴随的错误有散焦、几何误差、天线失常，由于距离和方位压缩误差产生的信号泄漏（产生波瓣）等。

30.5.5　光雷达

光雷达（LIDAR）是指在民用领域的一种光学遥感技术，通过测量散射光的特性来估计，具有足够的精度，范围可达很远的目标[15]。通过光雷达探测的范围不同于雷达系统探测的范围，LIDAR 系统使用的是电磁频谱的波长，而雷达系统使用的是紫外光或可见光的波长，与 LIDAR 所对应的光谱波长相比，这些都是较短波长；LIDAR 使用的无线电波光谱具有光谱中最长的波长。由于这样的事实，只有那些目标（s）的特征尺寸大于或等于发射源的波长才可以成像，LIDAR对云粒子非常敏感的，因此在气象上具有许多潜在的应用。

30.5.6　激光雷达

激光雷达（LADAR）是指在军事行动使用的一种光学遥感技术，利用激光脉冲和测量散射光的性能来估计，具有足够的精度，范围可达遥远的目标[16,17]。

激光雷达发射光束的波长在紫外线区域,比无线电波的波长小许多,这保证了波束能被空气中非常小的物体或粒子反射,如气溶胶、分子等,这在雷达频率中是看不见的。波的这种类型的反射称为向后散射,其中最普通的是瑞利散射、米散射和拉曼散射。

30.5.7 毫米波雷达

毫米波雷达(MMWR)是基于雷达系统的测距原理的一种传感技术。毫米波是指从 30~300GHz,比微波雷达更小的组元和更大的带宽。此外,与典型的微波雷达[18]观察到的相比,一个 MMWR 传感装置通常以高速度、高分辨率和低的信号衰减为显著标志。MMWR 装置的基本类型是连续波雷达(CWR)、调频连续波雷达(FMCWR)和脉冲波雷达(PWR)[19]。基于地面的 MMWR 可用于进行大气中[20]云的形态和运动的详细研究,特别是云的三维结构。气象雷达一般是脉冲雷达,在 3~10GHz 的频率范围内发射电磁脉冲用于检测、映射和测量降水强度。

30.5.8 多光谱成像

多光谱成像(MSI)最初开发用于空间成像,是以特定频率的电磁频谱[21]获取图像数据的一种图像处理技术。波长可以通过过滤器或使用对特定波长的光敏感的设备进行分离,包括可见光范围以外的频率,如红外。

由于电磁频谱以特定波长工作是其固有的性能,多光谱成像有助于额外信息的提取,肉眼由于其接收器为红色、绿色和蓝色而无法捕捉。遥感设备如辐射计通过获取多光谱图像进行工作。通常,卫星上搭载的每个辐射计获取的每幅数字图像,也称为一个场景,在光谱范围的一个小波段从 400~700nm(可见光波长范围),称为红绿蓝区域,研究方向为红外领域更高的波长。

30.5.9 超光谱成像

超光谱成像(HSI)也称为极端光谱成像,是一种成像技术,可认为是多光谱成像,具有宽的光谱范围或精细的光谱分辨率[22]。与人眼相反(人眼仅能看到可见光光谱),超光谱成像除了能够识别可见光光谱外,对从紫外线波长到红外波长以外的电磁波谱区域也很敏感。由于超光谱成像传感器在观察目标时使用电磁频谱中较宽的光谱带宽,当识别由不同的材料构成扫描目标时,这种技术非常流行。这是因为特定的目标/对象,特别是复合材料,具有独特的纹路,也称为电磁波频谱的光谱特征,这反过来又可以通过超光谱成像识别,典型的应用是油田探测。

30.5.10　低光电视

低光电视(LLTV)是一种电子传感装置,其频率检测范围延伸到可见光波长之上进入到短红外波长。这允许在极低的光线条件下检测对象,否则用肉眼看不到[23]。这里用到的典型传感装置是电荷耦合器件(CCD)[24,25]。CCD 是贝尔实验室发明的,是电荷运动的一种装置,通常在设备到电荷可以被操纵的一个区域。CCD 具有广泛的科学应用,医疗上用于高品质的成像技术。

30.5.11　视频

视频是科学表示运动场景的电子捕获、处理、重建和传输序列图像。视频图像的频率(单位时间的图片数量)也称为帧速率,旧机械相机从 6 ~ 8 帧/s 不等,现代化的照相机大于 120 帧/s。视频图像可以交错(提高视频信号的图像质量而不消耗额外的带宽)或渐进,运动图像在显示、存储和传输时,所有线路的每一帧按顺序绘制。在交错(传统电视系统)时,每帧的奇数行先绘制然后是偶数行。

在电磁波频谱中,不同波的波长和频率范围列于表 30.1,如无线电、微波、红外线、可见光、紫外线、X 射线和伽马射线等。可见光光谱的波长和频率范围(紫色、蓝色、青色、绿色、黄色、橙色和红色)列于表 30.2。(表 30.2 中主要颜色为红、绿、蓝[RGB]。)

表 30.2　可见光频谱:波长及频率范围

可见光频谱	波长范围/nm	频率范围/THz
紫光	390 ~ 450	668 ~ 790
蓝光	450 ~ 475	631 ~ 668
蓝绿光	476 ~ 495	606 ~ 630
绿光	495 ~ 570	526 ~ 606
黄光	570 ~ 590	508 ~ 526
橙色光	590 ~ 620	484 ~ 508
红光	620 ~ 750	400 ~ 484

注 1:一些传感器,如红外、前视红外和声纳式等为被动传感器,由于这些传感器的作用是只执行接收从不同来源产生的信息。因此,这些传感器本身不容易被敌人探测到,因为它们不发送任何信号到目标,而这些信号是敌方所期望的。相反,像 SAR、ISAR、LADAR、LIDAR 和 MMWR 传感器是主动型传感器,意味着这些传感器具有发送、接收信号的作用,以便处理期望目标的信息。因此,这些传感器容易被检测到,运行时有被敌人相应探测器检测到的风险。

30.6 经典 ATR 方法

人们研究 ATR 问题已经从经典模式识别方法的角度,或者从人工智能方法的角度(如神经网络的学习方法)开始。应当指出的是,当用经典方法试图解决 ATR 问题时,可能在全局意义上虽然有限制类的系统描述,但基于人工智能的方法可以直观地提供解决方案,与经典的 ATR 算法假设的问题相比,凭直觉只有局部的一类问题限制较少。因此,选择合适的 ATR 算法不仅取决于要解决问题的类型,而且取决于对模型数据库和实际场景的不确定性/差异的程度。

30.6.1 经典 ATR 系统的不同阶段

典型模式识别和基于目标分类[26]的经典 ATR 系统由图 30.1 所示的各个阶段组成。这些阶段,开始于原始捕获图像的预处理,最终的识别和目标跟踪可以描述如下。

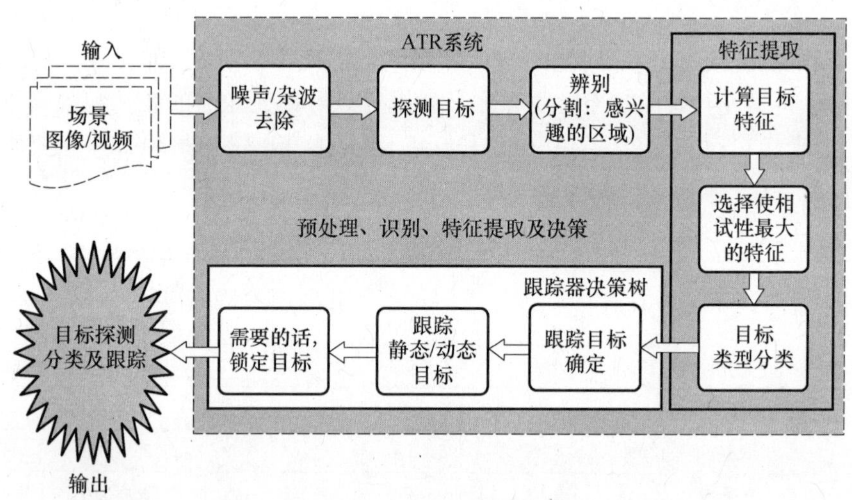

图 30.1 ATR 算法的不同阶段

30.6.1.1 噪声/杂波去除

任何 ATR 系统的第一阶段是预处理阶段,它是消除不需要信息的关键第一步;否则,嘈杂的信息可能会泄露到目标识别过程的其他阶段,从而使后续阶段的噪声和/或杂波的去除更烦琐、成本更高、效率更低。本阶段的目标是提高捕获目标图像的对比度到足够的程度,去除任何不需要的噪声和杂波。杂波是指图像中捕获的真实对象,如建筑物、汽车、卡车,草、树木和其他物体,但不是需要的目标。杂波可以自然发生,如草、树等,或人造物,如建筑物、车辆等[3]。无论杂波的类型如何，杂波往往占图像的主导地位是明确的，因为与目标工作环境相比，目标一般是稀疏的。另外，噪声是指传感器的电子噪声以及由于信号处理器计算引入的误差。根据 ATR 的应用，问题可能是在从噪声中提取目标信号或从其背景杂波中分离目标时产生的。通常，一种非线性数字滤波技术称为中值滤波器，由于其具有良好的边缘检测和保持性能[27]而用于这个阶段。中值滤波的主要原理是通过像素扫描图像的像素，用相邻的中值像素代替每个像素，这减少了离群像素的影响（如暗像素可能导致 ATR 在后续阶段的问题），因此对嘈杂图像具有平滑型的效果。

30.6.1.2 目标探测

这一阶段的重点是对拍摄的可能存在目标图像的区域进行定位。文献[28－30]报道了一些技术，对明亮或黑暗目标的检测进行了讨论，对目标检测技术进行了详细的评价。一般来说，在前视红外（FLIR）图像探测中，比周围环境热的目标往往会显示为一个明亮的物体。文献[31]研发了一种技术，采用一系列被动传感器成像如 FLIR 或 SAR 基成像，通过动态场景估计目标的范围很重要，因为范围对目标检测和分类是非常有用的。冒险使用主动传感器如 LADAR 或 LIDAR 获取目标范围，则有可能被敌人发现。

30.6.1.3 辨别/分割

分割是提取的程序，要尽可能准确，通过把图像分割成多个片段或像素集，从而将局部的目标从背景中分离出来。分割的最终目标是以更有意义、更容易分析的形式表示捕获的图像。因此，分割是用来定位目标及其边界的程序，如直线、曲线等。一个通用的算法是超级拼接算法，该算法假定目标边缘将目标从其周围区分识别出来[32]。因此，在一个给定的场景中探测不同的目标，完全取决于目标的边缘或边缘在分割过程中恢复有多精确。边缘检测是图像处理中的一个良好发展的领域，只针对识别图像中的点，在其中图像的亮度有急剧变化称为图像的不连续性。这些图像亮度的不连续往往不是对应于目标深度或表面方向的不连续性，可能是材料性能的变化（在特定目标的情况下）和/或场景照明度的变化（热目标如坦克在冷的树林背景或不太热的坦克）。一些分割的实际应用是在医学影像领域用于定位肿瘤、测量组织的体积、诊断和解剖结构研究等。此外，研究还发现分割用于在卫星影像中定位目标（道路、森林、河流等）、面部和指纹识别等。

30.6.1.4 目标特征提取

这一步包括计算目标的特征、选择所需的功能和基于所选择的特征集对目标类型分类。

30.6.1.5 计算目标特征

经典 ATR 系统的分割程序可以识别和提取期望目标的一组特征，这些特征提取的可靠性(如光谱、几何或拓扑)是任何经典 ATR 系统成功的关键。此外,这些特征应在平移、缩放及旋转时保持不变。在这个方面,图像矩(加权平均或图像的像素强度的矩)是描述对象分割后的有用指标。图像的许多性能是通过矩区域(总强度)、重心和方向信息发现的。文献[33]报道的方法介绍了基于七种矩的图像不变量,称为 Hu 矩,在旋转、缩放和平移时具有不变性。第一个 Hu 矩是类似于围绕图像中心的转动惯量,其中像素的强度类似于物理密度。最后的 Hu 矩为斜交不变量,它能够区分另外的一模一样的镜像图像。然而,计算高阶 Hu 矩是相当复杂的,因此,这种方法在当前的 ATR 方案中不可取。为了克服 Hu 矩的复杂性,文献[34]提出的方法介绍了基于正交多项式的 Zernike 矩的理论概念。Zernike 矩和 Hu 矩一样,在平移、缩放和旋转时是不变的。Zernike 矩已被证明是对图像噪声和信息内容极度敏感,可以提供图像的精确表示。Zernike 矩已用于人脸、步伐和运动识别、生物特征识别和签名验证等应用程序。

30.6.1.6 选择合适的目标特征

在目标特征选择阶段,标准是不仅最大限度地获得同类对象的相似性特征,同时最大化获得不同类对象的不同特征。在以 ATR 问题为背景的情况下,文献[32]已报道通过直方图检查来选择特征,文献[35]报道了通过 Bhattacharya 测量(以标准距离测量两个离散的或连续的概率分布的相似性),文献[36]报道了通过 F-统计量(用固定指数描述为一个种群特征的基因相似性水平)来测量。

30.6.1.7 目标类型分类

目标类型分类技术与一些最流行的技术如线性、二次方程式、结构和基于树的分类有着广泛的研究,在文献[32,36-38]中已报道。文献[38]的方法是基于树的比较,需要初步自动确定表单来选择相关的模型,然后处理表单,目标分类也是通过最近邻(K-NN)算法完成的,已在文献[35,36]报道。K-NN 算法(一种基于实例的学习)是基于在特征空间最近的训练样本对目标进行分类,其中特征空间是将每个样本表示为 n 维空间中的一点的抽象空间。类似的样本也组合在一起,允许使用密度估计用于寻找模式。最近邻居算法的规则协助隐式计算决策边界。在 K-NN 算法中,常数 K 是一个用户定义的常数,通过标签对未分类试验进行分类,标签在 K 训练样本中是离测试点最近、最常见的。

30.6.1.8 追踪决策树

在这一步,目标被优先跟踪或锁定。

30.6.1.9 目标优先权

在视场中给目标分配概率是基于目标的类型及正确的分类概率。文献[39]论述了金属资源的挖掘/开采应用问题,目标是金属源,杂波是其他非金属源,目标优先权的排序研究是基于金属源的可能性。一旦目标被优先考虑,即所需的目标基于优先级按降序排名来表示重要度级别,信息通过目标跟踪器进行通信。

30.6.1.10　目标跟踪(静态/动态)及锁定

一个有效的目标跟踪器对 ATR 系统的成功很有必要,目标跟踪用在许多军事系统中,如防空导弹制导、智能炸弹等,在这些系统中,跟踪器在限定的时间间隔内获得目标的位置信息并“锁定”目标。当这一切在跟踪器旁边发生时,潜在目标试图打破跟踪器的锁定,被潜在目标应用的程序称为解锁。因此,目标跟踪器除在需要时能够跟踪多目标,也不应被频繁的目标解锁影响,即由于严重的杂波和低信噪比情况产生的影响。基于相关性组合、特征、强度和对比度的跟踪器都是可取的,因为它们相辅相成,当跟踪器特征的置信水平低于对应的其他模式时,跟踪器可以从一种方式(如特征、对比度)切换到另一种。这有助于增加目标跟踪成功的置信区间,避免频繁的解锁情况,由于一旦发生目标解锁,重新捕获目标不容易。最后,目标瞄准点的选择需要跟踪目标关键点的确定,一旦机载导弹系统锁定目标,它能够通过指向目标的内部点或边界执行它的任务。

30.7　ATR 的统一贝叶斯方法

基于贝叶斯方法的主要目的是贝叶斯统计具有独特的处理能力,它以完全连续的方式[4]处理有限的及冲突的信息。贝叶斯统计方法是基于分配给观测数据的操纵概率。贝叶斯方法支持对各种方法的整合及从多传感器获得数据的融合。贝叶斯技术的另一个重要的功能是基于目标的动态、地形、情况、环境等,在目标分类基础上合并优先信息,它也有助于构建边界、置信区间和估计参数的其他统计。与传统的分类器直接输出决策相反,贝叶斯统计能够提供数据属于某一类给定观测数据的概率,并有不同的方法进行推理。贝叶斯统计发展良好,能用数学方式很好地解决 ATR 问题,而不是依赖于训练数据和本质上对场景变化不够强大的启发式算法。从贝叶斯方法的前景看,发展 ATR 算法的另一个优点是可以将良好的物理传感器模型合并到分类程序中。基于模型的方法如在后面的章节中讨论的基于传感器物理的数据建设可能,而神经网络可以看作是无模型的方法,建立数学模型不是用来接收数据。也有两种方法结合的时候,当可靠的模型不为数据所知时,通过结合基于特征的分类和与基于模型的分类进行选择。使用基于模型的贝叶斯技术的一大优势是可以在性能上获得各种信息论的下界。下面的部分通过 1990 年至 2000 年初期发表的一些论文促进了基于贝叶斯的 ATR 发展。本书章节[40]对贝叶斯目标识别提供了详细介绍。基于贝叶斯方法的 ATR 最大的优势是它的灵活性。这意味着用户有大量的自由度定义要解决的问题。例如,兴趣目标的数量是不变的,在每个扫描中目标类可以添加和删除,目标的位姿可以估计,它可以使规模不变,非常适合于多传感器信息融合,根据不同的场景环境等,传感器模型可以在算法中间改变。本章描述和提供了贝叶斯识别目标的概述。

一般情况下,ATR 场景展开如下:多个传感器(摄像机、RADAR、LADAR 等)从地面上展开景物观察和报告信息(在它们的视野(FOV)),例如,战场场景由一些在沙漠地形的坦克、卡车和吉普车组成,或机场跑道场景由几种飞机、汽车和货车组成。目的是在每次扫描时检测目标并分类,通过传感器观测框架动态跟踪。基于贝叶斯的 ATR 可以分为三大领域,相应的为从贝叶斯的角度来看问题的构想、传感器和传感器建模和推理。

30.7.1 贝叶斯问题构想

经典 ATR 方法使用不同的图像处理程序,检测可能的目标,然后提取特征送入模式分类器,进行目标识别。分类器高水平地将所提取的特征与各种数据库中类的目标特征进行比较,以便对观察图像中目标的类别做出决定。这可以看作是一个自上而下的方法。然而,贝叶斯方法采用更多的是自下而上的理念,使用已知的地形和目标的三维模板进行场景的假设和生成,然后非线性映射到所观察的图像,随后,最佳匹配所观察到的图像的(假想的)场景便是 ATR 问题的解决方案。这种非线性映射是解决问题的关键,在假设场景和观察到的图像之间的非线性映射也称为传感器的模型,必须考虑:目标数量;目标分类;目标的位置和规模;目标的方向和姿态;大气的影响,如照明和温度;噪声和其他由传感器介质引起的影响;杂波和遮挡。在当前的部分,集中介绍前四个因素,在随后的章节考虑剩余的三个因素。为了实现本章目的,假设用户已知场景的背景,因此,将重点只放在目标上。如图 30.2 所示,将三维标准大小和尺寸的 CAD 模型形成模板用于每个用户感兴趣的目标。可变形理论模板[40]用来对模板的基本变化建模,而模板是构建场景平移、旋转和/或缩放所必需的。Lanterman 等人[7]还讨论了使用 FLIR 图像数据将热变化合并到 ATR。使用多个模板建立一个场景需要可变性建模的能力。假设每个场景由有限数量的目标模板组成,用足够(在统计意义上的足够)的参数矢量表示。文献[41]中提供了一个用数学表示场景的框架,目标是数学假设的场景,能最好地解释从传感器(如红外摄像机)所观察到的图像。为了这样做需要建立几个假设,然后让 ATR 算法选择(在统计意义上)基于观察的最佳假设的场景。因此,围绕哪一个能构建假设的场景,数学结构的建设是很重要的,必须考虑到两类可变性:①与模板相关的可变性,即它们可以进行平移、旋转和缩放[42]。场景也包含目标变量的数量和目标不同的识别(类),Lie 群理论[41,43]提供了表示这种变化的好框架。图 30.3 为一个坦克的 CAD 模型,绕其图心旋转。②与传感器相关的可变性,即用于 ATR 的各种成像传感器以及测距修正传感器,关键是提出将要使用的、好的传感器模型。

(a)

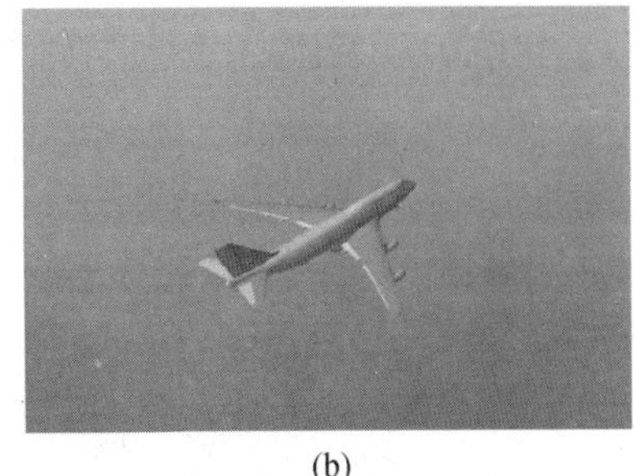

(b)

图 30.2 坦克和飞机的 CAD 模型模板

(a)布拉德莱坦克；(b)波音 747。

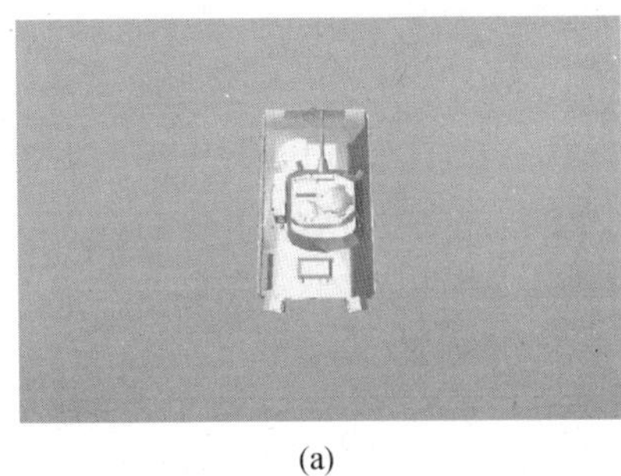

(a)

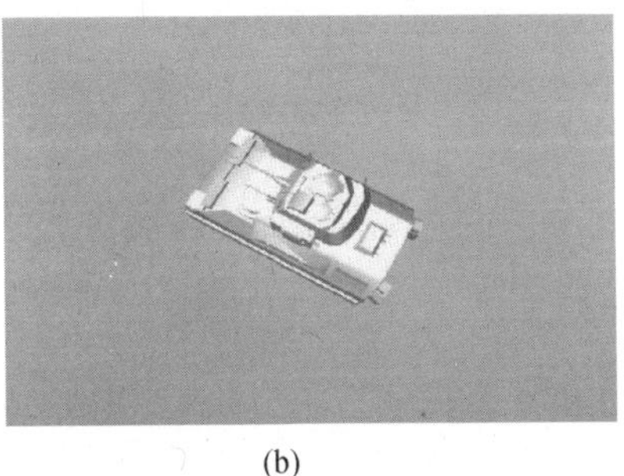

(b)

图 30.3 布拉德莱坦克模板用于生成假设场景，围绕图心旋转 60 度形成另一个造型

(a)坦克模板；(b) 旋转 60°得到的模板。

30.7.2 场景生成和目标表示

给定一个已知的背景，如沙漠战场或机场跑道，可以使用目标的模板构建场景。在场景中目标的所有可能配置可以通过平移和旋转模板得到，目的是提出模板并变形以匹配在观察到的场景中出现的目标。目标的表示主要有两个方面：一是目标模板本身；二是在场景生成时经历的变形集。文献[40,44]提供了目标表示的严格背景。

30.7.2.1 目标模板创建

正如前面所提到的，使用现实 CAD 模型表示法可创建(刚性)目标模板。这种刚体模板依据传感器和感兴趣的环境而有不同的属性，例如，在前视红外(FLIR)的热分布情况，在视频传感器的纹理信息情况，在磁性雷达的电磁反射情况等。图 30.4 为汽车和坦克的 CAD 模型，分别用各自的热分布①增强，形成

① 棱镜数据库[45]的红外模板已应用在文献[40,41]中。在本章中，通过增白和加黑文献[42]中使用的 CAD 模型的不同部位，手动生成热剖面。

IR 模板,使用 FLIR 图像用于 ATR 系统。一组目标标签表示为

$$\mathcal{A}=\{\text{car},\text{truck},\text{jeep},\text{tank},\text{airplane}\} \tag{30.1}$$

集合 $\mathcal{A}$ 的元素称为类,该集合根据用户要求可扩展、缩减或精炼。在数学上,目标模板可以被定义为在 I^{α},$\alpha\in\mathcal{A}$,换句话说,对应的汽车类的模板用 I^{CAR},对应的飞机类模板用 I^{airplane} 等。

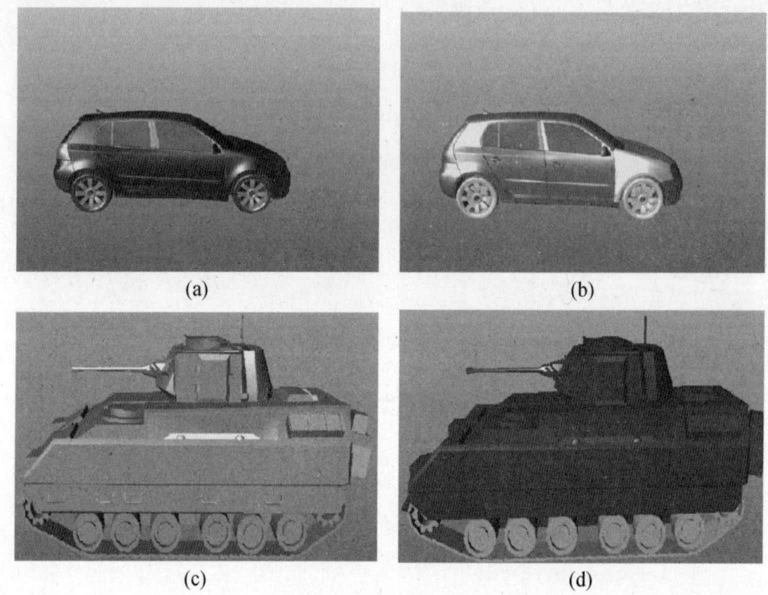

图 30.4　汽车和坦克的 CAD 模型及其红外模板

(a)汽车的 CAD 模型;(b)汽车的红外模板;(c)坦克的 CAD 模型;(d)坦克的红外模板。

30.7.2.2　变换

刚性变换如平移和旋转,应用在 I^{α} 模板以匹配所观察场景中 α 类目标的出现。在多目标场景情况下,变换应用于多个模板,通常是独立建模。然而,在两个或两个以上目标之间运动存在相关性时,如在军事队形中,未来的研究可能包括变形建模的依赖性,有刚性和非刚性两类变形。平移、旋转是刚性变形,同时,热特性、在光照条件下的变化等都是非刚性变换的例子。注意这里的刚性变形,刚性平移用矢量 $\boldsymbol{p}\in\Re^{n}$ 表示,其中 $n=2$(地面车辆),$n=3$(空中航空器)。旋转通过矩阵 $\boldsymbol{O}$ 表示,可能是 2×2 维或 3×3 维,分别用于地面或空中的情景。特殊情况如图 30.5 所示,模板经历了两次/多次独立旋转。两个转换操作即平移和旋转都属于组。平移组为 $\Re_{n}$,旋转组是特殊正交 SO(n),其中 N 表示维数①。

定义 1:组是总与一组操作(称为产品,用“$\boldsymbol{O}$”表示)相关联的集合,组中任

① 维数 $n=2,3$,通常用于 ATR 系统。

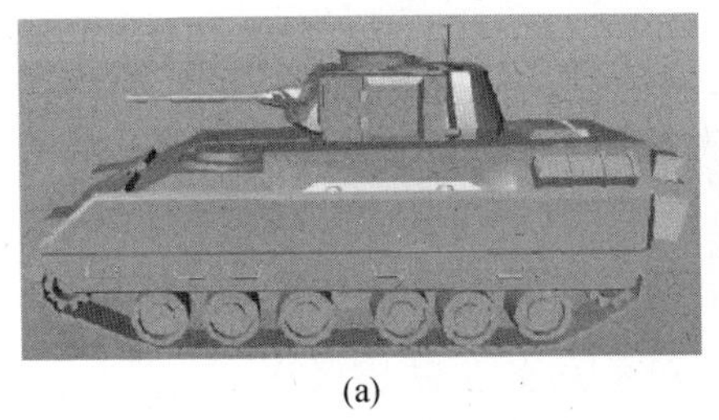

(a)

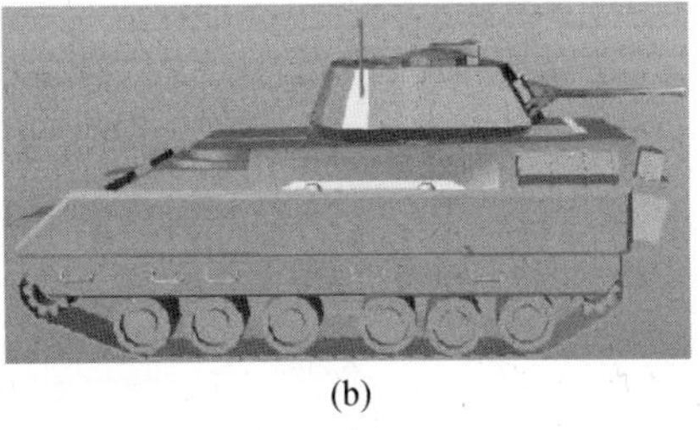

(b)

图 30.5　炮塔能独立转动的坦克模板说明
(a)坦克的 CAD 模型；(b)坦克 CAD 模型与它的炮塔旋转 180°。

何两个元素构成的产品始终处于同一组中。

例如，$\Re_n$ 中的组操作为矢量的加法，而 SO(n) 的组操作为矩阵乘法。组的另外一个重要的特性是它们具有相同的元素——在 $\Re_n$ 中为零矢量，在 SO(n) 中为相同的矩阵。一个旋转矩阵 $\boldsymbol{O} \in \mathrm{SO}(n)$ 具有以下特性：

$$\boldsymbol{O}\boldsymbol{O}^{\mathrm{H}} = \boldsymbol{I}$$
$$\det(\boldsymbol{O}) = +1 \tag{30.2}$$

式中：det(·)表示行列式运算符①，H 表示埃尔米特共轭或复杂的共轭转置。

式(30.2)的第二个方程可以通过对式(30.2)的第一个方程两边同时采取行列运算得到，即

$$\det(\boldsymbol{O}\boldsymbol{O}^{\mathrm{H}}) = \det(\boldsymbol{O})\det(\boldsymbol{O}^{\mathrm{H}}) = (\det(\boldsymbol{O}))^2 = \det(\boldsymbol{I}) = 1$$

旋转矩阵的类型形成的子集称为特殊正交集，其中 $\det(\boldsymbol{O}) = +1$，也称为特有的旋转矩阵。在场景的建筑环境中，组的另一个有趣的性能是转换 S_1 在另一个转换 S_2 之前具有和第三个应用 $S_3 = S_1 \cdot S_2$(独立应用)相结合的效果。平移和旋转可以组合成一个单一的变形，作为特殊欧几里得群 SE(n)的一种。考虑图像模板中的一点 $x \in \Re^2$，如果应用平移操作 $P \in \Re^2$，结果为新坐标 $x+p$。此外，如果应用旋转 $\boldsymbol{O} \in \mathrm{SO}(2)$，导致 x 点被旋转到新坐标 $\boldsymbol{O}x$，同时，操作可以组合并表示为 $\boldsymbol{O}x+p$。通常，节点的平移－旋转可以表示为如下的矩阵形式：

对于任意的 $n \times n$ 矩阵，$U \in \Re_{n\times n}$，则

$$\boldsymbol{U} = \begin{bmatrix} \boldsymbol{O} & p \\ 0 & 1 \end{bmatrix} \tag{30.3}$$

矢量 $\boldsymbol{x}_1 \in \Re^{n+1}$

$$\boldsymbol{x}_1 = \begin{bmatrix} x \\ 1 \end{bmatrix} \tag{30.4}$$

操作

① 如果 O 只是一个正交矩阵，其行列式将为 $\det(\boldsymbol{O}) = \pm 1$。

$$s = \boldsymbol{U}\boldsymbol{x}_1 = \begin{bmatrix} \boldsymbol{O}x + p \\ 1 \end{bmatrix} \tag{30.5}$$

导致 $n \times 1$ 维矢量的前 n 个元素构成了变换坐标的点 x[40]。所有矩阵 $\boldsymbol{U}$ 的集用 SE(n)表示特殊的欧几里得群。因此,模板 I^{α} 的所有变形集为

$$\boldsymbol{O}^{\alpha} = s\boldsymbol{I}^{\alpha} \tag{30.6}$$

所有 $s \in \Re^n$,$s \in \mathrm{SO}(n)$或 $s \in \mathrm{SE}(n)$。图 30.6 为使用已知的背景(沙漠战场)创作场景的实例,图 30.6(a)和(b)代表两个在时间上分离不同的帧,这样在两帧之间的时间间隔内平移和旋转都独立地应用在两个模板中。

图 30.6　两个不同的坦克 CAD 模型结合使用已知的沙漠背景的场景生成
(a)早期时间的帧;(b)平移和旋转已应用在两个模板的一个时间帧。

30.7.3　传感器建模

在 30.1 节中提到,在生成的假设场景中有两种可变性:一种是在 30.3.2 节讨论的模板转换;另一种可变性是在本节讨论的传感器建模。文献[17,40,41,46]对 ATR 应用的各种传感器建模进行了深入研究。假设的场景使用已知的背景(见图 30.6 的沙漠战场场景例子)和多目标模板形成,以达到与所观察到的图像最佳匹配的目的。虚拟场景和观察到的图像之间的映射是传感器模型,传感器模型考虑了传感器的物理性能及不同的传感器对同一场景可能会得到不同的观察结果。正如前面所讨论的,构建场景使用的模板是三维性质的,然而,图像传感器得到的二维观测结果和其他传感器(如高分辨(HRR)雷达)得到的观测结果是一维数组形式。成像传感器使用投影原理将真实的三维场景映射到二维照相机探测器空间。在本质上,它们从场景元素积累响应并投射到图像的像素中[40]。用 $I^{\mathrm{D}} \in \Re^d$ 表示观察的空间,其中,d 为传感器观测空间的维数(2 为图像,1 为高分辨率遥感),在变形模板 sI^{α} 和探测器空间 I^{D} 之间,传感器的模型作为非线性映射 T 可以表示为

$$I^{D} = TsI^{\alpha} \tag{30.7}$$

此外,对非线性映射,传感器也可能产生随机噪声 w,可以附加建模为

$$I^D = TsI^\alpha + w \tag{30.8}$$

注 2:ATR 算法的目标是,在给定的观察 I^D、合适的传感器模型 T 和模板 I^α 的情况下,通过 s 估计平移参数。

通常用于 ATR 的传感器可以大致分为两类(有一定空间的重叠):一类是高分辨率的传感器,如成像设备 FLIR、合成孔径雷达、光电相机(EO)等;另一类低分辨率的传感器,如毫米波雷达、其他测距雷达、声控传感器(用于到达观测方向)等。通常情况下,高分辨率的传感器用于识别传统方法不能获取的目标范围或位置信息,而较低的分辨率的传感器用于测距和目标定位等应用。可以看出,这两类传感器在本质上是互补的。因此,好的 ATR 算法是融合了这两类传感器信息并充分利用其互补性。下面描述 ATR 系统常见的一些成像传感器和用来模拟数据的模型,同时 30.3.4.3 节提供一些用于传感器的似然函数,这些函数的作用是控制统计模型。

1. 视频成像器

视频或光学成像器[41]提供刚性目标的高分辨率二维实值图像。探测器空间形成栅格 $I^0 = \{I^0(l): l \in \mathcal{L}^0\}$,其中 $I \in \Re^2$,$\mathcal{L}^0$ 表示形成探测其空间的栅格。当用于创建场景的模板为三维时,成像传感器(如视频成像器)产生的输出图像中包含了对现实世界输入场景的投影。投影可能是正交法或透视法。在正交投影中,三维输入空间的一点 (x,y,z) 通过简单的映射 $\{(x,y,z) \mapsto (x,y)\}$ 投影到二维探测器空间。在透视投影中,输入与输出映射的形式是 $\{(x,y,z) \mapsto (x/z, y/z)\}$[41]。这创造了消失点的效果,使对象远看起来更接近。视频成像器的输出可以用具有平均场的高斯随机域建模,输入场景投影到摄像机上[41]。输入场景的构建描述见 30.3.2 节。

2. 前视红外系统

FLIR 摄像机是大多数军用 ATR 系统和飞机着陆应用采用的传感器,通过检测目标的热辐射,它能在夜间、有雾或多云条件下工作。为了模拟 FLIR 成像,利用目标的三维 CAD 模型模板构建了真实的场景,该模板也包含其热分布。这种模板的数据库以及它们的热分布可以从棱镜数据库[45]获得。假定目标表面的辐射强度已知,在模板表面叠加的热映射渲染如图 30.4 所示。文献[46]论述了 ATR 算法用于红外成像的实践模式理论。Snyder 等人[47]给出了电 CCD 摄像机模型,用来建模和生成(合成)FLIR 图像。根据 Srivastava 和 Miller 等人[40,41]的研究,FLIR 摄像机通过 CCD 探测器捕捉目标的热力学剖面。CCD 摄像机通常用于获取无条理辐射目标的图像,它们的宽光谱响应使它们适合于在可见光(紫外线)UV 和红外范围[47]采集图像数据。从图 30.7 可以看出,探测器部署在摄像机的光学系统之前,光学系统由视场光栅和一组透镜组成,能调节

分辨率和引入像差。点扩散函数(PSF)描述了一个成像系统对点光源或目标的响应,它可以看作对光学系统的脉冲响应。

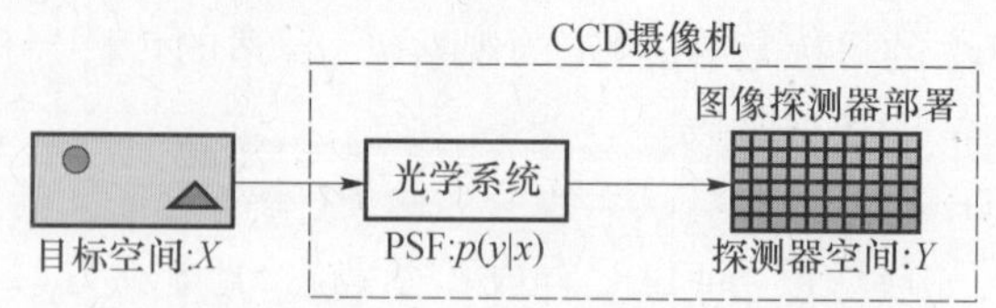

图 30.7 使用 CCD 相机看到的物体

为了模拟 FLIR 图像,文献[40,41]使用了泊松随机场模型,文献[17]使用了高斯分布的随机场模型。无论是泊松模型还是高斯模型都假设存在共同的平均场,输入图像的模糊版本是用来为两种模型的平均场建模。图 30.8 为使用已知背景的模拟图像,相应的真实 FKIR 场景如图 30.9 所示。必须指出的是,场景中的背景是假定已知优先,通过光电摄像机获得图像背景的灰度版本,放在紧邻前视红外摄像机(用来捕捉图 30.9 的帧)处,使它与时间同步。图 30.8(a)为通过泊松模型得到的合成的 FLIR 图像,图 30.8(b)为使用高斯模型生成的 FLIR 图像。为了构建输入场景,在已知的背景上叠加渲染了热剖面的汽车 CAD 模型。图 30.10 为使用低标准偏差的泊松模型和高标准偏差的高斯模型的前视红外仿真结果。这是在各种模拟实验中观察到的,当泊松模型和高斯模型得到的结果差异看起来很小时,在平均场的模糊效应是显著的。当模糊不明显且从图 30.10 中可以推断出时,差异往往是明显的。模糊效果可以通过真实对象和点扩散函数(又称为模糊函数)之间的卷积实现。一个点目标的扩散(模糊)程度可以看作是对成像系统质量的衡量,PSF[47,48]常采用二维高斯核心程序。

图 30.8 具有平均场的模糊输入图像红外成像仿真
(a)泊松模型成像;(b)高斯模型成像。

3. 雷达

相干激光雷达系统通过扫描视场可以采集二维强度、范围和多普勒图像。一个场景的理想 LADAR 图像可以通过以下两个步骤产生:

图 30.9 真实的 FLIR 场景

(a) (b) (c)

图 30.10 从图 30.8 裁剪的场景的模拟红外图像

(a)泊松模型;(b)低标准偏差的高斯模型;(c)高标准偏差的高斯模型。

(1)通过 30.3.2 节描述的 CAD 模型构建目标模板。

(2)利用 XPATCH 测距雷达仿真软件模拟范围数据。XPATCH 是由美国空军 Wright 实验室和 DEMACO 公司联合开发的计算机软件包,可用来模拟从给定的目标[49]返回的雷达波。

此外,为了从三维空间(通过 CAD 模型生成)到二维探测器空间投射出真实的场景,文献[17]中采用了透视投影的方法。上述步骤没有考虑由于噪声和杂波导致模型不准确的因素。然而,在现实世界中,由于不确定性会引起激光雷达图像降级,如目标的散斑、大气湍流、雷达波束的抖动,以及有限的载波噪声比(CNR)等。在这些因素中最明显的是有限 CNR 和具有中等尺寸光学器件(直径为 5~20cm 的光学器件[17])的 CO_2 激光雷达的目标斑点。文献[50]讨论了在像素层级的建模。因此,激光雷达模型仿真需要考虑到这些噪声源来描绘真实的场景。激光雷达在每个像素 l 的输出使用像素 l 真实范围的高斯平均和局部范围内精度[17,51]的标准偏差来建模。

4. 毫米波雷达

文献[52]概述了主动毫米波雷达模型,传感器的数据是以二维栅格的形式输出,其中每个数据点代表一个方位/范围单元(针对地面目标)。对应于每个单元,雷达取 N 次样本①。这些频率样本总和的平方根构成传感数据。

5. 高分辨率范围

文献[49]叙述了目标的联合跟踪与识别问题,使用了 HRR 范围模式的一个高分辨范围序列,由 HRR 产生的数据与列表中其他传感器的输出数据明显不同。HRR 以一维数组的形式提供其视场目标的距离像,目标的数据收集由连续雷达波照射目标,然后用天线[49]感知反射波。接收反射波的时间与往返路程成正比,在每个接收器范围内接收到的信号表示从相对特定范围[40]的所有反射器回波的叠加。范围分布可以从目标姿态[49]给定的 XPATCH 工具计算得出。然而,地面目标的弯曲或振动影响、由车辆的水分或污垢造成的物理影响以及表面运动控制等需要合并到模型[49]中。因此,文献[49]考虑了高斯随机过程模型中的两种模式:在第一个模型中,假定完全知道给定的目标类型、位置和方向,将范围分布作为确定性来建模,在本模型中,高斯随机过程的平均数为从软件(如 XPATCH)得到的模型化的范围分布,其协方差为零。在第二个模型中,假定范围分布从一个方向到另一个方向是独立的,在建模时看作是在各个方向上独立高斯随机变量的复合。大学研究原创合成数据集(URISD)是由 XPATCH[49]软件模拟范围分布形成的集合。

6. 合成孔径雷达

SAR 图像的统计建模已经成为活跃的研究领域[53]。Oliver[53]对 SAR 图像模拟的良好处理,将 SAR 统计模型与 ISAR 目标数据库相结合可以模拟 SAR 图像。在可变性方面,地形内容、区域和信杂比(SCR)等可以添加到 SAR 图像仿真中。文献[53]对用于 SAR 图像的各种统计模型进行了全面的回顾。在文献[53,55,56]中,将真实 SAR 数据的建模广义地分为参数模型和非参数模型两组。当处理参数模型时,可用几个已知的分布来对 SAR 图像建模。然而,如果这些分布的参数未知,可以利用已知的真实图像来估计。符合实际数据的最好/最优的分布可以使用某些指标(如拟合优度检验)实现。非参数化建模意味着假设没有分布,文献[53]提供了数据驱动技术,用来估计最适合数据的非参数模型统计。由于非参数模型是密集型计算,耗时的参数化建模方法通常用于 SAR 统计建模。参数化模型可分为经验分布、从产品模型开发的模型、从广义中心极限定理开发的模型和其他模型。其中,产品模型是 SAR 图像建模[53]中最广泛使用的参数化模型。反过来讲,产品模型来自散斑模型。文献[57]提出了散斑模

① 在文献[52]使用的雷达中,$N=64$。

型,假设在理想情况下成像场景具有恒定的雷达截面。文献[53]给出了这种散斑模型的详细情况,文献[58]给出了基于散斑模型的用于 SAR 图像的产品模型。产品模型结合了潜在的 RCS 组件 σ 及不相关的乘性相干斑模型组元 n,因此,在 SAR 图像中所观察到的强度 I 可以表示为产品,即

$$I = \sigma \cdot n \tag{30.9}$$

30.7.4 贝叶斯范式

贝叶斯推理是一种统计推断方法,其中一些证据或观察用来计算假设的概率,记为 $\mathcal{H}$,可能为真。观察也可以用来纠正先前预测的概率。前面提到的利用贝叶斯定理计算,按照先验概率 $\mathcal{H}$ 量化了后验概率 $\mathcal{H}$,并进行了似然修正,可作为先验概率对假设 $\mathcal{H}$ 的给定信息的有效观测。为此,给出了一组可用的测量,或在 ATR 的环境中将一组 m 个图像记为 $I = \{I_1, I_2, \cdots, I_m\}$,ATR 问题可以转换为未知量的估计,如存在不必要的噪声和/或杂波时的目标态势,用 θ 表示。首先陈述贝叶斯定理,在标量变量的设置中给出的一个简单的证明,并将结果推广到矢量变量。根据贝叶斯[59]定理,“任何事件的概率是期望值(取决于事件的发生,能计算出来)与事情发生的预期值之间的比值。”简单地说,给定两个随机变量 I 和 θ,贝叶斯定理指出,给定 I 时 θ 的概率等于给定 θ 时 I 的概率和 θ 边际概率的乘积与 I 边际概率的比率。随机变量集合的边际概率也称为无条件概率,是考虑变量的概率分布。从标量变量的情况开始,贝叶斯定理在数学上表示为

$$p(\theta|I) = \frac{p(I|\theta)p(\theta)}{p(I)} \tag{30.10}$$

式中:$p(\theta|I)$ 为给定 I 时 θ 的条件概率,也称后验概率;$p(I|\theta)$ 为给定 θ 时 I 的条件概率,也称似然概率;$p(\theta)$ 为 θ 的先验概率,也称边际概率;$p(I)$ 为 I 的先验概率,也作为归一化常数。从式(30.10)看到,θ 和 I 的联合概率,记为 $p(\theta, I)$,即

$$p(\theta, I) = p(\theta|I)p(I) \tag{30.11}$$

此外,θ 和 I 的联合概率也可以表示为 $p(I, \theta)$,即

$$p(\theta, I) = p(I|\theta)p(\theta) \tag{30.12}$$

假定 $p(\theta, I) = p(I, \theta)$,比较式(30.11)和式(30.12),可以推导出式(30.10)。因此,后验概率与先验概率和似然概率的乘积成正比。概括来说,式(30.10)可以扩展到随机变量的矢量中。考虑以下的随机变量序列 $\boldsymbol{\theta} = \{\theta_1, \theta_2, \cdots, \theta_n\}$,$\boldsymbol{I} = \{I_1、I_2, \cdots, I_m\}$,其中 $\{\theta_i\}_{i=1\cdots n}$ 表示要估计的未知量,$\{I_j\}_{j=1\cdots m}$ 表示观测量。此外,$\boldsymbol{\theta}$ 和 $\boldsymbol{I}$ 表示均为矢量。假设未知参数 $\{\theta_1, \theta_2, \cdots, \theta_n\}$ 遵循马尔可夫过程,则

$$p(\theta_k|\theta_{k-1},\theta_{k-2},\cdots,\theta_2,\theta_1)=p(\theta_k|\theta_{k-1}),\forall k \tag{30.13}$$

式中:k 为时间常数。

从式(30.10)可知,θ 的后验密度边际为

$$\begin{aligned} p(\boldsymbol{\theta}_k|\boldsymbol{I}_{1:k}) &= \frac{p(\boldsymbol{I}_1,\boldsymbol{I}_2,\cdots,\boldsymbol{I}_{k-1},\boldsymbol{I}_k|\boldsymbol{\theta}_k)p(\boldsymbol{\theta}_k)}{p(\boldsymbol{I}_1,\boldsymbol{I}_2,\cdots,\boldsymbol{I}_{k-1},\boldsymbol{I}_k)} \\ &= \frac{p(\boldsymbol{I}_1,\boldsymbol{I}_2,\cdots,\boldsymbol{I}_{k-1},\boldsymbol{I}_k|\boldsymbol{\theta}_k)p(\boldsymbol{\theta}_k)}{p(\boldsymbol{I}_k,\boldsymbol{I}_{1:k-1})} \end{aligned} \tag{30.14}$$

利用式(30.11),在式(30.14)中联合概率 $p(\boldsymbol{I}_k,\boldsymbol{I}_{1:k-1}|\boldsymbol{\theta}_k)$ 的表达式为

$$p(\boldsymbol{I}_k,\boldsymbol{I}_{1:k-1}|\boldsymbol{\theta}_k)=p(\boldsymbol{I}_k|\boldsymbol{I}_{1:k-1},\boldsymbol{\theta}_k)p(\boldsymbol{I}_{1:k-1}|\boldsymbol{\theta}_k) \tag{30.15}$$

在式(30.14)中联合概率 $p(\boldsymbol{I}_k,\boldsymbol{I}_{1:k-1})$ 的表达式为

$$p(\boldsymbol{I}_k,\boldsymbol{I}_{1:k-1})=p(\boldsymbol{I}_k,\boldsymbol{I}_{1:k-1})p(\boldsymbol{I}_{1:k-1}) \tag{30.16}$$

将式(30.15)和式(30.16)代入式(30.14),可得

$$p(\boldsymbol{\theta}_k|\boldsymbol{I}_{1:k})=\frac{p(\boldsymbol{I}_k|\boldsymbol{I}_{1:k-1},\boldsymbol{\theta}_k)p(\boldsymbol{I}_{1:k-1}|\boldsymbol{\theta}_k)p(\boldsymbol{\theta}_k)}{p(\boldsymbol{I}_k|\boldsymbol{I}_{1:k-1})p(\boldsymbol{I}_{1:k-1})} \tag{30.17}$$

对式(30.17)中的 $p(\boldsymbol{I}_{1:k-1}|\boldsymbol{\theta}_k)$ 应用贝叶斯定理,可得

$$p(\boldsymbol{I}_{1:k-1}|\boldsymbol{\theta}_k)=\frac{p(\boldsymbol{\theta}_k|\boldsymbol{I}_{1:k-1})p(\boldsymbol{I}_{1:k-1})}{p(\boldsymbol{\theta}_k)} \tag{30.18}$$

将式(30.18)代入式(30.17),可得

$$p(\boldsymbol{\theta}_k|\boldsymbol{I}_{1:k-1})=\frac{p(\boldsymbol{I}_k|\boldsymbol{I}_{1:k-1},\boldsymbol{\theta}_k)p(\boldsymbol{I}_{1:k-1})p(\boldsymbol{I}_{1:k-1})p(\boldsymbol{\theta}_k)}{p(\boldsymbol{I}_k|\boldsymbol{I}_{1:k-1})p(\boldsymbol{I}_{1:k-1})p(\boldsymbol{\theta}_k)} \tag{30.19}$$

去掉式(30.19)中分子和分母中的公因数 $p(\boldsymbol{I}_{1:k-1})p(\boldsymbol{\theta}_k)$,可得

$$p(\boldsymbol{\theta}_k|\boldsymbol{I}_{1:k})=\frac{p(\boldsymbol{I}_k|\boldsymbol{I}_{1:k-1},\boldsymbol{\theta}_k)p(\boldsymbol{\theta}_k|\boldsymbol{I}_{1:k-1})}{p(\boldsymbol{I}_k|\boldsymbol{I}_{1:k-1})} \tag{30.20}$$

式中:$p(\boldsymbol{\theta}_k|\boldsymbol{I}_{1:k})$ 为后验概率。因此,后验概率与前验概率和似然概率的乘积成正比。

30.7.4.1 贝叶斯 ATR 结构

任何 *ATR* 算法必须解决的根本问题定义如下:

定义 2:假定观测一个由单一目标构成的实时场景,被动成像传感器和主动跟踪(测距)传感器能否识别目标并跟踪其位置和姿态(方向)?

这个问题的范围可以扩展,通过加入多个传感器,使其具有不同的传感器模型和输出、多目标的场景、新目标出现和已知目标消失(离开关注的视场)。场景包括杂波、阻塞以及其他提供关于目标新的和所需信息(基于应用程序)感兴趣的参数。Grenander 模式理论[60-62] 提出了上述假定格式中制定 *ATR* 问题必需

的框架。在该理论中,数据作为从基础模板到观察空间的变换来建模,变换可以完全确定或可能包含内置的随机性(除了某些情况下的额外噪声之外)。ATR的问题以这种方式表述时可利用 30.3.4 节的贝叶斯定理转换成估计问题来解决。本节提供了 ATR 的规划大纲和贝叶斯解决方案。在用贝叶斯解决定义 2 中假定的 ATR 问题时,在构建底层结构时有四个关键步骤:①对实时场景的参数化处理;②使用似然函数对物理基传感器建模;③使用从先验函数的目标运动获取的信息;④使用最大的后验概率(MAP)估计或最大似然(ML)估计推理。

30.7.4.2　场景的参数化

如果通过特定的时间间隔($k=1,2,\cdots,K$)观察一个地面单目标的运动,其位置在 k 时刻通过 $\{\boldsymbol{p}_k \in \Re^2; k=1,2,\cdots,K\}$ 可以参数化,k 时刻的姿态可以通过 30.3.2 节描述的旋转矩阵 $\{\boldsymbol{\theta}_k \in \mathrm{SO}(2); k=1,2,\cdots,K\}$ 参数化。因此,一个刚体目标的地面运动可以通过一系列的平移和旋转(在经典 (x,y,z) 笛卡儿坐标系中绕 z 轴旋转)表示,即

$$\begin{pmatrix} x \\ y \end{pmatrix} \mapsto \begin{pmatrix} \cos\theta & \sin\theta \\ -\sin\theta & \cos\theta \end{pmatrix} \begin{pmatrix} x \\ y \end{pmatrix} + \begin{pmatrix} p_1 \\ p_2 \end{pmatrix} \tag{30.21}$$

式中:$[p_1 p_2]^{\mathrm{T}}$ 为平移参数矢量;θ 为旋转角度①。目标类型用 $\alpha \in \mathcal{A}$ 表示(详情见 30.3.2 节)。因此,对一组假定的观测 $\boldsymbol{Z}_k = \{z_1 z_2 \cdots z_k\}$ 直到 k 时刻,要估计的目标位置、姿势和类别的参数组,可以作为空间元素表示为

$$(\Re^2 \times \mathrm{SO}(2)^k) \times A \tag{30.22}$$

由式(30.22)可以观察到参数组有两个元素是连续值变量,第三个是离散值。在第 k 个观测时间,平移序列记为

$$\boldsymbol{T}_{l_k} = \{t_{l_1} \quad t_{l_2} \quad \cdots \quad t_{l_k}\} \tag{30.23}$$

将时刻 k 的目标方位的序列记为

$$\boldsymbol{\Theta}_k = \{\theta_1 \quad \theta_2 \quad \cdots \quad \theta_k\} \tag{30.24}$$

那么时刻 k 参数的联合后验密度由贝叶斯定理给出,即

$$\underbrace{p(\boldsymbol{t}_{l_k}, \theta_k, \alpha \mid Z_k)}_{\text{posterior}} \propto \underbrace{p(z_k \mid t_{l_k}, \theta_k, \alpha)}_{\text{likelihood}} \underbrace{p(\boldsymbol{t}_{l_k}, \theta_k, \alpha \mid \boldsymbol{T}_{l_{k-1}}, \boldsymbol{\Theta}_{k-1})}_{\text{prior}} \tag{30.25}$$

此外,式(30.25)的比例符号可以通过式(30.20)中的项 $p(z_k \mid z_{k-1})$ 替换式(30.25)等号右边的项。

30.7.4.3　似然函数

通常,似然函数的定义为给出目标状态 x,测量 z 的条件密度,即 $\Lambda(\boldsymbol{x}) = p(\boldsymbol{z} \mid \boldsymbol{x})$。在 ATR 的环境中,似然函数表示从基本场景的映射,通过状态矢量 $\boldsymbol{x}$ 的参数化,得到传感器观测 z。它可以解释为传感器基于自身物理的统计模型。

① 为了计数方便,忽略了时间指标。

如文献[40]所述,杂波模型也被考虑在似然函数内。等(30.25)给出的似然函数 $p(z_k|t_{l_k},\theta_k,\alpha)$,在表征定义 2 所述的问题时,可以解释为 α 类目标在 k 时刻平移 $\boldsymbol{p}$、旋转 θ 角,导致观察图像包含在测量 z 中增加的概率。似然函数是从传感器映射 T(见式(30.7)和式(30.8))的物理特性推导出来的,似然函数用在贝叶斯 ATR 系统中,30.3.3 节列出了一些常用的成像传感器如下:

1. 视频成像器

将视频或光学成像器产生的输出图像用 $\boldsymbol{I}^0=\{\boldsymbol{I}^0(l):l\in\mathcal{L}^o\}$ 表示,其中 l 表示一个像素,$l\in\Re^2$,$\mathcal{L}^o$ 为构成探测器的空间栅格,上标 O 表示从光学成像器得到的图像。假设输出像素的强度是独立的,该光学成像器的似然函数可以用高斯[40]建模为

$$p(\boldsymbol{I}^0\mid\boldsymbol{I}^x)=\prod_{l\in\mathcal{L}^0}\frac{1}{\sqrt{2\pi\sigma_o^2}}\exp\left(-\frac{[I^o(l)-\boldsymbol{I}^x(l)]^2}{2\sigma_o^2}\right)\tag{30.26}$$

式中:$\boldsymbol{I}_x$ 为已经参数化($x\in\boldsymbol{\lambda}$)的输入场景;χ 为参数空间;σ_o 为分布的标准偏差。

2. 前视红外

根据相关文献,构建前视红外摄像机的似然函数有两种不同的传感器模型。在文献[40、41]应用了泊松模型,而文献[17]中应用了高斯似然模型。假设由前视红外成像器所产生的输出图像用 $\boldsymbol{I}^F=\{\boldsymbol{I}^F(l):l\in\mathcal{L}^F\}$ 表示,其中 l 表示像素,使得 $l\in\Re^2$,$\mathcal{L}^F$ 为组成探测器空间的栅格,上标 F 表示图像是从前视红外摄像机获得的。假设输出像素的强度是独立的,那么前视红外摄像机的似然函数可以用泊松[40,41,48](其输入为模糊图像)进行建模。

$$\boldsymbol{I}^x_{\text{blur}}(l)=\sum_{i\in\boldsymbol{I},l\in L^F}p(l\mid i)\boldsymbol{I}^x(i)\tag{30.27}$$

可以用一个点扩散函数(PSF)和输入图像的参数化($x\in\mathfrak{X}$)形成泊松过程的平均场之间的卷积形成来表示。在式(30.27)中,$p(1|i)$ 表示点扩散函数,$\boldsymbol{I}$ 表示输入图像 $\boldsymbol{I}^x$ 形成的栅格。在上述的泊松模型中,假定传感器用特定的光子计数校准了,根据 Dixon 和 Lanterman[46]的理论,在实际应用时(如天文成像)这种假设可能是有效的。然而,它通常不用于前视红外传感器。因此,文献[17,63]提出一个更合适的模型高斯模型:

$$p(\boldsymbol{I}^F\mid\boldsymbol{I}^x)=\prod_{l\in\mathcal{L}}\frac{1}{\sqrt{2\pi(\mathrm{NE}\Delta T)^2}}\exp\left(\frac{\boldsymbol{I}^F(l)-\boldsymbol{I}^x(l)]}{2(\mathrm{NE}\Delta T)^2}\right)\tag{30.28}$$

式中:$\boldsymbol{I}^F\equiv\boldsymbol{I}^F(l)\in L^F$ 为输出图像;$\boldsymbol{I}^x\equiv\boldsymbol{I}^x(l)\in\boldsymbol{I}$ 为理想的无噪声的输入图像或模糊的输入图像;$(\mathrm{NE}\Delta T)$ 为前视红外系统的噪声等效温差形成的标准偏差分布[46]。

3. 雷达

令激光雷达产生输出范围的图像用 $\boldsymbol{I}^{\mathrm{L}}=\{\boldsymbol{I}^{\mathrm{L}}(l):l\in\mathcal{L}^{\mathrm{L}}\}$ 表示，其中 l 代表一个像素，$1\in\Re^2$，$\mathcal{L}^{\mathrm{L}}$ 为构成探测器空间的点阵，上标 L 表示图像是从激光雷达产生的。假设输出像素的强度是独立的，则激光雷达的似然函数可作为高斯密度[17]来建模：

$$p(\boldsymbol{I}^{\mathrm{L}}\mid\boldsymbol{I}^{x})=\prod_{l\in\mathcal{L}^{\mathrm{L}}}\left([1-\Pr(A)]\frac{1}{\sqrt{2\pi(\delta D)^2}}\exp\left(-\frac{[\boldsymbol{I}^{\mathrm{L}}(l)-\boldsymbol{I}^{x}(l)]^2}{2(\delta D)^2}\right)+\frac{\Pr(A)}{\Delta D}\right)\tag{30.29}$$

式中：$\boldsymbol{I}^{x}\equiv\{\boldsymbol{I}^{x}(l)\in\boldsymbol{I}:l\in\mathcal{L}^{\mathrm{L}}\}$ 为输入范围内的图像由 $x\in\chi$ 参数化；$\Pr(A)$ 为单个像素异常概率，即斑点和散粒噪声的效果相结合得到的范围测量概率，它超过真实范围一个距离分辨单元，并且假定所有像素[17]都相同。

在式(30.29)乘积的第一项表示在像素 l 不是反常的情况下，第二项表示像素 l 是反常的情况。像素 l 不是反常的范围作为高斯分布来建模，具有标准偏差 δD 的局部范围精度。像素 l 是反常的范围作为均匀分布在不确定间隔的整个范围内来建模，$\Delta D=D_{R_{\max}}-D_{R_{\min}}$，比局部范围准确性 δD 大得多。项 $D_{R_{\max}}$ 和 $D_{R_{\min}}$ 分别表示不确定性间隔 ΔD 的上限和下限。

4. 高分辨范围

在文献[17]提出高分辨范围模型中，一种加性白复高斯噪声模型用于观察信号的复合包络。因此，所观察到的信号幅度以 Rice 分布建模。假设 $\boldsymbol{I}^{\mathrm{H}}\equiv\{\boldsymbol{I}^{\mathrm{H}}(r)\in\Re\}$，其中 $r\in\Re$，$\Re$ 的范围轮廓栅格是由 HRR 产生的随机范围轮廓，上标 H 表示从一个 HRR 源产生的图像，$\boldsymbol{I}^{x}\equiv\{\boldsymbol{I}^{x}(r)\in\Re\}$ 是通过 $x\in\chi$ 的参数输入的范围轮廓，那么似然函数的形式为

$$p(\boldsymbol{I}^{\mathrm{H}}\mid\boldsymbol{I}^{x})=\prod_{l\in\Re}\left\{2I_0\left(\frac{2(\boldsymbol{I}^{\mathrm{H}}(r))^2\mid\boldsymbol{I}^{x}(r)}{(\sigma_{\mathrm{r}}^2+1)^2}\right)\exp\left(-\frac{(I^{\mathrm{H}}(r))^2+\mid\boldsymbol{I}^{x}(r)^2\mid}{\sigma_{\mathrm{r}}^2+1}\right)\right\}\tag{30.30}$$

式中：$\boldsymbol{I}_0$ 为第一类零阶修正贝塞尔函数；σ_{r} 为分布的标准偏差。

30.7.4.4 先验分布

通常，将先验函数定义为目标状态 x 的无条件密度，即 $p(\boldsymbol{x})$。在 ATR 的环境中，先验表示关于构成矢量 $\boldsymbol{x}$ 的参数的先验信息。在定义 2 中所定义问题的先验密度是 $p(\boldsymbol{t}_{l_k},\theta_k,\alpha\mid\boldsymbol{T}_{l_{k-1}},\Theta_{k-1})$，这表示用户获得的先验知识必须由 α 类目标在 k 时刻通过平移 p、旋转 $\boldsymbol{\Theta}$ 得到。先验密度可认为是作为权重附加到似然中以形成后验密度，例如，与其他一些地区相比，一个移动目标可以较高的概率存在于特定区域，先验来源于目标运动使用的动态模型。因此，识别和跟踪变得密不可分。Miller 等人[41]对飞机的动态先验提供了广泛的处理方法。从式(30.25)可以看出，先验密度只是预测的位置矢量和旋转矩阵的联合密度。因

此,先验可从支配车辆运动方程的非线性方程推导出来,因此速度和角速度可以使用高斯-马尔可夫概率模型进行建模。在有多个目标的情况下,Miller 等人[41]在先验中引入一个惩罚项,应对在任意时刻目标占据相同的物理空间。假设有两个目标,分别记作 m_1 和 m_2,而且目标是通过 x^m 参数化的,其中 $x \in \chi$,$m \in \{m_1,m_2\}$,交叉惩罚采取吉布斯(Gibbs)形式:

$$p(x(m_1,m_2)) = \frac{1}{Z}e^{\left(-\alpha \sum_{m,m',m\neq m'} |v(x^{(m)} \cap V(x^{(m')}))|\right)},\alpha > 0 \qquad (30.31)$$

式中:$V(x^{(m)}) \subset \Re^2$ 为目标通过 x^m 参数化后所占据的体积;α 为在 x 分布中的一个设计参数;"∩"表示相交;Z 为归一化项。

30.7.4.5 推理

30.3.4.1 节通过 30.3.4.4 节提供了贝叶斯方法解决 ATR 问题的形式。这种方法基于模式理论,目的是构建场景,说明传感器的输出数据是通过传感器建模得到的。推理是贝叶斯 ATR 算法的一方面,其场景很好地解释了所观察到的传感器输出是通过对参数的统计估计重建的,重新设计以使其完全参数化。从式(30.25)可以看出,在 *ATR* 遇到的典型场景的参数空间有连续的和离散的。此外,参数表示的是高维旋转组的乘积。因此,联合连续离散参数的估计需要连续型和离散型[41]的迭代优化技术。连续搜索技术包容了各种姿态、尺度和位置,而离散的搜索可以搜索各种类别和数量的目标。因此,推理是通过跳跃扩散的随机过程(同时包含离散和连续的轨迹)组织的。文献[41,64]说明了跳扩散架构,该算法是围绕可逆跳跃马尔可夫进程设计的,解决了 ATR 问题的连续和离散的方面,算法流程已在文献[46]介绍。该算法的工作方式,简而言之,就是对参数空间中的离散组元通过跳跃来处理,即通过添加或删除目标或改变目标的类别,连续空间是利用扩散过程来搜索的。基于贝叶斯的 ATR 问题可以分为两类:一类假定描述场景的参数是非随机的,即没有先验模型;另一类参数是随机的,即可以使用先验分布[65]建模。推理归结为最大似然(ML)估计的情况和最大先验(MAP)估计的情况。两种情况下的跳跃扩散算法简要概述如下:

1. ML 基跳扩散

(1) 用空场景初始化算法。

(2) 通过目标的添加(产生)、删除(死亡)和/或模变(类别变化)初始化跳,产生一定的可变假设以形成候选场景,场景中包括各种数量和类别的目标。

(3) 选择配置或候选的场景,最大化似然函数的对数,正如在 30.3.4.3 节给定的那样。

(4) 在跳后选择配置启动扩散,以匹配连续的参数如姿态、位置等,在跳的步骤给定选择目标的配置。

(5) 通过对连续参数的小扰动进行扩散,以便计算对数似然函数的数值偏差,使用快速上升的方法进一步扩大它。

2. MAP 基于跳扩散

(1) 用空场景初始化算法。

(2) 通过目标的添加(产生)、删除(死亡)和/或模变(类别变化)初始化跳,产生一定的可变假设以形成候选场景。

(3) 计算每个候选假设的先验概率,每个候选对象使用与后验概率成比例的概率随机选定,这样接受概率在抽样算法[66]中有它的根。

(4) 在跳后选择配置并初始化扩散,以精炼或匹配连续参数如姿势、位置等,便于观察。

(5) 扩散通过使用 Langevin 随机微分方程来完成,即

$$\mathrm{d}\boldsymbol{X}_N(\tau) = \nabla_{X_N} H(\boldsymbol{X}_N(\tau) \mid D)\,\mathrm{d}\tau + \sqrt{2}\,\mathrm{d}W_N(\tau) \tag{30.32}$$

式中:$\boldsymbol{x}_N \in \chi_N$,是具有固定目标类别(跳后)的 N 个目标情况的复合参数矢量,且有

$$\boldsymbol{X}_N = [x(1), x(2), \cdots, x(N)] \tag{30.33}$$

其中:χ_N 为 N 目标的参数空间。

在式(30.32)中,$W_N(\tau)$是一种在χ_N 中的维纳过程,$H(X_N(\tau) \mid D)$是对数后验,D 表示传感器数据①。

30.7.4.6　多传感器数据融合

基于贝叶斯方法的 ATR 问题经常被忽视,但重要的特征是它本身容易与多传感器数据融合。传感器数据融合在框架[41]自动进行,无论有多少传感器但只能解决一个推理问题。为了说明这一点,让通用的似然函数由 $L(\mathcal{D} \mid X)$确定,其中 $\mathcal{D} \equiv \{D_1, D_2, \cdots, D_n\}$表示从 n 个不同的传感器(如前视红外、激光雷达、高分辨率范围等)获得的数据,X 为输入图像的参数。假设传感器是独立的,则似然函数为

$$L(\mathcal{D} \mid X) = L(\{D_1, D_2, \cdots, D_n\} \mid X) = \prod_{i=1}^{n} L(D_i \mid X) \tag{30.34}$$

因此,联合对数似然函数减少至 N 个联合对数似然函数的总和,可以用在式(30.35)所讨论的推理问题中:

$$\log(L(\mathcal{D} \mid X)) = \sum_{i=1}^{n} \log(L(D_i \mid X)) \tag{30.35}$$

因此,当多传感器的观测为后验分布提供额外的信息时,只有一个需要解决的推理问题。

---

① 注意:τ 是算法的时间,不是场景时间。

30.7.4.7 误差边界

除了多传感器数据融合,另一个基于贝叶斯的 ATR 技术来源于对估计误差的统计边界。最优估计来源于经典的贝叶斯理论,利用最小均方误差(MMSE)估计最小化均方误差(MSE),这是一个普遍接受的估计器的质量测量。然而,由于 SO(n)的非平几何性,标准的 MMSE 估计器需要修正,即 MMSE 估计需要在 SO(n)的基础上限定。希尔伯特-施密特估计(HSE)就是这样的估计器,受 SO(n)限制的 MMSE 估计器。由 Grenander 等人[44]导出希尔伯特-施密特下界(HSLB),与最佳的 HSE 的误差相关,以形成一个与任何估计器相关的误差下界。HSLB 的推导不在本章的范围之内,然而,推导可以在文献[44]的姿态估计中找到,该姿态估计使用了各种常用的传感器,如红外,高分辨率范围和视频。因此,与欧氏参数克拉美-罗下界[65]通常用来建立估计性能一样,在 ATR[40]的环境中 HSLB 提供了一个类似的平台比较各种算法的性能。

30.8 人工智能方法

本节描述了解决 ATR 问题的基于人工智能的方法。在本章中讨论了基于人工智能的 ATR 系统。从神经网络(NN)基智能适配的角度,通过增加神经网络到现有的经典的 ATR 系统或开发一个功能全面的基于监督学习的神经网络作为独立的探测器、识别器和分类器。

30.8.1 神经网络

为了这个最终目的,从最基本的问题"神经网络是什么"开始,引用 Haykin[67]的话,"神经网络是由简单的处理单元组成的大规模并行分布式处理器,它具有储存知识和经验的本性,以便需要时使其可用。它类似于大脑的两个方面:①知识是通过对环境学习过程从网络获取;②神经元间的连接强度,称为键结值,用于存储所获取的知识。"用来执行学习过程的程序称为学习算法,它的功能是修改有序网络的键结值以达到预期的设计目标,如功能重建(提升传统的贝叶斯先验模型)、模式分类、目标识别等。一些神经网络提供的益处是功能逼近(对非线性函数非常有用)、输入输出映射、自适应,神经模拟、模式分类、环境信息及容错(在相反的操作条件下神经网络的性能适度降级)等。典型的非线性神经元模型如图 30.11 所示,其中 m 输入到 NN 中表示为(x_1, x_2, $\cdots$, x_m),m 维神经网络输入层的权重表示为($w_1, w_2, \cdots, w_m$),神经元的激活函数本质上为输出限幅器,表示为 $\sigma(\cdot)$,NN 的输出表示为 y,由下式给定:

$$y = \sigma\left(\sum_{i=1}^{m} w_i x_i + b\right) \tag{30.36}$$

式中：b 为外部神经元模型偏差，具有增加或减少激活函数 σ 的输入自变数的效果，取决于偏差是正或负的。

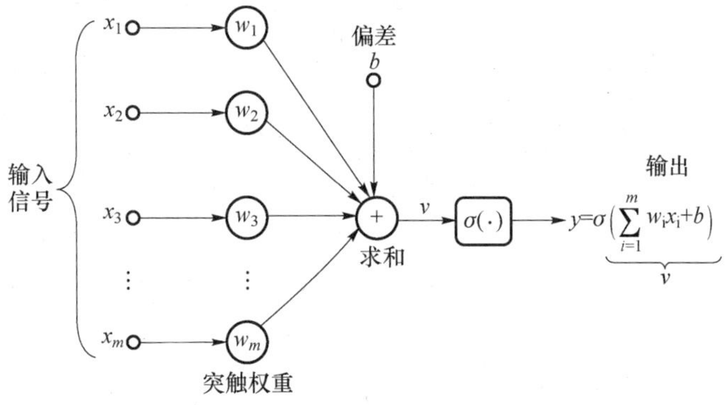

图 30.11　典型的非线性神经元模型

图 30.12 为激活函数的不同模型，如阈值函数（图 30.12(a)）、分段线性函数（图 30.12(b)）、双弯曲函数（图 30.12(c)）和双曲正切函数（图 30.12(d)）。从图 30.12(c)可以看出，当双弯曲函数增加 a 时，函数逼近阶跃函数。从图 30.12(d)可以看出，双曲正切函数可以取负值，双弯曲函数不会取不相关的负值，以及接近 0 与负值有非常大的幅度。因此，通过控制参数 a，双弯曲函数可以近似表示函数从阶跃到平缓的特性。因此，在神经网络中，双弯曲是激活函数的优先选择。

30.8.2　人工智能基 ATR 系统

在自动目标检测、识别和跟踪的设置中，基于神经网络自适应能力的人工智能已经被提出作为独立解决现实世界中图像处理问题的有力工具。经过多年理解和实施神经网络，在目标识别、分类识别，特征提取/计算、目标取向（也称目标姿态）和目标跟踪场景等方面，ATR 问题已经从神经网络获益。为此，神经网络可以看作是高度不确定问题的稳健解决方案，它无法通过古典或贝叶斯方法单独解决。此外，从设计并实施 ATR 系统的角度来看，神经网络具有足够数量的智能构建，以迅速和有效地适应要成像环境的快速变化，或者板载飞行器数据库中的目标模型与现实世界的飞行器成像之间的严重不匹配。因此，神经网络提供了大量的工具，可形成解决 ATR 问题的计算效率和健壮性方法的基础。神经网络提供了潜在的强大技术（计算）用来设计专用的硬件，实现对大量计算视觉和多传感器融合问题的快速优化。

在文献[68]中，从目标分类的角度提出了神经网络，其结构称为模块化神经网络分类器，由几个独立的从目标图像部分提取的局部特征的神经网络训练

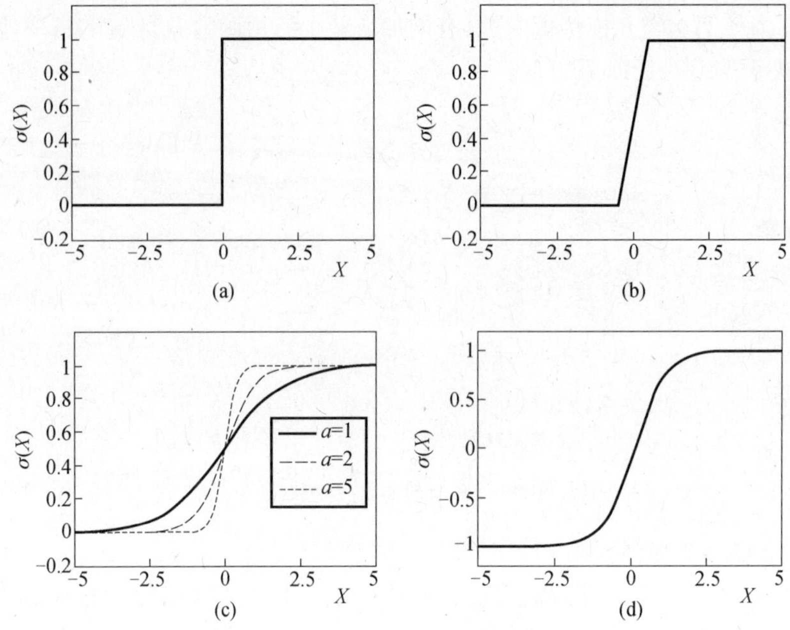

图 30.12 不同的激活函数模型

(a)阈值函数；(b)分段线性函数；

(c)双弯曲函数 $\sigma(x)=1/(1+e^{-ax})$；(d)双曲正切函数 $\tanh(x)$。

组成。将这些独立的神经网络的分类决策用层叠泛化的方法收集[69,70]起来，最终的分类就是基于这个过程的结果。层叠泛化是使用高层次的模型结合低层次模型来实现更高的预测精度的一般方法，该方法结合了多个用来学习具体分类任务的模型。文献[68]所提出的方法已经从真正的 FLIR 图像获得的详尽数据进行了测试。文献[71]从目标检测和基于多分辨率的中心凹图像分类的角度运用了神经网络。中心凹是眼睛的一部分，位于视网膜的黄斑区中心。在这里，基于 Hopfieldel 的神经网络用来设计一个能量函数(成本函数)，其最小化确定了目标识别过程中的决策。文献[72]中，基于神经网络的目标检测问题通过采用线性参数化和非参数线性参数的神经网络解决，运用了基于局部图像强度的非参数训练的分类器——二次伽马探测器(QGD)。QGD 是基于伽马函数到二维扩展的合成孔径雷达图像的目标识别模块，从而估计图像像素在测试条件与实际条件下的强度。这些强度的估计是用来创建二次判别，称为二次伽马甄别器。这就是众所周知的高斯分布类别的最佳分类。文献[73]设计了一个自动指纹分类系统，目的是创造一个有效的数据库用于指纹匹配。设计了一个四层的神经网络，给出二维数据进行特征提取。每个类别的指纹识别方案是由单独的神经网络驱动。神经网络的训练通过监督学习的两步训练法的反向传播算法进行。

在目标分割领域,神经网络已经大量应用,这在文献[74-76]已报道。基于神经网络的分割方法依赖于图像小面积的处理,使用单一的神经网络或一群神经网络。一旦处理完成,对神经网络识别图像相应的区域做出标记,专门用于此类识别设计的一个网络类型是 Kohonen 图。文献[76]提出并研发了脉冲耦合神经网络(PCNN),用于高性能的生物图像处理。PCNN 作为一个二维神经网络,对图像处理技术非常有用。网络中的每个神经元对应于图像中的像素,接收相应像素的颜色信息(如强度)作为外部刺激。此外,每个神经元与它相邻的神经元连接,接收它们的局部输入,这是标准的基于神经网络检测、分割方案。外部输入和局部输入在内部激活系统中相结合,产生一个脉冲输出。通过迭代计算,PCNN 的神经元产生脉冲输出的时间序列,其中包含输入图像的信息,可用于各种图像处理应用,如图像分割和特征生成。与传统的图像处理方法相比,PCNN 具有稳健的抗噪声、输入模式几何变化的独立性(类似于 Zernike 或 Hu 矩)、输入模式桥接强度变化小等显著的优点。在 1989 年,Eckhorn 恩引入了神经模型来模拟猫的视觉皮层机制。该模型被证明是视觉皮层图像分析的有效工具,很快被发现在图像处理中有重要的应用潜力。在 1994 年,Eckhorn 模型被 Johnson 改编为图像处理算法,称该算法为 PCNN。文献[77]提出了对室外图像基于神经网络的自动分割和分类的方法,使用基于目标的纹理和颜色信息的自组织特征映射(SOFM),将捕获的图像分割,从每个分段区域提取区域特征信息,如平均颜色、位置、大小、旋转、纹理(Gabor 滤波器——在 Dennis Gabor 后命名,是一种用于边缘检测的线性滤波器。Gabor 滤波器的频率和方向类似于人类的视觉系统,已被发现特别适合于纹理表示和识别)和形状等。分类是利用多层感知器进行。在特征检测时,隐层神经元在它们承担的特征探测器[67]角色中发挥了关键的作用。作为学习过程的发展,当训练数据可用时,这些隐藏的神经元开始适应迄今为止未知的特征,从而建设性地拼凑信息,这样就将训练数据特征化了。通过一个应用于输入空间或数据空间的非线性变换,将输入空间变成一个称为隐藏空间的新空间。相对于神经网络的突触权值,神经网络的输出计算是尽量减少在输出值与期望输出之间模式或响应的差异。这最小化在原则上与最大化判别函数是相似的,这是关于两个矩阵的乘积的轨迹函数,都涉及神经网络的输入和期望的输出响应,在去除各自的平均数后去掉劣解。一个判别方法估计“决策边界”直接绕开条件密度估计的中间阶段。测量或特征空间的决策边界是基于判别式的测量或特征的线性或非线性函数。文献[78]提出了一种方法,用神经网络增加 ATR 系统,目的是对所提出的混合模型进行可视化模式识别。文献[79,80]提出了神经认知机网络,这种神经网络形成了 ATR 系统的特征提取前端。对复杂目标的识别,需要修改基本神经认知机网络范式,以提高健壮性,应对在训练时由于抽样(混淆)和差的特征选择引起的图像失真。这在文献[78]已论述过,其重点是增强对网络的使用,并作为 ATR 系统的一个自组织特征提取单元。神经认知机(来自 Hubel 和 Wiesel 在 1959 提出的模型)是由 Fukushima[79]提出的分层次多层神经网络,已用于手写字符识别及其他模式识别任务。

总之,神经网络增强 ATR 的问题具有以下优势,促进大规模并行计算硬件的发展,利用强大的模型和学习算法改进了可编程性,如反向传播技术[67]。考虑到神经网络结构的基本处理单元相对简单,可以采用不烦琐的硬件设计构建模块化的神经网络结构[81]。此外,由于神经网络是强大的通用函数逼近器,对于高度非线性函数特别有用,如果有合适的数据库存在输入和输出的例子,神经网络学习可以用来计算连接权值以使网络能逼近函数。这样的学习可以用于自动 ATR 知识获取和系统优化[81]。最后,神经网络可以用来解决需要有效地适应目标和环境变化的 ATR 问题,选择良好目标的特征,集成关于目标特征、背景、定位 ATR 方法的先验知识。

30.9 结束语

本章概要提出了三种不同观点来解决 ATR 问题,这些理念是基于经典的技术、基于贝叶斯方法和神经网络方法。基于经典的 ATR 方法通过五个阶段(严格单向),即预处理、检测、分割、特征提取和跟踪进行目标识别和检测。因此,在初始阶段的任何错误对经典 ATR 的后续阶段都会有不利的连锁影响。此外,只要目标图像的特征位于容易分类的区域,基于经典的 ATR 方法就能提供准确的结果。因此,这种方法的结果更可能受到预处理阶段未成功去除的遮挡和杂乱所影响。基于贝叶斯的方法统一了各阶段的基于经典的 ATR 的方法,将经典的 ATR 问题改造为预测 - 校正或参数估计问题。在贝叶斯方法的预测和校正步骤中,允许通过一组已知的场景测量对要纠正的未知参数进行预测估计,从而增加准确描述目标的概率。此外,通过动态目标说明,贝叶斯方法允许模型或有效传感器模型(包括传感器噪声的影响)的真实场景问题存在具体参数或强大的先验模型。例如,ATR 的坦克,识别的方向应是炮塔所指的方向最有价值,在战场上的情况如图 30.6 所示。在这种情况下,基于贝叶斯的 ATR 问题可以用公式表示参数矢量,属于 SO(2)组(见 30.3.2 节)的额外参数可以添加到用于坦克主体姿态估计的已经存在的 SO(2)参数。因此,炮塔的旋转可以建模为独立的坦克主体的旋转,如图 30.5 所示。在战场环境中,可靠的 ATR 系统[82]能够检测到坦克的炮塔指向是必不可少的。基于神经网络的 ATR 方法不同于传统的 ATR,依赖于训练数据集的有效可用性。这些数据都需要学习不断变化的环境以适应它。然而,这种训练集需要详尽其运行时变幻莫测的环境。当大量的训练数据集不可用时,这种需求能阻碍神经网络方法的可用性。上述方法在解决构造场景和需求时表现很好,例如在考虑简单有序和要求仅从分类的角度的情况下,选择基于经典的 ATR 方法。然而,如果用一个关键的要求估计目标的方位(姿态)[82]及跟踪时,在传感器模型进一步被充分理解和可用的情况下,设计者更谨慎的选择是基于贝叶斯方法。最后,如果目标及其周边环境经历随机和不可预知的变化时,仅通过纯粹的数学方程建模是很困难的,基于神经网络的方法可以有效和智能地适应这些变化。然而,现实的情况往往不仅仅是上述情景的组合。因此,没有单一的方法有可能解决这个组合,相反混合和匹配这些方法形成的混合方法是目标检测、跟踪和识别成功的关键。这种混合的方法可以增强神经网络到基于贝叶斯的方法,为了说明现有的建模误差或给定传感器模型的学习统计。此外,增强现有的贝叶斯模型包括环境信息,提高似然模型以合并杂波模型(见文献[40]),可以使贝叶斯方法更智能/适应不同的地形。

参考文献

1. A. C. Bovik, *The Handbook of Image and Video Processing*, Second Edition, New York, New York: Academic Press, pp. 1341–1353, June 2005.
2. B. Bhanu, Automatic target recognition: State of the art survey, *IEEE Transactions on Aerospace and Electronic Systems*, 22(4), 364–378, July 1986.
3. D. E. Dudgeon and R. T. Lacoss, An overview of automatic target recognition, *The Lincoln Laboratory Journal*, 6(1), 3–10, 1993.
4. K. Copsey, Bayesian approaches for robust automatic target recognition, PhD Thesis, University of London, 2004.
5. J. Miller, *Principles of Infrared Technology*, Van Nostrand, Reinhold, 1992.
6. E. Friedman and J. L. Miller, *Photonics Rules of Thumb: Optics, Electro-Optics, Fiber Optics, and Lasers*, 2nd ed., McGraw-Hill, New York, 2004.
7. A. D. Lanterman, M. I. Miller and D. L. Snyder, Representations of thermodynamic variability in the automated understanding of FLIR scenes, in *Automatic Object Recognition VI, Proceedings of the SPIE*, Vol. 2756, Ed. Firooz A. Sadjadi, pp. 26–37, April 1996.
8. L. J. Cutrona, Synthetic aperture radar, *Radar Handbook*, 2nd ed., M. Skolnik, ed., McGraw-Hill, New York, 1990.
9. E. N. Leith, A short history of the Optics Group of the Willow Run Laboratories, in *Trends in Optics: Research, Development, and Applications*, Anna Consortini, Academic Press, San Diego, CA, 1996.
10. E. C. Botha, Classification of aerospace targets using super resolution ISAR images, in *the Proceedings of IEEE COMSIG*, pp. 138–145, 1994.
11. J. Li, Inverse synthetic aperture radar imaging, *Technical Report*, Electrical and Computer Engineering, University of Texas at Austin, 1998.
12. B. Borden, Some issues in inverse synthetic aperture radar image reconstruction, *Inverse Problems*, 13, 571–584, June 1997.
13. H. Wu, D. Grenier, G. Y. Delisle and D. G. Fang, Translational motion compensation in ISAR image processing, *IEEE Transactions on Image Processing*, 4, 1561–1570, November 1995.
14. M. Soumekh, A system model and inversion for synthetic aperture radar imaging, *IEEE Transactions on Image Processing*, 1, 64–76, January 1992.
15. T. D. Wilkerson, G. K. Schwemmer and B. M. Gentry, LIDAR profiling of aerosols, clouds, and winds by Doppler and non-Doppler methods, *NASA International H_2O Project*, 2002.

16. T. J. Green, Jr. and J. H. Shapiro, Detecting objects in 3D laser radar range image, *Optical Engineering*, 33, 865–873, March 1994.
17. J. K. Kostakis, M. Cooper, T. J. Green Jr., M. I. Miller, J. A. O'Sullivan, J.H. Shapiro and D. L. Snyder, Multispectral sensor fusion for ground-based target orientation, in *Automatic Target Recognition IX, Proceedings of the SPIE*, Vol. 3718, pp. 14–24, Orlando, FL, April 1999.
18. N. C. Currie and C. E. Brown, *Principles and Applications of Millimeter Wave Radar*, Artech House, Boston, MA, 1988.
19. O. Yildirim, Millimeter wave RADAR design considerations, *Istanbul University—Journal of Electrical & Electronics Engineering*, 3(2), 983–986, 2003.
20. E.E. Clothiaux, T.P. Ackerman and D.M. Babb. 1996. Ground-based remote sensing of cloud properties using millimeter-wave radar. In: *Remote Sensing of Processes Governing Energy and Water Cycles in the Climate System. NATO International Scientific Exchange Programmes*, Advanced Study Institute, Plön, Germany.
21. H. Hough, Satellite surveillance, *Loompanics Unlimited*, ISBN 1-55950-077-8, 1991.
22. J. Ellis, Searching for oil seeps and oil-impacted soil with hyperspectral imagery, *Earth Observation Magazine*, January 2001.
23. J.L. Grossman, Thermal infrared vs. active infrared: A new technology begins to be commercialized, http://www.irinfo.org/articles/03_01_2007_grossman.html
24. W. S. Boyle and G. E. Smith, Charge coupled semiconductor devices, *Bell Systems Tech. Journal*, 49(4), 587–593, April 1970.
25. J. R. Janesick, T. Elliott, S. Collins, M. M. Blouke and J. Freeman, Scientific charge-coupled devices, *Optical Engineering*, 26, 692–714, 1987.
26. A. R. Webb, *Statistical Pattern Recognition*, John Wiley & Sons, Chichester, 2nd edition, August 2002.
27. P. M. Narendra, A separable median filter for image noise smoothing, *IEEE Transactions on Pattern Analysis and Machine Intelligence*, *PAMI* 3(1), 20–29, January 1981.
28. M. Burton and C. Benning, Comparison of imaging infrared detection algorithms: Infrared technology for target detection and classification, *Proceedings of the SPIE*, 302, 26–32, 1981.
29. B. J. Schachter, A survey and evaluation of FLIR target detection/segmentation algorithms, in *Proceedings of DARPA Image Understanding Workshop*, pp. 49–57, Palo-Alto, CA, September 1982.
30. A. S. Politopoulos, An algorithm for the extraction of target-like objects in cluttered FLIR imagery, *IEEE Transactions on Aerospace and Electronic Systems Society Newsletter*, 23–37, November 1980.
31. W. B. Lacina and W. Q. Nicholson, Passive determination of three dimensional form from dynamic imagery, *Proceedings of the SPIE*, 186, 178–189, May 1979.
32. D. L. Milgram and A. Rosenfeld, Algorithms and hardware technology for image recognition. Final report to U. S. Army Night Vision and Electro-Optics Lab., Fort Belvoir, VA, March 1978.
33. M. K. Hu, Visual pattern recognition by moment invariants, *IRE Transactions on Information Theory*, IT-8, 179–187, 1962.
34. A. Khotanzad and Y. Hong, Invariant image recognition by Zernike moments, *IEEE Transactions on Pattern Analysis and Machine Intelligence*, 12(5), 489–497, 1990.
35. B. Bhanu, A. S. Politopoulos and B. A. Parvin, Intelligent autocueing of tactical targets in FLIR images, in *Proceedings of the IEEE Conference on CVPR*, pp. 502–503, Arlington, VA, USA, 1983.
36. D.E. Soland and P.M. Narendra, Prototype automatic target screener: Smart sensors, in *Proceedings of the SPIE*, 178, 175–184, 1979.
37. B. A. Parvin, A structural classifier for ship targets, in *Proceedings of the 7th Conference on Pattern Recognition*, pp. 550–552, Montreal, Canada,1984.
38. P. Héroux, S. Diana, E. Trupin and Y. Lecourtier, A structural classifier to automatically identify form classes, *Advances in Pattern Recognition Lecture Notes in Computer Science*, 1451/1998, 429–436, 1998.
39. D. B. Hall, S. C. MacInnis, J. Dickerson and J. Hare, Target prioritization in TEM surveys for subsurface Uxo investigations using response amplitude, decay curve slope, signal to noise ratio, and spatial match filtering, http://www. zonge.com/PDF_Papers/ UXO_ TEM_Target.pdf, accessed July 2011.
40. A. Srivastava, M. I. Miller and U. Grenander, Statistical models of targets and clutter for use in Bayesian object recognition, in *The Handbook of Image and Video Processing,* 2nd edition, A. C. Bovik, Eds., New York, New York: Academic Press, pp. 1341–1353, June 2005.
41. M. I. Miller, U. Grenander, J. A. O'Sullivan and D. L. Snyder, Automatic target recognition organized via jump-diffusion algorithms, *IEEE Transactions on Image Processing*, 6(1), 157–174, January 1997.
42. Dassault Systèmes (3DVIA), http://www.3dvia.com.

43. A.W. Knapp, *Lie Groups Beyond an Introduction, Progress in Mathematics*, 2nd edn., Birkhäuser, Boston, vol., 140, 2002, http://en.wikipedia.org/wiki/Lie group, accessed July 2011.
44. U. Grenander, M. I. Miller and A. Srivastava, Hilbert-Schmidt lower bounds for estimators on matrix Lie groups for ATR, *IEEE Transactions on Pattern Analysis and Machine Intelligence*, 20(8), 790–802, August 1998.
45. *Prism 3.1 User's Manual*. Keweenaw Research Center, Michigan Technological University, 1987.
46. J. H. Dixon and A. D. Lanterman, Toward practical pattern-theoretical ATR algorithms for infrared imagery, in *Proceedings of the SPIE, Automatic Target Recognition XVI,* ed. F.A. Sadjadi, Vol. 6234, pp. 62340R-1-62340R-9, 2006.
47. D. L. Snyder, A. M. Hammoud and R. L. White, Image recovery from data acquired with a charge-coupled-device camera, *Journal of the Optical Society of America*, 10(5), 1014–1023, May 1993.
48. M. J. Smith, Bayesian sensor fusion: A framework for using multi-modal sensors to estimate target locations and identities in a battlefield scene, *Doctoral dissertation, Florida State University*, Tallahassee, FL, 2003.
49. S. P. Jacobs and J. A. O'Sullivan, Automatic target recognition using sequences of high resolution radar range-profiles, *IEEE Transactions on Aerospace and Electronic Systems*, 36(2), 364–382, April 2000.
50. S. M. Hannon and J. H. Shapiro, Active-passive detection of multipixel targets, in *Laser Radar V*, in *Proceedings of the SPIE*, Ed. R.J. Becherer, Vol. 1222, pp. 2–23, May 1990.
51. T. J. Green, Jr. and J. H. Shapiro, Detecting objects in 3d laser radar range image, *Optical Engineering*, 33, 865–873, March 1994.
52. A. Lanterman, M. Miller, D. Snyder and W. Miceli, The unification of detection, tracking and recognition for millimeter wave and infrared sensors, in *RADAR/LADAR Processing, Proceedings of the SPIE*, Ed. W.J. Miceli, Vol. 2562, pp. 150–161, San Diego, CA, August 1995.
53. G. Gao, Statistical modelling of SAR images: A survey, *Sensors*, 10, 775–795, 2010.
54. C. J. Oliver, *Understanding Synthetic Aperture Radar Images*, Boston: Artech House, 1998.
55. G. Moser, J. Zerubia and S. B. Serpico, SAR amplitude probability density function estimation based on a generalized Gaussian model, *IEEE Transactions on Image Processing*, 15, 1429–1442, 2006.
56. G. Moser, J. Zerubia and S. B. Serpico, Dictionary-based stochastic expectation–maximization for SAR amplitude probability density function estimation, *IEEE Transactions on Geoscience and Remote Sensing*, 44(1), 188–200, 2006.
57. H. Arsenault and G. April, Properties of speckle integrated with a finite aperture and logarithmically transformed, *Journal of the Optical Society of America*, 66, 1160–1163, 1976.
58. K. D. Ward, Compound representation of high resolution sea clutter, *Electronics Letters*, 7, 561–565, 1981.
59. T. R. Bayes, Essay towards solving a problem in the doctrine of chances, *Philos. Trans. Roy. Soc. Lond.,* 53, 370–418, 1763. Reprinted in Biometrika, 45, 1958.
60. U. Grenander, *General Pattern Theory*, New York: Oxford University Press, 1993.
61. U. Grenander and M. I. Miller, Representations of knowledge in complex scenes, *Journal of the Royal Statistical Society B*, 56(3), 549–603, 1994.
62. D. Mumford, Pattern theory: A unifying perspective, in *Proceedings of the 1st European Congress of Mathematics*, Birkhauser, Germany, 1994.
63. A.E. Koskal, J.H. Shapiro and M.I. Miller, Performance analysis for ground-based target orientation estimation: FLIR/LADAR sensor fusion, in *Conference Record of the Thirty-Third Asilomar Conference on Signals, Systems, and Computers*, Vol. 2, pp. 1240–1244, Pacific Grove, CA, 1999.
64. A. Srivastava, U. Grenander, G.R. Jensen and M.I. Miller, Jump-diffusion Markov processes on orthogonal groups for object pose estimation, *Journal of Statistical Planning and Inference*, 103(1–2), 15–27, 2002.
65. Y. Bar-Shalom, X. Li and T. Kirubarajan, *Estimation with Applications to Tracking and Navigation*, Wiley-Interscience, New York, 2001.
66. A. Lanterman, M. Miller and D. L. Snyder, General Metropolis-Hastings jump-diffusion for automatic target recognition in infrared scenes, *Optical Engineering*, 36(4), 1123–1137, 1997.
67. S. Haykin, Neural *Networks: A Comprehensive Foundation*, 2nd edn. Pearson Education, Delhi, India, 2001.
68. L. C. Wang, S. Z. Der and N. M. Nasrabadi, Automatic target recognition using a feature decomposition and data decomposition modular neural network, *Image Processing: Special Issue on Applications of Artificial Neural Networks to Image Processing*, 7(8), 1113–1121, 1998.
69. D. H. Wolpert, Stacked generalization, *Neural Networks*, 5, 241–259, Pergamon Press, 1992.
70. L. Breiman, Stacked regressions, *Machine Learning*, 24, 49–64, 1996.

71. S. S. Young, P. D. Scott and C. Bandera, Foveal automatic target recognition using a multiresolution neural network, *Image Processing: Special Issue on Applications of Artificial Neural Networks to Image Processing*, 7(8), 1122–1135, 1998.
72. J. C. Principe, M. Kim and J. W. Fisher, III, Target discrimination in synthetic aperture radar using artificial neural networks, *Image Processing: Special Issue on Applications of Artificial Neural Networks to Image Processing*, 7(8), 1122–1135, 1998.
73. M. Kamijo, Classifying fingerprint images using neural network: Deriving the classification state, in *Proceedings of the International Conference on Neural Network*, Vol. 3, pp. 1932–1937, San Francisco, CA, USA, April 1993.
74. M. Pathegama and Ö Göl, Edge-end pixel extraction for edge-based image segmentation, *Transactions on Engineering, Computing and Technology*, 2, 213–216, 2004.
75. J.M. Kinser, K. Waldemark, T. Lindblad, and S.P. Jacobsson. Multidimensional pulse image processing of chemical structure data, *Chemometrics and Intelligent Laboratory Systems*, 51(1), 115–124, May 2000.
76. T. Lindblad and J. M. Kinser, *Image Processing Using Pulse-Coupled Neural Networks*, Second revised edition, Springer, Berlin, Heidelberg, New York, 2005.
77. N. W. Campbell, B. T. Thomas and T. Troscianko, Automatic segmentation and classification of outdoor images using neural networks, *International Journal of Neural Systems*, 8(1), 137–144, 1997.
78. J. G. Landowski and B. Gil, Application of a vision neural network in an automatic target recognition system, in *the Proceedings of the SPIE*, Vol. 1709, pp. 34–43, *Applications of Artificial Neural Networks III*, S. K. Rogers, Ed., Washington, 1992.
79. K. Fukushima, Neocognitron: A self-organizing neural network model for a mechanism of pattern recognition unaffected by shift in position, *Biological Cybernetics*, 36(4), 93–202, 1980.
80. K. Fukushima, S. Miyake and T. Ito, Neocognitron: A neural network model for a mechanism of visual pattern recognition, *IEEE Transactions on Systems, Man, and Cybernetics*, SMC-13(Nb. 3), 826–834, 1983.
81. M. W. Roth, Survey of neural network technology for automatic target recognition, *IEEE Transactions on Neural Networks*, 1(1), 28–43, 1990.
82. A. Srivastava, Bayesian filtering for tracking pose and location of rigid targets, in *the Proceedings of the SPIE Signal Processing, Sensor Fusion, and Target Recognition, IX*, I. Kadar Ed., Vol. 4052, pp. 160–171, Orlando, FL, April 2000.
83. D. Halliday, R. Resnick and J. Walker, *Fundamentals of Physics*, 7th ed., John Wiley & Sons, Hoboken, NJ, 2005.

第31章　吸气燃烧系统故障检测和调节算法新理念的实时实现

31.1　引言

在控制系统中,用传感器的故障来提供反馈信号,可能会导致系统性能的严重恶化,甚至系统不稳定。基于航空发动机系统的知识,无旋转部件的吸气燃烧系统的故障(ACS)主要是压力传感器的故障。在误差变大前的快速在线检测与故障调节对成功完成任务是至关重要的。然而,同时避免假警报也很必要。因此,要对可靠性能接受的小量级错误进行早期检测非常困难,尤其是在传感器噪声存在、未知的发动机变化和退化模型不确定的情况下。本章讨论基于解析冗余技术的 ACS 的新故障检测和调节(FDA)算法。本章是文献[1]的延伸。

用于 ACS 的控制器最初是 Bharani 等人[2]设计的。控制器的主要目标是调节推力,以便在所有飞行条件下获得期望的加速度同时保持超临界进气操作。控制器的性能通过模拟飞行轨迹测试,包括从 1.4km 的高空马赫数 2.1 加速爬升到 14.5km 的高空达到马赫数 3,然后在该条件下巡航。该控制器的一个独特功能是只需要测量单变量发动机的内部,即进气压力。准确地说,可靠的和不安全的反压力测量是控制器设计的关键。为达此目的需要使用 FDA 算法,据报道,FDA 算法采用基于"智能"的解析冗余算法,通过 3 倍冗余的反压力传感器硬件工作。

31.2　综述和背景

为了仿真,将燃烧系统作为进气、燃烧室和喷管(独立的燃料供应系统也建模)三个子系统建模。这些子系统与能正确表示燃烧系统原理的全局生产模型联系起来。文献[3,4]详细描述了模型的开发和实施。

31.2.1　描述模型和 C 控制器

具有固定数字标志的 ACS 示意如图 31.1 所示。假设只有进气压力 P_4 可以测量。ACS 的控制器设计如图 31.2 所示(上部分由静态图、PID 装置等组成)。用于燃料流量速率和喉部面积的独立 PID 控制器,用 P_{4_margin} 作为控制变量,用在飞行的加速和巡航阶段的几个操作点。设计独立的 PID 控制器用于燃料供应系统,对控制器的各个部件分别进行广泛的测试。最后,成功进行了以系统通过从加速到所需的巡航状态的复合闭环仿真,加速阶段到巡航阶段之间的切换可以平滑过渡。

下一阶段的研究包括合适的 FDA 算法的实现。

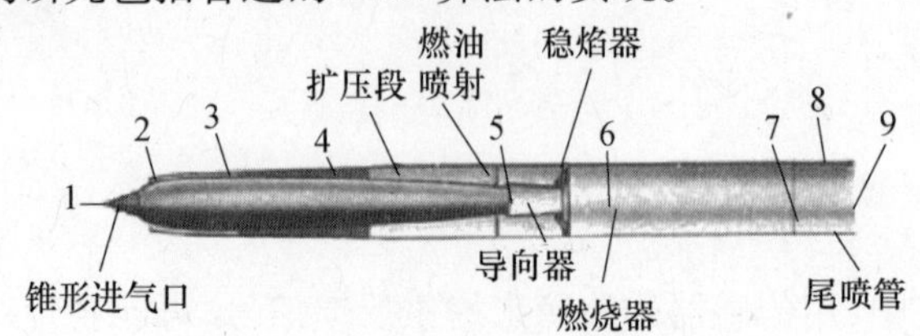

图 31.1　吸气燃烧系统

1—锥形口;2—启动整流罩;3—进气口;4—进气出口;
5—燃油喷射;6—燃烧点;7—燃烧室出口;8—排气喷管;9—排气出口。

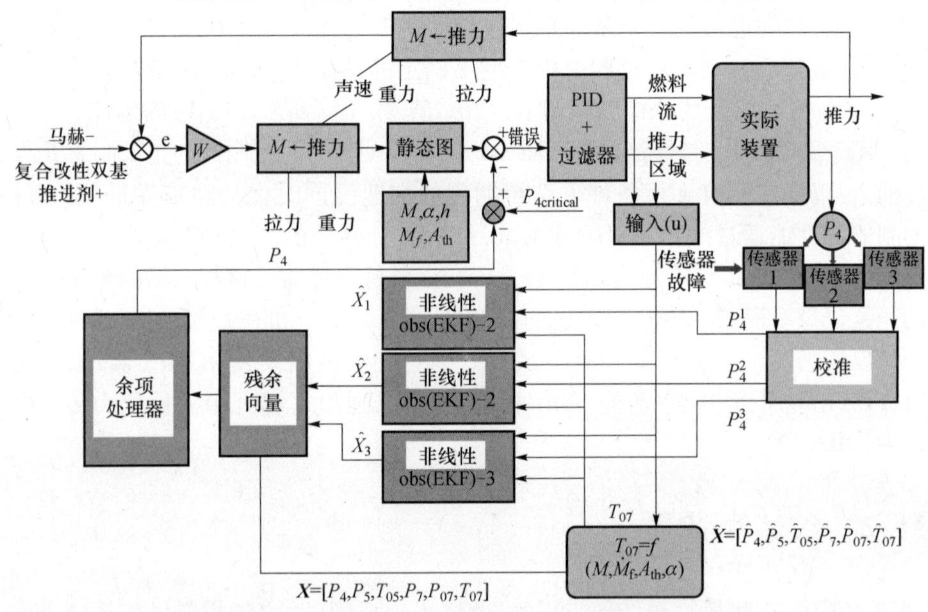

图 31.2　基于 P_4 传感器模型的 FDA 算法方案

31.2.2　解析冗余调查

在动力系统中 FDA 有多种分类方法,一般来说,FDA 技术的分类基于硬件冗余、解析冗余和知识的冗余三种。虽然目前的工作专注于解析冗余管理,但需要注意的是,解析冗余不能用作硬件冗余的替代物,用它来为 FDA 算法提供"智能”措施，对 P_4 传感器使用 3 倍硬件冗余。

文献[5－11]研究了用于线性系统领域的基于模型的 FDA。传统上，基于解析冗余的方法[12]已用来为关注的变量提供间接测量。然而，当由不同的传感器测量的变量用物理方程关联起来时，解析冗余的原则也可以用作诊断工具，来测试传感器的输出是否满足这些已知的关系。如果一个相关的方程验证一组传感器是健康的，关系被破坏[13－15]，一组传感器中至少一个失败。

即使存在故障，航天飞行器也需要安全可靠运行，成功完成高级别的任务。解析冗余对于高性能的航天飞行器非常有吸引力。在航空航天应用中要考虑重量和体积，这使得证明冗余传感器和执行器合理很难。解析冗余管理可以降低价格、减轻重量和降低机载功耗。对吸空气式发动机，由于缺乏操作空间、成本、工程的复杂性和增加维护要求等原因，多冗余很难实现。这促进了解析冗余算法作为高级功能的使用，在硬件上冗余，为 FDA 算法提供“智能”，同时提高其可靠性。

31.2.3　反压传感器的 FDA

在以观察者为基础的 FDA 算法的发展中，对物理系统的真实表示包括系统动力学、故障和各种可能的未知输入。这里介绍以观测为基础的其他方法。

图 31.2(下部)为用于 P4 传感器的基于分析冗余模型的 FDA。通过使用 Kulite 压力传感器(位于进气导管/燃烧器入口的 4 和 5 之间的轴向站，燃料喷射台 5 之前)，可以看到 3 倍冗余静压传感器。当由于边界层的增长导致通道中的压力下降，校准是必要的，对各种可能的传感器故障和噪声的建模也包含在内，对传感器定位的校准基于 CFD 数据完成。

通过三重系统测量进气背压力 $\boldsymbol{P}_4$ 的值。这三重估计称为 $\hat{\boldsymbol{P}}_4^2$、$\hat{\boldsymbol{P}}_4^2$、$\hat{\boldsymbol{P}}_4^2$。由于各种传感器故障，这些测量的 $\boldsymbol{P}_4$ 值可能不准确。为了检测、分离和容纳故障，使用了基于解析冗余的 FDA 算法。从各个传感器测量的 $\boldsymbol{P}_4$ 值被输入到独立的扩展卡尔曼滤波器(EKF)，形成 EKF 库。扩展卡尔曼滤波去除测量中的干扰，EKF 的输出完全由 $\boldsymbol{P}_4$ 随着 $\boldsymbol{P}_5$、T_{05}、$\boldsymbol{P}_7$、T_{07}、$\boldsymbol{P}_{07}$、$\dot{m}_s$ 和 $\dot{m}_7$ 的估计组成。EKF 库随后产生残差矢量，由剩余处理器用来确定要反馈给系统的 $\boldsymbol{P}_4$ 精确值。回顾 EKF 理论和设计，ACS 的实施将在下一节讲述。为了调解故障，开发了基于自适应权重的故障调节算法，将在后面的章节中进行讨论。这种发展强调的假设是在任何给定的时间内，不超过一个传感器发生故障。

31.3　EKF 的设计与实现

为了估计正确系统的状态、过滤 $\boldsymbol{P}_4$ 测量中噪声和干扰，应用了 EKF[16]。为了估计状态,EKF 需要两个独立的测量值。在这种情况下,一个测量值由实际 P_4 传感器获得,第二独立的测量是从模拟 T_{07} 获得(在 31.4 节讨论)。把这两个测量值输入 KF,这样总共有三个 KF,每一个都是三压力传感器,使用连续时间版的 KF。由于系统是非线性的,在特定的操作条件下,通过小扰动理论获得雅克比矩阵,EKF 沿轨迹采用线性雅克比矩阵。

31.3.1 离散时间的 KF

离散时间的卡尔曼滤波器(DTKF)模型假定 k 时刻的真实状态从 $K-1$ 时刻的状态演化而来,根据文献[17]有

$$X_k = F_k X_{k-1} + B_k U_k + w_k \tag{31.1}$$

式中:F_k 为应用于先前状态 X_{k-1} 的状态转换模型;B_k 为应用于控制矢量 $\boldsymbol{u}_k$ 的控制输入模型;

w_k 为未知过程噪声,假定来自具有过程噪声协方差 $\boldsymbol{Q}_k$ 的零均值多元正态分布,有

$$w_k \approx N(0, \boldsymbol{Q}_k) \tag{31.2}$$

w_k 作为装置的一个随机扰动,它代表了未建模高频装置动力学的影响,以零均值和白高斯噪声建模。在时间 k,真实状态 x_k 的观察(或测量)z_k 由下式构成:

$$Z_k = h_k X_k + V_k \tag{31.3}$$

式中:H_k 为非线性观测模型,将真实的状态空间映射到观察空间;V_k 为观测噪声,假设为零均值与协方差为 $\boldsymbol{R}_k$ 的高斯白噪声,即

$$V_k \approx N(0, \boldsymbol{R}_k) \tag{31.4}$$

假定每一步$\{x_0, w_1, \cdots, w_k, v_1, \cdots, v_k\}$的初始状态和噪声矢量都是相互独立的。

在 KF 中,只需要从以前的时间步长得到的估计状态和当前的测量来计算当前状态的估计,而不需要观察和/或估计记录。滤波器的状态用两个变量表示:$\hat{X}_{k|k}$,k 时刻的状态估计,观察直到时间 k(包括时间 k);$P_{k|k}$,误差协方差矩阵(衡量状态估计的估计精度)。

离散 KF 有预测和更新两个阶段。预测阶段使用从先前的时间步长得到的状态估计,在当前时间步产生一个状态估计。在更新阶段,在当前时间步的测量信息用来完善这一预测,以达到一个新的、(希望)更精确的状态估计,重复当前时间步。

31.3.2 DTKF 状态估计

根据系统的动态特性、先前的控制输入和实际系统的误差之前的值,最优状

态估计 $\hat{X}$ 和状态协方差矩阵 $\boldsymbol{P}$ 通过测量时间 $(k-1)$ 到测量时间 (k) 进行传播。这由以下方程的数值积分完成。

预测状态和协方差估计：

$$\begin{cases}\hat{\boldsymbol{X}}_{k|k-1}=\boldsymbol{F}_k\hat{\boldsymbol{X}}_{k-1|k-1}+B_{k-1}\boldsymbol{u}_{k-1}\\ \boldsymbol{P}_{k|k-1}=\boldsymbol{F}_k\boldsymbol{P}_{k-1|k-1}\boldsymbol{F}_k^{\mathrm{T}}+\boldsymbol{Q}_{k-1}\end{cases}\tag{31.5}$$

式中：F_k 为应用于先前状态 X_{k-1} 的状态转换模型。

数据更新步骤如下：

(1) 创新或测量残差：

$$\boldsymbol{Y}_k=Z_k-\boldsymbol{H}_k(\hat{X}_{k|k-1})\tag{31.6a}$$

(2) 创新(或残差)协方差：

$$\boldsymbol{S}_k=\boldsymbol{H}_k\boldsymbol{P}_{k|k-1}\boldsymbol{H}_k^{\mathrm{T}}+\boldsymbol{R}_k\tag{31.6b}$$

(3) 优化卡尔曼增益：

$$\boldsymbol{K}_k=\boldsymbol{P}_{k|k-1}\boldsymbol{H}_k^{\mathrm{T}}\boldsymbol{S}_k^{-1}\tag{31.6c}$$

(4) 更新状态估计：

$$\hat{\boldsymbol{X}}_{k|k}=\hat{\boldsymbol{X}}_{k|k-1}+\boldsymbol{K}_k\tilde{\boldsymbol{Y}}\tag{31.6d}$$

(5) 更新估计协方差：

$$\boldsymbol{P}_{k|k}=(I-\boldsymbol{K}_k\boldsymbol{H}_k)\boldsymbol{P}_{k|k-1}\tag{31.6e}$$

F、H、Q 的值和 $\boldsymbol{R}$ 矩阵是应用相关的。

下一节将讨论 KF 适用于连续时间系统，从离散 KF 的原始 KF 方程获得方程。

31.3.3　卡尔曼-布西连续时间滤波器

CTKBF[18,19]是 KF 的一个连续时间版。它基于状态空间模型：

$$\frac{\mathrm{d}}{\mathrm{d}t}x(t)=F(t)x(t)+w(t)$$

$$Z(t)=\boldsymbol{H}(t)x(t)+v(t)\tag{31.7}$$

式中：噪声项 $w(t)$ 和 $v(t)$ 的协方差分别由 $\boldsymbol{Q}(t)$ 和 $\boldsymbol{R}(t)$（事实上称为谱密度）给定。该过滤器包括两个微分方程，一个用于状态估计，另一个用于状态协方差矩阵：

$$\frac{\mathrm{d}}{\mathrm{d}t}\hat{x}(t)=F(t)\hat{x}(t)+\boldsymbol{K}(t)(z(t)-\boldsymbol{H}(t)\hat{x}(t))$$

$$\frac{\mathrm{d}}{\mathrm{d}t}\boldsymbol{P}(t)=\boldsymbol{F}(t)\boldsymbol{P}(t)+\boldsymbol{P}(t)\boldsymbol{F}^{\mathrm{T}}(t)+\boldsymbol{Q}(t)-\boldsymbol{K}(t)\boldsymbol{R}(t)\boldsymbol{K}^{\mathrm{T}}(t)\tag{31.8}$$

式中:$K(t)$为卡尔曼增益,且有

$$\boldsymbol{K}(t)=\boldsymbol{P}(t)\boldsymbol{H}(t)\boldsymbol{R}^{-1}(t) \tag{31.9}$$

在 $K(t)$表达式中,观测噪声 $R(t)$的协方差(同样为谱密度矩阵)同时也表示预测误差(或创新)$\tilde{y}(t)=z(t)-\boldsymbol{H}(t)\hat{x}(t)$的协方差。这些协方差只有在连续时间的情况下是相等的。在离散卡尔曼滤波的预测和更新步骤之间的区别不存在连续的时间。在第二个微分方程中,状态协方差矩阵就是黎卡提(Riccati)微分方程的一个例子。

31.4 非线性系统的 EKF

基本的 KF 限定于线性假设。然而,最不平凡的系统是非线性的,非线性可以关联过程模型或观测模型,或两者都关联。线性化处理当前均值和方差的 KF 称为扩展卡尔曼滤波器或 EKF。EKF 线性化处理所有非线性模型,因此可以应用传统的线性 KF。为了估计状态,必须进行 EKF 设计,同时应该过滤传感器噪声,对测量参数建模。

31.4.1 EKF 构想

在 EKF 中,状态转换和观测模型不需要状态的线性函数,但需要微分函数。

对于离散系统,有

$$\begin{cases} X_k=f(X_{k-1},u_k)+w_k \\ Z_k=h(X_k)+v_k \end{cases} \tag{31.10}$$

对于连续系统,有

$$\begin{cases} \dfrac{\mathrm{d}}{\mathrm{d}t}x(t)=f(x(t),u(t))+w(t) \\ z(t)=h(x(t))+v(t) \end{cases} \tag{31.11}$$

函数 f 可用来计算先前估计的预测状态。同样,函数 h 用于计算预测状态的预测测量。然而,f 和 h 不能直接应用于协方差,取而代之的是偏导数(雅克比)矩阵的计算。在每一时间步,雅可比与当前预测状态进行评比,这些矩阵可用于 KF 方程。这一过程基本上是线性化当前估计周围的非线性函数。

这里考虑的 ACS 系统是一个非线性系统,可以从下面章节中提出的动态方程看出。因此,EKF 实现是为了估计系统的状态。

31.4.2 ACS 动力学

系统的动力学是由下面的关系表示:

$$
\begin{cases}
\dot{\hat{P}}_4 = \dfrac{1}{\tau_{54}}(\hat{P}_{4_m} - \hat{P}_4) \\
\dot{\hat{m}}_5 = \dfrac{1}{\tau_{45}}(\hat{m}_{5_m} - \hat{m}_5) \\
\dot{\hat{P}}_5 = \dfrac{1}{\tau_{75}}(\hat{P}_{5_m} - \hat{P}_5) \\
\dot{\hat{T}}_{65} = \dfrac{1}{\tau_{75}}(\hat{T}_{5_m} - \hat{T}_4) \\
\dot{\hat{m}}_7 = \dfrac{1}{\tau_{57}}(\hat{m}_{7_m} - \hat{m}_7) \\
\hat{P}_7 = \dfrac{1}{B}\left(\dot{\hat{m}}_7 - A_m \dfrac{\hat{P}_{07}\beta}{\sqrt{\hat{T}_{07}}}\right) \\
\dot{\hat{P}}_{07} = \dfrac{1}{\tau_{75}}(\hat{P}_{07_m} - \hat{P}_{07}) \\
\dot{\hat{T}}_{07} = \dfrac{1}{\tau_{57}}(\hat{T}_{07_m} - \hat{T}_{07})
\end{cases}
\tag{31.12}
$$

式中

$$
\beta = \frac{\sqrt{\gamma}}{\sqrt{R}}\left(\frac{2}{\gamma + 1}\right)^{(\gamma+1)/2(\gamma-1)} \tag{31.13}
$$

以上用于 ACS 动力学的方程是非线性的，因此采用了 EKF。在下一节中详细讨论适用于 ACS 的 EKF 设计。

31.4.3　应用于 ACS 的 EkF

ACS 系统作为连续时间系统建模，因此以上讨论的连续版 KF（卡尔曼 – 布西（Kalman – Bucy）滤波器）可以应用于 ACS 模型。相应的方程式(31.11)将和下面的式子一起用到。

$[P_4\ P_5\ T_{05}\ P_7\ P_{07}\ T_{07}\ \dot{m}_5\ \dot{m}_7]$状态向量：$\boldsymbol{X}(t)$

$[\dot{m}_f, A_{th}]$控制输入：$\boldsymbol{U}(t)$

$[P_4]$测量输出：$\boldsymbol{Z}(t)$

建模输出 $= [P_{07}, T_{07}]$

$v(t)$ = 观测噪声

类似于以前解释的 KF 理论，信号 $w(t)$ 是未知的过程噪声，作为对装置的随机扰动。它表示未建模的高频装置动力学的影响，以零均值高斯白噪声建模。

过程噪声协方差矩阵 $\boldsymbol{Q}(t)$（简称 $\boldsymbol{Q}$）描述了随机过程如下：

$$w(t) \sim N(0,\boldsymbol{Q}) \tag{31.14}$$

$v(t)$为观测噪声，假设为具有协方差 $\boldsymbol{R}(t)$ 的零均值高斯白噪声。$v(t)$的选择应使所有的失效模式归因于它。测量噪声协方差矩阵 $\boldsymbol{R}(t)$（简称 $\boldsymbol{R}$）由下式给出：

$$v(t) \sim N(0,\boldsymbol{R}) \tag{31.15}$$

利用小扰动理论，对 ACS 用方程式（31.12）给出的动态关系可以线性化。这里假定每一个变量都由两部分组成，一个常数分量与线性部分相关，扰动与非线性模型相关。状态转移和观测矩阵按照下列雅可比定义：

$$\begin{cases} \boldsymbol{F} = \dfrac{\partial f}{\partial x} \bigg| \hat{X}_{t-1|t-1,u_t} = \dfrac{\partial f(x(t),u(t))}{\partial x} \\ \boldsymbol{H} = \dfrac{\partial f}{\partial x} \bigg| \hat{X}_{r|t-1} \end{cases} \tag{31.16}$$

注意：为了简化表示，不使用雅可比矩阵 $\boldsymbol{F}$、$\boldsymbol{H}$ 的时间步下标，即使在每个周期它们是不同的。

关于中心估计，$\Delta X(t)$中的 $X_c(t)$可线性化为

$$X(t+1) \cong f_0(\hat{X}_c(t),u_0(t)) + \frac{\partial f_0(x,u_0)}{\partial x}\bigg|_{x=\hat{x}(t)}(x(t)-\hat{x}_c(t)) \tag{31.17}$$

其中，$X_c(t)$为添加扰动 $\Delta X(t)$的中央估计值。在 EKF 中，上面的方程可以替换和改写为

$$X(t+1) \cong f_0(\hat{X}_c(t),u_0(t)) + \boldsymbol{F}(\hat{x}_c(t))(x(t)-\hat{x}_c(t)) \tag{31.18}$$

31.4.4 用于 EKF 的 ACS 动力学线性化

非线性对象的动力学非常复杂，在模拟过程中会消耗大量的资源。因为 FDA 算法要在实时情况下实现，它应该基于一个简单的线性模型，这样它可以处理得更快。因此，开发了一组用于不同操作条件下的非线性模型的线性化模型，当以合适的参数（在爬升马赫数和巡航迎角）恰当安排时，可以给非线性装置快速提供近似结果。对这种线性模型装置进行状态估计时，可利用状态空间模型：

$$\begin{cases} \mathrm{d}x/\mathrm{d}t = Ax + Bu \\ y = Cx + Du \end{cases} \tag{31.19}$$

因此，可利用一阶偏导数（雅可比）代替一阶微分方程，以上模型可以改写为

$$\left.\begin{aligned} \mathrm{d}x/\mathrm{d}t &= A_{\mathrm{mat}} \cdot x(t) + B_{\mathrm{mat}} \cdot u(t) \\ y &= C_{\mathrm{mat}} \cdot x(t) + D_{\mathrm{mat}} \cdot u(t) \end{aligned}\right\} \tag{31.20}$$

式中：A_{mat}、B_{mat}、C_{mat}、D_{mat}是对应于给定操作条件的雅克比矩阵。

在一些特定的操作条件下得到确切的雅可比矩阵，在中间操作条件下通过线性插值得到了相应的雅可比矩阵。假设在过程中有一个状态矢量 $\boldsymbol{X} = [P_4, P_5, T_{05}, P_7, P_{07}, T_{07}, \dot{m}_5, \dot{m}_7]$，但过程由非线性随机方程决定：

$$\begin{cases} \dfrac{\mathrm{d}}{\mathrm{d}t}x(t) = f(x(t), u(t)) + w(t) \\ y(t) = h(x(t)) + v(t) \end{cases} \tag{31.21}$$

式中：随机变量 $w(t)$ 和 $v(t)$ 再次表示过程和测量噪声。注意 $w(t)$ 和 $v(t)$ 是系统本身存在的。通过对装置的状态估计使用线性模型，上述方程可修改为

$$\begin{cases} \dfrac{\mathrm{d}}{\mathrm{d}t}x(t) = f(x(t), u(t)) + w(t) = [A_{\mathrm{mat}}x(t) + B_{\mathrm{mat}}u(t)] + w(t) \\ y(t) = h(x(t)) + v(t) = C_{\mathrm{mat}}x(t) + D_{\mathrm{mat}}u(t) + v(t) \end{cases} \tag{31.22}$$

为了估计非线性过程的差异和测量关系，编写新的控制方程用于线性化估计。状态转换矩阵 $\boldsymbol{F}$ 由下式给出：

$$f = \frac{\partial \boldsymbol{F}}{\partial x}\bigg| X_{t-1|t-1, u_t} = \frac{\partial \boldsymbol{F}(x(t), u(t))}{\partial x} \tag{31.23}$$

$$f = \frac{\partial \boldsymbol{F}}{\partial x}\bigg| X_{t-1|t-1, u_t} = \frac{\partial \boldsymbol{F}(x(t), u(t))}{\partial x} = \frac{\partial (A_{\mathrm{mat}}x(t) + B_{\mathrm{mat}}u(t) + w(t)}{\partial x} \tag{31.24}$$

观测矩阵 $\boldsymbol{H}$ 由下式给出：

$$\boldsymbol{H} = \boldsymbol{H}_{\mathrm{mat}} = \frac{\partial \boldsymbol{H}}{\partial x}\bigg| X_{t|t-1} = \begin{bmatrix} 1 & 0 & 0 & 0 & 0 & 0 & 0 & 0 \\ 0 & 0 & 0 & 0 & 0 & 1 & 0 & 0 \end{bmatrix} \tag{31.25}$$

$\boldsymbol{Q}$ 矩阵和 $\boldsymbol{R}$ 矩阵的确定或选择取决于应用要求、操作条件和测量的可信度。

31.5　容错方法和残差生成

在不同飞行条件下（具有不同燃料空气比（FAR））模拟了 ACS 的非线性模型，并将每个工况条件下的 T07 和 FAR 值列表显示，图 31.3 以图形方式显示了二维表格。

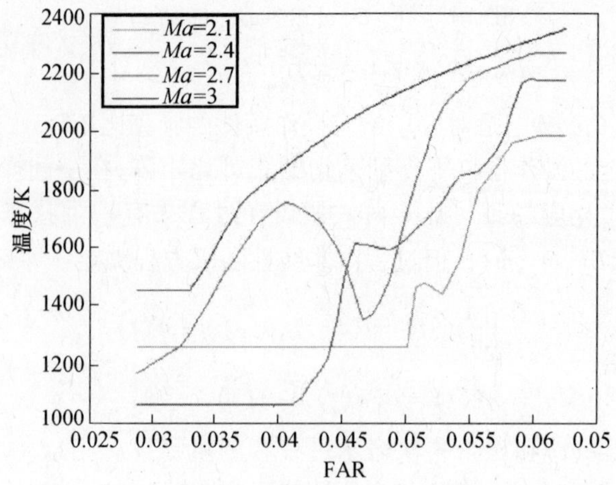

图 31.3　不同 M 和 FAR 的 T_{07} 图形

31.5.1　T_{07} 建模

在 EKF 实现时，T_{07}（燃烧室出口端温度）作为第二独立测量值。P_4 是从实际传感器测量得到的，而 T_{07} 是在不同飞行条件下使用 FAR 作为参数在查找表中读取的。共有两套不同的 T_{07} 查找表，第一套是在加速阶段利用马赫数和 FAR 两个查询参数进行查找；第二套表格是在巡航阶段，用攻击角度和 FAR 作为两个查询参数。在从加速到巡航的转换中，使用开关函数线性混合加速度和巡航值。

31.5.2　残余处理

利用从 FAR 到 T_{07} 静态图得到的模拟 T_{07} 估计值，以及从每个 EKF 得到的 T_{07} 估计值，与已知的喷嘴喉部区域的偏差设置，可以获得喷嘴喉部的阻塞质量流速估计。因此，喷嘴流量的三个估计值可从三个 EKF 库得到。也可以通过大气数据系统（ADS）从自由流量的测量独立地估计喷嘴流量，如静态压力、总压力和静态温度。发现在每个 EKF 估计的喷嘴流量和 ADS 估计的流量之间的差异有三种误差值，也称为残差或剩余。在未发生故障的传感器中，期望它产生的残差非常小，最理想的为零，而在有故障的传感器中，期望残差明显偏离零。因此，无论传感器在特定的 EKF 通道是否有故障，每个残差将提供良好的指示，从而提供故障检测能力。图 31.4 为 ACS 的残差处理器方案，为 FDA 算法的一部分。残差的选择是有效的，因为背压力的变化（如由于故障）与燃烧器出口总压力的变化相关，因此与估计的喷嘴流量也相关。

残差的倒数也是一种可靠的测量方式，在特定的测量中可用于故障调节。

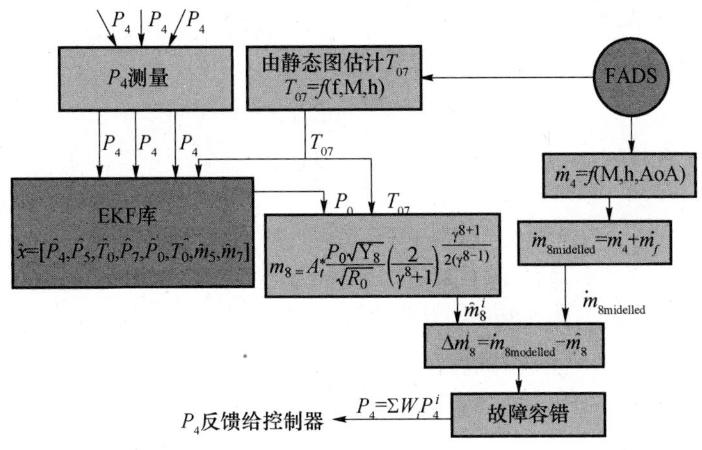

图 31.4　ACS 的残差处理器方案

这里探讨的策略是使用残差的倒数来计算归一化的加权因子,该加权因子是动态的,即随时间的变化而变化。这可以认为是一个自适应的加权方案。最终的 P_4 值通过给三个值应用加权因子然后计算,并作为装备的反馈信号。

31.5.3　故障调节

目前,FDA 算法不需要识别有故障的传感器,它也不需要消除有故障的传感器。FDA 的故障调节部分采用自适应权重分配方案,而不宣告和消除故障传感器。在每一时间步,给每个 P_4 传感器分配自适应权重,并得到加权输出。使用这种方法的重要优点是,使用三个 P_4 传感器计算的加权值 P_4(将要反馈)在每一次迭代中尽可能地精确。对于任何迭代,如果传感器还没有完全失效,但是测量得到一个错误的 P_4 值,传感器不是丢弃该错误值,相反,给每个测量值分配可变的加权因子,迭代中错误的测量值通过给它分配更小的权重被抑制了。如果所有三个传感器都是健康的,P_4 的测量平均值就反馈给装备。

加权因子 w_i 计算如下:

(1) 从 $\dot{m}_{gmodelled}$ 计算每个估计的 m8dot(从卡尔曼滤波器通道)偏差。

for $i=1$ to 3 (对 3 个 EKF 通道而言):

$$\Delta\dot{m}_g^r = abs(\dot{m}_{gmodelled} - \hat{\dot{m}}_g^i)$$

(2) 计算每个 $\Delta\dot{m}_g^r$ 对 $\dot{m}_{gmodelled}$ 的比例,这一比率决定了估计 $\dot{m}_g$ 与 $\dot{m}_{gmodelled}$ 距离的远近。

for $i=1$ to 3 (对 3 个 EKF 通道来说):

$$\text{ratio}(i) = \Delta\dot{m}_g^i / m_{gmodelled}$$

(3) 最小化确定的三个比率(ratio_min)。

(4) 从每个通道的单个比例中提取最低比率值。

for $i=1$ to 3 (对 3 个 EKF 通道来说):

$$\text{ratio\_new}(i) = \text{ratio}(i) - \text{ratio\_min}$$

(5) 计算每个通道的权重:

for i = 1 to 3 (对 3 个 EKF 通道而言):

$$W(i) = 10^{[-10(\text{ratio\_new}(i))]}$$

这确保通道具有最低的比率(0),能给出最高的权重(1),根据比率减少其他指数分配的权重。图 31.5 中的指数曲线说明了上述关系。指数权重公式 $W(i) = 10^{[-10(\text{ratio\_new}(i))]}$ 是通过进行大量的模拟用试错方法获得。

将这些权重归一化以找到每个 $\dot{m}_g^r$(对应于每个 EKF 通道)最终的权重:

$$W_{i\_\text{norm}} = W_i / \sum_{i=1}^{3} W_i \tag{31.26}$$

这个权重反映了在任何传感器测量中的故障并适应它。一旦计算出权重因子,就可计算 P_4 的平均值:

$$P_4 = \sum W_{i\_\text{norm}} P_4^i \tag{31.27}$$

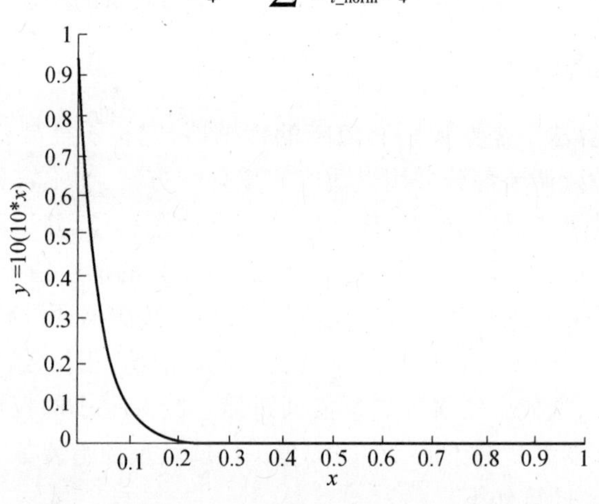

图 31.5 权重分配

将 P_4 值反馈给装备,对三种假设情况的加权因子计算如表 31.1 所列。

表 31.1 故障调节方案参数

8 号站点的流量	情形 1	W	情形 2	W	情形 3	W
$\dot{m}_{\text{modelled}}$/(kg/s)	16.5	—	10.15	—	10.15	—
$\dot{m}_8^1$/(kg/s)	6.2	4.77×10^{-6}	16.8	2.087×10^{-7}	18.5	6.647×10^{-9}
$\dot{m}_8^2$/(kg/s)	14.98	≈1	9.80	0.3361	5	9.449×10^{-6}
$\dot{m}_8^3$/(kg/s)	7.2	1.927×10^{-5}	10.1	0.6639	10.1	≈1

W_i 为每次测量的要反馈的 P_4 值权重的百分比。上述三个案例表明，W_i 计算的概念发展适用于 $\dot{m}_g$ 值的范围和偏差的极端情况。

在只有一个传感器发生故障的情况下需要开发 FDA，但可以观察到，设计的 FDA 算法允许失效和对两个传感器进行调节，如表 31.1 所列。如果三个传感器全部失效，测量出的 P_4 值错误，那么最接近（尽管错误）的测量（和相应的 EKF 通道）将分配给最高的权重，将给反馈 P_4 值贡献最高。但需要注意的是，这个值不会是 P_4 的需求值，系统不能令人满意地工作。

本节总结讨论了 FDA 算法，下一节介绍在实施成套设备、控制器和 FDA 算法后，不同的马赫分布的闭环模拟结果。它演示了将 FDA 作为一个整体，故障调节方案的有效运作。

31.6　对 FDA 和结果的评估

为了评估和验证 FDA 算法，进行了大量的仿真。本节介绍在不同的故障情况下由 FDA 算法得到的结果。可以观察到，在有故障的情况下系统运行效率低下。事实上，一些故障可能会导致系统的彻底失败。为了测试和仿真，一旦系统达到稳定状态（约 0.1s）就引入故障，故障引入细节将在下面解释。图 31.6 ~ 图 31.9 示出了在下面假定的一些故障条件下，通过运行闭环仿真获得的结果：

（1）无故障的情况。

（2）坡道偏差：在仿真中，使输出缓慢偏离它的标称值。在 0.1s 前仿真是无故障的，在 0.1s 时，通过斜坡变化将偏差值添加到电压的传感器值中，该错误的传感器值反馈给控制器，控制器慢慢减少燃料流量直到达到 P_{4_margin} 的下限。

（3）压力 P_4 停留在一个非零的常数值：仿真在前 0.1s 是无故障的，在 0.1s 时，传感器端口的传感器值在 1.5 倍常数阶跃变化，该错误的传感器值反馈给控制器，创建一个 P_{4_margin} 错误。因此，控制器注入少量燃料试图提高 P_{4_margin} 以达到指令值，但最终将实际 P_{4_margin} 值提高很多。但由于传感器输出卡壳，P_{4_margin} 错误继续存在。

（4）*Mis* 对齐：由于 P_4 传感器存在偏差，由压力传感器测量的静压力将会更大，因此在 0.1s 的时间仿真时，通过脉冲变化将传感器端口的感知值故意增高 5%（相对真实的压力值），这个错误的高压力进一步反馈到控制器，控制器通过减少燃料流量试图将错误的 P_4 值作为其指令值，这反过来降低了推力和马赫数。

（5）系统失效的温度补偿：在该故障中，应考虑在温度补偿系统失效的情况下，由于温度偏差变化和温度敏感性转变带来的误差。在 P_4 测量中引入了大约 2 倍/3 倍 T_4 函数量级的误差。引入故障约发生在 0.1s。当 T_4 温度高于传感器

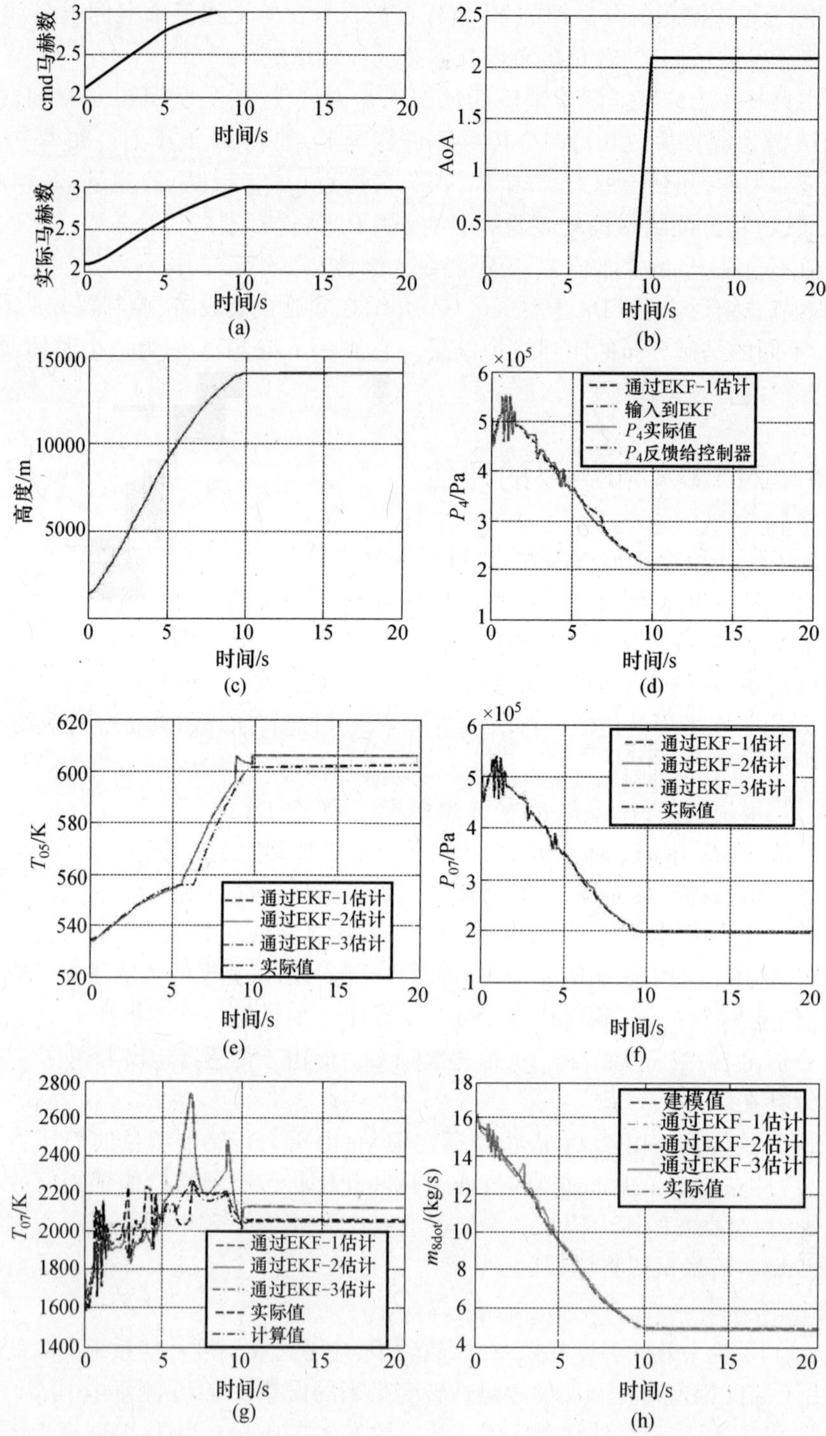

cmd马赫数
实际马赫数
时间/s
(a)
AoA
时间/s
(b)
高度/m
时间/s
(c)
P_4/Pa
通过EKF-1估计
输入到EKF
P_4实际值
P_4反馈给控制器
时间/s
(d)
T_{05}/K
通过EKF-1估计
通过EKF-2估计
通过EKF-3估计
实际值
时间/s
(e)
P_{07}/Pa
通过EKF-1估计
通过EKF-2估计
通过EKF-3估计
实际值
时间/s
(f)
T_{07}/K
通过EKF-1估计
通过EKF-2估计
通过EKF-3估计
实际值
计算值
时间/s
(g)
m_{8dot}/(kg/s)
建模值
通过EKF-1估计
通过EKF-2估计
通过EKF-3估计
实际值
时间/s
(h)

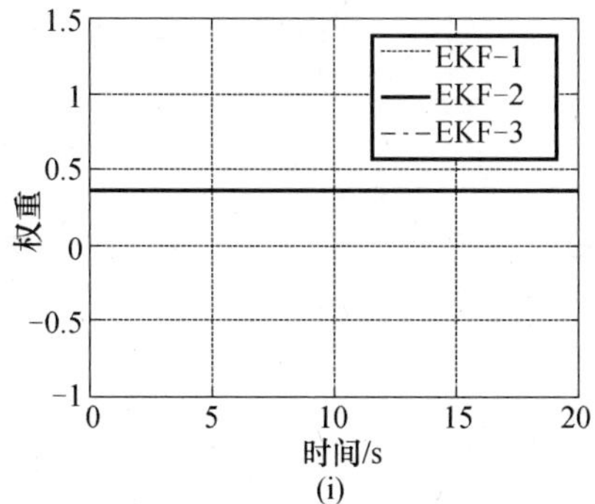

图 31.6　在无故障情况下快速响应马赫分布的仿真结果(闭环)
(无故障状态下所有 EKF 具有完全相同 P_4 情节)
(a) cmd 马赫、实际马赫与时间;(b) 面向方面的处理方法(AoA)与时间;
(c) 高度与时间;(d) P_4 和时间;(e) T_{05} 与时间;
(f) P_{07} 与时间;(g) T_{07} 与时间;(h) 8 号站流量与时间;(i) 权重与时间。

校准的温度时,检测到的输出电压比真实值高很多,这意味着检测到的压力值也是一个虚高值。这个错误的高压力值进一步反馈给控制器。控制器通过减少燃料流量,试图维持该错误的 P_4 值作为其指令值,这反过来又降低了推力和马赫数。由于推力下降,P_4_margin 指令减少到最低限度,而指令推力增加。

(6) 噪声:在 0.1s 之前时,仿真是无错的。在 0.1s 时,将功率谱密度(PSD) 1×10^{-6}值的白噪声添加到输出电压上,可以看到输出电压在其真实值附近波动,有时 P_{4_margin}达到它的下限。

31.6.1　通过结果对 FDA 算法性能进行评估

在 8 号站使用了质量流率的新理念,作为变量的两个独立估计,不能直接用于分析基于冗余的 FDA 算法。图 31.6 ~ 图 31.9 是在不同条件下的闭环响应图,使用 $\dot{m}_g$ 是一种很有前途的方法。从图中可以得出以下结论:

(1) 将 EKF 库作为 FDA 算法的一部分实施。在所有操作条件下 EKF 都运行良好,它还便于分离干扰,同时形成了估计状态矢量。用 EKF 来估计错误值的能力可以通过已知的传感器故障仿真的数值观测到。结果表明,用 EKF 估计状态代表了故障的真实情况。从状态参数 P_4、P_{07}、T_{05}、T_{07}和 $\dot{m}_g$ 图中可以看出,在引入故障之后,从 EKF 估计的参数值偏离了实际值。

(2) 在 P_4 图中可以看出,对于无故障的情况,所有的三个 P_4 值都是相同的,也非常接近实际的 P_4 值,同时在应用 FDA 之后 P_4 值反馈给控制器。

(3) 从所有操作条件下 $\dot{m}_g$ 的图中可以看出,估计的 $\dot{m}_g$ 对故障响应很好,这

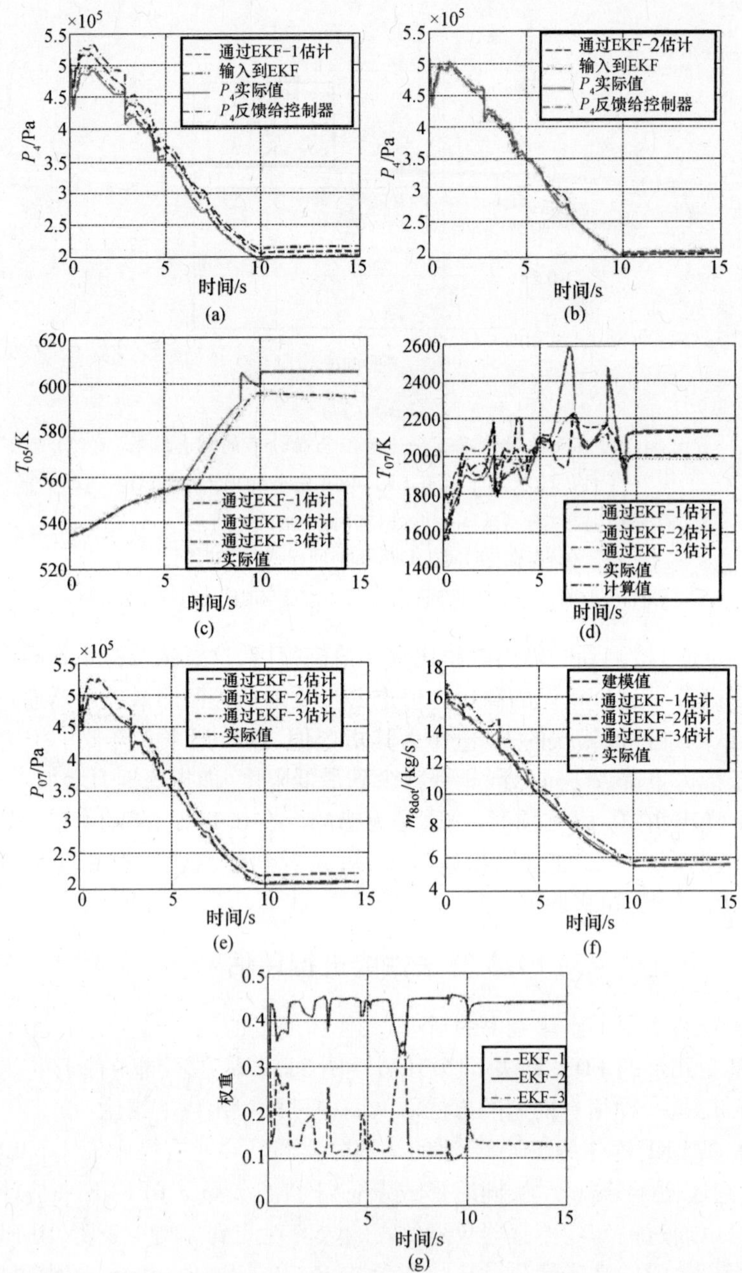

图 31.7　故障 1:存在未对准故障时快速响应马赫分布的仿真结果(闭环)
(a)P_4 与时间 - EKF - 1;(b)P_4 与时间 - EKF - 2;(c)T_{05}与时间;
(d)T_{07}与时间;(e)P_{07}与时间;(f)8 号站流量与时间;(g)权重与时间。

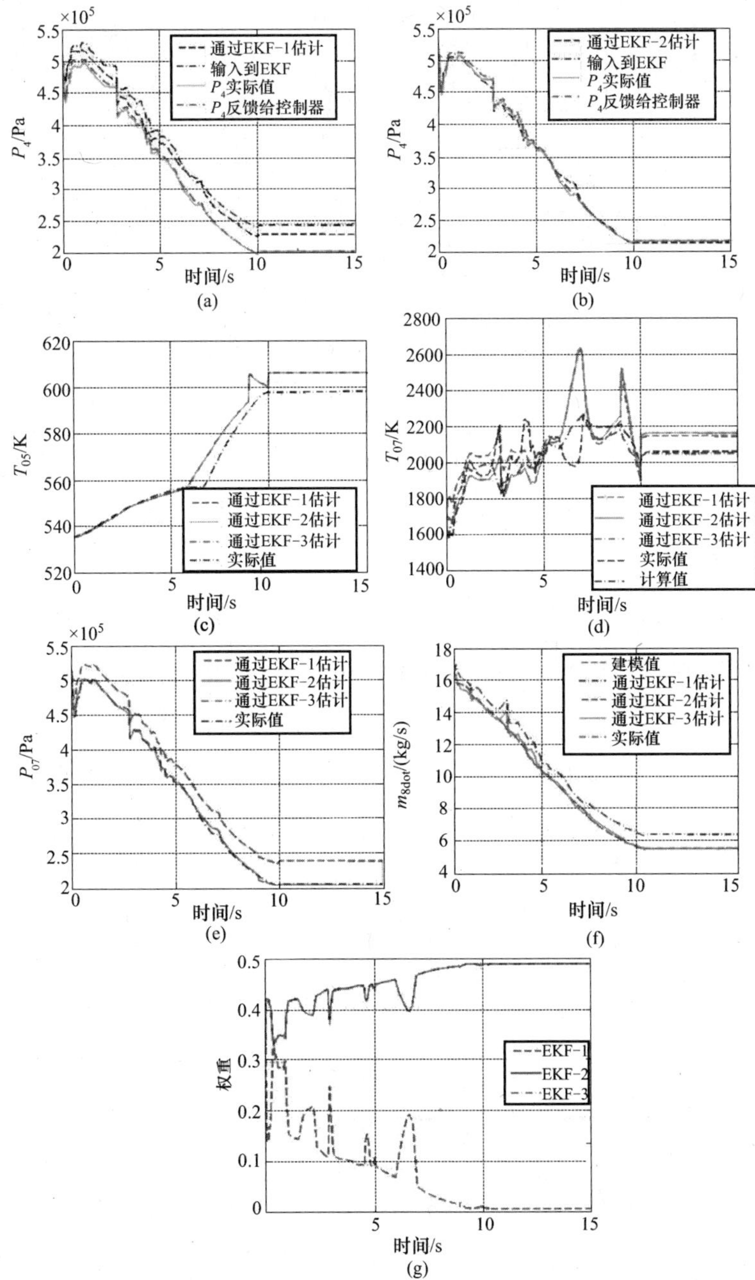

图 31.8　故障 2:快速响应马赫分布的温度补偿系统故障仿真结果(闭环)

(a) P_4 与时间 - EKF1;(b) P_4 与时间 - EKF2;(c) T_{05} 与时间;

(d) T_{07} 与时间;(e) P_{07} 与时间;(f) 8 号站的质量流量与时间;(g) 权重与时间。

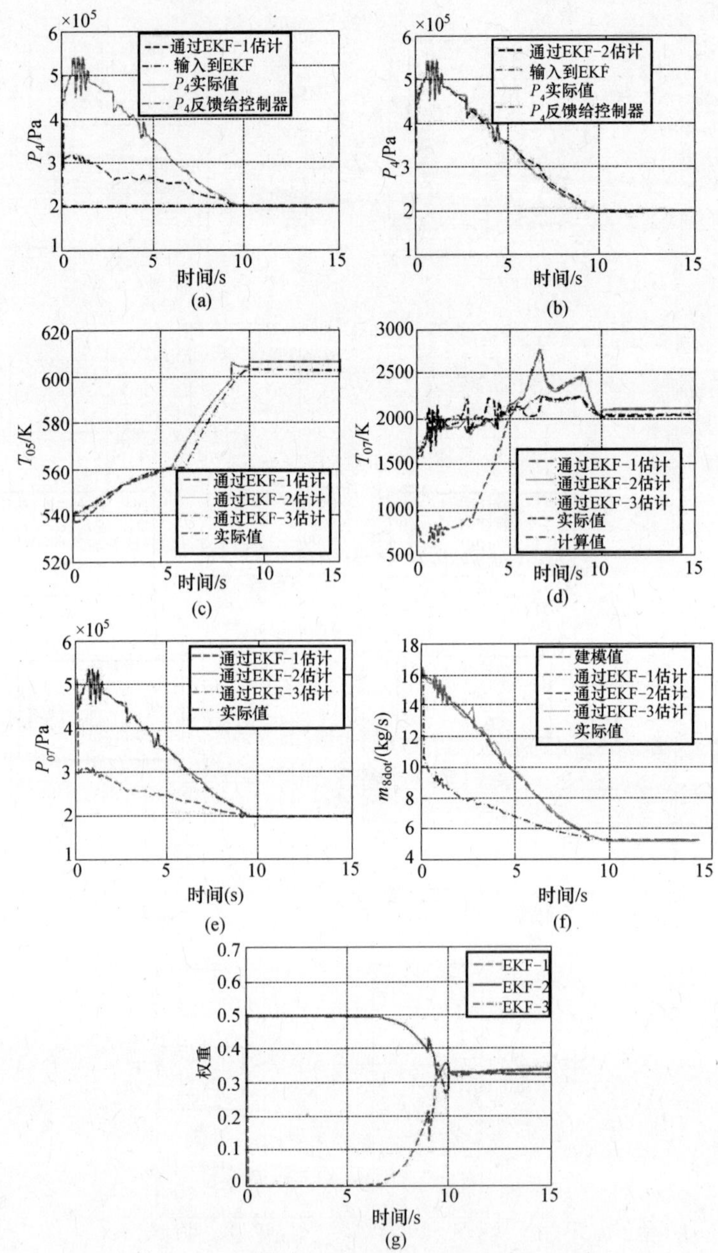

图 31.9　故障 3:压力传感器停止在一个常数值时快速响应马赫分布的仿真结果(闭环)

(a)P_4 与时间 - EKF1;(b)P_4 与时间 - EKF2;(c)T_{05} 与时间;(d)T_{07} 与时间;(e)P_{07} 与时间;(f)8 号站质量流量与时间;(g)权重与时间。

样可以清晰地标记出每种故障的类型和操作条件，$\dot{m}_{g_{\text{gmodelled}}}(\dot{m}_f+\dot{m}_4)$遵循$\dot{m}_{g_{\text{actual}}}$。在0.1s时引入故障后，估计$\dot{m}_g(\hat{\dot{m}}_g)$开始缓慢偏离$m_{g_{\text{gmodelled}}}/m_{g_{\text{actual}}}$。因此选择$\dot{m}_g$作为故障检测的关键参数是很有希望的理念。

(4) T_{07}图中，绘出了T_{07}的三个值，即实际T_{07}、T_{07}反馈给EKF(模拟T_{07}值)和T_{07}估计值。可以看出，模拟T_{07}值非常接近实际T_{07}值。因此，用于确定T_{07}(31.4.1节)的方法是相当准确和可接受的。

(5) P_{07}紧密伴随着P_4。

(6) 展示了自适应权重分配方案的结果，示意图表明该方案行之有效。给P_4故障值分配非常小的权重，因此P_4反馈非常接近实际的P_4值。

特别要注意的是，为了适应故障，本算法不需要检测故障的类型，也没有必要设置阈值和声明传感器故障。和以前纯粹的硬件冗余FDA方案相比，这些都是显著的优势。

仿真结果表明，在传感器有各种故障的情况下，FDA算法能够成功地给控制器提供合适的背压力值。在无故障和不同的故障情况下(图31.6~图31.9)，完全闭环仿真、吸气燃烧系统和控制器使用从FDA的算法中得到的背压力值，已经表现出了良好的效果。

31.6.2 FDA的实时实施

一旦FDA算法部署到实际系统中，就需要实时运行，即它应该及时完成时间步长的计算，计算时间比时间步长要小，以便等待传感器数据的输入，开始下一个时间步长的处理。需要说明的是该算法十分简单且并不复杂，所以直到现在它仍可以在实时处理系统中应用。

为了保持数值的稳定，用于系统建模的时间步长应该小于时间常数。从燃烧器查找表中可以看出，使用的最低时间常数在0.002s左右，500Hz为更新频率的下限。当在500Hz实时运行时，处理器需要在0.002s内完成一个完整时间步的FDA算法。

为了测试实时的性能，准备了线性装备的Simulink® 模型、EKF库和故障检测/调节模块，如图31.10所示。

在不同的操作条件下运行的线性和非线性模型说明如下：

(1) 对每个操作条件都进行模拟，对燃料流量和咽喉区进行步输入。不同操作条件的线性和非线性装备能匹配良好，结果表明在每一种条件下模型都能良好地线性近似。

(2) 在特定的操作点检查完线性装备的性能后，使用两种不同的轨迹剖面图，在马赫数和仰角的其他中间值对性能进行评估。

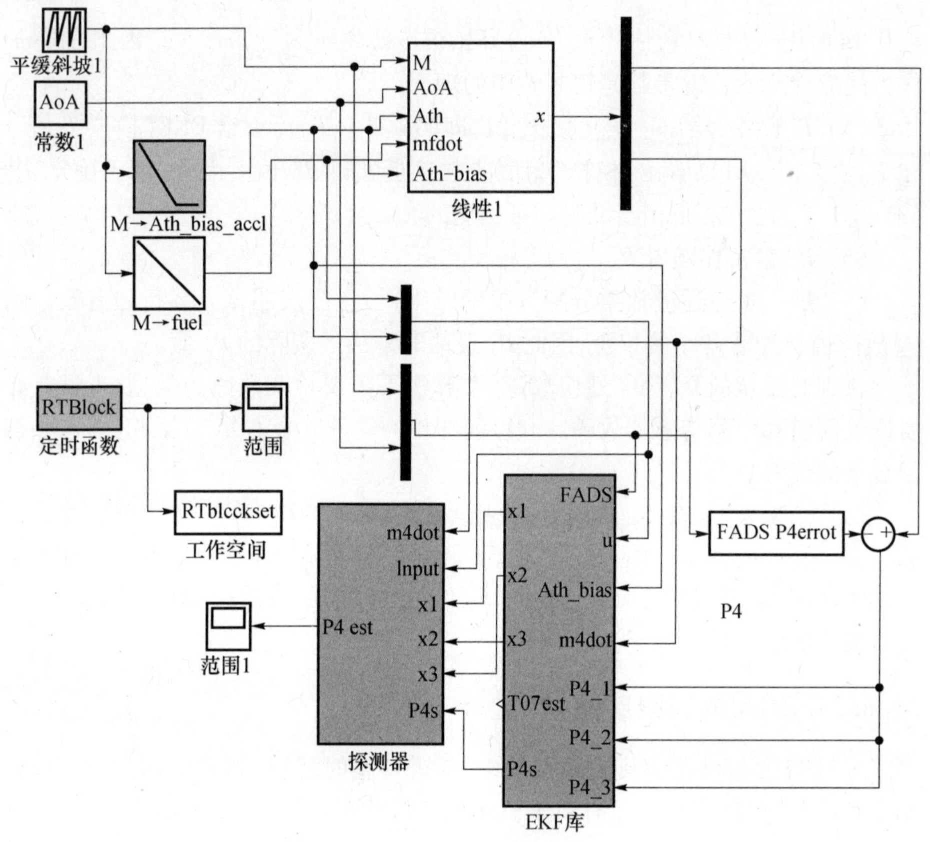

图 31.10 用于 FDA 算法实时性能评价的仿真模型示意

① 快速响应分布图：在这种情况下，对应于时间 $t=[0\ 2\ 4\ 6\ 8\ 10\ 12\ 14\ 20]$，马赫数 $Ma=[2.1\ 2.1\ 2.4\ 2.4\ 2.7\ 2.7\ 3\ 3\ 3]$，结果如图 31.11 所示。

② 平缓斜坡剖面图：在这种情况下，对应于时间 $t=[0\ 5\ 8\ 20]$，马赫数 $Ma=[2.1\ 2.8\ 3\ 3]$，结果如图 31.12 所示。

需要检查 FDA 算法的实时性能和校准试块。因此，使用线性装备模型是为了给 FDA 算法提供 P_4 输入值。仿真软件的运行配置使用 0.002s 的固定时间步和 ODE1（一阶欧拉方法）求解，在 1.7GHz 处理器、512MB 内存、Windows XP、仿真软件 Simulink 6.4 版的计算机上运行。可以观察到，20s 的飞行仿真需 1 ~2s，这清楚地表明，系统处理器有足够的能力实时执行这个算法。为进一步说明这一点，使用实时断点设置[20]减缓实时模拟，以评估在开始下一个时间步之前 CPU 等待的时间。图 31.13 表明对每个时间步的处理可以在 2μs 内完成，在 CPU 开始处理下一个时间步前有明显等待时间。

这一过程的关键步骤是使用 EKF 的线性装备替换非线性装备,显著降低了计算的复杂性。该演示系统使用非实时操作系统(Windows),有几个任务与仿真并行运行。当部署了实时操作系统,处理器仅用于执行 FDA 算法时,系统的性能将明显提高。由于模型可以在未经优化的系统中实时运行,这足以证明代码在优化系统中很容易实时运行。

31.7 结束语

本章的工作主要集中在吸气式燃烧系统中 FDA 新算法的开发和测试,该系统利用基于算法的创新解析冗余给三层冗余 P_4 传感器测量硬件提供情报。以下描述的问题都被成功求解并评估:

(1) 设计了 EKF 库用于状态估计和从 P_4 传感器测量中去除干扰。EKF 库也产生残余矢量,这又反馈到 FDA 的残余处理器中。

(2) 剩余处理算法包括以下经过彻底测试的参数:

① 使用查表从已知的参数得到的 T_{07} 计算。

② 从测量 P_4 得到的 P_{07} 估计。

③ 从三个 $\hat{P}_{07}$ 和 T_{07} 值得到的 $\dot{m}_g^i$ 估计。

④ $\dot{m}_g^i$ 和 $\dot{m}_{g_{\text{modelled}}}^i$ 在故障检测方面的比较。

⑤ 基于 $\dot{m}_{g_{\text{modelled}}}^i$ 的偏差对单个 $\dot{m}_g^i$ 值计算权重因子。

⑥ 说明故障检测和传感器移除的错误情节。

本章工作的主要贡献是对 P_4 传感器使用基于解析冗余的 FDA 算法。新的理念是在 8 号站使用质量流率,作为变量的两个独立估计,并不能直接用在基于解析冗余的 FDA 算法中。在不同条件下的闭环响应情节使用 $\dot{m}_g^i$ 被证明是一种很可行的方法,如图 31.6 ~ 图 31.9 所示。实时运行结果(图 31.10 ~ 图 31.13)表明,目前的 FDA 算法设计适用于在嵌入式硬件上运行。

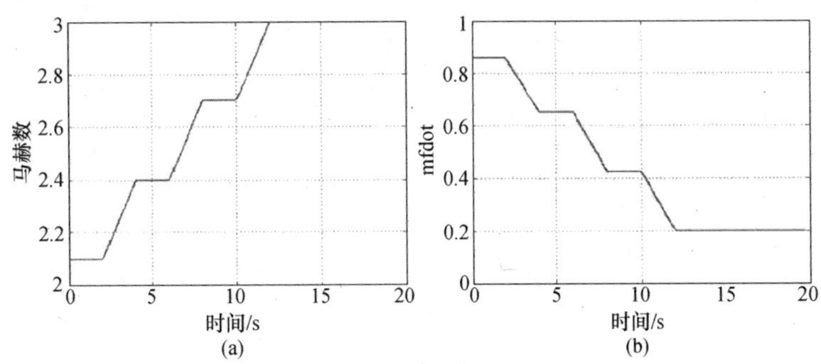

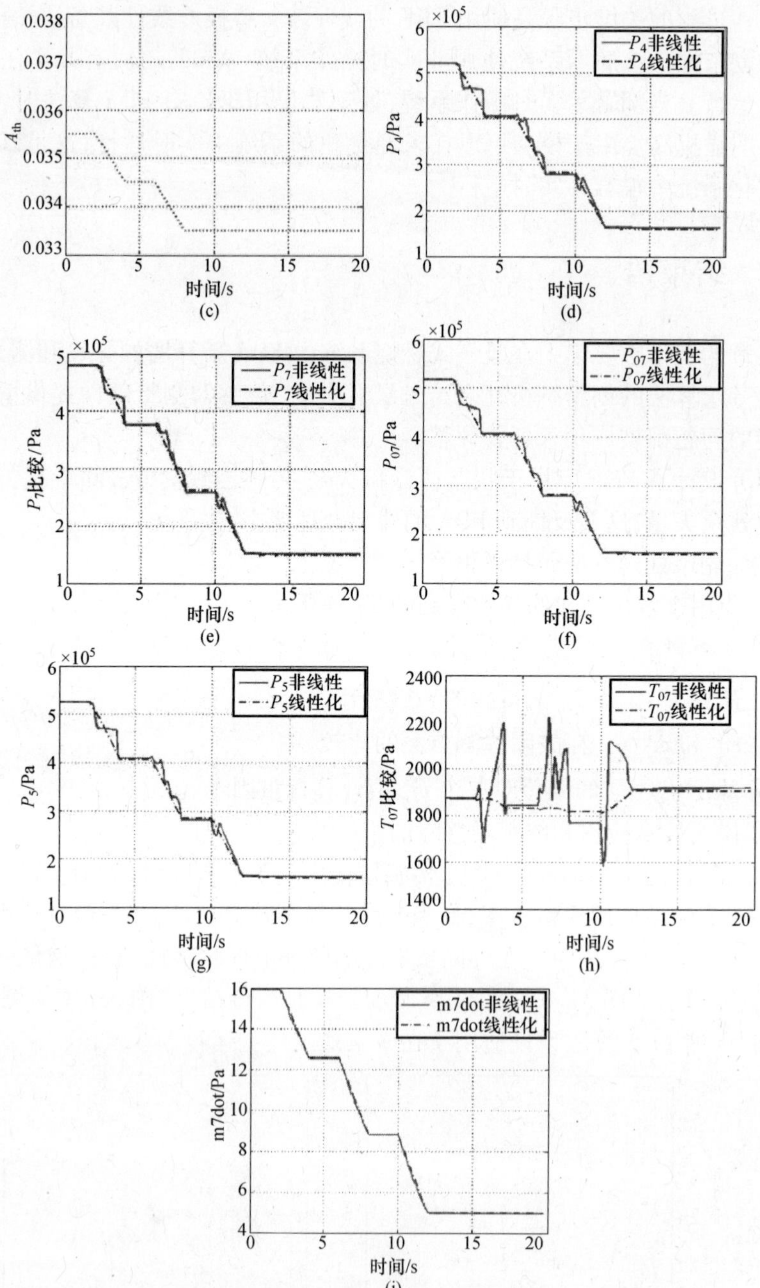

图 31.11　线性和非线性装备对平坦斜坡马赫分布响应的比较

(a)马赫数与时间;(b)mfdot 与时间;(c)A_{th}与时间;(d)P_4(线性和非线性)比较;(e)P_7(线性和非线性)比较;(f)P_{07}(线性和非线性)比较;(g)P_5(线性和非线性)比较;(h)T_{07}(线性和非线性)比较;(i)m7dot(线性和非线性)的比较。

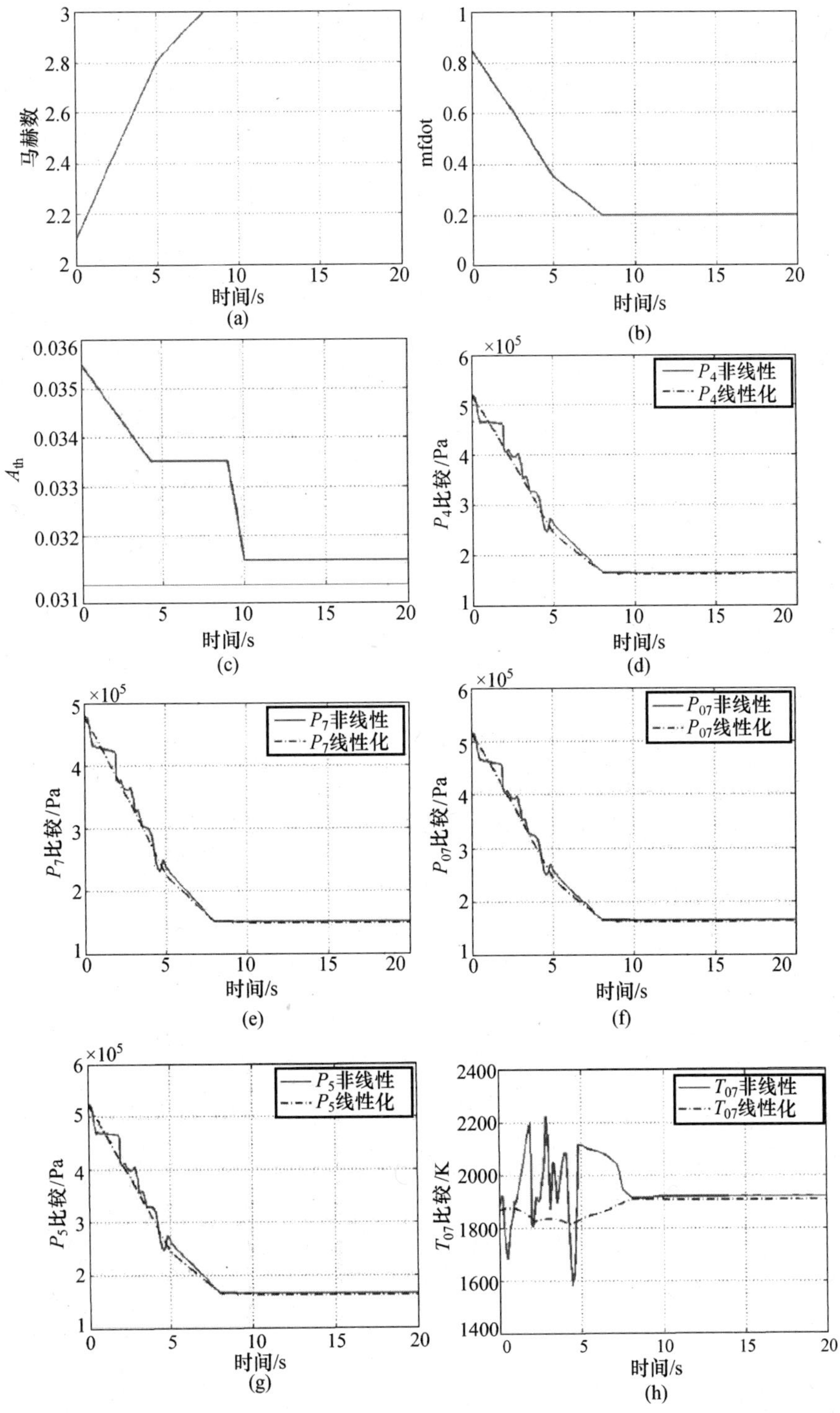
马赫数
时间/s
(a)
mfdot
时间/s
(b)
A_{th}
时间/s
(c)
×10⁵
P_4非线性
P_4线性化
P_4比较/Pa
时间/s
(d)
×10⁵
P_7非线性
P_7线性化
P_7比较/Pa
时间/s
(e)
×10⁵
P_{07}非线性
P_{07}线性化
P_{07}比较/Pa
时间/s
(f)
×10⁵
P_5非线性
P_5线性化
P_5比较/Pa
时间/s
(g)
T_{07}非线性
T_{07}线性化
T_{07}比较/K
时间/s
(h)

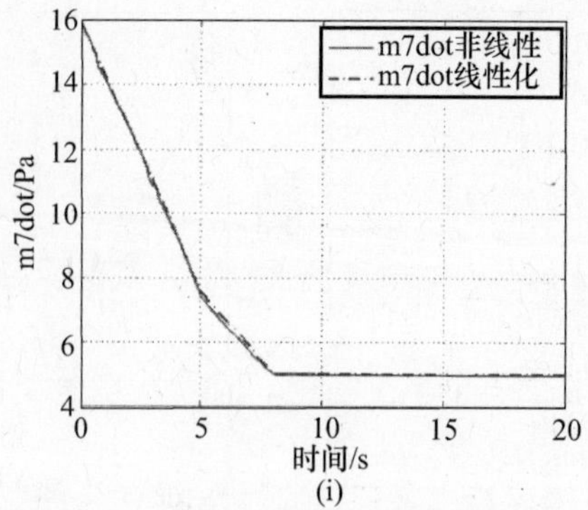

(i)

图 31.12 快速响应马赫分布的线性和非线性装备响应的比较

(a)马赫数与时间;(b)mfdot 与时间;(c)A_{th}与时间;(d)P_4(线性和非线性)比较;

(e)P_7(线性和非线性)比较;(f)P_{07}(线性和非线性)比较;

(g)P_5(线性和非线性)比较;(h)T_{07}(线性和非线性)比较;(i)m7dot(线性和非线性)比较。

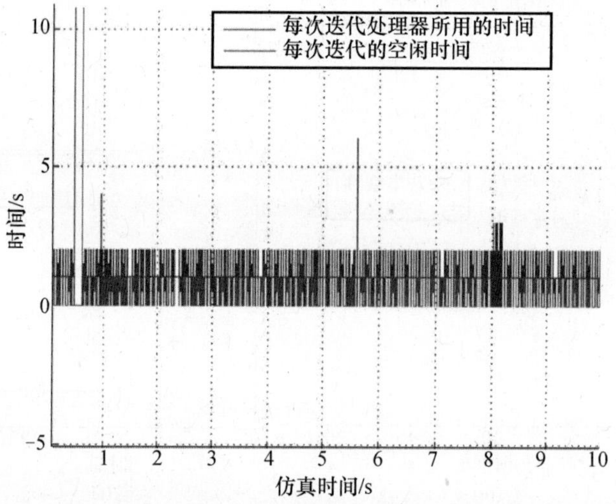

图 31.13 FDA 算法每一时间步的计算时间

附录:符号和术语

A_{th}——喷嘴喉部面积(m^2);

α——仰角(°);

B——背压力因素;

R——通用气体常数(J/(kmol·K));

τ_{ij}——i 和 j 号站之间的时间常数；

$\dot{m}_f$——燃料流速；

P_4——自由流压力(Pa)；

P_4——4 号站的静压力(Pa)；

P_{4_margin}——背压率；

P_5——5 号站的静压力(Pa)；

T_{05}——5 号站的总温度(K)；

P_7——7 号站的静压力(Pa)；

T_{07}——7 号站的总温度(K)；

P_{07}——7 号站的总压力(Pa)；

$\dot{m}_4$——4 号站的燃料流速(kg/s)；

$\dot{m}_5$——5 号站的燃料流速(kg/s)；

$\dot{m}_7$——7 号站的燃料流速(kg/s)；

$\dot{m}_8$——8 号站的燃料流速(kg/s)；

$\hat{P}_4^1$、$\hat{P}_4^2$、$\hat{P}_4^3$——通过三个压力传感器测量的 P_4 值；

P_{port}——FADS 孔口端的压力；

$\boldsymbol{Q}_{k,k}$——协方差矩阵；

FAR——燃气比；

W_i——第 i 个 EKF 通道的加权因子；

$\dot{m}_{g_{modelled}}$——$\dot{m}_g$ 的建模值(kg/s)；

q——动压力(Pa)；

v_k——未知的测量噪声；

w_k——未知的过程噪声；

x_k——k 时刻的状态。

下标“ss”是指变量的稳态值。$\hat{x}$ 表示变量 x 的估计值。

参考文献

1. Walambe, R.A., Gupta, N.K., Bhange, N., Ananthkrishnan, N., Park, I.S., Choi, J.H. and Yoon, H.G. Novel redundant sensor fault detection and accommodation algorithm for air-breathing combustion system and its real-time implementation, Raol, J.R. and Gopal, A. (Eds.), *Defence Sciences Journal Special Issue—Mobile Intelligent Autonomous Systems*, 2010.
2. Bharani Chandra, P., Gupta, N.K., Ananthkrishnan, N., Renganathan, V.S., Park, I.S. and Yoon, H.G. Modeling, dynamic simulation, and controller design for an air-breathing combustion system, *AIAA Paper 2009-708, 47th AIAA Aerospace Sciences Meeting*, Orlando, FL, Jan 2009.
3. O'Brian, T.F., Starkey R.P. and Lewis, M.J. Quasi-one-dimensional high-speed engine model with finite-rate chemistry, *Journal of Propulsion and Power*, 2001, 17(6), 1366–1374.

4. Gupta, N.K., Gupta, B.K., Ananthkrishnan, N., Shevare, G.R., Park, I.S. and Yoon, H.G. Integrated modeling and simulation of an air-breathing combustion system dynamics, AIAA Paper 2007-6374. *AIAA Modeling and Simulation Technologies, Conference and Exhibit*, Hilton Head, SC, August 2007.
5. Chen, J. and Patton, R.J. *Robust Model-based Fault Diagnosis for Dynamic Systems*, Kluwer Academic Publishers, Boston, USA, 1999.
6. Gertler, J.J. *Fault Detection and Diagnosis in Engineering Systems*, ed.1, Dekker, New York, 1998.
7. Isermann, R. and Ballé, P. Trends in the application of model-based fault detection and diagnosis of technical processes, *Control Engineering Practice*, 1997, 5, 709–719.
8. Patton, R.J. Fault tolerant control: The 1997 situation, *In Proc.: IFAC Safeprocess*. Hull, UK, 1997, pp. 1033–1055.
9. Frank, P.M. Analytical and qualitative model-based fault diagnosis—A survey and some new results, *European Journal of Control*, 1996, 2(1), 6–28.
10. Massoumnia, M.A., Verghese, G.C. and Willsky, A.S. Failure detection and identification, *IEEE Trans. Automat. Control*, 1989, 34(3), 316–321.
11. Willsky, A.S. A survey of design methods for failure detection in dynamic systems, *Automatica*, 1976, 12(6), 601–611.
12. Frank P. Fault diagnosis in dynamic system using analytical and knowledge based redundancy—A survey and some new results, *Automatica*, 1990, 26(3), 459–474.
13. Patton, R. Fault detection and diagnosis in aerospace system using analytical redundance, *IEE Computing and Control Engineering Journal*, 1990, 2, 127–136.
14. Patton, R., Frank, P., Clark, R. (eds.) *Fault Diagnosis in Dynamic Systems, Theory and Application*, Prentice Hall (Control Engineering Series), UK, 1989.
15. Welch, G. and Bishop, G. *An Introduction to the Kalman Filter*, TR 95-041, University of North Carolina, USA, 2004.
16. Kalman, R.E. A new approach to linear filtering and prediction problems, *Transactions of the ASME - Journal of Basic Engineering*, 1960, 82(1), 35–45.
17. Brown, R.G. *Introduction to Random Signal Analysis and Kalman Filtering*, John Wiley and Sons, New York, 1983.
18. Bucy, R.S. and Joseph, P.D. Filtering *for Stochastic Processes with Applications to Guidance*, John Wiley & Sons, 1968; 2nd Edition (2005), AMS Chelsea Publ.
19. Jazwinski, A.H. *Stochastic Processes and Filtering Theory*, Academic Press, New York, 1970.
20. Daga, L. http://leonardodaga.insyde.it/Simulink/RTBlockset.htm, 2008.

第 32 章 模糊逻辑传感器和控制表面故障检测及重构

32.1 引言

飞机失事调查机构指出,飞机事故的主要故障为组件的失效或损坏,如飞机的执行器、传感器和其他结构部件,故障检测和调整(FDIA)对给定战斗任务的成功完成很重要。现代控制系统的故障容错包括被动技术和主动技术。被动技术是基于对健壮控制器的设计,即使在故障情况下也保证系统的性能,但当故障效应相当宽时,不能提供充分的故障容错。在主动技术方法中,控制系统进行故障重构时,在系统中使用预设的调控法或结合新的在线控制方案以保持整个系统的稳定性和达到可接受的性能。因此,与被动方法比较,主动方法有较高的容错能力。飞机系统在飞行包络阶段,可视为一个具有过程和测量噪声的非线性时变系统。因此,这样的系统可以用自适应方案进行控制。故障容差控制系统(FTCS)能够在动态系统中自动完成组件故障的调节。这样的控制系统能保持整体闭环的稳定性,在飞机发生故障事件时能增加总体操作安全。

一般地,可重构 FTCS 由故障检测、识别方案和重构方案组成。故障检测和识别技术一般包括正常条件下预期值的比较,由状态估计器和传感器的实际测量输出确定。在一般情况下,容错飞行控制系统需要执行两项任务:一是传感器故障检测、识别及调节或重构(SFDIA/SFDIR);二是驱动器故障检测、识别和调节或重构(AFDIA/AFDIR)。传感器故障检测和识别(SFDI)模块监测传感器中的故障,识别或隔离有故障的传感器。在解析冗余中运用适当的估计或在硬件冗余中用另一个良好的传感器替换有故障的传感器,从而实现传感器的故障调节(SFA)/重构。为了实现 SFA 的目的,目前大部分的高性能军用飞机以及商用喷气客机在它们的传感器能力方面实施三重物理冗余。然而在飞机的设计中,降低复杂性、减少成本和优化重量是重要的考虑因素,解析传感器冗余方法更具吸引力。对 AFDIA 问题而言,驱动器故障可能意味着表面锁定、控制面部分缺失,或者两者同时发生。驱动器故障检测和识别(AFDI)方案检测明显的异常或故障,并识别故障的原因。驱动器故障调节/重构采取措施以便尽可能地恢复故障发生前的性能。通常情况下,由于驱动器的功率及运输能力,其尺寸和重量很大,因此多倍冗余驱动器在飞机上的应用很有限。所以,驱动器故障看作是非常重要的故障,必须及时有效地处理,以减少损害。在本研究中,基于模型的KF方法用于SFDIR[1,2]。由于异常测量、突然变化等改变了系统动力学引起故障,通过改变白噪声本质影响了归一化创新序列的特性,替换了其零均值及时变单元的协方差矩阵[1,2]。因此,目标是检测这些参数相对它们的标称值是否有变化,并提供必要的补救措施。

在对控制系统的研究中,必须能够对动态系统建模并分析动态特性。用数学模型准确表达一个复杂的过程通常很难。模糊控制是一种不基于模型的技术,处理过程行为和人类工作经验的知识,它可以处理不清晰和不完整的信息。自从Zadeh的模糊集及Mamdani和Assilian控制动态装置理念的首次成功应用,模糊控制系统工程受到了全世界的关注[3,4]。有经验的操作人员不了解它们的潜在动力,也可以有效地控制复杂的系统,但是很难达到与传统的控制器相同的效果。在这里,模糊逻辑用于传感器故障检测与重构。它也表明,模糊逻辑可以扩展用于多个故障。常用的表面故障检测和重构方法是基于模型的方法,如EKF[5,6]。其中,控制分配矩阵的参数是作为系统增广状态来估计的,利用EKF来计算反馈增益受损,使用伪逆技术[2]重构受损的系统。在确定控制面的有效因素方面,飞机升降舵的表面故障检测和重构采用基于无模型的模糊逻辑,反过来,在重构中应用新的控制增益。通过采用两个T标准运算即交叉和代数乘积,对不同含义的方法进行了比较研究。

32.2 传感器故障检测、隔离和重构

传感器故障检测和识别(SFDI)流程非常重要,特别是当从故障传感器测量的数据需要应用在包括飞机在内的动态系统的反馈控制回路中。由于飞机的控制原理是用传感器反馈来建立飞机当前的动态,即使轻微的传感器误差和错误也会导致闭环不稳定,如果不注意这一点,就会导致无法恢复的战斗状态。一般的传感器故障/失效是偏、漂移、传感器精度损失冻结。故障/失效的术语在本章是相同的,但严格地来讲不是这样的。特别的是,有一些故障常常隐藏在硬件中,当在一定条件下(输入超过限制等)被激活时,这些故障会导致系统状态误差,这些误差又会导致部件、子系统或整个系统失效。

32.2.1 基于卡尔曼滤波的SFDI及重构

在公开的文献中,可用的传感器故障检测技术包括残差的产生,该残差带有故障/失效的信息。使用状态估计如卡尔曼滤波的一般方法是基于创新序列的分析。这些方法不要求故障的先验统计特性,因此计算量不是很大。当故障发

生时,在实际系统输出和预期输出之间存在差异,误差信号的特性将被改变。如果系统运转正常,卡尔曼滤波的新息序列是具有零均值和单元协方差矩阵的高斯白噪声。当发生错误时,决策统计变化,其效果是故障传感器故障的通道更明显,因此可以识别故障传感器。随后,通过忽略从传感器故障[1,2]得到的测量值重构 KF。

32.2.1.1　传感器故障检测

在本节中,利用飞机的纵向动力学仿真对传感器故障检测、识别和重构(SFDIR)进行研究。飞机的纵向运动状态空间方程在连续域中由下式给定[5]:

$$\begin{cases}\dot{u} = X_u u + X_w w - g\cos\gamma_0\theta + X_{\delta_E}u_c \\ \dot{w} = Z_u u + Z_w w + \boldsymbol{U}_0 q - g\sin\gamma_0\theta + Z_{\delta_E}u_c \\ \dot{q} = M_u u + M_w w + M_q q + M_{\delta_E}u_c \\ \dot{\theta} = q\end{cases} \tag{32.1}$$

式中:X_u、X_w、Z_u、Z_w、M_u、M_w、M_q、X_{δ_E},Z_{δ_E}、M_{δ_E}为飞机[5]的稳态导数;$\boldsymbol{U}_0$ 为车辆的飞行速度;γ_0 为航迹角;g 为重力加速度。在矩阵形式中,状态方程由下式给定[5]

$$\dot{\boldsymbol{x}} = \boldsymbol{A}x + \boldsymbol{B}u_c + \boldsymbol{\Gamma}w_n \tag{32.2}$$

式中

$$\boldsymbol{A} = \begin{bmatrix} X_u & X_w & 0 & -g\cos\gamma_0 \\ Z_u & Z_w & U_0 & -g\sin\gamma_0 \\ M_u & M_w & M_q & 0 \\ 0 & 0 & 1 & 0 \end{bmatrix},\ \boldsymbol{B} = \begin{bmatrix} X_{\delta_E} \\ Z_{\delta_E} \\ M_{\delta_E} \\ 0 \end{bmatrix},\ \boldsymbol{x} = \begin{bmatrix} u \\ w \\ q \\ \theta \end{bmatrix}$$

$u_c = \delta_E$,等于升降舵扰动偏差,等于控制输入;w_n 为具有零均值和协方差 Q 的高斯过程白噪声(随机);$\boldsymbol{\Gamma}$ 为扰动噪声转换矩阵。纵向运动的 $\boldsymbol{B}$ 矩阵元素表示为:$B(1) = X_{\delta_E} = X$ 轴向力导数(相对于升降舵控制面),$B(2) = Z_{\delta_E} = Z$ 轴向力导数(相对于升降舵控制面),$B(3) = M_{\delta_E} =$ 俯仰力矩导数(相对于升降舵控制面)。状态矢量 $\boldsymbol{x}$ 是由积分方程式(32.2)用龙格 – 库塔四阶积分法得到。传感器数学模型的测量方程由下式获得:

$$z = \boldsymbol{Hx} + \boldsymbol{v} \tag{32.3}$$

式中:z 为测量矢量;$\boldsymbol{v}$ 为具有零均值和协方差 R 的高斯测量白噪声;w_n 为不相关的过程噪声,假定所有的状态是可测量的。因此,传感器的观测矩阵 $\boldsymbol{H}$ 是保持 4 ×4 大小的单位矩阵。测量的状态反馈给卡尔曼滤波,以便估计实际的状态。卡尔曼滤波方程如下:

状态和协方差传播时间为

$$\dot{\tilde{\boldsymbol{x}}} = \boldsymbol{A}\hat{\boldsymbol{x}} + \boldsymbol{B}u_c \tag{32.4}$$

$$\begin{aligned}\boldsymbol{P}(k/k-1) = &\boldsymbol{F}(k/k-1)\boldsymbol{P}(k/k-1)\boldsymbol{F}^{\mathrm{T}}(k/k-1)\\ &+\boldsymbol{\Gamma}(k/k-1)\boldsymbol{Q}(k/k-1)\boldsymbol{\Gamma}^{T}(k/k-1)\end{aligned} \tag{32.5}$$

式中：$\boldsymbol{F} = \mathrm{e}^{AT}$为状态转换矩阵，$T$ 为取样时间间隔。

测量更新/日期更新为

$$\hat{\boldsymbol{x}}(k/k) = \tilde{\boldsymbol{x}}(k/(k-1)) + \boldsymbol{K}(k)\boldsymbol{\gamma}(k) \tag{32.6}$$

式中：$\gamma(k)$为新息序列，且有

$$\gamma(k) = z(k) - \boldsymbol{H}(k)\tilde{\boldsymbol{x}}(k/k-1) \tag{32.7}$$

$$\boldsymbol{K}(k) = \boldsymbol{P}(k/k-1)\boldsymbol{H}^{\mathrm{T}}(k)\boldsymbol{S}(k)^{-1} \tag{32.8}$$

式中：$\boldsymbol{S}$ 为新的协方差矩阵，且有

$$\boldsymbol{S}(k) = \boldsymbol{H}(k)\boldsymbol{P}(k/k-1)\boldsymbol{H}^{\mathrm{T}}(k) + \boldsymbol{R}(k) \tag{32.9}$$

$$\boldsymbol{P}(k/k) = [1 - \boldsymbol{K}(k)\boldsymbol{H}(k)]\boldsymbol{P}(k/k-1) \tag{32.10}$$

式中：$\boldsymbol{P}(k-1/k-1)$为前一步估计误差的协方差矩阵；$\boldsymbol{K}(k)$为卡尔曼滤波的增益矩阵；I 为单位矩阵。

为了检测可能会改变新息序列均值的故障，使用以下统计函数[1]：

$$\beta(k) = \sum_{j=k-M+1}^{k} \tilde{\boldsymbol{\gamma}}^{\mathrm{T}}(j)\tilde{\boldsymbol{\gamma}}(j) \tag{32.11}$$

式中：m 为样本数量（窗口长度）。

用来检测故障[1]的两个假设检验方法是

$$\begin{cases}\text{如果 } \beta(k) \leqslant \chi^2_{\alpha,M_s} \text{ 那么 } H_0(\text{无故障})\\ \text{如果 } \beta(k) > \chi^2_{\alpha,M_s} \text{ 那么 } H_1(\text{有故障})\end{cases} \tag{32.12}$$

式中：χ^2_{α,M_s}为从χ^2 表获取的阈值；α 为置信水平概率；M_s 为自由度（DOF）等于 M 乘以 S（传感器编号）。如果新息序列的平均值超过这个统计函数值，就可以检测到故障。

32.2.1.2 传感器故障分离算法

运用文献[1]中的方法分离传感器故障，将 S 维新息序列转变为 S 一维序列。对故障传感器的统计即与故障传感器相关的变量，假定比那些性能良好的传感器受到的影响更大。统计是样本和理论方差 $\hat{\sigma}_i^2/\sigma_i^2$ 的比率，用来验证一维新息序列的方差 $\gamma_i(k)(i=1,2,\cdots,s)$[1]：

$$\begin{cases}\hat{\sigma}_i^2(k) = \dfrac{1}{M-1}\displaystyle\sum_{j=k-M+1}^{k}[\tilde{\gamma}_i(j) - \bar{\tilde{\gamma}}_i(k)]^2\\ \bar{\tilde{\gamma}}_i(k) = \dfrac{1}{M}\displaystyle\sum_{j=k-M+1}^{k}\tilde{\gamma}_i(j)\end{cases} \tag{32.13}$$

当 $\tilde{\boldsymbol{\gamma}}_i = N(0,\sigma_i)$时，已知$(v_i/\sigma_i^2) \sim \chi^2_{\alpha,M-1}$，$\forall_i, i=1,2,\cdots,s$，在此，$v_i = (M-1)\hat{\sigma}_i^2$，

$\forall_i, i=1,2,\cdots,s$，对于正常的新息序列，当 $\sigma_i^2=1$ 时，遵循

$$v_i \sim \chi^2_{\alpha,M-1}, \forall_i, i=1,2,\cdots,s \tag{32.14}$$

运用式(32.14)，归一化新息序列均值的任何变化都可以检测到，因此第 i 个传感器中 γ_i 超过阈值可以被识别为有故障的传感器。

32.2.1.3　传感器故障重构

如果发生传感器故障，传感器故障对通道的影响很明显，那么传感器故障需要重构。一旦在特定的信道检测到故障，通过忽略从故障传感器得到的反馈，只使用健康传感器的测量值，对卡尔曼滤波进行重构。因此，不会有太多的错误测量，KF 用较少的健康测量来估计状态，从而提供了必要的重构。

32.2.2　基于模糊逻辑的传感器故障检测和重构

在本案例中，升降舵扰动偏差作为装备模糊模块的输入，估计真实状态作为输出。然后，将测量状态与真实估计的状态进行比较，如果它们的差超过阈值，那么进行故障检测。故障检测自动触发传感器隔离算法，来定位故障的通道，一旦故障定位后，调节算法绕过故障测量，即忽视特定的传感器测量，用真实估计状态代替。这样，对传感器故障进行了重构。图 32.1 为基于模糊逻辑的传感器故障检测及重构方案。

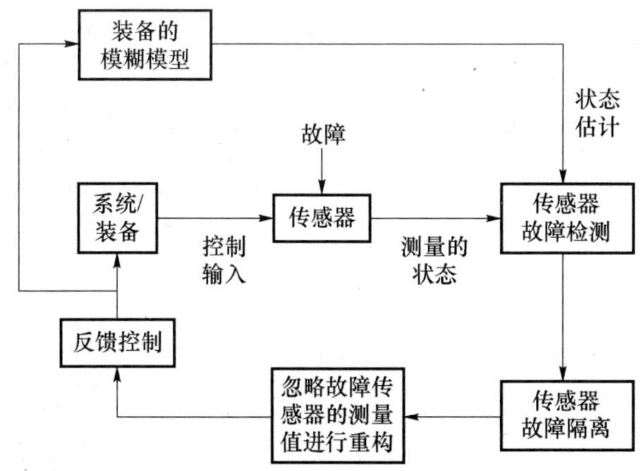

图 32.1　运用模糊逻辑的故障检测、隔离和重构

设备的输入为升降舵输入偏差的扰动，即 $u_c=\delta_E$，为了便于统一推理(UOD)的输入，定义

$$\text{UOD } u_c = [u_c^1\ u_c^2\ u_c^3\ u_c^4\ u_c^5]$$

构造了三角隶属函数用于 UOD 中 u_c 的输入，如图 32.2 所示。输出为系统的 u、w、q 和 θ 四个状态。图 32.3 为系统状态(如沿 x 轴、u 轴的扰动速度)隶属函数的一般形状，是非对称的三角形。为了分配输出，基于各自的 UOD 为每个

输出构造了三角隶属函数。对于一个输出状态 x(代表送 w、q 和 θ),被选为 UOD,$\boldsymbol{x}=[x^1\ x^2\ x^3\ x^4\ x^5]$。表 32.1 给出了 If – Then 模糊规则描述输出状态的"u",表 32.2 给出了输出状态"w","q"和"θ"的模糊组合记忆(FAM)。使用表 32.1和表 32.2 的推理规则,仿真(开发)模糊系统就可以运行。每个仿真周期结果的隶属函数有四个输出。基于推断规则和交叉 T 分布得到他们的最新值,对输出的隶属度函数进行解模糊操作,对真实的状态进行估计。为了检测和重构传感器故障,将状态估计与系统(飞机动力学)相应的测量状态进行比较,如果在各自的通道差异(或残差)超过预先计算的测量噪声的阈值,那么在传感器中就会检测到故障。为此,对所有四个传感器使用规定的标准偏差,利用蒙特卡罗仿真计算随机噪声的阈值,运行 1000 次,然后计算这些噪声每次运行的最小值和最大值,对所有运行取平均值作为检测的阈值。如果检测到故障后,那么有故障的传感器输出将被忽略,并由相应的估计状态代替。从而对传感器的故障进行了重构。这种方法也能够处理多个传感器故障,即如果两个传感器出现故障,那么在有故障的传感器检测到故障,用估计值替换故障传感器的测量值实现重构。必须强调的是,由于不包括动态,只是将故障传感器断路,利用良好传感器的测量值进行下一步的计算,可以认为这是一种静态的重构。

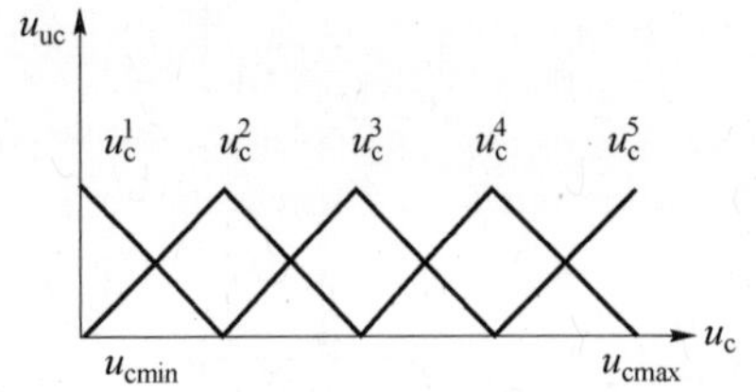

图 32.2　模糊隶属度函数(输入变量 u_c)

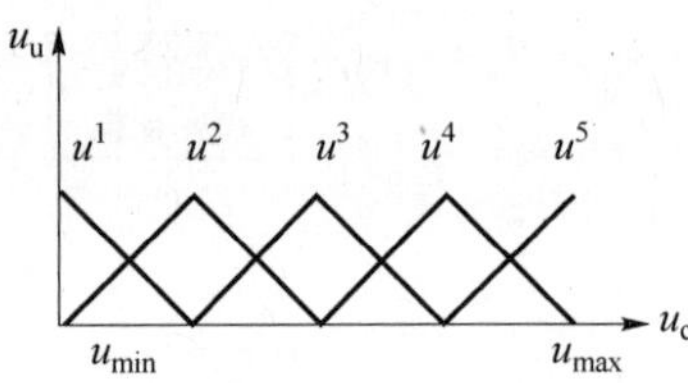

图 32.3　u – fuzzy 隶属函数

表 32.1　速率 u 的推理规则

推理规则
如果控制输入 u_c 等于 u_c^1,那么输出 u 等于 u^1;
如果控制输入 u_c 等于 u_c^2,那么输出 u 等于 u^2;
如果控制输入 u_c 等于 u_c^3,那么输出 u 等于 u^3;
如果控制输入 u_c 等于 u_c^4,那么输出 u 等于 u^4;
如果控制输入 u_c 等于 u_c^5,那么输出 u 等于 u^5

表 32.2　$x(w,q,\theta)$ 的推理规则

推理规则
如果控制输入 u_c 等于 u_c^2,那么输出 x 等于 x^5;
如果控制输入 u_c 等于 u_c^2,那么输出 x 等于 x^5;
如果控制输入 u_c 等于 u_c^3,那么输出 x 等于 x^4;
如果控制输入 u_c 等于 u_c^4,那么输出 x 等于 x^2;
如果控制输入 u_c 等于 u_c^5,那么输出 x 等于 x^2

32.3　控制面故障检测和重构

在许多情况下,由于致动器有故障或者表面损坏或被吹走控制表面效果缺失,飞机会变得不稳定,因此,这些故障必须检测和立即调节,有效利用控制面故

障检测和重构(CSFDR)。

32.3.1　EKF 实施

本节对基于 EKF 的驱动器表面故障检测算法进行了研究,用来估计控制输入矩阵[6]的元素。

32.3.1.1　控制分布矩阵识别

图 32.4 为 CSFDR 方案。使用 EKF 检测驱动器的表面故障,识别控制分布矩阵 $\boldsymbol{B}$ 的元素 $b_{i,j}(i=1,n;j=1,m)$。为此,将状态矢量 $\boldsymbol{x}$ 增强如下:

$$\boldsymbol{x}_{\mathrm{a}}=[x_1,x_2,\cdots,x_{\mathrm{n}},b_{11},b_{12},\cdots,b_{ij},\cdots,b_{nm}] \tag{32.15}$$

增强的动态系统为

$$\boldsymbol{x}_{\mathrm{a}}(k+1)=\tilde{\boldsymbol{F}}(k+1,k)\boldsymbol{x}_{\mathrm{a}}(k)+\tilde{\boldsymbol{\Gamma}}(k+1,k)\boldsymbol{w}(k) \tag{32.16}$$

测量方程为

$$\tilde{z}(k)=\tilde{\boldsymbol{H}}(k)\boldsymbol{x}_a(k)+\boldsymbol{v}(k) \tag{32.17}$$

式中:$\boldsymbol{x}_{\mathrm{a}}$ 为$(n+nm)-\mathrm{dim.}$ 增强的系统状态矢量;$\boldsymbol{F}(k+1,k)$为被$(n+nm)$增强的$(n+nm)$系统矩阵;$\boldsymbol{\Gamma}(k,k+1)$是被$(n+nm)$增强的$(n+nm)$扰动噪声转移矩阵;$\tilde{z}(k)$为 nm 维系统测量矩阵组成的矩阵。矩阵 $\tilde{\boldsymbol{F}}$ 是系统矩阵 $\tilde{\boldsymbol{A}}$ 的离散形式,其中[6]

$$\boldsymbol{A}=\begin{bmatrix} \boldsymbol{A}_{n\times n} & \begin{bmatrix} u_1\cdots u_m & 0\cdots 0 & 0\cdots 0 \\ 0\cdots 0 & u_1\cdots u_m & 0\cdots 0 \\ \cdots & \cdots & \cdots \\ 0\cdots 0 & 0\cdots 0 & u_1\cdots u_m \end{bmatrix} \\ \boldsymbol{0}_{nm\times n} & \boldsymbol{I}_{nm\times nm} \end{bmatrix}$$

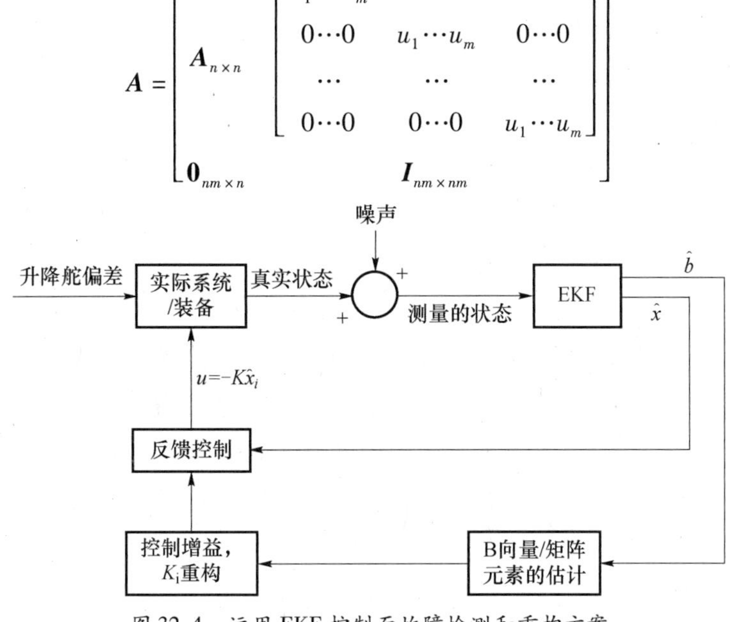

图 32.4　运用 EKF 控制面故障检测和重构方案

$\tilde{A}$ 的离散形式为

$$\tilde{\boldsymbol{F}} = \mathrm{e}^{\tilde{A}T} \tag{32.18}$$

EKF 估计算法如下：

状态和协方差传播时间为

$$\tilde{\boldsymbol{x}}_a(k,k-1) = \int \tilde{\boldsymbol{A}} \hat{\boldsymbol{x}}_a(k-1,k-1) \tag{32.19}$$

$$\begin{aligned}\boldsymbol{P}(k,k-1) = \tilde{\boldsymbol{F}}(k,k-1)\boldsymbol{P}(k-1,k-1)\tilde{\boldsymbol{F}}^{\mathrm{T}}(k,k-1)\\ + \tilde{\boldsymbol{\Gamma}}(k,k-1)Q(k-1)\tilde{\boldsymbol{\Gamma}}^{\mathrm{T}}(k,k-1)\end{aligned} \tag{32.20}$$

测量更新/数据更新：

$$\begin{cases}\tilde{\boldsymbol{x}}_a(k,k-1) = \int \tilde{\boldsymbol{A}} \hat{\boldsymbol{x}}_a(k-1,k-1) \\ \tilde{\boldsymbol{x}}_a(k,k) = \tilde{\boldsymbol{x}}_a(k,k-1) + \boldsymbol{K}(k)\boldsymbol{\gamma}(k)\end{cases} \tag{32.21}$$

式中

$$\boldsymbol{\gamma}(k) = \tilde{z}(k) - \tilde{\boldsymbol{H}}(k)\tilde{\boldsymbol{x}}_a(k,k-1)$$

$$\boldsymbol{K}(k) = \boldsymbol{P}(k,k-1)\tilde{\boldsymbol{H}}^{\mathrm{T}}(k)[\tilde{\boldsymbol{H}}(k)\boldsymbol{P}(k,k-1)\tilde{\boldsymbol{H}}^{\mathrm{T}}(k) + \boldsymbol{R}(k)]^{-1} \tag{32.22}$$

$$\boldsymbol{P}(k/k) = [I - \boldsymbol{K}(k)\tilde{\boldsymbol{H}}(k)]\boldsymbol{P}(k/k-1) \tag{32.23}$$

32.3.1.2 控制重构算法

可以使用状态反馈方法[7,8]来提高控制系统的稳定性,过程如下:

考虑动态系统的基本状态方程:

$$\dot{\boldsymbol{x}} = \boldsymbol{A}\boldsymbol{x} + \boldsymbol{B}\boldsymbol{u} \tag{32.24}$$

状态反馈控制法则可表示为

$$u = -\boldsymbol{K}\boldsymbol{x} \tag{32.25}$$

式中:$\boldsymbol{K} = [k_1 \quad k_2 \quad k_3 \quad k_4 \quad k_5]$为恒定的状态反馈增益矩阵,通过将这一状态反馈控制法则(如 u)代入式(32.24),得到增广状态方程描述的闭环系统:

$$\dot{\boldsymbol{x}} = (\boldsymbol{A} - \boldsymbol{B}k)\boldsymbol{x} \tag{32.26}$$

首先对无故障系统设计了反馈控制法则,然后在表面故障条件下使用伪逆技术实现控制重构。令闭环系统的动态表示为

$$\dot{\boldsymbol{x}}_0 = (\boldsymbol{A} - \boldsymbol{B}_0 k_0)\boldsymbol{x}_0 \tag{32.27}$$

当驱动器表面故障发生后,动态可表示为

$$\dot{\boldsymbol{x}}_i = (\boldsymbol{A} - \boldsymbol{B}_i k_i)\boldsymbol{x}_i \tag{32.28}$$

如前所述，为了保证闭环动态是相同的，必须满足下列条件：

$$\boldsymbol{B}_0 \boldsymbol{k}_0 = \boldsymbol{B}_i k_i \tag{32.29}$$

式中：$\boldsymbol{B}_0$ 为健康系统的未受损控制分布矩阵；$\boldsymbol{k}_0$ 为未受损系统的增益矩阵；$\boldsymbol{B}_i$ 为通过 EKF 估计的控制分配矩阵。

在受到损坏后（如发生故障后），$\boldsymbol{k}_i$ 为未受损系统的增益矩阵，那么受损系统的增益矩阵为

$$\boldsymbol{K}_i = \boldsymbol{B}_i^{\#} \boldsymbol{B}_0 \boldsymbol{K}_0 \tag{32.30}$$

式中：$\boldsymbol{B}_i^{\#}$ 为 $\boldsymbol{B}_i$ 的伪逆矩阵。

因此，控制表面故障重构的新增益矩阵可以从式（32.30）计算得到。通过式（32.25）计算新的控制输入，得到的状态反馈用于重构。

32.3.2　基于模糊逻辑的控制表面故障检测和重构

图 32.5 为驱动器故障检测和重构方案。实际装备（驱动器有故障）的输入带有扰乱的升降舵缺陷，名义装备和实际有缺陷装备在输出状态上存在差异，将这些差异输入到模糊模块，把控制表面失效的校正因子用作期望输出。对两个输入构造了 7 个三角模糊隶属函数及 2 个重叠函数。为了区分控制输出，校正因子（7 个三角模糊隶属函数及 2 个重叠函数）在其 UOD 的 0～1 的范围内构造。为了确定控制表面的有效性因子，在有控制表面失效故障的情况下，在0～1的范围内对不同的有效因子误差进行计算。模糊隶属函数的误差输入 e_1 和 e_2 如图 32.6 和图 32.7 所示。在第一通道和第二通道的误差（u 和 w 状态中的误差分别用 e_1 和 e_2 表示）用作模糊模型的输入，以确定因子的有效性。

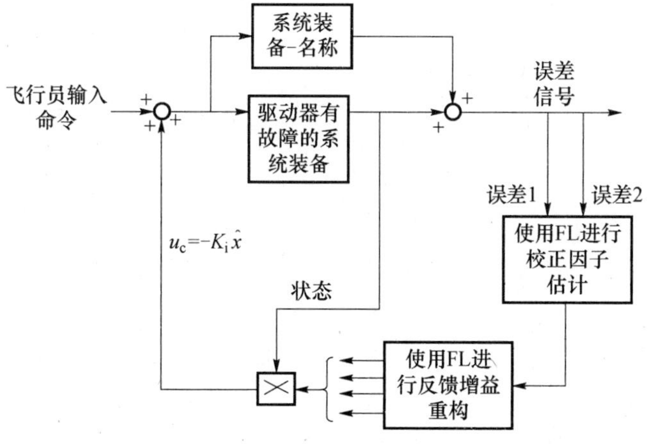

图 32.5　应用 FL 进行参数估计及重构

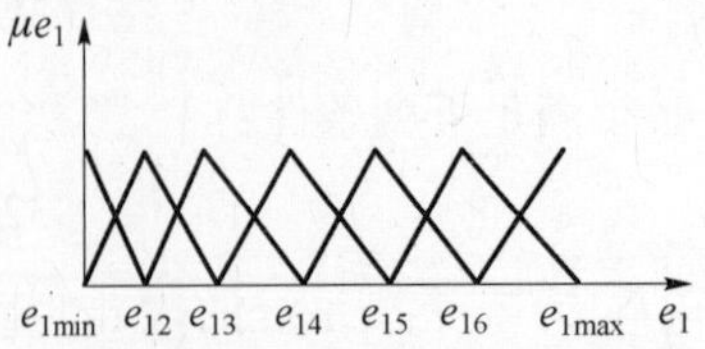

图 32.6 误差为 e_2 的模糊隶属函数(w 的误差)

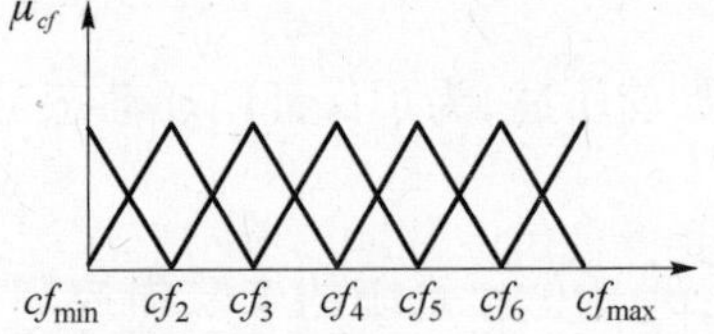

图 32.7 输出校正因子(cf)-模糊隶属度函数

由于 u 和 w 的误差相对较大,足以估计控制表面效果的影响,这两个误差只能用于进一步的计算。模糊推理规则是以 7×7 模糊联想记忆(FAM)形式构建的,如表 32.3 所列,其中的条目是控制动作或对应于特定规则输出的隶属函数的参考点。使用这些在 FAM 中的规则,就可以对模糊逻辑相关的操作问题进行仿真,每个仿真周期将产生两个输入变量的隶属函数。从 FAM 可以推断出每条规则对输出的影响,模糊推理机的基本功能是基于规则库中的每条规则的个体贡献计算输出变量的总值。Ross[9] 和 Driankov[10] 解释了每个个体的贡献,先通过单一的规则计算输出变量的值,用新的输入值和模糊集之间的匹配程度描述先行规则的意义,利用三角模(T 模截面或代数积)计算各个规则如下:

表 32.3 校正因子的模糊联想记忆(FAM)

		$e_2 \rightarrow$						
		e_2^1	e_2^2	e_2^3	e_2^4	e_2^5	e_2^6	e_2^7
e_1 ↓	e_1^1	cf^4	cf^4	cf^4	cf^4	cf^4	cf^2	cf^1
	e_1^2	cf^5	cf^5	cf^4	cf^4	cf^4	cf^2	cf^2
	e_1^3	cf^6	cf^6	cf^4	cf^4	cf^3	cf^3	cf^2
	e_1^4	cf^6	cf^4	cf^4	cf^4	cf^4	cf^3	cf^2
	e_1^5	cf^6	cf^5	cf^4	cf^4	cf^4	cf^3	cf^2
	e_1^6	cf^5	cf^4	cf^4	cf^4	cf^4	cf^3	cf^2
	e_1^7	cf^5	cf^4	cf^4	cf^4	cf^4	cf^1	cf^1

$$\mu_{\mathrm{A}}(u)=\mu_{\mathrm{ant}}(e_1,e_2)$$

$$\mu_{\mathrm{ant}}(e_1,e_2)=\min(\mu(e_1),\mu(e_1)\ (T\text{ 模截面}) \tag{32.31}$$

$$\mu_{\mathrm{ant}}(e_1,e_2)=\mu(e_1)\cdot\mu(e_1)\ (T\text{ 模代数积}) \tag{32.32}$$

基于此匹配度,简略模糊集表示输出变量的值,通过一种推理方法确定。作为敏感度的研究,使用了不同的蕴含方法来估计因子的有效性,或者对校正因子和所获得的结果进行比较。

32.3.2.1 不同蕴含/推理方法的效果

不同的蕴含方法[3,4,11]用来比较:最小 Mamdani 蕴含、Larsen 的积蕴涵、有限差和激烈积或交叉蕴含。模糊蕴含方法的细节在此处省略。表 32.4 给出了 T 模算子对先行规则的结果，由于不同的蕴含方法控制决策和简略模糊集[3,4]的输出区域各不相同，在式(32.31)和式(32.32)定义了第 i 条规则。然后，对每条规则提出的模糊输出进行了汇总。然后应用模糊化得到新的输出值或校正因子，应用重心法确定输出的模糊值，通过下式给出：

$$\text{新的输出值}=\frac{\sum \text{输出部件的值}\times\text{输出部件的推理区域}}{\sum \text{输出部件的推理区域}} \tag{32.33}$$

一旦输出的校正因子确定，那么在控制面故障条件下实际的 $\boldsymbol{B}$ 矩阵元素也就确定了，随后新的控制增益通过另外的模糊模块确定。该模块的输入为估计的修正系数，其输出为反馈增益矩阵 $\boldsymbol{K}_i$，$\boldsymbol{K}_i=[K_1\ K_2\ K_3\ K_4]$，矩阵 $\boldsymbol{K}_i$ 的元素由它们各自的 UOD 定义，并分为 7 个模糊分区。

表 32.4　模糊蕴含/推理方法

Sl. 编号	模糊推理方法/模糊蕴含方法	由第 i 条规则确定的控制决策 $m_{Ai}(u)=m_{ant_i}(e_1,e_2)$	备注
1	Mamdani 最小值(MM)	$\mu_{Ai}(u)\wedge\mu_{Bi}(v)$	$\mu_{Ai}(u)$ 为关于第 i 条规则的 T 模分布操作的隶属结果；$\mu_{Bi}(v)$ 为第 i 条规则输出变量的隶属模糊集 B
2	Larsen 乘积(LP)	$\mu_{Ai}(u)\,\mu_{Bi}(v)$	
3	有限乘积(BP)	$\max(0,\mu_{Ai}(u)+\mu_{Bi}(v)-1)$	
4	极端乘积(DP)	如果 $\mu_{Bi}(v)=1$，则为 $\mu_{Ai}(u)$ 如果 $\mu_{Ai}(u)=1$，则为 $\mu_{Bi}(v)$ 否则为 0	

例如，UOD $K_1=[K_1^1\ K_1^2\ K_1^3\ K_1^4\ K_1^5\ K_1^6\ K_1^7]$。确定新控制增益矩阵元素的推理规则见表 32.5 和表 32.6。从新计算出的控制增益矩阵可知，使用状态反馈可进行重构，即 $u=-K_i x_i$，其中 x_i 为故障条件下状态。因此，实现了驱动器表面故障的控制规则重构。

表 32.5　k_1(k_1 和 k_2)的推理规则

如果输入 cf 为 cf^1，那么输出 k_1 为 k_1^7；
如果输入 cf 为 cf^2，那么输出 k_1 为 k_1^6；
如果输入 cf 为 cf^3，那么输出 k_1 为 k_1^5；
如果输入 cf 为 cf^4，那么输出 k_1 为 k_1^4；
如果输入 cf 为 cf^5，那么输出 k_1 为 k_1^3；
如果输入 cf 为 cf^6，那么输出 k_1 为 k_1^2；
如果输入 cf 为 cf^7，那么输出 k_1 为 k_1^1

表 32.6　k_2(k_3 和 k_4)的推理规则

如果输入 cf 为 cf^1，那么输出 k_2 为 k_2^1；
如果输入 cf 为 cf^2，那么输出 k_2 为 k_2^2；
如果输入 cf 为 cf^3，那么输出 k_2 为 k_2^3；
如果输入 cf 为 cf^4，那么输出 k_2 为 k_2^4；
如果输入 cf 为 cf^5，那么输出 k_2 为 k_2^5；
如果输入 cf 为 cf^6，那么输出 k_2 为 k_2^6；
如果输入 cf 为 cf^7，那么输出 k_2 为 k_2^7

32.4 仿真结果和讨论

关于数值模拟,文献[12]考虑了 Delta -4 飞机的纵向动力学。对给定模型的状态空间矩阵为

$$\boldsymbol{A}=\begin{bmatrix}-0.033 & 0.0001 & 0.0 & -9.81\\ 0.168 & -0.367 & 260 & 0.0\\ 0.005 & -0.0064 & -0.55 & 0.0\\ 0.0 & 0.0 & 1.0 & 0.0\end{bmatrix},\boldsymbol{B}=\begin{bmatrix}0.45\\ -5.18\\ -0.91\\ 0.00\end{bmatrix}$$

$$\boldsymbol{C}=\boldsymbol{I}_{4\times4},\boldsymbol{\Gamma}=\boldsymbol{I}_{4\times4}$$

测量噪声矢量为

$$\boldsymbol{v}=[0.36*\text{randn};\ 0.3*\text{randn};0.15*\text{randn};0.1*\text{randn}]。$$

32.4.1 传感器故障检测和重构的仿真结果

为了实现仿真目的,通过给传感器测量添加定量偏差转换对传感器的故障建模,为此,引入一个传感器故障,将偏差量 4 添加到某些迭代/实例(如第 300 次),从而改变第一个测量通道新息序列的平均值,即

$$v=[1+0.36\times\text{randn};\ 0.3\times\text{randn};0.15\times\text{randn};0.1\times\text{randn}]$$

对于多传感器故障,固定偏差添加到第一个和第三个测量通道,即

$$v=[1+0.36\times\text{randn};0.3\times\text{randn};1+0.15\times\text{randn};0.1\times\text{randn}]$$

用于仿真的采样间隔 $t=0.01$s,迭代次数 $N=1000$。图 32.8 为真实(无故障)、测量(有故障)和重构状态估计。可以看出,在第 301 次迭代(刚开始后 3s)时,在第一个测量通道检测到故障,此时测量值与真实值之间的差异超过预先计算的阈值约束,忽略错误的测量值,使用估计值。图 32.9 为所有通道的滤波残差的时间历程和当有一个传感器发生故障时各自的阈值,即在第一通道使用及不使用模糊逻辑进行重构。图 32.10 为真实的(无故障)时间历程、带有故障的测量和估计的重构状态。图 32.11 为所有通道中残差的时间历程和在多传感器发生故障时的阈值界限,即在第一和第三通道使用与不使用模糊逻辑进行重构。可以看出,当测量值和真实值之间的差异超过预先计算的各测量通道的阈值范围时,在第 301 次迭代中的第一和第三测量通道检测到故障(故障在两个通道是同时引入的)。从这些图中可以看出,使用模糊逻辑对传感器故障进行检测和重构是十分有效的。从图 32.11 可以看出,使用模糊逻辑进行检测和重构可以有效地解决多传感器故障,而没有额外的计算负担。图 32.12 为同时采用模糊逻辑和 KF 方案,对第一通道的传感器故障应用及不应用重构,真实值和测量

状态之间的误差。可以看出,使用重构的残差落在阈值范围内,此时的状态为伴随着闭环状态的反馈。

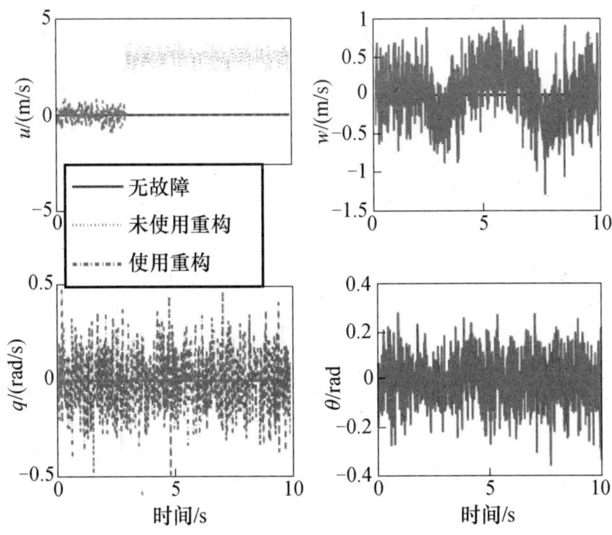

图 32.8　采用模糊逻辑处理第一通道故障的真实值、测量值和重构状态

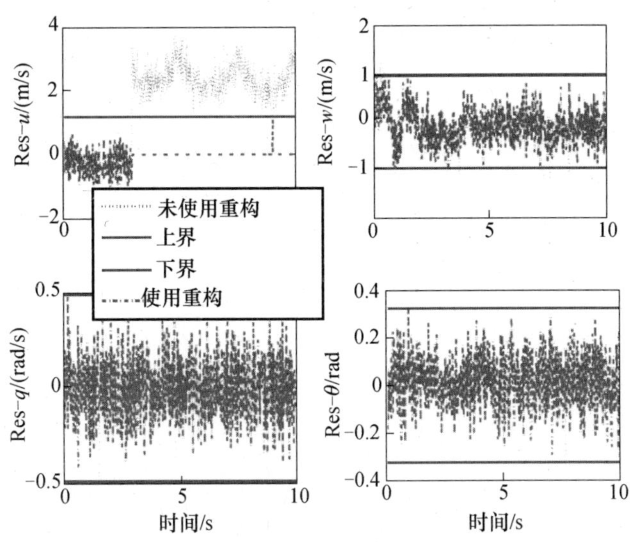

图 32.9　在第一通道发生故障时使用/不使用模糊逻辑重构残差的时间历程

32.4.2　控制表面故障检测和重构的仿真结果

为了仿真,考虑了 delta－4 飞机的纵向动力学。为了模拟故障,将因子的有效值变为正常值的 50%,为此,将 $\boldsymbol{B}$ 矩阵元素乘以 0.5。在 EKF 重构的方法中,

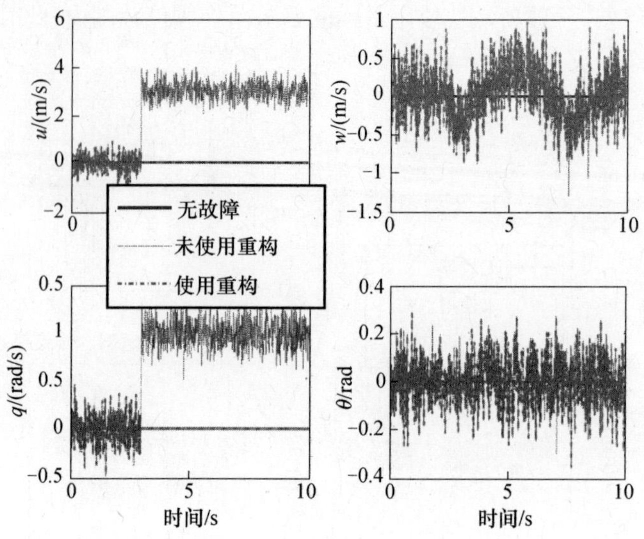

图 32.10　在第一和第三通道发生故障时使用模糊逻辑的真实值、测量值和重构状态

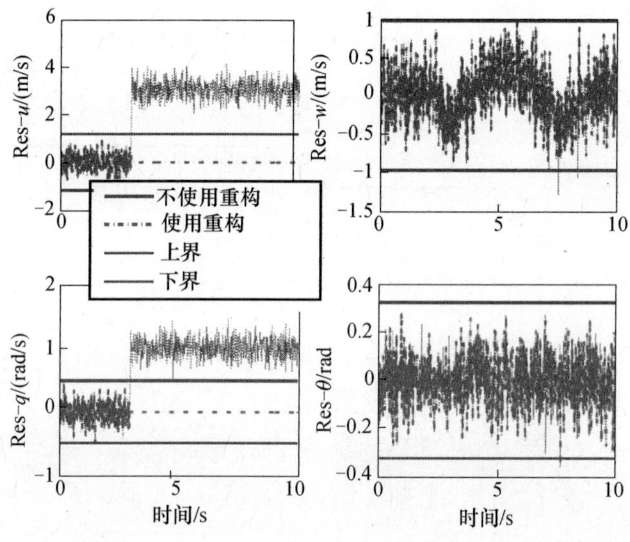

图 32.11　在第一和第三通道发生故障时使用/不使用模糊逻辑重构残差的时间历程

无故障装备的反馈增益 K_0 用 LQR 技术(二次线性高斯优化)确定。LQR 方法的值选为:QQ(Q 型)=0(4,4);QQ(1)=0.01;QQ(2,2)=0.00001;QQ(3,3)=0.00001;QQ(4,4)=0.00001。同时,无故障飞机的控制增益 K_0 值为 K_0 = [0.0887,0.0046,-0.8978,-2.1077],该值将用于重构。在模糊逻辑控制中,在发生故障的情况下使用有效性为 50% 的因素状态误差,估计校正系数,用来确定控制增益。图 32.13 ~ 图 32.16 为正常的飞机、受损未重构的飞机及受损

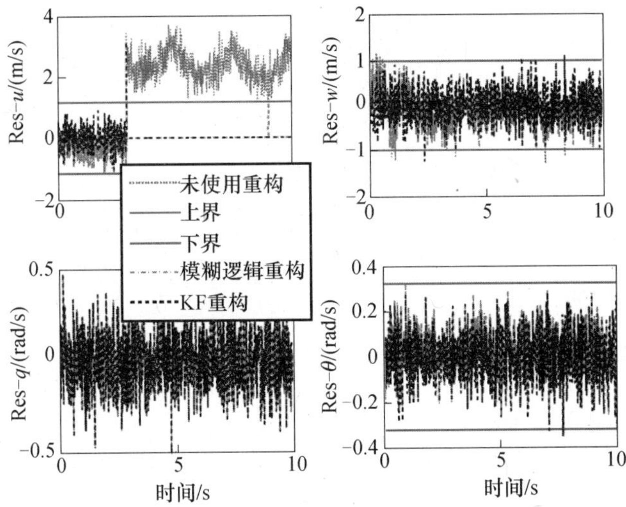

图 32.12　在第一通道发生故障时未使用/使用模糊逻辑和 KF 重构残差的时间历程

后采用模糊逻辑和 KF 方案重构的飞机闭环响应的比较。从图中可以观察到，重构状态趋向于两个方案中未受损的那种。图 32.17 为采用基于 EKF 模型和无模型的模糊逻辑方案的控制分配矩阵的估计值。可以看出，参数的估计值几乎接近两种方案的真实值，在模糊逻辑方案中还存在估计的延迟，这种延迟表明一些隶属函数和推理规则需要细微调整。图 32.18 为使用或不使用模糊逻辑和 KF 方案重构的情况下状态估计误差的时间历程。从图中可以推断出，在两种情况下重构的飞机状态能收敛到真实的状态，因此减少了在真实值和重构状态之间的误差。对于沿 x 轴的扰动速率 u，误差少于使用 KF 造成的误差；否则误差少于所有其他使用模糊逻辑造成的误差。

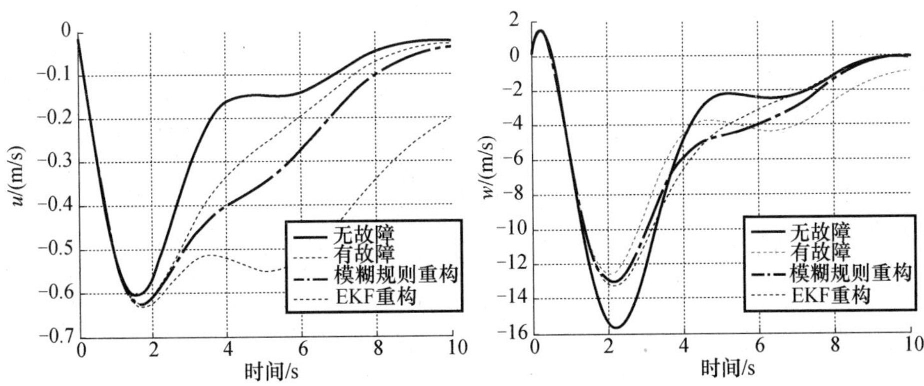

图 32.13　受损/未受损的及使用 FL 和 EKF 对控制增益重构的飞机沿 x 轴的速率

图 32.14　受损/未受损的及使用 EKF 和 FL 对控制增益重构的飞机沿 z 轴的速率

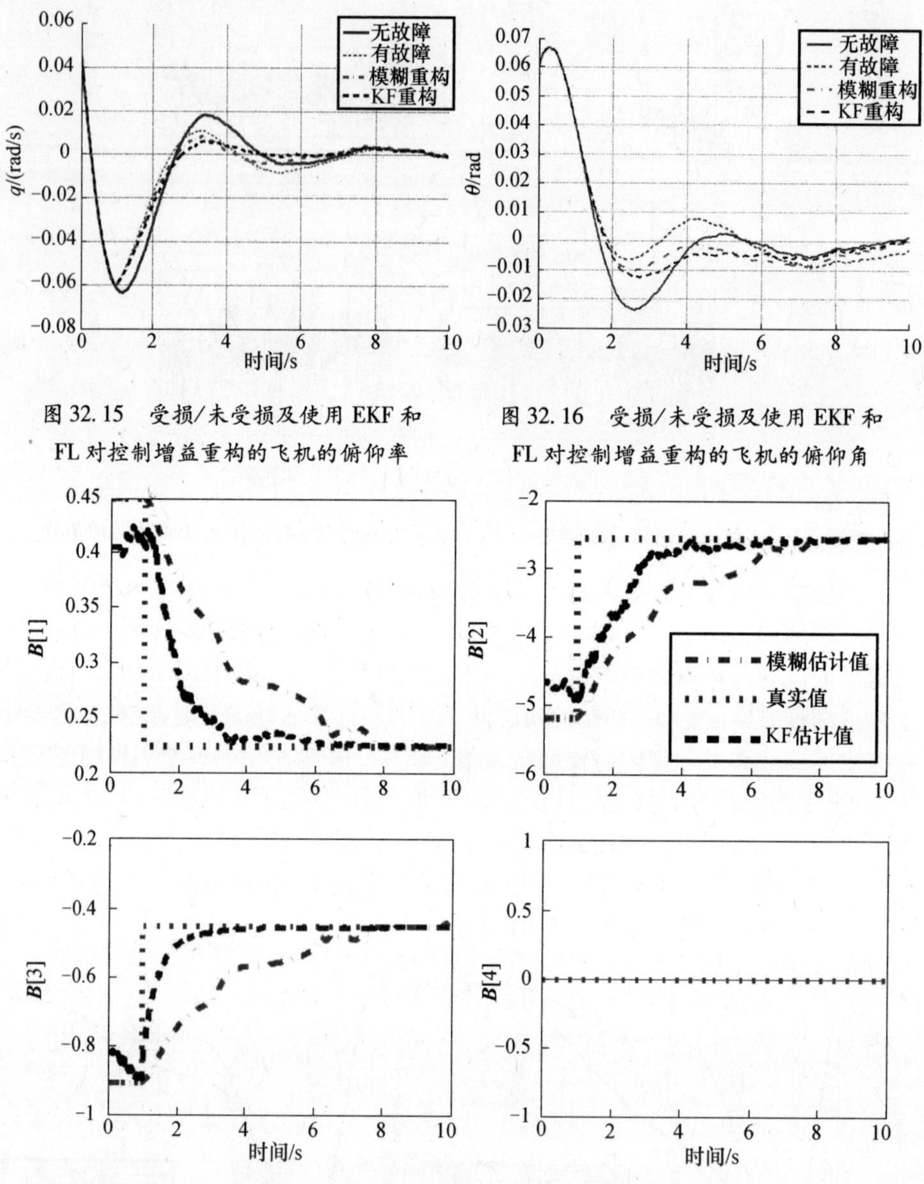

图 32.15　受损/未受损及使用 EKF 和 FL 对控制增益重构的飞机的俯仰率

图 32.16　受损/未受损及使用 EKF 和 FL 对控制增益重构的飞机的俯仰角

图 32.17　输入矢量/矩阵 $\boldsymbol{B}$ 参数的估计值和实际值

32.4.3　使用两种 T 模和蕴涵方法的灵敏度研究

本研究采用模糊交叉 T 模和不同的模糊蕴涵方法,用于估计控制面故障因子的有效性,如图 32.19 所示。

可以看出,使用大多数方法都可以得到满意的估计。利用有效性因子的估

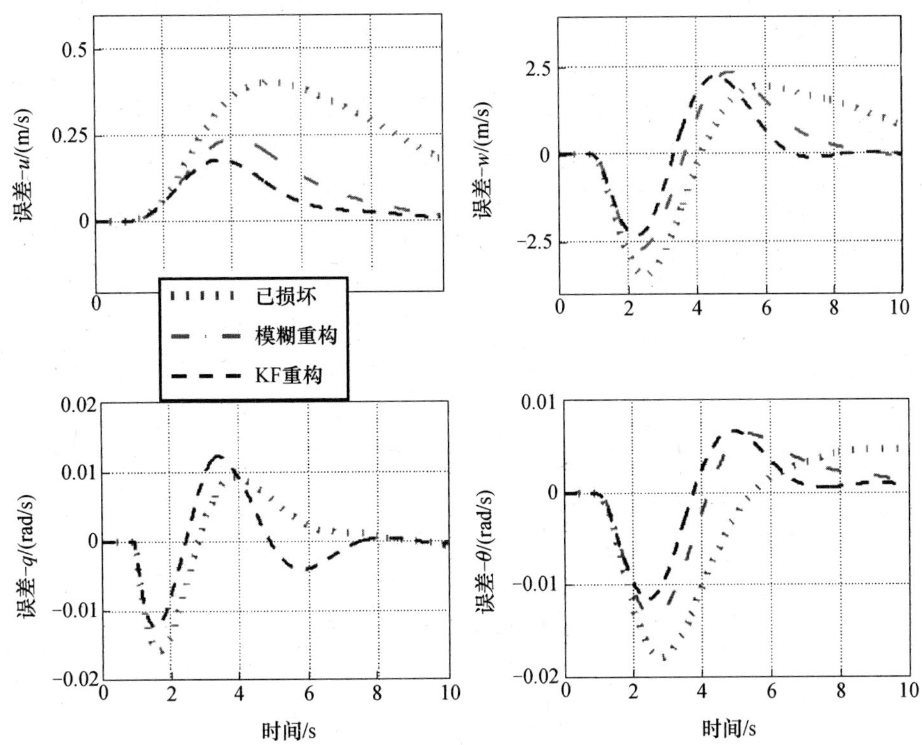

图 32.18　使用/不使用 FL 和 EKF 重构，状态－误差随着状态反馈控制的时间历程

计值可以进行重构。图 32.20 为发生控制面故障的情况下，使用代数积 T 模及不同蕴含方法用于有效性因子估计的结果。可以看出，使用代数积 T 模得到的估计基本能满足不同蕴含方法。

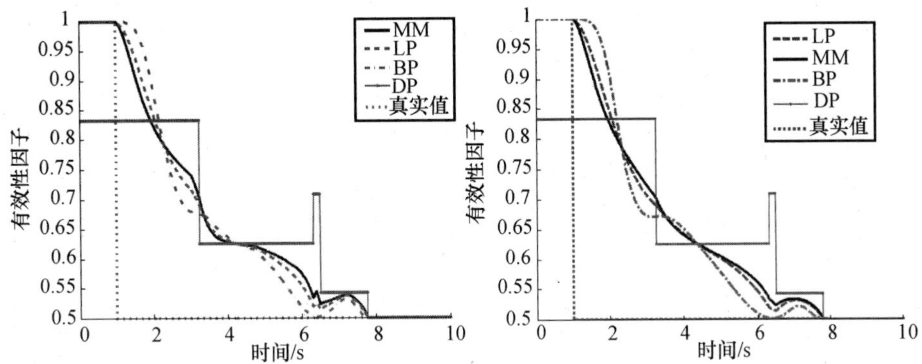

图 32.19　使用不同的蕴含方法和模糊逻辑的交叉 T 模时有效性因子的估计值

图 32.20　使用不同蕴含方法和模糊逻辑 T 模代数积的有效性因子估计值

32.5 结束语

本章研究和评价了用于传感器故障检测与重构的基于模糊逻辑方法的性能。所得到的结果与采用卡尔曼滤波得到的结果进行比较表明,采用模糊逻辑,多传感器故障也可以有效地检测和重构。基于 EKF 的模型用于控制面故障的参数估计。在控制面发生故障的情况下,模糊逻辑用来估计有效性因子,从而确定新的控制增益。在这两个方案中,采用状态反馈对控制面故障进行重构。对基于模糊逻辑的方法,一些模糊蕴涵方法用于研究和确定控制分布矩阵的参数,并成功地对性能进行了灵敏度研究。

参考文献

1. C. Hajiyev and F. Caliskan, Sensor/actuator fault diagnosis based on statistical analysis of innovation sequence and robust Kalman filter, *Aerospace Science and Technology*, 4, 2000, 415–422.
2. Ch. M. Hajiyev and F. Caliskan, Integrated sensor/actuator FDI and reconfigurable control for fault tolerant flight control system design, *The Aeronautical Journal*, 105, September 2001, 525–533.
3. A. V. Patel and B. M. Mohan, Analytical structures and analysis of the simplest fuzzy PI controllers, *Automatica*, 38, 2002, 981–993.
4. A. V. Patel, Analytical structures and analysis of the simplest fuzzy PD controllers with multi fuzzy sets having variable cross-point level, *Fuzzy Sets and Systems,* 129, 2002, 311–334.
5. J.R. Raol, G. Girija and J. Singh, Modeling and parameter estimation of dynamic systems, *IEE Control Series Book*, 65, IET/IEE, London, 2004.
6. C. Hajiyev and F. Caliskan, *Fault Diagnosis and Reconfiguration in Flight Control Systems*, Kluwer Academic Publishers, Boston, 2003.
7. G. F. Franklin and J. D. Powel, *Michael Workman, Digital Control of Dynamic Systems*, 3rd Edition, Pearson Education, Pte. Ltd, Indian Branch, Delhi, 2003.
8. K. Ogata, *Modern Control Engineering*, 4th Edition, Pearson Education, Pte. Ltd, Indian Branch, Delhi, 2005.
9. T. Ross, *Fuzzy Logic with Engineering Applications*, 3rd Edition, Wiley, USA, 1997.
10. D. Driankov, H. Hellendoorn and M. Reinfrank, *An Introduction to Fuzzy Control*, Narosa Publishing House, Delhi, India, 2001.
11. S. K. Kashyap and J. R. Raol, *Unification and Interpretation of Fuzzy Set Operations*, Project document, PDFCO502, Flight Mechanics and Control Division, National Aerospace Laboratories, Bangalore, March 2005.
12. D. McLean, *Automatic Flight Control Systems*, Prentice-Hall International, UK, 1990.
13. S. R. Savanur and A. V. Patel, Sensor/control surface fault detection and reconfiguration using fuzzy logic, In Sp. Issue, Mobile Intelligent Autonomous Systems, Eds. J. R. Raol and A. Gopal, *Defense Science Journal*, 60, 1, 76–86, January 2010.

第 33 章 使用二维雷达跟踪目标

33.1 引言

本章简要列举了一些使用二维雷达跟踪三维目标的数学技术。二维雷达是相对便宜且有效的传感器,通常形成空域控制的第一防线。在军事应用中通常作为早期预警设备,因为它们可以在很远的距离检测到侵入的敌机或导弹。在攻击的情况下,早期发现敌人并成功进行防御反击是至关重要的。通过对跟踪飞机受到的威胁进行评估,一旦进入雷达传感器的范围内,跟踪过程就会通过三维搜索雷达、频率控制跟踪雷达完成。上述情况中威胁评估是关键,它依赖于诸多因素,如对防卫资源的入射角、接近防卫资源的时间及目标的速度等。普通的二维雷达提供目标的距离和方位,但是忽略了目标的海拔。当攻击一个会飞目标的轮廓时[1],应认真考虑作为飞机高度限制的因素。

33.2 高度估计

在目前关于高度估计的文献中,仅限于计算包括两个以上的二维雷达,其高度完全可以通过简单的几何计算确定。本节提出了一些数学方法,从由单一的二维雷达[2]给出的两个更新数据来推断飞机的高度。单一的二维雷达源不能直接确定飞机的高度,因此,本节提出的方法是一些假设和局限性的耦合或者是纯近似。高度和海拔这两个术语是交替使用的。高度通常是指飞机在地平面以上的高度,海拔是指飞机在平均海平面以上的高度。提出的方法不考虑地形高度,或海平面以上的高度,而考虑传感器和所观察飞机的高度差。

还应指出,如果飞机飞行完全与雷达波束相切,那么径向速度分量为零,这时无法估计飞机的高度。相反地,如果飞机与雷达波束成 45°角以很快的速度飞行,比一架低速飞行的飞机向着雷达飞行,更能精确地确定高度。飞机的速度在确定飞机高度时是很有帮助的,已知速度的精确度与所确定高度的精确度是成正比的。飞机速度信息可以通过多种方式获得,例如,由于轰炸机有效载荷的波动特性,轰炸机飞行的速度通常采用程序控制,同样地巡航导弹也是按已知的速度飞行。下面以图 33.1 所示的三个已知的飞行参数为例进行说明,防御设备和传感器位于原点处。

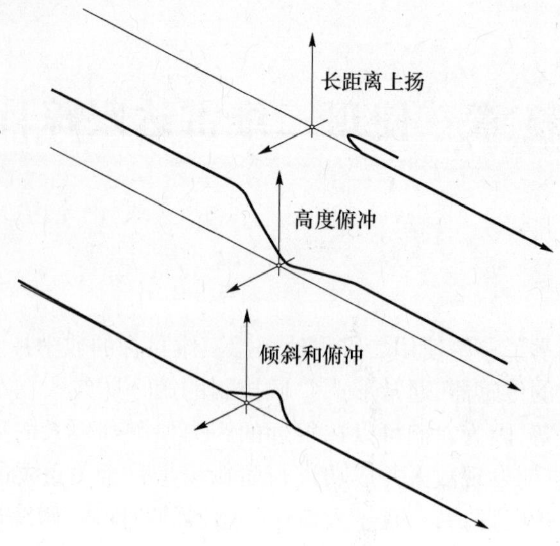

图 33.1　飞行参数示例

利用两个连续传感器在时间 t_1 和 t_2 读取数据。给定的数据集包括倾斜范围和方位角读数,记为(r_1,θ_1)和(r_2,θ_2)。如果已知飞机的速度 v_2,那么可以很容易地确定在时间 t_1 和 t_2 之间走过的路程 $u_2=v_2(t_2-t_1)$。在图 33.2 中,无一例外地假设 $r_1 \geqslant r_2$。

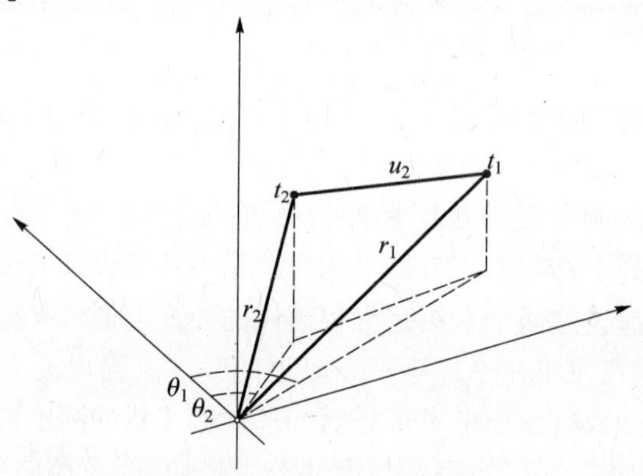

图 33.2　使用二维雷达跟踪

33.2.1　使用多普勒测量

现代二维雷达传感器允许多普勒测量被测飞机速度的(径向)分量。换句话说,多普勒测量不提供速度矢量 $\boldsymbol{v}_2$,但只有在时间 t_2 它的径向分量的大小,表示为 $\hat{v}_2$。从测得的径向速度 $\hat{v}_2$ 可以确定沿径向飞行的距离 $w_2=\hat{v}_2(t_2-t_1)$,从而可以得到飞行的总距离：

$$u_2 = \sqrt{r_1^2 - (r_2 + w_2^2)^2 + w_2^2} \tag{33.1}$$

图 33.3 表明，即使使用多普勒测量，仍然无法直接计算高度，因为这些已知值之间的关系在任何高度都是有效的。总之，没有任何与高度相关的数据，没有通用的方法能直接计算出高度。

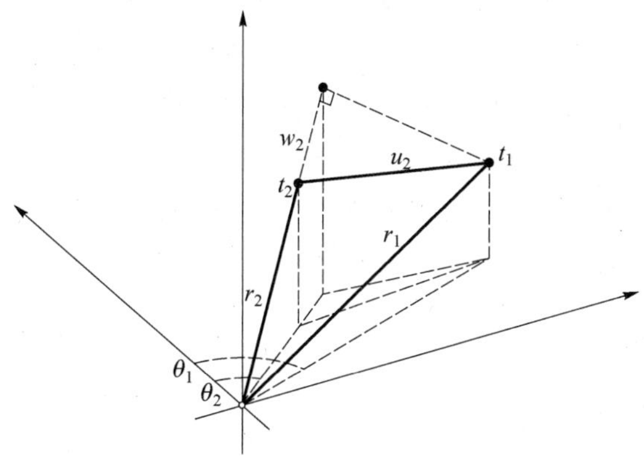

图 33.3　使用多普勒的二维雷达追踪

33.2.2　特例

假设飞机在水平高度以已知的速度朝雷达沿径向靠近或远离（图 33.4），那么可以使用简单的三角计算出高度：

$$h_1 = h_2 = r_1 \sqrt{r - \left(\frac{r_2^2 - r_1^2 - u_2^2}{-2r_1 u_2}\right)^2} \tag{33.2}$$

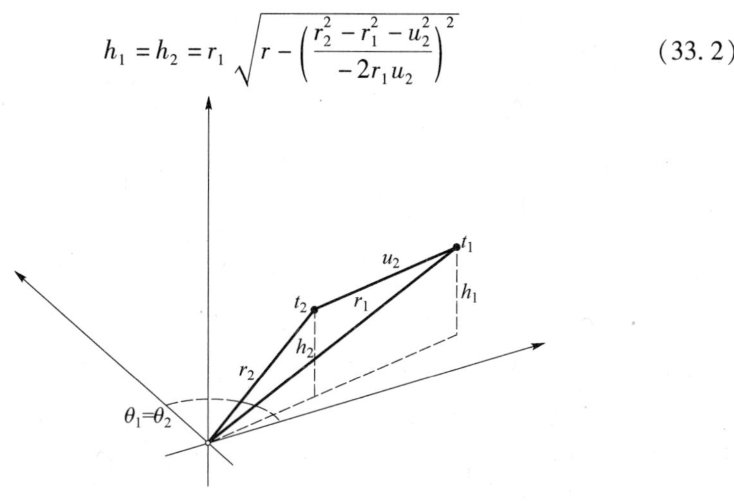

图 33.4　简单示例

把这种方法称为通过简单案例的高度近似（AASC）方法，在不知道是否对

径向假设时找出 h_1 的近似，适用于直接对抗，这种近似的精度完全取决于图 33.5所示飞机的飞行参数。只要能对飞机速度进行准确估计，该模型使用时不用多普勒数据，或者更准确地说，自然而然地对 u_2 进行敏感性分析，观察模型随着 u_2 变化的敏感性。

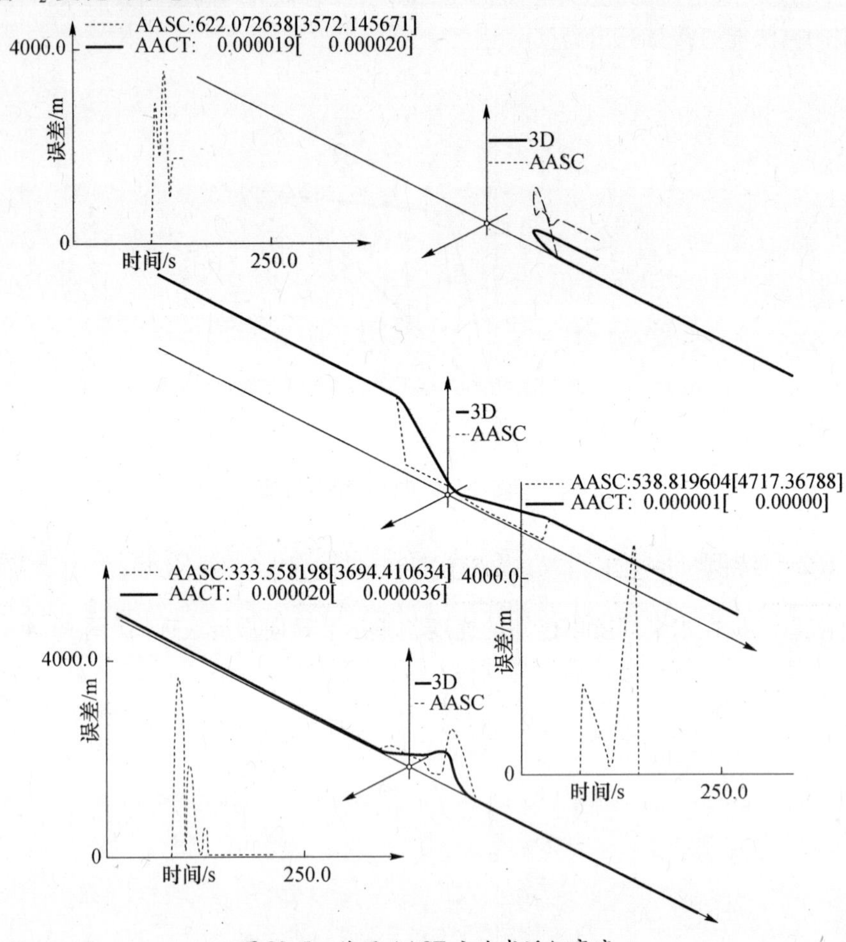

图 33.5 使用 AACT 方法求近似高度

假设飞机水平飞行且向着传感器飞行，有 $0<h=h_1=h<r_1$ 和 $\theta=\theta_1-\theta_2=0$。因此

$$u=u_2=\sqrt{r_2^2+r_1^2-2h^2-2\sqrt{r_1^2-h^2}\sqrt{r_2^2-h^2}} \tag{33.3}$$

进行微分，可得

$$\frac{\partial h}{\partial u}=\sqrt{r_1^2-h^2}\sqrt{r_2^2-h^2}\left(h\sqrt{r_1^2+r_2^2-2h^2-2\sqrt{r_1^2-h^2}\sqrt{r_2^2-h^2}}\right)^{-1} \tag{33.4}$$

从而可以得到：当 $h\to0$ 时，$\frac{\partial h}{\partial u}\to\infty$；当 $h\to r_1$ 时$\frac{\partial h}{\partial u}\to0$。

这意味着，当飞机的高度接近零时，h 的估计值对 u 的变化十分敏感，当飞行高度接近其范围时，估计高度 h 将对 u 的变化极其敏感。

33.3　垂直机动估计

了解飞机的垂直机动便于空域控制时能预测飞机的意向，这意味着更精确的态势感知。在空域控制应用和威胁评估方面，估计飞机行为的问题是众所周知的。

在已有的文献中，通常使用两个或者两个以上的独立雷达计算飞机的飞行高度，当在三维空间跟踪飞机时，其优点是明显的，飞行路径可以与已知的飞行参数进行比较，为威胁评估提供依据。

33.3.1　使用多普勒测量

使用多普勒数据可以方便、准确地识别垂直机动。此外，有一种方法可以进行三维目标跟踪。

如果对 h_1 有一个相对准确的估计，那么可以通过解方程计算出 h_2：

$$-w_2 = r_2 - r_1\cos(\theta_1 - \theta_2)\cos\varepsilon_1\cos\varepsilon_2 - r_1\sin\varepsilon_1\sin\varepsilon_2 \tag{33.5}$$

如果知道了 ε_1 的值，如图 33.6 所示，对于 ε_2，为简单起见，定义

$$c_1\sin\varepsilon_2 + c_2\cos\varepsilon_2 + c_3 = 0 \tag{33.6}$$

式中

$$c_1 = r_1\sin(\varepsilon_1) = h_1$$

$$c_2 = r_1\cos(\theta_1 - \theta_2)\cos\varepsilon_1$$

$$c_3 = -w_2 - r_2$$

那么对于 $c_1^2 + c_2^2 - c_3^2 \geqslant 0$，有

$$\varepsilon_2 = \begin{cases} \varepsilon_{2:1} = 2\arctan\left(\dfrac{c_1 - \sqrt{c_1^2 + c_2^2 - c_3^2}}{c_2 - c_3}\right), \alpha_2 > 90^\circ \\ \varepsilon_{2:2} = 2\arctan\left(\dfrac{c_1 - \sqrt{c_1^2 + c_2^2 - c_3^2}}{c_2 - c_3}\right), \text{其他} \end{cases} \tag{33.7}$$

由于没有足够的信息来计算投影角 α_2，所以定义了两个函数以覆盖所有可能的投影角度：

$$h_{2:1}(h) = r_2\sin\varepsilon_{2:1},\ h_{2:2}(h) = r_2\sin(|\varepsilon_{2:2}|)$$

式中：当 $h_1 = h$ 时，$\varepsilon_{2:1}$ 和 $\varepsilon_{2:2}$ 的计算如上。如果误差范围 $\gamma(h) = |r_1 - \bar{r}_1(h)|$ 太大（如大于 0.001），那么开始纠正给定的初始高度 h，通过调整固定高度 h

$$h = \begin{cases} h + \gamma(h) \\ h - \gamma(h) \end{cases} : \gamma(h \pm \gamma(h) \text{最小，一直到 } \gamma(h) \leqslant 0.001$$

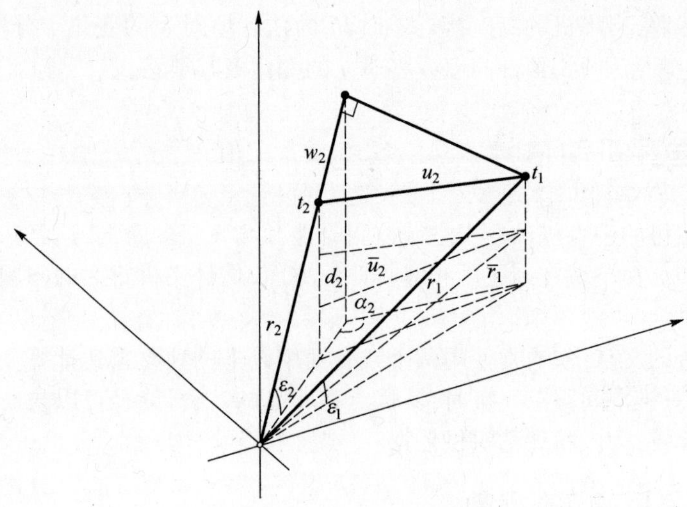

图 33.6　高度变化的计算

通过设置减小阈值可以使精度进一步增加，但会增加计算成本。高度 $d_2 = |h_2 - h_1|$ 的绝对差异可以通过平面投影坐标的固定高度 h 计算，使用欧氏距离 $\bar{u}_2(h)$ 在投影坐标之间计算：

$$d_2(h) = \sqrt{\mu_2 - \bar{\mu}_2(h)} \tag{33.8}$$

使用公式(33.8)，可以定义以下两个条件，来辅助判断飞机高度是增加还是降低：

$$\begin{aligned} \mu_1(h) &= ||h_{2:1}(h) - h| - d_2(h)| \\ \mu_2(h) &= ||h_{2:2}(h) - h| - d_2(h)| \end{aligned} \tag{33.9}$$

如果在某一固定高度 $h(\approx h_1)$ 存在有两个可接受的条件，垂直机动就可以近似。当计算 $h_{2:1}(h)$ 和 $h_{2:2}(h)$ 的 ε_2 无解或者条件非常接近时，该方法就失效了。这时可以通过使用高度 $h_1 - h_0$ 先前的变换来处理，因此假定垂直机动图是光滑的，这时有 $h_2 \approx h + \delta_2(h)$，其中

$$\delta_2(h) = \begin{cases} d_2(h)\,\mathrm{sign}(h_1 - h_0)，\text{如果不存在解决方或者} |\mu_2(h) - \mu_1(h)| < 0.001 \\ d_2(h)\,\mathrm{sign}(h_{2:1} - h)，\text{如果存在解决方案且} \mu_2(h) > \mu_1(h) \\ d_2(h)\,\mathrm{sign}(h_{2:2} - h)，\mu_2(h) < 0.001，\mu_1(h) < \mu_1(h) \\ d_2(h)\,\mathrm{sign}(h_{2:1} - h)，\text{其他}，\mu_1(h) < \mu_2(h) \\ d_2(h)\,\mathrm{sign}(h_{2:2} - h)，\mu_1(h) > \mu_2(h) \end{cases} \tag{33.10}$$

使用该方法计算海拔高度变化的垂直机动图的三个例子如图 33.7 所示。

误差图中的图例数字是按照计算形式显示的：平均误差(m)[最大误差(m)]。开始的误差是由于在计算 d_2 时的舍入误差导致错误提示，飞机实际直线飞行时在高度上有微小的变化。整套方法用 1 mm 的阈值建立，提示应该忽略高度小于该阈值的变化，这样做可以终结平均值和最大值不超过 0.0001 mm 的误差。将传感器从防御武器上移走会影响垂直操纵的计算，在某种意义上，可能会增加偶然误差(在标准设置不存在)。这些误差是指实际上有高度下降而算法却造成高度上升的情况，反之亦然，尽管这完全取决于飞行剖面图。表 33.1 为当移动传感器离开防御武器的距离为半径 1km 以内时的平均误差、最大误差和误差概率(或对特定场景的误差数)，将该表进一步扩大就包括了标准和最大极限情

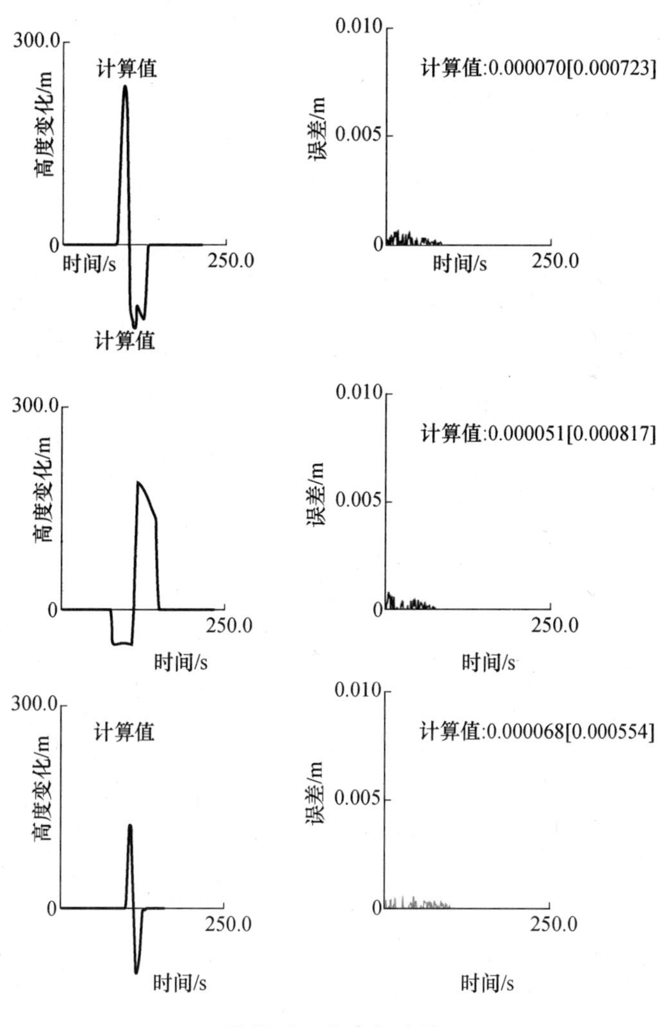

图 33.7　垂直机动图

况。图 33.8 说明了这一特殊情况,所有的误差都是由于系统没有解决方案,而是基于连续作战的假设采用以前的更新造成的。表 33.2 为对于传感器远离防御武器的三种给定侧面的平均误差、最大误差和误差概率(提示垂直机动计算算法有多大可能失效),所有的垂直运动误差仍是由于系统没有解决方案。

表 33.1 各种误差度量的数值(高度计算的变化)

方案	传感器径向补偿			高度误差变化		
	范围/m	方向/(°)	高度/m	平均值	最大值	误差
俯仰和俯冲	0~1000	0~360	0~1000	0.000003	0.001094	0.000000
基准	0	0	0	0.000000	0.000034	0
平均最大值	330	260	110	0.000015	0.001047	0
单程平均值	600	110	280	0.000010	0.001094	0
最高俯冲	0~1000	0~360	0~1000	0.000000	0.001126	0.000000
基准	0	0	0	0.000000	0.000001	0
平均最大值	110	110	670	0.000005	0.001126	0
单程平均值	110	110	670	0.000005	0.001126	0
投掷距离	0~1000	0~360	0~1000	0.000003	50.764000	0.000008
基准	0	0	0	0.000000	0.000001	0
平均最大值	720	0	180	0.357493	50.764000	1
单程平均值	260	0	90	0.357493	50.764000	1

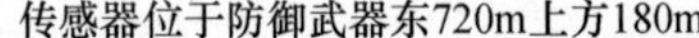

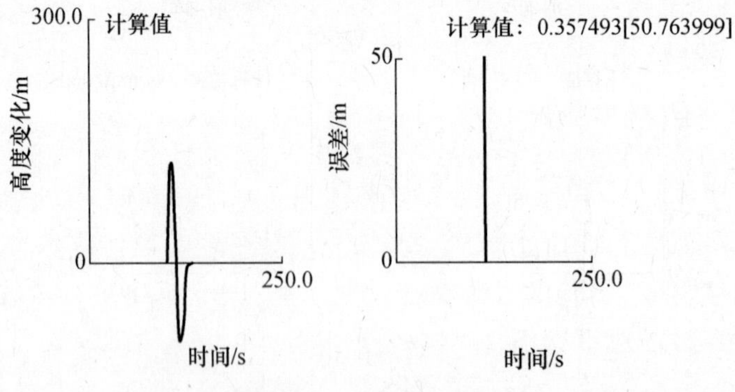

图 33.8 垂直机动近似

表 33.2　给定参数的不同误差度量值

方案	半径	高度误差变化		
		平均值	最大值	误差率
倾斜俯冲	0 ~ 1000	0.00000289	0.00109412	0.00000000
	1000 ~ 2000	0.00000288	0.00112229	0.00000000
	2000 ~ 3000	0.00000291	0.00126226	0.00000000
	3000 ~ 4000	0.00000307	6.53600000	0.00000278
	4000 ~ 5000	0.00000365	9.44600000	0.00000278
高度俯冲	0 ~ 1000	0.00000005	0.00112551	0.00000000
	1000 ~ 2000	0.00000005	0.00113658	0.00000000
	2000 ~ 3000	0.00000056	20.73200000	0.00000556
	3000 ~ 4000	0.00000017	0.00154998	0.00000000
	4000 ~ 5000	0.00000039	0.00150087	0.00000000
长距离颠簸	0 ~ 1000	0.00000302	50.76400000	0.00000833
	1000 ~ 2000	0.00000019	0.00151653	0.00000000
	2000 ~ 3000	0.00000049	0.00151914	0.00000000
	3000 ~ 4000	0.00000403	50.76400000	0.00001111
	4000 ~ 5000	0.00000439	50.76400000	0.00000833

33.4　连续跟踪

33.3 节提供了从两个连贯传感器分别在 t_1 和 t_2 时刻的更新积累数据集 $(r_1, \theta_1, \hat{v}_1)$ 和 $(r_2, \theta_2, \hat{v}_2)$ 中进行三维跟踪目标的方法，把这种方法称为通过连续跟踪进行高度近似(AACT)方法。该方法把在 33.3 节中描述的在 t_2 时刻的近似高度变化 $(h_2 - h_1)$ 作为初始输入值 $h(\approx h_1)$ 的起始近似。该算法在计算高度变化前要调整高度以形成较好的条件 $\mu_1(h)$ 和 $\mu_2(h)$。通过将在 t_1 时刻给定的范围 r_1 映射到范围领域来找到更精确的近似 $h \approx h_1$。

AACT 方法采用这一思路来连续跟踪三维目标(在第 n 个传感器更新)，可以解决：利用近似高度 h_{n-1}(由先前的传感器更新计算得到)作为输入，计算出高度变化 $(h_n - h_{n-1})$ 的估计值 δ_n；高度 h_n 的估计值。下面将 h_0 作为 AASC 的高度，同时也把它作为其他的常量值(图 33.5)。对于特定的飞行参数，将传感器从防御武器上移走不影响 AACT 的平均误差，但这完全取决于实际参数。表 33.3 为将传感器从防御武器上移开在半径 1km 以内时的平均误差和最大误差，同时也给出了在标准情况和极端情况下的最大值。表 33.4 为将传感器从防御武器上移开，对三种给定的参数使用 AACT 方法的平均误差和最大误差。在上述三种情况下，最好的情况是当传感器离开防御武器 5km 时，但实际情况并不总是这样。

表 33.3　三种高度近似情况的不同误差度量值

方案	传感器径向偏移			AACT 误差	
	范围/m	方向/(°)	高度/m	平均值	最大值
倾斜俯冲	0 ~ 1000	0 ~ 360	0 ~ 1000	0. 025447	1. 014586
标准	0	0	0	0. 000020	0. 000036
最大平均值	990	350	0	0. 252607	1. 014428
最大单值	980	10	0	0. 252499	1. 014586
高度俯冲	0 ~ 1000	0 ~ 360	0 ~ 1000	0. 002799	0. 014047
标准	0	0	0	0. 000001	0. 000001
最大平均值	980	60	0	0. 004149	0. 013457
最大单值	960	10	0	0. 004039	0. 014047
长距离颠簸	0 ~ 1000	0 ~ 360	0 ~ 1000	0. 038625	0. 546741
标准	0	0	0	0. 000019	0. 000020
最大平均值	990	350	0	0. 242730	0. 546741
最大单值	990	10	0	0. 242729	0. 546741

表 33.4　AACT 方法/高度近似的各种误差度量值

方案	半径/m	AACT 误差	
		平均值	最大值
倾斜俯冲	0 ~ 1000	0. 02544727	1. 01458580
	1000 ~ 2000	0. 00496901	0. 03094935
	2000 ~ 3000	0. 00304537	0. 01616566
	3000 ~ 4000	0. 00226141	0. 01117682
	4000 ~ 5000	0. 00183988	0. 00870827
高度俯冲	0 ~ 1000	0. 00279944	0. 01404736
	1000 ~ 2000	0. 00210260	0. 00998633
	2000 ~ 3000	0. 00170983	0. 00788764
	3000 ~ 4000	0. 00146634	0. 00655928
	4000 ~ 5000	0. 00129752	0. 00570002
长距离颠簸	0 ~ 1000	0. 03862496	0. 54674133
	1000 ~ 2000	0. 00890965	0. 03202178
	2000 ~ 3000	0. 00527871	0. 01690597
	3000 ~ 4000	0. 00377008	0. 01177279
	4000 ~ 5000	0. 00294581	0. 00909983

33.4.1　转弯机动

在飞行路径上比较复杂的转弯机动会增加误差的概率，当检测垂直机动时，不良的 AASC 首次近似可能导致场景产生平均 AACT 高度误差，这超过了标准飞行参数的平均高度误差。图 33.9、图 33.10 和表 33.5 显示了各种结果。

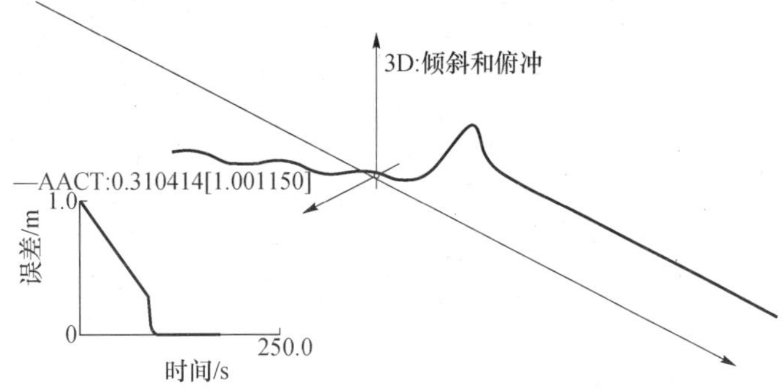

图 33.9　使用 AACT 方法进行高度近似的一些结果

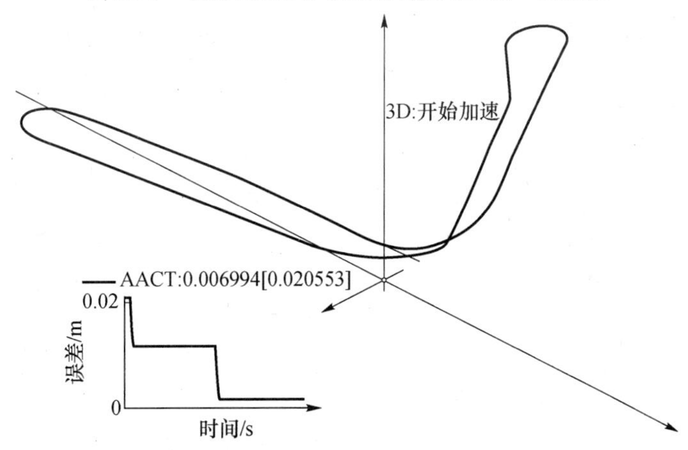

图 33.10　使用 AACT 方法进行高度近似的更多结果

表 33.5　飞行参数补充

方案	高度变化误差			AACT 误差	
	平均值	最大值	误差率	平均值	最大值
倾斜和俯冲	0.00248889	37.47600000	0.00248889	0.03543821	1.03319801
激光制导导弹	0.00000130	0.00082250	0.00000000	0.01112874	0.03089402

33.4.2　实际情况

应该指出的是，计算垂直机动所用方法的准确性依赖于测量(r_1, θ_1)、$(r_2,$

θ_2)和 w_2 的精度。众所周知,二维雷达具有优良的斜距测量,但是方位角读数较差。表 33.6 中的数据说明了随机误差对方位角读数的影响。计算垂直机动时产生的误差不但因为系统没有解决方案,而且是由于在方位角读数时算法失误产生的误差。自然地,平均误差和误差概率随方位角误差的增大而增大。

表 33.6 随机方位误差补充

方案	方位误差/mrad	高度误差变化			AACT 误差	
		平均值	最大值	误差率	平均值	最大值
倾斜和俯冲半径: 0 ~ 1000m	0.0000	0.000003	0.001094	0.000000	0.025447	1.014586
	0.1000	0.016568	471.120000	0.002519	0.047542	1.741158
	0.2000	0.019945	471.120000	0.008628	0.046481	1.737893
	0.3000	0.022500	471.120000	0.016542	0.045727	1.767407
	0.4000	0.024488	471.120000	0.025508	0.045189	1.764944
	0.5000	0.026517	471.120000	0.034939	0.044771	1.761901
高度俯冲半径: 0 ~ 1000m	0.0000	0.000000	0.001126	0.000000	0.002799	0.014047
	0.1000	0.000106	346.184000	0.000194	0.002799	0.014047
	0.2000	0.000376	346.184000	0.000411	0.002819	0.278816
	0.3000	0.001648	346.184000	0.000683	0.003003	0.499761
	0.4000	0.003521	346.184000	0.000753	0.003489	0.499910
	0.5000	0.005684	346.184000	0.000961	0.004194	0.499916
长距离颠簸半径: 0 ~ 1000m	0.0000	0.000003	50.764000	0.000008	0.038625	0.546741
	0.1000	0.083851	194.536000	0.308378	0.040033	0.546741
	0.2000	0.132797	194.536000	0.647572	0.039996	0.546741
	0.3000	0.175531	194.536000	0.976175	0.039965	0.546741
	0.4000	0.214212	194.536000	1.255950	0.039937	0.546741
	0.5000	0.249601	194.536000	1.475436	0.039913	0.546741

33.5 替代方法

当没有可用的多普勒数据时,可使用文献[3]中建议的解。它利用两种独立的运动模式,独立判断跟踪实体的行为。在模型预测与二维雷达观测之间的相对误差被用来对飞机当前的垂直状态进行概率表述。

这些模型是基于二维雷达对跟踪目标的感知速度变化的推断。感知的变化可能是由于目标在加速时的变化、目标高度的变化,或者是两者的组合。要运用这种方法,需要假设飞机开始是在固定的高度 h,通过将飞机在高度 h 的实际位置投影到二维平面得到在时刻 t_n 的三维位置矢量,然后用矢量符号 $\boldsymbol{p}_n$ 表述。

飞机位置:$\boldsymbol{p}_n$

飞机速速度:$\boldsymbol{v}_n = \boldsymbol{p}_n - \boldsymbol{p}_{n-1}$

飞机加速度:$\boldsymbol{a}_n = \boldsymbol{v}_n - \boldsymbol{v}_{n-1}$

第一个模型假设飞机是在恒定的高度飞行,这意味着预期的飞行路径在投影平面上的感知偏差一定是由于目标速度的变化引起的。可以通过上述投影把二维的位置与单独的二维雷达传感器更新联系起来,然后第二次更新可用来估计目标的感知速度,最后第三次更新可以用来估计目标速度的变化。当不影响结果时不考虑时间期限,按照恒定的速率提供更新。这些值可以用来预测在下一次更新时目标的位置。

$$\boldsymbol{p}_{n+1} = \boldsymbol{p}_n + \boldsymbol{v}_n + \boldsymbol{a}_n \tag{33.11}$$

第二个模型假设在更新时估计飞机的速度保持不变,因此在预期的飞行路径上所有的感知偏离是由于海拔高度的变化。该模型还假定飞机在优先更新时水平飞行,包括两种情况的预测:一种情况是飞机获得了高度,另一种情况是飞机失去高度,在上述两种情况中都能找到一个新的位置 $\boldsymbol{p}_n$。从一个恒定的步长 δ_0 开始,在每一次迭代时将步长减半。飞机的初始位置 $\boldsymbol{q}_n = \boldsymbol{P}_n$,通过增加/减少其高度,由当前步长连续调整位置 $\boldsymbol{q}_i$,并将其映射到传感器的球面范围,直到 $|\boldsymbol{q}_i - \boldsymbol{p}_{n-1}| = |\boldsymbol{p}_{n-1} - \boldsymbol{p}_{n-2}|$ 或步长 δ_i 足够小。在终止时更新位置 $\boldsymbol{p}_n = \boldsymbol{q}_i$,并做一个目标在下次更新时的预测:

$$\boldsymbol{p}_{n+1} = \boldsymbol{p}_n + \boldsymbol{v}_n \tag{33.12}$$

在此,可以概括其他预测飞机可能会加速上升或呈平稳状态。通过将预测映射到代表距离和方位的两个维度,对这些模型的预测值与后续传感器更新时的实际观测值进行比较。把投影的二维位置和观察位置之间的欧氏距离作为测量误差。假定误差越小,机动越有可能。按照以下规则决定要运用哪一种模型:

(1) 如果三项预测误差(向上、向下和加速度的误差)的总和小于一个阈值,那么认为飞机是直线飞行。这个阈值通常应该在观察误差 5% ~10% 的范围。

(2) 如果三项预测误差的总和超过阈值上限,那么认为飞机是在复杂的机动条件下飞行,不能被基本模型捕获,在正常操纵时该阈值应该近似两次典型的观测误差。

(3) 如果加速度误差小于向上和向下误差的平均值至少 10% 以上,那么认为飞机是在加速。

(4) 排除上述三种情况后,假设飞机是垂直机动飞行,向上机动的概率 μ_{U} 或向下机动的概率 μ_{D} 分别由相应的误差率 e_{U} 和 e_{D} 给定,分别为

$$\mu_{\mathrm{U}} = \frac{e_{\mathrm{D}}}{e_{\mathrm{D}} + e_{\mathrm{U}}} \tag{33.13}$$

$$\mu_{\mathrm{D}} = \frac{e_{\mathrm{U}}}{e_{\mathrm{D}} + e_{\mathrm{U}}} \tag{33.14}$$

需要特别注意的是，向上的误差和向下的误差区别通常非常小，因此垂直机动时不应着重考虑向上或向下的误差概率陈述。但是，这确实是精确地连续跟踪目标所需要的。

33.6 结束语

本章给出了使用单一的二维雷达估计飞机垂直机动的方法，多普勒数据可用于三维空间目标的跟踪。使用这种方法在三维空间跟踪目标的平均误差取决于实际的飞行参数、传感器相对于防御武器的位置和从传感器获得数据的准确性，但平均不超过 0.05。对标准的飞行参数实例，方位角读数存在 0.03°的误差。在任何给定的时间内最大误差不超过 1.8 m。当没有多普勒数据只有简要概述时，另一种可用的方法在统计学上被证明只有 50% 的时间是正确的，当必须决定飞机是上升还是降低高度时，相当于扔骰子决定。

参考文献

1. D. E. Manolakis, Aircraft vertical profile prediction based on surveillance data only. In *IEEE Proceedings on Radar, Sonar and Navigation*, 144(5), 301–307, 1997.
2. H. Hakl, E. Davies and W.H. Le Roux, Aircraft height estimation using 2-D radar. *Defence Science Journal*, 60(1), 100–105, 2010.
3. H. Hakl and W.H. Le Roux, Vertical activity estimation using 2-D radar. *Scientia Militaria: South African Journal of Military Studies*, 36(2), 60–76, 2008.

第 34 章　使用贝叶斯网络、k - NN 模型研发自主机器人的行为

34.1　引言

贝叶斯网络技术对于图形结构的编码概率知识非常有用,在现代人工智能(AI)解决现实生活中的问题中迅速普及,包括在不确定条件[1,2]下的推理。在现实生活中,利用贝叶斯网络最重要的优点是进行概率判断(或推理)。贝叶斯推理是一种统计推断,其概率被看作是信任度,其基本计算来源于贝叶斯理论[3]。网络信任技术已成功地应用在电力变压器故障诊断[1]、医疗诊断[4]和电信网络[5]等领域的推理。如果没有领域专家或知识工程师解释贝叶斯信任网络的环境和模型知识,获取知识需要付出大量的时间。由于数据容易获得,包含了关于环境的有用信息,贝叶斯网络提供了巨大的优势,可以捕获和编码隐藏的信息作为知识。k - 近邻(k - NN)是一种非参数实例的学习,它允许假设模型的复杂性随着数据规模的增大而增加。k - NN 是基于从查询实例到所有训练样本的最小距离来确定,横跨了整个输入结构空间。查询实例的预测是按照 k - NN 的多数得票进行的。k - NN 模型已成功地用于人脸识别[2]区域的预测或推理、交通事故预测[6]和故障检测[7]。

文献[8]论述了机器人爬坡的问题,使用了 k - NN 的机器学习技术,在机器人定位问题[9,10]中广泛应用贝叶斯理论。对采用 k - NN 预测能力和贝叶斯网络模型研究自主机器人的行为问题没有受到足够重视,而这两项是与自主机器人导航相关的防碰撞问题的学习和推理技术。在自主应用方面不使用模型的原因可能是遇到了困难,如在 k - NN 中确定合适的 k 值以及贝叶斯学习的计算强度。为提升研究需要考虑以下问题:当在静态环境下被训练遥控操作时,机器人怎样自主管理其行为而不发生碰撞?当在动态或不同的环境下被训练遥控操作时,机器人怎样自主管理其行为而不发生碰撞?当障碍物不移动时环境是静态的,当障碍物运动时环境是动态的。为了应对这些挑战并解决问题,提出了训练机器人避开障碍物的方法,即通过遥控操作,然后使用 k - NN 和贝叶斯网络模型的学习与预测能力,获得研发知识用于在各种环境感知条件下的自主导航。机器人选择的行为或航向决定了用于机器人导航的平移和旋转速度的控制指令

值。该工作对 k - NN 集成了 k 组措施用来确定合适的 k 值,机器人对新传感器读数的响应是基于投票预测。在静态和动态环境下,获取超声传感器到障碍物的最小读数,并进行定量的比较评价,实验结果表明,防碰撞模型(CAM)研发的两种预测学习范例,都能够处理自主机器人导航过程中的不确定性。由于性能优,行为模型有了更广泛的应用,使机器人能学习任务和命令,可以在未知行业的环境下成功运行而不发生碰撞。

本章内容安排:34.2 节提出一些有用的理论,包括贝叶斯网络和 k - NN 模型;34.3 节提出用于机器人的行为和防碰撞的改进模型,包括传感器数据感知、学习和推理过程的方法;34.4 节主要提出在静态和动态环境下,使用公开可用的最小超声波传感器对障碍物读数方法的实验评价;34.5 节对基于配置四个传感器模型的平均绩效评价进行比较;34.6 节对本章进行总结。

34.2 相关的概念和模型

本节讨论了相关的概念和理论:贝叶斯网络建模概念和最近邻模型。

34.2.1 贝叶斯网络模型

正式定义贝叶斯网络为有向无环图(DAG),表示为 $G=\{X(G),A(G)\}$,其中 $X(G)=\{X_1,\cdots,X_n\}$,图 G 的顶点(变量)和 G 的弧组有 $A(G)\subseteq X(G)\times X(G)$,网络需要离散的随机值,如果存在随机变量 $X_1,\cdots,X_n$,每一个变量都有一组值 $x_1,\cdots,x_n$,那么,其联合概率密度分布可定义为

$$\Pr(x_1,\cdots,x_n) = \prod_{i=0}^{n} \Pr(X_i(X_i \mid \pi \mid X_i)) \tag{34.1}$$

式中:$\pi(X_i)$为子集 X_i[3] 的一组父代概率。父变量是指与已知的效应子变量相关。在图 G 中,每一个与亲本值组合的变量 X 都捕获概率知识作为条件概率表(CPT)。将没有父代的变量编码为边际概率。为了说明 BN,图 34.1 说明将 BN 模型的 DAG 和 CPT 作为智能系统的核心推理部件。在这种情况下,描述了分块提升机的运作原理,并使用电池(B)、运动(M),升降(L)和规范(G)[3] 属性监测运作过程。每个属性包含了真实状态(T)和不真实状态(F),并以一定的概率捕获作为 CPT 的输入,如 L 具有 $t=0.75$,$f=0.25$。图 34.1 描述了属性的条件依赖,这很好地解释了分块提升机变量的复杂性。例如,在图 34.1 中,G 是 B 的条件依赖函数,它由 $\Pr(G|B)$ 计算得到。另外,M 是 G 的条件独立函数,这意味着它由 $\Pr(M|B,L)$ 计算得到。采用最大似然估计(MLE)算法对概率进行估计,从环境中捕获的量作为 CPT 的结果,例如,由机器人传感器感知障碍物的距离。如果环境简单,则贝叶斯网络可以通过从领域专家的概率知识建模。对于像机

器人环境这样较复杂的领域，最适合的 BN 是使用文献[11,12]描述的学习算法，从捕获的环境样本中学习。在任何情况下建立 BN 模型，都需要概率推理，合理结果的可信度（或概率）就是基于证据情况的模型传播的。了解了不同障碍物的距离可能就是推理依据的情况，通过如下方程中的贝叶斯定理说明 BN 的不确定性能力是由贝叶斯推理造成的[13]：

$$\Pr(X_i \mid X_j) = \frac{\Pr(X_j \mid X_i) \times \Pr(X_i)}{\Pr(X_j)} \tag{34.2}$$

式中：$P_r(X_i \mid X_j)$为后验概率，当似然和先验组合时称为初始可信度；$P_r(X_j \mid X_i)$为似然函数，是指在未知（查询）基础上的已知（证据）的条件概率；$P_r(X_i)$为在观察之前 X_i 的先验概率，在此，边际概率 $P_r(X_j)$是在可信度基础上观察的影响措施。

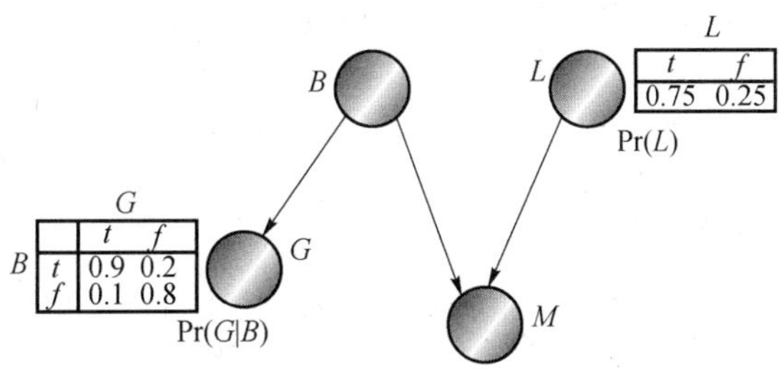

图 34.1　具有分段提升装置的简单贝叶斯网络模型

34.2.2　*k*－NN 模型

k－NN [14]是一种基于非参数实例的学习，它假设模型的复杂性随着数据的规模而增大。*k*－NN 是基于查询实例的最小距离，由所有训练样本确定*k*－NN，该样本包括整个输入空间。低维空间的欧氏距离普遍适用于计算该步的最小距离。二维空间的欧氏距离，点 $x = (x_1, x_2)$和 $y = (y_1, y_2)$，由下式给出：

$$d(x,y) = \sqrt{(x_1 - y_1)^2 + (x_2 - y_2)} \tag{34.3}$$

查询实例的预测采取 *k*－NN 的多数得票法，这种方法对于任何点 x 都与其领域的点可能相近。参数 *k* 值的选择很关键，但 *k*－NN 法对于不确定性或有噪声的训练样本有绝对优势。这是较简单的 *k*－NN 法，也可以提出更精致的版本。

34.3　机器人行为和 CAM

图 34.2 为非结构化的室内环境，用分散的椅子和桌子作为障碍，通过行为

研发来支持先锋机器人的导航。用实验装置说明机器人沿着墙导航的任务[15]，采用 24 个超声波传感器环绕安装在其腰部，编号后的超声波传感器从机器人的前端开始，沿着顺时针方向增加。传感器读数以 9 个样本/s 的速度读取，在同一时间步将采集数据样本集合，作为机器人通过房间的导航，机器人需沿着墙按顺时针方向走 4 个来回，超声波传感器发出超声波脉冲，然后等待响应[16]。当脉冲离开装置时，通过空气传播直到它碰到物体或障碍，在这一点上，回声被反射回去，这时回声被超声波传感器检测到。在任何地方发送的脉冲40 ~ 200kHz，通常为 40 ~ 50kHz。

图 34.2　实验室内环境下对先锋机器人避开椅子、桌子和墙等障碍物行为研究

34.3.1　现实生活中超声波传感器的数据感知

从移动机器人[15]沿墙导航任务可知，可从环境中捕获基于三种传感器配置的不同数据样本：第一种配置捕获为将所有 24 个超声波传感器测量的原始值，标记为 US_1，US_2，…，US_{24}，如图 34.3(a)所示。该配置包括位于机器人周围 15°弧线范围最小的传感器读数。第二种配置捕获称为简化距离的四种传感器读数。简化距离指的是前部距离、左右距离和后部距离。这些距离的组成分别为位于机器人前、后、左、右部件 60°弧线范围的最小传感器读数，如图 33.3(b)所示。第三种配置只是捕获前方和左方的简化距离，包括位于机器人左前方 60°弧线范围的最小传感器读数，如图 34.3(c)所示。在环境中机器人被遥控操作学习，当它所感觉障碍时捕获其行为。从障碍物返回的超声波传感器的最小读数，决定机器人的行为或导航方向。图 34.3(a)和(b)所定义的四个方向为前进、轻微右转、右转转弯和轻微左转，而前进和轻微右转两个方向是由图 34.3(c)的配置定义的。机器人选择的方向决定了控制指令值，这就是机器人导航所用

的平移和旋转速度。从三种配置中捕获的传感器读数和相关的机器人动作，用来训练适应环境的 BN 和 k-NN 模型。

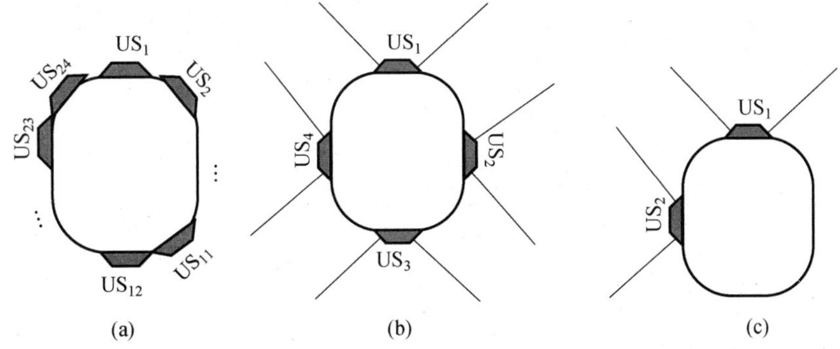

图 34.3　环绕机器人安装的三种超声波传感器
(a)24 个传感器；(b)4 台传感器；(c)2 台传感器。

34.3.2　机器人行为的贝叶斯学习和推理过程

图 34.4 说明了从环境中捕获传感器读数来学习 BN 模型的阶段。如图 34.4所示，从环境中学习这些模型可以分解为以下子问题：①数据离散化作为预处理；②学习合适的网络结构；③学习相关的条件概率表；④模型可视化。相对数据属性的模式，数据离散化将数值数据分为相应的区间值。William 等人[11,12]提出了很多算法从数据集学习贝叶斯网络结构，包括遗传算法和爬山算法。由于其具有依赖变量获取知识的特性，使得它适合处理不确定性问题，如嘈杂的传感器读数。在遥控机器人的地方有贝叶斯网络模型，需要用概率推理来判断障碍物的位置及可能结果的可信度，并基于对障碍物的观察模型传播。在本章中，根据目前已知的超声波传感器对障碍物的读数 d 来预测动作的概率 Pr (或极大可能)，机器人掌握的如式(34.4)所示。例如，对于明显的情况，机器人可以自由导航，但对于给定的导航目标需要特殊处理。

$$\mathrm{Pr}(\mathrm{Action?} \mid \mathrm{US}_1 = d_1, \mathrm{US}_2 = d_2, \mathrm{US}_3 = d_3, \cdots, \mathrm{US}_n = d_n) \tag{34.4}$$

使用式(34.2)中的贝叶斯定理，式(34.3)表示

$$\Rightarrow \frac{\mathrm{Pr}(\mathrm{US}_2 = d_2, \mathrm{US}_2 = d_2, \mathrm{US}_3 = d_3, \cdots, \mathrm{US}_n = d_n \mid \mathrm{Action}) \times \mathrm{Pr}(\mathrm{Action})}{\mathrm{Pr}(\mathrm{US}_1 = d_1, \mathrm{US}_2 = d_2, \mathrm{US}_3 = d_3, \cdots, \mathrm{US}_n = d_n)}$$

在文献[13]中，利用大量信息进行贝叶斯推理。如果希望机器人朝着前进的方向继续移动，那么后面的传感器即使读取空闲也不用参加推理过程。然后机器人在预期的前进、轻微右转和轻微左转之间协商，作为 BN 模型中下一步最有可能的反应。

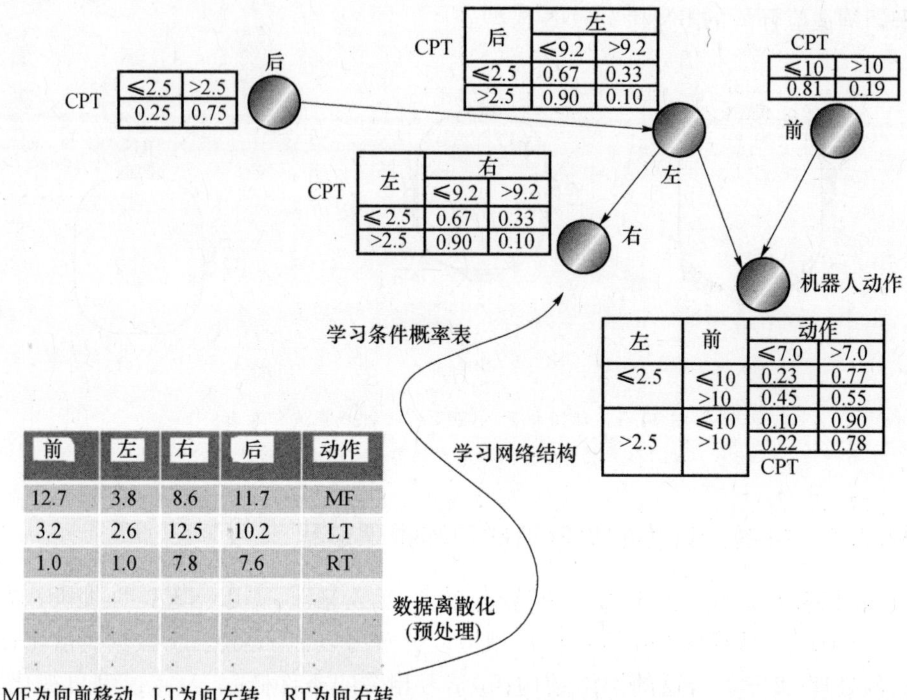

图 34.4 BN 的学习阶段(其前端节点为 US_1,右为 US_2,后为 US_3,左为 US_4)

34.3.3 对机器人行为的 k – NN 建模和推理过程

在机器人防碰撞行为中,k – NN 模型的适应性主要取决于:从最新查询实例到所有训练障碍实例,机器人捕获知识的最小距离;k 值的选择;训练实例中的偏差检查。关于最小距离,本研究提出了基于传感器读数 n 的 n 维欧氏度量,该读数将参与如下所示的行为选择:

$$d(x,y)=\sqrt{(x_1-y_1)^2+(x_2-y_2)^2+(x_3-y_3)^2+\cdots+(x_n-y_n)^2} \tag{34.5}$$

式中:查询实例 $x=(x_1,\cdots,x_n)$,训练实例 $y=(y_1,\cdots,y_n)$。

最小距离最终指明一个明确的方向,为了达到目的,机器人的动作行为就像集中在选定的传感器上。当投票方案不分胜负时,通过大量训练样本计算出距离,可以合理地选择 k 值作为距离的集合以及动态增加步长 s。由于新障碍距离的预测是基于多数投票,对于偏差检查,本章引入了和机器人动作数相等的训练实例。现在机器人自主导航和并感知从障碍物获得的传感器读数。如果不对机器人遥控或训练额外付出,机器人就不可能准确地预测其在新情况下的行为。对 k – NN 模型的适应需要实现以下算法(k – NN 方法):

输入:障碍物距离集的训练及查询。

输出:预测机器人的行为。

步骤 1:指定训练集。

步骤 2:确定第 k 组邻域的大小。

步骤 3:利用式(34.5)计算查询实例和所有训练实例之间的距离。

步骤 4:使用第 k 组最小距离确定近邻。

步骤 5:评估近邻的训练动作/行为。

步骤 6:对查询实例预测机器人的行为。

步骤 7:对机器人传感器感知的其他查询实例重复步骤(3) ~ (6)。

34.3.4 评价方案

在本节中,基于 n 次交叉验证技术[13]以及测试执行时间,通过常用的评价方案对方法的性能进行了研究。交叉验证又称为旋转估计,在机器学习的模式选择中是最普遍适用的策略,这是由于它不依赖于任何概率的假设。其中数据集被分成 n 个互不相交的褶皱,只留一个交叉验证(LOO)用来测试模型性能,而其他的则用于训练。将这一过程重复 n 次来研究该方法的整体性能。在该研究中,由于是从环境中学习,机器人的训练在遥控阶段进行,当机器人对障碍物自主判断时,该模型推理的运行速度与基于各种传感器配置的关系极大。

34.4 CAM 的实验评价

对行为建模方法研究的目标是把理论用于实践,重点是用在防碰撞领域。本节介绍了对方法性能的评价,基于 3 台传感器配置的真实数据集,利用两种机器学习模型(BN 模型和 k – NN 模型)进行机器人行为的研发。在 34.3.2 节所描述的实验装置中,从 3 个数据源采集数据:24 个超声波传感器;4 个超声波传感器;2 个超声波传感器。这些使用的数据集是从加利福尼亚大学欧文分校(UCI)的机器学习库中公开可用的传感器读数获得,大多数研究者使用这些机器学习库来验证其技术。在实践中,影响机器人避障行为准确性的主要因素是模型的学习过程、使用的传感器数量以及基于传感器配置的推理速度。为了比较在不同模型配置方面四个超声波传感器的性能,做了三个主要实验:①在静态环境中的防撞效率;②在动态环境下的防撞效率;③对模型的平均绩效评价进行比较。使用特定的机器处理器进行这些实验,在 MATLAB® 实现 k – NN 算法,在 GeNile 软件[17]中实现 BN 算法。为机器人自由导航提取的训练样本包括 200

个,由于机器人必须按照顺时针方向沿墙前进,往回返是另一种选择。使用 3 倍交叉验证,完整的数据集被随机分成三部分,从一部分中选择一些样本进行测试,而其他的样本则用于训练。一般来说,当训练数据集接近所有数据的 95% 时,将其余 5% 的数据作为测试样本。由于使用了交叉验证技术,这个过程需要重复三次。

34.4.1 静态环境下使用 BN 和 k - NN 模型时 CAM 的性能精度

本节论述了在引言中提出的第一个研究问题,假定一个机器人在静态环境中训练时可以自主地避开障碍物。由此进行实验对比 BN 和 k - NN 模型对防碰撞方面的影响,当识别与训练中相似位置的障碍时,希望能找到较好的模型来准确预测机器人的行为,这要求模型在预测机器人的行为时具有一致性。图 34.5 中的 BN 模型是使用 GeNile 软件从训练传感器的样本中学习的,表 34.1 所列使用两个模型测试五个随机样本,重复三次平均性能的总结。由于环境是静态的,交叉验证需要相应的修正,由测试样本组成部分训练实例来评价模型的一致性。对于每一组样本,E_i 表示在传感器前后左右四个方向上障碍物与机器人距离的证据实例。采用式(34.4)中 BN 的推理过程及 34.3.4 节描述的 k - NN 多数表决方案,用实例来预测机器人的行为或动作。在所有组中,期望的机器人行为(ERB)和预测的机器人行为(PRB)的结果显示,在静态环境中使用 BN 和 k - NN进行自主避让非常准确。可以观察到,后部传感器的读数形成了学习过程的一部分,但当机器人沿着墙以顺时针方向跟踪目标时,不参与预测机器人的行为。从表 34.1 可以看出,对指导机器人的行为,BN 模型比 k - NN 模型具有更好的结果。图 34.6 形象地表示了从第一个分区得到的确切结果,这些结果表明,使用两模型开发机器人行为可用于导航时辅助控制器确定平移和旋转的速度值。

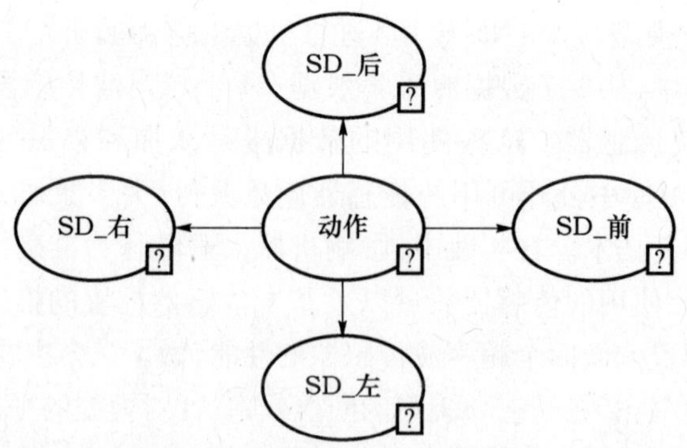

图 34.5 使用真实机器人传感器的读数避免碰撞的 BN 模型

表 34.1　静态环境下使用 3 倍交叉验证真实样本的机器人动作

E_i	障碍物距离感知				ERB 为期望机器人动作;PRB 为预测机器人动作		
	SD_前	SD_左	SD_右	SD_后	ERB	BN PRB/%	k - NN PRB/%
E_1	1.687	0.449	2.332	0.429	轻微向右	轻微向右(80.2)	轻微向右(78.69)
E_2	1.327	1.762	1.37	2.402	轻微向左	轻微向左(99.7)	轻微向左(90.0)
E_3	1.318	1.774	1.359	3.241	轻微向左	轻微向左(99.7)	轻微向左(90.0)
E_4	1.525	0.739	1.379	0.689	前移	前移(88)	前移(38.0)
E_5	0.786	0.661	2.748	0.689	右移	右移(89.2)	右移(59.62)
测试样本 1：精度 =5/5 =100%							5/5 =100%
E_1	1.19	2.29	1.414	2.369	轻微向左	轻微向左(99.7)	轻微向左(90.0)
E_2	1.586	0.758	1.357	0.634	前面	前面(88.1)	前移(38.1)
E_3	0.762	0.482	1.697	0.473	右移	右移(85.4)	右移(40.65)
E_4	1.637	0.474	1.715	0.465	轻微向右	轻微向右(94.2)	轻微向右(50.0)
E_5	0.79	0.779	1.345	0.67	右移	右移(96.2)	右移(59.62)
测试样本 2：精度 =5/5 =100%							5/5 =100%
E_1	1.311	2.636	1.456	2.204	轻微向左	轻微向左(99.7)	轻微向左(90.0)
E_2	1.419	0.7	1.415	0.795	前移	前移(88.1)	前移(36.36)
E_3	0.799	0.664	2.478	1.239	右移	右移(99.7)	右移(45.45)
E_4	1.636	0.475	1.707	0.47	轻微向右	轻微向右(94.2)	轻微向右(49.37)
E_5	2.644	0.69	2.084	0.955	前移	前移(98.7)	前移(63.29)
测试样本 3：精度 =5/5 =100%							5/5 =100%
平均精度 =100%							

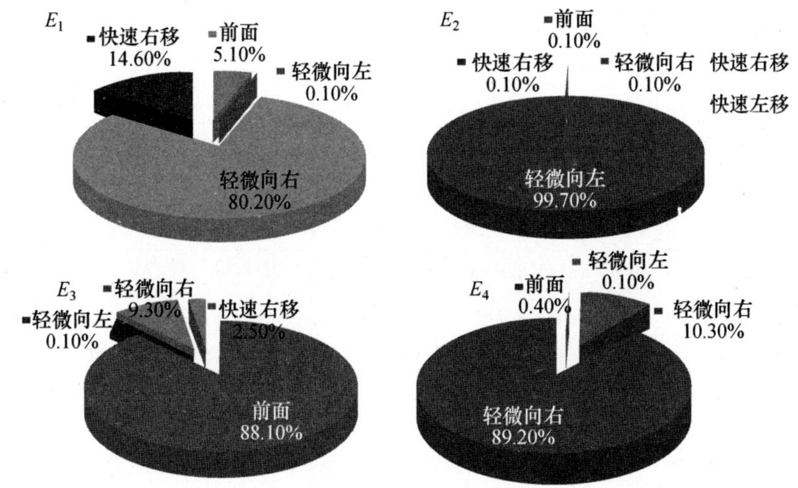

图 34.6　根据表 34.1 的第一个交叉验证在静态环境中使用 BN 的预测行为展示

34.4.2 动态环境下使用 BN 和 k – NN 模型时 CAM 的性能精度

本节讨论引言中提出的第二个研究问题。假定允许机器人在新环境中（不同于训练时的动态环境）可以自主地避开障碍物，类似于前面的静态实验，对两个模型在新环境中导航时的防撞能力进行了评价，表 34.2 所列的结果为应用 3 倍交叉验证后模型平均性能的总结，其测试集与训练实例分离，对模型来说是新的障碍物读数。在所有的交叉中，ERB 和 PRB 的结果表明，在动态环境中使用 BN 和 k – NN 进行自主避碰也是很有应用前景的。从表 34.2 可以看出，对于机器人的行为信任度，BN 模型的平均精度可达 93.3%，大大高于 k – NN 模型的 73.3%，这可能是由于 BN 模型使用了先验信任度，第 k 个值的选择仍需进一步改进。图 34.7 从第一分区对信任度结果给出了形象化的表示。然而，结果表明，确定导航时平移和旋转的速度值可使用两个模型研发的机器人行为来辅助控制。

表 34.2 动态环境下使用 3 倍交叉验证针对真实样本的机器人行为

E_i	障碍物距离感知				ERB	BN PRB/%	k – NN PRB/%
	SD_前	SD_左	SD_右	SD_后			
E_1	2.651	0.625	1.599	0.795	前移	前移(94.1)	前移(66.67)
E_2	2.885	0.623	1.606	0.814	前移	前移(99.2)	前移(72.58)
E_3	0.894	0.649	1.071	1.085	右移	右移(93)	右移(43.59)
E_4	1.501	0.492	1.816	1.28	轻微向右	轻微向右(79.5)	前移(38.1)
E_5	1.523	0.485	1.8	1.069	轻微向右	轻微向右(51.6)	轻微向右(46.99)
测试样本 1：精度 = 5/5 = 100%							4/5 = 80%
E_1	2.581	0.613	1.619	0.852	前移	前移(99.3)	前移(65.78)
E_2	2.828	0.607	1.626	0.871	前移	前移(99.2)	前移(74.24)
E_3	0.854	0.628	1.016	1.168	右移	前移(49.6)	前移(36.51)
E_4	1.511	0.49	1.82	1.27	轻微向右	轻微向右(79.5)	右移(37.59)
E_5	0.784	0.487	1.797	1.156	右移	右移(96.5)	右移(40.65)
测试样本 2：精度 = 4/5 = 80%							3/5 = 60%
E_1	2.549	0.599	1.633	0.889	前移	前移(99.3)	前移(64.1)
E_2	2.544	0.597	1.639	0.908	前移	前移(99.3)	前移(64.1)
E_3	0.873	0.642	1.053	1.105	右移	右移(93)	前移(35.38)
E_4	1.617	0.475	1.854	1.169	轻微向右	轻微向右(51.6)	轻微向右(54.55)
E_5	0.789	0.49	1.864	1.076	右移	右移(79.1)	右移(70.42)
测试样本 3：精度 = 5/5 = 100%							4/5 = 80%
平均精度 = 93.3%							73.3%

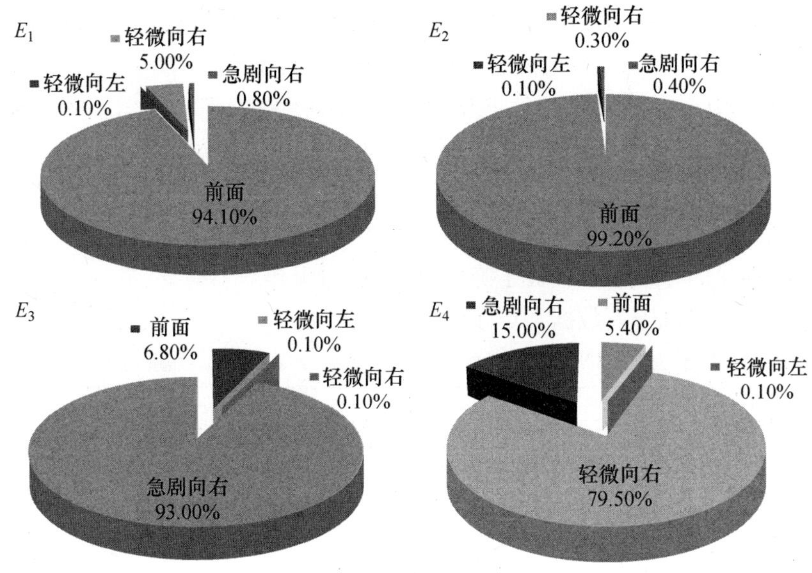

图 34.7　根据表 34.2 第一交叉验证在动态环境中运用 BN 的预测行为演示

34.4.3　模型平均性能评价的比较

根据表 34.3 的评价结果，在静态和动态环境中从 1 ~ 6 进行交叉验证，详细获取了 BN 和 k - NN 避碰方法的平均性能精度。在图 34.8 中可以看出，在动态情况下 BN 的误差趋势比 k - NN 的误差趋势要低，这显然意味着在预测机器人行为趋势时具有更高的精度。

34.5　相关工作

近期的文献[18 - 20]描述了基于行为的系统，其中一些来源于生物系统的原创，但更多研发机器人行为的工作是由文献[21]推荐的用于辅助控制架构。在文献[18]中，通过建立生物感觉系统的物理机器人模型，对生物行为建模，探索研究神经行为学的问题。例如，人们相信机器人可以模拟生物系统的行为，但对复杂的行为(如情感表达)建模却不一定好。有人认为，建立与生物相关的机器人模型比松散的生物灵感更有效。这反映了生物行为需要在真实的环境下机器人面临的实际问题进行研究和建模。文献[19]介绍了基于视觉的移动机器人可以在复杂的环境下找到门的位置并跨越门，采用主要组元分析(PCA)算法，运用视觉传感器和模糊控制，来执行避开障碍物和跨越门槛的行为。鸿钧等人[20]提出了传感器规划的新方法，使用基于贝叶斯的网络推理进行移动机器人的定位，自主机器人不可能只通过局部传感信息确定其独特的情况。这是因为传感器容易出现错误,机器人行为的轻微变化就会影响检测结果。文献[21]试图获得适当的 BN 模型,利用机器人平台的声纳传感器实现穿越门的交叉行为。关于试验获得的行为性能,其结果与其他方法相比表明,研发机器人的行为还需要做大量的工作,正如作者指出,缺少与其他方法比较的共同参考框架。本章尝试用现实生活中公共可用的导航数据进行试验。在以前的工作[22]中提到,贝叶斯网络可以用于研发自主机器人在环境中为避免碰撞的行为。在该方法中,模拟了非结构化的环境以及生成了障碍物信息,用于建立避免碰撞的 BN 模型,并建议使用真实的机器人数据和更多的方法来测试。

表 34.3　BN 模型和 k - NN 模型的平均性能评价结果

环境		BN		k - NN	
	CV	精度/%	误差/%	精度/%	误差/%
静态	1	100	0	100	0
	2	100	0	100	0
	3	100	0	100	0
动态	4	100	0	80	20
	5	80	20	60	40
	6	100	0	80	20

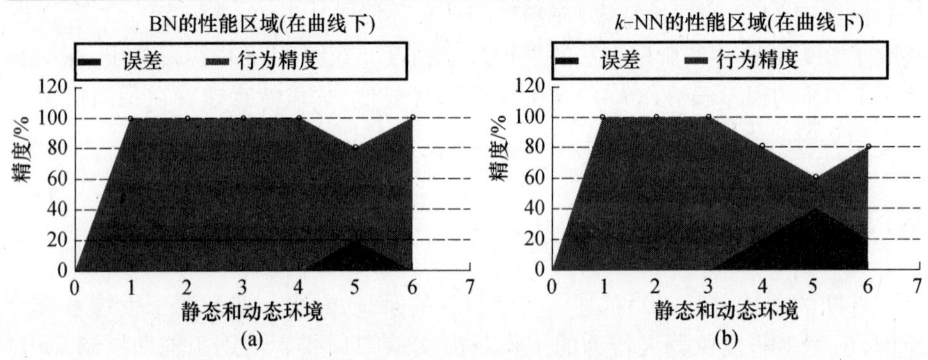

图 34.8　两种模型的性能精度比较

(a)BN 模型精度在 CV 的 4 ~6 级;(b)k - NN 模型精度在 CV 的 4 ~6 级

34.6　结束语

本章中研究了 BN 和 k - NN 模型,用于机器人在静态和动态环境下避免碰撞行为的研发。实验中两种模型学习机理的性能都使用现实生活中的机器人,观察表明,BN 和 k - NN 模型的预测能力在静态环境中处理机器人的碰撞是一致的。然而,基于范围和使用的数据,在动态环境下 BN 模型较好,精度可达

93.3%,而 k - NN 模型的精度为 73.3%,这是由于在处理不确定性的概率计算造成的。在 k - NN 算法中,第 k 个最小值的选择可能需要更多的改进预测以避免碰撞。值得注意的是,机器人的选择方向可协助确定控制指令值,即机器人导航时的平移和旋转速度值。因此,本研究的贡献在于尝试使用机器学习模型用于机器人领域的行为研发。本章的研究结果是先前工作的延伸,用于研发机器人的行为,在文献[22]中报道过,只有 BN 模型使用了仿真障碍物数据样本。本章的研究工作还可以其他形式深入研究:①从起始位置到目标位置的条件避免碰撞的行为研发;②基于其他传感器配置的行为研发,可能是计算密集型的 24 个传感器,其中两个传感器可以更快些;③多机器人系统的合作行为研发,以避免机器人团队成员之间的冲突。

参考文献

1. J.G. Rolim, P.C. Maiola, H.R. Baggenstoss, A.R.G. da Paulo, Bayesian networks application to power transformer diagnosis, *IEEE Lausanne Power Tech*, pp. 999–1004, 2008.
2. A. Thamizharasi, Performance analysis of face recognition by combining multiscale techniques and homomorphic filter using fuzzy K nearest neighbor classifier, *IEEE International Conference on Communication Control and Computing Technologies (ICCCCT)*, pp. 394–401, 2010.
3. N. Nilsson, *Artificial Intelligence, a New Synthesis*, 1st edition. San Fransisco, USA: Morgan Kaufmann Publishers, 1998.
4. Y. Sun, S. Lv and Y. Tang, Construction and application of Bayesian network in early diagnosis of Alzheimer disease's system, *International Conference on Complex Medical Engineering, IEEE/ICME*, pp. 924–929, 2007.
5. I.O. Osunmakinde and A. Potgieter, Immediate detection of anomalies in call data—An adaptive intelligence approach. *Proceedings of the 10th Southern African Telecommunications Networks and Applications International Conference (SATNAC)*, Mauritius. 2007.
6. Y. Lv, S. Tang and H. Zhao, Real-time highway traffic accident prediction based on the k-nearest neighbor method, *International Conference on Measuring Technology and Mechatronics Automation, ICMTMA '09*, pp. 547–550, 2009.
7. G. Verdier and A. Ferreira, Fault detection with an adaptive distance for the k-nearest neighbors rule, *International Conference on Computers & Industrial Engineering, CIE*, pp. 1273–1278, 2009.
8. J. Nagasue, Y. Konishi, N. Araki, T. Sato and H. Ishigaki, Slope-Walking of a biped robot with k nearest neighbor method, *Fourth International Conference on Innovative Computing, Information and Control (ICICIC)*, pp. 173–176, 2010.
9. H. Zhou and S. Sakane, Sensor planning for mobile robot localization—A hierarchical approach using a Bayesian network and a particle filter, *IEEE Transactions on Robotics*, 24, 481–487, ISSN: 1552-3098, 2008.
10. S.I. Roumeliotis and G.A. Bekey, Distributed multirobot localization, robotics and automation, *IEEE Transactions on Robotics and Automation*, 18(5), 781–795, ISSN: 1042-296X, 2002.
11. H. William and G. Haipeng, P. Benjamin, & S. Julie, A Permutation genetic algorithm for variable ordering in learning Bayesian networks from data. *Proceedings of Genetic and Evolutionary Computation Conference*, Morgan Kaufmann Publishers Inc, San Francisco, CA, USA, pp. 383–390, 2002.
12. I.O. Osunmakinde and A. Potgieter, Emergence of optimal Bayesian networks from datasets without backtracking using an evolutionary algorithm. *Proceedings of the Third IASTED International Conference on Computational Intelligence*, Banff, Alberta, Canada, ACTA Press, pp. 46–51, 2007.
13. S. Russell and P. Norvig, *Artificial Intelligence, A Modern Approach*, 2nd edn., Prentice-Hall Series Inc. NJ, 2003.
14. J. Arroyo and C. Mate, Forecasting histogram time series with k-nearest neighbors methods, *International Journal of Forecasting*, 25, 192–207, 2009.

15. D. Newman, S. Hettich, C. Blake and C. Merz, UCI *Repository of Machine Learning Databases* (University of California, Department of Information and Computer Science, Irvine, CA). DOI = http://www.ics.uci.edu/$\sim$mlearn/MLRepository.html; (last accessed 2011).
16. N. Harper and P. McKerrow, Recognizing plants with ultrasonic sensing for mobile robot navigation, *Journal of Robotics and Autonomous Systems*, 34, 71–82, 2001.
17. GeNle 2.0, *Decision Systems Laboratory*, University of Pittsburgh, URL =http://genie.sis.pitt.edu, 2009.
18. B. Webb, Can robots make good models of biological behavior? *Journal of Behavioral and Brain Sciences*, 24, 1033–1050, 2001.
19. M.-W. Seo, Y.-J. Kim and M.-T. Lim, Door traversing for a vision based mobile robot using PCA, in: *Lecture Notes on Artificial Intelligence*, Springer-Verlag, pp. 525–531, 2005.
20. Z. Hongjun and S. Shigeyuki, Mobile robot localization using active sensing based on Bayesian network inference, *Journal of Robotics and Autonomous Systems*, 55, 292–305, 2007.
21. E. Lazkano, B. Sierra, A. Astigarraga and J.M. Martinez-Otzeta, On the use of Bayesian networks to develop behaviors for mobile robots, *Journal of Robotics and Autonomous Systems*, 55, 253–265, 2007.
22. C. Yinka-Banjo, I.O. Osunmakinde and A. Bagula, Collision avoidance in unstructured environments for autonomous robots: A behavioral modeling approach, In *Proceedings of the International Conference on Control, Robotics and Cybernetics (ICCRC)*, New Delhi, India, IEEE, pp. 297–303, 2011.

第35章　基于卡普拉斯方法的无序测量建模

35.1　引言

在多传感器应用的总体框架中，目标跟踪和滤波（保持单个或多个实例对象的估计状态一段时间）的困难之处是无序测量（OOSM）的处理。大多数跟踪和滤波工作都假定测量对工作站来说是实时可用的。然而，很难想象测量受不可忽略的延迟支配，以致测量和接收之间的滞后足够大，对估计或预测都有影响。这些测量结果不是恒定延迟就是随机延迟，后者的结果有可能导致发生OOSM。

利用多传感器目标跟踪数据处理 OOSM 对工程师或研究人员来说是一个挑战，问题是如何把这些 OOSM 合并到一个踪迹中，该踪迹已经被后来的实例或观察所更新，以便提高跟踪系统的性能。简单的解决方案是简略（忽视）或丢弃跟踪过程的 OOSM，该方法恰当是由于它本身的限制，由于丢弃 OOSM 使得关键信息丢失，这可能导致跟踪实时目标弱化。其他处理 OOSM 的方法包括数据重新处理或回滚以及数据缓冲。在回滚方法中，传感器报告存储在内存中，用 OOSM 重新排列踪迹假设中的传感器测量。数据缓冲方法是用缓冲区存储得到的测量值，缓冲区远远大于到达测量值的最大预期。这两种方法都需要大量的内存来存储测量值。同时，由于跟踪处理总是滞后于当前时间，对于实时目标的应用两种方法都存在潜在问题。文献[1-8]考虑了与时滞处理（存在于 OOSM 环境中）相关的几个方面。对于时间延迟，处理与 OOSM 相关问题的普通方法是求解偏微分方程和边界条件方程，一般[1,2,5,6]都没有精确解。对于随机延迟的问题，文献[3,8]通过标准的卡尔曼滤波和相关的增强体系进行了研究。Mallick 等人[9]通过重新计算滤波通过时的延迟期论述了 OOSM 问题。在同样的环境下，文献[6]提出了利用过去和当前的卡尔曼滤波（KF）估计值推断测量近似值，计算这种外推测量（ME-KF）的最佳增益。文献[10]考虑了具有随机时滞的随机延迟增广状态的迭代形式。

卡普拉斯模型在精算科学、生存分析、水文及金融[11]等方面有许多应用。

文献[12]提及了卡普拉斯框架最重要的方面,文献[13]在固定采样和随机延迟滤波(FSRD - KF)的情况下对随机时延进行了研究,证明相对于约束滞后值为1。文献[6]使用延迟的测量计算修正项,并建议把该修正项添加到滤波估计中。文献[14]将 OOSM 与不完全(丢失)数据问题关联起来,利用统计多重插补方法处理 OOSM 问题。文献[15]提出了尽量减少无序测量情况下信息存储的算法(MS - KF)。参考文献[4]制定了贝叶斯框架下的无序测量问题(BF - KF)。虽然上述方法绝大多数都能解决问题,但大多数没有认识到在延迟测量和可用测量之间条件分布的理论基础。本章工作的主要贡献和独特之处在于:说明在多目标跟踪预测精度方面处理 OOSM 最好的五项技术的健壮性;使用卡普拉斯函数处理 OOSM,如何在多目标跟踪中使用卡普拉斯函数使分类性能大幅提高。

35.2 卡普拉斯策略

卡普拉斯的目的是作为多元分布函数,允许对处理 OOSM 的依赖结构进行连续灵活的建模。它提供了一种可以方便地表示任意联合分布的函数,描述边际分布样本和相关结构分离的关键属性。依据文献[12],这是卡普拉斯框架中最重要的结论。近年来,卡普拉斯建模已成功应用在精算科学、生存分析、水文与高强度金融等方面[11]。用来处理 OOSM 的一般卡普拉斯算法(有关卡普拉斯函数更详细的讨论可以参见文献[11,12])如下:

(1) 考虑从 $1\sim k$ 的测量序列实例 $X_1, X_2, \cdots, X_k$(k 为延迟点),分布函数 $H(x_1, x_2, \cdots, X_{k-1}) = P(X_1 \leqslant x_1, X_2 \leqslant x_2, \cdots, X_k \leqslant x_k)$,单变量边际分布为 $F_1(x_1), F_2(x_2), \cdots, F_k(x_{k-1})$。

(2) 卡普拉斯中的 C 代表与边际有关的联合累积分布函数,对所有的值 $x_1, x_2, \cdots, x_k$,$H(x_1, x_2, \cdots, X_{k-1}) = C(F_1(x_1), \cdots, F_k(x_k))$ 或($X_1, X_2, \cdots, X_k \in \Re^k$)。

如果 $F_1, F_2, \cdots, F_k$ 是连续的,对每一个固定值 F,C 是唯一的,且

$$C(u_1, \cdots, u_k) = F(F_1^{-1}(u_1), \cdots, F_k^{-1}(u_k))$$

式中:$F_2^{-1}, \cdots, F_k^{-1}$ 为给定边际的分位函数,为[0,1]的均匀变量。

如果测量序列($X_1, X_2, \cdots, X_k$)为独立的,则连接边际的 Copula 函数为

$$C(F_1(x_1), \cdots, F_k) = F_1 \cdot F_2 \cdot \cdots \cdot F_k$$

如果 C 和 $F_1, F_2, \cdots, F_k$ 是可微分的,那么相对于联合分布 $F(x_1, x_2, \cdots, x_k)$,联合密度 $f(x_1, x_2, \cdots, x_k)$ 可看作是边际密度和 Copula 密度的乘积,即

$$f(x_1, x_2, \cdots, x_k) = f_1(x_1) \times f_2(x_2) \times \cdots \times f_k(x_k) \times C(F_1, F_2, \cdots, F_k)$$

式中:$f_i(x_i)$为 F_i 的密度,Copula 密度定义为 $C = \partial^k C/(\partial F_1, \cdots, \partial F_k)$。

(3) 将可用的测量记录作为预测分布，找出延迟测量的条件分布 $F(x_k|H)$。

(4) 根据条件分布预测延迟测量。即使联合分布未知，也可用 Copula 查找联合分布和条件分布。

35.3　实验结果

为了验证基于卡普拉斯所提出的 OOSM 方法(COOSM)的性能,针对处理 OOSM 的现有方法(FSRD - KF、ME - KF、SARD - KF、MS - KF 和 BF - KF),用实验模拟均方根误差(RMSE)数据集。均方根误差是衡量模型预测(或估计)值与实际观测值之间的差异。用实验对各种 OOSM 方法排名,在不同的时间和距离间隔评估时滞测量单个延迟对 COOSM 位置误差的影响。如文献[4]所述,假设 OOSM 只有一个滞后延迟的最大值,在整个模拟过程中数据延迟为均匀分布,存在概率为 Pr 的电流测量延迟。所有统计测试均采用 MINTAB 统计软件完成,使用一般线性模型程序进行方差分析,考察主效应和相互之间的影响。采用设计的三种方法重复测量,其效果用数据集的互动进行了测试,受到影响的主要是 OOSM 方法、测量的概率和机动指数。所有的主影响都有 5% 级别的重要性(方法 $F = 18.9$,d$f = 5$;测量概率 $F = 29.4$,d$f = 1$;机动指数 $f = 31.2$,d$f = 1$;每个影响的 $p < 0.05$)。如图 35.1 所示,COOSM 是处理 OOSM 的最佳方法,错误率为 6.1% ,其次是 BF - KF、FSRD - KF 和 MEKF,其错误率分别超过 9.2% 、11.7% 和 14.2% 。最差的方法是 SARD - KF,其误差率为 18% 。排在 SARD - KF 之后另一种较差的方法是 MR - KF,错误率为 16.8% 。

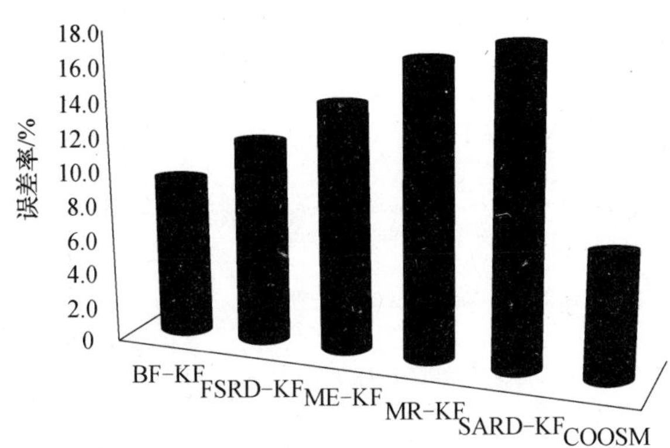

图 35.1　无序测量方法的性能

图基(Tukey)的多重比较测试表明,所有方法在重要性为 5% 的级别时性能差异显著。现在对6种方法(已有的和新的)单延迟超过1000次的性能结果进行比较。由于空间的要求,现只介绍机动指数的结果。从图35.2中可得出如下结论:

(1) 对机动目标跟踪,当测量概率为0.5时,COOSM优于所有其他的方法。然而,当测量概率为0.25时,其性能可与BF－KF相比。方法之间的性能差异表现在测量概率的高低。可以观察到,SARD－KF(Pr＝0.5时)和FSRD－KF(Pr＝0.25时)性能较差。

(2) 测量延迟概率的增加与方法之间性能差异的增加有关。事实上,各种方法的性能随着测量概率的增加而降低。

(3) 从图35.3中可以看出,大多数方法都类似RMS的性能而非类似OOSM。然而,这种情况持续只有50s的时间。换句话说,OOSM对大多数方法的前50s并不重要(SARD－KF和FSRD－KF方法除外),此后,在不同方法之间RMS的性能差异就十分突出了。

(4) 总的来说,COOSM和BF－KF都能获得较高的准确率,在大部分时间COOSM略优于BF－KF。

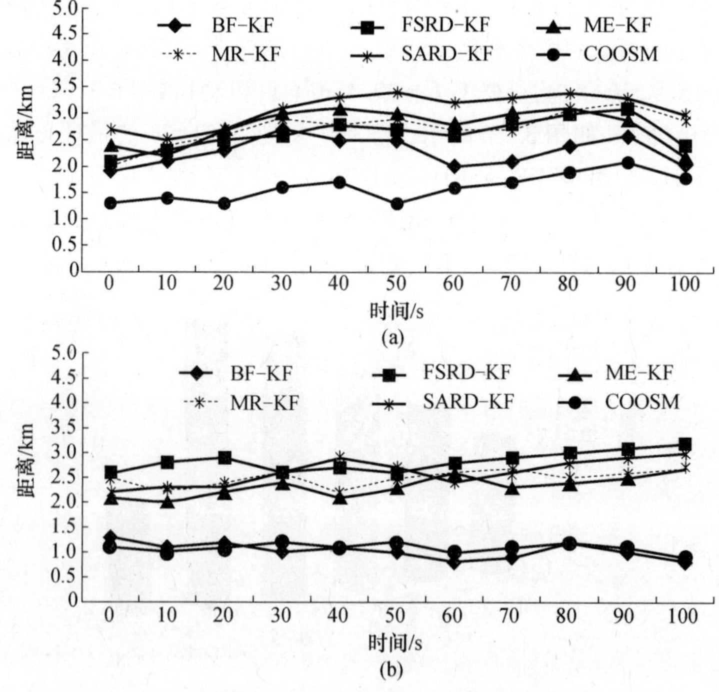

图35.2　具有单延迟OSSM高机动目标的RMS性能
(Pr为0.5,0.25;机动指数为0.1)

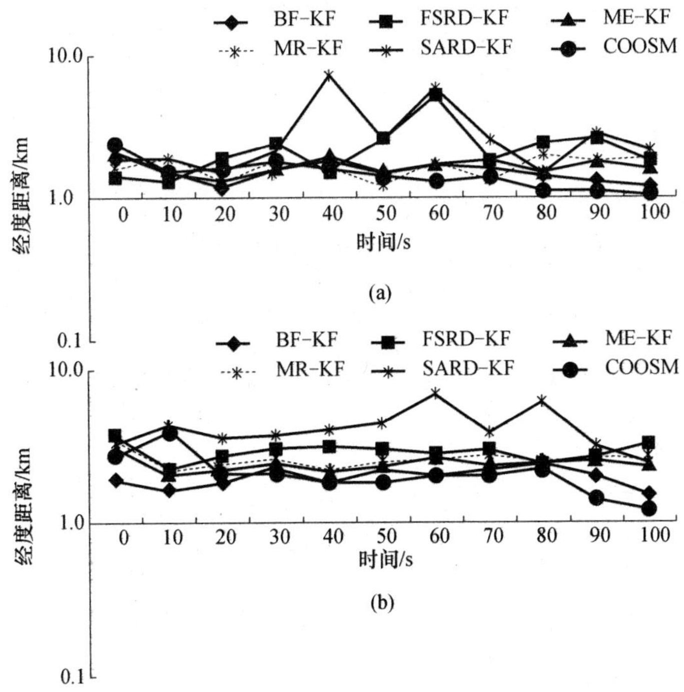

图 35.3 具有多延迟无序测量的高机动目标的 RMS 性能
(Pr 为 0.5 和 0.25)

35.4 结束语

实际的数据融合方案遭到了不可避免的延迟测量的挑战。对工程师来说,准确预测给定跟踪目标的延迟测量是非常有价值的,特别是涉及传感应用的目标。这对于降低成本和提高多目标跟踪过程的效率是非常重要的。本章的主要贡献在于卡普拉斯的应用,使用模拟数据集对给定的无序测量多目标跟踪进行预测。单个来说,COOSM 是处理 OOSM 最有效的方法,其次是 BF - KF,最差的是 SARD - KF。

研究结果进一步表明,延迟测量的概率对方法的性能有影响,其中 BF - KF 倾向于较小的概率。延迟概率高的方法会导致较大的位置误差率,各种方法之间的性能还存在较大差异。同时,考虑到每种方法的性能随着测量延迟概率的不同而变化,处理延迟测量在很大程度上不但取决于测量延迟的概率,而且取决于机动目标跟踪的范围。运用卡普拉斯也需要在许多方面做进一步的研究,例如在训练参数和融合规则方面就可以应用。同时,在现实世界的数据集中应用卡普拉斯应当进行实证研究,通过更多普通的领域评价其性能。上述问题就是进一步的研究方向。

参考文献

1. Anderson, B.D.O. and Moore, J.B., 1979. *Optimal Filtering*, Prentice-Hall, Englewood Cliffs, New Jersey, USA.
2. Bar-Shalom, Y., 2000. Update with out-of-sequence measurements in tracking: Exact solution, *Proceedings of the SPIE Conference on Signal and Data Processing of Small targets*, Orlando, FL, USA, pp. 51–556.
3. Bar-Shalom, Y. and Li, X.-R., 1993. *Estimation and Tracking: Principles, Techniques and Software*, Artech House, MA, USA.
4. Challa, S., Evans, R.H. and Wang, X., 2003. A Bayesian solution and its approximation to out-of-sequence measurement problems, *Information Fusion*, 4: 185–199.
5. Kalman, R.E., 1960. A new approach to linear filtering and prediction problems, *Transaction of the ASME—Journal of Basic Engineering*, 82(D): 33–45.
6. Larsen, T., Puolsen, N., Anderson, N. and Ravino, O., 1998. Incorporating of time delayed measurements in a discrete-time Kalman filter, *CDC '98*, Tampa, FL, USA.
7. Mallick, M., and Bar-Shalom, Y., 2002. Non-linear out-of-sequence measurement filtering with applications to GMTI tracking, *Proceedings of SPIE Conference Signal and Data Processing of Small Targets*, Orlando, FL, USA.
8. Mallick, M., Zhang, K. and Li, X.R., 2003. Comparative analysis of multiple-lag out-of-sequence measurement filtering algorithms, *Proceedings Signal and Data Processing of Small Targets*, San Diego, CA, USA.
9. Mallick, M., Krant, J. and Bar-Shalom, Y., 2002. Multi-sensor multi-target tracking using out-of-sequence measurements, *Proceedings of the 5th International Conference on Information Fusion*, August 8–11, Annapolis, MD, USA.
10. Matveev, A. and Savkin, A., 2003. The problem of state estimation via asynchronous communication channels with irregular transmission times, *IEEE on Automatic Control*, 48(4): 670–676.
11. Nelsen, R., 1999. *An Introduction to Copulas*, Springer-Verlag, New York.
12. Sklar, A., 1959. Fonctions de r'eparuition 'a n dimensionse leurs merges, *Publ. Inst. Statis. Univ. Paris*, 8: 229–231.
13. Thomopolous, S.C.A. and Zhang, L., 1994. Decentralize filtering with random sampling and delay, *Information Sciences*, 81: 117–131.
14. Twala, B., 2010. Handling out-of-sequence measurements: Kalman filter or statistical imputation? *Electronics Letters*, 46(4), 302–304.
15. Zhang, K., Li, X.R. and Zhu, Y., 2005. Optimal update with out-of-sequence measurements, *IEEE Transactions on Signal Processing*, 53(6), 1992–2004.

附录 A　数值统计概念

本附录简要介绍一些统计和数值分析的概念，以更好地理解在本书几个章节不同的地方出现的数学发展和性能分析，大部分的材料改编自文献[1-5]，在某些情况下避免出现数学公式/表达式/方程，在有些情况下则不标注来源。

A.1　备选假设

正在试验验证这一假设，当无效假设被否定时，可得出结论。

A.2　方差分析

该测试通过比较所选择时间序列的方差，确定不同方式之间的显著差异，方差分析(ANOVA)是多元回归分析的一种特殊情况。在方差分析中的两个重要假设为方差的同质性和在每个测试组数据为正态概率分布。依据群组随机变化估计的方差应该与群组间变化估计方差相同，即如果无效假设存在，那么平均ESS/平均RSS(方差比)应该等于1，这也称为F检验器方差比检验。方差分析的方法是基于与响应变量联系在一起的平方和及自由度的分区。

A.3　渐近无偏

在评估周期内，当样本量 N 增加到无穷大时，估计参数的偏差或状态趋于0。因此，评价器的属性估计随着 N 的增加而提高。

A.4　偏置

如果参数的期望值是参数的真实值，那么估计量称为无偏估计量。$\text{Bias}(\beta) = \beta - E(\hat{\beta})$。如果偏置随着样本容量 N 变大而逐渐减小，则为渐近无偏。

A.5 二项分布

给出 n 次独立试验/实验成功获得 r 的概率。

A.6 中心极限定理

从任何种群(不一定是正态分布)随机抽取数量相对较大(如 30 或更多)的样本,将近似正态分布且具有以下属性:总体均值为样本的平均值;样本方差即为总体方差/N;近似值将随着样本容量 N 的增加而提高。

A.7 χ^2 分布和测试

该分布是来自正态分布,χ^2 分布变量平均值为 n、方差为 $2n$ 且具有 n 个自由度。CS 测试通常用于频率数据(分析)和适度拟合标准。χ^2 值通过对其他值(如样本误差)(平方{残余}/期望值)求和得到,其他区别则是观测值和期望值的不同。令 x_i 为正态(高斯)分布变量的零均值和方差单位,如果 $\chi^2 = x_1^2 + x_2^2 + \cdots + x_n^2$,那么随机变量 χ^2 为具有 n 个自由度的 pdf(概率密度函数):

$$P(\chi^2) = 2^{-\frac{n}{2}}\Gamma\left(\frac{n}{2}\right)^{-1}(\chi^2)^{\left(\frac{n}{2}\right)-1}e^{\left(-\frac{\chi^2}{2}\right)}$$

式中:$\Gamma(n/2)$ 为欧拉伽马函数,同时 $E(\chi^2) = n, \sigma^2(\chi^2) = 2n$。在极限情况下,$\chi^2$ 分布接近具有均值 n 和方差 $2n$ 的高斯/正态分布。令 x_i 为高斯 l 正态分布,与均值 m_i 和方差 σ_i 无相关变量,形成的规范化平方和 $s = \sum_{i=1}^{n}((x_i - m_i)^2)/\sigma_i^2$,那么 s 服从 χ^2 分布且具有 n 个自由度。在评估中,用 χ^2 测试进行假设检验,看系统辨识能否确定数学模型次序。

A.8 相关性

相关性是由下列公式给定:

$$\rho_{ij} = \mathrm{cov}(x_i, x_j)/(\sigma_{x_i}\sigma_{x_j}), \quad -1 \leqslant \rho_{ij} \leqslant 1$$

对肯定和绝对相关的过程,$\rho = 1$,该参数定义了两个随机变量之间的相关程度。在卡尔曼滤波推导中,通常假定状态错误,测量误差和残差是不相关的。

A.9　协方差

协方差是测量两个变量之间的联系/关系,如果有两个以上的变量,则一次测量两个变量,意思是从这些变量中逐个移出。如果两个变量是独立的,那么它们的协方差为零,由下式给定:

$$\operatorname{cov}(x_i, x_j) = E\{[x_i - E(x_i)][x_j - E(x_j)]\}$$

A.10　特征值

特征值是一个系统或其动力学的固有值。令 $\boldsymbol{Ax} = \lambda \boldsymbol{x}$,则该运算表示一个矩阵在矢量 $\boldsymbol{x}$ 的运算为用标量 λ 提升矢量 $\boldsymbol{x}$。定义了特征值和特征矢量问题 $\lambda \boldsymbol{x} - \boldsymbol{Ax} = 0 \Rightarrow (\lambda \boldsymbol{I} - \boldsymbol{A})\boldsymbol{x} = 0$,则 $|\lambda \boldsymbol{I} - \boldsymbol{A}| = 0$,$\lambda_i$ 就是矩阵 $\boldsymbol{A}$ 的特征值。

A.11　EM 算法

EM 方法是用不完整的数据计算极大似然估计。第一步为 *E* 步,计算缺失数据的期望值,第二步为最大化,假设可用完整的数据,计算最大似然估计。

A.12　F 分布和 F 测试

F 分布为连续概率分布,是两个独立随机变量除以各自的自由度的比率,每个随机变量都具有 χ^2 分布。在回归法、最小二乘法分析以及其他评估方法中,F 测试是用来测试模型中所有变量的联合意义,该模型是通过测试数据拟合形成的。F 测试是用来检查斜率(如用最小二乘法拟合数据)是否明显不为 0,相当于测试使用非零斜率拟合的数学模型是否明显优于斜率为 0 的空元模型。

A.13　最小二乘法

该方法是在预测和观察点(或样本)之间的差(也称为残差)的平方和最小的基础上拟合直线或曲线。它是参数估计问题的确定性方法。选择一个估计量 β,使误差的平方和最小化:

$$J \cong \frac{1}{2}\sum_{k=1}^{N} v_k^2 = \frac{1}{2}(z - \boldsymbol{H}\beta)^{\mathrm{T}}(z - \boldsymbol{H}\beta)$$

式中:J 为成本函数;v 为 k 时刻的残余误差;上标 T 表示矢量/矩阵转置。J 关于

β 的最小化导致

$$\partial J/\partial\beta = -(z - \boldsymbol{H}\hat{\beta}_{\mathrm{LS}})^{\mathrm{T}}\boldsymbol{H} = 0$$

简化为 $\hat{\beta}_{\mathrm{LS}} = (\boldsymbol{H}^{\mathrm{T}}\boldsymbol{H})^{-1}\boldsymbol{H}^{\mathrm{T}}z$,这样就给出了计算最小二乘估计的确定方法。

A.14 可能性和可能性测试

可能性通过给定的一些参数值给出一组测量的概率。例如,通过 N 次观测随机样本 x 的可能性概率分布 $f(x;b)$ 是由 $L = bf(x_i;b_0)$ 确定的,这是最大似然估计的基础。可能性测试是测试通用假设 H_0 比另一种假设 H_1,为基于两个分别来自 H_0 和 H_1 似然函数的比例。统计 $b = -2\ln(L_{\mathrm{H}_0}/L_{\mathrm{H}_1})$ 具有近似 b^2 分布,其自由度等于两个假设参数的差。

A.15 线性回归模型

在此,线性也可以指线性参数(系数/LIP)。

A.16 最大似然

最大似然方法是基于最大可能原则找到参数估计值的方法。对于未知参数,用该方法增大了从未知参数的数学模型中获得测量值的概率。建立一个表示测量数据概率的似然函数,作为这些未知参数的函数。选择这些参数的极大似然估计量作为函数最大化的值,估计的结果与测量数据高度吻合。

A.17 平均数、中位数和众数

平均数是测量一批数值中央位置的数值的方法,先计算所有数据的总和再除以元素/样品的数量。中位数是将所有的数值按顺序列出时,频率分布为一半的数值。众数是在观测值出现频率最多的数值,众数通常不会受到极值中小数字的影响。

A.18 均方

在均方估计中,成本函数定义为

$$J = E\{\underline{\boldsymbol{x}}^{\mathrm{T}}(k)\underline{\boldsymbol{x}}(k)\}$$

式中:E 为考虑到有利事件发生概率的数学期望。

A.19 蒙特卡罗方法

该方法是通过计算机模拟来研究复杂关系或难以用数学分析方法解决的问题。

A.20 多元回归

在多元回归分析中,要对几个独立变量之间的关系进行量化,用最小二乘法对这些关系的系数进行估计,这是上面所讨论的最大似然估计方法的一个特例。多元回归相关系数(R^2)是可变性比例的衡量方法,用样本数据的回归(线性关系)来说明,它是在预测 Y 时为了降低不确定性测量 X 的影响。当所有的测量落在回归线,$R^2=1$。当回归线为水平时,$R^2=0$。R^2 的平方根即为相关性系数(r)。逐步回归方法运用一个模型平衡数量相对较少的变量,模型的 R^2 高,数据的拟合性也高。该方法可以从零或完整的模型开始,可以向前,也可以向后。从统计上来看,在程序的任何一步,相对于缺乏变量的模型,最重要的变量产生的变化可能最大。

A.21 非线性回归

在非线性回归中,响应变量的拟合(或预期)值是一个或多个 X 变量的非线性函数,即独立变量。

A.22 异常值

异常值为一个极端的测量值,是一个很容易从残余数据样本中分离出来的值。大多数异常值对拟合函数值会有一些影响。

A.23 泊松分布

泊松分布为一些随机事件在时空间隔发生次数的概率分布。泊松分布用来表示数量分布,如材料的缺陷数量、顾客到达数、保险索赔、呼入的电话或发射的 α 粒子。泊松数据经常通过平方根变换为近似正常分布。

A.24 概率、概率分布函数和概率密度函数

概率是一个随机事件有利结果的数量与总数量/可能结果的比率。概率分布函数是对于给定的数 x,连续随机变量 X 的值小于或等于 x 的概率的一个函数。对于离散随机变量,概率分布函数定义为与变量的每个可能的离散值关联的概率。当使用曲线对种群变化建模时,在曲线和 x 轴间的总面积为 1,那么定义曲线的函数就是概率密度函数。在高斯概率密度函数中:

$$p(x)=(1/\sqrt{2\pi\sigma})\exp(-(x-m)^2/2\sigma^2)$$

式中:m 为均值;σ^2 为分布的方差。

在测量时,给出状态 x(或参数 β)的概率密度函数:

$$p(z|\boldsymbol{x})=\frac{1}{(2\pi)^{n-2}|\boldsymbol{R}|^{\frac{1}{2}}}\exp\left(-\frac{1}{2}(z-\boldsymbol{Hx})^{\mathrm{T}}\boldsymbol{R}^{-1}(z-\boldsymbol{Hx})\right)$$

式中:$\boldsymbol{R}$ 为测量噪声的协方差矩阵。

A.25 T 型检验

T 型检验是在均值之间或在均值和假设之间的统计假设检验。在此,测量应该为正态分布。在两种样本中,方差的比率不应超过 3 个。独立样本的检验测试 2 个均值是否明显不同,定义为样本均值差除以样本均值差的标准误差。

A.26 I 型和 II 型误差

如果零假设为真但被否定时,则会产生Ⅰ型误差,该误差视为过度信任的误差。如果零假设被接受但实际上是错误时,则会发生Ⅱ型误差。表 A.1 进一步阐明了这些误差。

表 A.1 在假设检验中的Ⅰ型和Ⅱ型误差

	H_0 - 零假设为正确	H_0 - 零假设为错误
零假设被否定	Ⅰ型误差/假正确	正确结果/完全正确
零假设未否定	正确结果/真错误	Ⅱ型误差/假错误

A.27 梯度下降法

梯度下降法是一个寻找(局部)最低函数的一阶最优化算法。变量/参数的

渐进步骤是按照与该点/变量/参数的梯度值的负数成比例的方向进行的。该方法又称为最速下降法，收敛相对缓慢。

A.28　二次型

二次型在变量/参数的数量上为一个二元齐次多项式。这种形式通常是对称矩阵。定义的二次型或者为零或者为正数值，而不定二次型则为包括负数值的混合值。不定二次型一般发生在 H 无穷范数和 H 无穷滤波器理论。二次型可用来测量矢量或矩阵（信号），以了解它们的大小和强弱。测量距离或标准定义为

$$L_p = \| x \|_p = \left(\sum_{i=1}^{n} | x_i |^p \right)^{1/p}, \quad p \geqslant 1$$

如果 $p=1$，矢量 $\boldsymbol{x}$ 的长度为 $\| x \|_1 = |x_1| + |x_2| + \cdots + |x_n|$，使用 L_1 范数估计的概率分布中心为分布中值。如果 $p=2$，则得到一个决定矢量长度的欧几里得范数。对于 $p=2$，使用 L_2 范数估计的分布中心为分布的均值。在许多状态/参数估计问题时使用标准来定义状态或测量误差的成本函数。这种标准的优化问题可用数学方法处理，这就导致了使用最小二乘法或最大似然估计需视情况而定。

参考文献

1. Tevfik Dorak M. http://www.dorak.info/mtd/glosstat.html, December 2010.
2. Stengel R. F., *Robotics and Intelligent Systems, A Virtual Textbook*, Princeton University, Princeton, NJ, January 25, 2010, http://www.princeton.edu/~stengel/RISVirText.html#Chapter, October 2011.
3. Raol J. R. *Multisensor Data Fusion with MATLAB*, CRC Press, Boca Raton, FL, USA, 2009.
4. Raol J. R., Girija G. and Singh, J. *Modelling and Parameter Estimation for Dynamic Systems*, IEE/IET Control Series, Vol. 65, IEE/IET, London, UK, 2004.
5. Raol J. R. and Singh, J. *Flight Mechanics Modeling and Analysis*, CRC Press, Boca Raton, FL, USA, 2008.

附录 B 与机器人学相关的软件和算法注释

本附录提供了一些软件工具的简短描述，这些工具用于执行机器人和航空航天车辆的仿真和相关分析。

B.1 城市搜救营救仿真(USARSim)教程

USARSim 是基于游戏(博弈论)的高保真和交互式城市搜救营救(USAR)机器人及其环境仿真[1]。它提供了环境模型、实验和商业机器人模型、传感器应用模型及辅助工具用于机器人控制。USARSim 是研究人机交互(HRI)和多机器人协调的工具。

B.1.1 USARSim 系统架构

系统体系架构主要包括团队合作、控制、网络和机器人环境。在控制组件中有高级、中级控制和控制接口。客户端、控制系统、世界各地的人通过网络互相连接。从环境中可以看出，网络输入为地图、各种模型、虚拟世界和策略机器人(Game-robots)。此外，从虚拟客户处会有视频反馈给控制模块，从而与团队合作模块交互。服务器与地图、模型、虚拟世界和策略机器人(MMUG)相连接，维护对象的状态并响应客户。客户阶段包括团队合作、控制器、虚拟客户端和网络可视化对象等，进行决策制定和向服务器发起需求。因此，系统架构分为两个部分：用户控制器和 USARSim。实际上系统架构包括虚拟引擎、策略机器人和控制器。虚拟引擎是一个多层次对战导向的第一人称游戏引擎，由 Epic Games 公司发布，由三维渲染场景、物理引擎(Karma 引擎)、脚本语言和三维创作工具组成。策略机器人是对虚拟竞技场的修改器，用来对接虚拟引擎与外部应用程序，包括 TCP 接口连接和信息交换。控制器是用户设计的用于研究的应用程序，包括机器人控制和数据交换。

B.1.2 仿真器组件

仿真器组件包括环境仿真、传感器仿真、机器人仿真和控制仿真。

B.1.2.1 环境仿真

环境仿真组件包括几何模型、障碍、灯光、特效以及模拟假人。此外，还有真实的竞技场 NIST 舞台，用黄色、橙色和红色彩色装扮。黄色舞台的特点是简捷便于穿越，没有敏捷性要求，外表看像二维迷宫，用障碍/目标物将传感器隔离，可实时重构进行映射测试。橙色舞台的特点是更难以穿越，具有可变的地板、三维空间迷宫、楼梯、坡道、漏洞以及物理障碍（碎石、纸和管道）。红色舞台很难穿越，具有非结构化的环境，如模拟碎石桩和转移层，还有塑料垃圾袋、管道等问题。

B.1.2.2　传感器仿真

传感器仿真包括方法、特点、传感器和视频反馈。该方法包括从地面真实数据库和噪声/失真方面的数据计算，其特性为层次结构且可进行配置。传感器方面为机器人相机、范围感知、声音感知、人类运动传感器和范围扫描仪/传感器。采用的传感器为状态传感器，可表示电池状态、顶灯状态、位置/旋转等，表示速度和感知传感器有声纳、激光和可倾斜变焦（PTZ）的摄像机。视频反馈是通过网络摄像头捕获虚拟客户端的场景。然后，通过网络传送原始图像和压缩（jpeg）图像。

B.1.2.3　机器人仿真

机器人模型是基于 Karma 引擎配置的模型，其特点是给装配的机器人封装了详细的程序。其组成包括底盘、部件、关节和附加的辅助用品。方法是将底盘和关节连接起来，再将附加辅助物品与底盘或部件连接起来。

B.1.2.4　控制仿真

控制仿真组件包括方法、通信数据、辅助工具和城市搜救营救仿真驾驶员。在该方法中，策略机器人负责在控制器和机器人服务器（虚拟机器人）之间通信，持续发送消息和响应命令（也可以同时发送消息）。通信数据部分包含消息和命令。消息为状态信息、传感器信息、几何形状和配置信息。命令包括机器人产生的命令、轮/关节控制命令和查询命令。在辅助工具中，有高温城市搜救营救仿真插件（反过来为 Python 库）、环境、GUI 和底层驱动程序（用于探索人工智能和机器人技术、城市搜救营救机器人和高温机器人）。对于城市搜救营救的驾驶员，通过机器人身上的传感器和执行器，机器人设备服务器提供给用户简捷彻底的操控。

B.2　机器人工具箱

机器人工具箱为机器人分析[2]提供了几个有用的函数如运动学、动力学和轨迹生成，仿真，分析实际机器人的实验结果。该工具箱是基于通用方法表达串行连接臂的运动学和动力学。所提供的数学模型适用于著名的机器人，如 Puma 560 和斯坦福手臂[2]。这个工具箱的优点包括程序代码相当成熟、提供了同一算法的其他应用的比较和可用的源代码。该工具箱提供了操纵数据类型（与第 2 章讨论的运动模型和转换有关）的函数。工具箱便于图形化显示机器人的姿态。它有 Simulink® 和 MATLAB® 两种版本。

B.3 机器人路径规划算法

文献[3]给出了几种路径规划算法的清单：广度优先搜索；Dijkstra 算法；动态错误算法；最小切线错误算法；旋转平面扫描算法；线相交于 x 轴正向的算法；线作为初始边缘旋转平面扫描算法；线在障碍物内部的算法；从另一个点可见的算法；更新旋转平面交叉列表的算法；轮流平面扫描算法；A* 算法；D* 算法；D* lite 算法。Dijkstra 算法在边际成本不同的图中能获得最优路径，其算法[3]清单如下：

```
/ * 从 v 到 w 找到一个最优路径并返回，如果不存在则返回 False * /
function Dijkstra get path( V ertex v, V ertex w)
begin
/ *  初始化队列  * /
queue = an empty queue which orders its elements using their g values
g(v) =0
t(v) = OPEN
queue. insert(v)
while not queue. isEmpty( ) do
u = queue. removeMinimum( )
t(u) = CLOSED
if u = = wthen
return the back pointer path from v to w.
end
for each neighbor n of u do
if t(n) 6 = CLOSED then / *  =→not equal to  * /
/ *  不是顶点不可见，就是 g 值还能提高  * /
if t(n) 6 = OPEN or g(n)  > g(u) + c(u,n) then / *  =→not equal to  * /
/ *  假定执行松弛  * /
if t(n) = = OPEN then
queue. remove(n)
end
g(n) = g(u) + c(u,n)
b(n) = u
t(n) = OPEN
queue. insert(n)
end
```

```
end
end
end
return false
end
```

给出上述算法的清单是为了与在第 14 章讨论修改后的 D* 算法相比较。路径规划 A* 算法的 MATLAB 代码在文献[4]中给出了,其研究结果已在第 10 章介绍。

B.4　SIMBAD 机器人模拟器

该模拟器是一个用于科学和教育的 Java 3D 机器人模拟器,它提供了简单的基础研究[5]人工智能、机器学习和在所有自主机器人/代理环境下广泛的人工智能算法。该程序允许用户编写自己的机器人控制器、修改环境和使用可用的传感器。SIMBAD 模拟器包是可免费使用和能够修改的,它具有以下特点:3D 可视化和感知;单/多机器人仿真;视觉传感器、定向彩色摄像头;范围传感器声波和 IR;接触传感器,保险杠;多用户界面控制。

B.5　CADAC:使用 C + + 计算机辅助设计航天理念

CADAC 程序为通用的研发、动态系统[6]的数字计算机仿真提供了环境(FORTRAN 和 C + +):处理 I/O;生成随机噪声源;控制状态变量集成;提供后处理的数据分析(显示)。CADAC 程序包适用于导弹、飞机和超声速车辆,它的环境非常适合这些车辆的 3 自由度、5 自由度和 6 自由度的动力学仿真,它支持确定性和蒙特卡罗的仿真运行,可运行于 IBM 兼容计算机,操作系统支持 Windows 2000(SP2 以上)和 Windows XP。

参考文献

1. Anon. USARSim Tutorial—Basic Session (simurobotenviron.ppt). University of Pittsburgh, School of Information Sciences, Pittsburgh, USA, http://www.usl.sis.pitt.edu/wjj/USAR/Release/Basic.ppt, January 2011.
2. Corke, P. I. A robotics tool box, *IEEE Robotics and Automation Magazine*, 3, 1, 24–32, March 1996, http://petercorke.com/Robotics_Toolbox.html, December 2008, Accessed January 2011.
3. Crous, C. B. *Autonomous Robot Path Planning*, M.S. thesis, University of Stellenbosch, Stellenbosch, South Africa, March 2009.
4. Paul, V. Path planning A* algorithm in MATLAB (code, April 2005), http://www.yasni.com/vivian+paul+premakumar/check+people, July 2011.
5. Louis, H. and Nicolas, B. *What is Simbad?*, http://simbad.sourceforge.net, October 2011.
6. Zipfel, P. H. Advanced 6DoF aerospace simulation and analysis in C++, AIAA Self-Study Series, www.aiaa.org, USA, 2005.